KB175193

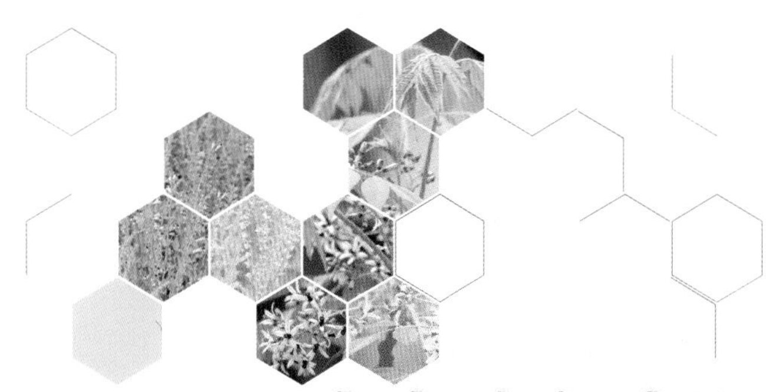

세계 약용식물 백과사전

2

Encyclopedia of Medicinal Plants 2

세계 약용식물 백과사전 2

초판인쇄 2016년 11월 11일
초판발행 2016년 11월 11일

지 음 자오중전(趙中振) · 샤오페이건(蕭培根)
옮 김 성락선 · 하헌용
감 수 성락선
기 획 박능원
편 집 조은아
디 자 인 이효은
마 케 팅 송대호

펴 낸 곳 한국학술정보(주)
주 소 경기도 파주시 회동길 230(문발동)
전 화 031) 908-3181(대표)
팩 스 031) 908-3189
홈페이지 http://ebook.kstudy.com
E-mail 출판사업부 publish@kstudy.com
등 록 제일산-115호(2000.6.19)

I S B N 978-89-268-7627-5 94480
978-89-268-7625-1 (전4권)

세계 약용식물 백과사전 2

자오중전(趙中振) · 샤오페이건(蕭培根) 지음
성락선 · 하헌용 옮김
성락선 감수

《세계 약용식물 백과사전》 역자 서(序)

중국에는 《중약대사전(中藥大辭典)》, 《신편중약지(新編中藥誌)》, 《중화본초(中華本草)》 및 《중약지(中藥誌)》 등 각 성(城), 각 소수민족마다 사용하고 있는 약용식물의 쓰임새에 대한 정보를 대규모로 집대성하는 작업이 1900년대 중반에 걸쳐 국가적 차원에서 이루어졌다. 그러나 우리나라에는 중국, 일본은 물론 인도, 유럽, 영국, 베트남 등의 약용식물을 대상으로 생약에 대하여 국가 기준에 따라 일목요연하게 정리된 자료집이 없었던 게 사실이다. 그러던 차에 오래전부터 왕래하고 있던 홍콩침회대학의 자오중전(趙中振) 교수가 중국 내 각 소수민족이 사용하고 있는 중약을 중국의 기준에 맞추어 집대성한 《당대약용식물전(當代藥用植物典)》(한국어판: 세계 약용식물 백과사전)을 번역하여 출간하게 된 것은 뜻깊은 일이라 생각된다.

중문판(2007)과 영문판(2009)의 출간에 이어, 한국어판은 《중국약전(中國藥典)》(2015년 판)에 맞추어 저자에 의해 새롭게 개정 · 보완된 것을 번역 · 편집한 것이다. 뿐만 아니라 원서의 개요와 해설에 사용되었던 식물 학명에 대해서는 저자가 전달하고자 하는 내용에 충실하기 위하여 《한국식물도감》(이영로, 교학사, 2006)을 참고하여 그 학명에 맞는 우리나라 식물명을 기재하였으며, 함유성분, 약리작용 그리고 용도 부분에 사용된 약리학적, 한의학적 용어 풀이에 대해서는 동의대학교 한의과대학 김인락 교수, 경희대학교 한의과대학 최호영 교수, 원광대학교 약학대학 김윤경 교수, 광주한방병원 성강경 원장 등의 감수를 받아 사용하였음을 밝힌다.

또한 한국어판을 출간하면서 《대한민국약전》(제11개정판), 《대한민국약전외한약(생약)규격집》(제4개정판)을 각 약용식물의 개요에 추가하여 우리나라 기준에 맞추어 편집함으로써 독자들이 이해하는 데 도움을 주고자 하였다.

이 책이 앞으로 우리나라와 중국, 일본을 비롯한 세계 각국의 약용식물을 국가 기준에 맞게 체계화하는 주춧돌이 되기를 바란다. 더 나아가 본초학, 생약학, 약용식물학에의 응용은 물론 천연물의약품, 건강기능성 식품, 한방화장품 등을 연구하고 개발하는 데 널리 활용되기를 기대한다. 끝으로 이 책이 출간되기까지 자료 정리를 위해 수고해 준 김영욱 박사와 김진석 박사에게 고마움을 표하며 한국학술정보(주)의 채종준 대표이사님을 비롯한 관계자들에게도 감사의 마음을 전한다.

2016년 10월

전남 장흥 천연자원연구센터에서 성락선

역자 약력

성락선(成樂宣)

전북대학교 농학 박사
충남대학교 약학 박사

경운대학교 한방자원학부 겸임교수 역임
식품의약품안전처 생약연구과장 역임

現 중국 하얼빈상업대학 약학원 객좌교수
전라남도 천연자원연구센터 센터장
한국생약학회 부회장

저서
《원색한약재감별도감》(식품의약품안전청, 2009) 등 다수

하헌용(河憲鏞)

원광대학교 분자생물학과 졸업
우석대학교 한의학과 졸업
원광대학교 한의약학 석사
원광대학교 의학 박사

한국보건산업진흥원 책임연구원 역임
원광대학교 보건환경대학원 겸임교수 역임

現 서원대학교 제약공학과 교수
한국보건복지인력개발원 강사
농수산물유통공사 강사
한국전통의학연구소 부소장
한국생약학회 정회원

저서
《신농본초 양생법》(상 · 하) 등 다수

머리말

21세기에 들어서서 대자연으로의 회귀 열풍이 전 세계를 뒤덮는 가운데 중국 전통약물에 대한 사람들의 이목이 집중되고 있다. 노령화와 건강 생활에 대한 추구로 인해 천연식물약과 중국 전통약물의 병에 대한 방지, 치료, 예방, 보건 등 특성과 장점이 사람들에게 받아들여지게 되었는데 이는 국제간 연구, 개발 및 판매, 사용 상황에서 알 수 있다. 중국 전통약물은 중화민족의 문화보물로 수천 년의 임상응용 가운데서 많은 귀중한 경험을 누적하여 서양의약과 함께 인류 의료보건 영역에서 중요한 역할을 하고 있으며 인류의 공동자산이기도 하다. 이 보물에 대해 보다 심도 있게 인식하고 개발하며 국제적으로 동서양 천연식물약에 대한 이해와 인식을 강화하는 것은 대다수 사람들의 바람이자 시장의 수요이며 학술 발전의 필연적 방향이기도 하다.
동서양 문화의 합류점으로서 정보시스템이 발달한 것은 홍콩의 강점이다.
2003년 하반기, 홍콩중약연구원은《당대약용식물전(當代藥用植物典)》(한국어판: 세계 약용식물 백과사전)을 편찬하여 중의약 정보 교류를 강화하려고 기획하였으며 2004년 작업을 시작하였다. 이 프로젝트는 연구원에서 총괄하고 자오중전(趙中振) 교수와 샤오페이건(蕭培根) 원사가 공동으로 편집하였으며 다른 여러 중의약 전문가, 학자들이 공동으로 완성하였다.

본서의 주요 특징은 다음과 같다.

1. 동서양 집대성
   본서는 3편 총 4권으로 각각 동양편(제1, 2권), 서양편(제3권), 영남(嶺南)편(제4권)으로 나뉜다. 내용적으로는 서로 다른 전통 의학체계의 전통약 및 신흥 약용식물제품, 천연보건약품, 천연화장품, 천연색소 등이 포함되었다.

2. 동시대성
   저자는 국내외 약용식물에 대해 심층적인 조사와 연구를 진행하며 많은 전통약물학 문헌자료를 체계적으로 정리, 귀납, 분석하였으며 각 약용식물의 화학, 약리학, 임상의학 등 국내외 연구에서의 최신 정보도 수록하기 위해 노력하였다. 또한 데이터베이스로서 부단히 업데이트될 것이다.

3. 풍부한 그림과 글
   본서에 수록된 사진은 대부분 편저자가 오랜 시간 동안 약재 생산지와 자생지에 들어가 얻어낸 귀중한 1차 자료들로 약용식물의 감별 특징을 과학적으로 기록하고 그 자연적인 생장 모습을 생동감 있게 보여 주고 있다. 책 속에 수록된 식물 표본은 현재 홍콩침회대학 중약표본센터에 완벽하게 보관되어 있다.

4. 온고지신
   본서는 단순하게 문헌으로만 이루어진 것이 아니라 전문적 내용 뒤에는 편마다 해설을 첨부하여 식물약품 개발과 지속적인 이용에 대한 저자의 견해를 논술하였다. 또한 일부 중약의 안전성 문제에 대해서도 제시하였다.

5. 중국어 · 영어 · 한국어판 출간
   본서는 국제적인 교류를 위해 중문판과 영문판, 한국어판으로 출판된다. 특히 한국어판에는《대한민국약전》(제11개정판)과《대한민국약전외한약(생약)규격집》(제4개정판)의 내용을 첨가하여 기술하였다. 약재명은 중약명 사용을 원칙으로 하였다.
   전체적으로 본서는 내용이 풍부하고 실용성이 강하여 의약 교육, 과학연구, 생산, 검사, 관리, 임상, 무역 등 여러 영역에서 종사하는 이들이 참고서로 사용할 수 있다.

본서는 편폭이 크고 수록된 약용식물 및 관련 문헌자료가 광범위하며 또한 관련 학과 영역에서의 연구 및 발전이 급속도로 진행되고 있어 미흡한 점이나 착오 또는 누락이 있을 수도 있으므로 독자 여러분의 진심 어린 질책을 기다린다.

저자 약력

자오중전(趙中振)

1982년 북경중의약대학 학사
1985년 중국중의과학원 석사
1992년 도쿄약과대학 박사

홍콩침회대학(香港浸會大學) 중의약학원 부원장, 석좌교수
홍콩 공인 중의사(中醫師)
홍콩 중약표준과학위원회 위원
국제고문위원회 위원
홍콩중의중약발전위원회 위원
중국약전위원회 위원
오랜 기간 중의약 교육, 연구 및 국제교류에 힘을 쏟고 있다.

저서
《당대약용식물전(當代藥用植物典)》(중 · 영문판)
《상용중약재감별도전(常用中藥材鑑別圖典)》(중 · 일 · 영문판)
《중약현미감별도감(中藥顯微鑑別圖鑑)》(중 · 영문판)
《홍콩 혼용하기 쉬운 중약》(중 · 영문판)
《백방도해(百方圖解)》, 《백약도해(百藥圖解)》 시리즈

샤오페이건(蕭培根)

1953년 하문대학(廈門大學) 이학(理學) 학사
1994년 중국공학원 원사
2002년 홍콩침회대학 명예 이학 박사

중국의학과학원약용식물연구소 연구원 · 명예 소장
국가중의약관리국중약자원이용과보호중점실험실 주임
〈중국중약잡지〉 편집장
〈Journal of Ethnopharmacology〉, 〈Phytomedicine, Phytotherapy Research〉 등의 편집위원
북경중의약대학 중약학원 교수, 명예 소장
홍콩침회대학 중의약학원 객원교수
오랜 기간 약용식물 및 중약 연구에 종사하며 약용 계통학 창설

저서
《중국본초도록(中國本草圖錄)》
《신편중약지(新編中藥志)》 등 대형 전문도서 다수

편집 및 총괄위원회

일러두기

1. 본서에는 상용 약용식물 500종을 실었으며 관련된 원식물은 800여 종에 달한다. 중문판, 영문판 및 한국어판으로 출간되었다. 전체 서적은 제1, 2권 동양편(동양 전통의학 상용 약을 주로 하였다. 예를 들어 중국, 일본, 한반도, 인도 등), 제3권 서양편(유럽, 아메리카 상용식물 약을 주로 하였다. 예를 들어 유럽, 러시아, 미국 등), 제4권 영남편(영남 지역에서 나거나 상용하는 초약을 주로 하고 이 지역을 거쳐 무역에서 유통되는 약용식물도 포함됨)으로 나뉜다.

2. 본서는 학명의 A, B, C 순으로 목록화하였으며 그에 따른 우리나라 식물명과 한약재명, 개요, 원식물 사진, 약재 사진, 함유성분과 구조식, 약리작용, 용도, 해설, 참고문헌 등으로 나누어 순서대로 서술하였다.

3. 명칭
   (1) 학명에 따른 약용 자원식물의 우리나라 식물명을 순서로 하여 오른쪽 상단에 작은 글자로 각국 약전 수록 상황을 표기하였다. 이를테면 CP(《중국약전(中國藥典)》), KP[《대한민국약전》(제11개정판)], KHP[《대한민국약전외한약(생약)규격집》(제4개정판)], JP(《일본약국방(日本藥局方)》), VP(《베트남약전(越南藥典)》), IP(《인도약전(印度藥典)》), USP(《미국약전(美國藥典)》), EP(《유럽약전(歐洲藥典)》), BP(《영국약전(英國藥典)》)이다.
   (2) 우리나라 약재명 외에 중문명 한자, 한어병음명, 라틴어학명, 약재 라틴어명 등을 수록하였다.
   (3) 약용식물의 라틴어학명과 중문명은 《중국약전》(2015년 판)의 원식물 이름을 기준으로 하였고 《중국약전》에 수록되지 않은 경우에는 《신편중약지(新編中藥誌)》, 《중화본초(中華本草)》 등 관련 전문도서를 따랐다. 민족약은 《중국민족약지(中國民族藥誌)》에 수록된 명칭을 기준으로 하였다. 국외 약용식물의 라틴어학명은 그 나라 약전을 기준으로 하고 중문명은 《구미식물약(歐美植物藥)》 및 기타 관련 문헌을 참고로 하였다.
   (4) 약재의 중문명과 라틴어명은 《중국약전》을 기준으로 하고 《중국약전》에 수록되지 않은 경우 《중화본초》를 참고로 하였다.

4. 개요
   (1) 약용식물종의 식물분류학에서의 위치를 표기하였다. 과명(괄호 안에 과의 라틴어명을 표기), 식물명(괄호 안에 라틴어학명을 표기) 및 약용 부위를 적었으며 여러 부위가 약용으로 사용되는 경우 나누어서 서술하였다. 참고로 식물과명은 우리나라의 식물분류체계와 맞추기 위하여 다음과 같이 바꾸어 수록하였다. 꿀풀과 Laminaceae를 Labiatae로, 십자화과 Brassicaceae를 Cruciferae로, 벼과 Poaceae를 Gramineae로, 실고사리과 Lygodiaceae를 Schizaeaceae로, 콩과 Fabaceae를 Leguminosae로 우리나라 식물분류체계를 따랐음을 밝힌다.
   (2) 약용식물의 속명을 기술하고 괄호 안에 라틴어 속명을 적었으며 그 속과 종에 해당하는 식물의 세계에서의 분포지역 및 산지를 소개하였다. 일반적으로 주(洲)와 국가까지 적고 특수품종은 도지산지(道地産地)를 수록하였다.
   (3) 약용식물의 가장 빠른 문헌 출처와 역사 연혁을 간단하게 소개하고 주요 생산국가에서의 법정(法定) 지위 및 약재의 주요산지를 기술하였다.
   (4) 한국어판의 경우 《대한민국약전》(11개정판), 《대한민국약전외한약(생약)규격집》(제4개정판)에 등재된 기원식물명, 학명, 사용 부위 등을 기재하여 문헌비교에 도움이 되도록 하였다.
   (5) 함유성분 연구 성과 중 활성성분과 지표성분을 주요하게 소개하고 주요 약전에서 약재의 품질을 관리하는 방법을 기술하였다.
   (6) 약리작용을 간략히 서술하였다.
   (7) 주요 효능을 소개하였다.

5. 원식물과 약재 사진
   (1) 본서에서 사용한 컬러 사진에는 원식물 사진, 약재 사진 및 일부 재배단지의 사진이 포함되었다.
   (2) 원식물 사진에는 그 약용식물종 사진이나 근연종 사진 등이 포함되며 약재 사진은 원약재 사진과 음편(飮片) 사진 등이 포함되었다.

6. 함유성분
   (1) 주요 국내외 저널, 전문도서에서 이미 발표된 주요성분, 유효성분(또는 국가에서 규정한 약용 · 식용으로 겸용할 수 있는 영양성분), 특유성분을 수록하였다. 원식물의 품질을 관리할 수 있는 지표성분에 대해서는 중점적으로 기술하였다. 영문판에 수록된 내용을 바탕으로 하였다.

(2) 화학구조식은 통일적으로 ISIS Draw 프로그램을 사용하였으며 그 아랫부분의 적당한 곳에 영문 명칭을 적었다.
(3) 동일한 식물의 서로 다른 부위가 단일한 상품으로 약재에 사용될 때 함유성분 연구 내용이 적은 것은 간단하게 기술하고 각 부위 내용이 많은 것은 단락을 나누어 기술하였다.

7. 약리작용
(1) 이미 발표된 약용식물종 및 그 유효성분 또는 추출물의 실험 약리작용을 소개하였으며 약리작용에 따라 간단하게 기술하거나 항목별로 조목조목 기술하였다. 우선 주요 약리작용을 서술하고 기타 작용은 내용의 많고 적음에 따라 차례로 기술하였다.
(2) 실험연구소에서 사용하는 약물(약용 부위, 추출용액 등 포함), 약물 투여 경로, 실험동물, 사용기구 등을 기술하고 [ ] 부호로 문헌번호를 표기하였다.
(3) 처음으로 쓰이는 약리 전문용어는 괄호 안에 영문 약어를 표기하고 두 번째부터는 중문 명칭 또는 영문 약어만 표기하였다.

8. 용도
(1) 본서에는 약용식물, 약용 함유성분 기원식물, 건강식품 기원식물, 화장품 기원식물 등이 수록되었다. 그러므로 본 항목을 '용도'라 하고 각각 효능, 주치, 현대임상 세 부분으로 나누어 적었다. 서로 다른 기원종의 용도를 객관적으로 서술하기 위해 노력하였다. 약용 함유성분 기원식물에 대해서는 그 용도만 설명하고 따로 항목을 나누어 설명하지는 않았다.
(2) 효능과 주치에 있어서는 중의이론에 근거하여 약용식물종 및 각 약용 부위에 대해 정확하게 기술하였다. 《중국약전》, 《중화본초》 및 기타 관련 전문도서를 주로 참고하였다.
(3) 현대임상 부분에서는 임상 실험을 기준으로 하여 약용식물의 임상 적응증에 대해서 기술하였다.

9. 해설
(1) 약용식물을 주로 하여 역사적, 미래지향적 통찰력으로 해당 식물의 특징과 부족한 점을 개괄적으로 기술하고 개발 응용 전망, 발전 방향 및 중점을 제시하였다.
(2) 중국위생부에서 규정한 식용 · 약용 공용품목 또는 홍콩에서 흔히 볼 수 있는 독극물 목록에 있는 약용식물종에 대해서는 따로 설명하였다.
(3) 또한 해당 약용식물 재배단지의 분포상황에 대해서도 기술하였다.
(4) 이미 뚜렷한 부작용으로 인해 보도된 적이 있는 약용식물에 대해서는 개괄적으로 그 안전성 문제와 응용 주의사항을 논술하였다.

10. 참고문헌
(1) 1990년대 이전의 멸실된 문헌에 대해서는 재인용하는 방식을 취하였다.
(2) 원 출처에서 전문용어나 인명에 뚜렷한 오기가 있는 부분은 수정하였다.
(3) 참고문헌은 국제표준 형식을 취하였다.

11. 계량단위는 국제표준 계량단위와 부호를 사용하였다. 숫자는 모두 아라비아숫자를 사용하였고 주요성분 함량은 유효한 두 자릿수를 취하였다.

12. 본서 색인에는 우리나라 식물명 및 약재명, 학명 색인, 영문명 색인이 있다.

차 례

세계 약용식물 백과사전 ②

다시마 海帶 CP, KHP

Laminaria japonica Aresch.

Kelp

개 요

다시마과(Laminariaceae)

다시마(海帶, *Laminaria japonica* Aresch.)의 엽상체를 건조한 것 　　중약명: 곤포(昆布)

고착부위를 건조한 것 　　중약명: 해대근(海帶根)

다시마속(*Laminaria*) 식물은 전 세계에 30여 종이 분포하며, 주로 북해, 북태평양, 북대서양 및 아프리카 남부 해역에서 생산된다. 이 속의 식물은 중국에 오직 1종이 있으며, 약용 및 식용으로 사용한다. 주요 분포 지역은 요녕반도와 산동반도이다.

해대는 '곤포'라는 약명으로《오보본초(吳普本草)》와《명의별록(名醫別錄)》에 중품으로 처음 수록되었으며, 역대 모든 본초서적에 기록된 '곤포'는 다시마 및 곤포(*Ecklonia kurome* Okam.)의 건조 엽상체를 말한다.《중국약전(中國藥典)》(2015년 판)에서는 이 두 종의 식물을 중약 곤포의 법정기원식물 내원종으로 수록하였다. 다시마는 중국 동남해안의 각지에서 생산되며, 대부분이 양식에 의존한다. 또한 중국 해수양식기술산업의 하나로 생산량 또한 세계에서 중국이 가장 많다.《대한민국약전외한약(생약)규격집》(제4개정판)에서 "다시마(*Laminaria japonica* Areschoung, 다시마과)의 전조(全藻)"를 '곤포'로 등재하고 있다.

다시마의 주요 활성성분은 요오드와 다당류이며, 그 밖에 비타민, 베타카로틴, 아미노산, 지방산 등이 함유되어 있다.《중국약전》에서는 건조품을 기준으로 요오드의 함량을 0.35% 이상으로 약재의 규격을 정하고 있다.

약리연구를 통해서 다시마에는 요오드 보충, 혈압강하, 항응혈, 혈중지방 조절 및 항종양 등의 작용이 있는 것으로 알려져 있다.

한의학에서 곤포는 소담연견(消痰軟堅), 이수소종(利水消腫) 등의 효능이 있다.

다시마 海帶 *Laminaria japonica* Aresch.

다시마 海帶 *Laminaria japonica* Aresch.(엽상체)

약재 곤포 藥材昆布 Laminariae Thallus

함유성분

해대에는 다당류가 주성분으로 알긴산염(알긴산에 나트륨, 칼륨, 암모늄과 칼슘염이 붙어 있는 것), fucoidan, laminarin, fucoidan-galactosan sulfate[2], 당알코올 성분으로 mannitol, 아미노산 성분으로 laminine, glutamic acid, aspartic acid, praline, alanine 등이 함유되어 있으며 또한 fucoxanthin[3], lipopolysaccharide, eicosapentaenoic acid, 팔미트산, 올레산, 리놀레산, g-linonenic acid, octadecatetraenoic acid, arachidonic acid, fucosterol, carotene, organic iodine(약 0.27~0.72%), 유기 비소, 정유와 비타민 성분들이 함유되어 있다. 생체 내 변화에 의해 무기 셀레늄이 유기 셀레늄으로 변환될 수 있다는 연구보고들이 있다[4].

laminarin

약리작용

1. 요오드 보충제

해대에는 요오드가 풍부하게 함유되어 있으므로 인체에 요오드가 결핍되어 나타나는 갑상선 기능저하를 치료할 수 있다. 해대의 활성 요오드를 경구투여하면, 정상 Rat와 메칠치오우라실에 의해 갑상선종이 유도된 Rat에 대해 혈청 중의 갑상선호르몬(T_4, T_3)의 함량을 정상화하는 작용이 있다. 또한 실험용 Rat의 갑상선종을 완화할 수 있으며, 부작용 또한 없는 것으로 알려져 있다[5].

2. 혈전 억제

해대 세포벽의 다당을 복강 내에 주사하면 Rat의 혈전생성과 혈액응고를 억제할 수 있다[6]. 또한 다시마의 다당을 피하에 주사하면 혈관내피가 손상된 노령 Rat의 혈소판 부착률과 표면접착응집활성을 저하시킬 수 있으며, 혈장 내 혈관성 혈우병인자와 과립막 당단백140(GMP-140)의 농도를 감소시킬 수 있다[7]. 다시마의 다당을 집토끼 귀의 정맥에 주사하면, 동맥과 정맥의 주위에 발생한 혈전을 감소시킬 수 있다[18]. 또 다시마의 다당을 Rat의 복강에 주사하면, 아드레날린을 주사하고 얼음물에 넣어 발생한 어혈에 대해 트롬복산 B_2의 농도를 현저하게 감소시키며, 6-keto-PGF1_α의 농도를 증가시킬 수 있다[8].

3. 혈지 및 혈당 감소

다시마의 물 추출물을 당뇨 Rat에게 먹이면 그 혈당농도와 간의 지질과산화반응을 현저하게 감소시킬 수 있으며, 동시에 당뇨병 Rat 간의 크산틴산화효소의 활성을 뚜렷하게 억제할 수 있다[9]. 다시마의 추출물을 Mouse에게 투여하면, 혈장 중의 슈퍼옥시드디스무타제 함량을 증가시키며, 말론디알데하이드의 함량을 감소시킬 뿐만 아니라 Rat의 콜레스테롤과 트리글리세리드의 함량을 감소시킨다[10]. 또한 메추리의 날개정맥에 다시마의 다당을 주사하면 고지방 식이로 유도된 고지혈 죽상동맥경화를 경감하고, 그 동맥내막의 죽상경화반괴 면적과 막병변의 정도를 감소시킬 수 있으며, 동시에 혈류와 미세순환을 개선할 수 있다[11-12]. 다시마의 다당을 당뇨병 Rat에 경구투여하면 혈지와 혈당을 감소시키고, 당에 대한 내성을 증가시킬 수 있는데, 정상 Rat의 혈당에 대해서는 영향을 주지 않는다[13]. 다시마의 후코이단-갈락토산 황산염을 고콜레스테롤 Mouse에 투여하면 혈청 콜레스테롤을 조절할 수 있다[14].

4. 면역조절

다시마의 다당을 Mouse의 복강에 주사하면 복강대식세포의 수량을 증가시키며, Mouse 복강대식세포의 탐식률과 탐식지수를 증가시킨다. 또한 *in vitro*에서 복강대식세포의 종양괴사인자 분비를 증가시키며, Mouse 육종세포 Heps 및 S180 등의 생장을 뚜렷하게 억제한다[15-17]. 또한 정상 Mouse 및 면역저하 Mouse에 대하여 면역기능 촉진작용이 있다[18]. 다시마의 다당과 라미나린은 *in vitro*에서 Mouse의 흉선세포 괴사를 억제하고, 세포의 생존시간을 연장할 수 있다[19].

5. 항종양

다시마의 물 추출물은 *in vitro*에서 인체난소암세포 SK-OV3, 인체백혈병세포 K562, 인체식도암세포 TE-13, Mouse 복수암세포 S180에 대해 각기 다른 정도의 억제효과가 있다[20]. 다시마의 후코이단-갈락토산 황산염을 복강에 주사하면 S180 종양세포에 대해 살상작용이 있다[21]. *In vitro*에서 후코이단-갈락토산 황산염은 인체자궁경부암세포의 성장을 뚜렷하게 억제하며, bcl-2, NF-κBp65 등의 유전자 발현에 영향을 주어 자궁경부암세포의 괴사를 유도한다[22].

6. 간 보호

다시마의 후코이단 올리고 배당체를 실험성 간 손상 모델 Mouse에 투여하면 활성산소와 지질과산화물(LPO)의 간에 대한 세포 손상을 억제함으로써 간 보호작용을 유도한다[23].

7. 기타

다시마는 Mouse의 임신율을 높일 수 있으며, 유선을 신속하게 수유기로 진입하게 한다[24]. 또한 혈압강하[25], 항산화[26-28], 항방사능[29-31], 항피로[32], 강심(強心) 및 조직 내 산소결핍을 개선[33]하는 등의 작용이 있다. 다시마의 후코이단-갈락토산 황산염은 하이만스신염 Rat에 대해 보호작용이 있다[34].

용 도

해대는 중의임상에서 사용하는 약이다. 소담연견[消痰軟堅, 탁한 담이 응결되어 뭉친 것을 연견(軟堅)작용이 있는 처방을 사용하여 부드럽게 만들어서 나력(瘰癧) 등의 병을 치료하는 것], 이수소종[利水消腫, 이수(利水)하여 부종을 가라앉혀 줌] 등의 효능이 있으며, 영류(癭瘤, 병석으로 불거져 나온 살덩이), 나력(瘰癧, 림프절에 멍울이 생긴 병증), 고환종통(睾丸腫痛, 고환이 붓고 통증이 있는 것), 각기부종[腳氣浮腫, 각기(腳氣)로 인한 부종], 수종(水腫, 전신이 붓는 증상), 소변불리(小便不利, 소변배출이 원활하지 못함) 등의 치료에 사용한다.

현대임상에서는 갑상선종대(甲狀線腫大), 뇌혈관질환, 고지혈증, 변비, 기관지염, 폐결핵, 수정체 혼탁, 노인성 백내장 등의 병증에 사용한다.

해 설

다시마는 중국위생부에서 규정한 약식동원품목* 가운데 하나로, 활성 요오드를 풍부하게 함유하고 있어, 이미 지역성 요오드 결핍으로 인한 질환에 널리 사용되고 있다. 다시마 및 그 추출물에 대한 급성 독성 및 만성 축적 독성 연구에서 독성이나 돌연변이성 작용은 아직까지 보고된 바가 없다[35-37].

다시마로부터 추출한 만니톨과 다당류 성분은 토양에서 균근(arbuscular mycorrhizal)의 생장을 촉진한다. 해조류를 이용하면 경제작물의 생장을 용이하게 할 수 있다[38].

그 밖에 다시마는 친환경사료와 식품첨가제[39-41], 친환경농약[42], 식물의 신선도 유지[43] 등에 사용되며, 요오드 추출원, 알긴산 나트륨, 만니톨 등의 공업원료로 사용되고 있다. B형 간염바이러스(HBV)의 표면항원(HBsAg)을 다시마의 유전자로부터 유전자치환법으로 합성하는 데 성공하였으며, 이는 다시마로부터 B형 간염의 백신이 생산될 수 있는 잠재력이 있음을 시사한다[44]. 그러므로 다시마는 대형 해조류로서 산업분야에 높은 부가가치를 창출할 수 있을 것이다.

참고문헌

1. B. Fott. 藻類學. 上海: 上海科學技術出版社. 1991: 4
2. 李守玲, 趙晶, 張華坤, 曲愛琴. 從海帶根中提取純化褐藻硫酸多糖. 山東大學學報(理學版). 2004, **39**(1): 107-108, 112
3. WJ Wang, GC Wang, M Zhang, CK Tseng. Isolation of fucoxanthin from the rhizoid of *Laminaria japonica* Aresch. *Journal of Integrative Plant Biology*. 2005, **47**(8): 1009-1015
4. X Yan, L Zheng, H Chen, W Lin, W Zhang. Enriched accumulation and biotransformation of selenium in the edible seaweed *Laminaria japonica*. *Journal of Agricultural and Food Chemistry*. 2004, **52**(21): 6460-6464
5. 汪岷, 鄒曉, 林華英. 海帶活性碘對實驗動物甲狀腺的影響. 河南職技師院學報. 1998, **26**(4): 26-29
6. 謝露, 陳蒙華, 黎靜. 海帶胞壁多糖抑制血栓形成和血液凝固的實驗研究. 中藥新藥與臨床藥理. 2004, **15**(2): 101-103
7. 謝露, 陳蒙華, 劉愛群, 黎靜. 海帶多糖對血管損傷大鼠血小板活性的影響. 中國公共衛生. 2005, **21**(8): 959-960
8. 謝露, 陳蒙華, 黎靜, 劉愛群. 海帶多糖L01對實驗性動物血液凝固和血小板活性的影響. 中醫康復研究. 2005, **9**(5): 124-125
9. DQ Jin, G Li, JS Kim, CS Yong, JA Kim, K Huh. Preventive effects of Laminaria japonica aqueous extract on the oxidative stress and xanthine oxidase activity in streptozotocin-induced diabetic rat liver. *Biological & Pharmaceutical Bulletin*. 2004, **27**(7): 1037-1040
10. 李厚勇, 王蕊, 高曉奇, 張振玲, 何良愛. 海帶提取物對脂質過氧化和血液流變學的影響. 中醫公共衛生. 2002, **18**(3): 263-264
11. 李春梅, 高永林, 李敏, 史文華, 劉志峰. 海帶多糖對實驗性高血脂鵪鶉的降脂及抗動脈粥樣硬化作用. 中藥材. 2005, **28**(8): 676-679
12. 劉志峰, 李春梅, 高永林, 李敏, 史文華. 海帶多糖對實驗性高脂血症鵪鶉血流變及微循環的影響. 中國新藥雜誌. 2006, **15**(8): 603-606
13. 王庭祥, 王庭欣, 何雲. 海帶多糖對糖尿病大鼠血糖的影響. 中華臨床與衛生. 2003, **2**(1): 10-11
14. 曲愛琴, 王琪琳, 張英慧, 李守玲, 王海仁, 呂輝. 海帶素 (FGS) 對高膽固醇血症小鼠血清膽固醇的調節作用. 中國海洋藥物雜誌. 2002, **21**(5): 31-33
15. 宋劍秋, 徐譽泰, 張華坤, 張可煒, 徐中平, 王海仁. 海帶硫酸多糖對小鼠腹腔巨噬細胞的免疫調節作用. 中國免疫學雜誌. 2000, **16**(2): 70
16. 廖建民, 沈子龍, 張瑾. 海帶多糖中不同組分降血脂及抗腫瘤作用的研究. 中國藥科大學學報. 2002, **33**(1): 55-57
17. 薛靜波, 劉希英, 張鴻芬. 海帶多糖對小鼠腹腔巨噬細胞的激活作用. 中國海洋藥物雜誌. 1999, **18**(3): 23-25
18. 詹林盛, 張新生, 吳曉紅, 王穎麗, 王之賢. 海帶多糖的免疫調節作用. 中國生化藥物雜誌. 2001, **22**(3): 116-118
19. KH Kim, YW Kim, HB Kim, BJ Lee, DS Lee. Anti-apoptotic activity of Laminarin polysaccharides and their enzymatically hydrolyzed oligosaccharides from *Laminaria japonica*. *Biotechnology Letters*. 2006, **28**(6): 439-446
20. 高淑清, 單保恩, 張兵, 趙澤貞. 裙帶菜和海帶提取液體外抑瘤實驗研究. 營養學報. 2004, **26**(1): 79-80
21. 王琪琳, 趙子鵬. 海帶硫酸多糖對小鼠腹腔巨噬細胞激活及細胞毒作用的影響. 聊城大學學報(自然科學版). 2004, **17**(2): 56-57, 96
22. 孫冬岩, 林虹, 史玉霞. 海帶硫酸多糖對人宮頸癌細胞株增殖和凋亡的影響. 實用醫學雜誌. 2005, **21**(12): 1241-1243
23. 趙雪, 薛長湖, 王靜鳳, 李兆傑, 齊宏濤. 海帶岩藻聚糖硫酸酯低聚糖對小鼠肝損傷的保護作用. 營養學報. 2003, **25**(3): 286-289
24. 郭連英, 蘇秀榕, 楊文新, 張健. 海帶和裙帶菜對鼠乳腺發育調控的研究. 遼寧師範大學學報: 自然科學版. 2001, **24**(1): 65-69
25. 胡穎紅, 李向榮, 馮磊. 海帶對高血壓的降壓作用觀察. 浙江中西醫結合雜誌. 1997, **7**(5): 266-267
26. HL Huang, BG Wang. Antioxidant capacity and lipophilic content of seaweeds collected from the Qingdao coastline. *Journal of Agricultural and Food Chemistry*. 2004, **52**(16): 4993-4997
27. Z Xue, CH Xue, YP Cai, DF Wang, Y Fang. The study of antioxidant activities of fucoidan from *Laminaria japonica*. *High Technology Letters*. 2005, **11**(1): 91-94
28. 劉靜, 趙秋玲, 張銀柱, 黃承鈺. 海帶對急性胰腺炎小鼠氧化損傷作用的實驗研究. 現代預防醫學. 2005, **32**(10): 1264-1266, 1273
29. 吳曉旻, 楊明亮, 黃曉蘭, 閻俊, 羅瓊. 海帶多糖的抗輻射作用與脾細胞凋亡. 武漢大學學報(醫學版). 2004, **25**(3): 239-241, 252
30. 羅瓊, 吳曉旻, 楊明亮, 黃曉蘭, 閻俊. 海帶多糖的抗輻射作用與淋巴細胞凋亡關係研究. 營養學報. 2004, **26**(6): 471-473
31. 朱詠梅, 鍾進義. 海生多糖肽對小鼠急性輻射損傷的防護作用. 中國公共衛生. 2004, **20**(11): 1349-1350
32. 劉芳, 李卓能, 閻俊, 羅瓊. 海帶多糖對小鼠動脈血氧影響及抗疲勞作用. 中國老年學雜誌. 2004, **24**(6): 540-541

※ 부록(559~562쪽) 참고

33. 閻俊, 李林, 譚曉東, 羅瓊. 海帶多糖對缺氧小鼠動脈血氣影響的研究. 湖北預防醫學雜誌. 2002, **13**(5): 3-4

34. QB Zhang, N Li, TT Zhao, HM Qi, ZH Xu, ZE Li. Fucoidan inhibits the development of proteinuria in active *Heymann nephritis*. *Phytotherapy Research*. 2005, **19**(1): 50-53

35. 顧軍, 孫萍, 莊桂東. 海帶生物有機碘的慢性積蓄性毒理評價研究. 食品研究與開發. 2003, **24**(4): 48-49

36. 遲玉森. 海帶中有機碘的動物補碘評價. 中國食品學報. 2002, **2**(3): 37-42

37. 孫建璋, 孫慶海. 海帶 (*Laminaria japonica* Aresch) 含砷問題的探討. 現代漁業信息. 2004, **19**(12): 25-27

38. H Chen, K Mai, W Zhang, Z Liufu, W Xu, B Tan. Effects of dietary pyridoxine on immune responses in abalone, *Haliotis discus hannai Ino*. *Fish & Shellfish Immunology*. 2005, **19**(3): 241-252

39. 鄧厚群. 海帶粉-綠色飼料添加劑. 飼料博覽. 2002, **12**: 52

40. M Sakata, S Era, M Asakawa. Rheological characteristics of seaweed polysaccharides and uses in foods. *Kumamoto Daigaku Kyoikugakubu Kiyo, Shizen Kagaku*. 2005, **54**: 69-74

41. 李紅. 法成功研製出植物抗病疫苗. 新疆農墾科技. 2003, **2**: 43

42. 張英慧, 上官國蓮, 伍瑛. 海帶多糖對香石竹切花保鮮效果的研究. 園藝學報. 2003, **30**(4): 427-430

43. 董鵬, 秦松, 曾呈奎. 乙肝病毒表面抗原 (HBsAg) 基因在海帶中的表達. 科學通報. 2002, **47**(14): 1095-1097

독일미 獨一味 CP

Labiatae

Lamiophlomis rotata (Benth.) Kudo

Common Lamiophlomis

개 요

꿀풀과(Labiatae)

독일미(獨一味, *Lamiophlomis rotata* (Benth.) Kudo)의 지상부를 건조한 것

중약명: 독일미

독일미속(*Lamiophlomis*) 식물은 단일 종으로 네팔, 부탄 및 중국 서부 고산 지역에 주로 자생하며, 중국에서는 서장, 청해, 감숙, 사천 서부 및 운남 서북부에 분포한다.

독일미는 전통적으로 티베트 민족이 사용하는 약이며, 《월왕약진(月王藥診)》, 《사부약전(四部藥典)》 및 《정주본초(晶珠本草)》 등에 수재되어 있다. 《중국약전(中國藥典)》(2015년 판)에 이 종을 중약 독일미의 법정기원식물 내원종으로 수록하였다. 주요산지는 중국의 감숙, 청해, 사천, 운남, 서장 등이다.

독일미에는 주로 페닐에타노이드 배당체, 플라본, 이리도이드 성분 등이 함유되어 있다. 《중국약전》에서는 고속액체크로마토그래피법을 이용하여 독일미에 함유된 루테올린의 함량을 0.15% 이상으로 약재의 규격을 정하고 있다.

약리연구를 통하여 독일미에는 진통, 지혈, 면역기능 증강 및 항종양 활성 등이 있는 것으로 알려져 있다.

티베트의학(藏醫)에서 독일미는 활혈지혈(活血止血), 거풍지통(祛風止痛) 등의 효능이 있다.

독일미 獨一味 *Lamiophlomis rotata* (Benth.) Kudo

독일미 獨一味 CP

약재 독일미 藥材獨一味 Lamiophlomis Herba

1cm

함유성분

잎에는 플라보노이드 성분으로 luteolin, luteolin-7-O-glucoside, quercetin, quercetin-3-O-arabinoside, apigenin-7-O-neohesperidoside[1], apigenin-7-O-β-D-glucopyranoside[2]가 함유되어 있다.

뿌리에는 크산톤류 성분으로 1-hydroxy-2,3,5-trimethoxyxanthone[1], 이리도이드 성분으로 lamiophlomiol A, B[3], C[4], 8-O-acetylshanzhiside methyl ester, 6-O-acetylshanzhiside methyl ester, penstemoside, 7,8-dehydropenstemoside[5], 페닐에탄올 배당체 성분으로 leucosceptoside B, lamiophlomioside A[6], 6′-β-D-apiofuranosyl cistanoside C[7] 등이 함유되어 있다.

지상부에는 이리도이드 성분으로 shanzhiside methyl ester, 8-O-acetyl shanzhiside methyl ester, sesamoside[8] 등이 함유되어 있다.

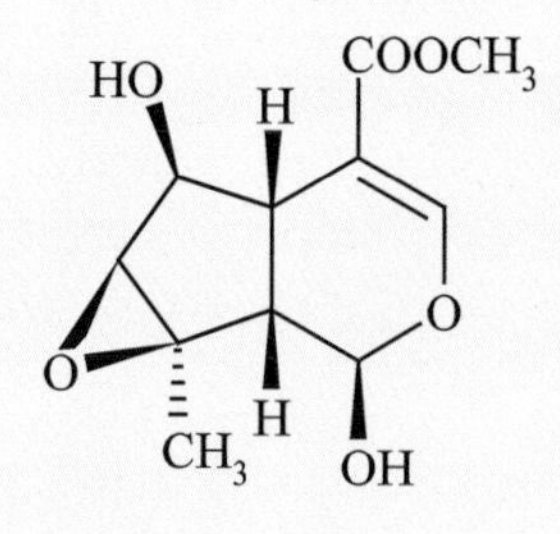

lamiophlomiol A

약리작용

1. 진통, 항염

   독일미 열수 추출물을 Mouse에 경구투여하면 열판자극과 초산자극으로 유도된 통증에 대해 뚜렷한 진통작용이 있으며, 디메칠벤젠으로 인한 Mouse의 귓바퀴 종창과 카라기난으로 인한 Rat의 발바닥 종창에 대해 뚜렷한 억제작용이 있다. 또한 지속성 치아염증이 있는 Mouse의 사료 섭취량을 증가시키며, 초산으로 인한 Mouse 복강의 모세혈관 투과도 증가를 뚜렷하게 억제한다[9-10].

2. 지혈

독일미의 과립제를 꼬리가 절단된 Mouse에 투여하면 혈소판 최대 응집률을 상승시키며, 혈소판의 최대 응집시간을 연장시킬 수 있을 뿐만 아니라 혈액 용해속도를 느리게 할 수 있다[10-11]. Mouse의 지혈, 응혈시간과 Rat의 응혈효소원 및 부분 응혈활성효소의 반응시간을 단축시킬 수 있으며, 섬유소의 함량을 증가시킴으로써 뚜렷한 지혈작용을 나타낸다[10-11]. 이러한 지혈작용의 활성성분은 독일미의 이리도이드이다[12].

3. 항균

In vitro 실험에서 독일미 추출물은 B형 용혈성 연쇄구균과 산기간균에 대해 억제작용이 있다[13]. 독일미 잎에서 추출한 사포닌은 이질간균, 녹농간균, 산기간균, 고초간균, B형 용혈성 연쇄구균에 대하여 뚜렷한 억제작용이 있다[13].

4. 면역력 증강

독일미의 사포닌을 복강에 주사하면 동물 대식세포의 탐식률, 대식세포의 탐식지수, E-로제트 생성률 및 α-나프틸아세테이트에스테라제 활성률 등을 증가시킬 수 있는데, 이는 독일미에 특이성 및 비특이성 면역에 대한 증강작용이 있음을 설명하는 것이다[13].

5. 항종양

독일미의 정유는 체외배양된 인체위암세포 SGC-7901, 인체간암세포 BEL-7402, 인체백혈병세포 HL-60의 증식에 대해 비교적 강력한 억제작용이 있다[14].

6. 골수조혈기능에 대한 영향

독일미의 침고를 정상 Mouse 및 busuflan으로 쇠약해진 Mouse에 피하주사로 투여하면 골수와 조골세포(CFU-D)의 증식에 뚜렷한 촉진작용이 있는데, 이는 독일미에 골수를 보하는 작용이 있음을 의미한다[15].

용 도

독일미는 장의임상에서 사용하는 약이다. 활혈지혈(活血止血, 혈의 운행을 활발히 하고 출혈을 그치게 함), 거풍지통[祛風止痛, 풍(風)을 제거하고 통증을 멈추게 함], 건황수(乾黃水, 상처의 누런 진물을 말림) 등의 효능이 있으며, 타박상, 근골의 통증, 관절종통(關節腫痛, 관절이 붓고 아픈 병증), 생리통, 붕루과다(崩漏過多, 월경주기와 무관하게 불규칙적으로 과다한 질 출혈이 일어나는 병증) 등의 치료에 사용한다.
현대임상에서는 외상으로 인한 골절, 수술 후 진통 및 지혈 등의 병증에 사용한다.

해 설

독일미는 중국 장족, 몽고족, 나시족(納西族) 등의 민간약초이다. 티베트어로는 '대파(大巴)', '타파포(打巴布)'라고 불린다. 최근 독일미에 대한 연구와 개발이 비교적 다양하게 이루어지고 있는데, 이미 캡슐제, 정제, 과립제 등의 제제가 개발되었으며, 임상에서도 널리 사용되고 있다. 독일미의 캡슐은 《중국약전》에도 등재되었다.
독일미는 자원이 풍부하고 약리활성 또한 명확하므로, 항종양 및 면역력 증강 등의 분야에 추가적인 연구가 필요하다.

참고문헌

1. 易進海, 鍾熾昌, 羅澤淵, 肖倬殷. 獨一味根化學成分的研究 (III). 中草藥. 1990, **21**(12): 2-3, 5
2. 王瑞冬, 孫連娜, 陶朝陽, 張衛東, 陳萬生. 獨一味化學成分的研究. 第二軍醫大學學報. 2005, **26**(10): 1171-1173
3. 易進海, 鍾熾昌, 羅澤淵, 肖倬殷. 藏藥獨一味根化學成分的研究. 藥學學報. 1990, **26**(1): 37-41
4. 易進海, 鍾熾昌, 羅澤淵, 肖倬殷. 獨一味素 C 的結構. 藥學學報. 1992, **27**(3): 204-206
5. 易進海, 黃小平, 陳燕, 羅澤淵, 鍾熾昌. 藏藥獨一味根環烯醚萜甙的研究. 藥學學報. 1997, **32**(5): 357-360
6. 易進海, 顏賢忠, 羅澤淵, 鍾熾昌. 藏藥獨一味根化學成分的研究. 藥學學報. 1995, **30**(3): 206-210
7. JH Yi, GL Zhang, BG Li, YZ Chen. Phenylpropanoid glycosides from *Lamiophlomis rotata. Phytochemistry*. 1999, **51**(6): 825-828
8. 張承忠, 李沖, 石建功, 封士蘭, 趙承俠, 李樹琪. 藏藥獨一味中的環烯醚萜甙. 中草藥. 1992, **23**(10): 509-510, 560
9. 苑偉, 宋玉成, 梁資富. 不同產地藏藥獨一味的鎮痛, 抗炎作用比較研究. 中國藥房. 2003, **14**(12): 716-717
10. 李元靜, 張月玲, 劉近榮, 芮菁. 獨一味顆粒劑的主要藥效學研究. 中藥藥理與臨床. 2005, **21**(3): 36-39
11. 李茂星, 賈正平, 沈濤, 張汝學, 張華欣, 李志英. 口服獨一味水提物對大鼠血液凝集參數的影響. 中藥材. 2006, **29**(2): 160-163
12. 賈正平, 李茂星, 張汝學, 沈濤, 費改順. 獨一味止血有效部位的實驗研究. 解放軍藥學學報. 2005, **21**(4): 272-274
13. 曾陽, 陳學軍, 陳振寧. 藏藥獨一味的研究進展. 中草藥. 2001, **32**(12): 1141-1143
14. 賈正平, 李茂星, 張汝學, 王謹慧, 王敏, 郭曉農, 沈濤. 獨一味抗腫瘤活性成分的體外篩選. 西北國防醫學雜誌. 2005, **26**(3): 173-175

15. 賈孝榮, 王鏡. 藏藥獨一味對粒系祖細胞影響的實驗研究. 蘭州醫學院學報. 1995, **21**(3): 138-139, 151

16. 陸慶, 韋文軍. 獨一味膠囊的骨科臨床應用. 中國中醫藥信息雜誌. 2001, **8**(10): 60

17. 覃綱, 任正心, 殷澤登, 歐小毅. 藏藥獨一味用於術後鎮痛的療效觀察: 附 150 例耳鼻咽喉頭頸外科手術病例分析. 中國民族醫藥雜誌. 2000, **6**(3): 14-15

18. 王強, 薛秀芬. 藏藥獨一味治療肛瘺手術後併發症 40 例臨床觀察. 中國民族醫藥雜誌. 1999, **5**(1): 24

19. 王背蓉. 藏藥獨一味活血止痛化瘀止血運用. 中國民族醫藥雜誌. 2001, **7**(3): 36

20. 王樹平. 獨一味消炎痛並用治療帶環後出血 60 例. 中醫藥學刊. 2003, **21**(5): 764

탈피마발 脫皮馬勃 CP, KHP

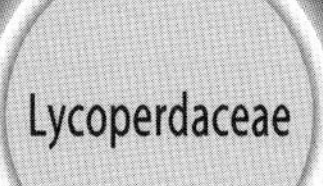

Lasiosphaera fenzlii Reich.

Puff-ball

개 요

말불버섯과(Lycoperdaceae)

탈피마발(脫皮馬勃, *Lasiosphaera fenzlii* Reich.)의 성숙한 자실체를 건조한 것

중약명: 마발(馬勃)

댕구알버섯속(*Lasiosphaera*)의 진균은 전 세계에 분포하지만 정확한 종류에 대해서는 기록을 찾아볼 수 없다. 중국에서는 오직 이 종만을 찾아볼 수 있으며, 중약 마발의 내원종 가운데 하나이다. 이 종은 주로 흑룡강, 내몽고, 하북, 섬서, 감숙, 신강, 호북, 호남, 강소, 안휘, 귀주 등에 분포한다.

'마발'이란 약명은 가장 먼저 《명의별록(名醫別錄)》에 하품으로 수재되었다. 역대 본초서적들에 기록된 마발의 품종은 오늘날 사용하는 종과 유사하나 정확하게 어떤 종이었는지에 대해서는 확인이 어렵다. 《중국약전(中國藥典)》(2015년 판)에서는 이 종을 중약 마발의 법정기원식물 내원종 가운데 하나로 등재하였다. 마발의 주요산지는 안휘, 강소, 광서, 감숙, 내몽고 등이며, 안휘와 내몽고의 생산량이 가장 많다.

탈피마발의 주요 활성성분은 제마테인과 에르고스테롤이다. 《중국약전》에서는 약재의 성상, 이화학적 감별 및 박층크로마토그래피법으로 약재를 관리하고 있다.

약리연구를 통하여 탈피마발은 지혈, 항균 등의 작용이 있는 것으로 알려져 있다.

한의학에서 마발에는 해독, 지혈 등의 효능이 있다.

탈피마발 脫皮馬勃 *Lasiosphaera fenzlii* Reich.

탈피마발 脫皮馬勃 CP, KHP

대마발 大馬勃 *Calvatia gigantea* (Batsch ex Pers.) Lloyd

약재 마발 藥材馬勃 Lasiosphaera Calvatia

녹색마발 *C. lilacina* (Mont. et Berk.) Lloyd

함유성분

자실체에는 에르고스테로이드 유도체 성분으로 에르고스테롤, ergosta-7,22-dien-3-one[4]이 함유되어 있으며, 또한 알칼리성 뮤신으로 gemmatein, 요소, 다당류[3, 5], 아미노산[6] 등이 함유되어 있다.

ergosta-7,22-dien-3-one

약리작용

1. 지혈
   탈피마발에는 비교적 다량의 인산나트륨이 함유되어 있어 물리적 지혈작용을 유도한다.
2. 항균
   탈피마발의 수침제는 *in vitro*에서 오투앙소아포선균, 철수색소아포선균에 대해 억제작용이 있으며, 그 열수 추출물은 *in vitro*에서 폐렴간균, 황색포도상구균, 변형간균 및 녹농간균 등에 대해 일정한 억제작용이 있다[7].
3. 항염, 지해(止咳)
   탈피마발의 혼탁액을 위에 주입시키면 디메칠벤젠으로 유도된 Mouse의 귓바퀴 종창을 뚜렷하게 억제하며, 물리적 자극으로 유도된 기니피그의 해수(咳嗽) 잠복기를 연장시킬 수 있다. 기침억제의 작용은 45분과 75분에서 비교적 강력하다[8].
4. 항바이러스
   탈피마발의 물 추출물과 메탄올 추출물은 *in vitro*에서 I형 인체면역결핍바이러스(HIV−1)에 대해 억제작용이 있다[9].
5. 기타
   탈피마발에 함유된 제마테인은 항종양 활성이 있다[3].

용 도

마발은 중의임상에서 사용하는 약이다. 청열해독(清熱解毒, 화열을 깨끗이 제거하고 몸의 독을 없이함), 소옹산결(消癰散結, 큰 종기나 상처가 부은 것을 삭아 없어지게 하고 뭉치거나 몰린 것을 헤치는 효능), 이인[利咽, 인두(咽頭)를 이롭게 함], 지혈(止血) 등의 효능이 있으며, 풍열[風熱, 풍사(風邪)와 열사(熱邪)가 겹친 것] 및 폐열로 인한 인후종통(咽喉腫痛, 목 안이 붓고 아픈 증상), 토혈뉵혈(吐血衄血, 피를 토하고 코에서 피가 나는 증상), 외상 출혈 등의 치료에 사용한다.
현대임상에서는 외과수술 지혈, 외상 출혈, 코피, 비특이성 궤양성 결장염, 상부호흡기감염, 두드러기 등의 병증에 사용한다.

해 설

《중국약전》에 수록된 마발은 마발과에 속한 진균 대마발(*Calvatia gigantea* (Batsch ex Pers.) Lloyd)과 자색마발(*C. lilacina* (Mont. et Berk.) Lloyd)이다. 그 밖에 대구정회구(大口靜灰球), 장근정회구(長根靜灰球), 전피마발(栓皮馬勃) 등 10여 종의 각기 다른 종 · 속에 속한 진균류가 서로 다른 지역에서 마발약재로 사용되고 있다[10].
마발류의 진균은 중국 대부분의 지역에 분포하고 있으며, 지역에 따라 약재의 채취방법과 사용방법이 다르다. 또한 서로 다른 종 간의 화학적, 약리학적 비교연구 또한 많지 않아 이에 대한 추가적 연구가 필요하다.
마발의 인공재배가 이미 성공하였으나 약재의 사용량이 그다지 많지 않은 관계로 대부분 야생에 의존하고 있는데, 연간 수요량은 3~4만kg 정도이다[11].

참고문헌

1. 應建浙. 中國藥用真菌圖鑒. 北京: 科學出版社. 1987: 514-515
2. 鄧叔群. 中國的真菌. 北京: 科學出版社. 1964: 673
3. 徐錦堂. 中國藥用真菌學. 北京: 北京醫科大學, 中國協和醫科大學聯合出版社. 1997: 763-765
4. 王棣書, 金向群, 程東岩, 嚴玉清. 薄層掃描法測定不同品種馬勃中麥角甾-7, 22-二烯-3-酮含量. 中草藥. 1997, **28**(1): 15-16
5. 劉淑芬, 甄攀. 中藥馬勃中多糖含量測定. 張家口醫學院學報. 2001, **18**(5): 32-33
6. 張慶康, 丁永輝. 10種馬勃的氨基酸含量測定及聚類分析. 中成藥. 1996, **18**(8): 35-37
7. 孫菊英, 郭朝暉. 十種馬勃體外抑菌作用的實驗研究. 中藥材. 1994, **17**(4): 37-38
8. 左文英, 尚孟坤, 揣辛桂. 脫皮馬勃的抗炎, 止咳作用觀察. 河南大學學報: 醫學科學版. 2004, **3**: 65
9. CM Ma, N Nakamura, H Miyashiro, M Hattori, K Komatsu, T Kawahata, T Otake. Screening of Chinese and Mongolian herbal drugs for anti-human immunodeficiency virus type 1 (HIV-1) activity. *Phytotherapy Research*. 2002, **16**(S1): 186-189
10. 丁永輝, 常克儉, 宋平順, 楊建瑜. 商品馬勃的品種調查和鑒定. 中國中藥雜誌. 1991, **16**(6): 323-326
11. 王惠清. 中藥材產銷. 成都: 四川出版集團四川科學技術出版社. 2004: 589-591

익모초 益母草 CP, KP, VP

Leonurus japonicus Houtt.

Motherwort

개 요

꿀풀과(Labiatae)

익모초(益母草, *Leonurus japonicus* Houtt.)의 신선한 지상부 또는 지상부를 건조한 것

중약명: 익모초

익모초속(*Leonurus*) 식물은 전 세계에 20종이 있는데, 유럽과 아시아온대에 분포하며, 일부는 아메리카와 아프리카에도 자생한다. 중국에는 12종이 있으며, 변종 2종과 변형 2종이 있다. 이 속에서 약으로 사용되는 것은 5종으로 변종 2종과 변형 1종을 포함한다. 익모초는 중국 전역에 고르게 분포하며, 러시아, 한반도, 일본, 아시아열대, 아프리카, 아메리카 등지에도 분포하는 것이 있다.

'익모초'의 명칭은 가장 처음 《본초도경(本草圖經)》에 기록되었으며, 역대 본초서적에 다수 기재되었는데, 오늘날의 본초와 동일한 기원식물이다. 《중국약전(中國藥典)》(2015년 판)에서는 이 종을 중약 익모초와 충위자의 법정기원식물 내원종으로 수록하였다. 주요산지는 중국의 하남, 안휘, 사천, 강소, 절강 등이며, 그 외에 광동, 광서, 하북 등지에도 고르게 분포한다.

익모초의 주요 활성성분은 알칼로이드와 디테르펜으로 펩타이드, 이리도이드, 플라본, 지방산, 정유 등이다. 《중국약전》에서는 박층크로마토그래피법을 이용하여 익모초에 함유된 스타키드린염산(stachydrine hydrochloride)의 함량을 0.5% 이상으로 약재의 규격을 정하고 있다.

약리연구를 통하여 익모초에는 자궁흥분, 미세순환 개선, 심박감소, 항혈소판응집, 이뇨, 항돌연변이 등의 작용이 있는 것으로 알려져 있다.

한의학에서 익모초는 활혈조경(活血調經), 이뇨소종(利尿消腫), 청열해독(淸熱解毒) 등의 효능이 있다.

익모초 益母草 *Leonurus japonicus* Houtt.

약재 익모초 藥材益母草 Leonuri Herba

약재 충위자 藥材茺蔚子 Leonuri Fructus

함유성분

지상부에는 알칼로이드 성분으로 leonurine, stachydrine[1], 디테르페노이드 성분으로 prehispanolone[2], hispanolone, leoheterin, galeopsin, leoheteronins A, B, C, D, E[3], leoheteronones A, B, C, D, E, 15-epileopersins B, C, leopersins B, C, 15-epileoheteronones B, D, E[4], preleoheterin[5], heteronone A[6], 고리형 펩티드 성분으로 cycloleonuripeptides A, B, C, D, E, F[7-9], 플라보노이드 성분으로 tiliroside[10], genkwanin[3], rutin, isoquercitrin[11], 페놀성 물질로 leonurisides A, B[11], 이리도이드 배당체 성분으로 leonuride[11], ajugoside[12] 등이 함유되어 있다.

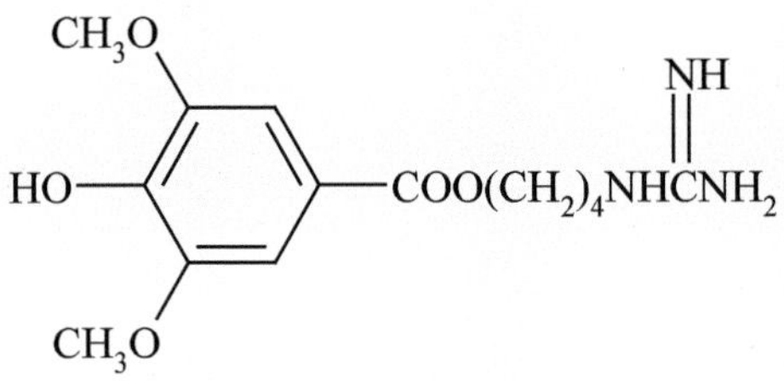

leonurine

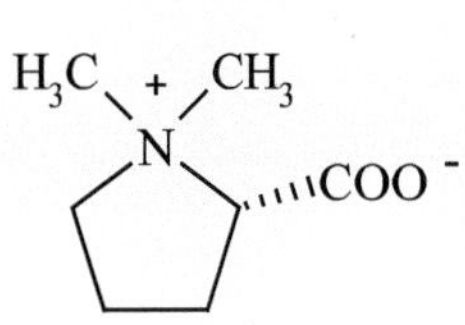

stachydrine

약리작용

1. 자궁에 대한 영향

1) 자궁흥분

익모초의 열수 추출물을 Rat의 복강에 주사하면 자궁의 전기적 활동과 관련이 있는 일련의 전자 농도를 변화시킬 수 있는데, 세포의 전기적 활동을 증가시키고, 동작전위원의 탈극화를 촉진함으로써 자궁흥분을 유도한다[13]. 적출 실험을 통하여 익모초 열수 추출물의 에탄올 침출액과 에탄올 추출물은 일정한 자궁흥분작용이 있으며[14], 그 흥분작용은 히스타민 H1 수용체 및 아드레날린 α 수용체와 관련이 있다[15]. 신선한 익모초의 자궁흥분작용이 더욱 강력하다[16].

2) 생리통 완화

익모초의 물 추출물을 십이지장에 투여하면 임신하지 않은 정상 기니피그의 자궁을 수축시키며, 경구투여 시 15-메칠프로스타글란딘 $F_{2\alpha}$ 및 옥시토신으로 유도된 Mouse의 자궁경련을 완화할 수 있다. 또한 실험용 Rat의 자궁염증을 개선하고, Rat의 자궁평활근의 프로스타글란딘 $F_{2\alpha}$와 프로스타글란딘 E_2의 농도를 낮추며, 프로게스테론의 분비량을 증가시킬 수 있다[17].

2. 혈액 및 임파계통에 대한 영향

1) 임파 미세순환 개선

익모초의 주사액을 Rat의 경정맥에 투여하면 실혈성 쇼크가 유도된 Rat와 급성 혈어가 유도된 Rat의 장계막 임파관의 자발수축빈도 및 수축성을 뚜렷하게 증강시킨다. 또한 미세임파관의 직경을 확장시키며, 미세임파관의 활성을 증가시킴으로써 림프액의 생성과 순환을 촉진하는 등 임파미세순환에 대하여 양호한 개선효과가 있다[18-19].

2) 혈액학적 영향

익모초 주사액을 모세혈관 혈전 토끼 모델의 복강에 주사하면 혈액 유형성분의 응집과 혈액점도의 감소를 통하여 미세혈관의 혈전 생성을 예방하고 억제할 수 있다[20]. 익모초의 주사액을 심근허혈모델 Rat의 꼬리정맥에 주사하면 허혈유도 과정에서 혈액점도가 상승하는 것을 경감시킬 수 있다[21]. 그 밖에도 혈소판응집과 혈전 형성을 억제하는 등 항심근허혈작용이 있는데, 그 유효성분은 레오누린이다[22]. 신선한 익모초 캡슐을 경구투여하면, Mouse의 응혈시간을 뚜렷하게 연장시키며, Rat의 유글로블린 용해시간을 단축시키고, 섬유소의 용해 활성을 증강시킨다[23]. 익모초의 주사액을 토끼의 귀정맥에 주사하면 혈액의 점도와 섬유소의 함량을 감소시킨다[24].

3. 심혈관계에 대한 영향

익모초의 주사액을 Rat의 정맥에 주사하면 심근혈허 재관류로 인한 심박실상의 발생률을 감소시키며, 심근혈허 재관류에 대한 보호작용이 있다[25-26]. 그 작용기전은 익모초가 활성산소의 유리기를 제거하여 심근의 손상을 경감시키는 것과 관련된 것으로 생각된다. 또한 활성산소의 제거와 관련된 효소를 활성화하고, 심근세포의 전자교환효소를 보호함으로써 미세순환 및 혈류변화와 관련된 요소 등을 개선한다[27-28]. 저농도의 익모초 주사액은 적출된 돼지 심장관상동맥 나선조직을 미약하게 확장시키며, 고농도를 사용할 경우에는 수축반응을 일으킨다. 또한 고농도를 사용하면 KCl로 유도된 관상동맥수축에 대해 뚜렷한 증강작용을 보인다[29].

4. 항돌연변이

익모초의 물 추출물을 Mouse에 경구투여하면 초산납으로 유도된 정자의 DNA 합성 변이유도를 감소시키며, Mouse 정원세포 자매 염색단체의 교환과 정자의 기형을 현저하게 억제할 수 있다. 또한 수컷 생식세포의 유전물질에 대해 보호작용이 있다[30-32]. 익모초의 물 추출물을 경구투여하면 황산카드뮴에 의해 유도된 Mouse 골수세포의 미분핵률을 뚜렷하게 억제할 수 있으며, 카드뮴으로 인한 유전물질 손상에 대해서도 보호작용이 있다[33].

5. 이뇨

스타키드린과 레오누린을 Rat에 경구투여하면 Na^+와 Cl^-의 배출량을 증가시키며, K^+의 배출량을 감소시킴으로써 이뇨작용을 유도한다[34].

6. 기타

프레히스파놀론은 인체의 세포면역반응을 증강시킨다[35]. 익모초의 알칼로이드류는 뚜렷한 항염진통의 작용이 있다[36]. 또한 익모초에는 살정(殺精), 항종양 등의 작용도 있다[37-38].

용 도

익모초는 중의임상에서 사용하는 약이다. 활혈조경(活血調經, 혈의 운행을 활발히 하여 부인의 월경을 순조롭게 함), 이뇨소종(利尿消腫, 이뇨시키고 부종을 가라앉힘), 청열해독(清熱解毒, 화열을 깨끗이 제거하고 몸의 독을 없이함) 등의 효능이 있다. 익모초는 혈체경폐[血滯經閉, 혈행(血行)이 응체(凝滯)되어 월경이 멎음], 생리통, 산후의 어체(瘀滯, 뭉치고 얽혀서 정체되는 증상) 등에 사용하며, 수종(水腫, 전신이 붓는 증상), 소변불리(小便不利, 소변배출이 원활하지 못함), 옹종창양(癰腫瘡瘍, 고름덩어리와 상처), 피부소양(皮膚瘙癢, 피부가 가려운 증상) 등의 치료에 사용한다.

현대임상에서는 부인과 출혈성 질병 및 생리통의 병증에 사용하며, 혈액고점도증, 관심병(冠心病, 관상동맥경화증), 고지혈증, 급성 신염, 요로결석, 과민성 면역질환[예: 담마진(蕁麻疹, 두드러기), 기관지 천식, 류머티즘 관절염] 등의 병증에 사용한다. 또한 ABO형 신생아 용혈증의 예방에도 사용한다.

해 설

익모초의 열매도 약으로 사용하는데, 중약명은 충위자(茺蔚子)이다. 충위자는 활혈통경(活血通經), 청간명목(清肝明目) 등의 효능이 있으며, 월경부조, 통경(痛經), 경폐(經閉), 간열로 인한 두통, 현운, 목적종통(目赤腫痛), 목생예장(目生翳障) 등에 사용한다.

익모초는 채취시기에 따라 알칼로이드의 함량이 다르게 나타나는데, 영양기로부터 개화 초기까지의 함량이 비교적 높게 나타나기 때문에 초여름 개화기 초기에 채취하는 것이 약재의 품질을 향상시킬 수 있다.

익모초에 함유되어 있는 스타키드린은 만성 기관지염을 치료하는 성분이다. 이를 기초로 새로운 제제를 개발할 수 있을 것으로 기대된다. 《신수본초(新修本草)》에는 무측천익모보안방(武則天益母保顔方)이 수록되어 있는데, 신선옥녀분(神仙玉女紛)이라고도 부르며, 그 주요원료는 익모초이다.

참고문헌

1. HW Yeung, YC Kong, WP Lay, KF Cheng. The structure and biological effect of leonurine. A uterotonic principle from the Chinese drug, I-mu Ts'ao. *Planta Medica*. 1977, **31**(1): 51-56

2. PM Hon, CM Lee, HS Shang, YX Cui, HNC Wong, HM Chang. Prehispanolone, a labdane diterpene from *Leonurus heterophyllus*. *Phytochemistry*. 1991, **30**(1): 354-356

3. PM Giang, PT Son, K Matsunami, H Otsuka. New labdane-type diterpenoids from *Leonurus heterophyllus* Sw. *Chemical & Pharmaceutical Bulletin*. 2005, **53**(8): 938-941

4. PM Giang, PT Son, K Matsunami, H Otsuka. New bis-spirolabdane-type diterpenoids from *Leonurus heterophyllus* Sw. *Chemical & Pharmaceutical Bulletin*. 2005, **53**(11): 1475-1479

5. PM Hon, ES Wang, SKM Lam, YM Choy, CM Lee, HNC Wong. Preleoheterin and leoheterin, two labdane diterpenes from *Leonurus heterophyllus*. *Phytochemistry*. 1993, **33**(3): 639-641

6. 張嫻, 彭國平. 益母草化學成分研究. 天然產物研究與開發. 2004, **16**(2): 104-106

7. H Morita, A Gonda, K Takeya, H Itokawa, O Shirota. Cyclic peptides from higher plants. 31. Conformational preference of cycloleonuripeptides A, B, and C, three proline-rich cyclic nonapeptides from *Leonurus heterophyllus*. *Chemical & Pharmaceutical Bulletin*. 1997, **45**(1): 161-164

8. H Morita, A Gonda, K Takeya, H Itokawa, Y Iitaka. Cyclic peptides from higher plants. 36. Cycloleonuripeptide D, a new pro line-rich cyclic decapeptide from *Leonurus heterophyllus*. *Tetrahedron*. 1997, **53**(5): 1617-1626

9. H Morita, T Iizuka, A Gonda, H Itokawa, K Takeya. Cycloleonuripeptides E and F, cyclic nonapeptides from *Leonurus heterophyllus*. *Journal of Natural Products*. 2006, **69**(5): 839-841

10. 叢悅, 王金輝, 郭洪仁, 李銑. 益母草化學成分的分離與鑒定 II. 中國藥物化學雜誌. 2003, **13**(6): 349-352

11. K Sugaya, F Hashimoto, M Ono, Y Ito, C Masuoka, T Nohara. Antioxidative constituents from Leonurii Herba (*Leonurus japonicus*). *Food Science and Technology International.* 1998, **4**(4): 278-281
12. 王金輝, 叢悅, 李銑, 朱洪珍. 益母草化學成分的分離與鑒定. 中國藥物化學雜誌. 2002, **12**(3): 146-148
13. 馬永明, 楊東焱, 田治峰, 瞿頌義, 丁永輝, 衛玉玲. 益母草對大鼠在體子宮肌電活動的影響. 中國中藥雜誌. 2000, **25**(6): 364-366
14. 張恩戶, 劉耀武, 孫濤, 胡燕平. 三種益母草提取物對大鼠離體子宮活動性的影響. 陝西中醫學院學報. 2003, **26**(3): 46
15. 石米揚, 昌蘭芳, 何功倍. 紅花, 當歸, 益母草對子宮興奮作用的機理研究. 中國中藥雜誌. 1995, **20**(3): 173-175
16. 楊明華, 王萬青, 金祖漢, 金捷. 新鮮益母草縮宮作用的研究. 基層中藥雜誌. 2001, **15**(3): 61-62
17. 金若敏, 陳兆善, 陳長勛, 張海桂. 益母草治療痛經機理探索. 中國現代應用藥學雜誌. 2004, **21**(2): 90-93
18. 薑華, 張利民, 張學鋒, 劉艷凱, 趙自剛, 史滿金. 益母草注射液對失血性休克大鼠淋巴微循環的作用. 陝西中醫. 2004, **25**(8): 759-760
19. 薑華, 張利民, 劉艷凱, 張學鋒, 牛春雨, 張玉平. 益母草注射液對急性血瘀大鼠腸系膜淋巴微循環的作用. 中成藥. 2004, **26**(8): 686-687
20. 袁忠治, 李繼雲, 王琰. 中藥益母草預防和抑制微小血管血栓形成作用. 深圳中西醫結合雜誌. 2003, **13**(3): 148-150
21. 尹俊, 王鴻利. 益母草對心肌缺血大鼠血液流變學及血栓形成的影響. 血栓與止血學. 2001, **7**(1): 13-15
22. 丁伯平, 熊鶯, 徐朝陽, 陳國祥, 楊解人. 益母草鹼對急性血瘀證大鼠血液流變學的影響. 中國中醫藥科技. 2004, **11**(1): 36-37
23. 楊明華, 郭月芳, 金祖漢, 金捷, 朱佩清, 陳婉姬. 鮮益母草膠囊和益母草流浸膏對血液系統影響的比較研究. 中國現代應用藥學雜誌. 2002, **19**(1): 14-16
24. 韓中秀, 李仲然, 韓立斌. 益母草注射液對家兔血液粘度及纖維蛋白原的影響. 瀋陽藥學院學報. 1992, **9**(3): 196-199
25. 陳穗, 陳韓秋, 陳晴暉, 許鴻舉, 鄭鴻翱. 益母草注射液對大鼠心肌缺血再灌注時心律失常的保護作用. 汕頭大學醫學院學報. 1999, **12**(3): 9-10
26. 陳少如, 陳穗, 李秋元. 益母草注射液對冠心病患者及大鼠心肌缺血再灌注心律失常的治療作用. 臨床心血管病雜誌. 2002, **18**(10): 490-491
27. 鄭鴻翱, 陳少如, 尹俊. 益母草對兔心肌缺血再灌注損傷時氧自由基的影響. 汕頭大學醫學院學報. 1997, **10**(2): 10-12
28. 陳少如, 陳穗, 鄭鴻翱, 陳韓秋, 董仁壽, 鄭國偉. 益母草治療心肌缺血或再灌注損傷及其機制研究. 微循環學雜誌. 2001, **11**(4): 16-19
29. 吳惜貞, 石剛剛, 陳錦香, 沈逹, 陳少如. 益母草注射液對豬冠脈螺旋條影響的實驗研究. 汕頭大學醫學院學報. 1997, **10**(1): 17-19
30. 朱玉琢, 龐慧民, 邢瀋陽, 高久春. 益母草對小鼠精子程式外 DNA 合成的抑制作用. 中國公共衛生. 2003, **19**(11): 1340
31. 朱玉琢, 龐慧民, 邢瀋陽, 高久春, 胥耕莉. 益母草對小鼠雄性生殖細胞遺傳損傷的影響. 吉林大學學報(醫學版). 2003, **29**(6): 756-758
32. 朱玉琢, 龐慧民, 邢瀋陽, 高久春. 益母草對小鼠雄性生殖細胞遺傳損傷的防護作用. 衛生毒理學雜誌. 2003, **17**(4): 211-213
33. 龐慧民, 朱玉琢, 劉念稚. 益母草對硫酸鎘誘發的小鼠骨髓細胞微核率的影響. 吉林大學學報(醫學版). 2002, **28**(5): 463-464
34. 晁志, 馬麗玲, 周秀佳. 益母草中生物鹼成分對大鼠的利尿作用研究. 時珍國醫國藥. 2005, **16**(1): 11-12
35. 徐杭民, 李志明, 韓寶銘, 張雄謀. 前益母草素 (prehispanolone) 對小鼠 T, B 淋巴細胞的影響. 藥學學報. 1992, **27**(11): 812-816
36. 李萬, 蔡亞玲. 益母草總生物鹼的藥理實驗研究. 華中科技大學學報(醫學版). 2002, **31**(2): 168-170
37. 任淑君, 朱淑英, 楊長虹. 中藥益母草及三棱殺精作用的研究. 黑龍江醫藥. 1999, **12**(2): 83
38. MG Chinwala, M Gao, J Dai, J Shao. In vitro anticancer activities of *Leonurus heterophyllus* sweet (Chinese motherwort herb). *Journal of Alternative and Complementary Medicine.* 2003, **9**(4): 511-518

다닥냉이 獨行菜 CP, KHP

Lepidium apetalum Willd.

Pepperweed

개 요

십자화과(Cruciferae)

다닥냉이(獨行菜, *Lepidium apetalum* Willd.)의 잘 익은 씨를 건조한 것

중약명: 정력자(葶藶子), 북정력자(北葶藶子)

다닥냉이속(*Lepidium*) 식물은 전 세계에 150종이 있으며, 세계 각지에 널리 분포한다. 중국에는 약 15종이 있으며, 이 속에서 약으로 사용되는 것은 4종이다. 이 종은 중국의 동북, 화북, 화동, 서북, 서남 등에 분포하며, 러시아, 유럽, 아시아 동부와 중부 및 히말라야 지역에도 자생한다.

'정력'이라는 명칭은 《신농본초경(神農本草經)》에 하품으로 처음 수록되었다. 중국에서 고대로부터 사용된 다닥냉이는 고정력(苦葶藶)이라고도 불리며, 오늘날 중국 북방 지역에서 사용하는 주류상품 약재와 일치한다. 《중국약전(中國藥典)》(2015년 판)에서는 이 종을 중약 정력자의 법정기원식물 내원종의 하나로 수록하였다. 주요산지는 중국의 하북, 요녕, 내몽고, 흑룡강, 길림, 산서, 산동, 감숙, 청해 등이다. 《대한민국약전외한약(생약)규격집》(제4개정판)에서 '정력자'는 "십자화과에 속하는 다닥냉이(*Lepidium apetalum* Willdenow) 또는 재쑥(播娘蒿, *Descurainia sophia* (L.) Webb ex Prantl)의 씨"로 등재되어 있다.

다닥냉이에는 주로 강심(強心)배당체와 정유성분 등이 함유되어 있다. 《중국약전》에서는 약재의 성상, 조직분말의 특징, 팽창도 검사 등을 이용하여 약재의 규격을 정하고 있다.

약리연구를 통하여 다닥냉이에는 거담(祛痰), 강심 등의 작용이 있는 것으로 알려져 있다.

한의학에서 정력자에는 사폐평천(瀉肺平喘), 행수소종(行水消腫) 등의 효능이 있다.

다닥냉이 獨行菜 *Lepidium apetalum* Willd.

약재 정력자 藥材葶藶子 Lepidii Semen

재쑥 播娘蒿 *Descurainia sophia* (L.) Webb ex Prantl

함유성분

씨에는 시안화벤질을 주성분으로 하는 정유성분과 강심배당체 성분으로 evomonoside[2]와 sinalbin, sinigrin, daucosterol 등이 함유되어 있다.

evomonoside

약리작용

1. 호흡기에 대한 영향

시니그린은 다닥냉이 씨의 기침억제성분이다. 다닥냉이의 씨를 볶으면 시니그린의 함량이 현저하게 높아진다. 시니그린은 무자극성인 반면 그 효소분해 산물인 머스터드 오일은 매운맛과 자극성이 있다. 볶은 뒤에는 효소가 파괴되므로 체외에서 효소의 분해로 인해 머스터드 오일이 생성되는 것을 방지할 수 있으며, 자극성 또한 감소된다[3]. 다닥냉이 씨의 에탄올 추출물은 Mouse 기관지의 페놀레드 분비량을 뚜렷하게 증가시킴으로써 거담작용을 유도한다.

2. 심혈관계에 대한 영향

다닥냉이 씨의 물 추출물을 개의 정맥에 주사하면 좌심실의 심근수축력과 혈액박출력을 증가시킬 수 있으며, 관상동맥의 혈류량을 증가시키지만, 심근의 산소요구량은 증가되지 않는다[4]. 다닥냉이 씨의 에탄올-부탄올 추출물과 에탄올-클로로포름 추출물은 두꺼비의 적출된 심장의 수축폭 및 빈도를 현저하게 증가시키며, 에탄올-클로로포름 추출물은 마취된 토끼 심장의 혈액 사출기능을 개선하고, 혈액 수출량을 증가시킬 수 있다.

3. 기타

다닥냉이 씨의 에탄올 추출물을 기니피그의 피부에 외용으로 사용하면 자외선으로 유도된 피부색소침착을 뚜렷하게 억제할 수 있다. *In vitro*에서 흑색종세포 HM3KO의 증식을 뚜렷하게 억제한다[5].

용 도

독행채는 중의임상에서 사용하는 약이다. 사폐평천[瀉肺平喘, 폐기(肺氣)를 배출시키면서 기침을 멈추게 함], 이수소종[利水消腫, 이수(利水)하여 부종을 가라앉혀 줌], 옹종창양(癰腫瘡瘍, 고름덩어리와 상처), 피부소양(皮膚瘙癢, 피부가 가려운 증상) 등의 치료에 사용한다.
현대임상에서는 기침, 만성 폐색성 폐병, 충혈성 심장병, 복수(腹水, 배에 물이 차는 증상), 심근쇠약 등의 병증에 사용한다.

해 설

십자화과에 속한 재쑥 역시 《중국약전》에 수재된 중약 정력자의 법정기원식물 내원종이며, 일반적으로 남정력자 또는 첨정력(甛葶藶)이라고 불린다. 주요산지는 중국의 강소, 안휘, 산동, 절강, 하북, 하남, 산서, 섬서, 감숙 등이다.
재쑥의 씨에는 휘발성 기름 성분이 함유되어 있으며, 그 주성분으로는 이소치오시안산염아릴(allyl isothiocyanate)[7], 강심배당체 성분으로 스트로판티딘, 에보모노사이드, 헬베티코사이드 A, 에보비오사이드, 에리시모사이드, 플라본 성분으로 quercetin-7-O-β-D-glucopyranosyl(1→6)-β-D-glucopyranoside, quercetin-3-O-β-D-glucopyranosyl-7-O-β-gentiobioside[8-9], 락톤 성분으로 데스쿠라이놀라이드 A&B 등이 함유되어 있다[10]. 최근에는 씨로부터 데스쿠라이닌 A, 데스쿠라이노사이드, 데스쿠라이노사이드 B, 4-펜테나마이드[11-13] 등의 성분을 분리하였다. 재쑥 씨의 알코올 추출물과 지방유를 경구투여하면 고지혈 Rat의 혈중 콜레스테롤을 조절할 수 있다[14]. 또한 재쑥 씨에 함유된 헬베티코사이드를 복강에 주사하면 모노크로탈린으로 유발된 폐동맥 고혈압 Rat의 우심실 수축압력과 이완압력 및 폐동맥 평균압력을 뚜렷하게 저하시킨다[15].
고정력과 첨정력은 십자화과에 속한 서로 다른 속의 식물이다. 《본초연의(本草衍義)》에서 두 식물에 대하여 구분하기 시작하였다. 한의학적으로 쓴맛은 사하(瀉下)하는 성질이 있어 이수소종에 주로 사용되며, 단맛은 사하하는 성질이 완만하여 사폐평천에 주로 사용된다. 그러므로 이들의 함유성분 및 약리작용에 대하여 구체적인 비교연구가 필요하며, 그 품목별 효능에 대한 탐구가 필요하다.

참고문헌

1. 趙海譽, 王秀坤, 陸景珊. 北葶藶子中揮發油及脂肪油類成分的研究. 中草藥. 2005, **36**(6): 827-828
2. JW Hyun, JE Shin, KH Lim, MS Sung, JW Park, JH Yu, BK Kim, WH Paik, SS Kang, JG Park. Evomonoside: the cytotoxic cardiac glycoside from *Lepidium apetalum*. *Planta Medica*. 1995, **61**(3): 294-295
3. 劉波, 張華. 葶藶子炮製前後芥子苷的含量比較. 中成藥. 1990, **12**(7): 19
4. 吳曉玲, 楊裕忠, 黃東亮. 葶藶子水提物對狗左心室功能的作用. 中藥材. 1998, **21**(5): 243-245
5. H Choi, S Ahn, BG Lee, I Chang, JS Hwang. Inhibition of skin pigmentation by an extract of *Lepidium apetalum* and its possible implication in IL-6 mediated signaling. *Pigment Cell Research*. 2005, **18**(6): 439-446
6. 馬梅芳, 呂偉, 高宇源. 單味葶藶子的臨床應用. 中國民間療法. 2005, **13**(3): 50-51
7. S Afsharypuor, GB Lockwood. Glucosinolate degradation products, alkanes and fatty acids from plants and cell cultures of *Descurainia sophia*. *Plant Cell Reports*. 1985, **4**(6): 341-343
8. 孫凱, 李銑. 南葶藶子中的一個新黃酮苷. 中國藥物化學雜誌. 2003, **13**(4): 247-248
9. 王愛芹, 王秀坤, 李軍林, 崔翔宇. 南葶藶子化學成分的分離與結構鑒定. 藥學學報. 2004, **39**(1): 46-51

10. K Sun, X Li, W Li, JH Wang, JM Liu, Y Sha. Two new lactones and one new aryl-8-oxa-bicyclo [3, 2, 1] oct-3-en-2-one from *Descurainia sophia. Chemical & Pharmaceutical Bulletin*. 2004, **52**(12): 1483-1486

11. K Sun, X Li, W Li, JH Wang, JM Liu, Y Sha. Two new compounds from the seeds of *Descurainia sophia. Pharmazie*. 2005, **60**(9): 717-718

12. K Sun, X Li, JM Liu, JH Wang, W Li, Y Sha. A novel sulphur glycoside from the seeds of *Descurainia sophia* (L.). *Journal of Asian Natural Products Research*. 2005, **7**(6): 853-856

13. 孫凱, 李銑, 康興東, 劉麗. 南葶藶子的化學成分. 瀋陽藥科大學學報. 2005, **22**(3): 181-182

14. 劉忠良. 南葶藶子提取物調血脂作用的實驗研究. 藥學實踐雜誌. 2000, **18**(1): 15-17

15. 方志堅, 熊旭東. 葶藶子中黃白糖介苷對 MCT 所致肺動脈高壓大鼠血流動力學影響. 實用中西醫結合臨床. 2004, **4**(5): 73-74

다닥냉이 재배단지

중국천궁 川芎 CP, KP

Ligusticum chuanxiong Hort.

Chuanxiong

개 요

산형과(Apiaceae/Umbelliferae)
중국천궁(川芎, *Ligusticum chuanxiong* Hort.)의 뿌리줄기를 건조한 것
중약명: 천궁(川芎)
왜당귀속(*Ligusticum*) 식물은 전 세계에 약 60여 종이 분포하며, 주로 북반구에서 자생하는데, 중국에 약 30여 종이 있고 이 가운데 10여 종이 약으로 사용된다. 천궁은 대부분 재배에 의존하는데, 그 주요산지는 중국의 사천, 강서, 호북, 섬서, 귀주 등이다.
천궁은 '궁로(芎藭)'라는 명칭으로 《신농본초경(神農本草經)》에 처음 기재되었다. 역대의 본초서적들에 많이 기재되었으며, 오늘날의 천궁 품종과 동일한 품종이다. 《중국약전(中國藥典)》(2015년 판)에서는 이 종을 중약 천궁의 법정기원식물 내원종으로 수록하였다. 주요산지는 중국의 사천이며, 생산량도 많고 품질도 비교적 우수하다. 그 밖에 호북, 호남, 강서, 섬서, 운남, 감숙 등에서도 생산되나 그 생산량이 많지는 않다. 《대한민국약전》(제11개정판)에서는 '천궁'을 "산형과에 속하는 천궁(*Cnidium officinale* Makino) 또는 중국천궁(中國川芎, *Ligusticum chuanxiong* Hort.)의 뿌리줄기로서 그대로 또는 끓는 물에 데친 것"으로 등재하고 있다. 천궁의 주요 성분은 정유와 페놀 화합물이다. 《중국약전》에서는 박층크로마토그래피법과 엑스 함량 등을 이용하여 약재의 규격을 정하고 있다.
약리연구를 통하여 중국천궁에는 항심근허혈(抗心筋虛血), 항혈전, 혈관확장, 항위궤양, 진정, 진통, 항종양 등의 작용이 있는 것으로 알려져 있다. 한의학에서 천궁은 활혈거어(活血祛瘀), 행기개울(行氣開鬱), 거풍지통(祛風止痛) 등의 효능이 있다.

중국천궁 川芎 *Ligusticum chuanxiong* Hort.

약재 천궁 藥材川芎 Chuanxiong Rhizoma

천궁 川芎 *Cnidium officinale* Makino

약재 동궁 藥材東芎 Cnidii Rhizoma

함유성분

뿌리줄기에는 프탈라이드 유도체 성분으로 ligustilide, butylphthalide, 3-butylidenephthalide, 3-butylidene-7-hydroxyphthalide, neocnidilide[1-2], senkyunolides A, B, C, D, E, F, G, H, I, J, K, L, M, N, O, P, Q, R, S[3-7], (Z,Z')-diligustilide[8], wallichilide[2], 페놀성 성분으로 ferulic acid, protocatechuic acid, caffeic acid[9] 등이 함유되어 있다.

또한 뿌리줄기에는 ligustilide, senkyunolide, limonene[10] 등의 성분이 주로 함유되어 있는 정유성분이 있다. 뿐만 아니라 최근에는 4,7-dihydroxy-3-butylphthalide[9]와 xiongterpene[1] 성분들이 분리되었다.

O

O

senkyunolide A

약리작용

1. 심근허혈 방지

   천궁의 테트라메칠피라진을 복강에 주사하면 이소프레날린에 의해 심근허혈이 발생한 Rat 모델에 대해 보호작용이 있는데, 그 작용기전은 심근선립체의 Ca^{2+}–ATP 효소, Ca^{2+}, Mg^{2+}–ATP 효소 활성 및 bcl–2 유전자의 발현 조절과 관련된 것으로 생각된다[11]. 테트라메칠피라진으로 전 처리한 Rat에서 심장 허혈성 재관류 손상에 대한 뚜렷한 보호작용이 나타난다[12].

2. 항뇌허혈

   천궁 프탈라이드(주로 리구스틸라이드를 함유)를 경구투여하면 대뇌동맥전색으로 인한 뇌허혈 Rat 모델의 행동장애를 뚜렷하게 개선하며, 뇌허혈로 인한 경색면적을 감소시킬 수 있다. 또한 Rat 체내의 혈전 형성과 아데노신이인산(ADP)에 의해 유도된 혈소판응집을 억제하고, 혈액순환을 개선할 수 있다[13]. 천궁의 테트라메칠피라진을 복강에 주사하면 Rat의 혈전생성을 억제할 수 있으며, 신경원을 보호하고, 뇌수종을 감소시키는 등 뇌허혈성 손상에 대한 보호작용이 있다[14].

3. 혈관확장

   *In vitro*에서 테트라메칠피라진은 농도 의존적으로 돼지 관상동맥평활근의 Ca^{2+}–K^{+}채널을 활성화함으로써 혈관수축을 억제한다[15].

4. 항혈전

   천궁의 물 추출물을 Mouse에 경구투여하면 뚜렷한 혈전 형성 억제반응이 있다[16]. 천궁의 테트라메칠피라진을 개의 정맥에 주사하면 혈관형성술(PTA) 뒤 국소에 발생하는 혈전의 형성을 억제할 수 있으며, 이미 용해되기 시작한 혈전의 용해속도를 증가시킬 수 있다[17]. 천궁의 물 추출물은 *in vitro*에서 절단으로 유도된 Rat의 혈소판응집반응에 대해 뚜렷한 억제작용이 있다[18].

5. 진정, 진통

   천궁의 열수 추출물을 경구투여하면 Rat의 자발활동을 억제할 수 있는데, Mouse에 대해서 그 작용이 더욱 뚜렷하게 나타난다[19]. 또한 펜토바르비탈로 유도된 Mouse의 수면시간을 연장시킬 수 있으며, 카페인으로 인한 흥분에 대해서도 길항작용이 있다[19].

6. 항위궤양

   천궁의 테트라메칠피라진을 Rat의 복강에 주사하면 침수스트레스성 위궤양의 발생을 억제할 수 있으며, 위액분비량을 증가시키고, 위장운동을 억제시킨다. 스트레스로 인한 일산화질소합성효소(NOS) 활성과 산화질소 함량의 감소에 대해서도 억제작용이 있다[20].

7. 항종양

   천궁의 테트라메칠피라진을 루이스폐암종(LLC)이 있는 Mouse의 복강에 투여하면 종양의 성장과 전이를 억제할 수 있는데, 그 작용기전은 혈관내피세포성장인자(VEGF) 유전자의 발현을 억제함으로써 혈관생성을 억제하는 것과 관련이 있을 것으로 생각된다[21].

8. 항지질과산화, 활성산소 제거

   천궁의 추출물과 테트라메칠피라진은 *in vitro*에서 과산화수소와 아라키돈산에 의해 유도된 혈관내피세포의 손상 및 괴사에 대해 보호작용이 있는데, 이는 항지질과산화작용과 관련이 있을 것으로 생각된다[22–23]. 또한 천궁의 물 추출물과 천궁의 테트라메칠피라진 및 그 이성체들은 활성산소를 제거하는 작용이 있다[24–25].

9. 기타

   천궁의 테트라메칠피라진을 Rat의 복강에 주사하면 기관지평활근의 근육층을 증가시켜 만성 기침을 경감시킬 수 있으며, 형질전환생장인자–β1(TGF–β1)의 발현을 억제함으로써 기관지중첩 등의 폐 손상을 경감시킬 수 있다[26].

용 도

천궁은 중의임상에서 사용하는 약이다. 활혈행기(活血行氣, 혈액순환을 원활하게 하고 기의 운행이 원활하게 도움), 거풍지통[祛風止痛, 풍(風)을 제거하고 통증을 멈추게 함]의 효능이 있으며, 혈어(血瘀) 및 기체로 인한 통증, 월경부조(月經不調), 생리통, 경폐(經閉, 월경이 있어야 할 시기에 월경이 없는 것), 난산, 산후의 복통, 타박상, 흉협(胸脇, 앞가슴과 양쪽 옆구리)의 통증, 두통, 풍한습비(風寒濕痺, 풍한습으로 저림) 등의 치료에 사용한다.

현대임상에서 천궁은 심혈관질환[심교통(心絞痛, 가슴이 쥐어짜는 것처럼 몹시 아픈 것), 허혈성 중풍 등], 뇌혈관질환[뇌혈전(腦血栓), 뇌전색(腦栓塞), 뇌동맥경화 등], 호흡기질환[폐동맥고혈압, 성인호흡기증후군, 기관지해수(氣管支咳嗽), 폐기종, 폐섬유화 등], 신장질환(사구체신염, 신장쇠약 등) 등의 병증에 사용한다.

해 설

천궁은 한의학에서 상용하는 약으로, 오늘날에는 심뇌혈관질환의 치료에 광범위하게 사용된다. 연구 데이터와 임상자료의 축적을 통해 천궁의 응용범위는 지속적으로 확대되고 있는데, 호흡기질환과 신장질환 분야에서 많은 진전을 이루고 있다.

추출분리를 통하여 얻어진 천궁의 테트라메칠피라진은 오늘날 인공적으로 합성되어 사용되기도 하는데, 심뇌혈관질환, 호흡기질환, 신사구체질환 및 종양전이억제 등 임상에서 다양하게 이용되고 있다. 또한 효과가 뚜렷하고, 원료가 풍부하며, 가격이 저렴할 뿐만 아니라 임상에서 안전범위가 넓고 부작용이 뚜렷하지 않기 때문에 다양하게 개발 · 응용될 수 있는 가능성이 있다. 현재 사천에 이미 천궁의 대규모 재배단지가 조성되어 있다.

천궁(東芎, *Cnidium officinale* Makino / *Ligusticum officinale* (Makino) Kitag.)은 동천궁, 일본천궁, 양천궁, 연변천궁 등으로 불리며, 《일본약국방(日本藥局方)》(제15판)에 천궁의 법정기원식물 내원종으로 기재되었다. 이 종은 임상에서 중국천궁과 동일하게 사용된다. 이들 간의 식물학적 친연관계와 화학적, 약리학적 차이점에 대한 연구가 추가되어야 할 것이다.

참고문헌

1. 蕭永慶, 李麗, 遊小琳, 穀口雅顏, 馬場きみ江. 川芎化學成分研究. 中國中藥雜誌. 2002, **27**(7): 519-521
2. PS Wang, XL Gao, YX Wang, Y Fukuyama, I Miura, M Sugawara. Phthalides from the rhizome of *Ligusticum wallichii*. *Phytochemistry*. 1984, **23**(9): 2033-2038
3. T Naito, T Katsuhara, K Niitsu, Y Ikeya, M Okada, H Mitsuhashi. Two phthalides from *Ligusticum chuangxiong*. *Phytochemistry*. 1992, **31**(2): 639-642
4. M Kobayashi, H Mitsuhashi. Studies on the constituents of Umbelliferae plants. XVII. Structures of three new ligustilide derivatives from *Ligusticum wallichii*. *Chemical & Pharmaceutical Bulletin*. 1987, **35**(12): 4789-4792
5. T Naito, T Katsuhara, K Niitsu, Y Ikeya, M Okada, H Mitsuhashi. Phthalide dimers from *Ligusticum chuanxiong* Hort. *Heterocycles*. 1991, **32**(12): 2433-2442
6. T Naito, K Niitsu, Y Ikeya, M Okada, H Mitsuhashi. A phthalide and 2-farnesyl-6-methyl benzoquinone from *Ligusticum chuanxiong*. *Phytochemistry*. 1992, **31**(5): 1787-1789
7. T Naito, Y Ikeya, M Okada, H Mistuhashi, M Maruno. Two phthalides from *Ligusticum chuanxiong*. *Phytochemistry*. 1996, **41**(1): 233-236
8. M Kaouadji, H Reutenauer, AJ Chulia, A Marsura. (Z, Z')-Diligustilide, a new dimeric phthalide isolated from *Ligusticum wallichii* Franch. *Tetrahedron Letters*. 1983, **24**(43): 4677-4678
9. 王文祥, 顧明, 蔣小崗, 顧振綸, 範盤生. 川芎化學成分研究. 中草藥. 2002, **33**(1): 4-5
10. 李慧, 王一濤. 不同方法提取川芎揮發油的比較分析. 中國中藥雜誌. 2003, **28**(4): 379-380
11. 黎玉, 萬福生, 萬義福. 川芎嗪對大鼠心肌缺血損傷的拮抗作用. 中成藥. 2003, **25**(8): 646-648
12. 文飛, 馮義柏, 田莉, 謝江. 川芎嗪預處理對大鼠心肌缺血再灌注損傷的保護. 中華實用中西醫雜誌. 2005, **18**(8): 1099-1101
13. 田京偉, 傅風華, 蔣王林, 王超雲, 孫芳, 張太平. 川芎苯酞對大鼠局部腦缺血的保護作用及機理探討. 中國中藥雜誌. 2005, **30**(6): 466-468
14. SL Liao, TK Kao, WY Chen, YS Lin, SY Chen, SL Raung, CW Wu, HC Lu, CJ Chen. Tetramethylpyrazine reduces ischemic brain injury in rats. *Neuroscience Letters*. 2004, **372**(1-2): 40-45
15. 葉雲, 楊艶, 馮碧敏, 張昊, 楊艶艶. 川芎提取液動物血藥濃度測定及其對鈣激活鉀通道作用初探. 中國藥房. 2005, **16**(1): 19-22
16. 周大興, 陸紅, 趙育芳. 不同川芎對血小板聚集, 血栓形成影響的對比研究. 中藥藥理與臨床. 2002, **18**(3): 16-17
17. 梁俊生, 賀能樹, 吳勝勇, 楊海賢. 川芎嗪對犬腎動脈成形術局部血栓形成影響的實驗研究. 放射學實踐. 2003, **18**(10): 757-759
18. M Li, C Zhao, RNS Wong, S Goto, ZM Wang, FL Liao. Inhibition of shear-induced platelet aggregation in rat by tetramethylpyrazine and salvianolic acid B. *Clinical Hemorheology and Microcirculation*. 2004, **31**(2): 97-103
19. 侯家玉. 中藥藥理學. 北京: 中國中醫藥出版社. 2002: 148
20. 萬軍利, 王昌留, 崔勝忠. 川芎嗪對大鼠浸水應激性胃潰瘍的影響. 中草藥. 2000, **31**(2): 115-117
21. 陳剛, 徐曉玉, 嚴鵬科, 廖端芳. 川芎嗪和丹參對小鼠 Lewis 肺癌生長的抑制作用與抑制血管生成的關係. 中草藥. 2004, **35**(3): 296-299
22. YZ Hou, GR Zhao, J Yang, YJ Yuan, GG Zhu, R Hiltunen. Protective effect of *Ligusticum chuanxiong* and *Angelica sinensis* on endothelial cell damage induced by hydrogen peroxide. *Life Sciences*. 2004, **75**(14): 1775-1786
23. 王韻, 周新, 汪炳華, 張冀, 陳麗達, 李小明. 川芎嗪對花生四烯酸誘導血管內皮細胞凋亡的保護作用. 中草藥. 2004, **35**(2): 177-180
24. H Li, QJ Wang. Evaluation of free hydroxyl radical scavenging activities of some Chinese herbs by capillary zone electrophoresis with amperometric detection. *Analytical and Bioanalytical Chemistry*. 2004, **378**(7): 1801-1805
25. 邊曉麗, 陳學敏, 劉艶霞, 潘清. 川芎嗪及其衍生物對羥自由基的清除作用. 中國醫院藥學雜誌. 2003, **23**(11): 678-679
26. 王文建, 楊莉, 李海浪, 王西華. 川芎嗪對哮喘大鼠氣道壁平滑肌增殖及 TGF-β_1 表達的影響. 東南大學學報(醫學版). 2003, **22**(6): 387-390
27. 孫海英. 川芎臨床應用的新進展. 延安大學學報(自然科學版). 2002, **21**(3): 72-74

중국천궁 川芎 CP, KP

중국천궁 재배단지

고본 藁本 CP, KHP

Ligusticum sinense Oliv.

Chinese Lovage

개 요

산형과(Apiaceae/Umbelliferae)

고본(藁本, *Ligusticum sinense* Oliv.)의 뿌리줄기와 뿌리를 건조한 것

중약명: 고본

왜당귀속(*Ligusticum*) 식물은 전 세계에 약 60여 종이 분포하며, 주로 북반구에서 자생하는데, 중국에 약 30여 종이 있고 이 가운데 10여 종이 약으로 사용된다. 이 종은 주로 중국의 섬서, 절강, 강서, 호남, 호북, 사천 등에서 자생한다.

'고본'의 약명은 가장 먼저 《신농본초경(神農本草經)》에 중품으로 기재되었다. 역사적으로 고본의 내원은 두 가지로 황하유역 상류 및 양자강 유역의 고본(*L. sinense* Oliv.)과 황하유역 하류의 이북 지역에 분포하는 요고본(遼藁本, *L. jeholense* Nakai et Kitag.)이 있으며, 이 두 종은 오늘날의 약재 품종과 일치한다. 《중국약전(中國藥典)》(2015년 판)에서는 이 종을 중국 고본의 법정기원식물 내원종의 하나로 수록하였다. 주요산지는 중국의 사천, 호북, 호남, 강서, 섬서, 감숙 등이며, 귀주와 광서 지역에서도 일부 생산된다. 《대한민국약전외한약(생약)규격집》(제4개정판)에는 '고본'을 "산형과에 속하는 고본(*Ligusticum tenuissimum* Kitagawa), 중국고본(中國藁本, *Ligusticum sinense* Oliv.) 또는 요고본(*Ligusticum jeholense* Nakai et Kitagawa)의 뿌리줄기 및 뿌리"로 등재하고 있다.

왜당귀속 식물의 주요 활성성분은 정유와 페놀 화합물이다. 《중국약전》에서는 고속액체크로마토그래피법을 이용하여 고본에 함유된 페룰산의 함량을 0.05% 이상으로 약재의 규격을 정하고 있다.

약리연구를 통하여 고본에는 진통, 진정, 해경(解痙), 항염, 항혈전 등의 작용이 있는 것으로 알려져 있다.

한의학에서 고본은 거풍산한(祛風散寒), 승습지통(勝濕止痛) 등의 효과가 있다.

고본 藁本 *Ligusticum sinense* Oliv.

고본 藁本 CP, KHP

약재 고본 藥材藁本 Ligustici Rhizoma et Radix

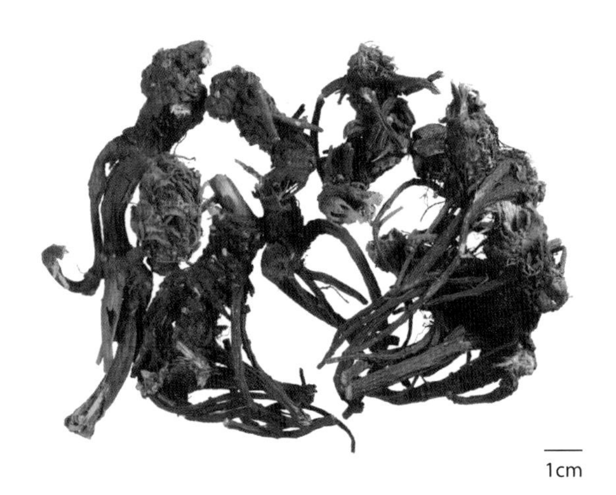

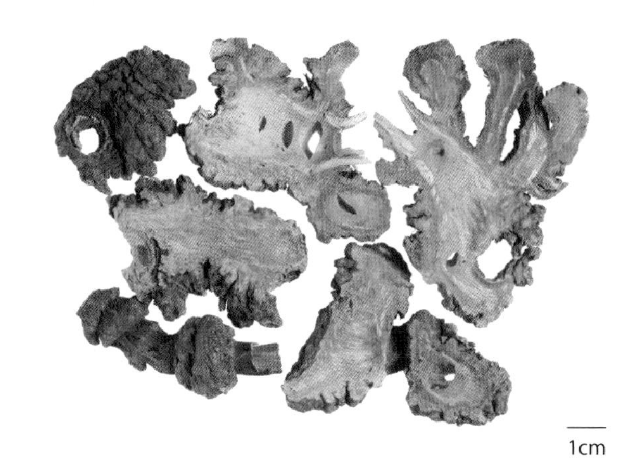

함유성분

뿌리줄기에는 neocnidilide, limonene, cnidilide, β-phellandrene, trans-ocimene, elemicin, ligustilide[1-2] 성분을 주로 함유하고 있는 정유와 bergapten, scopoletin을 주로 함유하고 있는 쿠마린류 성분 그리고 페놀성 성분으로 ferulic acid, myristicin[3] 등의 성분이 함유되어 있다. 또한 ligustilone, ligustiphenol[4-5] 성분 등이 함유되어 있다.

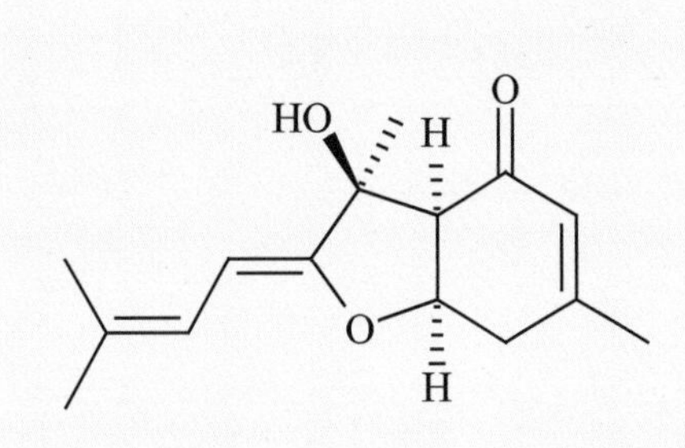

ligustilone

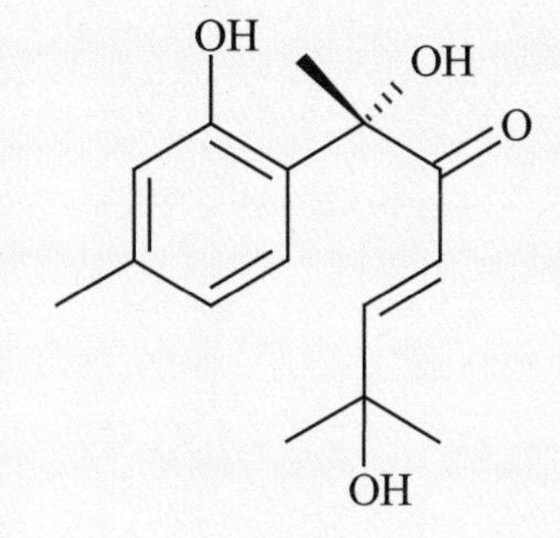

ligustiphenol

약리작용

1. 진통, 진정
   고본의 에탄올 추출물을 Mouse에 경구투여하면 초산으로 유도된 경련반응의 횟수를 감소시킬 수 있다. 고본의 중성 정유는 타르타르산안티몬칼륨으로 유도된 Mouse의 경련반응에 대해 길항작용이 있다. 고본의 수용액을 복강에 주사하면 K^+이온 투여로 인한 토끼귀의 통증에 뚜렷한 진통작용을 나타낸다. 고본의 에탄올 추출물을 Mouse에 경구투여하면 한계 조제량의 펜토바르비탈로 유도된 수면유도율을 뚜렷하게 증가시킬 수 있으며, 최면유도 조제량의 펜토바르비탈을 사용한 Mouse의 수면시간을 뚜렷하게 연장시킨다[6-7].
2. 평활근에 대한 영향
   고본의 알코올 추출물은 토끼의 적출된 장평활근에 대해 뚜렷한 억제작용이 있으며, 아세틸콜린과 옥시토신에 대해 길항작용이 있다[7].

3. 항염

고본의 에탄올 추출물을 Mouse에 경구투여하면 카라기난에 의해 발생한 발바닥 종창을 뚜렷하게 경감시킬 수 있다[6]. 고본의 중성 정유를 경구투여하면 초산으로 유도된 Mouse의 모세혈관 삼출성 증가 및 히스타민으로 인한 Rat의 피부 모세혈관 삼출성 증가를 억제할 수 있다. 또한 디메칠벤젠으로 인한 Mouse의 귓바퀴 종창과 카라기난으로 인한 정상 Rat 및 부신 제거 Rat의 발바닥 종창에 대해서도 억제작용이 있다[8].

4. 항궤양

고본의 에탄올 추출물을 Mouse에 경구투여하면 수침성 스트레스로 인한 위궤양, 염산성 위궤양 및 인도메타신-에탄올성 위궤양 형성에 뚜렷한 억제작용이 있다[9].

5. 기타

고본의 에탄올 추출물을 Rat에 경구투여하면 전기자극으로 인한 경동맥의 혈전 형성시간을 연장시킬 수 있다. 또한 Rat의 담즙분비를 촉진하고, 피마자유 및 센나엽으로 인한 Mouse의 설사를 억제한다. 그 밖에 Mouse의 위장운동 촉진에 대해서도 억제작용이 있다[9-10].

용 도

고본은 중의임상에서 사용하는 약이다. 발산풍한[發散風寒, 풍한사(風寒邪)를 발산시킴], 거풍산한[祛風散寒, 풍(風)을 제거하고 한(寒)을 흩어지게 함], 제습지통[除濕止痛, 습(濕)을 제거하여 통증을 그치게 함] 등의 효능이 있으며, 풍한으로 인한 두통, 편두통, 풍한습(風寒濕)으로 인한 비증(痹症, 신체 부위의 통증이나 마비증상) 등에 사용하며, 외용으로는 개선(疥癬, 개선충의 기생으로 생기는 전염성 피부병)과 악창[惡瘡, 창양(瘡瘍)으로 인한 농혈(膿血)이 부패하여 오래되어도 낫지 않는 병증] 등의 치료에 사용한다.

현대임상에서는 고본의 열수 추출물과 주사제를 신경성 피부염과 개선(疥癬) 등의 병증에 사용한다. 고본의 분말은 비듬의 병증에도 사용하며, 소아비염제제의 원료로도 사용하는 등 임상에서 활용도가 비교적 다양하다.

해 설

고본 외에, 동속식물인 요고본 또한 《중국약전》에 수록된 중약 고본의 법정기원식물 내원종이다. 요고본은 중국의 길림, 요녕, 하북, 산서, 산동, 내몽고 등에 분포하며, 요녕, 하북, 산서 등이 주산지이다. 요고본의 뿌리줄기에 함유된 정유에는 β-펠란드렌, 4-테르피닐아세테이트, 미리스티신, 리구스틸라이드, 테르피놀렌 등이 포함되어 있으며[1, 11], 최근에는 뿌리줄기에서 네오리구스틸라이드를 분리해내기도 하였다[12].

참고문헌

1. 戴斌. 四種槁本藥材揮發油的氣相色譜—質譜分析比較. 藥學學報. 1988, **23**(5): 361-369
2. 黃遠征, 溥發鼎. 幾種槁本屬植物揮發油化學成分的分析. 藥物分析雜誌. 1989, **9**(3): 147-151
3. K Baba, Y Matsuyama, M Fukumoto, F Hamasaki, M Kozawa. Chemical studies on Chinese-Gaoben. *Shoyakugaku Zasshi*. 1983, **37**(4): 418-421
4. DQ Yu, RY Chen, FZ Xie. Structure elucidation of ligustilone from Ligusticum sinensis Oliv. *Chinese Chemical Letters*. 1995, **6**(5): 391-394
5. DQ Yu, FZ Xie, RY Chen, YH Huang. Studies on the structure of ligustiphenol from Ligusticum sinense Oliv. *Chinese Chemical Letters*. 1996, **7**(8): 721-722
6. 張金蘭, 周志華, 陳若蕓, 謝鳳指, 程桂芳, 於德泉, 周同惠. 槁本藥材化學成分, 質量控制及藥效學研究. 中國藥學雜誌. 2002, **37**(9): 654-657
7. 蔡永敏. 最新中藥藥理與臨床. 北京: 華夏出版社. 1999: 14-15
8. 沈雅琴, 陳光娟, 馬樹德, 王德華, 劉曉雲. 槁本中性油的藥理研究 III. 抗炎症作用. 中草藥. 1989, **20**(6): 22-23
9. 張明發, 沈雅琴, 朱自平, 王紅武. 槁本的抗血栓形成, 利膽和抗潰瘍作用. 中國藥房. 2001, **12**(6): 329-330
10. 張明發, 沈雅琴, 朱自平, 王紅武. 槁本抗炎和抗腹瀉作用的實驗研究. 基層中藥雜誌. 1999, **13**(3): 3-5
11. 劉世安, 張金榮, 吳敏菊. 超臨界 CO_2 萃取法與水蒸氣蒸餾法提取槁本揮發油的比較. 現代中藥研究與實踐. 2004, **18**(2): 51-53
12. 張金蘭, 於德泉. 遼槁本化學成分的研究. 藥學學報. 1996, **31**(1): 33-37

당광나무 女貞 CP, KHP

Ligustrum lucidum Ait.

Glossy Privet

개 요

물푸레나무과(Oleaceae)

당광나무(女貞, *Ligustrum lucidum* Ait.)의 열매를 건조한 것

중약명: 여정자(女貞子)

쥐똥나무속(*Ligustrum*) 식물은 전 세계에 약 45종이 분포하며, 아시아와 아시아 서북연안으로부터 유럽 및 동남아시아에서 호주 대륙까지 분포한다. 주로 동아시아에 많이 분포하는데, 중국에는 약 29종이 있으며, 아종 1종, 변종 9종, 변형 1종이 있다. 이 속에서 약으로 사용되는 것은 6종이며, 변종 2종도 약용으로 사용한다. 주로 중국의 남부와 섬서, 감숙 등에 분포한다.

'여정자'라는 명칭은 가장 먼저 《신농본초경(神農本草經)》에 상품으로 기재되었으며, 역대의 본초서적에 다수 기재되었는데, 오늘날의 약용품종과도 일치한다. 《중국약전(中國藥典)》(2015년 판)에서는 이 종을 중약 여정자의 법정기원식물 내원종으로 수록하였으며, 주요산지는 중국의 절강, 강소, 호남, 강서, 복건, 광서, 사천 등에 분포한다. 그 밖에 귀주, 광동, 호북, 하남, 안휘, 섬서 등지에서도 생산된다.

여정자의 주요 활성성분은 트리테르펜과 세코이리도이드이다. 《중국약전》에서는 박층크로마토그래피법으로 여정자에 함유된 올레아놀산의 함량을 0.60% 이상으로 약재의 규격을 정하고 있다.

약리연구를 통하여 당광나무의 열매에는 면역력 증강, 항산화, 항노화, 간장 보호, 항종양 등의 작용이 있는 것으로 알려져 있다.

한의학에서 여정자에는 보익간신(補益肝腎), 명목오발(明目烏髮) 등의 효능이 있다.

당광나무 女貞 *Ligustrum lucidum* Ait.

약재 여정자 藥材女貞子 Ligustri Lucidi Fructus

1cm

함유성분

열매에는 트리테르페노이드산 성분으로 oleanolic acid, acetyloleanolic acid, 2α-hydroxy oleanolic acid[1], ursolic acid, α-ursolic acid methyl ester, tormentic acid[2], 19α-hydroxy-3-acetylursolic acid[3], 세코이리도이드 성분으로 nuezhenide, oleuropein, neonuezhenide, oleside dimethylester, ligustroside, lucidumosides A, B, C, D, isonuezhenide[4], nuezhenidic acid[3], specnuezhenide, nuezhengalaside[5], 8-epikingiside, 7-ketologanin[6], 플라보노이드 성분으로 quercitrin[7], cosmossin[3] 등이 함유되어 있다. 또한 페닐프로파노이드 배당체로서 ligustrin, syringin 등의 성분이 함유되어 있다.

잎에는 세코이리도이드 성분으로 iso-8-epikingiside, 8-demethyl-7-ketologanin, 8-epikingiside, kingiside, ligustroside, 10-hydroxyligustroside, ligustalosides A, B[8] 등이 함유되어 있다.

ligustroside

약리작용

1. 면역증강

   여정자의 다당을 정상 Mouse에 경구투여하면 비특이성 면역과 시클로포스파미드로 유도된 면역억제에 대해 면역기능 증강작용이 있다[9]. 정상 Mouse와 부신피질호르몬으로 인한 음허 Mouse의 비장 T림프구에 대해 뚜렷한 촉진작용이 있다[10]. *In vitro*에서는 정상 Mouse T림프구의 인터루킨-2 분비능력을 강화할 수 있다[11].

2. 항산화, 항노화

   여정자의 다당 또는 올레아놀릭산을 노화된 Mouse에 경구투여하면 간과 신장조직 및 갱년기 Rat 혈청 중 말론디알데하이드의 농도를 저하시킬 수 있다. 또한 슈퍼옥시드디스무타아제 및 글루타치온과산화효소(GSH-Px)의 활성을 제고할 수 있다[12-13]. 그 밖에 올레아놀릭산은 갱년기 Rat의 난소 및 부신의 형태와 기능을 개선할 수 있다[12-13].

3. 모낭생장 촉진

   여정자의 열수 추출물은 체외 배양된 Mouse의 촉수모낭에 대해 뚜렷한 생장 촉진작용이 있다[14].

4. 멜라닌색소 합성 촉진

   여정자의 메탄올 추출물은 *in vitro*에서 멜라닌 세포의 증식과 멜라닌 합성을 촉진하는 작용이 있으며, 또한 타이로신키나아제수용체(KIT)의 합성을 촉진한다[15].

5. 간 보호

   올레아놀릭산과 여정자의 주자품(酒炙品), 주증품(酒蒸品), 청증품(淸蒸品) 등의 열수 추출물을 Rat와 Mouse에 경구투여하면 CCl_4로 유도된 급성 간 손상에 대해 뚜렷한 보호효과가 있으며, 글루타민산 피루빈산 트랜스아미나제(sGPT)의 농도를 뚜렷하게 저하시킬 수 있다[16]. 또한 올레아놀릭산을 피하에 주사하면 간세포 내 트리글리세리드 축적량을 감소시켜 간세포의 재생을 촉진한다.

6. 항종양

   여정자의 추출물(주로 우르솔산)을 Mouse에 경구투여하면 이식성 간암 H22와 S180 육종에 대해 억제작용이 있다[17]. 또한 여정자를 함유한 혈청은 *in vitro*에서 배양된 자궁경부암세포 HeLa의 증식을 억제하는 작용이 있다[18].

7. 혈당강하

   여정자의 열수 추출물을 정상 Mouse에 경구투여하면 정상 Mouse의 혈당 및 알록산, 아드레날린 또는 글루코스로 유도된 Mouse의 혈당상승을 억제하는 작용이 있다. 올레아놀릭산은 여정자의 혈당강하의 주요성분이다[19-20].

8. 기타

   여정자에는 항죽상동맥경화[21], 항염, 항균[22], 항돌연변이[23], 항산소결핍, 백혈구 증가[24] 등의 작용이 있다. 당광나무의 잎에는 거담(祛痰)과 진해(鎭咳)작용이 있다[25].

용 도

여정자는 중의임상에서 사용하는 약이다. 보간신음[補肝腎陰, 간(肝)과 신(腎)의 음기를 보함], 오수명목(烏鬚明目, 수염을 검게 하고 눈을 밝게 함) 등의 효능이 있으며, 간신음허[肝腎陰虛, 간음(肝陰)과 신음(腎陰)이 모두 허한 병증]로 인한 시력감퇴, 흰머리가 나는 것, 요통 및 이명(耳鳴, 귀울림), 음허로 인한 발열 등의 치료에 사용한다.
현대임상에서는 백혈구 감소증, 고지혈증, 관심병(冠心病, 관상동맥경화증), 전염성 황달형간염(傳染性黃疸型肝炎) 등의 병증에 사용한다.

해 설

당광나무의 열매가 약용으로 사용되는 것 이외에 그 잎과 수피 및 뿌리도 약으로 사용된다. 당광나무의 잎은 청열명목(淸熱明目), 해독산어(解毒散瘀), 소종지통(消腫止痛) 등의 효능이 있으며, 당광나무의 수피는 강근건골(强筋健骨)의 작용이 있다. 또한 당광나무의 뿌리는 행기활혈(行氣活血), 지해평천(止咳平喘)의 작용이 있다. 당광나무는 우수한 경제성을 가진 식물이며, 관상용으로도 많이 사용되고 있다. 가지와 잎에는 백랍충(白蠟蟲)을 기를 수 있으며, 꽃은 방향성 유지를 얻을 수 있고, 여름철에는 양봉에 밀원(蜜源)이 된다.
전통적으로 여정자는 한겨울에 채취한 것을 상품으로 여기는데, 채취시기에 따른 성분과 약리활성의 상관성에 대해 추가적인 연구가 필요하다.

참고문헌

1. 尹雙, 唐秀忠, 吳立軍, 王素賢, 張曉菁, 李銑, 叢傑. 女貞子化學成分的研究. 瀋陽藥科大學學報. 1995, **12**(2): 125-126
2. 程曉芳, 何明芳, 張穎, 孟正木. 女貞子化學成分的研究. 中國藥科大學學報. 2000, **31**(3): 169-170

3. 尹雙, 吳立軍, 王素賢. 女貞子化學成分的研究. 瀋陽藥科大學學報. 1995, **12**(2): 40
4. ZD He, PPH But, TW Chan, H Dong, HX Xu, CP Lau, HD Sun. Antioxidative glucosides from the fruits of *Ligustrum lucidum*. *Chemical & Pharmaceutical Bulletin*. 2001, **49**(6): 780-784
5. 石立夫, 曹穎瑛, 陳海生, 董建萍. 中藥女貞子中水溶性成分二種新裂環環烯醚萜苷的分離和鑒定. 藥學學報. 1997, **32**(6): 442-446
6. 張興輝, 石立夫. 中藥女貞子化學成分的研究 (I). 第二軍醫大學學報. 2004, **25**(3): 333-334
7. K Machida, A Kubomoto, M Kikuchi. Constituents of fruits of *Ligustrum lucidum*. *Natural Medicines*. 1998, **52**(3): 288
8. M Kikuchi, R Kakuda. Studies on the constituents of Ligustrum species. XIX. Structures of iridoid glucosides from the leaves of *Ligustrum lucidum* Ait. *Yakugaku Zasshi*. 1999, **119**(6): 444-450
9. 李璘, 丁安偉, 孟麗. 女貞子多糖的免疫調節作用. 中藥藥理與臨床. 2001, **17**(2): 11-12
10. 阮紅, 呂志良. 女貞子多糖免疫調節作用研究. 中國中藥雜誌. 1999, **24**(11): 691-693
11. 阮紅. 女貞子多糖對小鼠淋巴細胞 IL-2 誘生的調節作用. 上海免疫學雜誌. 1999, **19**(6): 337
12. 張振明, 蔡曦光, 葛斌, 許愛霞. 女貞子多糖的抗氧化活性研究. 中國藥師. 2005, **8**(6): 489-491
13. 婁艷, 陳志良, 王春霞. 齊墩果酸對更年期大鼠作用的實驗研究. 中藥材. 2005, **28**(7): 584-587
14. 範衛新, 朱文元. 55 種中藥對小鼠觸鬚毛囊體外培養生物學特性的研究. 臨床皮膚科雜誌. 2001, **30**(2): 81-84
15. 李永偉, 許愛娥, 尉曉冬, 張迪敏, 劉繼峰. 女貞子對黑素細胞的黑素合成, 細胞增殖和 c-kit 基因表達的影響. 中國中西醫結合皮膚性病學雜誌. 2005, **4**(3): 150-152
16. 殷玉生, 於傳樹. 女貞子炮製品化學成分和護肝作用的實驗研究. 中成藥. 1993, **15**(9): 18-19
17. 向敏, 顧振綸, 梁中琴, 周文軒, 郭次儀. 女貞子提取物對小鼠抗腫瘤作用. 傳染病藥學. 2001, **11**(3): 3-5
18. 張鵬霞, 桑娟, 盛延良, 李鴻梅, 趙丹威. 女貞子血清藥理對HeLa細胞增殖抑制的實驗研究. 黑龍江醫藥科學. 2004, **27**(5): 15-16
19. 郝志奇, 杭秉茜, 王瑛. 女貞子降血糖作用的研究. 中國中藥雜誌. 1992, **17**(7): 429-431
20. 郝志奇, 杭秉茜, 王瑛. 齊墩果酸對小鼠的降血糖作用. 中國藥科大學學報. 1991, **22**(4): 210-212
21. 李勇, 黃青, 張洪岩, 崔明華, 張本. 女貞子研究進展. 中草藥. 1994, **25**(8): 441-443
22. 毛春芹, 陸兔林, 高士英. 女貞子不同炮製品抗炎抑菌作用研究. 中成藥. 1996, **18**(7): 17-18
23. 薄芯, 趙小民, 劉紅濤, 馬文國, 李紅. 板蘭根, 魚腥草, 女貞子和枸杞子抗環磷酰胺引起的骨髓抑制初探. 北京聯合大學學報. 1994, **8**(1): 58-61
24. 範秦鶴, 侯雅玲, 朱愛華, 呂蘭熏, 馮敬群. 女貞子不同炮製品升高白細胞耐缺氧作用及毒性比較. 西北藥學雜誌. 2004, **19**(1): 20-22
25. 張恩戶, 於妮娜, 劉敏, 王國權. 女貞葉提取物及其成分熊果苷祛痰, 鎮咳作用的實驗研究. 江蘇中醫藥. 2005, **26**(11): 69-70

백합 百合 CP, KHP

Lilium brownii F. E. Brown var. *viridulum* Baker

Lily

개 요

백합과(Liliaceae)

백합(百合, *Lilium brownii* F. E. Brown var. *viridulum* Baker)의 비늘줄기를 건조한 것

중약명: 백합

백합속(*Lilium*) 식물은 전 세계에 약 80종이 있으며, 주로 북반구 온대 지역에 분포한다. 중국에는 39종이 있는데, 현재 약으로 사용되는 것은 9종이다. 이 종은 중국의 하북, 산서, 하남, 섬서, 호북, 호남, 강서, 안휘, 절강 등에 분포한다.

'백합'의 명칭은 최초로 《신농본초경(神農本草經)》에 중품으로 기재되었으며, 역대 본초서적에도 다수 기재되었다. 고대에 사용된 백합 약재의 기원은 이 종을 포함한 백합속 여러 종의 식물이었으며, 오늘날 사용되는 백합 약재와도 유사한 종이다. 《중국약전(中國藥典)》(2015년 판)에서는 이 종을 중약 백합의 법정기원식물 내원종 가운데 하나로 수록하였으며, 주요산지는 중국의 하북, 하남, 안휘, 강서, 절강, 호북, 호남, 섬서 등이다. 《대한민국약전외한약(생약)규격집》(제4개정판)에는 '백합'을 "백합과에 속하는 참나리(*Lilium lancifolium* Thunberg), 백합(*Lilium brownii* var. *viridulum* Baker) 또는 큰솔나리(*Lilium pumilum* DC.)의 비늘줄기"로 등재하고 있다.

백합에는 스테로이드 사포닌, 알칼로이드, 페놀성 화합물 등이 함유되어 있다. 《중국약전》에서는 백합의 수용성 침출물 함량을 18% 이상으로 약재의 규격을 정하고 있다.

약리연구를 통하여 백합에는 지해(止咳), 거담(去痰), 진정(鎮靜), 최면(催眠), 항피로, 산소결핍 내성, 노화억제, 항산화, 항종양, 면역력 증강, 혈당강하 등의 작용이 있는 것으로 알려져 있다.

한의학에서 백합에는 양음윤폐(養陰潤肺), 청심안신(淸心安神) 등의 효능이 있다.

백합 百合 *Lilium brownii* F. E. Brown var. *viridulum* Baker

약재 백합(생것) 藥材百合(鮮) Lilii Bulbus

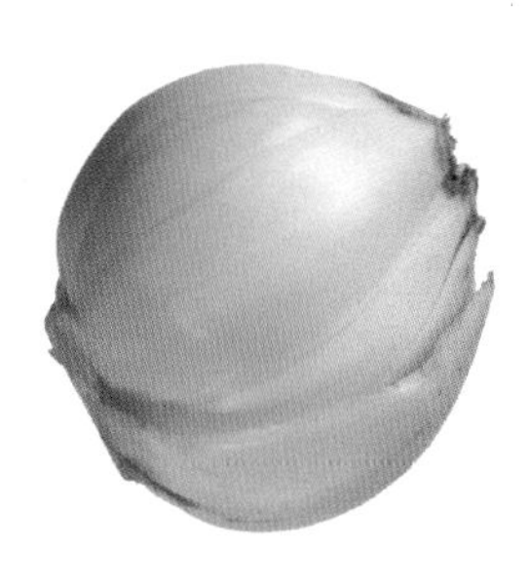

약재 백합(건조한 것) 藥材百合(干) Lilii Bulbus

참나리 卷丹 *Lilium lancifolium* Thunberg

큰솔나리 細葉百合 *Lilium pumilum* DC.

함유성분

비늘줄기에는 스테로이드 사포닌 성분으로 brownioside[1], deacylbrownioside, 26-O-β-D-glucopyranosylnuatigenin-3-O-α-L-rhamnopyranosyl-(1→2)-β-D-glucopyranoside, 26-O-β-D-glucopyranosylnuatigenin-3-O-α-L-rhamnopyranosyl-(1→2)-O-[β-D-glucopyranosyl-(1→4)]-

brownioside

β-D-glucopyranoside, 27-O-(3-hydroxy-3-methylglutaroyl) isonarthogenin-3-O-α-rhamnopyranosyl-(1→2)-O-[β-D-glucopyranosyl-(1→4)]-β-D-glucopyranoside[2], 26-O-β-D-glucopyranosyl 3β,26-dihydroxy cholestan-16,22-dioxo 3-O-α-L-rhamnopyranosyl-(1→2)-β-D-glucopyranoside[3], 26-O-β-D-glucopyranosyl-3β,26-dihydroxy-5-cholesten-16,22-dioxo-3-O-α-L-rhamnopyranosyl-(1→2)-β-D-glucopyranoside, 26-O-β-D-glucopyranosyl-3β,26-dihydroxy cholestan-16,22-dioxo-3-O-α-L-rhamnopyranosyl-(1→2)-β-D-glucopyranoside[4], 알칼로이드 성분으로 β1-solamargine, solasodine-3-O-α-L-rhamnopyranosyl-(1→2)-O-[β-D-glucopyranosyl-(1→4)]-β-D-glucopyranoside[2], colchicine[5], 그리고 페놀성 화합물로 regalosides A, B, D, 1-O-feruloyl-2-O-p-coumaroylglycerol[1] 등의 성분이 함유되어 있다.

약리작용

1. 지해, 거담

   백합의 물 추출물을 Mouse에 경구투여하면 SO_2-로 유도된 기침의 잠복기를 연장시킬 수 있으며, 2분 이내에 기침 횟수를 감소시킬 수 있다. 또한 암모니아수로 인한 Mouse의 기침에 대해 진해작용이 있다. 백합을 밀자(蜜炙)하면 기침억제효과가 더욱 뛰어나다[6-7]. 백합의 물 추출물을 Mouse에 경구투여하면 기관지의 페놀레드 분비량을 증가시킬 수 있다[6].

2. 진정, 최면

   백합의 물 추출물을 Mouse에 경구투여하면 펜토바르비탈로 유도된 수면시간을 뚜렷하게 연장시키며, 한계 사용량의 수면율을 증가시킬 수 있다[6].

3. 항피로, 항산소결핍

   백합의 물 추출물을 Mouse에 경구투여하면 아드레날린에 의해 음허가 유도되었거나, 훈연으로 인해 폐기허가 유도된 Mouse의 유영시간을 연장시키며, 티록신에 의해 유도된 갑상선항진으로 인한 음허 모델 Mouse에 대해 산소결핍 조건에서 생존시간을 뚜렷하게 연장시킬 수 있다[6]. 또한 아질산나트륨에 중독된 Mouse의 생존시간도 뚜렷하게 연장시킨다[8].

4. 면역조절

   백합의 다당을 Mouse에 경구투여하면 시클로포스파미드에 의해 면역저하가 유도된 Mouse 복강대식세포의 탐식백분율과 탐식지수를 증가시킬 수 있으며, 용혈효소와 용혈공반형성 및 임파세포의 전화를 촉진시킬 수 있다[9].

5. 노화방지, 항산화

   백합의 메탄올 추출물은 Rat의 뇌균질액 속의 모노아민산화효소 B(MAO−B)의 활성을 뚜렷하게 억제한다[10]. 메탄올 추출물은 *in vitro*에서 활성산소를 제거하는 작용이 있으며[11], 백합의 다당은 과산화수소로 유도된 적혈구의 산화용혈반응을 뚜렷하게 억제한다[12]. 백합의 다당을 경구투여하면 D−갈락토오스로 유도된 Mouse의 노화 모델에 대해 슈퍼옥시드디스무타아제, 카탈라아제, 글루타치온과산화효소(GSH−Px)의 활성을 증강시키며, 혈장과 뇌 및 간 균장액의 지질과산화물(LPO)의 함량을 뚜렷하게 감소시킨다[13].

6. 혈당강하

   백합의 다당을 Mouse에 경구투여하면 알록산에 의해 당뇨가 유도된 Mouse의 혈당농도를 저하시킬 수 있다[14].

7. 항종양

   백합의 다당은 Mouse의 이식성 흑생종양 B16과 루이스폐암종(LLC)에 대해 뚜렷한 억제작용이 있다[15].

8. 기타

   백합의 물 추출물을 Mouse에 경구투여하면 디니트로클로로벤젠에 의해 유도된 Mouse의 지발성과민반응(PC−DTH)을 억제할 수 있으며[6], 백합에 함유된 단백질은 항진균 및 유사분열 촉진작용이 있다. 또한 I형 인체면역결핍바이러스(HIV−1)의 역전사효소를 억제할 수 있다[16].

용 도

백합은 중의임상에서 사용하는 약이다. 양음윤폐[養陰潤肺, 음액(陰液)을 보태어 폐를 윤택하게 함], 진해거담[鎭咳祛痰, 기침을 진정시키고 담(痰)을 제거함], 청심안신(淸心安神, 마음을 깨끗하게 하고 정신을 안정시킴) 등의 효능이 있으며, 음허폐열[陰虛肺熱, 음허로 열이 폐경(肺經)에 침범한 병증]로 인한 마른기침과 토혈(吐血, 피를 토하는 병증), 열병 후의 미열, 번조경간(煩燥驚癎, 가슴에서 열이 나 답답하며 안절부절못하고 놀라면 발작하는 간질), 실면다몽(失眠多夢, 잠을 잘 자지 못하고 꿈을 많이 꿈) 등의 치료에 사용한다.

현대임상에서는 폐농양, 폐결핵, 기관지확장성 객혈(喀血, 피가 섞인 가래를 기침과 함께 뱉어 내는 것), 신경쇠약, 갱년기증후군 등의 병증에 사용한다.

해 설

백합의 동속식물인 참나리와 큰솔나리 또한《중국약전》에 수록된 약재 백합의 법정기원식물 내원종에 해당한다. 참나리와 큰솔나리는 백합과 유사한 약리작용이 있으며, 그 함유성분 또한 대체로 동일하다. 그 밖에 백합의 꽃, 씨 또한 약으로 사용되며, 각각 '백합화'와 '백합자'라고 불린다.

백합은 약용, 식용 및 관상용으로 사용된 역사가 매우 오래되었으며, 중국위생부에서 규정한 약식동원품목* 가운데 하나이다. 건조품과 신선품 모두 식용으로 사용하는 데 무리가 없으며, 약용과 관상용으로도 다양하게 발전가능성이 있다. 현재 호남성 상서(湘西) 등지에 백합의 대규모 재배단지가 조성되어 백합자원을 이용하는 데 다양한 근거와 편의를 제공하고 있다.

참고문헌

1. Y Mimaki, Y Sashida. Steroidal saponins from the bulbs of *Lilium brownii*. *Phytochemistry*. 1990, **29**(7): 2267-2271
2. Y Mimaki, Y Sashida. Steroidal saponins and alkaloids from the bulbs of *Lilium brownii* var. *colchesteri*. *Chemical* & *Pharmaceutical Bulletin*. 1990, **38**(11): 3055-3059
3. 侯秀雲, 陳發奎, 吳立軍. 百合中新的甾體皂苷的結構鑒定. 中國藥物化學雜誌. 1998, **8**(1): 49, 53
4. 侯秀雲, 陳發奎. 百合化學成分的分離和結構鑒定. 藥學學報. 1998, **33**(12): 923-926
5. 李新社, 王志興. 溶劑提取和超臨界流體萃取百合中的秋水仙鹼. 中南大學學報(自然科學版). 2004, **35**(2): 244-248
6. 李衛民, 孟憲紓, 俞騰飛, 高英. 百合的藥理作用研究. 中藥材. 1990, **13**(6): 31-35
7. 康重陽, 劉昌林, 鄧三平, 餘誠. 百合炮製後對小鼠止咳作用的影響. 中國中藥雜誌. 1999, **24**(2): 88-89
8. 邵曉慧, 盧連華, 許東升, 張傑. 兩種百合耐缺氧作用的比較研究. 山東中醫藥大學學報. 2000, **24**(5): 387-388
9. 苗明三, 楊林莎. 百合多糖免疫興奮作用. 中藥藥理與臨床. 2003, **19**(1): 15-16
10. RD Lin, WC Hou, KY Yen, MH Lee. Inhibition of monoamine oxidase B (MAO-B) by Chinese herbal medicines. *Phytomedicine*. 2003, **10**(8): 650-656
11. 何純蓮, 陳臘生, 任鳳蓮. 藥用百合提取液對羥自由基清除作用的研究. 理化檢驗-化學分冊. 2005, **41**(8): 558-560
12. 滕利榮, 孟慶繁, 劉培源, 喬曉杭, 王兆伏, 賀秋華, 洪水聲, 陳佳, 劉蘭英. 酶法提取百合多糖及其體外抗氧化活性. 吉林大學學報(理學版). 2003, **41**(4): 538-542
13. 苗明三. 百合多糖抗氧化作用研究. 中藥藥理與臨床. 2001, **17**(2): 12-13
14. 劉成梅, 付桂明, 塗宗財, 萬茵. 百合多糖降血糖功能研究. 食品科學. 2002, **23**(6): 113-114
15. 趙國華, 李志孝, 陳宗道. 百合多糖的化學結構及抗腫瘤活性. 食品與生物技術. 2002, **21**(1): 62-66
16. HX Wang, TB Ng. Isolation of lilin, a novel arginine- and glutamate-rich protein with potent antifungal and mitogenic activities from lily bulbs. *Life Sciences*. 2002, **70**(9): 1075-1084

* 부록(559~562쪽) 참고

오약 烏藥 CP, KP

Lindera aggregate (Sims.) Kosterm.
Combined Spicebush

개 요

녹나무과(Lauraceae)

오약(烏藥, *Lindera aggregate* (Sims.) Kosterm.)의 덩이뿌리를 건조한 것

중약명: 오약

생강나무속(*Lindera*) 식물은 세계적으로 100여 종이 있으며, 아시아와 북미의 온대 및 열대에 분포한다. 중국에는 약 40종이 있는데, 오늘날 약용으로 사용되는 것은 약 13종이다. 이 종은 중국의 절강, 복건, 강서, 안휘, 호남, 광동, 광서 등지에서 생산되며, 베트남과 필리핀 등지에도 분포한다.

오약은 '방기(旁其)'라는 명칭으로 《본초습유(本草拾遺)》에 최초로 기재되었으며, '오약'이라는 명칭은 《개보본초(開寶本草)》에 처음 수록되었다. 이후 역대 본초서적에 다양하게 수록되었는데, 오늘날의 약용품종과도 일치한다. 《중국약전(中國藥典)》(2015년 판)에서는 이 종을 중약 오약의 법정기원식물 내원종으로 수록하였다. 주요산지는 중국의 절강, 호남 등이며, 호북, 안휘, 광동, 광서, 복건, 강서 등에서도 생산된다. 절강에서 생산량이 비교적 많고, 품질 또한 우수하다.

오약에는 주로 정유, 알칼로이드, 세스퀴테르펜 및 락톤 화합물, 플라본 등이 함유되어 있는데, 그 가운데 퓨란 세스퀴테르펜과 그 락톤 화합물이 오약의 특징성분이다. 《중국약전》에서는 고속액체크로마토그래피법을 이용하여 오약에 함유된 린데라 락톤의 함량을 0.03% 이상으로 약재의 규격을 정하고 있다.

약리연구를 통하여 오약에는 진통, 항염, 위장운동 조절, 항균, 항바이러스, 기억력 개선 등의 작용이 있는 것으로 알려져 있다.

한의학에서 오약에는 행기지통(行氣止痛), 온신산한(溫腎散寒) 등의 작용이 있다.

오약 烏藥 *Lindera aggregate* (Sims.) Kosterm.

약재 오약 藥材烏藥 Linderae Radix

함유성분

뿌리에는 정유성분이 함유되어 있다. 그 품질과 함량은 생산지와 추출방법에 따라 매우 다르다. 주요 성분으로는 α-pinene, bornyl acetate, lindenene, lindenenol[1-3], 알칼로이드 성분으로 laurolitsine, boldine, reticuline[4], linderaline, (-)-pallidine, protosinomenine, norisoboldine, pronuciferine[5], 세스퀴테르페노이드와 그 락톤류 성분으로 bilindestenolide[6], strychnilactone[7], linderalactone, isolinderalactone, lindenanolides A, B_1, B_2, C, D, lindenenol, 6α-acetyl-lindenanolides B_1, B_2, linderane, hydroxylindestrenolide[8], strychnistenolide[9], pseudoneolinderane[10], 탄닌류 성분으로 (-)-epicatechin, (-)-epigallocatechin, cinnamtannin B_1, procyanidin B_2, 플라보노이드 성분으로 hesperidin[11] 등이 함유되어 있다.
잎에는 세스퀴테르펜 락톤 성분으로 dehydrolindestrenolide, hydroxylindestrenolide, linderalactone, lindenenol[12-13], 플라보노이드 성분으로 kaempferol과 그 배당체, 쿠에르세틴과 그 배당체, nubigenol, chrysoeriol-7-β-D-glucopyranoside, rutin[12-14] 등이 함유되어 있다.

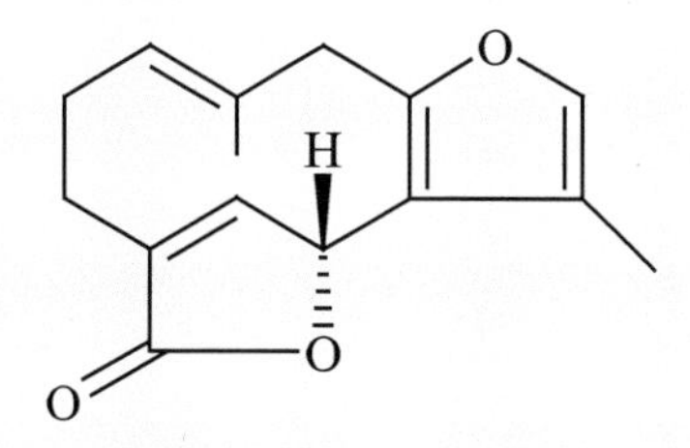

linderalactone

HO
HO
MeO
MeO
NH

linderaline

약리작용

1. 진통, 항염
오약 뿌리의 물 추출물과 알코올 추출물을 Mouse에 경구투여하면 열판자극으로 인한 통증의 역치를 뚜렷하게 제고하며, 타르타르산안티몬칼륨에 의해 유도된 Mouse의 경련반응을 억제한다. 오약 뿌리의 물 추출물과 알코올 추출물을 Mouse에 경구투여하면 혼합 염증 유도액으로 유도된 귓바퀴 종창과 카라기난으로 유도된 Rat의 발바닥 종창을 뚜렷하게 억제한다[15]. 오약 뿌리의 진통 및 항염 활성성분(주요성분은 탄닌)을 풍한습비증(風寒濕痺證) 모델 Rat에 경구투여하면 발바닥의 종창 유도도 및 염증성 조직 삼출물 내의 프로스타글란딘 E_2의 함량을 뚜렷하게 낮춰 준다[11].

2. 소화기계통에 대한 영향
오약 뿌리의 물 추출물과 알코올 추출물을 Mouse의 피하에 주사하면 위 속의 메칠오렌지 잔유물을 감소시키고, Mouse 소장 내의 탄소분말 추진을 뚜렷하게 증가시킨다[16]. *In vitro*에서는 적출된 토끼의 장관평활근의 유동운동을 뚜렷하게 억제하며, 아세틸콜린, 히스타민 포스페이트, 바륨 클로라이드 등으로 유도된 장평활근의 경련에 대해 길항작용이 있다[16].

3. 항병원미생물
신선한 오약 잎의 열수 추출물은 *in vitro*에서 황색포도상구균, 탄저간균, 백후간균, 대장균, 녹농간균 등에 대해 억제작용이 있으며[17], 오약 뿌리의 추출물은 *in vitro*에서 호흡기세포융합바이러스(RSV)와 콕사키바이러스 B_1, B_3에 대해 뚜렷한 억제작용이 있다[18]. 오약 가지에 함유된 탄닌 성분은 *in vitro*에서 I형 인체면역결핍바이러스(HIV-1)를 억제하는 작용이 있다[19].

4. 학습기억력 개선
오약 뿌리의 메탄올 추출물은 *in vitro*에서 프로릴엔도펩티다아제의 활성을 뚜렷하게 억제하는데, 최신 연구에서는 오약 뿌리에 함유된 세스퀴테르펜 락톤계열의 화합물인 린더락톤과 이소린더락톤이 주요 활성성분인 것으로 확인되었다[22].

5. 기타
오약 뿌리의 물 추출물은 이종이식에 걸린 Mouse의 생존시간을 뚜렷하게 연장시키며, 뿌리의 물 추출물로부터 분리해 낸 세스퀴테르펜 락톤계열 화합물은 인체소세포폐암세포 SBC-3에 대해 뚜렷한 세포독성을 나타낸다[21]. 오약 뿌리의 물 추출물을 경구투여하면 당뇨성 신장병 모델의 Mouse의 질병 악화를 개선하는 작용이 있다[22].

용도

오약은 중의임상에서 사용하는 약이다. 행기지통(行氣止痛, 기를 소통시켜 통증을 멎게 함), 온신산한[溫腎散寒, 신기(腎氣)를 따뜻하게 하고 한기(寒氣)를 흩어 줌] 등의 효능이 있으며, 한응기체(寒凝氣滯)로 인한 가슴과 복부의 통증, 소변빈삭(小便頻數, 배뇨 횟수가 잦은 것), 유뇨(遺尿, 스스로 자각하지 못하고 소변이 저절로 흘러나오는 배뇨) 등의 치료에 사용한다.
현대임상에서는 소화성 궤양, 풍습성 관절염, 분강염(盆腔炎, 골반내염) 등의 병증에 사용한다.

해설

《중국식물지(中國植物誌)》와 《중국약전》에는 중약 오약의 학명을 *Lindera aggregata* (Sims.) Kosterm.로 사용하였는데 《중약대사전》이나 《전국중초약휘편(全國中草藥彙編)》과 같은 초기의 문헌에는 *L. strychnifolia* (Sieb. et Zucc.) F.-Vill.로 표기하였다.
오약은 뿌리줄기를 사용하는 것 외에도 잎과 열매도 약으로 사용하며, 각각 '오약엽'과 '오약자'라고 한다. 오약의 뿌리, 잎, 열매는 정유의 원료로 사용되기도 한다.

참고문헌

1. 周繼斌, 翁水旺, 範明, 車宗伶. 烏藥塊根及根, 莖揮發油成分測定. 中國野生植物資源. 2000, **19**(3): 45-47
2. 杜志謙, 夏華玲, 江海肖, 張彬鋒, 孟菲. 烏藥揮發油化學成分的 GC-MS 分析. 中草藥. 2003, **34**(4): 308-310
3. 董岩, 劉洪玲, 王新芳. 烏藥揮發油化學成分的微波-蒸餾 GC-MS 分析. 山東中醫雜誌. 2005, **24**(6): 370-372
4. M Kozuka, M Yoshikawa, T Sawada. Alkaloids from *Lindera strychnifolia*. *Journal of Natural Products*. 1984, **47**(6): 1063
5. 俞桂新, 中村憲夫, 馬超美, 王峥濤, 服部征雄. 烏藥中異喹啉類生物鹼. 中國天然藥物. 2005, **3**(5): 272-275
6. I Kouno, A Hirai, ZH Jiang, T Tanaka. Bisesquiterpenoid from the root of *Lindera strychnifolia*. *Phytochemistry*. 1997, **46**(7): 1283-1284
7. I Kouno, A Hirai, A Fukushige, ZH Jiang, T Tanaka. A novel rearranged type of secoeudesmane sesquiterpenoid from the root of *Lindera strychnifolia* (Sieb. et Zucc.) F. Villars. *Chemical & Pharmaceutical Bulletin*. 1999, **47**(7): 1056-1057
8. GX Chou, N Nakamura, CM Ma, ZT Wang, M Hattori, LS Xu, GJ Xu. Seven new sesquiterpene lactones from *Lindera aggregata*. *Journal of China Pharmaceutical University*. 2000, **31**(5): 339
9. I Kouno, A Hirai, A Fukushige, ZH Jiang, T Tanaka. New eudesmane sesquiterpenes from the root of *Lindera strychnifolia*. *Journal of Natural Products*. 2001, **64**(3): 286-288
10. JB Li, Y Ding, WM Li. A new sesquiterpene from the roots of *Lindera strychnifolia*. *Chinese Chemical Letters*. 2002, **13**(10): 965-967
11. 俞桂新, 李慶林, 王峥濤, 徐珞珊, 徐國鈞, 中村憲夫, 馬超美, 服部征雄. 烏藥活性組分LEF的化學成分及抗風濕作用. 植物資源與環境. 1999, **8**(4): 1-6
12. 張朝鳳, 孫啟時, 王峥濤, 俞桂新. 烏藥葉化學成分研究. 中國中藥雜誌. 2001, **26**(11): 765-767
13. 張朝鳳, 孫啟時, 俞桂新, 王峥濤. 烏藥葉中黃酮類成分研究(2). 瀋陽藥科大學學報. 2003, **20**(5): 342-344
14. 張朝鳳, 孫啟時, 趙燕燕, 王峥濤. 烏藥葉中黃酮類成分研究. 中國藥物化學雜誌. 2001, **11**(5): 274-276
15. 李慶林, 俞桂新, 竇昌貴, 王峥濤, 黃芳. 烏藥提取物的鎮痛, 抗炎作用研究. 中藥材. 1997, **20**(12): 629-631
16. 俞桂新, 李慶林, 王峥濤, 徐國鈞, 竇昌貴, 齊毓青. 烏藥提取物對消化系統的作用. 中國野生植物資源. 1999, **18**(3): 52-53, 57
17. 王本祥. 現代中藥藥理學. 天津: 天津科學技術出版社. 1997: 650
18. 張天明, 胡珍姣, 歐黎虹, 方紅. 三種中草藥抗病毒的實驗研究. 遼寧中醫雜誌. 1994, **21**(11): 523-524
19. 張朝鳳, 孫啟時, 王峥濤, 服部征雄, Tewtrakul Supinya. 烏藥莖中鞣質類成分及其抗 HIV-1 整合酶活性研究. 中國藥學雜誌. 2003, **38**(12): 911-914

20. W Kobayashi, T Miyase, M Sano, K Umehara, T Warashina, H Noguchi. Prolyl endopeptidase inhibitors from the roots of *Lindera strychnifolia* F. Vill. *Biological & Pharmaceutical Bulletin*. 2002, **25**(8): 1049-1052

21. T Ohno, A Nagatsu, M Nakagawa, M Inoue, YM Li, S Minatoguchi, H Mizukami, H Fujiwara. New sesquiterpene lactones from water extract of the root of *Lindera strychnifolia* with cytotoxicity against the human small cell lung cancer cell, SBC-3. *Tetrahedron Letters*. 2005, **46**(50): 8657-8660

22. T Ohno, G Takemura, I Murata, T Kagawa, S Akao, S Minatoguchi, T Fujiwara, H Fujiwara. Water extract of the root of *Lindera strychnifolia* slows down the progression of diabetic nephropathy in db/db mice. *Life Sciences*. 2005, **77**(12): 1391-1403

지치 紫草 CP, KP, JP

Lithospermum erythrorhizon Sieb. et Zucc.

Redroot Gromwell

개 요

지치과(Boraginaceae)

지치(紫草, *Lithospermum erythrorhizon* Sieb. et Zucc.)의 뿌리를 건조한 것

중약명: 자초(紫草)

지치속(*Lithospermum*) 식물은 전 세계에 50여 종이 분포하며, 아메리카, 아프리카, 유럽 및 아시아에 자생한다. 중국에서는 5종이 생산되며, 청해와 서장을 제외하고 모든 지역에 분포한다.

'자초'의 명칭은 최초로 《신농본초경(神農本草經)》에 중품으로 기재되었으며, 역대 본초서적에도 다수 기재되었다. 고대에 사용된 자초의 기원은 이 종이 주류 품종이었다. 《중국약전(中國藥典)》(2000년 판), 《일본약국방(日本藥局方)》(제15판), 《대한민국약전》(제11개정판)에 이 종이 모두 수록되어 있다. 주요산지는 중국의 흑룡강, 길림, 요녕, 내몽고이다. 《중국약전》(2010년 판)에서는 '자초'를 "지치과 식물인 신강자초(新疆紫草, *Arnebia euchroma* (Royle) Johnst.) 및 내몽자초(內蒙紫草, *Arnebia guttata* Bunge)의 뿌리를 건조한 것이라 하고, 지치도 약으로 쓰고 '경자초(硬紫草)'라 부른다"라고 기재하고 있다.

지치 뿌리의 주요 활성성분은 나프토퀴논이며, 페놀릭산, 페놀, 벤조퀴논, 알칼로이드, 산성 배당체 등도 함유되어 있다. 《중국약전》에서는 자외선흡광도법을 이용하여 자초에 함유된 하이드록시 나프토퀴논의 함량을 0.8% 이상으로 약재의 규격을 정하고 있다.

약리연구를 통하여 지치에는 항균, 항염, 항종양, 항응혈 및 항인체면역결핍바이러스(anti-HIV) 등의 작용이 있는 것으로 알려져 있다.

한의학에서 자초에는 양혈활혈(凉血活血), 해독투진(解毒透疹) 등의 효능이 있다.

지치 紫草 *Lithospermum erythrorhizon* Sieb. et Zucc.

약재 자초 藥材紫草 Lithospermi Radix

함유성분

뿌리에는 나프토퀴논류 색소들로 shikonin, acetylshikonin, deoxyshikonin, isobutylshikonin, β′,β-dimethylacrylshikonin, isovalerylshikonin, 2-methyl-n-butylshikonin[3], β-hydroxy-iso-valerylshikonin, lithospermidins A, B, C, 페놀산 성분으로 lithospermic acid, rosmarinic acid, caffeic acid [4-6], 피롤리지딘 알칼로이드 성분으로 lithosenine, acetyllithosenine, hydroxymyoscorpine, 페놀과 벤조퀴논 성분으로 shikonofurans A, B, C, D, E, F 그리고 산성 다당체 성분[7-9] 등이 함유되어 있다.

shikonin

lithopermic acid

rosmarinic acid

pyrrolizidine alkaloids

lithosenine:	R_1=OH, R_2=H, R_3=$CH_2C(OH)ME_2$
acetyllithosenine:	R_1=OAc, R_2=H, R_3=$CH_2C(OH)ME_2$
hydroxymyoscorpine:	R_1=H, R_2=OH, R_3=C(Me)=CHMe

약리작용

1. 항균, 항바이러스

자초의 클로로포름 추출물은 *in vitro*에서 뚜렷한 백색염주균 억제활성이 있다[10]. 시코닌과 나프토퀴논류 화합물들은 일부 진균에 대해 억제작용이 있다[11]. 자초의 열수 추출물 및 나프토퀴논의 색소성분은 황색포도상구균와 대장균 등의 세균에 대해서 억제작용이 있다[12]. 자초의 열수 추출물 및 다당은 I형 단순포진바이러스(HSV-1)에 대해 뚜렷한 억제작용이 있다. L-시코닌은 *in vitro*에서 파라인플루엔자 바이러스에 대해 일정한 억제작용이 있으며[13], 직접적인 살균작용도 있는데, 실험농도에서 독성 또한 비교적 낮다. 시코닌은 I형 인체면역결핍바이러스(HIV-1)에 대해서도 억제작용이 있으며[14], 자초의 열수 추출물은 *in vitro*에서 HIV-1 바이러스의 복제를 뚜렷하게 억제할 수 있는데, 그 작용은 냉수 추출물에서 더욱 강력하다[15].

2. 항염, 항과민

시코닌과 그 유도체는 *in vitro*와 *in vivo*에서 모두 인체 종양괴사인자-α(TNF-α)의 활성을 억제하는데, 시코닌과 이소부틸 시코닌의 작용이 가장 강력하다[16-17]. 시코닌을 피하주사로 투여하면 Mouse의 파두유로 유도된 귓바퀴 종창과 Rat의 효모성 발바닥 종창에 뚜렷한 억제효과가 있다[18]. 시코닌과 그 유도체인 디옥시시코닌 및 아세틸시코닌은 *in vitro*에서 류코트리엔 B_4의 생합성을 억제할 수 있다[18].

3. 항종양

시코닌은 *in vitro*에서 백혈병세포의 토포아이소머라제I DNA의 발현을 억제하며, K562[19], 자궁경부암세포 HeLa[20-21], 인체직장결장암세포 COLO205[21] 및 악성 흑색종세포 A375-S2의 괴사를 유도할 수 있다. 또한 A375-S2에 대한 억제작용은 농도 및 시간에 의존적으로 발현되며[22], β-하이드록시아이소발러릴시코닌은 *in vitro*에서 여러 종의 종양세포 성장을 억제할 수 있다[23].

4. 간 보호

자초의 열수 추출물을 경구투여하면 CCl_4로 유도된 Rat와 Mouse의 간세포 손상에 대해 보호작용이 있다[24]. 시코닌은 CCl_4로 유도된 Rat의 적출 간장의 산화적 손상을 감소시킨다[25].

5. 기타

자초의 추출물은 항산화[26], 항보체[7-8], 불임[27], 지혈, 해열, 진통, 진정 등의 작용이 있다.

용 도

자초는 중의임상에서 사용하는 약이다. 활혈양혈[活血涼血, 혈(血)의 운행을 활발히 하고 피를 서늘하게 함], 해독투진[解毒透疹, 독성을 없애 주고 반진(瘢疹), 홍역(紅疫)의 사기(邪氣)를 피부 밖으로 뿜어 냄], 옹저창양(癰疽瘡瘍, 종기와 부스럼), 습진 및 가려움증, 화상 등의 치료에 사용한다.

현대임상에서는 자초를 은설병[銀屑病, 홍반(紅斑)과 구진(丘疹)으로 인하여 피부 표면에 여러 층으로 된 백색 비늘가루가 생기는 병증], 건선(乾癬), 우피선[牛皮癬, 완선(頑癬)], 피부병, 외과창양(外科瘡瘍, 체표에 발생하는 부스럼), 과민성 자반(紫癜, 열병으로 자색의 반점이 발생하는 증상), 중이염, 바이러스성 각막염, 바이러스성 간염, 만성 전립선염, 자궁경부염 및 약물자극으로 인한 계발성 · 진행성 정맥염 등의 병증에 사용한다.

해 설

자초는 오래전부터 약으로 사용되어 왔으며, 약용 자초의 내원종은 일본, 한국 및 동남아 등으로 수출되고 있다. 그러나 그 야생자원은 소량씩 넓게 분포하고 생산량이 많지 않아서 오늘날에는 동북 지역에서 인공재배로 생산되고 있다[28]. 그러나 날로 증가하는 수요를 충족시키기에는 부족한 실정이다. 《중국약전》(2005년 판)에서 이 종은 중약 자초의 내원종에서 제외되었다.

1970년대부터 신강자초가 점차 개발되기 시작하여 약용 자초의 주류품목이 되었다. 《중국약전》(2005년 판)에서도 신강자초와 그 동속식물인 황화연자초(*Arnebia guttata* Bge.)의 뿌리를 자초 약재로 등재하였다.

그 밖에 전자초속(滇紫草屬, *Onosma*)에 속한 전자초(*Onosma paniculatum* Bur. et Franch.), 밀화전자초(*O. confertum* W.W.Smith), 노예전자초(*O. exsertum* Hemsl.), 장화전자초(*O. hookeri* Clarke var. *longiflorum* (Duthie) ex Stapf) 등이 중국의 운남, 서장 등지에서 자초로 사용되고 있는데, 그 식물자원이 풍부하여 큰 개발 잠재력이 있는 것으로 평가할 수 있다[28].

자초에 함유된 나프토퀴논 색소는 색이 선명하고, 착색력이 강하며, 내열, 내산, 내광성을 가질 뿐만 아니라 항균, 항염, 혈액순환 촉진 등의 작용도 있어, 오늘날 식품 및 염료 등의 착색제로 살균제와 탈취제에 사용된다. 또한 천연식용색소와 화장품 개발 분야에서 다양한 잠재력을 보유하고 있다.

자초 씨에는 γ-리놀렌산 14% 및 α-리놀렌산 31%가 함유되어 있는데, 오늘날까지 발견된 가장 많은 리놀렌산을 함유하고 있는 식물자원이다[29]. 따라서 다양한 이용가치가 있는 식물이며, 약리활성에 대한 연구도 다방면에서 이루어지고 있다[30].

참고문헌

1. 日本公定書協會. 日本藥局方(十五版). 東京: 廣川書店. 2006: 1222-1223
2. Korea Food & Drug Administration. The Korean Pharmacopoeia. Seoul: The Yakup Shinmoon. 2002: 1461-1462
3. YN Hu, ZH Jiang, KSY Leung, ZZ Zhao. Simultaneous determination of naphthoquinone derivatives in Boraginaceous herbs by high-performance liquid chromatography. *Analytica Chemica Acta*. 2006, **577**(1): 26-31
4. M Matsuno, A Nagatsu, Y Ogihara, BE Ellis, H Mizukami. CYP98A6 from *Lithospermum erythrorhizon* encodes 4-coumaroyl-4'-hydroxyphenyllactic acid 3-hydroxylase involved in rosmarinic acid biosynthesis. *FEBS Letters*. 2002, **514**(2-3): 219-224
5. H Yamamoto, K Inoue, K Yazaki. Caffeic acid oligomers in *Lithospermum erythrorhizon* cell suspension cultures. *Phytochemistry*. 2000, **53**(6): 651-657
6. H Yamamoto, P Zhao, K Yazaki, K Inoue. Regulation of lithospermic acid B and shikonin production in *Lithospermum erythrorhizon* cell suspension cultures. *Chemical & Pharmaceutical Bulletin*. 2002, **50**(8): 1086-1090
7. JF Zhao, H Kiyohara, T Matsumoto, H Yamada. Anti-complementary acidic polysaccharides from roots of *Lithospermum euchromum*. *Phytochemistry*. 1993, **34**(3): 719-724
8. H Yamada, JC Cyong, Y Otsuka. Purification and characterization of complement activating-acidic polysaccharide from the root of *Lithospermum euchromum* Royle. *International Journal of Immunopharmacology*. 1986, **8**(1): 71-82
9. 黃志紓, 張敏, 馬林, 古練權. 紫草的化學成分及其藥理活性研究概況. 天然產物研究與開發. 2000, **12**(1): 73-82
10. K Sasaki, F Yoshizaki, H Abe. The anti-candida activity of shikon. *Yakugaku Zasshi*. 2000, **120**(6): 587-589
11. K Sasaki, H Abe, F Yoshizaki. In vitro antifungal activity of naphthoquinone derivatives. *Biological & Pharmaceutical Bulletin*. 2002, **25**(5): 669-670
12. 王翠蓉, 法小華. 不同來源紫草的抗菌作用與含量關係的探討. 中國藥事. 2003, **17**(10): 654-655
13. 羅學娅, 李明輝, 倫永志, 呂莉, 藤美君, 羅原麗, 張寧. 左旋紫草素抗副流感病毒作用. 中草藥. 2005, **36**(4): 586-571
14. X Chen, L Yang, N Zhang, JA Turpin, RW Buckheit, C Osterling, JJ Oppenheim, OMZ Howard. Shikonin, a component of Chinese herbal medicine, inhibits chemokine receptor function and suppresses human immunodeficiency virus type 1. *Antimicrobial Agents and Chemotherapy*. 2003, **47**(9): 2810-2816
15. K Yamasaki, T Otake, H Mori, M Morimoto, N Ueba, Y Kurokawa, K Shiota, T Yuge. Screening test of crude drug extract on anti-HIV activity. *Yakugaku Zasshi*. 1993, **113**(11): 818-824
16. N Fujita, I Sakaguchi, H Kobayashi, N Ikeda, Y Kato, M Minamino, M Ishii. An extract of the root of *Lithospermun erythrorhison* accelerates wound healing in diabetic mice. *Biological & Pharmaceutical Bulletin*. 2003, **26**(3): 329-335.
17. V Staniforth, SY Wang, LF Shyur, NS Yang. Shikonins, phytocompounds from *Lithospermum erythrorhizon*, inhibit the transcriptional activation of human tumor necrosis factor α promoter *in vivo*. *Journal of Biological Chemistry*. 2004, **279**(7): 5877-5885
18. 王文傑, 白金葉, 劉大培, 薛立明, 朱秀媛. 紫草素抗炎及對白三烯 B_4 生物合成的抑制作用. 藥學學報. 1994, **29**(3): 161-165
19. 李運曼, 祝浩傑, 劉國卿. 紫草素對 DNA 拓撲異構酶 I 活性的抑制作用和誘導人白血病 K562 細胞的凋亡. 中國天然藥物. 2003, **1**(3): 165-168
20. 20. Z Wu, LJ Wu, LH Li, SI Tashiro, S Onodera, T Ikejima. Shikonin regulates HeLa cell death via caspase-3 activation and blockage of DNA synthesis. *Journal of Asian Natural Products Research*. 2004, **6**(3): 155-166
21. PC Hsu, YT Huang, ML Tsai, YJ Wang, JK Lin, MH Pan. Induction of apoptosis by shikonin through coordinative modulation of the Bcl-2 Family, p27, and p53, release of

cytochrome c, and sequential activation of caspases in human colorectal carcinoma cells. *Journal of Agricultural and Food Chemistry*. 2004, **52**(20): 6330-6337

22. Z Wu, LJ Wu, LH Li, SI Tashiro, S Onodera, T Ikejima. p53-mediated cell cycle arrest and apoptosis induced by shikonin via a caspase-9-dependent mechanism in human malignant melanoma A375-S2 cells. *Journal of Pharmacological Sciences*. 2004, **94**(2): 166-176
23. 徐穎, 王敏偉, 中穀一泰. β-羥基異戊酰紫草素對高表達酪氨酸激酶腫瘤細胞系的生長抑制作用. 瀋陽藥科大學學報. 2003, **20**(3): 203-206
24. 邵鴻娥, 李麗芬, 崔建亞. 紫草對實驗性肝損傷的保護作用. 中醫藥研究. 1995, **3**: 61-62
25. 周少波, 趙秀娟, 陳炳卿, 王桂傑, 王蕊. 紫草素拮抗肝臟氧化損傷的研究. 哈爾濱醫科大學學報. 1996, **30**(6): 524-527
26. 薑愛莉, 孫麗芹, 劉玉鵬. 紫草抗氧化成分的提取及其活性研究. 精細化工. 2002, **19**(1): 51-54
27. 馬保華, 郈魯軍, 王哲民, 楊立忠. 中藥紫草抗生育作用的研究. 山東醫科大學學報. 1993, **31**(1): 34-36
28. 王惠清. 中藥材産銷. 成都: 四川出版集團四川科學技術出版社. 2004: 305-308
29. M Hama, S Akiba, K Ara. Deodorants containing natural products. *Japan Kokai Tokkyo Koho*. 2002
30. 石青河, 劉發義. 紫草籽油的開發研究. 中國油脂. 2000, **25**(3): 47-48
31. 周少甫, 王桂傑, 王躍新, 冀曉敏, 薑秋華. 紫草油降血脂作用的研究. 中國公共衛生. 1997, **13**(11): 665-666

지치 재배단지

수염가래꽃 半邊蓮 CP, KHP

Campanulaceae

Lobelia chinensis Lour.

Chinese Lobelia

개 요

초롱꽃과(Campanulaceae)

수염가래꽃(半邊蓮, *Lobelia chinensis* Lour.)의 전초를 건조한 것

중약명: 반변련(半邊蓮)

수염가래꽃속(*Lobelia*) 식물은 전 세계에 350여 종이 있으며, 주로 열대 및 아열대 지역에 분포한다. 특히 아프리카와 아메리카에 많이 있으며, 중국에는 약 19종이 분포한다. 이 가운데 13종이 약용으로 사용되며, 주로 중국의 양자강 중하류 및 남부의 각지에 자생한다. 인도와 동아시아 각국에도 분포한다.

'반변련'이라는 명칭은 최초로 《전남본초(滇南本草)》, 《본초강목(本草綱目)》, 《식물명실도고(植物名實圖考)》에 처음 기재되었으며, 함께 수록된 그림도 이 종이다. 《중국약전(中國藥典)》(2015년 판)에서는 이 종을 중약 반변련의 법정기원식물 내원종으로 수록하였으며, 주요산지는 중국의 화동, 화남, 서남, 중남의 각지이며, 그 가운데 안휘의 생산량이 비교적 많다.

수염가래꽃속 식물에는 주로 알칼로이드가 함유되어 있으며, 이들 알칼로이드는 수염가래꽃속 식물의 특징성분이다. 《중국약전》에서는 반변련의 수용성 침출물(열침법 추출)의 함량을 35% 이상으로 약재의 규격을 정하고 있다.

약리연구를 통하여 수염가래꽃에는 이뇨, 호흡 흥분, 항동맥죽상경화, 이담(利膽), 뱀독소 해독, α-글루코시다아제 억제 등의 작용이 있는 것으로 알려져 있다.

한의학에서 반변련에는 이뇨소종(利尿消腫), 청열해독(清熱解毒) 등의 효능이 있다.

수염가래꽃 半邊蓮 *Lobelia chinensis* Lour.

수염가래꽃 半邊蓮 CP, KHP

약재 반변련 藥材半邊蓮 Lobeliae Chinensis Herba

함유성분

전초에는 알칼로이드 성분으로 lobeline, lobelanine, isolobelanine, lobelanidine, radicamines A, B[2-3], 유기산 성분으로 p-hydroxybenzoic acid, fumaric acid, succinic acid 등이 함유되어 있다.

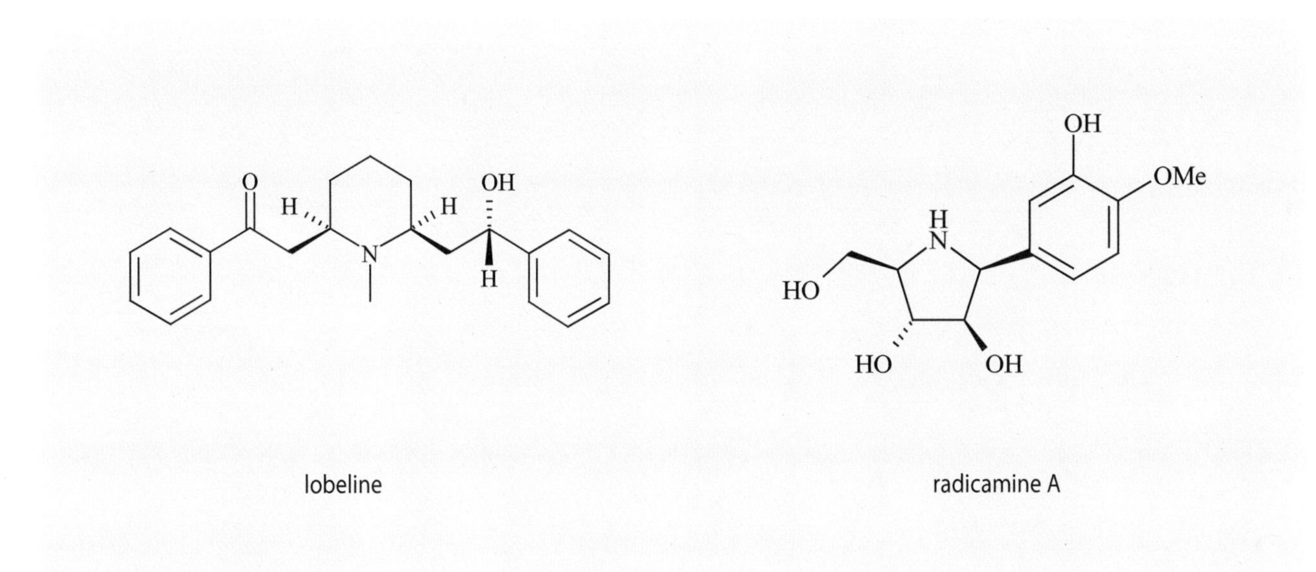

약리작용

1. 이뇨

   반변련 침제 또는 반변련의 알칼로이드를 마취된 개의 정맥에 주사하거나 Rat에 경구투여하면 지속성의 이뇨작용이 있는데, 정상의 사람이 복용해도 동일한 작용이 있다.

2. 호흡 흥분

   반변련의 열수 추출물과 그 알칼로이드 제제를 정맥주사하면, 마취된 개에 대해 농도 의존적으로 호흡 흥분작용을 나타내며, 농도가 과도하게 증가되면 호흡마비로 인해 사망에 이를 수도 있다. 반변련의 알칼로이드류는 경동맥과 주동맥의 화학적 수용기의 자극을 통하여 반사성의 호흡중추 흥분을 유도한다[4].

3. 혈압강하, 항죽상동맥경화

반변련의 침제를 정맥에 주사하면 마취된 개에 대해 지속적인 혈압강하작용이 있다. 반변련의 알칼로이드를 고지혈이 있는 Rat에 경구투여하면 엔도셀린(ET)의 합성과 분비를 뚜렷하게 감소시키며, 혈장내피형 일산화질소합성효소(ecNOS)의 활성을 뚜렷하게 증가시키는데, ET에 대한 길항작용을 통해서 혈관내피의 손상을 경감시킨다[5]. 반변련의 알칼로이드류는 *in vitro*에서 엔도셀린-1(ET-1)의 역전으로 인한 혈관내피세포(ECV304)의 섬유용매원활성억제물-1(PAI-1)의 증가를 농도 의존적으로 억제함으로써 혈관내피세포를 보호한다[6]. 또한 농도 의존적으로 ET-1의 유도로 인한 혈관평활근세포(VSMC)의 증식활성을 억제할 수 있는데, 그 작용기전은 VSMC 내 Ca^{2+}의 함량을 저하시키는 것과 관련된다[7].

4. 이담

반변련의 생약으로 만든 주사제를 개의 정맥에 주사하면 담즙분비량을 뚜렷하게 억제할 수 있다. 반변련의 열수 추출물을 담석증 환자에게 경구투여하면 담즙점체계수를 뚜렷하게 감소시킨다. 반변련은 황색포도상구균, 대장균 등에 대해 억제작용이 있으며, 담도감염에 대해 비교적 우수한 항균약물이다[8].

5. 뱀독 제거

반변련의 열수 추출물 또는 반변련에서 분리한 염화α-하이드록시벤조에이트, 염화푸마레이트, 염화수시네이트 등을 뱀독을 주사하기 30분 전에 경구투여와 함께 피하에 주사하면 최소치사량의 안경코브라 독을 주입한 Mouse에 대해 59~93% 정도의 보호효과를 보인다.

6. 기타

반변련에 함유된 라디카민 A, B는 α-글루코시다아제의 억제제이다. 반변련은 인체자궁경부암세포 HeLa의 세포 내 칼슘 분비유도와 세포 외부의 칼슘 유입을 통해 세포 내부의 칼슘 농도를 뚜렷하게 증가시킨다[9].

용 도

반변련은 중의임상에서 사용하는 약이다. 청열해독(清熱解毒, 화열을 깨끗이 제거하고 몸의 독을 없이함), 이수소종[利水消腫, 이수(利水)하여 부종을 가라앉혀 줌] 등의 효능이 있으며, 정창종독[疔瘡腫毒, 독기를 감수하여 생긴 정창(疔瘡)이 진행되면서 붓고 아픈 것], 유옹종통[乳癰腫痛, 유옹(乳癰)으로 인해 유방이 붓고 통증이 있는 것], 충사교상(蟲蛇咬傷, 벌레와 뱀독에 물린 상처), 복창수종(腹脹水腫, 배가 더부룩하면서 불러 오르며 붓는 증상), 황달 등의 치료에 사용한다.
현대임상에서는 신생아 폐렴, 급성 호흡기감염, 급성 사구체신염, 감기로 인한 고열, 소아고열 등의 병증에 사용한다.

해 설

수염가래꽃속 식물은 그 자원이 매우 풍부하고, 약용을 사용할 수 있는 종이 비교적 많아 수염가래꽃 외에도 각 지역에서 다양한 종을 민간약초로 사용하고 있다. 그러나 아직까지는 그 자원을 충분하게 이용하지 못하고 있는 실정이다. 수염가래꽃속 식물에 특징적으로 함유되어 있는 알칼로이드는 중추신경에 대한 흥분작용을 나타내는데, 이는 다양한 개발과 연구의 가치가 있다.

참고문헌

1. 張鐵軍, 許志強. 中國半邊蓮屬藥用植物地理分布及資源利用. 中藥材. 1991, **14**(11): 18-20
2. M Shiban, D Tsukamoto, A Masuda, Y Tanaka, G Kusano. Two new pyrrolidine alkaloids, radicamines A and B, as inhibitors of α-glucosidase from *Lobelia chinensis* Lour. *Chemical & Pharmaceutical Bulletin*. 2001, **49**(10): 1362-1365
3. M Shibano, D Tsukamoto, G Kusano. Polyhydroxylated alkaloids with lipophilic moieties as glycosidase inhibitors from higher plants. *Heterocycles*. 2002, **57**(8): 1539-1553
4. 楊寶峰. 藥理學. 北京: 人民衛生出版社. 2003: 134
5. 陳融, 李莉, 任冬梅, 王婧婧, 邴魯軍, 李瑞峰. 蚤休總皂苷與半邊蓮生物鹼對內皮素及內皮型一氧化氮合酶表達的對比研究. 山東大學學報(醫學版). 2005, **43**(1): 41-43, 47
6. 範秀珍, 王婧婧, 任冬梅, 肖穎, 陳融, 李莉, 胡維誠. 半邊蓮生物鹼對內皮素誘導損傷的人血管內皮細胞纖溶系統的影響. 山東大學學報(醫學版). 2005, **43**(10): 898-901
7. 王婧婧, 範秀珍, 劉尚明, 任冬梅, 陳融, 李莉, 胡維誠. 半邊蓮生物鹼抑制內皮素-1誘導的人臍動脈平滑肌細胞增殖. 中國病理生理雜誌. 2006, **22**(1): 26-30
8. 劉恕, 劉潯陽, 湯輝煥, 賀志軍. 半邊蓮利膽作用的實驗研究與臨床觀察. 中國現代醫學雜誌. 1995, **5**(3): 1-2, 9
9. 高永琳, 高冬, 林德馨, 白平. 半邊蓮對 HeLa 細胞鈣信號系統的影響. 福建中醫學院學報. 2002, **12**(3): 23-26

수염가래꽃 半邊蓮 CP, KHP

수염가래꽃 재배단지

인동덩굴 忍冬 CP, KP, KHP, JP, VP

Caprifoliaceae

Lonicera japonica Thunb.

Japanese Honeysuckle

개 요

인동과(Caprifoliaceae)

인동덩굴(忍冬, *Lonicera japonica* Thunb.)의 꽃봉오리와 막 피기 시작한 꽃을 건조한 것

중약명: 금은화(金銀花)

인동덩굴속(*Lonicera*) 식물은 전 세계에 200여 종이 분포하며, 주로 북아메리카, 유럽, 아시아 및 아프리카 북부의 온대와 아열대 지역에 자생한다. 중국에는 98종이 있는데, 이 속에서 약으로 사용되는 것은 모두 19종으로, 중국의 화동, 중남, 서남 및 요녕, 하북, 산서, 섬서, 감숙 등지에서 재배되며, 한반도, 일본에도 분포하며, 북미에도 재배 및 야생종이 있다.

금은화는 '인동'이라는 명칭으로 맨 처음 《명의별록(名醫別錄)》에 상품으로 기재되었으며, 《중국약전(中國藥典)》(2015년 판)에서는 이 종을 중약 금은화의 법정기원식물 내원종으로 수록하였다. 주요산지는 중국의 하남, 산동, 광서, 광동 등이다.

인동덩굴의 주요 활성성분은 유기산류, 트리테르페노이드 사포닌, 플라본, 정유 등이다. 《중국약전》에서는 고속액체크로마토그래피법을 이용하여 금은화에 함유된 클로로겐산을 1.5% 이상, 루테올로사이드를 0.1% 이상으로 약재의 규격을 정하고 있다.

약리연구를 통하여 인동덩굴의 꽃봉오리에는 항균, 항바이러스, 항염, 항과민, 이담(利膽), 간 보호 및 고지혈 개선 등의 작용이 있는 것으로 알려져 있다.

한의학에서 금은화에는 청열해독(清熱解毒), 양산풍열(凉散風熱) 등의 작용이 있다.

인동덩굴 忍冬 *Lonicera japonica* Thunb.

약재 금은화 藥材金銀花 Lonicerae Japonicae Flos

약재 인동등 藥材忍冬藤 Lonicerae Japonicae Caulis

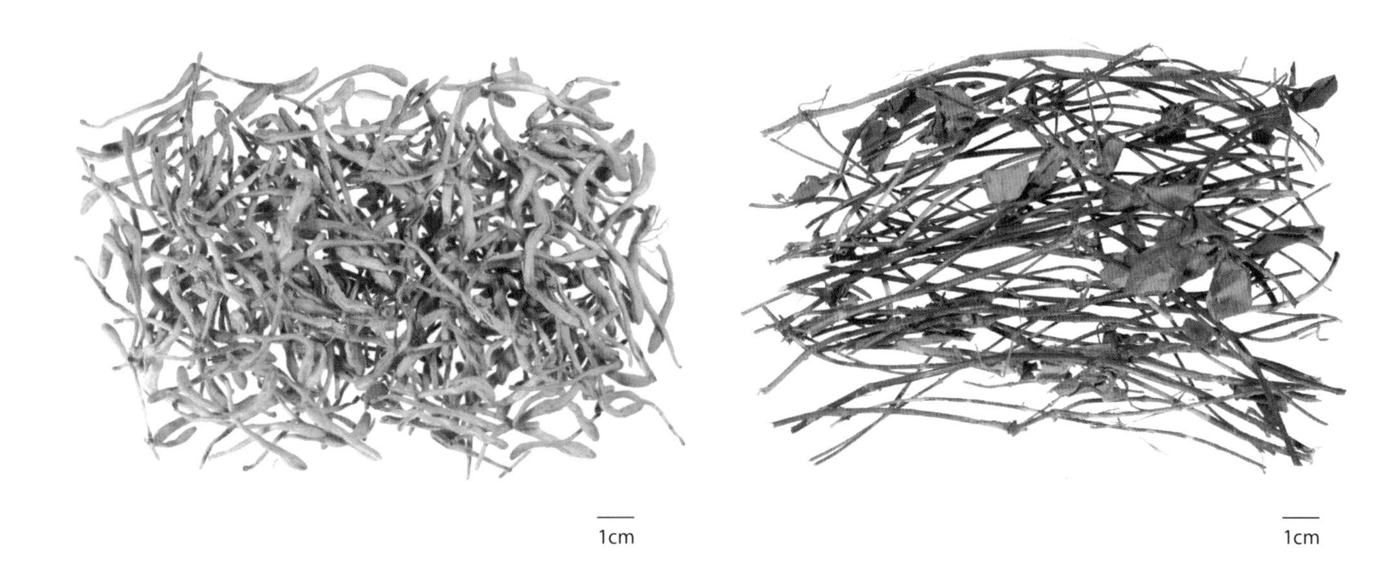

함유성분

꽃봉오리에는 페놀산 성분으로 chlorogenic acid, isochlorogenic acid, caffeic acid[1], 플라보노이드 성분으로 luteolin, hyperoside[2], lonicerin[3], luteolin-7-O-β-D-galactoside, quercetin-3-O-β-D-glucoside[1], luteoloside, 트리테르페노이드 사포닌 성분으로 lonicerosides A, C[3-4], 3-O-α-L-rhamnopyranosyl-(1→2)-α-L-arabinopyranosyl hederagenin-28-O-β-D-xylopyranosyl-(1→6)-β-D-glucosyl ester, 3-O-α-L-arabinopyranosyl hederagenin-28-O-α-L-rhamnopyranosyl-(1→2)-[β-D-xylopyranosyl-(1→6)]-β-D-glucosyl ester, 3-O-α-L-rhamnopyranosyl-(1→2)-α-L-arabinopyranosyl hederagenin-28-O-α-L-rhamnopyranosyl-(1→2)-[β-D-xylopyranosyl-(1→6)]-β-D-glucosyl ester[1], 정유성분으로 linalool, 1,1′-bicyclohexyl[5], 세코이리도이드 배당체로 loganin, 7-epi-loganin, sweroside, 7-epi-vogeloside, secoxyloganin[6] 등이 함유되어 있다.

HO, HO, O, O, H, OH, OH, H, H, HO, COOH

chlorogenic acid

약리작용

1. 항병원미생물

   금은화에는 비교적 광범위한 항균작용이 있는데, 황색포도상구균, 백색포도상구균, α-연쇄구균, β-연쇄구균, 대장균, 고초아포간균, 유문나선간균 등 그람양성균주에 대해 뚜렷한 억제작용이 있다[7-9]. 금은화는 *in vitro* 및 *in vivo*에서 I형 단순포진바이러스(HSV-1), 기니피그의 대식세포바이러스 및 조류독감바이러스(AIV H9N2형)에 대해 각각 상이한 정도의 억제작용이 있다[10-12]. 금은화의 알코올 추출액과 물 추출물 및 초음파 추출물은 *in vitro*에서 배양된 신생아 신장세포 NB324K에 대해 항바이러스 감염 능력을 뚜렷하게 증강시킨다[13].

2. 항염, 항과민

   금은화는 난백과 카라기난으로 유도된 Rat의 발바닥 종창을 뚜렷하게 억제할 수 있으며, 또한 파두유로 유도된 Rat 육아종의 염증성 삼출물과 육아종 증식을 뚜렷하게 억제한다. 금은화의 물 추출물은 난청단백(OVA)으로 유도된 Mouse의 과민성 소장 융모 염증을 완화시키며, 체내 인터루킨-4(IL-4), OVA-sIgE의 농도 및 IL-4/인터페론-γ 비율을 감소시킬 수 있다. 또한 외주임파조직의 단핵세포 중 인터루킨-12의 발현을 억제한다[15].

3. 혈소판응집 억제

   금은화의 물 추출물은 *in vitro*에서 아데노신이인산(ADP)으로 유도된 혈소판응집에 대해 길항작용이 있는데, 그 유효성분은 클로로겐산, 이소클로로겐산, 카페인산 등의 페놀류 화합물이다[16].

4. 항고지혈

   금은화는 *in vitro*에서 콜레스테롤과 결합하는데, 금은화의 열수 추출물을 복용하면 장내 콜레스테롤 수치를 낮출 수 있다[14].

5. 면역조절

   금은화에 함유된 클로로겐산은 칼시뉴린의 분비를 촉진시키며, *in vitro* 및 *in vivo*에서 대식세포의 탐식률을 증가시킨다[17]. 금은화는 또한 우혈(牛血)과 우유 속 호중구의 황색포도상구균에 대한 탐식능력을 증강시킬 수 있다[18].

6. 간장 보호

   금은화의 메탄올 추출물은 CCl_4로 인해 간 손상이 유도된 Rat에 대해 보호작용이 있으며, 혈청 알라닌아미노기전이효소(ALT)와 아스파트산아미노기전달효소(AST)의 상승을 억제한다[19].

7. 기타

   금은화에는 지혈, 불임[14], 항산화[8], 장운동 억제[20] 등의 작용이 있다.

용 도

금은화는 중의임상에서 사용하는 약이다. 청열해독(清熱解毒, 화열을 깨끗이 제거하고 몸의 독을 없이함), 양산풍열[涼散風熱, 인체 내에 쌓인 풍열(風熱)을 풀어 줌] 효능이 있으며, 옹종정창(擁腫疔瘡, 작은 종기와 부스럼), 풍열감모[風熱感冒, 감모(感冒)의 하나로 풍열사(風熱邪)로 인해 생긴 감기] 등의 치료에 사용한다.
현대임상에서는 감기, 유행성 독감, 상부호흡기 감염 등의 병증에 사용한다.

해 설

금은화는 중국위생부에서 규정한 약식동원품목* 가운데 하나이다.
금은화는 약용자원으로서 가치가 매우 높은데, 특히 급성 호흡기증후군(SARS)에 대해 탁월한 효과가 있으며, 시장의 수요도 비교적 크다고 할 수 있다. 현재 중국에서는 여러 지역에 인동덩굴의 대규모 재배단지가 조성되어 있다. 여러 연구를 통하여 금은화의 가장 적절한 채취 시기는 개화하기 전이 가장 좋으며, 이 시기에 금은화의 클로로겐산 함량이 가장 높게 나타난다. 지역적으로는 중국 하남성의 금은화에 가장 많은 클로로겐산이 함유되어 있는 것으로 나타났는데, 이는 지역적 특성과 약재품질 사이에 밀접한 관련이 있음을 시사한다. 따라서 약재의 산지를 명확하게 표기해야 하며, 지역별로 약재품질에 대한 우수성을 보장해야 한다[21].
중국의 남방 각지에는 여러 종의 동속식물이 분포한다. 보고에 따르면 회점모인동에 함유된 클로로겐산의 함량이 정품 금은화에 비하여 더 많이 함유되어 있으며, 《중국약전》에도 중약 금은화의 법정기원식물 내원종 가운데 하나로 기재되어 있다. 향후 지속적인 연구를 통하여 중약 금은화의 식물자원을 확대해 나가야 할 것이다. 인동덩굴의 줄기도 약으로 사용하는데 인동등이라 불리며, 청열해독, 소종(消腫) 등의 작용이 있다. 약리연구를 통하여 인동의 겨울 낙엽에 함유된 클로로겐산의 함량은 금은화 약재의 1.4배, 인동등의 9.1배에 달하는 것으로 알려져 있으며, 플라본의 함량은 금은화의 2.8배, 인동등의 7.0배에 해당하는 것으로 알려졌다. 낙엽, 금은화, 인동등 이 세 가지에 함유된 클로로겐산 함량을 박층크로마토그래피법으로 측정한 결과 매우 유사하였다[23]. 인동 잎의 항균실험을 통하여 인동 잎에

* 부록(559~562쪽) 참고

는 플라본이 비교적 다량으로 함유되어 있는데, 그 항균효과가 클로로겐산보다 우수하였다[24].
인동덩굴은 의약적 가치 이외에 보건용으로도 꾸준히 개발되고 있다. 금은화를 이용한 액상음료는 이미 시장에 출시되어 있으며, 구강 세균에 대한 억제력이 좋아 구강세정제, 치약 등 구강용품의 원료로 다양하게 이용되고 있다.

참고문헌

1. 葛冰, 盧向陽, 易克, 田雲. 金銀花活性成分, 藥理作用及其應用. 中國野生植物資源. 2004, **23**(5): 13-16
2. YY Peng, FH Liu, JN Ye. Determination of phenolic acids and flavones in *Lonicera japonica* Thunb. by capillary electrophoresis with electrochemical detection. *Electroanalysis*. 2005, **17**(4): 356-362
3. SJ Lee, EJ Shin, KH, Son, HW Chang, SS Kang, HP, Kim. Anti-inflammatory activity of the major constituents of *Lonicera japonica*. *Archives of Pharmacal Research*. 1995, **18**(2): 133-135
4. WJ Kwak, CK Han, HW Chang, HP Kim, SS Kang, KH Son. Loniceroside C, an antiinflammatory saponin from *Lonicera japonica*. *Chemical & Pharmaceutical Bulletin*. 2003, **51**(3): 333-335
5. 吉力, 潘炯光, 徐植靈. 忍冬花揮發油的 GC-MS 分析. 中國中藥雜誌. 1990, **15**(11): 40-42
6. HJ Li, P Li, WC Ye. Determination of five major iridoid glucosides in Flos Lonicerae by high-performance liquid chromatography coupled with evaporative light scattering detection. *Journal of Chromatography A*. 2003, **1008**(2): 167-172
7. 宋海英, 邱世翠, 王志強, 張群, 楊新. 金銀花的體外抑菌作用研究. 時珍國醫國藥. 2003, **14**(5): 269
8. 張澤生, 烏蘭. 金銀花中綠原酸的體外抑菌和抗氧化性的研究. 天津科技大學學報. 2005, **20**(2): 5-8, 34
9. 杜平華, 朱世真, 呂品. 20 種中藥材對幽門螺桿菌體外抗菌活性的研究. 中藥材. 2001, **24**(3): 188-189
10. 王志潔, 黃鐵牛. 金銀花在體內外抗人 I 型皰疹病毒的實驗研究. 中國中醫基礎醫學雜誌. 2003, **9**(7): 39-43, 50
11. 王昕榮, 陳素華, 喬福元, 熊錦文, 劉海智, 王楠. 金銀花抗豚鼠巨細胞病毒的體外實驗研究. 中國婦幼保健. 2005, **20**(17): 2241-2243
12. 王國霞, 鄭海棠, 梅春升, 鄧銓濤, 馬立保. 黃芪, 金銀花提取物體外抗禽流感病毒的實驗研究. 中獸醫學雜誌. 2005, **3**: 4-6
13. 李永梅, 李莉, 柏川, 李丁, 王天志. 金銀花的抗腺病毒作用研究. 華西藥學雜誌. 2001, **16**(5): 327-329
14. 王本祥. 現代中藥藥理學. 天津: 天津科學技術出版社. 1999: 204-209
15. 李斐, 黎海芪. 金銀花水提物對卵清蛋白致敏小鼠的免疫調控作用. 中華兒科雜誌. 2005, **43**(11): 852-857
16. 樊宏偉, 蕭大偉, 餘黎, 朱荃. 金銀花及其有機酸類化合物的體外抗血小板聚集作用. 中國醫院藥學雜誌. 2006, **26**(2): 145-147
17. HZ Wu, J Luo, YX Yin, Q Wei. Effects of chlorogenic acid, an active compound activating calcineurin, purified from Flos Lonicerae on macrophage. *Acta Pharmacologica Sinica*. 2004, **25**(12): 1685-1689
18. S Hu, W Cai, J Ye, Z Qian, Z Sun. Influence of medicinal herbs on phagocytosis by bovine neutrophils. *Zentralblatt fur Veterinarmedizin. Reihe A*. 1992, **39**(8): 593-599
19. CS Jeong, IO Suh, JE Hyun, EB Lee. Screening of hepatoprotective activity of medicinal plant extracts on carbon tetrachloride-induced hepatotoxicity in rats. *Natural Product Science*. 2003, **9**(2): 87-90
20. 王明根, 倪少江, 劉生寶, 應如海, 魏青, 寧康健. 金銀花水提醇沈劑對家兔離體小腸運動的影響. 中國農學通報. 2005, **21**(6): 32-34
21. 邢俊波, 李萍, 劉雲. 不同產地, 不同物候期金銀花中綠原酸的動態變化研究. 中國藥學雜誌. 2003, **38**(1): 19-21
22. 周日寶, 童巧珍. 灰氈毛忍冬與正品金銀花的綠原酸含量比較. 中藥材. 2003, **26**(6): 399-400
23. 武雪芬, 李玉賢, 魏煒, 趙麗婭, 朱向君, 徐劼. 金銀花越冬老葉有效成分測定. 中藥材. 1997, **20**(1): 6-7
24. 武雪芬, 景小琦, 李國茹. 金銀花葉藥用成分的提取及抑菌試驗. 天然產物研究與開發. 2001, **13**(3): 43-44

인동덩굴 재배모습

조릿대풀 淡竹葉 CP, KHP

Lophatherum gracile Brongn.

Lophatherum

개 요

벼과(Gramineae)

조릿대풀(淡竹葉, *Lophatherum gracile* Brongn.)의 경엽을 건조한 것

중약명: 담죽엽(淡竹葉)

조릿대풀속(*Lophatherum*) 식물은 전 세계에 단 2종만이 있으며, 주로 동남아시아와 동아시아에 분포한다. 중국에 2종이 있으며, 모두 약용으로 사용된다. 이 종은 중국의 양자강 유역 이남과 서남 지역에 자생하며, 인도, 스리랑카, 미얀마, 말레이시아, 인도네시아, 뉴기니, 일본 등에도 분포한다.

'담죽엽'이라는 명칭은 맨 처음 《명의별록(名醫別錄)》에 기재되었으나, 여기에 기록된 종은 벼과 식물의 대나무아과 식물을 말한다. 현재 사용하고 있는 담죽엽은 오늘날에 사용되는 벼과 식물의 다년생 식물인 조릿대풀아과의 것으로 《본초강목(本草綱目)》에 최초로 기재되었다. 《중국약전(中國藥典)》(2015년 판)에서는 이 종을 중약 담죽엽의 법정기원식물 내원종으로 수록하였다. 주요산지는 절강, 안휘, 호남, 사천, 호북, 광동, 강서 등이며, 그 가운데 절강 지역의 생산량이 가장 많고 품질도 좋아서 '항죽엽(杭竹葉)'이라고 불린다. 《대한민국약전외한약(생약)규격집》(제4개정판)에는 '담죽엽'을 "조릿대풀(*Lophatherum gracile* Bronghiart, 벼과)의 꽃피기 전의 지상부"로 등재하고 있다.

담죽엽에는 주로 트리테르펜과 플라본 등의 성분이 함유되어 있다. 《중국약전》에서는 성상, 조직의 현미경 감별 특징 등을 이용하여 약재의 규격을 정하고 있다.

약리연구를 통하여 조릿대풀에는 해열, 항균, 이뇨 등의 작용이 있는 것으로 알려져 있다.

한의학에서 담죽엽에는 청열제번(淸熱除煩), 이뇨 등의 작용이 있다.

조릿대풀 淡竹葉 *Lophatherum gracile* Brongn.

약재 담죽엽 藥材淡竹葉 Lophatheri Herba

함유성분

줄기와 잎에는 트리테르페노이드 성분으로 arundoin, cylindrin, friedelin, taraxerol, 플라보노이드 성분으로 4′,5,7-trihydroxy-3′,5′-dimethoxy flavone, 4′,5-dihydroxy-3′,5′-dimethoxy-7-O-β-D-glucosyloxyflavone[3], vitexin[4] 등이 함유되어 있으며 또한 4-hydroxy-3,5-dimethoxy benzaldehyde, trans-p-hydroxycinnamic acid, vanillic acid[3-4] 성분 등이 함유되어 있다.

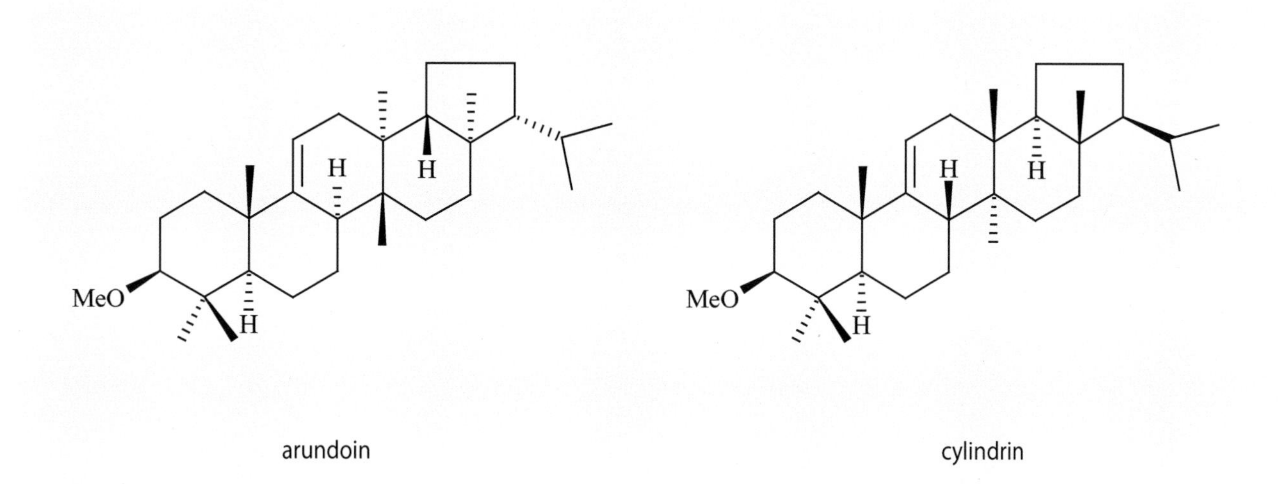

약리작용

1. 해열
   담죽엽의 열수 추출물은 대장균의 피하주사로 유도된 토끼, 고양이, Rat 등의 발열에 대해 해열작용이 있다. 담죽엽의 수침고를 경구투여하면 효모 혼탁액 주사로 인한 Rat의 발열에 대해 해열작용이 있다.
2. 이뇨
   담죽엽에는 일정한 이뇨작용이 있는데, 뇨액 중의 염소화합물 함량을 뚜렷하게 증가시킨다.
3. 항균
   담죽엽의 열수 추출물은 *in vitro*에서 용혈성 연쇄구균과 황색포도상구균에 대해 억제작용이 있으며, 최소 억제농도는 1:10이다.
4. 기타
   담죽엽은 Mouse의 이식성 종양 S180에 대해 억제작용이 있으며, 억제율은 43~46% 정도이다.

용 도

담죽엽은 중의임상에서 사용하는 약이다. 청열제번[淸熱除煩, 열을 내리고 번조(煩燥)함을 제거해 줌], 통리소변(通利小便, 소변을 잘 나오게 해 줌)의 효능이 있으며, 열병번갈[熱病煩渴, 열성병(熱性病)으로 가슴이 답답하여 입이 마르고 갈증이 나는 병증], 구창뇨적(口瘡尿赤), 수종뇨소[水腫尿少, 수종(水腫)이 있으면서 소변량이 적은 증상], 황달뇨적(黃疸尿赤, 황달이 있으면서 소변이 붉게 짙어진 병증) 등의 치료에 사용한다.
현대임상에서는 병독성 심기염(病毒性心肌炎), 백새씨병(白塞氏病, 베를호프병), 소아구창(小兒口瘡), 감모(感冒), 폐결핵, 육혈(衄血, 코피가 나는 증상), 요로감염 등의 병증에 사용한다.

해 설

담죽엽은 중국위생부에서 규정한 약식동원품목* 가운데 하나이며, 이미 담죽엽을 이용한 천연보건음료가 제조되고 있다[5].
죽엽은 화본과의 상록교목 또는 관목인 죽엽의 잎으로, 오늘날에는 담죽엽이 죽엽을 대체하고 있다.

---

* 부록(559~562쪽) 참고

참고문헌

1. 陸維承. 竹葉和淡竹葉考辨. 中醫藥學刊. 2005, **23**(12): 2268-2269
2. 龔祝南, 王崢濤, 徐珞珊, 徐國鈞. 淡竹葉與竹葉的原植物研究與商品鑒定. 中國野生植物資源. 1998, **17**(1): 17-19
3. 陳泉, 吳立軍, 王軍, 李華. 中藥淡竹葉的化學成分研究. 瀋陽藥科大學學報. 2002, **19**(1): 23-24, 30
4. 陳泉, 吳立軍, 阮麗軍. 中藥淡竹葉的化學成分研究 II. 瀋陽藥科大學學報. 2002, **19**(4): 257-259
5. 盧益中. 淡竹葉天然保健飲料的研製. 食品工業科技. 1998, **4**: 48-49

수세미오이 絲瓜 CP, KHP

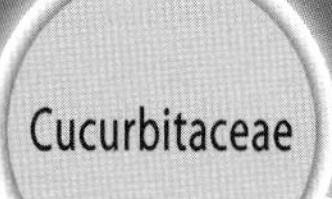

Luffa cylindrica (L.) Roem.

Loofah

개 요

박과(Cucurbitaceae)

수세미오이(絲瓜, *Luffa cylindrica* (L.) Roem.)의 잘 익은 열매의 유관속을 건조한 것

중약명: 사과락(絲瓜絡)

수세미오이속(*Luffa*) 식물은 전 세계에 약 8종이 있으며, 동반구 열대와 아열대 지역에 분포한다. 중국에서는 약 2종이 재배되며, 모두 약으로 사용할 수 있다. 이 종은 중국의 남북 각지에서 재배되고 있으며, 또한 세계의 온대와 열대 각지에서 광범위하게 재배된다.

'사과락'이라는 명칭은 《본초강목(本草綱目)》에 최초로 기재되었으며, 역대 본초서적에 다수 기재되었다. 《중국약전(中國藥典)》(2015년 판)에서는 이 종을 중약 사과락의 법정기원식물 내원종으로 수록하였으며, 중국 각지에서 모두 생산되는데, 절강성의 자계(慈溪) 지역에서 생산량이 가장 많고, 강소의 남통(南通), 소주(蘇州) 등에서도 많이 생산된다.

사과락의 주요 함유성분은 트리테르페노이드 사포닌이며, 그 밖에 플라본 화합물도 함유되어 있다. 《중국약전》에서는 약재의 성상을 기준으로 약재의 규격을 정하고 있다.

약리연구를 통하여 수세미오이에는 항염, 항균, 진통, 진정, 진해(鎮咳), 거담(祛痰), 평천(平喘) 등의 작용이 있는 것으로 알려져 있다.

한의학에서 사과락에는 통락(通絡), 활혈(活血), 거풍(祛風) 등의 작용이 있다.

수세미오이 絲瓜 *Luffa cylindrica* (L.) Roem.

약재 사과락 藥材絲瓜絡 Luffae Fructus Retinervus

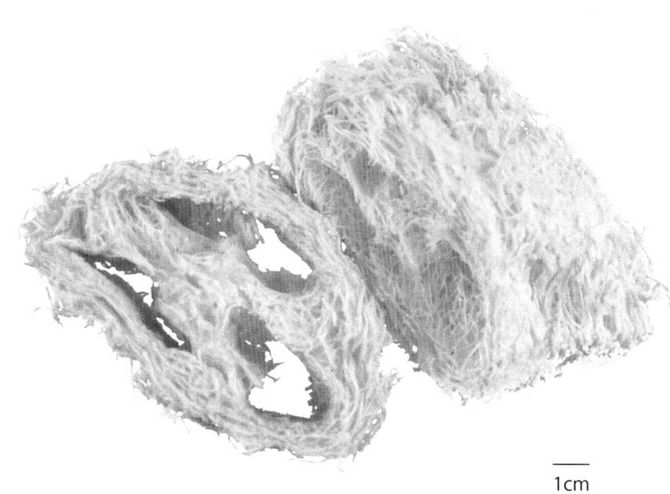

수세미오이 絲瓜 CP, KHP

함유성분

열매에는 트리테르페노이드 사포닌 성분으로 lucyosides A, B, C, D, E, F, G, H, I, J, K, L, M[1-2], ginsenosides Re, Rg_1[1] 등이 함유되어 있다.
잎에는 트리테르페노이드 사포닌 성분으로 lucyin A[3], lucyosides G, N, O, P, Q, R[3-7], 21β-hydroxyoleanoic acid, 3-O-β-D-glucopyranosyl-maslinic acid[8], ginsenosides Re, Rg_1[9], 플라보노이드 성분으로 apigenin[10] 등이 함유되어 있다.
씨에는 폴리펩티드 성분으로 luffins P_1, S[11], luffacylin[12] 등이 함유되어 있다.

lucyoside A: $R_1=R_3=$glc, $R_2=CH_2OH$
lucyoside C: $R_1=R_3=$glc, $R_2=CH_3$

약리작용

1. 항염
사과락의 열수 추출물을 Mouse의 복강에 주사하면 카라기난으로 유도된 발바닥 종창을 뚜렷하게 억제할 수 있다[13].

2. 항균
수세미오이의 씨에 함유된 루파실린은 *in vitro*에서 땅콩구강균과 첨포겸도균에 대해 억제작용이 있다.

3. 진통, 진정
사과락의 열수 추출물을 Mouse의 복강에 주사하면 초산으로 유도된 경련반응의 횟수를 뚜렷하게 감소시키며, 열판자극과 전기자극에 대한 통증역치를 뚜렷하게 제고한다. 또한 Mouse의 자발활동을 뚜렷하게 감소시키며, 펜토바르비탈에 대해 양호한 상호작용을 나타낸다[13-14].

4. 심근허혈 보호
사과락의 열수 추출물을 Mouse에 경구투여하면 뇌하수체후엽호르몬에 의한 급성 심근허혈성 Mouse의 심전도 T파 진폭을 증가시킬 수 있으며, 심박감소를 억제한다. 또한 혈청 내의 젖산탈수소효소(LDH)를 억제하고, 심근조직 내의 말론디알데하이드의 함량을 증가시키며, 슈퍼옥시드디스무타아제의 활성을 증가시킴으로써 심근허혈을 뚜렷하게 보호하는 작용이 있다[15].

5. 항고지혈
사과락의 열수 추출물을 실험성 고지혈 유도 Mouse에 경구투여하면 혈청 콜레스테롤과 트리글리세라이드의 함량을 저하시키며, 고밀도지단백(HDL)의 함량을 증가시킴으로써 항고지혈작용을 나타내는데, Rat의 체중도 뚜렷하게 감소시킨다[16].

6. 면역증강
수세미오이의 열매, 잎, 덩굴의 추출물(에탄올 추출물의 석유에테르 분획부위)을 Mouse에 경구투여하면 복강대식세포 내의 산성인산효소 활성을 증강시키고, 대식세포의 탐식기능을 제고한다[17]. 수세미오이의 잎에 함유된 3-O-β-D-glucopyranosyl-maslinic acid는 *in vitro*에서 Mouse 흉선세포에서 생성되는 인터루킨-1, 종양괴사인자-α(TNF-α) 및 인터루킨-2의 분비를 뚜렷하게 촉진시키는 작용이 있다[18].

7. 항과민
 수세미오이 덩굴의 알코올 추출물을 Rat에 경구투여하면 동종 수동피부과민반응(PCA)을 억제할 수 있으며, Mouse의 이종 수동피부과민반응, 면역복합성 과민염증(Arthus)반응 및 면양적혈구로 인한 지발성 아토피반응(SRBC-DTH) 등을 뚜렷하게 억제한다[19].

8. 진해, 거담, 평천
 이산화황 또는 암모니아 분무로 인해 유도된 Mouse의 해수(咳嗽)에 대해 사과락의 열수 추출물과 알코올 추출물을 경구투여 또는 복강주사하면 뚜렷한 진해작용이 나타나며, Mouse의 호흡기 페놀레드의 분비량을 증가시킬 수 있다. 사과락의 열수 추출물을 기니피그의 복강에 주사하면, 히스타민으로 유도되는 천식에 대해 예방효과가 있다.

9. 기타
 사과락에는 항급성 간 손상, 강심(強心), S180 억제, 항인체면역결핍바이러스(anti-HIV) 등의 작용이 있다[20]. 수세미오이의 씨에서 추출한 단백을 Mouse에 경구투여하면 항조잉(抗早孕)의 작용이 있다[21]. 씨에 함유된 루핀P_1은 트립신 억제작용이 있으며, 루핀S에는 리보솜 억제단백 유사작용이 있다[11]. 수세미오이의 잎에 함유된 3-O-β-D-glucopyranosyl-maslinic acid를 뇌허혈이 있는 Rat의 뇌에 주사하면 뇌기능의 회복을 뚜렷하게 촉진한다[22].

용 도

사과락은 중의임상에서 사용하는 약이다. 거풍통락[祛風通絡, 풍사(風邪)로 생긴 병을 물리쳐서 경락에 기가 잘 통하게 함], 해독화담(解毒化痰)의 효능이 있으며, 풍습성 류머티즘 관절염, 흉비(胸痞, 가슴이 갑갑한 병증), 흉협통증(胸脇痛症, 앞가슴과 양쪽 옆구리의 통증), 유옹[乳癰, 유방에 발생한 옹종농양(癰腫膿瘍)] 등의 치료에 사용한다.
현대임상에서는 기침, 만성 신염, 대상포진, 급성 유선염, 류머티즘, 관심병(冠心病, 관상동맥경화증), 심교통(心絞痛, 가슴이 쥐어짜는 것처럼 몹시 아픈 것), 중풍후유증 및 반신불수 등의 병증에 사용한다.

해 설

중국의 홍콩, 광동, 광서 등 남방 지역에서는 수세미오이의 동속식물인 능각사과(棱角絲瓜, *Luffa acutangula* (L.) Roxb.)의 열매와 유관속을 사용하며, 중약명은 '월사과락(粵絲瓜絡)'이다.
수세미오이와 능각사과는 모두 하절기 채소로 사용되며, 영양이 매우 풍부하여 열량이 호박 다음으로 많아 박류 채소 가운데 두 번째를 차지하고 있다. 수세미오이는 전체를 약으로 사용하며, 열매를 '사과'라 하고, 청열화담(清熱化痰), 양혈해독(涼血解毒)의 작용이 있다. 그 씨는 '사과자'라고 하며, 청열(清熱), 이수(利水), 통변(通便), 구충 등의 작용이 있으며, 열매의 껍질은 '사과피'라고 하며, 청열해독(清熱解毒)의 작용이 있다. 열매의 꼭지는 '사과체(絲瓜蒂)'라고 하며, 청열해독, 화담정경(化痰定驚)의 작용이 있다. 또한 사과의 꽃은 '사과화'라고 하며, 청열해독과 화담지해(化痰止咳)의 작용이 있다.

참고문헌

1. T Takemoto, S Arihara, K Yoshikawa, K Kusumoto, I Yano, T Hayashi. Studies on the constituents of Cucurbitaceae plants. VI. On the saponin constituents of *Luffa cylindrica* Roem. (1). *Yakugaku Zasshi*. 1984, **104**(3): 246-255
2. T Takemoto, S Arihara, K Yoshikawa, K Kusumoto, R Tanaka, T Hayashi. Studies on the constituents of Cucurbitaceae plants. XIII. On the saponin constituents of *Luffa cylindrica* Roem. (2). *Yakugaku Zasshi*. 1985, **105**(9): 834-839
3. 梁龍, 魯靈恩, 蔡元聰. 絲瓜葉化學成分研究. 藥學學報. 1993, **28**(11): 836-839
4. 梁龍, 劉昌瑜, 李光玉, 魯靈恩, 蔡元聰. 絲瓜葉中絲瓜皂苷 R 的化學結構. 藥學學報. 1997, **32**(10): 761-764
5. 梁龍, 魯靈恩, 蔡元聰. 絲瓜葉中絲瓜皂苷 O 的化學結構研究. 藥學學報. 1994, **29**(10): 798-800
6. 梁龍, 魯靈恩, 蔡元聰. 絲瓜葉化學成分研究 (III). 華西藥學雜誌. 1994, **9**(4): 209-211
7. 梁龍, 劉昌瑜, 李光玉, 魯靈恩, 蔡元聰. 絲瓜葉化學成分的研究. 藥學學報. 1996, **31**(2): 122-125
8. 梁龍, 魯靈恩, 蔡元聰. 絲瓜葉化學成分研究 (I). 華西藥學雜誌. 1993, **8**(2): 63-66
9. 梁龍, 魯靈恩, 蔡元聰, 劉昌瑜. 絲瓜葉化學成分研究 (IV). 四川中草藥研究. 1995, **6**: 18-19
10. MSY Khan, S Bhatia, K Javed, MH Khan. Chemical constituents of the leaves of *Luffa cylindrica* Linn. *Indian Journal of Pharmaceutical Sciences*. 1992, **54**(2): 75-76
11. 唐愛蓮, 劉笑甫, 陳旭, 周潮, 李棟霖, 蘇文生, 高妍, 唐祖年, 韋玉先, 梁勇感. 絲瓜根化學成分研究 (I). 2001, **32**(9): 773-775
12. 李豐, 夏恒傳, 楊欣秀, 胡維國, 李臻, 張祖傳. 絲瓜籽中一種具有翻譯抑制活性和胰蛋白酶抑制劑活性的多肽-Luffin P1 的純化和性質. 生物化學與生物物理學報. 2003, **35**(9): 847-852
13. A Parkash, TB Ng, WW Tso. Isolation and characterization of luffacylin, a ribosome inactivating peptide with anti-fungal activity from sponge gourd (*Luffa cylindrica*) seeds. *Peptides*. 2002, **23**(6): 1019-1024
14. 康白, 張義軍, 李華洲. 絲瓜絡鎮痛, 抗炎作用的研究. 中醫藥研究. 1992, **5**: 45-47

15. 康白, 張義軍, 李廣宙. 絲瓜絡鎮痛, 鎮靜作用初探. 實用中西醫雜誌. 1993, **6**(4): 227-228

16. 關穎, 李菁, 朱偉傑, 孫玲, 付詠梅. 絲瓜絡對小鼠心肌缺血性損傷的預防效應. 中國病理生理雜誌. 2006, **22**(1): 68-71

17. 李菁, 付詠梅, 朱偉傑, 張穗梅, 嚴玉霞, 顏亮. 絲瓜絡對實驗性高血脂大鼠的降血脂效應. 中國病理生理雜誌. 2004, **20**(7): 1264-1266

18. 毛澤善, 徐自超, 宋向鳳, 馬全祥. 絲瓜提取物對小鼠巨噬細胞功能的影響. 新鄉醫學院學報. 2004, **21**(2): 80-82

19. 李利民, 聶梅, 周永祿, 齊尚斌, 胡友梅. 絲瓜葉成分 L-6a 對 BALB/C 鼠產生 IL-1, TNF-α 及 IL-2 的影響. 華西藥學雜誌. 2001, **16**(5): 334-336

20. 寇俊萍, 莊書裴, 唐新娟, 童純寧, 嚴永清. 絲瓜藤醇提取物抗炎和抗過敏作用的研究. 中國藥科大學學報. 2001, **32**(4): 293-296

21. TB Ng, WY Chan, HW Yeung. Proteins with abortifacient, ribosome inactivating, immunomodulatory, antitumor and anti-AIDS activities from Cucurbitaceae plants. *General Pharmacology*. 1992, **23**(4): 579-590

22. 張頌, 張宗禹, 蘇慶東, 劉曉松, 李雪峰. 絲瓜子蛋白的提取分離及其對小鼠的抗早孕作用. 中國藥科大學學報. 1990, **21**(2): 115-116

23. 齊尚斌, 周永祿, 李利民, 熊鷹, 隋建峰, 阮懷珍. 絲瓜葉成分對腦缺血大鼠學習記憶障礙及皮層體感誘發電位的影響. 藥學學報. 1999, **34**(10): 721-724

영하구기 寧夏枸杞 CP, KP, JP, VP

Solanaceae

Lycium barbarum L.

Barbary Wolfberry

개 요

가지과(Solanaceae)

영하구기(寧夏枸杞, *Lycium barbarum* L.)의 잘 익은 열매를 건조한 것

중약명: 구기자(枸杞子)

구기자나무속(*Lycium*) 식물은 전 세계에 약 80여 종이 있으며, 주로 남아메리카에 많고, 소수가 아시아와 유럽대륙의 온대 지역에 분포한다. 중국에는 약 7종과 3개의 변종이 있는데, 이 속에서 약으로 사용하는 것은 2종이다. 이 종은 중국의 하북, 산서, 섬서, 감숙, 영하, 청해, 내몽고, 신강 등에서 재배되며, 열매를 약용으로 사용하기 때문에 그 재배범위가 비교적 넓다. 유럽 및 지중해 연안에도 야생 및 재배되고 있다.

구기자는 '구기'라는 이름으로 《신농본초경(神農本草經)》에 상품으로 처음 수록되었으며, 역대의 본초서적에도 많이 수록되었다. 《명의별록(名醫別錄)》과 《본초도경(本草圖經)》에 기록된 구기는 L. chinense Mill.이며, 《본초강목(本草綱目)》에 수재된 감주(甘州)에서 생산되는 구기가 이 종에 해당한다. 《중국약전(中國藥典)》(2015년 판)에서는 이 종을 중약 구기자의 법정기원식물 내원종으로 수록하였으며, 주요산지는 중국의 영하, 내몽고, 신강, 감숙, 섬서 등이다. 《대한민국약전》(제11개정판)에서는 '구기자'를 "가지과에 속하는 구기자나무(*Lycium chinense* Miller) 또는 영하구기(*Lycium barbarum* Linné)의 열매"로 등재하고 있다.

영하구기에는 다당, 카로틴, 알칼로이드 등이 함유되어 있으며, 그 가운데 다당류 화합물에 다양한 생리활성이 있는 것으로 알려져 있다. 《중국약전》에서는 자외선분광광도법을 이용하여 구기자에 함유된 구기자의 다당의 함량을 포도당으로서 1.8% 이상, 박층크로마토그래피법으로 베타인의 함량을 0.3% 이상으로 약재의 규격을 정하고 있다.

약리연구를 통하여 영하구기의 열매에는 면역조절, 노화억제, 간장보호, 혈당강하, 혈지감소, 항종양 등의 작용이 있는 것으로 알려져 있다.

한의학에서 구기자에는 자보간신(滋補肝腎), 익정명목(益精明目) 등의 작용이 있다.

영하구기 寧夏枸杞 *Lycium barbarum* L. 열매가 달린 가지 果枝

영하구기 寧夏枸杞 CP, KP, JP, VP

영하구기 寧夏枸杞 *Lycium barbarum* L.
꽃이 달린 가지 花枝

약재 구기자 藥材枸杞子 Lycii Fructus

구기자나무 枸杞 *Lycium chinense* Mill.

약재 지골피 藥材地骨皮 Lycii Cortex

함유성분

열매에는 정유성분으로 hexadecanoic acid, linoleic acid, β-elemene, myristic acid[1], 다당류 성분으로 glycoconjugates LbGP$_1$, LbGp$_2$, LbGp$_3$, LbGp$_4$, LbGp$_5$[2-4], lycium barbarum polysaccharides LBP1a-1, LBP1a-2, LBP2a, LBP3a-1, LBP3a-2[5-6], LBPA$_3$, LBPB$_1$, LBPC$_2$, LBPC$_4$[7], 쿠마린류 성분으로 scopoletin, 알칼로이드 성분으로 betaine, 도파민 유도체 성분으로 lyciumide A[8] 등이 함유되어 있다. 또한 2-O-(β-D-glucopyranosyl) ascorbic acid[9]와 카로티노이드 성분으로 zeaxanthin, cryptoxanthin, 제아잔틴 디팔미트산 등이 함유되어 있다.
뿌리에는 알칼로이드 성분으로 atropine, hyoscyamine[10], 고리형 펩티드 성분으로 lyciumins A, B 등이 함유되어 있다.

약리작용

1. 항방사능

구기자의 다당을 Mouse에 사료로 투여하면 ^{60}Co−γ 방사선 조사(照射)로 인한 세포미분화율, 염색체기형률, 정자기형률, 괴사사망률 등을 감소시키며, 골수세포증식활성과 bcl−2 유전자의 발현을 증가시킴과 동시에 세포괴사단백질효소 카스파제−3 mRNA의 발현을 감소시킬 수 있다[11]. 구기자의 다당을 Mouse의 피하에 주사하면 550cGy X선 조사로 유도된 골수억제에 대해 외주혈 적혈구(RBC) 및 혈소판 수치를 증가시킴으로써 조혈기능을 회복시킨다[12].

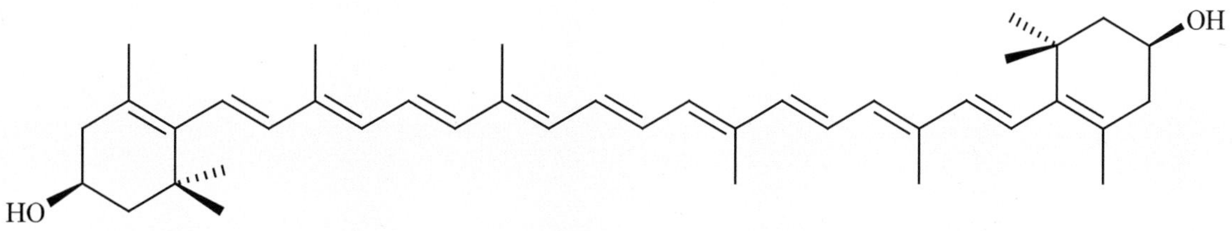

zeaxanthin

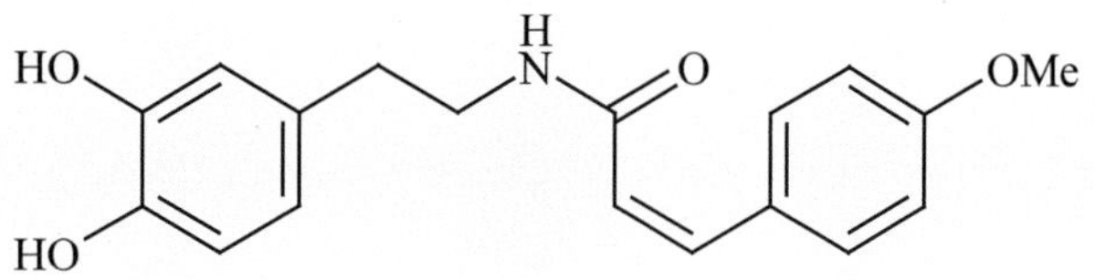

lyciumide A

2. 면역조절

구기자의 다당을 H22 간암이종이식이 있는 Mouse에 경구투여하면 면역기능에 대해 조절작용이 있으며, 외주혈과 종양간질에 침윤되어 있는 CD_4^+와 CD_8^+ T임파구의 수량을 증가시킨다. 또한 종양간질에 있는 수지상세포(DC)의 수량과 자극인자 CD_{80}의 발현을 증가시킨다[13].

3. 노화억제

구기자의 물 추출물은 *in vitro*에서 인체2배체섬유화세포(2BS)의 수명을 연장시키며, 노화세포 2BS 내의 암유도 유전자 c-fos의 유전자 전사를 유도하는 작용이 있다[14]. 또한 γ-선 조사로 인한 임파세포 미핵률 및 미핵세포율을 뚜렷하게 감소시킨다[15]. 그 밖에도 정상인의 DNA 수복능력을 증강시키는 작용이 있다[15].

4. 항종양

구기자의 다당은 배양된 인체백혈병세포 HL-60의 증식을 농도 의존적으로 억제하며, 세포막의 유동성을 저하시켜 괴사를 유도한다[16]. 또한 구기자의 물 추출물은 *in vitro*에서 인터루킨-6의 생성을 유도하며, 지질다당(LPS)으로 유도된 종양괴사인자(TNF)의 생성을 촉진시킬 수 있다[17].

5. 혈당 및 혈지 강하

구기자의 물 추출물을 Mouse에 경구투여하면 알록산에 의해 유도된 당뇨병 Mouse의 이자 랑게르한섬 β세포의 수량을 증가시키고, 손상된 랑게르한섬 세포를 회복시킴으로써 혈당을 강하하고, 혈청 내 인슐린 농도를 회복시키는 작용이 있다[18]. 구기자의 다당을 스트렙토조토신에 의해 고혈당이 유도된 Mouse에 경구투여하면 혈당을 뚜렷하게 감소시키며, 다당류로 유도된 이자의 손상에 대해 보호작용이 있다[19]. 구기자의 다당을 고지방 사료로 죽상동맥경화가 유도된 토끼에게 먹이면 트리글리세라이드, 일산화질소, 말론디알데하이드(MDA), C-반응단백(CRP) 등을 감소시킬 수 있으며, 고밀도지단백(HDL)과 콜레스테롤의 비율을 낮춰 주고, 슈퍼옥시드디스무타아제의 활성을 증강시킨다. 또한 동맥내막 죽상반괴의 면적을 감소시킨다[20]. 구기자의 물 추출물을 Rat에게 먹이면 혈청 중 중성지방(TG)과 총콜레스테롤(TC) 및 저밀도지단백콜레스테롤(LDL-C)과 LDL/HDL의 비율을 저하시킨다[21].

6. 간장보호

구기자의 다당을 Mouse에 경구투여하면 CCl_4로 간 손상이 유도된 Mouse의 알라닌아미노기전이효소(ALT) 상승을 뚜렷하게 억제하며, 간당원의 함량을 증가시키고, 간 조직 내의 MDA 함량을 저하시킨다. 또 정상 Mouse에 대해서는 이담작용이 있고, 부분적으로 간을 절제한 Mouse에 대해서는 간장 재생을 촉진하는 작용이 있다[22].

7. 기타
   구기자의 당결합물은 심근세포의 산소결핍에 대해 보호작용이 있으며[23], 인체 피부에 대해서도 보호작용이 있다[24]. 또한 구기자의 다당은 항피로작용이 있다[25].

용 도

구기자는 중의임상에서 사용하는 약이다. 보간신(補肝腎, 간과 신장이 음허한 것을 보하는 것), 명목(明目, 눈을 밝게 함) 등의 효능이 있으며, 간신부족[肝腎不足, 간신음허(肝腎陰虛)와 같은 뜻으로 간과 신장의 음혈이 부족하여 허약함]에 따른 요산유정(腰酸遺精), 두훈목현(頭暈目眩, 머리가 어지럽고 눈앞이 아찔한 것), 시력감퇴, 내장목혼(內障目昏), 소갈(消渴) 등의 치료에 사용한다.
현대임상에서는 당뇨병, 고지혈증, 남성불육(男性不育, 남자의 몸의 이상으로 임신하지 못하는 증상) 및 면역기능 이상으로 인한 질환에도 사용한다.

해 설

구기는 중국에 널리 분포하지만 남방 지역에서 자생하는 구기의 열매는 약으로 사용하지 않으며, 재배 또한 이루어지지 않고 있다. 이를 약용자원으로 활용하기 위한 연구가 이루어져야 할 것이다.
구기자는 중국위생부에서 규정한 약식동원품목* 가운데 하나이며, 영하구기는 그 역사가 유구하고 재배면적이 매우 넓다. 그러나 영하구기의 야생종과 재배종에 대한 연구는 매우 취약한 상황이다. 중의학자들은 최근 구기의 재배종에서 새로운 품종을 발견하였으며, 이에 대한 연구가 추가적으로 이루어짐으로써 구기자의 생산 기술을 더욱 향상시켜야 할 것이다.
《대한민국약전》(제11개정판)에서는 이 종 및 그 동속식물 구기(*L. chinense* Mill.)를 구기자의 내원종으로 수록하였다. 구기의 열매에는 다당, 제아잔틴, 세레브로시드 등이 함유되어 있다[26-28].
《중국약전》에는 영하구기와 구기자나무를 구기자(Lycii Cortex, lycium root bark)의 법정기원식물 내원종으로 수록하였다. 구기자는 중국 산서, 하남, 강소, 절강 등지에서 재배된다.
구기의 뿌리껍질은 지골피라고 불리며 알칼로이드 성분으로 베타인, 쿠코아민 A, B, N-카페오일티라민, dihydro-N-caffeoyltyramine, 펩타이드 성분으로 리슘아마이드, 리슈민 A, B, C, D, 비고리형 디테르펜 배당체 성분으로 리슈모사이드 I, II, III, 안트라퀴논 성분으로 에모딘, 피시온, 쿠마린 성분으로 스코폴레틴, 플라보노이드 성분으로 아피게닌, 리나린, 유기산 성분으로 (S)-9-hydroxy-E-10, Z-12-octadecadienoic acid와 바닐산 그리고 디구피간 A가 함유되어 있다[29-36].
지골피에는 해열, 진통, 혈압강하, 혈당강하, 혈지조절, 항병원미생물 등의 작용이 있다[37-38].
영하구기와 구기의 줄기 및 잎도 약용으로 사용되는데, 보허익정(補虛益精), 청열명목(淸熱明目) 등의 작용이 있으며, 리시우모사이드 I~IX 등의 성분이 함유되어 있다[39]. 앞으로 줄기와 잎을 효과적으로 사용하기 위한 연구와 개발이 더 많이 수행되어야 할 필요가 있다.

참고문헌

1. A Altintas, M Kosar, N Kirimer, KHC Baser, B Demirci. Composition of the essential oils of *Lycium barbarum* and *L. ruthenicum* fruits. *Chemistry of Natural Compounds*. 2006, **42**(1): 24-25
2. 田庚元. 枸杞子糖綴合物的結構與生物活性研究. 世界科學技術: 中醫藥現代化. 2003, **5**(4): 22-30
3. XM Peng, GY Tian. Structural characterization of the glycan part of glycoconjugate LbGp2 from *Lycium barbarum* L. *Carbohydrate Research*. 2001, **331**(1): 95-99
4. 黃琳娟, 林穎, 田庚元, 計國楨. 枸杞子中免疫活性成分的分離, 純化及物理化學性質的硏究. 藥學學報. 1998, **33**(7): 512-516
5. 段昌令, 喬善義, 王乃利, 趙毅民, 齊春會, 姚新生. 枸杞子活性多糖的硏究. 藥學學報. 2001, **36**(3): 196-199
6. 王建華, 汪建民, 李林, 張民, 張聲華. 枸杞多糖LBP2a的分離, 純化與結構特徵. 食品科學. 2002, **23**(6): 44-48
7. 趙春久, 李榮芷, 何雲慶, 崔國輝. 枸杞多糖的化學硏究. 北京醫科大學學報. 1997, **29**(3): 231-232, 240
8. C Zou, Q Zhao, CX Chen, YN He. New dopamine derivative from *Lycium barbarum*. *Chinese Chemical Letters*. 1999, **10**(2): 131-132
9. Y Toyoda-Ono, M Maeda, M Nakao, M Yoshimura, N Sugiura-Tomimori, H Fukami. 2-O-(β-D-glucopyranosyl) ascorbic acid, a novel ascorbic acid analogue isolated from Lycium fruit. *Journal of Agricultural and Food Chemistry*. 2004, **52**(7): 2092-2096
10. ML Harsh. Tropane alkaloids from *Lycium barbarum* Linn., *in vivo* and *in vitro*. *Current Science*. 1989, **58**(14): 817-818
11. 李德遠, 湯堅, 徐現波, 蘇喜生, 鍾飛, 鍾進義. 枸杞多糖對慢性輻射小鼠細胞凋亡及bcl-2基因表達的影響. 營養學報. 2005, **27**(3): 235-237
12. 龔海洋, 申萍, 金莉, 邢長虹, 樊永平, 唐福. 枸杞多糖對放療及化療引起的小鼠骨髓抑制的影響. 中國中醫藥信息雜誌. 2005, **12**(7): 26-28
13. 何彥麗, 應逸, 羅榮敬, 王斌, 杜標炎, 羅惠. 枸杞多糖對荷瘤小鼠淋巴細胞亞群及樹突狀細胞表達的影響. 廣州中醫藥大學學報. 2005, **22**(4): 289-291, 295
14. 鄭俊華, 梁紅業, 劉林, 閔淩峰, 唐逸然, 吳白燕. 枸杞子對人成纖維細胞壽命及*c-fos*基因表達的影響. 中國臨床康復. 2005, **9**(7): 110-111

* 부록(559~562쪽) 참고

15. 鄒俊華, 梁紅業, 閔淩峰, 吳白燕. 枸杞子的抗衰老功效及增強 DNA 修復能力的作用. 中國臨床康復. 2005, **9**(11): 132-133
16. 甘璐, 王建華, 羅瓊, 張聲華. 枸杞多糖對人白血病細胞株凋亡的影響. 營養學報. 2001, **23**(3): 220-224
17. 杜守英, 張新, 樓黎明, 錢玉昆. 枸杞子水提物對白細胞介素6和腫瘤壞死因子產生的影響. 中國免疫學雜誌. 1994, **10**(6): 356-358
18. 田麗梅, 王旻. 單味中藥枸杞降血糖作用及對胰腺組織形態學影響的研究. 中醫藥通報. 2005, **4**(1): 48-51
19. 黃正明, 楊新波, 王建華, 陳紅艷, 曹文斌, 徐樂. 枸杞多糖對小鼠鏈脲佐菌素性胰島損傷及血糖的影響. 世界華人消化雜誌. 2001, **9**(12): 1419-1421
20. 馬靈筠, 陳群力, 楊五彪, 席守民, 萬學東, 唐曉明, 餘燕妮, 康健. 枸杞多糖對動脈粥樣硬化模型兔血脂, 脂質過氧化, NO和C反應蛋白的影響. 鄭州大學學報(醫學版). 2005, **40**(2): 328-330
21. 衣艷君. 枸杞降血脂作用的實驗研究. 首都師範大學學報(自然科學版). 2000, **21**(4): 68-70
22. 張馨木, 李秀芬, 張悅, 睢大員, 於曉鳳, 呂忠智. 吉林枸杞多糖保肝作用的研究. 吉林醫學. 2000, **21**(2): 96-97
23. 胡新, 徐順霖. 枸杞糖肽對心肌細胞缺氧性損傷的保護作用. 南京中醫藥大學學報. 2005, **21**(4): 250-252
24. H Zhao, A Alexeev, E Chang, G Greenburg, K Bojanowski. *Lycium barbarum* glycoconjugates: effect on human skin and cultured dermal fibroblasts. *Phytomedicine*. 2005, **12**(1-2): 131-137
25. 羅瓊, 閻俊, 張聲華. 枸杞多糖的分離純化及其抗疲勞作用. 衛生研究. 2000, **29**(2): 115-117
26. XM Zin, K Kato, R Yamauchi, K Aizawa, T Inakuma. Chemical features of water-soluble polysaccharides in *Lycium chinense* Mill. fruit. *Gifu Daigaku Nogakubu Kenkyu Hokoku*. 1999, **64**: 83-88
27. SY Kim, HP Kim, H Huh, YC Kim. Antihepatotoxic zeaxanthins from the fruits of *Lycium chinense*. *Archives of Pharmacal Research*. 1997, **20**(6): 529-532
28. SY Kim, YH Choi, H Huh, J Kim, YC Kim, HS Lee. New antihepatotoxic cerebroside from *Lycium chinense* fruits. *Journal of Natural Products*. 1997, **60**(3): 274-276
29. S Funayama, K Yoshida, C Konno, H Hikino. Structure of kukoamine A, a hypotensive principle of *Lycium chinense* root barks. *Tetrahedron Letters*. 1980, **21**(14): 1355-1356
30. S Funayama, GR Zhang, S Nozoe. Kukoamine B, a spermine alkaloid from *Lycium chinense*. *Phytochemistry*. 1995, **38**(6): 1529-1531
31. SH Han, HH Lee, IS Lee, YH Moon, ER Woo. A new phenolic amide from *Lycium chinense* Miller. *Archives of Pharmacal Research*. 2002, **25**(4): 433-437
32. 李友賓, 李萍, 屠鵬飛, 常海濤. 地骨皮化學成分的分離鑒定. 中草藥. 2004, **35**(10): 1100-1101
33. M Noguchi, K Mochida, T Shingu, M Kozuka, K Fujitani. Constituents of a Chinese drug, Ti Ku Pi. I. Isolation and structure of lyciumamide, a new dipeptide. *Chemical & Pharmaceutical Bulletin*. 1984, **32**(9): 3584-3587
34. S Yahara, C Shigeyama, T Ura, K Wakamatsu, T Yasuhara, T Nohara. Studies on the solanaceous plants. XXVI. Cyclic peptides, acyclic diterpene glycosides and other compounds from *Lycium chinense* Mill. *Chemical & Pharmaceutical Bulletin*. 1993, **41**(4): 703-709
35. 魏秀麗, 梁敬鈺. 地骨皮化學成分的研究. 中國藥科大學學報. 2002, **33**(4): 271-273
36. 魏秀麗, 梁敬鈺. 地骨皮的化學成分研究. 中草藥, 2003, **34**(7): 580-581
37. 李康, 畢開順, 司保國. 地骨皮中不同組分對四氧嘧啶糖尿病小鼠的降血糖作用. 中醫藥學刊. 2005, **23**(7): 1298-1299
38. 衛琮玲, 閆杏蓮, 柏李. 地骨皮的鎮痛作用. 中草藥. 2000, **31**(9): 688-689
39. M Terauchi, H Kanamori, M Nobuso, S Yahara, K Yamasaki. New acyclic diterpene glycosides, lyciumosides IV-IX from *Lycium chinense* Mill. *Natural Medicines*. 1998, **52**(2): 167-171

영하구기 寧夏枸杞 CP, KP, JP, VP

영하구기 재배단지

쉽싸리 地瓜兒苗 KP

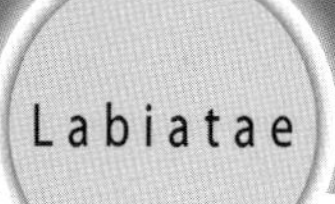

Lycopus lucidus Turcz.

Shiny Bugleweed

개 요

꿀풀과(Labiatae)

쉽싸리(地瓜兒苗, *Lycopus lucidus* Turcz.)의 지상부를 건조한 것

중약명: 택란(澤蘭)

쉽싸리속(*Lycopus*) 식물은 전 세계에 10여 종이 있으며, 온대 동반구와 북아메리카에 주로 분포한다. 중국에 4종 및 변종 4종이 있는데, 이 가운데 1종 및 변종 1종이 약으로 사용된다. 이 종은 중국의 흑룡강, 길림, 요녕, 하북, 섬서, 사천, 귀주, 운남 등에 자생한다.

'택란'이라는 명칭은 최초로 《신농본초경(神農本草經)》에 중품으로 수록되었으며, 역대의 본초서적에 기재된 '택란'은 이 종 및 그 변종 '흰털쉽싸리(모엽지과아묘, 毛葉地瓜兒苗)'이다. '지순(地笋)'이라는 명칭은 《가우본초(嘉祐本草)》에 처음으로 기재되었는데, 역대 본초서적에 기재된 '지순'은 이 종을 가리키며, 중국 대부분의 지역에서 자생한다. 《대한민국약전》(제11개정판)에서는 '택란'을 "쉽싸리(*Lycopus lucidus* Turczaininov, 꿀풀과)의 꽃이 피기 전의 지상부"로 등재하고 있다.

쉽싸리에는 정유, 트리테르펜, 플라본 등의 성분이 함유되어 있다.

약리연구를 통하여 쉽싸리에는 미세순환장애 개선 및 혈류 개선, 혈액점도 감소, 진정, 진통, 항과민, 면역력 증강 등의 작용이 있는 것으로 알려져 있다.

한의학에서 택란에는 활혈화어(活血化瘀), 행수소종(行水消腫), 해독소옹(解毒消癰) 등의 작용이 있다.

흰털쉽싸리 毛葉地瓜兒苗 *Lycopus lucidus* Turcz. Var. *hirtus* Regel

쉽싸리 地瓜兒苗[KP]

약재 택란 藥材澤蘭 Lycopi Herba

1cm

함유성분

지상부에는 주로 정유성분으로 myrcene, bumulene, trans-caryophyllene, β-pinene, γ-terpinene, β-cimene, caryophyllene oxide, α-pinene, nerolidol, γ-cadinene, p-cymene, l-linonene[1], 트리테르페노이드 성분으로 ursolic acid, betulinic acid, 2α-hydroxylursolic acid, 페놀산 성분으로 lacceroic acid, protocatechuic acid, coffeic acid, rosmarinic acid[2-4], 플라보노이드 성분으로 luteolin, chrysoeriol, quercetin, quercimeritrin, cinaroside, luteolin 7-o-glucuronide, luteolin-7-O-β-D-glucuronide methyl ester[5-8] 등이 함유되어 있다.

약리작용

1. 혈액 및 미세순환에 대한 영향

   택란의 열수 추출물을 토끼의 복강에 주사하면 혈액점도를 감소시키고, 적혈구의 전영속도를 증가시킬 수 있다[9]. 택란의 물 추출물 및 그 추출 분획부위는 실험성 토끼, Rat, Mouse의 순환장애와 혈액유변학적 지표를 개선시킬 수 있으며, 혈소판과 적혈구의 응집을 방지한다[10-13].

2. 자궁수축력 증강

   택란의 물 추출물은 Mouse의 적출된 자궁평활근 수축폭을 증가시키며, 근육의 장력을 증가시키고, 수축빈도를 빠르게 한다. 또한 농도 의존적으로 수축폭, 빈도, 활동력을 증가시키는 작용이 있다[14].

3. 진통, 진정

   택란의 물 추출물 알코올 침제를 Mouse에 경구투여하면 초산으로 유도된 경련반응과 열판자극에 의한 발바닥 통증을 뚜렷하게 억제시키는 작용이 있으며, 자발활동에 대해서도 뚜렷한 억제작용이 있는데, 이들 반응은 농도 의존적으로 발현된다[15].

4. 간장에 대한 영향

   택란의 열수 추출물을 간 손상이 유도된 Rat와 Mouse에 경구투여하면 간장을 보호하는 작용이 있는데, 간장의 콜라겐 섬유화를 억제하고, CCl_4에 중독된 Rat의 글루타민산 옥살로초산 트랜스아미나제(GOT)를 감소시키는 등 간섬유화 및 간경변에 대해 길항작용이 있다. 아울러 간장 손상이 진행되는 과정 중 간장에 나타나는 각종 이상병변과 간 기능 이상을 개선할 수 있다[16-17]. 그 밖에 택란의 물 추출물의 알코올 침제는 간을 절제한 Mouse의 간세포 재생을 촉진시키는 효과가 있다[15].

5. 항과민

   택란의 물 추출물을 직장에 투여하면 비대세포에 의한 즉발성 과민반응을 억제할 수 있으며, 농도 의존적으로 염증성 전사인자 p38 MAPK 및 핵전사인자 NF-κB의 반응을 억제하는 작용이 있다[18-19].

6. 혈지 감소
택란의 열수 추출물을 토끼에 경구투여하면 혈청 총콜레스테롤(TC)과 중성지방(TG)의 농도를 감소시키며, 실험성 고지혈이 유도된 Rat의 TG 농도를 감소시킬 수 있다[20]. 택란에 함유된 트리테르펜 성분 중 베툴린산는 콜레스테롤 아실기전이효소 1&2의 활성을 억제하는 작용이 있다[21].

7. 항종양
베툴린산은 *in vitro*에서 다수의 인체종양세포에 대해 선택적 괴사를 유도하는 작용이 있다[3].

8. 기타
택란의 추출물 및 그 활성성분은 항염[3], 혈당강하[22], 항산화[6, 23], 항산소결핍 및 항청산독소[2] 등의 작용이 있다.

용 도

택란은 중의임상에서 사용하는 약이다. 활혈거어(活血祛瘀, 혈액순환을 촉진하여 어혈을 제거함), 조경(調經, 월경 등을 정상적인 상태로 만들어 주는 것), 이수소종[利水消腫, 이수(利水)하여 부종을 가라앉혀 줌] 등의 효능이 있으며, 부녀의 혈어경폐(血瘀經閉, 어혈로 인해 월경이 막히는 증상), 생리통, 산후어체(産後瘀滯, 출산 후에 뭉치고 엉혀서 정체되는 증상)로 인한 복통, 타박상으로 인한 통증, 산후수종(産後水腫, 해산한 후에 몸이 붓는 증상), 부종 및 복수(腹水, 배에 물이 차는 증상) 등의 치료에 사용한다.
현대임상에서는 복수, 질타손상(跌打損傷, 외상으로 인한 온갖 병증), 심교통(心絞痛, 가슴이 쥐어짜는 것처럼 몹시 아픈 것), 당뇨병, 유행성 출혈열 등의 병증에 사용한다.

해 설

《중국약전》에 수록된 택란의 품종은 쉽싸리의 변종인 '흰털쉽싸리'이다. 최근의 연구에서 이 두 품목은 함유성분과 약리작용이 거의 동일한 것으로 나타났는데, 쉽싸리의 자원이 비교적 풍부하여 중국 전역에서 약용으로 사용되고 있다. 또한 역대의 중약 저서에도 그 기록이 많이 남아 있으므로 중약 택란의 내원식물로 개발될 필요성이 있다[1].
쉽싸리 및 그 변종인 흰털쉽싸리는 모두 중약 택란으로 사용되며, 국화과 식물인 택란의 식물명과 동일하기 때문에 시장에서 혼용되어 유통되기 쉽다. 그러나 중약 택란과 식물 택란은 그 내원이나 성상에 있어서 많은 차이를 보이므로 반드시 구별해서 사용해야 한다[24].
쉽싸리의 뿌리줄기에는 인체에 필수적인 아미노산, 비타민, 무기원소[25-26] 등이 함유되어 있어 중국의 일부 지역에서는 그 잎과 지하부 뿌리줄기를 식용으로 사용하기도 한다.
쉽싸리는 그 활용범위가 넓고, 재배가 가능하며, 영양이 풍부하여 매우 다양한 활용가치가 있다. 이와 관련된 조직배양의 연구가 이미 보고되어 있다[27].

참고문헌

1. 韓淑萍, 馮毓秀. 澤蘭的生藥學及揮發油成分分析. 中國藥學雜誌. 1992, **27**(11): 648-650
2. 馮菊仙, 應栄多, 王彩雲. 澤蘭化學成分的研究. 中草藥. 1989, **20**(8): 45
3. Y Yun, S Han, E Park, D Yim, S Lee, CK Lee, K Cho, K Kim. Immunomodulatory activity of betulinic acid by producing pro-inflammatory cytokines and activation of macrophages. *Archives of Pharmacal Research*. 2003, **26**(12): 1087-1095
4. 孫連娜, 陳萬生, 陶朝陽, 原源, 張漢明. 澤蘭化學成分的研究 (II). 解放軍藥學學報. 2004, **20**(3): 172-174
5. ER Woo, MS Piao. Antioxidative constituents from *Lycopus lucidus*. *Archives of Pharmacal Research*. 2004, **27**(2): 173-176
6. A Malik, MP Yuldashev, A Obid, T Ismoil, LY Ping. Flavonoids of the aerial part of *Lycopus lucidus*. *Chemistry of Natural Compounds*. 2002, **38**(6): 612-613
7. A Malik, MP Yuldashev. Flavonoids of *Lycopus lucidus*. *Chemistry of Natural Compounds*. 2002, **38**(1): 104-105
8. Y Takahashi, S Nagumo, M Noguchi, M Nagai. Phenolic constituents of *Lycopus lucidus*. *Natural Medicines*. 1999, **53**(5): 273
9. 張義軍, 康白, 張偉棟, 劉雪君. 澤蘭對家兔血液流變性及球結膜微循環的影響. 微循環學雜誌. 1996, **6**(2): 31-32
10. 劉新民, 高南南, 於澍仁, 沈羨雲, 孟京瑞, 向求魯. 澤蘭對模擬失重引起家兔血瘀症的改善作用. 中草藥. 1991, **22**(11): 501-503
11. 石宏志, 高南南, 李勇枝, 餘競光, 範全春, 白桂娥. 澤蘭有效部分L. F04 對紅細胞流變學的影響. 航天醫學與醫學工程. 2002, **15**(5): 331-334
12. 石宏志, 高南南, 李勇枝, 餘競光, 範全春, 白桂娥. 澤蘭有效部分對血小板聚集和血栓形成的影響. 中草藥. 2003, **34**(10): 923-926
13. 田澤, 高南南, 李玲玲, 餘競光, 羅秀珍. 澤蘭兩個化學部位對凝血功能的影響. 中藥材. 2001, **24**(7): 507-508
14. 高南南, 於澍仁, 馮毓秀, 韓淑萍. 澤蘭兩個品種對小鼠離體子宮平滑肌的作用. 基層中藥雜誌. 1995, **9**(3): 34-35
15. 馮英菊, 謝人明, 陳光娟, 閆惠勤, 張小麗, 楊甫昭, 李利民, 鄺敏, 劉珍. 澤蘭鎮痛, 鎮靜及對實驗性肝再生作用研究. 陝西中醫. 1999, **20**(2): 86-87
16. 謝人明, 張小麗, 馮英菊, 楊甫昭, 閆惠勤, 寧小帆, 李利民, 趙續民. 澤蘭防治肝硬化的實驗研究. 中國藥房. 1999, **10**(4): 151-152
17. 謝人明, 謝沁, 陳瑞明, 張小麗, 閆惠勤, 朱自平, 喬雯, 黃雪峰. 澤蘭保肝利膽作用的藥理研究. 陝西中醫. 2004, **25**(1): 66-67

18. SH Kim, DK Kim, JP Lim. Inhibitory effect of *Lycopus lucidus* on mast cell-mediated immediate-type allergic reactions. *Yakhak Hoechi*. 2002, **46**(6): 405-410

19. TY Shin, SH Kim, K Suk, JH Ha, IK Kim, MG Lee, CD Jun, SY Kim, JP Lim, JS Eun, HY Shin, HM Kim. Anti-allergic effects of *Lycopus lucidus* on mast cell-mediated allergy model. *Toxicology and Applied Pharmacology*. 2005, **209**(3): 255-262

20. 張義軍, 康白, 耿秀芳, 鍾桂美. 澤蘭的降血脂作用研究. 濰坊醫學院學報. 1993, **15**(1): 16-17

21. WS Lee, KR Im, YD Park, ND Sung, TS Jeong. Human ACAT-1 and ACAT-2 inhibitory activities of pentacyclic triterpenes from the leaves of *Lycopus lucidus* Turcz. *Biological & Pharmaceutical Bulletin*. 2006, **29**(2): 382-384

22. JS Kim, CS Kwon, KH Son. Inhibition of α-glucosidase and α-amylase by Luteolin, a flavonoid. *Bioscience, Biotechnology, and Biochemistry*. 2000, **64**(11): 2458-2461

23. JB Kim, JB Kim, KJ Cho, YS Hwang, RD Park. Isolation, identification, and activity of rosmarinic acid, a potent antioxidant extracted from Korean *Agastache rugosa*. *Han'guk Nonghwa Hakhoechi*. 1999, **42**(3): 262-266

24. 張彥東. 中藥材澤蘭與植物澤蘭的鑒別. 中華實用醫藥雜誌. 2003, **3**(4): 353

25. 韓梅, 趙淑春. 澤蘭 (*Lycopus lucidus*) 營養成分分析. 吉林農業大學學報. 1998, **20**(2): 35-371

26. 許泳吉, 鍾惠民, 楊波, 袁瑾. 野生植物地參中營養成分的測定. 光譜實驗室. 2002, **4**: 528-529

27. 周俊國, 陳淑雅. 澤蘭 (*Lycopus lucidus*) 的組織培養研究. 河南農業大學學報. 2003, **37**(3): 266-269

실고사리 海金沙 CP, KHP

Schizaeaceae

Lygodium japonicum (Thunb.) Sw.

Japanese Climbing Fern

개 요

실고사리과(Schizaeaceae)

실고사리(海金沙, *Lygodium japonicum* (Thunb.) Sw.)의 포자를 건조한 것

중약명: 해금사(海金沙)

실고사리속(*Lygodium*) 식물은 전 세계에 약 45종이 있으며, 열대와 아열대 지역에 주로 분포한다. 중국에는 약 10여 종이 있으며, 이 가운데 5종이 약으로 사용된다. 이 종은 주로 중국의 양자강 유역 이남 지역과 섬서, 운남 남부 및 일본, 필리핀, 인도, 호주 등에 분포한다.

'해금사'란 명칭은 《가우본초(嘉祐本草)》에 처음으로 기재되었으며, 역대 본초서적들에도 기록이 남아 있다. 《중국약전(中國藥典)》(2015년 판)에서는 이 종을 중약 해금사의 법정기원식물 내원종으로 수록하였으며, 주요산지는 중국의 광동과 절강 등이다.

실고사리의 포자에는 지방유 등의 성분이 함유되어 있으며, 《중국약전》에서는 성상과 분말의 현미경 감별 특징을 통해 약재의 규격을 정하고 있다.

약리연구를 통하여 실고사리에는 항균, 이담(利膽), 이뇨배석(利尿排石) 등의 작용이 있는 것으로 알려져 있다.

한의학에서 해금사에는 청리습열(淸利濕熱), 통림지통(通淋止痛) 등의 효능이 있다.

실고사리 海金沙 *Lygodium japonicum* (Thunb.) Sw.

약재 해금사 藥材海金沙 Lygodii Spora

실고사리 海金沙 CP, KHP

가는잎실고사리 小葉海金沙 *Lygodium microphyllum* (Cav.) R.Br.

함유성분

포자에는 lygodin, palmic acid, 스테아르산, 올레산, 리놀레산, (+)-8-hydroxyhexadecanoic acid, (+)-cis, trans-abscisic acid 등의 성분과 또한 gibberellin A73 methyl ester[1-2] 등이 함유되어 있다.
지상부에는 정유성분으로 3-methyl-1-pentanol, 2-(methyl acetyl)-3-carene, cyclooctanone, (E)-2-hexenoic acid, 1-undecyne[3] 등이 함유되어 있다.

약리작용

1. 항균
   In vitro 실험에서 해금사의 물 추출물은 황색포도상구균 등의 그람양성균에 대해 억제작용이 있으며, 녹농간균, 이질간균과 같은 그람음성균의 성장도 억제할 수 있다[4].
2. 이담
   실고사리의 잎에서 분리해 낸 *p*-쿠마릭산을 Rat의 십이지장에 주입하면 농도 의존적으로 이담작용을 유도한다.
3. 이뇨배석
   해금사를 마취된 개의 정맥에 주사하면 수뇨관 압력 및 유동운동을 증가시키며, 뇨량을 뚜렷하게 증가시키는 작용이 있다.
4. 기타
   해금사는 *in vitro*에서 테스토스테론-5α 환원효소를 억제하는 작용이 있다[5].

용 도

해금사는 중의임상에서 사용하는 약이다. 청리습열(清利濕熱, 열기를 식히면서 소변을 잘 나오게 하여 습을 동시에 빼냄), 통림지통(通淋止

痛, 소변이 껄끄럽고 잘 나오지 않는 것을 소통시키고 통증을 멎게 함) 등의 효능이 있으며, 각종 임증(淋證, 임병), 소변의 백탁(白濁, 소변이 쌀뜨물같이 흐리고 허연 것), 소변불리(小便不利, 소변배출이 원활하지 못함) 및 수종(水腫, 전신이 붓는 증상)에 사용한다.
현대임상에서는 요로결석과 요로감염, 간담결석 및 감염, 상부호흡기감염, 편도선염, 기관지염, 이하선염, 진균성 구강염 등의 병증에 사용하며, 외상 출혈 및 피부습진으로 인한 가려움증에도 사용한다.

해 설

실고사리의 잎에는 쿠마린산 및 카페인산 등의 이담성분이 함유되어 있으며[6], 청열해독(清熱解毒), 이수통림(利水通淋), 활혈통락(活血通絡) 등의 작용이 있다. 또한 열림(熱淋), 석림(石淋), 혈림(血淋) 등의 임증(淋證)을 치료하는 것 외에 감기로 인한 발열, 목적동통(目赤疼痛), 단독(丹毒), 타박상, 외상출혈 등에도 효과가 있다.
동속식물인 '소엽해금사(小葉海金沙, *Lygodium microphyllum* (Cav.) R.Br.)' 또는 '곡축해금사(曲軸海金沙, *L. flexuosum* (L.) Sw.)'의 포자도 서로 다른 지역에서 약용으로 사용된다. 화학적 실험을 통하여 이상의 두 종 식물은 해금사와 거의 유사한 성분을 함유하고 있음이 알려져 있어 이에 대한 화학적, 약리학적 연구가 추가적으로 필요하다[7].

참고문헌

1. H Yamane, Y Sato, N Takahashi, K Takeno, M Furuya. Endogenous inhibitors for spore germination in *Lygodium japonicum* and their inhibitory effects on pollen germinations in *Camellia japonica* and *Camellia sinensis*. *Agricultural and Biological Chemistry*. 1980, **44**(7): 1697-1699
2. H Yamane, Y Satoh, K Nohara, M Nakayama, N Murofushi, N kahashi, K Takeno, M Furuya, M Furber. The methyl ester of a new gibberellin, GA_{73}: the principal antheridiogen in *Lygodium japonicum*. *Tetrahedron Letters*. 1988, **29**(32): 3959-3962
3. 倪士峰, 潘遠江, 吳平, 陳玉成, 傅承新, 許華. 海金沙全草揮發油氣相色譜-質譜研究. 中國藥學雜誌. 2004, **39**(2): 99-100
4. 周仁超, 李淑彬. 蕨類植物抗菌作用的初步研究. 湖南中醫藥導報. 1999, **5**(1): 13-14
5. H Matsuda, M Yamazaki, S Naruto, Y Asanuma, M Kubo. Anti-androgenic and hair growth promoting activities of Lygodii Spora (Spore of *lygodium japonicum*). I. Active constituents inhibiting testosterone 5α-reductase. *Biological & Pharmaceutical Bulletin*. 2002, **25**(5): 622-626
6. 金繼曙, 都述虎, 種明才. 海金沙草利膽有效成分對香豆酸及其衍生物對甲氧基桂皮酸的合成. 中草藥. 1994, **25**(6): 330
7. 饒偉文, 葉小強. 三種海金沙的比較鑒別. 中藥材. 1991, **14**(1): 27-28

망춘화 望春花 CP, KHP, JP

Magnolia biondii Pamp.

Magnolia Flower

개 요

목련과(Magnoliaceae)

망춘화(望春花, *Magnolia biondii* Pamp.)의 개화하지 않은 꽃봉오리를 건조한 것

중약명: 신이(辛夷)

목련속(*Magnolia*) 식물은 전 세계에 약 90여 종이 있으며, 주로 아시아 동남부의 온대와 열대 지역에 자생한다. 그 밖에 인도 동북부, 말레이 군도, 일본, 북미의 동남부, 북아메리카 중부 및 소앤틸리스 제도에도 분포한다. 중국에는 약 31종 및 아종 1종이 있으며, 약 24종이 약으로 사용된다. 이 종은 중국의 섬서, 감숙, 하남, 호북, 사천 등에 분포한다.

'신이'의 명칭은 맨 처음 《신농본초경(神農本草經)》에 상품으로 기재되었으며, 역대의 본초서적에 모두 기록이 있다. 오늘날과 고대의 약용품종은 모두 목련과에 속한 여러 종의 식물이다. 《중국약전(中國藥典)》(2015년 판)에서는 이 종을 중약 신이의 법정기원식물 내원종의 하나로 수록하였다. 중국 하남성의 남소현이 신이의 주요산지이며, 호북, 섬서, 감숙 등에서도 생산된다. 《대한민국약전외한약(생약)규격집》(제4개정판)에는 '신이'를 "목련과에 속하는 망춘화(*Magnolia biondii* Pampanini), 백목련(*Magnolia denudata* Desrousseaux), 목련(*Magnolia kobus* De Candolle) 및 무당목련(*Magnolia sprengeri* Pampanini)의 꽃봉오리"로 등재하고 있다

신이의 주요 활성성분은 정유이며, 그 밖에 리그난, 플라본, 알칼로이드, 테르펜 등이 함유되어 있다. 《중국약전》에서는 정유측정법을 이용하여 신이에 함유된 정유의 함량을 1.0% 이상, 고속액체크로마토그래피법을 이용하여 마그놀린의 함량을 0.4% 이상으로 약재의 규격을 정하고 있다.

약리연구를 통하여 망춘화의 꽃봉오리에는 항염, 항과민, 항병원미생물, 국부수렴(局部收斂), 자극과 마취 등의 작용이 있는 것으로 알려져 있다.

한의학에서 신이에는 산풍한(散風寒), 통비규(通鼻竅) 등의 작용이 있다.

망춘화 望春花 *Magnolia biondii* Pamp.

약재 신이 藥材辛夷 Magnoliae Flos

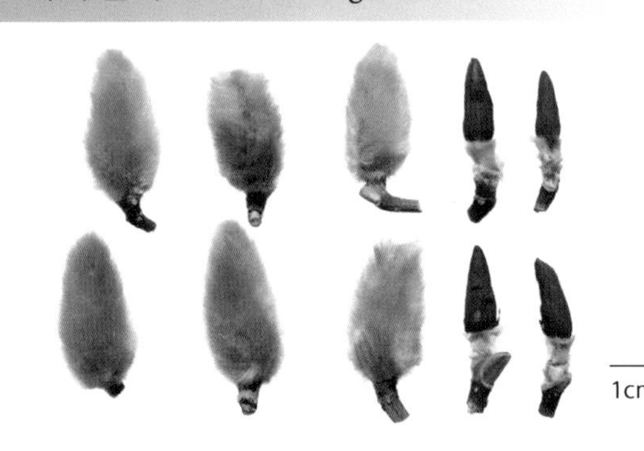

백목련 玉蓮 *M. denudata* Desrousseaux.

유엽목련 柳葉木蓮 *M. salicifolia* Maxim.

약재 일본신이 藥材日本辛夷 Magnoliae Flos

함유성분

꽃봉오리에는 정유성분이 많이 함유되어 있으며 그 주성분으로 1,8-cineole, sabinene, β-pinene, trans-caryophyllene, α-terpineol, camphene, α-cadinol[1], 리그난류 성분으로 pinoresinol dimethyl ether, lirioresinol B dimethyl ether, fargesin, aschantin, demethoxyaschantin, magnolin[2], biondinins B, E, lirioresinol A dimethyl ether, (+)-spinescin, yangambin, (7R, 7′m, 8R, 8′R)-7′, 9-dihydroxy-3, 3′, 4, 4′-tetramethoxy-7, 9′-epoxylignan[3], magnosalin, magnoshinin[4], 알칼로이드 성분으로 마그노플로린[5] 등이 함유되어 있다.

OMe
OMe
O
OMe
H
H
O
MeO
OMe

magnolin

약리작용

1. 코에 대한 작용

신이의 초임계 추출물과 수증기 추출물은 기니피기의 비염증상을 개선하고, 코 점막의 병리학적 변화를 개선하며, P물질(SP)의 분비를 억제하고, SP 수용체의 mRNA 발현을 감소시킨다[6]. 신이의 알코올 침출고를 Rat의 십이지장에 주입하면 코 점막의 혈류량을 뚜렷하게 증가시킨다[7]. 신이의 알코올 침고는 국소적으로 Mouse의 혼합염증유도액으로 유도된 귓바퀴 종창을 억제할 수 있다[8]. 신이의 정유는 과민반응이 유도된 기니피그의 적출회장의 과민성 수축에 대해 비교적 강력한 억제작용이 있으며, Rat 비대세포의 과립분비를 예방하고, 애주번트관절염(AA)을 완화하는 작용이 있다[8-9]. 마그노살린과 마그노시닌은 항만성염증반응의 주요성분이다[4].

2. 혈압강하

신이의 정제, 전제, 거유수액, 에테르 추출물, 알코올 추출물을 정맥주사, 복강주사, 근육주사 등으로 동물에 투여하면 뚜렷한 혈압강하작용이 있는데, 에테르 추출물의 작용이 비교적 강력하다[10]. 신이의 혈압강하작용은 중추신경과는 관련이 없으며, 심장억제와 혈관확장 및 신경절 차단과 관련이 있을 것으로 생각된다[10].

3. 자궁흥분

신이의 열수 추출물, 유침고 및 침제는 Rat와 토끼의 임신하지 않은 적출자궁에 대해 뚜렷한 흥분작용이 있는데, 그 유효성분은 물과 에탄올에 용해되는 비휘발성 물질이다[10].

4. 항혈소판응집

신이는 혈소판활성인자(PAF) 수용체의 활성을 억제하며, PAF로 유도된 혈소판의 응집을 억제할 수 있다. 그 주요 활성성분은 마그놀린, 피노레시놀 디메칠에테르, lirioresinol B dimethyl ether 등의 리그난 화합물이다[11].

5. 항균

신이의 알코올 침고는 황색포도상구균, 폐렴구균, 녹농간균, 이질간균 및 대장균에 대해 억제작용이 있다[7].

6. 기타

신이는 진통, 혈관확장[7] 및 근육이완[10] 등의 작용이 있다.

용 도

신이는 중의임상에서 사용하는 약이다. 발산풍한[發散風寒, 풍한사(風寒邪)를 발산시킴], 선통비규(宣通鼻竅, 콧구멍을 잘 통하게 함) 등의 효능이 있으며, 풍한사기(風寒邪氣)로 인한 두통, 콧물을 동반하는 두통, 콧물 등의 치료에 사용한다.
현대임상에서는 감기, 과민성 비염, 부비동염 등의 병증에 사용한다.

해 설

동속식물인 '백목련'과 '무당목련'도 《중국약전》에 수록된 중약 신이의 법정기원식물 내원종이다. 두 종의 함유성분과 약리작용은 망춘화와 유사하며, 국외에서 진행된 유관연구에서는 해당 품목들에 대한 구별이 없다[12-15]. 시장에서 신이의 대용품은 약 10여 종에 달한다.
신이는 정유를 다량 함유하고 있으며, 약용뿐만 아니라 향료의 원료로도 사용할 수 있는데, 항염 및 항균작용이 있다. 따라서 화장품의 향료, 식품의 향료, 천연방부제 등으로 개발이 가능하다. 이 속의 식물에 대한 새로운 약용자원 개발은 그 전망이 매우 밝다.
《일본약국방(日本藥局方)》(제15판)에서는 신이의 품목 중에 '유엽목란(柳葉木蘭, *Magnolia sargentiana* Rehder&Wilson)'과 '목련(*Magnolia kobus* De Candolle)'이 포함되어 있다.

참고문헌

1. 吳萬征. 辛夷揮發油成分的 GC-MS 分析. 中藥材. 2000, **23**(9): 538-541
2. 馬玉良, 韓桂秋. 辛夷中木脂素成分的研究. 中國中藥雜誌. 1995, **20**(2): 102-104, 127
3. S Satyajit D, M Yuji. Magnolia: The genus *Magnolia*. New York: Taylor & Francis Group. 2002: 22
4. S Kobayashi, I Kimura, M Kimura. Inhibitory effect of magnosalin derived from Flos magnoliae on tube formation of rat vascular endothelial cells during the angiogenic process. *Biological & Pharmaceutical Bulletin*. 1996, **19**(10): 1304-1306
5. 陳雅研, 王郃, 高從元, 喬梁, 韓桂秋. 辛夷水溶性成分研究. 藥學學報. 1994, **29**(7): 506-510
6. 徐群英, 董淳, 洪俊榮. 辛夷提取物對變應性鼻炎, P 物質及其受體 mRNA 表達的影響. 中藥藥理與臨床. 2004, **20**(3): 14-16
7. 韓雙紅, 張聽新, 李萌, 宋萬忠, 季慶義. 兩種辛夷藥理作用比較. 中藥材. 1990, **13**(9): 33-35
8. 李小莉, 張永忠. 辛夷揮發油的抗過敏實驗研究. 中國醫院藥學雜誌. 2002, **22**(9): 520-521
9. 王文魁, 沈映君, 齊雲. 辛夷油藥效學初探. 山西醫藥雜誌. 2000, **29**(3): 206-207

10. 王本祥. 現代中藥藥理學. 天津: 天津科學技術出版社. 1999: 93-95
11. 張永忠, 李小莉, 郭群. 辛夷木脂素類成分抗血小板活化因子 (PAF) 作用的研究. 湖北中醫雜誌. 2001, **23**(10): 7
12. GC Kim, SG Lee, BS Park, JY Kim, YS Song, JM Kim, KS Yoo, GY Huh, MH Jeong, YJ Lim, HM Kim, YH Yoo. Magnoliae flos induces apoptosis of RBL-2H3 cells via mitochondria and caspase. *International Archives of Allergy and Immunology*. 2003, **131**(2): 101-110
13. M Kuroyanagi, K Yoshida, A Yamamoto, M Miwa. Bicyclo[3.2.1]octane and 6-oxabicyclo[3.2.2]nonane type neolignans from *Magnolia denudata*. *Chemical & Pharmaceutical Bulletin*. 2000, **48**(6): 832-837
14. SH Chae, PS Kim, JY Cho, JS Park, JH Lee, ES Yoo, KU Baik, JS Lee, MH Park. Isolation and identification of inhibitory compounds on TNF-alpha production from *Magnolia fargesii*. *Archives of Pharmacal Research*. 1998, **21**(1): 67-69
15. KS Ahn, KY Jung, JH Kim, SR Oh, HK Lee. Inhibitory activity of lignan components from the flower buds of *Magnoliae fargesii* on the expression of cell adhesion molecules. *Biological & Pharmaceutical Bulletin*. 2001, **24**(9): 1085-1087

망춘화 재배단지

후박 厚樸 CP, KP, JP

Magnolia officinalis Rehd. et Wils.
Officinal Magnolia

개 요

목련과(Magnoliaceae)

후박(厚樸, *Magnolia officinalis* Rehd. et Wils.)의 나무껍질, 뿌리껍질 및 가지의 껍질을 건조한 것

중약명: 후박

목련속(*Magnolia*) 식물은 전 세계에 약 90여 종이 있으며, 아시아 동남부의 온대 및 열대 지방, 인도 동북부, 말레이 군도, 일본, 북아메리카 동남부와 중부 및 소앤틸리스 제도에 분포한다. 중국에는 31종과 아종 1종이 있으며, 이 속에서 약으로 사용되는 것은 모두 24종이다. 이 종은 중국의 섬서, 감숙, 하남, 호북, 호남, 사천, 귀주 등에 분포한다.

'후박'의 명칭은 맨 처음 《신농본초경(神農本草經)》에 중품으로 기재되었으며, 《중국약전(中國藥典)》(2015년 판)에서는 이 종을 중약 후박의 법정기원식물 가운데 하나로 수록하였다. 주요산지는 중국의 호북과 사천 등이다. 《대한민국약전》(제11개정판)에서는 '후박'을 "목련과에 속하는 일본목련(*Magnolia ovobata* Thunberg), 후박(*Magnolia officinalis* Rehder et Wilson) 또는 요엽후박(凹葉厚樸, *Magnolia officinalis* Rehder et Wilson var. *biloba* Rehder et Wilson)의 줄기껍질"로 등재하고 있다.

후박의 주요 활성성분은 리그난과 정유성분이다. 《중국약전》에서는 고속액체크로마토그래피법을 이용하여 마그놀롤과 호노키올의 총 함량을 2.0% 이상으로 약재의 규격을 정하고 있다.

약리연구를 통하여 후박에는 항염, 진통, 평활근 조절 및 항궤양 등의 작용이 있는 것으로 알려져 있다.

한의학에서 후박에는 조습소담(燥濕消痰), 하기제만(下氣除滿) 등의 작용이 있다.

후박 厚樸 *Magnolia officinalis* Rehd. et Wils.

요엽후박 凹葉厚樸 *Magnolia officinalis* Rehder et Wilson var. *biloba* Rehder et Wilson

약재 후박 藥材厚樸 Magnoliae Officinalis Cortex

1cm

약재 후박화 藥材厚樸花 Magnoliae Officinalis Flos

1cm

일본목련 *M. ovobata* Thunberg

약재 화후박 藥材和厚樸 Magnoliae Obovatae Cortex

1cm

함유성분

나무껍질에는 리그난류 성분으로 magnolol, honokiol[1], isomagnolol, tetrahydromagnolol, bornylmagnolol, piperitylmagnolol, piperitylhonokiol, dipiperitylmagnolol, magnatriol, magnaldehydes B, C, D, E, magnolignans A, B, C, D, E, F, G, H, I, randainal, randaiol, 6′-O-methyl honokiol, 8, 9-dihydroxydihydrohonokiol, 8, 9-dihydroxy-7-methoxydihydrohonokiol, syringaresinol, syringaresinol-4′-O-β-glucopyranoside, 정유성분(주성분으로 β-cineol[1], β-elemene, γ-elemene, caryophyllene, elemol, guajol, eudesmol[2]), 알칼로이드 성분으로 magnocurarine[3] 등이 함유되어 있다.

약리작용

1. 소화기계통에 대한 영향

1) 위장에 대한 영향

후박의 열수 추출물은 정상 Rat의 위장운동에 대해 흥분작용이 있다. 대장균의 내독소를 경정맥에 투여하여 발생한 Rat의 쇼크에 대해 후박은 쇼크로 인한 위장운동 억제를 뚜렷하게 개선하는 작용이 있다[4]. 후박의 알코올 추출물을 Mouse에 경구투여하면 센나엽으로 인한 설사를 뚜렷하게 억제한다[5].

2) 항궤양

후박의 알코올 추출물을 경구투여하면 염산으로 인한 Mouse의 궤양을 뚜렷하게 억제한다[5]. 후박의 생품과 강사품(薑炙品)의 열수 추출물을 Rat에 경구투여하면 유문결찰 및 스트레스로 인한 급성 실험성 위궤양 모델에 대해 억제작용이 있다[6].

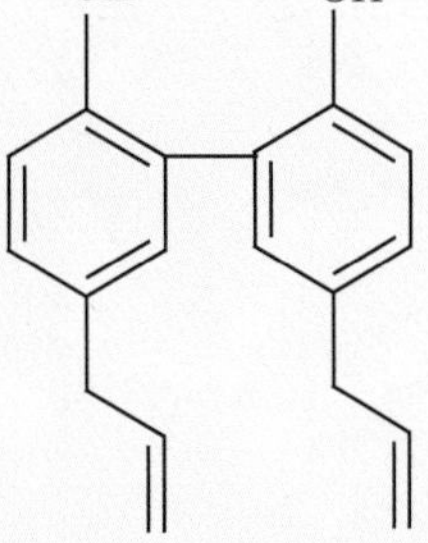

magnolol

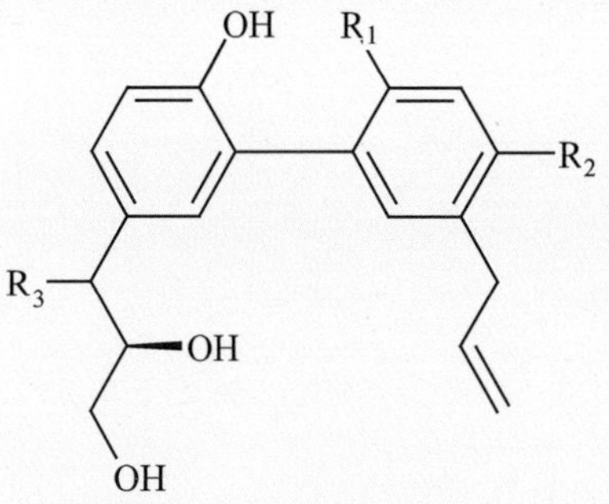

magnolignan A: R_1=OH, R_2=R_3=H
magnolignan B: R_1=R_3=OH, R_2=H
magnolignan C: R_1=R_3=H, R_2=OH
magnolignan D: R_1=H, R_2=OH, R_3=OMe

3) 이담, 간 보호

후박의 알코올 추출물을 Rat에 경구투여하면 담즙 분비량을 뚜렷하게 증가시킨다[5]. 철분으로 인한 *in vitro* 지질과산화와 허혈-재관류성 Rat 간 손상에 대해 알코올 추출물과 호노키올은 농도 의존적 억제작용이 있다[7].

2. 항염, 진통

후박의 알코올 추출물을 Mouse에 경구투여하면 열통자극으로 인한 꼬리 흔들기의 잠복시간을 연장시키며, 초산으로 인한 Mouse 복강 모세혈관의 투과성 증가를 억제시킬 수 있다. 또한 디메칠벤젠으로 인한 Mouse의 귓바퀴 종창 및 카라기난으로 인한 발바닥 종창을 억제한다[8].

3. 항균

후박의 열수 추출물은 황색포도상구균, 폐렴쌍구균, 이질간균, 티푸스균, 부티푸스균, 대장균, 녹농간균, 곽란고균, 변형간균, 백일해간균, 고초간균, 용혈성 연쇄구균, 단저간균 등에 대해 비교적 강력한 억제작용이 있다[9]. 마그놀롤과 호노키올은 충치유도 변형 연쇄상구균에 대해 빠르고 신속한 살멸작용이 있다[10].

4. 중추신경 억제

마그놀롤을 닭의 복강에 주사하면 척수반응을 억제하는데, 그 억제효과는 메펜신과 유사하지만 지속시간은 그보다 길다[11]. 마그놀롤과 호노키올은 N-methyl-D-aspartic acid에 의해 유도된 Mouse의 전간발작을 억제하는 작용이 있다[12].

5. 근육 이완작용

후박의 물 추출물과 에테르 추출물은 신경독소인 쿠라레와 같은 효과를 보이는데, 중추의 흥분으로 유도된 경련을 길항하고, 망상상행 호르몬 및 뇌하수체후엽호르몬 계통을 억제할 수 있다. 근육이완과 관련된 성분은 마그놀롤, 호노키올 및 마그노쿠라린 등이다. 마그놀롤과 호노키올은 카르바콜과 고농도의 K^+로 유도된 돼지의 기관지평활근의 긴장에 대해서도 이완작용이 있다[13].

6. 항종양

마그놀롤을 Mouse의 복강에 주사하면 흑색종 B16-BL6의 생장을 억제할 수 있으며, 아울러 암세포의 전이를 억제한다. 또한 인체 폐인상세포암 CH27, 결장암세포 COLO-205 및 간암세포 HepG2 등에 대해 세포독성을 나타낸다[15-16].

7. 기타

후박에는 항과민 및 항혈소판응집 등의 작용이 있다[17-18].

용 도

후박은 중의임상에서 사용하는 약이다. 행기(行氣, 기를 돌게 함), 조습[燥濕, 습사(濕邪)를 없애 줌], 소적[消積, 적취(積聚)를 제거함], 평천(平喘, 기침을 멎게 함) 등의 효능이 있으며, 습체중초(濕滯中焦, 중초에 습이 정체된 것), 기체(氣滯)로 인한 가슴과 복부의 답답함, 복통 및 구역, 장위적체(腸胃積滯, 음식물이 소화되지 않고 위와 장에 머물러 있음), 복부창만(腹部脹滿, 배가 더부룩하면서 그득한 것), 변비 및 담음(痰飮, 진액이 정상적으로 운화되지 못해 체내에 머물러 쌓여 있는 병증)으로 인한 기침 등의 치료에 사용한다.
현대임상에서는 장경색(腸梗塞, 장이 막힘), 간장병, 세균성 이질, 기침 등의 병증에도 사용한다.

해 설

동속식물인 요엽후박은 《중국약전》에 수록된 중약 후박의 또 다른 법정기원식물 내원종의 하나이다. 요엽후박과 후박의 함유성분 및 약리작용은 기본적으로 동일하다.
후박의 꽃봉오리를 건조한 것도 약으로 사용되는데, 관중이기(寬中理氣), 화습(化濕) 등의 작용이 있어 흉완비민(胸脘痞悶)과 창만(脹滿), 소화불량 등에 사용한다. 최근의 연구에서는 혈압강하, 근육이완, 항균 및 항궤양 등의 작용이 있는 것으로 알려졌다.
《일본약국방(日本藥局方)》(제15판)에는 후박의 품목에 동속식물인 일본목련을 함께 수록하고 있으며, 이 종은 일본에서 중국후박과 함께 약용으로 사용되고 있다. 일본목련과 중국후박에 대한 계통적 연구가 추가로 진행될 필요가 있다.
현재 중국의 사천에는 후박의 대규모 재배단지가 조성되어 있다.

참고문헌

1. 王勇. 厚樸的氣相色譜-質譜分析. 海峽藥學. 1998, **10**(2): 45-46
2. 雷正傑, 張忠義, 王鵬, 姚育法, 吳惠勤. 厚樸超臨界 CO_2 萃取產物的成分研究. 中國現代應用藥學雜誌. 2000, **17**(1): 13-14
3. 盧金清. 中藥厚樸的化學成分及臨床研究進展. 中醫藥學報. 1989, **5**: 39-42
4. 次秀麗, 王寶恩, 郭燕昌, 陳玲. 厚樸對正常和內毒素休克大鼠胃腸電活動影響的實驗研究. 中國中醫藥科技. 1999, **6**(3): 154-156
5. 朱自來, 張明發, 沈雅琴, 王紅武. 厚樸對消化系統的藥理作用. 中國中藥雜誌. 1997, **22**(11): 686-688
6. 胡麗萍, 傅寶慶, 趙蘭湘, 郭喜寶, 顧月紅. 厚樸及其炮製品對大鼠急性實驗性胃潰瘍的作用. 中草藥. 1991, **22**(11): 509-510
7. JH Chiu, CT Ho, YH Wei, WY Lui, CY Hong. *In vitro* and *in vivo* protective effect of honokiol on rat liver from peroxidative injury. *Life Sciences*. 1997, **61**(19): 1961-71
8. 朱自平, 張明發, 沈雅琴, 王紅武. 厚樸的鎮痛抗炎藥理作用. 中草藥. 1997, **28**(10): 613-615
9. 王承南, 夏傳格. 厚樸藥理作用及綜合利用研究進展. 經濟林研究. 2003, **21**(3): 80-81, 84
10. 孟麗珍, 黃文哲, 於寶珍. 中藥厚樸, 茵陳防齲成分的提取. 佳木斯醫學院學報. 1992, **15**(3): 76
11. 葛發歡, 施展. 厚樸酚的研究概況. 中藥材. 1990, **13**(1): 45-47
12. YR Lin, HH Chen, CH Ko, MH Chan. Differential inhibitory effects of honokiol and magnolol on excitatory amino acid-evoked cation signals and NMDA-induced seizures. *Neuropharmacology*. 2005, **49**(4): 542-550
13. CH Ko, HH Chen, YR Lin, MH Chan. Inhibition of smooth muscle contraction by magnolol and honokiol in porcine trachea. *Planta Medica*. 2003, **69**(6): 532-536
14. K Ikeda, Y Sakai, H Nagase. Inhibitory effect of magnolol on tumour metastasis in mice. *Phytotherapy Research*. 2003, **17**(8): 933-937
15. SE Yang, MT Hsieh, TH Tsai, SL Hsu. Effector mechanism of magnolol-induced apoptosis in human lung squamous carcinoma CH_{27} cells. *British Journal of Pharmacology*. 2003, **138**(1): 193-201
16. SY Lin, JD Liu, HC Chang, SD Yeh, CH Lin, WS Lee. Magnolol suppresses proliferation of cultured human colon and liver cancer cells by inhibiting DNA synthesis and activating apoptosis. *Journal of Cellular Biochemistry*. 2002, **84**(3): 532-544
17. CM Teng, CC Chen, FN Ko, LG Lee, TF Huang, YP Chen, HY Hsu. Two antiplatelet agents from *Magnolia officinalis*. *Thrombosis Research*. 1988, **50**(6): 757-765
18. TY Shin, DK Kim, BS Chae, EJ Lee. Antiallergic action of *Magnolia officinalis* on immediate hypersensitivity reaction. *Archives of Pharmacal Research*. 2001, **24**(3): 249-255

빌스바베리 闊葉十大功勞 CP

Mahonia bealei (Fort.) Carr.

Leatherleaf Mahonia

개 요

매자나무과(Berberidaceae)

빌스바베리(闊葉十大功勞, *Mahonia bealei* (Fort.) Carr.)의 뿌리줄기를 건조한 것

중약명: 공로목(功勞木)

뿔남천속(*Mahonia*) 식물은 전 세계에 약 60여 종이 있으며, 동아시아, 동남아시아, 북아메리카, 중앙아메리카 및 남아메리카 서부 등에 분포한다. 중국에는 약 35종이 있으며, 이 가운데 12종이 약으로 사용된다. 이 종은 중국의 절강, 안휘, 강서, 복건, 호남, 호북, 섬서, 하남, 광동, 광서 및 사천 등에 분포하며, 일본, 멕시코, 미국의 온대 및 호주에서도 널리 재배되고 있다.

빌스바베리가 처음 약으로 사용된 기록은 《식물명실도고(植物名實圖考)》에서 찾아볼 수 있으며, 《중국약전(中國藥典)》(2015년 판)에서는 이 종을 중약 공로목의 법정기원식물 내원종의 하나로 수록하였다. 이 종은 주로 야생에서 채취되며, 정원 및 공원 등에 관상용으로 재배되고 있다. 주요산지는 중국의 절강, 사천, 귀주, 호남, 광서 등이다.

빌스바베리의 주요 성분은 알칼로이드류 화합물이다. 《중국약전》에서는 고속액체크로마토그래피법을 이용하여 공로목의 건조품을 기준으로 염산베르베린의 함량을 0.2% 이상으로 약재의 규격을 정하고 있다.

약리연구를 통하여 빌스바베리에는 항균, 항종양, 항심율실조(抗心律失調), 항고지혈, 혈당강하, 칼슘조절단백 길항, 신경세포보호 및 활성산소억제 등의 작용이 있는 것으로 알려져 있다.

한의학에서 공로목에는 청열해독(清熱解毒)의 작용이 있다.

빌스바베리 闊葉十大功勞 *Mahonia bealei* (Fort.) Carr. 열매가 달린 가지 果枝

빌스바베리 闊葉十大功勞
M.bealei (Fort.) Carr. 꽃이 달린 가지 花枝

가는잎빌스바베리 細葉闊葉十大功勞
Mahonia fortunei (Lindl.) Fedde

함유성분

뿌리, 줄기 그리고 잎에는 알칼로이드 성분들이 함유되어 있다. 줄기에는 알칼로이드 성분으로 berberine, palmatine, jatrorrhizine[1], oxyacanthine, berbamine, iso-tetrandrine, columbamine[2] 등이 함유되어 있다.

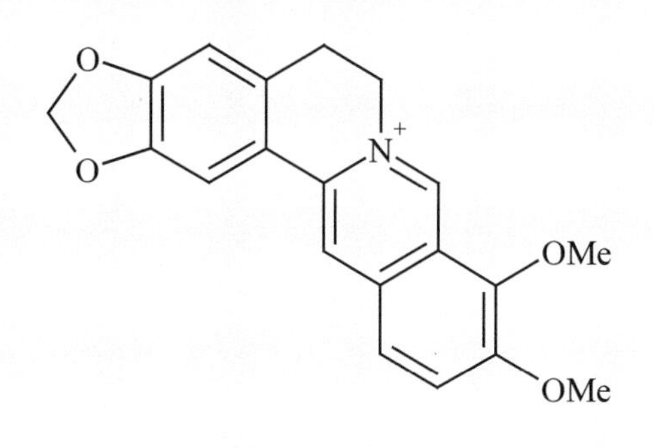

berberine

palmatine

약리작용

1. 항미생물
   빌스바베리의 뿌리에 함유된 알칼로이드 성분은 *in vitro*에서 A형 인체독감바이러스(H1N1)에 대해 비교적 강력한 억제작용이 있다[3]. 베르베린 성분은 *in vitro*에서 대장균, 녹농간균, 고초간균, 교단간균, 백색염주균, 흑효모균, 피부선균 및 메티실린 내성 황색포도상구균 등에 대하여 비교적 강력한 억제작용이 있다[4-6].

2. 항종양
   베르베린을 실험성 위암 발병 전 단계의 Rat에 경구투여하면 위암발생률을 뚜렷하게 저하시키는데, 그 작용기전은 세포괴사율을 증가시키고, 유전자의 발현을 조절하는 것과 관련이 있을 것으로 생각된다[7]. 베르베린은 *in vitro*에서 다수의 암세포 증식을 억제할 수 있는데, 결장암세포 HT-29[8], 위암세포 MGC-803[9], 비인암세포 CNE-2[10], 간암세포 HepG2[11], 인체자궁경부암세포 HeLa, 백혈병세포 L1210과 HL-60[12-13], 전립선암세포[14], 에를리히복수암(EAC) 세포[15] 및 인체위암세포 SNU-5[16] 등에 대해 억제효과가 뚜렷하다. 베르바민과 그 이성질체인 O-4-ethoxylbutyl-berbamine은 인체자궁경부암세포[17], 악성 흑색종양세포[18], 폐포암세포[19] 및 백혈병세포 K562 등의 생장과 증식을 뚜렷하게 억제할 뿐만 아니라, K562의 신속한 괴사를 유도할 수 있다[20]. 베르바민과 그 화합물들은 세포증식을 억제하는 작용이 있는데, 이는 세포 내부 칼모듈린의 농도를 저하시키는 것과 관련이 있다[19, 21].

3. 심혈관계에 대한 영향

1) 심박에 대한 영향

In vivo(토끼의 정맥주사로 투여) 및 *in vitro* 실험에서 베르베린은 심장의 지연성 탈분극을 억제하고, 허혈성 심실의 심박부절을 방지할 수 있다[22]. 또한 실험성 심장비대 Rat의 교감신경활성에도 조절작용이 있다[23].

2) 평활근에 대한 영향

베르베린은 Rat의 적출 흉곽대동맥을 이완시키고, 기니피그 적출 기관지를 수축시키는 무스카린 수용체에 대한 활성작용이 있다[24]. 베르베린을 Rat의 정맥에 주사하면 혈관긴장인자의 효소전화 활성과 혈관 중의 NO/cGMP 방출을 억제할 수 있다[25]. 베르베린은 또한 칼륨채널도 억제할 수 있다[26]. 베르베린은 *in vitro*에서 Rat의 대동맥 혈관평활근세포의 성장을 억제할 수 있는데, 그 작용기전은 외부세포의 신호조절효소를 제거하고, 조기생장반응 유전자의 신호전달을 방해함으로써 발현된다[27].

3) 콜레스테롤 강하

*In vitro*에서 베르베린은 AMP 활성단백효소를 활성화하고 저밀도지단백(LDL) 수용체의 발현을 상향조절(up-regulation)함으로써 지질합성을 억제한다[28-29].

4) 혈당강하

*In vitro*에서 베르베린은 α-글루코시다아제를 억제시킴으로써 소장 상피세포의 포도당 전이를 감소시켜 혈당강하작용을 유도한다[30]. 이러한 작용은 인슐린의 분비를 촉진하고 지질활성을 조절하는 것과 관련이 있을 것으로 생각된다[31].

4. 칼슘 길항작용

In vitro 실험에서 베르바민은 정상소배아신장세포의 증식을 억제함과 동시에 세포 내부의 칼슘농도를 저하시키는 작용이 있다[32]. Rat의 심근세포의 전압의존성과 수용체 조종성 칼슘채널에서 칼슘전자를 길항하는 작용이 있으며[33], ATP, KCl, 노르에피네프린을 억제하고, 칼시마이신으로 유발된 세포 내 칼슘농도 증가를 억제시킨다[34-35].

5. 신경세포에 대한 작용

In vitro 실험에서 베르베린은 Rat의 뇌피질신경원의 허혈성 손상에 대해 보호작용이 있으며, N-methyl-D-aspartic Acid 수용체, 과산화수소, 무혈청 배양 및 산화적 스트레스로 인한 신경세포 손상에 대해 보호작용이 있다[36-38].

6. 항산화

베르바민을 복강에 주사하면 활성산소를 제거할 수 있으며, 실험성 당뇨병 Rat의 백내장 발생과 발전에 대해 뚜렷한 예방효과가 있다. 베르바민을 Rat의 위에 주입하거나 복강에 주사하면 허혈성 뇌조직과 신장조직의 활성산소로 인한 손상을 경감시킬 수 있다[40-41].

7. 기타

베르베린은 항우울작용이 있으며[42], 베르바민은 지발성 과민반응과 혼합임파구반응을 억제하는 작용이 있다. 또한 베르바민은 동물의 이식조직 생존시간을 연장시키는 작용이 있다[43].

용 도

활엽십대공로는 중의임상에서 사용하는 약이다. 청허열(清虛熱, 허해서 나는 열을 깨끗이 제거함), 조습[燥濕, 습사(濕邪)를 없애 줌], 해독 등의 효능이 있으며, 폐열로 인한 기침, 눈의 충혈, 황달, 설사, 이질, 창양(瘡瘍), 습진, 화상 등의 치료에 사용한다.
현대임상에서는 폐결핵, 기관지염, 폐렴, 장염, 간염, 결막염 등의 병증에도 사용한다.

해 설

《중국약전》에서는 빌스바베리 이외에 '가는잎빌스바베리(*Mahonia fortunei* (Lindl.) Fedde)'도 중약 공로목의 법정기원식물 내원종으로 수록하고 있다. 빌스바베리와 가는잎빌스바베리의 함유성분과 약리작용은 유사하며, 두 기원종의 잎을 모두 '공로엽(功勞葉)'이라고 부른다. 두 기원종의 공로엽 효능은 유사하지만 가는잎빌스바베리의 알칼로이드 함량이 비교적 높다.
'네팔베리(*M. nepalensis* DC.)'는 중국 운남의 시솽반나 지역의 소수민족들이 항간염약으로 사용하고 있다. 그 효능은 다른 십대공로와는 차이가 뚜렷하므로 사용에 주의를 기울여야 한다.
줄기 이외에 빌스바베리의 잎, 뿌리, 씨 등도 약으로 사용되며, 청허열(清虛熱), 보신, 해독 등의 작용이 있다.
'빌스바베리'는 옛부터 명칭이 동명이물(同名異物)로 혼란을 야기하고 있다. 즉, 《본경봉원(本經逢原)》과 《본초강목습유(本草綱木拾遺)》에는 감탕나무과에 속한 식물인 호랑가시나무(枸骨, *Ilex cornuta* Lindl.)를 빌스바베리로 기술하고 있고, 《식물명실도고》에는 빌스바베리와 가는잎빌스바베리 등으로 기재되어 있다. 따라서 그 기원 식물이 완전히 다르고, 성분 및 효능이 명확하게 다르므로 절대 혼용해서는 안 된다.

참고문헌

1. 紀秀紅, 李奕, 劉虎威, 閻玉凝, 李家實. 十大功勞屬部分植物莖中生物鹼的高效毛細管電泳法測定. 藥學學報. 2000, **35**(3): 220-223

2. 呂光華, 王立為, 陳建民, 蕭培根. 高效液相色譜法測定十大功勞屬植物中的 7 種生物鹼成分. 藥物分析雜誌. 1999, **19**(4): 271-274

3. 曾祥英, 勞邦盛, 董熙昌, 孫學惠, 董玉蓮, 盛國英, 傅家謨. 闊葉十大功勞根中生物鹼組分體外抗流感病毒試驗研究. 中藥材. 2003, **26**(1): 29-30

4. M Cernakova, D Kostalova. Antimicrobial activity of berberine-a constituent of *Mahonia aquifolium*. *Folia Microbiologica*. 2002, **47**(4): 375-378

5. 徐薇, 趙俊英, 曹仁烈. 小檗鹼抗皮膚癬菌作用的研究. 中華皮膚科雜誌. 2000, **33**(5): 346

6. HH Yu, KJ Kim, JD Cha, HK Kim, YE Lee, NY Choi, YO You. Antimicrobial activity of berberine alone and in combination with ampicillin or oxacillin against methicillin-resistant *Staphylococcus aureus*. *Journal of Medicinal Food*. 2005, **8**(4): 454-461

7. 姚保泰, 吳敏, 王博. 鹽酸小檗鹼抗大鼠胃癌前病變及其作用機理. 中國中西醫結合消化雜誌. 2005, **13**(2): 81-84

8. 台衛平, 田耕, 黃業斌, 周俊, 張泰昌, 羅和生. 鹽酸小檗鹼抑制結腸癌細胞環氧化酶-2/鈣離子途徑. 中國藥理學通報. 2005, **21**(8): 950-953

9. 譚宇蕙, 陳冠林, 郭淑傑, 李燕紅, 陳蔚文. 小檗鹼對人胃癌 MGC-803 細胞生長抑制及誘導凋亡的作用. 中國藥理學通報. 2001, **17**(1): 40-43

10. 蔡於琛, 冼勵堅. 小檗鹼對人鼻咽癌 CNE-2 細胞的體外抗增殖作用及其機理初探. 中國藥理通訊. 2003, **20**(3): 33

11. CW Chi, YF Chang, TW Chao, SH Chiang, FK P'eng, WY Lui, TY Liu. Flowcytometric analysis of the effect of berberine on the expression of glucocorticoid receptors in human hepatoma HepG2 cells. *Life Science*. 1994, **54**(26): 2099-2107

12. S Jantova, L Cipak, M Cernakova, D Kost'alova. Effect of berberine on proliferation, cell cycle and apoptosis in HeLa and L1210 cells. *The Journal of Pharmacy and Pharmacology*. 2003, **55**(8): 1143-1149

13. CC Lin, ST Kao, GW Chen, HC Ho, JG Chung. Apoptosis of human leukemia HL-60 cells and murine leukemia WEHI-3 cells induced by berberine through the activation of caspase-3. *Anticancer Research*. 2006, **26**(1A): 227-242

14. SK Mantena, SD Sharma, SK Katiyar. Berberine, a natural product, induces G1-phase cell cycle arrest and caspase-3-dependent apoptosis in human prostate carcinoma cells. *Molecular Cancer Therapeutics*. 2006, **5**(2): 296-308

15. S Letasiova, S Jantova, M Miko, R Ovadekova, M Horvathova. Effect of berberine on proliferation, biosynthesis of macromolecules, cell cycle and induction of intercalation with DNA, dsDNA damage and apoptosis in Ehrlich ascites carcinoma cells. *The Journal of Pharmacy and Pharmacology*. 2006, **58**(2): 263-270

16. JP Lin, JS Yang, JH Lee, WT Hsieh, JG Chung. Berberine induces cell cycle arrest and apoptosis in human gastric carcinoma SNU-5 cell line. *World Journal of Gastroenterology*. 2006, **12**(1): 21-28

17. 張金紅, 耿朝暉, 段江燕, 陳家童, 梁學, 俞耀庭. 小檗胺及其衍生物的結構對宮頸癌 (HeLa) 細胞生長增殖的影響. 南開大學學報(自然科學). 1996, **29**(2): 89-94

18. 張金紅, 段江燕, 耿朝暉, 陳家童, 黃建英, 李希. 小檗胺及其衍生物對惡性黑色素瘤細胞增殖的影響. 中草藥. 1997, **28**(8): 483-485

19. 張金紅, 許乃寒, 徐暢, 陳家童, 劉惠君, 段江燕. 小檗胺衍生物 (EBB) 體外抑制肺癌細胞增殖機制的初探. 細胞生物學雜誌. 2001, **19**(2): 218-223

20. 徐磊, 趙小英, 徐榮臻, 吳東. 鈣調素拮抗劑小檗胺誘導 K562 細胞凋亡及其機制的研究. 中華血液學雜誌. 2003, **24**(5): 261-262

21. 段江燕, 張金紅. 小檗胺類化合物對黑色瘤細胞內鈣調蛋白水平的影響. 中草藥. 2002, **33**(1): 59-61

22. YX Wang, XJ Yao, YH Tan. Effects of berberine on delayed after depolarizations in ventricular muscles *in vitro* and *in vivo*. *Journal of Cardiovascular Pharmacology*. 1994, **23**(5): 716-722

23. Y Hong, SS Hui, BT Chan, J Hou. Effect of berberine on catecholamine levels in rats with experimental cardiac hypertrophy. *Life Science*. 2003, **72**(22): 2499-2507

24. 王文雅, 陳克敏, 關永源, 曹雅槐. 鹽酸小檗鹼對毒蕈鹼性受體的激動作用. 中國藥理學與毒理學雜誌. 1999, **13**(3): 187-190

25. DG Kang, EJ Sohn, EK Kwon, JH Han, H Oh, HS Lee. Effects of berberine on angiotensin-converting enzyme and NO/cGMP system in vessels. *Vascular Pharmacology*. 2002, **39**(6): 281-286

26. 戴長蓉, 羅來源. 小檗鹼對豚鼠左心房和氣管的作用. 中國臨床藥理學與治療學. 2005, **10**(5): 567-569

27. KW Liang, CT Ting, SC Yin, YT Chen, SJ Lin, JK Liao, SL Hsu. Berberine suppresses MEK/ERK-dependent Egr-1 signaling pathway and inhibits vascular smooth muscle cell regrowth after *in vitro* mechanical injury. *Biochemical Pharmacology*. 2006, **71**(6): 806-817

28. WJ Kong, J Wei, P Abidi, MH Lin, S Inaba, C Li, YL Wang, ZZ Wang, SY Si, HN Pan, SK Wang, JD Wu, Y Wang, ZR Li, JW Liu, JD Jiang. Berberine is a novel cholesterol-lowering drug working through a unique mechanism distinct from statins. *Nature Medicine*. 2004, **10**: 1344-1351

29. JM Brusq, N Ancellin, P Grondin, R Guillard, S Martin, Y Saintillan, M Issandou. Inhibition of lipid synthesis through activation of AMP-kinase: An additional mechanism for the hypolipidemic effects of berberine. *Journal of Lipid Research*. 2006, **47**(6): 1281-1288

30. GY Pan, ZJ Huang, GJ Wang, JP Fawcett, XD Liu, XC Zhao, JG Sun, YY Xie. The antihyperglycaemic activity of berberine arises from a decrease of glucose absorption. *Planta Medica*. 2003, **69**(7): 632-636

31. SH Leng, FE Lu, LJ Xu. Therapeutic effects of berberine in impaired glucose tolerance rats and its influence on insulin secretion. *Acta Pharmacologica Sinica*. 2004, **25**(4): 496-502

32. 張金紅, 耿朝暉, 段江燕, 陳家童, 賀宏, 黃建英. 鈣調蛋白拮抗劑-小檗胺及其衍生物對正常牛胚腎細胞毒性的影響. 細胞生物學雜誌. 1997, **19**(2): 76-79

33. 喬國芬, 周宏, 李柏岩, 李文漢. 小檗胺對高鉀, 去甲腎上腺素及咖啡因引起大鼠心肌細胞內鈣動員的拮抗作用. 中國藥理學報. 1999, **20**(4): 292-296

34. 李柏岩, 喬國芬, 趙艷玲, 周宏, 李文漢. 小檗胺對 ATP 誘導的培養平滑肌及心肌細胞內遊離鈣動員的影響. 中國藥理學報. 1999, **20**(8): 705-708

35. 李柏岩, 付兵, 趙艷玲, 李文漢. 小檗胺對培養的 HeLa 細胞內遊離鈣濃度的作用. 中國藥理學報. 1999, **20**(11): 1011-1014

36. 吳俊芳, 劉少林, 潘鑫鑫, 劉天培. 小檗鹼對培養大鼠神經細胞 "缺血" 性損傷的保護作用. 中國藥理學通報. 1999, **15**(3): 243-246

37. 吳俊芳, 王雁, 潘鑫鑫, 劉天培. 小檗鹼對體外培養大鼠大腦皮層神經元損傷的保護作用. 南京醫科大學學報. 1999, **19**(2): 84-87

38. 吳俊芳, 劉少林, 潘鑫鑫, 劉天培. 小檗鹼對氧化應激損傷中樞神經細胞的保護作用. 中國藥學雜誌. 1999, **34**(8): 525-529

39. 何浩, 張家萍, 張昌穎. 小檗胺對糖尿病性白內障的預防及 SOD, CAT 和 GSH-Px 酶活性變化研究. 中國生物化學與分子生物學報. 1998, **14**(3): 304-308

40. 周虹, 王玲, 郝曉敏, 高雲瑞, 李文漢. 小檗胺及喜得鎮對實驗性腦缺血保護作用的研究. 中國藥理學通報. 1998, **14**(2): 165-166

41. 邸波, 吳紅赤, 王傑, 王守仁. 小檗胺對大鼠腎缺血再灌注損傷保護作用的研究. 哈爾濱醫科大學學報. 1999, **33**(3): 189-191

42. WH Peng, CR Wu, CS Chen, CF Chen, ZC Leu, MT Hsieh. Anxiolytic effect of berberine on exploratory activity of the mouse in two experimental anxiety models: interaction with drugs acting at 5-HT receptors. *Life Science*. 2004, **75**(20): 2451-2462

43. CN Luo, X Lin, WK Li, F Pu, LW Wang, SS Xie, PG Xiao. Effect of berbamine on T-cell mediated immunity and the prevention of rejection on skin transplants in mice. *Journal of Ethnopharmacology*. 1998, **59**(3): 211-215

멀구슬나무 楝 CP, KHP

Meliaceae

Melia azedarach L.

Chinaberry-tree

개 요

멀구슬나무과(Meliaceae)

멀구슬나무(楝, *Melia azedarach* L.)의 나무껍질과 뿌리껍질을 건조한 것

중약명: 고련피(苦楝皮)

멀구슬나무속(*Melia*) 식물은 전 세계에 약 3종이 있으며, 동반구의 열대와 아열대 지역에 주로 분포한다. 중국에는 2종이 있으며, 모두 약으로 사용된다. 이 종은 중국의 황하 이남의 각지에 분포하며, 아시아 온대 각지에서 재배되고 있다.

멀구슬나무는 '연실(楝實)'이란 명칭으로 맨 처음 《신농본초경(神農本草經)》에 하품으로 기재되었으며, 《중국약전(中國藥典)》(2015년 판)에서는 이 종을 중약 고련피의 법정기원식물 내원종의 하나로 수록하였다. 주요산지는 중국의 사천, 호북, 안휘, 강소, 하남, 귀주, 섬서, 운남, 감숙 등이다. 《대한민국약전외한약(생약)규격집》(제4개정판)에는 '고련피'를 "멀구슬나무과에 속하는 멀구슬나무(*Melia azedarach* Linné) 또는 천련(川楝, *Melia toosendan* Sieb. et Zucc.)의 나무껍질 또는 뿌리껍질"로 등재하고 있다.

멀구슬나무의 나무껍질 및 뿌리껍질에는 주로 네고리형 트리테르페노이드가 함유되어 있으며, 그 밖에도 플라본과 안트라퀴논 등의 성분이 함유되어 있다. 투센다닌은 멀구슬나무의 주요 활성성분이다. 《중국약전》에서는 박층크로마토그래피법을 이용하여 약재의 규격을 정하고 있다.

약리연구를 통하여 멀구슬나무의 껍질, 열매, 씨 및 잎에는 모두 구충, 항균, 항바이러스 등의 작용이 있는 것으로 알려져 있다.

한의학에서 고련피에는 구충, 요선(療癬) 등의 작용이 있다.

멀구슬나무 楝 *Melia azedarach* L.

멀구슬나무 楝 CP, KHP

약재 고련피 藥材苦楝皮 Meliae Cortex

함유성분

뿌리와 뿌리껍질에는 트리테르페노이드 성분으로 toosendanin, isotoosendanin[1], kulinone, kulactone, kulolactone, methylkulonate[2-3], melianodiol, meliantriol[4], trichilin H[5], 안트라퀴논 배당체 성분으로 1,8-dihydroxy-2-methylanthraquinone-3-O-β-D-galactopyranoside, 1,5-dihydroxy-8-methoxy-2-methylanthraquinone-3-O-a-L-rhamnopyranoside[6], 플라보노이드 성분으로 4′,5-dihydroxyflavone-7-O-a-L-rhamnopyranosyl-(1→4)-β-D-glucopyranoside[7], melianxanthone[8], 페놀 화합물로 hexacosyl ferulate[9] 등이 함유되어 있다.

열매에는 melianone, melianol, melianoninol[10] 등의 성분이 함유되어 있다. 최근에는 1-O-deacetyl-1-O-tigloylohchinolides A와 B 같은 리모노이드 성분이 브라질에서 생산되는 열매에서 분리되었다[11].

melianxanthone

1-O-deacetyl-1-O-tigloylohchinolide B

약리작용

1. 구충

1) 회충 구제

고련피의 에탄올 추출물은 *in vitro*에서 돼지회충의 머리 부분에 대해 마비작용이 있는데, 그 주요 활성성분은 투센다닌이다[12]. 고련피의 열수 추출물은 *in vitro*에서 회충에 대해 일정한 마비작용이 있다.

2) 요충 구제

일정 농도의 고련피 약액은 *in vitro*에서 Mouse의 요충을 모두 사멸시킨다[12].

3) 조충 구제

고련피의 물과 알코올 추출물은 조충의 원충에 대한 살멸작용이 있는데, 200mg/mL의 농도에서 48시간 이내 살멸률이 각각 8%와 16%에 달한다[12].

2. 항균

연의 종인(種仁) 메탄올 추출물은 *in vitro*에서 대장균, 황색포도상구균, 고초아포간균 등에 대해 뚜렷한 억제작용이 있다[13]. 연의 열매 물 추출물을 백색염주균에 감염된 S180 육종 Mouse의 복강에 주사하면 감염량이 뚜렷하게 감소된다[14].

3. 혈소판응집 억제

고련피의 75% 에탄올 추출물은 *in vitro*에서 아데노신이인산(ADP)으로 유도된 토끼의 혈소판응집에 대해 비교적 강력한 억제작용이 있다[15].

4. 항바이러스

멀구슬나무의 잎에 함유된 멜리아신은 I형 단순포진바이러스(HSV-1)에 대해 강력한 억제활성을 나타내며, 바이러스 DNA 합성에도 영향을 줄 수 있다[16]. 멜리아신은 구제역바이러스(FMDV)의 탈각에 대해 억제작용이 있는데, 그 작용기전은 세포 내 산성포자의 pH를 변화시키는 것과 관련이 있다[17]. 멀구슬나무 엽의 추출물 및 반정제 추출물은 폴리오바이러스, FMDV, 수포성 구내염바이러스(VSV), 단순포진바이러스(HSV), 신드비스바이러스(SINV) 등에 대해 억제활성을 보인다[18].

5. 기타

고련피의 활성성분인 투센다닌에는 근육의 신경말단 차단, 호흡중추 억제, 항보툴리눔독소, 항종양 등의 작용이 있다[19].

용 도

고련피는 중의임상에서 사용하는 약이다. 살충, 요선[療癬, 개선(疥癬)을 치료함] 등의 효능이 있으며, 회충, 요충, 촌충 등의 구제 및 개선습창(疥癬濕瘡, 개선충의 기생으로 생기는 전염성 피부병으로 다리에 나는 부스럼이나 습진)에 사용한다.

현대임상에서는 조충병(絛蟲病, 촌충으로 인한 병), 편충병, 음도적충병(陰道滴蟲病, 여성의 음도에 트리코모나스로 인한 병), 흡혈충병 및 두선(頭癬, 머리버짐) 등의 병증에 사용한다.

해 설

천련도《중국약전》에 수재된 중약 고련피의 법정기원식물 내원종의 하나이다.

고련피는 구충의 용도로 거의 2000년 전부터 사용되어 왔다. 근래에 이르러 멀구슬나무에 대한 연구는 전통적인 사용법에 대한 연구에 국한되지 않고 식물해충에 대한 살충활성 성분을 탐색하는 데 중점을 두고 있다. 현재 멀구슬나무는 식물용 살충제로 농업분야에서 널리 사용되고 있으며, 안전하고, 신속하며, 오염 없이 다종의 해충을 사멸시킬 수 있는 특징이 있다.

멀구슬나무는 다양한 경제적 가치를 지닌 식물자원으로, 목재로서 가볍고 부드러우며, 무늬가 아름다워 가구, 건축, 모형, 인테리어 소재, 악기 등에 다양하게 활용되고 있다. 열매의 껍질과 과육은 백주와 공업용 주정을 제조하는 데 사용되며, 씨의 단단한 껍질은 푸르알데하이드 및 활성탄의 원료로 사용된다. 멀구슬나무는 성장이 매우 빠르고, 외관이 아름다우며, 곧게 자라는 성질이 있다. 또한 병충해가 적어 이상적인 관상수종으로 활용이 가능하다.

참고문헌

1. 謝晶曦, 袁阿興. 驅蛔藥川楝皮及苦楝皮中異川楝素的分子結構. 藥學學報. 1985, **20**(3): 188-192
2. FC Chang, CK Chiang. Tetracyclic triterpenoids from *Melia azedarach*. II. trans-2-Oxabicyclo[3.3.0]octanones. *Tetrahedron Letters*. 1969, **11**: 891-894
3. CK Chiang, FC Chang. Tetracyclic triterpenoids from *Melia azedarach*. III. *Tetrahedron*. 1973, **29**(14): 1911-1929
4. D Lavie, MK Jain, SR Shpan-Gabrielith. Locust phagorepellent from two Melia species. *Chemical Communications*. 1967, **18**: 910-911
5. M Nakatani, RC Huang, H Okamura, H Naoki, T Iwagawa. Limonoid antifeedants from Chinese *Melia azedarach*. *Phytochemistry*. 1994, **36**(1): 39-41

6. SK Srivastava, M Mishra. New anthraquinone pigments from the stem bark of Melia azedarach Linn. *Indian Journal of Chemistry, Section B: Organic Chemistry Including Medicinal Chemistry*. 1985, **24B**(7): 793-794

7. M Mishra, SK Srivastava. A new flavone glycoside from *Melia azedarach* Linn. *Current Science*. 1984, **53**(13): 694-695

8. 楊光忠, 陳玉, 張世璉, 朱正方. 苦楝樹皮化學成分的研究. 天然產物研究與開發. 1998, **10**(4): 45-47

9. 李石生, 鄧京振, 趙守訓. 苦楝微量酚性成分的研究. 中草藥. 2000, **31**(2): 86-89

10. 韓玖, 林文翰, 徐任生, 汪文陸, 趙善歡. 苦楝化學成分的研究. 藥學學報. 1991, **26**(6): 426-429

11. HL Zhou, A Hamazaki, JD Fontana, H Takahashi, T Esumi, CB Wandscheer, H Tsujimoto, Y Fukuyama. New ring C-seco limonoids from Brazilian *Melia azedarach* and their cytotoxic activity. *Journal of Natural Products*. 2004, **67**(9): 1544-1547

12. 王本祥. 現代中藥藥理學. 天津: 天津科學技術出版社. 1997: 707-711

13. 馬玉翔, 趙淑英, 王夢媛, 薑潤田, 馬梅青. 苦楝的提取及其抑菌活性研究. 山東科學. 2004, **17**(1): 32-35

14. 韓莉, 萬福珠, 劉朝奇. 苦楝果浸出液對荷瘤小鼠及其感染白色念珠菌的影響. 鹹寧醫學院學報. 1999, **13**(3): 149-151

15. 張小麗, 謝人明, 馮英菊. 四種中藥對血小板聚集性的影響. 西北藥學雜誌. 2000, **15**(6): 260-261

16. LE Alche, AA Barquero, NA Sanjuan, CE Coto. An antiviral principle present in a purified fraction from *Melia azedarach* L. Leaf aqueous extract restrains herpes simplex virus type 1 propagation. *Phytotherapy Research*. 2002, **16**(4): 348-352

17. MB Wachsman, V Castilla, CE Coto. Inhibition of foot and mouth disease virus (FMDV) uncoating by a plant-derived peptide isolated from *Melia azedarach* L leaves. *Archives of Virology*. 1998, **143**(3): 581-590

18. GM Andrei, CE Coto, RA de Torres. Assays of cytotoxicity and antiviral activity of crude and semipurified extracts of green leaves of *Melia azedarach* L. *Revista Argentina de Microbiologia*. 1985, **17**(4): 187-194

19. 楊吉安, 馬玉花, 蘇印泉, 冶貴生. 苦楝研究現狀及發展前景. 西北林學院學報. 2004, **19**(1): 115-118

천련 川楝 CP, KHP

Meliaceae

Melia toosendan Sieb. et Zucc.

Szechwan Chinaberry

개 요

멀구슬나무과(Meliaceae)

천련(川楝, *Melia toosendan* Sieb. et Zucc.)의 잘 익은 열매를 건조한 것 중약명: 천련자(川楝子)

천련의 건조한 나무껍질 및 뿌리껍질 중약명: 고련피(苦楝皮)

멀구슬나무속(*Melia*) 식물은 전 세계에 약 3종이 있으며, 동반구의 열대와 아열대 지역에 주로 분포한다. 중국에는 2종이 있으며, 모두 약으로 사용된다. 이 종은 중국의 감숙, 호북, 사천, 귀주, 운남 등에 분포하며, 기타 각지에서 재배되고 있다. 또한 일본과 중남반도에도 분포한다.

천련은 '연실(楝實)'이란 명칭으로 맨 처음 《신농본초경(神農本草經)》에 하품으로 기재되었으며, 역대 본초서적에 다수 기재되었다. 《중국약전(中國藥典)》(2015년 판)에서는 이 종을 중약 천련자 및 고련피의 법정기원식물 내원종으로 수록하였다. 주요산지는 중국의 사천, 운남, 귀주 등이며, 사천의 생산량이 가장 많고 품질이 우수하다. 그 밖에 호북, 감숙, 호남 등에서도 생산된다. 《대한민국약전외한약(생약)규격집》(제4개정판)에는 '천련자'를 "멀구슬나무과에 속하는 천련(*Melia toosendan* Siebold et Zuccarini) 또는 멀구슬나무(*Melia azedarach* Linné)의 열매"로 등재하고 있다.

천련에는 주로 네고리형 트리테르페노이드인 투센다닌이 함유되어 있으며, 이 성분은 멀구슬나무속 식물의 주요 활성성분으로 일반적으로 많이 함유되어 있다. 《중국약전》에서는 박층크로마토그래피법을 이용하여 약재의 규격을 정하고 있다.

약리연구를 통하여 천련의 열매, 나무껍질 및 뿌리껍질에는 구충, 근육신경의 신경전달 억제, 항균 등의 작용이 있는 것으로 알려져 있다.

한의학에서 천련에는 서간행기지통(舒肝行氣止痛), 구회(驅蛔) 등의 작용이 있다.

천련 川楝 *Melia toosendan* Sieb. et Zucc.

약재 천련자 藥材川楝子 Meliae Toosendan Fructus

약재 고련피 藥材苦楝皮 Meliae Cortex

함유성분

열매에는 트리테르페노이드 성분으로 toosendanin[1], isotoosendanin[2], melianone, lipomelianol[3], 21-O-acetyltoosendantriol[4], 21-O-methyltoosendanpentol[5], toosendanal, 12-O-methylvolkensin, meliatoxin B_1, trichillin H[6], 페닐프로판트리올 배당체 성분으로 meliadanosides A, B[7] 등이 함유되어 있다.

잎에는 melia-ionsides A, B[8], toosendanoside[9], toosendansterols A, B, loliolide[10] 등의 성분이 함유되어 있다.

나무껍질과 뿌리껍질에는 toosendanin, isotoosendanin[11], azedarachin B[12], neoazedarachins A, B, D[13] 등의 성분이 함유되어 있다.

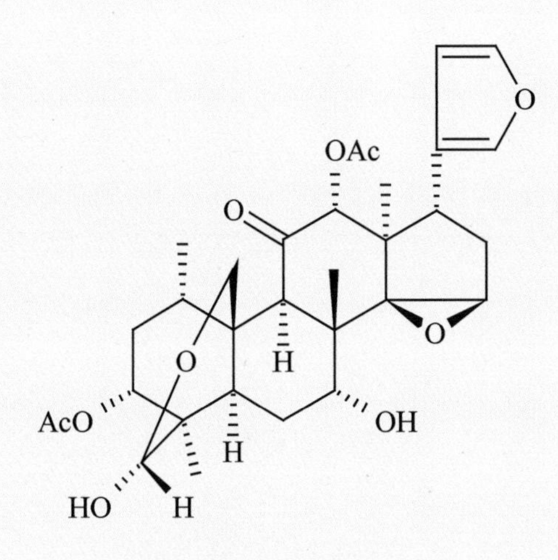

toosendanin

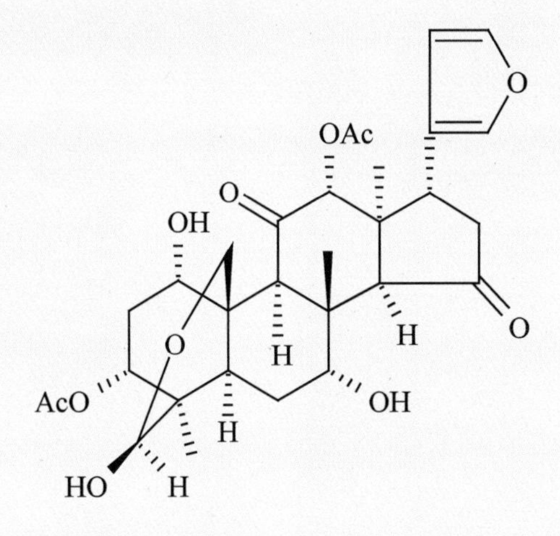

isotoosendanin

약리작용

1. 구충

   *In vitro*에서 투센다닌은 돼지회충, 지렁이, 거머리에 대한 살충작용이 있는데, 투센다닌은 회충 구제의 유효성분이다.

2. 근육신경 간 신호전달 차단

   투센다닌은 비가역적으로 근육신경표본의 간접자극으로 인한 수축반응을 억제할 수 있다. 전자현미경 관찰을 통해 투센다닌은 미세결합구조에 영향을 미치는데, 주로 신경말초 중 돌출간극의 거리를 증가시키고, 돌출소포를 뚜렷하게 감소시킨다[14].

3. 항보툴리눔독소

투센다닌은 치사량의 보툴리눔독소를 주사한 Mouse와 원숭이를 생존시킬 수 있다. 적출된 신경근육간극표본연구를 통해 투센다닌을 사용한 배지에서 생장된 세포는 보툴리눔독소에 대한 내성이 증강된다. 동물에게 투센다닌을 한 번 주사하고 며칠 뒤 신경근육표본을 채취하면 보툴리눔독소에 대한 내성이 지속적으로 유지된다[15].

4. 호흡중추억제

투센다닌을 Rat의 정맥에 주사하거나 근육 또는 연뇌의 호흡중추에 주사하면 호흡실조를 유도한다[14].

5. 항염, 진통

Mouse의 초산자극 실험, 열판자극 실험, 파두유로 인한 귓바퀴 종창 실험에서 천련자의 각 포제품의 열수 추출물을 경구투여하면 항염과 진통작용을 나타내는데, 그중 염제(鹽製) 천련자의 작용이 가장 강력하다[16].

6. 불임

천련자유는 *in vitro*에서 20초 이내에 정자의 활동성을 상실시킬 수 있는데, 천련자유와 시클로헥사논의 복합물의 정자활동에 대한 억제는 농도 의존적으로 증강되며, 이러한 반응은 비가역적이다. Rat의 부고환에 천련자유를 주사하면 고환의 정자생산능력에 영향을 줄 수 있으며, 국소적으로 면역성 생육억제가 일어난다. 그러나 수컷 Rat의 테스토스테론 및 성기능에는 영향을 주지 않는다[18].

7. 기타

천련자는 자궁경부암 JTC-26에 대해 뚜렷한 억제작용이 있다. 천련자의 열수 추출물을 복용시키면 담낭을 수축시키고, oddi 괄약근을 이완시키며, 담즙의 분비를 촉진한다.

용 도

천련자는 중의임상에서 사용하는 약이다. 행기지통(行氣止痛, 기를 소통시켜 통증을 멎게 함), 살충료선[殺蟲療癬, 살충(殺蟲)하고 개선(疥癬)을 치료함]의 효능이 있으며, 간울화화[肝鬱化火, 간기(肝氣)가 뭉치고 맺혀서 화(火)가 발생한 증상]로 인한 각종 통증, 기생충으로 인한 복통 등의 치료에 사용한다.

현대임상에서는 위병, 담병, 유선병, 고환내막적액, 두선(頭癬, 머리버짐) 등의 병증에 사용한다.

해 설

천련자는 전통 중약 가운데 하나로 이기지통(理氣止痛)과 살충(殺蟲)에 사용되어 왔다. 현대의 실험 및 임상연구에서 이 품목에는 독성이 있는 것으로 판명되었으며, 사용에 주의가 필요하다[19].

천련자에 함유된 투센다닌은 뚜렷한 살충활성이 있으며, 식물용 살충제로 매우 중요하게 활용할 수 있다[20]. 이와 같은 식물유래 살충제는 화학살충제로 인한 환경오염, 사람과 가축의 중독, 생태계 교란 등의 문제를 감소시킬 수 있다.

최신 연구에서 천련자유에는 Rat에 대한 불임작용과 *in vitro*에서 살정(殺精)작용이 있는 것으로 알려져 있어[17-18] 살정제로의 개발이 기대되고 있다.

참고문헌

1. 鍾熾昌, 謝晶曦, 陳淑鳳, 梁曉天. 川楝素的結構. 化學學報. 1975, **33**(1): 35-47
2. 謝晶曦, 袁阿興. 異川楝素的化學結構及其活性. 藥學通報. 1984, **19**(6): 49
3. T Nakanishi, A Inada, D Lavie. A new tirucallane-type triterpenoid derivative, lipomelianol from fruits of *Melia toosendan* Sieb. et Zucc. *Chemical & Pharmaceutical Bulletin*. 1986, **34**(1): 100-104
4. T Nakanishi, A Inada, M Nishi, T Miki, R Hino, T Fujiwara. The structure of a new natural apotirucallane-type triterpene and the stereochemistry of the related terpenes. X-ray and carbon-13 NMR spectral analyses. *Chemistry Letters*. 1986, **1**: 69-72
5. A Inada, M Konishi, T Nakanishi. Phytochemical studies on meliaceous plants. V. Structure of a new apotirucallane-type triterpene, 21-O-methyltoosendanpentol from fruits of *Melia toosendan* Sieb. et Zucc. *Heterocycles*. 1989, **28**(1): 383-387
6. K Tada, M Takido, S Kitanaka. Limonoids from fruit of *Melia toosendan* and their cytotoxic activity. *Phytochemistry*. 1999, **51**(6): 787-791
7. 昌軍, 宣利江, 徐亞明. 川楝子中兩個新的苯丙三醇苷. 植物學報. 1999, **41**(11): 1245-1248
8. T Nakanishi, M Konishi, H Murata, A Inada, A Fujii, N Tanaka, T Fujiwara. Phytochemical studies on meliaceous plants. VII. The structures of two new ionone glucosides from *Melia toosendan* Sieb. et Zucc. and a novel type of selective biooxidation by a kind of protease. *Chemical & Pharmaceutical Bulletin*. 1991, **39**(10): 2529-2533
9. T Nakanishi, M Kobayashi, H Murata, A Inada. Phytochemical studies on meliaceous plants. IV. Structure of a new pregnane glycoside, toosendanoside, from leaves of *Melia toosendan* Sieb. et Zucc. *Chemical & Pharmaceutical Bulletin*. 1988, **36**(10): 4148-4152
10. A Inada, M Kobayashi, T Nakanishi. Phytochemical studies on meliaceous plants. III. Structures of two new pregnane steroids, toosendansterols A and B, from leaves of *Melia toosendan* Sieb. et Zucc. *Chemical & Pharmaceutical Bulletin*. 1988, **36**(2): 609-612

11. 謝晶曦, 袁阿興. 驅蛔藥川楝皮及苦楝皮中異川楝素的分子結構. 藥學學報. 1985, **20**(3): 188-192
12. JB Zhou, Y Minami, F Yagi, K Tadera, M Nakatani. Antifeeding limonoids from *Melia toosendan*. *Heterocycles*. 1997, **45**(9): 1781-1786
13. JB Zhou, K Tadera, Y Minami, F Yagi, J Kurawaki, K Takezaki, M Nakatani. New limonoids from *Melia toosendan*. *Bioscience, Biotechnology, and Biochemistry*. 1998, **62**(3): 496-500
14. 王本祥. 現代中藥藥理學. 天津: 天津科學技術出版社. 1997: 651-653
15. 施玉樑. 有效抗肉毒化合物川楝素及其抗毒機制的研究. 中國藥理學會通訊. 2002, **19**(1): 18-19
16. 紀青華, 陸兔林. 川楝子不同炮製品鎮痛抗炎作用研究. 中成藥. 1999, **21**(4): 181-183
17. 賈瑞鵬, 周性明, 陳甸英. 川楝子油體外殺精子研究. 南京鐵道醫學院學報. 1995, **14**(4): 207-208
18. 賈瑞鵬, 周性明, 陳甸英. 川楝子油對雄性大鼠的抗生育作用. 南京鐵道醫學院學報. 1996, **15**(1): 1-3
19. 路志強. 川楝子的性味功能與現代臨床應用. 內蒙古中醫藥. 1997, **1**: 45-46
20. 李小平, 呂小軍. 川楝果實提取物對棉鈴蟲殺蟲活性初探. 淮北煤師院學報. 2003, **24**(4): 35-38

새모래덩굴 蝙蝠葛 CP

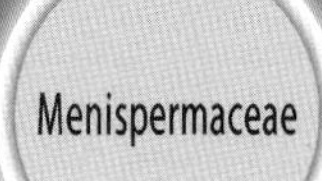

Menispermum dauricum DC.

Asiatic Moonseed

개 요

새모래덩굴과(Menispermaceae)

새모래덩굴(蝙蝠葛, *Menispermum dauricum* DC.)의 뿌리줄기를 건조한 것

중약명: 북두근(北豆根)

새모래덩굴속(*Menispermum*) 식물은 전 세계에 약 3~4종이 있으며, 주로 북미와 아시아의 동북 및 동부에 분포한다. 중국에는 1~2종이 있으며 모두 약으로 사용한다. 이 종은 주로 중국의 동북부, 북부, 동부 등에 분포한다.

'편복갈(蝙蝠葛)'은 중국의 역대 본초서적에서 찾아볼 수 없으며, '북두근'의 명칭은 《중국약전(中國藥典)》(1977년 판)에 처음으로 수록되었는데, '북방에서 사용하는 산두근'이라는 의미로 북두근이라 명명하였으며, 남방에서 사용하는 산두근과는 차이가 있다. 《중국약전》(2015년 판)에서는 이 종을 중약 북두근의 법정기원식물 내원종으로 수록하였으며, 주요산지는 중국의 동북, 화북 및 섬서 등이다.

새모래덩굴에는 주로 알칼로이드류 화합물이 함유되어 있으며, 그 가운데 다우리신은 새모래덩굴의 유효성분으로 품질관리의 지표성분이다. 《중국약전》에서는 박층크로마토그래피법을 이용하여 약재의 규격을 정하고 있다.

약리연구를 통하여 새모래덩굴에는 항종양, 항심율실조(抗心律失調), 뇌손상에 대한 보호, 혈압강하 등의 작용이 있는 것으로 알려져 있다.

한의학에서 북두근에는 청열해독(清熱解毒), 소종지통(消腫止痛) 등의 작용이 있다.

새모래덩굴 蝙蝠葛 *Menispermum dauricum* DC.

약재 북두근 藥材北豆根 Menispermi Rhizoma

새모래덩굴 蝙蝠葛 CP

함유성분

뿌리줄기에는 알칼로이드 성분으로 dauricine[1], cheilanthifoline, stepholidine, stepharine[2], 2,3-dihydromenisporphine[3], daurinoline[4], magnoflorine, sinomenine, menisperine, acutumine, acutumidine[5], dauricoline[6], bianfugecine, bianfugedine, bianfugenine[7], dauriciline[8], N-desmethyldauricine[9], dauricoside, daurisoline, menisoporphine, 6-O-demethylmenisporphine[10], dauricinoline[11], dauricicoline[12], northalifoline, thalifoline, corydaldine, N-methylcorydaldine, doryphornine[13], daurioxoisoporphines A, B, C, D[14], nitrotyrasacutuminine[15], dechloroacutumidine, 1-epidechloroacutumine[16], 7-hydroxy-6-methoxy-1(2H)-isoquinolinone, 6,7-dimethoxy-N-methyl-3,4-dioxo-1(2H)-isoquinolinone, 1-(4-hydroxyl benzoyl)-7-hydroxy-6-methoxy-isoquinoline, 6-hydroxy-5-methoxy-N-methylphthalimide[17] 등과 또한, 7-hydroxy-3,6-dimethoxy-1,4-phenanthraquinone[18] 등이 함유되어 있다.
줄기와 잎에는 menisdaurin[19]과 isoquercitrin[20] 등의 성분이 함유되어 있다.

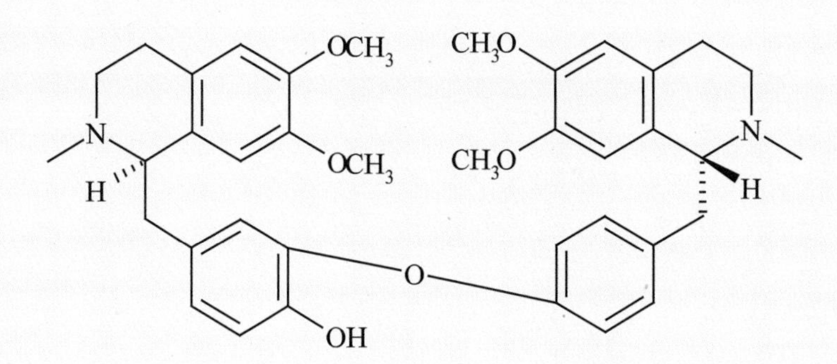

dauricine

약리작용

1. 항종양

다우리신은 *in vitro*에서 백혈병세포 HL-60과 K562의 증식을 강력하게 억제한다[21]. 다우리신은 *in vitro*에서 약물의 내약성을 개선하는데, 세포 내 아드리아마이신의 축적을 증가시킴과 동시에 약물내성 HL-60세포의 약물저항성을 감소시킨다[22]. 빈크리스틴으로 유도된 유선암 MCF-7의 다약제내성 암세포를 괴사시키는 작용이 있으며[23], 백혈병세포 K562/ADM의 다약제내성을 역전시키는 작용이 있다[24].

2. 심혈관계에 대한 영향

1) 항심박실상

북두근의 알칼로이드를 실험동물의 정맥에 주사하면 염화바륨, 아코니틴, 우아바인 및 관상동맥 결찰로 인한 심박실상에 대해 보호작용이 있다[25]. 다우리신을 토끼의 정맥에 주사하면 염화세슘으로 유도된 심박실상에 대해 보호작용이 있다[26]. 다우리신은 적출된 기니피그의 유두근에 대해 퀴니딘으로 유도된 탈극화 심박실상에 대해 보호작용이 있다[27]. 다우리신을 토끼의 정맥에 주사하면 심장의 단상동작전위의 진폭을 감소시키며, 단상동작전위의 시간과 유효불응기를 연장시킨다[28]. 심방박동 증가로 인한 토끼의 심방근육 칼슘전자 함량의 증가를 억제할 수 있으며, 심근 코넥신 40의 저하를 감소시킴으로써 심근의 손상을 억제하는 작용이 있다[29-30]. 다우리신은 기니피그 적출 심장의 전기 자극 또는 허혈 심근 및 산소결핍 심장의 노르아드레날린 분비를 억제한다[31-33]. 다우리신은 *in vitro*에서 심근세포 나트륨전자의 내류와 칼륨전자의 외류작용을 억제하며[34], 기니피그 심실근육세포의 L형 칼슘전류를 차단하는 작용이 있다[35].

2) 심근 보호

새모래덩굴의 페놀릭 알칼로이드류는 적출된 Rat의 억제된 심근에 대해 보호작용이 있는데[36], 경구투여하면 Rat의 실험성 심근허혈과 개의 관상동맥 결찰로 인한 급성 심근경색에 대해 보호작용이 있다[37-38].

3) 고지혈 억제

새모래덩굴의 페놀릭 알칼로이드류는 *in vitro*에서 지질과산화(LPO)를 억제하고 유리기를 제거함으로써 고지혈증 모델 동물의 혈지 수준을 조절할 수 있다[39].

4) 기타
새모래덩굴의 페놀릭 알칼로이드를 토끼에 경구투여하면 항혈전 형성과 항혈소판응집의 작용이 있는데, 그 작용기전은 혈관내벽의 프로스타사이클린 함량을 증가시키고 혈장 내 일산화질소(NO)의 농도를 높이는 것과 관련이 있다[40]. 다우리신을 Rat에 경구투여하면 내피의 손상으로 인한 평활근의 증식을 억제하며, 혈관의 재협착을 방지하는데, 그 작용기전은 세포주기를 조절하는 조절인자 p27의 발현과 관련이 있다[41].

3. 뇌 손상 보호
다우리솔린은 *in vitro*에서 산소결핍, 포도당결핍, 카페인, NO 신경독성, N–methyl–D–aspartic Acid(NMDA) 신경독성 및 글루타메이트로 인한 뇌세포 손상에 대해 보호작용이 있다[42-43]. 7'–다우리솔린을 산소부족 Mouse의 정맥에 주사하면 산소소모의 속도를 감소시키며, 급성 뇌허혈 Mouse의 사망률 및 국소성 뇌허혈 Rat의 경색범위를 감소시킨다[44]. 작용기전의 연구를 통해서 7'–다우리솔린은 NMDA로 인한 세포 내의 칼슘 증가를 차단하여 신경독성이 발생하는 것을 방지한다[45]. 또한 전압 의존성 칼슘채널의 개방으로 인한 세포 외부 칼슘의 내입과 카페인으로 인한 세포 내 칼슘의 분비를 억제시킨다[46]. 그 밖에 글루타메이트의 생성으로 인한 NO의 합성을 억제하는 작용이 있다[47]. 다우리신을 Rat에 경구투여하면 국소성 뇌허혈과 선립체의 산화적 손상에 대해 보호작용이 있다[48]. 새모래덩굴의 페놀릭 알칼로이드를 Mouse의 복강에 주사하면 허혈 후 재관류로 인한 뇌조직의 손상을 억제할 수 있으며, 괴사 세포수를 감소시킨다[50]. 또한 토끼의 경정맥에 페놀릭 알칼로이드를 투여하면 LPO로 인한 손상을 경감하며, 슈퍼옥시드디스무타아제의 활성을 증가시켜 뇌허혈에 대해 일정한 보호작용이 있다[51].

4. 기타
다우리신에는 항산화[52], 혈압강하, 항염, 진통작용을 하며, 새모래덩굴의 줄기와 잎 추출물은 항균[20]효과를 나타낸다.

용 도

편복갈은 중의임상에서 사용하는 약이다. 청열해독(清熱解毒, 화열을 깨끗이 제거하고 몸의 독을 없이함), 이인소종[利咽消腫, 인두(咽頭)를 이롭게 하여 상처가 부은 것을 가라앉힘] 등의 효능이 있으며, 열독으로 인한 인후종통(咽喉腫痛, 목 안이 붓고 아픈 증상), 치은종통(齒齦腫痛, 잇몸이 붓고 아픈 증상), 습열로 인한 황달, 폐열로 인한 감기, 옹종창독(癰腫瘡毒, 살갗에 생기는 종기가 곪아 터진 뒤 오래도록 낫지 않아 부스럼이 되는 병증) 등의 치료에 사용한다.
현대임상에서는 인후염, 편도선염, 만성 기관지염, 심박과속(心搏過速), 폐암 초기, 인후암, 방광암, 만성 간염 등의 병증에 사용한다.

해 설

중약 산두근(광두근이라 부르기도 함)과 새모래덩굴의 뿌리줄기는 빈번하게 혼용된다. '산두근'은 콩과 식물인 월남괴(*Sophora tonkinensis* Gapnep.)의 뿌리와 뿌리줄기로, 홍콩상견독극중약[香港常見毒劇中藥] 31종(광물성 제외)※에 포함되어 있어 감별에 특히 주의하여야 한다.
새모래덩굴은 중국에 널리 분포하지만 생산되는 지역에 따라 함유된 알칼로이드의 질과 양에 큰 차이를 보인다. 동북 지역에서 생산되는 새모래덩굴의 주요성분은 다우리신 및 7'–다우리솔린이며, 그중 7'–다우리솔린의 함량이 다우리신보다 많다. 호북에서 생산되는 새모래덩굴의 주요성분은 알칼로이드로 다우리신을 함유하고 있지만 7'–다우리솔린은 함유되어 있지 않거나 극히 미량을 함유하고 있다[53]. 《중국약전》에는 중약 산두근의 품질표준을 제시하지 않고 있기 때문에 이 종을 사용할 때에는 반드시 산지에 주의하여야 한다. 또한 북두근의 품질표준을 조속히 제정해야 한다.
최근 연구에서 북두근의 알칼로이드는 여러 가지 유형의 심박실상에 대해 보호작용이 있어 항심박실상 약물로 개발할 가치가 있다. 그 밖에 새모래덩굴에 함유된 알칼로이드류의 성분은 기타 심혈관계 질환에도 양호한 효과가 있으므로, 새모래덩굴의 유효부위와 유효성분에 대한 연구가 다양하게 진행되어야 할 것이다.

참고문헌

1. M Tomita, Y Okamoto. Alkaloids of menispermaceous plants. CCVIII. Alkaloids of *Menispermum dauricum*. (Suppl. 3). Dauricine. *Yakugaku Zasshi*. 1964, **84**(10): 1030-1031
2. Y Okamoto, S Tanaka, K Kitayama, M Isomoto, M Masaishi, H Yanagawa, J Kunitomo. Alkaloids of menispermaceous plants. CCLXI. Alkaloids of *Menispermum dauricum*. 8. *Yakugaku Zasshi*. 1971, **91**(6): 684-687
3. J I Kunitomo, S Kaede, M Satoh. The structure of 2, 3-dihydromenisporphine and the synthesis of dauriporphine, oxoisoaporphine alkaloids from *Menispermum dauricum* DC. *Chemical & Pharmaceutical Bulletin*. 1985, **33**(7): 2778-2782
4. M Tomita, Y Okamoto. Alkaloids of menispermaceous plants. CCIX. Alkaloids of *Menispermum dauricum*. 4. The structure of a new tertiary phenolic biscoclaurine type alkaloid "daurinoline." *Yakugaku Zasshi*. 1965, **85**(5): 456-459
5. M Tomita, Y Okamoto, Y Nagai, S Tanaka, T Hayata. Alkaloids of Menispermaceous plants. CCLVIII. Alkaloids of *Menispermum dauricum*. Basic components of Siberian

※ 산두근(山豆根), 속수자(續隨子), 천오(川烏), 천선자(天仙子), 천남성(天南星), 파두(巴豆), 반하(半夏), 감수(甘遂), 백부자(白附子), 부자(附子), 낭독(狼毒), 초오(草烏), 마전자(馬錢子), 등황(藤黃), 양금화(洋金花), 귀구(鬼臼), 철봉수[(鐵棒樹), 또는 설상일지호(雪上一枝蒿)], 요양화(鬧羊花), 청랑충(青娘蟲), 홍랑충(紅娘蟲), 반모(斑蝥), 섬수(蟾酥)

Menispermum dahuricum (*Lunosemyannik daurskii*). *Yakugaku Zasshi*. 1970, **90**(9): 1182-1186

6. M Tomita, Y Okamoto, Y Nagai, K Kitayama, H Yanagawa. Alkaloids of Menispermaceous plants. CCLVII. Alkaloids of *Menispermum daurium*. Structure of a new tertiary phenolic biscoclaurine type alkaloid "Dauricoline." *Yakugaku Zasshi*. 1970, **90**(9): 1178-1181
7. 侯翠英, 薛紅. 蝙蝠葛化學成分的研究. 藥學學報. 1985, **20**(2): 112-117
8. 潘錫平, 陳業文, 李學軍, 龍建國. 蝙蝠葛中的新生物鹼: 蝙蝠葛新林鹼. 藥學學報. 1991, **26**(5): 387-390
9. 潘錫平. 蝙蝠葛中的新生物鹼: N-去甲基蝙蝠葛鹼. 藥學學報. 1992, **27**(10): 788-791
10. SM Hu, SX Xu, XS Yao, CB Cui, Y Tezuka, T Kikuchi. Dauricoside, a new glycosidal alkaloid having an inhibitory activity against blood-platelet aggregation. *Chemical & Pharmaceutical Bulletin*. 1993, **41**(10): 1866-1868
11. 潘錫平, 胡崇家, 曾繁典, 張素, 徐俊. 鹹寧産蝙蝠葛生物鹼成分的分離與鑒定. 中藥材. 1998, **21**(9): 456-458
12. 潘錫平, 胡崇家, 曾繁典. 蝙蝠葛中一新雙芐基異喹啉生物鹼. 中國藥物化學雜誌. 1999, **9**(2): 123-124
13. 張曉琦, 葉文才, 趙守訓. 蝙蝠葛中異喹啉酮的分離與鑒定. 中國藥科大學學報. 2001, **32**(2): 96-97
14. BW Yu, LH Meng, JY Chen, TX Zhou, KF Cheng, J Ding, GW Qin. Cytotoxic oxoisoaporphine alkaloids from *Menispermum dauricum*. *Journal of Natural Products*. 2001, **64**(7): 968-970
15. BW Yu, JY Chen, TX Zhou, KF Cheng, GW Qin. Nitrotyrasacutuminine from *Menispermum dauricum*. *Natural Product Letters*. 2002, **16**(3): 155-159
16. BW Yu, JY Chen, YP Wang, KF Cheng, XY Li, GW Qin. Alkaloids from *Menispermum dauricum*. *Phytochemistry*. 2002, **61**(4): 439-442
17. XQ Zhang, WC Ye, SX Zhao, CT Che. Isoquinoline and isoindole alkaloids from *Menispermum dauricum*. *Phytochemistry*. 2004, **65**(7): 929-932
18. ZJ Zhang, XQ Zhang, WC Ye, Y Wang, CT Che, SX Zhao. A new 1, 4-phenanthraquinone from *Menispermum dauricum*. *Natural Product Research*. 2004, **18**(4): 301-304
19. K Takahashi, S Matsuzawa, M Takani. Studies on the constituents of medicinal plants. XX. The constituents of the vines of *Menispermum dauricum* DC. *Chemical & Pharmaceutical Bulletin*. 1978, **26**(6): 1677-1681
20. 孔陽, 馬養民, 餘博, 史清華. 蝙蝠葛莖葉抗菌活性成分的研究. 西北農林科技大學學報(自然科學版). 2005, **33**(4): 151-153
21. 崔燎, 潘毅生. 粉防己鹼和蝙蝠葛鹼對人白血病細胞株 HL-60 和 K562 的生長抑制作用. 中國藥理學通報. 1995, **11**(6): 478-481
22. 何琪楊, 孟凡宏, 張鴻卿. 粉防己鹼和蝙蝠葛鹼減低抗三尖杉酯鹼的人白血病 HL60 細胞對阿黴素的抗性. 中國藥理學報. 1996, **17**(2): 179-181
23. 葉祖光, 王金華, 孫愛續, 梁愛華, 薛寶雲, 李春英, 王嵐. 粉防己鹼, 甲基蓮心鹼和蝙蝠葛鹼增強長春新鹼誘導人乳腺癌 MCF-7 多藥耐藥細胞凋亡. 藥學學報. 2001, **36**(2): 96-99
24. 李建華, 秦鳳綺, 楊佩滿. 蝙蝠葛鹼逆轉 K562/ADM 細胞多耐藥性的研究. 大連醫科大學學報. 2002, **24**(2): 94-96
25. 劉秀華, 韓福林. 北豆根總鹼注射液抗實驗性心律失常作用. 黑龍江醫藥. 2000, **13**(3): 160-162
26. 夏敬生, 屠洪, 李真, 曾繁典. 蝙蝠葛鹼抑制氯化銫誘發家兔在體心臟早後除極及心律失常. 中國藥理學報. 1999, **20**(6): 513-516
27. 郭東林, 夏敬生, 顧世芬, 曾繁典, 胡崇家. 蝙蝠葛鹼對奎尼丁誘發的豚鼠乳頭肌早後去極化及觸發活動的作用. 中國藥理學與毒理學雜誌. 1998, **12**(4): 253-255
28. 夏敬生, 李真, 董建文, 屠洪, 曾繁典. 蝙蝠葛鹼對在體家兔左心室單相動作電位和有效不應期的影響. 中國藥理學報. 2002, **23**(4): 371-375
29. 張家明, 李大強, 馮義柏, 於世龍, 胡還忠. 蝙蝠葛鹼對家兔急性房顫連接蛋白 40 重構的影響及其機理. 中國藥理學通報. 2004, **20**(6): 656-659
30. 張家明, 李大強, 馮義柏, 於世龍, 胡還忠. 蝙蝠葛鹼減輕家兔快速心房起博間隙連接蛋白 40 降解. 中國病理生理雜誌. 2004, **20**(4): 666-667, 678
31. 張彥周, 馮義柏, 黃愷, 毛煥元, 曾繁典, 胡崇家. 蝙蝠葛鹼對心肌去甲腎上腺素出胞釋放的影響. 中國藥理學通報. 1998, **14**(1): 45-47
32. 郝鐵來, 曹劍英, 張輝, 張彥周, 曾繁典, 胡崇家. 蝙蝠葛鹼抗缺血/再灌注性室顫及其機理. 中國醫院藥學雜誌. 2002, **22**(3): 142-143
33. 張彥周, 馮義柏, 黃愷, 毛煥元, 曾繁典, 胡崇家. 蝙蝠葛鹼對豚鼠缺氧心臟釋放去甲腎上腺素量的影響. 中國藥理學與毒理學雜誌. 1999, **13**(2): 123-126
34. 管思明, C Lynch. 蝙蝠葛鹼對心肌電生理和肌漿網 Ca^{2+}-ATP 酶的效應及其與漢防己甲素比較研究. 中華心律失常學雜誌. 1999, **3**(4): 286-289
35. 郭東林, 周兆年, 曾繁典, 胡崇家. 蝙蝠葛鹼對豚鼠心室肌細胞 L 型鈣電流阻斷作用. 中國藥理學報. 1997, **18**(5): 419-421
36. 李英茜, 龔培力. 蝙蝠葛酚性鹼對離體大鼠心肌頓抑的保護作用. 藥學學報. 2001, **36**(12): 894-897
37. 蘇雲明, 李永強, 周媛. 蝙蝠葛酚性鹼對實驗性心肌缺血保護作用的研究. 中國藥師. 2002, **5**(6): 326-328
38. 李英茜, 楊曉燕, 楊光海, 楊琳, 周順長, 龔培力. 蝙蝠葛酚性鹼對犬冠狀動脈結紮形成心肌梗死的保護作用. 中國新藥雜誌. 2003, **12**(7): 531-533
39. 劉長麗, 曾繁典. 蝙蝠葛酚性鹼抗氧化和降脂作用的實驗研究. 中國臨床藥理學與治療學. 2005, **10**(3): 343-347
40. 孔祥英, 龔培力. 蝙蝠葛酚性鹼對血栓形成和血小板聚集的影響. 藥學學報. 2005, **40**(10): 916-919
41. 汝玲, 徐戎. 蝙蝠葛鹼對大鼠血管內皮損傷後平滑肌細胞增殖的抑制作用. 華西藥學雜誌. 2005, **20**(6): 471-473
42. 王逹, 朱興族, 劉國卿, 封新影. 蝙蝠葛蘇林鹼對缺血性損傷細胞的保護作用. 中國藥科大學學報. 1998, **29**(1): 52-56
43. 劉景根, 李瑞, 劉國卿, 王金晞. (-)-S·R-蝙蝠葛蘇林鹼對穀氨酸引起的大鼠大腦皮質神經元損傷的保護作用. 藥學學報. 1998, **33**(3): 171-174
44. 劉景根, 臯聰, 李瑞, 劉國卿. 蝙蝠葛蘇林鹼對小鼠和大鼠腦缺血的保護作用. 中國藥理學通報. 1998, **14**(1): 18-21
45. 王逹, 劉國卿, 朱興族, 封新影, 李剛鋒, 葉小英. 蝙蝠葛蘇林鹼抑制 NMDA 引起的細胞遊離鈣升高而減少神經毒性. 中國藥學雜誌. 1999, **34**(11): 739-742
46. 何玲, 劉國卿, 王金晞, 黃文龍, 華維一, 彭司勳. 蝙蝠葛蘇林鹼對 PC12 細胞內遊離鈣濃度的影響. 中國藥理學通報. 1997, **13**(5): 416-419
47. 劉景根, 李瑞, 劉國卿. l-S·R-蝙蝠葛蘇林鹼通過減少一氧化氮的産生保護培養的海馬神經元對抗穀氨酸神經毒性. 中國藥理學報. 1999, **20**(1): 21-26
48. 李艷紅, 黃向江, 盧浩浩, 王磊, 伍衛剛, 龔培力. 蝙蝠葛鹼對大鼠局灶性腦缺血及綫粒體氧化損傷的保護作用. 華中科技大學學報(醫學版). 2005, **34**(3): 270-273

49. 楊曉燕, 周斌, 蔡嘉賓, 柳艷麗, 龔培力. 蝙蝠葛鹼對大鼠局灶性腦缺血再灌注損傷的治療作用. 中國藥理學通報. 2005, **21**(9): 1112-1115

50. 呂青, 曲玲, 王芳, 郭蓮軍. 蝙蝠葛酚性鹼對小鼠腦缺血-再灌注腦組織 Bax 和 Bcl-2 蛋白表達的影響. 中草藥. 2004, **35**(2): 185-187

51. 王芳, 趙剛, 呂青, 曲玲, 郭蓮軍. 蝙蝠葛酚性鹼對家兔心腦缺血-再灌注損傷保護作用的研究. 中國危重病急救醫學. 2005, **17**(3): 154-156

52. 何麗婭, 李立中, 吳基良, 劉忠明, 閔清, 鄭敏, 陳姣娥. 蝙蝠葛鹼的抗氧化實驗研究. 中草藥. 1997, **28**(8): 479-481

53. 陳淑娟, 肖宙, 潘錫平, 林辛華, 劉卓妍, 曾繁典, 胡崇家. RP-HPLC 法對不同產地蝙蝠葛幾種主要生物鹼的測定. 藥物分析雜誌. 1999, **19**(2): 79-81

박하 薄荷 CP, KP

Mentha haplocalyx Briq.

Mint

개 요

꿀풀과(Labiatae)

박하(薄荷, *Mentha haplocalyx* Briq.)의 지상부를 건조한 것 중약명: 박하

박하의 줄기와 잎을 증류하여 멘톨성분을 제거한 정유 중약명: 박하유(薄荷油)

박하속(*Mentha*) 식물은 전 세계에 약 30여 종이 있으며, 주로 북반구의 온대 지역에 분포한다. 중국에는 약 12종이 있으며, 약으로 사용되는 것은 모두 8종이다. 이 종은 중국의 화북, 화동, 화중, 서남, 화남 등에 분포한다.

'박하'라는 명칭은 《뇌공포자론(雷公炮炙論)》에 처음 수록되었다. 역대의 본초서적에서도 기록을 찾아볼 수 있으며, 오늘날의 박하 품종과도 일치한다. 《중국약전(中國藥典)》(2015년 판)에서는 이 종을 중약 박하의 법정기원식물 내원종으로 수록하였으며, 주요산지는 중국의 강소, 하남, 안휘, 강서 등이며, 사천과 운남 등에서도 소량 생산된다. 《대한민국약전》(제11개정판)에서는 '박하'를 "박하(*Mentha arvensis* Linné var. *piperascens* Malinvaud ex Holmes, 꿀풀과)의 지상부"로 등재하고 있다.

박하의 주요 활성성분은 멘톨과 멘톤 등의 정유성분이며, 플라본도 함유되어 있다. 《중국약전》에서는 박하의 정유 함량을 0.8%(mL/g) 이상, 가스크로마토그래피법으로 박하유(Oleum Menthae Dementholatum)에 함유된 멘톤의 함량을 18~26% 이상, 멘톨의 함량을 28~40% 이상, 약재 멘톨의 용해점은 42~44℃, 0.1mg/mL, 에탄올 용액의 비선도는 −49~−50°로써 약재의 규격을 정하고 있다.

약리연구를 통하여 박하에는 진정, 진통, 항염, 항균, 거담(祛痰) 등의 작용이 있는 것으로 알려져 있다.

한의학에서 박하에는 선산풍열(宣散風熱), 청두목(淸頭目), 투진(透疹) 등의 효능이 있다.

박하 薄荷 *Mentha haplocalyx* Briq.

약재 박하 藥材薄荷 Menthae Herba

1cm

함유성분

신선한 잎에는 약 1~1.5%의 정유성분이 함유되어 있으며 그 주성분은 l-menthol (about 62~87%), l-menthone, isomenthone, pulegone, menthol acetate, d-8-acetoxycarvotanacetone, α-pinene and β-pinene[1-2]과 같은 모노테르페노이드 성분이다.

지상부에는 플라보노이드 성분으로 isoraifolin, luteolin-7-glucoside, menthoside, acacetin, acacetin-7-O-neohesperidose[3-4], 트리테르페노이드 성분으로 oleanolic acid[4] 등이 함유되어 있다. 또한 dihydroxy-1,2-dihydronaphthalene-dicarboxylic acid의 유도체인 1-(3,4-dihydroxy-phenyl)-6,7-dihydroxy-1,2-dihydronaphthalene-2,3-dicarboxylic acid와 같은 페놀산 성분이 함유되어 있다.

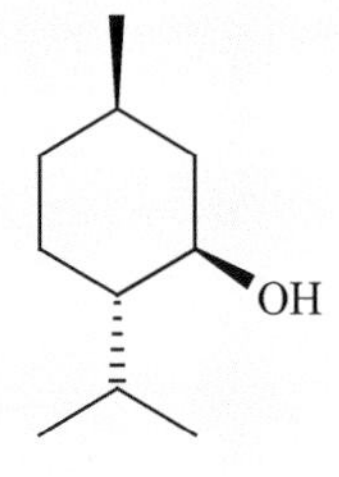

l-menthol

pulegone

l-menthone

약리작용

1. 진정, 진통

박하 또는 박하유를 경구투여하면 발한, 해열, 중추신경흥분 등의 작용이 있으며, 멘톨은 펜토바르비탈의 중추신경억제를 증강시킬 수 있다. 박하의 추출물을 Mouse의 피하에 주사하면 초산으로 인한 경련반응을 억제하는 작용이 있다[5].

2. 항염
   박하의 트리테르페노이드 성분들은 항염작용이 있는데[4], 박하의 에탄올 추출물의 분획부위를 Rat에 경구투여하면 카라기난으로 유도된 발바닥 종창을 억제하는 작용이 있다[4].

3. 병원미생물 억제
   박하의 열수 추출물은 *in vitro*에서 단순포진바이러스(HSV), 에코바이러스(ECHO11), 황색포도상구균, α-연쇄구균, β-연쇄구균, 탄저간균, 홍색모선균, 석고형모선균 등 다종의 병원미생물에 대해 억제작용이 있다. 박하유는 소포자균, 푸른곰팡이속 균주, 누룩곰팡이속 균주 등 진균류에 대해서도 억제작용이 있다[6].

4. 거담
   마취시킨 토끼에게 멘톨을 흡입시키면 농도 의존적으로 호흡기의 분비물 배출을 촉진시키며, 분비물의 비중을 감소시킬 뿐만 아니라 대용량 사용 시 점액의 배출량을 증가시킬 수 있다. 멘톨은 호흡기분비를 촉진시킴으로써 점액을 희석시켜 거담 및 지해(止咳) 효과를 유도한다.

5. 소화기계에 대한 영향
   박하유를 십이지장에 주입하면 Rat에 대해 이담작용이 있으며, 적출된 기니피그의 회장을 억제할 뿐만 아니라 히스타민과 아세틸콜린으로 인한 회장의 경련에 대해 길항작용이 있다[7]. 박하의 제제를 피하에 주사하면 CCl_4로 인한 간 손상 Rat의 알라닌아미노기전이효소(ALT) 수치를 감소시키며, 간세포의 종창과 변성을 완화하지만 괴사병변을 가중시킬 수 있다. 박하유에 함유된 바닐라 하이드로카본은 페닐부타존으로 유도된 Rat의 실험성 위궤양에 대해 치료작용이 있다.

6. 피부자극
   박하와 박하유 및 멘톨은 피부 및 점막에 대해 냉감 및 자극감을 유도하며, 피부투과 후 장시간에 걸쳐 충혈을 유도한다. 또한 반사적인 피부점막 혈관의 수축 및 심층부 혈관의 확장을 일으키며, 통증억제, 가려움억제, 소염(消炎)작용 등을 나타낸다.

7. 기타
   멘톨은 경피흡수약물 가운데 가장 뚜렷한 삼투 촉진작용이 있는데, 특히 테르비나핀[8], 비타민 E[9], 염화디클로페낙[10], 5-플루오로우라실[11], 인슐린[12], vinpocetine[13] 등 다수 약물의 피부흡수를 촉진함으로써 약물의 이용도와 치료효과를 상승시킨다. 또한 흡수촉진을 통하여 시호의 진통작용을 증진시킨다[14]. 박하유를 자궁에 투여하면 Mouse와 토끼에 대해 항착상 및 조기임신중절작용 등이 있다[15-16]. 박하유는 적출된 개구리의 심장에 대해 마취작용이 있으며, 혈관관류에 대해 혈관확장작용이 있다. 멘톨은 토끼와 개에 대해 호흡 흥분 및 혈압강하작용이 있다.

용 도

박하는 중의임상에서 사용하는 약이다. 소산풍열[疏散風熱, 풍사(風邪)와 열사(熱邪)를 소산(消散)시키는 것], 청리두목(淸利頭目, 머리와 얼굴, 눈 등에 열이 치솟는 것을 식혀 줌), 이인투진[利咽透疹, 인두(咽頭)를 이롭게 하고 발진을 돋아나오게 함], 소간해울[疏肝解鬱, 간의 소설(疏泄)기능이 저하된 것을 개선하여 막힌 것을 뚫어 냄] 등의 효능이 있으며, 풍열로 인한 감기, 풍온병(風溫病) 초기, 두통 및 눈의 충혈, 인후통, 구창(口瘡, 입안이 허는 병증), 마진불투(麻疹不透, 홍역이 아직 투발되지 않은 것), 습진으로 인한 가려움증, 스트레스로 인한 기체, 옆구리의 통증 등의 치료에 사용한다.
현대임상에서는 결막염, 비강염, 육류(肉瘤, 살로만 된 혹) 등의 병증에 사용한다.

해 설

박하는 중국위생부에서 규정하는 약식동원품목* 가운데 하나이다.
박하는 임상에서 빈번하게 사용될 뿐만 아니라 향료, 식품, 화장품 공업 등의 주요원료로 이용된다. 야생의 박하는 중국에 널리 분포하며, 함유성분의 차이에 따라 각기 다른 분자형이 존재하고[17] 각 분자형에 따라 정유의 주요성분과 함량에서 차이를 보인다. 각기 다른 산지와 함유성분의 유형에 따라 박하의 약리활성에 미치는 영향에 대하여 추가적인 연구가 뒷받침 되어야 할 것이다.
중국의 동북 지역에는 박하속 식물인 흥안박하와 동북박하가 분포하는데, 그 함유성분이 유사하여 현지에서는 박하 약재로 사용되고 있다.

참고문헌

1. AG Nikolaev. Variability of terpenoid composition in Mentha plants. *Zhurnal Evoliutsionnoi Biokhimii i Fiziologii*. 1964: 102-108
2. DS Ding, HD Sun. Structural elucidation of an insect repellent in the essential oil of *Mentha haplocalyx* Briq. *Acta Botanica Sinica*. 1983, **25**(1): 62-66
3. TP Pulatova. Phenolic compounds of some species of mint. *Uzbekskii Biologicheskii Zhurnal*. 1973, **17**(6): 17-19

* 부록(559~562쪽) 참고

4. 張繼東, 王慶琪. 薄荷殘渣中化學成分及抗炎作用. 山東醫藥工業. 2000, **19**(3): 34-35
5. 横田正實. 從中藥學的角度來研究中藥. 國外醫學: 中醫中藥分冊. 1990, **12**(2): 19-24
6. 胡麗芬. 薄荷抗真菌作用初步研究. 消毒與滅菌. 1989, **6**(1): 10-12
7. 陳光亮, 姚道雲, 汪遠金, 余玉寶, 範峰. 薄荷油藥理作用和急性毒性的研究. 中藥藥理與臨床. 2001, **17**(1): 10-12
8. 馮小龍, 王暉, 朱慧明. 氮酮和薄荷醇對特比萘芬體外經皮滲透性的影響. 中國新醫藥. 2003, **2**(6): 27-28
9. 陳雅, 何鳳慈, 劉華. 薄荷腦對維生素 E 乳膏透皮吸收的影響. 中國醫院藥學雜誌. 2004, **24**(1): 56-57
10. 許衛銘, 王暉, 鄭麗燕. 薄荷醇及其二組分系統對雙氯芬酸納的促透作用. 中國醫院藥學雜誌. 2002, **22**(3): 160-161
11. 王暉, 許衛銘. 薄荷醇及其二組分系統對5-氟脲嘧啶經皮滲透和貯庫效應的影響. 中國臨床藥理學於治療學. 2003, **8**(4): 422-424
12. 王暉, 許衛銘. 薄荷醇預處理對胰島素鼻腔給藥藥理生物利用度的影響. 中國藥理學通報. 2002, **18**(1): 64-66
13. 李華, 林建陽, 李嘉煜, 潘衛三. 薄荷腦和冰片對長春西汀的促滲作用. 中國新藥雜誌. 2003, **12**(1): 34-36
14. 王暉, 許衛銘, 王宗銳. 薄荷醇對柴胡鎮痛作用的影響. 中醫藥研究. 1996, **2**: 38-39
15. 呂怡芳, 王秋晶, 楊世傑. 薄荷油對小白鼠終止妊娠作用的初步觀察. 白求恩醫科大學學報. 1989, **15**(5): 455-458
16. 楊世傑, 呂怡芳, 王秋晶, 劉宏雁. 薄荷油終止家兔早期妊娠及其機理的初探. 中草藥. 1991, **22**(10): 454-457
17. 俞桂新, 周榮漢. 國産野生薄荷揮發油化學組分變異及其化學型. 植物資源與環境. 1998, **7**(3): 13-18

박하 재배모습

뽕나무 桑 CP, KP, KHP, JP, VP

Morus alba L.

White Mulberry

개 요

뽕나무과(Moraceae)

뽕나무(桑, *Morus alba* L.)의 뿌리껍질, 잎, 가지, 열매를 건조한 것

중약명: 상백피(桑白皮), 상엽(桑葉), 상지(桑枝), 상심(桑椹)

뽕나무속(*Morus*) 식물은 전 세계에 약 16종이 있으며, 주로 북반구의 온대 지역에 분포한다. 중국에는 약 11종이 있으며, 이 가운데 약 4종이 약으로 사용된다. 이 종은 중국의 동북으로부터 서남까지 야생과 재배종이 모두 분포하며, 일본, 몽고, 한반도 및 중앙아시아와 유럽 등에도 분포하는 것이 있다.

'상(桑)'이라는 명칭은 《시경(詩經)》에서도 찾아볼 수 있으며, 《신농본초경(神農本草經)》에 중품으로 기재되었다. 중국의 역대 본초서적에 기록된 상백피, 상엽, 상지, 상심의 내원종은 이 종이며, 뽕나무속에 속한 각 식물은 서로 다른 지역에서 모두 약으로 사용된다. 《중국약전(中國藥典)》(2015년 판)에서는 이 종을 중약 상백피, 상엽, 상지, 상심의 법정기원식물 내원종으로 수록하였으며, 주요 산지는 중국의 절강, 강소, 안휘, 호남, 사천, 광동 등이다.

뽕나무의 주요 함유성분은 플라본이며, 알칼로이드와 쿠마린 등을 포함한다. 플라본류 화합물 및 스코폴레틴이 뽕나무의 주요 활성성분이다. 《중국약전》에서는 상엽에 함유된 무수루틴 함량을 0.1% 이상, 에탄올엑스 함량을 5.0% 이상으로 약재의 규격을 정하고 있으며, 상지의 에탄올엑스 함량을 3.0% 이상, 상심자의 85% 에탄올엑스 함량을 15% 이상으로 약재의 규격을 정하고 있다.

약리연구를 통하여 뽕나무에는 이뇨, 혈당강하, 항염, 항균, 항바이러스 및 면역조절 등의 작용이 있는 것으로 알려져 있다.

한의학에서 상백피에는 사폐평천(瀉肺平喘), 상지에는 거풍습(祛風濕), 상엽에는 소산풍열(疏散風熱), 상심에는 보혈자음(補血滋陰)의 작용이 있다.

뽕나무 桑 *Morus alba* L. 열매가 달린 가지 果枝

뽕나무 桑 *M. alba* L.
수꽃이 달린 가지 雄花枝

뽕나무 桑 *M. alba* L.
암꽃이 달린 가지 雌花枝

약재 상백피 藥材桑白皮 Mori Cortex

약재 상엽 藥材桑葉 Mori Folium

약재 상지 藥材桑枝 Mori Ramulus

약재 상심자 藥材桑椹子 Mori Fructus

함유성분

뿌리껍질에는 플라보노이드 성분으로 mulberrin, cyclomulberrin, mulberrochromene, cyclomulberrochromene[1], morusin, cyclomorusin[2], oxydihydromorusin[3], moracenins C-D[4-5], sanggenones A, B, C, D, E, F, G, H, I, J, K, L, M, N, O, P, kuwanons A, B, C, D, E, F, G, H[6], I, K, L, S[7], Y, Z, moralbanone, mulberroside C, eudraflavone B hydroperoxide, leachianone G[7], morusignin L, 4′,6-dimethoxy-3′,5,7-trihydroxyisoflavone, 7-methoxy-4′,5-dihydroxyflavanonol, 6-methoxy-4′,5,7-trihydroxyisoflavone[8], 벤조퓨란 유도체 성분으로 mulberrofurans A, B, C, D, G, K[6], M, N, O, P, Q, 쿠마린류 성분으로 scopoletin, 5,7-dihydroxycoumarin[9] 등이 함유되어 있다. 또한 (2R, 3R, 4R)-2-hydroxymethyl-3,4-dihydroxy-pyrrolidine-N-propionamide[10], oxyresveratrol[11] 등이 함유되어 있다.

잎에는 플라보노이드 성분으로 rutin, quercetin, moracetin, isoquercitrin, kaempferol-3-O-(6″-O-acetyl)-β-D-glucopyranoside[12], quercetin-3-O-β-D-glucopyranoside, quercetin-3,7-di-O-β-D-glucopyranoside[13], astragalin[14], 알칼로이드 성분으로 l-deoxynojirimycin, N-methyl-l-deoxynojirimycin, fagomine, calystegin B_2[15] 등이 함유되어 있다.

연한 가지에는 알칼로이드 성분으로 l-deoxynojirimycin, N-methyl-l-deoxynojirimycin, fagomine, 4-O-β-D-glucopyranosyl fagomine[16] 등이 함유되어 있다. 목부에는 morin과 4′,2,4,6-tetrahydroxybenzophenone 등의 성분이 함유되어 있다. 심재에는 dihydromorin과 dihydrokaempferol 성분이 함유되어 있다.

열매에는 알칼로이드 성분으로 2α,3β-dihydroxynortropane, 2β,3β-dihydroxynortropane, 2α,3β,6ξ-trihydroxynortropane, 2α,3β,4α-trihydroxynortropane, 3β,6ξ-dihydroxynortropane, nor-ψ-tropine[17] 등이 함유되어 있다.

morusin

R₁=H R₂= (kuwanon A)

kuwanon A　　kuwanon B　　kuwanon C

약리작용

1. 호흡기에 대한 영향

Mouse의 암모니아수 기침유도 실험에서 상백피의 아세톤 추출물 및 열수 추출물 중 클로로포름 추출물과 염기성 추출물을 경구투여하면 진해(鎭咳)작용이 나타나는데, 그중 아세톤 추출물과 열수 추출물의 염기성 추출물은 Mouse 기관지의 페놀레드 분비량을 뚜렷하게 증가시킨다. 아세톤 추출물을 기니피그의 복강에 주사하면 아세틸콜린에 의해 유도된 천식에 대해 뚜렷한 억제효과가 있다[18-19]. 기니피그의 적출 기관지 실험에서 상백피의 추출물은 평천(平喘)작용이 있음이 밝혀졌는데, 그 작용기전은 류코트리엔의 활성을 억제하는 것과 관련이 있다[20-21].

2. 이뇨

뽕나무의 껍질을 제거한 열수 추출물 및 껍질을 제거하지 않은 열수 추출물을 각각 토끼에 경구투여하면 모두 소변량이 뚜렷하게 증가된다[22]. 분획을 통하여 이뇨작용의 유효성분은 60% 에탄올 추출물 가운데 초산 에칠렌 추출부위임이 밝혀졌으며, 쿠마린이 주요성분이다[23].

3. 혈당강하

상엽의 다당을 복강에 주사하면 알록산으로 유도된 당뇨병 Mouse에 대하여 뚜렷한 혈당강하작용이 있으며[24], 고혈당 Mouse의 내혈당 능력과 정상 Mouse의 혈중 인슐린 농도를 증가시킨다. 또한 간장의 글리코겐 함량을 증가시키고 간의 포도당 함량을 저하시킨다[24]. 상엽에 함유된 1-데옥시노지리마이신을 복강에 주사하면 당뇨병 Mouse의 혈당상승을 억제할 수 있다[15]. 상엽의 플라본을 당뇨병 Rat에 경구투여하면 혈당을 저하시키며, 맥아당을 주입한 뒤 문정맥과 외주정맥 사이에 발생하는 혈당농도의 차이를 감소시킨다[25]. 상엽의 물 추출물을 알록산과 스트렙토조토신에 의해 당뇨병이 유도된 Rat에 경구투여하면 혈당과 지질과산화물(LPO)의 함량을 감소시킴과 동시에 슈퍼옥시드디스무타아제의 함량을 증가시킨다[26-27]. 또한 Rat의 내혈당 기능을 개선하고[28], α-글루코시다아제의 활성을 증가시킨다[29]. 그 밖에도 상백피의 물 추출물을 실험성 당뇨에 걸린 Rat에 경구투여하면 혈당을 강하시키는 작용이 있다[30].

4. 항염

상백피에서 분리해 낸 옥시레스베라트롤은 카라기난에 의해 유도된 Rat의 발바닥 종창을 뚜렷하게 감소시킨다[11]. 상백피의 알칼로이드 분획물을 Mouse에 경구투여하면 디메칠벤젠에 의해 유도된 귓바퀴 종창에 대해 뚜렷한 억제작용이 있다[18]. 상엽과 상지의 열수 추출물을 Mouse에 경구투여하면 파두유로 유도된 귓바퀴 종창과 카라기난으로 유도된 발바닥 종창에 대해 모두 뚜렷한 억제작용이 있다. 그 밖에 초산으로 인한 Mouse 복강 삼출물을 억제하는 등 뚜렷한 항염활성이 있다[31].

5. 기타

뽕나무에는 항바이러스[6-7, 32], 항균[33], 간 보호, 활성산소 제거[34], 면역조절[35-36], 항동맥혈전 형성[37], 종양세포 괴사 촉진[38] 등의 작용이 있다.

용 도

이 품목은 중의임상에서 사용하는 약이다.

상백피

상백피에는 사폐평천[瀉肺平喘, 폐기(肺氣)를 배출시키면서 기침을 멈추게 함], 이수소종[利水消腫, 이수(利水)하여 부종을 가라앉혀 줌], 지혈청간[止血淸肝, 나오는 피를 멈추게 하고 간(肝)의 열(熱)을 식혀 줌] 등의 효능이 있으며, 폐열로 인한 기침, 수종(水腫, 전신이 붓는 증상), 육혈(衄血, 코피가 나는 증상), 객혈(喀血, 피가 섞인 가래를 기침과 함께 뱉어 내는 것) 등의 치료에 사용한다.
현대임상에서는 기관지염, 폐렴, 만성 폐색성 폐질환, 고혈압, 수종, 소변불리(小便不利, 소변배출이 원활하지 못함) 등의 병증에 사용한다.

상엽

상엽에는 소산풍열[疏散風熱, 풍사(風邪)와 열사(熱邪)를 소산(消散)시키는 것], 청폐윤조[淸肺潤燥, 열에 의해 손상된 폐기(肺氣)를 맑게 식히고 손상된 진액을 보충하여 줌], 청간명목(淸肝明目, 간열을 식혀서 눈을 맑게 함) 등의 효능이 있으며, 풍열감모[風熱感冒, 감모(感冒)의 하나로 풍열사(風熱邪)로 인해 생긴 감기], 두통해수(頭痛咳嗽, 머리가 아프고 기침이 남), 폐열로 인한 마른기침, 간열로 인한 현운(眩暈), 눈의 충혈 등의 치료에 사용한다.
현대임상에서는 결막염, 각막염, 피부상피종, 고혈압 등의 병증에 사용한다.

상지

상지에는 거풍통락[祛風通絡, 풍사(風邪)로 생긴 병을 물리쳐서 경락에 기가 잘 통하게 함], 이관절(利關節, 관절의 움직임을 편하게 함), 행수소종[行水消腫, 수기(水氣)를 소통시켜 부스럼이나 종창(腫瘡)을 삭여 줌] 등의 효능이 있으며, 풍습비통(風濕痹痛, 풍습으로 인해 관절이 아프고, 통증이 심해지는 증상), 사지구련(四肢拘攣, 팔다리의 근육이 오그라드는 증상), 수종 등의 치료에 사용한다.
현대임상에서는 류머티즘 관절염, 고혈압, 사지마비, 만성 폐색성 폐질환 등의 병증에 사용하며, 임파세포전화율 저하를 억제하는 효과도 있다.

상심자

상심자에는 자음보혈(滋陰補血, 음기를 기르고 혈을 보익하여 줌), 생진(生津), 윤장(潤腸, 장의 기운을 원활히 해 줌) 등의 효능이 있으며, 음혈의 부족으로 인한 두통과 현운(眩暈), 시력감퇴, 수면장애, 흰머리, 유정(遺精, 성교 없이 정액이 흘러나오는 병증), 진액부족(津液不足)으로 인한 갈증, 내열소갈[內熱消渴, 몸 안의 열기로 소갈(消渴)하는 증상] 및 장조변비(腸燥便秘, 대장의 진액이 줄어들어 대변이 굳어진 것) 등의 치료에 사용한다.

현대임상에서는 두발탈락(頭髮脫落, 머리털이 빠지는 증상), 임파결핵, 숙취 등의 병증에 사용한다.

해 설

상엽과 상심은 중국위생부에서 규정하는 약식동원품목* 가운데 하나이며, 보건의 기능이 뚜렷하여 식품, 건강식품 및 의약품의 좋은 원료가 된다. 중국에서는 상엽을 차로도 사용하며, 상심자 또한 건강을 위한 과일로 널리 애용되고 있다. 약물로서의 용도 이외 시장에서는 상엽차, 상심과즙, 상심주 등의 상품이 출시되어 있다. 상엽에는 혈당강하 활성이 뚜렷하며 상심의 자보미용의 효과에 대해서는 추가적인 연구가 뒷받침되어야 할 것이다.

포제방법의 차이에 따라 상백피의 스코폴레틴 함량이 달라지며, 겉껍질을 제거하지 않은 상백피의 스코폴레틴 함량이 더욱 높은 것으로 알려져 있다[39]. 반면 겉껍질을 제거한 상백피의 독성이 겉껍질을 제거하지 않은 상백피의 것보다 더 높게 나타나기 때문에 사용에 주의하여야 한다.

참고문헌

1. VH Deshpande, PC Parthasarathy, K Venkataraman. Four analogs of artocarpin and cycloartocarpin from *Morus alba*. *Tetrahedron Letters*. 1968, **14**: 1715-1719
2. T Nomura, T Fukai, S Yamada, M Katayanagi. Phenolic constituents of the cultivated mulberry tree (*Morus alba* L.). *Chemical & Pharmaceutical Bulletin*. 1976, **24**(11): 2898-2900
3. T Nomura, T Fukai, M Katayanagi. Kuwanon A, B, C and oxydihydromorusin, four new flavones from the root bark of the cultivated mulberry tree (*Morus alba* L.). *Chemical & Pharmaceutical Bulletin*. 1977, **25**(3): 529-532
4. Y Oshima, C Konno, H Hikino, K Matsushita. Validity of oriental medicines. Part 26. Structure of moracenin C, a hypotensive principle of Morus root barks. *Heterocycles*. 1980, **14**(10): 1461-1464
5. T Nomura, T Fukai, E Sato, K Fukushima. The formation of moracenin D from kuwanon G. *Heterocycles*. 1981, **16**(6): 983-986
6. 羅士德, J Nemec, 寧冰梅. 桑白皮中抗人愛滋病病毒 (HIV) 成分研究. 雲南植物研究. 1995, **17**(1): 89-95
7. J Du, ZD He, RW Jiang, WC Ye, HX Xu, PPH But. Antiviral flavonoids from the root bark of *Morus alba* L. *Phytochemistry*. 2003, **62**(8): 1235-1238
8. 張國剛, 黎瓊紅, 葉英子博, 張洪霞, 東雅傑. 桑白皮黃酮化學成分的研究. 中國藥物化學雜誌. 2005, **15**(2): 108-112
9. 孫靜蕓, 徐寶林, 張文娟, 壽旦. 桑白皮平喘, 利尿有效成分研究. 中國中藥雜誌. 2002, **27**(5): 366-367
10. N Asano, T Yamashita, K Yasuda, K Ikeda, H Kizu, Y Kameda, A Kato, RJ Nash, HS Lee, KS Ryu. Polyhydroxylated alkaloids isolated from mulberry trees (*Morus alba* L.) and silkworms (*Bombyx mori* L.). *Journal of Agricultural and Food Chemistry*. 2001, **49**(9): 4208-4213
11. KO Chung, BY Kim, MH Lee, YR Kim, HY Chung, JH Park, JO Moon. *In-vitro* and *in-vivo* anti-inflammatory effect of oxyresveratrol from *Morus alba* L. The *Journal of Pharmacy and Pharmacology*. 2003, **55**(12): 1695-1700
12. SY Kim, JJ Gao, WC Lee, KS Ryu, KR Lee, YC Kim. Antioxidative flavonoids from the leaves of *Morus alba*. *Archives of Pharmacal Research*. 1999, **22**(1): 81-85
13. SY Kim, JJ Gao, HK Kang. Two flavonoids from the leaves of *Morus alba* induce differentiation of the human promyelocytic leukemia (HL-60) cell line. *Biological & Pharmaceutical Bulletin*. 2000, **23**(4): 451-455
14. K Doi, T Kojima, M Makino, Y Kimura, Y Fujimoto. Studies on the constituents of the leaves of *Morus alba* L. *Chemical & Pharmaceutical Bulletin*. 2001, **49**(2): 151-153
15. F Chen, N Nakashima, I Kimura, M Kimura, N Asano, S Koya. Potentiating effects on pilocarpine-induced saliva secretion, by extracts and N-containing sugars derived from mulberry leaves, in streptozocin-diabetic mice. *Biological & Pharmaceutical Bulletin*. 1995, **18**(12): 1676-1680
16. 陳震, 汪仁蕓, 朱麗蓮, 梁曉天. 桑枝水提取物化學成分的研究. 中草藥. 2000, **31**(7): 502-503
17. G Kusano, S Orihara, D Tsukamoto, M Shibano, M Coskun, A Guvenc, CS Erdurak. Five new nortropane alkaloids and six new amino acids from the fruit of *Morus alba* LINNE growing in Turkey. *Chemical & Pharmaceutical Bulletin*. 2002, **50**(2): 185-192
18. 馮冰虹, 趙宇紅, 黃建華. 桑白皮的有效成分篩選及其藥理學研究. 中藥材. 2004, **27**(3): 204-205
19. 馮冰虹, 蘇浩衝, 楊俊傑. 桑白皮丙酮提取物對呼吸系統的藥理作用. 廣東藥學院學報. 2005, **21**(1): 47-49
20. 李崧, 閔陽, 劉泉海. 桑白皮醇提取物對白三烯拮抗活性的研究 (1). 瀋陽藥科大學學報. 2004, **21**(2): 130-132
21. 李崧, 閔陽, 劉泉海. 桑白皮醇提取物對白三烯拮抗活性的研究 (2). 瀋陽藥科大學學報. 2004, **21**(2): 137-140
22. 張文娟, 徐寶林, 孫靜蕓. 桑白皮除粗皮和未除粗皮利尿及急性毒性比較研究. 中成藥. 2001, **23**(12): 887-888

* 부록(559~562쪽) 참고

23. 徐寶林, 張文娟, 孫靜蕓. 桑白皮提取物平喘, 利尿作用的研究. 中成藥. 2003, **25**(9): 758-760

24. 陳福君, 盧軍, 張永煜. 桑的藥理研究 (I): 桑葉降血糖有效組分對糖尿病動物糖代謝的影響. 瀋陽藥科大學學報. 1996, **13**(1): 24-27

25. 俞靈鶯, 李向榮, 方曉. 桑葉總黃酮對糖尿病大鼠小腸雙糖酶的抑制作用. 中華內分泌代謝雜誌. 2002, **18**(4): 313-315

26. 李向榮, 龍宇紅, 方曉. 桑葉提取液對實驗性糖尿病大鼠血糖, LPO 含量及 SOD 水平的影響. 中國老年學雜誌. 2003, **23**(2): 101-103

27. 李衛東, 劉先華, 周安. 桑葉提取液對糖尿病大鼠血糖及脂質過氧化作用的影響. 廣東藥學院學報. 2005, **21**(1): 42-43

28. Y Iizuka, E Sakurai, Y Tanaka. Antidiabetic effect of folium mori in GK rats. *Yakugaku Zasshi*. 2001, **121**(5): 365-369

29. 李宏, 黃金山, 胡浩, 楊桂芳, 王建芳, 錢永華. 桑葉對 α-葡萄糖苷酶活力影響及降糖機理研究. 中國蠶業. 2003, **24**(2): 19-20

30. 鍾國連, 劉建新, 高曉梅. 桑白皮水提取液對糖尿病模型大鼠血糖, 血脂的影響. 贛南醫學院學報. 2003, **23**(1): 23-24

31. 陳福君, 林一星, 許春泉, 李蕓. 桑的藥理研究 (II): 桑葉, 桑枝, 桑白皮抗炎藥理作用的初步比較研究. 瀋陽藥科大學學報. 1995, **12**(3): 222-224

32. M Kusum, V Klinbuayaem, M Bunjob, S Sangkitporn. Preliminary efficacy and safety of oral suspension SH, combination of five chinese medicinal herbs, in people living with HIV/AIDS; the phase I/II study. *Journal of the Medical Association of Thailand*. 2004, **87**(9): 1065-1070

33. KM Park, JS You, HY Lee, NI Baek, JK Hwang. Kuwanon G: an antibacterial agent from the root bark of *Morus alba* against oral pathogens. *Journal of Ethnopharmacology*. 2003, **84**(2-3): 181-185

34. H Oh, EK Ko, JY Jun, MH Oh, SU Park, KH Kang, HS Lee, YC Kim. Hepatoprotective and free radical scavenging activities of prenylflavonoids, coumarin, and stilbene from *Morus alba*. *Planta Medica*. 2002, **68**(10): 932-934

35. HM Kim, SB Han, KH Lee, CW Lee, CY Kim, EJ Lee, H Huh. Immunomodulating activity of a polysaccharide isolated from Mori Cortex Radicis. *Archives of Pharmacal Research*. 2000, **23**(3): 240-242

36. 鄔灝, 盧笑叢, 王有為. 桑枝多糖分離純化及其免疫作用的初步研究. 武漢植物學研究. 2005, **23**(1): 81-84

37. 徐愛良, 彭延古, 雷田香, 曾序求, 付東雲, 陳艷芳. 桑葉提取液對家兔動脈血栓形成的影響. 湖南中醫學院學報. 2005, **25**(3): 14-15, 33

38. SY Nam, HK Yi, JC Lee, JC Kim, CH Song, JW Park, DY Lee, JS Kim, PH Hwang. Cortex mori extract induces cancer cell apoptosis through inhibition of microtubule assembly. *Archives of Pharmacal Research*. 2002, **25**(2): 191-196

39. 壽旦, 孫靜蕓. 桑白皮不同加工方法及採收期的東莨菪內酯含量比較. 中成藥. 2001, **23**(9): 650-651

가는잎산들깨 石香薷 CP, KHP

Mosla chinensis Maxim.

Chinese Mosla

개 요

꿀풀과(Labiatae)

가는잎산들깨(石香薷, *Mosla chinensis* Maxim.)의 지상부를 건조한 것

중약명: 향유(香薷)

들깨풀속(*Mosla*) 식물은 전 세계에 약 22종이 있으며, 인도, 중남반도, 말레이시아와 남으로는 인도네시아 및 필리핀으로부터 북으로는 중국, 한반도, 일본에 걸쳐 넓게 분포한다. 중국에서는 약 12종이 생산되며, 이 속에서 현재 약용으로 사용되는 것은 모두 7종에 달한다. 이 종은 중국의 산동, 강소, 절강, 안휘, 강서, 호남, 호북, 귀주, 사천, 광서, 광동, 복건, 대만 등지에 주로 분포하며, 베트남에도 분포한다.

'향유'라는 명칭은 맨 처음 《명의별록(名醫別錄)》에 중품으로 기재되었다. 중국의 역대 본초서적에 기록된 향유의 내원은 1종 이상이며, 명대(明代) 이후의 본초서적인 《본초강목(本草綱目)》과 《식물명실도고(植物名實圖考)》에서 수록한 '석향유'는 이 종과 그 재배종인 '강향유(江香薷)'를 말하는 것이다. 《중국약전(中國藥典)》(2015년 판)에서는 이 종을 중약 향유의 법정기원식물 내원종 가운데 하나로 기록하였다. 주요산지는 중국의 호남, 강서, 사천, 광서, 광동, 복건 등이며, 그 야생종을 '청향유(青香薷)'라고 부른다. 《대한민국약전외한약(생약)규격집》(제4개정판)에는 '향유'를 "꿀풀과에 속하는 향유(*Elsholtzia ciliata* Hylander) 또는 기타 동속식물의 꽃필 때의 전초"로 등재하고 있어 중국의 것과는 다르다.

석향유에는 주로 정유, 플라본, 트리테르페노이드 등이 함유되어 있다. 정유의 주성분인 티몰과 카르바콜은 항병원미생물 활성을 갖는 대표적 성분이다. 《중국약전》에서는 석향유에 함유된 정유성분을 0.6%(mL/g) 이상으로, 동시에 티몰과 카르바콜을 표준품으로 석향유에 함유된 두 성분의 총 함량을 0.16% 이상으로 약재의 규격을 정하고 있다.

약리연구를 통하여 가는잎산들깨에는 항균, 항바이러스, 해열, 진통, 면역기능증진 등의 작용이 있는 것으로 알려져 있다.

한의학에서 향유에는 발한해표(發汗解表), 화습화중(化濕和中), 이수소종(利水消腫) 등의 효능이 있다.

가는잎산들깨 石香薷 *Mosla chinensis* Maxim.

약재 향유 藥材香薷 Moslae Herba

함유성분

지상부에는 주로 thymol과 carvacrol[2-3]과 같은 정유성분이 함유되어 있다. 또한 플라보노이드 성분으로 5-hydroxy-6,7-dimethoxyflavone (mosloflavone), 5,7-dihydroxy-4′-methoxyflavone, apigenin, kaempferol-3-O-β-D-glucoside, morin-7-O-β-D-glucoside, rhamnocitrin, rhamnocitrin-3-O-β-apiosyl(1→5)-β-D-apiosyl-4′-O-β-D-glucoside, 5-hydroxy-6-methyflavanone-7-O-β-D-xylopyranose(3→1)-β-D-xylopyranoside, strobopinin-7-O-β-D-xylopyranosyl(1→3)-β-D-xylopyranoside[4-5], 트리테르페노이드 성분으로 hederagenin, oleanolic acid, bayogenin, 3,25-epoxy-2β,3α,7β-trihydroxyolean-12-en-28-oic acid, 3β-angeloyl-2β,23-dihydroxyolean-12-en-28-oic acid[6] 등이 함유되어 있다.

5-hydroxy-6,7-dimethoxyflavone

3,25-epoxy-2β,3α,7β-trihydroxyolean-12-en-28-oic acid

약리작용

1. 항병원미생물

석향유의 물 추출물은 *in vitro*에서 돌연변이성 연쇄구균의 생장을 뚜렷하게 억제한다[7]. 또한 메탄올 추출물은 광범위한 항균작용이 있는데, 다양한 세균과 진균의 생장을 억제하며, 이와 관련된 주요 활성성분은 티몰이다[8]. 석향유의 정유성분은 황색포도상구균, 대장균, 백색포도상구균, 이질간균, 살모넬라균, 감기바이러스 및 변형간균 등 균주의 생장을 뚜렷하게 억제한다. 급성 세균성 이질 환자에게 석향유의 정유 캡슐제를 복용시키면 대변의 세균배양률과 현미경 검사소견이 정상으로 회복되며, 임상증상 또한 호전되는 경향을 보인다[9-10]. 석향유의 정유는 A3형 독감바이러스에 의해 유도된 Vero세포의 병리학적 변화를 완화시키며, 닭의 배아에서 A3형 독감바이러스에 의한 혈액응고효과를 뚜렷하게 감소시킨다[11]. 또한 Mouse의 위에 석향유의 정유를 주입하면 인플루엔자형 폐렴에 대해 뚜렷한 치료효과가 있다[11].

2. 해열, 진통

석향유의 정유를 정상 Mouse의 복강에 주사하면 체온을 뚜렷하게 떨어뜨리고, 맥주효모균으로 인한 Rat의 발열을 완화하며, 열판자극에 의한 Mouse의 통증역치를 제고시킨다[12].

3. 면역증강

석향유의 정유를 Mouse에 경구투여하면 혈청용균효소의 함량 및 혈액의 50% 용혈활성치(ACH50)를 뚜렷하게 증가시키며, 항체형성세포의 용혈인자 분비를 촉진한다. 그 밖에 혈청항면양적혈구(anti-SRBC)의 항체효율 및 외주혈의 T임파세포 백분율을 높여 주며, 비장의 중량을 증가시킨다.

4. 기타

석향유의 정유는 진정 및 해경(解痉)작용이 있다.

용 도

석향유는 중의임상에서 사용하는 약이다. 발한해표[發汗解表, 발한시키고 표(表)에 있는 사기(邪氣)를 없애 줌], 화습화중[化濕和中, 방향성(芳香性)을 가진 거습약으로 습사(濕邪)를 없애고 비위를 조화롭게 하여 소화를 도와줌], 이뇨소종(利尿消腫, 이뇨시키고 부종을 가라앉혀 줌) 등의 효능이 있으며, 여름철 습사로 인한 각종 증상 및 수종각기(水腫腳氣, 다리가 붓고 저리고 약해져 제대로 걷지 못하는 증상) 등의 치료에 사용한다.

현대임상에서는 중서(中暑, 찬 기운을 받게 되어 일어나는 급성 병증), 위장염, 기관지염, 피부병 등의 병증에 사용한다.

해 설

이 종의 재배변종인 강향유는 《중국약전》에 수록된 중약 향유의 법정기원식물 가운데 하나이다. 주요산지는 중국의 강서 등이다[13]. 강향유와 석향유는 모두 유사한 약리작용을 나타내며, 그 함유성분도 대부분 동일하다[12, 14]. 강향유는 수백 년 동안 재배되어 왔으며, 현재 중국 강서성 남창에 강향유의 대규모 재배단지가 조성되어 있다.

향유는 중국위생부에서 규정한 약식동원품목* 가운데 하나이다. 석향유의 자원이 매우 풍부하고, 그 정유에 함유된 티몰 등의 성분에는 항균활성이 있기 때문에 식품의 방부제와 첨가제 등으로 개발될 가능성이 있으며, 공기청정제와 소독제로도 개발될 수 있다. 따라서 석향유의 가공품은 의약식품 분야에서 널리 이용될 수 있을 것으로 기대된다. 다만, 석향유의 약효에 대한 연구는 정유에만 한정된 경향이 있으므로, 석향유에 함유된 플라본과 트리테르펜에 대한 연구가 뒷받침되어야 할 것으로 생각된다.

참고문헌

1. 龔慕辛, 朱甘培. 香薷的本草考證. 北京中醫. 1996, **5**: 39-41
2. 鄭尚珍, 楊彩霞, 高黎明, 沈序維. 石香薷揮發油成分的研究. 西北師範大學學報(自然科學版). 1998, **34**(3): 31-33
3. 鄭尚珍, 鄭敏燕, 戴榮, 楊彩霞, 沈彤. 超臨界流體 CO_2 萃取法研究石香薷精油化學成分. 西北師範大學學報(自然科學版). 2001, **37**(2): 49-52
4. 鄭尚珍, 孫麗萍, 沈序維. 石香薷中化學成分的研究. 植物學報. 1996, **38**(2): 156-160
5. SZ Zheng, LP Sun, XW Shen, Y Wang. Flavonoids constituents from *Mosla chinensis* Maxim. *Indian Journal of Chemistry*, 1996, **35B**(4): 392-394
6. SZ Zheng, SH Kang, T Shen, LP Sun, XW Shen. Triterpenoids from *Mosla chinensis*. *Indian Journal of Chemistry*, 2000, **39B**(11): 875-878
7. CP Chen, CC Lin, T Namba. Screening of Taiwanese crude drugs for antibacterial activity against *Streptococcus mutans*. *Journal of Ethnopharmacology*. 1989, **27**(3): 285-295
8. T Furuya, Y Matsuura, S Mizobata, S Takahara, K Takahashi. Research for the development of natural antimicrobial materials. I. -antimicrobial activity and effective constituents in *Mosla chinensis* Maxim. *Nippon Shokuhin Kagaku Gakkaishi*. 1997, **4**(2): 114-119

* 부록(559~562쪽) 참고

9. 林文群, 劉劍秋, 蘭瑞芳. 閩產石香薷揮發油化學成分及其抑菌作用的研究. 福建師範大學學報(自然科學版). 1999, **15**(2): 88-91
10. 成彩蓮, 彭承秀, 劉愛榮. 石香薷揮發油抗菌作用及治療急性細菌性痢疾的療效觀察. 同濟醫科大學學報. 2000, **29**(6): 569-571
11. 嚴銀芳, 陳曉, 楊小清, 董長垣, 吳少華, 陳敬炳, 王從雲. 石香薷揮發油對流感 A_3 病毒的抑制作用. 微生物學雜誌. 2002, **22**(1): 32-33, 56
12. 龔慕辛. 青香薷與江香薷揮發油藥理作用比較. 北京中醫. 2000, **4**: 46-49
13. 胡珊梅, 範崔生, 袁春林. 江香薷的本草考證和藥材資源的研究. 江西中醫學院學報. 1994, **6**(2): 79-82
14. 朱甘培. 海州香薷與石香薷的栽培品江香薷揮發油的氣相色譜-質譜分析比較. 藥學學報. 1992, **27**(4): 287-293

Nymphaeaceae

연꽃 蓮 CP, KP, KHP, JP, IP, VP

Nelumbo nucifera Gaertn.

Lotus

개 요

수련과(Nymphaeaceae)

연꽃(蓮, *Nelumbo nucifera* Gaertn.)의 건조한 잘 익은 씨, 잘 익은 씨 속의 유엽 및 배아화탁, 수술, 잎, 뿌리줄기의 마디 등을 모두 약용으로 사용

중약명: 연자(蓮子), 연자심(蓮子心), 연방(蓮房), 연수(蓮鬚), 하엽(荷葉), 우절(藕節)

연꽃속(*Nelumbo*) 식물은 전 세계에 2종이 있으며, 그 가운데 한 종은 아시아 및 오세아니아에 분포하고, 다른 한 종은 아메리카에 분포한다. 중국에서는 오직 이 종만이 약용 및 관상용으로 사용되고 있다. 이 종은 연못이나 호수에서 자생하거나 재배되며, 러시아, 한반도, 일본, 인도, 베트남 및 아시아 남부와 호주 등에 고르게 분포한다.

연꽃은 중국에서 그 존재가 알려지고 사용되어 온 지 매우 오래되었는데, 최초로 《이아(爾雅)》에 '하(荷)' 또는 '부거(芙蕖)'라는 명칭으로 수록되었고, 연자는 '우실(藕實)'이라는 명칭으로 맨 처음 《신농본초경(神農本草經)》에 상품으로 기재되었다. 《중국약전(中國藥典)》(2015년 판)에서는 이 종을 중약 연자, 연자심, 연방, 연수, 하엽, 우절의 법정기원식물 내원종으로 수록하였다. 주요산지는 중국 남방의 각 성이다. 연자와 하엽은 상용하는 중약재이다.

연자심과 하엽에 함유된 주요성분은 알칼로이드와 플라본 등이다. 《중국약전》에서는 고속액체크로마토그래피법을 이용하여 연자심에 함유된 리엔시닌의 함량을 0.2% 이상으로 정하고 있다.

약리연구를 통하여 연자에는 항노화, 간 보호, 항돌연변이 등의 작용이 있는 것으로 알려졌으며, 연자심에는 혈압강하, 항심박부조 등의 작용이 있는 것으로 알려져 있다. 또한 연수에는 여성호르몬 유사작용이 있으며, 하엽에는 혈압강하, 콜레스테롤 감소, 항산화, 항균 등의 작용이 있고, 연뿌리에는 해열, 항염, 설사방지 등의 작용이 있으며, 연방은 항종양의 작용이 있는 것으로 알려져 있다.

한의학에서 연자는 보비지사(補脾止瀉), 익신삽정(益腎澀精), 양심안신(養心安神)의 작용이 있고, 연자심에는 청심안신(淸心安神), 교통심신(交通心腎), 삽정지혈(澀精止血)의 작용이 있으며, 연수에는 청심익신(淸心益腎), 삽정지혈의 작용이 있다. 그 밖에 하엽에는 청열해서(淸熱解暑), 승발청양(升發淸陽), 양혈지혈(凉血止血)의 작용이 있으며, 우절은 산어지혈(散瘀止血), 연방은 화어지혈(化瘀止血)의 작용이 있는 것으로 알려져 있다.

연꽃 蓮 *Nelumbo nucifera* Gaertn.

약재 연자 藥材蓮子 Nelumbinis Semen

1cm

약재 연방 藥材蓮房 Nelumbinis Receptaculum

1cm

약재 연자심 藥材蓮子心 Nelumbinis Plumula

0.5 cm

약재 연수 藥材蓮鬚 Nelumbinis Stamen

1cm

함유성분

어린싹에는 알칼로이드 성분으로 liensinine, isoliensinine, neferine, nuciferine, pronuciferine, lotusine[1], methyl-corypalline, demethylcoclaurine, S-N-methyl isococlaurine, dl-armepavine 등이 함유되어 있으며, 또한 플라보노이드 성분으로 galuteolin, hyperoside, rutoside[2] 등이 함유되어 있다.

잎에는 주로 알칼로이드 성분으로 nuciferine, armepavine[3], pronuciferine, nornuciferine, roemerine, anonaine, N-nornuciferine, liriodendrin, dehydroroemerine, dehydronuciferine, dehydroanonaine, asimilobin, lirindine, N-methylcoclaurine, (+)-1(R)-coclaurine, (-)-1(S)-norcoclaurine[4] 등이 함유되어 있으며, 플라보노이드 성분으로 quercetin, isoquercitrin, nelumboside, quercetin 3-O-β-D-glucuronide[4] 등이 함유되어 있다.

꽃술에는 주로 플라보노이드 성분으로 kaempferol, kaempferol 3-O-β-D-glucuronopyranosyl methyl ester, kaempferol 3-O-v-D-glucopyranoside, kaempferol 3-O-β-D-galactopyranoside, myricetin 3′,5′-dimethylether 3-O-β-D-glucopyranoside, kaempferol 3-O-α-L-rhamnopyranosyl-(1→6)-β-D-glucopyranoside, kaempferol 3-O-β-D-glucuronopyranoside[5] 등이 함유되어 있다.

nuciferine

약리작용

연자

1. 면역력 증강, 항노화
   연자 가루를 사료에 배합하여 1개월간 Rat에게 먹이면 흉선피질의 T임파세포 수치를 뚜렷하게 증가시키는데, 이는 연자에 일정한 면역증강작용이 있음을 의미한다[6]. 연자는 또한 초파리의 평균수명을 연장하며, 초파리의 지갈소 함량을 감소시킨다[7].

2. 간 보호
   연자의 에탄올 추출물은 CCl_4와 누룩곰팡이독소 B_1에 의해 유도된 간 손상에 대해 보호작용이 있으며, 누룩곰팡이독소 B_1에 의한 간세포독성을 억제하는데, 이는 농도 의존적으로 작용한다[8].

3. 기타
   연자의 에탄올 추출물은 누룩곰팡이독소 B_1을 길항하여 인체세포의 돌연변이 유도를 방지한다[9].

연자심

1. 심혈관계에 대한 영향
   연자심은 기니피그의 적출된 심장의 우심방 박동을 증가시키는데, 그 작용은 β-수용체와 관련이 있으며, 또한 적출된 토끼의 혈관 평활근의 장력을 증가시키는데, 그 작용은 α-수용체와 관련이 있다[10]. 네페린은 전해성 유리기로 인한 Rat의 심장손상에 대해 보호작용이 있다. 또한 심실성 심박발생률을 뚜렷하게 감소시키며, 심근세포의 젖산탈수소효소(LDH)의 방출과 말론디알데하이드(MDA)의 생성을 감소시켜 유리기에 의한 관상동맥의 혈류량 감소를 억제한다[11]. 네페린은 아코니틴, 와바인, 아드레날린, 전기자극 및 관상동맥 결찰 등 여러 원인에 의한 토끼와 Rat의 심박실상에 대하여 뚜렷한 억제작용이 있다. 혈관평활근에 대해서도 직접적인 확장작용이 있으며, Rat, 고양이, 토끼 등 다수의 고혈압 모델에 대해서 뚜렷한 혈압강하작용이 있다. 연심의 알칼로이드는 심장허혈을 길항하는 작용이 있는데, 그 작용기전은 항지질과산화 및 칼슘길항과 관련이 있다[12].

2. 항혈소판응집
   네페린는 *in vitro*에서 아데노신이인산(ADP)과 콜라겐 등의 응집제에 의해 유도된 Rat, 토끼, 인간의 혈소판응집을 억제하는데, 그 작용기전은 칼슘의 억제와 관련이 있다[12].

3. 콜레스테롤 및 혈당강하
   연자심과 네페린은 스트렙토조토신과 고당분 사료로 인해 유도된 Rat의 당뇨와 비만을 억제하는 작용이 있으며, 공복 시 혈당과 콜레스테롤 및 중성지방(TG)의 농도를 감소시킨다[13].

4. 폐 섬유화 억제
   이소리엔시닌은 블레오마이신에 의한 폐의 섬유화를 억제할 수 있는데, 그 작용기전은 항산화작용과 종양괴사인자-α(TNF-α) 및 종양생장인자-β(TGF-β)의 과도한 발현을 억제하는 것과 관련이 있다[14].

연수

1. 항염, 진통
   연수의 에탄올 추출물을 Mouse에 경구투여하면 디메칠벤젠으로 유도된 귓바퀴 종창과 카라기난으로 유도된 발바닥 종창을 억제시킬 수 있다. 또한 열통자극으로 인한 꼬리흔들기 반응의 잠복기를 증가시키며, Mouse의 통증역치를 증가시킬 뿐만 아니라 아세트산에 의한 몸부림 반응도 억제한다[15-17].

2. 설사방지

연수의 알코올 추출물을 Mouse에 경구투여하면 피마자유로 인한 설사 발생 차수와 발생률을 감소시키며, 센나엽에 의한 설사의 횟수도 감소시킬 수 있다[15].

3. 궤양 억제

연수의 알코올 추출물을 Mouse에 경구투여하면 침수성 자극에 의한 궤양과 염산성 궤양 및 인도메타신-에탄올성 궤양 형성에 대해 뚜렷한 억제작용이 있다[16].

4. 혈전 형성 억제

연수의 알코올 추출물을 Rat에 경구투여하면 전기자극에 의한 경동맥 혈전 생성 시간을 연장시키는데, 응혈기능에는 영향을 주지 않는다[16].

5. 에스트로겐 유사작용

연수의 열수 추출물은 Mouse의 난소와 자궁의 무게를 증가시키며, 음도의 개방률을 증가시킨다. 연수의 열수 추출물은 또한 정상 토끼와 임신한 토끼 및 Mouse의 적출된 자궁평활근의 수축력을 증가시킨다. 또한 토끼의 체내 자궁 수축력과 빈도를 증가시킴으로써 출산유도작용이 있다[17, 19].

하엽

1. 콜레스테롤 강하, 혈류동력학적 개선

하엽의 물 추출물은 급성 고지혈 모델 Rat의 TG 수준을 감소시킬 뿐만 아니라 전체 혈액의 비점도와 적혈구의 압착률을 감소시킴으로써 혈액의 점도를 조절하는데, 그 활성부위는 플라본과 알칼로이드 부위이다[20-21]. 하엽 캡슐은 고지혈증 환자의 총콜레스테롤(TC), TG 및 저밀도지단백(LDL)의 함량을 감소시키고 고밀도지단백(HDL)의 함량을 증가시킨다[22].

2. 항산화, 항노화

하엽의 물 추출물은 크산틴-크산틴산화효소 시스템에 의해 생성된 과산화물 음전하, 펜톤(fenton) 시스템에서 생성된 유리기와 암모늄 설페이트-N,N,N',N'-테트라메칠렌에칠렌디아민(ammonium persulfate-N,N,N',N'-tetramethylethylenediamine) 시스템에 의해 생성된 유리기에 대해 뚜렷한 제거효과가 있으며[23], 암수 초파리의 수명을 뚜렷하게 연장시킬 수 있다[23].

3. 항미생물

하엽의 초임계 CO_2 추출물은 대장균, 고초간균, 납상아포간균, 황색포도상구균, 살모넬라, 푸른곰팡이, 뿌리곰팡이, 누룩곰팡이 및 효모 등 미생물에 대해 뚜렷하고도 안정적인 억제효과가 있다[24]. 하엽의 n-부탄올 추출물은 점성방선균, 내슬런디 방선균, 구핵준간균, 치아부식균 등 치아 주변 질병 유도 병균에 대하여 억제작용이 있다[25]. 하엽에 함유된 코클라우린, 노르코클라우린, quercetine-3-O-β-D-glucuronide는 인체면역결핍바이러스(HIV)의 활성을 억제한다[4].

4. 기타

하엽에는 진해(鎭咳), 거담(祛痰) 및 해경(解痉)작용이 있다.

연근

1. 콜레스테롤 및 혈당강하

연근은 영양성 비만 Rat의 체중과 복강 내 지방량을 뚜렷하게 감소시킨다. 연근은 인슐린민감지수(ISI)를 증가시키고, 영양성 비만 Rat의 혈중 인슐린 농도의 증가를 억제한다[26]. 연근의 에탄올 추출물은 정상 Rat와 포도당 사료와 스트렙토조토신으로 인해 당뇨병이 유도된 Rat의 혈당을 강하하는 작용이 있다[27].

2. 해열, 진정, 항염

연근의 메탄올 추출물은 정상 Rat와 효모로 인해 발열이 유도된 Rat의 체온을 저하시킨다[28]. Mouse의 자발성 활동과 탐사성 활동을 감소시키며, 펜토바르비탈로 유도된 Mouse의 수면시간을 연장한다[29]. 또한 카라기난과 5-하이드록시트립타민에 의해 유도된 Rat의 발바닥 종창을 억제시킨다[30].

3. 설사 억제

연근 추출물은 실험성 Rat의 설사빈도를 감소시키며, 탄소 추진율을 저해한다[31].

연방

1. 심근 보호작용

연방의 프로시아니딘을 경구투여하면 이소프레날린에 의해 유도된 Rat의 심근효소 방출량과 심근 칼슘함량의 증가를 길항할 수 있으며, 심근괴사의 면적을 축소시키고, 심근조직의 병리적 손상을 완화할 뿐만 아니라 슈퍼옥시드디스무타아제(SOD)와 MDA의 함량을 증가시킨다[32].

2. 콜레스테롤 감소
저용량과 고용량의 프로시아니딘은 고지혈 토끼의 혈청과 간의 트리글리세롤의 함량을 뚜렷하게 감소시키며, 혈청 중의 HDL 함량을 뚜렷하게 증가시킨다[33]. 고용량에서는 혈청과 간의 TC와 LDL의 함량을 뚜렷하게 감소시킨다[33].

3. 항산화
프로시아니딘은 Rat의 혈청과 피부조직의 MDA 값을 저하시키며, 혈청과 피부조직의 SOD 및 글루타치온과산화효소(GSH-Px)의 활성을 제고할 뿐만 아니라 하이드록시프롤린의 함량을 증가시킨다[34].

4. 항종양
프로시아니딘은 인체구강표피암세포 KB의 증식을 뚜렷하게 억제하는 작용이 있으며, 그 세포의 형태를 뚜렷하게 변화시킨다[35]. 경구투여 및 프로시아니딘의 도포는 9,10-dimethyl-1,2-benzanthracene로 인해 유도된 골든 햄스터의 협낭첨막암을 예방하는 작용이 있으며, 도포를 통한 예방효과가 더욱 뚜렷하다[36].

용도

이 품목은 중의임상에서 사용하는 약이다.

연자육

연자육에는 보비지사[補脾止瀉, 비(脾)를 보하여 설사를 멈추게 함], 익신삽정[益腎澀精, 신(腎)을 보익하고 정기(精氣)를 잡아 둠], 양심안신(養心安神, 음혈이 허하여 정신이 불안한 것을 안정시킴) 등의 효능이 있으며, 심번실면[心煩失眠, 번열(煩熱)이 나면서 답답하여 잠을 못 자는 증상], 대변당설(大便溏泄, 배가 부르고 아프며 설사가 남), 요통, 남성의 유정(遺精, 성교 없이 정액이 흘러나오는 병증), 여성의 적백대하(赤白帶下, 질에서 붉은색에 백색이 섞인 점액이 배출되는 것) 등의 치료에 사용한다.
현대임상에서는 항노화, 간 보호, 항종양 등의 병증에 사용한다.

연자심

연자심에는 청심안신(淸心安神, 마음을 깨끗하게 하고 정신을 안정시킴), 교통심신[交通心腎, 심양(心陽)과 신음(腎陰)의 생리적 관계가 장애된 것을 치료하여 줌], 삽정지혈[澁精止血, 정(精)을 저장하고 피를 멈추게 함] 등의 효능이 있으며, 열입심포[熱入心包, 열이 심포(心包)에 침입하여 생긴 병증], 신혼섬어(神昏譫語, 정신이 어지럽고 헛소리를 하는 증상), 심신불교(心腎不交), 실면유정(失眠遺精, 잠을 이루지 못하고 정액이 저절로 나오는 병증), 혈열토혈[血熱吐血, 혈분(血分)에 사열(邪熱)이 있어 피를 토하는 증상], 심번구갈(心煩口渴, 가슴이 답답하고 입이 마르는 증상), 목적종통(目赤腫痛, 눈의 흰자위에 핏발이 서고 부으며 아픈 병증) 등의 증상에 사용한다.
현대임상에서는 혈압강하와 항심박실상 등의 병증에 사용한다.

연수

연수에는 청심익정[淸心益精, 마음을 깨끗하게 하고 정기(精氣)를 보익함], 삽정지혈 등의 효능이 있으며, 신허유정활설(腎虛遺精滑泄, 신기가 허약하여 정액이 새어 나감), 이명(耳鳴, 귀울림) 등에 사용하며, 중국의 영남지방에서는 임산부의 분만이 임박한 경우에 복용하여 분만을 유도하는 데 사용한다.

하엽

하엽에는 청열해서[淸熱解暑, 여름철에 더운 기운을 받아서 열증(熱證)이 나타나는 병증을 치료함], 승발청양[升發淸陽, 청양(淸陽)의 기운을 몸 전체로 퍼뜨리는 효능], 양혈지혈[凉血止血, 양혈(凉血)함으로써 지혈함] 등의 효능이 있으며, 더위로 인한 설사, 더위로 인한 번갈(煩渴, 가슴속이 답답하고 목이 마른 증세), 비허설사[脾虛泄瀉, 비(脾)가 허하여 설사를 하는 증상], 혈열[血熱, 혈분(血分)에 사열(邪熱)이 있는 것]로 인한 토혈(吐血, 피를 토하는 병증), 변혈[便血, 분변에 대혈(帶血)이 되거나 혹은 단순히 하혈하는 증후]과 붕루(崩漏, 월경주기와 무관하게 불규칙적인 질 출혈이 일어나는 병증) 등의 치료에 사용한다. 하엽탄에는 수삽화어지혈[收澁化瘀止血, 정기(精氣)가 흩어지고, 흐르고 떨어져 나간 것을 수렴하며, 어혈을 풀어 주고 출혈을 그치게 함]의 효능이 있다.
현대임상에서는 혈압강하, 콜레스테롤 감소, 항산화 및 항균 등의 병증에 사용한다.

우절

우절에는 산어지혈(散瘀止血, 어혈을 제거하고 출혈을 멈추게 함) 등의 효능이 있으며, 토혈, 해혈(咳血, 기침을 할 때 피가 나는 증상), 비뉵(鼻衄, 코피가 나는 증상), 뇨혈(尿血, 혈이 요도를 따라 배출되고 통증이 없는 병증), 변혈, 부녀붕루(婦女崩漏, 부녀의 성기로부터 비정상적으로 피가 나오는 것) 등 각종 출혈증에 사용한다.
현대임상에서는 해혈, 항염, 지사(止瀉, 설사를 그치게 함) 등의 병증에 사용한다.

연방

연방은 화어지혈(化瘀止血, 어혈을 풀어 주고 출혈을 없애 줌) 등의 효능이 있어 붕루(崩漏, 월경주기와 무관하게 불규칙적인 질 출혈이 일어나는 병증), 뇨혈, 치질로 인한 출혈, 산후어조(産後瘀阻, 출산 후에 어혈이 남아 막고 있는 것), 오로부진[惡露不盡, 해산한 뒤 3주 이상 지나서 백대하(白帶下)까지 없어야 할 시기에 피가 계속 나오는 병증] 등의 치료에 사용한다.
현대임상에서는 항종양 등의 병증에 사용한다.

해 설

연자와 하엽은 중국위생부에서 규정하는 약식동원품목* 가운데 하나이다.
연자와 연뿌리는 이미 항노화 식품으로 개발되어 있으며, 하엽도 콜레스테롤 감소 식품으로 개발되어 있다. 최근에는 연자심의 혈압강하와 항심율실조(抗心律失調), 연방(蓮房)에서 추출한 프로시아니딘은 항산화와 항종양작용이 관심을 받고 있어 그 경제적 개발가치에 주목할 필요가 있다.
연꽃과 연줄기는 민간에서 약으로 사용되는데, 일반적으로 연꽃에는 산어지혈(散瘀止血), 거습소풍(去濕消風)의 작용이 있어 토혈, 혈림(血淋), 붕루, 습창(濕瘡), 개선소양(疥癬瘙痒) 등에 사용한다. 연줄기에는 청열해서, 이기화습(理氣化濕)의 작용이 있으며, 여름철 더위와 습기로 인한 흉민불서(胸悶不舒), 설사, 이질, 임병, 대하 등에 사용한다.

참고문헌

1. 王嘉陵, 胡學民, 尹武華, 蔡鴻生. 蓮子心中生物鹼成分的研究. 中藥材. 1991, **14**(6): 36-38
2. 黃先菊, 羅順德, 楊健. 蓮子心有效成分及其藥理作用研究進展. 湖北省衛生職工醫學院學報. 2002, **15**(2): 48-50
3. 李志誠, 左春旭, 楊尚軍, 仲英, 丁杏苞. 荷葉化學成分的研究. 中草藥. 1996, **27**(9): 50-52
4. Y Kashiwada, A Aoshima, Y Ikeshiro, YP Chen, H Furukawa, M Itoigawa, T Fujioka, K Mihashi, LM Cosentino, SL Morris-Natschke, KH Lee. Anti-HIV benzylisoquinoline alkaloids and flavonoids from the leaves of *Nelumbo nucifera*, and structure-activity correlations with related alkaloids. *Bioorganic & Medicinal Chemistry*. 2005, **13**(2): 443-448
5. HA Jung, JE Kim, HY Chung, JS Choi. Antioxidant principles of *Nelumbo nucifera* stamens. *Archives of Pharmacal Research*. 2003, **26**(4): 279-285
6. 馬忠傑, 王惠琴, 劉麗娟, 信東, 張宏偉, 沈家琴. 蓮子的抗衰老實驗研究. 中草藥. 1995, **26**(2): 81-82
7. 黃國城, 施少捷, 鄭強. 蓮子對果蠅壽命的影響. 現代應用藥學. 1994, **11**(2): 14
8. DH Sohn, YC Kim, SH Oh, EJ Park, X Li, BH Lee. Hepatoprotective and free radical scavenging effects of *Nelumbo nucifera*. *Phytomedicine*. 2003, **10**(2-3): 165-169
9. 幹佀仙, 廖綿初, 黃少珍. 蓮子對黃曲黴毒素 (B_1) 誘發的人體淋巴細胞姐妹染色單體互換和細胞週期狀態的影響. 廈門大學學報(自然科學版). 1996, **35**(3): 456-459
10. 周旭, 劉銀花, 周永忠. 蓮子心對豚鼠離體右心房率及兔主動脈平滑肌張力的影響. 四川中醫. 2003, **21**(3): 11-12
11. 吳遠明, 胡本容, 賈菊芳. 甲基蓮心鹼對電解性氧自由基損傷離體大鼠心臟的保護作用. 中國藥理學通報. 1996, **12**(4): 325-328
12. 呂武清, 鄭海華, 葛新. 蓮子心的研究概況. 中草藥. 1996, **27**(7): 438-440
13. 潘揚, 尚文斌, 王天山, 曹亮, 蔡寶昌. 蓮子心及Nef對實驗性糖尿病及肥胖大鼠模型的影響. 南京中醫藥大學學報. 2003, **19**(4): 217-219
14. JH Xiao, JH Zhang, HL Chen, XL Feng, JL Wang. Inhibitory effects of isoliensinine on bleomycin-induced pulmonary fibrosis in mice. *Planta Medica*. 2005, **71**(3): 225-230
15. 沈雅琴, 張明發, 朱自平, 王紅武. 蓮鬚的抗腹瀉和抗炎作用. 藥學實踐雜誌. 1998, **16**(4): 198-200
16. 張明發, 沈雅琴, 朱自平, 王紅武. 蓮鬚的抗血栓形成, 抗潰瘍和鎮痛作用. 中醫藥研究. 1998, **14**(1): 16-18
17. 吳麗明, 邱光清, 陳麗娟. 蓮鬚的鎮痛作用及對子宮收縮的影響. 中藥藥理與臨床. 1999, **15**(2): 31-32
18. 吳麗明, 張錦周, 莊志雄. 用子宮增重試驗檢測蓮鬚的雌激素樣作用. 現代臨床醫學生物工程學雜誌. 2003, **9**(2): 83-84, 87
19. 吳麗明, 邱光清, 陳麗娟, 張錦周, 莊志雄. 蓮鬚對動物子宮收縮的影響實驗研究. 現代臨床醫學生物工程學雜誌. 2003, **9**(3): 166-167
20. 杜力軍, 孫虹, 李敏, 金文, 徐麗珍. 荷葉大豆及其合劑調脂活性部位的研究. 中草藥. 2000, **31**(7): 526-528
21. 陶波, 帥景賢, 吳鳳蓮. 荷葉水煎劑對高脂血症大鼠血脂及血液流變學的影響. 中醫藥學報. 2000, **6**: 55-56
22. 關章順, 吳俊, 喻澤蘭, 劉青山, 張社兵, 王俊傑, 李潔. 荷葉水提物對人體高脂血症的降脂效果研究. 郴州醫學高等專科學校學報. 2003, **5**(3): 3-6
23. 肖華山, 黃代青, 傅文慶, 趙保路, 忻文娟. 荷葉對體外氧自由基的清除作用及其對果蠅壽命的影響. 中國老年學雜誌. 1996, **16**(6): 373-375
24. 唐裕芳, 張妙玲. 荷葉超臨界 CO_2 萃取物抑菌效果穩定性研究. 食品科技. 2004, **12**: 53-54, 61
25. 李鳴宇, 陳健芬, 錢伏剛, 何衛華. 荷葉提取物對牙周主要致病菌的抑制作用. 中華口腔醫學雜誌. 2003, **38**(4): 274
26. 潘玲, 李德良. 藕渣, 藕節和藕芽對營養性肥胖大鼠模型的影響. 中藥藥理與臨床. 2004, **20**(2): 24-26
27. PK Mukherjee, K Saha, M Pal, BP Saha. Effect of *Nelumbo nucifera* rhizome extract on blood sugar level in rats. *Journal of Ethnopharmacology*. 1997, **58**(3): 207-213
28. PK Mukherjee, J Das, K Saha, Giri SN, M Pal, BP Saha. Antipyretic activity of *Nelumbo nucifera* rhizome extract. *Indian Journal of Experimental Biology*. 1996, **34**(3): 275-276
29. PK Mukherjee, K Saha, R Balasubramanian, M Pal, BP Saha. Studies on psychopharmacological effects of *Nelumbo nucifera* Gaertn. rhizome extract. *Journal of Ethnopharmacology*. 1996, **54**(2-3): 63-67

* 부록(559~562쪽) 참고

30. PK Mukherjee, K Saha, J Das, M Pal, BP Saha. Studies on the anti-inflammatory activity of rhizomes of *Nelumbo nucifera*. *Planta Medica*. 1997, **63**(4): 367-369
31. MJ Talukder, J Nessa. Effect of *Nelumbo nucifera* rhizome extract on the gastrointestinal tract of rat. *Bangladesh Medical Research Council Bulletin*. 1998, **24**(1): 6-9
32. 淩智群, 謝筆鈞, 江濤, 曾繁典. 蓮房原花青素對大鼠實驗性心肌缺血的保護作用. 中國藥理學通報. 2001, **17**(6): 687-690
33. 淩智群, 謝筆鈞, 周順長, 江濤. 蓮房原花青素對家兔血脂及肝組織形態的影響. 天然產物研究與開發. 2001, **13**(4): 62-64
34. 段玉清, 謝筆鈞. 蓮房原花青素體內抗氧化研究. 營養學報. 2003, **25**(3): 306-308
35. 杜曉芬, 謝筆鈞, 張玲珍, 仲人前. 蓮房原花青素對人口腔表皮樣癌 (KB) 細胞生長及形態的影響. 現代口腔醫學雜誌. 2005, **19**(4): 384-386
36. 杜曉芬, 謝筆鈞, 楊爾寧, 孫智達, 周詩其. 蓮房原花青素對二甲基苯芘蒽誘發金黃地鼠口腔癌的預防作用. 營養學報. 2005, **27**(3): 241-244

연꽃 재배모습

강활 羌活 CP, KP, JP

Apiaceae

Notopterygium incisum Ting ex H. T. Chang

Incised Notopterygium

개 요

산형과(Apiaceae/Umbelliferae)

강활(羌活, *Notopterygium incisum* Ting ex H. T. Chang)의 뿌리줄기 및 뿌리를 건조한 것

중약명: 강활

강활속(*Notopterygium*) 식물은 중국 고유속으로 모두 5종이 있으며, 그 가운데 3종이 약으로 사용된다. 이 종은 중국의 섬서, 감숙, 청해, 사천, 운남 및 서장 등에 분포한다.

'강활'이라는 명칭은 《신농본초경(神農本草經)》의 독활 아래 별품으로 수록되었다. 《약성론(藥性論)》에서 강활을 별도의 품목으로 분리하여 수록하기 시작하였다. 《중국약전(中國藥典)》(2015년 판)에서는 이 종을 중약 강활의 법정기원식물 내원종 가운데 하나로 수록하였다. 주요산지는 중국의 사천, 청해, 감숙, 서장, 운남 등이며, 중국의 서북 및 서남 지역의 도지약재이다. 《대한민국약전》(제11개정판)에서는 '강활'을 "산형과에 속하는 강활(*Ostericum koreanum* Maximowicz)의 뿌리 또는 중국강활(中國羌活, *Notopterygium incisum* Ting) 또는 관엽강활(寬葉羌活, *Notopterygium forbesii* Boissier)의 뿌리줄기 및 뿌리"로 등재하고 있다.

강활속 식물의 주요 활성성분은 쿠마린 화합물이며, 페놀릭 화합물과 정유를 함유하고 있다. 《중국약전》에서는 강활에 함유된 정유 성분을 2.8% 이상으로 약재의 규격을 정하고 있다.

약리연구를 통하여 강활에는 해열, 진통, 항염, 항과민, 항심율실조(抗心律失調)와 항바이러스 등의 작용이 있는 것으로 알려져 있다.

한의학에서 강활에는 산한거풍(散寒祛風), 제습지통(除濕止痛) 등의 작용이 있다.

강활 羌活 *Notopterygium incisum* Ting ex H. T. Chang

강활 羌活 CP, KP, JP

관엽강활 寬葉羌活 *Notopterygium forbesii* Boissier

약재 강활 藥材羌活
Notopterygii Incisi Rhizoma et Radix

약재 관엽강활 藥材寬葉羌活
Notopterygii Forbesii Rhizoma et Radix

함유성분

뿌리줄기와 뿌리에는 쿠마린류 성분으로 notopterol, isoimperatorin, cnidilin, bergapten, nodakenetin, nodakenin, bergamottin[3-4], ethyl-notopterol, notoptolide, anhydronotoptoloxide[5], 페놀 화합물 성분으로 p-hydroxyphenethyl anisate, ferulic acid[4], phenethyl ferulate, xanthotoxol, 정유성분으로 α, β-pinenes, γ-terpinene, falcarindiol[6-7], limonene, p-cymene, valerianol[8] 등이 함유되어 있다.

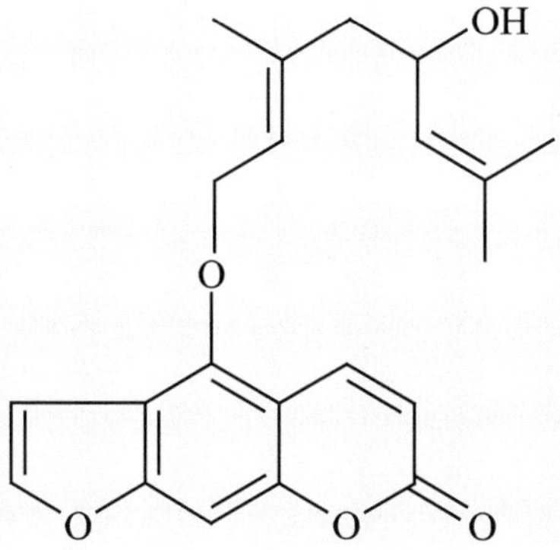

notopterol

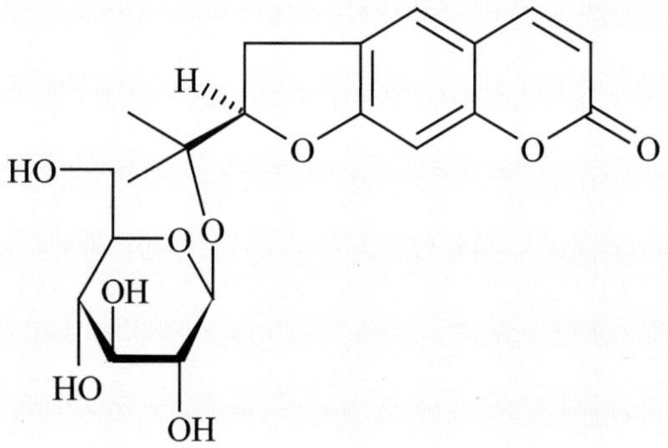

nodakenin

약리작용

1. 항균, 항바이러스

   강활의 헥산 추출물은 과민성 피부염 환자의 피부에서 분리해 낸 황색포도상구균에 대해 뚜렷한 억제작용이 있는데, 그 활성성분은 페네칠 페룰레이트와 팔카리노디올이다[7]. 강활의 초임계 추출물을 Mouse에 경구투여하면 유행성 독감으로 인한 치사에 양호한 보호작용이 있으며, Mouse의 평균 생존시간을 뚜렷하게 연장한다[9].

2. 해열

   강활의 정유를 복강에 주사하거나 경구투여하면 효모로 인한 토끼와 Rat의 발열에 대해 균일한 해열작용이 있다.

3. 진통

   강활의 정유를 복강에 주사하면 열판자극에 대한 Mouse의 통증역치를 뚜렷하게 제고하며[10], 정유 및 그 구성성분인 노톱테롤을 마우스에 경구투여하면, 초산자극으로 유도한 마우스의 경련반응을 뚜렷하게 억제한다[10].

4. 항염

   강활의 물 추출물을 Rat에 경구투여하면 프로인트항원보강제(FCA)에 의해 유도된 발바닥 종창 제I, II기 염증에 대하여 뚜렷한 억제작용이 있으며, Rat의 단백성 발바닥 종창을 억제하는 작용도 있다. 또한 디메칠벤젠으로 인한 Mouse의 귓바퀴 종창과 지편으로 인한 염증 발생을 억제한다[11]. 강활의 정유를 Mouse에 경구투여하면 디메칠벤젠과 카라기난으로 유도된 염증성 반응을 억제한다. 혈관투과성 억제실험에서 노톱테롤에는 항염효과가 있는 것으로 확인되었다.

5. 항과민

   강활의 물 추출물을 알러지반응 유도기와 반응기 사이에 경구투여하면 2,4,6-염화피크릴에 의해 유도된 지발성 알러지성 간 손상을 뚜렷하게 억제하며, 효모다당으로 인한 복강 백혈구 유출을 억제한다[12].

6. 항심박실조

   강활의 수용성 부분(비무기염 부위)을 경구투여하면 아코니틴에 의한 Mouse와 Rat의 심박실상 및 클로로포름-아드레날린에 의한 토끼의 실험성 심박실상을 억제하는 작용이 있다[13]. 강활의 물 추출물을 경구투여하면 아코니틴으로 유도된 Rat의 심박실상 지속시간을 단축시키며, 그 잠복기를 연장시킬 수 있다[14]. 강활의 소분자 수용액을 Rat에 경구투여하면 아코니틴에 의한 실험성 심박실상을 길항한다[15].

7. 뇌순환 개선

   강활의 물 추출물을 정맥에 주사하면 마취된 개와 고양이에 대해서 모두 선택적 뇌혈류량이 증가하는 효과가 있으며, 심박을 증가시키거나 혈압을 상승시키지는 않는다[16].

8. 면역 강화

   강활의 물 추출물을 Rat에 경구투여하면 FCA에 의해 유도된 관절염 모델 Rat의 전체 백혈구의 탐식작용과 임파세포의 전화율을 촉진함과 동시에 적혈구의 면역기능을 제고한다[11].

9. 기타
강활의 메탄올 추출물과 팔카리노디올 및 메칠카페인 추출물은 Mouse의 흑색종 B16, 인체폐암세포 A549 등 4종의 암세포에 대해서 뚜렷한 세포독성을 나타낸다[17]. 강활의 메탄올 추출물은 항지질과산화작용이 있다[18]. 강활의 헥산 추출물은 5-리폭시게나제와 사이클로옥시게나제의 활성을 억제한다[19].

용도

강활은 중의임상에서 사용하는 약이다. 산한거풍(散寒祛風, 차가운 기운을 몰아냄), 승습지통[勝濕止痛, 습(濕)을 제어하고 통증을 없애 줌] 등의 효능이 있어 풍한감모[風寒感冒, 풍사(風邪)와 한사(寒邪)가 겹쳐 오한이 나면서 열이 나고 머리와 온몸이 아프며 코가 막히고 기침과 재채기가 나며 혀에 이끼가 끼고 맥이 부(浮)한 증상], 두통 및 신체통(身體痛, 몸살), 풍한습비(風寒濕痹, 풍한습으로 저림), 어깨의 통증 등의 치료에 사용한다.
현대임상에서는 심장 및 뇌혈관질환, 풍습성 관절통, 급 · 만성 장염 및 만성 이질, 완고성(頑固性) 두통, 신장기능 감퇴, 생리통, 백전풍(白癜風, 피부에 흰 반점이 생기는 병증), 바이러스성 결막염 등의 병증에 사용한다.

해설

동속식물인 관엽강활 또한 《중국약전》에서 중약 강활의 법정기원식물 내원종으로 수록되어 있다.
관엽강활과 강활의 약리작용은 유사하며, 함유성분도 대부분 같으나, 강활에 함유된 노톱테롤의 함량이 관엽강활에 비해 훨씬 많으며(10배 이상), 노다케닌의 함량은 강활의 함량이 관엽강활에 비해 100배 이상 많다. 이와 같은 특징은 두 품목을 화학적으로 구분하는 기준이 된다. 그 밖에 관엽강활에는 6'-O-trans-feruloylnodakenin, bergaptol-O-β-D-glucopyranoside, 펠로프테린, 파르카르인디올 등이 함유되어 있다[4, 22-23].
관엽강활은 해발고도가 낮은 곳에 분포하며, 자원량이 풍부하고, 개체당 수확량이 많을 뿐만 아니라 재배가 쉽다. 주로 고산지대에 분포하는 강활이 채취와 재배가 어렵기 때문에 관엽강활에 대한 추가적인 연구가 뒷받침된다면 약용자원으로서 관엽강활의 이용가치가 더욱 부각될 수 있을 것이다.
강활속 식물은 중국 고유종으로서 해발고도가 비교적 높은 지역(2,500~4,200m)에 분포하며, 최고 해발 5,000m의 높고 추운 지대에 자생하여 그 생장이 비교적 느린 편이다. 무분별한 채취와 남용으로 인하여 식물자원이 위기를 맞고 있으며, 《중국희귀보호식물명록(中國珍稀瀕危保護植物名錄)》에 2급 보호식물종으로 등록되어 있다.

참고문헌

1. 溥發鼎, 王萍莉, 鄭中華, 王幼平. 重訂羌活屬的分類. 植物分類學報. 2000, **38**(5): 430-436
2. 胡世林. 中國道地藥材. 哈爾濱: 黑龍江科學技術出版社. 1989: 465-467
3. M Kozawa, M Fukumoto, Y Matsuyama, K Baba. Chemical studies on the constituents of the Chinese crude drug Quiang Huo. *Chemical & Pharmaceutical Bulletin*. 1983, **31**(8): 2712-2717
4. ZM Gu, DX Zhang, XW Yang, M Hattori, T Namba. Isolation of two new coumarin glycosides from *Notopterygium forbesii* and evaluation of a Chinese crude drug, Qiang-huo, the underground parts of *N. incisum* and *N. forbesii* by high-performance liquid chromatography. *Chemical & Pharmaceutical Bulletin*. 1990, **38**(9): 2498-2502
5. 肖永慶, 馬場きみ江, 穀口雅顏, 劉曉宏, 孫友富, 小澤貢. 中藥羌活中的香豆素. 藥學學報. 1995, **30**(4): 274-279
6. 肖永慶, 孫友富, 劉曉宏. 羌活化學成分研究. 中國中藥雜誌. 1994, **19**(7): 421-422
7. H Matsuda, N Sato, M Tokunaga, S Naruto, M Kubo. Bioactive constituent of Notopterygii rhizoma, falcarindiol having antibacterial activity against *Staphylococcus aureus* isolated from patients with atopic dermatitis. *Natural Medicines*. 2002, **56**(3): 113-116
8. 吉力, 徐植靈, 潘炯光, 楊健. 羌活揮發油成分分析. 天然產物研究與開發. 1997, **9**(1): 4-8
9. 郭晏華, 沙明, 孟憲生, 曹愛民. 中藥羌活的抗病毒研究. 時珍國醫國藥. 2005, **16**(3): 198-199
10. 周毅, 蔣舜媛, 馬小軍, 李興平. 川產羌活基源及鎮痛作用研究. 中藥藥理與臨床. 2003, **19**(6): 22-23
11. 王一濤, 楊奎, 王家葵, 彭章明. 羌活的藥理學研究. 中藥藥理與臨床. 1996, **4**: 12-15
12. 孫業平, 徐強. 羌活水提物對遲發型變態反應及炎症反應的影響及其機理. 中國藥科大學學報. 2003, **34**(1): 51-54
13. 秦彩玲, 焦艷. 羌活水溶部分的抗心律失常作用. 中藥通報. 1987, **12**(12): 749-751
14. 朱曉鷗, 褚榮光. 四種羌活抗心律失常作用比較. 中國中藥雜誌. 1990, **15**(6): 46-48
15. 成伊竹, 閃增鬱, 陳燕萍. 羌活水溶液不同成分抗心律失常作用的比較. 中國中醫基礎醫學雜誌. 1998, **4**(2): 43
16. 馮英菊, 謝人明. 羌活對麻醉動物腦循環的作用. 陝西中醫. 1998, **19**(1): 37-38
17. NH Nam, HTT Huong, HM Kim, BZ Ahn. Cytotoxic constituents from *Notopterygium incisum*. *Saengyak Hakhoechi*. 2000, **31**(1): 77-81
18. XW Yang, ZM Gu, BX Wang, M Hattori, T Namba. Comparison of anti-lipid peroxidative effects of the underground parts of *Notopterygium incisum* and *N. forbesii* in mice.

Planta Medica. 1991, **57**(5): 399-402

19. S Zschocke, M Lehner, R Bauer. 5-Lipoxygenase and cyclooxygenase inhibitory active constituents from Qianghuo (*Notopterygium incisum*). *Planta Medica*. 1997, **63**(3): 203-206
20. 李珍娟, 黃紅英. 羌活的藥理作用及臨床新用概述. 實用中醫藥雜誌. 2004, **20**(2): 108-109
21. 李華中. 羌活臨床應用. 四川中醫. 2001, **19**(7): 23
22. 宋逸民. 羌活在婦科疾病中的應用. 河北中醫. 2002, **1**(24): 28-29
23. 王曙, 王天志. 寬葉羌活化學成分的研究. 中國中藥雜誌, 1996, **21**(5): 295-296
24. 楊秀偉, 嚴仲鎧, 顧哲明, 周光春, 服部征雄, 難波恒雄. 寬葉羌活化學成分的研究. 中國藥學雜誌. 1994, **29**(3): 141-143

소엽맥문동 麥冬 CP, KP, JP

Ophiopogon japonicus (L. f) Ker-Gawl.

Dwarf Lilyturf

개 요

백합과(Liliaceae)

소엽맥문동(麥冬, *Ophiopogon japonicus* (L. f) Ker−Gawl.)의 덩이뿌리를 건조한 것

중약명: 맥동(麥冬)

맥문아재비속(*Ophiopogon*) 식물은 전 세계에 약 50여 종이 있으며, 주요 분포 지역은 아시아 동부 및 남부의 아열대와 열대 지역이다. 중국에는 약 33종이 있는데, 약으로 사용되는 것은 2종이다. 이 종은 중국의 광동, 광서, 복건, 대만, 절강, 강소, 강서, 호남, 호북, 사천, 운남, 귀주, 안휘, 하남, 섬서, 하북 등지에 분포하며, 절강과 사천에서 대량으로 재배된다. 일본, 베트남, 인도 등지에도 분포하는 것이 있다.

'맥문동'이라는 약명은 《신농본초경(神農本草經)》에 상품으로 가장 최초로 기재되었다. 역대의 본초서적에 다수 수록되었으며, 그 식물 내원은 1종 이상이다. 《본초강목(本草綱目)》의 기록에 따르면 절강에서 재배되는 것이 이 종을 가리킨다. 《중국약전(中國藥典)》(2015년 판)에서는 이 종을 중약 맥동의 법정기원식물 내원종으로 수록하였다. 소엽맥문동은 대부분 재배종이며, 절강에서 주로 생산되는 것을 '절맥동(항맥동)'이라고 하며, 사천에서 생산되는 것을 '천맥동'이라고 한다. 《대한민국약전》(제11개정판)에서는 '맥문동'을 "백합과에 속하는 맥문동(*Liriope platyphylla* Wang et Tang) 또는 소엽맥문동(*Ophiopogon japonicus* Ker−Gawler)의 뿌리의 팽대부(膨大部)"로 등재하고 있다.

맥문동에는 스테로이드 사포닌, 호모이소플라본, 다당류 등이 함유되어 있으며, 사포닌과 다당이 주요 활성성분에 해당한다. 《중국약전》에서는 맥문동의 수용성 침출물(냉침법)의 함량을 60% 이상으로 약재의 규격을 정하고 있다.

약리연구를 통하여 소엽맥문동에는 항심율실조(抗心律失調), 항심근허혈(抗心筋虛血), 심장기능 개선, 면역기능 강화, 항염, 항돌연변이, 혈당강하, 노화억제 등의 작용이 있는 것으로 알려져 있다.

한의학에서 맥문동은 양음생진(養陰生津), 윤폐청심(潤肺淸心) 등의 작용이 있다.

소엽맥문동 麥冬 *Ophiopogon japonicus* (L. f) Ker-Gawl.

약재 맥문동 藥材麥冬 Ophiopogonis Radix

함유성분

뿌리의 팽대부에는 사포닌 성분으로 ophiopogonins A, B, C, D, B', C', D', (23S,24S,25S)-23,24-dihydroxyruscogenin l-O-[α-L-rhamnopyranosyl (1→2)][β-D-xylopyranosyl (1→3)]-α-L-arabinopyranoside 24-O-β-D-fucopyranoside, l-borneo1 O-β-D-glucopyranoside[1], ophipo-japonins

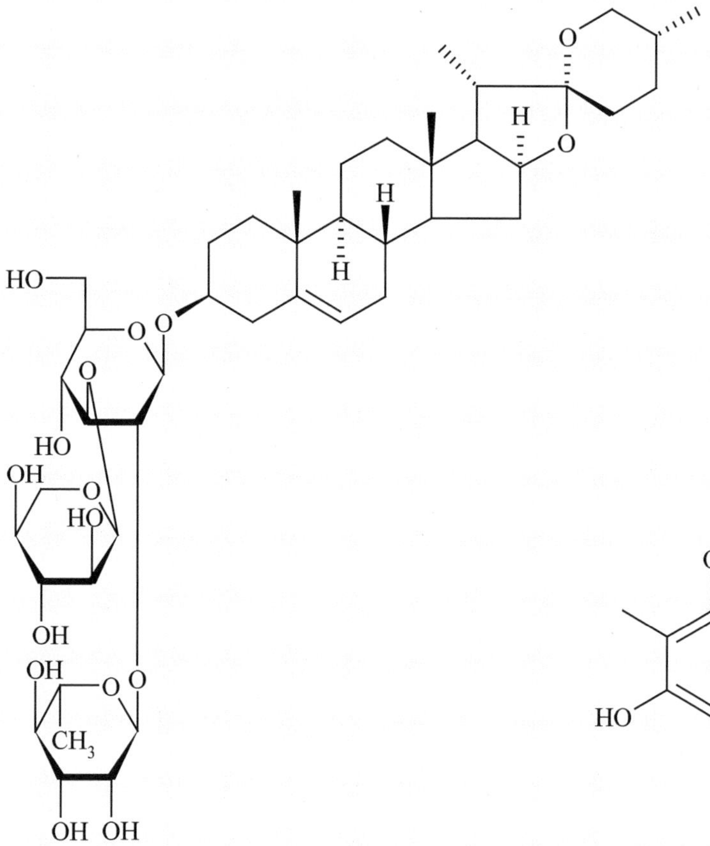

ophiopogonin C

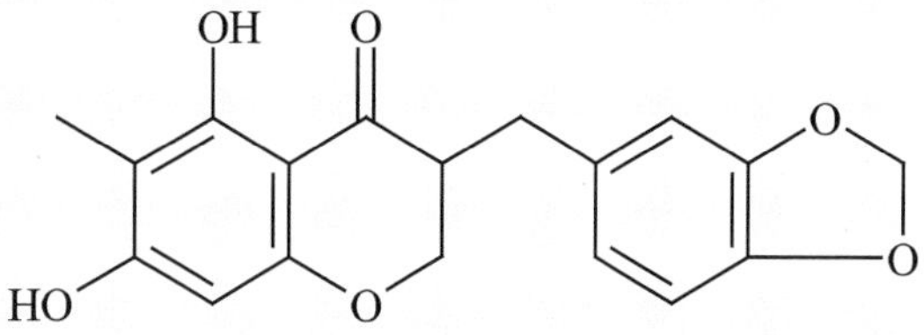

ophiopogonanone A

A, B[2], ophiogenin 3-O-α-L-rhamnopyranosyl-(1→2)-β-D-glucopyranoside[3], ophiopogonoside A[4], 호모이소플라보노이드 성분으로 ophiopogonones A, B, C, methylophiopogonones A, B, 2′-hydroxy methylophiopogonone A, isoophiopogonone A, 6-aldehydroisoophiopogonones A, B, ophiopogonanones A, C, D, E, F, methylophiopogonanones A, B[5-8], 6-aldehydoisoophiopogonanones A, B, 5,7-dihydroxy-8-methoxy-6-methyl-3-(2′-hydroxy-4′-methoxybenzyl)chroman-4-one, 2,5,7-trihydroxy-6,8-dimethyl-3-(3′,4′-methylenedioxybenzyl)chroman-4-one[9], 다당류 성분으로 Md-1, Md-2[10], 안트라퀴논 성분으로 chrysophenol, emodin[8] 등이 함유되어 있다.

약리작용

1. 심혈관계에 대한 영향

맥문동의 사포닌을 정맥에 주사하면 클로로포름-아드레날린에 의해 유도된 토끼의 심박실상과 염화바륨 및 아코니틴에 의해 유도된 Rat의 심박실상을 길항 또는 예방하며, 관상동맥 결찰에 의한 개의 심실성 심박실조의 발생률을 감소시킨다[11]. 또한 복강에 맥문동의 사포닌을 주사하면 Mouse의 심혈관 혈류량을 증가시키고[12], 경구투여하면 실험성 심근허혈 Rat의 S-T단계 및 T파의 변화를 억제한다. 그 밖에 심근경색이 유도된 심근혈청 중의 크레아틴포스포키나아제(CPK), 젖산탈수소효소(LDH)와 심근조직 중의 슈퍼옥시드디스무타아제(SOD), 말론디알데하이드(MDA) 등의 함량을 감소시켜 Rat의 심근허혈을 개선한다[13]. 또한, 사포닌을 저산소/재산소화 상태의 심근세포에 투여하면 LDH 수준이 저하하고 심박수를 증가시키는 효과를 보인다[14]. 맥문동의 사포닌을 Rat에게 경구투여하면 농도 의존적으로 아데노신이인산(ADP)에 의해 유도된 혈소판응집 및 동 · 정맥 주변 혈전 형성을 억제한다[15]. 맥문동의 열수 추출물을 토끼의 위에 주입해 얻은 약물혈청은 인체복대동맥혈관내피세포(HUVEC)의 증식 및 미토콘드리아 매개 대사반응을 촉진하며, 유리기를 제거하여 SOD의 활성을 증가시키고, 내독소 반응으로 인한 HUVEC의 괴사를 감소시킨다[17]. 또한 bcl-2 유전자의 발현과 Ca^{2+}의 과도한 방출을 완화하며, 지질다당(LPS)에 의해 유도된 HUVEC의 괴사를 억제함과 동시에 LPS로 인한 배양액 상층의 일산화질소와 엔도셀린의 증가를 저하시킨다[18-19]. 또한 혈관내피세포의 혈관 내 조절물질의 동태평형과 생리기능을 유지시킨다[19]. *In vitro*에서는 고농도 인슐린과 고농도 트리글리세라이드에 의해 유도된 혈관평활근세포(VSMC)의 증식을 억제할 수 있으며, 고농도 인슐린과 고지혈 조성 세포의 형태변화를 뚜렷하게 완화한다[20]. 맥문동의 추출물을 Mouse에 경구투여하면 귓바퀴의 미세동맥과 미세정맥의 직경 및 혈액류량을 변화시켜 미세순환을 개선한다[21].

2. 노화억제

맥문동의 물 추출물을 Rat에 경구투여하면 D-갈락토오스에 의해 노화반응이 유도된 뇌조직과 적혈구의 SOD, 간 조직의 글루타치온과산화효소(GSH-Px) 등의 활성을 촉진하며, 간 조직과 혈중 MDA의 함량을 감소시키고, Rat의 적혈구 C_3b수용체화환율(RBC · C_3bRR)과 종양 적혈구 화환율(RBC · CaR)을 제고시킨다. 반면 적혈구 면역복합물화환율(RBC · ICR)과 노화 Rat의 혈장점도는 저하시킨다[24].

3. 산소결핍 내성

맥문동의 열수 추출물, 맥문동의 사포닌, 맥문동의 다당을 Mouse의 복강에 주사하면 상압에서 산소결핍이 유도된 Mouse와 이소프레날린을 피하에 주사한 Mouse의 저압조건에서 생존시간을 연장시킬 수 있다[25].

4. 면역기능 조절

맥문동의 열수 추출물, 맥문동의 사포닌, 맥문동의 다당을 Mouse의 복강에 주사하면 비장의 중량과 탄소분자 제거작용을 증강시킨다. 또한 Mouse 혈청 중 용혈효소의 생성을 촉진하며, 시클로포스파미드와 ^{60}Co의 조사(照射)로 인한 백혈구의 감소를 길항한다[25].

5. 항염

맥문동의 물 추출물을 Mouse에 경구투여하면 디메칠벤젠에 의해 유도된 귓바퀴 종창과 카라기난에 의해 유도된 발바닥 종창을 뚜렷하게 억제하며, 카라기난에 의한 Rat의 흉막 백혈구 천이, 자이모산 A에 의해 유도된 Mouse의 복막 백혈구와 호중성 백혈구의 천이를 뚜렷하게 억제한다. 이들 항염작용의 활성성분은 루스코게닌과 오피오포게닌 D이다[26].

6. 항돌연변이

맥문동의 물 추출물을 Mouse에 경구투여하면 $CdSO_4$에 의해 유도된 다염성정적아구(PCE)의 미핵률을 억제할 수 있으며, 농도 의존적으로 메칠메탄설포네이트에 의한 Mouse의 비정상적인 정자의 DNA 합성을 억제할 수 있다[27-28].

7. 혈당강하

맥문동의 물 추출물을 토끼에 경구투여하면 혈당을 강하하는 효과가 있으며, 이자 β세포의 회복과 간 글리코겐의 증가를 촉진한다. 맥문동의 다당을 정상 Mouse에 경구투여하면 포도당, 아드레날린, 알록산에 의해 유도된 당뇨병에 대해 혈당을 강하하는 작용이 있다[29].

용 도

맥문동은 중의임상에서 사용하는 약이다. 양음윤폐[養陰潤肺, 음액(陰液)을 보태어 폐를 윤택하게 함], 익위생진(益胃生津, 위장을 도와 진액이 생기게 함), 청심제번[淸心除煩, 심열(心熱)을 제거하여 열로 인해 가슴이 답답하고 불안한 것을 치료함]의 효능이 있으며, 폐음(肺陰)

부족과 조열(燥熱, 바싹 마르고 더움)로 인한 마른기침과 가래가 나오지 않는 증상, 노열해수[勞熱咳嗽, 허로(虛勞)로 인하여 생기는 열과 기침] 등 건조성 기관지질환에 사용한다. 또한 위음허[胃陰虛, 위의 음액(陰液)이 부족함] 또는 열상위음(熱傷胃陰, 뜨거운 열에 의해 위의 음액이 상함)으로 인한 구갈인건(口渴咽乾, 갈증이 나면서 목이 마르는 증상), 변비 등에 사용하며, 심음허(心陰虛) 및 온열병(溫熱病)으로 인한 심번불면(心煩不眠, 가슴이 답답하여 잠을 못 이룸), 설강건조(舌絳乾燥, 혀가 몹시 붉어지고 건조함) 등의 치료에도 사용한다.
현대임상에서는 안구 결막염, 당뇨병, 관상동맥질환 등의 병증에 사용한다.

해 설

소엽맥문동과 같은 과, 맥문동속 식물인 호북맥동(湖北麥冬, *Liriope spicata* (Thunb.) Lour. var. *prolifera* Y. T. Ma)과 단정산맥동(短葶山麥冬, *L. muscari* (Decne.) 또한 《중국약전》에 수록된 중약 산맥동의 법정기원식물 내원종으로, 주의와 구별이 필요하다.
소엽맥문동은 덩이뿌리를 약으로 사용하며, 그 심근(心根)은 통상적으로 제거하여 사용한다. 기초 연구에 의하면 맥문동의 덩이뿌리와 심근의 함유성분 및 생물활성은 대체로 동일한 것으로 확인되었으므로[30-31], 맥문동 심근의 함유성분, 약리활성 등에 대한 종합적인 연구가 추가로 진행되어야 할 필요가 있다. 현재 중국 사천 면양현에 맥문동의 대규모 재배단지가 조성되어 있다.

참고문헌

1. T Asano, T Murayama, Y Hirai, J Shoji. Comparative studies on the constituents of ophiopogonis tuber and its congeners. VIII. Studies on the glycosides of the subterranean part of *Ophiopogon japonicus* Ker-Gawler cv. Nanus. *Chemical & Pharmaceutical Bulletin*. 1993, **41**(3): 566-570
2. 戴好富, 周俊, 譚寧華, 丁中濤. 川麥冬中的新C_{27}甾體苷. 植物學報. 2001, **43**(1): 97-100
3. M Adinolfi, M Parrilli, YX Zhu. Terpenoid glycosides from *Ophiopogon japonicus* roots. *Phytochemistry*. 1990, **29**(5): 1696-1699
4. ZH Cheng, T Wu, SWA Bligh, A Bashall, BY Yu. cis-Eudesmane sesquiterpene glycosides from *Liriope muscari* and *Ophiopogon japonicus*. *Journal of Natural Products*. 2004, **67**(10): 1761-1763
5. A Tada, R Kasai, T Saitoh, J Shoji. Studies on the constituents of ophiopogonis tuber. VI. Structures of homoisoflavonoids. (2). *Chemical & Pharmaceutical Bulletin*. 1980, **28**(7): 2039-2044
6. JM Chang, CC Shen, YL Huang, MY Chien, JC Ou, BJ Shieh, CC Chen. Five new homoisoflavonoids from the tuber of *Ophiopogon japonicus*. *Journal of Natural Products*. 2002, **65**(11): 1731-1733
7. YX Zhu, KD Yan, GS Tu. Two homoisoflavones from *Ophiopogon japonicus*. *Phytochemistry*. 1987, **26**(10): 2873-2874
8. 程志紅, 吳啓, 李林洲, 劉楠, 餘伯陽, 徐絡珊. 中藥麥冬脂溶性化學成分的研究. 中國藥學雜誌. 2005, **40**(5): 337-341
9. ANT Hoang, ST Van, A Porzel, K Franke, LA Wessjohann. Homoisoflavonoids from *Ophiopogon japonicus* Ker-Gawler. *Phytochemistry*. 2003, **62**(7): 1153-1158
10. 折改梅, 石階平. 麥冬多糖Md-1, Md-2化學結構的研究. 西北藥學雜誌. 2003, **18**(2): 58-60
11. 陳敏, 楊正苑, 朱寄天, 蕭卓殷, 蕭蓉. 麥冬總皂苷抗心律失常作用及其電生理特性. 中國藥理學報. 1990, **11**(2): 161-165
12. 周躍華, 徐德生, 馮怡, 方軍, 夏卉麗, 劉瑾, 羅月琴, 倪嘉娜, 謝琪琪. 麥冬提取物對小鼠心肌營養血流量的影響. 中國實驗方劑學雜誌. 2003, **9**(1): 22-24
13. 金立玲, 閔暘. 麥冬總皂苷 (DMD) 抗實驗性大鼠心肌缺血. 中國藥理通訊. 2004, **21**(3): 11-12
14. 何平, 代趙明. 麥冬總皂苷對培養心肌細胞缺氧再給氧損傷的保護作用. 微循環學雜誌. 2005, **15**(2): 45-47
15. 金立玲, 閔暘. 麥冬總皂苷對 ADP 及膠原誘導的大鼠血小板聚集的影響, 中國藥理通訊. 2004, **21**(3): 12
16. 李民, 張旭, 朱平, 劉學鳳. 麥冬, 生地藥血清對血管內皮細胞增殖的影響. 國醫論壇. 2001, **16**(5): 43-44
17. 張旭, 龔婕寧, 卞慧敏, 許冬青, 項曉人, 許惠琴, 楊進, 王燦輝. 麥冬藥物血清抗血管內皮細胞凋亡的分子機理. 南京中醫藥大學學報(自然科學版). 2001, **17**(5): 289-290
18. 張旭, 張超英, 王文, 許冬青, 楊進. 麥冬藥物血清對血管內皮細胞凋亡相關基因表達及胞內 Ca^{2+} 的影響. 中國病理生理雜誌. 2003, **19**(6): 789-791
19. 吳德芹, 張旭. 麥冬藥物血清對VEC血管調節物質的影響. 中醫藥學報. 2004, **32**(2): 56-57
20. 周惠芳, 張旭, 吳德芹. 麥冬對誘導性血管平滑肌細胞增殖的拮抗作用. 浙江中西醫結合雜誌. 2003, **13**(9): 531-533
21. 黃厚才, 倪正. 麥冬對小鼠耳廓微循環的影響. 上海實驗動物科學. 2003, **23**(1): 57-58
22. 陶站華, 白書閣, 白晶. 麥冬對 D 半乳糖衰老模型大鼠的抗衰老作用研究. 黑龍江醫藥科學. 1999, **22**(4): 36-37
23. 張易水, 劉祥忠, 李華. 麥冬對衰老模型大鼠抗衰老作用的研究. 深圳中西醫結合雜誌. 1999, **9**(6): 26-27
24. 郭晶, 陳菲, 李麗華, 趙維明. 麥冬對 D-半乳糖衰老模型大鼠血液流變性的影響. 中國微循環. 2002, **6**(4): 246
25. 餘伯陽, 殷霞, 張春紅, 徐國鈞. 麥冬多糖的免疫活性研究. 中國藥科大學學報. 1991, **22**(5): 286-288
26. JP Kou, Y Sun, YW Lin, ZH Cheng, W Zheng, BY Yu, Q Xu. Anti-inflammatory activities of aqueous extract from Radix *Ophiopogon japonicus* and its two constituents. *Biological & Pharmaceutical Bulletin*. 2005, **28**(7): 1234-1238
27. 劉冰, 武廣恒. 麥冬對鎘所致遺傳損傷的抑制作用研究. 長春中醫學院學報. 1998, **14**(12): 53
28. 朱玉琢, 龐慧民, 劉念稚. 麥冬對甲基磺酸甲酯誘發的小鼠精子非程式 DNA 合成的抑制作用. 吉林大學學報(醫學版). 2002, **28**(5): 461-462
29. 陳衛輝, 錢華, 王慧中. 麥冬多糖對正常和實驗性糖尿病小鼠血糖的影響. 中國現代應用藥學雜誌. 1998, **15**(4): 21-22

30. 黃天俊, 金虹. 麥冬及其鬚根藥效成分的對比實驗. 中國藥學雜誌. 1990, **25**(1): 11-13
31. 黃可泰, 劉中申, 俞哲達, 徐元. 麥冬鬚根的綜合開發利用研究. 中國中藥雜誌. 1992, **17**(1): 21-23

계시등 雞矢藤

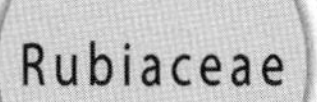

Paederia scandens (Lour.) Merr.

Chinese Fevervine

개 요

꼭두서니과(Rubiaceae)

계시등(雞矢藤, *Paederia scandens* (Lour.) Merr.)의 뿌리 및 전초를 건조한 것

중약명: 계시등

계시등속(*Paederia*) 식물은 전 세계에 약 20~30종이 있으며, 대부분 아시아 열대 지역에 분포한다. 중국에는 약 11종과 변종 1종이 있으며, 이 속에서 약으로 사용되는 것은 4종이다. 이 종은 중국의 화동, 화남, 서남, 서북 지역 및 산동, 하남, 강서, 호남 등에 자생하며, 한반도, 일본 및 동남아시아 각국에도 분포한다.

'계시등'의 명칭은《식물명실도고(植物名實圖考)》에서 최초로 수록되었으며, 중국 민간에서 널리 사용되는 약초로 중국의 양자강 유역과 그 이남 각지에서 생산된다.

계시등에는 이리도이드 화합물이 주로 함유되어 있으며, 플라본과 정유, 이황화메칠, 알부틴 등이 주성분으로, 품질관리의 지표성분이다.

약리연구를 통하여 계시등에는 진통, 항경궐(抗驚厥), 평활근 이완, 항균, 거담(祛痰), 혈압강하 및 국소마취 등의 작용이 있는 것으로 알려져 있다.

한의학과 민간의약에서 계시등에는 거풍제습(祛風除濕), 소식화적(消食化積), 해독소종(解毒消腫), 활혈지통(活血止痛) 등의 작용이 있다.

※ '계시등(雞矢藤)'을 우리나라에서는 닭의 오줌냄새가 나는 식물이라 하여 한자로 계뇨등(鷄尿騰)으로 쓰고 있으나 닭은 오줌을 누지 않음으로 계시등(鷄矢騰)으로 부르는 것이 맞다.

계시등 雞矢藤 *Paederia scandens* (Lour.) Merr.

약재 계시등 藥材雞矢藤 Paederiae Scandentis Herba

함유성분

식물체 모든 부위에는 이리도이드 성분으로 paederoside, paederosidic acid, scanderoside, asperuloside, deacetylasperuloside[4], deacetyl-paederosidic acid[5], 6′-O-E-feruloylmonotropein, 10-O-E-feruloylmonotropein[6], 정유성분으로는 linalool oxide, trans-linalool oxide[7]와 dimethyl disulfide[1]로 주로 구성되어 있다. 또한 시안 배당체와 페투니딘 배당체, delphinidin, malvidin, peonidin[8]과 arbutin[9] 등이 함유되어 있다.

잎에는 arbutin[9] 성분이 함유되어 있다.

열매에는 arbutin, oleanolic acid[9], paederia lactone[10], paederinin[11] 등의 성분이 함유되어 있다.

paederoside

paederosidic acid

약리작용

1. 진통
   Rat의 통증유도 전후에 계시등 주사액을 주사하면 벌독 또는 포르말린에 의해 유도된 Rat의 자발족부반사의 횟수를 뚜렷하게 감소시키는 작용이 있다[12].
2. 항경궐
   계시등에 함유된 이황화메칠을 토끼의 정맥에 주사하면 막신경전위에서 발생하는 흥분 · 억제에 대해 양방향 효과가 있는데, 사용량이 증가함에 따라 억제효과도 증강되며, 심박과 뇌신경 활동에 뚜렷한 억제작용이 있다[1]. 두꺼비의 외주신경절 흥분전달에 대해서도 뚜렷한 억제효과가 있다[1]. 페니실린에 의해 유도된 Rat의 대뇌피질 전간방전에 대해 복강에 이황화메칠 혼탁액을 주사하면 대뇌피질의 전간방전 빈도를 쉽게 해 주며, 비대칭적으로 측뇌의 전간방전을 유도한다. 이는 이황화메칠 화합물이 대뇌피질의 신경전달을 활성화시키는 물질인 동시에 중추신경 독성을 가지고 있음을 시사한다. 또한 이황화메칠은 대뇌피질의 전간방전에 대해 촉진작용이 있어 동물 모델에 대해 경궐을 유도하며, 계시등이 펜틸렌테트라졸에 의해 유도된 동물의 경궐작용을 길항하는 작용을 보이는데, 이는 외주변 신경절의 근육을 이완시키는 현상과 관련된 것으로 보이며, 중추신경에 대한 항경궐과는 관련이 없다[2].

3. 평활근에 대한 영향

계시등의 알칼로이드류는 장관근육의 수축을 억제하며, 아울러 아세틸콜린에 의한 장관의 경련성 수축을 억제할 수 있다. 계시등의 주사액은 히스타민으로 유도되는 장관의 경련성 수축에 대해서도 길항작용이 있다.

4. 기타

계시등의 열수 추출물은 *in vitro*에서 황색포도상구균과 이질간균에 대해 억제작용이 있으며, 계시등의 침고를 Mouse에 경구투여하면 거담(祛痰)작용이 있다. 계시등의 주사액은 혈압강하와 국소마취작용이 있으며[13], 에탄올 추출물에는 유문나선간균의 활성을 억제하는 효과가 있다[14].

용 도

계뇨등은 중의임상에서 사용하는 약이다. 거풍제습[祛風除濕, 풍습(風濕)을 없애 줌], 소식화적(消食化積, 음식에 체한 것을 소화시켜 아래로 내려 보내고 비위의 소화기능을 회복시켜 줌), 해독소종[解毒消腫, 해독하여서 피부에 발생된 옹저(癰疽)나 상처가 부은 것을 삭아 없어지게 함], 활혈지통(活血止痛, 혈액순환을 촉진하여 통증을 멈추게 함) 등의 효능이 있으며, 풍습비통(風濕痹痛, 풍습으로 인해 관절이 아프고, 통증이 심해지는 증상), 질타손상(跌打損傷, 외상으로 인한 온갖 병증), 식적복창(食積腹脹, 음식에 체하여 배가 포만함), 소아감적(小兒疳積, 어린아이의 얼굴이 누렇고 배가 부르며 몸이 여위는 증상)과 설사, 이질, 황달, 해수(咳嗽, 기침), 나력(瘰癧, 림프절에 멍울이 생긴 병증) 및 각종 종독(腫毒, 헌데에 독이 생긴 증상), 습진, 피부염, 화상, 독사교상(毒蛇咬傷, 짐승, 뱀, 독벌레 등 동물에게 물려서 생긴 상처) 등의 치료에 사용한다.

현대임상에서는 각종 통증, 간염, 간비종대[肝脾腫大, 간비장(肝脾臟)이 붓고 커진 증상], 만성 기관지염, 폐결핵, 대상포진, 신경성 피부염 등의 병증에 사용하며, 국소마취에 사용하기도 한다.

해 설

계시등의 변종인 모계시등과 이 종은 유사한 효능이 있다.

계시등은 전통적인 중약재로, 그 자원이 매우 풍부하여 이미 중국의 각 민족들이 다양하게 사용하고 있으나, 그 용도가 모두 동일하지는 않다. 가령 백족(白族), 묘족(苗族), 동족(僮族) 등은 이 품목을 간비종대에 사용하는데[15], 아직까지는 구체적인 연구와 실증이 부족한 상황이며, 계시등 침고의 사염화탄소로 인한 간 손상에 대한 보호작용이 명확하게 증명되지는 않고 있다[16]. 따라서 계시등의 활성성분과 약리작용의 상관성에 대한 연구가 다양하게 진행되어야 할 필요가 있다.

임상에서 계시등의 주사액은 그 활용도가 매우 높고, 효과가 빠르다. 계시등에는 모르핀과 페티딘 등과 유사한 진통작용이 있는데, 진통효과의 지속시간은 모르핀에 비하여 길면서도 부작용이 없고, 의존성과 내성을 나타내지 않는 특징이 있다[17]. 계시등에 대한 계속된 연구를 통하여 독성 부작용이 적은 천연진통제를 개발할 수 있을 것으로 기대된다.

참고문헌

1. 張桂林, 韓丹, 劉維澤, 湯劍青, 袁肇金, 黎旭文. 雞屎藤的一種活性成分: 二甲基二硫化物的藥理研究. 湖北醫科大學學報. 1993, **14**(4): 309-311
2. 韓丹, 張桂林, 劉維澤, 袁肇金. 雞屎藤的活性成分: 二甲基二硫化物對大鼠癲癎放電影響的實驗研究. 湖北醫科大學學報. 1994, **15**(4): 312-315
3. 陳纘光, 張孔, 莫金垣, 潘愛華, 周瓊. 毛細管電泳安培法測定雞矢藤中熊果苷的含量. 分析化學. 2002, **30**(7): 886
4. H Inouye, S Inouye, N Shimokawa, M Okigawa. Monoterpene glucosides. VII. Iridoid glucosides of *Paederia scandens*. *Chemical & Pharmaceutical Bulletin*. 1969, **17**(9): 1942-1948
5. K Komai, S Omori, M Shimizu, M Hamada. Isolation of iridoid glucosides from *Paederia scandens* Merrill and assay of biological activities. *Zasso Kenkyu*. 1993, **38**(2): 97-102
6. YL Kim, YW Chin, JW Kim, JH Park. Two new acylated iridoid glucosides from the aerial parts of *Paederia scandens*. *Chemical & Pharmaceutical Bulletin*. 2004, **52**(11): 1356-1357
7. 餘愛農, 龔發俊, 劉定書. 雞屎藤鮮品揮發油化學成分的研究. 湖北民族學院(自然科學版). 2003, **21**(1): 41-43
8. K Yoshitama, K Ishii, H Yasuda. A chromatographic survey of anthocyanins in the flora of Japan. I. *Journal of the Faculty of Science, Shinshu University*. 1980, **15**(1): 19-26
9. T Kurihara, N Iino. The constituents of *Paederia chinensis*. *Yakugaku Zasshi*. 1964, **84**(5): 479-481
10. S Suzuki, Y Endo. Studies on the constituents of the fruits of *Paederia scandens*. Structure of a new iridoid, paederia lactone. *Journal of Tohoku Pharmaceutical University*. 2004, **51**: 17-21
11. S Suzuki, K Endo. The constituents of *Paederia scandens* fruits. Isolation and structure determination of paederinin. *Annual Report of the Tohoku College of Pharmacy*. 1993, **40**: 73-78

12. 彭小莉, 高喜玲, 陳軍, 黃熙, 陳會生. 雞矢藤注射液和野木瓜注射液對大鼠足底皮下化學組織損傷誘致自發痛, 痛敏和炎症的作用. 生理學報. 2003, **55**(5): 516-524

13. 王本祥. 現代中藥藥理學. 天津: 天津科學技術出版社. 1997: 682-683

14. YC Wang, TL Huang. Screening of anti-*Helicobacter pylori* herbs deriving from Taiwanese folk medicinal plants. *FEMS Immunology and Medical Microbiology*. 2005, **43**(2): 295-300

15. 中國藥品生物製品檢定所, 雲南省藥品檢驗所. 中國民族藥志. 第二卷. 北京: 人民衛生出版社. 1990: 281-287

16. 魏玉, 張德玉, 黃秉樞, 李永渝, 陳曉燕, 劉佳雲. 雞矢藤對小鼠四氯化碳肝損傷的保護作用. 中華肝膽外科雜誌. 2003, **9**(4): 238-239

17. 孫海明, 楊海波, 王鳳江. 剖宮産術後應用雞矢藤或嗎啡施行 PCEA 鎮痛的效果比較. 中國麻醉與鎮痛. 2003, **5**(1): 51

작약 芍藥 CP, KP, JP, VP

Ranunculaceae

Paeonia lactiflora Pall.

Red Peony

개 요

미나리아재비과(Ranunculaceae)

작약(芍藥, *Paeonia lactiflora* Pall.)의 뿌리로, 끓는 물로 삶아 외피를 제거하거나, 껍질을 제거하고 다시 삶은 뒤 그늘에서 건조한 것

중약명: 백작(白芍)

모란속(*Paeonia*) 식물은 전 세계에 약 35종이 있으며, 유럽과 아시아의 온대 지역에 분포한다. 중국에는 약 11종과 10종의 변종이 있으며, 이 중 약으로 사용되는 것은 약 11종이다. 이 종은 중국의 동북, 내몽고, 하북, 산서 등에 분포하며 각지에서 재배된다. 그 밖에 한반도와 일본에도 분포한다.

'작약'이라는 명칭은 맨 처음 《신농본초경(神農本草經)》에 중품으로 기재되었다. 역대의 본초서적에 다양한 기록이 있으며, 재배종과 야생종의 구별이 있으나, 모두 이 종을 기원으로 한다. 《중국약전(中國藥典)》(2015년 판)에서는 이 종을 중약 백작과 적작의 법정 기원식물 내원종으로 수록하였다. 오늘날 작약은 주로 재배품이 주류를 이루며, 중국의 절강, 안휘, 산동 등이 주요산지이다.

작약의 주요 활성성분은 모노테르펜 배당체와 페놀류 화합물이다. 《중국약전》에서는 고속액체크로마토그래피법을 이용하여 패오니플로린의 함량을 1.6% 이상으로 약재의 규격을 정하고 있다.

약리연구를 통하여 백작약에는 경련억제, 진통, 면역조절, 간장보호 등의 작용이 알려져 있다.

한의학에서 백작약에는 평간지통(平肝止痛), 양혈조경(養血調經), 염음지한(斂陰止汗) 등의 효능이 있다.

작약 芍藥 *Paeonia lactiflora* Pall. (*P. albiflora* Pall.)

약재 작약 藥材芍藥 Paeoniae Alba Radix

약재 적작 藥材赤芍 Paeoniae Rubra Radix

함유성분

뿌리에는 모노테르페노이드 성분으로 paeoniflorin, benzoylpaeoniflorin, galloylpaeoniflorin[1], hydroxypaeoniflorin[2], albiflorin R1[3], oxy-paeoniflorin[4], paeoniflorigenone[5], (Z)-(1S,5R)-β-pinen-10-yl-β-vicianoside[6], paeonilactones A, B, C[7], 6-O-β-D-glucopyranosyl-lactinolide[8], 트리테르페노이드 성분으로 11α,12α-epoxy-3β,23-dihydroxyolean-28,13β-olide, 3β-hydroxy-11-oxoolean-12-en-28-oic acid, 3β-hydroxy-olean-11,13(18)-dien-28-oic acid, 3b,23-dihydroxy-olean-11,13(18)-dien-28-oic acid[9], 11α,12α-epoxy-3β, 23-dihydroxy-30-norolean-20(29)-en-28,13β-olide[10] 등이 함유되어 있다. 또한 가수분해성 탄닌 성분으로 1,2,3,4,6-penta-galloyl glucose[1], (+)-catechin, 1,2,3,4-tetragalloyl-6-digalloyl-β-D-glucose[11], 정유성분에는 안식향산과 파에오놀[12] 성분이 주로 함유되어 있다.

paeoniflorin

약리작용

1. 경련억제

백작약의 물 추출물은 토끼의 위장관평활근에 대하여 뚜렷한 억제작용이 있다[13]. 격일 금식으로 인해 위장장애가 발생한 Rat에 백작약의 열수 추출물을 투여하면 질소 활성화 신경계 활성을 억제하고 콜린 효능성 신경계 활성을 촉진함으로써 소화관 전위활성을 정상화한다[14]. 백작약의 물 추출물은 옥시토신에 의해 수축이 발생한 Mouse 적출자궁에 대해서도 뚜렷한 억제작용이 있다[15].

2. 진통

Mouse의 열판자극과 꼬임자극에 대해 백작약의 배당체는 진통작용이 있는데, Mouse의 통증호소 잠복기를 연장하고 몸부림 반응을 억제한다. 그 진통작용은 날록손에 의해 저해되지 않는다[16].

3. 면역조절

백작약의 물 추출물을 Mouse에게 먹이면 복강대식세포의 탐식률과 탐식지수에 대해 뚜렷한 증강작용이 있다[17]. 백작약의 배당체는 농도 의존적으로 Rat 복강대식세포가 생성하는 류코트리엔 B_4의 합성을 억제하는데, 이는 동량의 항염제인 플루페남산의 작용과 유사하며, 농도 의존적인 작용이라는 점에서 백작약 배당체의 항염과 면역조절작용은 류코트리엔 B_4의 조절과 관련이 있을 것으로 생각된다[18]. 백작약의 배당체, 패오니플로린 및 백작약 배당체에서 패오니플로린을 제거한 부위는 모두 애주번트관절염(AA)과 Rat의 저하된 비장 임파세포 증식을 증강시키는 작용이 있으며, 복강대식세포의 인터루킨-1이 과도하게 분비되는 것을 방지하는 효과가 있다[19].

4. 간장 보호

백작약에 함유된 배당체는 D-갈락토사민, 지질다당(LPS)을 첨가한 칼메트-게랭균(BCG) 백신, CCl_4 및 알부민 등에 의해 유도된 각종 간 손상과 간섬유화 모델에 대해 보호작용이 있으며, 혈중 알라닌아미노기전이효소(ALT)와 아스파트산아미노기전달효소(AST)의 농도를 뚜렷하게 저하시킴으로써 간장의 병리적 손상과 섬유화 정도를 감소시킨다[20].

5. 항균

백작약은 황색포도상구균, 용혈성 연쇄상구균, 녹색 연쇄상구균, 폐렴구균, 티푸스균, 파라티푸스균, 대장균, 녹농간균 등에 대해 각기 다른 정도의 억제작용이 있다[17].

6. 심혈관계에 대한 영향

백작약의 배당체는 아데노신이인산(ADP)에 의해 유도된 Rat의 혈소판응집을 억제하는 작용이 있으며[21], 뇌하수체후엽호르몬으로 인한 토끼의 심근 허혈을 개선하는 작용이 있다. 또한 질식성 산소결핍 Mouse의 심전도 소실시간을 연장시키며[22], Mouse의 두개골 탈골 후의 천식시간을 연장시킬 수 있다. Rat의 뇌전류활동을 개선하며, 뇌의 칼슘, 나트륨 및 수분함량을 감소시킴으로써 뇌경색에 대한 보호효과를 나타내는데, 이는 활성산소를 감소시키고 세포자살을 저해하는 것과 관련이 있다[23-24].

7. 기타

백작약에는 항종양[25-26], 항혈지[27], 항노화[28], 항스트레스 및 학습기억능력 촉진[29] 등의 작용이 있다.

용 도

작약은 중의임상에서 사용하는 약이다. 청열양혈[清熱凉血, 열사(熱邪)를 꺼 주고 열로 인해서 생긴 혈분(血分)의 열사를 식혀 줌], 활혈산어(活血散瘀, 혈의 운행을 활발히 하여 어혈을 없애 줌) 등의 효능이 있으며, 반진토뉵(斑疹吐衄, 피부에 붉은색 또는 자색의 반점이 생기며 토하고 코피가 나는 증상), 온사상음[溫邪傷陰, 온열병(溫熱病)으로 진음(眞陰)이 손상된 것], 음허발열(陰虛發熱, 음허로 인한 발열), 혈체경폐[血滯經閉, 혈체(血滯, 혈액순환이 더디어 잘 나가지 못하는 것)로 인해서 월경이 멎은 것], 통경징가(痛經癥瘕, 월경 중에 또는 월경 전후에 아랫배나 허리가 아프고 아랫배 속에 덩이가 생긴 증상), 질타손상(跌打損傷, 외상으로 인한 온갖 병증), 옹양종독(癰瘍腫毒), 장옹복통(腸癰腹痛, 장옹이 있고 복통이 있는 것) 등의 치료에 사용한다.

현대임상에서는 피부병, 원발성 혈소판성 자반(紫癜, 열병으로 자색의 반점이 발생하는 증상), 고혈압, 과민성 비염 등의 병증에 사용한다.

해 설

작약의 가공하지 않은 건조된 뿌리도 약으로 사용하는데, 중약명은 적작(赤芍)이며, 청열양혈(清熱凉血), 산어지통(散瘀止痛)의 작용이 있다. 적작약의 함유성분은 백작약과 거의 동일하지만 그 함량에 일부 차이가 있다. 연구를 통하여 동일 산지에서 재배된 작약뿌리는 가공 후에 화학적으로 변화가 생기는데, 껍질을 벗기고 삶게 되면 패오니플로린의 함량이 37~56%가량 감소하고, 갈산의 함량은 8~25% 감소되며, 안식향산의 함량은 83~92% 감소된다[30]. 적작약과 백작약의 함유성분 변화와 약리작용에 대한 상관성 연구가 좀 더 심도 있게 진행되어야 할 것이다. 현재 중국 사천성 거현(渠縣)에 백작약의 과학기술표준재배단지가 조성되어 있다.

적작약의 상세한 약리작용은 '천적작' 부분(162쪽)을 참고하면 된다.

참고문헌

1. 張曉燕, 王金輝, 李銑. 白芍的化學成分研究. 瀋陽藥科大學學報. 2001, **18**(1): 30-32

2. 張繼振, 陳海生, 孫黎明, 李銀姬. 杭白芍化學成分的研究. 延邊大學學報(自然科學版). 1998, **24**(4): 24-25, 34

3. 張曉燕, 高崇凱, 王金輝, 李銑. 白芍中的一種新的單萜苷. 藥學學報. 2002, **37**(9): 706-708

4. M Kaneda, Y Iitaka, S Shibata. Chemical studies on the oriental plant drugs. XXXIII. Absolute structure of paeoniflorin, albiflorin, oxypaeoniflorin, and benzoylpaeoniflorin isolated from Chinese paeony root. *Tetrahedron*. 1972, **28**(16): 4309-4317

5. M Shimizu, T Hayashi, N Morita, I Kimura, M Kimura, F Kiuchi, H Noguchi, Y Iitaka, U Sankawa. Paeoniflorigenone, a new monoterpene from peony roots. *Tetrahedron Letters*. 1981, **22**(32): 3069-3070

6. HY Lang, SZ Li, T McCabe, J Clardy. A new monoterpene glycoside of *Paeonia lactiflora*. *Planta Medica*. 1984, **50**(6): 501-504

7. T Hayashi, T Shinbo, M Shimizu, M Arisawa, N Morita, M Kimura, S Matsuda, T Kikuchi. Paeonilactone-A, -B, and -C, new monoterpenoids from peony root. *Tetrahedron Letters*. 1985, **26**(31): 3699-3702

8. N Murakami, M Saka, H Shimada, H Matsuda, J Yamahara, M Yoshikawa. New bioactive monoterpene glycosides from Paeoniae Radix. *Chemical & Pharmaceutical Bulletin*. 1996, **44**(6): 1279-1281

9. A Ikuta, K Kamiya, T Satakek, Y Saiki. Triterpenoids from callus tissue cultures of Paeonia species. *Phytochemistry*. 1995, **38**(5): 1203-1207

10. K Kamiya, K Yoshioka, Y Saiki, A Ikuta, T Satake. Triterpenoids and flavonoids from *Paeonia lactiflora*. *Phytochemistry*. 1997, **44**(1): 141-144

11. M Miyazawa, H Maruyama, H Kameoka. Volatile flavor components of crude drugs. Part II. Essential oil constituents of paeonia radix, *Paeonia lactiflora* Pall. (*P. albilora* Pall.). *Agricultural and Biological Chemistry*. 1984, **48**(11): 2847-2849

12. MH Bang, JC Song, SY Lee, NK Park, NI Baek. Isolation and structure determination of antioxidants from the root of *Paeonia lactiflora*. *Han'guk Nonghwa Hakhoechi*. 1999, **42**(2): 170-175

13. 李懷荊, 郭忠興, 陳曉光, 馬春力, 趙錦程, 鄭文濤. 甘草, 白芍及合用對在體兔腸管運動的影響. 佳木斯醫學院學報. 1992, **15**(5): 10-12

14. 龍慶林, 王振華, 任文海. 白芍對大鼠胃電節律失常的影響機理. 世界華人消化雜誌. 2001, **9**(1): 109-110

15. 華永慶, 洪敏, 李璿, 餘黎, 孫小玉. 當歸, 芍藥, 香附及其配伍對離體小鼠子宮痛經模型的影響. 浙江中醫雜誌. 2003, **38**(1): 26-27

16. 王本祥. 現代中藥藥理學. 天津: 天津科學技術出版社. 1997: 1313-1320

17. 梁旻若, 劉倩嫻, 辛達愉, 丘佩環, 陳妙歡, 傅定中, 謝舜珍, 劉克彪, 陳露西, 麥燕霞, 梁可聯. 白芍藥的抗炎免疫藥理作用研究. 新中醫. 1989, **21**(3): 51-53

18. 李俊, 趙維中, 陳敏珠, 徐叔雲. 白芍總苷對大鼠腹腔巨噬細胞產生白三烯B_4的影響. 中國藥理學通報. 1992, **8**(1): 36-39

19. 葛志東, 周愛武, 王斌, 沈玉先, 丁長海, 張安平, 魏偉, 徐叔雲. 白芍總苷, 芍藥苷和白芍總苷去除芍藥苷對佐劑性關節炎大鼠的免疫調節作用. 中國藥理學通報. 1995, **11**(4): 303-305

20. 魏偉, 劉家駿, 劉家琴, 李旭, 徐叔雲. 白芍總苷對乙型肝炎的治療作用及其前景. 中國藥理學通報. 2000, **16**(5): 597-598

21. 楊耀芳, 王欽茂, 樊彥, 邊曉松, 高志榮, 徐志輝. 白芍總苷對大鼠血小板聚集的影響. 安徽中醫學院學報. 1993, **12**(1): 51-52

22. 祝曉光, 韋穎梅, 劉桂蘭, 韓永勤. 白芍總苷對急性心肌缺血的保護作用. 中國藥理學通報. 1999, **15**(3): 252-254

23. 劉瑋, 吳華璞, 祝曉光, 明亮, 董淑英, 童旭輝. 白芍總苷對鼠腦缺血的保護作用. 安徽醫科大學學報. 2001, **36**(3): 186-188

24. 吳華璞, 祝曉光. 白芍總苷對大鼠局灶性腦缺血的保護作用. 中國藥理學通報. 2001, **17**(2): 223-225

25. 晏雪生, 李瀚旻, 彭亞琴, 明安萍, 甄春芳. 芍藥苷對人肝癌細胞株Bel-7402增殖的影響. 中西醫結合肝病雜誌. 2001, **11**(5): 287-288

26. 蔡玉文, 李玉蘭, 趙磊. 白芍總苷對實驗性肝癌淋巴細胞酶活性的影響. 遼寧中醫雜誌. 1999, **26**(6): 285-287

27. 董曉暉, 柳玉萍, 趙瑋, 尹祥敏. 白芍總苷對家兔慢性高脂血症的脂質調節及抗脂質過氧化作用. 湖北民族學院學報. 醫學版. 2003, **20**(2): 15-16, 19

28. 李懷荊, 趙錦程, 張明遠, 郭忠興, 王淑秋, 朱玉梅, 何麗華, 栗波. 白芍水煎劑對老齡小鼠抗衰老作用的實驗研究. 佳木斯醫學院學報. 1997, **20**(4): 1-2

29. 周丹, 韓大慶, 劉靜, 王永奇, 錢永強, 呂琳, 楊明. 白芍, 赤芍及卵葉芍藥滋補強壯作用的研究初探. 吉林中醫藥. 1993, **2**: 38-39

30. 周紅濤, 駱亦奇, 胡世林, 李潤鍇, 劉虎威, 馮學峰. 赤芍與白芍的化學成分含量比較研究. 中國藥學雜誌. 2003, **38**(9): 654-657

작약 재배단지

Ranunculaceae

목단 牡丹 CP, KP, JP, VP

Paeonia suffruticosa Andr.

Tree Peony

개 요

미나리아재비과(Ranunculaceae)

목단(牡丹, *Paeonia suffruticosa* Andr.)의 뿌리껍질을 건조한 것

중약명: 목단피(牡丹皮)

모란속(*Paeonia*) 식물은 전 세계에 약 35종이 있으며, 유럽과 아시아의 온대 지역에 분포한다. 중국에는 약 11종과 10종의 변종이 있으며, 이 중 약으로 사용되는 것은 약 11종이다. 이 종은 중국의 각지에서 재배된다.

'목단'이라는 약명은 맨 처음 《신농본초경(神農本草經)》에 중품으로 기재되었다. 《중국약전(中國藥典)》(2015년 판)에서는 이 종을 중약 목단피의 법정기원식물 내원종으로 수록하였다. 주요산지는 중국의 안휘, 사천, 호북, 호남 등이다.

목단의 주요 활성성분은 모노테르펜, 모노테르펜 배당체 및 페놀류 화합물 등이다. 《중국약전》에서는 고속액체크로마토그래피법을 이용하여 패오놀의 함량을 1.2% 이상으로 약재의 규격을 정하고 있다.

약리연구를 통하여 목단의 뿌리껍질은 중추억제, 항염, 항균 등의 작용이 있는 것으로 알려져 있다.

한의학에서 목단피는 진경(鎭痙), 지통(止痛), 양혈산어(涼血散瘀) 등의 효능이 있다.

목단 牡丹 *Paeonia suffruticosa* Andr. 꽃이 달린 가지 花枝

목단 牡丹 *P. suffruticosa* Andr.
열매가 달린 가지 果枝

약재 목단피 藥材牡丹皮 Moutan Cortex

함유성분

건조된 뿌리껍질에는 페놀 화합물 성분으로 paeonol[1], paeonoside, apiopaeonoside, paeonolide[2], kaempferol[3], mudanoside B[4], 모노테르페노이드와 모노테르페노이드 배당체 성분으로 paeoniflorin[2], suffruticosides A, B, C, D, E, galloyl-oxypaeoniflorin[5], paeonisuffrone, paeonisuffral[6], paeonisothujone, deoxypaeonisuffrone, isopaeonisuffral[7], oxypaeoniflorin, benzoylpaeoniflorin[2], galloylpaeoniflorin[3], paeoniflorigenone, 3-O-methylpaeonisuffral[8], mudanpioside J[3] 등이 함유되어 있다. 또한 4-hydroxyacetophenone, 3-hydroxy-4-meth-oxy benzoic acid[3], 2,3-dihydroxy-4-methoxyacetophenone, 3-hydroxy-4-methoxyacetophenone[1] 등이 함유되어 있다. 트리테르페노이드 성분으로 betulinic acid, betulin, oleanolic acid, 3β-23-dihydroxy-30-norolean-12,20(29)-dien-28-oic acid, mudanpinoic acid A[4], 6-hydroxy-coumarin, gallic acid[8], 1,2,3,4,6-penta-O-galloyl-β-D-glucose[9] 등이 함유되어 있다.

약리작용

1. 항염

목단의 물 추출물과 패오놀은 디메칠벤젠에 의해 유도된 Mouse의 귓바퀴 종창과 내독소에 의한 복강 모세포혈관 투과성 증가 및 카라기난, 알부민, 포름알데히드, 히스타민, 5-하이드록시트립타민, 브라디키닌 등에 의해 유도된 Rat의 발바닥 종창에 대해 모두 뚜렷한 억제작용이 있는데, 양측 부신을 모두 제거한 Rat에 대해서도 여전히 항염효과를 나타낸다. 패오놀은 염증성 조직 내의 프로스타글란딘 E_2(PGE_2)의 생합성 및 카라기난으로 인한 흉막염 다형핵 백혈구의 전이를 억제할 수 있다[10-11]. 목단피의 목심에도 뚜렷한 항염작용이 있는데, 디메칠벤젠으로 유도된 염증에 대하여 뚜렷한 억제작용이 있으며, 카라기난으로 인한 발바닥 종창에 대해서도 뚜렷한 길항효과가 있다[12].

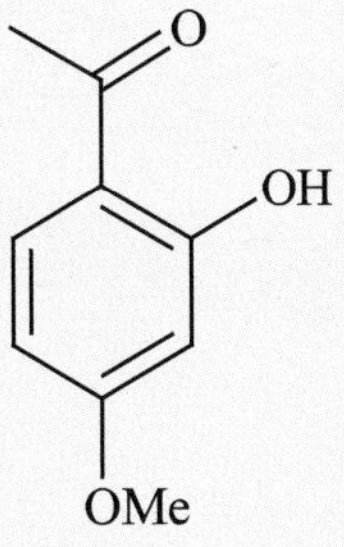

paeonol

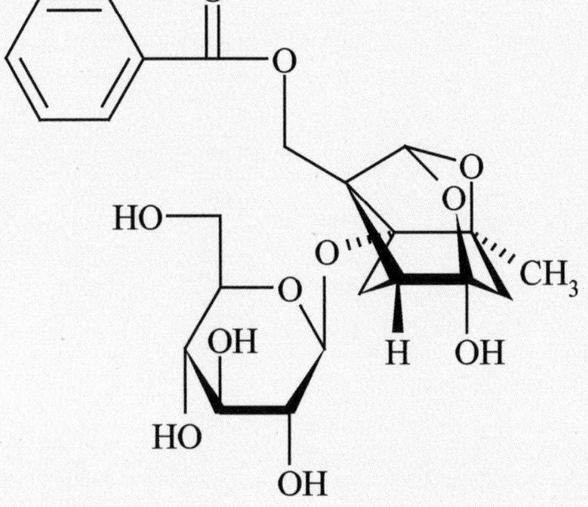

paeoniflorin

2. 항알러지 반응

패오놀은 기니피그의 포스만(Forssman) 피부혈관염 반응, Rat의 재발성 피부과민 반응, Rat의 능동/수동적 아루투스(Arthus, 곤충알러지)형 발바닥 부종 등에 대해 뚜렷한 억제작용이 있으며, 면양적혈구와 소의 혈청알부민으로 유도된 Mouse의 지발성 발바닥 종창을 억제하는 작용이 있다. 또한 디니트로플루오로벤젠으로 유도된 Mouse의 접촉성 피부염에 대해서도 뚜렷한 억제작용이 있다. 목단피의 목심 부위에도 뚜렷한 항염작용이 있는데, 디메칠벤젠으로 인한 염증 등에 뚜렷한 억제작용이 있으며, 카라기난으로 인한 발바닥 종창도 뚜렷하게 억제한다[13].

3. 항균

목단피의 물 추출물은 *in vitro*에서 황색포도상구균, 백색포도상구균, 녹농간균, 탄저간균, 변형간균, α-연구균, β-연구균[14] 등에 대해 뚜렷한 억제작용이 있으며, 말라쎄지아(malassezia)에 대해서도 억제작용이 있다[15].

4. 진통

Mouse의 열판자극실험, 몸통비틀기실험 및 포름알데하이드 통증유도실험 등을 통해서 패오놀에 진통작용이 있음이 알려져 있는데, 그 진통효과에는 내성이 없고 날록손에 의해서도 작용이 역전되지 않으나, 레세르핀에 의해서는 진통효과가 감소된다[16].

5. 심혈관계에 대한 영향

1) 목단피와 목심은 토끼의 평균 동맥압력에 대해 모두 뚜렷한 혈압강하작용이 있으며, 목심의 작용이 목단피보다 강하다[12].

2) 패오놀은 농도 의존적으로 정상 및 칼슘 파라독스가 있는 어린 Mouse의 심근세포 내 지질과산화물(LPO) 함량을 뚜렷하게 저하시키는데, 이러한 작용은 심근세포가 칼슘에 민감성을 보이기 때문이며, 이는 패오놀의 항산화작용이 칼슘 파라독스로 인한 심근세포의 손상을 보호할 수 있다는 것을 시사한다[17]. 또한 연구를 통하여 패오놀이 칼슘 파라독스로 사육된 어린 Mouse의 심근세포 Ca^{2+}의 내입을 억제하는 작용이 있다[18].

3) 패오놀은 Rat의 전체 혈액점도를 낮추며, 적혈구의 압착을 감소시킴과 동시에 적혈구의 응집성과 혈소판의 점착성을 저하시킴으로써 적혈구의 변형능력을 증강시킨다[19].

4) Rat의 심근결혈재관류 모델에서 패오놀은 각기 다른 정도로 심실의 떨림과 가속 발생을 저해한다. 또한 심근경색의 범위를 감소시키며, 슈퍼옥시드디스무타아제의 활성감소를 억제시킬 뿐만 아니라 말론디알데하이드의 증가도 억제할 수 있다[20]. 패오놀은 칼슘이온통로의 전류를 차단하는 작용이 있는데, 이를 통하여 심박실상을 길항하는 효능이 있다[21].

5) 패오놀은 메추리의 총콜레스테롤(TC), 중성지방(TG), 저밀도지단백(LDL), 극저밀도지단백(VLDL), 아포리포단백질 B100 등의 함량을 뚜렷하게 감소시킴과 동시에 고밀도지단백(HDL)의 함량을 증가시킨다. 또한 각기 다른 정도로 혈액 비점도, 혈장 비점도, 섬유단백원 비점도, 적혈구 응집성 등을 저하시키며, 주동맥 및 간장의 TC의 함량을 뚜렷하게 감소시킨다. 반괴의 면적을 축소시키며, 주동맥의 지질반괴 형성을 억제한다[22].

6. 항종양

패오놀은 Mouse 간암세포 HepA의 성장을 억제하며, 인터루킨-2 및 종양괴사인자-α(TNF-α)의 성장을 촉진하는 작용이 있다[23].

7. 간 보호
   목단피의 배당체는 클로로포름과 D-칼락토사민에 의해 유도된 Mouse의 알라닌아미노기전이효소(ALT)와 아스파트산아미노기전달효소(AST)의 증가를 억제할 수 있으며, 혈청단백의 함량 증가와 간당원의 합성을 촉진한다. 또한 CCl_4에 중독된 Mouse에 펜토바르비탈을 투여한 뒤 나타나는 수면시간을 단축시킬 수 있는데, 이는 간장의 해독능력을 증강시키는 작용이 있음을 의미한다[24].

8. 혈당강하
   목단피의 다당은 II형 당뇨모델 Rat에 대해서 뚜렷한 치료작용이 있는데, 음식과 물의 섭취량을 현저하게 감소시키며, 혈청포도당 및 TC와 트리글리세리드의 함량을 감소시킨다. 또한 포도당 내성을 감소시킬 뿐만 아니라 간세포막 친화력에 따른 인슐린 수용체의 최대 결합 용량(B_{max2}) 및 인슐린민감지수(ISI)를 증가시킬 수 있다[25]. 이와 같은 혈당강하의 작용기전은 인슐린 수용체의 수치를 증가시키고, 인슐린 저항성을 감소시키는 것과 관련이 있다[26].

9. 면역조절
   목단피는 단핵거식세포의 탐식기능을 촉진하며, 인체의 특이성 면역기능을 강화함과 동시에 면역기관의 중량을 증가시킨다[27].

10. 기타
   목단피에는 진정, 최면, 항경궐, 이뇨, 해열 등의 작용이 있다.

용 도

목단피는 중의임상에서 사용하는 약이다. 청열양혈[淸熱凉血, 열사(熱邪)를 꺼 주고 열로 인해서 생긴 혈분(血分)의 열사를 식혀 줌], 활혈산어(活血散瘀, 혈의 운행을 활발히 하여 어혈을 없애 줌)의 효능이 있어 반진토뉵(斑疹吐衄, 피부에 붉은색 또는 자색의 반점이 생기며 토하고 코피가 나는 증상), 온사상음[溫邪傷陰, 온열병(溫熱病)으로 진음(眞陰)이 손상된 것], 음허발열(陰虛發熱, 음허로 인한 발열), 혈체경폐(血滯經閉, 혈행(血行)이 응체(凝滯)되어 월경이 멎음), 통경징가(痛經癥瘕, 월경 중에 또는 월경 전후에 아랫배나 허리가 아프고 아랫배 속에 덩이가 생긴 증상), 질타손상(跌打損傷, 외상으로 인한 온갖 병증), 옹양종독(癰瘍腫毒, 큰 부스럼 등에 의한 독), 장옹복통(腸癰腹痛, 장옹이 있고 복통이 있는 것) 등의 치료에 사용한다.

현대임상에서는 피부병, 원발성 혈소판 감소성 자반(紫癜, 열병으로 자색의 반점이 발생하는 증상), 고혈압 및 과민성 비염 등의 병증에 사용한다.

해 설

중국 약용 목단의 종류는 매우 다양하여 약의 기원이 풍부한 만큼 상품의 규격 또한 다양하다. 《중국약전》에 수록된 이 품목의 건조된 뿌리껍질이 정품 목단이며, 그 밖에도 자반목단(*Paeonia suffruticosa* var. *papaveracea* (Andr.) Kerner), 왜목단(*P. suffruticosa* var. *spontanea* Rehder), 사천목단(*P. decomposita* Hand. - Mazz / *P. szechuanica* Fang), 야목단(*P. delavayi* Franch.), 협엽목단(*P. delavayi* Franch. var. *angustiloba* Rehd. et Wils.) 등이 있다. 이들의 뿌리껍질도 모두 목단피로 사용된다[28].

목단피의 활성성분인 패오놀에는 항균소염(抗菌消炎), 혈압강하, 이뇨 등의 작용이 있으며, 오늘날에도 이에 대한 연구가 활발하게 이루어지고 있다. 패오놀의 약리활성과 이와 관련된 제제에 대한 연구 또한 많은 잠재력을 가지고 있다.

참고문헌

1. HC Lin, HM Chern. Phytochemical and pharmacological study on *Paeonia suffruticosa* (I)-isolation of acetophenones. *Zhonghua Yaoxue Zazhi*. 1991, **43**(2): 175-177
2. 于津, 肖培根, 牡丹與芍藥中活性成分的動態研究. 藥學學報. 1985, **20**(10): 782-784
3. HY Ding, HC Lin, CM Teng, YC Wu. Phytochemical and pharmacological studies on Chinese Paeonia species. *Journal of the Chinese Chemical Society*. 2000, **47**(2): 381-388
4. HC Lin, HY Ding, YC Wu. Two novel compounds from *Paeonia suffructicosa*. *Journal of Natural Products*. 1998, **61**(3): 343-346
5. M Yoshikawa, E Uchida, A Kawaguchi, I Kitagawa, J Yamahara. Galloyl-oxypaeoniflorin, suffruticosides A, B, C, and D, five new antioxidative glycosides, and suffruticoside E, A paeonol glycoside, from Chinese moutan Cortex. *Chemical & Pharmaceutical Bulletin*. 1992, **40**(8): 2248-2250
6. M Yoshikawa, T Ohta, A Kawaguchi, H Matsuda. Bioactive constituents of Chinese natural medicines. V. Radical scavenging effect of moutan cortex. (1): Absolute stereostructures of two monoterpenes, paeonisuffrone and paeonisuffral. *Chemical & Pharmaceutical Bulletin*. 2000, **48**(9): 1327-1331
7. M Yoshikawa, E Harada, T Minematsu, O Muraoka, J Yamahara, N Murakami, I Kitagawa. Absolute stereostructures of paeonisothujone, a novel skeletal monoterpene ketone, and deoxypaeonisuffrone, and isopaeonisuffral, two new monoterpenes, from Moutan Cortex. *Chemical & Pharmaceutical Bulletin*. 1994, **42**(3): 736-738
8. 吳少華, 馬雲保, 羅曉東, 赫小江, 吳大剛. 丹皮的化學成分研究. 中草藥. 2002, **33**(8): 679-680
9. GS Oh, HO Pae, H Oh, SG Hong, IK Kim, KY Chai, YG Yun, TO Kwon, HT Chung. *In vitro* anti-proliferative effect of 1, 2, 3, 4, 6-penta-O-galloyl-β-D-glucose on human hepatocellular carcinoma cell line, SK-HEP-1 cells. *Cancer Letters*. 2001, **174**(1): 17-24
10. 巫冠中, 杭秉茜, 杭靜霞, 林更新. 丹皮的抗炎作用. 中國藥科大學學報. 1990, **21**(4): 222-225
11. 巫冠中, 杭秉茜, 杭靜霞, 林更新. 丹皮酚的抗炎作用及其機理. 中國藥科大學學報. 1989, **20**(3): 147-150

12. 李益福, 張文娟, 黃麗月, 施覺民. 丹皮木心藥效學的研究. 中國中藥雜誌. 1997, **22**(4): 214-216
13. 巫冠中, 杭秉茜, 杭靜霞, 林更新. 丹皮酚的抗變態反應作用. 中國藥科大學學報. 1990, **21**(2): 103-106
14. 丁鳳榮, 邱世榮, 郭麗華, 宮照龍, 楊新. 牡丹皮的體外抑菌作用研究. 時珍國醫國藥. 2003, **14**(8): 452
15. 鄭曉暉, 高進, 鄭義, 許愛娥. 9 種中藥對馬拉色菌分離株的抑菌實驗研究. 中國中西醫結合皮膚性病學雜誌. 2003, **2**(1): 16-18
16. 劉雪君, 陳維寧, 戴功. 丹皮酚的鎮痛作用和無耐受性研究. 中國藥理學通報. 1993, **9**(6): 464-467
17. 唐景榮, 石琳. 丹皮酚對鈣反常培養心肌細胞的保護作用. 中國中藥雜誌. 1991, **16**(9): 557-560
18. 唐景榮, 石琳. 丹皮酚磺酸鈉對鈣反常培養乳鼠心肌細胞 Ca^{2+} 內流的抑制作用. 藥學學報. 1991, **26**(3): 161-165
19. 李薇, 王遠亮, 蔡紹晳, 張海雁, 施紅艷, 黃鳳玲, 曹雪波. 丹皮酚和阿司匹林對大鼠血液流變性影響的比較. 中草藥. 2000, **31**(1): 29-31
20. 張廣欽, 禹志領, 趙厚長. 丹皮酚對抗大鼠心肌缺血再灌注心律失常作用. 中國藥科大學學報. 1997, **28**(4): 225-227
21. 王騰, 唐其柱, 江洪, 李建軍, 楊波, 黃從新, 李庚山. 丹皮酚對豚鼠心肌細胞動作電位及鈣通道電流的影響. 武漢大學學報(醫學版). 2001, **22**(4): 331-333
22. 戴敏, 訾曉梅, 彭代銀, 劉青雲. 丹皮酚抗鵪鶉實驗性動脈粥樣硬化作用. 中國中藥雜誌. 1999, **24**(8): 488-490
23. 孫國平, 沈玉先, 張玲玲, 周愛武, 魏偉, 徐叔雲. 丹皮酚對 HepA 荷瘤小鼠免疫調節和抑瘤作用研究. 中國藥理學通報. 2003, **19**(2): 160-162
24. 梅俏, 魏偉, 許建明, 丁長海, 能祖應, 徐叔雲. 丹皮總苷對化學性肝損傷保護作用機理. 中國藥理學通報. 1999, **15**(2): 176-178
25. 洪浩, 王欽茂, 趙幟平, 劉國卿, 沈業壽, 陳光亮. 丹皮多糖-2b 對 2 型糖尿病大鼠的抗糖尿病作用. 藥學學報. 2003, **38**(4): 255-259
26. 王欽茂, 洪浩, 趙幟平, 沈業壽, 陳光亮. 丹皮多糖-2b 對 2 型搪尿病大鼠模型的作用及其降糖作用機理. 中國藥理學通報. 2002, **18**(4): 456-459
27. 李坤珍, 萬京華, 姚麗芳, 王強. 牡丹皮對小白鼠免疫功能的影響. 數理醫藥學雜誌. 2002, **15**(1): 76-77
28. 司俊文, 羅興平, 宋平順. 紫斑牡丹皮與牡丹皮的比較鑒別. 中藥材. 1998, **21**(8): 395-396

천적작 川赤芍 CP

Ranunculaceae

Paeonia veitchii Lynch
Veitch Peony

개 요

미나리아재비과(Ranunculaceae)
천적작(川赤芍, *Paeonia veitchii* Lynch)의 뿌리를 건조한 것
중약명: 적작(赤芍)
모란속(*Paeonia*) 식물은 전 세계에 약 35종이 있으며, 유럽과 아시아의 온대 지역에 분포한다. 중국에는 약 11종과 10종의 변종이 있으며, 이 중 약으로 사용되는 것은 약 11종이다. 이 종은 중국의 서장, 사천, 청해, 감숙, 섬서 등에 분포한다.
'적작'이라는 명칭은 맨 처음 《본초경집주(本草經集注)》에 중품으로 기재되었다. 《중국약전(中國藥典)》(2015년 판)에서는 이 종을 중약 적작의 법정기원식물 내원종 가운데 하나로 수록하였다. 주요산지는 중국의 사천 등이다.
천적작의 주요 활성성분은 모노테르펜류 화합물이다. 《중국약전》에서는 고속액체크로마토그래피법을 이용하여 적작 중의 패오니플로린 함량을 1.8% 이상으로 약재의 규격을 정하고 있다.
약리연구를 통하여 천적작에는 항혈전 형성, 항혈소판응집, 강혈지(降血脂) 및 항동맥경화 등의 작용이 있는 것으로 알려져 있다.
한의학에서 적작에는 청열양혈(淸熱凉血), 산어지통(散瘀止痛) 등의 작용이 있다.

천적작 川赤芍 *Paeonia veitchii* Lynch

약재 적작 藥材赤芍 Paeoniae Rubra Radix

약재 적작 藥材赤芍 Paeoniae Rubra Radix

함유성분

뿌리에는 모노테르페노이드 배당체 성분으로 paeoniflorin, oxypaeoniflorin, benzoylpaeoniflorin[1], acetoxypaeoniflorin[2] 등이 함유되어 있으며, 또한 catechin, gallic acid[1], 팔미트산[3] 등의 성분이 함유되어 있다.

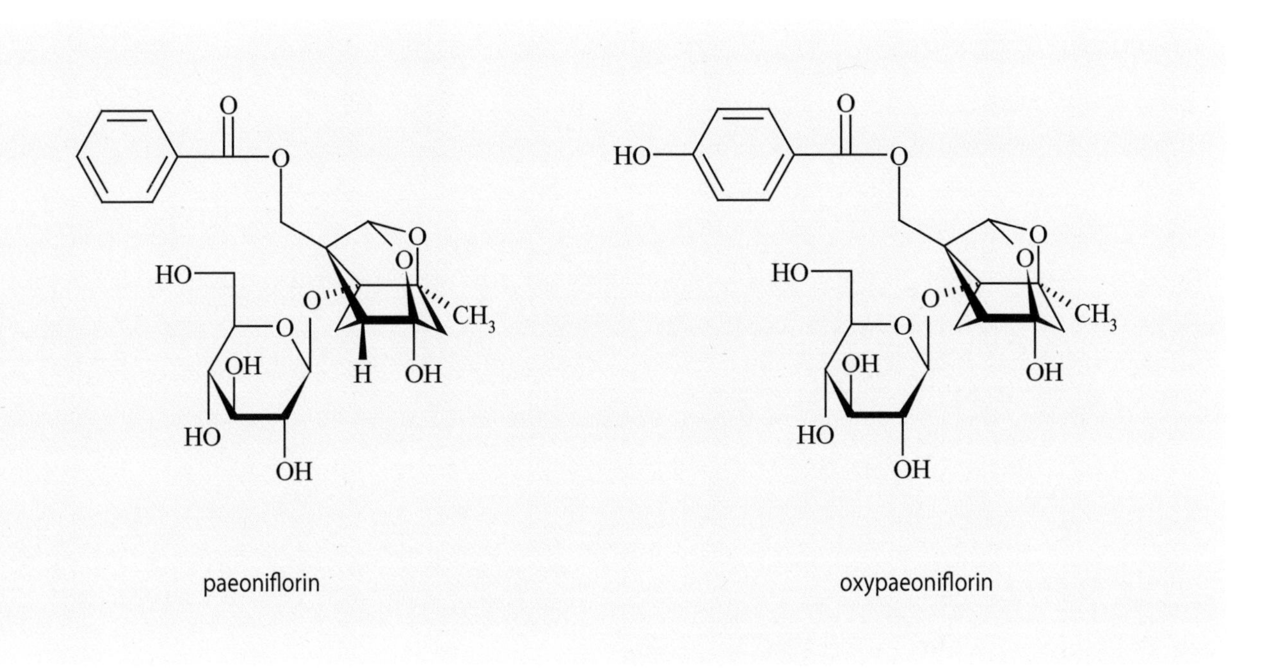

paeoniflorin oxypaeoniflorin

약리작용

1. 혈액계통에 대한 영향
 적작에 포함된 배당체를 Rat에 경구투여하면 혈청점도와 혈장점도를 저하시키며, 아데노신이인산(ADP)으로 유도된 Rat와 토끼의 혈소판응집을 억제한다. 또한 프로트롬빈반응시간(PT)과 응혈효소부분활성화시간(APTT)을 연장시킨다[4]. 적작의 추출물은 내원 및 외원 응혈계통과 응혈효소를 뚜렷하게 억제하며, 플라스미노겐을 활성화하고, 유로키나제의 플라스미노겐에 대한 활성을 억제하는 작용이 있다[5].

2. 심장에 대한 영향
 적작 주사액, 패오니플로린 및 디카테킨 등은 모두 관상동맥 확장효과가 있는데, 개, Rat, Mouse, 기니피그의 관상동맥 혈류량을 증가시킬 수 있으며, 신경수용체호르몬에 의해 유도된 심근허혈 및 전기자극으로 유도된 심장 섬유화를 개선할 수 있다. 적작의 배당체를 Mouse에 경구투여하면 꼬리정맥에 ADP-Na를 주사하여 발생된 폐전색으로 인한 호흡저하 시간을 단축시킬 수 있으며, 전기자극으로 인한 Rat의 경동맥 혈전 형성시간을 연장시킬 수 있다[6].

3. 폐조직에 대한 영향
 정맥주사를 통한 적작 주사액의 투여는 유산으로 유도된 개의 급성 폐 손상에 대하여 보호작용이 있으며, 폐순환을 저해할 수 있는 압력 및 폐동맥의 혈압을 뚜렷하게 감소시킨다. 그 밖에 심폐기능을 개선하고, 혈액의 산소결합력을 증가시킨다[7].

4. 항죽상동맥경화
 적작은 토끼의 실험성 죽상동맥경화를 억제하는데, 그 작용기전은 지질과산화물(LPO)의 생성을 억제, 지단백 조성비의 개선, 트롬복산 A_2-프로스타사이클린의 균형 조절 및 Ca^{2+}의 동맥벽 침착 감소 등과 관련이 있다[8].

5. 항빈혈성 손상
 적작의 배당체는 양측 경동맥 불완전 결찰로 인해 재관류가 발생한 Mouse의 뇌허혈에 대해 뚜렷한 보호작용이 있으며, 허혈로 인한 학습기억능력 장애를 개선할 수 있다. 또한 뇌조직의 말론디알데하이드와 일산화질소(NO)의 함량을 감소시키며, 슈퍼옥시드디스무타아제의 농도를 증가시키고, 뇌조직 중의 젖산탈수소효소(LDH) 농도저하를 억제한다[9]. 조직배양법을 통한 크롬 친화성 세포종(PC12, pheochromocytoma) 세포 실험에서 적작의 배당체는 당결핍, 산소결핍, 활성산소, 카페인, NO 및 글루탐산 등에 의한 세포독성에 대해 뚜렷한 보호작용이 있다. 또한 PC12의 생존지수를 증가시키며, 세포질 내의 LDH 수준을 저하시키는데[10], 그 작용기전은 주로 손상 후반기에 발현되는 NO 독성 손상과 세포 내 칼슘초과 등을 억제하는 것과 관련이 있다[10].

6. 화상에 대한 작용

적작의 추출물은 화상을 입은 Rat의 초기 심근기능에 변화를 주며, 장관막계통의 미세순환 교란을 개선한다. 또한 미세동맥의 수축을 길항하며, 미세정맥 내 백혈구의 침착을 감소시킬 뿐만 아니라 미세순환 내 적혈구의 응집을 지연시킴과 동시에 감소시킨다[11-12].

7. 간 보호

적작의 주사액은 D-갈락토사민에 의해 유도된 Rat의 간 손상에 대해 보호작용이 있으며, Rat의 혈장섬유연결단백 농도의 증가를 유도할 수 있다. 또한 망상내피계통의 탐식기능과 조절효소의 활성을 증가시키며, 간장의 면역 손상을 방지하고, 간세포의 재생을 촉진한다[13]. 적작의 열수 추출물은 CCl_4에 의해 유도된 Rat의 간세포 섬유화에 대해 억제작용이 있으며, 간의 히알루론산과 하이드록시프롤린의 함량을 뚜렷하게 감소시키는데, 이는 콜라겐의 합성과 기질의 생성을 억제한다는 것을 의미한다[14].

8. 항병원미생물

적작의 열수 추출물은 포도상구균, 용혈성 연쇄상구균, 폐렴쌍구균, 이질간균, 티푸스균, 파라티푸스균 등에 대하여 모두 일정한 억제작용을 보인다. 적작 추출물은 II형 단순포진바이러스(HSV-2)에 대해 직접적인 살상작용을 나타낸다[15].

9. 학습기억력 촉진

Mouse 실험을 통하여 스코폴라민에 의해 유도된 기억획득장애, 시클로헥시미드에 의해 유도된 기억공고장애, 에탄올에 의한 기억재현장애 모델 및 펜토바르비탈에 의한 공간분별장애 등에 대하여 적작의 배당체가 균일한 개선효과를 보이는 것으로 밝혀졌다[27].

10. 기타

천적작의 뿌리껍질에는 항노화[17], 항종양, 항염, 진통, 진정 및 경련해소 등의 작용이 있다.

용 도

천적작은 중의임상에서 사용하는 약이다. 청열양혈[淸熱凉血, 열사(熱邪)를 꺼 주고 열로 인해서 생긴 혈분(血分)의 열사를 식혀 줌], 산어지통[散瘀止痛, 어혈(瘀血)을 제거하고 통증을 멈추게 함] 등의 효능이 있어 열입영혈(熱入營血), 반진토뉵(斑疹吐衄, 피부에 붉은색 또는 자색의 반점이 생기며 토하고 코피가 나는 증상), 경폐징가(經閉癥瘕, 여자가 18세 이상이 되어도 월경이 없거나 또는 계속 월경이 있다가 임신, 수유기를 제외하고 3개월 이상 연속적으로 월경이 없고 아랫배 속에 덩이가 생긴 증상), 질박손상(跌撲損傷, 넘어지거나 부딪쳐서 다치고 손상된 증상), 옹종창독(癰腫瘡毒, 살갗에 생기는 종기가 곪아 터진 뒤 오래도록 낫지 않아 부스럼이 되는 병증), 목적예장[目赤翳障, 눈이 충혈되고 눈의 겉부분에 예막(翳膜)이 없이 눈동자가 속으로 가려지는 병증] 등의 치료에 사용한다.

현대임상에서는 바이러스성 간염, 간경화, 관상동맥질환, 급성 뇌혈전 형성, 폐심병(肺心病, 폐병), 급성 유선염(急性乳腺炎), 안면 근육경련 등의 병증에 사용한다.

해 설

《중국약전》에 수록된 적작의 또 다른 내원종으로 작약(*Paeonia lactiflora* Pall. / *P. albiflora* Pall.)의 건조한 뿌리를 수록하고 있으나, 적작을 사용하는 경우는 대부분 야생 작약을 사용하며, 주로 중국의 내몽고와 동북 지역에서 자생하고 있다.

천적작은 주로 야생자원에 의존하고 있으며, 주로 중국의 사천 지역 고원에 자생한다. 이들 야생자원에 대한 보호와 관심이 필요하다.

참고문헌

1. 阮金蘭, 趙鍾祥, 曾慶忠, 錢忠明. 赤芍化學成分和藥理作用的研究進展. 中國藥理學通報. 2003, **19**(9): 965-970
2. SH Wu, XD Luo, YB Ma, XJ Hao, DG Wu. A new monoterpene glycoside from *Paeonia veitchii*. *Chinese Chemical Letters*. 2002, **13**(5): 430-431
3. 陳海生, 廖時瑩, 洪志軍. 川赤芍化學成分的研究. 中國藥學雜誌. 1993, **28**(3): 137-138
4. 劉超, 王靜, 楊軍. 赤芍總甙活血化瘀作用的研究. 中藥材. 2000, **23**(9): 557-560
5. 王玉琴, 馬立昱. 赤芍對血液凝固—纖溶系統酶活性的影響. 中西醫結合雜誌. 1990, **10**(2): 101-102
6. 徐紅梅, 劉青雲, 戴敏, 彭代銀, 訾曉梅. 赤芍總甙抗血栓作用研究. 安徽中醫學院學報, 2000, **19**(1): 46-47
7. 黃志勇, 劉先義, 餘金甫, 熊桂仙. 赤芍治療呼吸窘迫綜合徵的實驗觀察. 中華麻醉學雜誌. 1996, **16**(6): 276-277
8. 張永珍, 閻西艴, 張延榮, 魏太星, 黨瑜華, 彭少良. 赤芍和硝苯啶對慢性高脂血症兔血漿TXB_2和6-酮-$PGF_1\alpha$的影響. 中西醫結合雜誌. 1990, **10**(11): 669-671
9. 楊軍, 王靜, 馮平安, 李雲飛, 馬傳庚, 徐叔雲. 赤芍總甙對小鼠腦缺血再灌注損傷的保護作用. 中藥材. 2000, **23**(2): 95-97
10. 何素冰, 何麗娜, 楊軍, 王靜, 劉超. 赤芍總苷對 PC12 細胞缺血性損傷的保護作用. 華西藥學雜誌. 2000, **15**(6): 409-412
11. 楚正緒, 譚建權, 張亞霏. 赤芍提取物對燙傷大鼠早期心肌力學的影響. 中成藥. 1989, **11**(7): 23-25
12. 楚正緒, 譚建權, 張亞霏. 赤芍提取物對燙傷大鼠腸系膜微循環的影響. 中華整形燒傷外科雜誌. 1990, **6**(2): 128-130
13. 戚心廣, 稻垣豐. 丹參, 赤芍對實驗性肝損傷肝細胞保護作用的機理研究. 中西醫結合雜誌. 1991, **11**(2): 102-104

14. 段偉力, 胡英男, 高靜濤, 董妙娜, 李小鵬, 趙明, 於春先, 裴德愷. 赤芍, 梔子對實驗性肝纖維化的防治作用. 中國中西醫結合脾胃雜誌. 1994, **2**(2): 27-29
15. 劉妮, 林艷芳, 朱宇同. 赤芍提取物的抗皰疹病毒II型作用. 廣州中醫藥大學學報. 1999, **16**(4): 308-310
16. 楊軍, 王靜, 張繼訓, 董文, 馬傳庚, 徐叔雲. 赤芍總苷對小鼠學習記憶能力的改善作用. 中國藥理學通報. 2000, **16**(1): 46-49
17. 楊軍, 王靜, 張繼訓, 董文, 馬傳庚, 徐叔雲. 赤芍總苷對 D-半乳糖衰老小鼠學習記憶及代謝産物的影響. 中國藥理學通報. 2001, **17**(6): 697-700

인삼 人參 CP, KP, KHP, JP, BP, EP, USP, VP

Araliaceae

Panax ginseng C. A. Mey.

Ginseng

개 요

두릅나무과(Araliaceae)

인삼(人參, *Panax ginseng* C. A. Mey.)의 뿌리와 뿌리줄기를 건조한 것 　　　　중약명: 인삼

인삼의 잎을 건조한 것 　　　　중약명: 인삼엽(人參葉)

인삼속(*Panax*) 식물은 전 세계에 약 10종이 있으며, 아시아 동부와 북미에 분포한다. 중국에는 약 8종이 있으며, 모두 약으로 사용된다. 야생 인삼의 분포는 중국의 동부, 한반도, 러시아 원동지구 등이며, 《중국진희빈위식물》(홍피서) 제1권에 국가 1급 보호종으로 수록되었으며, 오늘날 백두산 지역에 소량만 분포하고 있다. 중국의 길림, 요녕, 흑룡강 등지에서 대량으로 재배되고 있으며, 하북, 산서, 내몽고 등지에도 재배되는 것이 있다.

지금으로부터 3500년 이전인 상(商)나라 때 갑골문과 금문에도 '삼(蔘)'의 기록이 있다. 《신농본초경(神農本草經)》에 인삼이 상품으로 수재되어 있으며, 역대의 많은 저술에도 모두 기록이 있다. 인삼은 고대에 비교적 넓게 분포되어 있었고, 1600년 이전에 이미 인삼의 재배에 대한 기록이 있으며, 명대(明代)에 씨를 이용한 번식이 이루어졌다. 《중국약전(中國藥典)》(2015년 판)에서는 이 종을 중약 인삼과 인삼엽의 법정기원식물 내원종으로 수록하였다. 주요산지는 중국의 길림, 요녕, 흑룡강 등이다.

인삼에는 트리테르페노이드 사포닌, 폴리아세틸렌, 폴리사카라이드, 정유, 폴리펩티드 및 아미노산 등이 함유되어 있다. 인삼의 사포닌은 RB_1, RB_2, Rc, Rg_1, Re, Rf 등의 트리테르페노이드 계열이 주요 활성성분이며, 그 가운데 Rf 사포닌이 인삼의 고유한 성분이다. 《중국약전》에서는 고속액체크로마토그래피법을 이용하여 인삼에 함유된 인삼 사포닌 Rg_1과 Re의 총 함량을 0.30% 이상, RB_1의 함량을 0.20% 이상으로 규정하고 있으며, 인삼엽에 함유된 인삼 사포닌 Rg_1과 Re의 총 함량을 2.2% 이상으로 약재의 규격을 정하고 있다.

약리연구를 통하여 인삼에는 중추신경 조절, 인체면역력 증강, 조혈(造血) 촉진, 항심근허혈(抗心筋虛血), 물질대사 개선, 내분비기능 개선, 노화방지, 항종양 등의 작용이 있는 것으로 알려져 있다.

한의학에서 인삼에는 대보원기(大補元氣), 복맥고탈(復脈固脫), 보비익폐(補脾益肺), 생진(生津), 안신(安神) 등의 효능이 있으며, 인삼엽에는 보기(補氣), 익폐(益肺), 거서(祛暑), 생진(生津) 등의 효능이 있다.

인삼 人參 *Panax ginseng* C. A. Mey.

인삼 人參 *P. ginseng* C. A. Mey.
임하삼 林下參

약재 인삼 藥材人參 Ginseng Radix et Rhizoma

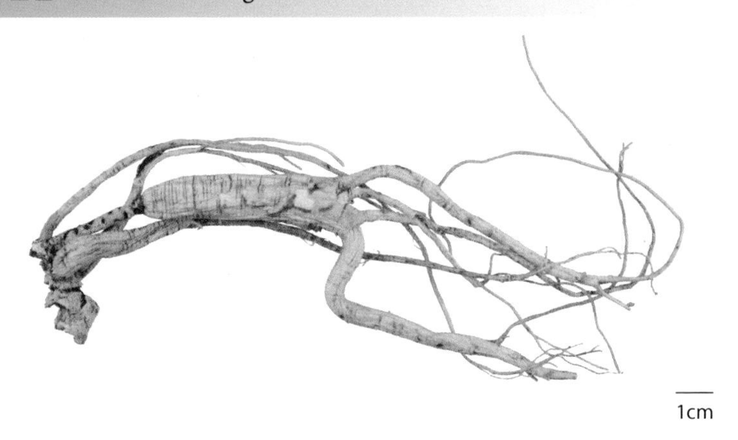

함유성분

뿌리에는 트리테르페노이드 사포닌 성분으로 ginsenosides Ro, Ra_1, Ra_2, Ra_3, RB_1, RB_2, RB_3, Rc, Rd, Re, Rf, Rg_1, Rg_2, Rg_3, Rh_1, RH_2, Rh_4, Rs_1, Rs_2, Rs_3[1-2], polyacetyleneginsenoside Ro[3], notoginsenosides R1, R4, quinquenosides R_1, R_2, 폴리아세틸렌 성분으로 panaxynol, panaxydol, panaxytriol, 정유성분으로는 α-pinene, β-pinene, β-panasinsene, α-humulene, ginsinsene[4] 등이 주로 함유되어 있고, 다당류로는 panaxans A, B, C, D, E, F, G, H, I, J, K, L, M, N, O, P, Q, R, S, T, U, 폴리펩티드 성분으로 GP I, II, FGP I, II, III, IV, 알칼로이드 성분으로 N9-formyl harman, perlolyrine, choline, ethyl-β-carboline-1-carboxylate 등이 주로 함유되어 있다. 홍삼과 같이 포제한 것에는 유사한 성분이 다량 함유되어 있다.

잎에는 트리테르페노이드 사포닌 성분으로 진세노사이드 RB_1, RB_2, Rc, Rd, Re, F_1, F_2, F_3, Rg_1, Rg_2, Rg_3, Rg_7, Rh_1, RH_2, Rh_5, Rh_6, Rh_7, Rh_8, Rh_9, notoginsenoside Fe, majorosides F_2, F_4[5] 등이 함유되어 있다.

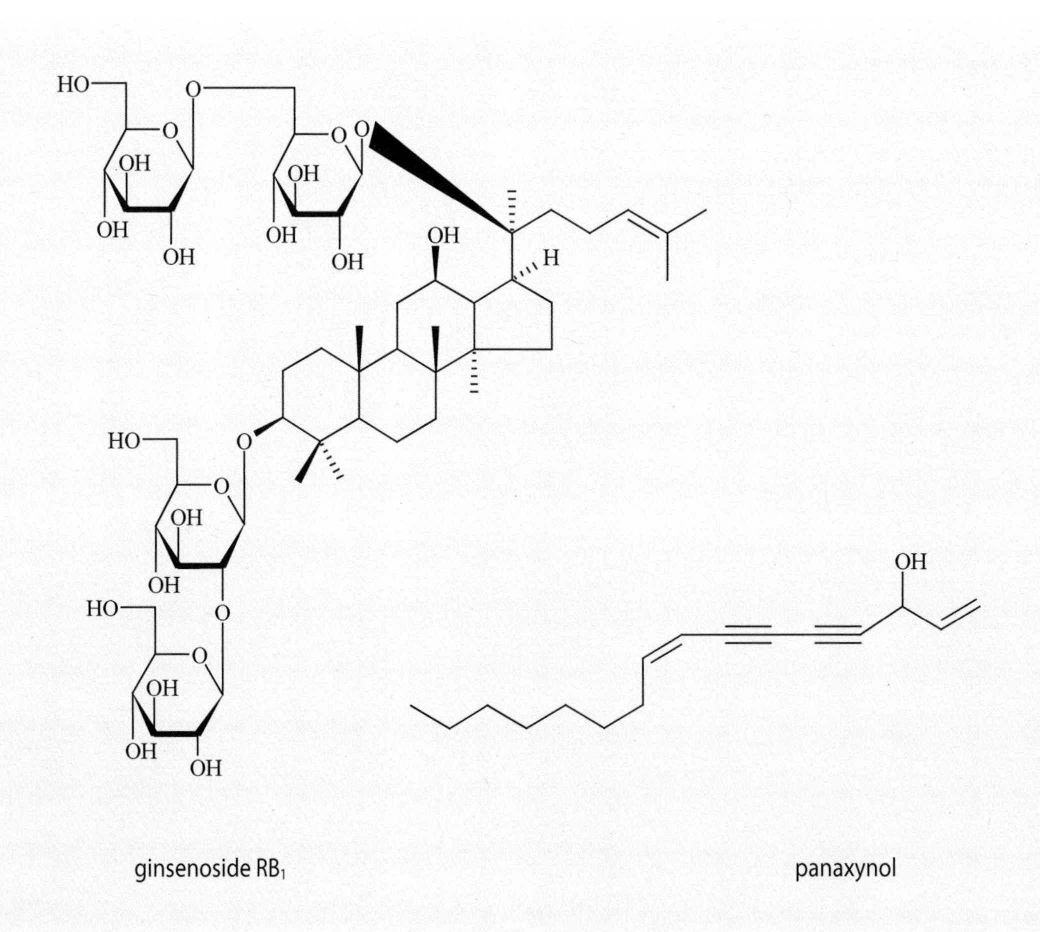

약리작용

1. 항노화, 인체 적응력 강화

인삼 사포닌 Rg_1은 *in vitro*에서 t-BHP의 인체배아 폐형성 섬유세포 WI-38에 대한 노화 유도작용을 감쇄시키는 작용이 있으며[6], RB_2는 Cu/Zn-SOD1 유전자의 발현을 유도할 수 있다[7]. 인삼의 사포닌은 정상 생리상태의 뇌하수체-부신피질호르몬의 분비를 증가시키며, 스트레스 상태의 뇌하수체-부신피질계통에 대하여 보호작용이 있다. 인삼 뿌리의 열수 추출물은 인체 적응성을 강화하는데, 항피로, 항산소결핍, 항저온, 항고온 및 항소음 등의 적응작용이 있다.

2. 면역조절

인삼의 사포닌은 Mouse를 포함한 다수의 실험동물에 대해 혈액 내 콜로이드형 탄소분자의 탐식능력을 강화시키며, 항체의 생산을 뚜렷하게 촉진한다. 인삼의 다당은 면양적혈구(SRBC) 면역 Mouse 혈청 중의 항체 IgH의 함량을 증가시킨다. 인삼 사포닌은 *in vitro*에서 Mouse 비장 자연살상세포(NK-cell)의 활성을 증강시킴과 동시에 콘카나발린 A 존재하에서 인터페론-γ(IFN-γ)와 인터루킨-2(IL-2)의 생성을 유도하며, IL-2 유전자의 발현[8] 및 Mouse 비장의 수지상세포의 증식을 촉진한다[9]. 인삼 사포닌 Rg_1은 CD(+) T임파구의 활성을 증강시키고, Th_1/Th_2의 분화를 조절하며[10], X선에 의해 유도된 Mouse의 골수세포 염색체 기형을 감소시킬 뿐만 아니라 동물의 비장 등 면역기관에 대해 방사능 차단작용이 있다[11]. 인삼의 다당은 이종이식 S180 Mouse의 비장 공반형성세포 등 면역관련 지표를 개선하며, B16 흑색종 Mouse의 NK-cell 활성 및 IL-2, IFN-γ의 농도를 정상화한다.

3. 내분비계에 대한 영향

인삼의 사포닌은 에스트로겐과 안드로겐의 수용체를 흥분시킬 수 있으며[12], 흥분된 수용체에서 분비되는 성선호르몬을 촉진하고, 어린 암컷 Mouse와 Rat의 발정기 출현을 촉진한다. 또한 자궁과 난소의 중량을 증가시키며, Rat의 성적 성숙과정을 가속하고, 성숙한 Rat의 발정기를 연장하며, 수컷 Rat의 교배행위를 촉진한다. 인삼의 사포닌은 적출된 Rat의 이자에서 인슐린 분비를 촉진한다.

4. 중추신경계에 대한 영향

인삼은 고급신경계통의 흥분과정과 억제과정에 대해 모두 증강작용이 있다. 모든 인삼을 피하 또는 복강주사로 투여하면 Mouse의 자발활동을 감소시키며, Mouse의 펜토바르비탈 수면시간과 스트리크닌 및 펜틸렌테트라졸에 의해 유도된 경궐 잠복기를 연장시킴과 동시에 경궐 발생율도 감소시킨다. 인삼의 사포닌은 정상 Rat의 학습기억과정을 촉진하며, 화학약품 등의 요인으로 인한 동물의 학습기억장애를 개선한다. 인삼의 사포닌을 Rat의 복강에 주사하면 신경원막계를 안정화하고, c-fos 유전자의 발현을 촉진하며, mRNA와 Fos 단백질 및 cAMP의 함량을 증가시킨다. 인삼의 사포닌은 글루탐산의 흥분성 독성을 억제하며, 일산화질소합성효소(NOS)의 활성을 저하시켜 일산화질소를 감소시키고, 뇌세포의 괴사를 길항함으로써 동물의 뇌신경계를 보호한다[13]. 또한 아편 μ수용체 활성을 길항하고, 도파민과 콜린의 신경전달을 흥분시키며, 모르핀의 진통작용을 길항한다. 모르핀으로 인한 체중감소와 기억력 장애를 억제하며, 모르핀의 의존성 및 내성을 경감시킨다[14].

5. 순환계에 대한 영향

인삼은 동물의 심장에 대해 먼저 흥분시킨 다음 억제시키는 효과가 있으며, 소량으로 사용하면 흥분시키고 대량으로 사용하면 억제하는 작용이 있다. 인삼의 사포닌은 개와 Rat의 심박을 저하시키며, 산소부족 상태의 적출된 기니피그의 심방수축 시간을 연장한다. 산소결핍의 관상동맥 내 유산 함량을 감소시키며, 산소결핍에 견디는 능력을 증강시킨다. 아울러 염화바륨에 의한 심박부절을 길항하며, 심박속도를 바로잡는다. 인삼의 Rb계열 사포닌은 실험성 심근경색이 유도된 개의 좌심실에 치료효과를 보이며, 심근의 산소 소모량을 감소시키고, 혈액이 부족한 심근에 혈액공급을 증가시킨다[15]. 또한 Rat의 혈액점도와 유리지방산의 함량을 저하시킨다[16]. 인삼 사포닌 Rg_2는 엔도톡신에 의한 Rat의 미만성 혈관 내 혈액응고에 대해 보호작용을 나타내며, 사망률도 감소시킨다[17]. 인삼 사포닌은 *in vitro*에서 c-fos 또는 GATA-1 전사인자를 유도하며, 조혈세포의 과립계 세포인 HL-60, 단핵세포 U937, 백혈병세포 K562, 대핵계 세포 Meg-01 및 조혈세포 또는 줄기세포의 증식과 올바른 분화를 촉진한다[18-19]. 인삼의 다당은 또한 집락형성단위과립세포(CFU-GM)와 인체다향성조혈모세포(CFU-Mix)의 증식과 내피세포의 입세포대식세포집락자극인자(GM-CSF), 인터루킨-3 그리고 인터루킨-6의 단백질 발현을 촉진시킨다[20].

6. 물질대사 조절

인삼은 실험성 고혈압 모델의 동물에서 발생하는 당 대사과정의 문란을 정상화한다. 인삼의 사포닌은 지방대사와 콜레스테롤의 합성을 촉진하며, 콜레스테롤의 흡수를 억제한다. 암컷 Rat의 식욕과 체중을 증가시키며, 성장을 촉진하고, 암컷 Rat의 영양결핍으로 인한 간 DNA 감소를 바로잡으며, 간장의 DNA, RNA 및 단백질의 합성을 촉진한다.

7. 항종양

인삼의 사포닌은 *in vitro*에서 인체 간암세포 SK-HEP-1, 쥐 신경교질암 C6Bu-1, 인체 신경모세포암 SK-N-BE, 인체 악성 흑색소암 A375-S2, 전립선암 LNCaP의 세포괴사를 유도한다. 간암 Morris, 흑색종 B16, 기형암 F9 등 종양세포의 분화를 유도하며, B16-BL6 Mouse 흑색소암, 루이스폐암종(LLC) 등 종양의 혈관생성과 종양전이를 억제한다. 또한 암유도제 12-O-tetradecanoyl phorbol-13-acetate(TPA)와 과산화수소에 의해 유도된 WB-F344 Rat 간장 상피세포암을 억제하며, 메칠코란스렌의 암유도 활성을 억제한다[21-22]. 인삼의 다당은 인체백혈병세포 HL-60의 증식을 저해하며, 파낙시놀도 HL-60의 증식을 억제한다[23-24].

8. 기타

적량의 파낙사디올 사포닌은 신사구체 세포의 증식을 촉진하는데, 고농도에서는 반대로 억제하는 작용이 있다[25]. 인삼의 사포닌은 초기의 급성 신부전 Rat의 신장기능을 개선하고 경감시키는 동시에 신장 병변의 회복을 촉진한다[26]. 인삼의 잔뿌리는 CCl_4로 인한 Mouse의 간, 비장 중량 증가 및 알라닌아미노기전이효소(ALT)와 총단백질(TP) 수치를 상승시키며, CCl_4로 인한 간세포 괴사를 경감시킨다[27].

용 도

인삼은 중의임상에서 사용하는 약이다. 대보원기(大補元氣, 원기를 강하게 보하여 줌), 보비익폐[補脾益肺, 비(脾)를 보하고 폐(肺)의 기능을 더해 줌], 생진(生津), 안신(安神, 정신을 안정시킴) 등의 효능으로 체허욕탈[體虛欲脫, 몸이 허해서 탈증(脫證)이 생기려고 하는 증상], 맥미욕절(脈微欲絶, 맥이 미약해서 곧 끊어지려고 하는 증상)로 인한 위급한 증상, 폐기허약(肺氣虛弱)으로 인한 단기천촉(短氣喘促, 폐가 허하여 기관지에 경련이 일어나는 증상), 나언성미(懶言聲微, 말하기 싫어하고 목소리가 작음), 맥허자한(脈虛自汗, 맥이 가볍게 누르면 힘이 없이 뛰고 세게 누르면 거의 느껴지지 않으며 때 없이 땀이 축축하게 나고 움직이면 더 심해지는 병증) 등의 증상에 사용한다. 또한 비기부족(脾氣不足)으로 인한 권태핍력(倦怠乏力, 몸이 피곤하여 움직이기 싫고 힘이 없음), 식소변당(食少便溏, 식사를 지나치게 적게 하여 대변이 무른 증상)에 사용하며, 열병으로 인한 기음양상[氣陰兩傷, 음액(陰液)과 양기가 모두 허한 증상], 신열구갈(身熱口渴, 전신에서 열이 나고 목이 마름) 및 소갈증(消渴證, 물을 많이 마시고 소변량이 많은 증상)에도 사용한다. 그 밖에 기혈휴허[氣血虧虛, 오랜 병이나 장기간의 출혈로 기혈(氣血)이 소모되거나 소화력이 약해져 영양섭취를 못해 생긴 증상]로 인한 심계(心悸, 가슴이 두근거리면서 불안해하는 증상), 불면, 건망(健忘, 기억력 감퇴로 인해 쉽게 잊어버림) 등의 증상에 사용한다.

현대임상에서는 당뇨병, 각종 암, 성기능 장애, 신경계 질환 및 심력쇠갈, 심원성 쇼크 등과 같은 순환계 질환의 병증에 사용한다.

해 설

야생 인삼은 희귀보호식물이며, 오늘날에는 대부분 재배 인삼이 사용된다. 인삼은 재배방식의 차이에 따라 '원삼(園參)', '임하삼(林下參)' 등으로 분류하며, 가공방법의 차이에 따라 선삼(鮮參), 생쇄삼(生晒參), 홍삼(紅參), 백건삼(白乾參), 백당삼(白糖參) 등으로 구분한다. 재배, 채집, 가공 등 조건의 차이에 따라 인삼의 품질 또한 큰 차이가 있다. 중국의 길림에는 인삼 대규모 재배단지가 조성되어 있다.

인삼의 줄기, 잎, 꽃, 열매 등 부위 또한 약으로 사용되며, 인삼과 유사한 사포닌 등의 활성성분이 함유되어 있다.

참고문헌

1. NI Baek, DS Kim, YH Lee, JD Park, CB Lee, SI Kim. Ginsenoside Rh_4, a genuine dammarane glycoside from Korean red ginseng. *Planta Medica*. 1996, **62**(1): 86-87
2. NI Baek, JM Kim, JH Park, JH Ryu, DS Kim, YH Lee, JD Park, SI Kim. Ginsenoside Rs_3, A genuine dammarane-glycoside from Korean red ginseng. *Archives of Pharmacal Research*. 1997, **20**(3): 280-282
3. HJ Zhang, ZZ Lu, GT Tan, SX Qiu, NR Farnsworth, JM Pezzuto, HHS Fong. Polyacetyleneginsenoside-Ro, a novel triterpene saponin from *Panax ginseng*. *Tetrahedron Letters*. 2002, **43**(6): 973-977
4. R Richter, S Basar, A Koch, WA K nig. Three sesquiterpene hydrocarbons from the roots of *Panax ginseng* C. A. Meyer (Araliaceae). *Phytochemistry*. 2005, **66**(23): 2708-2713
5. DQ Dou, YJ Chen, LH Liang, FG Pang, N Shimizu, T Takeda. Six new dammarane-type triterpene saponins from the leaves of *Panax ginseng*. *Chemical & Pharmaceutical Bulletin*. 2001, **49**(4): 442-446
6. 趙朝暉, 陳曉春, 金建生, 朱元貴, 師廣斌, 曾育琦, 李永坤, 彭旭. 人參皂苷 Rg_1 對細胞衰老過程中 p21, cyclin E 和 CDK2 表達的影響. 藥學學報. 2004, **39**(9): 673-676
7. YH Kim, KH Park, HM Rho. Transcriptional activation of the Cu, Zn-superoxide dismutase gene through the AP2 site by ginsenoside RB_2 extracted from a medicinal plant, *Panax ginseng*. *Journal of Biological Chemistry*. 1996, **271**(40): 24539-24543
8. 田志剛, 楊貴貞. 人參三醇皂苷促進人白細胞介素-1 基因表達. 中國藥理學報. 1993, **14**(2): 159-161
9. 王斌, 李傑芬, 胡嶽山. 人參皂苷對小鼠脾臟樹突狀細胞增殖的影響. 上海免疫學雜誌. 2003, **23**(6): 381, 388
10. EJ Lee, EJ Ko, JW Lee, SW Rho, SG Ko, MK Shin, BI Min, MC Hong, SY Kim, HS Bae. Ginsenoside Rg_1 enhances CD_4(+) T-cell activities and modulates Th_1/Th_2 differentiation. *International Immunopharmacology*. 2004, **4**(2): 235-244
11. 劉麗波, 孫曉玲, 張海英, 梁碩, 馬興元, 李效昆, 劉樹錚. 人參三醇組苷對小鼠骨髓細胞染色體輻射的防護作用. 吉林大學學報. 2002, **28**(2): 138-140
12. SM Ji, YJ Lee. Estrogen, androgen, and retinoic acid hormone activity of ginseng total saponin. *Journal of Ginseng Research*. 2003, **27**(3): 93-97
13. 王衛霞, 王巍, 陳可冀. 人參皂苷對動物腦神經保護作用及其機理研究進展. 中國中西醫結合雜誌. 2005, **25**(1): 89-93
14. 郭明, 吳春福, 王金輝, 裴鋼. 人參皂苷對嗎啡作用影響的研究進展. 中國中藥雜誌. 2004, **29**(4): 299-301
15. 孫乾, 睢大員, 於曉鳳, 曲紹春, 呂忠智. 人參 Rb 組皂苷對實驗性心肌梗死犬心臟血流動力學及氧代謝的影響. 中草藥. 2002, **33**(8): 718-722
16. 覃秀川, 睢大員, 郭新雯, 於曉鳳, 呂忠智. 人參 Rb 組皂苷對實驗性心梗大鼠血粘度和遊離脂肪酸水平的影響. 中草藥. 2002, **33**(6): 540-542
17. 張志偉, 趙永娟, 葉金梅, 田建明, 郭偉芳, 李浩, 李龍雲, 金毅. 人參皂苷 Rg_2 對內毒素性血管內凝血致心肌損傷及血液流變學的影響. 中草藥. 2002, **33**(9): 814-816
18. 陳小紅, 高瑞蘭, 徐衛紅, 金錦梅, 林筱潔. 人參皂苷對紅系, 粒單系, 巨核系細胞株的增殖及轉錄因子的誘導作用. 中國中西醫結合雜誌. 2001, **21**(1): 40-42

19. 陳曉健, 郭若霖, 萬曉華, 王學謙. 人參總苷及單體對臍血 CD_{34^+} 細胞體外增殖及分化的影響. 天津醫藥. 2003, **31**(6): 343-345

20. 吳宏, 董蓉, 鄭敏, 王亞平. 人參多糖和當歸多糖誘導人內皮細胞表達造血生長因子的實驗研究. 中國中西醫結合雜誌. 2002, **22**(9): 687-690

21. 楊玉琪, 李瑪琳. 人參皂苷的抗腫瘤作用及其機理. 藥學進展. 2003, **27**(5): 287-290

22. WK Liu, SX Xu, CT Che. Anti-proliferative effect of ginseng saponins on human prostate cancer cell line. *Life Sciences*. 2000, **67**(11): 1297-1306

23. 戴勤, 王亞平, 周開昭, 董蓉, 吳宏, 鄭敏. 人參多糖對人早幼粒白血病細胞株 (HL-60) 增殖的影響. 重慶醫科大學學報. 2001, **26**(2): 126-131

24. 王澤劍, 吳英理, 林琦, 陳紅專, 陸陽. 人參炔醇對 HL-60 細胞體外誘導分化作用的研究. 中草藥. 2003, **34**(8): 736-738

25. 盤強文, 冉兵, 郭勇, 馮志強, 王瓊. 人參二醇組皂苷對人腎小管細胞增殖的影響. 瀘州醫學院學報. 2001, **24**(2): 105-107

26. 李春英, 黃龍. 人參皂苷對急性腎衰大鼠腎功能及腎病變的影響. 大連醫科大學學報. 2000, **22**(1): 17-20

27. 馮有輝, 何康, 鄒麗宜, 許碧蓮, 劉鈺瑜. 人參鬚對四氯化碳致小鼠肝纖維化的保護作用. 中國臨床藥理學與治療學. 2004, **9**(9): 1019-1022

인삼 대규모 재배단지

삼칠 三七 CP, KHP

Panax notoginseng (Burk.) F. H. Chen

Notoginseng

개 요

두릅나무과(Araliaceae)

삼칠(三七, *Panax notoginseng* (Burk.) F. H. Chen)의 뿌리와 뿌리줄기를 건조한 것

중약명: 삼칠

인삼속(*Panax*) 식물은 전 세계에 약 10여 종이 있으며, 아시아 동부 및 북미대륙에 분포한다. 중국에는 약 8종이 있으며, 모두 약으로 사용한다. 이 종은 주로 중국의 광서, 운남, 광동, 복건, 강서, 절강, 호북, 사천 등에서 재배되며, 오늘날 야생에서 나는 것은 찾아볼 수 없다.

'삼칠'의 약명은 《본초강목(本草綱目)》에 처음 수록되었으며, 오늘날의 약용품종과 일치한다. 《중국약전(中國藥典)》(2015년 판)에서는 이 종을 중약 삼칠의 법정기원식물 내원종으로 수록하였다. 주요산지는 중국 운남의 문산(文山), 연산(硯山), 광남(廣南), 광서의 정서(靖西), 목변(睦邊), 백색(百色) 등이다.

삼칠에는 트리테르페노이드 사포닌이 풍부하게 함유되어 있으며, 다당, 고리형 펩티드, 플라본 등의 성분이 함유되어 있다. 그 가운데 트리테르페노이드 사포닌이 주요 활성성분이다. 《중국약전》에서는 고성능액상크로마토그래피법을 이용하여 삼칠에 함유된 인삼사포닌 Rg_1, RB_1 및 삼칠 사포닌 R_1의 총 함량을 5.0% 이상으로 약재의 규격을 정하고 있다.

약리연구를 통하여 삼칠에는 지혈, 항혈전, 조혈(造血) 촉진, 미세순환 개선, 항심근허혈(抗心筋虛血), 항뇌허혈(抗脳虛血), 항동맥죽상경화, 항간장허혈 재관류 손상, 항신장간질섬유화, 간 보호, 혈중 콜레스테롤 조절, 항종양, 면역조절, 노화방지 등 다양한 작용이 있는 것으로 알려져 있다.

한의학에서 삼칠에는 지혈산어(止血散瘀), 소종정통(消腫定痛)의 작용이 있다.

삼칠 三七 *Panax notoginseng* (Burk.) F. H. Chen

약재 삼칠 藥材三七 Notoginseng Radix et Rhizoma

함유성분

뿌리와 뿌리줄기에는 트리테르페노이드 사포닌 성분으로 notoginsenosides A, B, C, D, E[1], G, H, I, J, K, L, M, N[2-4], U[5], R_1, R_2, R_3, R_4, R_6, R_7, ginsenosides RB_1, RB_2, Rd, Re, Rg_1, Rg_2, Rh_1, Rh_4, U[3], 20-O-glucoginsenoside Rf, dammar-20(22)-ene-3β,12β,25-triol-6-O-β-D-glucopyranoside, gypenoside XVII, cyclodipeptides: cyclo-(Leu-Thr), cyclo-(Ile-Val), cyclo-(Leu-Ser)[6], 플라보노이드 성분으로 quercetin, 다당류로 sanchinan A[7] 등이 함유되어 있다. 또한 notoginsenic acid β-sophoroside[1], dencichine, panaxydol, panaxynol 등이 함유되어 있다. 잎과 꽃눈에는 트리테르페노이드 사포닌 성분 등이 함유되어 있다.

notoginsenoside R_1

약리작용

1. 지혈, 항혈전, 조혈 촉진

삼칠에 함유된 덴키신을 Mouse의 복강에 주사하면 절단된 꼬리의 출혈시간을 단축시킨다. 숙삼칠(熟三七) 분말의 에탄올 추출물을 Mouse에 경구투여하면, 부드럽게 응혈을 촉진함과 동시에 섬유단백의 용해를 촉진하는 작용이 있다[8]. 삼칠 사포닌 R_1과 인삼 사포닌 Rd를 Mouse의 피하에 주사하면 정상 및 노르아드레날린에 의해 미세순환장애가 발생한 Mouse에 대해 뚜렷한 촉진 또는 개선효과가 있으며, 혈장의 칼슘 회복시간과 응혈시간을 연장시킨다[9]. 삼칠의 사포닌은 *in vitro*에서 집락형성단위과립세포(CFU-GM)와 적혈구계열 조혈모세포(CFU-EHP)의 증식을 촉진하며, 조혈세포 AP-1의 전사인자인 NF-E2, c-jun, c-fos의 형성을 유도한다. 또한 특이성 DNA 촉진자와의 결합 활성을 증가시키며, 인체 조혈세포의 증식 및 분화와 관련된 유전자의 발현을 조절한다[10-11].

2. 심혈관계에 대한 영향

삼칠의 사포닌은 *in vitro*에서 심근세포의 전압의존성 칼슘통로 내 칼슘유입을 억제하고, β 아드레날린 수용체 활성으로 인한 칼슘 이온의 방출을 억제하는 작용이 있다[12]. 삼칠의 사포닌은 소혈청과 콜레스테롤혈청에 의해 유도되는 인간 태아혈관, 토끼 주동맥, Rat 혈관평활근세포(VSMC)의 증식을 억제하며, 고지혈청에서 [^{3}H] 티미딘이 세포로 삽입되는 과정을 억제한다. 또한 일산화질소(NO)의 방출을 억제하고, 세포의 G_0/G_1기를 지체시키며, NF-κB의 활성을 저하시킴으로써 죽상동맥경화를 억제하는 작용을 발휘한다[13-17]. 삼칠의 사포닌은 *in vitro*에서 안지오텐신-II에 의해서 유도되는 심근세포의 괴사에 대해 뚜렷한 억제작용이 있다[18]. 또한 Rat의 위에 삼칠 사포닌을 주입하면 급성 심근허혈을 개선하며, 정맥주사로 투여하면 종양괴사인자-α(TNF-α)의 방출을 억제할 수 있고, bcl-2 유전자의 단백질 발현을 증가시킴과 동시에 Bax 유전자 단백질의 발현을 감소시킨다[19-20]. 삼칠의 유효성분은 적출된 Rat의 심근 수축력을 증강시키며, 심박을 완만하게 감약시키고, 지질과산화물(LPO)의 생성과 젖산탈수소효소(LDH) 및 크레아틴포스포키나아제의 방출을 감소시킨다. 또한 혈관내피활성인자 트롬복산 B_2의 방출과 심근세포의 소모능력을 감소시키며, 혈관내피확장물질인 프로스타글란딘 $F_1α$의 방출을 증가시키고, 허혈성 재관류로 인한 Rat의 심근세포 손상을 경감한다[21].

3. 대뇌와 신경계 보호

삼칠의 파낙사트리올 사포닌을 Rat의 복강에 주사하면 HSP70 단백질 수준을 상향조절하고, 트랜스페린의 수준을 하향조절한다. 또한 뇌의 함수량을 저하시키고, 뇌척수보호막(BBB)을 보호하며, 대뇌동맥경색(MCAO) Rat 모델의 국소성 허혈에 대해 보호작용을 함과 동시에 MCAO Rat의 뇌세포 증식을 촉진한다[22-23]. 삼칠의 사포닌을 Rat의 정맥에 주사하면 뇌혈관평활근을 확장시키고, 뇌혈관장력(CVR)을 감소시키며[24], 복강에 주사하면 국소성 허혈 재관류가 발생한 뒤 허혈구역의 대뇌피질층과 미엘로퍼옥시다아제의 활성, ICAM-1의 발현, 중성립세포의 침윤 등을 감소시킨다. 또한 뇌경색 부위의 염증반응을 경감시키며, MMP-9의 발현을 억제한다. 그 밖에 뇌경색 부위의 체적과 BBB의 손상을 경감시키며, Rat의 꼬리핵에 주사한 콜라겐에 의해 유도된 뇌출혈 후 뇌세포 내 철 전자의 농도를 저하시킨다[25-27]. 삼칠의 사포닌과 인삼 사포닌 Rd는 신경간세포의 배양에서 성상세포의 분화를 촉진시킬 수 있다[28]. 삼칠의 사포닌을 T_{13}-L_1번 척수에 알렌의 손상이 발생한 Rat의 복강에 주사하면 프로스타사이클린의 함량을 증가시키고, 트롬복산 A_2를 감소시키며, 혈관 확장과 수축을 조절한다. 또한 척수의 혈류량을 증가시키고, 말론디알데하이드의 생성과 슈퍼옥시드디스무타아제(SOD)의 활성저하를 감소시키며, 회질부위의 출혈괴사, 수초분리 및 선립체 수종을 경감한다. 그 밖에 미세순환장애를 개선하고, 속발성 병리손상을 감소시킨다[29-31].

4. 노화방지

삼칠의 사포닌을 D-갈락토오스로 인해 노화가 유도된 Rat에 피하주사로 투여하면 산화적 손상으로 인한 뇌 해마부위의 IL-1β와 인터루킨-6의 함량을 증가시키며, 신경세포의 Ca^{2+}이온의 초과와 괴사를 감소시키고, 노화된 Rat의 학습기억능력 저하를 개선한다[32]. 삼칠의 사포닌을 Rat의 위에 주입해 얻은 약물혈청은 *in vitro*에서 β-아밀로이드 펩타이드의 25-35단편의 NG108-15 신경세포에 대한 독성을 길항하며, 그 생장을 촉진한다[33]. 또한 삼칠의 사포닌을 경구투여하면 D-갈락토오스와 이보텐산(IBA)의 혼합손상으로 유도된 대뇌의 콜린성 신경뉴런의 수량 감소와 ChAT의 농도 감소를 경감시킨다. 또한 정맥주사는 IBA로 인한 치매 Rat의 학습기억능력 감퇴를 길항하며, 해마 부위 내의 아세틸콜린 수준, 대뇌피질 내 노르아드레날린 및 도파민과 세로토닌의 수준 등 신경전달물질의 함량을 증가시킨다[35-36]. 삼칠 사포닌을 Rat의 복강에 주사하면 SOD, 카탈라아제, 글루타치온(GSH) 등의 함량을 증가시킨다[37].

5. 간 보호

삼칠 분말을 Rat에 경구투여하면 알코올성 지방간에 대하여 종양괴사인자-α(TNF-α)와 렙틴 농도를 감소시킴으로써 간 조직의 지방변성을 경감한다. 삼칠의 사포닌은 *in vitro*에서 Rat의 간성상세포(HSC)의 증식을 억제할 뿐만 아니라 HSC의 괴사를 촉진하는데, 이는 간세포의 섬유화를 억제하는 작용기전 가운데 하나이다[39].

6. 간허혈성 재관류 손상 억제

삼칠의 사포닌은 지방간 Rat의 간세포막 표면의 수용체 의존성 Ca^{2+}통로를 특이적으로 차단하며, 간세포의 Ca^{2+} 내입을 억제한다. 또한 내원성 이노시톨삼인산(IP_3)의 경로를 차단하여 Ca^{2+}의 초과 생성을 방지한다[40]. 삼칠의 사포닌으로 Rat의 이식용 간을 처리하면 이식한 간의 허혈성 재관류 손상을 경감할 수 있으며, 간세포의 괴사를 억제한다. 또 TNF-α와 카스파제-3의 발현을 억제하고[41-42], 활성산소의 생성을 억제하며, bcl-2 단백질의 발현과 관련된 유전자를 활성화한다. 아울러 칼슘 초과, 활성산소에 의한 손상 보호, 물질대사량 촉진 등 다양한 경로를 통하여 Rat 간장의 저온보존에 따른 손상을 억제한다[43].

7. 신장 간질 섬유화 억제

삼칠의 사포닌은 *in vitro*에서 IL-1α에 의해 유도된 Rat의 신장 미세소관상피세포(NRK52E) 분화를 억제하며, 세포의 외부 기질분비를 감소시킨다. 또한 요독혈청으로 인해 유도된 인체 신장 미세소관상피세포 HK-2의 증식 및 콜라겐 분비를 억제하며, 신장 미세소관의 간질 섬유화 과정을 지연시킨다[44-45].

8. 면역조절

삼칠근에서 채취한 자일라나아제는 I형 인체면역결핍바이러스(HIV-1) 역전사효소의 활성을 억제한다[46]. 삼칠의 사포닌을 Mouse에 경구투여하면 비장 임파세포의 증식과 전화를 뚜렷하게 자극하며, 지발성 알러지 반응을 촉진하는 작용이 있다. 또한 Mouse의 항체 생성량과 혈청용혈효소의 농도를 높이며, 단핵-대식세포의 탄소과립 제거작용을 촉진할 뿐만 아니라 자연살상세포(NK-cell)

의 활성을 강화한다[47]. 삼칠의 사포닌을 Mouse의 피하에 주사하면 콘카나발린 A, 미국상륙단백(PWM), 유청단백(OVA)으로 유도된 비장세포의 증식을 뚜렷하게 촉진하며, 혈청 내 오브알부민에 대해 특이성을 보이는 IgG, IgG1, IgG2b 등 항체의 농도를 증가시킨다[48]. 삼칠의 복강주사는 화상을 입은 Mouse 복강 내 호중구의 탐식기능을 뚜렷하게 강화하며, NO의 생성을 저하하고, 임파세포의 증식능력을 강화한다[49].

9. 기타

삼칠근의 추출물 및 함유된 인삼 사포닌 Rg_1은 항암활성이 있다. 삼칠의 사포닌은 성체 Rat의 안구 망막절세포의 재생을 촉진한다[51]. 잎에 함유된 사포닌을 사료로 사용하면 고지혈이 발생한 토끼의 혈청 콜레스테롤과 트리글리세리드의 함량을 뚜렷하게 저하시킬 수 있으며, 고밀도지단백(HDL)과 콜레스테롤의 비율을 증가시킨다[52]. 그 밖에 삼칠의 사포닌은 혈당강하 및 인체 물질대사조절 등의 작용이 있다.

용 도

삼칠은 중의임상에서 사용하는 약이다. 화어지혈(化瘀止血, 어혈을 풀어 주고 출혈을 없애 줌), 활혈정통(活血定痛, 혈의 운행을 활발히 하여 통증을 없애 줌) 등의 효능이 있어 각종 내외 출혈증과 어혈 등에 적용하며, 질타손상(跌打損傷, 외상으로 인한 온갖 병증)과 어체동통(瘀滯疼痛, 뭉치고 얽혀서 정체되어 아픈 증상)을 치료한다.

현대임상에서는 관심병(冠心病, 관상동맥경화증), 뇌혈전(腦血栓) 등 심뇌혈관질환, 간염, 수술 후 장협착, 자궁탈수, 사마귀, 영양불량성 빈혈 등의 병증에 사용한다.

해 설

삼칠은 전통적으로 지혈과 활혈작용에 이용해 왔으며, 중의학에서는 지혈에 있어 중요한 약이면서 허증을 보하는 효능을 겸하고 있는 것으로 알려져 있다. 근대에 이르러서 삼칠의 주요 활성성분과 그 작용에 대하여 많은 연구가 수행되어 비교적 수준 높은 결과를 거두었으며, 이에 따른 삼칠의 응용범위 또한 다양해졌다.

뿌리와 뿌리줄기 외에도 삼칠의 잎과 꽃도 약으로 사용되며, 각각 '삼칠엽(三七葉)'과 '삼칠화(三七花)'라고 부른다. 삼칠엽에도 지혈산어(止血散瘀) 및 소종정통(消腫定痛)의 효능이 있으며, 삼칠화에는 청열(淸熱), 생진(生津), 평간(平肝) 등의 작용이 있다.

삼칠의 내원은 모두 재배종이며, 현재 중국의 운남, 광서 등지에 대규모 재배단지가 조성되어 있다.

참고문헌

1. M Yoshikawa, T Murakami, T Ueno, K Yashiro, N Hirokawa, N Murakami, J Yamahara, H Matsuda, R Saijoh, O Tanaka. Bioactive saponins and glycosides. VIII. Notoginseng (1): new dammarane-type triterpene oligoglycosides, notoginsenosides-A, -B, -C, and -D, from the dried root of *Panax notoginseng* (Burk.) F. H. Chen. *Chemical & Pharmaceutical Bulletin*. 1997, **45**(6): 1039-1045
2. M Yoshikawa, T Murakami, T Ueno, N Hirokawa, K Yashiro, N Murakami, J Yamahara, H Matsuda, R Saijoh, O Tanaka. Bioactive saponins and glycosides. IX. Notoginseng (2): structures of five new dammarane-type triterpene oligoglycosides, notoginsenosides-E, -G, -H, -I, and -J, and a novel acetylenic fatty acid glycoside, notoginsenic acid β-sophoroside, from the dried root of *Panax notoginseng* (Burk.) F. H. Chen. *Chemical & Pharmaceutical Bulletin*. 1997, **45**(6): 1056-1062
3. HX Sun, YP Ye, YJ Pan. Immunological-adjuvant saponins from the roots of *Panax notoginseng*. *Chemistry & Biodiversity*. 2005, **2**(4): 510-515
4. M Yoshikawa, T Morikawa, K Yashiro, T Murakami, H Matsuda. Bioactive saponins and glycosides. XIX. Notoginseng (3): immunological adjuvant activity of notoginsenosides and related saponins: structures of notoginsenosides-L, -M, and -N from the roots of *Panax notoginseng* (Burk.) F. H. Chen. *Chemical & Pharmaceutical Bulletin*. 2001, **49**(11): 1452-1456
5. HX Sun, ZG Yang, YP Ye. Structure and biological activity of protopanaxatriol-type saponins from the roots of *Panax notoginseng*. *International Immunopharmacology*. 2005, **6**(1): 14-25
6. 王雙明, 譚寧華, 楊亞濱, 何敏. 三七環二肽成分. 天然產物研究與開發. 2004, **16**(5): 383-386
7. K Ohtani, K Mizutani, S Hatono, R Kasai, R Sumino, T Shiota, M Ushijima, J Zhou, T Fuwa, O Tanaka. Sanchinan A, a reticuloendothelial system activating arabinogalactan from Sanchi-Ginseng (roots of *Panax notoginseng*). *Planta Medica*. 1987, **53**(2): 166-169
8. K Sakamoto, M Okazaki, K Shirasaki, M Tonooka, T Kasahara, N Takasugi, T Moriguchi, T Fuwa. Pharmacological studies on Panax notoginseng extract (HK-302). IV. Effect on blood coagulative and fibrinolytic system in mice. *Showa Igakkai Zasshi*. 1987, **47**(6): 795-800
9. 陳重華, 粟曉黎, 張俊霞, 林瑞超, 顏有儀, 仇學偉, 童林江, 陳淑傑. 三七皂苷 R_1, 人參皂苷 Rd 對微循環及凝血作用的影響. 華西醫科大學學報. 2002, **33**(4): 550-552
10. 鄭茵紅, 高瑞蘭, 朱大元, 錢煦岱, 牛泱平. 三七總皂苷及其單體對人骨髓造血祖細胞增殖作用的研究. 中國中西醫結合急救雜誌. 2003, **10**(3): 135-137
11. 高瑞蘭, 徐衛紅, 陳小紅, 錢煦岱, 吳超群. 三七皂苷對造血細胞 AP-1 家族轉錄調控蛋白 NF-E_2, *c- jun* 和 *c-fos* 的誘導作用. 中國實驗血液學雜誌. 2004, **12**(1): 16-19
12. 繆麗燕, 關永源, 孫家鈞. 三七皂苷單體 RB_1 對心肌細胞 Ca^{2+} 內流作用的研究. 中國藥理學通報. 1996, **12**(1): 39-42
13. 龐榮清, 潘興華, 吳亞玲, 覃敏. 三七總皂苷對兔血管平滑肌細胞核因子 kappa B 和細胞週期的影響. 中國微循環. 2004, **8**(3): 154-156
14. 周曉霞, 蘇佩清, 楊鶴梅, 周曉慧. 三七總皂苷對人高血脂血清誘發胎兒血管平滑肌細胞增殖的抑制作用. 中國動脈硬化雜誌. 2000, **8**(1): 43-45
15. 龐榮清, 陳志龍, 朱玉昆, 張悅. 三七總皂苷對兔高膽固醇血清刺激的兔主動脈平滑肌細胞增殖及其釋放一氧化氮的影響. 中國現代醫學雜誌. 2003, **13**(1): 56-57, 60

16. 龐榮清, 王慧萱, 潘興華, 王利民, 劉建宏, 陳志龍. 三七總皂苷, 大鼠高膽固醇血清對大鼠血管平滑肌細胞增殖的影響. 中國現代醫學雜誌. 2002, **12**(2): 4-6
17. 林曙光, 鄭熙隆, 陳綺雲, 孫家鈞. 三七皂苷對高脂血清所致的培養主動脈平滑肌細胞增殖的作用. 中國藥理學報. 1993, **14**(4): 314-316
18. 陳彥靜, 李建東, 黃啓福. 三七總皂苷對 Ang II 誘導心肌細胞凋亡的影響. 中國中藥雜誌. 2005, **30**(10): 778-781
19. 劉傑, 高秀梅, 王怡, 張伯禮. 三七總皂苷對心肌缺血大鼠血流動力學影響實驗研究. 天津中醫藥. 2005, **22**(2): 158-160
20. 顧國嶸, 黃培志, 葛均波, 童朝陽, 姚晨玲, 施東偉, 樊帆. 缺血及三七總皂苷預處理對心肌缺血-再灌流損傷的保護作用. 中華急診醫學雜誌. 2005, **14**(4): 307-309
21. 錢越洲, 劉宇, 顧仁樾. 三七有效成分 R_x 對離體心臟缺血再灌注損傷的影響. 上海中醫藥大學學報. 2005, **19**(1): 50-52
22. 姚小皓, 李學軍. 三七中人參三醇苷對腦缺血的保護作用及其機理. 中國中藥雜誌. 2002, **27**(5): 371-373
23. 胡曉松, 周德明, 周東, 楊開明, 梅妍, 周鴻鷹. 三七三醇皂苷對局灶性腦缺血再灌注大鼠細胞增殖的影響. 華西醫學. 2004, **19**(3): 458-459
24. 伍傑雄, 孫家鈞. 三七總皂苷, 維拉帕米, 去甲腎上腺素對大鼠和兔腦循環的作用比較. 中國藥理學報. 1992, **13**(6): 520-523
25. 何蔚, 朱遵平. 三七總皂苷對大鼠腦梗死區 ICAM-1 表達和中性粒細胞浸潤的影響. 中藥材. 2005, **28**(5): 403-405
26. 王文安, 周永偉, 程潔, 王根發, 陳興華. 三七皂苷對局灶性腦缺血再灌注後 MMP-9 表達的影響. 上海第二醫科大學學報. 2004, **24**(9): 731-733
27. 張俊敏, 朱培純. 三七總皂苷對腦出血大鼠腦內鐵離子影響的實驗研究. 中國中醫基礎醫學雜誌. 2000, **6**(8): 43-47
28. Q Shi, Q Hao, J Bouissac, Y Lu, SJ Tian, B Luu. Ginsenoside-Rd from Panax notoginseng enhances astrocyte differentiation from neural stem cells. *Life Sciences*. 2005, **76**(9): 983-995
29. 胡偵明, 勞漢昌, 張寶華, 舒均, 解京明, 楊慶周, 梁先念, 後嘉麟, 王雨平. 實驗性脊髓損傷早期三七總皂苷對 PGI_2 和 TXA_2 的影響. 中國脊柱脊髓雜誌. 1995, **5**(5): 206-208
30. 胡偵明, 勞漢昌, 張寶華, 舒均, 陸曉青, 解京明. 脊髓損傷早期三七總皂苷抗氧自由基作用的實驗研究. 中國脊柱脊髓雜誌. 1996, **6**(4): 164-166
31. 胡偵明, 勞漢昌, 張寶華, 舒均. 三七總皂苷治療早期脊髓損傷的實驗研究. 中華骨科雜誌. 1996, **16**(6): 384-387
32. 喬萍, 楊貴貞. 三七皂苷 Rg_1 改善 D-半乳糖模型鼠學習記憶能力與其作用的可能因素. 中國免疫學雜誌. 2003, **19**(11): 772-774
33. 鍾振國, 盧忠朋, 王乃平. 三七總皂苷對老年性癡呆細胞模型影響的研究. 中華臨床醫藥. 2004, **5**(23): 1-4
34. 鍾振國, 屈澤強, 王乃平, 王進聲, 謝智光, 張鳳楓, 張雯艷, 盧忠朋. 三七總皂苷對 Alzheimer's 大鼠模型膽鹼能神經病理損害的保護作用. 中藥材. 2005, **28**(2): 119-122
35. 郭長傑, 伍傑雄, 李若馨. 三七總皂苷對癡呆大鼠模型學習記憶行為的影響及其作用機理探討. 中國藥房. 2004, **15**(10): 598-600
36. 郭長傑, 伍傑雄, 李若馨. 三七總皂苷對癡呆模型大鼠大腦皮質內神經遞質含量的影響. 中國臨床藥學雜誌. 2004, **13**(3): 150-152
37. 屈澤強, 謝智光, 王乃平, 鮑運平, 鍾振國. 三七總皂苷抗衰老作用的實驗研究. 廣州中醫藥大學學報. 2005, **22**(2): 130-133
38. 何蓓輝, 項柏康, 蔡丹莉, 陳芝蕓, 嚴茂祥. 三七對酒精性脂肪肝大鼠血清 TNF-α, Leptin 水平的影響. 浙江中醫學院學報. 2005, **29**(3): 56-58
39. 王文兵, 戴立裏, 鄭元義. 三七總皂苷誘導大鼠肝星狀細胞凋亡的研究. 中華肝臟病雜誌. 2005, **13**(2): 156-157
40. 呂明德, 黃嘉淩, 蕭定璋, 黃小穗, 關永源. 三七總皂苷抑制肝細胞鈣超載的機理. 中國藥理學通報. 1999, **15**(2): 150-152
41. 張毅, 葉啟發, 明英姿, 許賢林, 蕭建生, 李遠明. 三七總皂苷預處理大鼠供肝對細胞凋亡及 TNF-α, Caspase-3 表達的影響. 中國現代醫學雜誌. 2005, **15**(2): 172-176
42. 魯力, 葉啓發, 張毅, 明英姿. 三七總皂苷對大鼠肝移植缺血再灌注損傷的保護作用. 中國現代醫學雜誌. 2005, **15**(1): 50-52
43. 董楠, 李立, 郭永章. 三七總皂苷對大鼠肝臟低溫保存作用的實驗研究. 中國普外基礎與臨床雜誌. 2005, **12**(2): 153-157
44. 王宓, 樊均明, 劉欣穎, 陳輝珍, 唐嶸, 劉先蓉. 三七總皂苷對 IL-1α 誘導大鼠腎小管細胞轉分化的影響. 中國中西醫結合雜誌. 2004, **24**(8): 722-725
45. 劉海燕, 陳孝文, 劉華鋒, 何慧娟, 李曉東, 馮明亮. 三七總皂苷對尿毒血清誘導的 HK-2 細胞增殖及總膠原分泌的影響. 中國中西醫結合腎病雜誌. 2004, **5**(3): 143-145
46. SK Lam, TB Ng. A xylanase from roots of sanchi ginseng (*Panax notoginseng*) with inhibitory effects on human immunodeficiency virus-1 reverse transcriptase. *Life Sciences*. 2002, **70**(25): 3049-3058
47. 趙鵬, 李彬, 何為濤, 姚思宇, 劉榮珍, 李鳳文, 梁堅, 梁偉忠, 王彥武. 三七皂苷對小鼠免疫功能影響的實驗研究. 中國熱帶醫學. 2004, **4**(4): 522-524
48. HX Sun, YP Ye, HJ Pan, YJ Pan. Adjuvant effect of *Panax notoginseng* saponins on the immune responses to ovalbumin in mice. Vaccine. 2004, **22**(29-30): 3882-3889
49. 羅中華, 劉旭盛, 彭代智, 劉敬, 周新, 黃躍生. 三七皂苷對燙傷小鼠白細胞介導的防禦系統功能的調理作用. 第三軍醫大學學報. 2005, **27**(3): 203-205
50. T Konoshima. Cancer chemopreventive activities of *Panax notoginseng* and ginsenoside Rg_1. *Studies in Plant Science*. 1999, **6**: 36-42
51. 項平, 黃錦桃, 李卉, 李海標. 三七總皂苷對成年大鼠視網膜節細胞再生的影響. 中山大學學報(醫學科學版). 2004, **25**(4): 319-321
52. 呂萍, 陳海峰. 三七葉苷降脂作用的實驗研究. 中國生化藥物雜誌. 2004, **25**(4): 235-236

삼칠 대규모 재배단지

Papaveraceae

양귀비 罌粟 CP, BP, EP, USP

Papaver somniferum L.

Opium Poppy

개 요

양귀비과(Papaveraceae)
양귀비(罌粟, *Papaver somniferum* L.)의 잘 익은 열매껍질을 건조한 것
중약명: 앵속각(罌粟殼)
양귀비속(*Papaver*) 식물은 전 세계에 약 100여 종이 있으며, 주요산지는 중부유럽과 남부유럽부터 아시아 온대 지역에 이른다. 일부 종은 아메리카, 오세아니아, 아프리카 남부 등지에 자생하는 것도 있다. 중국에서는 약 7종이 생산되며, 동북 지역과 서북 지역 및 각지에서 재배되고 있다.
양귀비는 '앵자속(罌子粟)'이라는 명칭으로 《본초습유(本草拾遺)》에 최초로 수록되었다. 일찍이 기원전 2000년 전에 서방에도 양귀비에 대한 지식이 알려졌으며, 당시의 의사들은 이미 양귀비의 과즙을 약용으로 사용하였다. 《중국약전(中國藥典)》(2015년 판)에서는 이 종을 중약 앵속각의 법정기원식물 내원종으로 수록하였다. 양귀비는 정부에서 지정한 농장에서만 생산된다.
양귀비속 식물의 주요 활성성분은 알칼로이드 화합물이다. 양귀비과 식물의 함유성분 연구에 대해서는 주로 이소퀴놀린에 집중되어 있으며, 동(同) 성분이 양귀비속의 특징적 성분이다. 《중국약전》에서는 고속액체크로마토그래피법을 이용하여 앵속각에 함유된 모르핀의 함량을 0.060~0.40% 이상으로 약재의 규격을 정하고 있다.
약리연구를 통하여 양귀비에는 지통(止痛), 지해(止咳), 평활근 이완 등의 작용이 있는 것으로 알려져 있다.
한의학에서 앵속각에는 염폐(斂肺), 삽장(澀腸), 지통 등의 효능이 있다.

양귀비 罌粟 *Papaver somniferum* L.

약재 앵속각 藥材罌粟殼 Papaveris Pericarpium

함유성분

열매껍질에는 주로 알칼로이드 성분으로 morphine, narcotine, codeine, thebaine, narcotoline, papaverine, narceine, protopine, cryptopine, allocryptopine, isocorypalmine, palaudine, salutaridine, laudanidine, reticuline and bismorphine AB[2] 등이 함유되어 있다.
씨에는 소량의 papaverine, morphine과 극미량의 narcotine[2]이 함유되어 있으며, 정유성분으로 2,4-nonadienal, 2,4-decenal, hexanal[3] 등이 함유되어 있다. 또한 methyl-(19Z)-pentacosenoate, 8-heptacosanol[4] 등이 함유되어 있다.

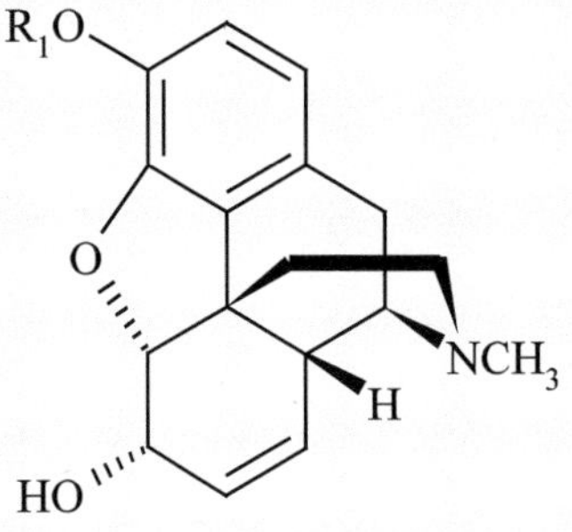

morphine: R_1=H

codeine: R_1=CH_3

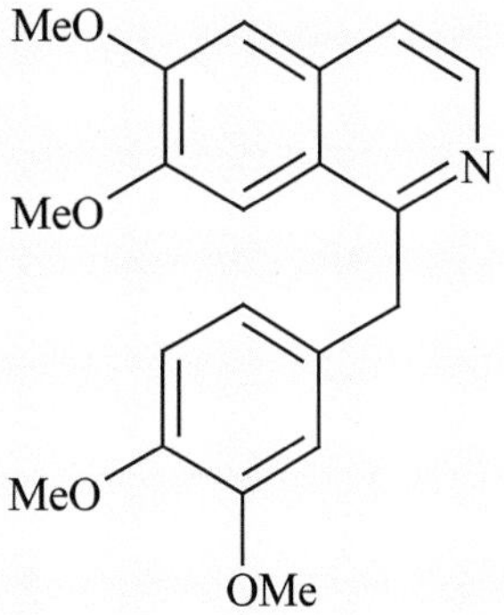

papaverine

약리작용

1. 진통
앵속에 함유된 모르핀에는 뚜렷한 진통작용이 있는데, 이러한 진통효과는 매우 선택적이며, 진통효과가 나타날 때 환자의 의식에는 영향을 주지 않는다. 다른 감각 또한 존재하며, 지속성 통증에 대한 진통효과가 단절성 자통(刺痛)에 대한 효과에 비해 강력하다. 코데인의 진통효과는 모르핀의 1/4 수준에 해당한다. 진통효과의 작용기전은 체내 아편 수용체와의 결합과 관련이 있다[5].

2. 진해(鎮咳)
모르핀은 진해중추를 억제할 수 있어 매우 강력한 지해작용을 나타내는데, 필요량은 진통에 비하여 적다. 코데인의 진해작용이 모르핀에 미치지는 못하지만 강한 의존성은 없다. 나르코틴은 코데인과 유사한 진해작용을 나타내며, 다른 중추억제작용을 없으나, 대량으로 사용 시 반대로 호흡의 흥분을 유도한다.

3. 심혈관계에 대한 영향
모르핀에는 외주 미세혈관을 확장하고 히스타민 방출을 유도하는 작용이 있다. 혈액량이 감소한 환자에게 모르핀을 사용하면 저혈압이 유도되며, 모르핀과 페노티아진류 약물의 병용투여는 호흡작용을 협동적으로 억제하며, 저혈압으로 인한 위험을 유도한다. 앵속의 알칼로이드는 각종 평활근을 이완시키는데, 특히 대동맥평활근에 대한 작용이 뛰어나며, 경련이 있을 경우에 이완작용이 더욱 뛰어나다. 토끼 실험모델과 인체임상연구에서 앵속 알칼로이드로 뇌동맥 종양수술 후 국소부위를 세척하면 혈관경련을 방지하는 효과가 있으며[6-9], 앵속 알칼로이드침포술은 두개골 내 동맥암 수술 환자의 국소 혈류량을 증가시키는 작용이 있다[10]. 나르코틴 또한 평활근 및 심근을 이완하는데, 진해효과에 사용되는 용량에서는 작용이 나타나지 않는다. 나르세인은 강력한 혈압강하작용이 있다. 프로토핀, 크립토핀, 알로크립토핀 등은 주로 심장에 영향을 주는데, 관상동맥을 확장시키는 작용이 있다.

4. 호흡억제
모르핀은 호흡중추에 대하여 고도의 선택적 억제작용이 있어, 심원성 해천을 치료하는 데 사용할 수 있다. 그러나 억제가 과도하면 산소결핍으로 인한 중독이 발생할 수 있으며, 호흡중추의 마비가 모르핀 중독으로 인한 직접적인 사망원인이 될 수 있다. 테바인과 나르세인은 호흡을 흥분시키는 작용이 있으나, 과량의 테바인은 경련과 호흡마비를 유도할 수도 있다.

5. 기타
앵속에는 항종양작용이 있으며[11], 모르핀에는 일정한 최면작용도 있다.

용 도

앵속각은 중의임상에서 사용하는 약이다. 염폐(斂肺, 폐의 기운을 수렴하여 기침 등을 멈추게 함), 삽장(澁腸, 설사를 그치게 함), 고신[固腎, 신(腎)을 튼튼하게 함], 지통 등의 효능이 있어 구해노수(久咳勞嗽, 몸이 허약해져서 기침이 오래도록 잘 낫지 않고 오한과 열이 나는 병), 천식, 설사, 이질, 탈항, 유정(遺精, 성교 없이 정액이 흘러나오는 병증), 백대(白帶, 여성의 질에서 분비되는 대하 중 백색 점액 상태), 심복(心腹) 및 근골동통에 사용한다.
현대임상에서는 앵속각을 만성 설사, 만성 폐색성 폐질환, 각종 통증, 혈관경련으로 인한 빈혈 등의 병증에 사용한다.

해 설

중의임상에서는 앵속의 씨와 어린싹도 사용하는데, 지사(止瀉), 삽장 등 앵속각과 유사한 효능이 있다.
아편은 앵속의 주요성분이자 약리작용을 나타내는 유효성분이며, 의존성 및 중독성을 유발하는 성분이기도 하다. 아편 의존성의 작용기전은 뇌 속의 보상센터(reward center), 도파민 통로, 아편 수용체, 내원성 아편 펩타이드 및 여러 종류의 신경전달 체계 등과 관련이 있을 것으로 생각된다[12]. 아편류의 의존성에 대한 구체적인 작용기전에 대해서 추가적인 연구와 함께 이를 통한 새로운 약물의 개발을 시도하는 방향으로 향후의 연구가 진행되어야 할 것이다.
앵속각에는 흥분, 진통 등 마취작용이 있는 반면 의존성도 있다. 앵속각의 독성에 대한 부작용 보고를 매우 빈번하게 접할 수 있는데, 예를 들면 신생아의 심각한 호흡감퇴를 유발하거나, 영유아를 중독치사에 이르게 하는 경우가 있으며, 또 다른 연구에서는 앵속이 직업성 천식을 유발하는 것으로 보고되었다[13-15].
동속식물인 야앵속(*Papaver nudicaule* L.)에도 비교적 강력한 진해, 평천(平喘), 지통 등의 작용이 있다. 그 전초를 약으로 사용하며, 알칼로이드가 주요성분이자 약효성분이다. 그러나 그 분자구조와 약리작용은 아편의 알칼로이드와는 다르며, 약물 의존성도 나타나지 않는다. 야앵속은 민간에서 오래전부터 사용되었으며, 아편의 지해진통(止咳鎭痛)작용을 대체할 수 있을 것으로 기대되므로 그 약리효과에 대해 다양한 연구가 계속되어야 할 것이다[16-17].

참고문헌

1. 謝仁謙. 人類阿片藥用和濫用的歷史與現狀. 甘肅科技. 2000, **16**(5): 65-66
2. S Morimoto, K Suemori, F Taura, Y Shoyama. New dimeric morphine from opium poppy (*Papaver somuniferum*) and its physiological function. *Journal of Natural Products*. 2003, **66**(7): 987-988
3. 陳永寬, 李雪梅, 孔寧川, 楊偉祖, 李聰, 王漢卿. 罌粟籽油揮發性化學成分的分析. 中草藥. 2003, **34**(10): 88-89
4. SK Agarwal, S Verma, SS Singh, S Kumar. New long chain alcohol and ester from *Papaver somniferum* (Poppy) seeds. *Indian Journal of Chemistry*. 2002, **41B**(5): 1061-1063
5. JB Calixto, C Scheidt, M Otuki, ARS Santos. Biological activity of plant extracts: Novel analgesic drugs. *Expert Opinion on Emerging Drugs*. 2001, **6**(2): 261-279
6. 欒傑, 唐勇, 楊佩英, 張旭輝, 侯典舉, 馬桂娥, 王黔. 外用罌粟鹼霜加速組織擴張的實驗研究. 中華整形外科雜誌. 2002, **18**(1): 29-32
7. 盧奕, 孫丕通, 惠國楨, 白景陽, 許友松, 吳智遠. 動脈持續灌注罌粟鹼對兔腦血管痙攣的實驗研究. 江蘇醫藥雜誌. 2004, **30**(5): 334-336
8. 王君, 周敬安, 劉策, 華寧, 趙亞群, 周青. 罌粟鹼對於防治腦動脈瘤術後腦血管痙攣的臨床研究. 解放軍醫學雜誌. 2002, **27**(12): 1109-1110
9. 劉斌, 蔡學見, 陳錚立, 胡開樹, 董吉榮, 徐勤宜, 蔡桑. 腦動脈瘤破裂術後以罌粟鹼防治腦血管痙攣 12 例. 中國腦血管病雜誌. 2004, **1**(10): 470-471

10. 梅弘勳, 王恩真, 孫峰麗, 王保國, 王碩, 趙繼宗. 罂粟鹼對顱內動脈瘤手術病人局部腦血流的影響. 臨床麻醉學雜誌. 2004, **20**(2): 75-77

11. K Aruna, VM Sivaramakrishnan. Anticarcinogenic effects of some Indian plant products. *Food and Chemical Toxicology: An International Journal Published for the British Industrial Biological Research Association*. 1992, **30**(11): 953-956

12. 盛瑞, 顧振綸. 罂粟中阿片依賴機制及藥物治療進展. 中國野生植物資源. 2002, **21**(1): 5-7, 20

13. 劉元江, 鄧澤普. 罂粟殼致新生兒嚴重呼吸衰竭 2 例. 中西醫結合實用臨床急救. 1996, **3**(5): 238

14. 王喜娥. 嬰幼兒腹瀉服罂粟殼中毒5例. 中華醫藥學雜誌. 2003, **2**(7): 45

15. I Moneo, E Alday, C Ramos, G Curiel. Occupational asthma caused by *Papaver somniferum*. *Allergologia et Immunopathologia*. 1993, **21**(4): 145-148

16. 崔箭. 野罂粟的研究與開發: 康少文教授訪談錄. 承德醫學院學報. 2003, **20**(3): 2

17. 崔箭, 龐宗然, 崔勳. 野罂粟化學成分及藥理作用研究進展. 河北醫學. 2003, **9**(6): 553-554

양귀비 재배단지

Liliaceae

운남중루 雲南重樓 CP

Paris polyphylla Smith var. *yunnanensis* (Franch.) Hand.-Mazz.

Yunnan Paris

개 요

백합과(Liliaceae)

운남중루(雲南重樓, *Paris polyphylla* Smith var. *yunnanensis* (Franch.) Hand.-Mazz.)의 뿌리줄기를 건조한 것

중약명: 중루(重樓)

삿갓나물속(*Paris*) 식물은 전 세계에 약 30여 종이 있으며, 유럽과 아시아 온대 및 아열대 지역에 분포한다. 중국에는 약 20여 종이 있으며, 대부분 약으로 사용이 가능하다. 이 종은 중국의 복건, 호북, 호남, 광서, 사천, 귀주, 운남 등에 분포하며, 미얀마에도 분포한다.

삿갓나물속 식물은 '조휴(蚤休)'라는 명칭으로 《신농본초경(神農本草經)》에 중품으로 맨 처음 수재되었다. 그 밖에 여러 종의 본초서적에 기록이 있으나, 품종에 일부 차이가 있다. 《전남본초(滇南本草)》에 기록된 것이 이 종이다. 《중국약전(中國藥典)》(2015년 판)에서는 이 종을 중약 중루의 법정기원식물 내원종 가운데 하나로 수록하였다. 주요산지는 중국의 운남, 사천, 귀주, 광서 등이다.

운남중루의 주요 성분은 스테로이드 사포닌이다. 함유된 스테로이드 사포닌류 화합물이 주요 활성성분이다. 《중국약전》에서는 고속액체크로마토그래피법을 이용하여 중루에 함유된 파리스 사포닌 Pa와 Pb의 총 함량을 0.80% 이상으로 약재의 규격을 정하고 있다.

약리연구를 통하여 운남중루에는 지혈, 진통, 진정, 항병원미생물, 항위점막 손상, 항종양 등의 작용이 있는 것으로 알려져 있다.

한의학에서 중루에는 청열해독(清熱解毒), 소종지통(消腫止痛), 양간정경(凉肝定驚) 등의 작용이 있다.

운남중루 雲南重樓 *Paris polyphylla* Smith var. *yunnanensis* (Franch.) Hand.-Mazz.

칠엽일지화 七葉一枝花
P. polyphylla Smith var. *chinensis* (Franch.) Hara

약재 운남중루 藥材雲南重樓 Paridis Rhizoma

함유성분

뿌리줄기에는 스테로이드 사포닌 성분으로 parissaponin Pa (polyphyllin I, polyphyllin D), parissaponin Pb (formosanin C), dioscin[1] prosapogenin A of dioscin (polyphyllin V), polyphyllin VI[2], trigofoenoside A, parisaponin I, protogracillin[3], gracillin[4], 피토엑디손 성분으로 β-ecdysone[1] 등이 함유되어 있다.
지상부에는 스테로이드와 스테로이드 배당체 성분으로 pennogenin-3-O-α-L-rhamnopyranosyl (1→2)[α-L-rhamnopyranosyl (1→4)]-β-D-glucopyranoside[5], 27-hydroxyl-pennogenin, 27,23β-dihydroxyl-pennogenin[6], polyphyllosides III, IV[7], 25S-isonuatigenin-3-O-α-L-rhamnopyranosyl (1→2)[α-L-rhamnopyranosyl (1→4)]-β-D-glucopyranoside[8], 플라보노이드 성분으로 kaempferol-3-O-β-D-glucopyranosyl (1→6)-β-D-glucopyranoside, 7-O-α-L-rhamnopyranosyl-kaempferol-3-O-β-D-glucopyranosyl (1→6)-β-D-glucopyranoside[8] 등이 함유되어 있다.

약리작용

1. 지혈
   운남중루 뿌리줄기의 메탄올 추출물을 Mouse에 경구투여하면 응혈시간을 뚜렷하게 단축한다[9].
2. 항병원미생물
   운남중루 뿌리줄기의 메탄올 추출물은 *in vitro*에서 이질간균, 세라티아균, 대장균, 민감성과 내성 황색포도상구균에 대해 억제작용이 있다. 중루의 사포닌은 *in vitro*에서 *Schistosoma cercaria*를 사멸시키며, Mouse의 피부에 중루 사포닌 유제 또는 용액을 도포하면 *Schistosoma cercaria*의 침입을 막을 수 있다[10].
3. 진통, 진정
   운남중루 뿌리줄기의 알코올 추출물을 Mouse에 경구투여하면 자극법, 열판법, 몸비틀기실험 등에서 뚜렷한 진통작용을 나타낸다. 또한 Mouse의 자발활동을 뚜렷하게 감소시키며, 펜토바르비탈에 의해 유도된 수면시간을 뚜렷하게 연장시킨다[9, 11].

polyphyllin I

4. 위점막 손상 억제

운남중루 뿌리줄기의 메탄올 추출물을 경구투여하면 주정과 인도메타신에 의한 Rat의 위점막 손상을 뚜렷하게 억제하는데, 중루에 함유된 파리스 사포닌 Pa 등 스테로이드 사포닌이 위점막 보호작용의 활성성분이다[3].

5. 항종양

중루의 사포닌을 Mouse의 복강에 주사하면 삼입종양세포 H22의 ^{3}H-TdR, ^{3}H-UR을 제거하며, 이종이식 Mouse의 비장조직에서 DNA와 RNA의 합성을 억제한다[12]. 중루 사포닌을 위에 주입하거나 복강에 주사하면 Mouse의 H22 복수형 및 실체형 이식종양의 성장을 뚜렷하게 억제한다[12]. 또한 중루 사포닌은 자궁경부암세포 HeLa 내부의 유리 칼슘 농도를 증가시킨다[13]. 중루에 함유된 파리스 사포닌 Pa는 *in vitro*에서 농도 의존적으로 인체간암세포 HepG2, 인체간암 내약세포 R-HepG2, 인체유선암세포 MCF-7 등의 증식활성을 억제하며, 선립체 매개 세포자살을 통하여 그 괴사를 유도한다[14-15]. 파리스 사포닌 Pa는 정맥주사를 통하여 MCF-7 종양 nude Mouse의 종양 성장을 억제하며, 종양의 무게와 크기를 감소시킬 뿐만 아니라 nude Mouse의 간과 신장에 독성을 유도하지 않는다[14-15].

6. 기타

중루의 사포닌에는 살정(殺精)작용이 있다. 운남중루 뿌리줄기의 알코올 추출물에는 지해(止咳), 평천(平喘) 등의 작용이 있다[9].

용 도

중루는 중의임상에서 사용하는 약이다. 청열해독(淸熱解毒, 화열을 깨끗이 제거하고 몸의 독을 없이함), 소종지통(消腫止痛, 부종을 가라앉히고 통증을 감소시킴), 양간정경[涼肝定驚, 간기(肝氣)가 울결(鬱結)하여 생긴 간열(肝熱)을 내려 주며 놀란 것을 그치게 함] 등의 효능이 있어 옹종정창(擁腫疔瘡, 작은 종기와 부스럼), 독사교상(毒蛇咬傷, 짐승, 뱀, 독벌레 등 동물에게 물려서 생긴 상처), 소아경풍추축(小兒驚風抽搐, 어린아이가 경련으로 열이 많고 팔다리의 근육이 줄어들기도 하고 늘어나기도 하며 계속 움직이는 병증) 등의 치료에 사용한다.

현대임상에서는 중루를 정맥염, 이하선염, 급·만성 편도선염, 인후염, 만성 기관지염, 모낭염, 유선염, 유방암, 자궁 출혈 등의 병증에 사용한다.

해 설

칠엽일지화(*Paris polyphylla* Smith var. *chinensis* (Franch.) Hara)도 《중국약전》에 수재된 중약 중루의 법정기원식물 내원종이다. 중국의 강소, 강서, 절강, 복건, 대만, 호남, 호북, 광동, 광서, 사천, 귀주, 운남 등에 분포한다.

칠엽일지화와 운남중루는 모두 유사한 약리작용을 나타내며, 그 함유성분도 대부분 동일하다[16]. 최근 칠엽일지화의 뿌리줄기에서 호모콜레스탄 배당체의 일종인 파리스폴리시드 E를 분리했다[17].

삿갓나물속의 각기 다른 식물에 함유된 스테로이드 사포닌들은 서로 다른 사포게닌과 당 결합구조를 가지고 있어 그 생리활성 또한 차이가 있으며, 그에 따른 화학적 결합구조와 생리활성 간의 상관성에 대한 연구가 다양하게 전개되어야 할 것이다.

운남중루의 지상부에도 스테로이드 사포닌이 함유되어 있으며, 연구를 통한 이용방법을 개발해야 한다.

참고문헌

1. 陳昌祥, 周俊. 滇産植物皂素成分的研究 V. 滇重樓的甾體皂苷和 β-蛻皮激素. 雲南植物研究. 1981, **3**(1): 89-93
2. 陳昌祥, 張玉童, 周俊. 滇産植物皂素成分的研究 VI. 滇重樓皂苷 (2). 雲南植物研究. 1983, **5**(1): 91-97
3. H Matsuda, Y Pongpiriyadacha, T Morikawa, A Kishi, S Kataoka, M Yoshikawa. Protective effects of steroid saponins from *Paris polyphylla* var. *yunnanensis* on ethanol- or indomethacin-induced gastric mucosal lesions in rats: structural requirement for activity and mode of action. *Bioorganic & Medicinal Chemistry Letters*. 2003, **13**(6): 1101-1106
4. 康利平, 馬百平, 張潔, 熊呈琦, 譚大維, 叢玉文. 重樓中甾體皂苷的分離與結構鑒定. 中國藥物化學雜誌. 2005, **15**(1): 25-30
5. 陳昌祥, 周俊, 張玉童, 趙永言. 滇重樓地上部分的甾體皂苷. 雲南植物研究. 1990, **12**(3): 323-329
6. 陳昌祥, 周俊. 滇重樓的兩個新甾體皂苷元. 雲南植物研究. 1992, **14**(1): 111-113
7. 陳昌祥, 周俊, H Nagasawa, A Suzuki. 滇重樓地上部分的兩個微量皂苷. 雲南植物研究. 1995, **17**(2): 215-220
8. 陳昌祥, 張玉童, 周俊. 滇重樓地上部分的配糖體. 雲南植物研究. 1995, **17**(4): 473-478
9. 馬雲淑, 淤澤溥, 呂俊, 桂鏡生. 膠質重樓與粉質重樓主要藥理作用的比較研究. 中醫藥研究. 1999, **15**(1): 26-29
10. 黃文通, 黃珊, 談佩萍, 李廣平. 重樓皂苷殺滅血吸蟲尾蚴及防護效果的研究. 實用預防醫學. 1999, **6**(2): 90-91
11. 王強, 徐國鈞, 蔣瑩. 重樓類中藥鎮痛和鎮靜作用的研究. 中國中藥雜誌. 1990, **15**(2): 45-47
12. 石小楓, 杜德極, 謝定成, 冉長清. 重樓總皂苷對 H22 動物移植性腫瘤的影響. 中藥材. 1992, **15**(2): 33-36
13. 高冬, 高永琳, 白平. 重樓對宮頸癌細胞鈣信號的影響. 福建中醫學院學報. 2003, **13**(4): 26-28
14. JYN Cheung, RCY Ong, YK Suen, V Ooi, HNC Wong, TCW Mak, KP Fung, B Yu, SK Kong. Polyphyllin D is a potent apoptosis inducer in drug-resistant HepG2 cells. *Cancer Letters*. 2005, 217(2): 203-211
15. MS Lee, JYW Chan, SK Kong, B Yu, VEC Ooi, HNC Wong, TCW Mak, KP Fung. Effects of polyphyllin D, a steroidal saponin in *Paris polyphylla*, in growth inhibition of human breast cancer cells and in xenograft. *Cancer Biology & Therapy*. 2005, **4**(11): 1248-1254
16. Y Mimaki, M Kuroda, Y Obata, Y Sashida, M Kitahara, A Yasuda, N Naoi, ZW Xu, MR Li, AN Lao. Steroidal saponins from the rhizomes of *Paris polyphylla* var. *chinensis* and their cytotoxic activity on HL-60 cells. *Natural Product Letters*. 2000, **14**(5): 357-364
17. 黃蕓, 王強, 葉文才, 崔力劍. 華重樓中一個新的類膽甾烷皂苷. 中國天然藥物. 2005, **3**(3): 138-140

자소 紫蘇 CP, KP, JP

Perilla frutescens (L.) Britt.

Common Perilla

개 요

꿀풀과(Labiatae)

자소(紫蘇, *Perilla frutescens* (L.) Britt.)의 잎과 줄기 및 잘 익은 열매를 건조한 것

중약명: 자소엽(紫蘇葉), 자소경(紫蘇梗), 자소자(紫蘇子)

들깨속(*Perilla*) 식물은 전 세계에 오직 1종과 3개의 변종이 있으며, 아시아의 동부에 분포한다. 이 종은 중국의 각지에서 널리 재배되고 있으며, 일본, 한반도, 부탄, 인도, 인도네시아 등지에도 분포한다.

자소는 '소(蘇)'라는 약명으로 《명의별록(名醫別錄)》에 중품으로 처음 수록되었다. 역대의 본초서적에 많은 기록이 남아 있으며, 오늘날의 약용품종과도 일치한다. 《중국약전(中國藥典)》(2015년 판)에서는 이 종을 중약 자소엽, 자소경, 자소자의 법정기원식물 내원종으로 수록하였다. 주요산지는 중국의 호북, 하남, 산동, 사천, 강소, 광서, 광동, 절강, 하북, 산서 등이며, 그 가운데 호북, 하남, 산동, 강소 등의 생산량이 가장 많고, 광동, 광서, 호북, 하북 등에서 생산되는 자소의 품질이 가장 좋다. 《대한민국약전》(제11개정판)에서는 '자소엽'을 "꿀풀과에 속하는 차즈기(*Perilla frutescens Britton* var. *acuta* Kudo) 또는 주름소엽(*Perilla frutescens* Britton var. *crispa* Decaisne)의 잎 및 끝가지"로 등재하고 있다.

자소의 주요 활성성분은 경엽에 함유된 정유 및 모노테르펜류 화합물이다. 《중국약전》에서는 성상 및 화학감별 등을 이용하여 약재의 규격을 정하고 있다.

약리연구를 통하여 자소에는 해열, 지구(止嘔), 진정, 억균(抑菌), 지해(止咳), 평천(平喘), 거담(祛痰) 등의 작용이 있는 것으로 알려져 있다.

한의학에서 자소엽에는 산한해표(散寒解表), 선폐화담(宣肺化痰), 행기화중(行氣和中)의 작용이 있으며, 자소경에는 이기관중(理氣寬中), 지통(止痛), 안태(安胎)의 작용이 있고, 자소자에는 강기정천(降氣定喘), 화담지해(化痰止咳)의 작용이 있다.

자소 紫蘇 *Perilla frutescens* (L.) Britt.

약재 자소엽 藥材紫蘇葉 Perillae Folium

약재 자소경 藥材紫蘇梗 Perillae Caulis

주름소엽 回回蘇
P. frutescens (L.) Britt. var. *crispa* (Thunb.) Hand.-Mazz.

약재 자소자 藥材紫蘇子 Perillae Fructus

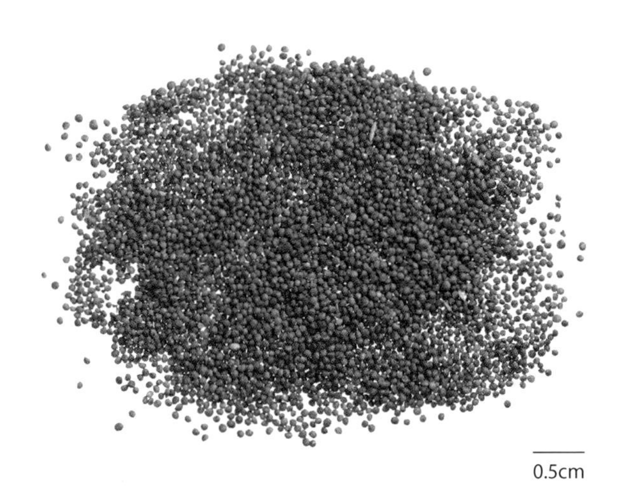

함유성분

전초에는 정유성분이 함유되어 있으며, 잎에서 그 함량이 가장 높고 그 주요 성분으로는 perillaldehyde, perillaketone, perillene, elsholtzia-ketone, citral[1], dl-limonene, β-santalene, α-farnesene, trans-caryophyllene, β-selinene[2], methylperillaketone[3], isoegomaketone, nagi-nataketone[4], geranylgeraniol[5], piperitenone[6] 등이 함유되어 있다. 또한 rosmarinic acid, perillosides A, B, C, D, E[4], cumic acid, cyanidin 3-[(6-p-coumaryl)-β-D-glucoside]-5-β-D-glucoside, perillyl-β-D-glucopyranoside 등의 성분이 함유되어 있다.
잎에는 또한 perilla glycopeptide[7] 등의 성분이 함유되어 있다.
종자유에는 다량의 지방산 성분으로 팔미트산, 리놀레산, 리놀렌산, 스테아르산, eicosenoic acid, arachidic acid, 올레산[8-9] 등이 함유되어 있다.

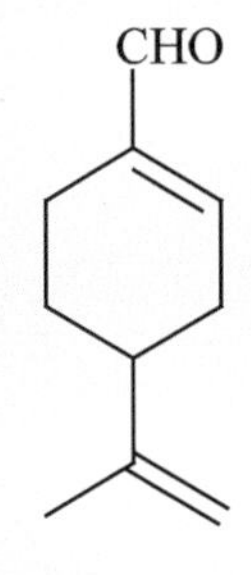

perillaldehyde

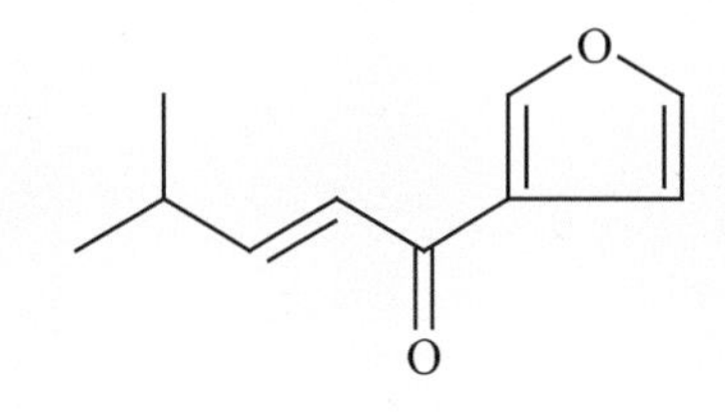

isoegomaketone

약리작용

1. 해열
   집토끼의 귀 정맥에 파라티푸스 A 및 B 항원을 포함하는 2가 백신을 주사한 후 즉시 위에 자소의 열수 추출물과 정유를 투여하면 뚜렷한 해열작용이 있다. 자소엽의 침출액은 열자극에 의한 집토끼의 발열에 대해 비교적 약한 해열작용이 있다[10-11].
2. 구토 억제
   자소의 물 추출물 침고와 정유를 각각 비둘기의 위에 주입하고 2시간이 지난 뒤 정맥에 디기탈리스 틴크용액을 주사하면 자소의 물 추출물과 정유는 디기탈리스로 인한 구토를 억제하는 작용이 있으며, 그중 물 추출물의 효과가 정유보다 우수하다[10].

3. 진정

자소엽에서 추출한 페릴알데하이드를 Mouse에 경구투여하면 지속적으로 펜토바르비탈로 유도된 수면시간을 연장시킨다.

4. 항미생물

In vitro 실험을 통해 자소엽의 알코올 추출물은 황색포도상구균, 대장균, 변형간균, 산기간균, 백색염주균, *Cryptococcus neoformans* 및 *Penicillium chrysogenum* 등을 억제하는 작용이 있다[12-13]. 자소의 정유, 수침액, 열수 추출물 및 에탄올 추출물은 *Trichophyton rubrum*, *Microsporum gypseum*, *Epidermophyton floccosum* 등에 대해 비교적 좋은 억제작용이 있다[13-14]. 자소의 전제(煎劑)는 에코바이러스($ECHO_{11}$)에 대해서도 억제작용이 있다.

5. 지해, 평천, 거담

암모니아수로 인해 기침이 발생한 Mouse에 자소자의 지방유를 투여하면 해수(咳嗽)의 잠복기를 뚜렷하게 연장시키며, 해수의 횟수 또한 감소시킨다. 자소자의 지방유는 히스타민과 아세틸콜린에 의해 유도된 Mouse의 기관지 해천에 대해 발작의 잠복기를 연장시키는 작용이 있다[10]. 자소에 함유된 카리오필렌은 적출된 기니피그의 기관지를 이완시키는 작용이 있고, Mouse의 페놀레드 분비량을 증가시켜 거담작용을 나타낸다[11].

6. 면역기능에 대한 영향

자소엽의 에탄올 추출물과 페릴알데하이드에는 면역기능을 억제하는 작용이 있으며, 반대로 에테르 추출물에는 비장 임파세포의 면역기능을 증강하는 작용이 있다. 자소엽의 물 추출물은 Rat의 비만세포의 히스타민 방출을 억제하는 작용이 있다. 자소자의 알코올 추출물을 Mouse에 경구투여하면 세포면역기능, 체액성 면역기능 및 비특이성 면역기능 등을 증강시키는 작용이 있으며, 인터루킨-2와 인터페론-γ의 생성 및 분비를 촉진한다[15].

7. 항과민

자소에 함유된 지방산류에는 항과민작용이 있으며, 혈소판활성인자(PAF)와 류코트리엔의 생성을 억제한다[16]. 자소엽의 물 추출물을 Mouse의 복강에 주사하면 귀의 피동과민성 반응을 뚜렷하게 억제하는데, 로즈마린산이 주요 활성성분이다. 자소의 배당체를 Rat의 복강에 주사하면 항체로 인한 비대세포의 히스타민 방출을 억제하고, Mouse의 아토피성 귀 종창을 억제하는 작용이 있는데, 그 작용기전은 칼슘의 세포 내 유입을 저해함으로써 히스타민의 방출을 억제하는 것과 관계가 있다[7].

8. 위장기능 강화

자소는 소화관 내 소화액 분비를 촉진하고, 위장의 유동운동을 촉진한다. 페릴라케톤은 Mouse의 종주근(縱走筋)을 이완하는 작용이 있으며, 환상근의 자주성 운동을 증강하는 작용도 있다.

9. 항응혈

자소의 물 추출물은 *in vitro*에서 Rat와 토끼의 응혈시간을 뚜렷하게 연장시킨다[18]. 자소는 *in vivo*와 *in vitro*에서 모두 아데노신이인산(ADP) 또는 콜라겐에 의해 유도된 혈소판응집을 억제할 수 있다. 그 밖에 자소는 트롬복산 B_2의 농도를 낮출 수 있으며, 혈구 대비 전체 혈액점도 비율을 낮추어 준다.

10. 기타

자소자와 자소유에는 혈압강하[19], 항산화[20], 익지(益智)[21], 항스트레스[22], 혈중 콜레스테롤 감소[23] 등의 작용이 있다. 자소엽에는 항염작용[24]과 Rat의 증식성 신사구체 신염을 억제하는 작용이 있다[25]. 페릴 알코올과 리모넨은 유방암과 Rat 간암 세포의 생장을 억제한다. 페릴 알코올은 또한 bcr/abl 유전자 변이 양성백혈병세포 K562의 증식을 억제함[26]과 동시에 췌장암과 피부암을 억제하며[4], 항돌연변이 활성이 있다.

용도

이 품목은 중의임상에서 사용하는 약이다.

자소엽

자소엽에는 산한해표[散寒解表, 표(表)에 있는 차가운 기운을 날려 줌], 선폐화담[宣肺化痰, 풍한사(風寒邪)에 감촉되어 폐기(肺氣)가 잘 퍼지지 못해서 기침이 나고 가래가 많아지며 코가 막히고 목구멍이 가려운 증상], 행기관중[行氣寬中, 기를 소통시키고 중초(中焦)를 뚫어 줌], 안태[安胎, 태기(胎氣)를 안정시킴], 해어해독(解魚蟹毒) 등의 효능이 있으며, 풍한표증(風寒表證, 풍한을 감수하여 나타나는 병증), 해수담다(咳嗽痰多, 기침할 때 소리가 나고 많은 가래도 나오는 증상), 흉복창만(胸腹脹滿, 가슴과 배가 불러 오르고 그득한 증상), 오심구토(惡心嘔吐, 속이 메슥거리면서 구토하는 증상), 복통토사(腹痛吐瀉, 복통으로 토하고 설사하는 것), 태기불화[胎氣不和, 임신 기간 중에 태(胎)를 기르는 기가 조화롭지 못함], 임신오조(妊娠惡阻, 임신 초기에 구토가 너무 심해 음식물을 먹지 못하는 증상), 해어중독(蟹魚中毒, 물고기나 게에 의한 중독) 등의 치료에 사용한다.

현대임상에서는 만성 기관지염, 자궁경부 출혈, 유방농종, 위장염 등의 병증에 사용한다.

자소경
자소경에는 이기관중(理氣寬中, 기를 통하게 하고 속을 편안하게 함), 안태, 화혈(和血, 혈의 운행을 조화롭게 함) 등의 효능이 있으며, 비위기체(脾胃氣滯, 비위의 기가 막힌 것), 완복비만(脘腹痞滿, 복부의 명치 밑이 더부룩하거나 트적지근하고 그득한 감을 느끼는 병증), 태기불화[胎氣不和, 임신 기간 중에 태(胎)를 기르는 기가 조화롭지 못함], 수종각기(水腫腳氣, 다리가 붓고 저리고 약해져 제대로 걷지 못하는 증상), 객혈토뉵(喀血吐衄, 피나 피가 섞인 가래를 기침과 함께 뱉어 내며 토하고 코피가 나는 증상) 등의 치료에 사용한다.
현대임상에서는 자소경을 만성 기관지염, 만성 위축성 위염, 급성 신염, 유산초기 등의 병증에 사용한다.

자소자
자소자에는 강기화담(降氣化痰, 기가 역상하는 것을 끌어내리고 가래를 없앰), 지해평천(止咳平喘, 기침을 멈추게 하고 천식을 안정되게 함), 윤장통변[潤腸通便, 장(腸)을 적셔 주고 대변을 통하게 함] 등의 효능이 있으며, 담옹기역[痰壅氣逆, 담음(痰飮)이 옹체(壅滯)되어 기가 내려가지 못하고 상역(上逆)되는 증상], 해수기천(咳嗽氣喘, 기침할 때 숨은 가쁘나 가래 끓는 소리가 없는 증상), 장조변비(腸燥便秘, 대장의 진액이 줄어들어 대변이 굳어진 것) 등의 치료에 사용한다.
현대임상에서는 자소자를 효천[哮喘, 효증(哮證)과 천증(喘證)이 합쳐 나타나는 병증], 만성 폐쇄성 폐병, 장도회충증(腸道蛔蟲症) 등의 병증에 사용한다.

해 설

소 외에 주름소엽(*Perilla frutescens* (L.) Britt.var. *crispa* (Thunb.) Hand.-Mazz.) 및 차즈기(野蘇, *P. frutescens* (L.) Britt. var. *acuta* (Thunb.) Kudo) 또한 중국의 일부 지역에 분포하며 모두 약으로 사용된다.
자소와 백소의 분류 문제에 대해서는 학술적으로 서로 다른 관점이 존재하고 있다. 《중국식물지(中國植物誌)》에서는 백소를 *P. frutescens* (L.) Britt.로, 자소를 변종인 *P. frutescens* var *frutescens* (L.) Britt.로 인식하고 있다. 백소와 자소의 약리작용은 유사하며[9, 12], 자소의 대용품으로 빈번하게 사용된다. 주름소엽, 차즈기 등과 자소의 비교연구가 많지 않으므로 이에 대한 심도 있는 연구가 필요하다.
자소와 자소자는 중국위생부에서 규정하는 약식동원품목*이다.
자소의 전초는 그 이용가치가 매우 높다. 자소의 정유와 색소는 기능성식품과 화장품으로 사용될 수 있다. 자소자의 기름에는 α-리놀렌산이 풍부하게 함유되어 있는데, 이는 인체 필수지방산 가운데 하나로 혈압강하, 콜레스테롤 저하, 심근경색 예방, 신경기능 촉진, 뇌와 안구 망막의 발육, 학습기억능력 촉진, 항암, 노인성 치매 예방 등의 작용이 있어 장기간 복용하면 건강에 매우 유익하다. 자소자유는 식용유로 사용되는 등 매우 다양한 방면에서 활용 가치가 있다[27].

참고문헌

1. M Ito, M Toyoda, G Honda. Chemical composition of the essential oil of *Perilla frutescens*. *Natural Medicines*. 1999, **53**(1): 32-36
2. 孟青, 馮毅凡, 梁漢明, 陳耕夫. 紫蘇揮發油 GC/MS 分析. 廣東藥學院學報. 2004, **20**(6): 590-591
3. 吳周和, 吳傳茂, 徐燕. 紫蘇葉精油化學成分分析研究. 氨基酸和生物資源. 2003, **25**(2): 18-20
4. 王玉萍, 楊峻山, 趙楊景, 朱兆儀. 紫蘇類中藥化學和藥理的研究概況. 中國藥學雜誌. 2003, **38**(4): 250-253
5. 郭群群, 杜桂彩, 李榮貴. 紫蘇葉揮發油抗菌活性研究. 食品工業科技. 2003, **24**(9): 25-27
6. M Ito, M Toyoda, S Kamakura, G Honda. A new type of essential oil from *Perilla frutescens* from Thailand. *Journal of Essential Oil Research*. 2002, **14**(6): 416-419
7. S Takagi, K Nakagomi, Y Sakakane, T Tanimura, H Akiyama, S Oka, Y Fukumori, K Terasawa, Y Hatanaka. Anti-allergic activity of glycopeptide isolated from *Perilla frutescens* Britton. *Wakan Iyakugaku Zasshi*. 2001, **18**(6): 239-244
8. 譚亞芳, 賴炳森, 顏曉林, 王映強, 鄭成貴, 路萍. 紫蘇子油中脂肪酸組成的分析. 中國藥學雜誌. 1998, **33**(7): 400-402
9. 林文群, 陳忠, 劉劍秋. 紫蘇子化學成分初步研究. 海峽藥學. 2002, **14**(4): 26-28
10. 王靜珍, 陶上乘, 邢永春. 紫蘇與白蘇藥理作用的研究. 中國中藥雜誌. 1997, **22**(1): 48-51
11. 王本祥. 現代中藥藥理學. 天津: 天津科學技術出版社. 1997: 72-77
12. 李國清, 王天元, 鄭久利, 李純紅. 紫蘇莖葉抽取物抗菌能力的研究. 化學工程師. 2003, **99**(6): 55-56
13. 劉小琴, 萬福珠, 鄭世玲. 紫蘇, 白蘇的抑菌實驗. 天然產物研究與開發. 1999, **12**(1): 42-45
14. 劉小琴, 萬福珠, 鄭世玲. 紫蘇揮發油抑制皮膚癬菌及 O_2. 天然產物研究與開發. 2001, **13**(5): 39-41
15. 王欽富, 於超, 張巍峨, 趙彩虹, 苗迎秋, 王永奇. 炒紫蘇子醇提取物對小鼠免疫功能的影響. 中國自然醫學雜誌. 2004, **6**(1): 16-18
16. 王永奇, 王威, 梁文波, 邢福有, 張巍娥, 薑麗, 趙紅, 向彬. 紫蘇油抗過敏, 炎症的研究. 中草藥. 2001, **32**(1): 83-85
17. T Makino, Y Furuta, H Wakushima, H Fujii, KI Saito, Y Kano. Anti-allergic effect of *Perilla frutescens* and its active constituents. *Phytotherapy Research*. 2003, **17**(3): 240-243
18. 周華珠, 唐堯, 曹毅, 方爾笠, 梁明華, 薛豪平, 胡巧珍, 梁艷麗. 紫蘇抗凝血作用的實驗研究. 山西中醫. 2000, **16**(3): 46-47

* 부록(559~562쪽) 참고

19. 嵇志紅, 王欽富, 王永奇, 呂園園, 曲麗達, 裴卓菲. 植物提取劑紫蘇油對大鼠血壓及心率的影響. 中國臨床康復. 2004, **8**(3): 464-465

20. 王欽富, 王永奇, 於超, 張巍峨, 李紅娜, 焦風萍, 王冰. 炒紫蘇子提取物的抗氧化作用研究. 中國藥學雜誌. 2004, **39**(10): 745-747

21. 張巍峨, 於超, 王欽富, 王永奇, 孫立智, 畢華. 炒紫蘇子醇提取物對小鼠智力的影響. 中國中醫藥科技. 2004, **11**(3): 162-163

22. 王欽富, 邢福有, 張巍峨, 於超, 李紅娜, 馬雁鳴, 焦風萍, 王永奇. 炒紫蘇子醇提物對小鼠抗應激作用的影響. 中國中醫藥信息雜誌. 2004, **11**(10): 859-860

23. 郭英, 宋祥福, 楊世傑, 孫山虎. 紫蘇油對實驗性高脂血症形成的影響. 中國公共衛生學報. 1997, **16**(1): 44-45

24. 任永欣, 曾南, 沈映君. 荊芥, 紫蘇葉揮發油對 TNF-α 誘導的內皮細胞 ICAM-1 表達的影響. 哈爾濱商業大學學報. 2002, 18: 134

25. T Makino, T Naksmura, T Ono, E Muso, G Honda. Suppressive effects of *Perilla frutescens* on mesangioproliferative glomerulonephritis in rats. *Biological & Pharmaceutical Bulletin*. 2001, **24**(2): 172-175

26. 胡東, 陳燕, 何靜. 紫蘇醇單用及與格列衛 (STI571) 聯用對 K562 細胞增殖與凋亡的影響. 中華血液學雜誌. 2003, **24**(7): 376-377

27. 趙德義, 徐愛遐, 張博勇, 薛三勳, 張康健. 紫蘇籽油的成分與生理功能的研究. 河南科技大學學報(農學版). 2004, **24**(2): 47-50

자소 재배단지

백화전호 白花前胡 CP, KHP

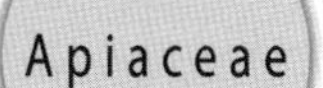

Peucedanum praeruptorum Dunn

Whiteflower Hogfennel

개 요

산형과(Apiaceae/Umbelliferae)

백화전호(白花前胡, *Peucedanum praeruptorum* Dunn)의 뿌리를 건조한 것

중약명: 전호(前胡)

기름나물속(*Peucedanum*) 식물은 전 세계에 약 120종이 있으며, 세계 각지에 널리 분포한다. 중국에는 약 30여 종이 있다. 이 속에서는 약 7종이 약으로 사용되고 있으며, 중국 대부분 지역에 분포한다.

'전호'라는 명칭은 《명의별록(名醫別錄)》에 중품으로 처음 수록되었다. 역대의 본초서적에 많은 기록이 남아 있으며, 그 품종에는 약간 차이가 있다. 《본초경집주(本草經集注)》, 《본초도경(本草圖經)》, 《본초강목(本草綱目)》에 기술된 내용과 그림은 모두 백화전호에 대한 내용이다. 또한 《본초도경》에 수재된 '저주당귀(滁州當歸)'에는 '꽃이 연한 자줏빛'이라는 기록이 있는데, 이는 자화전호(*Angelica decursiva* (Miq.) Franch. et Sav. / *Peucedanum decursivum* (Miq.) Maxim.)를 가리킨다. 《중국약전(中國藥典)》(2015년 판)에서는 이 종을 중약 전호의 법정기원식물 내원종으로 기록하고 있다. 주요산지는 중국의 절강, 호남, 강서, 호북, 광서, 사천, 안휘, 복건 등이다. 《대한민국약전외한약(생약)규격집》(제4개정판)에는 '전호'를 "산형과에 속하는 백화전호 또는 바디나물(*Angelica decursiva* Franchet et Savatier, *Peucedanum decursivum* Maximowicz)의 뿌리"로 등재하고 있다.

백화전호의 주요성분은 쿠마린과 정유 등이다. 함유된 쿠마린 성분으로부터 분리한 프라에룹토린 A에는 칼슘이온을 길항하는 작용이 현저하며, 프라에룹토린 D에는 항암작용과 8-메톡시프소랄렌에는 광과민작용 및 혈관확장작용이 있는데, 이들 성분은 전호약재의 품질을 관리하는 데 사용하고 있다. 《중국약전》에서는 고속액체크로마토그래피법을 이용하여 전호에 함유된 프라에룹토린 A의 함량을 0.90% 이상으로 약재의 규격을 정하고 있다.

약리연구를 통하여 백화전호에는 거담(祛痰), 경련억제, 항균, 항심율실조(抗心律失調), 항혈소판응집 등의 작용이 있는 것으로 알려져 있다.

한의학에서 전호에는 산풍청열(散風淸熱), 강기화담(降氣化痰) 등의 작용이 있다.

백화전호 白花前胡 *Peucedanum praeruptorum* Dunn

백화전호 白花前胡 CP, KHP

자화전호 紫花前胡 *Angelica decursiva* (Miq.) Franch. et Sav.

약재 백화전호 藥材白花前胡 Peucedani Radix

약재 자화전호 藥材紫花前胡 Angelica Decursiva Radix

함유성분

뿌리에는 주로 angular 디하이드로피라노쿠마린류 성분으로 praeruptorins A, B[1], 3′(R)-angeloyloxy-4′-keto-3′4′-dihydroseselin, 3′(S)-angeloyloxy-4′-(S)-isovaleryloxy-3′,4′-dihydroseselin[2-3], peucedanocoumarins I, II, III[4], qianhucoumarins A, B, C, D, E, F, G, H, I[5-10], 8-methoxypsoralen[5] 등이 함유되어 있다. 최근에는 두 개의 새로운 쿠마린류 성분으로 3′(R)-isobutyryloxy-4′(R)-acetoxy-3′, 4′-dihydroseselin[11]과 (3′R)-O-acetyl-(4′S)-O-angeloylkhellactone[12]를 분리하였다.
또한 정유성분이 함유되어 있으며 그 주성분으로는 aromadendrene과 β-elemene[13] 등이 함유되어 있다.

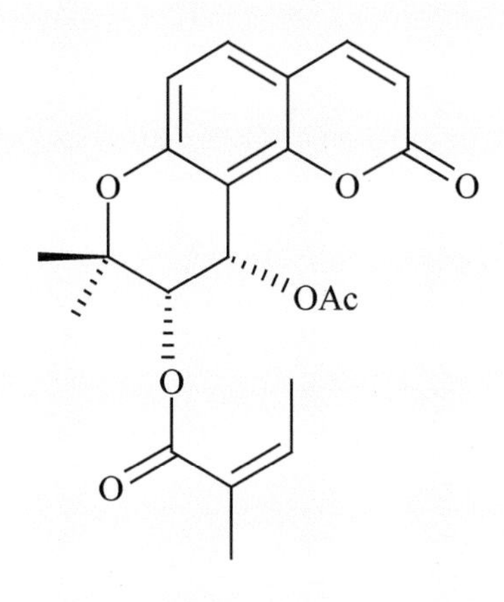

(+)-praeruptorin A

약리작용

1. 거담

   백화전호의 열수 추출물을 Mouse에 경구투여하면 기관지의 페놀레드 분비량을 증가시키고 Rat에 있어서는 담 배출량을 증가시킨다[14].

2. 심폐 혈관에 대한 영향

   1) 혈관확장

   백화전호의 열수 추출물과 석유에테르 추출물 및 프라에룹토린 A, 퓨세다노코르나린 II, 8-메톡시프소랄렌 등은 노르아드레날린 또는 KCl에 의해 유도된 토끼의 적출된 폐동맥평활근 수축을 억제하며, 혈관을 확장시키는 작용이 있다[15-16]. 백화전호의 추출물을 경구투여하면 인체 허혈성 폐동맥고혈압을 개선할 수 있다[17].

   2) 항심근허혈(抗心筋虛血)

   백화전호의 에탄올 추출물은 마취된 고양이의 관상동맥 혈류량을 증가시킬 수 있으며, 심근의 산소 소모량과 외주혈관의 저항력을 감소시킨다[18]. 프라에룹토린 A는 농도 의존적으로 기니피그의 단일 심실근육세포 칼슘전류의 최고값을 작게 하며, 칼슘통로를 저해하는 작용이 있다[19].

   3) 심장기능 개선

   백화전호의 쿠마린 A, B, C, D를 신성 고혈압이 있는 Rat에 경구투여하면 좌심실 비대를 예방하고 완화하며, 심근세포 내 칼슘함량을 감소시키고 ATP 효소 활성을 증가시킨다[20]. 신혈관성 고혈압 Rat의 심장 이완 기능을 개선하며, 심장근육 순응성을 제고하고, 심근의 콜라겐 함량을 저하시킨다[21].

   4) 항심박실상

   백화전호액의 알코올 추출물을 정맥주사로 Rat에 투여하면 $BaCl_2$에 의해 유도된 심박실상 및 좌측 관상동맥 결찰로 유도된 심실성 심박실상에 대해 예방과 치료의 효과가 있다[22].

3. 항혈소판응집

   프라에룹토린 A 및 B와 같은 쿠마린계 성분들은 혈소판활성인자(PAF)에 의한 혈소판응집을 뚜렷하게 억제한다[23].

4. 경련억제
백화전호의 석유 에테르 추출물은 KCl과 아세틸콜린에 의해 유도된 토끼의 적출된 기관지평활근 수축을 뚜렷하게 억제하며, 아세틸콜린에 의한 기관지평활근 수축반응에서 용량을 감소시키고, 최대 반응량도 저하시키는데, 그 작용은 농도 의존성을 보인다. 그 작용기전은 칼슘전자의 내입을 억제하는 것과 관련이 있을 것으로 생각된다[24].

5. 항균
*In vitro*에서 백화전호의 정유성분은 황색포도상구균, 대장균, 티푸스균 및 이질간균 등에 대해 일정한 억제와 살균작용이 있다[13, 25].

6. 기타
백화전호의 쿠마린에는 항종양 및 멜라닌색소 생성억제 등의 작용이 있다[26-27].

용 도

백화전호는 중의임상에서 사용하는 약이다. 강기화담(降氣化痰, 기가 역상하는 것을 끌어내리고 가래를 없앰), 선산풍열[宣散風熱, 풍열사(風熱邪)를 흩어 줌]의 효능이 있어 해수담다색황(咳嗽痰多色黃, 황색의 가래가 많은 기침), 외감풍열해수유담(外感風熱咳嗽有痰) 등의 치료에 사용한다.
현대임상에서는 기관지염, 심율실상(心律失常, 부정맥), 감기, 세균성 이질, 만성 장염 등의 병증에 사용한다.

해 설

자화전호의 건조한 뿌리는 민간에서 전호 약재로 사용된다. 자화전호는 주로 중국의 강서, 안휘, 절강, 호남 등에서 생산된다. 조사에 따르면 자화전호가 백화전호 다음으로 많이 유통되고 있다.
자화전호의 뿌리에는 디하이드로피라노쿠마린 및 그 배당체가 함유되어 있다. 주요성분은 Pd-C-I, Pd-C-II, Pd-C-III, Pd-C-IV, Pd-C-V, 데쿠르시딘, AD-I, 데쿠르신 D와 F, 노다케네틴, 노다케닌, 데쿠로시드 I~V 등이 함유되어 있으며, 정유성분으로 α-피넨이 함유되어 있다. 그 밖에도 잎에는 임페라토린, 델토인, 콜룸비아나딘 등이 함유되어 있다[28-35].
자화전호는 계통분류학적으로 전호속인지 아니면 당귀속인지에 대해 이론이 많은데, 대부분의 연구에서 당귀속으로 간주하고 있다. 《식물명실도고(植物名實圖考)》에서는 '토당귀'로 부르고 있다. 자화전호는 오랫동안 전호로 사용되어 왔는데, 그 이유를 보면 자화전호와 백화전호가 모두 선산풍열, 강기화담 등 유사한 작용이 있으며, 거담, 경련억제, 항염, 항과민, 항균, 항혈소판억제 등 약리작용 또한 유사하기 때문으로 생각된다[36-38].
백화전호는 중국 전호 약재의 법정품목으로, 자원이 풍부하여 상품으로 활용되는 범위가 넓다. 중국의 절강과 운남 등에 대규모 재배단지가 조성되어 있다.
백화전호에 함유된 쿠마린 성분은 비교적 강력한 심혈관 약리활성이 있으며, 심혈관질환, 폐동맥 고혈압 및 백혈병 신약 분야로 연구개발이 진행되고 있다[39]. 백화전호의 잎에도 뿌리와 유사한 함유성분을 함유하고 있으며, 그 가운데 프라에룹토린 A의 함량이 뿌리보다 많아[40] 약용자원으로 개발이 가능할 것으로 보인다.

참고문헌

1. 陳政雄, 黃寶山, 佘其龍, 曾廣方. 中藥白花前胡化學成分的研究: 四種新香豆素的結構. 藥學學報. 1979, **14**(8): 486-496
2. 葉錦生, 張涵慶, 袁昌齊. 中藥白花前胡根中香豆素白花前胡素 (E) 的分離鑒定. 藥學學報. 1982, **17**(6): 431-434
3. T Okuyama, S Shibata. Studies on coumarins of a Chinese drug "Qian-Hu." *Planta Medica*. 1981, **42**(1): 89-96
4. M Takata, S Shibata, T Okuyama. Studies on coumarins of a Chinese drug Qian-Hu; Part X. Structures of angular pyranocoumarins of Bai-Hua Qian-Hu, the root of *Peucedanum praeruptorum*. *Planta Medica*. 1990, **56**(3): 307-311
5. 孔令義, 裴月湖, 李銑, 朱廷儒, 奥山徹. 前胡香豆素 A 的分離和結構鑒定. 藥學通報. 1993, **28**(6): 432-436
6. 孔令義, 裴月湖, 李銑, 王素賢, 侯柏玲, 朱廷儒. 前胡香豆素 B 和前胡香豆素 C 的分離和鑒定. 藥學學報. 1993, **28**(10): 772-776
7. 孔令義, 李銑, 裴月湖, 朱廷儒. 白花前胡中前胡香豆素 D 和前胡香豆素 E 的分離和鑒定. 藥學學報. 1994, **29**(1): 49-54
8. LY Kong, YH Pei, X Li, TR Zhu. New compounds from *Peucedanum praeruptorum*. *Chinese Chemical Letters*. 1993, **4**(1): 37-38
9. LY Kong, Y Li, ZD Min, X Li, TR Zhu. Coumarins from *Peucedanum praeruptorum*. *Phytochemistry*. 1996, **41**(5): 1423-1426
10. LY Kong, ZD Min, Y Li, X Li, YH Pei. Qianhucoumarin I from *Peucedanum praeruptorum*. *Phytochemistry*. 1996, **42**(6): 1689-1691
11. LY Kong, Y Li, M Niwa. A new pyranocoumarin from *Peucedanum praeruptorum*. *Heterocycles*. 2003, **60**(8): 1915-1919
12. HX Lou, LR Sun, WT Yu, PH Fan, L Cui, YH Gao, B Ma, DM Ren, M Ji. Absolute configuration determination of angular dihydrocoumarins from *Peucedanum praeruptorum*. *Journal of Asian Natural Products Research*. 2004, **6**(3): 177-184
13. 孔令義, 侯柏玲, 王素賢, 李銑, 朱廷儒, 陳明, 魏冉. 白花前胡揮發油成分的研究. 瀋陽藥學院學報. 1994, **11**(3): 201-203

14. 劉元, 韋煥英, 姚樹漢, 鄭學忠. 中藥前胡類祛痰藥理作用比較. 湖南中醫藥導報. 1997, **3**(1): 40-42
15. 魏敏傑, 張新華, 趙乃才. 前胡對兔離體肺動脈的作用. 中草藥. 1994, **25**(3): 137-139
16. NC Zhao, WB Jin, XH Zhang, FL Guan, YB Sun, H Adachi, T Okuyama. Relaxant effects of pyranocoumarin compounds isolated from a Chinese medical plant, Bai-Hua Qian-Hu, on isolated rabbit tracheas and pulmonary arteries. *Biological & Pharmaceutical Bulletin*. 1999, **22**(9): 984-987
17. 王秋月, 李爾然, 趙桂喜, 康健, 侯顯明, 於潤江. 白花前胡提取物對慢性阻塞性肺疾病繼發性肺動脈高壓的影響. 中國醫科大學學報. 1998, **27**(6): 588-590, 594
18. 常天輝, 陳磊, 董明燕, 王玉萍. 白花前胡對麻醉開胸貓急性心肌梗塞的影響. 中國醫科大學學報. 2000, **29**(2): 84-87
19. 李金鳴, 常天輝, 孫曉東, 郝麗英, 王玉萍, 於艷鳳, 張克義. 白花前胡甲素對豚鼠心肌細胞鈣電流的影響. 中國藥理學報. 1994, **15**(6): 525-527
20. 饒曼人, 孫蘭, 張曉文. 前胡香豆素對腎型高血壓大鼠左室肥厚及心肌胞內鈣, Na^+/K^+-ATP 酶和 Ca^{2+}, Mg^{2+} -ATP 酶活性的影響. 藥學學報. 2002, **37**(6): 401-404
21. 饒曼人, 孫蘭, 張曉文. 前胡香豆素組分對心臟肥厚大鼠心臟血流動力學, 心肌順應性及膠原含量的影響. 中國藥理學與毒理學雜誌. 2002, **16**(4): 265-269
22. 王玉萍, 常天輝, 於艷鳳, 李金鳴, 張克義, 葉文鵬, 劉桂華. 中藥白花前胡防治心律失常作用的實驗研究 (II). 中國醫科大學學報. 1991, **20**(6): 420-422
23. Y Aida, T Kasama, N Takeuchi, S Tobinaga. The antagonistic effects of khellactones on platelet-activating factor, histamine, and leukotriene D_4. *Chemical & Pharmaceutical Bulletin*. 1995, **43**(5): 859-867
24. 金鑫, 章新華, 趙乃才. 白花前胡石油醚提取物對家兔離體氣管平滑肌的作用. 中國中藥雜誌. 1994, **19**(6): 365-367
25. 陳炳華, 王明茲, 劉劍秋. 閩產前胡根揮發油的化學成分及其抑菌活性. 熱帶亞熱帶植物學報. 2002, **10**(4): 366-370
26. A Mizuno, Y Okada, H Nishino, T Okuyama. Studies on the antitumor-promoting activity of naturally occurring substances. VIII. Inhibitory effect of coumarins isolated from Bai-Hua Qian-Hu on two stage carcinogenesis. *Wakan Iyakugaku Zasshi*. 1994, **11**(3): 220-224
27. CT Kim, WC Kim, MH Jin, HJ Kim, SJ Kang, SH Kang, MH Jung, Y Lim. Inhibitors of melanogenesis from the roots of *Peucedanum praeruptorum*. *Saengyak Hakhoechi*. 2002, **33**(4): 395-398
28. I Sakakibara, T Okuyama, S Shibata. Studies on coumarins of a Chinese drug "Qian-Hu." III. Coumarins from "Zi-Hua Qian-Hu." *Planta Medica*. 1982, **44**(4): 199-203
29. I Sakakibara, T Okuyama, S Shibata. Studies on coumarins of a Chinese drug "Qian Hu", IV. Coumarins from "Zi Hua Qian Hu" (supplement). *Planta Medica*. 1984, **50**(2): 117-120
30. 姚念環, 孔令義. 紫花前胡化學成分的研究. 藥學學報. 2001, **36**(5): 351-355
31. T Asahara, I Sakakibara, T Okuyama, S Shibata. Studies on coumarins of a Chinese drug "Qian Hu." V. Coumarin-glycosides from "Zi Hua Qian Hu." *Planta Medica*. 1984, **50**(6): 488-492
32. Y Matano, T Okuyama, S Shibata, M Hoson, T Kawada, H Osada, T Noguchi. Studies on coumarins of a Chinese drug "Qian-Hu", VII. Structures of new coumarin glycosides of Zi-Hua Qian-Hu and effect of coumarin glycosides on human platelet aggregation. *Planta Medica*. 1986, **2**: 135-138
33. NH Yao, LY Kong, M Niwa. Two new compounds from Peucedanum decursivum. *Journal of Asian Natural Products Research*. 2001, **3**(1): 1-7
34. 張斐, 陳波, 姚守拙. GC-MS 研究紫花前胡揮發油的化學成分. 中草藥. 2003, **34**(10): 883-884
35. 許劍鋒, 孔令義. 紫花前胡莖葉化學成分的研究. 中國中藥雜誌. 2001, **26**(3): 178-180
36. T Suzuki, Y Kobayashi, MK Uchida, I Sakakibara, T Okuyama, S Shibata. Calcium antagonist-like actions of coumarins isolated from "Qian Hu" on anaphylactic mediator release from mast cell induced by concanavalin A. *Journal of Pharmacobio-Dynamics*. 1985, **8**(4): 257-263
37. 張藝, 賈敏如, 孟憲麗, 唐聲武, 李敏, 彭江. 中藥紫花前胡抗血小板活化因子 (PAF) 作用的研究. 成都中醫藥大學學報. 1997, **20**(1): 39-40
38. T Okuyama, C Kawasaki, S Shibata, M Hoson, T Kawada, H Osada, T Noguchi. Effect of oriental plant drugs on platelet aggregation. II. Effect of Qian-Hu coumarins on human platelet aggregation. *Planta Medica*. 1986, **2**: 132-134
39. JX Zhang, WF Fong, JYC Wu, M Yang, HY Cheung. Pyranocoumarins isolated from *Peucedanum praeruptorum* as differentiation inducers in human leukemic HL-60 cells. *Planta Medica*. 2003, **69**(3): 223-229
40. 李意, 孔令義. RP-HPLC 法研究前胡莖葉中的有效成分及其含量. 中草藥. 1995, **26**(1): 11-12

나팔꽃 裂葉牽牛 CP, KP, JP

Pharbitis nil (L.) Choisy

Japanese Morning Glory

개 요

메꽃과(Convolvulaceae)

나팔꽃(裂葉牽牛, *Pharbitis nil* (L.) Choisy)의 잘 익은 씨를 건조한 것

중약명: 견우자(牽牛子)

나팔꽃속(*Pharbitis*) 식물은 전 세계에 24종이 있으며, 온대와 아열대 지역에 넓게 분포한다. 중국에는 3종이 있는데, 남방과 북방에 모두 분포한다.

'견우자'라는 약명은 최초로 《명의별록(名醫別錄)》에 하품으로 기재되었다. 역대 본초서적에 기록된 견우의 품종은 열엽견우 외에 원엽견우(圓葉牽牛)가 있으며, 이들은 오늘날의 품종과도 일치한다. 《중국약전(中國藥典)》(2015년 판)에서는 이 종을 중약 견우자의 법정기원식물 내원종 가운데 하나로 수록하고 있다. 원산지는 아메리카이며, 오늘날에는 중국의 각지에서 자생 또는 재배된다.

나팔꽃의 씨에는 주로 파르비틴이 함유되어 있으며, 견우자의 사하작용을 일으키는 주성분이다. 그 밖에 알칼로이드, 지방유, 당류 등이 함유되어 있다. 《중국약전》에서는 고속액체크로마토그래피법을 이용하여 견우자에 함유된 카페인산과 에칠아세테이트의 총 함량을 0.20% 이상으로 약재의 규격을 정하고 있다.

약리연구를 통하여 나팔꽃에는 사하(瀉下), 이뇨, 살충 등의 작용이 있는 것으로 알려져 있다.

한의학에서 견우자는 이수통변(利水通便), 거담축음(祛痰逐飮), 소적살충(消積殺蟲) 등의 작용이 있다.

나팔꽃 裂葉牽牛 *Pharbitis nil* (L.) Choisy

둥근잎나팔꽃 圓葉牽牛 *P. purpurea* (L.) Voigt

약재 견우자 藥材牽牛子 Pharbitis Semen

함유성분

씨에는 수지 배당체 성분으로 pharbitin(약 2~3%)[1-2]이 함유되어 있다. pharbitin을 알칼리로 가수분해하면 pharbitic acid, tiglic acid, nilic acid, α-methylbutyric acid, valeric acid 등이 얻어진다. pharbitic acid는 pharbitic acid A, B, C, D의 혼합물이며 pharbitic acid C와 D는 주성분이다. Pharbitic acid C는 ipurolic acid, 2 mole의 D-glucose, 2 moles의 L-rhamnose와 1 mole의 D-quinovoseis의 축합체이다. Pharbitic acid D는 pharbitic acid C보다 1 mole의 L-rhamnose가 더 많다[1, 3-4]. 씨에는 또한 알칼로이드 성분으로 lysergol, chanoclavine, elymoclavine, penniclavine, agroclavine, ergonovine, ergonine, ergosinine, ergonovinine, isopenniclavine 등이 함유되어 있다. physcion, emodin, chrysophanol, caffeic acid, ethyl caffeate, α-ethyl-O-D-galactopyranoside, β-daucosterol, β-sitosterol[5] 성분 등이 분리되었으며, 또한 지방산[6], planteose[7] 등이 함유되어 있다.

더욱이, 미성숙한 씨에는 pharbitic acid[8]와 지베렐린 유사체가 함유되어 있다[9]. 꽃에서는 peonidin, pelargonidins을 포함하는 색소 성분과 플라보노이드 성분들 그리고 시아니딘 성분 등이 분리되었다[10-16].

pharbitic acid C: R=H

pharbitic acid D: R=rha

caffeic acid: R=H

ethyl caffeate: R=CH_2CH_3

약리작용

1. 설사유도

   견우자의 분말 및 그 용제를 Mouse에 경구투여하면 탄소분말의 소장 내 배출 속도를 뚜렷하게 증가시킨다. 견우자의 에탄올 및 물 추출물을 Mouse에 경구투여하면 사하작용이 있지만 열수 추출물은 효과가 없다[17].

2. 이뇨

   견우자의 물 추출물은 *in vitro*에서 15-하이드록시프로스타글란딘 탈수소효소(PGDH)의 활성을 억제하며, 프로스타글란딘 E_2의 분해를 감소시킴으로써 이뇨작용을 연장시킨다. 또한 이는 이뇨를 통한 포도당의 배출을 가속시킬 수 있다.

3. 평활근에 대한 영향
수지배당체인 파르비틴은 기니피그의 적출된 회장관의 장력과 운동의 빈도를 뚜렷하게 증강하며, 수축폭을 증가시킨다. 파르비틴은 Rat와 Mouse의 적출된 자궁 및 토끼의 장에 대해 흥분작용이 있다[18]. 파르비틴 수화물의 알칼리염은 기니피그의 대장, 소장, 맹장을 수축시킬 수 있다.

4. 기억력 개선
견우자의 추출물을 Mouse에 경구투여하면 스코폴라민에 의해 유도된 기억획득성 장애를 뚜렷하게 개선한다[19].

5. 항종양
견우자는 *in vitro*에서 인체 위암세포의 성장을 억제함과 동시에 종양세포의 괴사를 유도한다[20].

6. 콜레스테롤 강하
견우자 사료를 에탄올과 함께 Rat에 투여하면 혈중 콜레스테롤 및 중성지방(TG) 수치를 개선한다[21].

7. 기타
견우자에 함유된 헤베인 동량체는 항균활성이 있으며[22], 견우자는 *in vitro*에서 회충과 촌충에 대해 살충작용이 있다.

용 도

견우자는 중의임상에서 사용하는 약이다. 사하축수(瀉下逐水, 설사로 몸 안의 물을 몰아냄), 거적(巨赤, 악성 빈혈), 살충 등의 효능이 있으며, 충적복통(蟲積腹痛, 배 속에 기생충이 몰려서 생긴 복통), 수종팽창(水腫膨脹, 부으며 팽창한 것), 담음천해[痰飮喘咳, 담음(痰飮)으로 인해 숨이 차고 기침이 나오는 병증], 장위실열적체[腸胃實熱積滯, 장위(腸胃)에 실열(實熱)이 쌓여 정체되어 있는 것], 대변비결(大便秘結, 변비) 등의 치료에 사용한다.
현대임상에서는 복수(腹水, 배에 물이 차는 증상), 폐원성 심장병으로 인한 수종(水腫, 전신이 붓는 증상), 전간(癲癎, 간질), 회충병, 임파선 결핵 등의 병증에 사용한다.

해 설

《중국약전》에는 약용 견우자의 내원종 가운데 하나로 원엽견우(*Pharbitis purpurea* (L.) Voigt)의 씨도 수록하고 있다.
견우자는 흑색과 백색의 두 종으로 나뉘는데, 연구에 따르면 원엽견우의 꽃은 백색, 적색, 남색 등이 있으나, 그 씨는 모두 흑색이다. 반면 열엽견우 씨의 색은 꽃 색에 따라 차이가 있는데, 꽃이 백색인 경우에 씨의 색은 백색 또는 황백색이며, 꽃의 색이 적색, 자색, 청색인 경우에는 씨의 색이 모두 검은색이다. 따라서 흑축(黑丑)과 백축(白丑)이라는 명칭이 생겨나게 되었다. 일부 학자는 백색의 꽃을 가진 열엽견우를 백화열엽견우(白花裂葉牽牛, *P. nil* (L.) Choisy var. *albiflora L.* J.Zhang et H.Q. Du)로 간주하기도 한다.
연구를 통하여 각기 다른 지역에 자생하는 서로 다른 색의 나팔꽃은 그 지역 토양의 산염도와 관련이 있는 것으로 밝혀졌는데, 산성 토양에서는 붉은 꽃이 피고, 중성 토양에서는 자색 꽃, 염기성 토양에서는 청색 꽃이 핀다. 이를 통해 나팔꽃에는 천연 산 · 염기 지표의 작용이 있음을 알 수 있다. 나팔꽃은 관상용으로 흔하게 볼 수 있으며, 뿌리의 발아 등과 관련하여 다양한 연구와 보고가 수행되었다[23].
연구를 통하여 견우자에 함유된 헤베인 유사 단백질에는 식물에 질병을 유발하는 진균의 활성을 억제하는 작용이 있어 유전자 전이 식물 및 농작물의 연구에 영향을 줄 수 있을 것으로 전망된다[24-26].
나팔꽃속 식물의 대다수는 꽃 색이 아름답고, 개화 시간이 길어 조경 및 관상용으로 여러 기능이 있는 품목이다.
중의임상연구를 통하여 견우자는 변비[27], 비만[28], 전간[29] 등의 증상에 효과가 있음이 알려져 있으나, 작용기전 및 유효부위 등에 대해서는 추가적인 연구가 필요하다.
파르비틴은 인체에 유독하며, 대량으로 복용 시 구토, 설사, 혈뇨 및 실신을 유발할 수 있다. 전통적으로 한의학에서 견우자는 "19외(十九畏)"에 해당하는데, 견우자는 파두를 꺼린다.

참고문헌

1. T Kawasaki, H Okabe, I Nakatsuka. Resin glycosides. I. Components of pharbitin, a resin glycoside of the seeds of *Pharbitis nil*. *Chemical & Pharmaceutical Bulletin*. 1971, **19**(6): 1144-1149
2. R Yokoyama, K Wada. Pharbitin content in *Pharbitis nil*. *Reports of Faculty of Science, Shizuoka University*. 1987, **21**: 77-88
3. H Okabe, N Koshito, K Tanaka, T Kawasaki. Resin glycosides. II. Inhomogeneity of pharbitic acid and isolation and partial structures of pharbitic acids C and D, the major constituents of pharbitic acid. *Chemical & Pharmaceutical Bulletin*. 1971, **19**(11): 2394-2403
4. M Ono, N Noda, T Kawasaki, K Miyahara. Resin glycosides. VII. Reinvestigation of the component organic and glycosidic acids of pharbitin, the crude ether-insoluble resin glycoside (Convolvulin) of Pharbitidis semen (seeds of *Pharbitis nil*). *Chemical & Pharmaceutical Bulletin*. 1990, **38**(7): 1892-1897
5. 陳立娜, 李萍. 牽牛子化學成分研究. 中國天然藥物. 2004, **2**(3): 146-148
6. 陳立娜, 李萍, 張重義, 景瑞. 牽牛子脂肪油類成分分析. 中草藥. 2003, **34**(11): 983-984

7. M Okabe, Y Ida, H Okabe, T Kawasaki. Identification [as planteose] of substance-I in the sugar component of the seeds of *Pharbitis nil. Shoyakugaku Zasshi*. 1970, **24**(2): 88-92

8. T Yokota, S Yamazaki, N Takahashi, Y Iitaka. Structure of pharbitic acid, a gibberellin-related diterpenoid. *Tetrahedron Letters*. 1974, **34**: 2957-2960

9. JAD Zeevaart. Reduction of the gibberellin content of Pharbitis seeds by CCC and after-effects in the progeny. *Plant Physiology*. 1966, **41**(5): 856-862

10. TS Lu, N Saito, M Yokoi, A Shigihara, T Honda. An acylated peonidin glycoside in the violet-blue flowers of *Pharbitis nil. Phytochemistry*. 1991, **30**(7): 2387-2390

11. TS Lu, N Saito, M Yokoi, A Shigihara, T Honda. Acylated pelargonidin glycosides in the red-purple flowers of *Pharbitis nil. Phytochemistry*. 1992, **31**(1): 289-295

12. N Saito, TS Lu, M Yokoi, A Shigihara, T Honda. An acylated cyanidin 3-sophoroside-5-glucoside in the violet-blue flowers of *Pharbitis nil. Phytochemistry*. 1993, **33**(1): 245-247

13. N Saito, J Cheng, M Ichimura, M Yokoi, Y Abe, T Honda. Flavonoids in the acyanic flowers of *Pharbitis nil. Phytochemistry*. 1994, **35**(3): 687-691

14. N Saito, TS Lu, M Akaizawa, M Yokoi, A Shigihara, T Honda. Acylated pelargonidin glucosides in the maroon flowers of *Pharbitis nil. Phytochemistry*. 1994, **35**(2): 407-411

15. N Saito, F Tatsuzawa, K Kasahara, M Yokoi, S Iida, A Shigihara, T Honda. Acylated peonidin glycosides in the slate flowers of *Pharbitis nil. Phytochemistry*. 1996, **41**(6): 1607-1611

16. N Saito, K Toki, Y Morita, A Hoshino, S Lida, A Shigihara, T Honda. Acylated peonidin glycosides from duskish mutant flowers of *Ipomoea nil. Phytochemistry*. 2005, **66**(15): 1852-1860

17. 敖冬梅, 魏群. 牽牛子研究進展. 中國中醫藥信息雜誌. 2003, **10**(4): 77-80

18. 餘黎, 洪敏, 朱荃. 牽牛子效應成分對動物離體子宮的興奮作用研究. 中華實用中西醫雜誌. 2004, **4**(17): 1883-1884

19. 敖冬梅, 駱靜, 吳和珍, 尹江華, 尹燕霞, 魏群. 牽牛子提取物對 CN 的激活及對東莨菪鹼致記憶獲得性障礙小鼠的影響. 北京師範大學學報(自然科學版). 2003, **39**(6): 803-806

20. SG Ko, SH Koh, CY Jun, CG Nam, HS Bae, MK Shin. Induction of apoptosis by *Saussurea lappa* and *Pharbitis nil* on AGS gastric cancer cells. *Biological & Pharmaceutical Bulletin*. 2004, **27**(10): 1604-1610

21. SH Oh, YS Cha. Effect of diets supplemented with Pharbitis seed powder on serum and hepatic lipid levels, and enzyme activities of rats administered with ethanol chronically. *Journal of Biochemistry and Molecular Biology*. 2001, **34**(2): 166-171

22. JC Koo, SY Lee, HJ Chun, YH Cheong, H Yong, JS Choi, S Kawabata, M Miyagi, S Tsunasawa, KS Ha, DW Bae, CD Han, BL Lee, MJ Cho. Two hevein homologs isolated from the seed of *Pharbitis nil* L. exhibit potent antifungal activity. *Biochimica et Biophysica Acta, Protein Structure and Molecular Enzymology*. 1998, **1382**(1): 80-90

23. 馬曉莉, 王晶. 牽牛子及其僞品的可溶蛋白質電泳鑑別. 中草藥. 1998, **29**(6): 412-413

24. 吳義飛, 牽年花: 天然指示劑. 中學生物教學. 2003. **6**: 16

25. S Yaoya, H Kanho, Y Mikami, T Itani, K Umehara, M Kuroyanagi. Umbelliferone released from hairy root cultures of *Pharbitis nil* treated with copper sulfate and its subsequent glucosylation. *Bioscience, Biotechnology, and Biochemistry*. 2004, **68**(9): 1837-1841

26. BD Maciejewska, J Kesy, M Zielinska, J Kopcewicz. Jasmonates inhibit flowering in short-day plant *Pharbitis nil. Plant Growth Regulation*. 2004, **43**(1): 1-8

27. OS Lee, B Lee, N Park, JC Koo, YH Kim, T Prasad D, C Karigar, HJ Chun, BR Jeong, DH Kim, J Nam, JG Yun, SS Kwak, MJ Cho, DJ Yun. Pn-AMPs, the hevein-like proteins from *Pharbitis nil* confers disease resistance against phytopathogenic fungi in tomato, *Lycopersicum esculentum. Phytochemistry*. 2003, **62**(7): 1073-1079

28. JC Koo, HJ Chun, HC Park, MC Kim, YD Koo, SC Koo, HM Ok, SJ Park, SH Lee, DJ Yun, CO Lim, JD Bahk, SY Lee, M J Cho. Over-expression of a seed specific hevein-like antimicrobial peptide from *Pharbitis nil* enhances resistance to a fungal pathogen in transgenic tobacco plants. *Plant Molecular Biology*. 2002, **50**(3): 441-452

29. SC Ha, K Min, JC Koo, Y Kim, DJ Yun, MJ Cho, KK Kim. Crystallization and preliminary crystallographic studies of an antimicrobial protein from *Pharbitis nil. Acta Crystallographica, Section D: Biological Crystallography*. 2001, **D57**(2): 263-265

30. 戚建明. 牽牛子粉治療頑固性便秘. 四川中醫. 2000, **18**(9): 12

31. 方小強. 牽牛子散治療單純性肥胖症 64 例臨床觀察. 湖南中醫雜誌. 1996, **12**(6): 4-5

32. 張繼德, 鄭根堂, 滕建文, 熊毅, 楊一兵. 複方牽牛子丸治療癲癎 841 例臨床觀察. 湖南中醫雜誌. 1995, **11**(4): 17-18

나팔꽃 裂葉牽牛 CP, KP, JP

나팔꽃 재배모습

황벽나무 黃蘗 CP, KP, JP

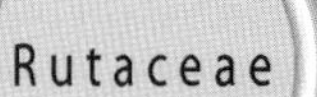

Phellodendron amurense Rupr.

Amur Corktree

개 요

운향과(Rutaceae)

황벽나무(黃蘗, *Phellodendron amurense* Rupr.)의 나무껍질을 건조한 것

중약명: 관황백(關黃柏)

황벽나무속(*Phellodendron*) 식물은 전 세계에 약 4종이 있으며, 주로 아시아의 동부에 분포한다. 중국에는 약 2종과 1종의 변종이 있는데, 모두 약으로 사용된다. 이 종은 주로 중국 동부와 화북의 각 성에 분포하며, 한반도, 일본, 러시아 원동지구에도 분포한다.

황벽나무는 '벽목(蘗木)'이라는 약명으로 《신농본초경(神農本草經)》에 상품으로 기재되었다. 《중국약전(中國藥典)》(2015년 판)에서는 이 종을 중약 관황백의 법정기원식물 내원종으로 수록하였다. 주요산지는 중국의 요녕, 길림, 하북이며, 흑룡강과 내몽고에서도 생산되는데, 요녕의 생산량이 가장 많다.

황벽나무 수피의 주요 성분은 알칼로이드 화합물이며, 그 가운데 베르베린이 유효성분이다. 그 밖에 플라본, 리모닌류 및 점액질 등을 함유하고 있다. 《중국약전》에서는 고속액체크로마토그래피법을 이용하여 관황백에 함유된 염산베르베린의 함량을 0.60% 이상으로 약재의 규격을 정하고 있다.

약리연구를 통하여 황벽나무에는 항균, 항염, 해열 등의 작용이 있는 것으로 알려져 있다.

한의학에서 황백에는 청열조습(淸熱燥濕), 사화제증(瀉火除蒸), 해독료창(解毒療瘡) 등의 작용이 있다.

황벽나무 黃蘗 *Phellodendron amurense* Rupr.

황벽나무 黃蘗 CP, KP, JP

약재 관황백 藥材關黃柏 Phellodendri Amurensis Cortex

1cm

함유성분

나무껍질에는 주로 알칼로이드 성분으로 berberine, jatrorrhizine, phellodendrine, candicine, magnoflorine, palmatine, menisperine[1-2] 등이 함유되어 있다. 또한 obaculactone, obacunone[3]과 몇 개의 페놀 성분[4]이 함유되어 있다.
또한 뿌리껍질, 심재, 열매와 씨에는 열매에서 분리된 kihadalactones A, B[5]와 같은 berberine[1], limonoids 성분들이 함유되어 있다.
잎에는 플라보노이드 성분으로 phellodendroside, dihydrophellozide, phellavin, phellatin[6-8] 등이 함유되어 있다.

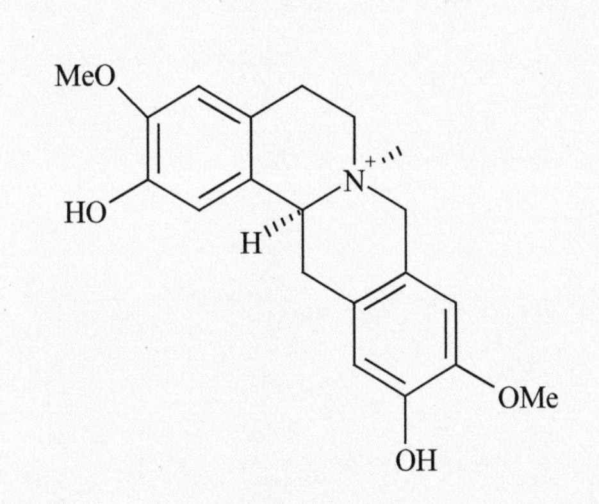

phellodendrine

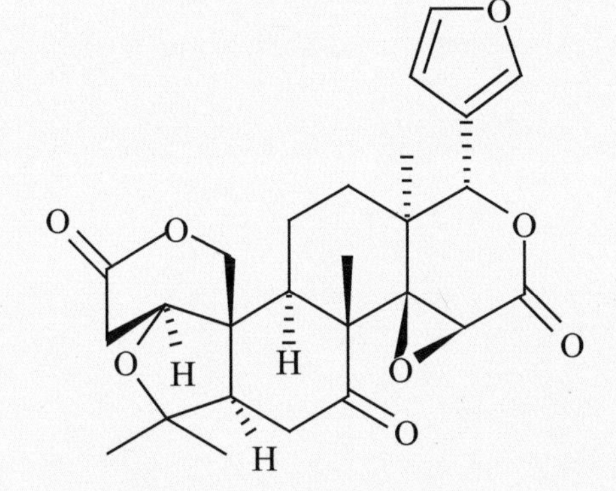

obaculactone

약리작용

1. 항균

황벽의 추출물은 *in vitro*에서 백색염주균과 크루스염주균의 생장을 뚜렷하게 억제한다[9]. 황벽 뿌리의 추출물 및 그 활성성분인 염산베르베린은 가스괴저균을 강력하게 억제하며, 대장균과 변형연쇄구균에 대해서는 중등도의 억제력을 보인다[10]. 황벽에 함유된 베르베린과 스트렙토마이신을 함께 사용하면 황색포도상구균과 대장균의 억제에 대하여 뚜렷한 상승효과를 나타낸다[11].

2. 면역억제

황벽의 열수 추출물을 Mouse에 투여하면 디니트로플루오로벤젠으로 유도된 지발성과민반응(DTH)을 뚜렷하게 억제하며, 인터페론-γ의 농도를 저하시키고, 복강대식세포(Mφ)가 생성하는 인터루킨-1 및 종양괴사인자-α(TNF-α)를 억제할 뿐만 아니라 비장세포에서 생성되는 인터루킨-2의 생성도 억제한다[12]. 황벽의 활성성분인 펠로덴드린과 마그노플로린을 Mouse의 복강에 주사하면 비장세포의 이식으로 인한 국소조직의 거부반응(GvH)을 억제할 수 있으며, 염화피크릴로 인한 Mouse의 DTH를 억제하는 작용이 있다[13-14]. 베르베린은 또한 면양적혈구(SRBC)로 인한 Mouse의 DTH 및 결핵균으로 인한 기니피그의 DTH도 억제하는 작용이 있다[14].

3. 항염

황벽의 추출물은 12-O-tetradecanoylphorbol-13-acetate(TPA), 옥사졸론 및 아라키돈산으로 인한 피부부종에 대해 뚜렷한 억제작용이 있다[15]. 베르베린을 신사구체 기저막 신염이 있는 Rat의 복강에 주사하면 소변을 통한 단백질 배설을 억제하며, 신장염에 수반되는 혈청콜레스테롤, 혈중 요소질소, 크레아티닌 등의 상승을 억제하는 작용이 있다[16]. 황벽의 알칼로이드는 포스포리파아제 A_2의 활성을 억제한다[17].

4. 항산화

황벽나무껍질의 추출물은 지질과산화(LPO) 반응을 농도 의존적으로 억제한다[18]. 황벽나무껍질의 생품 및 포제품의 물 추출물과 알코올 추출물은 펜톤(fenton) 반응계에서 생성되는 활성산소와 잔틴-잔틴산화효소 반응에서 생성되는 활성산소를 제거할 수 있다. 아울러 활성산소로 인한 Mouse 간균질의 활성산소 생성을 억제한다[19].

5. 항암

황벽과 황벽에 함유된 베르베린은 백혈병세포 HL-60의 괴사를 유도한다[20].

6. 살충

황벽나무껍질의 메탄올 추출물과 그 속에 함유된 베르베린은 초파리의 유충과 일부 기생충에 대해 뚜렷한 살충활성이 있다[21-22].

용 도

황백은 중의임상에서 사용하는 약이다. 청열조습[清熱燥濕, 열기를 내리며 습사(濕邪)를 제거하는 것], 사화해독[瀉火解毒, 화열(火熱)과 열결(熱結)을 풀어 주면서 해독하는 것], 제증료창(除蒸療瘡) 등의 효능이 있으며, 습열대하[濕熱帶下, 몸 안에 습열이 성해서 대맥(帶脈)의 기능이 저하되어 생긴 대하 증상], 열림각기(熱痲腳氣, 오줌 빛이 붉고 아랫배가 몹시 아프며 다리가 붓는 증상), 사리황달(瀉痢黃疸, 설사를 하고 전신과 눈, 소변이 누렇게 되는 증상), 창양종통(瘡瘍腫痛, 피부가 상처 나고 가려우며 붓고 아픈 증상), 습진습창(濕疹濕瘡), 음허발열(陰虛發熱, 음허로 인한 발열), 도한유정(盜汗遺精, 수면 중에 식은땀이 나며 정액이 저절로 나오는 병증) 등의 치료에 사용한다.

현대임상에서는 중이염, 장염, 세균성 이질, 피부감염, 피부 선균병, 하지의 궤양, 화상 등의 병증에 사용한다.

해 설

고대의 본초서에 기록된 '벽목(檗木)'은 산지 및 분포에 따라 나눌 수 있으나, 오늘날에는 천황백(川黃柏)이라 불리는 황피수(黃皮樹, *Phellodendron chinense* Schneid.)가 주류를 이룬다. 관황백(關黃柏)은 중국의 북방 지역에서 최근 널리 사용되는 약재이나, 고대의 기록에서는 그 기록을 찾아볼 수 없다. 관황백은 새로운 품목으로, 오늘날 황백 약재 가운데 중요한 상품으로 유통되고 있다.

황백은 임상에서 다양하게 활용되고 있으며, 그 활성 또한 다양하여 항균 및 항염작용 이외에 최근의 연구를 통하여 면역조절과 항산화 등의 작용이 있는 것으로 알려져 있다.

참고문헌

1. J Kunitomo. Alkaloids of Rutaceae. XVII. Alkaloids of *Phellodendron amurense*. 7. *Yakugaku Zasshi*. 1962, **82**: 611-613
2. J Kunitomo. Alkaloids of Rutaceae. XV. Alkaloids of *Phellodendron amurense* var. *japonicum*. 1. *Yakugaku Zasshi*. 1961, **81**: 1370-1372
3. M Miyake, N Inaba, S Ayano, Y Ozaki, H Maeda, Y Ifuku, S Hasegawa. Limonoids in *Phellodendron amurense* (Kihada). *Yakugaku Zasshi*. 1992, **112**(5): 343-347
4. Y Ida, Y Satoh, M Ohtsuka, M Nagasao, J Shoji. Phenolic constituents of *Phellodendron amurense* bark. *Phytochemistry*. 1994, **35**(1): 209-215
5. K Kishi, K Yoshikawa, S Arihara. Limonoids and protolimonoids from the fruits of *Phellodendron amurense*. *Phytochemistry*. 1992, **31**(4): 1335-1338
6. T Bodalski, E Lamer. Phellodendroside occurrence in *Phellodendron amurense* leaves. *Acta Poloniae Pharmaceutica*. 1965, **22**(3): 281-284
7. OI Shevchuk, NP Maksyutina, VI Litvinenko. The flavonoids of *Phellodendron sachalinense* and *P. amurense*. *Khimiya Prirodnykh Soedinenii*. 1968, **4**(2): 77-82
8. VI Glyzin, AI Ban'kovskii, VI Sheichenko, MM Molodozhnikov. New flavonol glycosides from *Phellodendron lavallei* and *Phellodendron amurense*. *Khimiya Prirodnykh Soedinenii*. 1970, **6**(6): 762-763
9. KS Park, KC Kang, JH Kim, DJ Adams, TN Johng, YK Paik. Differential inhibitory effects of protoberberines on sterol and chitin biosyntheses in Candida albicans. *Journal of Antimicrobial Chemotherapy*. 1999, **43**(5): 667-674

10. MJ Kim, SH Lee, JH Cho, MK Kim, HS Lee. Growth responses of seven intestinal bacteria against *Phellodendron amurense* root-derived materials. *Journal of Microbiology and Biotechnology*. 2003, **13**(4): 522-528

11. HJ Chi, YS Woo, YJ Lee. Effect of berberine and some antibiotics on the growth of microorganisms. *Saengyak Hakhoechi*. 1991, **22**(1): 45-50

12. 呂燕寧, 邱全瑛. 黃柏對小鼠 DTH 及其體內幾種細胞因子的影響. 北京中醫藥大學學報. 1999, **22**(6): 48-50

13. H Mori, M Fuchigami, N Inoue, M Nagai, A Koda, I Nishioka. Principle of the bark of Phellodendron amurense to suppress the cellular immune response. *Planta Medica*. 1994, **60**(5): 445-449

14. H Mori, M Fuchigami, N Inoue, H Nagai, A Koda, I Nishioka, K Meguro. Principle of the bark of *Phellodendron amurense* to suppress the cellular immune response: effect of phellodendrine on cellular and humoral immune responses. *Planta Medica*. 1995, **61**(1): 45-49

15. MJ Cuellar, RM Giner, MC Recio, S Manez, JL Rios. Topical anti-inflammatory activity of some Asian medicinal plants used in dermatological disorders. *Fitoterapia*. 2001, **72**(3): 221-229

16. T Hattori, S Yamada, K Furuta, T Nagamatsu, M Ito, Y Suzuki. Studies on antinephritic effects of plant components. 5. Effects of phellodendrine on original and crescentic-type anti-GBM nephritis in rats. *Nippon Yakurigaku Zasshi*. 1992, **99**(6): 391-399

17. F Bonte, M Dumas, A Saunois, A Meybeck. Phospholipase A_2 inhibition by alkaloid compounds from *Phellodendron amurense* Bark. *Pharmaceutical Biology*. 1999, **37**(1): 77-79

18. K Hino, S Yamaguchi, Y Ida, Y Satoh, T Maoka, Y Itoh. Antioxidative activities of constituents in *Phellodendron amurense* bark. *Igaku to Seibutsugaku*. 1995, **131**(2): 59-62

19. 孔令東, 楊澄, 仇熙, 吳慧平, 葉定江. 黃柏炮製品清除氧自由基和抗脂質過氧化作用. 中國中藥雜誌. 2001, **26**(4): 245-248

20. S Nishida, S Kikuichi, S Yoshioka, M Tsubaki, Y Fujii, H Matsuda, M Kubo, K Irimajiri. Induction of apoptosis in HL-60 cells treated with medicinal herbs. *American Journal of Chinese Medicine*. 2003, **31**(4): 551-562

21. M Miyazawa, J Fujioka, Y Ishikawa. Insecticidal compounds from *Phellodendron amurense* active against Drosophila melanogaster. *Journal of the Science of Food and Agriculture*. 2002, **82**(8): 830-833

22. GR Schinella, HA Tournier, JM Prieto, JL Rios, H Buschiazzo, A Zaidenberg. Inhibition of Trypanosoma cruzi growth by medical plant extracts. *Fitoterapia*. 2002, **73**(7-8): 569-575

황피수 黃皮樹 CP, KP, JP, VP

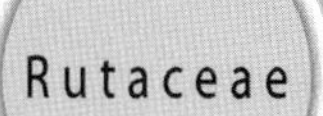

Phellodendron chinense Schneid.

Chinese Corktree

개 요

운향과(Rutaceae)

황피수(黃皮樹, *Phellodendron chinense* Schneid.)의 나무껍질을 건조한 것

중약명: 황백(黃柏), 천황백(川黃柏)

황벽나무속(*Phellodendron*) 식물은 전 세계에 약 4종이 있으며, 아시아 동부에 주로 분포한다. 그 가운데 중국에 자생하는 것은 2종이 있으며, 변종이 1종 있는데, 모두 약용으로 사용한다. 황피수는 주로 중국의 호북, 호남, 사천 등지에 분포한다.

'황백'이라는 약명은 '벽목(檗木)'이라는 명칭으로 《신농본초경(神農本草經)》에 상품으로 기재되었다. 본초서적에 기록된 벽목은 산지와 분포 상황에 따라 오늘날의 이 종과 독엽황피수(禿葉黃皮樹, *P. chinense* Schneid. var. *glabriusculum* Schneid.)이다. 《중국약전(中國藥典)》(2015년 판)에서는 이 종을 중약 황백의 법정기원식물 내원종으로 수록하였다. 주요산지는 중국의 사천, 귀주, 섬서, 호북, 운남 등이며, 그 밖에 호남, 감숙, 광서 등지에서도 생산된다. 사천과 귀주의 생산량이 가장 많고, 품질 또한 우수하다.

황피수에는 주로 알칼로이드 화합물이 함유되어 있으며, 그 가운데 베르베린이 주요 활성성분이다. 그 밖에 트리테르페노이드, 플라본, 정유 등의 성분이 함유되어 있다. 《중국약전》에서는 고속액체크로마토그래피법을 이용하여 황백에 함유된 베르베린이 염산 베르베린으로서 3.0% 이상 함유되도록 약재의 규격을 정하고 있다.

약리연구를 통하여 황피수의 나무껍질에는 항균, 항염, 면역억제 등의 작용이 있는 것으로 알려져 있다.

한의학에서 황백에는 청열조습(清熱燥濕), 사화제증(瀉火除蒸), 해독료창(解毒療瘡) 등의 작용이 있다.

황피수 黃皮樹 *Phellodendron chinense* Schneid.

황피수 黃皮樹 CP, KP, JP, VP

약재 천황백 藥材川黃柏 Phellodendri Chinensis Cortex

함유성분

나무껍질에는 알칼로이드 성분으로 berberine, phellodendrine, magnoflorine, palmatine 등이 함유되어 있다. 또한 obaculactone(limonin), obacunone, (+)-ethyl-5-O-feruloylquinate[1], 3-acetyl-3, 4-dihydro-5,6-dimethoxy-1H-2-benzopyran-1-one[2] 등의 성분이 함유되어 있다. 열매와 씨에는 트리테르페노이드 성분으로 niloticin, niloticin acetate, dihydroniloticin, phellochin[3-4] 등이 함유되어 있다. 잎에는 플라보노이드 성분으로 hyperoside, dihydrokaempferol, phellochinin A, phellodensin G[5-6], 쿠마린류 성분으로 phellodenols D, E[6] 등이 함유되어 있다.

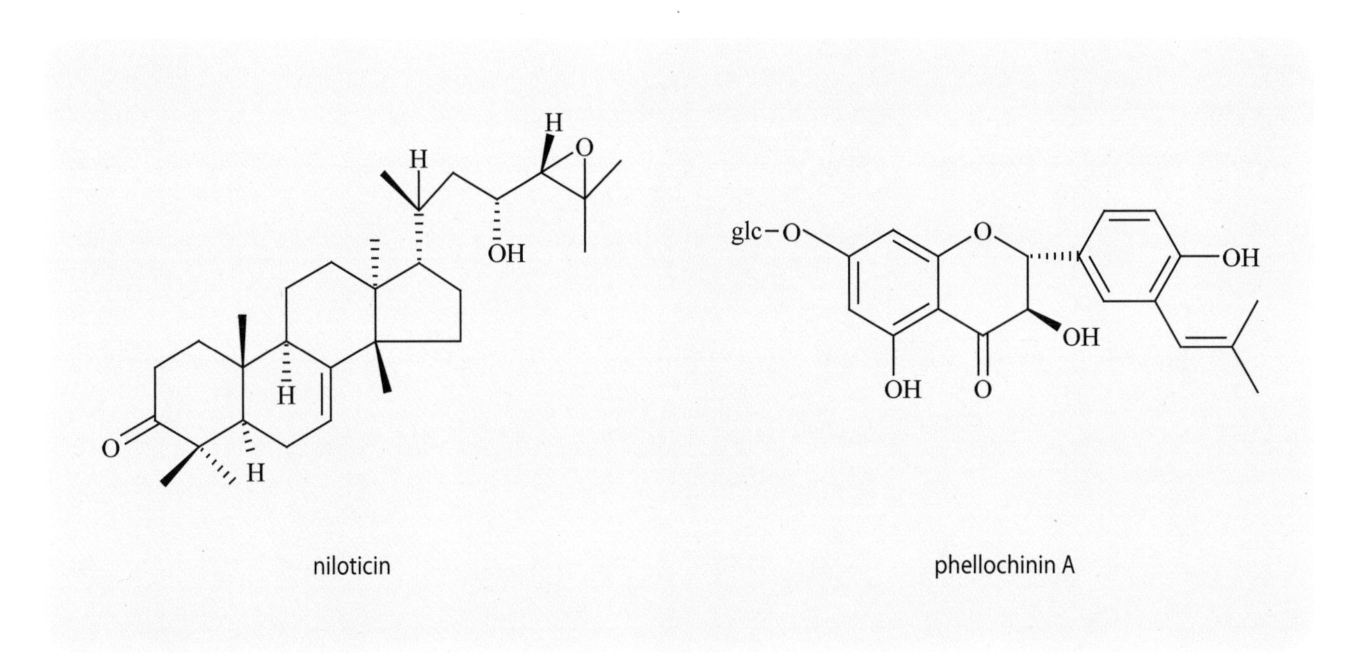

약리작용

1. 항균

황백의 열수 추출물은 *in vitro*에서 임구균에 대해 중등도의 억제효과가 있다[7]. 황백 및 그 포제품의 열수 추출물은 *in vitro*에서 황색포도상구균, 용혈성 염주균, 백후간균, 폐렴구균 등에 대하여 일정한 억제작용이 있다[8]. 황백의 열수 추출물은 *in vitro*에서 신우신염을 유도하는 대장균의 부착특성을 억제할 수 있다[9]. 황백에 함유된 플라보노이드 성분은 *in vitro*에서 황색포도상구균, 레몬색포도상구균 및 고초간균을 억제하는 작용이 있다[10].

2. 항염

황백과 그 포제품의 열수 추출물은 Mouse에 경구투여하면 파두유에 의해 유도된 귓바퀴 종창에 대하여 각기 다른 정도의 억제작용이 있으며, 초산으로 인한 Mouse의 모세혈관 투과성 증가에 대해서도 억제작용을 나타낸다[8].

3. 면역억제

황백의 열수 추출물을 Mouse에 경구투여하면 디니트로플루오로벤젠에 의해 유도된 접촉성 피부염(ACD)을 뚜렷하게 억제하며, 일정한 농도 의존적 관계를 나타낸다[11]. 황백의 열수 추출물을 Mouse에 경구투여하면 DNFB에 의해 유도된 지발성과민반응(DTH)을 억제할 수 있으며, 인터페론-γ(IFN-γ)의 농도를 낮추어 준다. 또한 복강대식세포가 생성하는 인터루킨-1(IL-1) 및 종양괴사인자-α(TNF-α)를 억제하고, 비장세포가 생성하는 인터루킨-2(IL-2)를 억제한다. 그 작용기전은 아마도 IFN-γ, IL-1, TNF-α, IL-2 등 세포인자의 생성과 분비를 억제하는 것과 관련이 있을 것으로 추정되며, 이를 통하여 면역반응을 억제함으로써 염증성 손상을 억제할 수 있다[12].

4. 혈압강하

황백 알코올 추출물의 염기성 부분을 마취된 고양이, 개, 토끼 및 마취되지 않은 Rat의 복강에 주사하면 모두 혈압 강하효과를 나타낸다. 경구투여한 황백은 고환을 절제한 뒤 발생하는 Rat의 혈압을 낮춘다.

5. 항위궤양 및 위장 분비에 대한 영향

황백의 열수 추출물은 *in vitro*에서 유문나선간균에 대해 일정한 억제작용이 있다. 베르베린계 알칼로이드를 제거한 황백의 수용성 부분은 침습성 자극으로 유도된 Mouse의 위점막 슈퍼옥시드디스무타아제 활성 저하와 파라세타몰에 의한 Rat의 위점막 프로스타글란딘 E_2 생성량 감소를 뚜렷하게 억제한다[14]. 황백의 에테르, 에탄올 및 물 추출물을 Rat에 경구투여하면 위액의 산도와 위 단백효소의 활성을 감소시킨다[8].

6. 항종양

황백 추출물(물 추출 후 알코올 침전)은 *in vitro*에서 인체위암세포 BGC823의 생장과 암세포의 테트라졸리움 블루(tetrazolium blue) 대사활성에 대하여 억제작용이 있다. 뿐만 아니라 암세포의 산성인산효소의 함량을 뚜렷하게 감소시키며, 암세포 ^{3}H-TdR의 삼입량을 뚜렷하게 감소시킨다[15]. 황백을 가열처리한 뒤에는 베르베루빈을 얻을 수 있으며, 농도 의존적으로 백혈병세포 P388, L1210 및 흑색종세포 B16의 생장을 억제한다[16].

7. 기타

황백 및 그에 함유된 리모닌과 오바쿠논을 Mouse의 복강에 주사하면 α-클로랄로즈와 유레탄에 의해 유도된 수면시간을 단축시킨다[17].

용 도

천황백은 중의임상에서 사용하는 약이다. 청열조습[清熱燥濕, 열기를 내리며 습사(濕邪)를 제거하는 것], 사화해독[瀉火解毒, 화열(火熱)과 열결(熱結)을 풀어 주면서 해독하는 것], 제증료창(除蒸療瘡) 등의 효능이 있으며, 습열대하[濕熱帶下, 몸 안에 습열이 성해서 대맥(帶脈)의 기능이 저하되어 생긴 대하 증상], 열림각기(熱痲脚氣, 오줌 빛이 붉고 아랫배가 몹시 아프며 다리가 붓는 증상), 사리황달(瀉痢黃疸, 설사를 하고 전신과 눈, 소변이 누렇게 되는 증상), 창양종통(瘡瘍腫痛, 피부가 상처 나고 가려우며 붓고 아픈 증상), 습진습창(濕疹濕瘡), 음허발열(陰虛發熱, 음허로 인한 발열), 도한유정(盜汗遺精, 수면 중에 식은땀이 나며 정액이 저절로 나오는 병증) 등의 치료에 사용한다.

현대임상에서는 중이염, 장염, 세균성 이질, 피부감염, 피부 선균병, 하지의 궤양, 화상 등의 병증에 사용한다.

해 설

황피수와 그 동속식물인 황벽나무(중약 관황백)의 화학적 성분은 대부분 동일(알칼로이드 함유)하며, 약리작용 또한 기본적으로 동일하다. 그러나 황피수에 함유된 주요 알칼로이드인 베르베린의 함량은 황벽나무에 비해 3~6배 정도 많다.

황백은 임상에서 다양하게 응용되지만, 황피수의 야생자원이 점차로 감소하는 추세에 있으므로 대량 재배를 통해 증가하는 수요를 충족시켜야 할 것이다.

참고문헌

1. 秦民堅, 王衡奇. 黃皮樹樹皮的化學成分研究. 林產化學與工業. 2003, **23**(4): 42-46
2. WS Cui, J Tian, ZJ Ma, YQ Guo, JH Wang, X Li. A new isocoumarin from bark of *Phellodendoron chinense*. *Natural Product Research*. 2003, **17**(6): 427-429
3. AI Gray, P Bhandari, PG Waterman. New protolimonoids from the fruits of *Phellodendron chinense*. *Phytochemistry*. 1988, **27**(6): 1805-1808
4. RH Su, M Kim, T Yamamoto, S Takahashi. Antifeeding constituents of *Phellodendron chinense* fruit against Reticulitermes speratus. *Nippon Noyaku Gakkaishi*. 1990, **15**(4): 567-572

5. 郭書好, 周明輝, 李素梅, 李毅群. 川黃柏葉中黃酮成分的研究. 暨南大學學報(自然科學版). 1998, **19**(5): 68-72
6. PC Kuo, MY Hsu, AG Damu, CR Su, CY Li, HD Sun, TS Wu. Flavonoids and coumarins from leaves of *Phellodendron chinense*. *Planta Medica*. 2004, **70**(2): 183-185
7. 劉騰飛, 吳移謀, 餘敏君, 朱翠明, 占利生. 中草藥體外抗淋球菌的實驗研究. 中國現代醫學雜誌. 1998, **8**(6): 38-39
8. 南雲生, 畢晨蕾. 炮製對黃柏部分藥理作用的影響. 中藥材. 1995, **18**(2): 81-84
9. 陳錦英, 何建明, 何慶, 任中原. 中草藥對致腎盂腎炎大腸桿菌粘附特性的抑制作用. 天津醫藥. 1994, **22**(10): 579-581
10. 郭志堅, 郭書好, 何康明, 劉慧瓊, 潘珊珊. 黃柏葉中黃酮醇苷含量測定及其抑菌實驗. 暨南大學學報(自然科學版). 2002, **23**(5): 64-66
11. 宋智琦, 林熙然. 中藥黃柏, 茯苓及梔子抗遲發型超敏反應作用的實驗研究. 中國皮膚病性病學雜誌. 1997, **11**(3): 143-144
12. 呂燕寧, 邱全瑛. 黃柏對小鼠 DTH 及其體內幾種細胞因子的影響. 北京中醫藥大學學報. 1999, **22**(6): 48-50
13. 繳穩苓. 中藥對幽門螺桿菌抑制作用的研究. 天津醫藥. 1997, **25**(12): 740-741
14. 張志軍. 黃柏提取物的抗潰瘍效果 (2). 國外醫學: 中醫中藥分冊. 1994, **16**(1): 29
15. 廖靜, 鄂征, 寧濤, 聶毓秀, 陳玉蘭. 中藥黃柏的光敏抗癌作用研究. 首都醫科大學學報. 1999, **20**(3): 153-155
16. Y Kondo, H Suzuki. Suppression of tumor cell growth by berberrubine, a pyrolyzing artifact of berberine. *Shoyakugaku Zasshi*. 1991, **45**(1): 35-39
17. K Wada, M Yagi, A Matsumura, K Sasaki, M Sakata, M Haga. Isolation of limonin and obacunone from Phellodendri cortex shorten the sleeping time induced by α-chloralose-urethane. *Chemical & Pharmaceutical Bulletin*. 1990, **38**(8): 2332-2334

상륙 商陸 CP, KHP

Phytolaccaceae

Phytolacca acinosa Roxb.
Indian Pokeberry

개 요

자리공과(Phytolaccaceae)
상륙(商陸, *Phytolacca acinosa* Roxb.)의 뿌리를 건조한 것
중약명: 상륙

자리공속(*Phytolacca*) 식물은 전 세계에 약 35종이 있으며, 열대 및 온대 지역에 분포하는데, 대부분이 남미대륙에 자생하고 소수가 아프리카와 아시아에 분포한다. 중국에는 4종이 있으며, 모두 약으로 사용된다. 이 종은 중국 각 성에 분포하며, 동북과 서북 지역에서 재배된다. 한반도, 일본, 인도 등에서도 생산된다.

'상륙'의 명칭은 최초로 《신농본초경(神農本草經)》에 하품으로 기재되었다. 역대 본초서적에 다양한 기록이 있는데, 오늘날의 품종과 모두 일치한다. 《중국약전(中國藥典)》(2015년 판)에서는 이 종을 중약 상륙의 법정기원식물 내원종으로 수록하였다. 주요산지는 중국 황하 이남의 각 성이며, 서장과 동북 남부 및 섬서, 하남 등지에서도 재배한다. 《대한민국약전외한약(생약)규격집》(제4개정판)에는 '상륙'을 "상륙과(Phytolaccaceae)에 속하는 자리공(*Phytolacca esculenta* Houttuyn) 또는 미국자리공(*Phytolacca americana* Linne)의 뿌리"로 등재하고 있다.

상륙에는 주로 트리테르페노이드 및 그 사포닌, 스테롤, 폴리사카라이드 등이 함유되어 있다. 트리테르페노이드 사포닌에 속하는 상륙사포닌(Phytolacca saponin)은 상륙의 특정 성분이다. 《중국약전》에서는 수분측정, 산불용성회분 및 엑스 함량 등을 이용하여 약재의 규격을 정하고 있다.

약리연구를 통하여 상륙에는 면역기능 증강, 항염, 항바이러스, 항종양, 거담(祛痰), 진해(鎭咳), 평천(平喘), 이뇨 등의 작용이 있는 것으로 알려져 있다.

한의학에서 상륙에는 축수소종(逐水消腫), 통리이변(通利二便), 해독산결(解毒散結) 등의 작용이 있다.

상륙 商陸 *Phytolacca acinosa* Roxb.

약재 상륙 藥材商陸 Phytolaccae Acinosae Radix

상륙 商陸 CP, KHP

미국자리공 垂序商陸 *Phytolacca americana* L.

함유성분

뿌리에는 주로 트리테르페노이드와 트리테르페노이드 사포닌 성분으로 esculentosides A, B, C, D[1], E (phytolaccoside G), F, G, H, I, J, K, L, M, N, O, P, Q[2-9], phytolaccoside E, esculentic acid, phytolaccagenic acid, jaligonic acid, phytolaccagenin[10-11], esculentagenin[7], esculentagenic acid[6], 독성 성분으로 phytolaccatoxin[12-13] 등이 함유되어 있다.
최근에는 acinospesigenins A, B, C[14] 성분이 베리에서 분리되었다.

약리작용

1. 면역조절
   상륙의 다당은 *in vitro*에서 콘카나발린 A로 유도된 Mouse의 임파세포 증식 및 DNA 중합효소의 활성을 뚜렷하게 증강시킨다[15-16]. 에스쿨렌토시드 A는 *in vitro*에서 Mouse의 흉선세포에서 자발적으로 발생하는 세포자살에는 영향을 미치지 않으나 콘카나발린 A로 활성화된 흉선세포의 세포자살을 뚜렷하게 촉진하며[17], 지질다당(LPS)으로 유도된 토끼 활막세포에서 생성되는 종양괴사인자(TNF)와 인터루킨-1(IL-1)을 뚜렷하게 억제한다[18]. 에스쿨렌토시드 A를 자가면역 모델 Mouse의 복강에 주사하면 농도 의존적으로 임파세포의 이상 과다증식을 억제하며, 동시에 자가면역 모델 Mouse의 신장염증을 뚜렷하게 완화한다[19].

esculentoside A

2. 항염

에스쿨렌토시드 A를 Mouse의 복강에 주사하면 초산에 의해 유도된 복강 모세혈관의 투과성 증가를 뚜렷하게 억제할 수 있으며, 디메칠벤젠으로 유도된 Mouse의 귓바퀴 종창과 카라기난으로 유도된 Rat의 발바닥 종창에도 뚜렷한 억제효과가 있다. 에스쿨렌토시드 A를 Rat의 복강에 주사하면 신장염으로 인한 뇨단백의 생성을 뚜렷하게 감소시키며, 혈청 내 TNF, IL-1 및 IL-6의 생성을 억제한다[21]. 에스쿨렌토시드 A는 *in vitro*에서 농도 의존적으로 은설병 환자의 외주혈단핵세포(PBMC)의 TNF-α 분비를 억제한다[22].

3. 항종양

상륙 다당을 Mouse의 복강에 주사하면 육종 S180(복수형)의 생장을 뚜렷하게 억제하며, Mouse의 복강 대식세포의 육종 S180과 섬유아세포 L929에 대한 면역독성을 증가시킨다. 또한 미토젠인 LPS에 의한 TNF-α와 IL-1의 분비를 균일하게 증가시킨다[24].

4. 항바이러스

In vitro 실험을 통하여 상륙 씨앗에서 분리한 항바이러스 단백질(PAP)은 농도 의존적으로 C형간염바이러스(HCV)에 감염된 세포의 세포막 내 항C형간염바이러스 복제를 억제할 수 있다[25].

5. 기타

상륙의 사포닌은 사람 정액 중의 정자 활동을 억제할 수 있으며, 토끼의 정자에 대해서는 살멸작용이 있다[26]. 상륙의 사포닌은 Rat의 유문결찰형, 초산형 및 Mouse의 이혈평형 위궤양에 대해 일정한 억제작용이 있다[27]. 상륙의 알칼로이드 분획을 암모니아로 인해 기침이 유도된 Mouse에 경구투여하면 진해작용이 있다. 클로로포름 추출물과 사포닌을 Mouse에 경구투여하면 거담작용이 있으며, 히스타민에 의해 유도된 기니피그의 천식에 대해 평천작용이 있다.

용 도

상륙은 중의임상에서 사용하는 약이다. 사하이수(瀉下利水, 대변을 순조롭게 나가게 하며 소변을 잘 나가게 함), 소종산결[消腫散結, 옹저(癰疽)나 상처가 부은 것을 가라앉힘] 등의 효능이 있으며, 수종창만(水腫脹滿, 몸이 붓고 배가 몹시 불러오면서 속이 그득한 증상), 창옹종독(瘡癰腫毒, 부스럼의 빛깔이 밝고 껍질이 얇은 종기가 헌 곳 또는 헌데의 독) 등의 치료에 사용한다.

현대 임상에서는 만성 기관지염, 요로감염, 토혈(吐血, 피를 토하는 병증), 소화관 출혈, 호산성 세포근막염, 은설병[銀屑病, 홍반(紅斑)과 구진(丘疹)으로 인하여 피부 표면에 여러 층으로 된 백색 비늘가루가 생기는 병증], 혈소판 감소성 자반(紫癜, 열병으로 자색의 반점이 발생하는 증상), 과민성 자반 및 정신분열증 등의 병증에 사용한다.

해 설

동속식물인 미국자리공 또한 《중국약전》에 수록된 중약 상륙의 법정기원식물 내원종이다.

미국자리공과 상륙의 약리작용은 기본적으로 유사하며, 함유성분 또한 대체적으로 동일한데, 미국자리공에는 3-oxo-30-carbomethoxy-23-norolean-12-en-28-oic acid 등이 추가로 함유되어 있다[28]. 미국자리공의 씨에서 채취한 리그난의 일종인 아메리카닌은 육아종 형성 및 수종과 관절염 생성을 뚜렷하게 억제한다. 미국자리공의 씨에서 분리해 낸 항바이러스 단백(PAP-S)은 *in vitro*에서 농도 의존적으로 B형 간염바이러스(HBV)의 복제를 억제할 수 있는데, 적절한 농도에서 PAP-S는 비교적 탁월한 HBV 억제작용이 있으며, 세포독성 또한 비교적 낮다. 미국자리공의 열수 추출물을 CCl_4에 의해 급성 간 손상이 발생된 Mouse의 위에 투여하면 뚜렷한 보호효과가 있으며, 사포닌을 웅성 초파리에게 먹이면 평균 수명을 연장시킬 수 있다. 미국자리공 뿌리의 클로로포름 분획물에서 분리해 낸 α-스피나스테롤은 당뇨병 Mouse의 혈청 트리글리세롤과 뇨단백 분비의 증가를 뚜렷하게 억제함으로써 당뇨로 인한 신장질환에 치료작용을 나타낸다[29-32].

상륙은 준하축수약(峻下逐水藥)으로, 그 수침제, 전제, 정제 등을 Mouse에 투여 시 LD50은 26g/kg, 28g/kg, 46g/kg 등으로 각각 나타난다. 복강주사로는 LD_{50}이 1.0g/kg, 1.3g/kg, 5.3g/kg으로 나타난다. 임상에서 사용할 때는 용량에 특별한 주의가 필요하다.

참고문헌

1. 易楊華, 王著祿. 商陸有效成分的研究 I. 三萜皂苷的分離與鑒定. 中草藥. 1984, **15**(2): 55-59
2. 王著祿, 易楊華. 中藥商陸有效成分的研究 II. 商陸皂苷戊, 己的分離與鑒定. 藥學學報. 1984, **19**(11): 825-829
3. YH Yi, CL Wang. A new active saponin from *Phytolacca esculenta*. *Planta Medica*. 1989, **55**(6): 551-552
4. YH Yi. Esculentoside L and K: two new saponins from *Phytolacca esculenta*. *Planta Medica*. 1990, **56**(3): 301-303
5. 易楊華, 黃翔. 商陸中三種新皂苷的分離與鑒定. 藥學學報. 1990, **25**(10): 745-749
6. YH Yi, FB Dai. A new triterpenoid and its glycoside from *Phytolacca esculenta*. *Planta Medica*. 1991, **57**(2): 162-164
7. YH Yi. A triterpenoid and its saponin from *Phytolacca esculenta*. *Phytochemistry*. 1991, **30**(12): 4179-4181
8. YH Yi. Two new saponins from the roots of *Phytolacca esculenta*. *Planta Medica*. 1992, **58**(1): 99-101
9. YH Yi. A triterpenoid saponin from *Phytolacca esculenta*. *Phytochemistry*. 1992, **31**(7): 2552-2554
10. WS Woo, HJ Chi, SS Kang. Constituents of Phytolacca species. Ⅱ. Comparative examination on constituents of the roots of *Phytolacca americana*, *P. esculenta* and *P. insularis*. *Soul Taehakkyo Saengyak Yonguso Opjukjip*. 1976, **15**: 107-110
11. 杜志德. 商陸皂苷元的分離及鑒別. 中草藥. 1984, **15**(2): 550
12. 12. GH Stout, BM Malofsky, VF Stout. Phytolaccagenin: a light-atom x-ray proof using chemical information. *Journal of the American Chemical Society*. 1964, **86**(5): 957-958
13. 查文清, 王孝濤, 原思通. 直序商陸炮製品毒性成分測定. 安徽中醫學院學報. 2000, **19**(4): 56-58
14. S Koul, TK Razdan, CS Andotra. Acinospesigenin-A, -B, and -C: three new triterpenoids from *Phytolacca acinosa*. *Journal of Natural Products*. 2003, **66**(8): 1121-1123
15. 王洪斌, 鄭鈫嶽, 鞠佃文, 方軍. 商陸多糖 II 對小鼠脾細胞增殖及產生集落刺激因子的影響. 藥學學報. 1993, **28**(7): 490-493
16. 王洪斌, 王勁, 鄭鈫嶽, 李鐵軍, 李書桐, 陳海生. 商陸多糖 I 對小鼠淋巴細胞 DNA 多聚酶α活性的影響. 第二軍醫大學學報. 1996, **17**(2): 150-153
17. 蕭振宇, 鄭鈫嶽, 鄭向民, 程明和, 易楊華. 商陸皂苷甲對小鼠胸腺細胞凋亡的影響. 第二軍醫大學學報. 2002, **23**(6): 659-661
18. 鄭鈫嶽, 王慧峰, 鄭向民, 蕭振宇, 易楊華. 商陸皂苷甲對兔滑膜細胞產生 IL-1 和 TNF 的影響. 第二軍醫大學學報. 2001, **22**(5): 425-426
19. 蕭振宇, 鄭鈫嶽, 張俊平, 陸峰, 張大志. 商陸皂苷甲對自身免疫綜合征模型小鼠的療效. 第二軍醫大學學報. 2003, **24**(10): 1108-1111
20. 鄭鈫嶽, 麥凱, 潘祥福, 易楊華. 商陸皂苷甲的抗炎作用. 中國藥理學和毒理學雜誌. 1992, **6**(3): 221-223
21. 鞠佃文, 鄭鈫嶽, 曹雪濤, 梅小斌, 易楊華. 商陸皂苷甲對大鼠 Heymann 腎炎的治療作用及對細胞因子的影響. 藥學學報. 1999, **34**(1): 9-12
22. 鄧俐, 張堂德, 杜江. 商陸皂苷甲對銀屑病患者外周血單個核細胞產生 α 腫瘤壞死因子和可溶性白介素 2 受體的影響. 臨床皮膚科雜誌. 2004, **33**(7): 407-409
23. 王洪斌, 鄭鈫嶽, 沈有安, 唐惠蘭, 陳海生. 商陸多糖 I 對荷 S180 小鼠的抑瘤, 增強免疫和造血保護作用. 中國藥理學和毒理學雜誌. 1993, **7**(1): 52-55
24. 張俊平, 錢定華, 鄭鈫嶽. 商陸多糖 I 對小鼠腹腔巨噬細胞細胞毒作用及誘生腫瘤壞死因子和白細胞介素 1 的影響. 中國藥理學報. 1990, **11**(4): 375-377
25. 賀永文, 陳瑞烈, 高勇, 郭勁松. 商陸抗病毒蛋白抗 HCV 作用的初步研究. 肝臟. 2002, **7**(4): 233-236
26. 王一飛, 崔蘊霞, 崔蘊慧, 王君健, 楊崇仁. 商陸總皂苷的抗生育活性. 河南醫科大學學報. 1996, **31**(1): 91-93
27. 劉春宇, 吳文倩, 唐麗華, 顧振綸. 商陸皂苷的抗胃潰瘍作用. 中國野生植物資源. 1997, **17**(4): 54-56
28. 李翠萍, 曹繼晶, 徐麗, 張淑珍. 商陸合劑治療血小板減少性紫癜 30 例. 中醫藥學報. 2001, **29**(2): 9
29. 崔澤寬. 鮮白商陸液治療精神病 26 例. 中國鄉村醫生雜誌. 2001, **1**: 37-38
30. 陳百順. 小柴胡湯加商陸, 潘生丁治療過敏性紫癜 37 例. 四川中醫. 2003, **21**(5): 33-34
31. 吳永蜂. 商陸末敷臍治療肝硬化腹水. 中醫外治雜誌. 1996, **5**: 45
32. WS Woo. Steroids and pentacyclic triterpenoids from *Phytolacca americana*. *Phytochemistry*. 1974, **13**(12): 2887-2889

33. EB Lee. Anti-inflammatory activity of americanin A with its physiological aspect. *Emerging Drugs*. 2001, **1**: 203-213
34. 賀永文, 潘延鳳, 王萍, 郭勁松. 商陸抗病毒蛋白體外對 HepG2.2.15 細胞 HBV 複製的影響. 實用肝臟病雜誌. 2004, **7**(2): 80-82
35. 張劍春, 宓鶴鳴, 鄭漢臣, 蘇中武. 垂序商陸保肝作用及對果蠅壽命的影響. 時珍國醫國藥. 2000, **11**(6): 489-490
36. SI Jeong, KJ Kim, MK Choi, KS Keum, SA Lee, SH hn, Back, H Seung, JH Song, YS Ju, BK Choi, KY Jung. α-Spinasterol isolated from the root of *Phytolacca americana* and its pharmacological property on diabetic nephropathy. *Planta Medica*. 2004, **70**(8): 736-739

반하 半夏 CP, KP, JP

Pinellia ternata (Thunb.) Breit.

Ternate Pinellia

개 요

천남성과(Araceae)

반하(半夏, *Pinellia ternata* (Thunb.) Breit.)의 덩이줄기를 건조한 것

중약명: 반하

반하속(*Pinellia*) 식물은 전 세계에 10여 종이 있으며, 주로 아시아 동부에서 생산된다. 중국에서는 약 11종이 산출되며, 중국 대부분 지역에 분포한다. 이 속에서 현재 약으로 사용되는 것은 대략 5종이다.

'반하'라는 약명은 《오십이병방(五十二病方)》에 처음으로 기록되었으며, 《신농본초경(神農本草經)》에는 하품으로 기재되었다. 역대 본초서적에 다양한 기록이 있으며, 《중국약전(中國藥典)》(2015년 판)에서는 이 종을 중약 반하의 법정기원식물 내원종으로 수록하였다. 주요산지는 중국의 사천, 호북, 하남, 귀주, 안휘 등이며, 호남, 강소, 절강, 강서, 운남, 산동 등지에서도 생산된다.

반하속 식물의 주요 성분은 정유, 알칼로이드, 탄닌, 다중 지방산, 에스테르, 렉틴 등이다. 그러나 반하에 함유된 유효성분 및 자극성 성분은 아직 명확하게 밝혀져 있지 않다. 《중국약전》에서는 박층크로마토그래피법을 이용하여 아르기닌, 알라닌, 발린 및 루신의 함량 측정을 이용하여 약재의 규격을 정하고 있다.

약리연구를 통하여 반하에는 진해(鎭咳), 진토, 거담(祛痰), 항종양 등의 작용이 있는 것으로 알려져 있다.

한의학에서 반하에는 조습화담(燥濕化痰), 강역지구(降逆止嘔), 소비산결(消痞散結) 등의 효능이 있다.

반하 半夏 *Pinellia ternata* (Thunb.) Breit.

약재 반하 藥材半夏 Pinelliae Rhizoma

함유성분

덩이줄기에는 정유성분으로 3-acetylamino-5-methylisooxazole, butyl-ethylene ether, 3-methyleicosane, hexadecylendioic acid, anethole, benzaldehyde, 1,5-pentadiol, 2-methylpyrazine, citral, 1-octene, β-elemene, pentaldehyde oxime[3], 알칼로이드 성분으로 ephedrine[4], choline[5] 등이 함유되어 있다. 다량의 불포화지방산이 함유되어 있으며 그 가운데 리놀레산이 약 37% 함유되어 있다[6]. 또한 pinellian PA(산성다당류)[7], pinellian G(glucan)[8], pinelloside(cerebroside)[9]와 pinellic acid[10] 등이 함유되어 있다.
연구보고서에 따르면 덩이줄기에 함유되어 있는 단백질은 의약원료의 품질관리를 위한 지표물질로 보고되었다[11].

약리작용

1. 진해
   생반하, 강반하 및 청반하의 열수 추출물을 고양이에 경구투여하면 전류로 인한 인후신경 자극 또는 흉강에 주입한 요오드로 인한 기침에 뚜렷한 억제작용이 있다. 반하의 생품과 포제품의 분말혼탁액, 생반하 열수 추출물 및 에탄올 추출물을 Mouse에 경구투여하면 암모니아 훈증으로 유도된 기침의 횟수를 감소시키며, 기침의 잠복기 또한 연장시키는데, 열수 추출물의 효과가 비교적 우수하게 나타난다[12-13].

2. 진토
   강반하의 알코올 추출물, 물 추출물, 열수 추출물 및 반하 알칼로이드를 물범에 경구투여하면 아포모르핀, 시스플라틴 및 황산구리 등으로 유도된 구토를 뚜렷하게 억제하는데, 그 활성성분은 알칼로이드류 화합물이다[14-15]. 반하의 생품과 포제품의 분말혼탁액을 비둘기에 경구투여하면 황산구리로 유도된 구토에 대해 진토작용이 있으며, 그 작용기전은 중추신경 억제와 관련이 있다[12].

3. 위장관에 대한 영향
   반하의 육아(肉芽)를 열수 추출 알코올 침전액으로 한 근육 주사는 Rat의 위액분비와 위 단백효소 활성을 억제할 수 있으며, 위액의 총 산도와 유리산을 감소시킴으로써 급성 점막손상에 대해 보호효과 및 회복 촉진의 작용을 나타낸다[16]. 청반하의 에탄올 추출물을 Mouse에 경구투여하면 수침자극성 궤양, 염산성 궤양 및 인도메타신-에탄올성 궤양에 대하여 비교적 강력한 억제작용이 있다[17]. 생반하 분말혼탁액을 Mouse에 경구투여하면 위장운동을 뚜렷하게 촉진시키며, Rat의 위액 중 프로스타글란딘 E_2의 분비를 뚜렷하게 억제한다. 위점막의 손상이 비교적 큰 경우에는 강반반하(薑礬半夏 또는 半夏生薑白礬製, 생강과 백반으로 포제한 반하)와 강자반하(薑炙半夏)는 위장운동을 완화할 수 있다[18].

4. 항종양
   In vitro 실험에서 반하 및 그 포제품에 함유된 알칼로이드는 만성골수성백혈병세포 K562에 대해 억제작용이 있으며[19], 생반하 알코올 추출물은 인체 결장암세포 HT-29, 직장암세포 HRT-18 및 간암세포 HepG2의 생장을 억제하는 작용이 있다. 생반하의 알코올 추출물을 Mouse에 경구투여하면 육종세포로 복수(腹水)가 발생한 Mouse의 생존시간을 연장함과 동시에 이종이식 Mouse의 종양 생장을 억제할 수 있다[20].

5. 번식억제
   피하주사로 반하의 단백질을 Mouse에 투여하고 24시간이 지나면 혈장 프로게스테론의 농도가 낮아지며, 자궁 내막이 얇아지면서 태막(蛻膜) 반응이 나타나 배아의 발육이 정지되어 사망에 이르게 된다[21]. 이는 실험을 통해서도 자궁내막, 천관상피세포 및 배아 외부 추체세포의 특정 부위에 반하 단백질이 결합하는 것이 밝혀졌는데, 이들 부위가 반하 단백질이 임신억제와 관련된 위치일 것으로 판단된다.

6. 기타
   In vitro 실험을 통하여 청반하의 알코올 추출물에는 혈소판응집억제작용이 있는 것으로 알려져 있는 반면 반하의 단백질 6KDP에는 응혈작용이 있다[23]. 청반하의 알코올 추출물을 Mouse에 경구투여하면 열통자극과 초산자극으로 인한 통증에 뚜렷한 진통작용이 있다[17]. 반하에 함유되어 있는 피넬로사이드에는 항균활성이 있고, 반하의 열수 추출물에는 Rat의 고지혈증 형성을 억제 또는 완화하는 작용이 있음과 동시에 고지혈증에 대해 일정한 치료작용이 있다[24].

용 도

반하는 중의임상에서 사용하는 약이다. 조습화담[燥濕化痰, 습사(濕邪)를 제거하고 가래를 없애는 것], 강역지구(降逆止嘔, 기가 치솟은 것을 내리고 구토를 멈추게 함), 소비산결[消痞散結, 비적(痞積)과 비만을 치료하며 울체되어 뭉친 것을 풀어 줌], 외용으로는 소종지통(消腫止痛, 부종을 가라앉히고 통증을 감소시킴) 등의 효능이 있으며, 습담[濕痰, 습하고 탁한 것이 체내에 오래 정체되어 생기는 담(痰)], 한담증[寒痰證, 한담(寒痰)에 의한 병증], 위기상역구토[胃氣上逆嘔吐, 위(胃)의 통강기능(通降機能)에 장애가 발생하여 위기(胃氣)가 하강하지 못하고 도리어 치밀어 올라와 토하는 것], 심하비괴[心下痞塊, 위완부에 음식, 어혈 등으로 인해 적(積)이 생겨 명치끝에 덩어리가 생겨서 그득한 것], 결흉(結胸, 사기가 가슴속에 몰려 뭉친 것), 매핵기(梅核氣, 목의 이물감), 영류담핵(癭瘤痰核, 병적으로 불거져 나온 살덩이로 몸에 일정한 크기로 생기는 멍울), 옹저종독[癰疽腫毒, 옹저(癰疽)와 종독(腫毒)] 및 독사교상(毒蛇咬傷, 짐승, 뱀, 독벌레 등 동물에게 물려서 생긴 상처) 등

반하 半夏 CP, KP, JP

의 치료에 사용한다.

현대임상에서는 기관지염, 관심병(冠心病, 관상동맥경화증), 심실성 동맥과속, 이원성 현운(耳源性眩暈), 종류(腫瘤, 종양) 등의 병증에 사용하며, 생품을 가루로 만들어 외용제로서 자궁경부 염증 등의 병증에 사용한다.

해 설

생반하는 홍콩상견독극중약[香港常見毒劇中藥] 31종(광물성 제외)※에 포함되어 있으며, 사용량이 많거나 내복 또는 오용에 의해 중독을 일으킬 수 있다.

《중국약전》에서는 반하의 포제품으로서 강반하(薑半夏)와 법반하(法半夏)를 수록하고 있다. 반하의 독성은 포제, 제제 등과 밀접한 관계가 있다. 생반하 혼탁액을 Mouse의 위에 주입할 경우 LD50은 43±1.3g/kg이다. 반하 침고를 Mouse의 복강에 주사할 경우 LD50은 생약으로서 0.32g/kg이다. 생반하를 전자(煎煮)해서 만든 탕제 및 백반으로 포제한 제반하 혼탁액 및 탕제는 모두 Mouse에 대해 급성 독성을 나타내지 않는다. 21일 연속투여 아급성 독성실험에서 제반하의 최고 용량을 9.0g/kg으로 투여하였을 경우 체중증가에 영향을 주지 않았으며, 사망한 개체 또한 나타나지 않았다[21].

반하는 중의임상에서 상용하는 약이다. 오늘날 야생 반하의 자원이 점차 감소되고 있으므로 반하 재배에 대한 기술이 매우 중요시되고 있다.

참고문헌

1. 蔡世珍, 鄒忠梅, 徐麗珍, 楊世林. 半夏屬藥用植物的研究進展. 國外醫學: 中醫中藥分冊. 2004, **26**(1): 17-24
2. 孫紅祥. 浙江省天南星族藥用植物塊莖的蛋白質電泳分析. 中草藥. 2002, **33**(6): 548-551
3. 王銳, 倪京滿, 馬蓉. 中藥半夏揮發油成分的研究. 中國藥學雜誌. 1995, **30**(8): 457-459
4. H Oshio, M Tsukui, T Matsuoka. Isolation of l-ephedrine from "*Pinelliae Tuber.*" *Chemical & Pharmaceutical Bulletin*. 1978, **26**(7): 2096-2097
5. S Ozeki. Constituents of *Pinellia ternate.* II. Sterol and bases of *Pinellia ternate. Yakugaku Zasshi*. 1961, **91**: 1706-1708
6. 張科衛, 吳皓, 武露凌. 半夏藥材中脂肪酸成分的研究. 南京中醫藥大學學報(自然科學版). 2002, **18**(5): 291-292
7. F Yamamoto, Y Takizawa, M Ueda, T Yamamoto. Pharmaceutical formulations containing radical removers as antioxidants. *Japan Kokai Tokkyo Koho*. 1990: 8
8. M Kubo, H Sasaki, S Sato, H Mihashi. Preparation of hydroxyalkadienoic acid derivatives and antihypertensives containing them. *Japan Kokai Tokkyo Koho*. 1991: 9
9. R Gonda, M Tomoda, N Shimizu, N Ohara, H Takagi, S Hoshino. Characterization of an acidic polysaccharide with immunological activities from the tuber of *Pinellia ternata. Biological & Pharmaceutical Bulletin*. 1994, **17**(12): 1549-1553
10. M Tomoda, R Gonda, N Ohara, N Shimizu, C Shishido, Y Fujiki. A glucan having reticuloendothelial system-potentiating and anti-complementary activities from the tuber of *Pinellia ternata. Biological & Pharmaceutical Bulletin*. 1994, **17**(6): 859-861
11. JH Chen, GY Cui, JY Liu, RX Tan. Pinelloside, an antimicrobial cerebroside from *Pinellia ternata. Phytochemistry*. 2003, **64**(4): 903-906
12. T Nagai, H Kiyohara, K Munakata, T Shirahata, T Sunazuka, Y Harigaya, H Yamada. Pinellic acid from the tuber of Pinellia ternata Breitenbach as an effective oral adjuvant for nasal influenza vaccine. *International Immunopharmacology*. 2002, **2**(8): 1183-1193
13. 許臘英, 夏荃, 劉先瓊, 毛維倫. 半夏化學成分及飲片的現代研究進展. 時珍國醫國藥. 2004, **15**(7): 441-443
14. 湯玉妹, 周學優. 半夏炮製前後的藥效比較. 中成藥. 1994, **16**(9): 21-22
15. 白權, 李敏, 賈敏如, 王家葵, 唐遠, 吳秉真. 不同產地半夏祛痰鎮咳作用比較. 中國藥理學通報. 2004, **20**(9): 1059-1062
16. 趙永娟, 吉中強, 張向農, 張媛媛, 吳靜芬, 方選, 嶽旺. 生半夏, 薑半夏對水貂嘔吐作用的影響研究. 中國中藥雜誌. 2005, **30**(4): 277-279
17. 王蕾, 趙永娟, 張媛媛, 吳靜芬, 張向農, 吉中強, 嶽旺. 半夏生物鹼含量測定及止嘔研究. 中國藥理學通報. 2005, **21**(7): 864-867
18. 劉守義, 尤春來, 王義明. 半夏抗潰瘍作用機理的實驗研究. 遼寧中醫雜誌. 1992, **19**(10): 42-45
19. 沈雅琴, 張明發, 朱自平, 王紅武. 半夏的鎮痛, 抗潰瘍和抗血栓形成作用. 中國生化藥物雜誌. 1998, **19**(3): 141-143
20. 吳皓, 蔡寶昌, 榮根新, 葉定江. 半夏薑制對動物胃腸道功能的影響. 中國中藥雜誌. 1994, **19**(9): 535-537
21. 陸躍鳴, 吳皓, 王耿. 半夏各炮製品總生物鹼對慢性髓性白血病細胞 (K562) 的生長抑制作用. 南京中醫藥大學學報. 1995, **11**(2): 84-85
22. 鄭國燦. 半夏提取液的抗腫瘤性研究. 四川中醫. 2004, **22**(9): 9-11
23. 王本祥. 現代中藥藥理學. 天津: 天津科學技術出版社. 1997: 941-945
24. 張小麗, 謝人明, 馮英菊. 四種中藥對血小板聚集性的影響. 西北藥學雜誌. 2000, **15**(6): 260-261
25. K Kurata, T Tai, Y Yang, K Kinoshita, K Koyama, K Takahashi, K Watanabe, Y Nunoura. Quantitative analysis of anti-emetic principle in the tubers of *Pinellia ternata* by enzyme immunoassay. *Planta Medica*. 1998, **64**(7): 645-648.
26. 洪行球, 沃興德, 何一中, 李萬裏, 高承賢, 金明敏. 半夏降血脂作用研究. 浙江中醫學院學報. 1995, **19**(2): 28-29

※ 산두근(山豆根), 속수자(續隨子), 천오(川烏), 천선자(天仙子), 천남성(天南星), 파두(巴豆), 반하(半夏), 감수(甘遂), 백부자(白附子), 부자(附子), 낭독(狼毒), 초오(草烏), 마전자(馬錢子), 등황(藤黃), 양금화(洋金花), 귀구(鬼臼), 철봉수[(鐵棒樹), 또는 설상일지호(雪上一枝蒿)], 요양화(鬧羊花), 청랑충(青娘蟲), 홍랑충(紅娘蟲), 반모(斑蝥), 섬수(蟾酥)

반하 재배모습

질경이 車前 CP, KP, JP

Plantago asiatica L.

Plantain

개 요

질경이과(Plantaginaceae)
질경이(車前, *Plantago asiatica* L.)의 씨를 건조한 것 중약명: 차전자(車前子)
질경이의 전초를 건조한 것 중약명: 차전초(車前草)
질경이속(*Plantago*) 식물은 전 세계에 약 190여 종이 있으며, 세계의 온대와 열대 지역에 널리 분포하는데, 북반구 북쪽으로 북극권 부근에까지 분포한다. 중국에는 약 20여 종이 있다. 중국에서는 이 속에서 5종이 약으로 사용된다. 이 종은 중국 대부분 지역에 분포하며, 한반도, 러시아, 일본, 네팔, 말레이시아, 인도네시아 등지에도 분포한다.
'차전자'라는 약명은 최초로 《신농본초경(神農本草經)》에 상품으로 기재되었다. 《명의별록(名醫別錄)》에서부터 잎과 뿌리가 약으로 기록되기 시작하였으며, 오늘날의 품종과도 일치한다. 《중국약전(中國藥典)》(2015년 판)에서는 이 종을 중약 차전자의 법정기원식물 내원종 가운데 하나로 수록하였다. 질경이의 주요산지는 중국의 강서, 하남이며, 동북, 화북, 서남 및 화동 지역에서도 생산된다. 질경이는 중국 각지에서 모두 생산되는데, 강서, 안휘, 강소의 생산량이 비교적 많다.
질경이의 주요성분은 이리도이드배당체, 플라보노이드, 페닐에타노이드배당체, 뮤코다당류 등이다. 《중국약전》에서는 그 성상과 조직 분말로써 약재의 규격을 정하고 있다.
약리연구를 통하여 질경이의 씨에는 배석(排石)작용이 있는 것으로 알려져 있으며, 질경이에는 이뇨, 진해(鎭咳), 거담(祛痰), 항염 등의 작용이 있는 것으로 알려져 있다.
한의학에서 차전자는 청열이습(淸熱利濕)의 작용이 있으며, 차전초에는 이수통림(利水通淋), 청폐화담(淸肺化痰), 청열해독(淸熱解毒) 등의 작용이 있다.

질경이 車前 *Plantago asiatica* L.

약재 차전초 藥材車前草 Plantaginis Herba

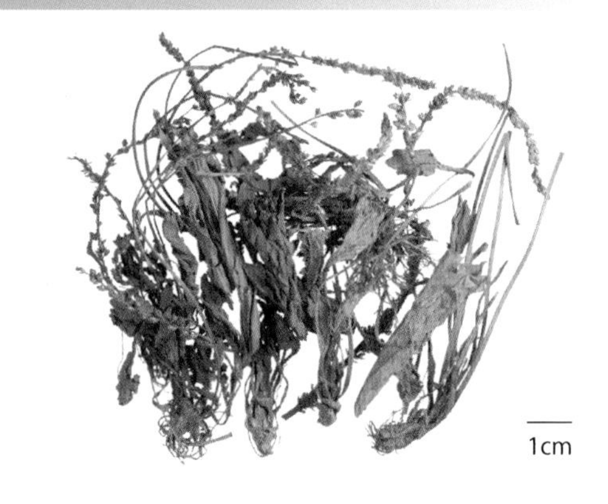

약재 차전자 藥材車前子 Plantaginis Semen

왕질경이 大車前 *P. major* L.

털질경이 平車前 *P. depressa* Willd.

질경이 車前 CP, KP, JP

함유성분

Plantago asiatica에는 주로 이리도이드 배당체인 aucubin, catalpol[1], geniposide, geniposidic acid[2], 3,4-dihydroaucubin, 6′-O-β-glucosylaucubin[3], 플라보노이드 성분으로 plantaginin[4], homoplantaginin[5], plantagoside[6], apigenin, luteolin, scutellarein, nepetin, hispidulin[1], 페닐에타노이드 배당체인 plantainosides A, B, C, D, E, F, desrhamnosyl acteoside, isoacteoside, acteoside, leucosceptoside, isomartynoside, martynoside[7], plantasioside[8], plantamajoside, hellicoside[9] 등의 성분이 함유되어 있다.
전초와 씨에는 다량의 점액성 물질(다당류)인 plantasan[10], plantaglucide[11]와 plantago-mucilage A[12] 등의 성분이 함유되어 있다.

acteoside: R= man
plantamajoside: R= glc

약리작용

1. 비뇨기계에 대한 영향

   차전초는 개, 집토끼 및 사람의 소변량을 증가시킴과 동시에 요소, 요산 및 나트륨의 배설을 증가시킨다. 차전초의 물 추출 알코올 침출액을 개의 정맥에 주사하면 배뇨량이 현저하게 증가되며, 수뇨관의 유동률과 수뇨관 상단부 내압이 상승한다. 차전자의 추출액에는 일정한 옥살산뇨(urine oxalate) 농도 및 요로결석 형성을 감소시키는 효과가 있으며, 비교적 강력한 신장 칼슘 결정화 및 침적을 억제하는 작용이 있다[13].

2. 진해, 평천(平喘), 거담

   플란타고사이드를 Mouse에 경구투여하면 암모니아수 분무로 유도된 기침의 잠복기를 뚜렷하게 연장시키며, 기침의 횟수를 감소시킨다. 또한 Rat의 가래 배출량을 뚜렷하게 증가시킨다[14-15]. 차전초의 전제를 Mouse에 경구투여하면 암모니아수로 인한 기침에 뚜렷한 억제효과가 있다. 또한 히스타민과 아세틸콜린으로 인한 기니피그의 기관지평활근 수축을 길항함으로써 평천작용을 나타낸다. 그 밖에 토끼에 경구투여 시 기관지 점액분비량을 현저하게 증가시킴으로써 거담작용을 나타낸다[16].

3. 혈중 콜레스테롤 강하, 항산화

   고지혈 유도 사료를 먹인 Rat에게 차전자를 투여하면 심, 간 조직의 말론디알데하이드 함량을 뚜렷하게 저하시키며, 혈청 내 총콜레스테롤(TC) 및 중성지방(TG)의 함량을 저하시킬 뿐만 아니라 심장의 슈퍼옥시드디스무타아제 활성 및 간 조직 내 카탈라아제와 글루타치온과산화효소(GSH−Px)의 활성을 증가시킨다. 그 밖에도 차전자는 혈청 내 일산화질소 함량을 증가시키는데, 이는 차전자가 고지혈증 Rat의 콜레스테롤 수준을 감소시킬 수 있음을 의미함과 동시에 체내 항산화 능력을 증강시켜 유리산소에 의한 손상을 방지할 수 있음을 의미한다[17-20]. 차전자에 함유된 제니포시딕산이 가장 효과가 탁월한 항산화 성분일 것으로 생각된다[2].

4. 변비치료

   차전자에서 채취한 플란타산은 용적성 사하약으로 이를 Mouse에 경구투여하면 윤장통변(潤腸通便)의 작용이 있다[21]. 차전자의 껍질을 분쇄해서 만든 분말을 Mouse에게 사료로 투여하면 변비모델 Mouse의 배변 잠복시간을 단축시키며, 배변량을 증가시킨다[22].

5. 항바이러스, 항종양

   In vitro 실험에서 차전자의 열수 추출물은 세포면역조절을 통하여 항백혈병, 항종양, 항바이러스 등의 작용을 나타낸다[23]. 차전자에 함유된 플라보노이드 성분에는 인체면역결핍바이러스(HIV)의 역전사효소를 억제하는 작용도 있다[24].

6. 면역조절작용
   Plantago-mucilage A를 Mouse에 경구투여하면 체액성 면역반응 및 면양적혈구(SRBC) 면역반응을 뚜렷하게 증가시킨다[25].
7. 항균
   신선한 차전자의 즙액은 *in vitro*에서 팔련구균, 거대아포간균, 녹농균, 대장균 및 붉은빵곰팡이균 등에 대해 일정한 억제작용이 있다[26].
8. 항스트레스
   차전초의 석유에테르 추출물을 획득성 무력감 모델 Mouse에 투여하면 Mouse의 도약 실패 횟수를 뚜렷하게 감소시키는데, 이는 차전초에 비교적 양호한 항스트레스작용이 있음을 보여준다[27].
9. 기타
   차전자의 물 추출물은 *in vitro*에서 Rat의 수정체에 인공적으로 유도시킨 과산화 손상으로 인한 수정체 상피세포(LEC)의 괴사에 대해 비교적 강력한 억제작용이 있다. 또한 Plantago-mucilage A는 뚜렷한 혈당강하작용이 있다[29]. 플란타산에는 항위궤양작용이 있다[11].

용 도

이 품목은 중의임상에서 사용하는 약이다.

차전자

차전자에는 이뇨통림(利尿通淋, 이뇨시키고 소변이 잘 통하게 함), 삼습지사(滲濕止瀉, 소변이나 땀을 통하여 몸 안에 정체된 수분과 습기를 제거하여 설사를 멈추게 함), 청간명목(清肝明目, 간열을 식혀서 눈을 맑게 함), 청폐화담(清肺化痰, 폐의 열기를 식히고 열로 인해 생긴 담, 가래 등을 제거하여 줌) 등의 효능이 있으며, 소변임삽(小便淋澀), 서습설사[暑濕泄瀉, 서습사(暑濕邪)를 감수하여 설사하는 것], 목적삽통(目赤澀痛, 눈 흰자위가 충혈되며 눈알이 깔깔하면서 아픈 증상), 목암혼화(目暗昏花, 눈이 어둡고 침침함), 예장[翳障, 눈의 겉부분에 예막(翳膜)이 없이 눈동자가 속으로 가려지는 증상], 담열해수[痰熱咳嗽, 몸 안의 열사(熱邪)가 담(痰)과 서로 맞붙어 기침하는 증상] 등의 치료에 사용한다.

현대임상에서는 차전자를 요로감염 및 결석, 신장염으로 인한 수종(水腫, 전신이 붓는 증상), 안구결막염, 기관지염, 고혈압 등의 병증에 사용한다.

차전초

차전초의 기본적인 작용은 차전자와 동일하며, 청열해독(清熱解毒, 화열을 깨끗이 제거하고 몸의 독을 없이함)의 효능이 있으므로, 외용으로 사용하여 열독옹종[熱毒癰腫, 열독으로 인한 옹종(癰腫)] 등의 치료에 사용한다.

해 설

최근 몇 년 동안 중국의 과학자들은 차전자와 차전초에 대해 비교적 다양한 상품적 조사와 기원식물에 대한 검증을 실시하였으며, 이를 통하여 오늘날 중국의 차전자 약재에는 모두 3종의 기원식물이 있음을 확인하였다. 이들은 차전, 대차전(大車前, *Plantago major* L.), 털질경이(平車前, *P. depressa* Wild.) 등이다. 그 가운데 차전과 대차전이 주류 상품목에 해당하며, 평차전은 상대적으로 사용량이 적다. 따라서 차전초의 상품은 차전이 주류를 이룬다고 할 수 있다. 3종 차전의 화학적 성분은 거의 유사하며, 그 효능 또한 기본적으로 일치한다. 그러나 《중국약전》에 수록된 차전자와 차전의 기원종이 차전, 대차전, 털질경이 중 어떤 종인지에 대해서는 아직까지 명확하게 기록되어 있지 않다.

차전자의 다당류 화합물은 차전자 주요 활성성분 가운데 하나로 설사완화, 혈중 콜레스테롤 감소, 혈당강하, 항위궤양 등의 작용이 있다. 따라서 플란타글루시드의 함량을 약재의 품질관리를 위한 지표물질로서 반영하는 것도 가능할 것이다. 현재 《중국약전》 및 《일본약국방(日本藥局方)》에서는 팽창도가 차전자의 주요 품질기준으로 되어 있다. 그러나 팽창도와 플란타글루시드의 함량에는 비례관계가 성립하지 않으므로 차전자에 함유된 전체 점액질의 함량을 측정하는 것이 비교적 믿을 수 있는 품질기준이라고 하겠다.

외국에서도 차전자에 대한 개발과 응용이 다양하게 이루어지고 있다. 예를 들어 인도에서는 차전자를 출산유도제로 사용하고 있으며, 최근에는 피임약의 대체제로 사용하기도 한다. 일본에서는 차전초를 청남색의 색소 식물로 사용한다. 한국 및 유럽 일부 국가에서는 차전의 추출물과 기타 성분의 배합을 통하여 당뇨병, 비만증, 산후 관절통 등에 효과가 있는 건강식품 및 기능성 음료를 개발하였다.

참고문헌

1. VI Lebedev-Kosov. Flavonoids and iridoids of Plantago major L. and *Plantago asiatica* L. *Rastitel'nye Resursy*. 1980, **16**(3): 403-406
2. S Toda, T Miyase, H Arichi, H Tanizawa, Y Takino. Natural antioxidants. II. Antioxidative components isolated from the seeds of *Plantago asiatica* Linne. *Chemical & Pharmaceutical Bulletin*. 1985, **33**(3): 1270-1273
3. H Oshio, H Inouye. Two new iridoid glucosides of *Plantago asiatica*. *Planta Medica*. 1982, **44**(4): 204-206

4. Y Komoda, H Chujo, S Ishihara, M Uchida. HPLC quantitative analysis of plantaginin in Shazenso (*Plantago asiatica* L.) extracts and isolation of plantamajoside. *Iyo Kizai Kenkyujo Hokoku. Reports of the Institute for Medical and Dental Engineering, Tokyo Medical and Dental University*. 1989, **23**: 81-85

5. M Aritomi. Homoplantaginin, a new flavonoid glycoside in leaves of Plantago asiatica Linnaeus. *Chemical & Pharmaceutical Bulletin*. 1967, **15**(4): 432-434

6. H Yamada, T Nagai, N Takemoto, H Endoh, H Kiyohara, H Kawamura, Y Otsuka. Plantagoside, a novel alpha-mannosidase inhibitor isolated from the seeds of *Plantago asiatica*, suppresses immune response. *Biochemical and Biophysical Research Communications*. 1989, **165**(3): 1292-1298

7. T Miyase, M Ishino, C Akahori, A Ueno, Y Ohkawa, H Tanizawa. Phenylethanoid glycosides from *Plantago asiatica*. *Phytochemistry*. 1991, **30**(6): 2015-2018

8. S Nishibe, Y Tamayama, M Sasahra, C Andary. A phenylethanoid glycoside from *Plantago asiatica*. *Phytochemistry*. 1995, **38**(3): 741-743

9. H Ravn, S Nishibe, M Sasahara, XB Li. Phenolic compounds from *Plantago asiatica*. *Phytochemistry*. 1990, **29**(11): 3627-3631

10. 李明紅, 樸桂玉, 李景道. 國外對車前成分的研究概況. 延邊醫學院學報. 1995, **18**(2): 133-137

11. GN Voitenko, GN Lipkan, NP Maksyutina. Effect of plantaglucide from Plantago asiatica L. leaves on the induction of experimental gastric dystrophy. *Rastitel'nye Resursy*. 1983, **19**(1): 103-107

12. M Tomoda, K Takada, N Shimizu, T Gonda, N Ohara. Reticuloendothelial system-potentiating and alkaline phosphatase-inducing activities of plantago-mucilage A, the main mucilage from the seed of Plantago asiatica, and its five modification products. *Chemical & Pharmaceutical Bulletin*. 1991, **39**(8): 2068-2071

13. 莫劉基, 鄧家泰, 張金梅, 胡本榮. 幾種中藥對輸尿管結石排石機理的研究. 新中醫. 1985, **17**(6): 51

14. 陰月, 高明哲, 袁昌魯, 張振秋. 車前子鎮咳祛痰有效成分的實驗研究. 遼寧中醫雜誌. 2001, **28**(7): 443-444

15. 舒曉宏, 郭桂林, 崔秀雲. 車前子苷鎮咳, 祛痰作用的實驗研究. 大連醫科大學學報. 2001, **23**(4): 254-255

16. 賈丹兵, 孫佩江, 孫麗濱. 車前草的藥理研究. 中草藥. 1990, **21**(1): 24-26

17. 王素敏, 張傑, 李興琴, 朱樹森. 車前子對高脂血症大鼠脂質過氧化的影響. 營養學報. 2003, **25**(2): 212-214

18. 王素敏, 張傑, 李興琴, 朱樹森. 車前子對高脂血症大鼠機體自由基防禦機能的影響. 中國老年學雜誌. 2003, **23**(8): 529-530

19. 王素敏, 黎燕峰, 代洪燕, 裴庭梅, 王永利. 車前子調整脂代謝及其抗氧化作用. 中國臨床康復. 2005, **9**(31): 248-250

20. 張傑, 李興琴, 王素敏, 朱樹森. 車前子對高脂血症大鼠血脂水平及抗氧化作用的影響. 中國新藥雜誌. 2005, **14**(3): 299-301

21. 張振秋, 孫兆姝, 李鋒, 袁昌魯, 郝俊瑩, 田洪麗, 馮銳. 車前子膠對小鼠便秘的影響. 時珍國藥研究. 1996, **7**(4): 209-210

22. 韓春卉, 李燕俊, 李業鵬, 李玉偉, 張靖, 計融. 車前殼粉對便秘模型小鼠潤腸通便作用的研究. 中國預防醫學雜誌. 2003, **4**(4): 267-269

23. LC Chiang, W Chiang, MY Chang, CC Lin. In vitro cytotoxic, antiviral and immunomodulatory effects of *Plantago major* and *Plantago asiatica*. *American Journal of Chinese Medicine*. 2003, **31**(2): 225-234

24. S Nishibe, K Ono, H Nakane, T Kawamura, Y Noro, T Tanaka. Studies on constituents of Plantaginis herba. 9. Inhibitory effects of flavonoids from *Plantago* species on HIV reverse transcriptase activity. *Natural Medicines*. 1997, **51**(6): 547-549

25. JH Kim, TW Kang, YK Ahn. The effects of plantago-mucilage A from the seeds of *Plantago asiatica* on the immune responses in ICR mice. *Archives of Pharmacal Research*. 1996, **19**(2): 137-142

26. 俞佩芳. 三種常見藥用植物抗菌作用的探討. 華東師範大學學報（自然科學版）. 1994, **3**: 89-93

27. C Xu, L Luo, RX Tan. Antidepressant effect of three traditional Chinese medicines in the learned helplessness model. *Journal of Ethnopharmacology*. 2004, **91**(2-3): 345-349

28. 王勇, 祁明信, 黃秀榕, 汪朝陽. 車前子對晶狀體氧化損傷所致 LEC 凋亡抑制作用的實驗研究. 現代診斷與治療. 2003, **14**(4): 199-202

29. M Tomoda, N Shimizu, Y Oshima, M Takahashi, M Murakami, H Hikino. Antidiabetes drugs. Part 25. Hypoglycemic activity of twenty plant mucilages and three modified products. *Planta Medica*. 1987, **53**(1): 8-12

질경이 재배모습

측백 側柏 CP, KP

Platycladus orientalis (L.) Franco

Oriental Arborvitae

개 요

측백과(Cupressaceae)

측백(側柏, *Platycladus orientalis* (L.) Franco)의 잘 익은 씨를 건조한 것 중약명: 백자인(柏子仁)

건조한 잔가지 및 잎 중약명: 측백엽(側柏葉)

측백속(*Platycladus*) 식물은 전 세계에 오직 측백 1종만 존재한다. 중국 각지에 주로 분포하며, 한반도 지역에도 분포한다.

백자인은 '백실(柏實)'이라는 명칭으로 《신농본초경(神農本草經)》에 상품으로 기재되기 시작하였다. 측백엽이 '백엽(柏葉)'이라는 명칭으로 기록되기 시작한 것은 《명의별록(名醫別錄)》에서부터이며, 백실의 항목에 부수적으로 기록되어 있었다. 《중국약전(中國藥典)》(2015년 판)에서는 이 종을 중약 백자인과 측백엽의 법정기원식물 내원종으로 수록하였다. 백자인은 주로 중국의 산동, 하남, 하북 등지에서 생산되며, 섬서, 호북, 감숙, 운남 등지에서도 생산된다. 측백엽은 중국 대부분 지역에서 생산된다. 《대한민국약전외한약(생약)규격집》(제4개정판)에는 '백자인'을 "측백나무(*Thuja orientalis* Linne, 측백나무과)의 씨로서 씨껍질을 제거한 것"으로 등재하고 있다.

측백엽에는 주로 플라본과 디테르펜류 등의 성분이 함유되어 있다. 《중국약전》의 규정에 따라 약재 백자인의 산가는 40을 초과할 수 없으며, 카르보닐 수치는 30을 초과할 수 없고, 과산화 수치는 0.26을 초과할 수 없다. 고속액체크로마토그래피법을 이용하여 측백엽에 함유된 쿠에르시트린의 함량을 0.10% 이상으로 약재의 규격을 정하고 있다.

약리연구를 통하여 측백에는 익지(益智), 진정최면(鎭靜催眠), 지혈, 항염, 항진균, 해경(解痙), 항산화 등의 작용이 있는 것으로 알려져 있다.

한의학에서 백자인에는 양심안신(養心安神), 지한(止汗), 윤장(潤腸) 등의 작용이 있으며, 측백엽에는 양혈지혈(凉血止血), 생발오발(生髮烏髮)의 작용이 있다.

측백 側柏 *Platycladus orientalis* (L.) Franco

측백 側柏 *P. orientalis* (L.) Franco

약재 측백엽 藥材側柏葉 Platycladi Cacumen

1cm

약재 백자인 藥材柏子仁 Platycladi Semen

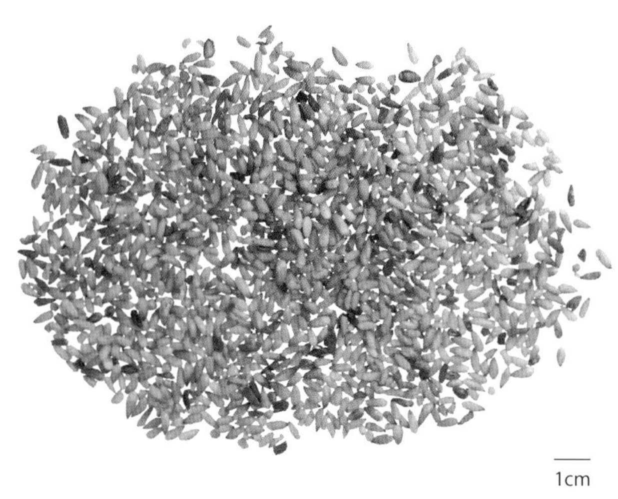

1cm

함유성분

잔가지와 잎에는 정유성분으로 cedrol, α-pinene, 3-carene[1-2], 플라보노이드 성분으로 amentoflavone, hinokiflavone[3], cupressuflavone, apigenin, quercitrin, kaempferol-7-O-glucoside, myricetin-3-O-α-L-rhamnoside[4], 5-hydroxy-7,4'-dimethoxyflavone[5], 디테르페노이드 성분으로 pimaric acid, isopimaric acid[6], sandaracopimaric acid, demethylpinusolide, isocupressic acid[7], 15-methoxypinusolidic acid, ent-isopimara-15-en-3α,8α-diol, lambertianic acid, isopimara-8(9),15-dien-18-oic acid, isopimara-7(8),15-dien-3β,18-diol[8], pinusolide, pinusolidic acid, 15-isopimaren-3β,8β-diol, 8(9),15-isopimaradien-3β-ol, 8(14),15-isopimaradien-3b,19-diol, 3b,19-dihydroxy-8(9),15-isopimaradien-7-one[9], 리그난 성분으로 deoxypodophyllotoxin[10] 등이 함유되어 있다.

열매에는 플라보노이드 성분으로 5-hydroxy-7,4'-dimethoxyflavone[11], 모노테르페노이드 성분으로 platydiol[12], 디테르페노이드 성분으로 6,7-dehydrosandaracopimaric acid, platyclolactonic acid, 14,15-bisnor-8(17)-labdene-16,19-dioic acid, sandaracopimaric acid, isopimaric acid, 8,15-pimaradien-18-oic acid, pinusolide, pinusolidic acid, 15-hydroxypinusolidic acid[11-12] 등이 함유되어 있다.

화분에는 16-feruloyloxypalmitic acid, p-coumaric acid, quercetin, luteolin, populnin[13] 등의 성분이 함유되어 있다.

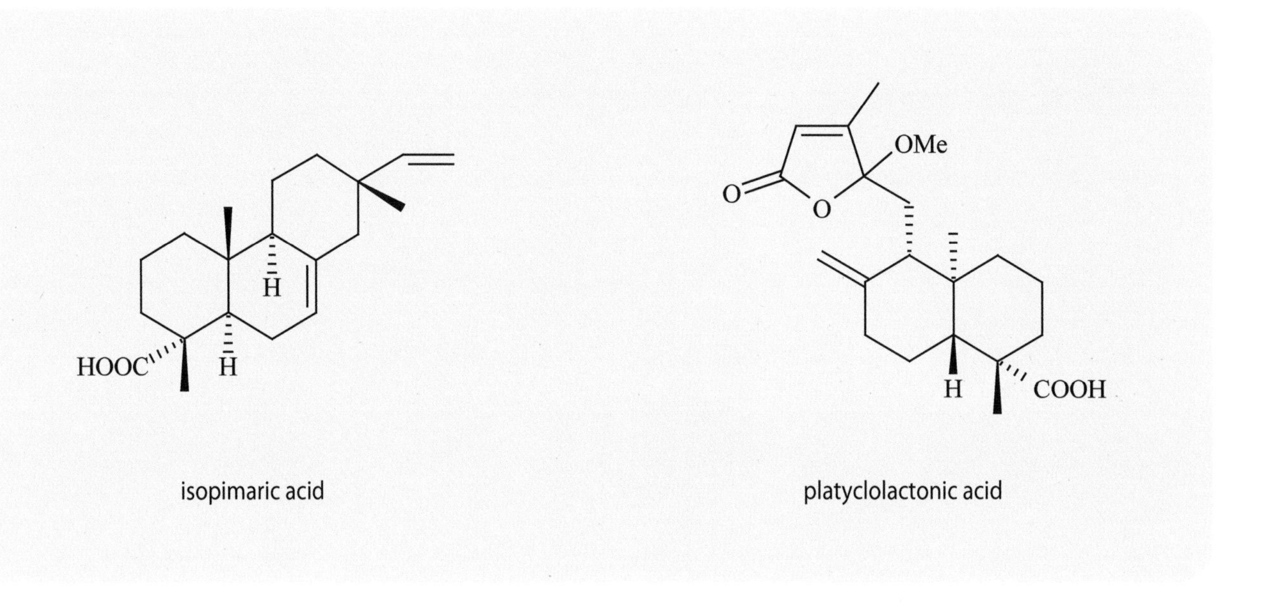

isopimaric acid　　　　platyclolactonic acid

약리작용

1. 지혈

측백엽 포제품(烘烤, 蒸製)의 열수 추출물을 Mouse의 복강에 주사하면 꼬리정맥의 출혈시간을 뚜렷하게 감소시킨다[14].

2. 혈소판응집에 대한 영향

측백엽의 물 추출물 및 측백엽에 함유된 피누솔린산과 피누솔라이드는 혈소판활성인자(PAF)의 길항제이며, 피누솔라이드는 PAF로 인해 유도되는 토끼 혈소판의 세로토닌(5-HT) 방출을 뚜렷하게 억제함과 동시에 농도 의존적으로 Rat의 저혈압을 억제할 수 있다[15-16].

3. 항염

측백엽에 함유된 총 플라본의 복강주사는 디메칠벤젠으로 유도된 Mouse의 귓바퀴 종창 및 카라기난에 의한 Rat의 발바닥 종창을 뚜렷하게 억제하며, 동시에 Rat 다리의 국소 염증조직 내 프로스타글란딘 E_2와 일산화질소의 함량을 저하시킨다[17-18].

4. 경련억제

측백엽의 에칠아세테이트 추출물은 아세틸콜린과 KCl로 유도된 기니피그의 적출된 기관지평활근의 수축반응을 억제하는데, 그 작용기전의 칼슘전자의 세포막 투과와 관련이 있을 것으로 생각된다[20].

5. 혈중 요산 감소

측백엽의 에탄올 추출물 및 플라본류 성분을 경구로 투여하면 옥소네이트에 의해 유도된 고요산혈증 Mouse의 혈청요산농도를 감소시킨다. 혈중요산 감소의 작용기전은 간장 내 잔틴탈수소효소(XDH) 및 잔틴산화효소(XOD)의 활성을 억제하는 것과 관련이 있다[20].

6. 기억력 개선

백자인의 에탄올 추출물을 Mouse에 경구투여하면 농도 의존적으로 양측 전뇌 기저부의 손상으로 인한 기억획득장애와 지속적 기억문란을 개선한다. 백자인의 석유에스테르 추출물(주로 불포화지방산과 그 에스테르)은 닭배아 척추근 신경절의 생장에 경도의 촉진작용이 있는데, 이는 일정한 신경영양작용이 있음을 시사한다[22].

7. 진정, 최면
백자인의 에탄올 추출물을 고양이의 복강에 주사하면 서파(slow-wave) 수면시간과 렘(REM) 수면시간을 연장한다[23].

8. 기타
백자인 지방유는 혈중 지방을 조절하며[24], 측백엽에 함유된 플라본은 과산화수소로 인한 인체적혈구용혈과 적혈구지질과산화를 억제한다[25]. 측백엽의 메탄올 추출물은 *in vitro*에서 염주균속(*Candida*)의 질병유도 진균을 뚜렷하게 억제하며, 인체폐암세포 A549와 결장암세포 Col2에 대해 뚜렷한 세포독성을 나타낸다[26-27].

용 도

이 품목은 중의임상에서 사용하는 약이다.

측백엽

측백엽에는 양혈지혈[凉血止血, 양혈(凉血)함으로써 지혈함], 화담지해[化痰止咳, 거담(祛痰)하여 기침을 그치게 함], 생발오발(生髮烏髮, 머리카락을 나게 하고 머리카락을 검게 함) 등의 효능이 있으며, 각종 출혈증에 적용하는데, 혈열[血熱, 혈분(血分)에 사열(邪熱)이 있는 것]이 있는 경우에 더욱 좋다. 해수(咳嗽, 기침), 탈모, 수발조백(鬚髮早白, 나이는 많지 않으나 머리카락과 수염이 회백색으로 세는 증상) 등의 치료에 사용한다.
현대임상에서는 백일해, 대상포진, 화상, 이하선염 등의 병증에 사용한다.

백자인

백자인에는 양심안신[養心安神, 음혈(陰血)이 허하여 정신이 불안한 것을 안정시킴], 염한[斂汗, 표(表)가 허해서 저절로 땀이 나고 식은땀이 나는 것을 수렴시켜 줌], 윤장통변[潤腸通便, 장(腸)을 적셔 주고 대변을 통하게 함] 등의 효능이 있으며, 화상, 창양궤란(瘡瘍潰爛, 부스럼과 종기로 피부가 썩어서 문드러진 증상), 모발탈락 등의 치료에 사용한다.

해 설

《중국식물지(中國植物誌)》와 《중국약전》에서는 *Platycladus orientalis* (L.) Franco를 측백의 기원식물 학명으로 기재하고 있으나, 문헌에서는 여전히 *Thuja orientalis* L. 및 *Biota orientalis* (L.) Endl.을 학명으로 사용하고 있다.
측백은 편백(扁柏)이라고도 불리며, 상록교목으로 생장적응성이 비교적 강하여 정원수나 녹화산림 조성용으로 사용된다. 측백의 목재는 황갈색이며, 수지가 풍부하고, 재질이 세밀하며, 사선 무늬가 있고, 해충에 강한 특징이 있다. 또한 견고하고 내구성이 강하여 건축, 식기, 가구, 농기구 및 문구류의 재료로 사용된다.
측백은 측백엽과 백자인을 약용으로 사용하는 것 이외에 기타 부분도 약용으로 사용할 수 있다. 껍질을 제거한 근피를 백근백피(柏根白皮)라 하여 약용으로 사용하는데, 양혈(凉血), 해독, 염창(斂瘡), 생발(生髮) 등의 작용이 있다. 측백의 가지는 백지절(柏枝節)이라는 약명으로 불리며, 구풍제습(驅風除濕), 해독료창(解毒療瘡) 등의 작용이 있다. 수간(樹幹)과 잔가지를 태워 나오는 분비물의 수지를 백지(柏脂)라 하며, 제습청열(除濕淸熱), 해독살충 등의 작용이 있다.

참고문헌

1. 魏剛, 王淑英. 側柏葉揮發油化學成分氣質聯用分析. 時珍國醫國藥. 2001, **12**(1): 18-19
2. 王鴻梅. 柏枝節揮發油化學成分的測定分析. 中草藥. 2004, **35**(8): 863
3. A Pelter, R Warren, N Hameed, NU Khan, M Ilyas, W Rahman. Biflavonyl pigments from *Thuja orientalis* (Cupressaceae). *Phytochemistry*. 1970, **9**(8): 1897-1898
4. M Khabir, F Khatoon, WH Ansari. Phenolic constituents of *Thuja orientalis*. *Current Science*. 1985, **54**(22): 1180-1181
5. HO Yang, DY Suh, BH Han. Isolation and characterization of platelet-activating factor receptor binding antagonists from *Biota orientalis*. *Planta Medica*. 1995, **61**(1): 37-40
6. S Sharma, V Nagar, BK Mehta, P Singh. Diterpenoids from *Thuja orientalis* leaves. *Fitoterapia*. 1993, **64**(5): 476-477
7. SH Sung, KA Koo, HK Lim, HS Lee, JH Cho, HS Kim, YC Kim. Diterpenes of *Biota orientalis* leaves. *Saengyak Hakhoechi*. 1998, **29**(4): 347-352
8. KA Koo, SH Sung, YC Kim. A new neuroprotective pinusolide derivative from the leaves of *Biota orientalis*. *Chemical & Pharmaceutical Bulletin*. 2002, **50**(6): 834-836
9. J Asili, M Lambert, HL Ziegler, D Stærk, M Sairafianpour, M Witt, G Asghari, IS Ibrahimi, JW Jaroszewski. Labdanes and isopimaranes from *Platycladus orientalis* and their effects on erythrocyte membrane and on *Plasmodium falciparum* growth in the erythrocyte host cells. *Journal of Natural Products*. 2004, **67**(4): 631-637
10. T Kosuge, M Yokota, K Sugiyama, M Saito, Y Iwata, M Nakura, T Yamamoto. Studies on anticancer principles in Chinese medicines. II. Cytotoxic principles in *Biota orientalis* (L.) Endl. and *Kaempferia galanga* L. *Chemical & Pharmaceutical Bulletin*. 1985, **33**(12): 5565-5567
11. YH Kuo, WC Chen. Chemical constituents of the pericarp of *Platycladus orientalis*. *Journal of the Chinese Chemical Society*. 1999, **46**(5): 819-824
12. YH Kuo, WC Chen, CK Lee. Four new terpenes from the pericarp of *Platycladus orientalis*. *Chemical & Pharmaceutical Bulletin*. 2000, **48**(6): 766-768

13. T Ohmoto, K Yamaguchi. Constituents of pollen. XV. Constituents of *Biota orientalis* (L.) Endl. (1). *Chemical & Pharmaceutical Bulletin*. 1988, **36**(2): 807-809
14. 閻淩霄, 史生祥, 孫文基, 沙振方. 不同炮製對側柏葉止血效果影響. 中藥材. 1989, **12**(7): 22-23
15. HO Yang, BH Han. Pinusolidic acid. A platelet-activating factor inhibitor from *Biota orientalis*. *Planta Medica*. 1998, **64**(1): 73-74
16. KA Kim, TC Moon, SW Lee, KC Chung, BH Han, HW Chang. Pinusolide from the leaves of *Biota orientalis* as potent platelet activating factor antagonist. *Planta Medica*. 1999, **65**(1): 39-42
17. 梁統, 覃燕梅, 梁念慈, 黃日皎. 側柏總黃酮的抗炎作用及機理. 中國藥理學通報. 2003, **19**(12): 1407-1410
18. 梁統, 覃燕梅, 丁航, 梁念慈, 吳科峰, 劉慧明. 側柏總黃酮的抗炎作用. 瀋陽藥科大學學報. 2004, **21**(4): 301-303
19. 唐春萍, 江濤, 莊曉彬. 側柏葉乙酸乙酯提取物對豚鼠離體氣管平滑肌的作用. 中草藥. 1999, **30**(4): 278-279
20. JX Zhu, Y Wang, LD Kong, C Yang, X Zhang. Effects of Biota orientalis extract and its flavonoid constituents, quercetin and rutin on serum uric acid levels in oxonate-induced mice and xanthine dehydrogenase and xanthine oxidase activities in mouse liver. *Journal of Ethnopharmacology*. 2004, **93**(1): 133-140
21. N Nishiyama, PJ Chu, H Saito. Beneficial effects of biota, a traditional Chinese herbal medicine, on learning impairment induced by basal forebrain-lesion in mice. *Biological & Pharmaceutical Bulletin*. 1995, **18**(11): 1513-1517
22. 餘正文, 楊小生, 範明. 柏子仁促雞胚背根神經節生長活性成分研究. 中草藥. 2005, **36**(1): 28-29
23. 李海生, 王安林, 於利人. 柏子仁單方注射液對睡眠模型貓影響的實驗研究. 天津中醫學院學報. 2000, **19**(3): 38-40
24. I Ikeda, T Oka, K Koba, M Sugano, KJ Lie, SF Marcel. 5c, 11c, 14c-Eicosatrienoic acid and 5c, 11c, 14c, 17c-eicosatetraenoic acid of *Biota orientalis* seed oil affect lipid metabolism in the rat. *Lipids*. 1992, **27**(7): 500-504
25. 丁航, 劉慧明, 梁統, 祝其鋒, 周克元. 側柏葉中黃酮類化合物對 H_2O_2 誘導的人紅細胞氧化作用的影響. 實用臨床醫學. 2003, **4**(3): 23-24
26. 張慶雲, 劉志芹, 胡迎慶, 李俊清. 側柏葉抗真菌作用研究 (I). 中國中醫藥雜誌. 2004, **2**(3): 107-108
27. KA Nam, SK Lee. Evaluation of cytotoxic potential of natural products in cultured human cancer cells. *Natural Product Sciences*. 2000, **6**(4): 183-188

도라지 桔梗 CP, KP, JP, VP

Campanulaceae

Platycodon grandiflorum (Jacq.) A. DC.

Balloonflower

개 요

도라지과(Campanulaceae)

도라지(桔梗, *Platycodon grandiflorum* (Jacq.) A. DC.)의 뿌리를 건조한 것

중약명: 길경(桔梗)

도라지속(*Platycodon*) 식물은 아시아 동부에 단일종이 있으며, 중국, 한반도, 일본 및 러시아 원동과 동시베리아 남부에 분포한다. 중국의 동북, 화북, 화동, 화중의 각 성 및 광동, 광서, 귀주, 운남, 사천, 섬서 등에도 분포한다.

'길경'의 약명은 《신농본초경(神農本草經)》에 상품으로 맨 처음 기재되었다. 역대 본초서적에 많은 기록이 있으며, 오늘날의 품종과도 일치한다. 《중국약전(中國藥典)》(2015년 판)에서는 이 종을 중약 길경의 법정기원식물 내원종으로 수록하였다. 주요산지는 중국의 동북, 화북, 화동의 각 성이며, 동북과 화북의 생산량이 비교적 많고, 화동 지방에서 생산되는 길경의 품질이 가장 좋다.

길경의 주요 활성성분은 트리테르페노이드 사포닌이며, 길경의 사포닌인 플라티코딘이 길경의 특정성분이다. 《중국약전》에서는 중량법을 통한 총 사포닌 함량을 6.0% 이상으로 약재의 규격을 정하고 있다.

약리연구를 통하여 도라지에는 거담지해(祛痰止咳), 항균소염(抗菌消炎), 해열진통(解熱鎮痛), 진정안신(鎮靜安神), 혈당강하, 면역력 증강 등의 작용이 있는 것으로 알려져 있다.

한의학에서 길경에는 선폐거담(宣肺祛痰), 지해(止咳), 이인배농(利咽排膿) 등의 작용이 있다.

도라지 桔梗 *Platycodon grandiflorum* (Jacq.) A. DC.

약재 길경 藥材桔梗 Platycodi Radix

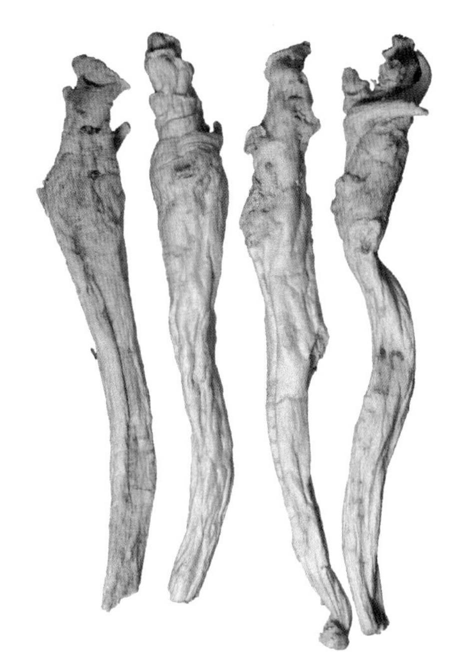

함유성분

뿌리에는 다양한 종류의 트리테르페노이드 사포닌 성분으로 주로 platycodins A, C, D, D_2, D_3[1-3], polygalacins D, D_2[2], methyl platyconate-A, platycosides A, B, C, D, E, F, G_1, G_2, G_3[4-7], deapioplatycodins D, D_3, E[8] 등이 함유되어 있다. 사포게닌 성분으로는 주로 platycodigenin[9], polygalacic acid[10], platycogenic acids A, B, C[11], 글리콘 성분으로는 주로 L-arabinose, D-xylose, D-glucose, L-rhamnose와 D-apiose 등이 함유되어 있다. 또한 유기산 성분으로 팔미트산, oleic acid[12] 등이 함유되어 있다. 뿌리에는 또한 다량의 platycodinin이 함유되어 있는데, 이것은 platycodinin GF_2, GF_3, GF_4, GF_5, GF_6, GF_7, GF_8, GF_9로 구조해석이 되는 것들이다[13].

지상부에는 플라보노이드 성분으로 luteolin 7-O-glucoside, apigenin 7-O-glucoside, 페놀산 성분으로 3,4-dimethoxycinnamic acid, caffeic acid, chlorogenic acid, ferulic acid, isoferulic acid, homovanillic acid, α-resorcylic acid, coumaric acid[14] 등이 함유되어 있다.

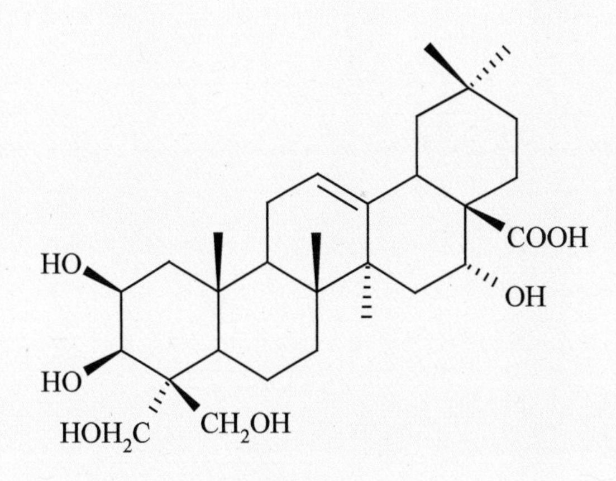

platycodigenin

약리작용

1. 거담(祛痰), 진해(鎭咳)

페놀레드 실험을 통하여 도라지의 뿌리, 줄기, 잎, 꽃, 열매의 에탄올 추출물과 뿌리의 열수 추출물을 경구투여하면 페놀레드의 분비량을 감소시킴으로써 매우 탁월한 거담작용을 나타낸다[15-16]. 주로 길경에 함유된 사포닌을 경구투여할 경우에 혀와 인후의 신경말초를 자극하게 되는데, 반사적으로 호흡기의 분비 항진을 유도하여 담액을 희석시키고 배출시키는 작용을 하게 된다[17]. 플라티코딘 D, D_3는 화담(化痰)작용이 있는 성분으로 생각된다. 길경의 열수 추출물을 Mouse의 위에 투여하면 암모니아수로 유도된 해수(咳嗽)와 구연산 분무로 인한 기니피그의 해수에 뚜렷한 진해작용을 나타낼 뿐만 아니라 기침의 잠복기를 크게 연장한다[18].

2. 항염

길경의 사포닌을 경구투여하면 카라기난 및 초산으로 유도된 Rat의 발바닥 종창에 비교적 강력한 항염작용을 나타낸다. 또한 Rat의 면구육아종에 대해서도 뚜렷한 억제작용이 있으며, Rat의 애주번트관절염(AA)에도 효과가 있다. 길경의 사포닌에는 Mouse의 과민성 모세혈관 투과성 증가에 대해서도 뚜렷한 억제작용이 있다[19].

3. 항궤양

길경의 사포닌은 Rat의 유문결찰로 인한 위액분비를 뚜렷하게 억제하며, Rat의 십이지장에 플라티코딘을 주입하면 Shay 궤양(Rat를 24시간 금식시키고, 에테르로 마취시킨 뒤 유문결찰 후 물을 주지 않으면 9시간 뒤 발생함)의 생성을 예방할 수 있다[20]. 길경의 사포닌을 Rat에 경구투여하면 초산으로 유도된 만성 궤양에도 뚜렷한 효과가 있다[20].

4. 비만억제

길경의 사포닌을 사료로 Mouse에 투여하면 고지혈 및 자궁 지방조직의 중량 증가를 억제할 수 있으며, 간장의 지방 변성을 방지할 수도 있다[21]. 길경의 사포닌을 고지혈증이 있는 Rat에 경구투여하면 혈중 트리글리세리드의 증가를 억제하는 작용이 있다. 이와 같은 비만억제효과는 플라티코딘 D가 소장의 지방흡수를 억제하는 것과 관련이 있는 것으로 생각된다[21]. 길경의 총 사포닌을 고지혈 Rat에 사료로 투여하면 지방 및 유지의 대사에 영향을 미쳐 저밀도지단백(LDL) 콜레스테롤의 함량을 뚜렷하게 감소시킨다[22].

5. 심혈관계통에 대한 영향
   마취된 개의 동맥에 길경의 사포닌을 주사하면 후지혈관과 관상동맥의 압력을 뚜렷하게 감소시키며, 혈류량을 증가시키는 작용을 한다[23]. 길경의 사포닌을 정맥주사로 Rat에 투여하면 일시적 혈압강하가 나타나며, 심박감소와 호흡억제가 유도된다. 적출된 기니피그의 심방에 대해서도 수축력 감소 및 심박 감소가 나타난다[24].
6. 간 보호
   도라지 뿌리의 추출물을 Rat에 경구투여하면, CCl_4로 인한 간장 괴사와 염증에 대해 뚜렷한 억제작용이 있으며, CCl_4 중독에 의한 Rat 간장 내 α-프로콜라겐의 mRNA와 α-평활근 액틴(α-SMA)의 발현을 억제한다[25].
7. 항종양, 항산화
   도라지 뿌리의 석유에스테르 추출물에는 항산화작용이 있으며, MTT assay를 통하여 이 추출물은 *in vitro*에서 인체 대장암세포 HT-29, 회장암세포 HRT-18, 간암세포 HepG2 등에 대하여 매우 강력한 세포독성을 나타낸다[26].
8. 진통
   길경에 함유된 플라티코딘 D를 Mouse의 복강, 측뇌실 및 지주막하에 주사하면 상해성 감수에 대해 길항효과를 나타내며, 열자극 꼬리 실험과 초산자극으로 인한 몸비틀기 반응 및 포르말린 염증성 통증에 대해서 모두 뚜렷한 진통작용을 나타낸다[27].
9. 기타
   길경의 사포닌에는 혈당강하작용이 있다.

용 도

길경은 중의임상에서 사용하는 약이다. 선폐화담[宣肺化痰, 풍한사(風寒邪)에 감촉되어 폐기(肺氣)가 잘 퍼지지 못해서 기침이 나고 가래가 많아지며 코가 막히고 목구멍이 가려운 증상], 지해(止咳, 기침을 멎게 함), 이인배농[利咽排膿, 인두(咽頭)를 이롭게 하고 고름을 뽑아냄] 등의 효능이 있으며, 폐기불선(肺氣不宣, 폐의 기가 퍼지지 못하는 것)으로 인한 해수담다(咳嗽痰多, 기침할 때 소리가 나고 많은 가래도 나오는 증상), 흉민불창(胸悶不暢, 가슴이 답답하고 원활하지 못함), 인후종통(咽喉腫痛, 목 안이 붓고 아픈 증상), 실음(失音), 폐옹(肺癰, 폐에 농양이 생긴 병증)으로 인한 해토농담(咳吐濃痰, 짙은 담을 뱉음), 융폐(癃閉, 소변이 잘 나오지 않아 방울방울 떨어지거나 전혀 누지 못하면서 아랫배가 창만해지는 병증), 변비 등의 치료에 사용한다.
현대임상에서는 급 · 만성 기관지염, 급성 상기도감염, 심폐질환, 폐기종, 폐암 등의 병증에 사용한다.

해 설

길경은 중국위생부에서 규정한 약식동원품목* 가운데 하나이다.
길경은 중국 전통약재 가운데 하나일 뿐만 아니라 좋은 식재료로서 영양 또한 풍부한데, 다양한 아미노산과 리놀레산과 같은 불포화지방산을 대량으로 함유하고 있으며, 다양한 인체 필수미량원소들을 함유하고 있어 혈압강하, 콜레스테롤 감소, 죽상동맥경화 억제 등에 사용된다.
중국의 동북 지역 및 일본, 한국 등 동아시아 국가들은 길경을 신선품 또는 염장식품 등으로 사용하는데, 이는 탁월한 기능성 식품 가운데 하나라고 할 수 있다.
도라지의 뿌리에는 전분이 함유되어 있는데, 가공한 도라지의 전분은 고급 제과제품을 제조하는 데 사용된다. 도라지의 뿌리는 술을 제조하는 데 직접 사용되기도 한다.
길경의 추출물은 뮤코다당의 감소를 억제하며, 활성산소를 제거함으로써 항산화작용을 나타내므로 항노화 화장품과 입욕제 등에 활용이 가능하다. 길경의 침출액은 농작물의 살충제로 활용이 가능하다. 따라서 길경은 약용 이외에도 다양한 상업적 활용이 가능하다.
현재 중국의 산동에는 도라지의 대규모 재배단지가 조성되어 있으며, 사천에도 도라지 재배단지가 조성되어 있다.

참고문헌

1. T Konishi, A Tada, J Shoji, R Kasai, O Tanaka. The structures of platycodin A and C, monoacetylated saponins of the roots of *Platycodon grandiflorum* A. DC. *Chemical & Pharmaceutical Bulletin*. 1978, **26**(2): 668-670
2. H Ishii, K Tori, T Tozyo, Y Yoshimura. Structures of polygalacin D and D2, platycodin D and D2, and their monoacetates, saponins isolated from *Platycodon grandiflorum* A. DC., determined by carbon-13 nuclear magnetic resonance spectroscopy. *Chemical & Pharmaceutical Bulletin*. 1978, **26**(2): 674-677
3. H Ishii, K Tori, T Tozyo, Y Yoshimura. Structures of platycodin-D3, platyconic acid-A, and their derivatives, saponins isolated from root of *Platycodon grandiflorum* A. De Candolle, determined by carbon-13 NMR spectroscopy. *Chemistry Letters*. 1978, **7**: 719-722
4. T Nikaido, K Koike, K Mitsunaga, T Saeki. Triterpenoid saponins from the root of *Platycodon grandiflorum*. *Natural Medicines*. 1998, **52**(1): 54-59

* 부록(559~562쪽) 참고

5. T Nikaido, K Koike, K Mitsunaga, T Saeki. Two new triterpenoid saponins from *Platycodon grandiflorum*. *Chemical & Pharmaceutical Bulletin*. 1999, **47**(6): 903-904
6. K Mitsunaga, K Koike, M Koshikawa, H Takeuchi, T Saeki, T Nikaido. Triterpenoid saponin from *Platycodon grandiflorum*. *Natural Medicines*. 2000, **54**(3): 148-150
7. ZD He, CF Qiao, QB Han, Y Wang, WC Ye, HX Xu. New triterpenoid saponins from the roots of *Platycodon grandiflorum*. *Tetrahedron*. 2005, **61**(8): 2211-2215
8. YS Kim, JS Kim, SU Choi, JS Kim, HS Lee, SH Roh, YC Jeong, YK Kim, SY Ryu. Isolation of a new saponin and cytotoxic effect of saponins from the root of *Platycodon grandiflorum* on human tumor cell lines. *Planta Medica*. 2005, **71**(6): 566-568
9. T Akiyama, O Tanaka, S Shibata. Chemical studies on oriental plant drugs. XXX. Sapogenins of the roots of *Platycodon grandiflorum*. 1. Isolation of the sapogenins and the stereochemistry of polygalacic acid. *Chemical & Pharmaceutical Bulletin*. 1972, **20**(9): 1945-1951
10. T Akiyama, Y Iitaka, O Tanaka. Structure of platicodigenin, a sapogenin of *Platycodon grandiflorum*. *Tetrahedron Letters*. 1968, **53**: 5577-5580
11. T Kubota, H Kitatani, H Hinoh. Structure of platycogenic acids A, B, and C, further triterpenoid constituents of *Platycodon grandiflorum*. *Journal of the Chemical Society* [*Section*] *D: Chemical Communications*. 1969, **22**: 1313-1314
12. JY Lee, JW Yoon, CT Kim, ST Lim. Antioxidant activity of phenylpropanoid esters isolated and identified from *Platycodon grandiflorum* A. DC. *Phytochemistry*. 2004, **65**(22): 3033-3039
13. M Oka, N Ota, Y Mino, T Iwashita, H Komura. Studies on the conformational aspects of inulin oligomers. *Chemical & Pharmaceutical Bulletin*. 1992, **40**(5): 1203-1207
14. I Mazol, M Glensk, W Cisowski. Polyphenolic compounds from *Platycodon grandiflorum* A. DC. *Acta Poloniae Pharmaceutica*. 2004, **61**(3): 203-208
15. 趙耕先, 黃泉秀, 彭國平, 何亞維. 桔梗不同部位的祛痰作用. 中藥材. 1989, **12**(1): 38-39
16. 高鐵祥, 顧欣. 野生桔梗與栽培品溶血及化痰作用的實驗研究. 中醫藥研究. 2001, **17**(5): 44-45
17. CY Shin, WJ Lee, EB Lee, EY Choi, KH Ko. Platycodin D and D3 increase airway mucin release *in vivo* and *in vitro* in rats and hamsters. *Planta Medica*. 2002, **68**(3): 221-225
18. 高鐵祥, 遊秋雲. 野生桔梗與栽培品止咳作用的實驗研究. 現代中西醫結合雜誌. 2001, **10**(16): 1525-1526
19. K Takagi, EB Lee. Pharmacological studies on *Platycodon grandiflorum* A. DC. II. Antiinflammatory activity of crude platycodin, its activities on isolated organs and other pharmacological activities. *Yakugaku Zasshi*. 1972, **92**(8): 961-968
20. K Kawashima, EB Lee, T Hirai, K Takeuchi, K Takagi. Effects of crude platycodin on gastric secretion and experimental ulcerations in rats. *Chemical & Pharmaceutical Bulletin*. 1972, **20**(4): 755-758
21. LK Han, YN Zheng, BJ Xu, H Okuda, Y Kimura. Saponins from Platycodi radix ameliorate high fat diet-induced obesity in mice. *Journal of Nutrition*. 2002, **132**(8): 2241-2245
22. HL Zhao, JS Sim, SH Shim, YW Ha, SS Kang, YS Kim. Anti-obese and hypolipidemic effects of Playcodin saponins in diet-induced obese rats: evidences for lipase inhibition and calorie intake restriction. *International Journal of Obesity*. 2005, **29**(8): 983-990
23. H Kato, S Suzuki, K Nakao, EB Lee, K Takagi. Vasodilating effect of crude platycodin in anesthetized dogs. *Japanese Journal of Pharmacology*. 1973, **23**(5): 709-716
24. K Takagi, EB Lee. Pharmacological studies on Platycodon grandiflorum A. DC. III. Activities of crude platycodin on respiratory and circulatory systems and its other pharmacological activities. *Yakugaku Zasshi*. 1972, **92**(8): 969-973
25. KJ Lee, JY Lim, KS Jung, CY Choi, YC Chung, DH Kim, HG Jeong. Suppressive effects of *Platycodon grandiflorum* on the progress of carbon tetrachloride-induced hepatic fibrosis. *Archives of Pharmacal Research*. 2004, **27**(12): 1238-1244
26. JY Lee, WI Hwang, ST Lim. Antioxidant and anticancer activities of organic extracts from *Platycodon grandiflorum* A. De Candolle roots. *Journal of Ethnopharmacology*. 2004, **93**(2-3): 409-415
27. SS Choi, EJ Han, TH Lee, KJ Ham, HK Lee, HW Suh. Antinociceptive profiles of platycodin D in the mouse. *The American Journal of Chinese Mecidine*. 2004, **32**(2): 257-268

도라지 대규모 재배단지

원지 遠志 CP, KP, JP

Polygala tenuifolia Willd.

Thinleaf Milkwort

개 요

원지과(Polygalaceae)

원지(遠志, *Polygala tenuifolia* Willd.)의 뿌리를 건조한 것

중약명: 원지

원지속(*Polygala*) 식물은 전 세계에 약 500종이 있으며, 전 세계에 고루 분포한다. 중국에서는 약 42종과 8종의 변종이 생산되며, 이 속에서 약으로 사용되는 것은 약 19종이다. 이 종은 중국 각지에 널리 분포하며 서남과 화남 지역에 가장 많다.

'원지'라는 약명은 《신농본초경(神農本草經)》에 상품으로 맨 처음 기재되었다. 《중국약전(中國藥典)》(2015년 판)에서는 이 종을 중약 원지의 법정기원식물 내원종 가운데 하나로 수록하였다. 이 종의 주요산지는 중국의 산서, 섬서, 길림, 하남이며, 산동, 내몽고, 안휘, 요녕, 하북 등에서도 생산된다. 산서의 생산량이 비교적 많고, 섬서 지역의 품질이 비교적 좋다.

원지의 주요 활성성분은 사포닌류 화합물이며, 그 밖에 알칼로이드와 크산톤 등도 함유되어 있다. 《중국약전》에서는 고속액체크로마토그래피법을 이용하여 원지산(polygalacic acid)의 함량을 0.70% 이상으로 약재의 규격을 정하고 있다.

약리연구를 통하여 원지에는 진정, 익지(益智), 거담(祛痰), 진해(鎭咳), 혈압강하 등의 작용이 있는 것으로 알려져 있다.

한의학에서 원지는 안신익지(安神益智), 거담, 소종(消腫) 등의 작용이 있다.

원지 遠志 *Polygala tenuifolia* Willd.

약재 원지 藥材遠志 Polygalae Radix

함유성분

뿌리에는 트리테르페노이드 사포닌 성분으로 onjisaponins A, B, C, D, E, F, G[1], tenuifolin, tenuifolisides A, B[2-3], 크산톤 성분으로 polygalaxanthone III, 7-O-methylmangiferin, lancerin[3], 1,2,3,6,7-pentamethoxyxanthone, 1,2,3,7-tetramethoxyxanthone, 1,3,7-trihydroxyxanthone, 1,6,7-trihydroxy-2,3-dimethoxyxanthone, 1,7-dimethoxy-2,3-methylenedioxyxanthone[4], 알칼로이드 성분으로 N_9-formylharman, 1-carbobutoxy-β-carboline, 1-ethoxycarbonyl-β-carboline, 1-methoxycarbonyl-β-carboline, perlolyrine, norharman, harman[5], 당류와 에스테르 성분들로는 tenuifolioses A, B, C, D, E, F, G, N, I, J, K, L, M, N, O, P(올리고당 폴리에스테르)[6-7], sibiricose A_5, A_6, 3′,6-disinapoyl sucrose[2] 등이 함유되어 있다.
또한 도파민 수용체인 리간드 테트라하이드로콜룸바민(ligand tetrahydrocolumbamine)도 분리되었다[8].

onjisaponin A

1,2,3,6,7-pentamethoxyxanthone

약리작용

1. 진정

원지의 뿌리껍질, 뿌리 및 목심에는 바르비탈류 약물에 대하여 진정작용을 증가시키는 작용이 있는데, Mouse에 경구투여하면 유효용량 이하의 펜토바르비탈에 대해 최면효과를 나타내게 한다. 원지의 물 추출물을 Rat에 경구투여하면 혈액과 담즙 내에서 펜토바르비탈 수면시간 연장 활성물질인 3,4,5-트리메톡시신남산, methyl-3,4,5-trimethoxycinnamate 및 ρ-메톡시신남산 등이 발견되는데, 이는 원지의 물 추출물이 3,4,5-트리메톡시신남산의 천연 전구체임을 시사한다[9].

2. 익지

Rat에 대한 천사행위(穿梭行爲) 및 뇌 구역성 대사연구를 통하여 위에 주입한 원지의 추출물은 Rat의 조건반응 및 비조건반응의 차수를 증가시키며, 간뇌조효소(NAD$^+$)의 농도를 증가시킨다. 뿐만 아니라 해마와 미문핵의 NAD$^+$와 NADH의 농도 역시 증가시키는데, 이는 원지에 강신익지(强身益智) 및 뇌구역성대사를 증강시키는 작용이 있음을 시사한다[10]. Rat의 뇌 우측 기저핵 내 β-아밀로이드펩타이드와 이보텐산의 병용투여로 유도된 유사치매모델에 대해서 원지의 사포닌은 Rat의 학습기억능력을 현저하게 증강시키며, 뇌 내부의 M수용체 밀도와 콜린아세틸전환효소의 활성을 증가시키는 반면 아세틸콜린에스테라제의 활성을 억제함으로써 노인성 치매의 아세틸콜린 계통의 기능감퇴를 일정 부분 개선할 수 있다[11].

3. 진해거담(鎮咳祛痰)

생원지, 원지 감초즙자(甘草汁炙), 원지 밀제(蜜製) 및 원지 강제(薑製) 등은 암모니아 분무에 의한 Mouse의 해수(咳嗽)에 뚜렷한 억제작용이 있다. Mouse의 페놀레드 실험을 통하여 생원지, 원지 밀(蜜) 및 원지 자(炙)에는 뚜렷한 거담작용이 있는 것으로 확인되었다[12]. 원지에서 분리된 새로운 4종의 사포닌이 있으며, 그 가운데 사포닌 3D는 거담작용과 관련된 주요성분이며, 2D와 3C는 진해작용과 관련된 주요성분이다[13].

4. 혈압강하

원지의 사포닌은 Rat의 마취 후 평균 동맥혈압을 떨어뜨리며, 깨어 있는 Rat 및 신성 고혈압이 있는 Rat의 수축기 혈압을 떨어뜨릴 수 있는데, 이 효과는 적어도 2~3시간 이상 지속된다. 아울러 이러한 혈압강하작용은 미주신경의 흥분, 신경절 차단, 부신피질의 α-아드레날린 작동성, 무스카린성 아세틸콜린성 및 H1 수용체 등과는 관련이 없는 것으로 밝혀졌다[14].

5. 평활근에 대한 영향

원지 사포닌 H는 토끼의 적출된 회장, 흉부 주동맥, 기니피그의 기관지 조직 및 동정기 미임신 Rat의 자궁평활근에 대해 흥분작용을 나타내며, 랑겐돌프(Langendorff) 토끼의 심근에 대해서는 억제작용이 있다. 이러한 자궁평활근에 대한 흥분은 디펜하이드라민의 영향을 받지는 않으나, 인도메타신에는 부분적인 억제를 받는데, 원지 사포닌 H의 자궁에 대한 작용은 프로스타글란딘 합성효소와 관련이 있는 것으로 생각된다[15]. 원지의 사포닌은 Mouse의 탄소분말 추진율을 증강시킴으로써 Mouse의 소장운동을 촉진시키는 작용이 있다[16].

6. 항균

원지의 열수 추출물은 폐렴쌍구균에 대해 억제작용이 있으며, 원지의 효소 침출액은 그람양성균, 이질간균, 티푸스균 및 인체형 결핵간균에 대하여 뚜렷한 억제작용을 나타낸다.

7. 기타

원지에는 항돌연변이작용이 있으며[17], 항노화 및 항종양의 작용[18]도 있다.

용 도

원지는 중의임상에서 사용하는 약이다. 영심안신[寧心安神, 심(心)을 편하게 하고 신(神)을 안심시켜 줌], 거담개규[祛痰開竅, 담(痰)을 제거하고 구규(九竅)를 열어 줌], 소산옹종[消散癰腫, 옹저(癰疽) 및 종독(腫毒)을 가라앉혀 줌] 등의 효능이 있으며, 경계실면(驚悸失眠, 걸핏하면 잘 놀라고 가슴이 두근거려서 잠을 이루지 못하는 증상), 건망(健忘, 기억력 감퇴로 인해 쉽게 잊어버림), 담조심규[痰阻心竅, 습담(濕痰)이 심규(心竅)를 장애하여 의식이 장애된 증상], 전간발광[癲癎發狂, 전간(癲癎)에 의한 발작을 계속 되풀이하는 질환으로 인한 정신착란], 해수(咳嗽, 기침), 담다(痰多, 가래가 많음), 옹저창독(癰疽瘡毒), 유방종통(乳房腫痛, 젖꼭지가 커지는 증상) 등의 치료에 사용한다.

현대임상에서는 신경쇠약, 소아다동증(小兒多動症), 관심병(冠心病, 관상동맥경화증), 충수염, 적충성 음도염(滴蟲性陰道炎, 질염), 유선섬유종 등의 병증에 사용한다.

해 설

동속식물인 난엽원지(*Polygala sibirica* L.) 또한 《중국약전》에 수록된 중약 원지의 법정기원식물 내원종이다.

원지는 노인성 치매 등의 질병 치료에 비교적 광범위하게 사용되는데, 그 유효성분은 원지 사포닌이다. 연구를 통하여 서로 다른 시기에 채취한 원지 뿌리는 사포닌의 함량에 뚜렷한 차이를 보인다. 개화하기 직전에 사포닌 함량이 최고조에 달하며, 사포닌 함유 비율은 개화전〉개화기〉결실기〉열매 후 영양기 순으로 나타난다. 따라서 원지는 봄철 꽃이 피기 전에 채취하는 것이 바람직할 것이다[19].

참고문헌

1. S Sakuma, J Shoji. Studies on the constituents of the root of Polygala tenuifolia Willd. I. Isolation of saponins and the structures of onjisaponins G and F. *Chemical & Pharmaceutical Bulletin*. 1981, **29**(9): 2431-2434
2. 薑勇, 屠鵬飛. 遠志的化學成分研究 II. 中國中藥雜誌. 2004, **29**(8): 751-753
3. 薑勇, 屠鵬飛. 遠志的化學成分研究 I. 中草藥. 2002, **33**(10): 875-877
4. 薑勇, 劉蕾, 屠鵬飛. 遠志的化學成分研究 III. 中國天然藥物. 2003, **1**(3): 142-145
5. 金寶淵, 樸政一. 遠志生物鹼成分的研究. 中國中藥雜誌. 1993, **18**(11): 675-677
6. 6. T Miyase, Y Iwata, A Ueno. Tenuifolioses A-F, oligosaccharide multi-esters from the roots of *Polygala tenuifolia* Willd. *Chemical & Pharmaceutical Bulletin*. 1991, **39**(11): 3082-3084
7. 7. T Miyase, Y Iwata, A Ueno. Tenuifolioses G-P, oligosaccharide multi-esters from the roots of *Polygala tenuifolia* Willd. *Chemical & Pharmaceutical Bulletin*. 1992, **40**(10): 2741-2748
8. 沈行良, MR Witt, K Dekermendjian, M Nielsen. 從遠志中分離鑒定出一種多巴胺受體活性化合物. 藥學學報. 1994, **29**(12): 887-890
9. 薑勇, 屠鵬飛. 遠志研究進展. 中草藥. 2001, **32**(8): 759-761
10. 鄭秀華, 沈政. 遠志, 石菖蒲對大鼠穿梭行為及腦區域性代謝率的影響. 錦州醫學院學報. 1991, **12**(5): 288-290
11. 陳勤, 曹炎貴, 張傳惠. 遠志皂苷對 β-澱粉樣肽和鵝膏蕈氨酸引起膽鹼能系統功能降低的影響. 藥學學報. 2002, **37**(12): 913-917
12. 郭娟, 王建. 生遠志及炮製品對小鼠止咳化痰作用. 中藥藥理及臨床. 2003, **19**(4): 29
13. 彭汶鐸, 許實波. 四種遠志皂苷的鎮咳和祛痰作用. 中國藥學雜誌. 1998, **33**(8): 491
14. 彭汶鐸. 遠志皂苷的降壓作用及其機理. 中國藥理學報. 1999, **20**(7) : 639-642
15. 彭汶鐸. 遠志皂苷 H 對離體平滑肌與心臟的作用. 中國藥學雜誌. 1999, **34**(4): 241-243
16. 閆明, 李萍, 李平亞. 遠志總皂苷對小鼠胃腸運動的作用. 遼寧藥物與臨床. 2004, **7**(2): 95
17. 朱玉琢, 龐慧民, 高久春, 邢瀋陽, 胥耘莉. 中草藥遠志對實驗性小鼠雄性生殖細胞遺傳物質損傷的保護作用. 吉林大學學報（醫學版）. 2003, **29**(3): 258-260
18. 李光植, 黃瑛, 王琳. 遠志對 D-半乳糖致衰小鼠紅細胞中超氧化物歧化酶, 肝組織穀胱甘肽過氧化物酶活性影響的實驗研究. 黑龍江醫藥科學. 2000, **23**(1): 4
19. 萬德光 陳幼竹, 劉友平. 遠志活成分的動態變化. 成都中醫藥大學學報. 1999, **22**(3): 42, 47

둥굴레 玉竹 CP, KHP

Polygonatum odoratum (Mill.) Druce

Solomon's Seal

개 요

백합과(Liliaceae)

둥굴레(玉竹, *Polygonatum odoratum* (Mill.) Druce)의 뿌리줄기를 건조한 것

중약명: 옥죽(玉竹)

둥굴레속(*Polygonatum*) 식물은 전 세계에 약 40여 종이 있으며, 북반구 온대 지역에 넓게 분포한다. 중국에는 약 31종이 있으며, 오늘날 약으로 사용되는 것은 대략 12종이다. 이 종은 주로 중국의 동북, 화북, 화동 및 감숙, 청해, 산동, 하남, 호북, 호남, 안휘, 강서, 강소, 대만 등지에 분포하며, 아시아 대륙 대부분의 온대 지역에 넓게 분포하고 있다.

둥굴레는 '여위(女萎)'라는 명칭으로 《신농본초경(神農本草經)》에 상품으로 처음 기재되기 시작하였으며, 《본초경집주(本草經集注)》에서 옥죽으로 기재되기 시작하였다. '여위'라는 명칭은 오늘날에도 처방 가운데 자주 사용되는 통용명이다. 《중국약전(中國藥典)》(2015년 판)에서는 이 종을 중약 옥죽의 법정기원식물 내원종으로 수록하였다. 주요산지는 중국의 호남, 하남, 강소 등이다.

둥굴레속 식물에는 주로 스테로이드 사포닌과 다당류가 함유되어 있다. 《중국약전》에서는 자외선분광광도법을 이용하여 옥죽에 함유된 포도당이 옥죽 총 다당의 6.0% 이상으로 약재의 규격을 정하고 있다.

약리연구를 통하여 둥굴레에는 면역력 증강, 강심(強心), 항고지혈, 혈당강하, 동물의 수명 연장 등의 작용이 있는 것으로 알려져 있다.

한의학에서 옥죽에는 보신익정(補腎益精), 자음윤조(滋陰潤燥) 등의 작용이 있다.

둥굴레 玉竹 *Polygonatum odoratum* (Mill.) Druce

약재 옥죽 藥材玉竹 Polygonati Odorati Rhizoma

둥굴레 玉竹 *P. odoratum* (Mill.) Druce

함유성분

뿌리줄기에는 스테로이드 사포닌 성분이 많이 함유되어 있으며 그 성분으로는 3-O-β-D-glucopyranosyl-(1→2)-[β-D-xylopyranoxyl-(→13)]-β-D-glucopyranosyl-(1→-4)-β-D-galactopyranosyl-(β-lycotetraosyl)-(25R and S)-spirost-5-en-3β,14α-diol, 3-O-β-lycotetraosyl-22-methoxy-(25R and S)-furost-5-en-3β,14α,26-triol-26-O-β-D-glucopyranoside, 3-O-β-D-glucopyranosyl-(1→2)-[β-D-glucopyranosyl-(1→-3)]-β-D-glucopyranosyl-(1→4)-β-D-galactopyranosyl-22-methoxy-(25R and S)-furost-5-en-3β,14α,26-triol-26-O-β-D-glucopyranoside, 3-O-β-lycotetraosyl yamogenin[1], 22-hydroxy-25(R and S)furost-5-en-12-on-3β,22,26-triol-26-O-β-D-glucopyranoside[2], POD-I, POD-II, POD-III, POD-IV[3], 디펩타이드 성분으로 N-(N-benzoyl-S-phenylalaninyl)-S-phenylalaninol[4], 다당류 성분으로 odoratan[5], polygonatum-fructan O-A, O-B, O-C, O-D[6] 등이 함유되어 있다.

약리작용

1. 항노화

   옥죽의 열수 추출물을 경구투여하면 Mouse의 혈중 항산화효소인 슈퍼옥시드디스무타아제와 글루타치온과산화효소(GSH−Px)의 활성을 증가시키며, 지질과산화물(LPO)의 형성을 억제함으로써 항노화작용을 나타낸다[7].

2. 면역기능에 대한 영향

   옥죽의 추출물은 이종이식된 Mouse의 비장세포 S180에서 분비되는 인터루킨−2, 복강대식세포에서 분비되는 인터루킨−1 및 종양괴사인자−α(TNF−α) 등의 분비를 촉진하여 면역기능을 증강시키는 효과를 나타냄으로써[8], Mouse의 이식종양 S180의 생장을 억제하고, 이종이식된 Mouse의 생존기간을 연장한다[9]. 옥죽의 효소 추출물을 피부에 화상을 입은 Mouse에 경구투여하면 혈청용해

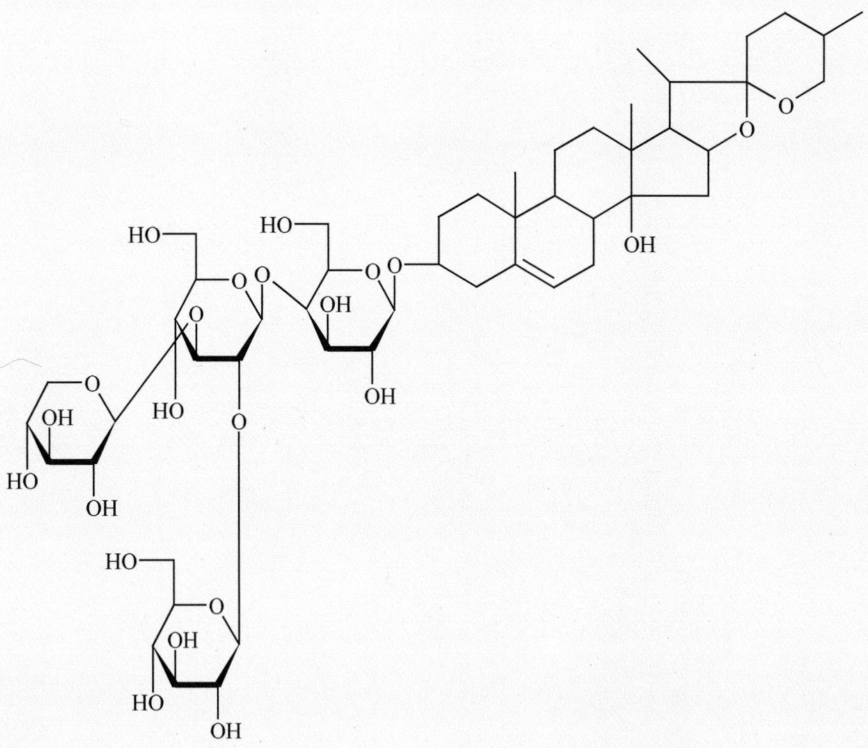

3-O-β-D-glucopyranosyl-(1 → 2)-[β-D-xylopyranoxyl-(1 → 3)]-β-D-glucopyranosyl-(1 → 4)-β-D-galactopyranosyl-(β-ycotetraosyl)-(25R and S)-spirost-5-en-3β,14α-diol

효소의 농도를 증가시키며, 대식세포의 탐식기능과 비장임파세포의 콘카나발린 A에 의해 유도되는 증식반응을 증강시킨다. 옥죽의 추출물을 복강에 주사하면 Mouse의 혈청 응집자극인자(CSF)의 농도를 증가시킨다[10].

3. 혈당강하

옥죽의 효소 추출물을 Mouse의 복강에 주사하면 스트렙토조토신으로 유도된 I형 당뇨 Mouse의 혈당 수준을 떨어뜨린다[11]. 옥죽의 추출물은 포도당의 이용률을 증가시킬 수 있으며, 90% 이상 췌장을 제거한 Rat의 혈당을 저하시킨다[12].

4. 심장기능 조절

옥죽의 열수 추출물 및 정제는 소량으로 사용할 경우 적출된 개구리의 심장박동을 증가시키며, 대량으로 사용할 경우 심장박동을 감소시키거나 심할 경우 정지시킬 수도 있다. 적출된 토끼의 심근수축에 대하여 초기에는 억제시키고 나중에는 흥분시키는 작용이 있는데, 심박에는 영향을 주지 않는다. 뇌하수체후엽호르몬에 의한 급성 심근허혈에 대해 보호작용이있다[13]. 옥죽은 심박증가에 대해 뚜렷한 감소효과가 있으며, 정상 심박에 대해서는 완화작용이 있다[14].

5. 항종양

옥죽 추출물은 *in vitro*에서 농도 의존적으로 인체 자궁경부암세포 HeLa와 인체 결장암세포 CL_{187}의 세포증식을 억제하며, 동시에 HeLa세포와 CL_{187}세포를 G2/M기에 정체시켜 괴사에 이르게 한다[17-18]. 옥죽 추출물은 *in vitro*에서 인체 T임파세포 백혈병세포의 CEM 항원발현에 뚜렷한 영향을 주는데[19], CEM의 표면분자 HLA-1, CD2, CD3의 발현을 촉진하고[9], CEM의 분화 정도를 증강시킴으로써, 농도 의존적으로 CEM 세포의 증식을 억제하고 괴사를 유도한다. 그러나 정상의 T세포에 대해서는 영향을 주지 않는다[20].

6. 기타

옥죽의 황화다당류(sulfated polysaccharide)는 II형 단순포진바이러스(HSV-2)의 활성을 억제하며, 농도 125~2,000mg/mL에서는 간혹 HSV-2에 의한 세포변형을 억제하기도 한다. 또한 200mg/mL에서는 바이러스의 공반(空斑)형성을 완벽하게 억제한다[21]. 그 밖에 옥죽에는 혈압강하, 혈중 콜레스테롤 저하, 죽상동맥경화 억제 등의 작용도 있다[13].

용 도

옥죽은 중의임상에서 사용하는 약이다. 양음윤조(養陰潤燥, 음이 허한 것을 보하여 자윤하게 함), 생진지갈(生津止渴, 진액을 생기게 하고 갈증을 없애 줌) 등의 효능이 있으며, 음허폐조[陰虛肺燥, 음정(陰精)이 부족하여 진액이나 혈이 마르는 병증], 건해소담[乾咳消痰, 헛기침과 막혀 있는 탁한 담(痰)을 없애 줌], 열병음상[熱病陰傷, 열병으로 음(陰)이 상한 것], 번열구갈(煩熱口渴, 번열과 구갈), 소갈(消渴), 음허외감[陰虛外感, 음분부족(陰分不足)으로 인해 나타나는 감기와 같은 병증] 등의 치료에 사용한다.

현대임상에서는 당뇨병, 고지혈증, 관상동맥질환으로 인한 좌심실 수축기능 감퇴, 급성 및 만성 활동성 간염으로 인한 GPT 수치 증가 질환을 치료하는 데 사용한다.

해 설

옥죽은 중국위생부에서 규정한 약식동원품목* 가운데 하나이다. 옥죽은 음식치료 처방에 다양하게 사용되고 있으며, 그 기능성 식품의 개발에 대해 더욱 관심이 집중되는 추세에 있다.

참고문헌

1. M Sugiyama, K Nakano, T Tomimatsu, T Nohara. Five steroidal components from the rhizomes of *Polygonatum odoratum* var. *pluriflorum*. *Chemical & Pharmaceutical Bulletin*. 1984, **32**(4): 1365-1372
2. HL Qin, ZH Li, P Wang. A new furostanol glycoside from *Polygonatum odoratum*. *Chinese Chemical Letters*. 2003, **14**(12): 1259-1260
3. 林厚文, 韓公羽, 廖時萱. 中藥玉竹有效成分研究. 藥學學報. 1994, **29**(3): 215-222
4. 秦海林, 李志宏, 王鵬, 司立鮮. 中藥玉竹中新的次生代謝產物. 中國中藥雜誌. 2004, **29**(1): 42-44
5. M Tomoda, Y Yoshida, H Tanaka, M Uno. Plant mucilages. II. Isolation and characterization of a mucous polysaccharide, odoratan, from *Polygonatum odoratum* var. *japonicum* rhizomes. *Chemical & Pharmaceutical Bulletin*. 1971, **19**(10): 2173-2177
6. M Tomoda, N Satoh, A Sugiyama. Isolation and characterization of fructans from *Polygonatum odoratum* var. *japonicum*. *Chemical & Pharmaceutical Bulletin*. 1973, **21**(8): 1806-1810
7. 張行海, 董盈盈. 萎蕤抗衰老作用的實驗研究. 老年學雜誌. 1993, **13**(3): 173-174
8. 呂雪榮, 潘興瑜, 陳瑩, 金艷書, 佟偉. 玉竹提取物 B 對 CEM 的抑制作用. 錦州醫學院學報. 2004, **25**(5): 35-38
9. 潘興瑜, 張明策, 李宏偉, 李淑華, 李岩, 趙瑩. 玉竹提取物 B 對腫瘤的抑制作用. 中國免疫學雜誌. 2000, **16**(7): 376-377
10. 李塵遠, 潘興瑜, 張明策, 劉輝. 玉竹提取物 B 抗腫瘤機制的初步研究. 中國免疫學雜誌. 2003, **19**(4): 253-254
11. 陳瑩, 潘興瑜, 呂雪榮, 金艷書, 佟偉. 玉竹提取物 A 對 STZ 誘導的 I 型糖尿病小鼠血糖及死亡率的影響. 錦州醫學院學報. 2004, **25**(5): 28-30, 34
12. SB Choi, S Park. The effects of water extract of *Polygonatum Odoratum* (Mill.) Druce on insulin resistance in 90% pancreatectomized rats. *Journal of Food Science*. 2002, **67**(6): 2375-2379
13. 王本祥. 現代中藥藥理學, 天津, 天津科技出版社. 1997: 1358-1360
14. 劉曉紅. 中藥玉竹減慢心率的臨床觀察. 職業與健康. 2002, **18**(5): 139-140
15. 李塵遠, 劉玲, 潘興瑜, 玉竹提取物 B 對 HeLa 細胞的抑制作用, 錦州醫學院學報, 2003, **24**(5): 1-3
16. 李塵遠, 劉艷華, 李淑華, 潘興瑜, 玉竹提取物 B 對人結腸癌 CL-187 細胞的抑制作用, 錦州醫學院學報, 2003, **24**(1): 40-42
17. 李塵遠, 劉玲, 潘興瑜. 玉竹提取物 B 對 HeLa 細胞凋亡的影響. 錦州醫學院學報. 2003, **24**(6): 14-16
18. 李塵遠, 劉艷華, 李淑華, 潘興瑜, 楊光, 呂品. 玉竹提取物 B 誘導人結腸癌 CL-187 細胞凋亡的實驗研究. 錦州醫學院學報. 2003, **24**(2): 26-29
19. 李淑華, 潘興瑜, 李宏偉, 劉艷萍, 李會. 玉竹提取物對 CEM 細胞表面標志的影響. 錦州醫學院學報. 1997, **18**(6): 14-15
20. 蕭錦松, 崔風軍, 趙文仲, 郭明珠. 玉竹, 菟絲子提取物對小鼠血清集落刺激因子的影響. 中醫研究. 1992, **5**(2): 12-15
21. 楊敏, 蒙義文. 大玉竹低聚糖硫酸酯抗 HSV-2 病毒活性的研究. 應用與環境生物學報. 2000, **6**(5): 483-486

* 부록(559~562쪽) 참고

둥굴레 玉竹 CP, KHP

둥굴레 재배모습

층층갈고리둥굴레 黃精 CP, KP, JP, VP

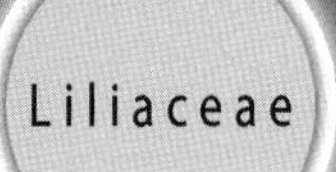

Polygonatum sibiricum Red.

Siberian Solomon's Seal

개 요

백합과(Liliaceae)

층층갈고리둥굴레(黃精, *Polygonatum sibiricum* Red.)의 뿌리줄기를 건조한 것

중약명: 황정(黃精)

둥굴레속(*Polygonatum*) 식물은 전 세계에 약 40여 종이 있으며, 북반구 온대 지역에 넓게 분포한다. 중국에는 약 31종이 있으며, 오늘날 약으로 사용되는 것은 대략 12종이다. 이 종은 주로 중국의 흑룡강, 길림, 요녕, 하북, 산서, 섬서, 내몽고, 영하, 감숙, 하남, 산동, 안휘, 절강 등지에 분포한다. 그 밖에도 한반도, 몽고 및 러시아의 시베리아 동부 지역에도 분포한다.

'황정'이라는 약명은 《명의별록(名醫別錄)》에 상품으로 처음 기재되었다. 《중국약전(中國藥典)》(2015년 판)에서는 이 종을 중약 황정의 법정기원식물 내원종 가운데 하나로 수록하였다. 이 종의 주요산지는 중국의 하북, 내몽고, 섬서, 요녕, 길림, 하남, 산서 등이다.

둥굴레속 식물에 주로 함유된 성분은 스테로이드 사포닌과 다당류이다. 《중국약전》에서는 자외선분광광도법을 이용하여 황정에 함유된 무수포도당의 함량을 황정 총 다당의 7.0% 이상으로 약재의 규격을 정하고 있다.

약리연구를 통하여 층층갈고리둥굴레에는 면역력 증강, 노화방지 등의 작용이 있는 것으로 알려져 있다.

한의학에서 황정에는 보신익정(補腎益精), 자음윤조(滋陰潤燥) 등의 작용이 있다.

층층갈고리둥굴레 黃精 *Polygonatum sibiricum* Red.

약재 황정 藥材黃精 Polygonati Rhizoma

약재 황정(포제품) 藥材黃精(炮制品)
Polygonati Preparata Rhizoma

층층갈고리둥굴레 黃精 CP, KP, JP, VP

다화황정 多花黃精 *P. cyrtonema* Hua

전황정 滇黃精 *P. kingianum* Coll. et Hemsl.

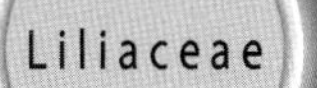

함유성분

뿌리줄기에는 glucose, mannose and galaturonic acid로 구성된 폴리고나툼 다당류 A, B, C, 스테로이드 사포닌 성분으로 sibiricosides A, B, neoprazerigenin A 3-O-β-lycotetraoside[1], 14α-hydroxysibiricoside A, 알칼로이드 성분으로 polygonatines A, B[2-3], 리그난 성분으로 (+)-syringaresinol, (+)-syringaresinol-O-β-D-glucopyranoside, liriodendrin, (+)-pinoresinol-O-β-D-glucopyranosyl(1→6)-β-D-glucopy-ranoside, 플라보노이드 성분으로 6,8-dimethyl-4',5,7-trihydroxyhomoisoflavone, 세레브로시드 성분으로 huangjing shenjing qiaogan A, B, C[4] 등이 함유되어 있다.

sibiricoside A

polygonatine B

약리작용

1. 항노화

황정의 다당을 사료로 투여하면 검정배 초파리의 평균수명과 최고 수명 및 반수 사망시간을 연장시킨다[5]. 노령 Rat에 사료로 투여할 경우, 외주혈 임파세포의 α-나프틸아세트산에스터가수분해효소(ANAE) 양성률과 적혈구, 안구 망막, 수정체 핵, 수정체 피질의 슈퍼옥시드디스무타아제 활성을 증가시키며, 간장과 신장의 리포푸신(LF) 및 심장의 지질과산화물(LPO)의 함량을 저하시키고, 뇌의 모노아민산화효소-B(MAO-B)의 활성을 억제한다[6]. 황정의 열수 추출물은 노화한 동물의 뇌와 성선조직의 단립효소를 활성화하며[7], Mouse 대뇌피질층과 해마 콜린아세틸전이효소(ChAT)의 활성을 증가시킨다. 아세틸콜린의 함량을 증가시키고, 학습 기억능력을 개선하며, 뚜렷한 항노화작용을 나타낸다[8].

2. 면역력 증강

황정의 다당은 ^{60}Co의 γ선 조사(照射)로 인한 Mouse의 외주혈세포 및 혈소판 감소를 뚜렷하게 길항하며, 적혈구의 C_3b 수용체와 면역복합체 결합률을 증가시킨다[9]. 또한 온열약으로 유도된 음허 Mouse의 체중증가율을 제고하며[10], 혈청 인터루킨-2의 함량을 증가시킴과 동시에 혈장 cAMP의 함량과 cAMP/cGMP 비율을 감소시킨다[11]. 황정의 내복액은 S180 이종이식된 Mouse 및 화학적 돌연변이원인 N-methyl-N'-Nitro-N-Nitrosoguanidine(MNNG)로 암이 유도된 Rat의 면역기능을 뚜렷하게 개선함으로써 Mouse S180의 생장 및 MNNG에 의한 암종의 발생률을 감소시킨다[12].

3. 혈당강하

황정의 다당은 아드레날린에 의해 유도되는 고혈당 Mouse의 cAMP 함량과 혈당치를 뚜렷하게 낮추며[13], 스트렙토조토신에 의해 발생한 당뇨병 Mouse의 뇌, 심장 및 신장 조직의 당기화최종산물수용체(RAGE)의 mRNA 발현을 억제한다[14-15].

4. 콜레스테롤 감소

황정의 다당은 고지혈증 토끼의 혈청 총콜레스테롤(TC), 저밀도지단백콜레스테롤(LDL-C), 지단백농도 등을 뚜렷하게 저하시키며, 동맥 내막 포말세포의 형성을 억제한다[16].

5. 강심(強心)

황정의 메탄올 추출물에는 뚜렷한 강심작용이 있는데, 이는 β-아드레날린수용체와 관련이 있을 것으로 생각된다[17].

6. 항균

황정의 추출물은 티푸스균, 황색포도상구균, 항산간균, 결핵간균, 홍색모선균, 스포로트릭스증(Sporothrix schenckii), 백색염주구균 등 다종의 세균과 진균에 대해 억제작용이 있다[7].

용 도

황정은 중의임상에서 사용하는 약이다. 자신윤폐[滋腎潤肺, 신음(腎陰)을 자양하고 폐의 기운을 원활히 해 줌], 보비익기(補脾益氣, 지라를 튼튼하게 하여 기허증을 치료함) 등의 효능이 있으며, 음허폐조[陰虛肺燥, 음정(陰精)이 부족하여 진액이나 혈이 마르는 병증], 건해소담[乾咳消痰, 헛기침과 막혀 있는 탁한 담(痰)을 없애 줌], 폐신음허(肺腎陰虛)로 인한 노수구해[勞嗽久咳, 허로(虛勞)하여 생긴 기침이 오래감], 비위허약(脾胃虛弱), 신허정휴(腎虛精虧, 신허로 허리와 무릎이 시큰대고 힘이 없는 증상)로 인한 두훈(頭暈), 요슬산연(腰膝酸軟, 허리와 무릎이 시큰거리고 힘이 없어지는 증상), 두발조백(頭髮早白), 소갈(消渴) 등의 치료에 사용한다.

현대임상에서는 통풍[痛風, 손과 발의 관절이 붓고 아픈 요산성(尿酸性)의 관절염], 골막염, 고혈압, 신경쇠약, 백혈구 감소증, 약물중독성 난청, 근시안, 수족선(手足癬) 등의 병증에 사용한다.

해 설

황정은 중국위생부에서 규정한 약식동원품목* 가운데 하나이며, 그 기능성 식품의 개발에 대해 더욱 관심이 집중되는 추세에 있다. 황정 이외에 《중국약전》에는 다화황정 및 전황정도 중약 황정의 법정기원식물 내원종으로 수록되어 있다. 이상의 3종 식물은 중국 고대 본초도감에서도 모두 기록을 찾을 수 있다.

참고문헌

1. KH Son, JC Do. Steroidal saponins from the rhizomes of *Polygonatum sibiricum*. *Journal of Natural Products*. 1990, **53**(2): 333-339.
2. LR Sun, X Li, SX Wang. Two new alkaloids from the rhizome of *Polygonatum sibiricum*. *Journal of Asian Natural Products Research*. 2005, **7**(2): 127-130.
3. 孫隆儒, 王素賢, 李銑. 中藥黃精中的新生物鹼. 中國藥物化學雜誌. 1997, **24**(2): 129

* 부록(559~562쪽) 참고

4. 孫隆儒, 李銑. 黃精化學成分的研究 (II). 中草藥. 2001, **32**(7): 586-588
5. 趙紅霞, 蒙義文, 浦薔. 黃精多糖對果蠅壽命的影響. 應用與環境生物學報. 1995, **1**(1): 74-77
6. 趙紅霞, 蒙義文, 曾慶華, 陳桃林, 董道權, 浦薔. 黃精多糖對老齡大鼠衰老生理生化指標的影響. 應用與環境生物學報. 1996, **2**(4): 356-360
7. 李友元, 楊宇, 鄧紅波, 胡信群, 陳瓏瓏. 黃精煎液對衰老小鼠組織端粒酶活性的影響. 華中醫學雜誌. 2002, **26**(4): 225-226, 230
8. 楊文明, 韓明向, 周宜軒, 王艷昕, 黃雨初. 黃精易化小鼠學習記憶功能的實驗研究. 中醫藥研究. 2000, **16**(3): 45-47, 53
9. 王紅玲, 熊順軍, 洪艷, 夏雪雁. 黃精多糖對全身 $^{60}Co\gamma$ 射綫照射小鼠外周血細胞數量及功能的影響. 數理醫藥學雜誌. 2000, **13**(6): 493-494
10. 任漢陽, 薛春苗, 張瑜, 曹俊嶺, 王玉英. 黃精粗多糖對溫熱藥致陰虛模型小鼠滋陰作用的實驗研究. 山東中醫雜誌. 2005, **24**(1): 36-37
11. 任漢陽, 薛春苗, 張瑜, 曹俊嶺, 王玉英. 黃精粗多糖對溫熱藥致陰虛模型小鼠免疫器官重量及血清中 IL-2 含量的影響. 河南中醫學院學報. 2004, **19**(3): 12-13
12. 朱瑾波, 王慧賢, 焦炳忠, 張建濤. 黃精調節免疫及防治腫瘤作用的實驗研究. 中國中醫藥科技. 1994, **1**(6): 31-33
13. 王紅玲, 張渝侯, 洪艷, 劉君炎. 黃精多糖對小鼠血糖水平的影響及機理初探. 兒科藥學雜誌, 2002, **8**(1): 14-15
14. 吳桑榮, 李友元, 鄧紅波, 肖灑, 王蓉. 黃精多糖對糖尿病鼠腦組織糖基化終產物受體mRNA表達的影響. 中國藥房. 2004, **15**(10): 596-598
15. 吳桑榮, 李友元, 鄧紅波, 肖灑, 王蓉. 黃精多糖對糖尿病鼠的心和腎組織糖基化終產物受體mRNA表達的影響. 中華急診醫學雜誌. 2004, **13**(4): 245-247
16. 吳桑榮, 李友元, 肖灑. 黃精多糖調脂作用的實驗研究. 中國新藥雜誌. 2003, **12**(2): 108-110
17. N Hirai, T Miura, M Moriyasu, M Ichimaru, Y Nishiyama, K Ogura, A Kato. Cardiotonic activity of the rhizome of *Polygonatum sibiricum* in rats. *Biological* & *Pharmaceutical Bulletin*. 1997, **20**(12): 1271-1273

권삼 拳參 CP, KHP

Polygonum bistorta L.

Bistort

개 요

여뀌과(Polygonaceae)

권삼(拳參, *Polygonum bistorta* L.)의 뿌리줄기를 건조한 것

중약명: 권삼

여뀌속(*Polygonum*) 식물은 전 세계에 약 230여 종이 있으며, 세계 각지에 넓게 분포하는데, 주로 북반구의 온대 지역에 많이 자생한다. 중국에는 약 120종이 있으며, 이 속에서 약으로 사용하는 것은 약 80종이다. 이 종은 중국 대부분의 지역에 모두 분포한다. 러시아 시베리아와 원동 지역, 카자흐스탄, 몽고, 일본 및 유럽에도 분포하고 있다.

권삼은 '자삼(紫蔘)'이라는 명칭으로 《신농본초경(神農本草經)》에 중품으로 처음 기재되었다. 《본초경집주(本草經集注)》에서 '권삼'이라는 명칭이 사용되기 시작하였다. 역대 본초서적에도 많은 기록이 있다. 《중국약전(中國藥典)》(2015년 판)에서는 이 종을 중약 권삼의 법정기원식물 내원종으로 수록하였다. 주요산지는 중국의 화북, 서북 및 산동, 강소, 호북 등이다. 《대한민국약전외한약(생약)규격집》(제4개정판)에는 '권삼'을 "범꼬리(*Bistorta manshuriensis* Komarov, 여뀌과)의 뿌리줄기"로 등재하고 있다.

권삼의 주요성분은 탄닌이며, 몰식자산을 포함하고 아울러 가수분해 탄닌과 축합 탄닌 등을 포함하고 있다. 탄닌은 권삼의 항균작용을 나타내는 주요성분 가운데 하나이다. 《중국약전》에서는 약재의 성상, 박층크로마토그래피법, 수분, 총회분, 산불용성 회분, 알코올 침출물 등의 검사를 이용하여 약재의 규격을 정하고 있다.

약리연구를 통하여 권삼에는 항균, 지혈, 중추신경 억제 등의 효과가 있는 것으로 알려져 있다.

한의학에서 권삼에는 청열해독(淸熱解毒), 소종(消腫), 지혈 등의 작용이 있다.

권삼 拳參 *Polygonum bistorta* L.

약재 권삼 藥材拳參 Bistortae Rhizoma

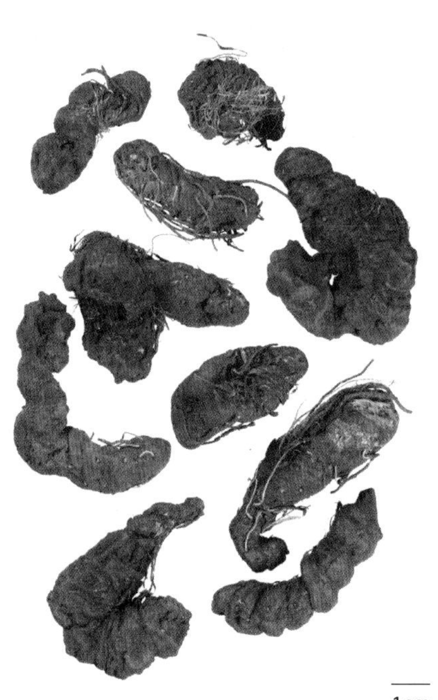

함유성분

뿌리줄기에는 탄닌이 약 8.7~25% 함유되어 있다.
뿌리줄기에는 gallic acid, succinic acid, 3,4-dihydroxy benzoic acid[1], ellagic acid, D-catechol, L-epicatechol, 6-galloylglucose, 3,6-digalloyl-glucose[2], 2,6-dihydroxy benzoic acid, (-)-epicatechin-5-O-β-D-glucopyranoside, (+)-catechin-7-O-β-D-glucopyranoside[3] 등의 성분이 함유되어 있으며, 5-glutinen-3-one, friedelanol[4], umbelliferone, scopoletin[5], quercetin, rutin, quercetin-5-O-β-D-glucopyranoside[1], pyrogallol, 4-hydroxybenzaldehyde[5], syringin, mururin A[6], bistortaside[7] 등이 함유되어 있다.
전초에는 chlorogenic acid, caffeic acid, protocatechuic acid, hyperin 등의 성분이 함유되어 있다.

약리작용

1. 항균
   In vitro 실험에서 권삼의 에탄올, 석유에테르, 에칠아세테이트 등의 추출물 및 bistortaside와 몰식자산 등의 단일 성분들은 황색포도상구균, 대장균, 고초아포간균 및 녹농간균 등에 대해 모두 일정한 억제작용이 있으며, 그중 에칠아세테이트 추출물과 몰식자산의 억제능력이 가장 강력하다[7].
2. 항염
   권삼의 에탄올 추출물 및 권삼에서 분리한 5-glutinen-3-one과 프리델라놀을 경구투여하면 카라기난에 의해 유도된 Rat의 발바닥 종창을 억제하는 효과가 있다[4, 8].
3. 진통
   초산자극, 열판자극 및 전기자극으로 유도된 통증실험에서 권삼의 n-부탄올 추출물과 물 추출물을 Mouse의 복강에 주사하면 모두 뚜렷한 진통작용이 있다[9-10].
4. 진정
   권삼의 n-부탄올 추출물을 Mouse의 복강에 주사하면 자발적 활동을 뚜렷하게 억제하며, 펜토바르비탈의 중추억제작용을 뚜렷하게 증강시킨다[11].
5. 기타
   권삼의 뿌리줄기에 함유된 L-에피카테콜은 아세틸콜린에스테라제의 활성을 뚜렷하게 억제하며, 아울러 Rat의 혈청과 간장의 콜레스테롤 수치를 낮춘다. 권삼에는 또한 항돌연변이[12], 항암[13], 종양괴사인자(TNF) 억제, 항내독소 등의 작용이 있다.

용 도

권삼은 중의임상에서 사용하는 약이다. 청열해독(清熱解毒, 화열을 깨끗이 제거하고 몸의 독을 없이함), 진간식풍[鎭肝熄風, 간(肝)으로 인한 중풍의 기운을 제거해 줌], 양혈지리[涼血止痢, 혈분(血分)의 열사(熱邪)를 제거하여 설사를 멈추게 함], 소종[消腫, 부종(浮腫)을 삭히며 해독함] 등의 효능이 있으며, 옹종나력[癰腫瘰癧, 옹종(癰腫)이 목덜미에 구슬을 꿰놓은 것과 같은 멍울처럼 생김], 독사교상(毒蛇咬傷, 짐승, 뱀, 독벌레 등 동물에게 물려서 생긴 상처), 적리농혈(赤痢膿血, 설사에 피고름이 섞임), 습열설사[濕熱泄瀉, 습열(濕熱)이 장위에 응체(凝滯)해 일어나는 설사], 수종(水腫, 전신이 붓는 증상), 소변불리(小便不利, 소변배출이 원활하지 못함) 등의 치료에 사용한다.
현대임상에서는 세균성 이질, 장염, 치창출혈(痔瘡出血, 치질에 의해 출혈이 나타나는 것), 위염, 충수염(蟲垂炎), 만성 기관지염, 급성 편도선염, 피부염, 치은염(齒齦炎, 잇몸에 생기는 염증) 등의 병증에 사용한다.

해 설

권삼의 별칭은 중루(重樓), 초하거(草河車) 또는 조휴(蚤休)이며, 그로 인하여 권삼과 중약 중루[백합과에 속한 식물인 운남중루 또는 칠엽일지화(*Paris polyphylla* Smith var. *chinensis* (Franch.) Hara)의 뿌리줄기]를 혼용하는 현상이 빈번하게 나타나고 있다. 비록 권삼의 별칭이 중루와 같으나, 이 두 종은 기원, 성미, 효능 및 주치 등이 서로 다르며, 《중국약전》에도 이미 두 종을 구분하여 기록하고 있으므로 절대 혼용해서는 안 된다.
영 · 유아의 복통설사에 권삼을 보조제로 사용할 경우, 그렇지 않는 경우와 비교하여 평균 해열시간 및 탈수 방지에 걸리는 시간을 단축시킬 수 있으며, 장점막의 손상을 경감하고, 치료과정을 단축시킬 수 있다. 또한 치료효과가 뚜렷하고, 치료 시 사용량에 따른 부작용이 없으므로, 임상적 사용가치가 매우 크다. 그러나 권삼의 구체적인 약물 작용기전이 아직까지 명확하게 밝혀져 있지 않으므로 추가적인 연구와 관심이 필요한 실정이다.

참고문헌

1. 劉曉秋, 陳發奎, 吳立軍, 王守濤, 李維維. 拳參的化學成分. 瀋陽藥科大學學報. 2004, **21**(3): 187-189
2. F Gstirner, G Korf. Components of *Polygonum bistorta* rhizomes. *Archiv der Pharmazie*. 1966, **299**(7): 640-646
3. 肖凱, 宣利江, 徐亞明, 白東魯. 拳參的 DNA 裂解活性成分研究. 中草藥. 2003, **34**(3): 203-206
4. M Duwiejua, IJ Zeitlin, AI Gray, PG Waterman. The anti-inflammatory compounds of *Polygonum bistorta*: isolation and characterization. *Planta Medica*. 1999, **65**(4): 371-374
5. SY Choi, YS Kwon, CM Kim. Chemical constituents from *Polygonum bistorta* rhizomes. *Saengyak Hakhoechi*. 2000, **31**(4): 426-429
6. 劉曉秋, 李維維, 生可心, 劉健, 陳發奎. 拳參正丁醇提取物的化學成分. 瀋陽藥科大學學報. 2006, **23**(1): 15-17
7. 劉曉秋, 李維維, 李曉丹, 夏煥章, 陳發奎. 拳參提取物及單體化合物的體外抑菌活性初步研究. 中藥材. 2006, **29**(1): 51-53
8. M Duwiejua, IJ Zeitlin, PG Waterman, AI Gray. Anti-inflammatory activity of *Polygonum bistorta*, *Guaiacum officinale* and *Hamamelis virginiana* in rats. *The Journal of Pharmacy and Pharmacology*. 1994, **46**(4): 286-290
9. 黃玉珊, 曾靖, 葉和楊, 黃賢華, 賴飛. 拳參正丁醇提取物的鎮痛作用的研究. 贛南醫學院學報. 2004, **24**(1): 12-13
10. 曾靖, 單熱愛, 鍾聲, 周俐, 周青. 拳參水提取物鎮痛作用的實驗觀察. 中國臨床康復. 2005, **9**(6): 80-81
11. 曾靖, 黃志華, 葉和楊, 黃玉珊, 黎燕群, 黃麗娟. 拳參正丁醇提取物中樞抑制作用的研究. 贛南醫學院學報. 2003, **23**(4): 359-361
12. M Niikawa, AF Wu, T Sato, H Nagase, H Kito. Effects of Chinese medicinal plant extracts on mutagenicity of Trp-P-1. *Natural Medicines*. 1995, **49**(3): 329-331
13. 李振巧, 程藹雋, 王濟民, 魏景晉. 幾種抗癌中藥的品種和療效問題. 河北中西醫結合雜誌. 1997, **6**(3): 407-408
14. 任因, 渭珊, 周☒. 草牢寥除 TNF 及其封小蹴內毒素致死性保乍的研究. 中因突刲伍床免疫孚奈志. 1995. **7**(3): 1-4

권삼 재배모습

호장근 虎杖 CP, KHP

Polygonaceae

Polygonum cuspidatum Sieb. et Zucc.

Giant Knotweed

개 요

여뀌과(Polygonaceae)

호장근(虎杖, *Polygonum cuspidatum* Sieb. et Zucc.)의 뿌리줄기와 뿌리를 건조한 것

중약명: 호장(虎杖)

여뀌속(*Polygonum*) 식물은 전 세계에 약 230여 종이 있으며, 세계 각지에 넓게 분포하는데, 주로 북반구의 온대 지역에 많이 자생한다. 중국에는 약 120종이 있으며, 그 가운데 약 80종이 약으로 사용된다. 이 종은 중국의 화동, 화중, 화남, 서남, 서북 지역에 분포하며, 한반도와 일본에도 분포한다.

'호장'의 약명은 《명의별록(名醫別錄)》에 최초로 기재되었다. 역대 본초서적에서 모두 그 기록을 찾아볼 수 있으며, 오늘날의 품종과도 일치한다. 《중국약전(中國藥典)》(2015년 판)에서는 이 종을 중약 호장근의 법정기원식물 내원종으로 수록하였다. 주요산지는 중국의 강소, 안휘, 절강, 광동, 광서, 사천, 귀주, 운남 등이다.

호장근에는 안트라퀴논, 디페닐에칠렌, 플라본, 탄닌 등이 함유되어 있다. 안트라퀴논 및 디페닐에칠렌 화합물이 호장근의 주요 활성성분이다. 《중국약전》에서는 고속액체크로마토그래피법을 이용하여 호장근에 함유된 에모딘의 함량을 0.60% 이상, 폴리다틴의 함량을 0.15% 이상으로 약재의 규격을 정하고 있다.

약리연구를 통하여 호장근에는 보간이담(保肝利膽), 혈지 조절, 항동맥죽상경화, 항염, 항바이러스 등의 작용이 있는 것으로 알려져 있다.

한의학에서 호장근에는 이담퇴황(利膽退黃), 청열해독(清熱解毒), 활혈화어(活血化瘀) 등의 작용이 있다.

호장근 虎杖 *Polygonum cuspidatum* Sieb. et Zucc.

호장근 虎杖 CP, KHP

호장근 虎杖 *Polygonum cuspidatum* Sieb. et Zucc.

약재 호장 藥材虎杖
Polygoni Cuspidati Rhizoma et Radix

함유성분

뿌리줄기와 뿌리에는 안트라퀴논과 안트라퀴논 배당체 성분으로 emodin, physcion, questin, citreorosein, physcion-8-O-β-D-glucoside, emodin-8-O-β-D-glucoside[1-2], 스틸벤 성분으로 resveratrol, polydatin (piceid), stilbene glycoside sulfates, dimeric stilbene glycosides[3-5], 쿠마린류 성분으로 7-hydroxy-4-methoxy-5-methylcoumarin, decursin, decursinol angelate[2, 6], 플라보노이드 성분으로 5-carboxy methyl-7-hydroxy-2-methylchromone[7], leucocyanidin[8], 나프토퀴논 성분으로 2-methoxy-6-acetyl-7-methyljuglone[1], 기타 페놀 성분으로 (+)-catechin, gallic acid, 2,6-dihydroxybenzoic acid, tachioside[9], isotachioside, (+)-catechin-5-O-β-D-glucopyranoside[10] 그리고 5,7-dihydroxy-1(3H)-isobenzofuranone, 5,7-dihydroxyisobenzofuran[2-3] 등이 함유되어 있다.

잎에는 2-hexenal[11]과 같은 휘발성 성분이 들어 있다. 또한 줄기와 잎에는 안트라퀴논 성분들과 레스베라트롤[12-13] 성분들이 함유되어 있다.

약리작용

1. 보간이담

호장근의 열수 추출물을 Mouse에 경구투여하면 CCl_4로 유도된 혈청 글루타민산 옥살로초산 트랜스아미나제(GOT), 혈청 글루타민산 피루빈산 트랜스아미나제(GPT), 말론디알데하이드의 농도 증가를 뚜렷하게 억제하며, 간 조직 내의 슈퍼옥시드디스무타아제 활성을 뚜렷하게 증강시킨다. 호장근의 탄닌 성분은 *in vitro*에서 CCl_4로 유도된 Mouse 간의 지질과산화(LPO) 손상에 대하여 뚜렷한 보호작용이 있다[15]. 또한 호장근의 열수 추출물은 지방 사료의 투여로 유도된 비알코올성 지방간 Rat의 지방 및 당대사를 조절하고 개선하는 효과가 있으며, Rat의 혈청 중성지방(TG), 총콜레스테롤(TC) 및 간 조직의 콜레스테롤 함량을 뚜렷하게 저하시킨다[16]. 개의 위에 호장근의 열수 추출물을 투여한 뒤 관찰한 결과, 담낭의 수축을 확인할 수 있었으며, 혈장 중 콜레시스토키닌(CCK)의 함량 또한 증가하였다. 또한 담낭 수축과 CCK 증가 사이에는 뚜렷한 상관성이 있는 것으로 확인되었다[17].

2. 항바이러스

호장근의 에탄올 추출물은 *in vitro*에서 황색포도상구균, 이질간균, 대장균 등의 생장을 뚜렷하게 억제한다. 또한 호장근의 에탄올 추출물은 *in vitro*에서 농도 의존적으로 B형 간염바이러스(HBV)의 복제를 억제한다[18-19]. 호장근의 열수 추출물은 *in vitro*에서 콕사

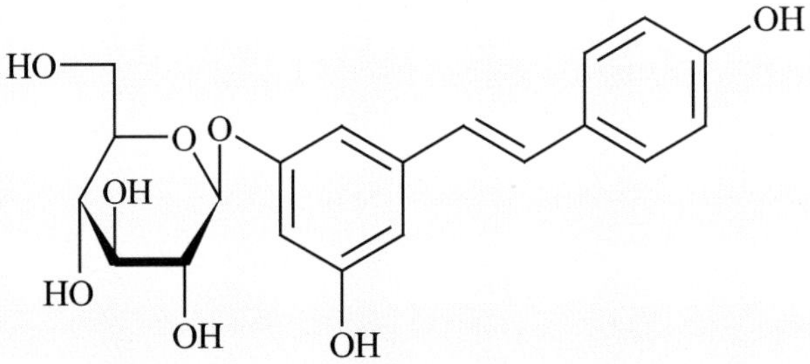

polydatin

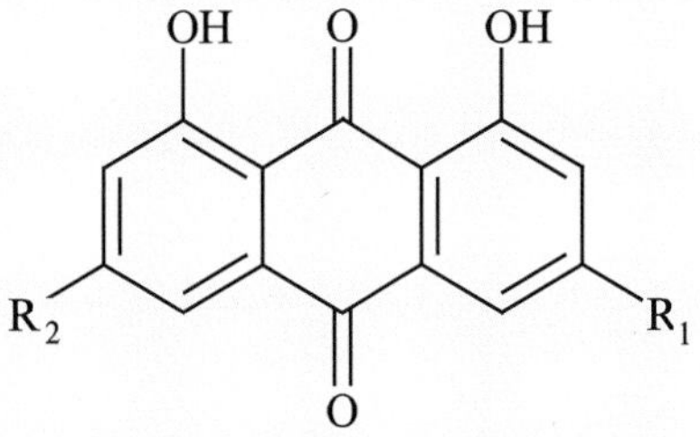

emodin: $R_1=CH_3$ $R_2=OH$

physcion: $R_1=CH_3$ $R_2=OCH_3$

키바이러스 B_3에 대한 Rat의 심근세포 감염을 보호하는 작용이 있다[20]. 호장근에서 추출한 에모딘을 I형 단순포진바이러스(HSV-1)에 감염된 기니피그의 등에 도포하면 뚜렷한 치료효과가 있으며, 그 치료효과는 아시클로버보다도 우수하다[21]. 또한 레스베라트롤을 Mouse에 경구투여하면 Friend형 쥐백혈병 바이러스로 유도된 비장의 종대와 흉선 지수를 저하시킬 수 있다[22].

3. 콜레스테롤 조절, 죽상동맥경화 억제

호장근의 열수 추출물과 레스베라트롤은 *in vitro*에서 농도 의존적으로 acyl coenzyme A-cholesterol acyltransferase(ACAT)의 활성을 억제하며, 인체 간세포 내에서 콜레스테롤이 형성되는 것을 감소시킨다[23]. 호장근 약재의 분말을 사료에 섞어 투여하면 고지방 고콜레스테롤 사료로 고지혈증과 죽상동맥경화가 유도된 토끼의 일산화질소합성효소(NOS) 시스템 이상을 농도 의존적으로 개선하고, 혈관내피를 보호하는 작용을 나타낸다. 또한 혈청 TC와 저밀도지단백(LDL)의 증가를 뚜렷하게 억제하며, 주동맥의 죽상동맥경화로 인한 반괴의 면적을 감소시키고, 혈관평활근세포(VSMC)의 증식을 억제한다. 호장근 약재 전체의 혈중 지질 강하 및 죽상동맥경화 억제효과는 에모딘이나 폴리다틴 등의 단일 성분에 비해 우수한 것으로 밝혀져 있다[24-25].

4. 항염

호장근의 에칠아세테이트 추출물을 Rat에 경구투여하면 카라기난으로 유도된 발바닥 종창, paper법으로 유도된 Mouse와 Rat의 육아종, 아세트산에 의한 Mouse의 모세혈관 투과성 증가, 카라기난으로 유도된 Mouse의 발 종창 내 프로스타글란딘 E_2 합성량 등을 뚜렷하게 억제한다[26].

5. 여성호르몬 작용

호장근의 알코올 추출물은 여성호르몬 민감형 세포 MCF-7의 증식을 촉진하는데[27], 그 여성호르몬 활성성분은 안트라퀴논류와 기타 알려지지 않은 성분이며, 호장근에 함유된 레스베라트롤은 난소가 제거된 Rat의 골질유실을 방지하는 작용이 있다[29].

6. 기타

호장근의 열수 추출물로 얕은 2도 화상을 입은 집토끼의 피부를 세척하면 비교적 양호한 치료효과가 있으며[30], 호장근의 물 추출물 알코올 침제를 Rat에 경구투여하면 인도메타신으로 유도된 위궤양에 대해 보호작용이 있다[31]. 그 밖에 호장근의 탄닌을 Mouse에 경구투여하면 알록산에 의해 유도된 당뇨 Mouse의 혈당을 저하시키는 작용이 있다[32].

용 도

호장근은 중의임상에서 사용하는 약이다. 이담퇴황[利膽退黃, 담(膽)을 이롭게 하여 황달을 물리침], 청열해독(清熱解毒, 화열을 깨끗이 제거하고 몸의 독을 없이함), 활혈거어(活血祛瘀, 혈액순환을 촉진하여 어혈을 제거함), 거담지해(祛痰止咳) 등의 효능이 있으며, 습열황달[濕熱黃疸, 습열(濕熱)의 사기(邪氣)로 인해 온몸과 눈, 소변이 밝은 황색을 띠는 병증], 임탁대하(淋濁帶下), 소탕상(燒燙傷, 끓는 물에 데인 상처), 옹종창독(癰腫瘡毒, 살갗에 생기는 종기가 곪아 터진 뒤 오래도록 낫지 않아 부스럼이 되는 병증), 독사교상(毒蛇咬傷, 짐승, 뱀, 독벌레 등 동물에게 물려서 생긴 상처), 혈어경폐(血瘀經閉, 어혈로 인해 월경이 막히는 증상), 질타손상(跌打損傷, 외상으로 인한 온갖 병증), 폐열해수(肺熱咳嗽, 폐열로 기침할 때 쉰 소리가 나고 가래도 나오는 증상) 등의 치료에 사용한다.

현대임상에서는 은설병[銀屑病, 홍반(紅斑)과 구진(丘疹)으로 인하여 피부 표면에 여러 층으로 된 백색 비늘가루가 생기는 병증], 고지혈증, 화학요법으로 인한 백혈구 감소증, 급 · 만성 간염, 담낭결석, 상부 소화관 출혈, 만성 기관지염, 관절염, 진균성 음도염 등의 병증에 사용한다.

호장근 虎杖 CP, KHP

해 설

《중국식물지(中國植物誌)》에서는 호장근을 여뀌속(*Polygonum*)에서 분리하여 별도로 호장근속(*Reynoutria*)에 귀속시켰으며, 호장근의 기원 식물명을 *Reynoutria japonica* Houtt.로 수록하였다.

뿌리줄기와 뿌리를 약으로 사용하는 것 이외에 호장근의 잎도 약으로 사용된다. 그 밖에 호장의 전초는 사료와 동물용 약으로 사용되기도 한다.

호장근의 주요 함유성분은 에모딘, 레스베라트롤, 폴리다틴 등이며, 다양한 생물활성을 나타낸다. 이들의 배당체 및 화합물들은 이미 의약과 화학 분야에서 널리 사용되고 있으며, 앞으로도 그 활용과 개발의 전망이 매우 밝다고 하겠다.

중국 사천의 서창(西昌), 섬서의 태백(太白) 등지에 이미 호장근의 대규모 재배단지가 조성되어 있어 호장근의 자원과 산업화에 유리한 조건을 갖추고 있다.

참고문헌

1. 華燕, 周建於, 倪偉, 陳昌祥. 虎杖的化學成分研究. 天然產物研究與開發. 2001, **13**(6): 16-18
2. 劉曉秋, 於黎明, 吳立軍. 虎杖化學成分研究 (I). 中國中藥雜誌. 2003, **28**(1): 47-49
3. 肖凱, 宣利江, 徐亞明, 白東魯. 虎杖的水溶性成分研究. 中草藥. 2003, **34**(6): 496-498
4. K Xiao, LJ Xuan, YM Xu, DL Bai. Stilbene glycoside sulfates from *Polygonum cuspidatum*. *Journal of Natural Products*. 2000, **63**(10): 1373-1376
5. K Xiao, LJ Xuan, YM Xu, DL Bai, DX Zhong, HM Wu, ZH Wang, NX Zhang. Dimeric stilbene glycosides from *Polygonum cuspidatum*. *European Journal of Organic Chemistry*. 2002, **3**: 564-568
6. TC Rho, HC Choi, SW Lee, YH Kim, MC Rho, YK Kim, HS Lee. Inhibition of nitric oxide synthesis by coumarins from *Polygonum cuspidatum* in LPS-activated RAW 264.7 cells. *Saengyak Hakhoechi*. 2001, **32**(3): 181-188
7. 劉曉秋, 吳立軍, 田作明. 5-羧甲基-7-羥基-2-甲基色原酮核磁共振研究. 波譜學雜誌. 2002, **19**(3): 321-324
8. B Molnar. Phytochemical examination of the active polyphenolic ingredients of the japanese bitter herb (*Reynoutria japonica* Houtt.). *Gyogyszereszet*. 1991, **35**(1): 47-52
9. K Xiao, LJ Xuan, YM Xu, DL Bai, DX Zhong. Constituents from *Polygonum cuspidatum*. *Chemical & Pharmaceutical Bulletin*. 2002, **50**(5): 605-608
10. 肖凱, 宣利江, 徐亞明, 白東魯. 虎杖的化學成分研究. 中國藥學雜誌. 2003, **38**(1): 12-14
11. YS Kim, CS Hwang, DH Shin. Volatile constituents from the leaves of *Polygonum cuspidatum* S. et Z. and their anti-bacterial activities. *Food Microbiology*. 2004, **22**(1): 139-144
12. 麼春艷, 劉文哲. 虎杖營養器官蒽醌類化合物含量的季節變化. 西北植物學報. 2005, **25**(1): 179-182
13. 夏海武, 呂柳新. 虎杖不同部位白藜蘆醇含量的分析. 植物資源與環境學報. 2005, **14**(3): 55-56
14. 劉蕾, 李麗, 張蕊, 譚宏, 王淑湘. 虎杖對小鼠 CCl_4 性肝損傷的保護作用. 黑龍江醫藥科學. 2001, **24**(3): 20-21
15. 曾偉成, 蔡欽榕, 楊輝, 羅友華, 黃亦奇. 虎杖鞣質抗脂質過氧化作用研究. 中藥藥理與臨床. 2002, **18**(6): 18-19
16. 江慶瀾, 馬軍, 徐邦牢, 楊輝. 虎杖水提液對非酒精性脂肪肝大鼠的幹預效果. 廣州醫藥. 2005, **36**(3): 57-59
17. 劉敬軍, 鄭長青, 周卓, 牛福玉. 中藥虎杖等對犬膽囊運動及血漿膽囊收縮素影響的實驗研究. 瀋陽藥科大學學報. 2003, **20**(2): 135-138
18. 盧成瑛, 黃早成, 李翔, 鍾維. 湘西虎杖抑菌活性成分提取研究. 天然產物研究與開發. 2005, **17**(5): 557-560
19. JS Chang, HW Liu, KC Wang, MC Chen, LC Chiang, YC Hua, CC Lin. Ethanol extract of *Polygonum cuspidatum* inhibits hepatitis B virus in a stable HBV-producing cell line. *Antiviral Research*. 2005, **66**(1): 29-34
20. 申成華, 鄭善子, 崔春權, 李太一. 虎杖水煎液對體外培養感染柯薩奇B_3病毒大鼠心肌細胞保護作用的實驗研究. 中國中醫藥科技. 2005, **12**(1): 34-35
21. 王志潔, 黃鐵牛, 郭淑芳, 王瑞華. 虎杖大黃素對豚鼠皮膚 I 型人皰疹病毒感染的治療作用. 安徽中醫學院學報. 2003, **22**(4): 36-38
22. 楊子峰, 洪志哲, 唐明增, 李向陽, 張奉學, 朱宇同, 王新華, 符林春. 白藜蘆醇對小鼠愛滋病治療作用的實驗研究. 廣州中醫藥大學學報. 2006, **23**(2): 148-155
23. CS Park, YC Lee, JD Kim, HM Kim, CH Kim. Inhibitory effects of *Polygonum cuspidatum* water extract (PCWE) and its component resveratrol on acyl-coenzyme A-cholesterol acyltransferase activity for cholesteryl ester synthesis in HepG2 cells. *Vascular Pharmacology*. 2004, **40**(6): 279-284
24. 秦儉, 陳運貞, 周岐新, 倪銀星. 虎杖對高脂血症動脈粥樣硬化兔 NOS 系統的在體幹預. 重慶醫科大學學報. 2005, **30**(4): 501-504, 524
25. 馬渝, 史若飛, 文玉明, 彭力, 劉國龍. 虎杖抗動脈粥樣硬化作用的實驗研究. 中國中醫急症. 2005, **14**(6): 564-566
26. 張海防, 竇昌貴, 劉曉華, 顧菲菲. 虎杖提取物抗炎作用的實驗研究. 藥學進展. 2003, **27**(4): 230-233
27. H Matsuda, H Shimoda, T Morikawa, M Yoshikawa. Phytoestrogens from the roots of *Polygonum cuspidatum* (Polygonaceae): structure-Requirement of hydroxyanthraquinones for estrogenic activity. *Bioorganic & Medicinal Chemistry Letters*. 2001, **11**(14): 1839-1842
28. CN Zhang, XZ Zhang, Y Zhang, Q Xu, HB Xiao, XM Liang. Analysis of estrogenic compounds in *Polygonum cuspidatum* by bioassay and high performance liquid chromatography. *Journal of Ethnopharmacology*. 2006, **105**(1-2): 223-228
29. ZP Liu, WX Li, B Yu, J Huang, J Sun, JS Huo, CX Liu. Effects of trans-resveratrol from *Polygonum cuspidatum* on bone loss using the ovariectomized rat model. *Journal of Medicinal Food*. 2005, **8**(1): 14-19
30. 張興桑, 陳婷玉. 虎杖煎液對燒傷治療作用的實驗研究. 廣西醫學. 2004, **26**(10): 1427-1429

31. 王桂英, 李振彬, 石建喜, 王輝, 耿麗芬, 朱建君, 高慶豐, 趙區生. 虎杖對消炎痛致大鼠胃潰瘍的保護作用. 河北中醫藥學報. 2001, **16**(1): 35-36

32. 沈忠明, 殷建偉, 袁海波. 虎杖鞣質的降血糖作用研究. 天然產物研究與開發. 2004, **16**(3): 220-221

호장근 재배모습

하수오 何首烏 CP, KP, JP

Polygonum multiflorum Thunb.

Fleeceflower

개 요

여뀌과(Polygonaceae)

하수오(何首烏, *Polygonum multiflorum* Thunb.)의 덩이뿌리를 건조한 것 — 중약명: 하수오

흑두즙(黑豆汁)으로 포제한 것 — 중약명: 제하수오(製何首烏)

하수오의 덩굴을 건조한 것 — 중약명: 수오등(首烏藤)

여뀌속(*Polygonum*) 식물은 전 세계에 약 230종이 있으며, 세계 각지에 널리 분포한다. 중국에는 약 120여 종이 있으며, 현재 약으로 사용되는 것은 모두 80여 종이다. 이 종은 중국의 섬서, 감숙, 화동, 화중, 화남, 서남, 대만 등지에 분포하며 일본에도 분포한다.

'하수오'의 약명은 최초로 《개보본초(開寶本草)》에 수록되었다. 역대 본초서적에 다양한 기록이 있으며, 오늘날의 약용 품종과도 일치한다. 《중국약전(中國藥典)》(2015년 판)에서는 이 종을 중약 하수오와 수오등의 법정기원식물 내원종으로 수록하였다. 주요산지는 중국의 하남, 호북, 광서, 광동, 귀주, 사천 및 강소 등이다.

하수오에는 주로 안트라퀴논 화합물, 디페닐에칠렌배당체, 아마이드 및 크로몬 등을 함유하고 있다. 그 가운데 에모딘 배당체(emodin-8-O-β-D-glycoside)는 하수오의 기억력 개선과 관련된 활성성분이며, 2,3,4,5-tetrahydroxystilbene-2-O-β-D-glucopyranoside(THSGP)는 항노화 및 항혈지의 활성성분으로 약재의 규격을 정하는 기준으로 사용된다. 《중국약전》에서는 고속액체크로마토그래피법을 이용하여 THSGP의 함량을 하수오에서 1.0% 이상, 제하수오에서 그 성분의 함량을 0.70% 이상으로 약재의 규격을 정하고 있다.

약리연구를 통하여 하수오에는 항노화, 면역력 증강, 부신피질 기능 촉진, 콜레스테롤 저하, 항동맥죽상경화, 간 보호 등의 작용이 있는 것으로 알려져 있다.

한의학에서 하수오에는 해독, 소옹(消癰), 윤장통변(潤腸通便) 등의 작용이 있다.

하수오 何首烏 *Polygonum multiflorum* Thunb.

하수오 何首烏 *P. multiflorum* Thunb.

약재 하수오 藥材何首烏 Polygoni Multiflori Radix

약재 수오등 藥材首烏藤 Polygoni Multiflori Caulis

함유성분

덩이뿌리에는 안트라퀴논 성분으로 emodin, chrysophanol, physcion, citreorosein, chrysophanol-8-O-β-D-glucopyranoside, physcion-8-O-β-D-glucopyranoside, emodin-8-O-β-D-glucopyranoside[1], emodin-1,6-dimethylether, questin, questinol, 2-acetylemodin[2], 퀴논류 성분으로 2-methoxy-6-acetyl-7-methyljuglone[2], 나프탈렌 성분으로 torachrysone-8-O-β-D-glucopyranoside[1], 스틸벤 배당체 성분으로 2,3,5,4′-tetrahydroxystilbene-2-O-β-D-glucopyranoside[3], polygonimitin C[4], 아마이드 성분으로 N-trans-feruloyl tyramine, N-transferuloyl-3-methyldopamine[2], 크산톤 성분으로 polygonimitin B[4], 플라보노이드 성분으로 tricin[2], quercetin-3-O-galactoside, quercetin-3-O-arabinoside[5] 등이 함유되어 있다. 또한 gallic acid, catechin[3], indole-3-(L-α-amino-α-hydroxy propionic acid) methyl ester[1], polygoaceto-phenoside[5] 등이 함유되어 있다.

2,3,5,4′-tetrahydroxystilbene-2-O-β-D-glucopyranoside

약리작용

1. 항노화

1) 항산화
하수오의 다당을 D-갈락토오스의 투여로 유도된 아급성 노화모델 Mouse에 경구투여하면 혈청과 간, 신장 조직 내의 슈퍼옥시드디스무타아제(SOD) 및 간, 신장 조직 내의 글루타치온과산화효소(GSH-Px)의 활성을 뚜렷하게 상승시킨다. 혈청과 간, 신장 조직 내의 말론디알데하이드 함량, 뇌 조직 내의 리포푸신 함량 및 뇌 조직 내의 모노아민산화효소(MAO)의 활성을 뚜렷하게 감소시킨다[6-7]. 화학적 발광법을 통하여 하수오의 생품 및 서로 다른 포제품은 유리기를 제거하는 작용이 있는데, 생품의 항산화 활성이 비교적 강하다[8].

2) 해마체 내 학습기억능력 관련 물질에 대한 영향
하수오의 열수 추출물을 D-갈락토오스의 투여로 유도된 아급성 노화모델 Mouse에 경구투여하면 시냅스 Ca^{2+}의 초과 존재 억제와 시냅스 효소 P38의 함량 증가를 통하여 항노화 및 기억력 개선작용을 유도한다[9].

3) 신경세포 보호
하수오의 침고를 Rat에 경구투여하면 β-아밀로이드에 의해 해마체 신경원 세포 괴사가 유도된 Rat의 학습기억능력 장애에 대해 보호작용이 있는데, 그 작용기전은 스틸벤 배당체에 의해 괴사억제 유전자 bcl-2의 발현이 증가되는 것과 관련이 있는 것으로 생각된다. β-아밀로이드에 의한 해마신경세포의 괴사를 경감시키는 것은 젖산탈수소효소(LDH)의 유출 증가를 길항하는 것 등과 관련이 있다[10-11]. 파라콰트와 마넵을 복강주사로 병용투여하면 Mouse의 흑질선조체 도파민성 신경퇴화가 유도되는데, 하수오의 75% 에탄올 추출물의 에탄올 용해성 분획 부분을 경구투여하면 Mouse의 행동능력 장애를 현저하게 개선하며, 선조체의 도파민 농도 감소와 타이로신 수산화효소(TH) 양성 신경세포의 감소를 억제하는 것으로 신경보호작용을 나타낸다[12].

4) 기타
하수오의 열수 추출물을 노화된 Mouse에 경구투여하면 흉선 초미세 구조의 역전현상을 촉진한다[13].

2. 콜레스테롤 저하 및 죽상동맥경화 형성억제

하수오의 스틸벤 배당체를 토끼에 경구투여하면 고지혈이 유도된 토끼의 죽상동맥경화의 발생을 경감시킨다[14]. *In vitro* 실험에서 하수오의 스틸벤글리코사이드는 포말세포 U937의 세포 간 점착분자(ICAM-1)와 혈관내피세포성장인자(VEGF)의 발현을 억제한다[14]. 하수오의 추출물은 인체정맥내피세포 ECV-304, 혈관내피세포점착분자(VCAM-1), ICAM-1 등의 발현 및 지질과산화물(LPO)의 대사를 저하시킨다. 반면 ECV-304의 총항산화능력(T-AOC) 및 일산화질소와 SOD의 대사를 상향조절한다[15-16]. 하수오의 총 배당체를 지단백 E 유전자가 결핍된 Mouse에 경구투여하면 혈중 지질대사의 조절을 통하여 항산화능력 및 하향조절된 VCAM-1, ICAM-1의 발현을 증강시키며, 주동맥 반괴 형성을 감소 또는 지연시킴으로써 죽상동맥경화의 발생 및 발전을 방지한다[17-18].

3. 면역증강

하수오의 물 추출물을 Mouse의 복강에 주사하면 콘카나발린 A와 지질다당(LPS)의 Mouse 비장세포에 대한 증식반응을 촉진할 수 있으며, 비장세포에 대한 유사분열 유도작용도 있다. 그 밖에 Mouse 특이항체분비세포의 기능과 이형 Mouse 비장세포가 유도하는 지발성과민반응(DTH)을 뚜렷하게 증강시키는 작용이 있다. 또한 세포독성을 가지는 T임파세포의 탐식작용을 증가시킴으로써 뚜렷한 면역증강작용을 나타낸다[19].

4. 백발 억제

하수오에 함유된 안트라퀴논류 화합물은 *in vitro*에서 타이로시나제의 활성을 촉진함으로써 L-타이로신이 도파퀴논마인과 멜라닌으로 전환되도록 한다[20].

5. 골다공증 억제

하수오의 물 추출물을 시클로포스파미드(Cy)로 골다공증이 유도된 Mouse에 경구투여하면 흉선의 위축을 억제할 수 있으며, 뼈 내 칼슘과 하이드록시프롤린의 함량을 증가시킴으로써 골다공증에 대해 뚜렷한 보호효과가 있다[21]. 하수오의 열수 추출물을 난소가 제거된 Rat에 경구투여하면 골질유실에 대해 일정한 예방효과가 있으며, Rat의 골질지지체 면적의 백분율(%Tb, Ar)을 증가시킬 수 있는데, 이로써 골질의 유실을 억제할 수 있다[22].

6. 조혈기능장애 개선

Cy에 의해 유도된 조혈기능 장애 Mouse에 대해 하수오 열수 추출물의 막분리 추출물을 경구투여하면 각기 다른 정도로 Mouse 외주혈관의 혈액상태를 개선하며, BFU-GM과 CFU-GM의 수량을 증가시킨다[23].

7. 항염

하수오의 에탄올 추출물을 Mouse에 경구투여하면 디메칠벤젠에 의해 유도된 귓바퀴 종창, 카라기난에 의해 유도된 발바닥 종창, 아세트산으로 유도된 복강 모세혈관 투과성 항진, 카라기난에 의한 Rat의 발바닥 종창 등에 대해 비교적 강력한 항염작용이 있다[24]. 제하수오의 열수 추출물도 뚜렷한 항염작용이 있다[25].

8. 지방산합성효소 억제

하수오의 40% 에탄올 수용액 추출물은 *in vitro*에서 지방산합성효소(FAS)를 강력하게 억제하며, 동 추출물을 사료로서 Rat에 투여하면 Rat 간의 FAS 활성에 대해 억제작용을 보인다. 또한 Rat의 사료 섭취량을 감소시켜 체중을 줄여 준다[26]. 동 추출물은 *in vitro*에서 인체유선암세포 MCF7의 FAS에 대해서도 억제작용이 있다[27].

9. 기타

하수오의 에탄올 추출물은 아에로박터 아에로게네스(*Aerobacter aerogenes*)에 대해 억제작용이 있으며[28], 하수오의 에탄올 추출물을 장기간 복용할 경우 대뇌의 국소 빈혈에 대해서도 보호작용이 있다[29]. 하수오의 안트라퀴논류 화합물은 심근세포를 보호하는 작용이 있다[30]. 하수오의 추출물은 항돌연변이작용도 있다[31].

용 도

이 품목은 중의임상에서 사용하는 약이다.

생수오(生首烏)

생수오에는 절학해독(截瘧解毒, 말라리아의 발작을 치료하고 해독시킴), 윤장통변[潤腸通便, 장(腸)을 적셔 주고 대변을 통하게 함] 등의 효능이 있으며, 체허구학(體虛久瘧, 몸이 허해 기력이 없어 오랫동안 낫지 않는 말라리아), 장조변비(腸燥便秘, 대장의 진액이 줄어들어 대변이 굳어진 것), 옹저(癰疽, 큰 종기), 나력(瘰癧, 림프절에 멍울이 생긴 병증) 등의 치료에 사용한다.
현대임상에서는 족선(足癬), 피부소양(皮膚瘙癢, 피부가 가려운 증상) 등의 병증에 사용한다.

제수오(製首烏)

제수오에는 보익정혈[補益精血, 정혈(精血)을 보충하여 유익하게 함], 고신오발[固腎烏髮, 신(腎)을 튼튼하게 하고 머리카락을 검게 함] 등의 효능이 있으며, 혈허로 인한 두혼목현(頭昏目眩, 머리가 어둡고 눈앞이 아찔한 것), 심계실면(心悸失眠, 가슴이 두근거리면서 불안해하며 잠이 오지 않는 증상), 위황핍력[萎黃乏力, 위기(胃氣)가 허하여 발생하는 황달로 인해 몸에 극도로 힘이 없는 증상], 간신정혈휴허(肝腎精血虧

虛)로 인한 현운이명(眩暈耳鳴, 눈이 아찔하면서 어두워지고 머리가 어지러우며 귀에서 이상한 소리가 들리는 증상), 요슬산연(腰膝酸軟, 허리와 무릎이 시큰거리고 힘이 없어지는 증상), 유정붕대(遺精崩帶, 정액이 저절로 나오는 병증)와 붕루(崩漏, 월경주기와 무관하게 불규칙적인 질 출혈이 일어나는 병증)와 대하(帶下, 여성의 생식기에서 나오는 흰빛 또는 누른빛의 병적인 액체의 분비물), 수발조백(鬚髮早白, 나이는 많지 않으나 머리카락과 수염이 회백색으로 세는 증상) 등의 치료에 사용한다.
현대임상에서는 불면, 고지혈증, 고혈압, 관심병(冠心病, 관상동맥경화증), 신경쇠약, 백발(白髮) 등의 병증에 사용한다.

해 설

오늘날 하수오는 고혈압, 고지혈증, 관심병(冠心病), 원형탈모, 모발탈락 등의 증상을 치료하는 데 사용하며, 그 효과가 비교적 양호하다. 아울러 미용, 모발건강, 화장품 및 음료화에 대한 개발이 진행되고 있으며, 식품개발을 위한 새로운 자원으로 각광받고 있다. 그 밖에도 하수오에 풍부하게 함유된 안트라퀴논류 화합물은 실험을 통하여 산기간균에 대하여 특별한 억제효과가 있음이 알려져 있어, 여타 안트라퀴논 화합물을 함유하고 있는 대황, 호장근, 결명자 등과 함께 천연방부제로서의 개발 가능성이 있다. 중국 귀주에는 현재 하수오의 대규모 재배단지가 조성되어 있다[28].
하수오는 임상에서 그 응용범위가 대단히 넓으나 부적절한 사용과 과도한 용량으로 장기간 복용할 경우 중독을 일으킬 수 있다. 이미 간손상, 피부과민성 병변, 상부 소화관 출혈반응, 유전성 과민반응 등을 유발하였다는 보고가 있다[32]. 이러한 부작용이 발생하는 원인은 아직 명확하게 알려지지 않고 있어 하수오의 독성기전에 대한 연구가 추가적으로 진행되어야 할 것이다.
역사적으로 하수오에는 적 · 백의 구분이 있으며, 상술한 마디풀과의 하수오는 적하수오를 의미한다. 박주가리과(Asclepiadaceae) 식물인 우피소(牛皮消, *Cynanchum auriculatum* Royle ex Wight)는 당대와 송대 이래로 마디풀과의 하수오와 병용되어 오고 있다. 이 품목은 중국 강소성 민간에서 재배되고 사용된 역사가 100여 년에 이른다. 동속식물인 격산소(隔山消, *C. wilfordii* (Maxim.) Hemsl.)와 백수오(*C. bungei* Decne.)는 각각 중국 길림과 산동에서 백하수오의 약재내원으로 인정되고 있다.

참고문헌

1. 楊秀偉, 顧哲明, 馬超美, H Masao, N Tsuneo. 何首烏中一個新的吲哚衍生物. 中草藥. 1998, **29**(1): 5-11
2. 李建北, 林茂. 何首烏化學成分的研究. 中草藥. 1993, **24**(3): 115-118
3. Y Chen, M Wang, RT Rosen, CT Ho. 2, 2-Diphenyl-1-picrylhydrazyl radical-scavenging active components from *Polygonum multiflorum* thunb. *Journal of Agricultural and Food Chemistry*. 1999, **47**(6): 2226-2228
4. 周立新, 林茂, 李建北, 李守珍. 何首烏乙酸乙酯不溶部分化學成分的研究. 藥學學報. 1994, **29**(2): 107-110
5. M Yoshizaki, H Fujino, A Arise, K Ohmura, M Arisawa, N Morita. Polygoacetophenoside, a new acetophenone glucoside from *Polygonum multiflorum*. *Planta Medica*. 1987, **53**(3): 273-275
6. 許愛霞, 張振明, 葛斌, 袁繼勇. 何首烏多糖對氧自由基及抗氧化酶活性的作用研究. 中國藥師. 2005, **8**(11): 900-902
7. 楊小燕. 製何首烏多糖對癡呆模型小鼠學習記憶能力及腦內酶活性的影響. 藥學進展. 2005, **29**(12): 557-559
8. 古今, 劉萍, 馬鳳彩. 何首烏生品及不同炮製品的抗氧化活性研究. 中國藥房. 2005, **16**(11): 875-876
9. 張鵬霞, 湯曉麗, 樸金花, 歐芹, 魏曉東. 何首烏對 D-半乳糖致衰大鼠的抗衰益智作用機制的研究. 中國康復醫學雜誌. 2005, **20**(4): 251-253
10. 周琳, 楊期東, 袁夢石, 馬志健, 侯德仁, 譚興林. 何首烏對澱粉樣 β 蛋白致海馬神經元的凋亡和學習記憶障礙的作用. 中國臨床康復. 2005, **9**(9): 131-133
11. 張蘭, 李林, 李雅莉. 何首烏有效成分二苯乙烯苷對神經細胞保護作用的機理. 中國臨床康復. 2004, **8**(1): 118-120
12. X Li, K Matsumoto, Y Murakami, Y Tezuka, YL Wu, S Kadota. Neuroprotective effects of *Polygonum multiflorum* on nigrostriatal dopaminergic degeneration induced by paraquat and maneb in mice. *Pharmacology, Biochemistry and Behavior*. 2005, **82**(2): 345-352
13. 魏錫雲, 張錦堃, 李運曼, 宋繼志, 洪大蓉. 黃芪和何首烏對老齡小鼠胸腺影響的超微結構研究. 中國藥科大學學報. 1993, **24**(4): 238-241
14. PY Yang, MR Almofti, L Lu, H Kang, J Zhang, TJ Li, YC Rui, LN Sun, WS Chen. Reduction of atherosclerosis in cholesterol-fed rabbits and decrease of expressions of intracellular adhesion molecule-1 and vascular endothelial growth factor in foam cells by a water-soluble fraction of *Polygonum multiflorum*. *Journal of Pharmacological Sciences*. 2005, **99**(3): 294-300
15. 王旻晨, 楊亞安, 吳開雲. 何首烏提取物對人臍靜脈內皮細胞株 ECV-304 的 VCAM-1, ICAM-1 表達的影響. 解剖學雜誌. 2005, **28**(3): 286, 334
16. 王旻晨, 楊亞安, 吳開雲. 何首烏提取物對內皮細胞 T-AOC, LPO, NO, SOD 代謝的影響. 中國現代醫藥雜誌. 2005, **7**(1): 34-36
17. 方微, 張慧信, 王綠婭, 武迎, 秦彥文, 王偉, 杜蘭平, 劉斌. 何首烏總苷對 ApoE-/-小鼠動脈粥樣硬化病變形成的影響. 中國中藥雜誌. 2005, **30**(19): 1542-1545
18. 方微, 張慧信, 王綠婭, 秦彥文, 劉斌, 武迎, 何繼強, 王偉, 杜蘭平. 何首烏總苷抑制動脈粥樣硬化病變形成. 中國動脈硬化雜誌. 2005, **13**(2): 175-178
19. 秦鳳華, 謝蜀生, 張文仁, 龍振州, 劉福君. 何首烏對小鼠免疫功能的影響. 免疫學雜誌. 1990, **6**(4): 252-254
20. 楊同成. 何首烏蒽醌衍生物的提取及其抗白髮作用機制初探. 福建師範大學學報(自然科學版). 1993, **9**(2): 66-69
21. 崔陽, 吳鐵, 劉鈺瑜. 環磷酰胺致小鼠骨質疏鬆及何首烏的防治作用. 中國骨質疏鬆雜誌. 2004, **10**(2): 165-168, 164
22. 黃連芳, 吳鐵, 謝華, 廖進民, 陳艷, 李青南. 何首烏煎劑對去卵巢大鼠骨質丟失的防治作用. 中國老年學雜誌. 2005, **25**(6): 709-710

23. 黃志海, 蔡宇. 何首烏膜分離提取物對造血系統影響研究. 中華實用中西醫雜誌. 2005, **18**(24): 1949-1950

24. 呂金勝, 孟德勝, 向明鳳, 封永勇. 何首烏抗動物急性炎症的初步研究. 中國藥房. 2001, **12**(12): 712-714

25. 陳正愛, 李美子, 曲香芝. 何首烏炮製方法與其抗炎作用的關係. 中國臨床康復. 2005, **9**(43): 111-113

26. 李麗春, 吳曉東, 田維熙. 何首烏提取物對脂肪酸合酶的抑制作用. 中國生物化學與分子生物學報. 2003, **19**(3): 297-304

27. 張媛英, 張鳳珍, 孫淩雲, 王憲澤. 何首烏提取物對人乳腺癌細胞脂肪酸合酶的抑制研究. 齊齊哈爾醫學院學報. 2004, **25**(10): 1102-1104

28. 熊衛東, 馬慶一. 含蒽醌的中草: 一類潛在的天然抑菌防腐劑初探. 天津中醫藥. 2004, **21**(2): 158-160

29. YC Chan, MF Wang, YC Chen, DY Yang, MS Lee, FC Cheng. Long-term administration of *Polygonum multiflorum* Thunb. reduces cerebral ischemia-induced infarct volume in gerbils. *American Journal of Chinese Medicine*. 2003, **31**(1): 71-77

30. TK Yim, WK Wu, DHF Mak, RKM Ko. Myocardial protective effect of an anthraquinone-containing extract of *Polygonum multiflorum ex vivo*. *Planta Medica*. 1998, **64**(7): 607-611

31. H Zhang, BS Jeong, TH Ma. Antimutagenic property of an herbal medicine, *Polygonum multiftorum* Thunb. detected by the Tradescantia micronucleus assay. *Journal of Environmental Pathology, Toxicology and Oncology: Official Organ of the International Society for Environmental Toxicology and Cancer*. 1999, **18**(2): 127-130

32. 衛培峰, 胡錫琴, 嚴愛娟. 何首烏所致不良反應概況. 陝西中醫. 2004, **25**(2): 170-171

저령 豬苓 CP, KP, JP, VP

Polyporus umbellatus (Pers.) Fries

Umbrella Polypore

개 요

구멍장이버섯과(Polyporaceae)

저령(豬苓, *Polyporus umbellatus* (Pers.) Fries)의 균핵을 건조한 것

중약명: 저령

구멍장이버섯속(*Polyporus*) 진균은 전 세계에 다양하게 분포하며, 그 종류는 대략 500여 종에 달한다. 주요 분포지는 중국, 일본, 러시아, 폴란드, 미국 등이다. 중국에는 약 100여 종이 있으며, 이 가운데 약으로 사용되는 것은 약 6종이다. 중국의 서북, 서남 및 동북 지역에 모두 분포한다.

'저령'의 약명은 《신농본초경(神農本草經)》에 중품으로 처음 기재되었다. 역대 본초서적에도 많은 기록이 있으며, 오늘날의 약용 품종과도 일치한다. 《중국약전(中國藥典)》(2015년 판)에서는 이 종을 중약 저령의 법정 내원종으로 수록하였다. 주요산지는 중국의 섬서, 운남, 하남, 산서, 하북 등지이며, 섬서와 운남의 생산량이 가장 많고, 섬서에서 생산되는 저령의 품질이 가장 뛰어나다.

저령의 주요 활성성분은 저령다당과 스테로이드 화합물이다. 《중국약전》에서는 고속액체크로마토그래피법을 이용하여 건조시료 중 에르고스테롤의 함량을 0.070% 이상으로, 저령 음편(飮片) 중 그 성분의 함량을 0.050% 이상으로 약재의 규격을 정하고 있다.

약리연구를 통하여 저령에는 면역증강, 항종양, 간 보호 및 이뇨 등의 작용이 있는 것으로 알려져 있다.

한의학에서 저령은 이수삼습(利水滲濕)의 작용이 있다.

저령 豬苓 *Polyporus umbellatus* (Pers.) Fries

약재 저령 藥材豬苓 Polyporus

함유성분

Polyporus umbellatus에는 다당류 성분으로 polyporus glucan I, water soluble polysaccharides AP-1, AP-2, AP-3, AP-4, AP-5, AP-6, AP-7, AP-8, AP-9, AP-10, 스테로이드 성분으로 polyporusterone A, B, C, D, E, F, G[5-7], 5α,8α-epidioxy-(24S)-24-methylcholest-6-en-3β-ol, 5α,8α-epidioxy-(24R)-24-methylcholesta-6,9(11),22-trien-3β-ol[8], ergosta-4,6,8(14),22-tetraen-3-one[9], porusterone, polyprosterone[10], 25-deoxymakisterone A, 25-deoxy-24(28)-dehydromakisterone A, ergosta-7,22-dien-3-one 등이 함유되어 있다.
또한 3,4-dihydroxybenzaldehyde[11], acetosyringone[12] 등의 성분이 함유되어 있다.

polyporusterone A

25-deoxymakisterone A

약리작용

1. 이뇨

저령의 열수 추출물을 정맥주사 또는 근육주사로 투여하면 수뇨관이 위축된 개에 대해 이뇨작용이 있다. ergosta-4,6,8(14),22-tetraen-3-one을 피하로 주사하면 아세트산디옥시코트론으로 처리한 부신이 제거된 Rat의 소변 내 Na의 분비 및 Na/K의 비율을 증가시키며, 이는 농도 의존적으로 작용한다[13].

2. 면역증강

저령의 다당은 *in vitro*에서 Mouse 복강대식세포의 산화질소의 생합성을 뚜렷하게 촉진함으로써 유도성 산화질소합성효소(iNOS)의 활성 증가를 유도하고, iNOS mRNA의 발현을 자극하는데, 이는 농도 의존적 경향을 보인다. 또한 인터페론-γ와도 상호작용을 나타낸다[14-16]. 균사체 저령다당과 야생 저령다당을 Mouse에 경구투여하면 간장, 흉선, 비장의 중량을 뚜렷하게 증가시킨다[17]. 저령의 다당을 6Gy^{60}Co 방사선의 조사(照射)로 조혈기능과 면역기능의 억제가 발생한 Rat의 복강에 주사하면 이를 경감시키는 효과가 있다[18].

3. 항종양

저령의 다당을 복강에 주사하면 Mouse의 흑색종세포 B16, 육종세포 S180, 간암세포 H22의 생장을 뚜렷하게 억제하며[19-20], B형 간염바이러스(HBV)의 유전자 전사와 Mouse의 혈청 내 HBV 표면항원(HBsAg)의 농도를 저하시킨다. 또한 간 조직 내의 HBV mRNA도 감소시킨다[21]. 저령의 다당은 *in vitro*에서 인체결장암세포 HT-29, 인체자궁경부암세포 HeLa 229, 간암세포 Hep3B 및 위암세포 AGS 등에 대해 모두 세포독성 작용이 있다[22]. 백혈병세포 HL-60, K562 및 방광암세포 T24 등의 세포괴사를 유도한다[23-24]. 저령의 다당은 *in vitro*에서 원발성 간암환자의 복수 추출물에 함유된 암독소인 톡소호르몬-L에 의해 유도된 악액질(cachexia) 유사효과를 억제하며[25], Mouse 육종세포 S180 배양 배지의 면역억제작용을 감소시킨다. 아울러 종양세포의 합성을 억제하며, 면역억제물질의 분비 또한 억제한다[26]. Polyporusterones A, B, C, D, E, F, G 등은 *in vitro*에서 백혈병세포 L1210의 증식을 억제하는 작용도 있다[5].

4. 기타

저령 및 그 추출물에는 간 보호, 항돌연변이[27], 항방사능 및 모발재생 촉진 등의 작용이 있다[6-7, 11-12].

용도

저령은 중의임상에서 사용하는 약이다. 이수삼습[利水滲濕, 체내에 습(濕)을 원할하게 돌려서 소변 등으로 배출시키는 효능] 등의 효능이 있으며, 비허(脾虛)로 인한 소변불리(小便不利, 소변배출이 원활하지 못함), 수종(水腫, 전신이 붓는 증상), 수습설사(水濕泄瀉), 음허유열(陰虛有熱, 음허로 인해 몸에 열이 남)로 인한 소변불리, 임탁(淋濁, 성병의 하나로 소변이 자주 나오고 오줌이 탁하고 요도에서 고름처럼 탁한 것이 나오는 병증) 등의 치료에 사용한다.

현대 임상에서는 신장수종(腎臟水腫, 신장이 붓는 증상), 비뇨기계 결석, 바이러스성 간염, 악성 종양, 급성 방광염 등의 병증에 사용한다.

해설

최근 중국 내 야생 저령 자원은 이미 위기상황에 처해 있으나, 저령 균핵의 수량에는 한계가 있어 저령의 반야생 재배기술의 보급과 확대에 영향을 받을 수밖에 없다. 아울러 저령의 균핵은 그 생장속도가 매우 완만하여 일반적으로 3~5년이 걸려야 성장하므로, 인공재배기술의 분야에서 저령 균사의 번식균핵 등에 대한 연구를 수행함으로써 상술한 여러 가지 문제점을 해결할 수 있을 것이다[3, 28].

최신 연구를 통하여 중약 복방 저령탕에는 신장결석의 생성을 억제하는 작용이 있다[29]. 저령의 다당은 기타 항생제류 약물과 병용하여 B형 간염 및 방광 종양 등을 치료하는 탁월한 효과를 보인다. 따라서 저령 및 그 제제는 오늘날 이미 임상에서 다양하게 활용되고 있다[30-32].

근래 저령 다당의 주사액이 임상에서 광범위하게 활용되고 있으며, 그에 따른 부작용 또한 발생하고 있으므로[33] 임상에서 사용 시 주의가 필요하다.

참고문헌

1. 王惠清. 中藥材産銷. 成都: 四川出版集團四川科學技術出版社. 2004: 580-582
2. 中國科學院中國孢子植物志編輯委員會. 中國真菌志(第三卷). 北京: 科學出版社. 1998: 281-317
3. 徐錦堂. 中國藥用真菌學. 北京: 北京醫科大學, 中國協合醫科大學聯合出版社. 1997: 518-546
4. 應建新. 中國藥用真菌圖鑒. 北京: 科學出版社. 1987: 191-201
5. T Ohsawa, M Yukawa, C Takao, M Murayama, H Bando. Studies on constituents of fruit body of *Polyporus umbellatus* and their cytotoxic activity. *Chemical & Pharmaceutical Bulletin*. 1992, **40**(1): 143-147
6. H Ishida, Y Inaoka, A Nozawa, J Shibatani, M Fukushima, K Tsuji. Studies of active substances in herbs used for hair treatment. IV. The structure of the hair regrowth substance, polyporusterone A, from *Polyporus umbellatus* F. *Chemical & Pharmaceutical Bulletin*. 1999, **47**(11): 1626-1628
7. Y Inaoka, H Ishida, H Fukazawa, K Tsuji, H Kuroda, M Okada, M Fukushima. Study on hair regrowth promoting substances from the potent herbs, especially *Polyporus umbellatus* F. *Tennen Yuki Kagobutsu Toronkai Koen Yoshishu*. 1994, **36**: 25-32
8. K Ohta, Y Yaoita, M Kikuchi. Sterols from sclerotium of *Polyporus umbellatus* fries. *Natural Medicines*. 1996, **50**(5): 366
9. 杜海燕, 寬叶美遠志和猪苓中具有毛髮再生作用的成分的研究. 國外醫學: 中國中藥分冊. 2001, **23**(3): 155, 184
10. D Yuan, K Yamamoto, K Bi, P Zhang, F Liu, Y Kano. Studies on the marker compounds for standardization of Traditional Chinese Medicine "*Polyporus Sclerotium*." *Yakugaku Zasshi*. 2003, **123**(2): 53-62
11. Y Inaoka, A Shakuya, H Fukazawa, H Ishida, H Nukaya, K Tsuji, H Kuroda, M Okada, M Fukushima, T Kosuge. Studies on active substances in herbs used for hair treatment. I. Effects of herb extracts on hair growth and isolation of an active substance from *Polyporus umbellatus* F. *Chemical & Pharmaceutical Bulletin*. 1994, **42**(3): 530-533
12. SZ Zheng, HP Yang, XM Ma, XW Shen. Two new polyporusterones from *Polyporus umbellatus*. *Natural Product Research*. 2004, **18**(5): 403-407
13. H Ishida, Y Inaoka, J Shibatani, M Fukushima, K Tsuji. Studies of the active substances in herbs used for hair treatment. II. Isolation of hair regrowth substances, acetosyringone and polyporusterone A and B, from *Polyporus umbellatus* fries. *Biological & Pharmaceutical Bulletin*. 1999, **22**(11): 1189-1192
14. D Yuan, J Mori, K Komatsu, T Makino, Y Kano. An anti-aldosteronic diuretic component (drain dampness) in *Polyporus Sclerotium*. *Biological & Pharmaceutical Bulletin*. 2004, **27**(6): 867-870
15. 侯敢, 黄迪南, 祝其鋒. 豬苓多糖對小鼠腹腔巨噬細胞一氧化氮生成的影響及其機理. 中國老年學雜誌. 2000, **20**(7): 233-235
16. 陳偉珠, 侯敢, 張海濤. 豬苓多糖對小鼠腹腔巨噬細胞一氧化氮生成, iNOS 活性和細胞内還原型穀胱甘肽含量的影響. 廣東醫學院學報. 2003, **21**(4): 319-323
17. 黃迪南, 侯敢, 祝其鋒. 豬苓多糖對小鼠腹腔巨噬細胞誘導型一氧化氮合酶活性及 mRNA 表達的影響. 中西醫結合學報. 2004, **2**(5): 350-352
18. 田廣燕, 李太元, 許廣波, 金慶日, 韓貞珍. 豬苓菌核與豬苓菌絲體中提取多糖對小鼠免疫器官重量影響的比較研究. 延邊大學農學學報. 2005, **27**(2): 83-86
19. 胡名柏, 楊國梁. 豬苓多糖對受輻射損傷的大白鼠造血功能及免疫功能的促進作用. 湖北醫科大學學報. 1996, **17**(1): 29-31
20. 李金鋒, 黃信孚, 林本耀. 豬苓多糖對小鼠 NK, LAK 活性的影響. 中華微生物學和免疫學雜誌. 1995, **15**(2): 89-91
21. 杜肖娜, 王潤田, 劉殿武, 王惠芬, 何宏濤. 中藥豬苓多糖抑瘤作用機理的初探. 中華微生物學和免疫學雜誌. 2001, **21**(3): 296-297
22. 郭長占, 馬俊良, 田楓, 王兆綽. 豬苓多糖對 HBV 轉基因小鼠 HBsAg 表達的影響. 中國實驗臨床免疫學雜誌. 1999, **11**(6): 48-50
23. WY Lee, YK Park, JK Ahn, SY Park, HJ Lee. Cytotoxic activity of ergosta-4, 6, 8(14), 22-tetraen-3-one from the sclerotia of *Polyporus umbellatus*. *Bulletin of the Korean Chemical Society*. 2005, **26**(9): 1464-1466
24. 姚仁南, 黃曉靜, 徐開林. 豬苓多糖對 HL-60 和 K562 癌細胞株的誘導分化作用. 山東醫藥. 2005, **45**(14): 26-27

25. 章國來, 曾星, 梅玉屏, 何盛琪, 張新梅, 黃羽. 豬苓多糖對膀胱癌細胞鈣離子濃度的影響. 中國臨床藥理學與治療學. 2001, **6**(3): 204-206

26. 吳耕書, 張荔彥, 奥田拓道. 豬苓多糖對毒激素-L 誘導大鼠惡病質樣表面的抑制作用. 中國中西醫結合雜誌. 1997, **17**(4): 232-233

27. 楊麗娟, 王潤田, 劉京生, 佟慧, 鄧鬱青, 李全海. 豬苓多糖對 S180 細胞培養上清免疫抑制作用影響的研究. 細胞與分子免疫學雜誌. 2004, **20**(2): 234-237

28. JS You, DM Hau, KT Chen, HF Huang. Combined effects of chuling (*Polyporus umbellatus*) extract and mitomycin Con experimental liver cancer. *American Journal of Chinese Medicine*. 1994, **22**(1): 19-28

29. 劉冰, 龐慧民, 盧堯, 吳毅立. 豬苓對硫酸鎘所致精子畸形的抑制作用. 中國公共衛生學報. 1997, **16**(4): 245-246

30. 陳文強, 鄧百萬, 陳永剛, 彭浩. 碳, 氮營養對豬苓菌絲生長的影響. 江蘇農業科學. 2005, **4**: 103-104

31. 王沙燕, 石之驎, 張阮章, 徐輝, 耿小英, 賴真. 豬苓湯對腎結石大鼠 Osteopotin mRNA 表達的影響. 中國優生與遺傳雜誌. 2005, **13**(10): 39-40

32. 呂紅, 劉琳, 寧彩霞. 幹擾素, 豬苓多糖聯合乙肝疫苗治療慢性乙型肝炎療效觀察. 現代預防醫學. 2005, **32**(5): 537

33. 袁有斌, 柳盛, 孫樹倫. α-2b 幹擾素聯合豬苓多糖注射液治療慢性乙肝觀察. 天津藥學. 2002, **14**(3): 50-51

34. 李江, 李香鐵, 楊東亮, 鄒慶波. 豬苓, 吡喃阿黴素預防膀胱腫瘤復發臨床研究. 實用中西醫結合臨床. 2004, **4**(4): 24-25

35. 曾聰彥, 梅全喜. 25例豬苓多糖注射液不良反應回顧性分析. 中國醫院用藥評價與分析. 2004, **4**(6): 364-366

복령 茯苓 CP, KP, JP, VP

Poria cocos (Schw.) Wolf

Cocos Poria

개 요

구멍장이버섯과(Polyporaceae)

복령(茯苓, *Poria cocos* (Schw.) Wolf)의 균핵을 건조한 것 중약명: 복령

균핵의 외피에 가까운 붉은색 부분을 건조한 것 중약명: 적복령(赤茯苓)

균핵의 외피 중약명: 복령피(茯苓皮)

균핵 중간에 소나무의 뿌리가 포함된 백색 부위 중약명: 복신(茯神)

균핵 중간의 소나무 뿌리 중약명: 복신목(茯神木)

복령속(*Poria*) 진균은 전 세계에 지금까지 정확한 분포 정보가 없으며, 중국에는 3종이 분포하고 모두 약으로 사용한다. 복령은 아시아, 아메리카 및 오세아니아 등지에 분포하며, 중국에는 주로 길림, 하남, 안휘, 절강, 복건, 대만, 호북, 광동, 광서, 사천, 귀주, 운남 등지에 분포한다.

'복령'이라는 약명은 《신농본초경(神農本草經)》에 상품으로 처음 기재되었다. 역대 본초서적에도 많은 기록이 있으며, 오늘날의 약용품종과도 일치한다. 《중국약전(中國藥典)》(2015년 판)에서는 이 종을 중약 복령의 법정기원식물 내원종으로 수록하였다. 《일본약국방(日本藥局方)》(제15판)에서도 역시 이 종을 약용으로 기재하고 있다. 야생 복령의 경우 중국의 주요산지는 운남성 여강(麗江) 지역으로, 상품명을 '운령(雲苓)'이라 한다. 재배되는 복령의 경우 전통적으로 중국의 호북, 안휘, 하남 등 3개 성에 인접해 있는 대별산(大別山) 지역이며, 오늘날에는 광동, 광서, 복건, 운남 등지에서도 재배된다. 현재는 안휘성 대별산 지역의 생산량이 가장 많다. 《대한민국약전》(제11개정판)에도 '복령'을 "복령(*Poria cocos* Wolf, 구멍장이버섯과)의 균핵"으로 등재하고 있다.

복령에는 주요 활성성분으로 다당과 트리테르페노이드 등이 함유되어 있다.

약리연구를 통하여 복령에는 이뇨, 진정, 항균, 항종양, 간장보호 및 면역기능 증강 등의 작용이 있는 것으로 알려져 있다.

한의학에서 복령에는 이수삼습(利水滲濕), 건비녕심(健脾寧心) 등의 작용이 있다.

복령 茯苓 *Poria cocos* (Schw.) Wolf

약재 복령 藥材茯苓 Poria

1cm

함유성분

sclerotium에는 다당류 성분으로 β-pachyman, pachymaran, 트리테르페노이드 성분으로 pinicolic acid, pachymic acid, tumulosic acid, eburicoic acid, dehydroeburicoic acid[2], 7,9(11)-dehydropachymic acid, methyl pachymate[4], β-amyrin acetate, 3β-hydroxy-16α-acetyloxylanosta-7,9(11),24-trien-21-oic acid[5], dehydropachymic acid[6], 3β-hydroxylanosta-7,9(11),24-trien-21-oic acid, 3β-acetyl-16α-hydroxy-lanosta-7,9(11),24(31)-trien-21-oic acid, 3β,16α-dihydroxy-lanosta-7,9(11),24(31)-trien-21-oic acid, 16α-hydroxy-3-oxo-lanosta-7,9(11),24(31)-trien-21-oic acid[7], 3-O-acetyl-16α-hydroxytrametenolic acid[8], 16α-hydroxydehydropachymic acid, 16α-hydroxytrametenolic acid[9], dehydrotumulosic acid[10], 3β-p-hydroxybenzoyldehydrotumulosic acid[11], 3-epidehydrotumulosic acid, 25-hydroxy-3-epidehydrotumulosic acid, dehydroabietic acid methyl ester, trametenolic acid, poricoic acids A, B, C, D, G, H, AM, DM[12-13], dehydrotrametenolic acid[14], polyporenic acid C[15] 등이 함유되어 있다. 또한 ergosta-7,22-dien-3β-ol[7], ergosterol[2], caprylic acid, undecanoic acid, lauric acid, dodecenoic acid, dodecenoate 등의 성분이 함유되어 있다.

HOOC, H, R, R_1O, H

pachymic acid:	R=OH, R_1=$COCH_3$
tumulosic acid:	R=OH, R_1=H
eburicoic acid:	R=H, R_1=H

약리작용

1. 이뇨

복령 침제의 복강주사 또는 에탄올 추출물을 토끼의 귀 정맥에 주사하면 정상 개체에 대해 이뇨작용이 유도된다[2].

2. 항균, 항염

복령의 물 추출물은 *in vitro*에서 황색포도상구균, 백색포도상구균, 녹농간균, 탄저간균, 대장균, A형 연구균, B형 연구균 등에 대해 모두 억제작용을 나타낸다[16]. 복령의 다당은 디메칠벤젠에 의해 유도된 Mouse의 귓바퀴 종창과 무균면구에 의한 Rat의 피하 육종에 대해 모두 억제작용이 있다[17]. 복령의 물 침출 에탄올 추출물 및 파킴산과 dehydrotumulosic acid는 *in vitro*에서 뱀독에 함유된 포스포리파제 A_2를 억제하는 작용이 있다[18].

3. 면역증강

복령의 다당은 *in vitro*에서 인체백혈병세포 HL−60과 U937의 증식을 억제한다[19]. 복령의 열수 추출물을 Mouse에 경구투여하면 항체형성세포의 항체생성 능력을 뚜렷하게 증가시켜, Mouse의 체액성 면역반응을 증강시킨다[20]. 복령의 카르복시메칠파키마란은 *in vitro*에서 Mouse 복강대식세포가 분비하는 종양괴사인자−α(TNF−α)를 뚜렷하게 증가시킴과 동시에 Mouse의 비장 혼합 임파세포의 증식을 촉진한다[21]. 카르복시메칠파키마란을 Mouse의 피하에 주사하면 루이스폐암종(LLC) 및 S180 이종이식 Mouse의 복강대식세포 탐식률을 뚜렷하게 증가시킨다[21]. 복령의 알코올 추출물을 Rat에 경구투여하면 심장 이식에서 발생하는 급성 거부반응을 뚜렷하게 억제하는 작용이 있다[22].

4. 항종양

복령의 다당 추출물은 *in vitro*에서 인체유선암세포 MCF−7의 증식을 억제하는데, 그 작용은 농도에 비례한다. 복령 다당 추출물의 황산염화 및 carboxymethylate화 산물은 *in vitro*에서 S180 및 위암세포 MKN−45와 SGC−7901에 대하여 뚜렷한 항암활성이 있다[24]. 복령의 파킴산은 *in vitro*에서 인체전립선암 세포에 대해 그 증식을 억제할 뿐만 아니라 괴사를 유도하는 작용이 있는데, 그 작용의 강도는 용량 및 작용시간과 관련이 있다[25].

5. 기타

복령 또는 그 추출물에는 신장기능 개선[26], 혈당강하[27], 항노화[28], 살충[29-30], 항산화[31], 구토억제[32], 흑색소 세포증식 촉진[33], 항용혈[34] 및 항방사능[35] 등의 작용이 있다.

용 도

복령은 중의임상에서 사용하는 약이다. 이수삼습[利水滲濕, 체내에 습(濕)을 원할하게 돌려서 소변 등으로 배출시키는 효능], 건비안신[健脾安神, 비(脾)를 튼튼하게 하고 정신을 안정시킴] 등의 효능이 있으며, 각종 수종(水腫, 전신이 붓는 증상), 비허로 인한 각종 증상, 심계실면(心悸失眠, 가슴이 두근거리면서 불안해하며 잠이 오지 않는 증상) 등의 치료에 사용한다.
현대임상에서는 만성 정신분열증, 해수(咳嗽, 기침), 설사, 간염 등의 병증에 사용한다.

해 설

복령은 사용부위와 가공방법이 상이하기 때문에 모두 다섯 가지의 약용 상품이 있다. 즉 백복령, 적복령, 복신괴, 복신목, 복령피로, 이 5종의 상품은 임상에서 사용할 때 각각 차이가 있다. 백복령은 주로 비허습성(脾虛濕盛), 소변불리(小便不利), 담음해수(痰飲咳嗽) 등에 사용하며, 적복령은 주로 습열설사(濕熱泄瀉), 소변불리, 임탁사리(淋濁瀉痢) 등에 사용한다. 또한 복신괴는 주로 심허경계(心虛驚悸), 건망실면(健忘失眠), 경간(驚癎) 등에 사용하고, 복신목은 주로 경계건망(驚悸健忘), 중풍불어(中風不語), 각기전근(脚氣轉筋) 등에 사용하며, 복령피는 주로 수종, 복창(腹脹), 소변불리 등에 사용한다.
현대임상 및 약리연구를 통하여 복령에는 다양한 약리활성이 있는 것으로 알려져 있으며, 독성 부작용이 거의 없어 중약 제제와 기능성식품의 중요한 원료로 활용할 수 있다. 복령을 원료로 하는 기능성 식품으로 복령떡, 복령케이크, 복령주 등이 이미 시장에 출시되어 있다.
복령은 일종의 약식겸용 진균이며, 비단 중국뿐만 아니라 전 세계적으로 수요가 매우 많아 대외 수출용 주요 상품 가운데 하나이기도 하다. 오늘날 약용으로 사용되는 연간 수요량은 1천만kg에 달하며, 중약재 가운데 왕좌를 차지하고 있는 품목으로 향후 시장 전망 또한 매우 밝다고 하겠다[36].

참고문헌

1. 應建浙. 中國藥用真菌圖鑒. 北京: 科學出版社. 1987: 191-201
2. 徐錦堂. 中國藥用真菌學. 北京: 北京醫科大學, 中國協和醫科大學聯合出版社. 1997: 547-573
3. 日本公定書協會. 日本藥局方(十五版). 廣川: 書店出版社. 2006: 924
4. J Valisolalao, L Bang, JP Beck, G Ourisoon. Chemical and biochemical study of Chinese drugs. V. Cytotoxicity of triterpenes of *Poris cocos* (Polyporaceae) and related substances. *Bulletin de la Societe Chimique de France*. 1980, **9-10**, **Pt. 2**: 473-477
5. 王利亞, 萬惠傑, 陳連喜, 張紅敏, 喻宗源. 茯苓乙醚萃取物化學成分研究. 中國中藥雜誌. 1993, **18**(10): 613-614
6. T Tai, A Akahori, T Shingu. A lanostane triterpenoid from *Poria cocos*. *Phytochemistry*. 1992, **31**(7): 2548-2549
7. 胡斌, 楊益平, 葉陽. 茯苓化學成分研究. 中草藥. 2006, **37**(5): 655-658
8. T Kaminaga, K Yasukawa, H Kanno, T Tai, Y Nunoura, M Takido. Inhibitory effects of lanostane-type triterpene acids, the components of *Poria cocos*, on tumor promotion by 12-O-tetradecanoylphorbol-13-acetate in two-stage carcinogenesis in mouse skin. *Oncology*. 1996, **53**(5): 382-385
9. H Nukaya, H Yamashiro, H Fukazawa, H Ishida, K Tsuji. Isolation of inhibitors of TPA-induced mouse ear edema from Hoelen, *Poria cocos*. *Chemical & Pharmaceutical Bulletin*. 1996, **44**(4): 847-849
10. MJ Cuellar, RM Giner, MC Recio, MJ Just, S Mañez, JL Rios. Effect of the basidiomycete *Poria cocos* on experimental dermatitis and other inflammatory conditions. *Chemical & Pharmaceutical Bulletin*. 1997, **45**(3): 492-494
11. K Yasukawa, T Kaminaga, S Kitanaka, T Tai, Y Nunoura, S Natori, M Takido. 3 beta-p-hydroxybenzoyldehydrotumulosic acid from *Poria cocos*, and its anti-inflammatory effect. *Phytochemistry*. 1998, **48**(8): 1357-1360
12. M Ukiya, T Akihisa, H Tokuda, M Hirano, M Oshikubo, Y Nobukuni, Y Kimura, T Tai, S Kondo, H Nishino. Inhibition of tumor-promoting effects by poricoic acids G and H and other lanostane-type triterpenes and cytotoxic activity of poricoic acids A and G from *Poria cocos*. *Journal of Natural Products*. 2002, **65**(4): 462-465
13. T Tai, A Akahori, T Shingu. Triterpenes of *Poria cocos*. *Phytochemistry*. 1993, **32**(5): 1239-1244
14. T Akihisa, Y Mizushina, M Ukiya, M Oshikubo, S Kondo, Y Kimura, T Suzuki, T Tai. Dehydrotrametenonic acid and dehydroeburiconic acid from Poria cocos and their inhibitory effects on eukaryotic DNA polymerase alpha and beta. *Bioscience, Biotechnology, and Biochemistry*. 2004, **68**(2): 448-450
15. G Li, ML Xu, CS Lee, MH Woo, HW Chang, JK Son. Cytotoxicity and DNA topoisomerases inhibitory activity of constituents from the sclerotium of *Poria cocos*. *Archives of Pharmacal Research*. 2004, **27**(8): 829-833
16. 王德淑, 張敏. 茯苓中微量金屬元素的測定. 現代中藥研究與實踐. 2003, **17**(4): 30-31

17. 孫博光, 邱世翠, 李波清, 張群, 楊新. 茯苓的體外抑菌作用研究. 時珍國醫國藥. 2003, **14**(7): 394

18. 侯安繼, 彭施萍, 項榮. 茯苓多糖抗炎作用研究. 中藥藥理與臨床. 2003, **19**(3): 15-16

19. MJ Cuélla, RM Giner, MC Recio, MJ Just, S Máñez, JL Ríos. Two fungal lanostane derivatives as phospholipase A_2 inhibitors. *Journal of Natural Products*. 1996, **59**(10): 977-979

20. YY Chen, HM Chang. Antiproliferative and differentiating effects of polysaccharide fraction from fu-ling (*Poria cocos*) on human leukemic U937 and HL-60 cells. *Food and Chemical Toxicology*. 2004, **42**(5): 759-769

21. 李法慶, 邸大琳, 陳蕾. 茯苓對小鼠抗體生成細胞作用的初步研究. 中國基層醫藥. 2006, **13**(2): 277-278

22. 陳春霞. 羧甲基茯苓多糖對小鼠免疫功能的影響. 食用菌. 2002, **4**: 39-41

23. 張國偉, 夏求明. 茯苓醇提取物抗心臟移植急性排斥反應的實驗研究. 中華器官移植雜誌. 2003, **24**(3): 169-171

24. M Zhang, LC Chiu, PC Cheung, VE Ooi. Growth-inhibitory effects of a beta-glucan from the mycelium of *Poria cocos* on human breast carcinoma MCF-7 cells: cell-cycle arrest and apoptosis induction. *Oncology Reports*. 2006, **15**(3): 637-643

25. Y Wang, L Zhang, Y Li, X Hou, F Zeng. Correlation of structure to antitumor activities of five derivatives of a beta-glucan from *Poria cocos* sclerotium. *Carbohydrate research*. 2004, **339**(15): 2567-2574

26. L Gapter, Z Wang, J Glinski, KY Ng. Induction of apoptosis in prostate cancer cells by pachymic acid from *Poria cocos*. *Biochemical and Biophysical Research Communications*. 2005, **332**(4): 1153-1161

27. T Hattori, K Hayashi, T Nagao, K Furuta, M Ito, Y Suzuki. Studies on antinephritic effects of plant components (3): effect of pachyman, a main component of *Poria cocos* Wolf on original-type anti-GBM nephritis in rats and its mechanisms. *Japanese Journal of Pharmacology*. 1992, **59**(1): 89-96

28. M Sato, T Tai, Y Nunoura, Y Yajima, S Kawashima, K Tanaka. Dehydrotrametenolic acid induces preadipocyte differentiation and sensitizes animal models of noninsulin-dependent diabetes mellitus to insulin. *Biological & Pharmaceutical Bulletin*. 2002, **25**(1): 81-86

29. 侯安繼, 陳騰雲, 彭施萍, 項榮, 劉萍. 茯苓多糖抗衰老作用研究. 中藥藥理與臨床. 2004, **20**(3): 10-11

30. GR Schinella, HA Tournier, JM Prieto, JL Ríos, H Buschiazzo, A Zaidenberg. Inhibition of Trypanosoma cruzi growth by medical plant extracts. *Fitoterapia*. 2002, **73**(7-8): 569-575

31. GH Li, YM Shen, KQ Zhang. Nematicidal activity and chemical component of *Poria cocos*. *Journal of Microbiology*. 2005, **43**(1): 17-20

32. SJ Wu, LT Ng, CC Lin. Antioxidant activities of some common ingredients of traditional Chinese medicine, *Angelica sinensis*, *Lycium barbarum* and *Poria cocos*. *Phytotherapy Research*. 2004, **18**(12): 1008-1012

33. T Tai, Y Akita, K Kinoshita, K Koyama, K Takahashi, K Watanabe. Anti-emetic principles of *Poria cocos*. *Planta Medica*. 1995, **61**(6): 527-530

34. ZX Lin, JR Hoult, A Raman. Sulphorhodamine B assay for measuring proliferation of a pigmented melanocyte cell line and its application to the evaluation of crude drugs used in the treatment of vitiligo. *Journal of Ethnopharmacology*. 1999, **66**(2): 141-150

35. N Sekiya, H Goto, Y Shimada, Y Endo, I Sakakibara, K Terasawa. Inhibitory effects of triterpenes isolated from Hoelen on free radical-induced lysis of red blood cells. *Phytotherapy Research*. 2003, **17**(2): 160-162

36. 範雁, 吳士良, 徐愛華, 丁向明, 劉昌榮. 茯苓多糖對受照射腫瘤細胞自由基的影響. 江蘇大學學報(醫學版). 2004, **14**(3): 194-195, 217

37. 王惠清. 中藥材産銷. 成都: 四川出版集團四川科學技術出版社. 2004: 576-80

쇠비름 馬齒莧 CP, KHP, IP

Portulaca oleracea L.

Purslane

개 요

쇠비름과(Portulacaceae)

쇠비름(馬齒莧, *Portulaca oleracea* L.)의 지상부를 건조한 것

중약명: 마치현(馬齒莧)

쇠비름속(*Portulaca*) 식물은 전 세계에 약 200여 종이 있으며, 열대, 아열대 및 온대 지역에 분포한다. 중국에는 약 6종이 있으며, 이 속에서 약으로 사용되는 것은 4종이다. 이 종은 전 세계의 온대와 열대 지역에 분포한다.

'마치현'의 약명은 《본초경집주(本草經集注)》에 처음 수재되었다. 역대 본초서적에도 많은 기록이 있으며, 오늘날의 약용품종과도 일치한다. 《중국약전(中國藥典)》(2015년 판)에서는 이 종을 중약 마치현의 법정기원식물 내원종으로 수록하였다. 중국 각지에서 모두 생산된다.

쇠비름속 식물의 주요 활성성분은 카테콜아민과 플라보노이드 화합물이다. 《중국약전》에서는 파라니트로아닐린(*p*-nitroaniline)의 디아조화에 의한 정색반응을 이용하여 약재의 규격을 정하고 있다.

약리연구를 통하여 쇠비름에는 항균소염(抗菌消炎), 항바이러스, 면역증강, 콜레스테롤 저하, 항죽상동맥경화, 항노화 및 항골격근 이완 등의 작용이 있는 것으로 알려져 있다.

한의학에서 마치현에는 청열해독(清熱解毒), 소염(消炎), 산혈(散血), 소종(消腫), 이뇨 등의 작용이 있다.

쇠비름 馬齒莧 *Portulaca oleracea* L.

약재 마치현(생것) 藥材馬齒莧(鮮)
Portulacae Herba

약재 마치현(건조한 것) 藥材馬齒莧(干)
Portulacae Herba

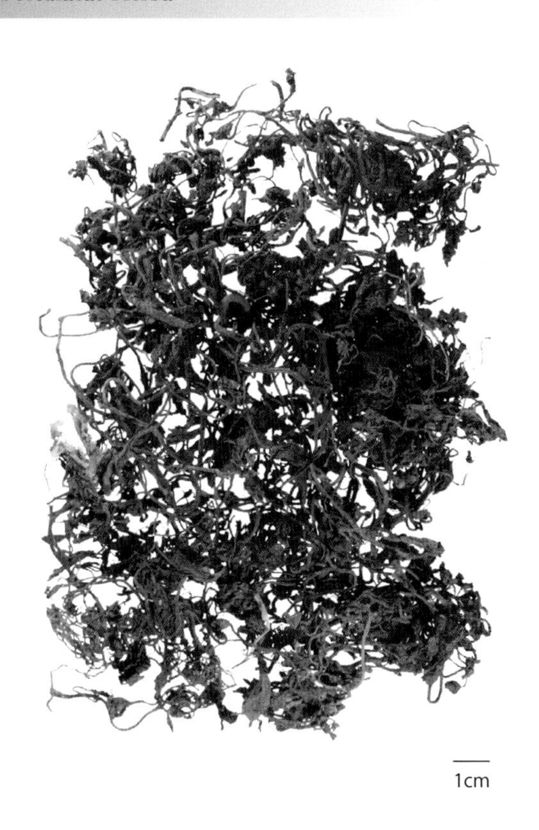

함유성분

지상부에는 플라보노이드 성분으로 quercetin, kaempferol, myricetin, apigenin, luteolin,트리테르페노이드 알코올 성분으로 β-amyrin, buty-rospermo1, parkeol, cycloarteno1, 24-methylene-24-dihydroparkeol, 24-methylenecycloartanol, lupeol[1-2], friedelan-4-α-methyl-3β-OH[3], 카테콜아민 성분으로 지상부의 생것에는 noradrenaline, dopamine 그리고 dopa[2, 4], 베타시아닌 성분으로 아실화된 β-cyanins, 베타니딘의 5-O-β-cellobioside, 이소베타니딘의 5-O-β-cellobioside 등이 함유되어 있다. 또한 불포화지방산(α-linolenic acid, linoleic acid)과 유기산(malic acid, citric acid) 등의 성분이 풍부하게 함유되어 있다.

약리작용

1. 항균

   In vitro 실험을 통하여 마치현의 에탄올 추출물은 이질간균 및 대장균, 황색포도상구균 등에 대해 뚜렷한 억제작용이 있으며, 물 추출물 또한 각종 이질간균 및 녹농간균에 대해 억제효과를 나타낸다. 또한 수침제는 소아포선균, 표피선균 등 피부진균과 대장균, 황색포도상구균 등에 대해 뚜렷한 억제작용을 나타낸다. 그 밖에 대상모 곰팡이, 적색 곰팡이, 고련포 곰팡이, 황색 곰팡이 등에 대해서도 억제작용을 나타낸다. 마치현의 에탄올 용액은 *in vivo*에서 대장균과 티푸스균에 대해 뚜렷한 항균작용을 보인다[5-7].

2. 콜레스테롤 저하

   쇠비름의 건조품 또는 신선품(또는 그 추출물)을 고지혈이 유도된 토끼 또는 Rat에 투여하면 총콜레스테롤(TC), 중성지방(TG), 저밀도지단백콜레스테롤(LDL-C)을 감소시키며, 고밀도지단백콜레스테롤(HDL-C)을 증가시킨다[8-10].

3. 항종양

   마치현의 다당(POP)은 T임파세포의 수량을 증가시키며, *in vitro* 실험을 통하여 간암세포 SMMC7721의 증식을 억제하는 작용이 있음이 밝혀졌는데, 그 효과는 사용량과 정비례 관계가 있다. *In vivo* 항암실험을 통하여 마치현의 다당은 Mouse 복수암의 분열지수를 뚜렷하게 감소시키며, Mouse S180 이종이식의 생장을 뚜렷하게 억제한다[11].

4. 면역증강

   쇠비름의 건조된 분말을 정상 집토끼에게 투여하면 임파세포 및 식물혈액응고효소(PHA)에 의해 유도되는 임파세포의 증식능력을 뚜렷하게 증강시킨다. 아울러 비장의 중량도 증가시키는데, 이는 마치현이 세포면역 기능을 증강시키고 이를 통하여 개체의 면역상태를 조절할 수 있음을 의미한다[12]. 마치현의 다당은 *in vitro*에서 Mouse 복강대식세포의 탐식능력을 증강시킬 수 있으며, 대식세포가 생성하는 일산화질소와 인터루킨-1의 생성을 유도하는데, 이는 마치현의 다당이 대식세포의 활성을 통하여 개체의 면역기능을 증강시킨다는 것을 의미한다[13].

5. 항노화

마치현의 수침액을 노령 BALB/C Mouse의 위에 주입한 뒤 45일이 지나면 슈퍼옥시드디스무타아제, 글루타치온과산화효소(GSH-Px), 카탈라아제 등의 활성을 뚜렷하게 증가시킨다[14]. 초파리 생존실험을 통하여 마치현은 초파리의 수명을 연장시키는데, 이는 마치현이 노화를 방지하는 작용이 있음을 의미한다[15].

6. 혈당강하

마치현의 분말을 알록산에 의해 당뇨가 유도된 Rat에 투여하면 혈당을 뚜렷하게 저하시킬 뿐만 아니라 농도 의존성을 보이며, 정상 Rat의 혈당에는 영향을 주지 않는다[16].

7. 혈액계통에 대한 영향

In vitro 실험을 통하여 마치현의 플라보노이드는 활성산소로 인한 인체 적혈구의 막 손상에 대해 보호작용이 있으며, 말론디알데하이드의 함량을 감소시킴으로써 활성산소의 발생률을 뚜렷하게 저하시키고, 적혈구 막의 유동성과 차단성을 증가시킨다[17]. 또한 복방마치현을 Rat에 먹이면 혈소판응집률이 저하되는 것을 발견할 수 있는데, 이는 적혈구 막의 유동성 점도 및 적혈구 강성지수 등이 증가하였기 때문이다[18].

8. 기타

마치현의 열수 추출물은 Mouse의 적출된 자궁을 흥분시키는데, 이는 자궁근육에 분포하는 H1 수용체를 통하여 유도된다[19].

용 도

마치현은 중의임상에서 사용하는 약이다. 청열해독(清熱解毒, 화열을 깨끗이 제거하고 몸의 독을 없이함), 양혈지리[凉血止痢, 혈분(血分)의 열사(熱邪)를 제거하여 설사를 멈추게 함] 등의 효능이 있으며, 습열하리[濕熱下痢, 습열(濕熱)로 인해 뒤가 묵직한 증상과 함께 설사를 하는 병증], 열독창양[熱毒瘡瘍, 열독이 치성(熾盛)하여 장부(臟腑)에 쌓여 발생하는 창종], 붕루변혈(崩漏便血, 여성의 성기로부터 비정상적으로 피가 나오고 변에 피가 나오는 증상) 등의 치료에 사용한다.

현대임상에서는 세균성 이질, 습진, 대상포진, 기능성 자궁 출혈증 등의 병증에 사용한다.

해 설

마치현은 중국위생부에서 규정한 약식동원품목※ 가운데 하나이다. 건조품으로 사용하기도 하며, 신선품으로도 사용이 가능하다. 따라서 마치현을 이용한 기능성 식품 연구가 점차 관심의 대상이 되고 있다.

10세기경, 아라비아 각국의 약용식물 목록에 쇠비름이 수재되어 있었으며, 이후 유럽 생약전에 수록되기도 하였다. 서부 아프리카에서는 쇠비름이 현지 전통약물에 속하며, 그 잎을 이용하여 종창, 타박상, 농창, 귀의 통증 및 치통 등의 치료에 사용하였다. 인도에서는 쇠비름을 심혈관질환을 치료하는 민간약으로 사용하였다.

참고문헌

1. MGL Hertog, PCH Hollman, MB Katan. Content of potentially anticarcinogenic flavonoids of 28 vegetables and 9 fruits commonly consumed in the Netherlands. *Journal of Agricultural and Food Chemistry*. 1992, **40**(12): 2379-2383
2. 崔健, 陳新, 薑艷玲, 賈剛, 馬艷娟, 樸永煥. 馬齒莧的藥用研究概況. 長春中醫學院學報. 2004, **20**(4): 58-60
3. 孫健, 張宏桂, 張靜敏, 張天斌, 郭濱, 張寒琦. 馬齒莧的化學成分研究. 中國中藥雜誌. 2004, **13**(4) : 291-292
4. 翁前鋒, 袁凱龍, 張宏穎, 熊建輝, 王暢, 許國旺. 膠束電動毛細管色譜安培檢測中藥馬齒莧中多巴胺和去甲腎上腺素. 色譜. 2005, **23**(1): 18-21
5. 屠連珍. 馬齒莧的藥理研究. 中成藥. 2001, **23**(7): 519-520
6. 張秀娟, 季宇彬, 曲中原, 夏繼成, 王嵐. 馬齒莧體外抗菌作用的實驗研究. 中國微生態學雜誌. 2002, **14**(5): 277-280
7. 於軍, 徐麗華, 王雲, 肖洋, 於紅. 射幹和馬齒莧對 46 株綠膿桿菌體外抑菌試驗的研究. 白求恩醫科大學學報. 2001, **27**(2): 130-131
8. 賀聖文, 賀聖光, 趙仁宏, 彭彩霞. 野生馬齒莧對家兔機體血脂及脂質過氧化作用的影響. 中國公共衛生. 1997, **13**(3): 157-158
9. 張晶, 田月潔. 馬齒莧提取物對大鼠血脂調節作用的實驗研究. 山東醫藥工業. 2003, **22**(4): 54-56
10. 王曉波, 劉殿武, 王本華, 郭麗莉, 許麗琴. 馬齒莧對高脂動物血脂及脂質過氧化作用的幹預實驗研究. 河北醫科大學學報. 2003, **24**(5): 261-263
11. 崔旻, 尹苗, 安利國. 馬齒莧多糖的抗腫瘤活性. 山東師大學報(自然科學版). 2002, **17**(1): 73-76

※ 부록(559~562쪽) 참고

12. 賀聖文, 尤敏, 苗乃法, 趙仁宏, 張廣學. 野生馬齒莧對家免淋巴細胞 PHA 誘導下增殖的影響. 濰坊醫學院學報. 1996, **18**(3): 206-207
13. 王曉波, 劉殿武, 丁月新, 郭麗莉. 馬齒莧多糖對小鼠腹腔巨噬細胞免疫功能作用. 中國公共衛生. 2005, **21**(4): 462-463
14. 鞠興榮, 施洪飛. 馬齒莧抗氧化作用實驗研究. 山東中醫藥大學學報. 2000, **24**(6): 466-467
15. 劉浩, 李麗華, 崔美芝. 馬齒莧粉延緩衰老的實驗研究. 中國臨床康復. 2005, **9**(3): 170-171
16. 崔美芝, 劉浩, 李春艷. 糖尿病大鼠血糖變化與馬齒莧的幹預效應. 中國臨床康復. 2005, **9**(27): 92-93
17. 盧新華, 關章順, 何軍山, 譚斌, 李元建, 黃煌, 嶽賽. 馬齒莧總黃酮對氧自由基引發人紅細胞膜損傷的保護作用. 中國藥學雜誌. 2004, **39**(8): 587-589
18. 賀聖文, 趙仁宏, 王守訓, 陳景武, 李壽花, 李桂芝. 複方馬齒莧對大鼠血小板聚集率等的影響. 濰坊醫學院學報. 2003, **25**(3): 164-166
19. 毛露甜. 馬齒莧對子宮興奮作用的機理研究. 惠州大學學報(自然科學版). 2001, **21**(4): 61-6

솜양지꽃 翻白草 CP

Potentilla discolor Bge.

Discolor Cinquefoil

개 요

장미과(Rosaceae)

솜양지꽃(翻白草, *Potentilla discolor* Bge.)의 뿌리를 포함한 전초를 건조한 것

중약명: 번백초(翻白草)

양지꽃속(*Potentilla*) 식물은 전 세계에 약 200여 종이 있으며, 대부분이 북반구의 온대, 한대 및 고산지대에 분포한다. 중국에는 대략 80여 종이 있으며, 이 속에서 약으로 사용되는 것은 약 30여 종이다. 이 종은 중국의 동북, 화북, 화동, 중남 및 섬서, 사천 등지에 분포한다. 또한 한반도와 일본에도 분포한다.

'번백초'의 약명은 《구황본초(救荒本草)》에 처음 수록되었다. 《본초강목(本草綱目)》의 기록과 부록의 그림 또한 이 종을 가리킨다. 《중국약전(中國藥典)》(2015년 판)에서는 이 종을 중약 번백초의 법정기원식물 내원종으로 수록하였다. 주요산지는 중국의 하북, 북경, 안휘 등이다.

솜양지꽃의 뿌리에는 가수분해 탄닌, 유기산, 플라보노이드 화합물 등이 함유되어 있다. 《중국약전》에서는 약재의 성상, 현미경 감별 특징, 박층크로마토그래피법으로 약재의 규격을 정하고 있다. 전초에는 갈산이 주요성분으로 함유되어 있으며, 이는 솜양지꽃의 항균작용 성분이다.

약리연구를 통하여 솜양지꽃에는 항균작용이 있는 것으로 알려져 있다.

한의학에서 번백초에는 청열해독(清熱解毒), 양혈지혈(凉血止血) 등의 작용이 있다.

솜양지꽃 翻白草 *Potentilla discolor* Bge.

약재 번백초 藥材翻白草 Potentillae Discoloris Herba

함유성분

뿌리에는 가수분해성 탄닌 성분으로 agrimoniin, gemin A, pedunculagin, casuarictin, 그리고 tellimagrandin II와, 플라보노이드 성분[1] 등이 함유되어 있다.

전초에는 유기산 성분으로 fumaric acid, gallic acid, protocatechuic acid, m-phthalic acid[2], 트리테르페노이드 성분으로 ursolic acid[3], 2α, 3β-dihydroxyl-urs-12-en-28-oic acid, euscaphic acid, tormentic acid[4], gypsogenin[3], 플라보노이드 성분으로 quercetin, naringenin, kaempferol[2] 등이 함유되어 있다.

tellimagrandin II

약리작용

1. 항균

번백초에 함유된 갈산, 쿠에르세틴, 푸마르산, protocatechnic acid, 나린게닌, 캄페롤 및 m-프탈산 등은 시겔라 플레스네리와 시겔라 디젠테리 등의 이질간균들에 대해 각기 다른 강도의 억제작용을 나타내는데, 그중 항균력이 가장 강력한 성분은 갈산과 쿠에르세틴이다[2].

2. 혈당강하

번백초의 열수 추출물을 정상 Mouse와 알록산에 의해 당뇨가 유도된 Rat에 경구투여하면 혈당을 저하시키는 작용이 있다. 또한 알록산에 의한 당뇨병 모델 Rat의 혈관내피세포와 췌장 B세포를 보호하는 작용이 있다[7-8]. 스트렙토조토신에 의한 II형 당뇨병 Rat의 심근조직 내의 일산화질소합성효소(NOS)와 산화질소의 농도를 증가시켜 혈관질환의 발생을 예방하는 효과가 있다[9]. 그 밖에도 정상 집토끼의 혈당을 강하하는 작용이 있다[10]. 이러한 혈당강하효과는 번백초에 함유되어 있는 미량원소와 관련이 있다[11].

3. 기타

번백초에는 지사(止瀉)작용과 면역증강작용이 있다[11].

용 도

번백초는 중의임상에서 사용하는 약이다. 청열해독(清熱解毒, 화열을 깨끗이 제거하고 몸의 독을 없이함), 양혈지혈[凉血止血, 양혈(凉血)함으로써 지혈함] 등의 효능이 있으며, 폐열해수(肺熱咳嗽, 폐열로 기침할 때 쉰 소리가 나고 가래도 나오는 증상), 사리(瀉痢, 이질), 말라리아, 해수(咳嗽, 기침), 토혈(吐血, 피를 토하는 병증), 변혈[便血, 분변에 대혈(帶血)이 되거나 혹은 단순히 하혈하는 증후], 붕루(崩漏, 월경주기와 무관하게 불규칙적인 질 출혈이 일어나는 병증), 옹종창독(癰腫瘡毒, 살갗에 생기는 종기가 곪아 터진 뒤 오래도록 낫지 않아 부스럼이 되는 병증), 나력결핵[瘰癧結核, 나력(瘰癧)의 증상에 핵이 생기고 단단해지는 것] 등의 치료에 사용한다.

현대임상에서는 당뇨병, 유선염, 치창(痔瘡, 항문에 군살이 밖으로 비집고 나오면서 분비물이 생기는 병증), 각막 궤양, 만성 비염, 인후염, 급성 후두염, 편도선염, 구강염, 구창(口瘡, 입안이 허는 병증), 치통, 통경(痛經, 월경통), 폐농양, 임파선 결핵 등의 병증에 사용한다.

해 설

솜양지꽃은 중국의 홍콩과 화남 지역에서 백두옹으로 사용된다. 번백초와 백두옹은 그 내원, 성미, 함유성분 및 약리작용 등이 서로 다르므로 두 약재는 반드시 구별해서 사용해야 한다[15].

우르솔산은 다양한 약리작용으로 인해 임상에서 폭넓게 사용될 수 있다. 번백초에 함유된 우르솔산의 함량은 0.13%에 달한다. 솜양지꽃은 중국의 각지에 균일하게 분포하고 있으며, 그 자원이 풍부하여 우르솔산의 개발과 약재자원으로의 활용이 가능하다.

번백초의 약리와 함유성분에 대한 연구보고는 아직 미흡한 실정이며, 동 분야에 대한 심도 있는 연구가 기대되고 있다.

참고문헌

1. 馮衛生, 鄭曉珂, 吉田隆志, 奥田拓男. 翻白草根中可水解丹寧的研究. 天然產物研究與開發. 1996, **8**(3): 26-30
2. 劉艷南, 蘇世文, 朱廷儒. 翻白草抗菌活性成分的研究. 中草藥. 1984, **15**(7): 333
3. 沈德鳳, 楊波, 付紅偉. 翻白草中熊果酸的含量測定. 中國野生植物資源. 2002, **21**(4): 55-56
4. 薛培鳳, 尹婷, 梁鴻, 趙玉英. 翻白草化學成分研究. 中國藥學雜誌. 2005, **40**(14): 1052-1054
5. 孟令雲, 朱黎霞, 鄭海洪, 穀春山, 才秀穎. 翻白草對高血糖動物模型的作用研究. 中國藥理學通報. 2004, **20**(5): 588-590
6. 王曉敏, 王建紅, 徐冬平, 徐茂保, 鄒志堅. 翻白草水提液對糖尿病小鼠降血糖作用. 江西中醫學院學報. 2005, **17**(2): 53-54
7. 韓永明, 袁芳, 段妍君, 陳澤斌, 張六通. 翻白草對糖尿病大鼠血管內皮細胞形態結構的影響. 中醫藥學刊. 2005, **23**(9): 1614-1616
8. 韓永明, 段妍君, 袁芳, 陳澤斌, 張六通. 翻白草對糖尿病大鼠胰島形態結構的影響. 湖北中醫學院學報. 2005, **7**(3): 28-29
9. 張淑芹, 申梅淑. 2 型糖尿病大鼠心肌一氧化氮合酶的改變及翻白草的影響作用研究. 中醫藥信息. 2005, **22**(3): 59-60
10. 孟令雲, 朱黎霞, 杜慧. 翻白草對家兔高血糖影響的研究. 中醫藥學報. 2001, **29**(4): 35
11. 蘇力, 孟令雲, 葛艷梅, 才秀穎. 翻白草 14 種微量元素的測定與分析. 微量元素與健康研究. 2004, **21**(1): 27-28, 36
12. 馬瑛, 溫少珍. 翻白草治療 2 型糖尿病 50 例療效觀察. 中草藥. 2002, **33**(7): 644
13. 劉仲慧, 閻樹河, 徐敏, 高惠珍. 翻白草治療 2 型糖尿病. 新中醫. 2003, **35**(1): 30
14. 徐佩, 周長峰, 陳世偉. 翻白草及黃柏治療乳腺炎 36 例. 中國民間療法. 2003, **11**(4): 39
15. 廣東中藥志編輯委員會. 廣東中藥志. 第二卷. 廣州: 廣東科技出版社. 1996: 262-264

하고초 夏枯草 CP, KP, JP, VP

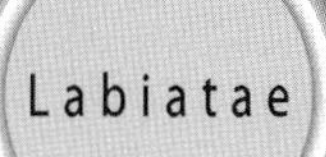

Prunella vulgaris L.

Common Lamiophlomis

개 요

꿀풀과(Labiatae)

하고초(夏枯草, *Prunella vulgaris* L.)의 꽃대를 건조한 것

중약명: 하고초

꿀풀속(*Prunella*) 식물은 전 세계에 약 15종이 있으며, 유럽 온대 지역 및 열대 산악지대, 아프리카 서부 및 아메리카 등에도 분포한다. 중국에서는 4종과 3개의 변종이 있으며, 그 가운데 1종은 재배종이다. 중국에서는 이 속 식물 중 2종을 약으로 사용한다. 하고초는 중국의 대부분 지역에 분포하며, 한반도 및 일본에도 자생한다.

'하고초'의 약명은《신농본초경(神農本草經)》에 하품으로 처음 기재되었다. 역대 본초서적에도 많은 기록이 있다.《중국약전(中國藥典)》(2015년 판)에서는 이 종을 중약 하고초의 법정기원식물 내원종으로 수록하였다. 주요산지는 중국의 강소, 안휘, 하남 등이며, 중국 대부분의 지역에서 모두 생산된다.《대한민국약전》(제11개정판)에 '하고초'를 "꿀풀과에 속하는 꿀풀(*Prunella vulgaris* Linne var. *lilacina* Nakai) 또는 하고초(*Prunella vulgaris* Linn)의 꽃대"로 등재하고 있다.

꿀풀속 식물에는 트리테르페노이드와 트리테르페노이드 사포닌, 플라보노이드, 쿠마린, 유기산, 정유 및 당류 등의 성분이 함유되어 있다. 트리테르페노이드 및 그 배당체가 이 속 식물의 주요 생리활성 성분이다.《중국약전》에서는 고속액체크로마토그래피법을 이용하여 하고초에 함유된 우르솔산 함량을 0.12% 이상으로 약재의 규격을 정하고 있다.

약리연구를 통하여 하고초에는 혈압강하, 항바이러스, 항염, 진통 및 혈당강하 등의 작용이 있는 것으로 알려져 있다.

한의학에서 하고초는 청간명목(清肝明目), 산결해독(散結解毒)의 작용이 있다.

하고초 夏枯草 *Prunella vulgaris* L.

하고초 夏枯草 CP, KP, JP, VP

약재 하고초 藥材夏枯草 Prunellae Spica

vulgarsaponin A

vulgarsaponin B

 함유성분

열매이삭에는 트리테르페노이드와 트리테르페노이드 사포닌 성분으로 ursolic acid, oleanolic acid[1], 2α,3α-dihydroxyurs-12-en-28-oic acid[2], 2α,3α,24-trihydroxyursa-12,20(30)-dien-28-oic acid, 2α,3α,24-trihydroxyolean-12-en-28-oic acid[3], vulgarsaponins A, B[2, 4], 페닐프로파노이드 성분으로 3,4,α-trihydroxy-butylphenylpropionate[3] 등이 함유되어 있다.
전초에는 트리테르페노이드와 트리테르페노이드 사포닌 성분으로 ursolic acid, oleanolic acid[5], betulinic acid, 2α,3α-dihydroxyurs-12-en-28-oic acid[6], pruvulosides A, B, niga-ichigosides F_1, F_2[7], 플라보노이드 성분으로 rutin, hyperoside, luteolin, homoorientin[8-9], 쿠마린류 성분으로 umbelliferone, scopoletin, esculetin[10] 등이 함유되어 있다.

약리작용

1. 항바이러스
   하고초에 함유된 다당류는 I형 및 II형 단순포진바이러스(HSV−1, 2)를 억제하는 효과가 있으며[11], 인체면역결핍바이러스(HIV)에 대해서도 뚜렷한 억제작용이 있다[12].
2. 심혈관계통에 대한 영향
   하고초의 총 사포닌(PVS)을 Rat의 복강에 주사하면 급성 심근경색의 범위를 감소시키며, 초기 사망률을 낮추고, 심박실상의 발생률을 감소시킨다[13]. 하고초의 열수 추출물을 집토끼의 정맥에 주사하면 아드레날린으로 인한 혈압상승을 감소시키는 효과가 있다[14].
3. 항염, 진통
   하고초 내복액을 Mouse에 경구투여하면 파두유에 의한 귓바퀴 종창을 억제하며, 초산에 의한 모세혈관 투과성 증가를 감소시킨다. 또한 카라기난과 알부민에 의한 Rat의 발바닥 종창 및 육아종을 억제하는 효과가 있다. 그 밖에 초산으로 인한 Mouse의 통증반응에 양호한 진통효과가 있다[15]. 하고초에서 추출한 우르솔산과 베툴린산 등의 성분은 *in vitro*에서 항과민 및 항염 활성을 나타낸다[16].
4. 혈당강하
   하고초의 알코올 추출물 및 분리된 유효성분을 Mouse에 투여하면 아드레날린에 의한 혈당의 상승을 뚜렷하게 예방하며, 알록산에 의한 Mouse의 혈당 상승에도 뚜렷한 보호작용이 있다. 아울러 혈당에 대한 내성을 개선하고, 글리코겐을 합성하는 작용을 증가시킨다. 그 작용기전은 아마도 췌장 호르몬의 분비를 촉진하거나 조직의 당전화 이용률을 증가시키는 것과 관련이 있을 것으로 생각된다[17-19].
5. 혈액학적 영향
   하고초의 열수 추출물을 Rat에 경구투여하면 급성 혈어 모델 Rat의 프로트롬빈반응시간(PT)을 뚜렷하게 연장하며, 혈장단백용해시간(ELT)을 단축시켜 혈액학적 지표를 개선하는 작용을 한다[20].
6. 기타
   하고초 주사액은 *in vitro*에서 인체위선암세포 SCG−790의 생장을 뚜렷하게 억제할 뿐만 아니라 괴사를 유도하기도 한다. 또한 흉강주사는 고삼투압으로 인한 토끼의 흉강 내 수액저류를 억제하며, 흉강 섬유화를 유효하게 촉진하여 흉강 내 수액저류가 재발되는 것을 억제한다. 하고초는 노인성 치매에 대해 일정한 치료효과가 있다[22].

용 도

하고초는 중의임상에서 사용하는 약이다. 청간화[清肝火, 간화(肝火)를 식혀 줌], 산울결[散鬱結, 기혈(氣血)이 한곳에 몰려서 흩어지지 않는 것을 풀어 줌] 등의 효능이 있으며, 목적종통(目赤腫痛, 눈의 흰자위에 핏발이 서고 부으며 아픈 병증), 두통현운(頭痛眩暈, 머리가 아프고 어지러운 증상), 나력영류[瘰癧癭瘤, 나력(瘰癧)과 영류(癭瘤)] 등의 치료에 사용한다.
현대임상에서는 갑상선종대(甲狀線腫大), 임파결핵, 폐결핵, 유선증생(乳腺增生), 암증(癌症), 급성 전염성 황달형 간염, 안구 결막염, 피부염 및 고혈압 등의 병증에 사용한다.

해 설

하고초 이외에 동속식물인 백화하고초(白花夏枯草, *Prunella vulgaris* L. var. *leucantha* Schur), 산파채(山菠菜, *P. asiatica* Nakai), 경모하고초(硬毛夏枯草, *P. hispida* Benth.) 등도 중국의 각 지역에서 하고초 약재로 사용되고 있다.
서로 다른 지역에서 각기 다른 계절에 채집된 하고초는 함유되어 있는 우르솔산, 총 트리테르페노이드산 등의 함량 및 기타 화합물의 함량에도 차이가 있다.
동물실험을 통하여 하고초에는 글루코코르티코이드의 합성과 분비를 촉진할 수 있음이 알려져 있으며, 일정한 항염작용도 있다. 글루코코르티코이드는 혈당 수준을 높일 수 있는데, 하고초에는 반대로 혈당을 강하시키는 작용이 있다. 이는 하고초가 혈당에 대해 양방향 조절작용이 있다는 것을 시사하며, 그 작용기전에 대해서는 추가적인 연구가 필요하다.

참고문헌

1. 何雲慶, 李榮芷, 馮鵬枝, 李作平. 夏枯草化學成分的研究(一). 北京醫科大學學報. 1985, **17**(4): 297-299
2. 王祝舉, 趙玉英, 塗光忠, 洪少良, 陳雅妍. 夏枯草化學成分的研究. 藥學學報. 1999, **34**(9): 679-681
3. 田晶, 肖志艷, 陳雅研, 趙玉英, 王祝舉. 夏枯草皂苷 A 的結構鑒定. 藥學學報. 2000, **35**(1): 29-31
4. 王祝舉, 趙玉英, 王邠, 酈皆秀, 艾鐵民, 陳雅妍. 夏枯草中苯丙素和三萜的分離和鑒定. 中國藥學. 2000, **9**(3): 128-130
5. J Sendra. Phytochemical studies on *Prunella vulgaris* and *Prunella grandiflora*. I. Saponin and triterpene compounds. *Dissertationes Pharmaceuticae*. 1963, **15**(3): 333-341
6. SY Ryu, CY Lee, CO Lee, HS Kim, OP Zee. Antiviral triterpenes from *Prunella vulgaris*. *Archives of Pharmacal Research*. 1992, **15**(3): 242-245
7. 張穎君, 楊崇仁. 法國產夏枯草中的兩個新的烏索烷型三萜皂苷. 雲南植物研究. 1995, **17**(4): 468-472
8. SI Dmitruk, SE Dmitruk, TG Khoruzhaya, TP Berezovskaya. Pharmacognostic study of *Prunella vulgaris*. *Rastitel'nye Resursy*. 1985, **21**(4): 463-469
9. IS Dmitruk, SE Dmitruk, TP Berezovskaya, TP Prishchep. Flavonoids of *Prunella vulgaris*. *Khimiya Prirodnykh Soedinenii*. 1987, **3**: 449-450
10. SI Dmitruk. Coumarins of *Prunella vulgaris*. *Khimiya Prirodnykh Soedinenii*. 1986, **4**: 510-511
11. LCM Chiu, W Zhu, VEC Ooi. A polysaccharide fraction from medicinal herb *Prunella vulgaris* downregulates the expression of herpes simplex virus antigen in Vero cells. *Journal of Ethnopharmacology*. 2004, **93**(1): 63-68
12. HD Tabba, RS Chang, KM Smith. Isolation, purification, and partial characterization of prunellin, an anti-HIV component from aqueous extracts of *Prunella vulgaris*. *Antiviral Research*. 1989, **11**(5-6): 263-273
13. 王海波, 張芝玉, 蘇中武, 李承祜. 夏枯草總苷對麻醉大鼠急性心肌梗死的保護作用及降壓作用. 中草藥. 1994, **25**(6): 302-303
14. 何曉燕, 趙淑梅, 宮汝淳. 夏枯草對家兔降壓作用機理的研究. 通化師範學院學報. 2002, **23**(5): 100-102
15. 陳勤, 曾炎貴, 曹明成, 方善慶. 夏枯草口服液抗炎鎮痛作用研究. 基層中藥雜誌. 2002, **16**(2): 6-8
16. SY Ryu, MH Oak, SK Yoon, DI Cho, GS Yoo, TS Kim, KM Kim. Anti-allergic and anti-inflammatory triterpenes from the herb of *Prunella vulgaris*. *Planta Medica*. 2000, **66**(4): 358-360
17. 徐聲林, 侯曉京, 吳愛萍. 夏枯草有效成分降血糖作用的藥理研究. 中草藥. 1989, **10**(8): 22-24
18. 劉保林, 朱丹妮, 王剛. 夏枯草醇提物對小鼠血糖的影響. 中國藥科大學學報. 1995, **26**(1): 44-46
19. 陳淑利, 徐聲林, 陳兵釗. 夏枯草提取物降血糖作用的藥理學研究. 中國現代應用藥學雜誌. 2001, **18**(6): 436-437
20. 陳文梅, 何基淵. 中藥麻黃, 夏枯草, 烏賊骨對抗急性血瘀証形成的實驗研究. 北京中醫藥大學學報. 1997, **20**(3): 39-41
21. 王琨, 董惠芳, 章曉鷹, 周榮耀. 夏枯草對 SGC-7901 細胞的影響. 上海醫學檢驗雜誌. 2000, **15**(5): 305-307
22. 徐中偉, 周榮耀, 王文海, 鍾薏, 張煒含. 夏枯草注射液對胸膜纖維化形成的機理研究. 上海中醫藥大學學報. 2001, **15**(2): 49-51
23. M Oishi, Y Mochizuki, T Takasu, E Chao, S Nakamura. Effectiveness of traditional Chinese medicine in Alzheimer disease. *Alzheimer Disease and Associated Disorders*. 1998, **12**(3): 247-250
24. 王本祥, 現代中藥理學. 天津: 天津科學技術出版社. 1997, 295-297
25. 陳吉飛, 李惠均. 佳蔬良藥: 夏枯草. 森林與人類. 2001, **21**(2): 38

살구나무 杏 CP, KP, JP, VP

Rosaceae

Prunus armeniaca L.

Apricot

개 요

장미과(Rosaceae)

살구나무(杏, *Prunus armeniaca* L.)의 잘 익은 씨를 건조한 것

중약명: 고행인(苦杏仁)

벚나무속(*Prunus*) 식물은 전 세계에 약 200여 종이 있으며, 북온대 지역에 주로 분포한다. 중국에는 약 140종이 있으며, 이 속에서 약으로 사용되는 것은 약 31종에 달한다. 이 종은 중국의 각지에서 모두 생산되며, 대부분이 재배되는데, 화북, 서북 및 화동 지역에서 종식되는 것이 많다. 세계 각지에서 모두 재배된다.

'행인(杏仁)'의 약명은 《신농본초경(神農本草經)》에 하품으로 처음 기재되었다. 고대 본초문헌의 기록에 따라 행인은 첨행인(甛杏仁)과 고행인의 두 가지가 있으며, 명대(明代) 이전에는 첨행인을 약으로 사용하는 경우가 대부분이었으나, 청대(靑代)에 이르러 고행인을 약으로 사용하는 것이 주류를 이루게 되었다. 근래에 재배되는 품종이 매우 다양하나, 역시 고행인이 약재의 주류를 이루고 있다. 《중국약전(中國藥典)》(2015년 판)에서는 이 종을 중약 고행인의 법정기원식물 내원종 가운데 하나로 수록하였다. 주요산지는 중국의 북방 각 지역으로, 내몽고의 동부, 길림, 요녕, 하북, 산서, 섬서 등지의 생산량이 가장 많다.

고행인에는 아미그달린과 지방유가 주로 함유되어 있다. 《중국약전》에서는 화학적정법을 이용하여 고행인에 함유된 아미그달린의 함량을 3.0% 이상으로 약재의 규격을 정하고 있다.

약리연구를 통하여 살구나무의 씨에는 진해평천(鎭咳平喘), 윤장통변(潤腸通便) 등의 작용이 있는 것으로 알려져 있다.

한의학에서 고행인은 강기화담(降氣化痰), 지해평천(止咳平喘), 윤장통변 등의 작용이 있다.

살구나무 杏 *Prunus armeniaca* L.

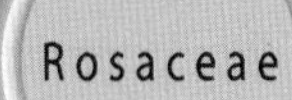

살구나무 杏 CP, KP, JP, VP

살구나무 杏 *P. armeniaca* L. 열매가 달린 가지 果枝

약재 고행인 藥材苦杏仁
Armeniacae Amarum Semen

함유성분

씨에는 약 50%의 지방유가 함유되어 있으며 리놀레산과 올레산과 같은 8개의 지방산으로 구성되어 있다[1]. 또한 고미질 성분으로 amygdalin, prunasin[2], 휘발성 향기 성분으로 benzaldehyde, linalool, 4-terpinenol, α-terpineol[3], 스테롤 성분으로 cholesterol, Δ_{24}-cholesterol, estrone, α-estradiol[4] 등이 함유되어 있다.
또한 KR-A, KR-B 등의 단백질 성분이 함유되어 있다[5].

amygdalin

약리작용

1. 진해평천

고행인에 함유된 아미그달린은 하부 소화관에서 장관 내에 분포하는 미생물의 효소분해 또는 고행인 자체에 함유되어 있는 에멀신의 분해를 통하여 미량의 청산배당체(시안화물)를 형성하게 되며, 이는 중추신경계에 작용하여 진정작용을 나타내고 호흡운동을 안정화함으로써 진해평천의 효과를 발휘하게 된다[6]. 행인의 물 추출물을 Mouse의 복강에 주사하면 암모니아수에 의한 기관지 자극의 민감도를 저하시킨다. 또한 히스타민 반응 및 아세틸콜린과 바륨클로라이드에 의한 기니피그의 기관지평활근 흥분을 길항하는 작용이 있어 뚜렷한 진해효과를 나타낸다[7].

2. 소화기계통에 대한 영향

1) 윤장통변

고행인에 함유되어 있는 대량의 지방유에는 윤장통변의 작용이 있다. 행인의 물 추출물은 히스타민 반응 및 아세틸콜린과 바륨클로라이드 등을 억제함으로써 적출된 기니피그의 장평활근 흥분을 억제하는 작용이 있으며, 기니피그의 위에 주입할 경우에는 장관의 유동운동을 증가시켜 윤장통변의 작용을 나타낸다[7].

2) 위궤양 억제

아미그달린을 Mouse에 경구투여하면 결찰 · 냉동에 의한 급성 위궤양을 억제할 수 있다. 또한 초산 연소에 의한 궤양의 유합을 촉진하며, 유문결찰로 인한 위궤양의 궤양면적을 감소시킨다. 또한 위장의 단백효소 활성을 억제하는데, 이러한 작용들은 모두 위궤양을 억제하는 효과와 관련이 있다[8].

3. 면역조절

아미그달린을 Rat에 경구투여하면 프로인트항원보강제(FA) 염증반응을 억제하며, 대식세포의 탐식작용을 증강시킨다[9]. 또한 근육 및 피하주사는 Mouse의 쿠퍼세포 및 간세포, 폐의 기관지, 미세 기관벽 및 폐포 대식세포들의 탐식작용을 촉진한다[10-11]. 근육주사는 또한 Mouse 비장 자연살상세포(NK-cell)의 활성과 유사분열원의 Mouse 비장 T임파세포의 증식을 뚜렷하게 촉진하는데, 이는 비교적 양호한 면역조절작용이 있음을 시사한다[12-13].

4. 항염, 진통

행인에서 추출한 단백질 성분 KR-A와 KR-B를 정맥주사로 Rat에 투여하면 카라기난으로 유도된 발바닥 종창을 뚜렷하게 억제하며, Mouse의 몸비틀기실험을 통하여 상술한 두 가지 성분이 정맥주사로 투여할 경우 뚜렷한 진통효과를 나타내는 것으로 확인되었다[5].

5. 항종양

*In vitro*에서 아미그달린은 anti-CEA McAb-β-glucosidase 복합체와 병용투여를 통하여 인체 결장암세포 LoVo를 억제하는데, 이는 LoVo에 대해 선택적 억제작용이 있음을 시사한다[14]. *In vivo* 연구를 통하여 anti-CEA McAb-β-glucosidase 복합체를 꼬리에 정맥주사를 통해 피하에 대장암 이식종이 이식된 nude mouse에 주입한 뒤 72시간이 지나 아미그달린을 투여하면 이식종양의 생장을 뚜렷하게 억제할 수 있다[14]. *In vitro* 실험을 통하여 아미그달린 자체가 돌연변이를 유도하지는 않으며, 항암제의 일종인 에피루비신이나 시타라빈 등의 돌연변이 유도를 억제하는 효과가 있어 암의 화학요법에서 발생하는 독성 부작용에 대한 길항제로서 활용이 가능할 것으로 기대된다[15].

6. 기타

아미그달린은 *in vitro*에서 Rat의 premature alveolar epithelial type Ⅱ(AEC Ⅱ)에 대해 보호작용이 있어 폐 기관지 발육부진(BPD)의 치료와 예방에 효과가 있는 약물이 개발될 가능성이 있다[16]. 집토끼의 복강에 행인 추출물을 주사하면 간과 심장 등의 조직에 메탈로티오네인의 합성을 증가시킴으로써 죽상동맥경화의 발생을 감소시키는 데 도움을 준다[17].

용 도

행인은 중의임상에서 사용하는 약이다. 지해평천(止咳平喘, 기침을 멈추게 하고 천식을 안정되게 함), 윤장통변[潤腸通便, 장(腸)을 적셔 주고 대변을 통하게 함] 등의 효능이 있으며, 해수기천(咳嗽氣喘, 기침할 때 숨은 가쁘나 가래 끓는 소리가 없는 증상), 흉만담다(胸滿痰多, 가슴이 더부룩하면서 가래가 많은 것), 장조변비(腸燥便秘, 대장의 진액이 줄어들어 대변이 굳어진 것) 등의 치료에 사용한다.

현대임상에서는 만성 기관지염 및 호흡기감염 등의 병증에 사용한다.

해 설

살구나무는 중국에서 재배된 역사가 매우 오래되었으며, 그 재배종은 용도에 따라 식용살구, 약용살구, 가공용살구 등 크게 세 가지로 나눌 수 있다. 이 종 이외에도 《중국약전》에서는 동속식물인 회령백살구나무(山杏, *Prunus armeniaca* L. var. *ansu* Maxim.) 시베리아살구나무(西伯利亞杏, *P. sibirica* L.), 동북살구(東北杏, *P. mandshurica* (Maxim.) Koehne) 등을 중약 고행인의 법정기원식물 내원종으로 수록하고 있다.

행인은 남행인과 북행인으로 나뉜다. 북행인은 비교적 크기가 작고, 약간 쓴맛이 있다. 남행인은 그 크기가 비교적 크고 납작한 편이며, 쓰지 않고 약간 단맛이 난다. 따라서 일반적으로 북행인을 고행인이라 부르며, 남행인을 첨행인이라 부른다. 북행인은 윤폐지해화담(潤肺止咳化痰)의 작용이 있으며, 남행인은 사탕이나 과자류의 원료로 사용한다. 고행인과 첨행인은 모두 중국위생부에서 규정한 약식동원 품목* 가운데 하나이다. 고행인이나 아미그달린을 다량으로 복용할 경우에는 심각한 중독이 야기될 수 있다. 중독작용의 기전은 행인에 함유된 아미그달린이 체내에서 분해되어 시안화수소산을 생성하는데, 이는 미토콘드리아 내 시토크롬 산화효소가 제2철에 반응하여 효소의 활성을 억제함으로써 조직세포의 호흡을 억제하여 사망에 이르게 한다. 일반적으로 성인이 고행인 55개를 섭취하면 대략 60g 정도로 아미그달린은 약 1.8g(약 0.024/kg)에 달하며, 치사량에 해당한다. 따라서 고행인을 복용할 때는 그 용량에 주의해야 하며 절대로 과량을 사용해서는 안 된다.

참고문헌

1. 侯寬昭, 中國种子植物科屬詞典 (第二版). 北京: 科學出版社. 1998: 398
2. 丁東寧, 譚廷華, 劉俊儒, 閆寶琦. 鎮原苦杏仁化學成分的研究. 西北藥學雜誌. 1990, **5**(3): 21-23
3. SE Godtfredsen, A Kjaer, JO Madsen, M Sponholtz. Bitterness in aqueous extracts of apricot kernels. *Organic Chemistry and Biochemistry*. 1978, **B32**(8): 588-592
4. G Chairote, F Rodriguez, J Crouzet. Characterization of additional volatile flavor components of apricot. *Journal of Food Science*. 1981, **46**(6): 1898-1901, 1906
5. O Awad. Steroidal estrogens of *Prunus armeniaca* seeds. *Phytochemistry*. 1974, **13**(3): 678-679
6. N Nagamoto, H Noguchi, K Nanba, H Nakamura, M Mizuno. Active components having anti-inflammatory and analgesic activities from Armeniaceae semen, pruni japonicae semen and almond seeds. *Shoyakugaku Zasshi*. 1988, **42**(1): 81-88
7. 邢國秀, 李楠, 楊美燕, 崔麗鈞, 王童. 天然苦杏仁苷的研究進展. 中成藥. 2003, **25**(12): 1007-1009
8. 李德清. 杏仁水提取液對實驗動物的止咳, 通便作用研究. 中國基層醫藥. 2003, **10**(10): 1001-1002
9. 蔡瑩, 李運曼, 鍾流. 苦杏仁苷對實驗性胃潰瘍的作用. 中國藥科大學學報. 2003, **34**(3): 254-256
10. 方偉蓉, 李運曼, 鍾林霖. 苦杏仁苷對佐劑性炎症影響的實驗研究. 中國臨床藥理學與治療學. 2004, **9**(3): 289-293
11. 李春華, 趙素蓮, 吳玉秀, 閆秀珍, 安小敏, 童德中, 段忠鴻, 趙連甲, 張蘇社. 苦杏仁苷對單核吞噬細胞吞噬功能的影響. 山西醫學院學報. 1991, **22**(1): 1-3
12. 李春華, 閆秀珍, 解方, 蘭向昀, 劉育艷, 王志禮, 李玲, 安小敏, 段忠鴻, 趙連甲, 張蘇社. 苦杏仁苷對小鼠肝, 腎細胞增生的影響. 山西醫學院學報. 1991, **22**(2): 88-90
13. 趙素蓮, 戴兆雄, 李春華. 苦杏仁苷對小鼠脾臟 NK 細胞活性的影響. 山西醫學院學報. 1993, **24**(1): 14-16
14. 趙素蓮, 劉桂芬, 戴兆雄, 李春華. 苦杏仁苷對小鼠免疫功能的影響. 山西醫藥雜誌. 1993, **22**(3): 166
15. 連彥軍, 許天文, 鄭勇斌, 柯茂林, 李治, 黃韜, 陳道達. 抗 CEA 單抗-β-葡萄糖苷酶偶聯物/苦杏仁苷前藥系統對裸鼠結直腸癌移植瘤的療效觀察. 華中醫學雜誌. 2005, **29**(1): 49-50
16. 趙澤貞, 溫登瑰, 魏麗珍, 黃民提. 杏仁對 12 種抗腫瘤藥物的誘變性的抑制效應. 癌變. 畸變. 突變. 1992, **4**(6): 49-50, 10
17. 常立文, 祝華平, 李文斌, 劉漢楚, 張謙慎, 陳紅兵. 苦杏仁苷對高氧暴露早產鼠肺泡II型細胞的保護作用. 中華兒科雜誌. 2005, **43**(2): 118-123
18. 李淑蓮, 張永雪, 林波, 聶曉蘭, 唐朝樞. 杏仁對家兔動脈粥樣硬化及金屬硫蛋白含量的影響. 河南大學學報(醫學科學版). 2002, **21**(4): 16-18
19. 王本祥. 現代中藥藥理學. 天津: 天津科學技術出版社. 1997: 1005-1009

* 부록(559~562쪽) 참고

매실나무 梅 CP, KP

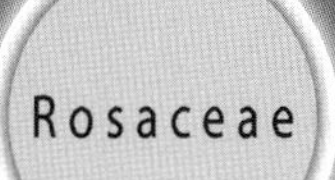

Prunus mume (Sieb.) Sieb. et Zucc.

Japanese Apricot

개 요

장미과(Rosaceae)

매실나무(梅, *Prunus mume* (Sieb.) Sieb. et Zucc.)의 덜 익은 열매를 건조한 것

중약명: 오매(烏梅)

벚나무속(*Prunus*) 식물은 전 세계에 약 200여 종이 있으며, 북온대에 주로 분포한다. 중국에는 약 140여 종이 있으며, 이 속에서 현재 약으로 사용되는 것은 약 31종에 달한다. 이 종의 원산은 중국이며, 중국 각지에서 모두 재배하나, 양자강 이남 유역에서 주로 많이 재배한다. 그 밖에 일본 및 한반도에도 분포한다.

'매(梅)'라는 약명은 《신농본초경(神農本草經)》에 중품으로 처음 기재되었다. 《중국약전(中國藥典)》(2015년 판)에서는 이 종을 중약 오매의 법정기원식물 내원종으로 수록하였다. 주요산지는 중국의 복건, 사천, 절강, 호남 및 광동 등이며, 사천의 생산량이 가장 많다.

매실나무에는 유기산과 플라보노이드 성분이 함유되어 있다. 《중국약전》에서는 전위차적정법을 이용하여 오매에 함유된 유기산이 구연산으로서 총 15% 이상으로 약재의 규격을 정하고 있다.

약리연구를 통하여 매실나무에는 회충구제(蛔蟲驅除), 항균 등의 작용이 있는 것으로 알려져 있다.

한의학에서 오매에는 염폐(斂肺), 삽장(澁腸), 생진(生津), 안회(安蛔) 등의 효능이 있다.

매실나무 梅 *Prunus mume* (Sieb.) Sieb. et Zucc.

약재 오매 藥材烏梅 Mume Fructus

함유성분

열매에는 유기산 성분으로 citric acid, chlorogenic acid, malic acid, succinic acid, picric acid, 4-O-caffeoylquinic acid, 5-O-caffeoylquinic acid, 3-hydroxy-3-methoxycarbonylglutaric acid, 플라보노이드 성분으로 rhamnocitrin-3-O-rhamnoside, kaempferol-3-O-rhamnoside, rhamnetin-3-O-rhamnoside, quercetin-3-O-rhamnoside[1] 등이 함유되어 있다.
또한 ursolic acid[2], mumefural, 5-hydroxymethyl-2-furfural[3], benzyl-β-D-glucopyranoside[4], 2,2,6,6-tetramethyl-4-piperidone, 그리고 tert-butylurea[5] 등의 성분이 함유되어 있다.

약리작용

1. 회충구제
   In vitro 실험을 통하여 오매에 회충에 대한 살멸작용이 있음이 확인되었으나, 이는 단순히 회충을 마취시켜 움직임을 느리게 하고 진정시킴으로써 장관 내벽에 부착하는 능력을 감소시키는 것으로 확인되었다[6].

2. 평활근에 대한 영향
   오매의 열수 추출물은 기니피그의 적출된 방광 수축근의 장력 및 수축빈도를 증가시키는데, 이는 농도 의존적으로 발현된다. 저농도의 오매 열수 추출물은 기니피그의 적출된 담낭근육을 수축시키며, 고농도의 오매 열수 추출물은 담낭근육에 대하여 먼저 근육수축을 저하시켰다가 다시 증가시키는 양방향작용을 나타낸다[8]. 오매 물 추출물의 알코올 침전액은 Mouse 소장의 탄화 촉진율을 저하시키며, 네오스티그민에 의해 유도된 장관운동 항진을 길항한다. 또한 집토끼의 장관 유동운동을 억제하며, 소장평활근의 장력을 저하시킨다[9]. 오매의 열수 추출물은 임신이 되지 않았거나, 조기임신이 발생한 Rat의 자궁평활근을 흥분시키는 작용이 있는데, 이는 임신한 자궁에 대한 민감성이 있음을 시사하는 것으로, 오매가 항착상 및 조기임신중절 작용이 있다는 것을 의미한다[1].

3. 항균
   오매는 타공법과 시험관법을 통하여 이질간균, 살모넬라균, 대장균, 황색포도상구균 및 녹농간균 등에 대하여 비교적 강력한 억제 또는 살균작용을 나타내는 것으로 알려졌다[10]. 또한 도말희석 항균시험법을 통하여 오매가 28종의 장관구균을 뚜렷하게 억제하는 것을 확인하였다[11].

4. 위조직에 대한 영향
   혈액이 공급되고 있는 Rat의 적출 위장에 대해 오매를 투여하고 위조직에 대한 영향을 관찰하였으며, 위의 혈액순환이 진행되는 50분 동안 위산분비에는 변화가 없었으며, 위장 단백분해효소 및 위효소의 분비가 뚜렷하게 감소하였다. 이는 오매가 위를 자극할 수 있는 인자들의 작용을 감약시키는 효과가 있음을 설명하는 것이다[12].

5. 항종양
   오매의 열수 추출물은 인체 거핵백혈병세포 HIMeg와 인체 조유립백혈병세포 HL−60의 증식을 억제하는 효과가 있다[13].

6. 항과민
   오매는 기니피그의 단백질 과민성 쇼크 및 히스타민성 쇼크에 대한 길항작용이 있다[1].

7. 기타
   오매에는 항산화[14], 항돌연변이[15], 항피로, 항노화, 간 보호 및 살정(殺精)작용[1]이 있다.

용 도

오매는 중의임상에서 사용하는 약이다. 염폐지해(斂肺止咳, 폐의 기운을 수렴하여 기침 등을 멈추게 함), 삽장지사(澀腸止瀉, 수렴하여 설사를 멎게 함), 안회지통(安蛔止痛, 회충을 제거하여 통증을 멎게 함), 생진지갈(生津止渴, 진액을 생기게 하고 갈증을 없애 줌), 지혈 등의 효능이 있으며, 폐허구해[肺虛久咳, 폐의 기혈(氣血), 음양(陰陽)이 부족하거나 약해져서 기침이 오래된 것], 구사구리(久瀉久痢, 오랜 설사와 이질), 회궐복통(蛔厥腹痛, 회충으로 인해 배가 아픈 증상), 구토, 허열소갈[虛熱消渴, 음(陰), 양(陽), 기(氣), 혈(血) 등이 부족하여 발생하는 열로 인해 소갈(消渴)이 생긴 것], 붕루하혈(崩漏下血, 월경주기와 무관하게 불규칙적인 질 출혈이 일어나는 병증) 등의 치료에 사용한다.
현대임상에서는 바이러스성 간염, 궤양성 결장염 및 과민성 질병 등의 병증에 사용한다.

해 설

오매는 중국위생부에서 지정한 약식동원품목* 가운데 하나이다.
매실나무의 미성숙한 열매를 청매(青梅)라고 하며 새콤달콤한 맛이 있어 기호성이 매우 좋다. 최근 연구에서 청매에는 인체가 필요로 하

* 부록(559~562쪽) 참고

는 비타민, 미량원소, 단백질 및 유기산이 풍부하게 함유되어 있음이 밝혀졌으며, 청혈, 간기능 개선, 정장, 피로회복, 항노화, 살균, 항암, 심혈관 기능 개선, 소화 촉진 등의 약리효과가 있어 천연의 건강식품이라고 할 수 있다.
매실은 일본과 동남아 등지에서 매우 다양하게 활용되고 있으며, 갈증 해소제, 소화제 및 방부제 등으로 사용되고 있고, 이미 매실정제, 매실식초, 매실주 등의 보건품으로 개발되어 있다.
오매는 일반적으로 5~6월 열매가 청황색을 띨 때 수확하며, 불에 쬐어 2~3일 밤낮을 말린 뒤, 다시 2~3일간 덮어 두어 색이 검게 변하면 약으로 사용한다.

참고문헌

1. 劉友平, 陳鴻平, 萬德光, 嚴鑄雲, 陳林. 烏梅的研究進展. 中藥材. 2004, **27**(6): 459-462
2. 沈紅梅, 易楊華, 喬傳卓, 蘇中武, 李承祜. 烏梅的化學成分研究. 中草藥. 1995, **26**(2): 105-106
3. Y Chuda, H Ono, M Ohnishi-Kameyama, K Matsumoto, T Nagata, Y Kikuchi. Mumefural, citric acid derivative improving blood fluidity from fruit-juice concentrate of Japanese apricot (*Prunus mume* Sieb. et Zucc). *Journal of Agricultural and Food Chemistry*. 1999, **47**(3): 828-831
4. H Ina, K Yamada, K Matsumoto, T Miyazaki. Effects of benzyl glucoside and chlorogenic acid from *Prunus mume* on adrenocorticotropic hormone (ACTH) and catecholamine levels in plasma of experimental menopausal model rats. *Biological & Pharmaceutical Bulletin*. 2004, **27**(1): 136-137
5. 任少紅, 付麗娜, 王紅, 蕭朝萍. 烏梅中生物鹼的分離與鑒定. 中藥材. 2004, **27**(12): 917-918
6. 許臘英, 餘鵬, 毛維倫, 劉芬. 中藥烏梅的研究進展. 湖北中醫學院學報. 2003, **5**(1): 52-57
7. 張英福, 邱小青, 田治鋒, 丁永輝, 衛玉玲. 烏梅對豚鼠膀胱逼尿肌運動影響的實驗研究. 山西中醫. 2000, **16**(2): 43-45
8. 周旭, 瞿頌義, 邱小青, 丁永輝. 烏梅對豚鼠離體膽囊平滑肌運動的影響. 山西中醫. 1999, **15**(1): 34-35
9. 侯建平, 楊軍英, 韓志宏. 烏梅對小鼠, 家兔腸平滑肌運動的影響. 中國中醫藥科技. 1995, **2**(6): 24-25
10. 陳星燦, 劉定安, 宮錫坤. 中藥抗菌作用研究. 中醫藥學報. 1998, **36**(1): 36-37
11. 李仲興, 王秀華, 張立志, 嶽雲升, 趙寶珍, 陳晶波, 李繼紅. 應用 M-H 瓊脂進行五倍子等 5 種中藥對 28 株腸球菌的體外抗菌活性觀察. 中草藥. 2001, **32**(12): 1101-1103
12. 李岩, 李永渝, 崔瑞平. 茵陳等CCB中藥對消化性潰瘍相關因素的研究. 遵義醫學院學報. 1998, **21**(4): 7-9
13. 沈紅梅, 程濤, 喬傳卓, 蘇中武, 李承祜. 烏梅的體外抗腫瘤活性及免疫調節作用初探. 中國中藥雜誌. 1995, **20**(6): 365-368
14. CH Tsai, A Stern, JF Chiou, CL Chern, TZ Liu. Rapid and specific detection of hydroxyl radical using an ultraweak chemiluminescence analyzer and a low-level chemiluminescence emitter: application to hydroxyl radical-scavenging ability of aqueous extracts of Food constituents. *Journal of Agricultural and Food Chemistry*. 2001, **49**(5): 2137-2141
15. C Dogasaki, H Murakami, M Nishijima, K Yamamoto, T Miyazaki. Antimutagenic activities of hexane extracts of the fruit extract and the kernels of *Prunus mume* Sieb. et Zucc. *Yakugaku Zasshi*. 1992, **112**(8): 577-584

복숭아나무 桃 CP, KP, JP

Prunus persica (L.) Batsch

Peach

개 요

장미과(Rosaceae)

복숭아나무(桃, *Prunus persica* (L.) Batsch)의 잘 익은 씨를 건조한 것

중약명: 도인(桃仁)

벚나무속(*Prunus*) 식물은 전 세계에 약 200여 종이 있으며, 북온대에 주로 분포한다. 중국에는 약 140여 종이 있으며, 이 속에서 현재 약으로 사용되는 것은 약 31종에 달한다. 이 종의 원산은 중국이며, 중국 각지와 전 세계적으로 재배되고 있다.

'도인'이라는 약명은 《신농본초경(神農本草經)》에 하품으로 처음 기재되었다. 중국 고대 본초서적의 기록에 따라 도인의 기원은 벚나무속에 속한 다양한 식물의 씨가 모두 해당되나, 접붙이지 않은 복숭아와 산복숭아의 씨가 품질이 가장 좋다. 《중국약전(中國藥典)》(2015년 판)에서는 이 종을 중약 도인의 법정기원식물 내원종 가운데 하나로 수록하였다. 주요산지는 중국의 사천, 운남, 섬서, 북경, 하북 등이다.

복숭아나무에는 주로 지방유와 배당체가 함유되어 있다. 《중국약전》에서는 약재의 성상, 현미경 감별 특징, 산패도 등을 이용하여 약재의 규격을 정하고 있다.

약리연구를 통하여 복숭아나무의 씨에는 순환계의 혈류량 증가, 변비완화 등의 작용이 있는 것으로 알려져 있다.

한의학에서 도인은 활혈거어(活血祛瘀), 윤장통변(潤腸通便)의 작용이 있다.

복숭아나무 桃 *Prunus persica* (L.) Batsch 꽃이 달린 가지 花枝

복숭아나무 桃 *P. persica* (L.) Batsch 열매가 달린 가지 果枝

약재 도인 藥材桃仁 Persicae Semen

1cm

함유성분

씨에는 불포화지방산과 그 에스테르 성분인 올레산, 리놀레산, 트리올레인[1]이 주로 함유되어 있으며, 배당체 성분으로 amygdalin, prunasin, methyl-α-D-fructofuranoside[2], 스테로이드와 그 배당체 성분으로 24-methylene cycloartanol, citrostadienol, Δ_7-avenasterol, β-sitosterol 3-O-β-D-glucopyranoside, campesterol 3-O-β-D-glucopyranoside, β-sitosterol 3-O-β-D-(6-O-palmitoyl)glucopyranoside, campesterol 3-O-β-D-(6-O-oleoyl) glucopyranoside[2] 등이 함유되어 있다.

약리작용

1. 혈액응고 방지 및 혈전 형성 억제

   도인의 초산 아세테이트 추출물을 Mouse의 위에 투여하면 응혈시간을 연장하며, 아데노신이인산(ADP)으로 유도된 폐전색으로 인한 Mouse의 호흡압박 증상을 완화한다. 또한 Rat의 실험성 혈전 형성시간을 뚜렷하게 연장하는데[3], 도인과 도인피의 열수 추출액 또한 뚜렷한 항응혈 및 혈전억제작용을 나타낸다[4]. 도인 주사액은 *in vitro*와 Mouse 꼬리정맥을 통한 투약에서 뚜렷한 혈소판응집 억제작용을 나타낸다[5]. 도인에 함유된 트리올레인이 항응혈작용을 나타내는 유효성분이다[6].

2. 순화계통에 대한 영향

   도인의 열수 추출물을 Mouse에 경구투여하면 연뇌막 미세동맥에 대한 노르아드레날린의 반응성을 증강시킴으로써 연뇌막 미세순환에 대한 개선효과를 나타낸다[7]. 도인의 석유 에테르 추출물을 관상동맥 결찰로 급성 심근경색이 발생한 Rat 모델에 투여하면 심전도 ST단계를 향상시키며, 혈청 내 젖산탈수소효소(LDH)와 크레아틴포스포키나아제의 함량을 증가시킴으로써 심근경색의 면적을 감소시키고, 심근 결혈로 인한 손상을 개선하는 작용이 있다[8].

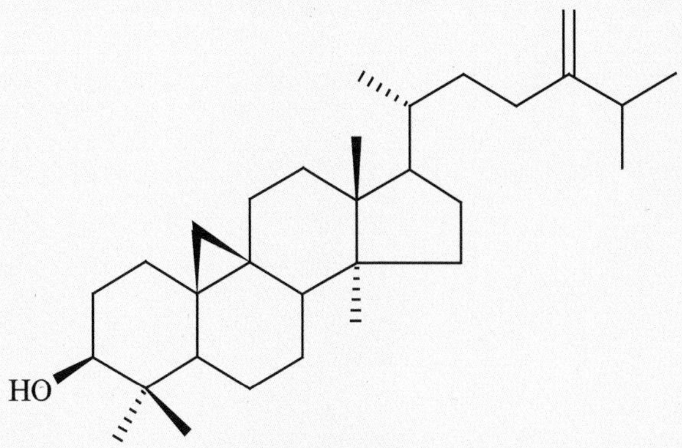

24-methylene cycloartanol

3. 윤장통변

도인의 열수 추출물을 Mouse에 경구투여하면 장관추동을 촉진하는데[4], 그 작용기전은 도인에 함유되어 있는 45%의 지방유로, 장관 점막의 윤활성을 증가시켜 배변을 원활하게 한다[9].

4. 항염

도인의 물 추출물은 카라기난에 의해 유도된 Rat의 발바닥 종창에 대해 비교적 강력한 억제효과가 있다. 도인의 열수 추출물을 Mouse의 위에 투여하면 파두유로 유도된 귓바퀴 종창을 뚜렷하게 경감시키는데, 그 항염 활성물질은 단백질 성분일 것으로 추정된다[10].

5. 섬유모세포 억제

도인 추출액(주로 아미그달린을 함유)은 *in vitro*에서 배양된 섬유모세포의 생장을 억제하는 작용이 있다[11]. 또한 각막제거술을 받은 집토끼의 눈에 도인 추출물을 점안하면 염증세포 및 섬유모세포의 성장을 억제하는 작용이 있는데, 이러한 효과는 청색광 투과억제 수술 후 상흔이 과도하게 형성되는 것을 억제하는 데 사용할 수 있다[12].

6. 간 보호

도인의 추출물은 Rat의 피하에 주사하면 CCl_4로 유도된 간섬유화를 예방하는 효과가 있으며, 섬유연계단백질인 피브로넥틴의 감소를 촉진하여 섬유간 내부의 섬유간극을 감소시킴으로써 간 조직의 구조를 회복시킨다[13]. 도인의 열수 추출 알코올 침출액을 Mouse의 복강에 주사하면 급성 알코올 중독으로 인한 글루타치온(GSH)의 소모를 방지하며, 말론디알데하이드의 생성을 저하한다. *In vitro*에서는 $Fe3^{+}$−cysteine에 의해 유도된 Rat 간세포의 지질과산화적 손상에 대해서도 뚜렷한 보호작용이 있다[14].

7. 항종양

도인의 단백질을 S180 이종이식 Mouse의 복강에 주사하면 혈청 내 인터루킨−2와 인터루킨−4의 농도를 상승시키며, T임파세포의 CD_4^{+}/CD_8^{+}의 비율을 조절함으로써 이종이식 Mouse의 저하된 면역기능을 개선하고, 면역기능의 평형을 유도함과 동시에 종양세포의 괴사를 촉진한다[15−16]. 도인 단백질의 복강주사는 또한 Mouse의 항체형성세포의 생산과 혈청용혈효소의 생성을 촉진하는데, 이를 통하여 Mouse의 체액성 면역기능을 강화한다[17]. 도인에 함유된 아미그달린 배당체 등의 배당체 물질은 항종양 활성이 있다[18].

8. 기타

도인에는 진통, 항과민[19], 타이로시나제 활성[20] 및 폐포 섬유화 억제[21] 등의 작용이 있다.

용 도

도인은 중의임상에서 사용하는 약이다. 활혈거어(活血祛瘀, 혈액순환을 촉진하여 어혈을 제거함), 윤장통변[潤腸通便, 장(腸)을 적셔 주고 대변을 통하게 함] 등의 효능이 있으며, 각종 어혈증, 경폐통경(經閉痛經, 월경 출혈이 없으면서 나타나는 월경통), 산후어체복통(産後瘀滯腹痛, 산후기복통), 징가[癥瘕, 여성 생식기에 발생하는 종괴(腫塊)] 및 질타손상(跌打損傷, 외상으로 인한 온갖 병증), 장조변비(腸燥便秘, 대장의 진액이 줄어들어 대변이 굳어진 것), 폐옹(肺癰, 폐에 농양이 생긴 병증), 장옹(腸癰, 아랫배가 뭉치어 붓고, 열과 오한이 나며, 오줌이 자주 마려운 증세가 있으며, 대변과 함께 피고름이 나오는 병), 해수기천(咳嗽氣喘, 기침할 때 숨은 가쁘나 가래 끓는 소리가 없는 증상) 등의 치료에 사용한다.
현대임상에서는 뇌혈전(腦血栓), 심교통(心絞痛, 가슴이 쥐어짜는 것처럼 몹시 아픈 것), 고혈압 등의 병증에 사용한다.

해 설

도인은 중국위생부에서 규정한 약식동원품목※ 가운데 하나이다.
이 종을 제외하고《중국약전》에는 동속식물인 산복숭아(*Prunus davidiana* (Carr.) Franch.) 또한 중약 도인의 법정기원식물 내원종으로 수록하고 있다.
복숭아는 맛이 좋고 영양이 풍부하여 우수 과일 가운데 하나로 매우 높은 경제적 가치가 있으므로, 복숭아나무의 재배 또한 과수용의 관점에서 주로 선택된다.《중국식물지(中國植物誌)》에서는 복숭아나무의 열매 특성에 따라 중국에서 재배되는 복숭아의 품종을 북방도, 남방도, 황육도, 번도, 유도 등 다섯 가지 품종으로 나누고 있다. 그 밖에도 관상용으로 벽도, 비도, 강도 등의 품목이 있다. 근래 상품용 도인은 주로 열매용을 가공한 후 부산물로부터 얻어지므로 재배 품목의 차이에 따라 약용으로 사용되는 약재의 품질에도 차이를 나타낼 수 있다. 따라서 약용 도인을 위한 품목의 선정이 필요하며, 대량 생산을 통하여 약재의 품질을 개선하는 것이 향후 발전 방향이라고 할 수 있다.
식용 도인으로 만든 '소두부(小豆腐)'에는 급성 독성을 유발했다는 보고가 있어[22] 주의가 필요하다.
복숭아나무는 복숭아 이외에도 약용으로 사용이 가능한 부위가 다양하다. 미성숙한 어린 열매를 건조한 것은 '벽도건(碧桃乾)'이라 하여 염한(斂汗)작용이 있다. 복숭아의 꽃을 불에 쬐어 건조한 것을 가루로 만들어 복용하면 부종과 복수, 변비, 소변불리 등을 치료한다. 또한 복숭아나무 껍질에서 분비되는 수지도 약용으로 이용할 수 있는데, 유미뇨(乳糜尿)와 당뇨병 등의 치료에 사용한다.

참고문헌

1. 侯寬昭, 中國种子植物科屬詞典 (第二版). 北京: 科學出版社. 1998: 398
2. M Farines, J Soulier, F Comes. Study of the glyceride fraction of lipids of seeds from plums and related species in the Rosaceae. *Revue Francaise des Corps Gras*. 1986, **33**(3): 115-117
3. H Morishige, Y Ida, J Shoji. Studies on the constituents of persicae semen. I. *Shoyakugaku Zasshi*. 1983, **37**(1): 46-51
4. 汪寧, 劉青雲, 彭代銀, 王蘭, 王勝祥. 桃仁不同提取物抗血栓作用的實驗研究. 中藥材. 2002, **25**(6): 414-415
5. 呂文海, 葡永春. 桃仁炮製品的初步藥理研究. 中藥材. 1994, **17**(3): 29-32
6. 王雅君, 劉宏鳴, 李吉. 桃仁抑制血小板聚集作用的研究. 上海醫藥. 1998, **19**(3): 27-28
7. T Kosuge, H Ishida, M Ishii. Studies on active substances in the herbs used for Oketsu ("stagnant blood") in Chinese medicine. II. On the anticoagulative principle in persicae semen. *Chemical & Pharmaceutical Bulletin*. 1985, **33**(4): 1496-1498
8. 趙喬, 曲玲, 遊秋雲, 張小娟, 郭蓮軍. 口服活血化淤藥對小鼠軟腦膜微循環的影響. 中國微循環. 2003, **7**(1): 27-28
9. 耿濤, 謝海林, 彭少平. 桃仁提取物抗大鼠心肌缺血作用的研究. 蘇州大學學報(醫學版). 2005, **25**(2): 238-240
10. 王本祥. 現代中藥藥理學. 天津: 天津科學技術出版社. 1997: 903-905
11. S Arichi, M Kubo, T Tani, K Nanba, N Nagamoto, H Noguchi, H Nakamura, H Uno, H Nishimura. Studies on Persicae semen (1). Studies on active principles having anti-inflammatory and analgesic activity. *Shoyakugaku Zasshi*. 1986, **40**(2): 129-138
12. 宋月蓮, 鄭應昭, 李素慧. 中藥桃仁對體外纖維母細胞增生的抑制作用的實驗研究. 中西醫結合眼科雜誌. 1995, **13**(1): 1-3
13. 汪素萍, 方軍, 嵇訓傳, 鄭應昭. 桃仁提取液抑制鞏膜瓣下小樑切除術後濾床纖維母細胞增殖的實驗研究. 上海醫科大學學報. 1993, **20**(1): 35-38
14. 徐列明, 劉平, 劉成, 洪嘉禾, 呂剛, 薛惠明, 朱劍亮, 胡義楊. 桃仁提取物抗實驗性肝纖維化的作用觀察. 中國中藥雜誌. 1994, **19**(8): 491-494
15. 季光, 胡梅, 孫維強. 桃仁抗肝脂質過氧化損傷作用的研究. 江西中醫學院學報. 1995, **7**(3): 34-35
16. 呂躍山, 王雅賢, 運晨霞, 紀傳珍, 張霞. 桃仁總蛋白對荷瘤鼠IL-2, IL-4水平的影響. 中醫藥信息. 2004, **21**(4): 60-61
17. 許惠玉, 運晨霞, 王雅賢. 桃仁總蛋白對荷瘤鼠 T 淋巴細胞亞群及細胞凋亡的影響. 齊齊哈爾醫學院學報. 2004, **25**(5): 485-487
18. 劉英, 張傳剛, 王雅賢, 張德山. 炒桃仁總蛋白對小鼠 B 細胞功能影響的實驗研究. 中醫藥學報. 2001, **29**(2): 55-56
19. T Fukuda, H Ito, T Mukainaka, H Tokuda, H Nishino, T Yoshida. Anti-tumor promoting effect of glycosides from *Prunus persica* seeds. *Biological & Pharmaceutical Bulletin*. 2003, **26**(2): 271-273
20. S Arichi, M Kubo, T Tani, H Nakamura, K Nanba, S Motoyoshi, K Ishii, C Imazu, Y Seto, T Kadokawa. Studies on Persicae semen. II. Pharmacological activity of water soluble compositions of Persicae semen. *Yakugaku Zasshi*. 1985, **105**(9): 886-894
21. 鄭向宇, 羅少華. 桃仁對酪氨酸酶激活作用的實驗研究. 南京鐵道醫學院學報. 1996, **15**(4): 257-258

※ 부록(559~562쪽) 참고

22. 洪長福, 婁金萍, 周華仕, 何令媛, 朱麗秋. 桃仁提取物對大鼠實驗性矽肺纖維化的影響. 浙江省醫學科學院學報. 2000, **3**: 7-8, 11

23. 趙玉英, 範玉義. 桃仁急性中毒 2 例. 山東中醫雜誌. 1995, **14**(8): 356-357

복숭아나무 재배단지

금전송 金錢松 CP

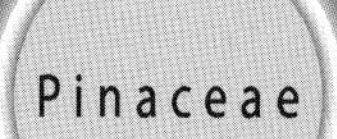

Pseudolarix amabilis (Nelson) Rehd.

Golden Larch

개 요

소나무과(Pinaceae)

금전송(金錢松, *Pseudolarix amabilis* (Nelson) Rehd.)의 뿌리껍질 또는 뿌리 근처의 나무껍질을 건조한 것

중약명: 토형피(土荊皮)

금전송속(*Pseudolarix*) 식물은 중국 특산으로 오직 금전송 1종이 존재하며, 양자강 중하류의 각 성의 온대 지역에 분포한다.

'토형피'의 약명은《약재자료회편(藥材資料滙編)》에 최초로 수록되었다. 역대 본초서적에는 이 품목에 대한 기록이 없다.《중국약전(中國藥典)》(2015년 판)에서는 이 종을 중약 토형피의 법정기원식물 내원종으로 수록하였다. 주요산지는 중국의 강소, 절강, 안휘, 강서, 복건, 호남 등이다.

금전송 뿌리껍질의 주요 활성성분은 슈도라릭산(pseudolaric acid) A와 B 등의 디테르펜류 화합물이다.《중국약전》에서는 고속액체크로마토그래피법을 이용하여 토형피에 함유된 슈도라릭산 B의 함량을 0.25% 이상으로 약재의 규격을 정하고 있다.

약리연구를 통하여 금전송의 뿌리껍질에는 항균, 항종양, 불임, 지혈 등의 작용이 있는 것으로 알려져 있다.

한의학에서 토형피에는 살충지양(殺蟲止癢) 등의 작용이 있다.

금전송 金錢松 *Pseudolarix amabilis* (Nelson) Rehd.

약재 토형피 藥材土荊皮 Pseudolaricis Cortex

금전송 金錢松 CP

수옹 水翁 *Cleistocalyx operculatus* (Roxb.) Merr. et Perry

약재 토근피 藥材土槿皮
Cleistocalycis Operculati Cortex

함유성분

뿌리껍질과 줄기껍질 근처의 뿌리에는 디테르페노이드 성분으로 pseudolaric acids A, B, C, D, E, F, G, H[1], pseudolaric acid C_2 (demethylpseudolaric acid B), deacetylpseudolaric acids A, C, pseudolaric acid A-O-β-D-glucopyranoside, pseudolaric acid B-O-β-D-glucopyranoside, 2′,3′-dihydroxy-1′-propoxypseudolarate B, 6′-O-acetylpseudolaric acid B-O-β-D-glucopyranoside, methyl pseudolarates A, B[1], 트리테르페노이드 성분으로 pseudolarifuroic acid[2], isopseudolarifuroic acids A, B[3], betulinic acid[2], isopseudolaritone A, 올리고당 성분으로 1-O-isopropyl-6-O-[2-O-methyl-a-L-rhamnopyranosyl(1→]6)]-β-D-glucopyranose[4] 등이 함유되어 있다.
잎에는 트리테르페노이드 성분으로 pseudolarolides Q, R, S[5] 등이 함유되어 있다.
씨에는 트리테르페노이드 락톤 성분으로 pseudolarolides A, B, C, D, E, F, H, I, J, K, L[6–9] 등이 함유되어 있다.

약리작용

1. 항균
   수도랄산 B는 금전송의 주요 항균성분이며, *in vitro*에서 홍색모선균, 발선균, 석고상소아포균, 염주균 및 구형효모균 등이 대해 비교적 강력한 억제작용을 나타낸다[10–11]. 그 밖에 이소슈도랄리푸로산 A는 *in vitro*에서 그람양성균과 그람음성균에 대해 매우 강력한 항균성을 나타낸다[3].

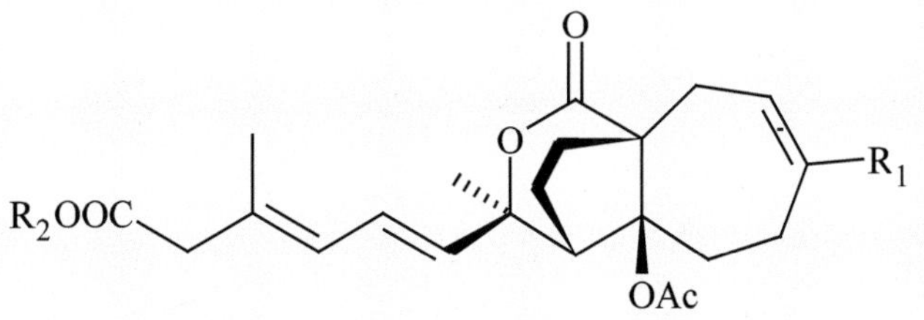

pseudolaric acid A: $R_1=CH_3$, $R_2=H$

pseudolaric acid C: $R_1=COOCH_3$, $R_2=H$

pseudolaric acid A-O-β-D-glucoside: $R_1= CH_3$, $R_2=glc$

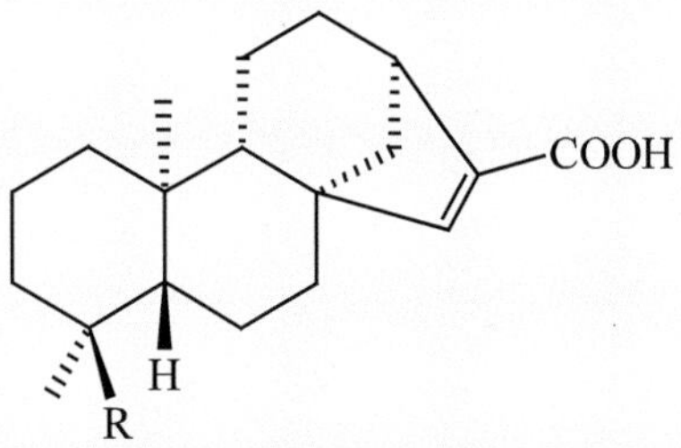

pseudolaric acid D: $R=CH_2OH$

pseudolaric acid E: R=COOH

2. 항종양

슈도랄산 B는 *in vitro*에서 인체 비인암세포 KB, 폐암세포 A-549, 결장암세포 HCT-8 및 설치류 백혈병세포 P388에 대해 세포독성을 나타낸다[6]. 또한 인체 자궁경부암세포 HeLa 및 인체 흑색종세포 A375-S2의 세포괴사를 유도하는데, 그 작용기전은 bcl-2 단백질의 발현을 감소시키고 Bax 단백질의 발현을 증가시키는 것과 관련이 있다[12-13].

3. 불임

슈도랄산 A와 B는 임신한 Rat에 대하여 뚜렷한 조기임신중절작용이 있으며, 조기임신한 Rat의 적출된 자궁의 근장력을 완화한다. 슈도랄산 A와 B에는 에스트로겐과 항에스트로겐 효소 및 프로게스테론의 활성을 억제하는 작용이 없으며, 주요 작용기전은 자궁내막과 근육층의 혈류량을 감소시켜 배아의 사망을 유도하는 것으로 생각된다[14-15]. 그 밖에 슈도랄산 B를 배란 전의 햄스터 난소에 주입하면 햄스터 난자의 수정능력을 억제하는 작용이 있다[16].

4. 지혈

토형피의 알코올 추출물은 개 허벅지 동맥 절개부, 절단부 출혈, 간 및 비장 절단면 출혈 등에 대해 양호한 지혈작용을 나타낸다[17].

5. 담낭 자멸

토형피의 정제를 집토끼 담낭의 기저부에 주입하면 집토끼의 담낭점막을 완전히 파괴함으로써 담낭벽에 만성 염증과 섬유기화를 유도하여 담낭의 자멸을 유도하는데, 주변의 간세포에는 특정한 손상을 유도하지 않는다[18].

6. 기타

슈도랄산 B에는 혈관내피성장인자(VEGF)를 억제하는 작용이 있다[19].

용도

토형피는 중의임상에서 사용하는 약이다. 거풍제습[祛風除濕, 풍습(風濕)을 없애 줌], 살충지양(殺蟲止癢, 기생충을 제거하고 가려움증을 가라앉힘) 등의 효능이 있으며, 개선(疥癬, 개선충의 기생으로 생기는 전염성 피부병), 습진 등의 치료에 사용한다.

현대임상에서는 손발의 개선, 신경성 피부염 등의 병증에 사용한다.

해 설

중국의 광동 지역에서는 토근피[土槿皮, 도금낭과 식물 수옹(水翁, *Cleistocalyx operculatus* (Roxb.) Merr. et Perry)의 건조한 수피]를 토형피로 사용하며, 광동토근피라고 부른다. 광동토근피는 살충, 개선치료 등에 300여 년간 사용된 역사가 있으며, 그 성분 및 항균기전에 대해서는 추가적인 연구가 필요하다.

슈도라릭산 B의 Rat에 대한 경구투여의 경우 LD_{50}은 130mg/kg에 달한다. 슈도라릭산 A를 개에 투여하여 발생하는 부작용으로는 식욕부진, 구토, 설사, 혈변 등의 소화기 증상이 대부분인데, 현미경 관찰을 통하여 위장점막 및 점막 내 조직에 광범위한 출혈이 발생하는 것을 확인하였으며, 기타 기관에 대해서는 뚜렷한 병리적 현상이 나타나지 않았다. 이와 같은 내용은 향후 연구와 임상응용에 있어 유용한 자료로 활용될 수 있을 것이다.

참고문헌

1. SP Yang, Y Wu, JM Yue. Five new diterpenoids from *Pseudolarix kaempferi*. *Journal of Natural Products*. 2002, **65**(7): 1041-1044
2. 陳科, 李珠蓮, 潘德濟, 徐光漪. 土槿皮三萜成分的研究. 化學學報. 1990, **48**: 591-595
3. SP Yang, JM Yue. Two novel cytotoxic and antimicrobial triterpenoids from *Pseudolarix kaempferi*. *Bioorganic & Medicinal Chemistry Letters*. 2001, **11**(24): 3119-3122
4. SP Yang, Y Wang, Y Wu, JM Yue. Chemical constituents from *Pseudolarix kaempferi*. *Natural Products Research*. 2004, **18**(5): 439-446
5. TX Zhou, HP Zhang, NY Zhu, P Chiu. New triterpene peroxides from *Pseudolarix kaempferi*. *Tetrahedron*. 2004, **60**(22): 4931-4936
6. GF Chen, ZL Li, DJ Pan, CM Tang, X He, GY Xu, K Chen, KH Lee. The isolation and structural elucidation of four novel triterpene lactones, pseudolarolides A, B, C, and D, from *Pseudolarix kaempferi*. *Journal of Natural Products*. 1993, **56**(7): 1114-1122
7. GF Chen, ZL Li, DJ Pan, SH Jiang, DY Zhu. A novel eleven-membered-ring triterpene dilactone, pseudolarolide F and A related compound, pseudolarolide E, from *Pseudolarix kaempferi*. *Journal of Asian Natural Products Research*. 2001, **3**(4): 321-333
8. K Chen, YL Zhang, ZL Li, Q Shi, CD Poon, RJ Tang, AT McPhail, KH Lee. Structure and stereochemistry of pseudolarolide J, a novel nortriterpene lactone from *Pseudolarix kaempferi*. *Journal of Natural Products*. 1996, **59**(12): 1200-1202
9. K Chen, Q Shi, ZL Li, CD Poon, RJ Tang, KH Lee. Structures and stereochemistry of pseudolarolides K and L, novel triterpene dilactones from *Pseudolarix kaempferi*. *Journal of Asian Natural Products Research*. 1999, **1**(3): 207-214
10. 唐金花, 張薪薪, 劉偉, 王關林. 土槿皮對紅色毛癬菌的抑菌作用及其超微結構的研究. 遼寧師範大學學報(自然科學版). 2005, **28**(3): 339-341
11. E Li, AM Clark, CD Hufford. Antifungal evaluation of pseudolaric acid B, a major constituent of *Pseudolarix kaempferi*. *Journal of Natural Products*. 1995, **58**(1): 57-67
12. 龔顯峰, 王敏偉, 田代真一, 小野寺敏, 池島喬. 土槿皮乙酸體外誘導 A375-S2 細胞凋亡. 中國中藥雜誌. 2005, **30**(1): 55-57
13. 龔顯峰, 王敏偉, 吳振, 田代真一, 小野寺敏, 池島喬. 土槿皮乙酸體外誘導 Hela 細胞凋亡. 中國藥學雜誌. 2005, **40**(8): 589-591
14. 王偉成, 顧芝萍, 顧克仁, 陳榮錫. 土荊皮乙酸對妊娠大鼠子宮內膜及肌層血流量的影響. 中國藥理學報. 1991, **12**(5): 423-425
15. 王偉成, 遊根娣, 蔣秀娟, 陸榮發, 顧芝萍. 土荊皮甲酸和乙酸的內分泌活性和它們對性激素, 前列腺素, 子宮, 胎兒的影響. 中國藥理學報. 1991, **12**(2): 187-190
16. 張燕林, 呂容真, 顏阿林. 土荊皮乙酸抑制倉鼠卵子的受精能力. 中國藥理學報. 1990, **11**(1): 60-62
17. 王本祥. 現代中藥藥理學. 天津: 天津科學技術出版社. 1997: 1415
18. 張麗, 李華. 高濃度土荊皮酊自截兔膽囊的實驗研究. 江蘇中醫. 1996, **17**(7): 45-46
19. WF Tan, XW Zhang, MH Li, JM Yue, Y Chen, LP Lin, J Ding. Pseudolarix acid B inhibits angiogenesis by antagonizing the vascular endothelial growth factor-mediated anti-apoptotic effect. *European Journal of Pharmacology*. 2004, **499**(3): 219-228
20. 房志堅, 王瑾, 羅集鵬. 土槿皮與廣東土槿皮的生藥鑒定. 中藥材. 1994, **17**(2): 15-19, 52
21. 王偉成, 陸榮發, 趙世興, 顧芝萍. 土荊皮甲酸的抗生育作用和毒性. 生殖與避孕. 1989, **9**(1): 34-37

개별꽃 孩兒參 CP

Caryophyllaceae

Pseudostellaria heterophylla (Miq.) Pax ex Pax et Hoffm.

Heterophylly Falsestarwort

개 요

석죽과(Caryophyllaceae)

개별꽃(孩兒參, *Pseudostellaria heterophylla* (Miq.) Pax ex Pax et Hoffm.)의 건조된 덩이뿌리

중약명: 태자삼(太子蔘)

개별꽃속(*Pseudostellaria*) 식물은 전 세계에 약 15종이 있으며, 아시아의 동부, 북부 그리고 유럽의 동부에 분포한다. 중국에는 8종이 있으며, 양자강 유역의 북쪽 지역에 넓게 분포한다. 이 속에서 현재 약으로 사용되는 것은 모두 3종이다. 이 종은 중국의 북방과 화중, 화동 등지에 분포하며, 일본과 한반도에도 분포한다.

'태자삼'의 약명은 《본초종신(本草從新)》에 처음 수록되었다. 석죽과 개별꽃의 인공재배는 이미 100여 년의 역사를 가지고 있다. 《중국약전(中國藥典)》(2015년 판)에서는 이 종을 중약 태자삼의 법정기원식물 내원종으로 수록하였다. 주요산지는 중국의 강소, 산동, 안휘 등이다.

개별꽃속 식물의 주요 활성성분은 고리형 펩티드와 사포닌류 화합물이다. 《중국약전》에서는 박층크로마토그래피법을 이용하여 약재의 규격을 정하고 있다.

약리연구를 통하여 개별꽃에는 항피로, 면역증강, 진해(鎭咳), 항균, 항바이러스 등의 작용이 있는 것으로 알려져 있다.

한의학에서 태자삼에는 익기건비(益氣健脾), 생진윤폐(生津潤肺) 등의 작용이 있다.

개별꽃 孩兒參 *Pseudostellaria heterophylla* (Miq.) Pax ex Pax et Hoffm.

개별꽃 孩兒參 CP

개별꽃 孩兒參
Pseudostellaria heterophylla (Miq.) Pax ex Pax et Hoffm.

약재 태자삼 藥材太子蔘 Pseudostellariae Radix

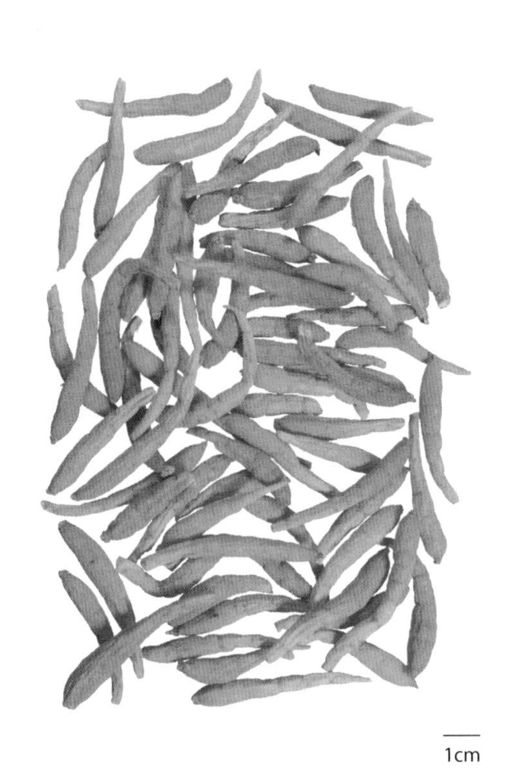

함유성분

덩이뿌리에는 트리테르페노이드 사포닌 성분으로 pseudostellarinoside A, acutifoliside D[1], 고리형 펩티드 성분으로 heterophyllins A, B[2], C[3], D[1], pseudostellarins A, B, C[4], D, E, F[5], G[6], H[7], 유기산 성분으로 2-minaline[8], 정유성분으로 pyrrole, furfurol, furfuryl alcohol, 1-methyl-3propyl-benzene, 2-methyl-pyrrole, dibutylphthalate[9], 지질 성분으로 tripalmitin, dotriylpalmitate[1] 등이 함유되어 있다.

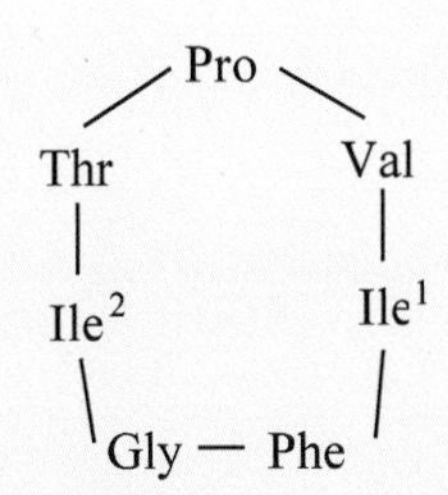

Pro: Proline　Thr: Threonine　Ile: Isoleucine　Gly: Glycine　Phe: Phenylalanine　Val: Valine

heterophyllin A

약리작용

1. 항피로, 항스트레스
태자삼의 사포닌, 다당 및 75% 알코올 추출물을 Mouse에 경구투여하면 Mouse의 유영시간을 뚜렷하게 연장하며, 정상 압력 조건에서 산소결핍과 저온 조건에서 생존시간을 뚜렷하게 연장한다[10-11].

2. 면역증강
태자삼의 75% 에탄올 추출물을 Mouse에 경구투여하면 레세르핀에 의해 유도된 흉선과 비장의 중량 감소에 대해 뚜렷한 길항작용이 있으며, Mouse의 비양허(脾陽虛) 발생률을 감소시키고, 비허 모델 Mouse의 체중을 증가시킨다. 또한 면역억제에 의한 Mouse의 지발성과민반응(DTH)을 억제한다[12]. 태자삼의 다당과 사포닌을 Mouse에 경구투여하면 면역기관의 중량을 증가시키며, Mouse 혈청 중의 용혈효소 함량을 증가시키고, 망상내피계통(RES)의 탐식작용을 뚜렷하게 유도시키는 효과가 있다[10-11].

3. 노화억제
태자삼의 메탄올:물(1:1) 추출액은 안정적으로 활성산소를 제거하는 "슈퍼옥시드디스무타아제(SOD) 유사작용"을 나타내는데, 이는 태자삼이 *in vitro*에서 일정한 SOD 유사활성을 나타낼 수 있음을 시사한다[13]. 태자삼의 에탄올 추출물을 자연노화가 발생된 Rat에 경구투여하면 Rat의 혈청, 간, 신장 조직 내의 말론디알데하이드를 각기 다른 정도로 저하시키며, 일산화질소합성효소(NOS) 및 유도성 산화질소합성효소(iNOS)의 활성을 뚜렷하게 저하시킬 뿐만 아니라 SOD 및 글루타치온과산화효소(GSH-Px)의 활성을 각각 다른 정도로 활성화한다[14-15]. 태자삼의 열수 추출물은 초파리의 평균수명과 최고수명을 연장시킨다[16].

4. 혈당강하
태자삼의 물 추출물을 HCSS에 의해 Mouse 랑게르한섬 저항성 발생에 대해 개선작용이 있으며, 스트렙토조토신에 의해 당뇨가 유도된 Mouse의 혈당을 강하하는 효과가 있는데, 정상 Mouse의 혈당에는 영향을 주지 않는다[17].

용 도

태자삼은 중의임상에서 사용하는 약이다. 보기생진(補氣生津, 기를 보하고 진액을 생기게 함) 등의 효능이 있으며, 비기허약[脾氣虛弱, 비기(脾氣)가 부족하거나 비위가 허약함], 위음부족[胃陰不足, 위(胃)의 음액(陰液)이 부족함]으로 인한 식소권태(食少倦怠), 기허진상(氣虛津傷)으로 인한 폐허조해(肺虛燥咳, 폐가 허하여 마른기침을 하는 것), 심계불면(心悸不眠, 가슴이 두근거리면서 불안하여 잠을 못 이룸), 허열한다[虛熱汗多, 허열(虛熱)로 인해 땀이 많음] 등의 치료에 사용한다.
현대임상에서는 신경쇠약 등의 병증에 사용한다.

해 설

태자삼의 명칭은 《본초종신》과 《본초강목습유(本草綱目拾遺)》에서 찾아볼 수 있는데, 원래는 오가과에 속한 식물인 인삼 가운데 크기가 작은 것으로 묘사되어 있다. 오늘날에는 일반적으로 석죽과에 속한 태자삼의 동이뿌리를 사용한다.
태자삼에는 항피로, 면역증강 등의 효능이 있어 보건품으로 다양하게 활용되고 있다. 태자삼의 수요가 날로 증가되고 있으며, 현재 중국에서는 복건, 귀주 등지에 이미 개별꽃 재배단지가 조성되어 있다.

참고문헌

1. 餘永邦, 秦民堅, 餘國奠. 太子參化學成分, 藥理作用及質量評價研究進展. 中國野生植物資源. 2003, **22**(4): 1-3, 7
2. NH Tan, J Zhou, CX Chen, SX Zhao. Cyclopeptides from the roots of *Pseudostellaria heterophylla*. *Phytochemistry*. 1993, **32**(5): 1327-1330
3. 譚寧華, 周俊. 太子參中新環肽: 太子參環肽 C. 雲南植物研究. 1995, **17**(1): 60
4. H Morita, T Kayashita, H Kobata, A Gonda, K Takeya, H Itokawa. Cyclic peptides from higher plants. VI. Pseudostellarins A-C, new tyrosinase inhibitory cyclic peptides from *Pseudostellaria heterophylla*. *Tetrahedron*. 1994, **50**(23): 6797-6804
5. H Morita, T Kayashita, H Kobata, A Gonda, K Takeya, H Itokawa. Cyclic peptides from higher plants. 7. Pseudostellarins D-F, new tyrosinase inhibitory cyclic peptides from *Pseudostellaria heterophylla*. *Tetrahedron*. 1994, **50**(33): 9975-9982
6. H Morita, H Kobata, K Takeya, H Itokawa. Cyclic peptides from higher plants. V. Pseudostellarin G, a new tyrosinase inhibitory cyclic octapeptide from *Pseudostellaria heterophylla*. *Tetrahedron Letters*. 1994, **35**(21): 3563-3564
7. H Morita, T Kayashitqa, K Takeya, H Itokawa. Cyclic peptides from higher plants, part 15. Pseudostellarin H, a new cyclic octapeptide from *Pseudostellaria heterophylla*. *Journal of Natural Products*. 1995, **58**(6): 943-947
8. 譚寧華, 趙守訓, 陳昌祥, 周俊. 太子參的化學成分. 雲南植物研究. 1991, **13**(4): 431, 440
9. 王喆星, 徐綏緒, 張秀琴. 太子參化學成分的研究 (III): 揮發性成分的分析鑒定. 瀋陽藥學院學報. 1993, **10**(3): 221-222
10. 劉訓紅, 陳彬, 王玉璽. 太子參總皂苷藥理作用的初步研究. 江蘇藥學與臨床研究. 2000, **8**(3): 6-8

11. 劉訓紅, 陳彬, 王玉璽. 太子參多糖抗應激和免疫增強作用的實驗研究. 江蘇中醫. 2000, **21**(10): 51-52

12. 龔祝南, 戴嶽, 馬輝, 王崢濤, 餘國奠. 8 個不同產地太子參對脾虛及免疫功能的影響. 中藥材. 2001, **24**(4): 281-282

13. 餘國奠, 劉峻, 陳喻, 劉學平, 丁家宜, 王崢濤. 6 個不同產地的太子參對超氧自由基清除作用的研究. 中國野生植物資源. 2000, **19**(4): 7-8, 19

14. 袁逸銘, 高湘, 許愛霞, 葛斌. 太子參醇提物的抗脂質過氧化作用. 中國臨床藥理學與治療學. 2005, **10**(1): 83-86

15. 袁逸銘, 高湘, 許愛霞, 葛斌. 太子參醇提物對自然衰老大鼠組織一氧化氮合酶的影響. 中國藥學雜誌. 2005, **40**(15): 1199-1200

16. 黃國城, 施少捷, 鄭強. 太子參和香菇多糖對果蠅壽命的影響. 實用老年醫學. 1995, **9**(1): 29

17. 曹莉, 茅彩萍, 顧振綸. 三種中藥對糖尿病小鼠胰島素抵抗的影響. 中國血液流變學雜誌. 2005, **15**(1): 42-4

보골지 補骨脂 CP, KHP, IP

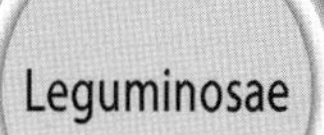

Psoralea corylifolia L.
Malaytea Scurfpea

개 요

콩과(Leguminosae)
보골지(補骨脂, *Psoralea corylifolia* L.)의 잘 익은 열매를 건조한 것
중약명: 보골지
보골지속(*Psoralea*) 식물은 전 세계에 약 120여 종이 있으며, 주로 아시아 남부, 남북 아메리카 및 호주 등지에 분포하고, 소수가 아시아 및 유럽 온대 지역에 자생한다. 중국에는 1종이 있으며, 약으로 사용된다. 이 종은 중국의 사천, 하남, 안휘 등지에 분포하며, 인도, 스리랑카, 미얀마 등지에도 자생한다.
'보골지'의 약명은 《뇌공포자론(雷公炮炙論)》에 처음 수록되었다. 《중국약전(中國藥典)》(2015년 판)에서는 이 종을 중약 보골지의 법정기원식물 내원종으로 수록하였다. 주요산지는 중국의 사천, 하남, 안휘 등이다.
보골지에는 쿠마린과 플라보노이드 등의 성분이 함유되어 있다. 《중국약전》에서는 고속액체크로마토그래피법을 이용하여 보골지에 함유된 프소랄렌과 이소프소랄렌의 총 함량을 0.70% 이상으로 약재의 규격을 정하고 있다.
약리연구를 통하여 보골지에는 항종양, 항산화, 항전립선증생 등의 작용이 있는 것으로 알려져 있다.
한의학에서 보골지에는 온신조양(溫腎助陽), 납기(納氣), 지사(止瀉) 등의 작용이 있다.

보골지 補骨脂 *Psoralea corylifolia* L.

약재 보골지 藥材補骨脂 Psoraleae Fructus

보골지 補骨脂 CP, KHP, IP

함유성분

열매에는 쿠마린류 성분으로 psoralen, isopsoralen(angelicin), 8-methoxy-psoralen, psoralidin, bakuchicin, psoralidin 2′,3′-oxide diacetate[1-5], 플라보노이드 성분으로 psoralenol, neobavaisoflavone, bavachinin, bavachromene, bavachalcone, isobavachalcone, bavachromanol, daidzein, 6-hydroxy-6″, 6″-dimethylpyrano-(2″,3″: 4′,3′)-isoflavone, bavachin (corylifolin), isobavachin[6-11], 모노테르페노이드 성분으로 bakuchiol[1], 벤조퓨라노이드 성분으로 corylifonol, isocorylifonol[12] 등이 함유되어 있다.

psoralen: R=H
8-methoxypsoralen: R=OCH_3

psoralenol

약리작용

1. 항골질흡수
   보골지의 고농도(0.10mmol/L) 추출액은 *in vitro*에서 배양된 큰 귀 흰토끼 파골세포가 골편 상에 형성하는 흡수함몰 부위의 증가 및 확장을 억제한다[13]. 저농도(0.050mmol/L)에서는 파골세포에 대한 작용이 뚜렷하지 않다.

2. 여성호르몬 유사작용
   보골지 분말을 정상 성체 및 난소를 절제한 암컷 쥐에 투여하면 음도상피세포의 각화를 증가시킬 수 있으며, 미성숙한 암컷 쥐의 발육을 촉진하는 여성호르몬 유사작용이 있다.

3. 항종양
   보골지에 함유된 프소랄렌과 이소프소랄렌은 인체위암세포 BGC-823의 생장을 뚜렷하게 억제하는데, 반수억제농도(IC_{50})는 각각 5.8mg/mL와 0.15mg/mL이다[14]. 프소랄렌 및 8-메톡시프소랄렌은 침샘점액표피암, 유선암 EMT6, Mouse 육종, 에를리히복수암(EAC) 및 자궁경부암 HeLa 등에 대해 일정한 억제작용이 있다[15-18].

4. 평천(平喘)
   보골지에 함유된 쿠마린 성분은 암모니아수에 의해 유도된 기니피그의 과민성 천식과 히스타민성 천식의 잠복기를 뚜렷하게 연장시키며, 동물의 사망률을 현저하게 저하시킬 수 있다[19].

5. 타이로시나제 활성
   프소랄렌은 타이로시나제의 활성을 뚜렷하게 증가시키는데, 이는 보골지가 광화학용법으로 백전풍을 치료하는 주요 작용기전 가운데 하나이다[20].

6. 전립선비대 억제
   프소랄렌을 Rat에 경구투여하면 프로피온산테스토스테론에 의해 유도된 전립선 증식 모델에 대해 전립선의 체적을 축소시키고, 중량을 줄이며, 조직학적 증식을 경감한다[21].

7. 항산화
   프소랄렌은 돼지기름에 대해 뚜렷한 항산화효과가 있는데, 그 주요 항산화 성분은 프소랄리딘이며, 돼지기름에 대한 항산화효과는 합성 항산화제인 BHA보다도 강력하다[22].

8. 혈액정화
   프소랄렌을 이용한 광화학요법에서 병원성 미생물을 살멸시킬 수 있으며, 혈장 내 단일 혈액성분인 혈소판, 백혈구 및 사이토카인 등을 제거하여 혈액운반억제를 방지한다[23].

9. 윤장통변

보골지는 Mouse의 소장 유동운동을 증가시키고 통변시간을 단축시킴으로써 배변을 촉진한다[24].

10. 기타

보골지에는 항노화, 항착상, 백혈구 증가 및 혈관확장 등의 작용이 있다.

용 도

보골지는 중의임상에서 사용하는 약이다. 보신조양[補腎助陽, 신(腎)을 보하고 양기를 보함], 고정축뇨(固精縮尿, 기를 밖으로 새지 않도록 하고 소변을 다스림), 난비지사[暖脾止瀉, 비(脾)를 따뜻하게 하고 설사를 멎게 함], 납기평천[納氣平喘, 신(腎)이 허한 것을 보하여 납기(納氣, 기운을 받아들임)기능이 장애된 것을 치료하여 천식을 멈추게 함] 등의 효능이 있으며, 신양부족[腎陽不足, 신기(腎氣)의 손상으로 전신을 따뜻하게 해 주는 양기가 부족하여 생기는 병증], 명문화쇠[命門火衰, 신양(腎陽)이 허하거나 부족한 것], 요슬냉통(腰膝冷痛, 허리와 무릎에 냉감 있는 통증), 양위(陽痿, 발기부전), 유정(遺精, 성교 없이 정액이 흘러나오는 병증), 뇨빈(尿頻, 배뇨 횟수가 잦은 것), 비양허[脾陽虛, 비(脾)의 양기가 부족한 증상]로 인한 설사, 신불납기[腎不納氣, 신기(腎氣)가 허하여 폐기(肺氣)를 받아들이지 못하는 증상]로 인한 허천[虛喘, 정기(精氣)가 허약하여 생기는 천식] 등의 치료에 사용한다.

현대임상에서는 비기능성 자궁 출혈, 백혈구 감소증, 은설병[銀屑病, 홍반(紅斑)과 구진(丘疹)으로 인하여 피부 표면에 여러 층으로 된 백색 비늘가루가 생기는 병증], 백전풍(白癜風, 피부에 흰 반점이 생기는 병증), 한반(汗斑), 외음백반(外陰白斑), 대머리와 유뇨(遺尿, 스스로 자각하지 못하고 소변이 저절로 흘러나오는 배뇨) 등의 병증에 사용한다.

해 설

약리연구를 통하여 경구투여 또는 외용으로 프소랄렌 광민감제를 사용한 뒤 장파자외선(또는 태양광)을 쪼이면 백전풍에 대하여 치료효과가 있으며, 은설병과 습진 등의 피부병에도 활용이 가능하다.

보골지에는 호르몬 유사작용이 있으며, 천연 여성호르몬으로 작용하는데, 난소를 절제했거나 각종 원인에 의한 여성호르몬 감소성 질환에 활용이 가능하다. 또한 한약 첨가제로서 비천연 첨가제를 대체하여 가금류의 양식에 사용하여 동물의 생장을 촉진하는 데 사용할 수 있다.

참고문헌

1. H Cho, JY Jun, EK Song, KH Kang, HY Baek, YS Ko, YC Kim. Bakuchiol: a hepatoprotective compound of *Psoralea corylifolia* on tacrine-induced cytotoxicity in HepG2 cells. *Planta Medica*. 2001, **67**(8): 750-751
2. W Mar, KH Je, EK Seo. Cytotoxic constituents of *Psoralea corylifolia*. *Archives of Pharmacal Research*. 2001, **24**(3): 211-213
3. BK Gupta, GK Gupta, KL Dhar, CK Atal. Psoralidin oxide, a coumestan from the seeds of *Psoralea corylifolia*. *Phytochemistry*. 1980, **19**(10): 2232-2233
4. 彭國平, 吳盤華, 李紅陽, 袁永泰. 補骨脂化學成分的研究. 中藥材. 1996, **19**(11): 563-565
5. NJ Sun, SH Woo, JM Cassady, RM Snapka. DNA polymerase and topoisomerase II inhibitors from *Psoralea corylifolia*. *Journal of Natural Products*. 1998, **61**(3): 362-366
6. H Haraguchi, J Inoue, Y Tamura, K Mizutani. Antioxidative components of *Psoralea corylifolia* (Leguminosae). *Phytotherapy Research*. 2002, **16**(6): 539-544
7. BS Bajwa, PL Khanna, TR Seshadri. Components of different parts of seeds (fruits) of *Psoralea corylifolia*. *Indian Journal of Chemistry*. 1974, **12**(1): 15-19
8. WJ Tsai, WC Hsin, CC Chen. Antiplatelet flavonoids from seeds of *Psoralea corylifolia*. *Journal of Natural Products*. 1996, **59**(7): 671-672
9. D Agarwal, P Sah, SP Garg. A new isoflavone from the seeds of *Psoralea corylifolia* Linn. *Oriental Journal of Chemistry*. 2000, **16**(3): 541-544
10. JL Suri, GK Gupta, KL Dhar, CK Atal. Bavachromanol: a new chalcone from the seeds of *Psoralea corylifolia*. *Phytochemistry*. 1980, **19**(2): 336-337
11. BK Gupta, GK Gupta, KL Dhar, CK Atal. A C-formylated chalcone from *Psoralea corylifolia*. *Phytochemistry*. 1980, **19**(9): 2034-2035
12. YL Lin, YH Kuo. Two new benzofuran derivatives, corylifonol and isocorylifonol from the seeds of *Psoralea corylifolia*. *Heterocycles*. 1992, **34**(8): 1555-1564
13. 張潤荃, 史鳳芹, 龐淑珍, 於世鳳. 補骨脂對分離破骨細胞作用研究. 現代口腔醫學雜誌. 1995, **9**(3): 136-138
14. 郭江寧, 吳侯, 翁新楚, 顏建華, 畢開順. 補骨脂中活性成分的提取分離與抗癌實驗研究. 中藥材. 2003, **26**(3): 185-187
15. 胡雲, 吳軍正, 陳建元. 補骨脂素類藥物對宮頸鱗癌 HeLa 細胞惡性表型的影響. 中國中醫藥科技. 1999, **6**(3): 157-158
16. 吳少華, 張仲海, 趙建斌. 補骨脂素體內外抗癌活性的實驗研究. 中國中藥雜誌. 1998, **23**(5): 303-305
17. 吳軍正, 司徒鎮強, 陳建元, 李峰, 李焰, 劉斌. 補骨脂素和 8-甲氧基補骨脂素對涎腺粘液表皮樣癌高轉移細胞表型的影響. 第四軍醫大學學報. 2000, **21**(8): 911-914
18. 吳軍正, 司徒鎮強, 王為, 陳建元, 劉斌, 楊易燦. 補骨脂素對粘液表皮樣癌的抑制作用. 實用口腔醫學雜誌. 1990, **6**(4): 322-324
19. 鄧時貴, 李愛群, 歐潤妹, 區勇全. 補骨脂總香豆素的平喘作用. 中國現代應用藥學雜志. 2001, **18**(6): 439-440
20. 徐建國, 尚靖. 補骨脂對酪氨酸酶的激活作用. 中草藥. 1991, **22**(4): 168-169

21. 董能本, 詹炳炎, 夏焱森, 張傑, 張青漢, 葉緒龍, 潘衛兵. 補骨脂素抗良性前列腺增生的研究. 中華實驗外科雜誌. 2003, **20**(2): 109-110
22. 魏安池, 周瑞寶. 補骨脂抗氧化性能及其有效成分的研究. 中國油脂. 2000, **25**(1): 53-54
23. 饒林, 王全立. 補骨脂素光化學法在血液消毒方面的研究進展. 中國消毒學雜誌. 2003, **20**(2): 147-150
24. 金愛華, 焦捷軍, 陶沁, 張寅恭. 補骨脂通便作用的研究. 浙江省醫學科學院學報. 1997, **29**: 32-33

칡 野葛 CP, KP, JP

Leguminosae

Pueraria lobata (Willd.) Ohwi

Kudzu

개 요

콩과(Leguminosae)

칡(野葛, *Pueraria lobata* (Willd.) Ohwi)의 뿌리를 건조한 것

중약명: 갈근(葛根)

칡속(*Pueraria*) 식물은 전 세계에 35종이 있으며, 인도에서 일본까지 그리고 남쪽으로는 말레이시아까지 분포한다. 중국에는 8종 및 2종의 변종이 있으며, 주로 서남, 중남 및 동남부의 각 성에 자생하는데, 오늘날 약용으로 사용되는 것은 모두 5종이다. 이 종은 주로 중국과 동남아에서 호주까지 분포한다.

'갈근'의 명칭은《신농본초경(神農本草經)》에 중품으로 처음 기재되었다. 중국 고대 본초서적에도 다수의 기록이 있다.《중국약전(中國藥典)》(2015년 판)에서는 이 종을 중약 갈근의 법정기원식물 내원종으로 수록하였다. 칡은 중국 각지에서 모두 생산되며, 호남, 하남, 광동, 절강, 사천 등이 주요산지이다.《대한민국약전》(제11개정판)에 '갈근'을 "칡(*Pueraria lobata* Ohwi, 콩과)의 뿌리로서 그대로 또는 주피를 제거한 것"으로 등재하고 있다.

칡에는 주로 이소플라본과 트리테르페노이드 사포닌이 함유되어 있으며, 그 가운데 푸에라린이 다양한 방면에서 효능을 나타내는데, 이 성분은 중약 갈근의 품질관리를 위한 주요성분 가운데 하나이다.《중국약전》에서는 고속액체크로마토그래피법을 이용하여 갈근에 함유된 푸에라린의 함량을 2.4% 이상으로 약재의 규격을 정하고 있다.

약리연구를 통하여 갈근에는 심근허혈(心筋虛血)에 대한 보호, 항심율실조(抗心律失調), 혈관확장, 혈지강하, 혈당강하, 항골질유실, 간 보호, 항종양 및 해열 등의 작용이 있는 것으로 알려져 있다.

한의학에서 갈근에는 해기퇴열(解肌退熱), 발표투진(發表透疹), 생진지갈(生津止渴) 등의 작용이 있다.

칡 野葛 *Pueraria lobata* (Willd.) Ohwi

약재 갈근 藥材葛根 Puerariae Lobatae Radix

약재 분갈 藥材粉葛 Puerariae Thomsonii Radix

삼열야갈 三裂野葛 *P. phaseoloides* (Roxb.) Benth.

함유성분

뿌리에는 이소플라보노이드 성분으로 puerarin, daidzein, daidzin, 3′-hydroxypuerarin, 3′-methoxypuerarin, 6″-O-D-xylosylpuerarin, biochanin A, formononetin, genistein[1], tectorigenin[2], 3′-hydroxypuerarin-4′-O-deoxyhexoside, 3′-methoxy-6″-O-D-xylosylpuerarin[1], 사포닌 성분으로 sophoradiol, cantoniensistriol, soyasapogenols A, B, kudzusapogenols A, C, kudzusapogenol B methylester[3]의 트리테르페노이드 사포닌류와 kudzusaponins A_1, A_2, A_3, Ar, SA_4, SB_1 , soyasaponins SA_3, I[4]과 같은 사포게닌 성분이 함유되어 있다.
꽃에는 이소플라보노이드 성분으로 irisolidone, kakkalide, formononetin, genistein, daidzein[5] 등이 함유되어 있다.

puerarin: $R_1=R_2=R_4=H, R_3=glc$
daidzein: $R_1=R_2=R_3=R_4=H$
daidzin: $R_1=R_3=R_4=H, R_2=glc$
formononetin: $R_1=R_2=R_3=H, R_4=CH_3$
genistein: $R_2=R_3=R_4=H, R_1=OH$

약리작용

1. 심혈관계통에 대한 영향

1) 심근허혈 보호

푸에라린을 개에 정맥주사로 투여하면 심근경색이 발생한 개의 관상동맥 측지순환의 개방과 형성을 촉진하며, 혈소판응집을 억제하고, 혈액의 점도를 저하시켜 미세순환을 개선한다. 푸에라린을 Rat에 경구투여하면 심근허혈 재관류에서 발생하는 세포괴사를 억제하며, bcl-2의 증가와 함께 Bax의 발현을 감소시킴으로써 심근허혈에 대한 보호작용을 나타낸다[6-7].

2) 항심박실조

푸에라린은 *in vitro*에서 Rat 심근세포의 L형 칼슘이온통로와 칼륨세포내입통로(Ikl)를 억제함으로써 항심박실조작용을 나타낸다[8-9].

3) 혈지강하

푸에라린을 경구투여로 고지혈증이 있는 Rat에 투여하면 트롬복산 A_2와 프로스타글란딘의 비율(TXA_2/PGI_2)을 감소시킬 뿐만 아니라 고콜레스테롤 Rat의 죽상동맥경화 증상을 완화할 수 있다. 그 콜레스테롤 강하효과는 간장의 콜레스테롤과 담즙산의 분비를 촉진하는 것과 관련이 있다[11].

4) 기타

푸에라린은 *in vitro*에서 혈관평활근세포(VSMC)의 자멸을 촉진하는데, 이는 포도당 조절 단백 94 유전자와 관련이 있다[12]. 푸에라린은 또한 적출된 Rat의 흉부 주동맥을 확장시키는데, 이는 내피 의존성 발현은 아니다[13]. 푸에라린을 Rat에 경구투여하면 당뇨병에 따른 혈관질환이 발생한 Rat의 혈장 ET-NO, ET-ANF 간 동태평형을 유지하도록 조절하며, 당뇨병 Rat 주동맥의 비효소 당화 형성을 억제함으로써 당뇨병 혈관병변의 발전을 방지한다[14-15]. 그 밖에도 갈근의 플라보노이드는 *in vitro*에서 신경 펩티드 Y에 의해 유도된 VSMC의 증식 및 심근 비대에 대해 길항효과가 있다[16-17].

2. 당대사 조절

푸에라린을 스트렙토조토신에 의해 당뇨병이 발생한 Rat의 정맥에 주사하면 α-아드레날린 수용체의 활성을 통하여 β-엔돌핀의 분비를 촉진함으로써 혈당강하작용을 나타낸다[18]. 푸에라린을 복강에 주사하면 당뇨병에 걸린 Rat의 신사구체 기질단백효소 2, 10(MMP-2, 10) 및 금속단백분해효소 조직억제제 1, 2(TIMP-1, 2)의 발현을 조절함으로써 Rat의 신장기능을 보호한다[19-20]. 푸에라린의 복강주사는 또한 인슐린의 분비를 촉진하고 Rat의 지방세포 포도당전환단백4(GLU4)의 발현 빈도를 억제함으로써 지방세포의 당분 섭취를 촉진한다[21-22]. 푸에라린을 경구로 투여하면 항산화효소의 활성을 통하여 과산화물로 인한 Rat 췌장세포의 손상을 보호한다[23]. 그 밖에 복강주사로 푸에라린을 투여하면 Rat 골격근 내의 프로테인키나아제 B의 발현을 증가시킴과 동시에 인슐린 저항성을 개선하는 작용이 있다[24].

3. 뇌신경계통에 대한 영향

푸에라린에는 식물류 여성호르몬 작용이 있으며, 복강주사를 통해서는 해마체의 글루탐산/GABA 시스템에 영향을 주어 난소를 절제한 Rat의 학습과 기억능력을 개선한다. 푸에라린의 복강주사는 또한 Rat의 뇌시상하부 5-하이드록시트리프타민(5-HT)의 활성 또는 5-HT2A 수용체의 길항을 통하여 체온을 강하하는 작용을 나타낸다[26]. 그 밖에도 Rat의 뇌허혈로 인한 신경손상에 대해서도 보호작용이 있으며, 지발성 신경원 괴사를 지연시키는데, 그 작용기전은 항괴사인자 bcl-2, 전환생장인자 $β_1$ 및 열 쇼크 단백질의 발현을 증가시키는 것 등과 관련이 있다[27-30]. 푸에라린의 복강주사는 알츠하이머 모델 Rat 뇌조직의 $Aβ_{1-40}$과 Bax의 발현을 저해하며, Aβ의 신경독성을 억제함으로써 뇌피층과 해마신경원의 괴사를 경감하여 신경보호 및 항치매효과를 나타낸다[31]. 또한 푸에라린은 *in vitro*에서 선립체의 기능실조를 억제하며, 카스파제-3 유사 효소의 발현을 촉진함으로써 MPP^+에 의해 유도되는 신경세포 PC12의 신경독성 유도에 대해 보호작용을 나타낸다[32]. 그 밖에 갈근의 에탄올 추출물과 푸에라린은 *in vitro*에서 에탄올에 의한 태아 Rat의 해마세포에 대한 산화적 손상을 보호하는 작용이 있다[33].

4. 항골질유실
In vitro 실험을 통하여 푸에라린에는 골질세포 UMR106의 세포합성과 알칼리포스파타제의 분비를 촉진하며, 성골세포의 증식과 분화 및 골화를 촉진함으로써 파골세포성 골질흡수를 직접적으로 억제한다[34-36].

5. 간 보호
갈근에 함유되어 있는 사포닌류 성분은 *in vitro*에서 배양된 Mouse의 간 조직에 대해 면역손상을 보호하는 작용이 있는데, 관련 기전연구를 통하여 C-29의 하이드록시 그룹과 C-5의 산화 그룹이 간 보호 활성을 증강시키는 것으로 밝혀졌다[37-38]. 푸에라린을 경구투여하면 간 손상을 보호하는 효과가 있는데, 간성상세포(HSC) 자멸 활성을 유도하며, Mouse 간세포의 리버스 섬유화를 호전시킬 뿐만 아니라 CCl_4에 의한 Rat의 급성 간 손상에 대해서도 보호작용이 있다[40].

6. 기타
푸에라린에는 급성 폐 손상에 대한 보호작용이 있으며[41-42], 항종양[43] 및 여성호르몬 유사작용이 있다. 야갈화의 에탄올 추출물은 중추신경계에 알코올로 유도된 세포독성에 대해 보호효과가 있으며[45], 뿌리로부터 추출한 스피나스테롤은 항종양활성이 있다[46]. 또한 다이드진과 다이드제인에는 해열과 진통작용이 있다[47]. 또한 갈근의 사포닌에는 항보체활성이 있다[48].

용 도

갈근은 중의임상에서 사용하는 약이다. 해기퇴열[解肌退熱, 해기(解肌)시키고 열이 물러나도록 함], 투발마진(透發痲疹, 마진을 통하게 하여 발산시킴), 생진지갈(生津止渴, 진액을 생기게 하고 갈증을 없애 줌), 승양지사(升陽止瀉) 등의 효능이 있으며, 외감표증[外感表證, 외감(外感)으로 인해서 발생한 표증(表證)], 마진불투(痲疹不透, 홍역이 아직 투발되지 않은 것), 열병구갈(熱病口渴, 열병으로 인해 목이 마르는 증상), 음허소갈[陰虛消渴, 음허로 인한 소갈(消渴)], 열설열리(熱泄熱痢, 열로 인한 설사), 비허설사[脾虛泄瀉, 비(脾)가 허하여 설사를 하는 증상] 등의 치료에 사용한다.
현대임상에서는 고지혈증, 고혈압, 관심병(冠心病, 관상동맥경화증), 심근경색, 편두통, 뇌동맥경화, 허혈성 중풍 등의 병증에 사용한다.

해 설

《중국약전》에는 동속식물인 감갈등[甘葛藤, *Pueraria thomsoni* Benth, 중약명은 분갈(粉葛)]의 뿌리를 약으로 수재하고 있다. 감갈등 뿌리의 성분과 약리작용은 야갈과 동일하다. 그 밖에 인도갈근(印度葛根, *P. tuberosa* (Roxb. ex Willd.) DC.)과 태국갈근(泰國葛根, *P. mirifica* Airy Shaw et Suva.)에 대한 함유성분 연구가 비교적 다양하게 수행되었다. 연구결과에 따르면 상술한 4종의 갈근에는 매우 풍부한 이소플라보노이드가 함유되어 있는데, 그 가운데 푸에라린, 다이아드진 및 다이드제인을 공통적으로 함유하고 있으며[49], 푸에라린이 칡속식물의 특정성분으로 그 함량 또한 이소플라보노이드류 화합물 중 가장 많다.
푸에라린은 갈근의 주요 활성물질 가운데 하나로, 그 제제인 푸에라린 주사액은 임상에서 심뇌혈관질환, 당뇨병 합병증 및 안과질환 등 다양한 질환에 활용되고 있다. 그러나 최근에는 푸에라린 주사액이 과민성 쇼크 및 급성 용혈로 인하여 사망에 이르는 등 비교적 심각한 부작용이 보고되고 있다. 동속식물인 삼열야갈은 공업적으로 푸에라린을 추출하기 위한 내원식물 가운데 하나이다[50].
갈근은 중국위생부에서 규정한 약식동원품목* 가운데 하나이다. 갈근에서 정제한 고급 전분을 갈분(葛粉)이라고 하며, 칼슘, 아연, 철분, 구리, 인, 칼륨 등 인체에 필수적인 10여 종의 미량원소 및 다량의 아미노산과 비타민 등을 함유하고 있다[51]. 야갈은 중국 각지에 널리 분포하며, 생산량이 풍부하여 중국과 일본에서 식용으로 사용된 역사가 매우 길다. 따라서 야갈은 식품첨가제 및 보건식품 등으로 활용할 수 있는 잠재력과 시장성을 겸비하고 있다고 할 수 있다.
야갈은 뿌리부위뿐만 아니라 꽃, 잎, 덩굴, 씨 등도 약용으로 활용할 수 있다. 한의학에서는 야갈화와 씨에 숙취를 해소하는 작용이 있는 것으로 알려져 있어 야갈화와 씨에 대한 개발과 연구를 통한 숙취해소 약물의 개발이 기대되고 있다.

참고문헌

1. HJ Rong, JF Stevens, ML Deinzer, L De Cooman, D De Keukeleire. Identification of isoflavones in the roots of *Pueraria lobata*. *Planta Medica*. 1998, **64**(7): 620-627
2. M Miyazawa, K Sakano, S Nakamura, H Kosaka. Antimutagenic activity of isoflavone from *Pueraria lobata*. *Journal of Agricultural and Food Chemistry*. 2001, **49**(1): 336-341
3. J Kinjo, I Miyamoto, K Murakami, K Kida, T Tomimatsu, M Yamasaki, T Nohara. Oleanene-sapogenols from Puerariae radix. *Chemical & Pharmaceutical Bulletin*. 1985, **33**(3): 1293-1296
4. T Arao, J Kinjo, T Nohara, R Isobe. Oleanene-type triterpene glycosides from puerariae radix. IV. Six new saponins from *Pueraria lobata*. *Chemical & Pharmaceutical Bulletin*. 1997, **45**(2): 362-366
5. 張淑萍, 張尊聽. 野葛花異黃酮化學成分研究. 天然產物研究與開發. 2005, **17**(5): 595-597

* 부록(559~562쪽) 참고

6. 劉啓功, 王琳, 陸再英, 荀志平, 蔣學俊, 楊漢東. 葛根素抗心肌缺血及其機理的實驗研究. 臨床心血管病雜誌. 1998, **14**(5): 292-295

7. 顏永進, 李明春, 浦大玲, 王志明, 張躍明, 丁宏勝, 劉小峰, 顧順忠, 曹斌. 葛根素對心肌缺血再灌注損傷保護作用的研究. 南通大學學報(醫學版). 2005, **25**(6): 407-409

8. 郭曉綱, 陳君柱, 張雄, 夏強. 葛根素對大鼠心肌細胞 L 型鈣離子通道的影響. 中國中藥雜誌. 2004, **29**(3): 248-251

9. 張華, 馬蘭香, 楊星昌, 張磊, 段繼源, 原平利. 葛根素對大鼠心肌細胞離子通道的影響. 第四軍醫大學學報. 2006, **27**(3): 249-251

10. 劉海燕, 石元剛. 葛根素對高脂血症大鼠脂質代謝及血漿 PGI_2, TXA_2 水平的影響. 第三軍醫大學學報. 2004, **26**(11): 967-969

11. LP Yan, SW Chan, AS Chan, SL Chen, XJ Ma, HX Xu. Puerarin decreases serum total cholesterol and enhances thoracic aorta endothelial nitric oxide synthase expression in diet-induced hypercholesterolemic rats. *Life Science*. 2006, **79**(4): 330-342

12. 荊濤, 王綠婭, 王偉, 劉舒, 呂燕寧, 石鳳茹, 杜蘭平, 張濤. 葛根素調節血管平滑肌細胞凋亡相關基因在斑塊組織中表達的研究. 中國藥學雜誌. 2003, **38**(9): 667-670

13. 董侃, 陶謙民, 夏強, 單綺嫻, 潘國標. 葛根素的非內皮依賴性血管舒張作用機理. 中國中藥雜誌. 2004, **29**(10): 981-984

14. 茅彩萍, 顧振綸. 葛根素對糖尿病血管併發症大鼠血漿 ET-NO, ET-ANT 動態平衡的影響. 中成藥. 2004, **26**(6): 487-489

15. 茅彩萍, 顧振綸. 葛根素對糖尿病大鼠主動脈糖基化終產物的形成及其受體表達的影響. 中國藥理學通報. 2004, **20**(4): 393-397

16. 姚紅, 黃少華, 蘇子仁. 葛根總黃酮對神經肽 Y 誘導血管平滑肌細胞增殖的抑制作用. 廣州中醫藥大學學報. 2005, **22**(3): 203-205

17. 姚紅, 黃少華, 蘇子仁. 葛根總黃酮對離體神經肽 Y 誘導的心肌細胞肥大的影響. 中國病理生理雜誌. 2004, **20**(7): 1283-1285

18. WC Chen, S Hayakawa, T Yamamoto, HC Su, IM Liu, JT Cheng. Mediation of beta-endorphin by the isoflavone puerarin to lower plasma glucose in streptozotocin-induced diabetic rats. *Planta Medica*. 2004, **70**(2): 113-116

19. 段惠軍, 劉淑霞, 張玉軍, 劉青娟, 何寧, 李英敏. 葛根素對糖尿病大鼠腎功能及腎組織 MMP-2 與 TIMP-2 表達的影響. 藥學學報. 2004, **39**(7): 481-485

20. 劉淑霞, 陳志強, 何寧, 劉青娟, 李英敏, 段惠軍. 葛根素對糖尿病大鼠腎功能及腎組織 MMP-10 與 TIMP-1 表達的影響. 中草藥. 2004, **35**(2): 170-174

21. 李娟娟, 畢會民. 葛根素對胰島素抵抗大鼠脂肪細胞葡萄糖轉運蛋白 4 的影響. 中國臨床藥理學與治療學. 2004, **9**(8): 885-888

22. ME Xu, SZ Xiao, YH Sun, XX Zheng, Y Ou-Yang, C Guan. The study of anti-metabolic syndrome effect of puerarin *in vitro*. *Life Science*. 2005, 77(25): 3183-3196

23. FL Xiong, XH Sun, L Gan, XL Yang, HB Xu. Puerarin protects rat pancreatic islets from damage by hydrogen peroxide. *European Journal of Pharmacology*. 2006, **529**(1-3): 1-7

24. 張妍, 畢會民, 甘佩珍. 葛根素對胰島素抵抗大鼠骨骼肌中蛋白激酶 B 表達影響. 中國藥理學通報. 2004, **20**(3): 307-310

25. X Xu, Y Hu, Q Ruan. Effects of puerarin on learning-memory and amino acid transmitters of brain in ovariectomized mice. *Planta Medica*. 2004, **70**(7): 627-631

26. FS Chueh, CP Chang, CC Chio, MT Lin. Puerarin acts through brain serotonergic mechanisms to induce thermal effects. *Journal of Pharmacological Sciences*. 2004, **96**(4): 420-427

27. Xu X, S Zhang, L Zhang, W Yan, X Zheng. The Neuroprotection of puerarin against cerebral ischemia is associated with the prevention of apoptosis in rats. *Planta Medica*. 2005, **71**(7): 585-591

28. 鄒永明, 雄鷹, 姚文艷, 左忠, 張勁風. 葛根素對大鼠局灶性腦出血損傷的神經保護作用. 中國臨床康復. 2005, **9**(33): 73-75

29. 吳海琴, 張蓓, 張桂蓮, 常明則, 展淑琴. 葛根素對腦缺血再灌注損傷的保護作用. 卒中與神經疾病. 2005, **12**(4): 209-211

30. 潘洪平, 莫祥蘭, 楊嘉珍, 李呂力, 黃振錄, 葉勁, 黃進. 葛根素對大鼠急性腦缺血損傷 Hsp70 表達的影響. 中國中藥雜誌. 2005, **30**(7): 538-540

31. 閆福嶺, 魯國, 王雅瓊, 洪震. 葛根素對 AD 大鼠腦內 $A\beta_{1-40}$ 和 Bax表 達的影響. 中華神經醫學雜誌. 2006, **5**(2): 158-161

32. J Bo, BY Ming, LZ Gang, C Lei, AL Jia. Protection by puerarin against MPP^+-induced neurotoxicity in PC12 cells mediated by inhibiting mitochondrial dysfunction and caspase-3-like activation. *Neuroscience Research*. 2005, **53**(2): 183-188

33. 韓萍, 吳德生, 李文傑, 餘增麗, 王旗. 葛根粗提物及葛根素對乙醇所致海馬細胞 HSP70 表達的影響. 中華醫學雜誌. 2005, **85**(41): 2930-2933

34. 李靈芝, 劉啓兵, 張永亮, 崔穎, 龔海英. 葛根素對 UMR106 細胞增殖及鹼性磷酸酶活性的影響. 中國新藥雜誌. 2005, **14**(11): 1291-1294

35. 臧洪敏, 陳君長, 劉亦恆, 王坤正. 葛根素對成骨細胞生物學作用的實驗研究. 中國中藥雜誌. 2005, **30**(24): 1947-1949

36. 李靈芝, 劉啓兵, 董孟臣, 陳虹, 王舒. 葛根素對體外破骨細胞性骨吸收的影響. 第三軍醫大學學報. 2004, **26**(20): 1830-1833

37. T Arao, M Udayama, J Kinjo, T Nohara, T Funakoshi, S Kojima. Preventive effects of saponins from puerariae radix (the root of *Pueraria lobata* Ohwi) on *in vitro* immunological injury of rat primary hepatocyte cultures. *Biological & Pharmaceutical Bulletin*. 1997, **20**(9): 988-991

38. T Arao, M Udayama, J Kinjo, T Nohara. Preventive effects of saponins from the *Pueraria lobata* root on *in vitro* immunological liver injury of rat primary hepatocyte cultures. *Planta Medica*. 1998, **64**(5): 413-416

39. S Zhang, G Ji, J Liu. Reversal of chemical-induced liver fibrosis in Wistar rats by puerarin. *The Journal of Nutritional Biochemistry*. 2006, **17**(7): 485-491

40. 趙春景, 魏來. 葛根素對 CCl_4 所致大鼠急性肝損傷的保護作用. 第三軍醫大學學報. 2005, **27**(7): 625-627

41. 譚明韜, 高爾. 葛根素對失血性休克家兔急性肺損傷的保護作用. 中國臨床藥學雜誌. 2004, **13**(6): 345-349

42. 陳少賢, 董琴華, 王良興, 陳彥凡, 謝於鵬, 李煥斌, 張琦, 範小芳. 葛根素對急性肺血栓栓塞溶栓治療後再灌注損傷的影響. 中國藥理學通報. 2004, **20**(11): 1245-1250

43. Z Yu, W Li. Induction of apoptosis by puerarin in colon cancer HT-29 cells. *Cancer Letters*. 2006, **238**(1): 53-60

44. 鄭高利, 張信嶽, 鄭經偉, 孟倩超, 鄭東升. 葛根素和葛根總異黃酮的雌激素樣活性. 中藥材. 2002, **25**(8): 566-568

45. MH Jang, MC Shin, YJ Kim, JH Chung, SV Yim, EH Kim, Y Kim, CJ Kim. Protective effects of puerariaeflos against ethanol-induced apoptosis on human neuroblastoma cell line SK-N-MC. *Japanese Journal of Pharmacology*. 2001, **87**(4): 338-342

46. GC Jeon, MS Park, DY Yoon, CH Shin, HS Sin, SJ Um. Antitumor activity of spinasterol isolated from Pueraria roots. *Experimental & Molecular Medicine*. 2005, **37**(2): 111-120

47. T Yasuda, M Endo, T Kon-no, T Kato, M Mitsuzuka, K Ohsawa. Antipyretic, analgesic and muscle relaxant activities of pueraria isoflavonoids and their metabolites from *Pueraria lobata* Ohwi-a traditional Chinese drug. *Biological & Pharmaceutical Bulletin.* 2005, **28**(7): 1224-1228

48. SR Oh, J Kinjo, Y Shii, T Ikeda, T Nohara, KS Ahn, JH Kim, HK Lee. Effects of triterpenoids from *Pueraria lobata* on immunohemolysis: beta-D-glucuronic acid plays an active role in anticomplementary activity *in vitro*. *Planta Medica.* 2000, **66**(6): 506-510

49. 顧志平, 陳碧珠, 馮瑞芝, 董晞, 陳四保, 仲耘, 連文琰. 中藥葛根及其同屬植物的資源利用和評價. 藥學學報. 1996, **31**(5): 387-39

50. 劉紹德, 莫惠平. 葛根素注射液的不良反應及預防. 中國中西醫結合雜誌. 2005, **25**(9): 852-855

51. 彭靖裏, 馬敏象, 安華軒, 劉建中. 論葛屬植物的開發及綜合利用前景. 資源開發與市場. 2000, **16**(2): 80-82

중국할미꽃 白頭翁 CP, KHP

Ranunculaceae

Pulsatilla chinensis (Bge.) Regel

Chinese Pulsatilla

개 요

미나리아재비과(Ranunculaceae)

중국할미꽃(白頭翁, *Pulsatilla chinensis* (Bge.) Regel)의 뿌리를 건조한 것

중약명: 백두옹(白頭翁)

할미꽃속(*Pulsatilla*) 식물은 전 세계에 약 43종이 있으며, 주로 유럽과 아시아에 분포하는데, 대부분이 아시아의 동부에 분포한다. 중국에는 약 11종이 있으며, 오늘날 약으로 사용되는 것은 약 6종이다. 이 종은 중국의 동북, 화북 및 섬서, 감숙, 하남, 산동, 호북, 강소, 안휘, 사천 등지에 분포하며, 한반도 및 러시아 원동지구에도 분포한다.

'백두옹'의 약명은《신농본초경(神農本草經)》에 하품으로 처음 기재되었다. 역대 본초서적에도 다수의 기록이 있으며, 그 품종에는 약간의 차이가 있다.《중국약전(中國藥典)》(2015년 판)에서는 이 종을 중약 백두옹의 법정기원식물 내원종으로 수록하였다. 주요산지는 중국의 흑룡강, 길림, 요녕, 하북, 산동, 산서, 섬서, 강소, 하남, 안휘 등이다.《대한민국약전외한약(생약)규격집》(제4개정판)에는 '백두옹'을 "미나리아재비과에 속하는 할미꽃(*Pulsatilla koreana* Nakai) 또는 백두옹(*Pulsatilla chinensis* Regel)의 뿌리"로 등재하고 있다.

백두옹의 주요 활성성분은 트리테르페노이드 사포닌류이며, 그 밖에도 리그난 등이 함유되어 있다. 프로토아네모닌과 아네모닌이 항균작용을 나타내는 유효성분이다.《중국약전》에서는 성상과 감별을 이용하여 약재의 규격을 정하고 있다.

약리연구를 통하여 백두옹에는 항아메바원충, 항균, 항종양 등의 작용이 있는 것으로 알려져 있다.

한의학에서 백두옹은 청열해독(淸熱解毒), 양혈지리(凉血止痢) 등의 작용이 있다.

중국할미꽃 白頭翁 *Pulsatilla chinensis* (Bge.) Regel

중국할미꽃 白頭翁 CP, KHP

중국할미꽃 白頭翁 *Pulsatilla chinensis* (Bge.) Regel

약재 백두옹 藥材白頭翁 Pulsatillae Radix

함유성분

뿌리에는 약 9%의 트리테르페노이드 사포닌 성분이 함유되어 있으며, pulsatillosides C, D, E[2-3], anemosides A_3, B_4, pulchinenoside B[4], chinensiosides A, B, hederasaponin C[5], 3-O-α-L-rhamnopyranosyl-(1→2)-α-L-arabinopyranosyl-3β,23-dihydroxylup-20(29)-en-28-oic acid[6], 트리테르페노이드 성분으로 23-hydroxybetulinic acid, pulsatillic acid[7], 리그난 성분으로 (+)-pinoresinol과 β-peltatin[8]을 포함하여 루펜과 올레아난 계열의 19종의 성분이 분리되었다.
또한 2β,3β,14α,20,22R,25-hexahydroxy-cholest-7-en-6-one[9]과 아네모닌[10] 성분 등이 함유되어 있다.
전초에는 프로토아네모닌이 함유되어 있다.

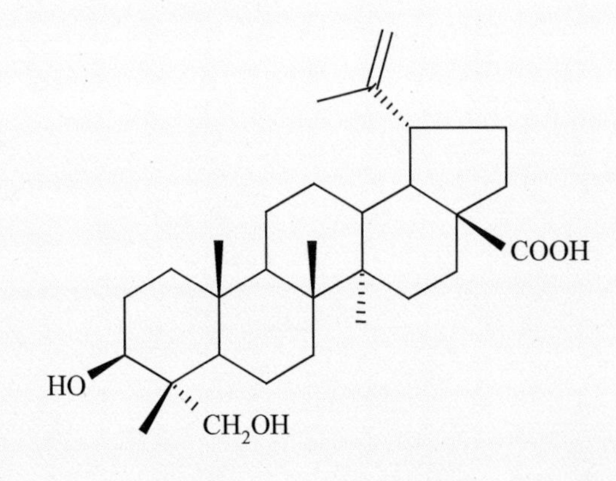

23-hydroxybetulinic acid

pulchinenoside B

약리작용

1. 항염

   백두옹의 에탄올 추출물은 덱스트란 설페이트 나트륨(DSS)으로 유도된 Rat의 결장염 모델에 대해 항염작용을 나타낸다[11]. *In vitro* 실험에서 백두옹의 알코올 추출액은 지질다당(LPS)으로 유도된 간장 쿠퍼세포(KC)에서 분비되는 종양괴사인자(TNF), 인터루킨-1(IL-1), 인터루킨-6 등을 억제함으로써 항염효과를 나타낸다. 아네모닌은 *in vitro*에서 Rat의 장관 내 모세혈관 상피세포에서 분비되는 산화질소, 엔도텔린-1, 세포 간 점착분자(ICAM-1) 등의 분비를 억제하는데, 그 작용기전은 항장염효과와 관련이 있다[10].

2. 항균

   백두옹의 열수 추출물은 *in vitro*에서 황색포도상구균, 백색포도상구균, 녹농간균, 탄저간균, 티푸스균, α형과 β형 연구균 등을 뚜렷하게 억제한다[13].

3. 항아메바원충

   백두옹의 열수 추출물 또는 사포닌을 Rat의 복강에 투여하면 체내 아메바원충의 생장을 뚜렷하게 억제한다.

4. 항종양

   백두옹의 23-베툴린산수화물은 *in vitro*에서 흑색종 B16의 분화유도를 뚜렷하게 억제함으로써 그 증식을 강력하게 억제하며[14-15], 복강주사로 투여 시 Mouse의 HepA 간암 실체 종양에 대해서 뚜렷한 억제작용을 나타낸다[16]. 백두옹의 사포닌은 *in vitro*에서 인체 간암세포 7721과 자궁경부암세포 HeLa의 생장을 뚜렷하게 억제한다[17]. 풀사틸산은 *in vitro*에서 P388, 루이스페암종(LLC) 및 인체 거대세포 폐암 등을 억제하는 작용이 있다[7]. 백두옹 주사액(물 추출물 알코올 침제)을 복강에 주사하면 Mouse의 이식성 육종 S180 및 에를리히복수암(EAC)의 생장을 억제하며, 이종이식 Mouse의 생존시간을 연장한다. 또한 비장지수를 감소시키고, 흉선지수를 증가시켜 이종이식 Mouse의 면역기능을 증강시키는 효과가 있다[18]. 백두옹의 물 추출물을 Mouse에 경구투여하면 육종 S180, HepA 간암, LLC 등에 대해 억제작용이 있다[19].

5. 면역증강
   백두옹의 당단백은 *in vitro*에서 Mouse의 대식세포의 중성 적혈구 탐식능력을 뚜렷하게 증가시키며, 대식세포의 일산화질소 생성을 유도하고, 대식세포의 IL-1 분비능력을 증가시켜 면역증강효과를 나타낸다[20].

6. 항산화
   백두옹의 물 추출물은 *in vitro*에서 과산화수소를 비교적 강력하게 제거함으로써 항산화 활성을 나타낸다[21].

7. 기타
   백두옹에는 살정(殺精)[22], 항적충[23], 혈당강하[9], 강심(強心)[24] 등의 작용이 있다.

용 도

백두옹은 중의임상에서 사용하는 약이다. 청열해독(清熱解毒, 화열을 깨끗이 제거하고 몸의 독을 없이함), 양혈지리[凉血止痢, 혈분(血分)의 열사(熱邪)를 제거하여 설사를 멈추게 함] 등의 효능이 있으며, 열독혈리[熱毒血痢, 더위로 생기는 발진(發疹)으로 피가 섞인 대변을 누거나 순 피만 누는 이질], 음양(陰癢, 음부의 가려움증) 등의 치료에 사용한다.
현대임상에서는 아메바성 이질, 세균성 이질, 폐렴, 경부 임파결핵, 창절농종(瘡癤膿腫, 피부에 얕게 생긴 상처가 곪아서 부어오름), 만성 결장염, 급성 신우신염(腎盂腎炎), 요로감염, 적충성 음도염(滴蟲性陰道炎, 질염), 암증(癌症), 소화성 궤양 등의 병증에 사용한다.

해 설

동속식물인 세엽백두옹(細葉白頭翁, *Pulsatilla turczaninovii* Kryl. et Serg.)의 에탄올 추출물(PTE)과 트리테르페노이드 사포닌은 고지혈증 Mouse와 Rat의 혈중 콜레스테롤과 트리글리세리드의 함량을 뚜렷하게 감소시킨다. PTE는 정상 Mouse, 아드레날린으로 고혈당이 발생한 Mouse, 포도당 과다투여로 고혈당이 발생한 Mouse 및 알록산에 의해 당뇨병이 발생한 Mouse의 혈당을 유의성 있게 감소시키는 작용이 있다.
홍콩 지역에서는 백두옹의 대용품으로 석죽과 식물인 백고정(白鼓錠, *Polycarpaea corymbosa* (L.) Lam.)의 전초를 사용하며, 중약명은 성색초(聲色草)로 광백두옹(廣白頭翁)이라 불린다. 백두옹과 성색초는 내원상의 거리가 멀기 때문에 반드시 정확한 구분이 필요하다. 또한 동속 내 서로 다른 종 사이의 비교연구 또한 구체적으로 수행되어야 할 것이다.

참고문헌

1. 鍾長斌, 李祥. 白頭翁的化學成分及藥理作用研究述要. 中醫藥學刊. 2003, **21**(8): 1338-1339, 1365
2. WC Ye, AM He, SX Zhao, CT Che. Pulsatilloside C from the roots of *Pulsatilla chinensis*. *Journal of Natural Products*. 1998, **61**(5): 658-659
3. WC Ye, QW Zhang, WWL Hsiao, SX Zhao, CT Che. New lupane glycosides from *Pulsatilla chinensis*. *Planta Medica*. 2002, **68**(2): 183-186
4. 吳振潔, 丁林生, 趙守訓. 中藥白頭翁的甙類成分. 中國藥科大學學報. 1991, **22**(5): 265-269
5. LI Glebko, NP Krasovskaj, LI Strigina, KP Ulanova, VA Denisenko, PS Dmitrenok. Triterpene glycosides from *Pulsatilla chinensis*. *Russian Chemical Bulletin*. 2002, **51**(10): 1945-1950
6. 葉文才, 趙守訓, 劉靜涵. 中藥白頭翁化學成分的研究 (I). 中國藥科大學學報. 1990, **21**(5): 264-266
7. WC Ye, NN Ji, SX Zhao, JH Liu, T Ye, MA McKervey, P Stevenson. Triterpenoids from *Pulsatilla chinensis*. *Phytochemistry*. 1996, **42**(3): 799-802
8. Y Mimaki, M Kuroda, T Asano, Y Sashida. Triterpene saponins and lignans from the roots of *Pulsatilla chinensis* and their cytotoxic activity against HL-60 cells. *Journal of Natural Products*. 1999, **62**(9): 1279-1283
9. HJ Kim, HT Kim, CI Bae, GJ Oh, SK Park, SG Chung. Studies on the hypoglycemic constituents of Pulsatillae Radix. I. *Yakhak Hoechi*. 1997, **41**(6): 709-713
10. HQ Duan, YD Zhang, JQ Xu, J Qiao, ZW Suo, G Hu, X Mu. Effect of anemonin on NO, ET-1 and ICAM-1 production in rat intestinal microvascular endothelial cells. *Journal of Ethnopharmacology*. 2006, **104**(3): 362-366
11. 張文遠, 韓盛璽, 楊紅. 白頭翁醇提物對葡聚糖硫酸鈉誘導大鼠結腸炎的抗炎作用機制研究. 中華消化雜誌. 2004, **24**(9): 568-570
12. 楊昆, 李培凡, 蕭向茜. 白頭翁體外對 TNF, IL-1, IL-6 產生的影響. 天津醫科大學學報. 2004, **10**(1): 59-61
13. 曹景花, 李玉蘭, 邱世翠, 孟瑋, 孫旭紅. 白頭翁的體外抑菌作用研究. 時珍國醫國藥. 2003, **14**(9): 528
14. 葉銀英, 何道偉, 葉文才, 張慶文, 趙守訓. 23-羥基樺木酸體外和體內抗黑色素瘤作用的研究. 中國腫瘤臨床與康復. 2000, **7**(1): 5-7
15. 葉銀英, 何道偉, 葉文才, 張慶文, 趙守訓. 23-羥基樺木酸對 B16 細胞系的誘導分化作用. 中國生化藥物雜誌. 2001, **22**(4): 163-166
16. 馮丹, 鍾長斌. 白頭翁中活性成分對荷瘤小鼠腫瘤的抑制作用. 中國醫院藥學雜誌. 2003, **23**(9): 532-533
17. 鍾邱, 倪瓊珠. 白頭翁中皂苷成分對腫瘤細胞的抑制作用. 中藥材. 2004, **27**(8): 604-605
18. 蔡鷹, 陸瑜, 梁秉文, 餘國祥, 謝瑛, 張能方, 亢壽海. 白頭翁體內抗腫瘤作用的實驗研究. 中草藥. 1999, **30**(12): 929-931
19. 莊賢韓, 耿寶琴, 雍定國. 白頭翁抗腫瘤作用實驗研究. 實用腫瘤雜誌. 1999, **14**(2): 94-96

20. 戴玲, 王華, 陳彥. 白頭翁糖蛋白對小鼠腹腔巨噬細胞免疫的增強作用. 中國生化藥物雜誌. 2000, **21**(5): 230-232
21. 龍盛京, 羅佩卓, 覃日昌. 17 種清熱中藥抗活性氧作用的研究. 中草藥. 1999, **30**(1): 40-43
22. 慕慧, 杜俊傑. 白頭翁皂甙體外殺精效果研究. 西北藥學雜誌. 1996, **11**(3): 119-120
23. 郭永和, 劉永春, 秦劍. 11 種中藥體外滅陰道毛滴蟲. 時珍國醫國藥. 2000, **11**(4): 297-298
24. 王本祥. 現代中藥藥理學. 天津: 天津科學技術出版社. 1997: 752-755
25. 李詩國, 劉景山, 楊艷. 白頭翁湯劑保留灌腸治療慢性結腸炎75例. 中華中西醫雜誌. 2003, **4**(1): 82
26. 劉金芝, 柴潤芳. 加味白頭翁湯為主治療急性腎盂腎炎32例. 陝西中醫. 2003, **24**(4): 308-309

녹제초 鹿蹄草 CP, KHP

Pyrola calliantha H. Andres

Chinese Pyrola

개 요

녹제초과(Pyrolaceae)

녹제초(鹿蹄草, *Pyrola calliantha* H. Andres)의 전초를 건조한 것

중약명: 녹함초(鹿銜草)

녹제초속(*Pyrola*) 식물은 전 세계에 약 30종이 있으며, 대부분 북반구의 온대와 한온대 지역에 분포하는데, 중국에는 약 27종, 3변종이 있으며, 이 속에서 현재 약으로 사용되는 것은 17종, 3변종에 달한다. 이 종은 중국의 중부와 북방 지역에 주로 분포한다.

'녹함초'라는 약명은 《전남본초(滇南本草)》에 처음 수록되었다. 역대 본초서적에도 다수의 기록이 있다. 《중국약전(中國藥典)》(2015년 판)에서는 이 종을 중약 녹함초의 법정기원식물 내원종 가운데 하나로 수록하였다. 주요산지는 중국의 서남과 동북의 각 성으로, 하북, 하남, 절강, 안휘, 사천 등에서 생산된다. 《대한민국약전외한약(생약)규격집》(제4개정판)에는 '녹제초'를 "노루발과(Pyrolaceae)에 속하는 노루발풀(*Pyrola japonica* Klenze ex Alefeld) 또는 기타 동속식물의 전초"로 등재하고 있다.

녹제초속 식물에 함유된 주요성분은 플라보노이드와 폴리페놀이며, 이들 성분이 유효성분으로 작용하는 것으로 알려져 있다. 《중국약전》에서는 약재의 성상, 현미경 감별 특징, 박층크로마토그래피법으로 약재의 규격을 정하고 있다.

약리연구를 통하여 녹제초에는 항염, 항균, 항종양, 면역조절 및 혈관확장 등의 작용이 있는 것으로 알려져 있다.

한의학에서 녹함초는 거풍습(祛風濕), 강근골(強筋骨), 지혈 등의 작용이 있다.

녹제초 鹿蹄草 *Pyrola calliantha* H. Andres

약재 녹함초 藥材鹿銜草 Pyrolae Herba

함유성분

지상부에는 플라보노이드 성분으로 quercetin[2], hyperin, 2″-O-galloylhyperin[3-4], 페놀 배당체 성분으로 renifolin[4], hydroxylrenifolin[5], homoarbutin, isohomoarbutin, 6′-O-galloylhomoarbutin[4] 등이 함유되어 있다. 또한 gallotannin[6], pyrolin, chimaphilin[2], catechin[5] 등의 성분이 함유되어 있다.

hyperin

pyrolin

약리작용

1. 항염
   녹제초의 열수 추출물을 Mouse에 경구투여하면 디메칠벤젠으로 유도된 귓바퀴 종창을 억제하며, 초산으로 유도된 Mouse 복강 모세혈관의 투과성 증가를 억제한다. 또한 Rat의 카라기난으로 유도된 관절염과 좌제성 관절 종창을 억제하며, Rat의 만성 육아종에 대해서도 길항작용을 나타낸다[7].

2. 면역조절
   In vitro 실험을 통하여 녹제초의 열수 추출물은 E-로제트 형성률을 제고함과 동시에 임파세포의 전화율을 뚜렷하게 증가시키는 효과가 있다. 피롤린과 키마필린 등의 성분은 임파절 백혈구에 대하여 억제작용이 있다[8].

3. 항균
   녹제초의 열수 추출물 및 피롤린은 시험관 내에서 황색포도상구균, 티푸스균, 녹농간균, 이질간균 등에 대해 일정한 억제작용이 있다[9]. 피롤린을 경구로 투여하면 체내에서 가수분해되어 살균작용을 나타낸다. 피롤린은 *in vitro*에서 페니실린보다 강력한 항균효과를 나타내지만 *in vivo*에서는 그 효과가 명확하지는 않다[10].

4. 혈관확장
   녹제초 주사제는 마취된 고양이와 개의 뇌혈관을 확장시키며, 뇌혈류량을 증가시키고, 뇌혈관 저항력을 감소시킨다[11]. 척추동맥이 폐색된 토끼에서 녹제초는 뇌혈관을 뚜렷하게 확장시키고, 뇌혈류량을 증가시킨다. 적출된 토끼의 심장과 귀 및 사지에 주입할 경우에도 혈관확장작용을 나타내는데, 관상동맥에 대한 확장작용이 가장 강력하다. 녹제초의 에탄올과 에테르 추출물은 Mouse 심근의 ^{86}Rb에 대한 섭취를 증가시킨다. 열수 추출물 또한 Mouse의 심근 영양성 혈류량 및 간, 신, 비, 뇌 등의 혈류량을 증가시킨다.

5. 기타
   갈로일히페린(2'-O-galloyllhyperin)에는 항산화작용이 있다[12]. 녹제초에는 또한 불임, 중추신경 억제, 진해(鎭咳) 등의 작용이 있다[8-9].

용 도

녹제초는 중의임상에서 사용하는 약이다. 보신강골[補腎强骨, 신(腎)을 보하고 뼈를 강하게 함], 거풍제습[祛風除濕, 풍습(風濕)을 없애 줌], 지해(止咳, 기침을 멎게 함), 지혈 등의 효능이 있으며, 신허요통(腎虛腰痛, 신장의 기능이 허약해져서 나타나는 요통), 풍습비통(風濕痹痛, 풍습으로 인해 관절이 아프고, 통증이 심해지는 증상), 근골위연(筋骨痿軟, 근골이 마르면서 힘이 빠지는 증상), 신구해수[新久咳嗽, 새로운 것과 오래된 해수(咳嗽)], 토혈(吐血, 피를 토하는 병증), 육혈(衄血, 코피가 나는 증상), 붕루(崩漏, 월경주기와 무관하게 불규칙적인 질출혈이 일어나는 병증), 외상 출혈 등의 치료에 사용한다.
현대임상에서는 폐렴, 장관감염(만성 세균성 이질, 만성 장염 등), 경추병(頸椎病), 골질증생(骨質增生, 퇴행성 디스크), 풍습 및 유풍습성 관절염, 과민성 피부염, 심교통(心絞痛, 가슴이 쥐어짜는 것처럼 몹시 아픈 것) 등의 병증에 사용한다.

해 설

동속식물인 보통녹제초(*Pyrola decorata* H. Andres) 역시 《중국약전》에 수록된 중약 녹함초의 법정기원식물 내원종이다. 두 종의 약리작용은 거의 동일하나[14], 화학적으로는 구성성분 사이에 차이가 있어 깊이 있는 비교연구가 필요하다.
법정기원식물종 이외에 중국에서 녹함초로 이용되는 종은 20여 종에 달한다. 동북 지역에서 생산되는 일본녹제초(*P. japonica* Klenze ex Alef.)와 홍화녹제초(*P. incarnate* Fisch. ex DC.) 등이 있으며, 서남 지역에도 다양한 종이 있다. 동일한 지역 내에 서로 다른 품목이 존재할 뿐만 아니라 동일한 품목이 서로 다른 지역에 자생하기도 하며, 채집시기가 서로 달라 함유된 유효성분의 비율 또한 달라질 수 있으므로, 품목과 품질의 문제에 특히 주의가 필요하다. 생약자원의 이용도와 상품성을 높이기 위하여 분포면적이 비교적 크고, 시장에서 많이 사용되는 종에 대하여 채집시기에 대한 연구가 개진될 필요가 있다.
기존의 보고에 따르면 녹제초 및 그 동속식물의 주요성분은 알부틴이며, 녹제초 감별의 근거 또한 동 성분을 이용한다. 그러나 박층크로마토그래피법과 고속액체크로마토그래피법을 통하여 녹제초에는 알부틴이 함유되어 있지 않음이 밝혀졌으므로[14], 호모알부틴을 녹제초의 감별 근거로 삼아야 할 것이다[15].
녹제초는 일종의 천연 야생식물자원으로서 독성학적 연구를 통하여 이 식물을 장기간 복용하여도 독성 부작용이 발생하지 않아 중국식품위생학 규정에 부합하는 무독성 식물에 해당한다. 따라서 식품 영역으로 발전이 가능할 것이며, 이미 녹제초를 이용한 건강 다류(茶類)음료의 가공 기술이 연구되고 있다. 일본녹제초는 일본에서 이미 피부보호제, 건강식품 등 다방면으로 이용되고 있다[16].

참고문헌

1. 謝志民, 董謀志. 鹿衔草和鹿蹄草的本草考證. 中藥材. 1996, **19**(1): 38-41
2. 吉騰飛, 沙也夫, 巴杭, 多力坤, 王紅梅, 張宏志. 鹿蹄草屬植物化學成分研究進展. 中草藥. 1999, **30**(2): 154-155

3. 羅定強, 楊燕子, 宋莉, 王軍憲. 中國特有鹿蹄草屬植物的研究進展. 中草藥. 2004, **35**(4): 463-466
4. 王軍憲, 陳新民, 李宏, 楊磊, 李宇飛, 任文修, 鍾志成. 鹿銜草化學成分的研究(第1報). 天然產物研究與開發. 1991, **3**(3): 1-6
5. 王軍憲, 陳新民, 李宏, 楊磊, 俞文勝. 鹿銜草化學成分的研究: 羥基腎葉鹿蹄草苷的結構鑒定. 植物學報. 1994, **36**(11): 895-897
6. 張登科, 沙振方, 孫文基. 鹿銜草中熊果苷及鞣質的含量測定. 中藥通報. 1987, **12**(5): 301-302, 310
7. 段涇雲, 藺文瑰, 劉小勇. 鹿蹄草的抗炎作用. 陝西中醫. 1992, **13**(9): 424-425
8. 田玉先. 鹿銜草的研究與應用. 陝西中醫函授. 1998, **5**: 1-2
9. 王本祥. 現代中藥藥理學. 天津: 天津科學技術出版社. 1997: 448-450
10. 王西髮, 秦駿, 楊彩民. 微生物法測定家兔体內鹿蹄草素藥動學參數. 西北藥學雜志. 1997, **12**(2): 70-71
11. 徐文方, 李孝常, 董傑德, 鄧樹海. 鹿蹄草素的體內外藥效學研究. 山東醫科大學學報. 1996, **34**(3): 252-254
12. 馬樹德, 謝人明, 馮英菊, 王元麗, 馬存譜. 鹿蹄草對麻醉動物腦循環的影響. 中草藥. 1988, **19**(3): 23-25
13. 邊曉麗, 潘青, 董軍. 沒食子酰基金絲桃甙的抗氧化性及其構效關係研究. 西安交通大學學報(醫學版). 2003, **24**(5): 452-454
14. 王軍憲, 張莉, 呂修梅, 陳華. 普通鹿蹄草化學成分的研究. 中草藥. 2003, **34**(4): 307-308
15. 王軍憲, 付強, 李星海, 劉萬軍. 鹿銜草中是否含有熊果甙的實驗研究及考證. 中國中藥雜誌. 1995, **20**(6): 327-328
16. 衛瑩芳, 山森千彰, 郭力, 周光春, 王夢月. HPLC 測定川產六種鹿蹄草中高熊果苷的含量. 華西藥學雜誌. 2002, **17**(6): 435-436
17. 劉存海, 楊淑英, 張增強. 鹿蹄草保健茶工藝技術的研究. 國土與自然資源研究. 1998, **2**: 73-76
18. M Ohara, Y Ando, M Ikukata, N Matsuura. Plant extracts and rosmarinic acid as Maillard reaction inhibitors, health foods and cosmetics. *Japan Kokai Tokkyo Koho*. 2003: 35
19. C Katagiri, T Hirao, H Fujita, N Koga. Agents for inhibiting or restoring skin damage caused by drying and method of evaluating the same. *PCT Interior Application*. 2002: 60
20. A Ishino. T Yokoyama, T Tsuda, C Hamada, D Mizumoto, M Tajima. Hair growth inhibitors and compositions containing the same. *PCT Interior Application*. 2002: 51

석위 石韋 CP, KHP

Pyrrosia lingua (Thunb.) Farwell

Felt Fern

개 요

고란초과(Polypodiaceae)

석위(石韋, *Pyrrosia lingua* (Thunb.) Farwell)의 잎을 건조한 것

중약명: 석위

석위속(*Pyrrosia*) 식물은 전 세계에 약 100여 종이 있으며, 아시아의 열대와 아열대 지역에 분포한다. 중국에는 약 37종이 있으며, 약 9종이 약용으로 사용된다. 석위는 중국의 양자강 이남 각 성에 분포하며, 인도, 베트남, 한반도 및 일본 등에도 분포한다.

'석위'의 약명은 《신농본초경(神農本草經)》에 중품으로 처음 기재되었다. 역대 본초서적에도 다수의 기록이 있으며, 대부분 이 종과 석위속에 속한 다양한 종류의 식물을 지칭한다. 《중국약전(中國藥典)》(2015년 판)에서는 이 종을 중약 석위의 법정기원식물 내원종 가운데 하나로 수록하였다. 주요산지는 중국의 화동, 중남, 서남, 화남, 서장 등이다.

석위에는 주로 플라본과 트리테르페노이드 등이 함유되어 있다. 《중국약전》에서는 고속액체크로마토그래피법을 이용하여 석위에 함유된 클로로겐산의 함량을 0.30% 이상으로 약재의 규격을 정하고 있다.

약리연구를 통하여 석위에는 항병원미생물, 이뇨, 항혈소판응집 및 거담(祛痰) 등의 작용이 있는 것으로 알려져 있다.

한의학에서 석위에는 이뇨통림(利尿通淋), 청열지혈(清熱止血)의 작용이 있다.

석위 石韋 *Pyrrosia lingua* (Thunb.) Farwell

애기석위 有柄石韋 *P. petiolosa* (Christ) Ching

약재 석위 藥材石韋 Pyrrosiae Folium

함유성분

지상부에는 유기산 성분으로 chlorogenic acid, 플라보노이드 성분으로 kaempferol, quercetin, isoquercetin, trifolin[2], astragalin, liquiritin[3], 트리테르페노이드 성분으로 diploptene 등이 함유되어 있다.
뿌리줄기에는 트리테르페노이드 성분으로 22,28-epoxyhopane, 22,28-epoxyhopan-30-ol, hopane-22,30-diol, hop-22(29)-en-30-ol, hop-22(29)-en-28-ol[4], cyclohopenol, cyclohopanediol[5], octanordammarane, (18S)-18-hydroxydammar-21-ene, (18S)-pyrrosialactone, (18S)-pyrrosialactol, 3-deoxyocotillol, dammara-18(28),21-diene[6] 등이 함유되어 있다.

diploptene

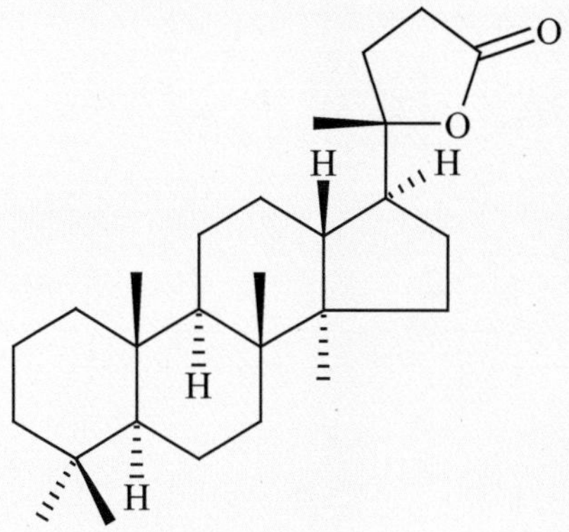

석위 石韋 CP, KHP

(18S)-pyrrosialactone

약리작용

1. 이뇨
석위의 열수 추출물을 Rat와 Mouse에 경구투여하면 일정한 이뇨작용을 나타낸다.

2. 거담
석위의 추출물을 복강주사 또는 위에 주입할 경우, Mouse의 페놀레드 실험을 통해 거담효과가 있는 것으로 확인되었다.

3. 항병원미생물
석위는 *in vitro*에서 이질간균, 티푸스균, 파라티푸스 A균, 파라티푸스 B균, 황색포도상구균, 용혈성 연구균, 백후간균, 변형간균, 대장균, A형 독감 바이러스, 렙토스피라 원충 등을 억제하는 작용이 있다.

4. 혈소판응집에 대한 영향
석위의 메탄올 추출물과 물 추출물은 *in vitro*에서 아데노신이인산(ADP)으로 유도된 토끼의 혈소판응집을 억제하는 작용이 있다[7].

용 도

석위는 중의임상에서 사용하는 약이다. 이뇨통림(利尿通淋, 이뇨시키고 소변이 잘 통하게 함), 청열지혈[淸熱止血, 혈열(血熱)에 의한 출혈을 막아 줌] 등의 효능이 있으며, 임증(淋證, 임병), 수종(水腫, 전신이 붓는 증상), 폐열해천[肺熱咳喘, 폐열(肺熱)로 기침이 시원하게 나오지 않고 호흡이 가쁘며 곤란한 증상], 혈열출혈[血熱出血, 혈열(血熱)에 의한 출혈 증상] 등의 치료에 사용한다.
현대임상에서는 만성 기관지염, 기관지효천[氣管支哮喘, 효증(哮證)과 천증(喘證)이 합쳐 나타나는 병증], 세균성 이질, 비뇨계통 결석, 급 · 만성 신염, 습진, 전립선염 등의 병증에 사용한다.

해 설

동속식물인 여산석위(廬山石韋, *Pyrrosia sheareri* (Bak.) Ching)와 애기석위 역시 《중국약전》에 석위의 법정기원식물 내원종으로 수록되어 있다. 이들 3종 석위의 함유성분은 명백하게 서로 다르며 클로로겐산이 공통적인 성분이다. 여산석위의 전초에는 클로로겐산, 바닐산, 프로토카테큐산, 푸마르산, 망기페린, 디플로텐 등의 성분이 함유되어 있다[8].
애기석위의 전초에는 클로로겐산, 바닐산, 카페인산, 3,4-디하이드록시페닐프로피온산, 망기페린, 이소망기페린, (-)에리오딕티올, (±)에리오딕티올 7-O-β-D-pyrannoglucuronide, 아스트라갈린, 고시페틴, 나린게닌, 피로페티오시드, 디플로텐, 사이클로유칼레놀 등의 성분이 함유되어 있다[9-11]. 이들의 감별에 있어서 중약 석위 3종은 그 기원식물이 다르고, 품질의 규정에도 차이가 있으므로, 추가적인 약리연구를 통하여 그 효능과 약재의 품질을 보증할 필요가 있다.

참고문헌

1. 李潔, 童玉懿, 邢公俠. 中藥石韋的原植物調査和品質評價. 中國中藥雜誌. 1991, **16**(9): 520-522
2. 水野瑞夫, 阪沼宗和, 今井俊尚, 閔知大. 石韋的化學成分. 植物學報. 1986, **28**(3): 339-340
3. JC Do, KY Jung, KH Son. Flavonoid glycosides from the fronds of *Pyrrosia lingua*. *Saengyak Hakhoechi*. 1992, **23**(4): 276-279
4. K Masuda, H Yamashita, K Shiojima, T Itoh, H Ageta. Fern constituents: triterpenoids isolated from rhizomes of *Pyrrosia lingua*. I. *Chemical* & *Pharmaceutical Bulletin*. 1997, **45**(4): 590-594
5. H Yamashita, K Masuda, H Ageta, K Shiojima. Fern constituents: cyclohopenol and cyclohopanediol, novel skeletal triterpenoids from rhizomes of *Pyrrosia lingua*. *Chemical* & *Pharmaceutical Bulletin*. 1998, **46**(4): 730-732
6. H Yamashita, K Masuda, T Kobayashi, H Ageta, K Shiojima. Dammarane triterpenoids from rhizomes of *Pyrrosia lingua*. *Phytochemistry*. 1998, **49**(8): 2461-2466
7. Y Sawabe, S Iwagami, S Suzuki, H Nakazawa. Inhibitory effect of Pyrrosia lingua on platelet aggregation. *Osaka-furitsu Koshu Eisei Kenkyusho Kenkyu Hokoku, Yakuji Shido-hen*. 1991, **25**: 39-40
8. 韓基善, 王明時. 盧山石韋的化學成分的研究. 南京藥學院學報. 1984, **15**(1): 40-44
9. 石建功, 馬辰, 楊永春, 宋萬志. 中藥石韋的生藥學研究. 世界科學技術: 中藥現代化. 2002, **4**(5): 36-43
10. C Yang, JG Shi, SY Mo, YC Yang. Chemical constituents of *Pyrrosia petiolosa*. *Journal of Asian Natural Products Research*. 2003, **5**(2): 143-150
11. 王楠, 王金輝, 程傑, 李銑. 有柄石韋的化學成分. 瀋陽藥科大學學報. 2003, **20**(6): 425-427, 438

무 蘿蔔 CP, KP, IP

Raphanus sativus L.

Radish

개 요

십자화과(Cruciferae)

무(蘿蔔, *Raphanus sativus* L.)의 잘 익은 씨를 건조한 것

중약명: 내복자(萊菔子)

무속(*Raphanus*) 식물은 전 세계에 약 8종이 있으며, 지중해 지역에 주로 분포한다. 중국에는 약 2종과 2종의 변종이 있다. 이 속에서는 모두 2종이 약으로 사용되며, 중국의 각지에서 광범위하게 재배된다. 유라시아 온대와 열대 지역에서 다수 재배된다.

무는 '내복(萊菔)'이라는 약명으로 《명의별록(名醫別錄)》에 처음 수록되었다. 역대 본초서적에도 다수의 기록이 있으며, 오늘날의 약용 품종과도 일치한다. 《중국약전(中國藥典)》(2015년 판)에서는 이 종을 중약 내복자의 법정기원식물 내원종으로 수록하였다. 주요 산지는 중국의 남북 각지이다.

내복자에는 지방유가 함유되어 있으며, 라파닌과 시나핀 등도 함유되어 있다. 《중국약전》에서는 화학적 감별, 수분, 총 회분, 산불용성 회분 및 침출물 등을 이용하여 약재의 규격을 정하고 있다.

약리연구를 통하여 무의 씨에는 위장 배출 촉진, 진해(鎭咳), 평천(平喘) 및 화담(火痰)의 작용이 있는 것으로 알려져 있다.

한의학에서 내복자에는 소식제창(消食除脹), 강기화담(降氣化痰)의 작용이 있다.

무 蘿蔔 *Raphanus sativus* L.

약재 내복자 藥材萊菔子 Raphani Semen

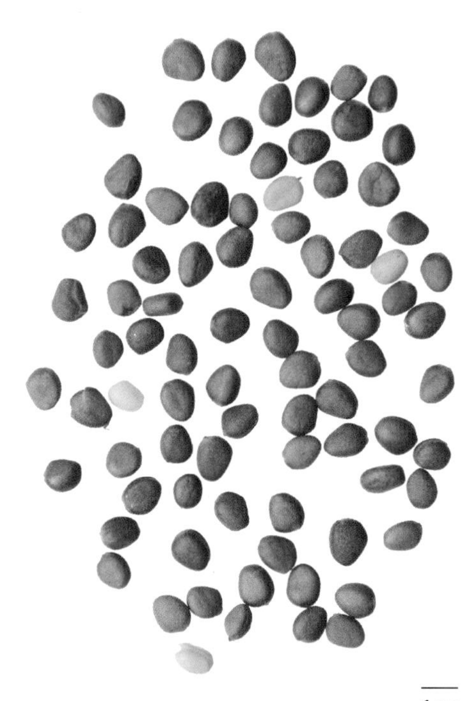

함유성분

씨에는 raphanin, sinapine[1-2], brassicasterol 등의 성분이 함유되어 있다. 또한 erucic acid[3]와 sinapic acid로 주로 구성되어 있는 지방유가 함유되어 있다.
발아된 것에는 raphanusol A[4] 등의 성분이 함유되어 있다.
잎에는 trifolin, nicotiflorin[5], 8-hydroxy-6-methoxy-2-methyl anthraquinone-3-O-β-glucopyranoside[6] 등의 성분이 함유되어 있다.
Red radish pigments에는 3-O-[2-O-(β-D-glucopyranosyl)]-(6-O-feruyl-β-D-glucopyranosyl)-[5-O-(β-D-glucopyranosyl)] pelargonidin, 3-O-[2-O-(6-O-feruyl-β-D-glucopyranosyl)]-(6-O-feruyl-β-D-glucopyranosyl)-[5-O-(β-D-glucopyranosyl)] pelargonidin[7] 등의 성분이 함유되어 있다.
뿌리에는 glucosinolate, raphanusin, erucic acid, 4-methylthio-3-butenyl isothiocyanate[8] 등의 성분이 함유되어 있다.

약리작용

1. 위와 장관에 대한 영향
   내복자의 열수 추출물은 집토끼의 적출된 위장과 십이지장의 평활근을 수축시킨다. 내복자의 n-부탄올 추출물은 Mouse의 위장 배출과 장관 추동을 촉진하며, Rat의 혈장 내 위운동효소인 모틸린의 수치를 증가시킨다. 아트로핀이 그 위와 장에 대한 작용을 중단시킬 수 있는데, 이는 내복의 위와 장도에 대한 작용이 M수용체를 통해서 이루어진다는 것을 알 수 있게 해 준다[9-10].
2. 진해, 평천, 화담
   내복자는 암모니아수에 의해 유도된 Mouse의 해수(咳嗽)에 대해 뚜렷한 억제작용이 있으며, 인산 히스타민으로 인한 기니피그의 효천에 대해서도 평천작용이 있다. 복강주사는 페놀레드를 통하여 Mouse의 거담(祛痰)작용을 유도한다[11].
3. 혈압강하
   내복자의 알코올 추출액을 토끼, 고양이, 개 등 3종의 마취된 동물의 정맥에 주사할 경우 혈압을 강하시키고 그 효과를 오래 지속되도록 한다. 내복자를 정맥에 주사하면 집토끼의 급성 산소결핍성 폐동맥 고혈압과 전신 혈압을 뚜렷하게 저하시킨다[12].
4. 기타
   라파닌에는 항균, 항염 및 해독작용 등이 있다[13].

용 도

내복자는 중의임상에서 사용하는 약이다. 소식제창(消食諸脹, 음식을 소화시키고 모든 배부른 증상을 꺼지게 함), 강기화담(降氣化痰, 기가 역상하는 것을 끌어내리고 가래를 없앰) 등의 효능이 있으며, 식적기체증(食積氣滯證), 해천담다(咳喘痰多, 기침과 천식을 발할 때 가래를 많이 뱉는 증상), 흉민식소(胸悶食少, 가슴이 초조하고 답답하며 음식을 조금 먹는 것) 등의 치료에 사용한다.
현대임상에서는 만성 기관지염, 변비, 고혈압, 고지혈증 및 동맥경화 등의 병증에 사용한다.

해 설

내복자는 중국위생부에서 규정한 약식동원품목* 가운데 하나이다.
무의 뿌리에는 아미노산과 비타민 C 등의 영양성분이 다량으로 함유되어 있어 건강식품으로 활용된다[14]. 그 밖에도 무의 뿌리는 소식(消食), 하기(下氣), 화담, 지혈, 해갈(解渴) 및 이뇨 등의 작용이 있으며, 소화불량, 식적창만(食積脹滿), 탄산(呑酸), 토식(吐食), 설사, 이질, 변비, 담열해수(痰熱咳嗽), 인후불리(咽喉不利) 및 각종 출혈증을 치료하는 데 사용한다.

참고문헌

1. BK Singh, A Kumar. Chemical examination of seeds of *Raphanus sativus*. I. Component fatty acids and the probable glyceride structure of the oil. *Indian Academy of Sciences, Section A*. 1948, **27A**: 156-164
2. 李貴海, 鞏海濤, 劉逢琴. 炮製對萊菔子部分成分的影響. 中國中藥雜誌. 1993, **18**(2): 89-91
3. 劉麗芳, 王宇新, 張新勇, 劉雪芳. 萊菔子中芥子鹼的含量測定. 中成藥. 2002, **24**(1): 52-54
4. T Hase, K Hasegawa. Raphanusol A, a new growth inhibitor from Sakurajima radish seedlings. *Phytochemistry*. 1982, **21**(5): 1021-1022
5. K Srinivas, MEB Rao, SS Rao, K Prakash. Chemical constituents of the leaves of *Raphanus sativus*. *Acta Ciencia Indica, Chemistry*. 2002, **28**(1): 25-26
6. K Srinivas, K Prakash. Isolation of 8-hydroxy-6-methoxy-2-methyl anthraquinone-3-O-β-D-glucopyranoside from *Raphanus sativus* and its anti-inflammatory activity. *Asian Journal of Chemistry*. 2001, **13**(4): 1661-1663
7. T Shimizu, T Ichi, H Iwabuchi, Y Kato, Y Goda. Structure of diacylated anthocyanins from red radish (*Raphanus sativus* L.). *Nippon Shokuhin Kagaku Gakkaishi*. 1996, **3**(1): 5-9
8. Y Uda, Y Ozawa, H Matsuoka. Generation of biologically active products from (E, Z)-4-methylthio-3-butenyl isothiocyanate, the pungent principle of radish (*Raphanus sativus*

* 부록(559~562쪽) 참고

L.). *Recent Research Developments in Agricultural & Biological Chemistry*. 1998, **2**(1): 207-224

9. 李玲, 談斐. 萊菔子, 蒲公英, 白朮對家兔離體胃, 十二指腸肌的動力作用. 中國中西醫結合脾胃雜誌. 1998, **6**(2): 107-108
10. 唐健元, 張磊, 彭成, 劉友平, 馬莉. 萊菔子行氣消食的機制研究. 中國中西醫結合消化雜誌. 2003, **11**(5): 287-289
11. 劉繼林, 鍾蕎, 張世波. 萊菔子降氣化痰的實驗研究. 成都中醫學院學報. 1990, **13**(2): 29-30
12. 施波, 宋愛英, 隋明, 趙喜勝, 張仲, 王剛. 萊菔子對家兔急性缺氧性肺動脈高壓的降壓作用研究. 中草藥. 1990, **21**(10): 25-27
13. 王本祥. 現代中藥藥理學. 天津: 天津科學技術出版社. 1997: 676-678
14. 劉希玲, 郭碧薇, 郭厚良. 胡蘿蔔和白蘿蔔對果蠅壽命的比較效應. 氨基酸和生物資源. 2003, **25**(1): 67-68

인도사목 蛇根木 KP, JP, USP

Apocynaceae

Rauvolfia serpentina (L.) Benth. ex Kurz

Indian Snakeroot

개 요

협죽도과(Apocynaceae)

인도사목(蛇根木, *Rauvolfia serpentina* (L.) Benth. ex Kurz)의 뿌리를 건조한 것

약용명: 인도사목

나부목속(*Rauvolfia*) 식물은 전 세계에 약 135종이 있으며, 아메리카, 아프리카, 아시아 및 오세아니아의 각 섬에 분포한다. 중국에는 약 9종의 야생과 3종의 재배종이 있다. 현재 약용으로 사용되는 것은 5종이다. 인도사목은 중국(운남), 인도, 스리랑카, 미얀마, 태국, 인도네시아 및 오세아니아의 각 섬 등에 분포하며, 인도와 중국(운남, 광동, 광서) 등지에서는 재배되는 것도 있다.

인도사목은 인도의 전통 약용식물로 기원전 1000년경 고대 인도의 교육저서와 기원후 200년경 범어로 작성된 기록 등이 남아 있다. 《인도초약전》(2002년 신수정판)에서는 이 종을 인도사목의 법정기원식물 내원종으로 수록하였다.

인도사목에는 주로 인돌계 알칼로이드 화합물과 이리도이드 성분 등이 함유되어 있다. 인도사목의 주요 활성성분으로는 알칼로이드인 레세르핀, 레신나민 및 아즈말린 등이다. 《인도생약전》에서는 에탄올 용해성 침출물을 9.0%, 수용성 침출물을 8.0% 이상으로 약재의 규격을 정하고 있다. 《독일식물약규격집》에서는 약재에 함유된 알칼로이드 중 레세르핀의 함량을 1.0% 이상으로 규정하고 있으며, 《미국약전》(제28판)에서는 레세르핀과 레신나민그룹의 알칼로이드의 함량 중 레세르핀으로서 함량을 0.15% 이상으로 약재의 규격을 정하고 있다.

약리연구를 통하여 인도사목에는 혈압강하, 항심율실조(抗心律失調), 진정최면(鎭靜催眠), 항산화, 항종양 등의 작용이 있는 것으로 알려져 있다.

인도 전통의학에서 인도사목은 뱀이나 다른 파충류에 물렸을 때 해독제로 사용되며, 고혈압, 배뇨곤란, 발열 등의 치료에 사용한다. 중국 민간에서도 퇴열(退熱), 항전간(抗癲癎), 벌레나 뱀에 물린 상처의 독을 해독하는 등의 용도로 사용된다.

인도사목 蛇根木 *Rauvolfia serpentina* (L.) Benth. ex Kurz

인도사목 蛇根木 KP, JP, USP

나부목 蘿芙木 *Rauvolfia verticillata* (Lour.) Baill.

함유성분

뿌리에는 여러 종류의 알칼로이드 성분으로 reserpine, rescinnamine, serpentine, serpentinine, yohimbine, corynanthine (rauhimbine), isorauhimbine, ajmalicine, ajmaline, deserpidine, reserpiline[2], isoajmaline, norajmaline, raucaffricine, normacusine B, geissoschizol, rhazimanine, perakine, reserpinine, N_b-methylajmaline, N_b-methylisoajmaline, 3-hydroxysarpagine, yohimbinic acid, 18-hydroxyepialloyohimbine, isorauhimbinic acid[6], rescinnamidine[7], rescinnaminol[8], ajmalimine[9-10], ajmalinimine[11], ajmalicidine[12], 3,4,5,6-tetradehydroyohimbine, 3,4,5,6-tetradehydrogeissoschizine-17-O-β-D-glucopyranoside[13], 이리도이드 성분으로 7-epiloganin, loganicacid, 7-deoxyloganic acid, secoxyloganin[6] 등이 함유되어 있다.

약리작용

1. 혈압강하

   인도사목의 추출물을 경구투여하면 부드럽고, 완만한 혈압강하작용이 나타난다[1]. 뿌리의 주요 활성성분인 레세르핀에는 농도 의존적으로 마취된 Rat의 혈압을 낮추는 효과가 있다[14].

2. 심박부절 개선

   인도사목의 알칼로이드를 정맥에 주사하면 아코니틴 또는 염화칼슘에 의해 유도된 Rat의 심박실조를 억제할 수 있다. 아즈말린은 관상동맥 결찰, 스트로판틴 및 아드레날린 등에 의해 유도된 개의 심실성 심박실조를 억제하는 작용이 있으며, 아울러 고양이의 심실진동의 역치값을 증가시킨다.

3. 진정, 최면

   레세르핀은 뇌에서 분비되는 5-하이드록시트리프타민 및 노르아드레날린 등의 분비를 촉진하여 동물의 자발적 활동을 뚜렷하게

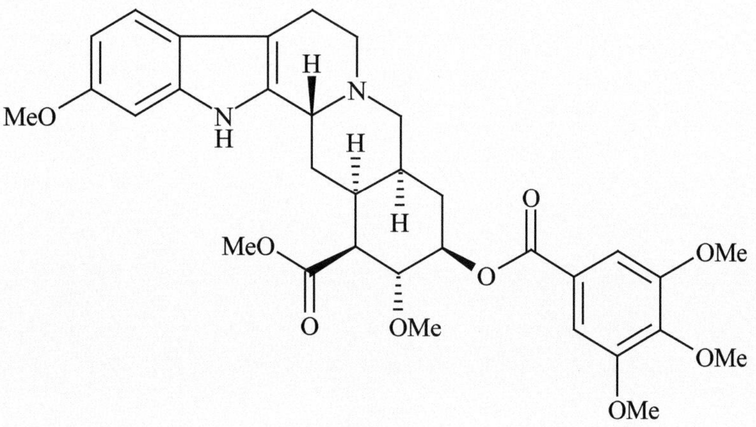

reserpine

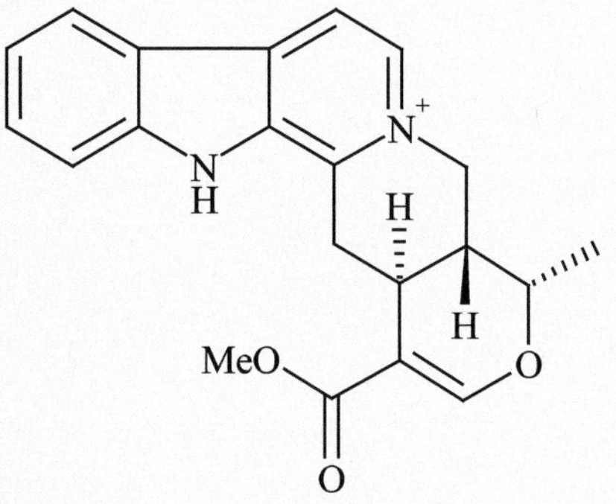

serpentine

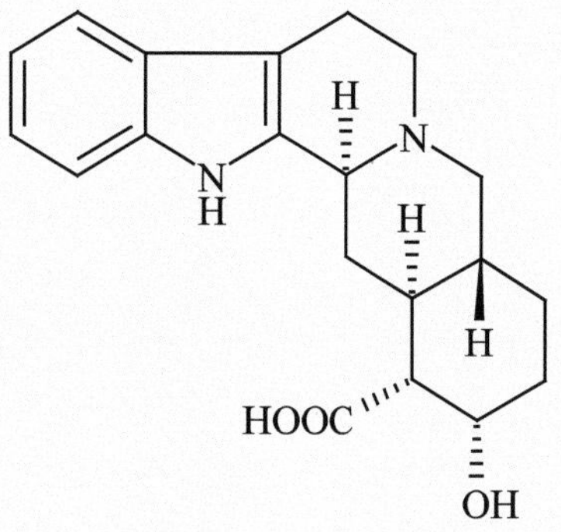

yohimbinic acid

감소시키는데, 동물의 공격행동을 감소시키거나 수면을 유도하는 등 진정의 효과를 나타낸다. 또한 Rat의 수면시간을 연장하고, 자발적 활동과 조건회피반응을 감소시킨다[14].

4. 항산화, 항종양
인도사목 뿌리의 메탄올 추출물은 LPS로 염증이 유도된 RAW 264.7 세포의 일산화질소 방출을 억제함으로써 항산화 활성을 나타낸다[15]. 뿌리의 물 추출물과 뿌리의 주요 활성성분인 레세르핀은 *in vitro*에서 T세포의 Molt-4 및 T98C 종양세포에 대한 활성을 강력하게 자극함으로써 세포독성을 나타낸다. 물 추출물은 또한 콘카나발린 A로 자극한 T세포 내의 인터페론-γ와 종양괴사인자-α(TNF-α)의 농도를 뚜렷하게 증가시킨다. 뿌리의 물 추출물을 EL-4 임파세포 이종이식 Mouse에 사료로 투여하면 생존기간을 뚜렷하게 연장하며, 그 밖에도 복수로 인한 체중의 증가를 뚜렷하게 억제한다. 레세르핀의 피하주사는 EL-4 임파모세포 이종이식 Mouse의 생존기간을 뚜렷하게 연장한다[16].

용 도

사근목 분말생약 또는 기타 제형을 경구로 투여할 경우 임상에서 고혈압, 신경과민, 수면장애 등을 치료하는 약물로 사용할 수 있다.

해 설

인도사목은 1940년부터 인도의 의사들에 의해 혈압강하제로 임상에서 사용되기 시작하였다. 1950년대 초에는 중국에서도 임상에 혈압강하를 목적으로 인도에서 수입하여 Serpina로 명명한 인도사목 제제를 사용하기 시작하였다. 중국의 과학자들은 중국에서 생산되는 나부목속 식물에 대한 다양한 계통연구를 통하여 나부목(蘿芙木, *Rauvolfia verticillata* (Lour.) Baill.), 운남나부목(雲南蘿芙木, *R. yunnanensis*

Tsiang) 등 동속식물에도 유사한 화학적 성분과 혈압강하 활성이 있음을 확인하였다. 1958년 중국위생부는 중국 최초의 혈압강하제-강압령(降壓靈, 나부목 알칼로이드 제제)을 허가하였으며, 당시 중국에서 널리 사용되었던 항고혈압약일 뿐만 아니라 오늘날까지도 일부 환자들에게 있어서는 반드시 필요한 약이다.

인도사목의 경제적 활용가치는 매우 다양하여, 인도사목에 함유된 레세르핀은 항고혈압(갑상선호르몬의 신경말초 저해약물)작용, 요힘빈은 α_2-수용체 차단 약물, 아즈말린은 항심박실조 약물 등으로 사용할 수 있다.

강압령과 레세르핀의 원료로서 인도사목 등 나부목속 식물의 뿌리는 대량으로 채취되기 때문에 야생자원과 생태환경에 막대한 손상을 주고 있다. 따라서 나부목속 식물자원에 대한 보호구역 설정과 대규모 재배단지의 조성이 가지는 의미가 매우 크다고 할 수 있다.

참고문헌

1. FW Rudolf, F Volker. Herbal Medicine (2nd edition). Stuttgart: Georg Thieme Verlag. 2000: 170-172, 276-277
2. India Drug Manufacturers' Association. Indian Herbal Pharmacopoeia (revised new edition 2002). Mumbai: Ebenezer Printing House. 2002: 345-354
3. M Blumenthal. The Complete German Commission E Monographs. Austin: American Botanical Council. 1998: 152-153
4. United States Pharmacopeial Convention, Inc. United States Pharmacopeia (28th edition). 2005: 1706-1707
5. B LaGow. PDR for Herbal Medicines (3rd edition). Montvale: Thomson PDR. 2004: 676-677
6. A Itoh, T Kumashiro, M Yamaguchi, N Nagakura, Y Mizushina, T Nishi, T Tanahashi. Indole alkaloids and other constituents of *Rauwolfia serpentina*. *Journal of Natural Products*. 2005, **68**(6): 848-852
7. S Siddiqui, SI Haider, SS Ahmad. A new alkaloid from the roots of *Rauwolfia serpentina*. *Journal of Natural Products*. 1987, **50**(2): 238-240
8. S Siddiqui, SS Ahmad, SI Haider. Rescinnaminol-a new alkaloid from *Rauwolfia serpentina* Benth. *Pakistan Journal of Scientific and Industrial Research*. 1986, **29**(6): 401-403
9. S Siddiqui, SS Ahmad, SI Haider. A new alkaloid ajmalimine from the roots of *Rauwolfia serpentina*. *Planta Medica*. 1987, **53**(3): 288-289
10. P Hanhinen, M Lounasmaa. Revision of the Structure of Ajmalimine. *Journal of Natural Products*. 2001, **64**(5): 686-687
11. S Siddiqui, SI Haider, SS Ahmad. Ajmalinimine-a new alkaloid from *Rauwolfia serpentina* Benth. *Heterocycles*. 1987, **26**(2): 463-467
12. S Siddiqui, SS Ahmad, SI Haider, BS Siddiqui. Ajmalicidine, an alkaloid from *Rauwolfia serpentina*. *Phytochemistry*. 1987, **26**(3): 875-877
13. O Wachsmuth, R Matusch. Anhydronium bases from *Rauvolfia serpentina*. *Phytochemistry*. 2002, **61**(6): 705-709
14. S Nammi, KM Boini, E Kilari, S Sreemantula. Pharmacological evidence for lack of central effects of reserpine methonitrate: A novel quaternary analog of reserpine. *Therapy*. 2004, **1**(2): 231-239
15. EM Choi, JK Hwang. Screening of Indonesian medicinal plants for inhibitor activity on nitric oxide production of RAW264.7 cells and antioxidant activity. *Fitoterapia*. 2005, **76**(2): 194-203
16. GB Jin, T Hong, S Inoue, T Urano, S Cho, K Otsu, M Kitahara, Y Ouchi, JC Cyong. Augmentation of immune cell activity against tumor cells by Rauwolfia radix. *Journal of Ethnopharmacology*. 2002, **81**(3): 365-372

지황 地黃 CP, KP, KHP, JP, VP

Scrophulariaceae

Rehmannia glutinosa Libosch.

Adhesive Rehmannia

개 요

현삼과(Scrophulariaceae)

지황(地黃, *Rehmannia glutinosa* Libosch.)의 덩이뿌리

중약명: 신선한 덩이뿌리–선지황(鮮地黃), 건조품–생지황(生地黃), 포제품–숙지황(熟地黃)

지황속(*Rehmannia*) 식물은 전 세계에 약 6종이 있으며, 모두 중국의 요녕, 내몽고, 하북, 하남, 산동, 산서, 감숙, 강소, 호북, 사천, 절강, 섬서 등지에 분포한다. 이 속에서 현재 약으로 사용되는 것은 1종뿐이다. 이 종은 중국 대부분의 지역에 모두 분포한다.

지황은 '건지황(乾地黃)'이라는 명칭으로 《신농본초경(神農本草經)》에 상품으로 처음 기재되었다. 역대 본초서적에 기록된 지황은 대부분 이 종의 재배품이다. 《중국약전(中國藥典)》(2015년 판)에서는 이 종을 중약 지황의 법정기원식물 내원종으로 수록하였다. 중국 대부분의 지역에서 모두 생산된다. 《대한민국약전》(제11개정판)에는 '지황'과 '숙지황'을, 《대한민국약전외한약(생약)규격집》(제4개정판)에는 '생지황'으로 품목이 등재되어 있다.

지황의 주요 활성성분은 배당체 화합물이며, 그 가운데에서도 이리도이드 배당체가 주류를 이룬다. 《중국약전》에서는 고속액체크로마토그래피법을 이용하여 생지황에 함유된 카탈폴의 함량을 0.20% 이상으로 약재의 규격을 정하고 있다.

약리연구를 통하여 지황에는 골수에 대한 자극증식 능력, 혈소판에 대한 응집억제 능력, 적혈구와 혈색소의 재생 촉진 능력 등이 있는 것으로 알려져 있다.

한의학에서 지황에는 생정익수(生精益髓), 활혈지혈(活血止血), 생혈(生血) 등의 작용이 있다.

지황 地黃 *Rehmannia glutinosa* Libosch.

지황 地黃 CP, KP, KHP, JP, VP

약재 선지황 藥材鮮地黃 Rehmanniae Radix	약재 생지황 藥材生地黃 Rehmanniae Radix	약재 숙지황 藥材熟地黃 Rehmanniae Radix Praeparata
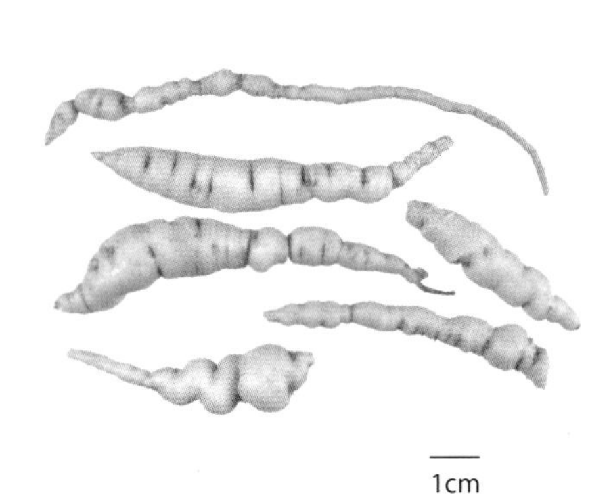 1cm	 1cm	 1cm

 함유성분

덩이뿌리에 있는 주요 화학 조성물은 이리도이드 배당체 성분들이다. 생것과 건조한 것 모두에는 catalpol, rehmanniosides A, B, C, D, leonuride, aucubin, melittoside[2-3] 등의 성분이 함유되어 있다. 생것에는 또한 jioglutosides A, B[4] 성분이 함유되어 있으며, 건조한 것에는 rehmaglutins A, B, C, D[5], glutinoside[6] 등이 함유되어 있다. 건조한 것에 열을 가하면 배당체의 일부가 가수분해되어 카탈폴과 leonuride 그리고 aucubin A의 함량이 생것에 비하여 1/3로 떨어진다. 지황을 오랫동안 스티밍하면 이리도이드 배당체의 함량이 1/10 정도로 생것에 비하여 상대적으로 떨어진다.

기타 배당체 성분으로 purpureaside C, echinacoside, jionosides A_1, B_1, cistanosides A, F[7], acteoside, 3,4-dihydroxy-b-phenethyl-O-α-L-rhamnopyranosyl-(1→3)-O-β-D-galactopyranosyl-(1→6)-4-O-caffeoyl-β-D-glucopyranoside[8] 등이 분리되었다.

최근에는 건조한 것에서 8-epiloganic acid[9]와 rehmanones A, B, C[10] 등의 성분이 분리되었다.

catalpol

jionoside A_1

약리작용

1. 혈액계통에 대한 영향

In vitro 실험을 통하여 일정 용량의 지황 다당은 Mouse의 조혈기능을 자극할 수 있다[11]. 숙지황의 다당을 시클로포스파미드(Cy) 또는 방사선에 의해 혈허가 발생한 Mouse의 외주혈과 골수 유핵세포 감소 등에 대해 길항작용이 있으며, Mouse 조혈간세포의 증식과 분화를 촉진할 수 있다[12]. 지황의 다당을 정제 분리하여 얻어진 올리고다당은 단립계 조혈세포를 포함한 Mouse 골수 조혈모세포와 초기 및 후기 적혈구 조혈모세포의 증식능력을 뚜렷하게 증강한다[13]. 그 밖에도 아스피린에 대한 Mouse의 응혈시간을 연장하는데, 선 · 건지황의 열수 추출물과 선지황의 즙을 경구로 투여할 경우 모두 길항작용을 나타낸다[14].

2. 면역계통에 대한 영향

지황의 다당을 경구로 투여하면 Cy로 유도된 면역억제 Mouse의 복강대식세포 탐식백분율과 탐식지수를 뚜렷하게 증가시킨다. 또한 용혈효소와 용혈공반 형성을 촉진함과 동시에 임파세포의 형질전환도 촉진한다[15]. 생지황의 즙과 열수 추출물을 Mouse에 경구투여하면 프레드니솔론으로 유도된 면역저하 Mouse 복강대식세포의 탐식능력에 대해 뚜렷한 촉진작용이 있으며, 갑상선호르몬에 의해 유도된 음허 Mouse의 비장임파세포의 염기성 인산효소 발현능력을 뚜렷하게 증강한다[13]. 그 밖에도 선지황의 즙을 음허 Mouse에 경구투여하면 콘카나발린 A로 유도된 비장임파세포의 형질전환을 증가시키는데, 이는 선지황의 즙이 T임파세포의 기능에 대해 촉진작용이 있음을 의미한다[14].

3. 심혈관계통에 대한 영향

지황의 물 추출물을 Rat의 복강에 주사하면 저온 조건에서 혈압을 안정시키는 작용이 있으며, 급성 실험성 고혈압 모델에 대해서는 더욱 뚜렷한 혈압강하작용이 있는데, 이는 지황이 혈압에 대해 양방향 조절작용이 있음을 의미한다[16]. 지황의 전제를 경구로 투여하면 L-티록신에 의해 유도된 Rat의 허혈성 심근 비대를 길항함과 동시에 심장과 뇌의 미토콘드리아 내 Ca^{2+}, Mg^{2+}-ATP 효소의 활성을 억제함으로써 심장과 뇌 조직에서 ATP의 고갈과 허혈손상을 감소시켜 조직을 보호하는 효과를 나타낸다[17].

4. 혈당강하

지황의 올리고당을 복강에 주사하면 알록산으로 유도된 Rat의 고혈당을 현저하게 감소시키며, 간의 glucose-6-phosphatase의 활성을 감소시켜 간의 글리코겐 함량을 증가시킨다[18].

5. 항종양

지황의 다당 B를 복강에 주사하거나 경구로 투여하면 Mouse 실체종양 S180의 생장을 억제할 수 있으며, 복강주사는 루이스폐암종(LLC), 흑색종 B16 및 간암 H22 등에 대해서도 종양억제작용이 있다. 지황의 다당 B는 내재성 면역반응을 통한 종양억제의 활성 성분으로 그 종양억제작용은 생체의 방어기전을 간접적으로 유도하는 것으로써 진행된다[19]. 그 밖에 저분자질량지황다당(LRPS)은 Mouse의 LLC에 대해서도 뚜렷한 생장억제효과가 있는데, 그 작용기전은 LRPS가 암 유전자 p53의 발현증가를 억제함으로써 종양세포의 증식과 분화를 조절하여 괴사에 이르게 하는 것으로 알려져 있다[20].

6. 기타

지황에는 항노화, 위산분비 억제, 항궤양 및 이뇨작용 등이 있다.

용 도

이 품목은 중의임상에서 사용하는 약이다.

생지황

생지황에는 폐렴, 청열양혈[淸熱凉血, 열사(熱邪)를 꺼 주고 열로 인해서 생긴 혈분(血分)의 열사를 식혀 줌], 양음생진[養陰生津, 음분(陰分)과 진액을 보태 줌] 등의 효능이 있으며, 열입영혈(熱入營血, 음식물이 소화되어 생긴 영양분이 있는 혈에 나쁜 열의 기운이 들어옴), 구건설강(九乾舌絳, 혀가 몹시 붉어진 증상), 혈열망행[血熱妄行, 혈분(血分)에 열이 몹시 성하여 혈이 혈맥을 따라 제대로 순환하지 못하고 혈맥 밖으로 나오는 증상], 반진토뉵(斑疹吐衄, 피부에 붉은색 또는 자색의 반점이 생기며 토하고 코피가 나는 증상), 진상구갈(津傷口渴, 진액이 말라서 갈증이 남), 내열소갈[內熱消渴, 몸 안의 열기로 소갈(消渴)하는 증상] 등의 치료에 사용한다.

숙지황

숙지황에는 보혈자음(補血滋陰, 보혈시키고 음기를 보태 줌), 익정진수(益精塡髓, 정기를 보익하고 뼛속을 채워 줌) 등의 효능이 있으며, 혈허위황[血虛萎黃, 혈허(血虛)하여 몸이 누렇게 뜬 병증], 현기증, 심계실면(心悸失眠, 가슴이 두근거리면서 불안해하며 잠이 오지 않는 증상), 월경부조(月經不調), 붕루(崩漏, 월경주기와 무관하게 불규칙적인 질 출혈이 일어나는 병증), 간신부족[肝腎不足, 간신음허(肝腎陰虛)와 같은 뜻으로 간과 신장의 음혈이 부족하여 허약함]으로 인한 조열골증(潮熱骨蒸, 주기적으로 발생하는 열로 뼛속에 열감이 있는 병증), 도한(盜汗, 수면 중에 식은땀이 나는 것), 유정(遺精, 성교 없이 정액이 흘러나오는 병증), 소갈(消渴), 간신정혈휴허(肝腎精血虧虛)로 인한 요슬산연(腰膝酸軟, 허리와 무릎이 시큰거리고 힘이 없어지는 증상), 현운이명(眩暈耳鳴, 눈이 아찔하면서 어두워지고 머리가 어지러우며 귀에서 이상한 소리가 들리는 증상), 수발조백(鬚髮早白, 나이는 많지 않으나 머리카락과 수염이 회백색으로 세는 증상) 등의 치료에 사용한다.

현대임상에서는 지황을 풍습성 관절염, 기관지 천식, 신성 고혈압, II형 당뇨, 전립선비대로 인한 소변불리(小便不利, 소변배출이 원활하

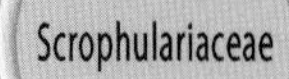

지 못함), 화농성 중이염 등의 병증에 사용하며, 암 치료의 보조제로서 병용하기도 한다.

해 설

오늘날의 지황은 대부분 재배종이며, 지황의 재배는 중국에서도 오랜 전통으로 이어지고 있다. 그중 하남성의 온현(溫縣), 맹현(孟縣), 무척(武陟), 박애(博愛) 등지[고대의 회경부(懷慶府)에 해당하는 지역]의 생산량이 가장 많고 품질 또한 뛰어나 '사대회약(四大懷藥)' 가운데 하나로서 '회지황(懷地黃)'이라고 불린다. 최근 하남성 초작(焦作)에 지황의 대규모 재배단지가 조성되었다.

신선한 약재를 사용하는 것은 중의학에서 하나의 특이점이라고 할 수 있다. 생지황에 함유된 카탈폴과 다당류는 항종양과 같은 다양한 약리작용이 있다. 저장 및 보관 기술의 제한성에 의해 생지황의 임상적 활용은 그다지 광범위하지 않다. 따라서 생지황 또는 건지황 즙액의 선도유지 기술이 개발되어야 하며, 이를 통하여 생지황의 새로운 식품, 보건품, 의약품 등 분야에 있어서 새로운 가능성이 제시될 필요가 있다.

참고문헌

1. 溫學森, 楊世林, 魏建和, 鄭俊華. 地黃栽培歷史及其品種考證. 中草藥. 2002, **33**(10): 946-949
2. H Oshio, H Inouye. Iridoid glycosides of *Rehmannia glutinosa*. *Phytochemistry*. 1982, **21**(1): 133-138
3. H Oshio, Y Naruse, H Inouye. Quantitative analysis of iridoid glycosides of Rehmanniae radix. *Shoyakugaku Zasshi*. 1981, **35**(4): 291-294
4. T Morota, H Sasaki, H Nishimura, K Sugama, M Chin, H Mitsuhashi. Chemical and biological studies on rehmanniae radix. Part 4. Two iridoid glycosides from *Rehmannia glutinosa*. *Phytochemistry*. 1989, **28**(8): 2149-2153
5. I Kitagawa, Y Fukuda, T Taniyama, M Yoshikawa. Absolute stereostructures of rehmaglutins A, B, and D three new iridoids isolated from Chinese rehmanniae radix. *Chemical & Pharmaceutical Bulletin*. 1986, **34**(3): 1399-1402
6. M Yoshikawa, Y Fukuda, T Taniyama, I Kitagawa. Absolute stereostructures of rehmaglutin C and glutinoside a new iridoid lactone and a new chlorinated iridoid glucoside from Chinese rehmanniae radix. *Chemical & Pharmaceutical Bulletin*. 1986, **34**(3): 1403-1406
7. H Sasaki, H Nishimura, T Morota, M Chin, H Mitsuhashi, Y Komatsu, H Maruyama, G Tu, W He, YL Xiong. Chemical and biological studies on rehmanniae radix. Part 1. Immunosuppressive principles of *Rehmannia glutinosa* var. *hueichingensis*. *Planta Medica*. 1989, **55**(5): 458-462
8. Y Shoyama, M Matsumoto, I Nishioka. Phenolic glycosides from diseased roots of *Rehmannia glutinosa* var. *purpurea*. *Phytochemistry*. 1987, **26**(4): 983-986
9. 孟洋, 彭柏源, 畢志明, 李萍. 生地黃化學成分研究. 中藥材. 2005, **28**(4): 293-294
10. YS Li, ZJ Chen, DY Zhu. A novel bis-furan derivative, two new natural furan derivatives from *Rehmannia glutinosa* and their bioactivity. *Natural Product Research*. 2005, **19**(2): 65-170
11. 劉福君, 程軍平, 趙修南, 湯建芳, 茹祥斌, 馮杏婉, 顧國明. 地黃多糖對正常小鼠造血幹細胞, 祖細胞及外周血像的影響. 中藥藥理與臨床. 1996, **12**(2): 12-14
12. 黃霞, 劉傑, 劉惠霞. 熟地黃多糖對血虛模型小鼠的影響. 中國中藥雜誌. 2004, **29**(12): 1168-1170
13. 劉福君, 趙修南, 聶偉, 湯建芳, 茹祥斌, 顧國明. 地黃低聚糖對小鼠免疫和造血功能的作用. 中藥藥理與臨床. 1997, **13**(5): 19-20
14. 梁愛華, 薛寶雲, 王金華, 郝近大, 楊樺, 易紅. 鮮地黃與乾地黃止血和免疫作用比較研究. 中國中藥雜誌. 1999, **24**(11): 663-702
15. 苗明三, 方曉艷. 懷地黃多糖免疫興奮作用的實驗研究. 中國中醫藥科技. 2002, **9**(3): 159-160
16. 常吉梅, 劉秀玉, 常吉輝. 地黃對血壓調節作用的實驗研究. 時珍國醫國藥. 1998, **9**(5): 416-417
17. 陳丁丁, 戴德哉, 章濤. 地黃煎劑消退 L-甲狀腺素誘發的大鼠心肌肥厚並抑制心, 腦線粒體 Ca^{2+}, Mg^{2+} -ATP 酶活力. 中藥藥理與臨床. 1997, **13**(4): 27-28
18. 張汝學, 顧國明, 張永祥, 周金黃. 地黃低聚糖對實驗性糖尿病與高血糖大鼠糖代謝的調節作用. 中藥藥理與臨床. 1996, **12**(1): 14-17
19. 陳力真, 馮杏婉, 周金黃, 湯建芳. 地黃多糖b的免疫抑瘤作用及其機理. 中國藥理學與毒理學雜誌. 1993, **7**(2): 153-156
20. 魏小龍, 茹祥斌. 低分子質量地黃多糖體外對 Lewis 肺癌細胞 p53 基因表達的影響. 中國藥理學通報. 1998, **14**(3): 245-248

장엽대황 掌葉大黃 CP, KP, BP, EP, JP, VP

Polygonaceae

Rheum palmatum L.

Rhubarb

개 요

여뀌과(Polygonaceae)

장엽대황(掌葉大黃, *Rheum palmatum* L.)의 뿌리 및 뿌리줄기를 건조한 것

중약명: 대황(大黃)

대황속(*Rheum*) 식물은 전 세계에 약 60여 종이 있으며, 아시아의 온대 및 아열대의 고산 지역에 분포한다. 중국에서 생산되는 것은 39종 및 2개의 변종이 있으며, 주로 서북, 서남 및 화북 등지에 분포한다. 이 속에서 현재 약으로 사용되는 것은 12종이다. 이 종은 중국의 감숙, 사천, 청해, 운남 및 서장 등에 분포한다.

'대황'이라는 약명은 《신농본초경(神農本草經)》에 하품으로 처음 수록되었다. 역대 본초서적에도 다수의 기록이 있다. 《중국약전(中國藥典)》(2015년 판)에서는 이 종을 중약 대황의 법정기원식물 내원종 가운데 하나로 수록하였다. 주요산지는 중국의 감숙, 청해, 서장, 사천 등이다. 《대한민국약전》(제11개정판)에 '대황'을 "여뀌과에 속하는 장엽대황(*Rheum palmatum* Linne), 탕구트대황(*Rheum tanguticum* Maximowicz ex Balf.) 또는 약용대황(藥用大黃, *Rheum officinale* Baillon)의 뿌리 및 뿌리줄기로서 주피를 제거한 것"으로 등재하고 있다.

대황속 식물의 주요 활성성분은 안트라퀴논류 화합물이며, 그 가운데 사하작용을 유발하는 성분은 안트라퀴논에서 파생된 생성물로, 특히 센노사이드류 화합물 가운데 센노사이드 A의 작용이 가장 강력하다. 《중국약전》에서는 고속액체크로마토그래피법으로 대황에 함유된 알로에에모딘, 레인, 에모딘 및 크리소파놀의 총 함량을 1.5% 이상으로 약재의 규격을 정하고 있다.

약리연구를 통하여 장엽대황에는 사하(瀉下), 항균, 항간섬유화, 항혈전 등의 작용이 있는 것으로 알려져 있다.

한의학에서 대황은 사열통장(瀉熱通腸), 양혈해독(凉血解毒), 축어통경(逐瘀通經) 등의 효능이 있다.

장엽대황 掌葉大黃 *Rheum palmatum* L.

장엽대황 掌葉大黃 CP, KP, BP, EP, JP, VP

탕구트대황 唐古特大黃 *R. tanguticum* Maxim. ex Balf.

약용대황 藥用大黃 *R. officinale* Baill.

약재 장엽대황 藥材掌葉大黃
Rhei Palmati Radix et Rhizoma

1cm

약재 탕구트대황 藥材唐古特大黃
Rhei Tangutici Radix et Rhizoma

1cm

약재 약용대황 藥材藥用大黃
Rhei Officinalis Radix et Rhizoma

1cm

함유성분

뿌리와 뿌리줄기에는 안트라퀴논 유도체, 활성 안트라퀴논 성분으로 aloe-emodin, rhein, emodin, chrysophanol, physcion[1], citreorosein, laccaic acid D[2], 복합 안트라퀴논 성분으로 rhein-8-monoglucoside, physcion monoglucoside, aloe-emodin monoglucoside, chrysophanol monoglucoside, rheumemodin monoglucoside[3], rheinosides A, C, D[4], 디안트론 성분으로 sennosides A, B, C, D, E, F[5-6], palmidins A, B, C[7], reidin A[8], 스틸벤 배당체 성분으로 4′-O-methylpiceid, rhapontin[9], 페놀산 성분으로 gallic acid, chlorogenic acid, ferulic acid, vanillic acid[10] 등이 함유되어 있다.

sennoside A

chrysophanol:	R_1=CH_3	R_2=H
emodin:	R_1=CH_3	R_2=OH
physcion:	R_1=CH_3	R_2=OCH_3
aloe-emodin:	R_1=CH_2OH	R_2=H
rhein:	R_1=COOH	R_2=H

약리작용

1. 소화기계통에 대한 영향

1) 사하

장엽대황의 열수 추출물을 Mouse에 경구투여하면 소장의 추동운동을 뚜렷하게 촉진한다[11]. 그 사하작용의 유효성분은 결합형 안트라퀴논 생성물이며, 특히 센노사이드가 주류를 이룬다. 그 작용기전은 장관 내 모틸린의 분비를 촉진하고, 장관생장억제효소의 저하 및 소장점막의 Na^+/K^+-ATP 효소의 활성억제와 관련이 있다[6].

2) 결장평활근에 대한 영향

기니피그 또는 Rat의 적출 결장에 대한 실험을 통하여 에모딘은 평활근 전류와 수축활동을 증가시킬 수 있음이 확인되었는데, 그 작용기전은 결장평활근 세포의 유리칼슘($[Ca2^+]$)의 농도 상승, 세포막 ATP 민감성 K^+통로(K_{ATP}) 활성, 전압 의존형 칼륨통로의 활성 등과 관련이 있다[12-14].

3) 위운동 억제

장엽대황의 열수 추출물을 Rat에 경구투여하면 위운동에 대한 뚜렷한 억제작용이 있는데, 그 작용기전은 위 내 근육 P물질(ST)의 분포 감소 및 혈관작동성장펩타이드(VIP)의 분포 증가 등과 관련이 있다[15].

2. 항간섬유화

CCl_4에 의해 간섬유화가 진행된 Rat의 위에 에모딘을 주입하면 Rat의 간기능을 뚜렷하게 개선하며, 혈청 내 알라닌아미노기전이효소(ALT), 세포염기성인산효소(AKP), 혈청 히알루론산 및 라미닌의 함량을 감소시킨다. 또한 혈청 내 총 단백질 함량 및 알부민의 함량을 증가시키고, 간 조직의 콜라겐 함량을 감소시키며, 간 조직 형질전환생장인자-β_1(TGF-β_1)의 생성을 억제함으로써 간 평활근조직의 α-액틴(α-SMA)의 발현을 감소시켜 섬유화 정도에 현저한 개선효과를 유도한다[16-17]. *In vitro* 실험에서 에모딘은 항간섬유화 외에도 간성상세포(HSC) 증식의 억제와도 관련이 있는 것으로 확인되었다[18].

3. 항균

In vitro 실험을 통하여 장엽대황의 열수 추출물은 취약류 간균, 산흑색소류 간균, 다형류 간균, 소화연구균 등의 혐기성 세균에 대해 억제활성이 있다[19]. 장엽대황의 80% 에탄올 추출물은 변형연쇄구균, 점성방선균 및 혈액연구균 등 치아우식을 유도하는 세균의 성장과 산화물 생성을 억제하며, 변형연쇄구균이 생성하는 물 불용성 덱스트란을 억제한다[20]. 장엽대황의 알코올 추출물은 독성

대장균, 예르시나균, 비브리오균 등 장염 병원균 및 시겔라 디젠테리와 같은 이질간균에 대하여 비교적 강력한 억제작용이 있다[21]. 장엽대황의 안트라퀴논류 화합물에는 유문나선간균과 임병쌍구균의 생장을 억제하는 효과도 있다[22–23].

4. 심혈관계통에 대한 영향

1) 혈관평활근의 세포증식 억제

In vitro 실험을 통하여 에모딘에는 인체 하복 동맥 평활근세포와 집토끼의 주동맥 평활근세포의 증식을 억제하는 효과가 확인되었다[24–26].

2) 혈관확장

In vitro 실험을 통하여 에모딘은 페닐에프린으로 처리한 완전한 또는 내피를 제거한 혈관에 대하여 확장효과를 나타내며, 고농도 칼륨으로 수축된 혈관에 대해서도 확장효과를 나타낸다. 또한 칼슘 결핍 조건의 카페인 또는 칼륨 결핍 조건의 페닐에프린으로 인한 혈관수축을 길항하는데, 그 작용기전은 세포 외부의 칼슘 내류와 근육 내 칼슘 분자 방출의 억제 및 Ca^{2+} 활성, 칼륨통로 활성 등과 관련이 있다[27].

3) 혈액응고 작용에 대한 영향

술로 증숙한 장엽대황의 열수 추출물을 아드레날린으로 인해 분노가 유도된 Rat 및 냉각으로 인한 어혈이 발생한 Rat에 경구투여하면 혈소판 점착과 응집작용을 뚜렷하게 저하시키며, 프로트롬빈반응시간(PT), 트롬빈시간(TT), 응혈효소부분활성화시간(APTT) 등에 대해 뚜렷한 연장효과가 있다[28]. 대황의 배당체를 뇌허혈이 발생한 Rat에 경구투여하면 혈전의 중량과 크기를 뚜렷하게 감소시킴으로써 뚜렷한 항혈전 형성작용을 나타낸다[29].

4) 콜레스테롤 저하

9번 포제한 장엽대황의 안트라퀴논 파생물을 고지혈 Rat에 경구투여하면 혈중 총콜레스테롤(TC)과 중성지방(TG)의 함량을 저하시키고, 혈액의 점도를 개선한다[30].

5) 기타

*In vitro*에서 에모딘은 혈소판 세포 외부 칼슘의 내부 유입과 세포 내부 칼슘의 방출에 대해 균일한 촉진작용이 있으며[31], 기니피그의 심근세포 내부 칼슘 및 L형 칼슘전류에 대하여 양방향 조절작용이 있다[32].

5. 항종양

*In vitro*에서 에모딘은 인체 폐선암 세포 Anip973, 방광암 종양세포 T24, 인체 난소암 세포 HO–8910PM 등에 대해 종양세포의 증식을 억제하고 괴사를 유도하는 작용이 있으며[33–35], 인체 고전이거세포 폐암세포 PG에 대해서는 종양세포의 전이를 억제하는 작용이 있다[36]. 장엽대황의 다당은 *in vitro*에서 인체위선암세포 SGC–7901, 인체간암세포 QGY–7703과 인체폐선암세포 SPC–A–1 등 종양세포의 집락형성, 생성 및 DNA 합성을 뚜렷하게 억제한다[37].

6. 항염

에모딘을 Mouse와 Rat에 경구투여하면 카라기난에 의해 유도된 발바닥 종창을 억제하며, 초산으로 유도된 Mouse의 모세혈관 투과성 증가를 억제한다[38]. 복강주사로 투여할 경우 카라기난으로 인한 Rat의 급성 흉막염의 삼출반응과 백혈구 유주를 뚜렷하게 억제한다[38].

7. 면역조절

장엽대황의 열수 추출물을 Mouse에 경구투여하면 소의 알부민에 의해 유도된 지발성과민반응(PC–DTH) 및 지질다당(LPS)과 콘카나발린 A에 의한 Mouse 비장세포의 증식반응을 촉진한다[39]. 장엽대황의 정유유제를 Mouse의 위에 주입하거나 코에 불어 넣는 방법으로 투약하면 디니트로클로로벤젠으로 유도된 Mouse의 PC–DTH 및 식물혈액응고효소(PHA)로 유도된 Mouse의 임파세포 전화반응을 뚜렷하게 증강시키며, Mouse 꼬리정맥주사는 탄소제거율과 복강대식세포의 탐식기능을 증가시킬 수 있다. 코에 불어 넣는 방법으로 투약할 경우 Mouse의 면양적혈구(SRBC) 용혈효소의 생성을 억제한다[40]. *In vitro*에서 에모딘은 Mouse의 복강대식세포 내 Ca^{2+} 방출과 세포 외 Ca^{2+}의 내류를 촉진함으로써 면역기능을 증강시키는 작용을 한다[41]. 그러나 장엽대황의 열수 추출물을 장기간 위에 투여할 경우 Mouse의 체중, 흉선지수, 비장지수, 혈청용균효소 함량, 복강대식세포의 탐식기능 등이 저하되는 면역기능 저하 현상이 발생한다[42].

8. 기타

장엽대황에는 혈당강하, 신장기능 개선[43], 신장간질의 섬유화 억제[44], 신경세포 보호[45], 항산화[46], 항노화[47] 등의 작용이 있다.

용 도

대황은 중의임상에서 사용하는 약이다. 사열산결[邪熱散結, 외사(外邪)로 인하여 생기는 발열과 맺힌 것을 풀어 줌], 양혈해독[凉血解毒, 양혈(凉血)하고 해독하는 효능], 축어통경(逐瘀通經, 어혈을 제거하여 월경을 순조롭게 함) 등의 효능이 있으며, 대변비결(大便秘結, 변비), 위장적체(胃臟積滯, 음식이 제대로 소화되지 못하고 위장에 적체되어 있는 증상), 혈열망행[血熱妄行, 혈분(血分)에 열이 몹시 성하여 혈이 혈맥을 따라 제대로 순환하지 못하고 혈맥 밖으로 나오는 증상]으로 인한 토혈(吐血, 피를 토하는 병증), 화사상염[火邪上炎, 인체의 화기(火氣)가

위로 오르는 듯한 증상]으로 인한 목적(目赤, 눈 흰자위가 충혈되는 병증), 인후종통(咽喉腫痛, 목 안이 붓고 아픈 증상), 치은종통(齒齦腫痛, 잇몸이 붓고 아픈 증상), 열독창양[熱毒瘡瘍, 열독이 치성(熾盛)하여 장부(臟腑)에 쌓여 발생하는 창종], 소탕상(燒燙傷, 끓는 물에 데인 상처), 경폐(經閉, 월경이 있어야 할 시기에 월경이 없는 것), 산후어혈로 인한 복통, 황달, 요로감염 등의 치료에 사용한다.
현대임상에서는 장폐색, 상부 소화관 출혈, 이질, 간염, 안결막염, 치은염(齒齦炎, 잇몸에 생기는 염증) 등의 병증에 사용한다.

해 설

장엽대황 이외에도 《중국약전》에는 동속식물인 탕구트대황(唐古特大黃, *Rheum tanguticum* Maxim. ex Balf.), 약용대황(藥用大黃, *R. officinale* Baill.) 등도 중약 대황의 법정기원식물 내원종으로 수록하고 있다. 기존의 약리 및 화학 연구자료에서는 대부분 기원식물을 정확하게 구분하지 않고 있어 향후 연구에서는 식물의 내원을 명확하게 규정하고 연구가 진행되어야 할 것으로 생각한다. 《일본약국방(日本藥局方)》(제15판)에서는 《중국약전》에 수록된 3종 이외에도 동속식물인 장군풀(朝鮮大黃, *R. coreanum* Nakai.)도 수록되어 있다. 대황에는 다량의 탄닌 성분이 함유되어 있어 소량을 사용할 경우에는 사하작용이 유발되지 않고 수렴작용을 나타낸다. 여러 번 복용한 뒤 복약을 중지할 경우 종종 속발성 변비가 발생하기도 한다. 대황의 서로 다른 포제품은 사하의 정도가 각각 다른데, 생대황의 사하력이 가장 강력하여 장기간 복용 시 비허(脾虛), 간경화 및 전해질 대사 이상 등을 유발할 수 있다. 술이나 식초로 초제한 대황은 사하력이 30% 정도 감소되며, 주제(酒製) 대황의 사하력은 95%까지 감소한다. 대황탄(大黃炭)의 경우에는 사하작용이 거의 없다. 대황은 포제한 뒤 사하작용이 완화되나 청열사하(清熱瀉下)의 작용은 유지되는데, 체내의 노폐물이나 유해세균을 배출하는 데 유리하면서도 인체의 건강을 해치지 않게 된다.
이탈리아에는 대황주(大黃酒)가 있는데, 그 원료는 중국의 감숙성에서 공급된다. 스위스에는 대황을 주원료로 소화를 돕고, 피로를 제거하며, 지방간 등을 예방하는 다양한 보건품이 출시되어 있다.

참고문헌

1. J Ding, B Ning, G Fu, Y Lu, S Dong. Separation of rhubarb anthraquinones by capillary electrochromatography. *Chromatographia*. 2000, **52**(5-6): 285-288
2. H Oshio. Investigation of rhubarbs. IV. Isolation of sennoside D, citreorosein and laccaic acid D. *Shoyakugaku Zasshi*. 1978, **32**(1): 19-23
3. H Wagner, L Hoerhammer, L Farkas. Genuine anthraquinone glycosides from the rhizome of *Rheum palmatum*. *Zeitschrift fuer Naturforschung*. 1963, **18b**: 89
4. 鄭俊華, 黃琴, 張治國, 高雙新, 樓之岑. 大黃中五種蒽甙類成分積累動態的研究. 中國藥學. 1992, **1**(1): 85-87
5. JH Zwaving. Sennoside content of *Rheum palmatum*. *Planta Medica*. 1972, **21**(3): 254-262
6. 武玉清, 王靜霞, 周成華, 張洪泉. 番瀉苷對小鼠腸道運動功能的影響及相關機制研究. 中國臨床藥理學與治療學. 2004, **9**(2): 162-165
7. J Lemli, R Dequeker, J Cuveele. Anthraquinone drugs. VIII. The palmidins, a new group of dianthrones from the fresh root of *Rheum palmatum*. *Planta Medica*. 1964, **12**(1): 107-111
8. J Lemil, R Dequeker, J Cuveele. Anthraquinone drugs. III. Reidin A, a new dianthrone from the roots of *Rheum palmatum*. *Pharmaceutisch Weekblad*. 1963, **98**(17): 655-659
9. I Kubo, Y Murai, I Soediro, S Soetarno, S Sastrodihardjo. Efficient isolation of glycosidase inhibitory stilbene glycosides from *Rheum palmatum*. *Journal of Natural Products*. 1991, **54**(4): 1115-1118
10. E Medynska, HD Smolarz. Comparative study of phenolic acids from underground parts of *Rheum palmatum* L. R. *rhaponticum* L. and R. *undulatum* L. *Acta Societatis Botanicorum Poloniae*. 2005, **74**(4): 275-279
11. 杜群, 吳秀美, 邵庭蔭. 大黃給藥後不同時間對小鼠小腸炭末推進率的影響. 中藥藥理與臨床. 1999, **15**(2): 27-29
12. 李俊英, 楊文修, 胡文衛, 王津, 金正根, 王新宇, 許文勝. 大黃素對豚鼠結腸帶平滑肌細胞鉀通道活性的影響. 藥學學報. 1998, **33**(5): 321-325
13. 馬濤, 齊清會, 簡序, 費乃昕. 大黃素對大鼠結腸環行平滑肌細胞 [Ca^{2+}]i 的影響. 世界華人消化雜誌. 2003, **11**(11): 1699-1702
14. 李世英, 歐陽守. 大黃素對大鼠近端結腸平滑肌細胞電壓依賴性鉀通道的影響. 藥學學報. 2005, **40**(9): 804-809
15. 朱金照, 冷恩仁, 張捷, 許其增. 大黃對大鼠胃運動的影響及機理. 中國中西醫結合消化雜誌. 2002, **10**(2): 79-80, 83
16. 展玉濤, 魏紅山, 王志榮, 黃新, 徐芹芳, 李定國, 陸漢明. 大黃素抗肝纖維化作用的實驗研究. 中國肝臟病雜誌. 2001, **9**(4): 235-236, 239
17. 展玉濤, 劉賓, 李定國, 畢春山. 大黃素抗肝纖維化的作用機理. 中國肝臟病雜誌. 2004, **12**(4): 245-246
18. 齊荔紅, 劉曄, 史寧, 桂敏, 章越凡, 陳萬生, 張瑁, 張俊平. 大黃素對大鼠肝星狀細胞增殖和合成膠原的影響. 第二軍醫大學學報. 2005, **26**(10): 1190-1191
19. 楊淑芝, 張曉坤. 大黃等中藥抗厭氧菌的作用研究. 遼寧中醫雜誌. 1997, **24**(4): 187
20. 肖悅, 劉天佳, 黃正蔚, 李繼遙, 周學東, 詹玲. 中藥大黃對口腔致齲菌影響的體外實驗研究. 華西藥學雜誌. 2002, **17**(1): 23-25
21. 王文風, 王守慈, 陳聰敏, 焦東海. 大黃醇提片抗痢疾桿菌和腸炎病原菌的實驗研究. 中成藥. 1991, **13**(3): 27-28
22. 荀奎斌, 孫麗華, 婁衛寧, 冷傳剛, 王炎. 大黃中 4 種蒽醌類化合物抑幽門螺桿菌效果比較. 中國藥學雜誌. 1997, **32**(5): 278-280
23. 陳知本, 陳瓊華, 黃玉初, 蔡亞農. 大黃的生化學研究 XL: 大黃蒽醌衍生物對淋病雙球菌的抑菌作用. 中國藥科大學學報. 1990, **21**(6): 373-374
24. 王翔飛, 葛均波, 孫愛軍, 徐丹令, 王克強. 大黃素通過 p53 途徑抑制血管平滑肌細胞增殖的實驗研究. 中華心血管病雜誌. 2006, **34**(1): 44-49
25. 李志剛, 王章陽, 劉松青. 大黃素對家兔離體主動脈平滑肌細胞增殖影響的可能途徑. 中國臨床康復. 2005, **9**(26): 134-135

26. 尹春琳, 徐成斌. 大黃素對血管平滑肌細胞增生抑制作用的機理. 北京醫科大學學報. 1998, **30**(6): 515-517

27. 王為民, 夏強, 王琳琳, 陸源, 曆旭雲, 楊軍. 大黃素對大鼠主動脈非內皮依賴性的舒張作用及其機制研究. 中國藥學雜誌. 2006, **41**(7): 505-508

28. 黃政德, 蔣孟良, 易延逵, 曾嶸, 黃鶯, 吳萍. 酒制丹參, 大黃對大鼠血小板功能及抗凝血作用的研究. 中成藥. 2001, **23**(5): 341-342

29. 李建生, 王冬, 方建, 張偉宇, 劉敬霞, 周紅霞. 不同劑量大黃苷元影響腦缺血大鼠血栓形成及血小板和凝血功能: 與阿司匹林及尼莫地平的效應比較. 中國臨床康復. 2005, **9**(21): 142-144

30. 胡昌江, 馬烈, 何學梅, 瞿燕, 禹玉洪, 胥雲. 九制大黃蒽醌衍生物對動物高血脂及血液流變學的影響. 中成藥. 2001, **23**(1): 31-33

31. 林秀珍, 崔志清, 靳珠華, 馬德錄. 大黃素對血小板胞漿內遊離鈣濃度的影響. 中國藥學. 1994, **3**(2): 126-131

32. 劉影, 單宏麗, 孫宏麗, 何樹莊, 楊寶峰. 大黃素對豚鼠單個心室肌細胞胞漿遊離鈣濃度及 L-型鈣電流的影響. 藥學學報. 2004, **39**(1): 5-8

33. 李家寧, 呂福禎, 肖金玲, 鮑永霞. 大黃素抑制肺癌 Anip973 細胞增殖作用的量效關係. 中國臨床康復. 2005, **9**(18): 140-141

34. 邱學德, 劉喬保, 孫力莉, 宋建新, 王田, 肖民輝, 楊曉華. 大黃素對膀胱腫瘤細胞株 BIU87 和 T24 的作用研究. 雲南醫藥. 2004, **25**(3): 192-194

35. 朱峰, 劉新光, 梁念慈. 大黃素, 芹菜素抑制人卵巢癌細胞侵襲的體外實驗研究. 癌症. 2003, **22**(4): 358-362

36. 王心華, 甄永蘇. 大黃素抑制人高轉移巨細胞肺癌 PG 細胞的腫瘤轉移相關性質. 癌症. 2001, **20**(8): 789-793

37. 金槿實, 李銳, 明月, 樸雲峰. 掌葉大黃多糖對腫瘤細胞 DNA 合成抑制作用的研究. 吉林中醫藥. 1999, **4**: 58-59

38. 祁紅. 大黃素的抗炎作用. 中草藥. 1999, **30**(7): 522-524

39. 馬路, 侯桂霞, 顧華, 董雲珠. 大黃免疫調節作用的實驗研究. 中西醫結合雜誌. 1991, **11**(7): 418-419

40. 張丙生, 陳華聖, 許愛華, 陳瑾, 盛樹青. 大黃揮發油對小鼠免疫功能的影響. 中藥材. 1997, **20**(2): 85-88

41. 崔榮芬, 林秀珍. 大黃素對小鼠腹腔巨噬細胞內遊離鈣濃度的影響. 中草藥. 1995, **28**(4): 199-200

42. 樊永平, 周勇, 嚴宣左. 大黃水煎液對小鼠免疫功能的影響. 中國中醫藥科技. 1995, **2**(2): 24-25

43. 楊俊偉, 李磊石, 張真. 大黃治療糖尿病腎病的實驗研究. 中華內分泌代謝雜誌. 1993, **9**(4): 222-224

44. 秦建華, 陳明. 大黃素抗腎間質纖維化研究進展. 中國中西醫結合腎病雜誌. 2006, **7**(3): 184-186

45. 李琳, 段光琳, 趙麗, 吳建梁. 大黃素對去卵巢大鼠和經 β 澱粉樣蛋白作用的培養神經元的保護作用. 醫藥導報. 2005, **24**(2): 100-103

46. 姚廣濤, 張冰冰, 何麗君, 郝永龍, 俞麗霞, 邵文傑. 掌葉大黃多糖抗氧化作用的實驗研究. 中醫藥學刊. 2004, **22**(7): 1295, 1311

47. 李淑娟, 張力, 張丹參, 沈麗霞, 董曉華, 武海霞, 李煒. 大黃酚抗衰老作用的實驗研究. 中國老年學雜誌. 2005, **25**(11): 1362-1364

돌꽃 高山紅景天

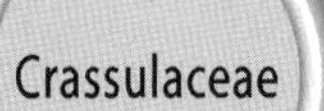

Rhodiola sachalinensis A. Bor.

Sachalin Rhodiola

개 요

꿩의비름과(Crassulaceae)

돌꽃(高山紅景天, *Rhodiola sachalinensis* A. Bor.)의 뿌리와 뿌리줄기를 건조한 것

중약명: 홍경천(紅景天)

좁은잎돌꽃속(*Rhodiola*) 식물은 전 세계에 약 90여 종이 있으며, 북반구 고지대의 한랭한 지역에 분포한다. 중국에는 약 73종과 아종 2종 및 변종 7종이 있다. 이 속 식물에서 약으로 사용되는 것은 약 9종이 있다. 이 종의 주요 분포 지역은 중국의 길림과 흑룡강의 고산 지역이며, 한반도 및 일본과 러시아 원동지구에도 분포한다.

돌꽃 또는 고혈홍경천(庫頁紅景天)으로 불리며, 러시아 원동지구의 약용식물로서, 《장백산식물약지(長白山植物藥誌)》에 수록되어 있다. 주요산지는 중국의 흑룡강 및 길림 등이다.

돌꽃의 주요 활성성분은 로디올로시드와 티로솔(p-tyrosol)이며, 탄닌과 플라보노이드 화합물 등도 함유하고 있다.

약리연구를 통하여 돌꽃에는 항피로, 항노화, 항방사능 및 간장보호 등의 작용이 있는 것으로 알려져 있다.

티베트의학(藏醫)에서 홍경천에는 활혈소종(活血消腫), 소종지해(消腫止咳), 해열지통(解熱止痛), 익기안신(益氣安神) 등의 효능이 있다.

돌꽃 高山紅景天 *Rhodiola sachalinensis* A. Bor.

돌꽃 高山紅景天

약재 고산홍경천 藥材高山紅景天
Rhodiolae Sachalinensis Radix et Rhizoma

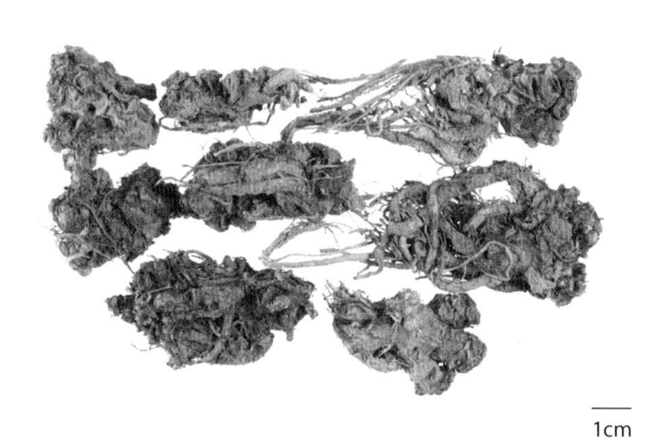

약재 대화홍경천 藥材大花紅景天
Rhodiolae Crenulatae Radix et Rhizoma

약재 장편홍경천 藥材長鞭紅景天
Rhodiolae Fastigiatae Radix et Rhizoma

약재 성지홍경천 藥材聖地紅景天
Rhodiolae Sacrae Radix et Rhizoma

함유성분

뿌리와 뿌리줄기에는 주요 활성성분으로 rhodioloside(salidroside)[1]와 그 아글리콘 성분인 p-tyrosol[2] 등이 함유되어 있다.
지하부에는 또한 플라보노이드 성분으로 rhodioflavonoside[1], kaempferol 7-O-α-L-rhamnopyranoside, rhodionin, rhodiosin, rhodiolinin[2-3], kaempferol 3-O-β-D-xylofuranosyl(1→2)-β-D-glucopyranoside, kaempferol 3-O-β-D-glucopyranosyl(1→2)-β-D-glucopyranoside[2], 탄닌류 성분으로 (-)-epigallocatechin 3-O-gallate[3], (-)-epigallocatechin, 3-O-galloylepigallocatechin-(4→8)-epigallocatechin 3-O-gallate, 1,2,3,6-tetra-O-galloyl-β-D-glucose, 1,2,3,4,6-penta-O-galloyl-β-D-glucose[2] 등이 함유되어 있다.
또한 sachalinols A, B, C, sachalinosides A, B, benzyl-β-D-glucopyranoside, 2-phenyl·ethyl-β-D-glucopyranoside, rhodiocyanoside A, lotaustralin, rosarin, rosiridin[2] 등의 성분이 함유되어 있다.
지상부에는 rhodioloside(salidroside), taraxerol-3β-acetate, isomotiol과 rosavin[4] 등의 성분이 함유되어 있다.

약리작용

1. 적응성 효과

1) 항피로, 항고온, 항저온
고산홍경천의 침고를 희석한 후 경구투여하면 Mouse의 유영시간을 증가시키며, 고온(45℃) 또는 저온(−20℃) 환경에서의 생존시간을 연장한다[5].

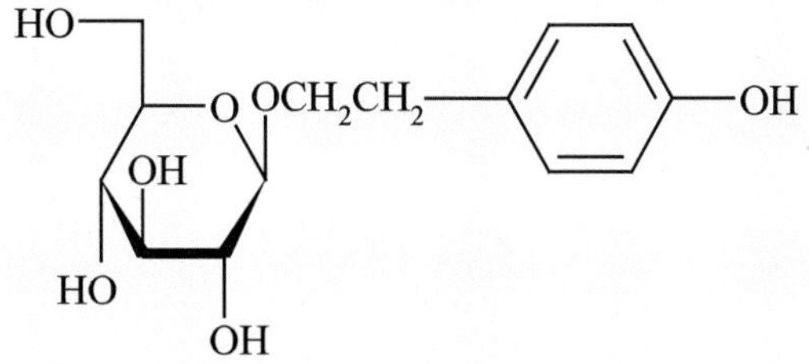

rhodioloside

2) 항산소결핍

고산홍경천의 알코올 추출물을 연속으로 4회에 걸쳐 Mouse에 경구투여하면 정상혈압하에서의 산소결핍, 양측 경동맥 결찰로 인한 뇌의 산소결핍, 공기 정맥주사로 인한 심장과 뇌의 산소결핍, 이소프레날린의 복강주사로 인한 심근의 산소결핍, 염화질소의 복강주사 및 청산염의 피하주사로 인한 조직중독성 산소결핍 등에 대해 모두 뚜렷한 보호작용이 있다[6]. 또한 고산홍경천 알코올 추출물의 복강주사는 동맥혈의 산소분압 및 산소포화도를 뚜렷하게 증가시킨다[6].

3) 항방사능

고산홍경천의 침고를 희석하여 Mouse에 경구투여하면 단차심부 X-선 조사(照射) 후 생존율을 증가시키며, Mouse의 흉선지수 및 비장지수를 뚜렷하게 증가시킨다. 또한 방사선이 조사된 Mouse의 심장 및 간 조직의 지질과산화물(LPO)의 생성을 억제한다[7].

2. 면역조절

고산홍경천의 침고는 Mouse 단핵대식세포의 탐식능력을 뚜렷하게 증가시키며, 닭의 적혈구에 대한 Mouse의 항체 생성을 촉진한다. 또한 콘카나발린 A로 유도된 T림프구의 변형에 대해서도 뚜렷한 촉진작용이 있다[5]. 홍경천의 다당은 Mouse의 특이적 항체분비세포 수를 뚜렷하게 증가시키며, 지발성과민반응(DTH)의 강도를 증강시킨다. 그 밖에도 Mouse의 혼합 임파세포의 반응 및 탐식능력을 증가시키며, T도움(helper-T)세포의 백분율 및 helper T cell/suppressive T cell의 비율을 감소시킬 뿐만 아니라 인터루킨-2의 활성 또한 감소시키는 작용이 있다[8].

3. 항산화, 항노화

고산홍경천의 배당체는 자연적으로 노화가 진행된 Mouse의 혈중 슈퍼옥시드디스무타아제, 카탈라아제 및 간 조직 내의 글루타치온과산화효소(GSH-Px)의 활성을 뚜렷하게 증가시키며, 혈장 내의 말론디알데하이드(MDA) 및 간 조직 내 지방갈색소의 생성을 억제한다[10]. 노령 Rat에 홍경천의 배당체를 주사하면 심장의 ANP-mRNA 수준이 증가되는데, 이는 심장의 분비기능이 노화되는 작용을 억제하는 효과가 있음을 시사한다[10].

4. 간 보호

고산홍경천의 열수 추출물은 CCl_4에 의해 유도된 Rat의 급성 간 손상에 대해 보호작용이 있으며, 간세포의 변성과 괴사의 정도를 경감시킬 뿐만 아니라 간장 내의 MDA 수준을 낮추어 준다. 또한 혈청 내 알라닌아미노기전이효소(ALT), 젖산탈수소효소(LDH) 및 크레아틴포스포키나아제의 활성을 저하시킬 수 있다[11-13].

5. 혈당 감소

정상 Mouse의 근육주사, 정맥주사, 피하 및 복강주사 등을 통하여 고산홍경천의 다당 A, B를 주입하면 혈당 수준을 뚜렷하게 감소시킨다[14]. 복강주사로 고산홍경천의 다당을 주입하면 아드레날린, 알록산 및 포도당 경구투여 등으로 유도된 Mouse의 고혈당을 억제하는 작용이 있으며, 글리코겐과 혈중 콜레스테롤도 억제하는 효과가 있다[15].

6. 항바이러스

고산홍경천의 다당은 콕사키바이러스 B_5가 숙주세포에 붙는 것을 유효하게 억제할 수 있다. 또한 감염된 Mouse의 심근기능을 개선하고, 면역기능을 강화한다. *In vitro*에서 배양된 Rat의 심근에 감염된 콕사키바이러스 B_3에 대해서 고산홍경천은 감염에 의한 심근효소의 방출을 뚜렷하게 억제함으로써 바이러스가 심근세포 내에서 증식하는 것을 억제한다[16-18].

7. 진통

고산홍경천의 다당과 홍경천의 다당은 초산으로 유도된 Mouse의 몸비틀기 횟수을 뚜렷하게 감소시키며, 전기자극으로 인한 Mouse의 통증에 대한 역치값을 상승시킨다[19].

8. 기타
고산홍경천의 열수 추출물은 혈압조절, 진정 및 강심(強心) 등의 작용이 있다[15]. 홍경천의 다당은 백혈병세포의 증식을 억제할 수 있다[20]. 또한 아드리아마이신에 의한 Rat의 뇨단백 및 만성 신사구체 경화를 저감하는 효과가 있다[21].

용 도

홍경천은 중의임상에서 사용하는 약이다. 보기청폐(補氣淸肺, 기운을 보태 주어 열기에 의해 손상된 폐기를 맑게 식혀 줌), 익지양심[益智養心, 지혜를 더해주고 심경(心經)의 열을 내려 줌], 수삽지혈[收澁止血, 수삽(收澁)하는 약물로 지혈시키는 효능], 산어소종(散瘀消腫, 어혈을 제거하고 부종을 가라앉힘) 등의 효능이 있으며, 기허체약(氣虛體弱, 기가 허하여 몸이 약해지는 것), 기단핍력(氣短乏力, 숨 쉬는 것이 약하고 힘이 없으며 얕게 쉬며 숨이 차고 몸에 극도로 힘이 없는 증상), 해혈(咳血, 기침을 할 때 피가 나는 증상), 객혈(喀血, 피가 섞인 가래를 기침과 함께 뱉어 내는 것), 폐염해수(肺炎咳嗽, 폐의 염증으로 인한 기침), 부녀백대[婦女白帶, 부녀의 음도(陰道)에서 항상 흰색의 끈끈한 액이 끈처럼 끊임없이 흘러나오는 것] 등의 치료에 사용한다.
현대임상에서는 노화지연, 심장병, 심교통(心絞痛, 가슴이 쥐어짜는 것처럼 몹시 아픈 것), 심율실상(心律失常, 부정맥) 및 유풍습성 관절염 등의 병증에 사용한다.

해 설

돌꽃의 뿌리 및 뿌리줄기에는 항한랭(抗寒冷), 항피로 및 항방사능 등의 생리활성이 있으며, 인체의 생존에 불리한 환경에 대한 저항력을 길러 줄 뿐만 아니라 특수한 환경에서 작업하는 작업자의 적응성을 강화하는 효과가 있다. 따라서 군사의학과 항공의학 분야에서 매우 중요한 의의를 갖는다고 할 수 있다.
돌꽃의 경엽은 아직까지 약용으로 사용되고 있지는 않으나, 연구보고에 따르면 돌꽃에 함유된 로디올로시드와 그 추출물에는 인체 면역기능과 적응성을 증강시키는 작용이 있는 것으로 보고되었다. 향후 뿌리와 뿌리줄기의 대용품으로 적절한 연구개발이 이루어질 것으로 기대된다[22].
좁은잎돌꽃속 식물에는 돌꽃 이외에도 여러 종의 식물이 약재 홍경천으로 사용되고 있는데, 성지홍경천, 장편홍경천 및 대화홍경천과 같은 종들이 대표적이다.
성지홍경천은 건조한 전초를 사용하는 경우가 비교적 많은데, 티베트 지역약으로 상용되며, '사오루오마얼부(掃羅瑪爾布)'라는 명칭으로 불리고, 주로 중국의 서장과 운남 등지에서 생산된다. 성지홍경천의 주요 활성성분은 로디올로시드 및 p-티로솔[23]이고 홍경천과 동일하며, 혈액의 점도저하 및 항산화작용 등의 효능이 있어 뇌경색, 심교통 및 만성 심폐질환의 치료에 사용되고 있다[24-27].
대화홍경천은 《중국약전》(2015년 판)에 수록된 약재 홍경천의 법정기원식물 가운데 하나이다.

참고문헌

1. 李俊, 範文哲, 門田重利, 義詳輝. 人工種植高山紅景天中抑制脯酰內切酶的化學成分. 中草藥. 2004, **35**(8): 852-854
2. W Fan, Y Tezuka, KM Ni, S Kadota. Prolyl endopeptidase inhibitors from the underground part of *Rhodiola sachalinensis*. *Chemical & Pharmaceutical Bulletin*. 2001, **49**(4): 396-401
3. MW Lee, YA Lee, HM Park, SH Toh, EJ Lee, HD Jang, YH Kim. Antioxidative phenolic compounds from the roots of *Rhodiola sachalinensis* A. Bor. *Archives Pharmaceutical Research*. 2000, **23**(5): 455-458
4. 薛志革, 譚文紅, 李向高, 鄭義男, 周松生. 高山紅景天化學成分分析. 中國中藥雜志. 1991, **16**(10): 612-613
5. 李建新, 劉巨濤, 金永日, 張宏桂, 吳廣宣, 奧山徹. 高山紅景天莖葉的化學成分研究. 中草藥. 1998, **29**(10): 659-661
6. 孫英蓮, 師海波, 苗艷波, 王力平. 高山紅景天的強壯作用. 中藥藥理與臨床. 2004, **20**(6): 19-21
7. 李鳳才, 師海波, 劉威, 苗艷波, 徐亞香, 周重楚. 高山紅景天醇提物的抗缺氧作用. 白求恩醫科大學學報. 1998, **24**(3): 259-260
8. 苗艷波, 師海波, 孫英蓮, 王力平, 周重楚. 高山紅景天的抗輻射作用. 中藥藥理與臨床. 2004, **20**(3): 21-22
9. 樸花, 李英信, 李紅花, 魏成淑, 鄭承勛. 高山紅景天多糖對小鼠的免疫調節作用. 延邊大學醫學學報. 2000, **23**(4): 251-254
10. 苗艷波, 師海波, 孫英蓮, 王力平, 周重楚. 高山紅景天總甙的抗衰老作用中藥藥理與臨床. 2004, **20**(5): 20-21
11. 黃穎, 張蓮芝, 洪敏. 高山紅景天苷對大鼠心鈉素基因表達的影響. 中國藥學雜誌. 2000, **35**(9): 589-592
12. 房家智, 錢佳麗, 陳國清, 葉紅軍, 張宏桂, 吳廣宣. 高山紅景天對脂質過氧化肝損傷保護作用的觀察. 臨床肝膽病雜誌. 1994, **10**(4): 205-206
13. 房家智, 陳國清, 錢佳麗, 孫榮珍, 葉紅軍, 張恩軒. 高山紅景天對急性肝損傷動物血清酶譜的影響. 臨床肝膽病雜誌. 1994, **10**(3): 147-148
14. JX Nan, YZ Jiang, EJ Park, G Ko, YC Kim, DH Sohn. Protective effect of *Rhodiola sachalinensis* extract on carbon tetrachloride-induced liver injury in rats. *Journal of Ethnopharmacology*. 2003, **84**(2-3): 143-148
15. 程秀娟, 邸琳, 吳岩, 劉新宇, 任喬林. 高山紅景天多糖降血糖作用: 不同給藥途徑的比較. 中國中藥雜誌. 1996, **21**(11): 685-687
16. 王本祥. 現代中藥藥理學. 天津: 天津科學技術出版社. 1997: 1200-1202

17. 孫非, 王秀清, 李靜波, 許守民, 張麗蘋. 高山紅景天多糖抗柯薩奇 B_5 病毒作用的實驗研究. 中草藥. 1993, **24**(10): 532-534

18. 孫非, 王秀清, 許守民, 張麗蘋. 高山紅景天多糖對小鼠抗柯薩奇 B_5 病毒感染能力的研究. 中華實驗和臨床病毒學雜誌. 1995, **9**(4): 361-363

19. 孫非, 於起福, 孫寒, 呂才模, 楊景旭. 高山紅景天多糖對病毒感染大鼠心肌細胞的抑制作用. 中國藥理學通報. 1997, **13**(8): 525-528

20. 周麗君, 張振, 蘇麗, 王猛, 李韶, 孫長凱. 高山紅景天抗傷害感受作用初探. 大連醫科大學學報. 2003, **25**(3): 181-182, 190

21. 張淑芹, 孫非, 劉志屹, 於起福, 張福明, 陳顯秋. 高山紅景天甙抑制白血病細胞生長的實驗研究. 吉林中醫藥. 1999, **4**: 56

22. 黃鳳霞, 丁亞傑, 王慶國, 韓洪波. 高山紅景天甙對阿黴素腎病大鼠的影響. 中華腎臟病雜誌. 2005, **21**(7): 412

23. 金永日, 睢大員, 於曉風, 陳滿秋. 高山紅景天莖葉提取物的初步藥理研究. 人參研究. 2000, **12**(2): 25-27

24. 丘林剛, 王葉富, 陳金瑞, 倪志誠, 蔣思萍, 馬忠武, 何關福. 聖地紅景天的成分研究. 天然產物研究與開發. 1991, **3**(1): 6-10

25. 張文芳, 曹文富, 何英, 張永如, 李榮亨. 藏藥聖地紅景天: 諾迪康膠囊降低血液粘度的臨床觀察. 中藥藥理與臨床. 1997, **13**(5): 47-48

26. M Ohsugi, W Fan, K Hase, Q Xiong, Y Tezuka, K Komatsu, T Namba, T Saitoh, K Tazawa, S Kadota. Active-oxygen scavenging activity of traditional nourishing-tonic herbal medicines and active constituents of *Rhodiola sacra*. *Journal of Ethnopharmacology*. 1999, **67**(1): 111-119

27. 劉新宏, 何桂英, 姚曉偉, 賈娟玲, 王亞麗, 壽錫淩, 陳新義. 聖地紅景天膠囊治療心絞痛 30 例. 陝西中醫. 1999, **20**(1): 8-9

28. 孫福忠, 周明英. 諾迪康膠囊治療腦梗死52例療效觀察. 時珍國醫國藥. 2003, **14**(4): 231

산진달래 興安杜鵑 CP

Rhododendron dauricum L.

Dahurian Azales

개 요

진달래과(Ericaceae)

산진달래(興安杜鵑, *Rhododendron dauricum* L.)의 잎을 건조한 것

중약명: 만산홍(滿山紅)

진달래속(*Rhododendron*) 식물은 전 세계에 약 960종이 있으며, 유럽, 아시아, 북미 등지에 분포하고, 주로 동아시아와 동남아시아에서 생산되어 이 속의 양대 생산지로 자리 잡고 있다. 북극 지방까지 분포하는 것이 2종 있으며, 오세아니아에 1종이 분포하나 아프리카와 남미에서는 생산되지 않는다. 중국에는 약 542종이 있다. 이 속에서 현재 약으로 사용되는 것은 약 17종이다. 이 종은 중국의 흑룡강, 내몽고, 길림에 분포하며, 몽고, 일본, 한반도, 러시아 등에도 분포한다.

산진달래는 '만산홍'이라는 명칭으로 《동북상용중초약수책(東北常用中草藥手冊)》에 처음 수록되었다. 《중국약전(中國藥典)》(2015년판)에서는 이 종을 중약 만산홍의 법정기원식물 내원종으로 수재하고 있다. 주요산지는 중국의 흑룡강 및 내몽고 지역이다.

산진달래에는 정유와 플라보노이드 화합물이 주로 함유되어 있다. 《중국약전》에서는 고속액체크로마토그래피법을 이용하여 파레롤의 함량을 0.080% 이상으로 약재의 규격을 정하고 있다.

약리연구를 통하여 산진달래에는 진해(鎭咳), 거담(祛痰) 및 호흡기 아토피성 염증 억제 등의 작용이 있는 것으로 알려져 있다.

한의학에서 만산홍은 진해, 거담 등의 작용이 있다.

산진달래 興安杜鵑 *Rhododendron dauricum* L.

약재 만산홍 藥材滿山紅 Rhododendri Daurici Folium

1cm

함유성분

잎에는 정유성분으로 germacrone, pyrogermacrone, α, β-selinenes, γ, δ-cadinenes, cadinene, α-terpineol, santalol, limonene, 1,8-cineole, borneol, bornyl acetate, geranyl acetate, bisabolene, allo-aromadendrene[1-3], 플라보노이드 성분으로 farrerol[4], 8-demethylfarrerol, hyperin, avicularin, azaleatin[5], isohyperoside, matteucinol, dihydroquercetin, gossypetin, myricetin[6], 페놀산 성분으로 vanillic acid, syringic acid, protocatechuic acid, p-hydroxybenzoic acid[4] 등이 함유되어 있다. 그 외에 독성 성분인 디테르페노이드 안드로메도톡신과 hydroquinone 2′,6′-dihydroxy-4′-methoxyacetophenone[7], 4-O-methylphloracetophenone[8], daurichromenic acid III[9], daurichromenes A, B, C, D, confluentin, grifolin, orcinol[10]과 같은 기타 성분들이 함유되어 있다.

farrerol

andromedotoxin

약리작용

1. 진해, 거담, 평천(平喘)

페놀레드 분비 실험에서 복강주사 또는 경구투여로 파르레롤을 Mouse에 투여하면 페놀레드의 분비량이 뚜렷하게 증가된다[11]. Rat에 파르레롤을 경구투여하면 기관지로 유입되는 수분량이 뚜렷하게 증가한다. 집토끼에 파르레롤을 복강주사로 투여하면 기관지의 섬모운동이 현저하게 증가된다[11]. 만산홍의 에탄올 추출물, 물 추출물 및 정유를 위에 주입하거나 복강에 주사하면 기니피그 또는 고양이 인후의 전기자극으로 인한 기침 및 고농도 암모니아수로 인한 Mouse의 기침 등에 대하여 모두 균일한 진해효과를 나타내는데, 그 유효성분은 게르마크론이다. 만산홍의 정유성분은 초음파 분무 흡입을 통한 1% 알부민 생리식염수에 의해 발생한 Mouse의 해천에 대해 뚜렷한 억제작용이 있으며, 폐 내부 히스타민 농도를 뚜렷하게 감소시킨다[12].

2. 병원성 미생물 억제

파르레롤은 황색포도상구균에 대해 억제작용이 있으며, 바닐산과 시링산에도 항균활성이 있다. 다울크로멘산 III에는 인체면역결핍바이러스(HIV)에 대한 억제작용이 있다[9].

3. 항염

만산홍의 정유를 Mouse에 경구투여하면 알러지성 기관지 염증, 기관지 점막 충혈 및 수종 등을 개선할 수 있으며, 에오신 기호성(嗜好性) 및 임파세포의 침윤을 경감시킬 수 있다[12]. 파르레롤을 Rat의 복강에 주사하면 화상성 염증 삼출물의 배출을 뚜렷하게 억제하며, 피부의 편상 수종의 정도를 경감시킨다. 또한 에반스 블루(Evans blue)의 정맥주사에서 발생하는 삼출물을 감소시키는 작용이 있다[11].

4. 심혈관계통에 대한 영향

정맥주사를 통하여 만산홍 침고의 생리염 수용액을 기니피그에 투여하면 심전도상에서 심박이 점진적으로 감소하며, P-R의 간극이 점진적으로 연장된다. 과량으로 사용할 경우에는 2도의 방실전도조체가 나타나며, S-T구간이 미약하게 감소한다. 또한 T파의 최고조 및 Q-T구간을 증가시키며, 마지막에는 돌발성 맥박정지를 유도할 수도 있다. 이와 같은 작용은 만산홍에 함유된 안드로메도톡신과 관련이 있을 것으로 생각되는데, 경구투여에서는 이와 같은 작용이 나타나지 않는다.

용 도

만산홍은 중의임상에서 사용하는 약이다. 지해(止咳, 기침을 멎게 함), 거담(祛痰, 가래가 잘 나오도록 함), 평천(平喘, 기침을 멎게 함) 등의 효능이 있으며, 급 · 만성 기관지염 등의 치료에 사용한다.
현대임상에서는 심폐질환 등의 병증에 사용한다.

해 설

산진달래는 개화기간이 길어 관상용이나 꿀의 채취자원으로서 가치가 있다. 산진달래는 뿌리가 발달하기 때문에 양호한 수토유지작용이 있으며, 그 뿌리는 분경이나 뿌리공예 등의 공예품의 제조가 가능하다.
잎이 약으로 사용될 뿐만 아니라 산진달래의 뿌리는 장염, 급성 세균성 이질 등을 치료할 수 있다. 또한 꽃에는 최면 및 진정 효과가 있다.
보고에 의하면 산진달래 잎의 유효성분인 플라보노이드와 정유의 함량은 10월에 가장 높은 것으로 확인되어, 10월이 가장 좋은 채취시기로 판단된다[13].

참고문헌

1. 潘馨, 梁鳴. 興安杜鵑中揮發油的氣質聯用分析. 藥物分析雜誌. 2003, **23**(1): 73-76
2. GV Pigulevskii, NV Belova. Hydrocarbon compounds of essential oil *Rhododendron dauricum*. *Zhurnal Prikladnoi Khimii*. 1964, **37**(12): 2772-2775
3. MV Belousov, AD Dembitsky, TP Berezovskaya, VN Tikhonov. Comparative characterization of essential oils of species of the genus Rhododendron L., subgenus Rhodorastrum (Maxim.) Drude. *Rastitel'nye Resursy*. 1995, **31**(4): 41-44
4. YH Cao, CG Lou, YZ Fang, JN Ye. Determination of active ingredients of Rhododendron dauricum L. by capillary electrophoresis with electrochemical detection. *Journal of Chromatography*. 2002, **943**(1): 153-157
5. ET Oganesyan, VA Bandyukova, AL Shinkarenko. Flavonols of *Rhododendron luteum* and *Rhododendron dauricum*. *Khimiya Prirodnykh Soedinenii*. 1967, **3**(4): 279
6. MV Belousov, TP Berezovskaya, NF Komissarenko, LA Tikhonova. Flavonoids of Siberian-far-eastern species of rhododendrons of the subspecies Rhodorastrum. *Chemistry of Natural Compounds*. 1998, **34**(4): 510-511
7. M Aoyama, M Mori, M Okumura, S Doi, M Anetai. Antifungal activity of 2', 6'-dihydroxy-4'-methoxyacetophenone and related compounds. *Mokuzai Gakkaishi*. 1997, **43**(1): 108-111
8. M Anetai, S Hasegawa, H Kaneshima. Antifungal constituent from leaves of *Rhododendron dauricum L*. *Natural Medicines*. 1995, **49**(2): 217
9. Y Kashiwada, K Yamazaki, Y Ikeshiro, T Yamagishi, T Fujioka, K Mihashi, K Mizuki, LM Cosentino, K Fowke, SL Morris-Natschke, KH Lee. Isolation of

rhododaurichromanic acid B and the anti-HIV principles rhododaurichromanic acid A and rhododaurichromenic acid from *Rhododendron dauricum*. *Tetrahedron*. 2001, **57**(8): 1559-1563

10. N Iwata, NL Wang, XS Yao, S Kitanaka. Structures and histamine release inhibitory effects of prenylated orcinol derivatives from *Rhododendron dauricum*. *Journal of Natural Products*. 2004, **67**(7): 1106-1109
11. 王本祥. 現代中藥藥理學. 天津: 天津科學技術出版社. 1997: 982-983
12. 楊宗輝, 侯剛, 張紅軍, 尹建元. 興安杜鵑揮發油抗氣道變應性炎症的研究. 中國老年學雜誌. 2000, **20**(3): 155-156
13. 汪潔, 張曄, 吳永謙. 黑龍江省東部山區滿山紅葉最佳採收期的研究. 中國林副特產. 2000, **4**: 1-2

피마자 蓖麻 CP, KHP, BP, EP, IP, USP

Ricinus communis L.

Castor Bean

개 요

대극과(Euphorbiaceae)

피마자(蓖麻, *Ricinus communis* L.)의 잘 익은 씨를 건조한 것　　중약명: 피마자(蓖麻子)

정제된 씨의 기름　　중약명: 피마유(蓖麻油)

피마자속(*Ricinus*) 식물은 오직 1종이 있으며, 원산지는 아프리카로 전 세계의 열대와 온대 지역에서 널리 재배된다.

피마자는 '비마자(萆麻子)'라는 이름으로 《뇌공포자론(雷公炮炙論)》에 처음 수록되었다. 역대 본초서적에도 다수의 기록이 있으며, 오늘날의 약용품종과도 일치한다. 《중국약전(中國藥典)》(2015년 판)에서는 이 종을 중약 피마자의 법정기원식물 내원종으로 수록하였다.

피마의 주요 활성성분은 독성 단백질, 알칼로이드, 지방 등이다. 《중국약전》에서는 성상 감별을 통하여 약재의 규격을 정하고 있으며, 상대밀도, 굴절률, 산가, 비누화가, 염기가 등의 이화학적 지표를 이용하여 피마유의 약재규격을 정하고 있다.

약리연구를 통하여 피마자에는 항종양, 설사유발 등의 작용이 있는 것으로 알려져 있다.

한의학에서 피마자에는 사하통체(瀉下通滯), 소종발독(消腫撥毒) 등의 작용이 있다.

피마자 蓖麻 *Ricinus communis* L.

피마자 蓖麻 *Ricinus communis* L.

약재 피마자 藥材蓖麻子 Ricini Semen

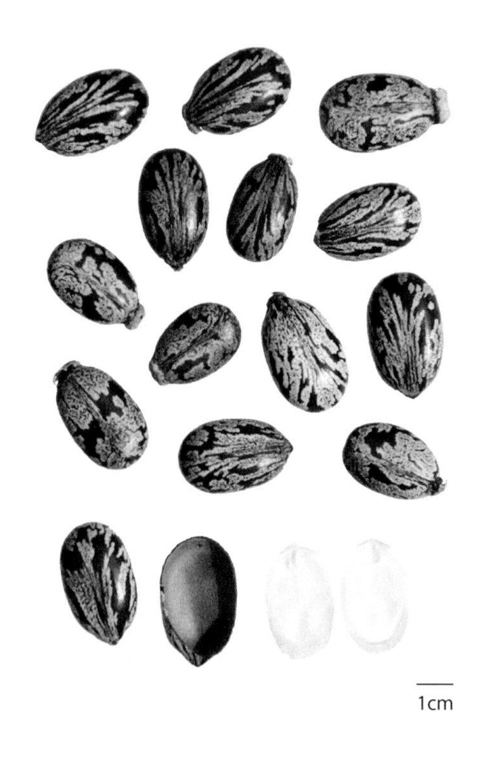

함유성분

씨에는 18~26%의 단백질, 64~71%의 지방유, 2.0%의 탄수화물, 2.5%의 페놀성 물질을 함유하고 있다. 생리활성을 나타내는 독성 단백질 성분으로는 리신 D, E, T, 산성 리신 그리고 염기성 리신이 함유되어 있다. 또한 리시닌(0.087~0.15%)이 함유되어 있다. 지방유성분은 주로 트리글리세리드와 글리세롤 에스테르로 구성되어 있다. 리시놀산 성분이 글리세롤 에스테르 지방산의 84~91%를 차지하고 있다.
씨껍질에는 트리테르페노이드 성분으로 lupeol과 30-norlupan-3β-ol-20-one 등이 함유되어 있다.

ricinine

약리작용

1. 설사유도
   피마자유는 자극성 유지로서 설사를 유도하는데, 소장을 통과할 때 지방물분해효소의 작용을 받아 분해되어 자극성 피마자유산을 방출하여 장관 유동운동을 증가시켜 설사를 유도한다.

2. 항종양
   피마자에 함유된 리신은 간암세포 SMCC-7721의 핵전사인자 NF-κB의 발현을 활성화하며[1], 간암세포에서 유도성 산화질소합성효소(iNOS)의 생성을 유도한다[2]. 리신 또는 리신염의 유제를 nude Mouse의 간암세포체에 주사하면 종양의 성장을 뚜렷하게 억제하며, 종양의 괴사를 유도한다. 또한 알파페토프로테인을 감소시켜 골수에 대한 독성 발현을 저감한다[3]. 피마자 단백의 3-(2-pyridyldithio) propionic acid N-hydroxysuccinimide ester(SPDP)는 *in vitro*에서 위암세포 SGC-7901, 자궁경부암세포 HeLa, Mouse 유선암세포 EMT6 등에 대하여 비교적 강력한 살상성을 나타낸다. *In vivo*에서는 S180 실체암에 대하여 54.5%의 억제율을 나타낸다[4-5]. *In vitro* 실험에서는 농도 10^{-3}μmol/L에서 HeLa 세포의 괴사를 유도한다[6]. 그 밖에 로바플라틴은 인체비소세포 폐암세포의 증식을 억제하는 작용이 있다[7]. 리신은 인체 단핵백혈병세포 U937의 인터루킨-6 및 인터루킨-8의 생성을 유도한다[8]. 피마자 아글루티닌-I는 인체폐선암세포 A549의 노화를 빠르게 촉진한다. 피마자 아글루티닌(RCA-120)은 Mouse 백혈병세포 L1210의 괴사를 유도한다.

3. 면역억제
   *In vitro*에서 농도 10^{-3}~10^{-4}μg/kg의 리신은 지질다당으로 유도된 인체 외주혈단핵세포(PMBC)의 인터루킨-1(IL-1) 생성을 증가시킬 수 있으며[9], 고농도인 10^{-3}μg/kg에서는 PMBC의 유사분열 및 IL-1의 생성을 억제할 수 있다. Ricin과 유사한 RT-PDP는 임파세포의 증식을 유도함과 동시에 식물응혈효소(PHA)와의 상호작용을 통하여 복강대식세포의 탐식작용을 증강시킨다[10]. BALB/c에 대해서 Mouse의 면양적혈구(SRBC)가 면역반응 후 생성하는 초기 체액성 면역반응을 뚜렷하게 억제한다[11]. 또한 정맥주사는 원숭이의 E-로제트형성률을 억제하는 작용이 있다.

4. 후천성 면역결핍바이러스(HIV) 억제
   리신-rCD4 복합체는 HIV에 감염된 H_9세포에 대해 특이적 살상작용을 나타내는데, A-chain이 제거된 당기와 인체의 HIV 단백질 gp41과 p24에 대한 항체의 결합물이 HIV에 감염된 인체 T세포에 대한 세포독성을 발휘하는 것으로 알려져 있다.

5. 생육억제
   50% 피마자 에탄올 추출물은 가역적으로 Rat의 정자감소, 형태변형, 활동성 감소, 번식력 저하 등을 유도한다[12]. 여성의 경우 1회성 복용으로 피마자의 지방 용해성분 2.3~2.5g을 투여할 경우 피임이 12개월 동안 지속되며, 혈압 및 월경주기에도 영향을 줄 수 있다. 그러나 빌리루빈, 결합 빌리루빈, 혈청단백, 알부민, 혈청 콜레스테롤, 염기성 인산효소와 요산, 크레아틴, 전해질, 탄산염, 혈중 콜레스테롤 등의 간 및 신장기능과 관련된 지표는 정상 범위를 타나내는 것으로 확인되었다[13].

용 도

이 품목은 중의임상에서 사용하는 약이다.

피마자

피마자에는 소종발독[消腫拔毒, 옹저(癰疽)나 상처가 부은 것을 삭아 없어지게 함], 사하도체[瀉下導滯, 대변을 순조롭게 하고 실열(實熱)을 없애며 수음(水飮)을 제거하고 체한 것을 내려가게 함], 통락이규(通絡利竅, 맥락을 통하게 하여 대변과 소변을 잘 나오게 함) 등의 효능이 있으며, 옹저종독[癰疽腫毒, 옹저와 종독(腫毒)], 나력(瘰癧, 림프절에 멍울이 생긴 병증), 유옹[乳癰, 유방에 발생한 옹종농양(癰腫膿瘍)], 절나선창(癤癩癬瘡, 부스럼, 한센병 및 피부 겉면이 해지지 않고 메마른 상태로 앓는 피부병증), 화상, 후비(喉痺, 목구멍이 붓고 아프며 무언가 막혀 있는 느낌이 들어 답답한 등의 증상이 있는 인후병의 통칭), 수종창만(水腫脹滿, 몸이 붓고 배가 몹시 불러오면서 속이 그득한 증상), 대변조결(大便燥結, 대변이 딱딱하게 말라 굳은 것), 구안와사(口眼喎斜, 입과 눈이 한쪽으로 비뚤어지는 것), 질타손상(跌打損傷, 외상으로 인한 온갖 병증) 등의 치료에 사용한다.
현대임상에서는 위하수, 자궁하수, 탈항 등의 병증에 사용한다.

피마유

피마유에는 활장(滑腸, 장을 윤활하게 하여 대변을 잘 보게 함), 윤부(潤膚, 피부를 촉촉하게 함) 등의 효능이 있으며, 장내적체(腸內積滯), 복창(腹脹, 배가 더부룩하면서 불러 오르는 증상), 변비, 개나선창(疥癩癬瘡, 한센병, 버짐 등의 피부병증), 화상 등의 치료에 사용한다.

해 설

피마자의 잎도 약용을 사용할 수 있는데, 주요 효능은 거풍제습(祛風除濕), 발독소종(拔毒消腫)이다. 피마자의 뿌리도 약용으로 사용하며, 주요효능은 거풍해경(祛風解痙) 활혈소종(活血消腫)이다.

피마유는 약용으로 사용되는 이외에 중요한 공업용 유지로 사용되는데, 그 지방산 조성 중 90%가 리시놀산으로 독성 제거 과정을 거쳐 샐러드유를 생산할 수 있다. 피마유는 500~600℃의 고온에서도 변성되거나 연소되지 않으며, −18℃에서도 응고되지 않는 성질이 있어 석유의 재생성을 대체할 수 있는 유일한 "녹색석유" 자원이라고 할 수 있다.

피마자 전체는 중요한 식물자원으로 종합적인 이용이 가능하다. 피마자의 잎은 피마자 누에의 사료로 사용되어 누에껍질, 식용누에, 잠사 등을 얻을 수 있다. 피마자의 누에껍질로 만든 실크의 품질은 뽕나무 누에나 떡갈나무 누에에서 얻은 실크와 유사하여 탄성이 좋고, 흡습성이 뛰어나며, 방직성이 탁월한 우수한 원료이다. 피마자 누에에는 단백질이 16%, 지방이 6.0%로 단백질 사료나 아미노산 용해제, 누에기름, 누에가루를 이용한 장류 등을 만들 수 있고, 피마자 누에로부터 비료나 엽록소를 추출할 수 있다. 피마자의 줄기로는 밧줄, 종이, 중간밀도의 판자 등을 만들 수 있으며, 활성탄의 생산도 가능하다. 피마자를 이용한 빵은 단백질이 풍부하여 독소를 제거한 뒤 우수한 단백질 사료로 활용이 가능하다.

참고문헌

1. 董巨瑩, 藥立波, 彭宣憲. 蓖麻毒素對肝癌細胞核轉錄因子 NF-κB 的激活作用. 癌症. 2000, **19**(12): 1109-1111
2. 董巨瑩, 彭宣憲. 蓖麻毒素誘導肝癌細胞生成一氧化氮合酶: 免疫組織化學研究. 中國組織化學與細胞化學雜誌. 2001, **10**(1): 64-66
3. 龔承友, 初曙光, 陳陵標. 蓖麻蛋白對裸鼠肝癌體內注射的療效及骨髓抑制的研究. 介入放射學雜誌. 1997, **6**(4): 219-222
4. 李霖, 鄒柏英, 王文學, 朱德生. 蓖麻毒素修飾物脂質體的研製及其抗腫瘤作用. 癌症. 1997, **16**(6): 414-416
5. 李霖, 王文學, 鄒柏英. 蓖麻毒素修飾物的製備和細胞毒作用. 第四軍醫大學學報. 1996, **17**(3): 178-180
6. 劉洪英, 甘永華, 彭雙清. 蓖麻毒素引起 HeLa 細胞凋亡和細胞週期 G_2/M 期阻滯. 中國公共衛生. 2001, **17**(6): 517-518
7. 徐艷岩, 蕭軍軍, 劉丹丹. 蓖麻凝集素協同樂鉑殺傷非小細胞肺癌細胞的實驗研究. 濱州醫學院學報. 2001, **21**(5): 417-418
8. 董巨瑩, 張小光, 趙英, 藥立波, 蘇成芝. 蓖麻毒素誘導 U937 細胞分泌 IL-6 和 IL-8 的作用. 中國免疫學雜誌. 2000, **16**(8): 404-406
9. T Kawado, O Hayashi, T Sato, H Ito, S Hayakawa, E Takayama, K Furukawa. Rapid cell senescence-associated changes in galactosylation of N-linked oligosaccharides in human lung adenocarcinoma A549 cells. *Archives of Biochemistry and Biophysics*. 2004, **426**(2): 306-313
10. RO Bilyy, RS Stoika. Lectinocytochemical detection of apoptotic murine leukemia L1210 cells. *Cytometry A*. 2003, **56**(2): 89-95
11. T Krakauer. Immuno-enhancing effects of ricin. *Immunopharmacology and Immunotoxicology*. 1991, **13**(3): 357-366
12. 李霖, 鄒伯英, 王文學. 蓖麻毒素修飾物對小鼠脾淋巴細胞增殖及巨噬細胞吞噬功能的影響. 中國免疫學雜誌. 1997, **13**(5): 275-276
13. 王文學, 鄒伯英, 蕭庚柄, 楊會宣, 李霖. 蓖麻毒素對小鼠初次體液免疫應答的影響. 第四軍醫大學學報. 1992, **13**(2): 129-130
14. K Sandhyakumary, RG Bobby, M Indira. Antifertility effects of *Ricinus communis* (Linn) on rats. *Phytotherapy Research*. 2003, **17**(5): 508-511
15. 左風. 蓖麻籽抗生育作用的毒及臨床研究. 國外醫學: 中醫中藥分冊. 2001, **23**(5): 286-287

금앵자 金櫻子 CP, KP

Rosa laevigata Michx.

Cherokee Rose

개 요

장미과(Rosaceae)

금앵자(金櫻子, *Rosa laevigata* Michx.)의 잘 익은 열매를 건조한 것

중약명: 금앵자

장미속(*Rosa*) 식물은 전 세계에 약 200여 종이 있으며, 아시아, 유럽, 북미, 북아프리카 등 각 대륙의 한온대에서 아열대 지역까지 분포한다. 중국에는 약 82종이 있다. 이 속에서 현재 약으로 사용되는 것은 모두 26종이다. 이 종은 중국의 섬서, 하남, 안휘, 강소, 절강, 강서, 호북, 호남, 광동, 광서, 복건, 대만, 사천, 운남 등지에 분포한다.

'금앵자'의 약명은 《뇌공포자론(雷公炮炙論)》에 처음 수록되었다. 역대 본초서적에도 다수의 기록이 있으며, 오늘날의 약용품종과도 일치한다. 《중국약전(中國藥典)》(2015년 판)에서는 이 종을 중약 금앵자의 법정기원식물 내원종으로 수록하였다. 주요산지는 중국의 강소, 안휘, 절강, 강서, 복건, 호남, 광동, 광서 등이다.

금앵자의 주요 함유성분은 탄닌, 다당, 트리테르페노이드 및 트리테르페노이드 사포닌 등이다. 《중국약전》에서는 고속액체크로마토그래피법을 이용하여 금앵자에 함유된 다당의 함량을 무수포도당으로서 25% 이상으로 약재의 규격을 정하고 있다.

약리연구를 통하여 금앵자에는 평활근 수축, 신장 보호, 항산화, 면역력 증강 등의 작용이 있는 것으로 알려져 있다.

한의학에서 금앵자는 고정축뇨(固精縮尿), 삽장지사(澀腸止瀉) 등의 효능이 있다.

금앵자 金櫻子 *Rosa laevigata* Michx.

금앵자 金櫻子 *Rosa laevigata* Michx.
열매가 달린 가지 果枝

약재 금앵자 藥材金櫻子 Rosae Laevigatae Fructus

함유성분

Rosa laevigata에는 가수분해성 탄닌 성분으로 laevigatins A, B, C, D, E, F, G, agrimoniin, agrimonic acids A, B, sanguiin H-4, pedunculagin, potentillin, casuarictin[1], 트리테르페노이드 성분으로 ursolic acid, tormentic acid, 23-hydroxytormentic acid, 23-hydroxytormentic acid 28-O- β-D-glucopyranoside[2], euscaphic acid[3], oleanolic acid[1], 19α-hydroxyasiatic acid, 19α-hydroxyasiatic acid-28-O-β-D-glucopyranoside[4], 2-methoxyursolic acid, 11-hydroxytormentic acid, tormentic acid 6-methoxy-glucopyranosyl ester[5], laevigatanoside A[6] 등이 함유되어 있다. 또한 p-coumaric acid, 6,7-dimethoxycoumarin, (cis/trans) ethyl-2-benzyl-3-hydroxy-5-oxo-3-furancarboxylate[7] 등의 성분이 함유되어 있다.

laevigatin A

약리작용

1. 비뇨기계통에 대한 영향

금앵자의 물 추출물을 경구로 투여하면 하복부 신경절단으로 인한 소변빈삭 모델 Rat의 배뇨 차수를 감소시키며, 배뇨 간격을 연장시킬 뿐만 아니라 배뇨량도 증가시킨다[8].

2. 평활근 수축 억제

금앵자의 물 추출물은 아세틸콜린과 바륨클로라이드에 의해 유도된 집토끼의 적출된 장관 및 Rat의 방광평활근의 경련을 길항하며, 갑상선 호르몬으로 유도된 집토끼의 적출심장의 주동맥평활근 수축에 대해서도 길항효과를 나타내는데, 이는 모두 농도 의존적인 효과가 있다. 그 밖에 금앵자의 물 추출물은 적출된 집토끼의 장관평활근의 자발적 수축을 억제하는 작용이 있다[8].

3. 신장 보호

금앵자의 알코올 추출물을 헤이만(Heymann) 신사구체 신염 모델 Rat에 경구투여하면 뇨단백 증가, 혈청 크레아틴 및 요소질소를 감소시키는 작용이 있다. 또한 혈청 내 총 단백질 함량을 증가시켜 신장조직의 병리변화를 경감하는 작용이 있다[9].

4. 항산화

금앵자 열매의 0.1% 레몬산 침출액은 *in vitro*에서 암유도 물질인 NO_2^-를 제거하는 작용이 있다[10]. 금앵자의 다당은 *in vitro*에서 활성산소의 음전하 자유기를 뚜렷하게 제거하는 작용이 있으며, 유리기에 의한 세포막의 손상으로 인한 용혈반응을 억제하고, CCl_4로 인한 Mouse의 간장 지질과산화물(LPO)의 생성을 억제한다. 이와 같이 금앵자는 *in vitro*에서 뚜렷한 항산화효과를 나타낸다[11-12].

5. 면역증강

금앵자의 다당을 Mouse에 경구투여하면 대식세포의 탐식작용을 증강시키며, 용혈효소의 생성을 증가시킨다. 또한 면역기능 저하로 지발성과민반응(DTH)이 유도된 Mouse를 면역기능을 회복시키며, 혈중 아미노기전이효소의 활성을 저하시킨다. 그 밖에 간장 및 비장지수를 역전시키는데, 이는 비특이성 면역, 체액성 면역 및 세포성 면역을 증강시키는 작용이 있음을 증명하는 것이다[13].

6. 항균, 항염

금앵자의 다당은 *in vitro*에서 대장균, 부티푸스균, 백포도상구균 및 황색포도상구균, 양조효모 및 방선균 등에 대하여 비교적 강력한 억제작용이 있다. 금앵자의 다당을 Mouse에 경구투여하면 디메칠벤젠으로 유도된 귓바퀴 종창을 억제하는 작용이 있다[14]. 금앵자 뿌리의 추출물은 *in vitro*에서 황색포도상구균, 대자간균 및 녹농간균 등에 대해 억제작용이 있으며, 유행성 독감 바이러스 PR3에 대한 억제효과도 비교적 강력하다[1].

7. 콜레스테롤 저하
   금앵자의 다당을 사료로 먹인 Mouse에서 고콜레스테롤 혈증을 예방하거나 치료하는 효과가 뚜렷하게 나타나며, 그 작용기전은 주로 장관 내에서 콜레스테롤의 흡수를 억제함으로써 발현되는 것으로 알려져 있다[15].
8. 기타
   금앵자는 지해평천(止咳平喘) 등의 작용이 있다[16].

용 도

금앵자는 중의임상에서 사용하는 약이다. 고정축뇨(固定縮尿, 기를 밖으로 새지 않도록 하고 소변을 다스리는 효능), 삽장지사(澀腸止瀉, 수렴하여 설사를 멎게 함) 등의 효능이 있으며, 유정(遺精, 성교 없이 정액이 흘러나오는 병증), 활정(滑精, 낮에 정액이 저절로 나오는 것), 유뇨(遺尿, 스스로 자각하지 못하고 소변이 저절로 흘러나오는 배뇨), 대하(帶下, 여성의 생식기에서 나오는 흰빛 또는 누른빛의 병적인 액체의 분비물), 구사구리(久瀉久痢, 오랜 설사와 이질) 등의 치료에 사용한다.
현대임상에서는 유정, 대하, 소아유뇨, 만성 설사, 과민성 대장증상, 자궁탈수, 만성 해수(咳嗽, 기침) 등의 병증에 사용한다.

해 설

금앵자는 약식공용품목이며, 비타민 C, 아미노산, 포화지방산 및 불포화지방산 등의 영양성분을 풍부하게 함유하고 있다. 그 가운데 비타민 C의 함량은 1187mg/100g에 달하여 일반적인 과일에 비하여 높은 수치를 보인다. 금앵자의 열매에는 Ca, Mg, K, P, S, Se, Cr, Co, Mo, Ni, F 등 18종의 무기염과 미량원소가 함유되어 있으며, 특히 Fe, Zn, Cu, Mn 등의 함량이 비교적 높아 인체의 조혈기능과 각종 효소의 활성을 증가시킴으로써 세포의 노화를 예방하는 효과가 있다[16].
금앵자의 열매에서 갈색 색소를 추출할 수 있는데, 이 색소는 영양이 풍부할 뿐만 아니라 착색력이 강하고 내광성 및 내열성이 뛰어나 안전성이 매우 높다. 따라서 천연의 무독성 식용색소로서 개발가치가 있다[17].

참고문헌

1. 張曙明, 顧志平, 劉東, 田磊, 陳建民. 中藥金櫻子的研究應用概況. 天然產物研究與開發. 1996, **8**(4): 57-63
2. 王進義, 張國林, 程東亮, 吳鳳鍔. 中藥金櫻子的化學成分. 天然產物研究與開發. 2001, **13**(1): 21-23
3. 高迎, 陳未名, 李廣義, 徐位坤, 孟麗珊. 金櫻子化學成分的研究. 中國中藥雜誌. 1993, **18**(7): 426-428
4. 葉蘋, 茅青, 郭永紅. 中藥金櫻子三萜類成分的分離鑒定. 貴陽中醫學院學報. 1993, **15**(4): 62-64, 61
5. JM Fang, KC Wang, YS Cheng. Steroids and triterpenoids from *Rosa laevigata*. *Phytochemistry*. 1991, **30**(10): 3383-3387
6. 李向日, 魏璐雪. 金櫻子的化學成分研究. 中國中藥雜誌. 1997, **22**(5): 298-299
7. JM Fang, KC Wang, YS Cheng. The chemical constituents from the aerial part of *Rosa laevigata*. *Journal of the Chinese Chemical Society*. 1991, **38**(3): 297-299
8. 陸茵, 孫志廣, 許慧琪, 張世璋. 金櫻子水提物對泌尿系統的影響. 中草藥. 1995, **26**(10): 529-531, 557
9. 陳敬民, 李友娣. 金櫻子醇提物對被動型 Heymann 腎炎大鼠的藥理作用研究. 中藥材. 2005, **28**(5) : 408-410
10. 謝祥茂, 丁小雯, 陳俊琴. 金櫻子提取液對 NO_2^-清除作用的研究. 廣州食品工業科技, 2001, **17**(2): 52-55
11. 趙雲濤, 國興明, 李付振. 金櫻子多糖的抗氧化作用. 生物學雜誌. 2003, **20**(2): 23-24
12. 張庭廷, 聶劉旺, 陶瑞松, 葉德明. 三種植物多糖抗氧化活性研究. 安徽師範大學學報(自然科學版). 2002, **25**(1): 56-58
13. 張庭廷, 聶劉旺, 劉愛民, 朱升學, 楊揚, 趙姍姍. 金櫻子多糖的免疫活性研究. 中國實驗方劑學雜誌. 2005, **11**(4): 55-58
14. 張庭廷, 潘繼紅, 聶劉旺, 吳寶軍, 趙姍姍, 楊揚. 金櫻子多糖的抑菌和抗炎作用研究. 生物學雜誌. 2005, **22**(2): 41-42
15. 張庭廷, 聶劉旺, 吳寶軍, 楊揚, 趙姍姍, 金濤. 金櫻子多糖的抑脂作用. 中國公共衛生. 2004, **20**(7): 829-830
16. 何洪英. 金櫻子生理功能及其保健食品研究進展. 飲料工業, 2001, **4**(3): 33-35
17. 李鴻英, 馮煦. 金櫻子棕色素的提制及其毒理學評價試驗. 林産化學與工業. 1990, **10**(3): 195-201

금앵자 金櫻子 CP, KP

야생 금앵자

해당화 玫瑰 CP, KHP

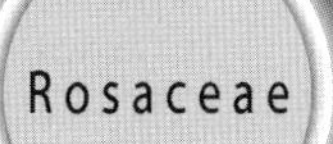

Rosa rugosa Thunb.

Rose

개 요

장미과(Rosaceae)

해당화(玫瑰, *Rosa rugosa* Thunb.)의 꽃봉오리를 건조한 것

중약명: 매괴화(玫瑰花)

장미속(*Rosa*) 식물은 전 세계에 약 200여 종이 있으며, 아시아, 유럽, 북미, 북아프리카 등 각 대륙의 한온대에서 아열대 지역까지 분포한다. 중국에는 약 82종이 있으며, 이 속에서 현재 약으로 사용되는 것은 30여 종이다. 이 종의 원산지는 중국, 일본, 한반도이며, 현재 각지에서 재배되고 있다.

'매괴화'의 약명은 《식물본초(食物本草)》에 처음 수록되었다. 역대 본초서적에도 다수의 기록이 있으며, 오늘날의 약용품종과도 일치한다. 《중국약전(中國藥典)》(2015년 판)에서는 이 종을 중약 매괴화의 법정기원식물 내원종으로 수록하였다. 주요산지는 중국의 강소, 절강, 산동, 안휘 등이다.

해당화의 주요 함유성분은 정유, 플라본, 테르펜류 및 폴리페놀류 화합물 등이다. 《중국약전》에서는 성상, 현미경 감별 특징, 수분, 총회분 및 침출물 등을 이용하여 중약 매괴화의 규격을 정하고 있다.

약리연구를 통하여 해당화에는 심혈관, 항종류, 항산화 등에 대한 활성이 있는 것으로 알려져 있다.

한의학에서 매괴화는 행기해울(行氣解鬱), 화혈(和血), 지통(止痛) 등의 효능이 있다.

해당화 玫瑰 *Rosa rugosa* Thunb.

약재 매괴화 藥材玫瑰花 Rosae Rugosae Flos

 함유성분

꽃에는 정유성분으로 citronellol, linalool, linalyl formate, citronellyl formate, geranyl formate[2], 폴리페놀 성분으로 rugosins A, B, C, D, E, F, G[3-4] 등이 함유되어 있다.

잎에는 세스퀴테르페노이드 성분으로 (7R,10R)-carota-1,4-dienaldehyde[5], rugosic acids B, C, D, rugosic acid A methyl ester[6], bisaborosaols A, B_1, B_2, C_1, C_2, D, E_1 E_2, F[7-9], hamanasic acid A[7], rosacorenol, rugosals A, D, secocarotanal, epirugosal D[9-10], carotarosal A, daucenal, epoxy-daucenals A, B[11], 플라보노이드 성분으로 6-demethoxy-4′-O-methylcapillarisin, 6-demethoxycapillarisin, apigenin[12], quercetin, hyperin[13] 등이 함유되어 있다. 또한 4′-hydroxy-cis-cinnamic acid docosyl ester[14] 등의 성분이 함유되어 있다.

뿌리에는 (+)-catechin[15], procyanidin B_3[16], rosamultin, kaji-ichigoside F_1 [17], euscaphic acid, tormentic acid[18], arjunic acid[19] 등의 성분이 함유되어 있다.

rugosin A

rugosal A

약리작용

1. 심혈관계통에 대한 영향

   매괴화의 물 추출물을 Rat에 경구투여하면 이소프레날린에 의해 유도된 심근 급성 허혈성 변화를 길항하며, 슈퍼옥시드디스무타아제의 활성을 촉진하여 허혈성 심근을 보호한다. 또한 근육 내 크레아틴의 방출을 뚜렷하게 억제하여 활성산소의 심근세포에 대한 손상을 경감시키는 작용을 한다[20]. 산성과 중성의 매괴화 수전제는 아드레날린에 의해 수축된 동맥평활근을 확장시키는데, 이 작용은 내피의존성이 있으며, 이는 일산화질소와 관련이 있다[21].

2. 항종양

   해당화 과즙은 백혈병세포 HL-60를 단핵세포와 대식세포로 분화하도록 강력하게 유도하며, 아울러 암세포의 증식을 억제하는데, 정상세포에 대한 독성은 매우 적다[22-23].

3. 항산화

   매괴화의 열수 추출물로부터 분리된 갈산은 강력한 항산화 활성이 있는데, 연구를 통하여 갈산과 다당의 존재가 매괴화 열수 추출물이 항산화작용을 발현하는 중요한 조건임이 밝혀졌다. 또한 매괴화 추출물의 항산화 활성은 비타민 C보다 3~4배 이상 높게 나타나는 것으로 알려져 있다[24].

4. 항염, 진통

초산자극실험과 열판자극실험에서 해당화 뿌리의 메탄올 추출물과 에탄올 추출물을 위에 주입할 경우 뚜렷한 진통작용이 나타난다. 또한 이 두 종의 추출물을 Rat의 위에 주입할 경우 카라기난으로 유도된 발바닥 종창에도 뚜렷한 항염효과를 나타내는데, 그 유효성분은 토멘트산과 같은 트리테르펜류 화합물이다[17].

5. 기타

해당화의 잎에서 분리된 루고살 A는 항균활성이 있다[11]. 해당화의 뿌리에서 분리된 프로시아니딘 B3은 I형 인체면역결핍바이러스(HIV-1)의 단백질 효소 활성을 억제할 수 있으며[16], 유스카픽산과 토멘트산은 혈중 콜레스테롤을 감소시키는 작용이 있다[18]. 해당화 뿌리의 메탄올 추출물 및 함유되어 있는 로사물틴은 브로모벤젠에 의해 유도된 Rat의 간독성에 대해 보호작용이 있다[25]. 해당화의 추출물에는 혈당을 강하시키는 작용도 있다.

용 도

매괴화는 중의임상에서 사용하는 약이다. 행기해울[行氣解鬱, 행기(行氣)하여 울체(鬱滯)된 것을 풀어 줌], 화혈지통(和血止痛, 혈의 운행을 조화롭게 하고 통증을 멈추게 함) 등의 효능이 있으며, 간위기통[肝胃氣痛, 정지(情志)가 울결(鬱結)되어 간기(肝氣)가 위(胃)를 침범하여 발생한 위통], 월경부조(月經不調), 월경 전 유방창통(乳房脹痛, 유방이 부풀어 오르고 터질 듯이 아픈 병증), 질타손상(跌打損傷, 외상으로 인한 온갖 병증) 등의 치료에 사용한다.

현대임상에서는 위완통[胃脘痛, 사기(邪氣)에 의해서 기혈(氣血)순환이 방해가 되어 위(胃)에 통증이 나타나는 증상], 간염, 만성 이질, 통경(痛經, 월경통), 당뇨병, 관심병(冠心病, 관상동맥경화증), 유선염, 두통, 상부식도경련(인후의 이물감), 폐결핵, 관절염 등의 병증에 사용한다.

해 설

해당화는 약용으로서의 가치뿐만 아니라 유명한 화훼식물이며, 다양한 방면에 많은 용도가 있다. 해당화에서 추출한 매괴유는 유명한 향수의 원료이며, 향료와 화장품 공업에 광범위하게 사용되고 있다. 매괴화는 포제 및 가공을 거쳐 식품, 음료, 차, 술, 사탕 등에 사용되고 있다. 해당화의 열매에도 인체에 유익한 다양한 영양물질이 함유되어 있다.

중국의 위그루 의학에서는 매괴화를 오랫동안 사용해 왔으며, 각기 다른 제제를 이용하여 서로 다른 질병을 치료해 왔다. 예를 들어 매괴화를 이용한 당고(糖膏)는 위통, 소화불량 등을 치료하는 데 사용하였다[26]. 그 밖에 해당화 잎과 뿌리에 대한 연구를 통하여 항균 또는 항바이러스 활성이 있음이 확인되어 다양한 개발과 이용의 가치가 있는 것으로 판단된다.

참고문헌

1. Y Hashidoko. The phytochemistry of *Rosa rugosa*. *Phytochemistry*. 1996, 43(3): 535-549
2. SG Saakov, GG Senchenko, IS Kozhina. Composition of the essential oil from Rosa rugosa Thunb. grown in Leningrad. *Rastitel'nye Resursy*. 1982, **18**(3): 388-390
3. T Hatano, N Ogawa, T Yasuhara, T Okuda. Tannins of rosaceous plants. VIII. Hydrolyzable tannin monomers having a valoneoyl group from flower petals of *Rosa rugosa* Thunb. *Chemical & Pharmaceutical Bulletin*. 1990, **38**(12): 3308-3313
4. T Hatano, N Ogawa, T Shingu, T Okuda. Tannins of rosaceous plants. IX. Rugosins D, E, F and G, dimeric and trimeric hydrolyzable tannins with valoneoyl group(s), from flower petals of *Rosa rugosa* Thunb. *Chemical & Pharmaceutical Bulletin*. 1990, **38**(12): 3341-3346
5. Y Hashidoko, S Tahara, J Mizutani. Carota-1,4-dienaldehyde, a sesquiterpene from *Rosa rugosa*. *Phytochemistry*. 1990, **29**(3): 867-872
6. Y Hashidoko, S Tahara, J Mizutani. Isolation of four novel carotanoids as possible metabolites of rugosic acid A in *Rosa rugosa* leaves. *Agricultural and Biological Chemistry*. 1991, **55**(4): 1049-1053
7. Y Hashidoko, S Tahara, J Mizutani. Novel bisabolanoids in Rosa rugosa leaves. *Zeitschrift fuer Naturforschung*, C: *Journal of Biosciences*. 1991, **46**(5-6): 349-356
8. Y Hashidoko, S Tahara, N Iwaya, J Mizutani. Highly oxygenated bisabolanoids in *Rosa rugosa* leaves. *Zeitschrift fuer Naturforschung, C: Journal of Biosciences*. 1991, **46**(5-6): 357-363
9. Y Hashidoko, S Tahara, J Mizutani. Sesquiterpenoids from *Rosa rugosa* leaves. *Phytochemistry*. 1993, **32**(2): 387-390
10. Y Hashidoko, S Tahara, J Mizutani. Antimicrobial sesquiterpene from damaged *Rosa rugosa* leaves. *Phytochemistry*. 1989, **28**(2): 425-430
11. Y Hashidoko, S Tahara, J Mizutani. Carotanoids and an acoranoid from *Rosa rugosa* leaves. *Phytochemistry*. 1991, **30**(11): 3729-3739
12. Y Hashidoko, S Tahara, J Mizutani. 2-Phenoxychromones and a structurally related flavone from leaves of *Rosa rugosa*. *Phytochemistry*. 1991, **30**(11): 3837-3838
13. Y Hashidoko, S Tahara, J Mizutani. Long chain alkyl esters of 4'-hydroxycinnamic acids from leaves of *Rosa rugosa*. *Phytochemistry*. 1992, **31**(9): 3282-3283
14. HS Young, JC Park, JS Choi. Isolation of (+)-catechin from the roots of *Rosa rugosa*. *Saengyak Hakhoechi*. 1987, **18**(3): 177-179
15. JC Park, H Ito, T Yoshida. H-NMR assignment of HIV protease inhibitor, procyanidin B3 isolated from *Rosa rugosa*. *Natural Product Sciences*. 2003, **9**(2): 49-51
16. HJ Jung, JH Nam, JW Choi, KT Lee, HJ Park. 19α-hydroxyursane-type triterpenoids: Antinociceptive anti-inflammatory principles of the roots of *Rosa rugosa*. *Biological &*

Pharmaceutical Bulletin. 2005, **28**(1): 101-104

17. HJ Park, JH Nam, HJ Jung, MS Lee, KT Lee, MH Jung, JW Choi. Inhibitory effect of euscaphic acid and tormentic acid from the roots of *Rosa rugosa* on high fat diet-induced obesity in the rat. *Saengyak Hakhoechi*. 2005, **36**(4): 324-331
18. HS Young, JC Park, JS Choi. Triterpenoid glycosides from *Rosa rugosa*. *Archives of Pharmacal Research*. 1987, **10**(4): 219-222
19. JC Park, KD Ok. Phenolic compounds isolated from *Rosa rugosa* Thunb. in Korea. *Yakhak Hoechi*. 1993, **37**(4): 365-369
20. 李宇晶, 楊永新, 康金國. 新疆玫瑰花, 肉蓯蓉對大鼠缺血心肌的保護作用. 新疆中醫藥. 1998, **16**(1): 49-51
21. 李紅芳, 龐錦紅, 丁永輝, 衛玉玲. 玫瑰花水煎劑對兔離體主動脈平滑肌張力的影響. 中藥藥理與臨床. 2002, **18**(2): 20-21
22. Y Yoshizawa, S Kawaii, M Urashima, T Fukase, T Sato, N Murofushi, H Nishimura. Differentiation-inducing effects of small fruit juices on HL-60 leukemic cells. *Journal of Agricultural and Food Chemistry*. 2000, **48**(8): 3177-3182
23. Y Yoshizawa, S Kawaii, M Urashima, T Fukase, T Sato, R Tanaka, N Murofushi, H Nishimura. Antiproliferative effects of small fruit juices on several cancer cell lines. *Anticancer Research*. 2000, **20**(6B): 4285-4289
24. TB Ng, JS He, SM Niu, L Zhao, ZF Pi, W Shao, F Liu. A gallic acid derivative and polysaccharides with antioxidative activity from rose (*Rosa rugosa*) flowers. *Journal of Pharmacy and Pharmacology*. 2004, **56**(4): 537-545
25. T Yamagishi. Antioxidants, vitamin C stabilizers, and deodorants containing Rosa flower petals, and foods, capsules, and tablets containing them. *Japan Kokai Tokkyo Koho*. 2004: 12
26. JC Park, SC Kim, JM Hur, SH Choi, KY Lee, JW Choi. Anti-hepatotoxic effects of Rosa rugosa root and its compound, rosamultin, in rats intoxicated with bromobenzene. *Journal of Medicinal Food*. 2004, 7(4): 436-441
27. KY Chon, SP Moon. Health aid food comprising the extract of Rosa rugosa Thunb. *Republish Korea*. 1999
28. 茹仙如. 麥米提明. 玫瑰花在維吾爾醫治療中的應用. 中國民族醫藥雜誌. 1999, **5**(3): 25

천초 茜草 CP, KHP, IP

Rubiaceae

Rubia cordifolia L.

Indian Madder

개 요

꼭두서니과(Rubiaceae)

천초(茜草, *Rubia cordifolia* L.)의 뿌리와 뿌리줄기를 건조한 것

중약명: 천초

꼭두서니속(*Rubia*) 식물은 전 세계에 약 70여 종이 있으며, 서유럽, 북유럽, 지중해 연안, 아프리카, 아시아 온대 및 히말라야 지역, 아메리카 열대 등지에 분포한다. 중국에서는 약 36종과 변종 2종이 있다. 이 속에서 현재 약으로 사용되는 것은 약 15종이다. 이 종은 중국의 동북, 화북, 서북과 사천, 서장 등지에 분포하며, 한반도, 일본, 러시아 원동지구 등에도 분포한다.

천초는 '천근(茜根)'이라는 명칭으로 《신농본초경(神農本草經)》에 중품으로 처음 수록되었다. 역대 본초서적에도 다수의 기록이 있으며, 오늘날의 약용 품종과도 일치한다. 《중국약전(中國藥典)》(2015년 판)에서는 이 종을 중약 천초의 법정기원식물 내원종으로 수록하였다. 주요산지는 중국 대부분 지역이며, 섬서, 하남 등지의 생산량이 가장 많고 품질도 우수하다. 《대한민국약전외한약(생약)규격집》(제4개정판)에는 '천초근(茜草根)'을 "꼭두서니과에 속하는 꼭두서니(*Rubia akane* Nakai) 또는 기타 동속 근연식물의 뿌리"로 등재하고 있으나 현재는 신장 발암성이 있는 것으로 확인되어 대한민국에서는 사용이 금지되어 있다.

천초의 주요성분은 안트라퀴논과 그 배당체들이며, 그 밖에도 퀴논류, 고리형 펩티드 및 다당류 등이 함유되어 있다. 《중국약전》에서는 고속액체크로마토그래피법을 이용하여 천초에 함유된 몰루긴의 함량을 0.40% 이상으로 약재의 규격을 정하고 있다.

약리연구를 통하여 천초에는 지혈, 항종양, 항균, 항바이러스, 항산화, 항노화 등의 작용이 있는 것으로 알려져 있다.

한의학에서 천초에는 양혈지혈(凉血止血), 거어통락(祛瘀通絡) 등의 작용이 있다.

천초 茜草 *Rubia cordifolia* L.

약재 천초 藥材茜草 Rubiae Radix et Rhizoma

천초 茜草 CP, KHP, IP

함유성분

뿌리에는 안트라퀴논과 그 배당체 성분으로 alizarin[1], purpurin[2], xanthopurpurin, rubiadin[3], munjistin[4], nordamnacanthal, 1-hydroxy-2-methylanthraquinone[5], 2-methyl-1,3,6-trihydroxy-anthraquinone-3-O-β-D-xylosyl(1→2)-β-D-(6′-O-acetyl) glucoside[6], cordifoliol, cordifodiol[7], rubiasins A, B, C[8], 나프토퀴논과 그 배당체 성분으로 furomollugin[9], mollugin (rubimaillin)[10], dihydromollugin, rubilactone[11], 트리테르페노이드 성분으로 3β-acetoxyoleanane-12-one, 3β,13β,15α-trihydroxyoleanane-12-one, hederagenin[12] 등이 함유되어 있다. 또한 항암물질인 고리형 핵사펩티드 성분으로 RA I, II, III, IV, V, VI, VII, VIII, IX, X, XI, XII, XIII, XIV, XV, XVI, XVII[13-20], RA dimmer A[21]와 다당류 성분으로 RPS-1, RPS-2, RPS-3[22] 그리고 QA_2 [23] 등이 함유되어 있다.

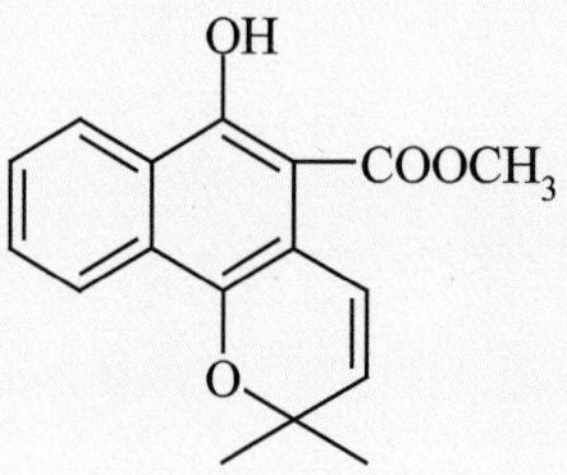

mollugin

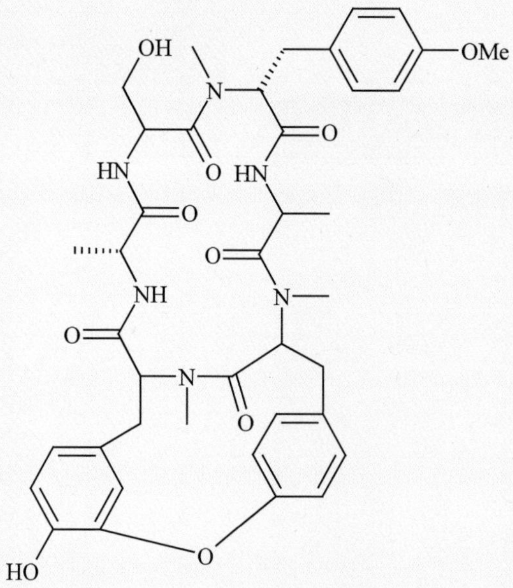

RA-I

약리작용

1. 혈액계통에 대한 영향

집토끼에 천초 온침액을 경구로 투여하면 혈액응고를 뚜렷하게 촉진하는 작용이 있다. 천초의 열수 추출물 알코올 침전액을 Mouse

의 위에 주입하거나 복강에 주사하면 응혈시간을 뚜렷하게 단축시킨다[24]. 몰루긴은 *in vitro*에서 혈소판활성인자(PAF)에 의한 혈소판응집을 억제할 수 있다[25]. 그 작용기전은 응혈활성효소, 응혈효소 및 섬유단백의 생성을 촉진하는 것과 관련이 있다. 또한 천초에는 헤파린에 의한 혈액응고 장애를 바로잡는 효능이 있어 헤파린 과다로 인한 출혈성 질환을 치료할 수 있다[26].

2. 항종양

천초에서 분리해 낸 고리형 헥사펩타이드의 일종인 RA류에는 항암작용이 있으나, 그 강도가 모두 다르고 독성 또한 각각 상이하다. 그 가운데 RA-I, II, III, IV, V, VI, VII을 복강에 투여하면 P388 백혈병 Mouse의 생존시간을 연장하는 작용이 있다. RA-V, VII은 *in vivo*에서 L_{1210} 백혈병세포, B16 흑색종, 실체암 가운데 결장암 38, 에를리히복수암(EAC)과 루이스폐암종(LLC) 등에 대하여 항암활성을 나타낸다. MM-2 유선암에 대해서는 RA-V만이 효과를 보인다[27].

3. 백혈구 증가

천초의 추출물을 개에 경구로 투여하면 백혈구의 수량이 뚜렷하게 증가하는데, 그 활성성분은 문지스틴 및 그 배당체이다[28].

4. 항균, 항바이러스

In vitro 실험에서 천초의 물 추출물은 황색포도상구균, 고초간균에 대해 뚜렷한 억제작용이 있다. 천초의 클로로포름과 메탄올 추출물은 그람양성균, 녹농간균에 대해 뚜렷한 억제작용이 있다[29]. 포로몰루긴과 몰루긴은 II형 간염의 표면항원(HBsAg)의 분비에 대해 비교적 강력한 억제작용이 있다[9]. 천초의 물 추출물을 Mouse의 복강에 주사하면 음도에 감염된 II형 단순포진바이러스(HSV-2)를 억제하는 효과가 있다[30]. 천초의 메탄올 추출물은 *in vitro*에서 HSV-2를 억제하는 작용이 있다[31].

5. 항산화, 항노화

천초의 열수 추출물을 D-갈락토오스로 인해 노화가 유도된 Mouse에 경구투여하면 미토콘드리아의 호흡연결효소 복합체 I, I+III, II+III의 활성을 증가시키고, 세포색소 b, c, aa3의 함량 및 Mn-슈퍼옥시드디스무타아제(SOD)의 활성을 증가시킨다. 또한 말론디알데하이드(MDA)의 함량을 저하시키며, 미토콘드리아의 과산화적 손상을 감소시킨다[32-33]. 미토콘드리아의 지질과산화(LPO) 억제와 호흡연쇄의 활성을 통하여 호흡연쇄의 세포색소 함량에 영향을 받는 항노화작용을 증강시킨다. 천초의 다당은 *in vitro*에서 유리기로 인한 LPO 작용을 뚜렷하게 억제하며[34], 복강주사는 급성 신장 허혈 재관류로 인한 신장 손상에서 나타나는 신장조직 내의 SOD, Na^+/K^+-APT 효소 및 Ca^{2+}-ATP 효소의 활성을 뚜렷하게 증가시킨다. 또한 MDA의 함량을 감소시켜 손상된 후의 신장에 대해 뚜렷한 보호작용을 나타낸다[35].

6. 항염, 항풍습

천초의 안트라퀴논 화합물을 애주번트관절염(AA)이 있는 Rat에 경구투여하면 Rat의 혈청 내 인터루킨-1, 인터루킨-2, 인터루킨-6 및 종양괴사인자(TNF)의 함량을 저하시켜 체내 면역반응을 억제하고, 국소의 염증을 개선함으로써 항염 및 항풍습의 작용을 나타낸다[36-37]. 천초의 알코올 추출물을 Rat에 경구투여하면 발바닥 종창, 면구육아종 등 각종 염증을 억제하는 효과가 있으며, 동시에 Mouse의 혈청용혈효소의 함량을 뚜렷하게 감소시킨다[38].

7. 기타

천초에는 항방사능[39], 해열진통[40], 간 보호[41], 항경궐[42] 및 세포증식 억제[43] 등의 작용이 있다.

용 도

천초는 중의임상에서 사용하는 약이다. 양혈[涼血, 혈분(血分)의 열사(熱邪)를 없애 줌], 화어지혈(化瘀止血, 어혈을 풀어 주고 출혈을 없애 줌), 통경(痛經, 월경통) 등의 효능이 있으며, 혈열협어[血熱挾瘀, 혈분(血分)에 사열(邪熱)이 있어 어혈로 울체된 것]로 인한 출혈증, 혈어경폐(血瘀經閉, 어혈로 인해 월경이 막히는 증상), 질타손상(跌打損傷, 외상으로 인한 온갖 병증), 풍습비통(風濕痹痛, 풍습으로 인해 관절이 아프고, 통증이 심해지는 증상) 등의 치료에 사용한다.

현대임상에서는 자궁 출혈, 종양의 화학치료, 방사능치료로 인한 백혈구 감소증 및 원인불명의 백혈구 감소 등의 병증에 사용한다.

해 설

천초는 중국에 넓게 분포하며, 일본의 학자들이 천초에서 분리해 낸 고효율 저독성 항암성분인 rubidate(2,3-naphthalenedicarboxylic acid, 1,4-dihydroxy-diethyl ester)를 분리하여 인공적으로 합성함으로써 천초에 대한 연구가 확대되도록 하였다.

천초는 약용으로 사용되는 이외에 인류가 최초로 사용한 붉은색 염료의 원료 가운데 하나이다. 고대 역사서에는 '염강천초야(染絳茜草也)'라고 쓰여 있다. 천초의 색소는 또한 천연색소 성분을 이용한 미용 화장품의 제조에 사용되어 개발의 전망이 밝다고 할 수 있다[44].

서양꼭두서니(*Rubia tinctorum* L.)에 함유되어 있는 루시딘은 비교적 강력한 유전자 돌연변이를 유발하는 화합물로 미국 FDA에서는 서양꼭두서니를 금지약물로 규정하고 있다.

참고문헌

1. VVS Murti, TR Seshadri, S Sivakumaran. Anthraquinones of *Rubia cordifolia*. *Phytochemistry*. 1972, **11**(4): 1524
2. D Gupta, S Kumari, M Gulrajani. Dyeing studies with hydroxyanthraquinones extracted from Indian madder. Part 1: Dyeing of nylon with purpurin. *Coloration Technology*. 2001, **117**(6): 328-332
3. H Itokawa, YF Qiao, K Takeya. Anthraquinones and naphthohydroquinones from *Rubia cordifolia*. *Phytochemistry*. 1989, **28**(12): 3465-3468
4. Y Takagi. The pigments in the root of *Rubia cordifolia* variety munjista. *Nippon Kagaku Zasshi*. 1961, **82**: 1561-1563
5. AM Tessier, P Delaveau, B Champion. New anthraquinones in *Rubia cordifolia* root. *Planta Medica*. 1981, **41**(4): 337-343
6. 王素賢, 華會明, 吳立軍, 李銑, 朱廷儒. 茜草中蒽醌類成分的研究. 藥學學報. 1992, **27**(10): 743-747
7. ST Abdullah, A Ali, H Hamid, M Ali, SH Ansari, MS Alam. Two new anthraquinones from the roots of *Rubia cordifolia* Linn. *Die Pharmazie*. 2003, **58**(3): 216-217
8. LC Chang, D Chavez, JJ Gills, HHS Fong, JM Pezzuto, AD Kinghorn. Rubiasins A-C, new anthracene derivatives from the roots and stems of *Rubia cordifolia*. *Tetrahedron Letters*. 2000, **41**(37): 7157-7162
9. LK Ho, MJ Don, HC Chen, SF Yeh, JM Chen. Inhibition of hepatitis B surface antigen secretion on human hepatoma cells. Components from *Rubia cordifolia*. *Journal of Natural Products*. 1996, **59**(3): 330-333
10. H Itokawa, K Mihara, K Takeya. Studies on a novel anthraquinone and its glycosides isolated from *Rubia cordifolia* and *R. akane*. *Chemical & Pharmaceutical Bulletin*. 1983, **31**(7): 2353-2358
11. 華會明, 王素賢, 吳立軍, 李銑, 朱廷儒. 茜草中萘酸酯類成分的研究. 藥學學報. 1992, **27**(4): 279-282
12. ZZ Ibraheim. Triterpenes from *Rubia cordifolia* L. *Bulletin of Pharmaceutical Sciences*. 2002, **25**(2): 155-163
13. H Itokawa, K Takeya, N Mori, T Sonobe, S Mihashi, T Hamanaka. Studies on antitumor cyclic hexapeptides RA obtained from Rubiae radix, Rubiaceae. VI. Minor antitumor constituents. *Chemical & Pharmaceutical Bulletin*. 1986, **34**(9): 3762-3768
14. H Itokawa, K Takeya, K Mihara, N Mori, T Hamanaka, T Sonobe, Y Iitaka. Studies on the antitumor cyclic hexapeptides obtained from Rubiae radix. *Chemical & Pharmaceutical Bulletin*. 1983, **31**(4): 1424-1427
15. H Itokawa, H Morita, K Takeya, N Tomioka, A Itai, Y Iitaka. New antitumor bicyclic hexapeptides, RA-VI and -VIII from *Rubia cordifolia*; conformation-activity relationship. II. *Tetrahedron*. 1991, **47**(34): 7007-7020
16. H Itokawa, T Yamamiya, H Morita, K Takeya. New antitumor bicyclic hexapeptides. RA-IX and -X from *Rubia cordifolia*. Part 3. Conformation-antitumor activity relationship. *Journal of the Chemical Society, Perkin Transactions 1: Organic and Bio-Organic Chemistry*. 1992, **4**: 455-459
17. H Itokawa, K Saitou, H Morita, K Takeya, K Yamada. Structures and conformations of metabolites of antitumor cyclic hexapeptides, RA-VII and RA-X. *Chemical & Pharmaceutical Bulletin*. 1992, **40**(11): 2984-2989
18. H Morita, T Yamamiya, K Takeya, H Itokawa. New antitumor bicyclic hexapeptides, RA-XI, -XII, -XIII and -XIV from *Rubia cordifolia*. *Chemical & Pharmaceutical Bulletin*. 1992, **40**(5): 1352-1354
19. K Takeya, T Yamamiya, H Morita, H Itokawa. Two antitumor bicyclic hexapeptides from *Rubia cordifolia*. *Phytochemistry*. 1993, **33**(3): 613-615
20. Y Hitotsuyanagi, H Ishikawa, T Hasuda, K Takeya. Isolation, structural elucidation, and synthesis of RA-XVII, a novel bicyclic hexapeptide from *Rubia cordifolia*, and the effect of side chain at residue 1 upon the conformation and cytotoxic activity. *Tetrahedron Letters*. 2004, **45**(5): 935-938
21. Y Hitotsuyanagi, T Aihara, K Takeya. RA-dimer A, a novel dimeric antitumor bicyclic hexapeptide from *Rubia cordifolia* L. *Tetrahedron Letters*. 2000, **41**(32): 6127-6130
22. 黄榮清, 王作華, 王紅霞, 王秉伋, 馬成禹. 茜草多糖 RPS-1, RPS-2 和 RPS-3 組成研究. 中藥材. 1996, **19**(1): 25-27
23. 王紅霞, 王秉伋. 茜草多糖 QA2 的分離純化及組成分析. 中草藥. 1998, **29**(4): 219-221
24. 寧康健, 李東風, 桂子奉. 不同炮製方法, 給藥途徑及濃度的茜草水煎醇沉液對小鼠凝血作用的影響. 中國中醫藥科技. 2005, **12**(6): 368-369
25. YB Tripathi, S Pandey, SD Shukla. Anti-platelet activating factor property of *Rubia cordifolia* Linn. *Indian Journal of Experimental Biology*. 1993, **31**(6): 533-535
26. 楊勝利, 劉發. 茜草的藥理作用及應用. 實用中西醫結合雜誌. 1995, **8**(8): 588
27. 樊中心. 茜草中的抗癌成分. 國外醫學: 中醫中藥分冊. 1997, **19**(4): 3-5
28. 王升啟, 馬立人. 茜草屬藥用植物的化學成分及生物活性. 軍事醫學科學院院刊. 1991, **15**(4): 254-259
29. S Basu, A Ghosh, B Hazra. Evaluation of the antibacterial activity of *Ventilago madraspatana* Gaertn., *Rubia cordifolia* Linn. and *Lantana camara* Linn: isolation of emodin and physcion as active antibacterial agents. *Phytotherapy Research*. 2005, **19**(10): 888-894
30. 伍參榮, 賀雙騰, 胡建中. 茜草提取液小鼠體內抗 HSV-2 及誘生幹擾素作用的實驗觀察. 深圳中西醫結合雜誌. 1997, **7**(1): 18-19
31. 金玉懷, 王玉坤, 顧葆良. 茜草對 II 型單純皰疹病毒的體外生長抑制作用. 病毒學雜誌. 1989, **4**: 345-349
32. 謝紅, 王德明, 王明富, 楊晶, 白大芳, 張濤, 歐芹. 茜草對半乳糖致衰小鼠心肌線粒體能量代謝的影響. 中國老年學雜誌. 2005, **25**(7): 808-809
33. 謝紅, 王明富, 江旭東, 張濤, 白大芳, 楊晶. 茜草對半乳糖致衰小鼠心肌線粒體細胞色素含量的影響. 黑龍江醫藥科學. 2005, **28**(1): 8-9
34. 張振濤, 吳泉, 吳仁奇, 沈傳勇. 茜草多糖的抗氧化作用. 內蒙古醫學院學報. 1998, **20**(1): 31-33
35. 張振濤, 沈傳智, 吳仁奇, 冷江湧, 張娟. 茜草多糖對腎缺血再灌注損傷的保護作用. 內蒙古醫學院學報. 2000, **22**(1): 38-39
36. 許蘭芝, 趙世琴, 胡慶偉, 冷萍, 高爾. 茜草總蒽醌抗炎抗風濕作用及機理. 濰坊醫學院學報. 2002, **24**(1): 11-13
37. 許蘭芝, 胡慶偉, 冷萍. 佐劑性關節炎大鼠細胞因子和皮質醇水平與茜草總蒽醌的幹預作用. 中國臨床康復. 2006, **10**(3): 116-117
38. 許蘭芝, 陳維寧, 張薇, 高爾, 陶秀英. 茜草醇提物的抗炎免疫作用. 濰坊醫學院學報. 2002, **24**(1): 1-3

39. 陳寅生, 李武營. 茜草中多糖成分的提取分離與抗輻射作用的實驗研究. 河南大學學報(醫學版). 2004, **23**(1): 32-34
40. 劉成立, 許蘭芝, 陳維寧, 高爾, 張薇. 茜草醇提物的解熱鎮痛作用. 濰坊醫學院學報. 2002, **24**(1): 4-5
41. GMM Rao, CV Rao, P Pushpangadan, A Shirwaikar. Hepatoprotective effects of rubiadin, a major constituent of *Rubia cordifolia* Linn. *Journal of Ethnopharmacology*. 2006, **103**(3): 484-490
42. VS Kasture, VK Deshmukh, CT Chopde. Anticonvulsant and behavioral actions of triterpene isolated from *Rubia cordifolia* Linn. *Indian Journal of Experimental Biology*. 2000, **38**(7): 675-680
43. YB Tripathi, SD Shukla. *Rubia cordifolia* extract inhibits cell proliferation in A-431 cells. *Phytotherapy Research*. 1998, **12**(6): 454-456
44. 劉新民. 茜草色素: 有待於化妝品界挖掘利用的古老色素. 廣西輕工業. 1995, **3**: 14-20

화동복분자 華東覆盆子 CP, KP

Rubus chingii Hu

Palmleaf Raspberry

개 요

장미과(Rosaceae)

화동복분자(華東覆盆子, *Rubus chingii* Hu)의 열매를 건조한 것

중약명: 복분자(覆盆子)

산딸기속(*Rubus*) 식물은 전 세계에 약 700여 종이 있으며, 주요산지는 북반구의 온대이고, 일부는 열대와 남반구까지 자생한다. 중국에는 약 194종이 자생하며, 약으로 사용되는 것은 46종이다. 이 종은 중국의 강소, 안휘, 절강, 강서, 복건, 광서 등지에 분포한다.

'복분자'라는 약명은 《명의별록(名醫別錄)》과 《신농본초경(神農本草經)》에 상품으로 처음 수록되었다. 예로부터 오늘날까지 중약 복분자의 기원은 여러 종의 식물이 사용되었다. 《중국약전(中國藥典)》(2015년 판)에서는 이 종을 중약 복분자의 법정기원식물 내원종으로 수록하였다. 주요산지는 중국의 절강, 복건, 사천, 섬서, 안휘, 강서, 귀주 등이다. 《대한민국약전》(제11개정판)에는 '복분자'를 "복분자딸기(*Rubus coreanus* Miquel, 장미과)의 채 익지 않은 열매"로 등재하고 있어 《중국약전》에서 규정하고 있는 식물과는 다르다.

화동복분자의 주요성분은 트리테르페노이드와 플라본 등이다. 《중국약전》에서는 성상 및 현미경 감별 특징을 이용하여 약재의 규격을 정하고 있다.

약리연구를 통하여 화동복분자에는 항돌연변이, 노화지연, 학습기억력 개선, 면역력 증강 등의 작용이 있는 것으로 알려져 있다.

한의학에서 복분자는 익신(益腎), 고정(固精), 축뇨(縮尿) 등의 효능이 있다.

화동복분자 華東覆盆子 *Rubus chingii* Hu

약재 복분자 藥材覆盆子 Rubi Fructus

함유성분

열매에는 트리테르페노이드 성분으로 fupenzic acid[1], ursolic acid, oleanolic acid, maslinic acid, 2α-hydroxyursolic acid, arjunic acid[2], 플라보노이드 성분으로 tiliroside[2] 등이 함유되어 있다. 또한 ellagic acid[3], hexacosyl p-coumarate[2] 등의 성분이 함유되어 있다.
잎에는 디테르펜 배당체 성분으로 goshonosides F_1, F_2, F_3, F_4, F_5, F_6, F_7[4-5], rubusoside[6] 등이 함유되어 있다.

goshonoside F_1

fupenzic acid

약리작용

1. 시상하부–뇌하수체–성선축 기능에 대한 작용
   화동복분자의 물 추출물을 Rat에 경구투여하면 시상하부 LHRH, 뇌하수체 LH, FSH 및 성선 E2의 함량을 저하시키며, 흉선 LHRH와 혈액 내 에스트로겐 함량을 증가시킨다[7]. 화동복분자의 성선축 조절에 대한 작용은 '보신삽정(補腎澀精)'의 약리이론에 기초한다. 화동복분자의 알코올 추출물을 근육에 주사하면 거세된 Rat 음경의 전기자극에 대한 흥분성을 증가시키며, 음경 발기의 잠복기를 단축한다. 하이드로코르티손에 의해 신양허가 발생한 Mouse의 내한, 내피로 능력을 증강하며, 체중 감소세를 지연시킨다[8]. 복분자의 건조 침고는 겐타마이신에 의한 급성 신장손상을 보호하는 작용이 있다. 토끼의 위에 복분자 약액을 주입한 뒤 혈액분석을 실시하면 남성호르몬인 테스토스테론의 함량이 일시적으로 증가되며, 혈청 내 콜레스테롤이 시간에 따라 감소된다. 이는 테스토스테론의 증가가 혈청 콜레스테롤의 감소와 상관관계가 있음을 시사한다[9].

2. 항노화
   화동복분자를 사료로 먹인 노화 모델 Mouse는 물 미로에서의 유영 잠복기를 단축시키며, 모노아민산화효소–B(MAO–B)의 활성을 감소시키는데, 이는 학습기억능력의 개선과 노화지연의 작용이 있음을 시사한다[10]. 또한 활성산소로 인한 유리기를 제거하는 작용이 있다[11].

3. 임파세포 증식 촉진
   화동복분자의 물 추출물, 알코올 추출물, 조다당 및 n–부탄올 추출물은 *in vitro*에서 임파세포의 증식을 촉진하며, 유사분열 또는 무사분열원의 상호작용하에서 복분자는 임파세포를 뚜렷하게 활성화하는 작용이 있다. 임파세포가 활성화되는 초기에 cAMP의 농도가 증가된다[12].

4. 항돌연변이
   복분자의 수용성 추출물을 Mouse의 복강에 주사하면 골수미핵실험, *in vitro* Ames 실험 및 SOS 염색반응실험에서 모두 변성을 유도하지 않는다. 에임스검사와 SOS 반응에서 복분자는 양성 돌연변이 물질에 대해 매우 강력한 유도억제작용이 있다[13].

용 도

화동복분자는 중의임상에서 사용하는 약이다. 익신[益腎, 신(腎)을 보익해 줌], 고정축뇨(固精縮尿, 기를 밖으로 새지 않도록 하고 소변을 다스림) 등의 효능이 있으며, 신허불고(腎虛不固)로 인한 유정(遺精, 성교 없이 정액이 흘러나오는 병증), 활정(滑精, 낮에 정액이 저절로 나오는 것), 유뇨(遺尿, 스스로 자각하지 못하고 소변이 저절로 흘러나오는 배뇨) 및 간신부족[肝腎不足, 간신음허(肝腎陰虛)와 같은 뜻으로 간과 신장의 음혈이 부족하여 허약함], 목암불명(目暗不明, 눈이 어둡고 잘 보이지 않음) 등의 치료에 사용한다.

해 설

복분자는 약용으로 사용되는 이외에 독특한 식감과 충분한 영양소를 함유하고 있는 중국위생부에서 규정하는 약식동원품목* 가운데 하나이다. 또한 천연색소와 기능식품의 가공을 위한 이상적인 원료로서, 화동복분자의 열매, 뿌리, 줄기, 잎 등은 각 기관의 영양성분과 활성성분의 연구를 촉진하여 자원의 낭비를 줄이고, 화동복분자의 종합적 이용을 촉진할 필요가 있다.
화동복분자는 만생성이며, 접지성이 비교적 강하여 자연 상태에서 뿌리가 지면 20~30cm 범위 내에서 망상을 형성하므로 토양 유실 방지 작용이 있어 중요한 생태 회복 수종이자 토양 보호 수종이다.

참고문헌

1. M Hattori, KP Kuo, YZ Shu, Y Tezuka, T Kikuchi, T Namba. A triterpene from the fruits of *Rubus chingii*. *Phytochemistry*. 1988, **27**(12): 3975-3976
2. 郭啟雷, 楊峻山. 掌葉覆盆子的化學成分研究. 中國中藥雜誌. 2005, **30**(3): 198-200
3. 徐振文, 趙娟娟. 覆盆子的化學成分研究. 中草藥. 1981, **12**(6): 19
4. WH Chou, T Oinaka, F Kanamaru, K Mizutani, FH Chen, O Tanaka. Diterpene glycosides from leaves of Chinese *Rubus chingii* and fruits of R. suavissimus, and identification of the source plant of the Chinese folk medicine "Fupenzi." *Chemical & Pharmaceutical Bulletin*. 1987, **35**(7): 3021-3024
5. K Ohtani, CR Yang, C Miyajima, J Zhou, O Tanaka. Labdane-type diterpene glycosides from fruits of *Rubus foliolosus*. *Chemical & Pharmaceutical Bulletin*. 1991, **39**(9): 2443-2445
6. T Tanaka, H Kohda, O Tanaka, FH Chen, WH Chou, JL Leu. Rubusoside (β-D-glucosyl ester of 13-O-β-D-glucosyl-steviol), a sweet principle of *Rubus chingii* Hu (Rosaceae). *Agricultural and Biological Chemistry*. 1981, **45**(9): 2165-2166
7. 陳坤華, 方軍, 匡興偉, 莫啟忠. 覆盆子水提取液對大鼠下丘腦-垂體-性腺軸功能的作用. 中國中藥雜誌. 1996, **21**(9): 560-562
8. 向德軍. 掌葉覆盆子提取物的溫腎助陽作用研究. 廣東藥學院學報. 2002, **18**(3): 217-218

* 부록(559~562쪽) 참고

9. 王殷成. 中藥製劑中補陽藥對睪丸激素的分泌與血液中膽固醇的影響. 天津中醫. 2002, **19**(2): 59-63
10. 朱樹森, 張炳烈, 李文彬, 張濤, 白書閣. 覆盆子對衰老模型小鼠腦功能的影響. 中醫藥學報. 1998, **4**: 42-43
11. 周曄, 李一峻, 陳強, 何錫文, 李佩孚. 覆盆子等 8 味中藥的抗超氧陰離子自由基作用研究. 時珍國醫國藥. 2004, **15**(2): 68-69
12. 陳坤華, 方軍, 呂彬, 莫啟忠, 全虹波, 孫萬平. 覆盆子提取成分促進淋巴細胞增殖作用及與環核苷酸的關係. 上海免疫學雜誌. 1995, **15**(5): 302-304
13. 付德潤, 鍾承民, 郭偉, 張月明, 李新威, 封春林. 覆盆子抗誘變作用的實驗研究. 中國全科醫學雜誌. 1998, **1**(1): 35-37
14. 歐琴, 何堅, 加味五子衍湯治療脂肪肝82例. 陝西中醫. 2003, **24**(7): 587

단삼 丹蔘 CP, KP, VP

Salvia miltiorrhiza Bge.

Danshen

개 요

꿀풀과(Labiatae)

단삼(丹蔘, *Salvia miltiorrhiza* Bge.)의 뿌리와 뿌리줄기를 건조한 것

중약명: 단삼

샐비어속(*Salvia*) 식물은 전 세계에 약 700여 종이 있으며, 주로 열대와 온대 지역에 분포한다. 중국에는 약 78종이 있다. 이 속 식물은 중국에서 대략 26종이 약으로 사용된다. 이 종은 중국의 하북, 산서, 섬서, 화동, 하남, 강소, 절강, 안휘, 강서 및 호남 등이며, 일본에도 분포한다.

'단삼'이라는 명칭은 《신농본초경(神農本草經)》에 상품으로 처음 수록되었다. 역대 본초서적에도 다수의 기록이 있으며, 오늘날의 품종과도 일치한다. 《중국약전(中國藥典)》(2015년 판)에서는 이 종을 중약 단삼의 법정기원식물 내원종으로 수록하였다. 단삼은 현재 재배종과 야생종이 모두 존재하며, 주요산지는 중국의 사천, 산서, 하북, 강소, 안휘 등이다.

단삼에 함유되어 있는 주요 유효성분은 두 종류로, 지용성 디테르펜퀴논류와 수용성 페놀산류가 있다. 《중국약전》에서는 고속액체크로마토그래피법을 이용하여 단삼에 함유된 탄시논 IIA의 함량을 0.20% 이상, 살비아놀산 B의 함량을 3.0% 이상으로 약재의 규격을 정하고 있다.

약리연구를 통하여 단삼에는 미세순환 개선, 조직보호, 혈소판응집 억제, 항산화 등의 작용이 있는 것으로 알려져 있다.

한의학에서 단삼은 거어지통(祛瘀止痛), 활혈통경(活血通經) 등의 작용이 있다.

단삼 丹蔘 *Salvia miltiorrhiza* Bge.

약재 단삼 藥材丹蔘
Salviae Miltiorrhizae Radix et Rhizoma

함유성분

뿌리에는 디테르펜 퀴논 성분으로 tanshinones I, IIA, IIB, V, VI[1], cryptotanshinone[1], isotanshinones I, II, IIB, isocryptotanshinones I, II, III[2-3], hydroxytanshinone IIA, methyltanshinonate, dihydrotanshinone I, danshenxinkuns A, B, C, D[1], neocryptotanshinone II[4], 페놀산 성분으로 salvianolic acids A, B, C, D, E, F, G[5-8], rosmarinic acid, lithospermic acid[9], protocatechualdehyde, caffeic acid, salvianic acid(danshensu), isoferulic acid[10] 등이 함유되어 있다.

또한 salviamiltamide[11], oleoyl neocryptotanshinone, oleoyl danshenxinkun A[12] 등의 성분이 함유되어 있다.

tanshinone IIA

salvianolic acid B

약리작용

1. 심뇌혈관 개선

1) 죽상동맥경화 억제

탄시논 IIA는 농도 의존적으로 염기성 섬유모세포 성장인자에 의해 유도되는 인체 혈관 평활근세포 DNA의 합성을 억제한다. 또한 결찰로 인해 경동맥 협착, 평활근 세포 증식 등이 유도된 Mouse에서 탄시논 IIA를 투여한 군의 경우 측동맥 내막의 두께와 중막의 두께가 감소된다. *In vitro* 및 vivo 실험 결과 탄시논은 죽상동맥경화, 만성 고혈압 등 평활근의 이상증식으로 인해 발생하는 병리변화 및 질환을 적극적으로 예방하는 작용이 있다[13].

2) 심근 보호

탄시논 VI는 Rat 심장 섬유원세포의 콜라겐 합성을 뚜렷하게 억제한다[14]. 탄시논 IIA 황화물은 안지오텐신 II로 유도된 Rat의 심근세포 비대를 억제하는 작용이 있다[15]. 살비아놀산 A는 심근허혈 재관류로 인한 심실 경련의 발생 빈도를 낮추어 줄 수 있으며, 젖산탈수소효소(LDH)가 세포 외부로 유출되는 것을 감소시키고, 허혈성 심근조직 내 말론디알데하이드(MDA)의 함량을 감소시킨다[16].

3) 뇌조직 기능 개선

탄시논 IIA와 IIB는 Mouse 뇌허혈로 인한 뇌세포 손상을 뚜렷하게 억제하는 작용이 있다[17]. 단삼의 살비아놀산은 허혈성 재관류 Mouse 뇌조직 내의 슈퍼옥시드디스무타아제(SOD) 활성을 증강시킬 수 있으며, MDA 함량을 감소시키고, 글루타치온과산화효소(GSH−Px)의 함량을 증가시킨다[18].

2. 혈소판응집 억제

에칠살비아놀산은 *in vitro*에서 아데노신이인산(ADP)의 생성과 콜라겐과 응혈효소로 유도된 Rat와 토끼의 혈소판응집을 뚜렷하게 억제하며, *in vivo*에서는 여러 종의 유도제로 유도된 혈소판응집에 대해서도 뚜렷한 억제효과를 나타낸다. 또한 혈소판응집을 억제하는 동시에 콜라겐으로 유도된 혈소판의 5−하이드록시트리프타민의 방출을 뚜렷하게 억제하는 작용이 있다[19].

3. 항종양

탄시논 IIA와 I은 *in vitro*에서 인체백혈병세포 HL60과 K562의 괴사를 유도하며, 이러한 작용은 탄시논이 세포색소 C의 방출과 카스파제−3의 활성을 촉진하는 것과 관련이 있는 것으로 예상된다. 탄시논 I은 *in vitro*에서 인체간암세포 HepG2의 생장을 억제하고 세포의 괴사를 유도한다. *In vivo*에서는 이종이식된 nude Mouse의 종양 성장을 뚜렷하게 억제한다[22]. 살비아놀산 A는 종양세포의 핵전사를 억제하며, 5−플루오우라실과 같은 종양억제 약물의 작용을 증강시키는 효과가 있어 화학요법의 병용투여제로 사용이 가능하다[23].

4. 간 손상 억제

살비아놀산 A와 탄시논 IIA는 CCl_4로 유도된 Rat 간세포의 아스파트산아미노기전달효소(AST), 혈청 알라닌아미노기전이효소(ALT), LDH 등의 활성을 증강하고, MDA 및 일산화탄소의 생성을 억제함과 동시에 SOD의 활성을 촉진하는 작용이 있다[24−25].

5. 항산화

살비아놀산 A는 구리 이온에 의해 유도되는 혈청 저밀도지단백(LDL)의 산화를 유의하게 억제하는데, 이와 같은 작용은 활성산소와 구리 이온에 대한 킬레이팅과 관련이 있다[26].

6. 기타

크립토탄시논 및 디하이드로탄시논 I은 여러 종의 그람양성균을 억제하는 작용이 있다. 탄시논 I은 카라기난에 의한 Mouse의 발바닥 종창과 애주번트관절염(AA)을 억제한다. 살비아놀산은 Rat의 당뇨병성 신장손상의 발전을 뚜렷하게 억제한다[29].

용 도

단삼은 중의임상에서 사용하는 약이다. 활혈조경(活血調經, 혈의 운행을 활발히 하여 부인의 월경을 순조롭게 함), 양혈소옹[涼血消癰, 혈분(血分)의 열사(熱邪)를 치료하여 부스럼을 치료함], 양혈안신[養血安神, 혈을 자양(滋養)하여 심신(心神)을 안정시켜 줌] 등의 효능이 있으며, 부녀의 월경부조(月經不調), 통경(痛經, 월경통), 경폐(經閉, 월경이 있어야 할 시기에 월경이 없는 것), 산후어체복통(産後瘀滯腹痛, 산후기복통), 혈어로 인한 심복동통, 징가적취(癥瘕積聚, 배 속에 덩어리가 생겨 아픈 증상), 풍습비통(風濕痹痛, 풍습으로 인해 관절이 아프고, 통증이 심해지는 증상), 옹창종독[癰瘡腫毒, 살갗에 생기는 외옹(外癰)이 곪아 터진 뒤 오래도록 낫지 않아 부스럼이 되는 병증], 혈병번조혼미(血病煩燥昏迷, 혈이 정체되어 몸과 마음이 답답하고 열이 나서 손과 발을 가만히 두지 못하고 의식이 흐린 증상) 및 잡병, 심계실면(心悸失眠, 가슴이 두근거리면서 불안해하며 잠이 오지 않는 증상) 등의 치료에 사용한다.

현대임상에서는 심혈관질환에 해당하는 허혈성 중풍, 동맥죽상경화, 바이러스성 심근염, 만성 간염, 간경화, 기관지 천식, 만성 심폐질환 등의 병증에 사용한다.

해 설

단삼은 그 사용의 역사가 매우 오래된 전통약물로서, 다양한 생리활성이 알려져 있다. 단삼에 함유된 화학성분들은 지용성과 수용성으로 크게 나눌 수 있다. 지용성 성분으로는 탄시논이 대표적인데 혈관확장, 미세순환 개선, 항균, 면역조절 및 항산화 등의 작용이 있다. 수용성 성분으로는 살비아놀산이 있으며 항산화, 항응혈 및 세포보호 등의 작용에 특히 뛰어나다.

단삼은 임상에서 매우 광범위하게 사용되며, 이미 주사제, 경구투여제 등 20여 종의 제제가 개발되어 심혈관계통 질환, 피부병, 간 및 신장 질환 등에 사용되어 양호한 효과를 얻고 있어 시장의 수요가 매우 큰 편이다. 재배를 통한 단삼의 안정적인 공급이 가능하다. 중국의 사천, 섬서 등지에 대규모 재배단지가 조성되어 있다.

참고문헌

1. 房其年, 張佩玲, 餘宗沛. 丹參的抗菌成分. 化學學報. 1976, **34**(3): 197-209

2. A Yagi, S Takeo. Tanshinone VI from *Salvia miltiorrhiza* as ischemia inhibitor. *Japan Kokai Tokkyo Koho*. 1989. **9**: 19

3. H Kakisawa, T Hayashi, T Yamazaki. Structures of isotanshinones. *Tetrahedron Letters*. 1969, **5**: 301-304

4. AR Lee, WL Wu, WL Chang, HC Lin, ML King. Isolation and bioactivity of new tanshinones. *Journal of Natural Products*. 1987, **50**(2): 157-160
5. HC Lin, WL Chang. Diterpenoids from *Salvia miltiorrhiza*. *Phytochemistry*. 2000, **53**(8): 951-953
6. LN Li, R Tan, WM Chen. Salvianolic acid A, a new depside from roots of *Salvia miltiorrhiza*. *Planta Medica*. 1984, **50**(3): 227-228
7. CB Ai, LN Li. Stereostructure of salvianolic acid B and isolation of salvianolic acid C from *Salvia miltiorrhiza*. *Journal of Natural Products*. 1988, **51**(1): 145-149
8. CB Ai, LN Li. Salvianolic acids D and E: two new depsides from *Salvia miltiorrhiza*. *Planta Medica*. 1992, **58**(2): 197-199
9. CB Ai, LN Li. Salvianolic acid G, a caffeic acid dimer with a novel tetracyclic skeleton. *Chinese Chemical Letters*. 1991, **2**(1): 17-18
10. H Kohda, O Takeda, S Tanaka, K Yamasaki, A Yamashita, T Kurokawa, S Ishibashi. Isolation of inhibitors of adenylate cyclase from Dan-shen, the root of *Salvia miltiorrhiza*. *Chemical & Pharmaceutical Bulletin*. 1989, **37**(5): 1287-1290
11. 李靜, 何麗一, 宋萬志. 丹參中水溶性酚酸類成分的薄層掃描測定法. 藥學學報. 1993, **28**(7): 543-547
12. JS Choi, HS Kang, HA Jung, JH Jung, SS Kang. A new cyclic phenyllactamide from *Salvia miltiorrhiza*. *Fitoterapia*. 2001, **72**(1): 30-34
13. HC Lin, HY Ding, WL Chang. Two new fatty diterpenoids from *Salvia miltiorrhiza*. *Journal of Natural Products*. 2001, **64**(5): 648-650
14. 李欣, 張蓉, 林治榮, 餘彥, 杜俊榮. 丹參酮抑制血管平滑肌異常增殖的實驗研究. 中國藥理通訊. 2003, **20**(1): 35
15. T Maki, Y Kawahara, K Tanonaka, A Yagi, S Takeo. Effects of tanshinone VI on the hypertrophy of cardiac myocytes and fibrosis of cardiac fibroblasts of neonatal rats. *Planta Medica*. 2002, **68**(12): 1103-1107
16. K Takahashi, X Ouyang, K Komatsu, N Nakamura, M Hattori, A Baba, J Azuma. Sodium tanshinone IIA sulfonate derived from Danshen (*Salvia miltiorrhiza*) attenuates hypertrophy induced by angiotensin II in cultured neonatal rat cardiac cells. *Biochemical Pharmacology*. 2002, **64**(4): 745-750
17. 杜冠華, 裘月, 張均田. 丹酚酸 A 對大鼠心肌缺血再灌注性損傷的保護作用. 藥學學報. 1995, **30**(10): 731-735
18. BYH Lam, ACY Lo, X Sun, HW Luo, SK Chung, NJ Sucher. Neuroprotective effects of tanshinones in transient focal cerebral ischemia in mice. *Phytomedicine*. 2003, **10**(4): 286-291
19. 任德成, 杜冠華, 張均田. 總丹酚酸對腦缺血再灌注損傷的保護作用. 中國藥理學通報. 2002, **18**(2): 219-221
20. 籲文貴, 徐理納. 乙酰丹酚酸 A 對血小板功能的影響. 藥學學報. 1994, **29**(6): 412-416
21. HJ Sung, SM Choi, Y Yoon, KS An. Tanshinone IIA, an ingredient of *Salvia miltiorrhiza* BUNGE, induces apoptosis in human leukemia cell lines through the activation of caspase-3. *Experimental and Molecular Medicine*. 1999, **31**(4), 174-178
22. JY Kim, KM Kim, JX Nan, YZ Zhao, PH Park, SJ Lee, DH Sohn. Induction of apoptosis by tanshinone I via cytochrome c release in activated hepatic stellate cells. *Pharmacology & Toxicology*. 2003, **92**(4): 195-200
23. 鄭國燦, 李智英. 丹參酮 I 抗腫瘤作用及作用機制的實驗研究. 實用腫瘤雜誌. 2005, **20**(1): 33-35
24. 張勝華, 粟儉, 甄永蘇. 丹酚酸 A 抑制核苷轉運並增強化療藥物的抗腫瘤作用. 藥學學報. 2004, **39**(7): 496-499
25. P Liu, Y Hu, C Liu, C Liu, D Zhu. Effects of salviainolic acid A (SA-A) on liver injury: SA-A action on hepatic peroxidation. *Liver*. 2001, **21**(6): 384-390
26. 劉永忠, 王曉東, 劉永剛. 丹參酮 IIA 對四氯化碳損傷原代培養大鼠肝細胞的影響. 中藥材. 2003, **26**(6): 415-417
27. 劉穎琳, 劉耕陶. 丹酚酸 A 體外對人血清低密度脂蛋白氧化修飾的抑制作用. 藥學學報. 2002, **37**(2): 81-85
28. DS Lee, SH Lee, JG Noh, SD Hong. Antibacterial activities of cryptotanshinone and dihydrotanshinone I from a medicinal herb, *Salvia miltiorrhiza* bunge. *Bioscience, Biotechnology, and Biochemistry*. 1999, **63**(12): 2236-2239
29. SY Kim, TC Moon, HW Chang, KH Son, SS Kang, HP Kim. Effects of tanshinone I isolated from *Salvia miltiorrhiza* bunge on arachidonic acid metabolism and *in vivo* inflammatory responses. *Phytotherapy Research*. 2002, **16**(7): 616-620
30. GT Lee, H Ha, M Jung, H Li, SW Hong, BS Cha, HC Lee, YD Cho. Delayed treatment with lithospermate B attenuates experimental diabetic renal injury. *Journal of the American Society of Nephrology*. 2003, **14**(3): 709-720
31. XP Wang, RM Yang. Movement disorders possibly induced by traditional Chinese herbs. *European Neurology*. 2003, **50**(3): 153-159

Caprifoliaceae

접골목 接骨木 CP, KHP

Sambucus williamsii Hance

Williams Elder

개 요

인동과(Caprifoliaceae)

접골목(接骨木, *Sambucus williamsii* Hance)의 잎과 줄기를 건조한 것

중약명: 접골목

꽃, 열매, 뿌리 및 뿌리껍질 등도 모두 약용함

딱총나무속(*Sambucus*) 식물은 전 세계에 약 20여 종이 있으며, 북반구의 온대와 아열대 지역에 분포한다. 중국에는 약 4~5종이 있으며, 해외에서 유입되어 재배되는 1~2종이 더 있다. 이 속에서 현재 약으로 사용되는 것은 약 5종이다. 이 종은 중국의 동북, 중남, 서남 및 하북, 산서, 섬서, 감숙, 산동, 강소, 안휘, 절강, 복건, 광동과 광서 등지에 자생한다.

'접골목'이라는 약명은 《신수본초(新修本草)》에 처음 수록되었다. 《중국약전(中國藥典)》(2015년 판) 부록에 이 종을 중약 접골목의 법정기원식물 내원종으로 수록하였다. 주요산지는 중국의 하북, 산서, 섬서, 감숙, 사천, 귀주, 운남 및 동북, 화동, 중남 등이다. 《대한민국약전외한약(생약)규격집》(제4개정판)에는 '접골목'을 "인동과에 속하는 딱총나무(*Sambucus williamsii* var. *coreana* Nakai) 또는 동속 근연식물의 줄기 및 가지"로 등재하고 있다.

접골목의 가지에는 주로 트리테르펜과 페놀산류 화합물이 함유되어 있으며, 열매에는 리놀레산과 비타민 C가 매우 풍부하게 함유되어 있다.

약리연구를 통하여 접골목의 가지에는 골질감소억제작용이 있다. 접골목의 뿌리에는 진경(鎮痙), 진통 및 항염 등의 작용이 있다. 열매에는 항종양, 면역증강, 콜레스테롤 저하 및 항노화 등의 작용이 있다.

한의학에서 접골목은 거풍이습(祛風利濕), 활혈지혈(活血止血)의 작용이 있다.

접골목 接骨木 *Sambucus williamsii* Hance

약재 접골목 藥材接骨木 Sambuci Williamsii Ramulus

접골목 接骨木 *S. williamsii* Hance 열매가 달린 가지 果枝

함유성분

줄기와 가지에는 트리테르페노이드 성분으로 ursolic acid, betulin, betulinic acid, oleanolic acid, α-amyrin[1], 페놀산 성분으로 vanillin, acetovanillone, coniferyl aldehyde, syringaldehyde, p-hydroxybenzoic acid, p-hydroxycinnamic acid, protocatechuic acid[2] 등이 함유되어 있다. 열매와 씨에는 다량의 지방산(84.68%)이 함유되어 있으며 그 주성분으로는 α-linolenic acid(39.21%)[3]가 함유되어 있다.

약리작용

1. 항염, 진통

   접골목의 물 추출물은 Mouse의 초산으로 인한 경련반응과 모세혈관 투과성 증가를 뚜렷하게 억제한다. Rat에 복강주사로 접골목을 투여하면 덱스트란 또는 카라기난으로 유도된 발바닥 종창을 뚜렷하게 억제한다[4].

2. 골질유실 방지

   Rat류의 조골세포인 UMR106의 증식을 지표로 한 접골목의 골질유실 방지 실험에서 접골목에 함유된 베툴린, 베툴린산, 바닐린, 아세토바닐론 및 코니페릴알데하이드 등은 UMR106 세포의 증식을 촉진하는 작용이 있으며, 시링알데하이드와 함께 증식과 분화를 촉진할 뿐만 아니라[1-2], 베툴린, p-하이드록시벤조산 및 프로토카테킨산 등은 세포염기성인산효소(AKP)의 활성을 촉진한다[1-2].

3. 항경궐

   Mouse의 피하주사 또는 복강주사로 접골목 뿌리의 물 추출물을 투여하면 스트리크닌 또는 카페인으로 인한 경궐을 길항한다[4].

4. 콜레스테롤 저하

   접골목의 열매에는 α-리놀레산이 풍부하게 함유되어 있는데, 열매유를 4g/kg으로 Rat와 닭의 위에 주입한 뒤 2주가 지나면 정상 Rat와 고혈압 Mouse 모델 및 닭의 총콜레스테롤(TC), 중성지방(TG), 저밀도지단백(LDL) 및 동맥경화지수(AI) 등을 뚜렷하게 저하시킨다[5-6].

5. 항산소결핍

   접골목의 과유를 복강주사로 Mouse에 투여하면 정상기압 조건의 항산소결핍 능력을 강화한다[6].

6. 항종양

   접골목의 과유를 Mouse에 경구투여하면 S180 실체암 및 H22 간암 실체암의 생장을 억제하며, H22 간암 Mouse의 생존시간을 연장할 수 있다[7].

7. 면역증강
   접골목의 과유는 정상 Mouse 체내의 임파세포 전화에 대해 비교적 강력한 촉진작용이 있으며, 시클로포스파미드에 의해 억제된 임파세포 전화율에 대해서도 비교적 강력한 회복작용이 있다. 또한 Mouse 대식세포 내 산성인산효소의 활성을 촉진하며, 대식세포의 탐식작용을 증강시킨다[8-9].

8. 기억력 개선
   접골목의 과유는 도약실험 및 물미로실험에서 Mouse의 클로람페니콜로 인한 기억력 장애 및 40% 에탄올로 인한 기억 재현 장애 등을 뚜렷하게 개선하는 작용이 있다[10].

용 도

접골목은 중의임상에서 사용하는 약이다. 거풍이습[祛風利濕, 풍사(風邪)를 제거하고 습사(濕邪)가 정체된 것을 잘 행하게 해 줌], 활혈지혈(活血止血, 혈의 운행을 활발히 하고 출혈을 그치게 함) 등의 효능이 있으며, 풍습비통(風濕痹痛, 풍습으로 인해 관절이 아프고, 통증이 심해지는 증상), 풍진(風疹, 발진성 급성 피부 전염병), 수종(水腫, 전신이 붓는 증상), 질타손상(跌打損傷, 외상으로 인한 온갖 병증) 등의 치료에 사용한다.

현대임상에서는 담마진(蕁麻疹, 두드러기), 급 · 만성 신염, 골절종통(骨折腫痛), 창상출혈(創傷出血), 풍습성 관절염, 통풍[痛風, 손과 발의 관절이 붓고 아픈 요산성(尿酸性)의 관절염] 등의 병증에 사용한다.

해 설

접골목은 중국 민간에서 풍습성 관절염, 통풍, 질타손상(跌打損傷) 및 골절 등의 치료에 사용되어 왔다. 그 꽃과 잎에 대해서는 연구가 거의 진행된 바가 없으며, 최근에 와서야 접골목 열매유의 약리효과에 대해 비교적 많은 보도가 이루어지고 있으나, 기타 부위의 유효성분에 대한 연구가 깊이 있게 수행되지 못하여 더욱 다양한 연구와 개발이 필요할 것으로 생각된다[11].

동속식물인 서양접골목(*Sambucus nigra* L.)과 모접골목(*S. williamsii Hance* var. *miquelii* (Nakai) Y.C.Tang)의 잎과 줄기도 접골목으로 사용된다. 서양접골목의 꽃과 열매는 유럽에서 수천 년에 걸쳐 사용되고 있다. 서양접골목의 꽃과 열매의 즙액에는 풍부한 전화당, 과일산, 탄닌산, 비타민 C, 바이오플라보노이드, 안토시아닌 및 미량의 천연정유 등이 함유되어 있어, 이미 각종 보건품 및 화장품으로 개발되고 있는 상황이다.

참고문헌

1. 楊序娟, 王乃利, 黃文秀, 陳新滋, 姚新生. 接骨木中的三萜類化合物及其對類成骨細胞 UMR106 的作用. 瀋陽藥科大學學報. 2005, **22**(6): 449-452, 457
2. 楊序娟, 黃文秀, 王乃利, 陳新滋, 姚新生. 接骨木中的酚酸類化合物及其對大鼠類成骨細胞 UMR106 增殖及分化的影響. 中草藥. 2005, **36**(11): 1604-1607
3. 婁桂艷, 趙青, 遲松江, 秦國慶. 富含 α-亞麻酸的新油源: 接骨本籽油的研究. 中國油脂. 1998, **23**(3): 59
4. 吳春福, 劉雯, 於慶海, 郭月英. 接骨木根的鎮驚, 鎮痛和抗炎作用. 中藥材. 1992, **15**(1): 35-37
5. 胡榮, 洪海成, 馬德寶, 鄭海英. 接骨木果油降血脂作用研究. 北華大學學報(自然科學版). 2000, **1**(3): 218-221
6. 劉錚, 吳靜生, 王敏偉, 李鐵民. 接骨木油的降血脂和抗衰老作用研究. 瀋陽藥科大學學報. 1995, **12**(2): 127-129
7. 李鉉萬, 沈剛哲, 張善玉, 胡榮, 陳正愛, 金正男. 接骨木果油抗癌作用的實驗研究. 中國中醫藥科技. 2000, **7**(2): 103
8. 範妮娜, 蔣麗華, 田力, 王效傑, 高英偉, 王秋雨. 應用接骨木果實油 (SFO) 誘發小鼠體內淋巴細胞轉化的實驗研究. 瀋陽醫學. 2002, **22**(3): 37-38
9. 金莉莉, 李永政, 李桂亭, 王秋雨. 接骨木果實油對小鼠腹腔巨噬細胞吞噬活性的影響. 遼寧大學學報(自然科學版). 1997, **24**(1): 82-84
10. 沈剛哲, 胡榮, 張善玉, 陳正愛, 金正男. 接骨木果油對小鼠學習記憶的影響. 中國中醫藥科技. 2000, **7**(2): 103-104
11. 王啟珍. 接骨木食用藥用價值及開發利用. 中國林副特產. 2002, **2**: 59-60

오이풀 地楡 CP, KHP

Rosaceae

Sanguisorba officinalis L.

Garden Burnet

개 요

장미과(Rosaceae)

오이풀(地楡, *Sanguisorba officinalis* L.)의 뿌리를 건조한 것

중약명: 지유(地楡)

오이풀속(*Sanguisorba*) 식물은 전 세계에 약 30여 종이 있으며, 유럽, 아시아 및 북미 등 북온대 지역에 널리 분포한다. 중국에는 7종이 있으며, 이 속에서 현재 약으로 사용되는 것은 4종이 있다. 이 종은 중국 대부분의 지역에 분포한다.

'지유'의 약명은 《신농본초경(神農本草經)》에 중품으로 처음 수록되었다. 역대 본초서적에도 다수의 기록이 있다. 《중국약전(中國藥典)》(2015년 판)에서는 이 종을 중약 지유의 법정기원식물 내원종 가운데 하나로 수록하였다. 주요산지는 중국의 흑룡강, 요녕, 길림, 내몽고, 섬서, 산서, 하남, 감숙, 산동, 귀주 등이다.

지유의 주요 활성성분으로는 탄닌과 트리테르페노이드 사포닌이 있다. 지유는 역사적으로 지혈용 약재로 널리 사용되어 왔으며, 이는 지유 약재에 함유된 대량의 탄닌과 관련이 있다. 《중국약전》에서는 자외선분광광도법을 이용하여 지유에 함유된 탄닌의 함량을 10% 이상으로 약재의 규격을 정하고 있다.

약리연구를 통하여 오이풀에는 지혈, 항염, 항균 및 화상치료 등의 효과가 있는 것으로 알려져 있다.

한의학에서 지유는 양혈지혈(涼血止血), 해독렴창(解毒斂瘡) 등의 작용이 있다.

오이풀 地楡 *Sanguisorba officinalis* L.

약재 지유 藥材地楡 Sanguisorbae Radix

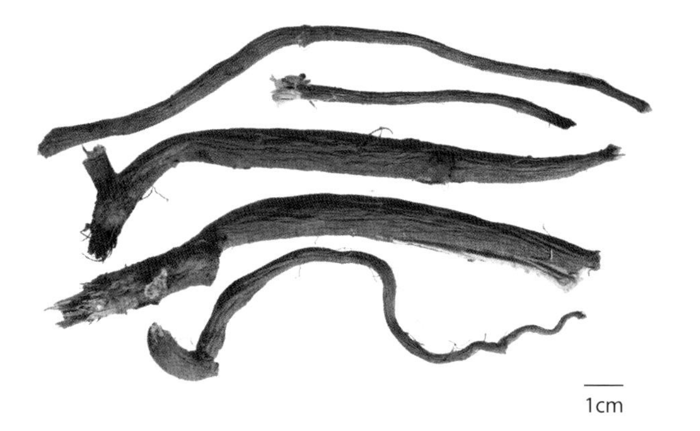

긴오이풀 長葉地楡
S. officinalis L. var. *longifolia* (Bert.) Yüet Li

함유성분

지하부에는 가수분해성 탄닌 성분으로 sanguiins H_1, H_2, H_3, H_4, H_5, H_6, H_7, H_8, H_9, H_{10}, H_{11}[1-3] 등이 함유되어 있다. 또한 3′,3,4-tri-O-methylellagic acid[4], gallic acid[5], 7-O-galloyl-(+)-catechin, 3-O-galloylprocyanidin B_3[6] 등의 성분이 함유되어 있다. 뿌리에는 트리테르페노이드와 트리테르페노이드 배당체 성분인 ziyu glycosides I, II[7], sanguisorbins A, B, E[8], sanguidiosides A, B, C D[9], suavissimoside F1, pomolic acid[10], 3,11-dioxo-19α-hydroxyurs-12-en-28-oic acid, 28-O-β-D-glucopyranosylpomolic acid ester[11] 등이 함유되어 있다. 뿌리와 뿌리줄기에는 플라보노이드 성분으로 kaempferol-3,7-O-dirhamnoside, quercetin-3-galactoside-7-glucoside[12] 등이 함유되어 있다.

ziyu glucoside I

약리작용

1. 지혈

생지유와 지유탄의 수전액 및 지유제제에는 모두 지혈작용이 있다[13-14]. 생지유와 지유탄의 수전액을 Mouse에 경구투여하면 꼬리 절단으로 인한 출혈시간을 뚜렷하게 단축시키는데, 특히 초탄한 뒤 탄닌의 함량이 증가되어 응혈작용과 관련된 칼슘전자의 함량도 크게 증가되므로 지혈효과 또한 크게 증가된다[13]. 지유의 열수 추출물을 집토끼에 경구투여하면 혈액 내 적혈구의 백분율 함량을 증가시켜 집궤현상 중에 나타나는 외주혈장층 두께를 감소시켜 전체 혈액의 점도를 높이고, 혈류의 속도를 느리게 하여 혈소판의 응혈에 유리하게 함으로써 지혈효과를 나타나게 한다[15].

2. 항균

In vitro 실험을 통하여 지유의 에탄올 추출물 또는 열수 추출물은 대장균, 녹농간균, 아포간균, 고초간균, 변형간균, 황색포도상구균, 표피포도상구균, A형연구균, 백색염주균 등에 대해 항균효과가 있다[16-17].

3. 항염

지유의 물 추출물을 Rat의 복강에 주사하면 크로톤 오일에 의해 유도된 발바닥 종창 및 파두유 합제에 의해 유도된 Mouse의 귓바퀴 종창에 대해 억제작용이 있다. 또한 프로스타글란딘 E1에 의해 유도된 피부미세혈관 투과성 증가에 대하여 뚜렷한 억제작용이 있다. 아울러 Rat의 면구육아종의 증식을 억제할 수 있으며, 상처의 유합을 촉진하는 등의 항염소종(抗炎消腫)작용이 있다.

4. 항알러지

지유에 함유된 이당류 물질을 Rat의 정맥에 주사하면 복막비대세포의 안정성을 조절하고 화합물 48/80과 칼슘이온이 부착된 A23187이 유도하는 히스타민 방출을 억제하여 항알러지효과를 나타낸다[18].

5. 항종양

지유의 탄닌을 작용시킨 뒤 *in vitro*에서 배양한 인체간암세포 SMMC-7721의 DNA 합성기 세포 수를 뚜렷하게 감소시키며, 증식 지수를 저하시킨다. 부분적으로 탄닌은 DNA 합성전기세포의 대량 축적을 유도함으로써 간암세포의 괴사를 유도하는데, 이는 지유의 탄닌이 간암세포에 대해 억제효과가 있음을 시사하는 것이다[19]. 지유의 메탄올 추출물은 *in vitro*에서 Mouse의 백혈병세포 L1210의 생장을 억제한다[20].

6. 기타

지유의 열수 추출물을 Mouse에 경구투여하면 센나엽과 피마자유로 인한 설사를 억제한다[21]. 또한 B형 간염바이러스(HBV)의 활성을 억제하며[22], ONOO로 인한 신장 손상을 보호하는 효과가 있다[23].

용 도

지유는 중의임상에서 사용하는 약이다. 양혈지혈[凉血止血, 양혈(凉血)함으로써 지혈함], 해독염창[解毒斂瘡, 독성을 없애 주고 악창(惡瘡)이 곪은 것을 수렴시켜 새살이 돋게 함] 등의 효능이 있으며, 각종 열성 출혈증, 치혈[痔血, 군살이 몸 밖으로 비집고 나온 것(痔)에서 피가 나는 것], 혈리(血痢, 대변에 피가 섞이거나 순전히 피만 나오는 이질), 뇨혈(尿血, 혈이 요도를 따라 배출되고 통증이 없는 병증) 및 붕루(崩漏, 월경주기와 무관하게 불규칙적인 질 출혈이 일어나는 병증) 등 하부 출혈, 화상, 습진 및 옹종창독(癰腫瘡毒, 살갗에 생기는 종기가 곪아 터진 뒤 오래도록 낫지 않아 부스럼이 되는 병증) 등의 치료에 사용한다.

현대임상에서는 조혈모세포생장, 외주혈백혈구 증가 등에 사용한다. 방사능 화학요법으로 인한 외주혈백혈구 및 혈소판 감소에도 비교적 양호한 효과가 있다.

해 설

이 종은 중국의 약용 지유의 법정주류 품목이다. 이 종 이외에 《중국약전》에서는 장엽지유(*Sanguisorba officinalis* L. var. *longifolia* (Bert.) Yü et Li)도 지유 약재의 법정기원식물 내원종으로 수록하고 있다. 그 밖에도 중국의 일부 지역에서는 동속의 다양한 식물을 지유로 사용하기 때문에 약재의 기원과 품질에 각별히 주의해야 한다.

지유의 추출물은 항활성산소의 작용이 비교적 양호하여, 항주름 및 항노화 화장품의 생산에 활용할 수 있다. 또한 목욕용품 및 로션으로 피부병의 예방이 가능한데, 자극이 없어 영 · 유아에게 적합한 원료라고 할 수 있다[24].

참고문헌

1. G Nonaka, T Tanaka, I Nishioka. Tannins and related compounds. Part 3. A new phenolic acid, sanguisorbic acid dilactone and three new ellagitannins, sanguiins H-1, H-2, and H-3, from *Sanguisorba officinalis*. *Journal of the Chemical Society, Perkin Transactions 1: Organic and Bio-Organic Chemistry*. 1982, **4**: 1067-1073
2. G Nonaka, T Tanaka, M Nita, I Nishioka. A dimeric hydrolyzable tannin, sanguiin H-6 from *Sanguisorba officinalis* L. *Chemical & Pharmaceutical Bulletin*. 1982, **30**(6): 2255-2257
3. T Tanaka, G Nonaka, I Nishioka. Tannins and related compounds. Part 28. Revision of the structures of sanguiins H-6, H-2, and H-3, and isolation and characterization of sanguiin H-11, a novel tetrameric hydrolyzable tannin, and seven related tannins, from *Sanguisorba officinalis*. *Journal of Chemical Research, Synopses*. 1985, **6**: 176-177
4. T Kosuge, H Ishida, M Yokota, M Yoshida. Studies of antihemorrhagic substances in herbs classified as hemostatics in Chinese medicine. III. On the antihemorrhagic principle in *Sanguisorba officinalis* L. *Chemical & Pharmaceutical Bulletin*. 1984, **32**(11): 4478-4481
5. 沙明, 曹愛民, 王冰, 劉春麗, 楊松松, 陳吉文. 高效液相色譜法測定地榆中沒食子酸的含量. 中國中藥雜誌. 1999, **24**(2): 99-100
6. T Tanaka, G Nonaka, I Nishioka. Tannins and related compounds. Part 14. 7-O-Galloyl-(+)-catechin and 3-O-galloylprocyanidin B-3 from *Sanguisorba officinalis*. *Phytochemistry*. 1983, **22**(11): 2575-2578
7. I Yosioka, T Sugawara, A Ohsuka, I Kitagawa. Soil bacterial hydrolysis leading to genuine aglycone. III. Structures of glycosides and genuine aglycone of the root of Sanguisorba. *Chemical & Pharmaceutical Bulletin*. 1971, **19**(8): 1700-1707
8. VG Bukharov, LN Karneeva. Triterpenoid glycosides from *Sanguisorba officinalis*. *Izvestiya Akademii Nauk SSSR, Seriya Khimicheskaya*. 1970, **10**: 2402-2403
9. X Liu, BF Shi, B Yu. Four new dimeric triterpene glucosides from *Sanguisorba officinalis*. *Tetrahedron*. 2004, **60**(50): 11647-11654
10. 董雲梅, 楊五禧, 吳立軍, 李維賢, 曹先蘭, 裴兆明. 中藥地榆化學成分的研究. 西北藥學雜誌. 1993, **8**(1): 17-19
11. DL Cheng, XP Cao. Pomolic acid derivatives from the root of *Sanguisorba officinalis*. *Phytochemistry*. 1992, **31**(4): 1317-1320
12. 程東亮, 曹小平, 鄒佩秀, 楊萍. 中藥地榆黃酮等成分的分離與鑒定. 中草藥. 1995, **26**(11): 570-571
13. 郭淑艷, 賈玉良, 徐美術. 地榆炒炭前後止血作用的研究. 中醫藥學報. 2001, **29**(4): 28
14. 李峰, 李濤, 王新. 地榆止血湯治療功能性子宮出血 300 例. 中華醫學實踐雜誌. 2005, **4**(3): 240
15. 黨春蘭, 程方榮. 地榆對家兔血液流變學的影響. 中國醫學物理學雜誌. 1997, **14**(3): 138-139
16. L Kokoska, Z Polesny, V Rada, A Nepovim, T Vanek. Screening of some Siberian medicinal plants for antimicrobial activity. *Journal of Ethnopharmacology*. 2002, **82**: 51-53
17. 吳開雲, 曹雪芳, 彭宣憲. 冰片, 虎杖, 地榆抑菌作用的實驗研究. 江西醫學院學報. 1996, **36**(2): 53-55

18. KH Park, D Koh, K Kim, J Park, Y Lim. Antiallergic activity of a disaccharide isolated from *Sanguisorba officinalis*. *Phytotherapy Research*. 2004, **18**(8): 658-662

19. 胡毅, 夏天, 趙建斌. 地榆鞣質抗肝癌細胞 SMMC-7721 的 MTT 及 FCM 分析. 第四軍醫大學學報. 1998, **19**(5): 550-552

20. EA Goun, VM Petrichenko, SU Solodnikov, TV Suhinina, MA Kline, G Cunningham, C Nguyen, H Miles. Anticancer and antithrombin activity of Russian plants. *Journal of Ethnopharmacology*. 2002, **81**: 337-342

21. 曾萬玲, 宋傑雲, 岑燕飛, 曲莉莎, 方玉珍. 地榆水煎液抗實驗性腹瀉及其他藥理作用研究. 貴陽中醫學院學報. 1992, **14**(4): 55-57

22. TG Kim, SY Kang, KK Jung, JH Kang, E Lee, HM Han, SH Kim. Antiviral activities of extracts isolated from *Terminalis chebula* Retz., *Sanguisorba officinalis* L., *Rubus coreanus* Miq. and *Rheum palmatum* L. against hepatitis B virus. *Phytotherapy Research*. 2001, **15**(8): 718-720

23. 翁小剛, 聶淑琴. 地榆對過氧化亞硝酸鹽所致腎損害的保護作用. 國外醫學: 中醫中藥分冊. 2002, **24**(3): 172-173

24. 袁昌齊. 天然藥物資源開發與利用. 南京: 江蘇科學技術出版社. 2000: 99-101

방풍 防風 CP, KP, JP

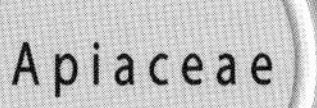

Saposhnikovia divaricata (Turcz.) Schischk.

Saposhnikovia

개 요

산형과(Apiaceae/Umbelliferae)

방풍(防風, *Saposhnikovia divaricata* (Turcz.) Schischk.)의 뿌리를 건조한 것

중약명: 방풍

방풍속(*Saposhnikovia*) 식물은 전 세계에 오직 1종뿐이며, 시베리아 동부와 아시아 북부에 분포한다. 이 종은 중국의 동북, 화북 및 섬서, 영하, 감숙, 산동 등지에 분포한다.

'방풍'의 약명은 《신농본초경(神農本草經)》에 상품으로 처음 수록되었다. 역대 본초서적에도 다수의 기록이 있다. 《중국약전(中國藥典)》(2015년 판)에서는 이 종을 중약 방풍의 법정기원식물 내원종으로 수록하였다. 주요산지는 중국의 흑룡강, 내몽고, 길림, 요녕 등이며, 흑룡강의 생산량이 가장 많고 품질도 우수하다. 그 밖에 산서, 하북, 산동, 영하, 섬서 등지에서도 생산된다.

방풍에는 크로몬, 쿠마린, 폴리아세틸렌 등이 함유되어 있는데, 그 가운데 크로몬 배당체인 prim-O-glucosylcimifugin과 5-O-methylvisamminoside가 주요 활성성분이다. 《중국약전》에서는 고속액체크로마토그래피법을 이용하여 방풍에 함유된 prim-O-glucosylcimifugin과 5-O-methylvisamminoside의 함량을 0.24% 이상으로 약재의 규격을 정하고 있다.

약리연구를 통하여 방풍에는 항알러지, 항염, 해열, 진통, 항경궐(抗驚厥), 면역증강, 혈전 형성 억제, 항균 등의 효능이 있는 것으로 알려져 있다.

한의학에서 방풍은 거풍해표(祛風解表), 승습지통(勝濕止痛), 해경(解痙), 지양(止癢) 등의 작용이 있다.

방풍 防風 *Saposhnikovia divaricata* (Turcz.) Schischk.

방풍 防風 CP, KP, JP

약재 방풍 藥材防風 Saposhnikoviae Radix

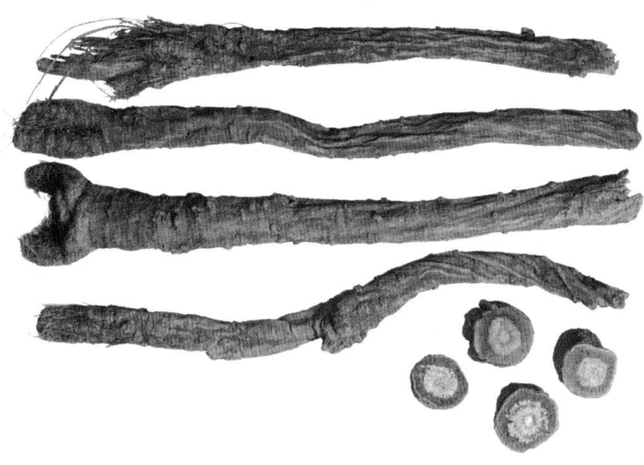

함유성분

Saposhnikovia divaricata에는 크로몬 성분으로 hamaudol, sec-O-glucosylhamaudol, cimifugin, prim-O-glucosylcimifugin, 5-O-methylvisamminol, 4'-O-β-D-glucosyl-5-O-methylvisamminol, ledebouriellol, divaricatol[1-5], 쿠마린류 성분으로 bergapten, psoralen, imperatorin, xanthotoxin, anomalin, scopoletin, (3'S)-hydroxydeltoin[1-5], 폴리아세틸렌 성분으로 falcarinol, falcarindiol, (8E)-heptadeca-1,8-dien-4,6-diyn-3,10-diol[6] 등이 함유되어 있다.

OMe O

glc-O O O

4'-O-β-D-glucosyl-5-O-methylvisamminol

OMe O

HO O O O-glc

prim-O-glucosylcimifugin

약리작용

1. 항알러지, 항염
방풍의 열수 추출물을 경구투여하면 덱스트란으로 유도된 Mouse의 전신 소양과 히스타민으로 유도된 기니피그의 국부 소양을 뚜렷하게 억제한다. 히스타민으로 인한 Mouse의 모세혈관 투과성 증가와 디메칠술폭시드(DMSO)로 유도된 기니피그의 귓바퀴 종창을 뚜렷하게 억제한다[7]. 동량의 방풍과 형개를 혼합한 뒤 추출해 낸 정유를 경구투여하면 디메칠벤젠으로 인한 Mouse의 귓바퀴 종창, 카라기난에 의한 Rat의 흉막염 등 급성 염증을 억제하며, Mouse의 면구육아종 등의 만성 염증 및 Rat의 애주번트관절염(AA)으로 인한 종창, Mouse 귀의 수동형 피부 과민성 염증 등에 대해 억제작용이 있다[8]. prim-O-glucosylcimifugin과 5-O-methylvisamminol을 근육에 주사하면 디메칠벤젠으로 유도된 Mouse의 귓바퀴 종창을 뚜렷하게 억제하는 등 염증반응을 감소시킨다[9].

2. 해열, 진통
방풍의 에탄올 추출물을 복강에 주사하면 티푸스균 등으로 발열이 발생한 Rat에 대해 해열작용이 있다. Mouse에 대한 화학성 자극 및 온도 자극으로 인한 통증 등에 대해 뚜렷한 억제작용이 있는데, 그 진통효과는 주로 중추에 해당한다[10]. prim-O-glucosylcimifugin과 5-O-methylvisamminol을 복강에 주사하면 효모균으로 인한 Rat의 발열에 대해 해열작용이 있으며, 초산으로 인한 Mouse의 복막 자극 통증에 대해서도 뚜렷한 진통작용이 있다[9]. 방풍의 유효성분인 하마우돌, 레데보우리엘롤, 디바리카톨 등도 진통 활성이 있다[5].

3. 항경궐
펜틸렌테트라졸과 스트리크닌으로 유도된 Mouse 경궐 모델의 연구를 통하여 방풍의 열수 추출물은 Mouse 경궐 발생의 잠복기를 연장한다[11].

4. 면역증강, 항종양
복강주사로 방풍의 다당을 주입하면 Mouse S180 실체암의 생장을 억제하며, S180 이종이식 Mouse 복강대식세포의 탐식활성을 증가시킨다. 아울러 S180 이종이식 Mouse의 복강대식세포와 S180 종양세포를 혼합하여 접종할 경우 항종양 활성을 증가시킨다[12-13]. 방풍 다당의 항종양 활성은 면역계통의 기능 증강을 통해서 발현되며, 대식세포와 밀접한 관련이 있다[12-13].

5. 혈전 형성 억제
방풍의 n-부탄올 추출물을 정맥주사로 투여하면 토끼의 혈소판 부착기능을 뚜렷하게 억제하며, 경동맥-정맥 우회혈관의 혈전 형성을 억제한다[14]. 체외에서 형성되는 습성 혈전의 길이를 단축하며, 무게를 경감시킨다[14]. prim-O-glucosylcimifugin과 5-O-methylvisamminol은 *in vitro*에서 아데노신이인산(ADP)에 의해 유도되는 혈소판응집을 뚜렷하게 억제한다[9].

6. 기타
방풍의 열수 추출물은 황색포도상구균, β형 용혈성 연구균 및 폐렴쌍구균 등에 대해 억제작용이 있다. 신선한 방풍의 착즙액은 녹농간균과 황색포도상구균을 억제할 수 있다. 그 밖에 크산토톡신은 결핵간균을 억제하는 작용이 있다. 방풍에 함유된 하마우돌, prim-O-glucosylcimifugin, 5-O-methylvisamminol 및 배당체들은 혈압강하작용이 있다.

용 도

방풍은 중의임상에서 사용하는 약이다. 발표산풍(發表散風, 겉으로 발산하고 풍기를 흩어지게 함), 승습지통[勝濕止痛, 습(濕)을 제어하고 통증을 없애 줌], 지경(止痙, 경련을 그치게 함), 지사(止瀉, 설사를 그치게 함) 등의 효능이 있으며, 감모두통[感冒頭痛, 풍사(風邪)를 감수함으로써 발생한 두통], 풍진소양[風疹瘙癢, 풍진(風疹)으로 전신의 피부가 가려운 증상], 풍습비통(風濕痹痛, 풍습으로 인해 관절이 아프고, 통증이 심해지는 증상), 파상풍(破傷風), 간울비허[肝鬱脾虛, 간기(間氣)의 울결(鬱結)이 지속되어 비허(脾虛)의 상태까지 파급되어 소화불량 등이 나타나는 병증], 복통설사, 장풍하혈[腸風下血, 일종의 변혈(便血)을 주증으로 하는 질병] 등의 치료에 사용한다.
현대임상에서는 편두통, 피부병, 만성 장염, 급성 카타성 결막염, 치창(痔瘡, 항문에 군살이 밖으로 비집고 나오면서 분비물이 생기는 병증), 납중독, 기능성 자궁 출혈, 주위성(周圍性) 안면신경마비 및 수술 후 복부창만(腹部脹滿, 배가 더부룩하면서 그득한 것) 등의 병증에 사용한다.

해 설

방풍은 뿌리 이외에도 잎, 꽃, 열매 등을 약으로 사용하는데, 이러한 부위별 함유성분과 관련된 연구가 진행됨으로써 약물자원의 이용범위를 넓혀야 할 것이다.
방풍의 야생자원은 고갈현상이 나타나고 있으며, 이미 재배가 보편화되고 있어 재배종과 야생종에 대한 비교연구가 필요한 실정이다.

참고문헌

1. H Sasaki, H Taguchi, T Endo, I Yosioka. The constituents of *Ledebouriella seseloides* Wolff. I. Structures of three new chromones. *Chemical & Pharmaceutical Bulletin*. 1982, **30**(10): 3555-3562
2. H Kobayashi, T Deyama, J Komatsu, K Yoneda. Studies on the constituents of Tohsuke-Bohfuu (Ledebouriella radix) (I). *Shoyakugaku Zasshi*. 1983, **37**(3): 276-280
3. K Baba, Y Yoneda, M Kozawa, E Fujita, NH Wang, CQ Yuan. Studies on chinese traditional medicine "Fang-Feng." (II) Comparison of several Fang-Feng by coumarins, chromones and polyacetylenes. *Shoyakugaku Zasshi*. 1989, **43**(3): 216-221
4. 蕭永慶, 李麗, 楊濱, 黃璐琦. 防風化學成分研究. 中國中藥雜誌. 2001, **26**(2): 117-118
5. E Okuyama, T Hasegawa, T Matsushita, H Fujimoto, M Ishibashi, M Yamazaki. Analgesic components of saposhnikovia root (*Saposhnikovia divaricata*). *Chemical & Pharmaceutical Bulletin*. 2001, **49**(2): 154-160
6. K Baba, Y Tabata, M Kozawa, Y Kimura, S Arichi. Studies on chinese traditional medicine Fang-feng (I). Structures and physiological activities of polyacetylene compounds from Saposhnikoviae radix. *Shoyakugaku Zasshi*. 1987, **41**(3): 189-194
7. 陳子珺, 李慶生, 李雲森, 淤澤溥, 袁嘉麗, 李儀奎. 防風與刺蒺藜的藥理實驗研究. 中成藥. 2003, **25**(9): 737-739
8. 葛衛紅, 沈映君. 荊芥, 防風揮發油抗炎作用的實驗研究. 成都中醫藥大學學報. 2003, **25**(1): 55-57
9. 薛寶雲, 李文, 李麗, 蕭永慶. 防風色原酮苷類成分的藥理活性研究. 中國中藥雜誌. 2000, **25**(5): 297-299
10. 王建華, 崔景榮, 朱燕, 樓之岑. 防風及其地區習用品解熱鎮痛作用的比較研究. 中國醫藥學報. 1989, **4**(1): 20-22
11. 王風仁, 徐秋萍, 李璞, 黃明達, 王敏, 穆陽. 引種防風和野生防風水提物解熱鎮痛及抗驚厥作用的比較研究. 中西醫結合雜誌. 1991, **11**(12): 730-732
12. 周勇, 馬學清, 嚴宣佐, 張麗, 牛建昭, 趙離原, 陸蘊如, 葛東宇. 防風多糖 JBO-6 體內對小鼠免疫功能的影響及抗腫瘤作用. 北京中醫藥大學學報. 1996, **19**(4): 25-27
13. 李莉, 周勇, 張麗, 陸蘊如, 王旭丹, 葛東宇, 鄧巧虹. 防風多糖增強巨噬細胞抗腫瘤作用的實驗研究. 北京中醫藥大學學報. 1999, **22**(3): 38-40
14. 朱惠京, 張紅英, 薑美子, 李麗波, 徐佳亮. 防風正丁醇萃取物對家兔血小板粘附功能及實驗性血栓形成的影響. 中國中醫藥科技. 2004, **11**(1): 37-38
15. 王本祥, 現代中藥藥理學. 天津: 天津科學技术出版社. 1997: 58-61
16. 慕化民. 風藥在臨床的拓展應. 四川中醫. 1995, **13**(2): 12-13

방풍 재배단지

초산호 草珊瑚 CP

Chloranthaceae

Sarcandra glabra (Thunb.) Nakai

Glabrous Sarcandra

개 요

홀아비꽃대과(Chloranthaceae)

초산호(草珊瑚, *Sarcandra glabra* (Thunb.) Nakai)의 전초를 건조한 것

중약명: 종절풍(腫節風)

초산호속(*Sarcandra*) 식물은 전 세계에 약 3종이 있으며, 주로 아시아 동부로부터 인도까지 분포한다. 중국에는 2종이 있다. 이 속에서 현재 약으로 사용되는 것은 2종이다. 이 종은 중국의 화동, 서남 및 중남부에 분포하며, 한반도, 일본, 말레이시아, 필리핀, 베트남, 인도, 스리랑카 등지에도 분포한다.

'종절풍'의 약명은 《여남포사(汝南圃史)》에서 수록되기 시작하였다. 《중국약전(中國藥典)》(2015년 판)에서는 이 종을 중약 종절풍의 법정기원식물 내원종으로 수록하였다. 주요산지는 중국의 절강, 강서, 광서 등지이며, 강서, 절강 등지의 생산량이 가장 많고 품질도 좋다.

초산호의 주요 활성성분은 플라보노이드, 쿠마린류 이외에 락톤과 정유 등의 화합물이 함유되어 있다. 최근의 연구를 통하여 초산호에 함유된 이소프락시딘에는 뚜렷한 항균 및 항암 작용이 있으며, 그 함량 또한 비교적 많아 지표성분으로 사용이 가능하다. 《중국약전》에서는 고속액체크로마토그래피법을 이용하여 종절풍에 함유된 이소프락시딘의 함량을 0.020% 이상으로 약재의 규격을 정하고 있다.

약리연구를 통하여 초산호에는 항균, 항바이러스, 항종양 및 면역증강 등의 작용이 있는 것으로 알려져 있다.

한의학에서 종절풍은 청열양혈(清熱涼血), 활혈소반(活血消斑), 거풍통락(祛風通絡) 등의 작용이 있다.

초산호 草珊瑚 *Sarcandra glabra* (Thunb.) Nakai

약재 종절풍 藥材腫節風 Sarcandrae Herba

초산호 草珊瑚 CP

함유성분

식물 모든 부위에는 쿠마린류 성분으로 isofraxidin과 scopoletin[4]이 함유되어 있으며, 테르페노이드 성분으로 chloranthalactones A, B, E, F, G[5-6], (-)-istanbulin A, shizukanolide, chloranosides A, B, (-)-4β, 7α-dihydroxyaromadendrane, spathulenol, nerolidol, betulinic acid[4], 플라보노이드 배당체 성분으로 astilbin[4], 정유성분으로 linalool, eremophilene, β-ocimene, elemene[7] 등이 함유되어 있다.

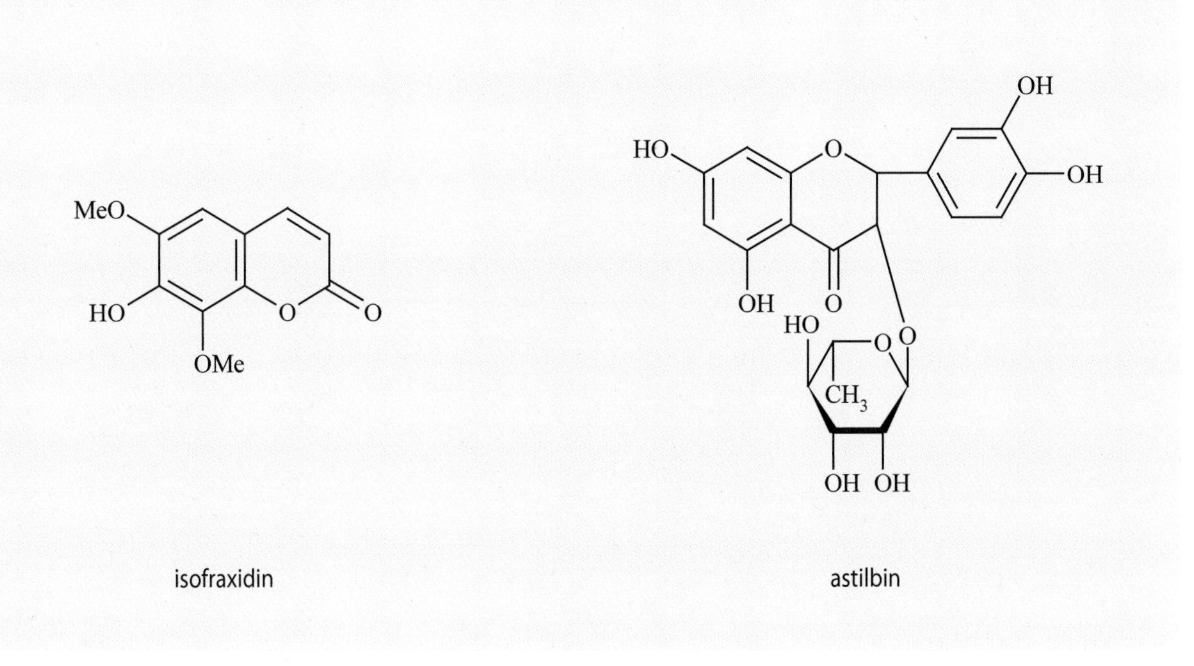

약리작용

1. 항균소염(抗菌消炎)

   In vitro 실험을 통하여 초산호의 정유는 서상표피선균, 석고상모선균 등에 대하여 일정한 억제 및 살멸작용이 있다[8]. 초산호의 침고를 경구투여하면 파두유로 인한 Mouse의 귓바퀴 염증, 카라기난으로 인한 Rat의 발바닥 종창 및 Mouse의 면구육아종 등에 대하여 뚜렷한 억제작용이 있다. 그 밖에 *in vitro* 실험에서 초산호의 침고는 세균의 생장을 뚜렷하게 억제한다[9].

2. 항종양

   초산호는 S180 육종의 억제율이 27~29%에 달하며, Mouse 간암(HepA) 실체암에 대한 억제율이 25~36%, 에를리히복수암(EAC)에 걸린 Mouse의 생명연장률이 22~28%에 달한다[10]. 초산호의 주사액은 체내 · 외에서 Mouse 간암 Hep-A-22에 대해 항암작용이 있으며, 이종이식 Mouse의 면역기관 지수 및 외주혈 백혈구 수치를 증가시킨다[11]. 그 밖에 간이 손상된 Rat에 초산호 침고를 복용시키면 간 내에 경도의 지방이 침적되는 작용을 촉진한다[12].

3. 기타

   초산호 침고 및 초산호에서 분리한 플라보노이드는 세포탐식기능 등 면역지표를 촉진하는 작용이 있다[3]. 초산호 주사액을 복강에 주사하면 일본흡혈충에 감염된 Mouse의 항체 형성을 억제하는 작용이 있으며, 아울러 감염 초기 외주혈 T세포의 비율을 뚜렷하게 감소시키는데, 이는 농도가 증가됨에 따라 억제작용이 증가되는 추세가 뚜렷하다[13].

용 도

종절풍은 중의임상에서 사용하는 약이다. 거풍제습[祛風除濕, 풍습(風濕)을 없애 줌], 활혈산어(活血散瘀, 혈의 운행을 활발히 하여 어혈을 없애 줌), 청열해독(清熱解毒, 화열을 깨끗이 제거하고 몸의 독을 없이함) 등의 효능이 있으며, 풍습비통(風濕痹痛, 풍습으로 인해 관절이 아프고, 통증이 심해지는 증상), 질타손상(跌打損傷, 외상으로 인한 온갖 병증), 통경(痛經, 월경통), 산후어체복통(産後瘀滯腹痛, 산후기복통), 복통, 이질, 옹종창독(癰腫瘡毒, 살갗에 생기는 종기가 곪아 터진 뒤 오래도록 낫지 않아 부스럼이 되는 병증) 등의 치료에 사용한다.
현대임상에서는 골절, 급성 맹장염, 급성 위장염, 세균성 이질, 담낭염, 구강염, 봉와조직염(蜂窩組織炎) 등의 병증에 사용한다.

해 설

초산호에는 항균소염작용 이외에도 항노화, 항종양, 자외선 차단, 케라틴 유실 방지, 피부보호 등 다양한 기능이 있다. 초산호는 약용보건품으로의 개발 가능성이 날로 증가되고 있으며, 초산호 보건차, 초산호 타블렛, 초산호 천연 치약, 초산호 투명 비누 등이 이미 출시되어 있다.

초산호의 신상품 개발에 따라 원식물의 수요가 날로 증가되고 있으나, 자연 상태에서 생장이 빠르지 않아 자원의 고갈이 우려되므로 인공재배 기술 및 재배단지의 조성이 필요하다.

참고문헌

1. 塗藝聲, 江洪如, 王碧琴. 植物離體培養產生草珊瑚有效成分. 天然產物研究與開發. 1995: **7**(1): 35-41
2. 夏繪晶, 羅永明, 曾愛華. 草珊瑚根莖中異嗪皮啶的研究. 江西中醫學院學報. 2002, **14**(3): 9-10
3. 徐志傑. 草珊瑚的研究概況. 江西中醫學院學報. 1994, **6**(1): 36-37
4. 王鋼力, 陳道峰 , 林瑞超. 腫節風的化學成分及其製劑質量控制研究進展. 中草藥. 2003, **34**(8): 12-14
5. Y Takeda, H Yamashita, T Matsumoto, H Terao. Chloranthalactone F, A sesquiterpenoid from the leaves of *Chloranthus glaber*. *Phytochemistry*. 1993, **33**(3): 713-715
6. WY Tsui, GD Brown. Cycloeudesmanolides from *Sarcandra glabra*. *Phytochemistry*. 1996, **43**(4): 819-821
7. 黃榮清, 謝平, 史建棟, 楊建雲, 馬成禹. 腫節風揮發油的氣相色譜-質譜分析. 中成藥. 1998, **20**(1): 37-38
8. 李松林, 喬傳卓, 蘇中武, 李承祜. 草珊瑚 3 個化學型的揮發油成分及其抗真菌活性研究. 中草藥. 1991, **22**(10): 435-437
9. 蔣偉哲, 孫曉龍, 黃仁彬, 林軍, 戴馬季. 腫節風片的抗菌和抗炎作用研究. 廣西中醫學院學報. 2000, **17**(1): 50-52
10. 王勁, 楊鋒, 沈翔, 戴關海. 腫節風抗腫瘤的實驗研究. 浙江中醫雜誌. 1999, **34**(10): 450-451
11. 孫文娟, 李晶, 蘭鳳英, 楊世傑. 腫節風注射液抗小鼠肝癌 Hep-A-22 的作用及毒性. 中成藥. 2003, **25**(4): 313-315
12. 金樹根, 李兆健. 腫節風對二甲基亞硝胺中毒性肝損傷大鼠幹預作用的實驗研究. 上海中醫藥雜誌. 1998, **5**: 43-45
13. 吳曉蔓, 潘炳榮, 周麗瑩. 腫節風對日本血吸蟲感染小鼠免疫應答的影響及其意義. 中國實驗臨床免疫學雜誌. 1992, **4**(6): 41-42

삼백초 三白草 CP, KHP

Saururus chinensis (Lour.) Baill.

Chinese Lizardtail

개 요

삼백초과(Saururaceae)

삼백초(三白草, *Saururus chinensis* (Lour.) Baill.)의 지상부와 뿌리줄기를 건조한 것

중약명: 삼백초

삼백초속(*Saururus*) 식물은 전 세계에 약 3종이 있으며, 아시아 동부와 북아메리카 등지에 분포한다. 중국에는 오직 1종만이 있으며, 이 종은 영남민간상용약에 해당되어 중국의 하북, 산동, 하남 및 장강유역의 각 지역에 분포하고, 일본, 필리핀, 베트남 등지에도 분포한다.

'삼백초'의 약명은 《본초경집주(本草經集注)》에 처음 수록되었다. 역대 본초서적에도 다수의 기록이 있으며, 오늘날의 품종과도 일치한다. 《중국약전(中國藥典)》(2015년 판)에서는 이 종을 중약 삼백초의 법정기원식물 내원종으로 수록하였다. 주요산지는 중국의 강소, 절강, 호남, 광동 등이다.

삼백초의 주요 활성성분은 정유, 플라보노이드 및 리그난 화합물이다. 《중국약전》에서는 박층크로마토그래피법을 이용하여 약재의 규격을 정하고 있다.

약리연구를 통하여 삼백초에는 이뇨, 혈당강하, 항염, 항균, 혈소판응집 억제 등의 작용이 있는 것으로 알려져 있다.

한의학에서 삼백초에는 청열해독(清熱解毒), 이뇨소종(利尿消腫) 등의 작용이 있다.

삼백초 三白草 *Saururus chinensis* (Lour.) Baill.

약재 삼백초 藥材三白草 Saururi Herba

함유성분

Saururus chinensis에는 정유성분으로 methyl-n-nonylketone, myristicin, β-caryophyllene[1], 플라보노이드 성분으로 quercetin, quercitrin, isoquercitrin, hyperin[2], avicularin, rutin, quercetin-3-O-β-D-glucopyranose-(1→4)-α-L-rhamnopyranoside[3], 리그난 성분으로 saucernetin, saucernetin-7, saucernetin-8[4], saucerneols A, B, C[5], D, E, manassantins A, B[6], sauchinone[7], 아마이드 성분으로 sauristolactam[8] 등이 함유되어 있다.

avicularin

saucernetin

약리작용

1. 항염

   사우세르네틴-8은 Rat의 카라기난성 발바닥 종창과 면구육아종에 대해 뚜렷한 억제작용이 있다[9]. 이는 삼백초가 임상에서 청열해독의 용도로 사용되는 약리학적 기초 가운데 하나라고 할 수 있다. 마나산틴 A-B에는 NF-κB의 활성을 억제하는 작용이 있다[10]. *In vitro* 실험에서 삼백초의 메탄올 추추물은 지질다당(LPS)으로 유도된 Rat 대식세포 RAW264.7가 생성하는 일산화질소와 프로스타글란딘 E_2를 억제하는 작용이 있다[11].

2. 혈당강하

   삼백초 추출물의 클로로포름 분획물은 혈당상승작용을 길항한다. 삼백초 물 추출액, 플라보노이드 및 다당은 알록산에 의해 유도된 Mouse 및 토끼의 당뇨 모델에 투여할 경우(단회 또는 연속 투약) 혈당 농도를 저하시키는 작용이 있으며, 슈퍼옥시드디스무타아제(SOD)의 활성을 촉진하고, 말론디알데하이드(MDA)를 감소시키는 작용이 있다. 이는 삼백초가 알록산에 의한 이자 β세포의 손상 또는 손상된 β세포의 기능을 개선하는 작용이 있음을 시사한다. 삼백초 물 추출물은 또한 아데노신이인산(ADP)으로 유도된 집토끼의 혈소판응집을 억제하는데, 이는 삼백초가 당뇨병 환자의 응혈이상을 개선할 수 있음을 시사한다[12-15].

3. 기타

   삼백초 추출물의 클로로포름 분획물에는 혈압강하효과가 있는 것으로 나타났다[7].

용 도

삼백초는 중의임상에서 사용하는 약이다. 청열이수(清熱利水, 열기를 식히고 소변을 잘 나가게 하여 열기를 빼내어 줌), 해독소종[解毒消腫, 해독하여서 피부에 발생된 옹저(癰疽)나 상처가 부은 것을 삭아 없어지게 함] 등의 효능이 있으며, 혈림(血淋, 소변에 피가 섞여 나오는 병증), 수종(水腫, 전신이 붓는 증상), 각기(脚氣, 다리가 나무처럼 뻣뻣해지는 병증), 황달, 이질, 대하(帶下, 여성의 생식기에서 나오는 흰빛 또는 누른빛의 병적인 액체의 분비물), 습진, 옹종창독(癰腫瘡毒, 살갗에 생기는 종기가 곪아 터진 뒤 오래도록 낫지 않아 부스럼이 되는 병증), 독사교상(毒蛇咬傷, 짐승, 뱀, 독벌레 등 동물에게 물려서 생긴 상처) 등의 치료에 사용한다.
현대임상에서는 편도선염, 간염, 유선염, 요도염, 신염 등의 병증에 사용한다.

해 설

삼백초의 전초에는 독성이 있어 사람이나 가축이 신선한 잎과 줄기를 잘못 먹을 경우 두통, 어지러움, 위장 내 염증, 구토, 설사 등의 증상이 발생할 수 있으므로 사용에 주의가 필요하다. 삼백초는 약용으로 사용되는 이외에 관상식물로 재배되기도 한다. 삼백초의 추출물은 습진이나 가려움증을 개선하는 비누의 원료로 사용된다.

참고문헌

1. KH Choe, SJ Kwon. A study on chemical composition of saururaceae growing in Korea. (2). On volatile constituents of *Saururus chinensis* by GC and GC-MS method. *Punsok Kwahak*. 1988, **1**(2): 259-62
2. KH Choe, CH Yoon, SJ Kwon. A study of chemical composition of saururaceae growing in Korea, on flavonoid constituents of *Saururus chinensis*. *Analytical Science & Technology*. 1994, **7**(1): 11-15
3. 李人久, 任麗娟, 陳玉武. 中藥三白草的化學成分研究(Ⅰ). 中國中藥雜誌. 1999, **24**(8): 479-481
4. 馬敏, 阮金蘭, KV Rao. 三白草的化學成分研究(Ⅰ). 中草藥. 2001, **32**(1): 9-11
5. SH Sung, MS Huh, YC Kim. New tetrahydrofuran-type sesquilignans of *Saururus chinensis* root. *Chemical & Pharmaceutical Bulletin*. 2001, **49**(9): 1192-1194
6. BY Hwang, JH Lee, JB Nam, YS Hong, JJ Lee. Lignans from *Saururus chinensis* inhibiting the transcription factor NF-κB. *Phytochemistry*. 2003, **64**(3): 765-771
7. KV Rao, GC Reddy. Chemistry of *Saururus cernuus*, V. sauristolactam and other nitrogenous constituents. *Journal of Natural Products*. 1990, **53**(2): 309-312
8. 馬敏, 阮金蘭. 三白脂素-8 的抗炎作用. 中藥材. 2001, **24**(1): 42-43
9. JH Lee, BY Hwang, KS Kim, JB Nam, YS Hong. Suppression of RelA/p65 transactivation activity by a lignoid manassantin isolated from *Saururus chinensis*. *Biochemical Pharmacology*. 2003, **66**(10): 1925-1933
10. RG Kim, KM Shin, YK Kim, HJ Jeong, J Ha, JW Choi, HJ Park, KT Lee. Inhibition of methanol extract from the aerial parts of *Saururus chinensis* on lipopolysaccharide-induced nitric oxide and prostagladin E2 production from murine macrophage RAW 26[4]7 cells. *Biological & Pharmaceutical Bulletin*. 2003, **26**(4): 481-486
11. EC Wang, MH Shih, MC Liu, MT Chen, GH Lee. Studies on constituents of *Saururus chinensis*. *Heterocycles*. 1996, **43**(5): 969-976
12. 葉蕻芝, 許雪琴, 林薇, 鄭良樸, 林久茂, 陳國南. 三白草對四氧嘧啶型糖尿病小鼠治療作用的實驗研究. 福建中醫學院學報. 2004, **14**(3): 34-35
13. 葉蕻芝, 許雪琴, 林薇, 鄭良樸, 林久茂, 陳國南. 三白草黃酮類化合物對糖尿病治療作用的實驗研究. 福建中醫學院學報. 2004, **14**(5): 33-36
14. 葉蕻芝, 許雪琴, 林薇, 鄭良樸, 林久茂, 陳國南. 三白草多糖微波提取及其對糖尿病治療的實驗研究. 福建中醫學院學報. 2004, **14**(6): 28-30
15. 何亞維, 彭國平, 黃泉秀, 曹月梅. 三白草降血糖作用的研究. 中國中藥雜誌. 1992, **17**(12): 751-752

오미자 五味子 CP, KP, JP, VP

Magnoliaceae

Schisandra chinensis (Turcz.) Baill.

Chinese Magnolivine

개 요

목련과(Magnoliaceae)

오미자(五味子, *Schisandra chinensis* (Turcz.) Baill.)의 잘 익은 씨를 건조한 것

중약명: 오미자, 속칭-북오미자

오미자속(*Schisandra*) 식물은 전 세계에 약 30여 종이 있으며, 주로 아시아 동부와 동남부에 분포하고, 오직 1종만이 미국 동남부에 자생한다. 중국에는 약 19종이 남북 각지에서 생산된다. 이 속에서 현재 약으로 사용되는 것은 약 12종이다. 이 종은 주로 중국의 요녕, 흑룡강, 길림, 내몽고 및 감숙 등지에 분포한다.

'오미자'의 약명은 《신농본초경(神農本草經)》에 상품으로 처음 수록되었다. 역대 본초서적에도 다수의 기록이 있다. 《중국약전(中國藥典)》(2015년 판)에서는 이 종을 중약 오미자의 법정기원식물 내원종으로 수록하였다. 주요산지는 중국의 요녕, 흑룡강 및 길림 등이다.

오미자의 주요 활성성분은 리그난과 정유 등이다. 《중국약전》에서는 고속액체크로마토그래피법을 이용하여 오미자에 함유되어 있는 시잔드롤 A의 함량을 0.40% 이상으로 약재의 규격을 정하고 있다.

약리연구를 통하여 오미자에는 간 보호, 항산화, 진정 및 적응력 강화 등의 작용이 있는 것으로 알려져 있다.

한의학에서 오미자는 수렴고삽(收斂固澁), 익기생진(益氣生津), 보신녕심(補腎寧心)의 작용이 있다.

오미자 五味子 *Schisandra chinensis* (Turcz.) Baill.

오미자 五味子 CP, KP, JP, VP

약재 오미자 藥材五味子
Schisandrae Chinensis Fructus

1cm

화중오미자 華中五味子
S. sphenanthera Rehd. et Wils.

함유성분

열매에는 지표성분인 디벤조시클로옥타디엔 리그난 성분으로 schizandrin(schisandrin, schisandrol A, wuweizi alcohol A, wuweizichun A), isoschizandrin, γ-schizandrin (schisandrin B, schizandrin B, deoxygomisin A, wuweizisu B), deoxyschisandrin (schisandrin A, schizandrin A, wuweizisu A, dimethylgomisin J), schizandrin C (schisandrin C, wuweizisu C), gomisin A(schisandrol B, wuweizi alcohol B, wuweizichun B), gomisin B(schisantherin B, schizandrer B, wuweizi ester B), gomisin C(schisantherin A, schizandrer A, wuweizi ester A), gomisins D, E, F, G, gomisin H(norschizandrin), angeloylgomisin H, benzoylgomisin H, tigloylgomisin H, gomisin J, gomisins K_1, K_2, K_3(schisanhenol, schizantherol), gomisins L_1, L_2, M_1, M_2, N, O, angeloylgomisin O, angeloylisogomisin O, benzoylgomisin O, benzoylisogomisin O, epigomisin O, angeloylgomisin P(schisantherin C), tigloylgomisin P, angeloylgomisin Q, benzoylgomisin Q, gomisins R, S, T, pregomisin, schisantherin D, schisandrene[1-3], meso-dihydroguaiaretic acid[4], 휘발성 기름성분으로 주로 nerolidol, δ-cadinol, α-ylangene, β-chamigrene, β-himachalene, α-copaene, α-farnesene[5-8] 등이 함유되어 있다.

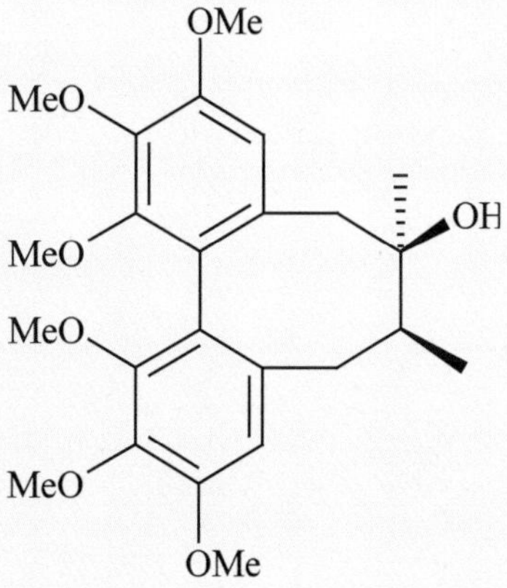

schisandrin

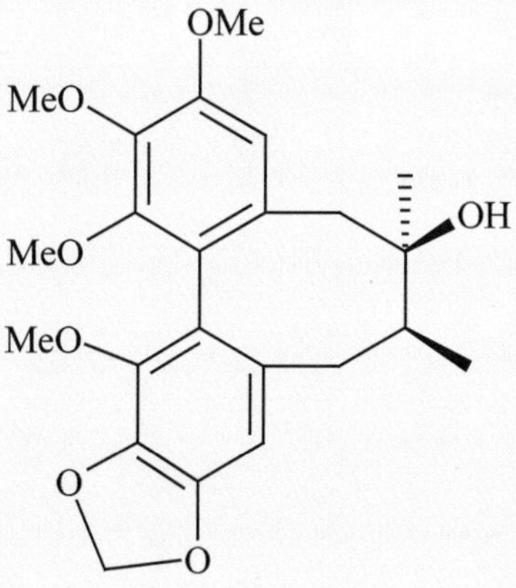

schisandrol B

약리작용

1. 간 보호

오미자의 종인 및 여러 종의 리그난 성분은 CCl_4, 파라세타몰, 티오아세트아미드 및 D-갈락토사민 등 여러 종의 간 손상 물질로 인한 간 손상 모델에 대해 일정한 간 보호작용을 나타내는데, 그 작용은 간세포 내 미토콘드리아 글루타치온(GSH) 농도 및 GSH의 환원효소 활성을 증가시킴으로써 간세포 내 단백질 합성대사를 촉진하는 것과 관련이 있다. 오미자의 물 추출물은 Rat의 시토크롬 P_{450} 수치를 뚜렷하게 증가시킨다[9-11].

2. 항산화, 항노화

오미자의 물 추출물은 토끼의 뇌허혈-회복성 지질과산화(LPO) 손상을 길항하며, 동맥혈 내 슈퍼옥시드디스무타아제(SOD)의 활성을 증가시킴과 동시에 말론디알데하이드(MDA)의 수준을 낮춘다[12]. 노령 Mouse에 대하여 10일간 연속으로 투여할 경우 뇌와 간장 내 모노아민산화효소 B(MAO-B)의 활성을 뚜렷하게 억제하며, SOD의 활성을 증강시키고 MDA의 수준을 감소시킬 뿐만 아니라 뇌와 간의 단백질 함량을 증가시켜 일정한 항노화작용을 발휘한다[13].

3. 진정, 최면

오미자의 물 추출물은 Mouse의 자발활동 횟수를 감소시키며, 허용치 내 펜토바르비탈 작용으로 유도된 Mouse의 수면시간을 연장한다[14].

4. 학습과 기억력 개선

복강주사로 오미자의 알코올 추출물을 주입하면 펜토바르비탈로 유도된 Mouse의 기억력획득 불량과 아질산나트륨으로 유도된 기억력 공고장애를 개선한다. 또한 Mouse 뇌 내 DNA, RNA 및 단백질의 생합성을 촉진할 수 있다[15-16].

5. 혈당강하

오미자의 침출물은 *in vitro*에서 α-글루코시다아제의 활성을 억제한다[17]. 오미자에서 추출한 α-글루코시다아제 활성억제제는 알록산으로 유도된 당뇨 Mouse와 아드레날린에 의한 Mouse의 고혈당을 억제할 수 있으며, 정상 Mouse에 있어서는 혈당의 감소와 함께 당에 대한 내성량을 증가시킨다[18]. 오미자의 에탄올 추출물은 *in vitro*에서 단백질전화최종산물(AGEs)을 뚜렷하게 억제하는데, 이는 AGEs로 인한 당뇨병의 모세혈관 병변을 개선하는 작용이 있음을 시사한다[19].

6. 적응성 강화작용

오미자의 다당을 Mouse에 경구투여하면 산소결핍 조건하에서의 생존율을 증가시키며, 정상 Mouse의 흉선과 비장의 중량을 증가시킨다. 또한 정맥주사의 탄소분자 제거율을 증가시킨다[20].

7. 심혈관계통에 대한 영향

오미자의 주사액을 정맥에 투여하면 마취된 정상 Rat와 자발성 고혈압이 있는 Rat의 혈압을 낮추어 준다[21]. 오미자의 열수 추출물을 정맥에 투여하면 집토끼의 심근 수축기능과 심박감소를 억제하는 작용이 있으며, 좌심실 내 혈압곡선(LVSP)을 저하시키고, 좌심실 내 혈압 최대상승률을 낮춘다. 또한 좌심실의 확장기 혈압을 상승시키고, 압력-압력변화 속도곡선 IP를 축소시킨다[22].

8. 항종양

이종이식 S180 실체암 Mouse의 위에 오미자의 다당을 주입하면 일정 정도의 암세포 퇴화 및 괴사가 나타나며, 암세포 내 염증세포를 증가시켜 암체 주위 침윤부 세포의 퇴화를 유도할 뿐만 아니라 시클로포스파미드(Cy)와의 협동효과를 증강시킨다[23].

9. 항돌연변이

Mouse 골수세포 미핵률(微核率)과 sister chromosome exchange(SCE) 지수를 관찰한 결과, 오미자는 Cy와 벤조피렌에 의한 Mouse의 염색체 손상을 보호하는 작용이 있다[24].

10. 항균

Agar plate 확산 실험을 통하여 오미자의 물 추출물은 황색포도상구균, 이질간균, 녹농간균, 티푸스균 및 백색염주균 등에 대하여 모두 억제작용을 나타내는 것이 확인되었으며, 홍색모선균, 근색모선균, 석고상모선균, 오투앙소포자균, 양모상소포자균 등에 대해서도 비교적 강력한 억제작용이 있다[25-27].

11. 기타

오미자에는 백혈구 수치를 상승시키고, 정자의 발생과 PC12 신경세포를 보호하는 작용이 있다[28-30]. 고미신 A는 항알러지작용이 있다[31]. γ-쉬잔드린은 *in vitro*에서 Rat의 성골세포의 증식과 분화를 촉진하는 작용이 있다[32].

용 도

오미자는 중의임상에서 사용하는 약이다. 염폐자신[斂肺滋腎, 염폐(斂肺)하고 신(腎)의 기능을 자윤하여 줌], 생진염한(生津斂汗, 진액을 생성하고 땀을 수렴하여 멎게 함), 삽정지사[澁精止瀉, 유정(遺精)을 치료하고 설사를 멈추게 함], 영심안신[寧心安神, 심(心)을 편하게 하고 신

(神)을 안심시켜 줌] 등의 효능이 있으며, 구해허천(久咳虛喘, 오래된 기침과 헛기침), 진상구갈(津傷口渴, 진액이 말라서 갈증이 남), 내열소갈[內熱消渴, 몸 안의 열기로 소갈(消渴)하는 증상], 자한(自汗, 병적으로 땀을 많이 흘리는 증세), 도한(盜汗, 수면 중에 식은땀이 나는 것), 몽유활정[夢遺滑精, 몽유증(夢遺症)과 활정증(滑精症)], 유뇨뇨빈(遺尿尿頻, 소변이 저절로 나와 자주 소변을 보는 증상), 구사불지(久瀉不止, 설사가 오랫동안 멈추지 않음), 심계실면(心悸失眠, 가슴이 두근거리면서 불안해하며 잠이 오지 않는 증상), 다몽(多夢) 등의 치료에 사용한다. 현대임상에서는 만성 간염, 간경화 및 신경쇠약 등의 병증에 사용한다.

해 설

오미자의 덩굴은 아직까지 약으로 사용되고 있지는 않으나, 민간에서 조미품 등으로 사용되고 있는데, 연구를 통하여 오미자의 덩굴에는 쉬잔드롤 A의 함량이 열매와 비슷한 수준이며, γ-쉬잔드린의 함량은 열매의 50% 수준에 달하므로, 약용원료로 사용이 가능하며, 쉬잔드롤 A와 γ-쉬잔드린을 채취할 수 있다[33].

동속식물인 화중오미자의 잘 익은 열매는 중의임상에서 오랫동안 오미자와 동등하게 사용되었다. 《중국약전》(2015년 판)에서는 이 종을 분리하여 기록하였는데, 중약명은 남오미자이다. 약전에는 화중오미자에 함유된 쉬잔드린 A의 함량이 최소 0.12% 이상으로 약재의 품질을 규정하고 있다. 화중오미자는 중국의 산서, 하남, 섬서, 감숙, 강소, 절강, 사천 등지에 분포한다. 화중오미자는 오미자와 유사한 약리작용이 있으며, 그 화학적 성분도 대부분 일치하는데, 주로 디페닐 사이클로옥탄 계열의 리그난을 함유하고 있으며, 오미자와 성분 상 차이점은 스페난리그난, 쉬잔드론, 쉬잔드론산, anwuweizic acid, ganwuweizic acid 등의 성분을 함유하고 있다는 점이다[34].

오미자속의 여러 가지 식물 가운데 익경오미자(*S. henryi* C. B. Clarke), 홍화오미자(*S. rubriflora* Rehd. et Wils.), 전장오미자(*S. neglecta* A. C. Smith) 및 철사산(*S. propinqua* (Wall.) Baill. var. *sinensis* Oliv.) 등의 열매도 여러 지역의 민간에서 오미자 또는 남오미자로 사용되고 있다. 오미자와 남오미자는 임상에서 그 수요가 매우 많으므로 근연식물에 대한 비교연구가 강화될 필요가 있으며, 약용자원을 확대하는 데 그 의미가 있다고 하겠다.

참고문헌

1. 姜燕, 賈有志. 日本五味子木指素成分研究概況. 國外醫學: 植物藥分冊. 1991, **6**(3): 106-111
2. SR Kim, MK Lee, KA Koo, SH Kim, SH Sung, NG Lee, GJ Markelonis, TH Oh, JH Yang, YC Kim, Dibenzocyclooctadiene lignans from *Schisandra chinensis* protect primary cultures of rat cortical cells from glutamate-induced toxicity. *Journal of Neuroscience Research*. 2004, **76**(3): 379-405
3. 國楨, 徐莉. 五味子: 臨床應用的藥理學基础. 國外醫學: 植物藥分冊. 2000, **15**(1): 139-145
4. IS Lee, HK Lee, NT Dat, MS Lee, JW Kim, DS Na, YH Kim. Lignans with inhibitory activity against NFAT transcription from *Schisandra chinensis*. *Planta Medica*. 2003, **69**(1): 63-64
5. 魏倩, 回瑞華, 蓋澤广. 遼五味子揮髮組分 GC/MS 法鑑定. 遼定大學學报(自然科學版). 1993, **20**(1): 95-96, 41
6. 廖广群, 羅芳. 五味子超臨界CO_2萃取物的 GC-MS 分析. 中藥材. 2002, **25**(6): 406-407
7. 葉兆波, 車鎮濤, 高錦明. 五味子素對四氯化碳染毒小鼠促進肝綫粒體穀胱甘肽抗氧化狀態的構效關係. 中國藥理學報. 1998, **19**(4): 313-316
8. 李秀娟, 高文霞, 馮玉霞. 五味子對撲熱息痛致肝臟毒性的保護作用. 齊齊哈爾醫學院學報. 2001, **22**(7): 727-728
9. 張錦楠, 李亞偉, 徐艷霞, 閆淑蓮. 甘草和五味子對大鼠肝微粒體 CYP450 誘導作用的研究. 中國藥學雜誌. 2002, **37**(6): 424-426
10. 劉忠民, 陳練, 董加喜, 李映紅, 羅德生. 兔腦缺氧-複氧性損傷與五味子提取液的保護作用. 中草藥. 1996, **27**(6): 355-357
11. 陳曉光, 崔志勇, 常一丁, 王本祥. 五味子水提液對老齡小鼠衰老指標的影響. 老年學雜誌. 1991, **11**(2): 112-114
12. 霍艷雙, 陳曉輝, 李康, 畢開順, 王敏偉. 北五味子的鎮靜, 催眠作用. 瀋陽藥科大學學報. 2005, **22**(2): 126-128
13. 葉春艶, 劉志平, 劉伯文, 劉秀麗. 人參, 三七, 刺五加和五味子對小鼠學習記憶影響的比較研究. 中國林副特產. 1994, **30**(3): 10-13
14. 葉春艶, 劉志平. 人參, 三七, 刺五加和五味子對小鼠腦內蛋白質生物合成的影響. 中成藥. 1993, **15**(6): 30-31
15. 劉志峰, 李萍, 李慎軍, 劉相斌, 劉珂. 5 種中藥體外 α-糖苷酶抑制作用的觀察. 山東中醫雜誌. 2004, **23**(1): 41-42
16. 袁海波, 沈忠明, 殷建偉, 徐林峰. 五味子中 α-葡萄糖苷酶抑制劑對小鼠的降血糖作用. 中國生化藥物雜誌. 2002, **23**(3): 112-114
17. 許惠琴, 朱荃, 李祥, 張愛華, 郭戎. 7 味中藥對體外非酶糖化終產物生成的抑制作用. 中草藥. 2002, **33**(2): 145-147
18. 於曉鳳, 睢大員, 呂忠智, 孫文娟. 五味子粗多糖的初步藥理研究. 白求恩醫科大學學報. 1995, **21**(2): 147-148
19. 夏敬民, 許德義, 張麗, 張雷, 周有錄. SEAP 對麻醉大鼠血壓的影響. 石河子醫學院學報. 1994, **16**(1): 14-15
20. 劉菊秀, 苗戎, 陳靜, 高嵐. 五味子對心肌力學和心率的影響. 中草藥. 1999, **30**(2): 122-124
21. 黃玲, 陳玲, 張振林. 五味子多糖對荷瘤鼠瘤體抑制作用的病理學觀察. 中藥材. 2004, **27**(3): 202-203
22. 趙景春, 劉叔平, 劉秀蘭. 五味子對環磷酰胺和苯並芘誘發小鼠染色體損傷的防護作用. 衛生毒理學雜誌. 1996, **10**(4): 277-278
23. 劉志春, 王小麗, 林鵬, 馬廉蘭. 五味子等 29 種中草藥的體外抑菌實驗. 贛南醫學院學報. 2004, **24**(5): 509-512
24. 馬廉蘭, 李娟, 劉志春, 王小麗, 謝水祥. 五味子等中草藥對腸道致病菌和條件致病菌的抗菌作用. 贛南醫學院學報. 2003, **23**(3): 241-244
25. 趙曉洋, 葛榮明, 閆哈一, 田家琦. 五味子, 半夏等八種中藥抗真菌作用. 中國皮膚性病學雜誌. 1992, **6**(3): 149-150

26. 羅基花, 胡尚嘉, 黃唯莉, 都顥, 馬景波. 五味子粗多糖升白細胞作用的初步研究. 吉林醫學院學報. 1997, **17**(1): 1-2
27. 朱家媛, 黃秀蘭, 杜己平, 楊正偉. 五味子對成年小鼠睾丸作用的初步研究. 四川解剖學雜誌. 1997, **5**(4): 204-207
28. 李海濤, 胡剛. 五味子醇甲抑制 6-羥基多巴胺誘導 PC12 細胞凋亡的研究. 南京中醫藥大學學報. 2004, **20**(2): 96-98
29. 李長義. 五味子成分 Gomisin A 的抗過敏作用. 國外醫學. 中醫中藥分冊. 1991, **13**(6): 11-13
30. 王建華, 李力更, 李恩. 五味子乙素對大鼠成骨細胞增殖分化的影響. 天然產物研究與開發. 2003, **15**(5): 446-451
31. 蔣司嘉, 王彥涵, 陳道峰. 華中五脂素: 華中五味子種子中得到的新木脂素. 中國天然藥物. 2005, **3**(2): 78-82
32. 慕芳英, 金美花, 劉仁俊. 五味子果實, 藤莖及果柄的成分分析. 延邊大學醫學學報. 2005, **28**(1): 28-30

형개 荊芥 CP, KP, JP

Schizonepeta tenuifolia Briq.

Schizonepeta

개 요

꿀풀과(Labiatae)

형개(荊芥, *Schizonepeta tenuifolia* Briq.)의 지상부를 건조한 것 중약명: 형개

형개의 건조한 꽃이삭 중약명: 형개수(荊芥穗)

개박하속(*Schizonepeta*) 식물은 전 세계에 3종이 있으며, 중국, 러시아(시베리아), 몽고, 일본 등지에 분포한다. 중국에서는 3종이 모두 생산되며, 그 가운데 2종이 약용으로 사용된다. 이 종은 중국의 대부분 지역에 분포하며, 한반도에도 분포한다.

형개는 '가소(假蘇)'라는 명칭으로 《신농본초경(神農本草經)》에 중품으로 처음 수록되었다. '형개'라는 약명은 《오보본초(吳普本草)》에 처음 수록되었다. 역대 본초서적에도 다수의 기록이 있으며, 오늘날의 품종과도 일치한다. 《중국약전(中國藥典)》(2015년 판)에서는 이 종을 중약 형개와 형개수의 법정기원식물 내원종으로 수록하였다. 약재의 주요산지는 중국의 하북, 강소, 절강, 강서, 호북, 호남 등이다.

형개의 주요성분은 정유, 모노테르페노이드, 플라보노이드 및 페놀산 등이다. 《중국약전》에서는 형개와 형개수에 함유된 정유의 함량을 각각 0.60%와 0.40%로 규정하며, 아울러 고속액체크로마토그래피법을 이용하여 형개와 형개수에 포함된 풀레곤의 함량을 0.020%와 0.080% 이상으로 각각 약재의 규격을 정하고 있다.

약리연구를 통하여 형개에는 해열, 진통, 항염, 항알러지, 항병원미생물, 발한, 혈류학적 개선 등의 작용이 있다.

한의학에서 형개와 형개수는 해표산풍(解表散風), 투진(透疹)의 작용이 있다.

형개 荊芥 *Schizonepeta tenuifolia* Briq.

약재 형개 藥材荊芥 Schizonepetae Herba

함유성분

지상부와 spike 이삭에는 정유성분으로 pulegone, menthone, isomenthone, isopulegone, β-laurene, piperitone[1], 모노테르페노이드 성분으로 schizonepetosides A, B, C, D, E[2-4], schizonol, schizonodiol[4], 3-hydroxy-4(8)-ene-p-menthane-3(9)-lactone, 1,2-dihydroxy-8(9)-ene-p-menthane[5], 플라보노이드 성분으로 diosmetin[4], hesperidin, apigenin, luteolin, ladanein[6], 페놀산 성분으로 schizotenuins A, B, C, D, E, F, rosmarinic acid, caffeic acid, cinnamic acid, p-coumaric acid[6] 등이 함유되어 있다.

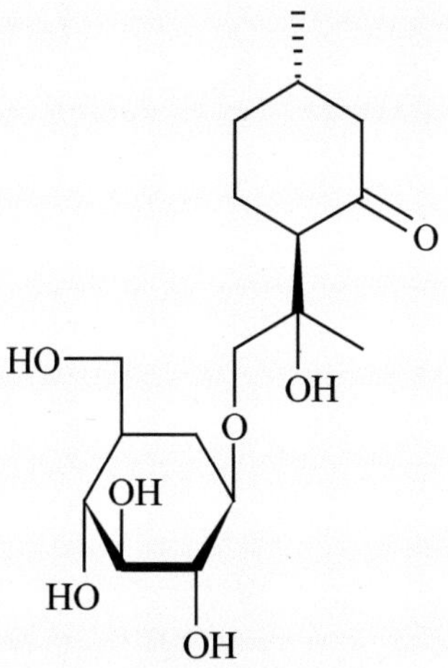

schizonepetoside E

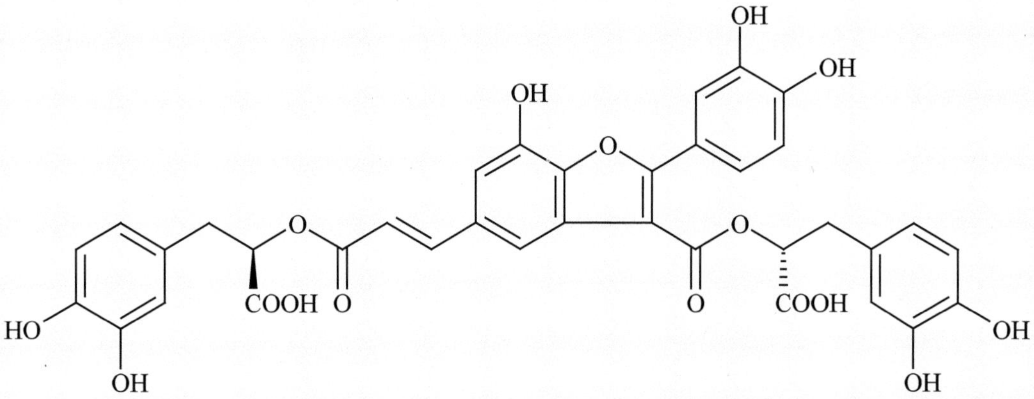

schizotenuin A

약리작용

1. 해열, 진통

형개의 열수 추출물을 복강에 주사하면 티푸스균 및 파라티푸스균 균주와 파상풍 독소 혼합제제로 인해 체온이 상승한 집토끼에 대해 뚜렷한 해열작용이 있다[7]. 형개의 정유를 경구투여하면 정상 Rat의 체온을 하강시킨다. 형개의 열수 추출물을 Mouse의 복강에 주사하면 열판실험에서 통증의 역치값을 뚜렷하게 상승시킨다[7]. 형개의 에스테르류 추출물을 경구로 투여하면 초산으로 유도된 Mouse의 몸비틀기 반응을 뚜렷하게 억제하며, 아울러 열판실험에서의 통증역치를 뚜렷하게 증가시킨다. 또한 그 통증역치의 백분율을 뚜렷하게 증가시킨다[8].

2. 항염

형개의 정유를 경구투여하면 카라기난과 알부민에 의해 유도된 Rat의 발바닥 종창, 디메칠벤젠에 의한 Mouse의 귓바퀴 종창, 카라기난에 의한 Mouse의 발바닥 종창, 초산에 의한 Mouse 복강 모세혈관 투과성 증가 및 디메칠벤젠으로 인한 Mouse의 피부 모세혈관 투과성 증가 등을 뚜렷하게 억제한다. Mouse의 면구육아종에 대해서도 억제작용이 있다[9]. 형개의 에스테르류 성분을 복강에 주사하면 파두유로 유도된 Mouse의 귓바퀴 종창과 초산으로 유도된 복강 모세혈관 투과성 증가를 뚜렷하게 억제한다[10]. 형개수와 형개수에 함유된 플라보노이드 및 페놀산류는 *in vitro*에서 3α-하이드록시스테로이드탈수소효소(OHSD)를 뚜렷하게 억제한다[6].

3. 항알러지

형개의 물 추출물은 농도 의존적으로 compound 48/80으로 유도된 Rat의 전신 알러지 반응을 억제하며, Rat의 복막비대세포(RPMC)가 방출하는 히스타민을 뚜렷하게 억제한다. 또한 Rat 복막비대세포 내 종양괴사인자-α(TNF-α)의 생성을 촉진한다[11]. 형개의 메탄올 추출물을 경구로 투여하면 소양 유도원 P물질(ST)에 의해 유도되는 Mouse의 긁기 빈도를 뚜렷하게 억제한다[12].

4. 발한, 혈류학적 개선

형개의 에스테르류 추출물을 복강에 주사하면 Rat의 땀샘 상피세포의 거품 발생률 및 수밀도와 면밀도를 뚜렷하게 증가시키며, 전체 혈액의 비점도와 적혈구의 응집성을 뚜렷하게 감소시킨다[13].

5. 항병원미생물

형개의 열수 추출물은 *in vitro*에서 황색포도상구균과 백후간균을 강력하게 억제하는 작용이 있으며, β형 연구균, 탄저간균, 티푸스균, 이질간균, 녹농간균 및 결핵간균 등을 억제하는 작용이 있다. 형개의 알코올 추출물, 형개 정유, 형개수의 추출물 등을 경구투여하면 A형 독감에 감염된 Mouse의 폐지수값을 뚜렷하게 저하시키며, 감염된 Mouse의 생존시간을 연장함과 동시에 사망개체 수를 감소시킬 수 있다[14-15].

6. 혈당강하

형개수에 함유된 피토스테롤과 플라보노이드 성분을 Mouse의 복강에 주사하면 스트렙토조토신으로 유도된 당뇨 Mouse의 혈당농도를 뚜렷하게 저하시키며, 스트렙토조토신으로 인한 췌장 베타세포의 퇴행성 병변을 억제한다[16].

용 도

형개는 중의임상에서 사용하는 약이다. 해표산풍[解表散風, 풍사(風邪)를 인체 밖으로 내보내는 것], 투진소창[透疹小瘡, 피진(皮疹)을 돋게 하고 부스럼을 없앰], 초탄지혈(炒炭止血, 초탄으로 쓰면 지혈작용이 있음) 등의 효능이 있으며, 외감표증[外感表證, 외감(外感)으로 인해서 발생한 표증(表證)], 마진불투(麻疹不透, 홍역이 아직 투발되지 않은 것), 풍진소양[風疹瘙癢, 풍진(風疹)으로 전신의 피부가 가려운 증상], 창양(瘡瘍) 초기의 표증(表證), 토뉵하혈(吐衄下血) 등의 치료에 사용한다.

현대임상에서는 급성 상기도 호흡기 감염, 담마진(蕁麻疹, 두드러기), 독감 등의 병증에 사용한다.

해 설

《중국식물지(中國植物誌)》에서는 이 식물을 형개로 명명하였으며, 개박하속으로 분류하였다. 반면 《중국약전》에서는 '형개'를 식물명과 약용명으로 수록하였다. 따라서 이 과의 개박하속(*Nepeta*) 식물인 개박하(*Nepeta cataria* L.)와 구분이 필요하다.

지상부 이외에 이 식물의 뿌리도 약으로 사용되는데, '형개근'이라 불리며, 지혈과 지통의 작용이 있다. 그 밖에 형개, 형개수의 포제가공품으로 형개탄(炭), 형개수탄(炭) 등이 있으며, 수삽지혈(收澁止血)의 효과가 있다.

이 식물의 어린 가지와 잎은 식용이 가능한데, 볶음, 무침, 탕, 죽, 차 등으로 식용하며, 독특한 맛이 있어 음식치료 및 보건용으로 사용된다. 중국의 하북성 안국에 형개의 대규모 재배단지가 조성되어 있다.

참고문헌

1. 陳贇, 江周虹, 田景奎. 荊芥穗揮發性成分的 GC-MS 分析. 中藥材. 2006, **29**(2): 140-142

2. H Sasaki, H Taguchi, T Endo, I Yosioka, Y Iitaka. The constituents of *Schizonepeta tenuifolia* Briq. I. Structures of two new monoterpene glucosides, schizonepetosides A and B.

Chemical & Pharmaceutical Bulletin. 1981, **29**(6): 1636-1643

3. M Kubo, H Sasaki, T Endo, H Taguchi, I Yosioka. The constituents of *Schizonepeta tenuifolia* Briq. II. Structure of a new monoterpene glucoside, schizonepetoside C. *Chemical & Pharmaceutical Bulletin*. 1986, **34**(8): 3097-3101
4. Y Oshima, S Takata, H Hikino. Validity of the oriental medicines. Part 137. Schizonodiol, schizonol, and schizonepetosides D and E, monoterpenoids of *Schizonepeta tenuifolia spikes*. *Planta Medica*. 1989, **55**(2): 179-180
5. 楊帆, 張仁延, 陳江弢, 楊崇仁. 中藥荊芥的單萜類化合物. 中草藥. 2002, **33**(1): 8-11
6. M Matsuta, R Kanita, Y Saito, A Yamashita. 3α-Hydroxysteroid dehydrogenase inhibitory actions of flavonoids and phenylpropanoids from Schizonepeta spikes. *Natural Medicines*. 1996, **50**(3): 204-211
7. 李淑蓉, 唐光菊. 荊芥與防風的藥理作用研究. 中藥材. 1989, **12**(6): 37-39
8. 祁乃喜, 盧金福, 馮有龍, 丁安偉. 荊芥酯類提取物對小鼠的鎮痛作用. 南京中醫藥大學學報. 2004, **20**(4): 229-230
9. 曾南, 沈映君, 劉旭光, 任剛, 姚小剛, 周小嶺. 荊芥揮發油抗炎作用研究. 中藥藥理與臨床. 1998, **14**(6): 24-26
10. 盧金福, 馮有龍, 張麗, 丁安偉, 劉幸平, 杜萍. 荊芥酯類成分對小鼠急性炎症的影響. 南京中醫藥大學學報. 2003, **19**(6): 350-351
11. TY Shin, HJ Jeong, SM Jun, HJ Chae, HR Kim, SH Baek, HM Kim. Effect of *Schizonepeta tenuifolia* extract on mast cell-mediated immediate-type hypersensitivity in rats. *Immunopharmacology and Immunotoxicology*. 1999, **21**(4):705-715
12. C Tohda, Y Kakihara, K Komatsu, Y Kuraishi. Inhibitory effects of methanol extracts of herbal medicines on substances P-induced itch-scratch response. *Biological & Pharmaceutical Bulletin*. 2000, **23**(5): 599-601
13. 盧金福, 張麗, 馮有龍, 丁安偉, 杜萍. 荊芥內酯類提取物對大鼠足蹠汗腺及血液流變學的影響. 中國藥科大學學報. 2002, **33**(6): 502-504
14. 徐立, 朱萱萱, 馮有龍, 丁安偉. 荊芥醇提物抗病毒作用的實驗研究. 中醫藥研究. 2000, **16**(5): 45-46
15. 倪文澎, 朱萱萱, 張宗華. 荊芥穗提取物對甲型流感病毒感染小鼠的保護作用. 中醫藥學刊. 2004, **22**(6): 1151-1152
16. CJ Kim, JS Lim, SK Cho. Anti-diabetic agents from medicinal plants. Inhibitory activity of *Schizonepeta tenuifolia* spikes on the diabetogenesis by streptozotocin in mice. *Archives of Pharmacal Research*. 1996, **19**(6): 441-446
17. 蘇筱娟. 藥食兼用的佳品: 荊芥. 中國民族民間醫藥雜誌. 2001, **48**: 54-55

형개 荊芥 CP, KP, JP

형개 대규모 재배단지

중국현삼 玄蔘 CP, KP, VP

Scrophulariaceae

Scrophularia ningpoensis Hemsl.

Figwort

개 요

현삼과(Scrophulariaceae)

중국현삼(玄蔘, *Scrophularia ningpoensis* Hemsl.)의 뿌리를 건조한 것

중약명: 현삼(玄蔘)

현삼속(*Scrophularia*) 식물은 전 세계에 약 200여 종이 있으며, 유럽과 아시아의 온대 지역에 주로 분포하는데, 특히 지중해에 많이 분포한다. 중국에는 약 30여 종이 있으며, 이 중 약으로 사용되는 것은 5종이다. 이 종은 중국의 고유종으로 중국의 하북, 산서, 섬서, 하남, 강소, 안휘, 절강, 강서, 복건, 호북, 호남, 광동, 사천, 귀주 등에 분포하며 각 지역에서 많이 재배되고 있다.

'현삼'의 약명은 《신농본초경(神農本草經)》에 중품으로 처음 수록되었다. 역대 본초서적에도 다수의 기록이 있으며, 오늘날의 품종과도 일치한다. 《중국약전(中國藥典)》(2015년 판)에서는 이 종을 중약 현삼의 법정기원식물 내원종으로 수록하였다. 주요산지는 중국의 절강, 사천, 섬서, 호북, 강서 등이다. 《대한민국약전》(제11개정판)에서는 '현삼'을 "현삼과에 속하는 현삼(*Scrophularia buergeriana* Miquel) 또는 중국현삼(*Scrophularia ningpoensis* Hemsley)의 뿌리"로 등재하고 있다.

현삼의 주요 활성성분은 이리도이드류와 페닐프로파노이드류이다. 《중국약전》에서는 액상크로마토그래피법을 이용하여 현삼에 함유된 하르파고시드의 함량을 0.050% 이상으로 약재의 규격을 정하고 있다.

약리연구를 통하여 현삼에는 항염, 항균, 항혈소판응집, 혈압강하 등의 작용이 있는 것으로 알려져 있다.

한의학에서 현삼은 양혈자음(養血滋陰), 사화해독(瀉火解毒)의 작용이 있다.

중국현삼 玄蔘 *Scrophularia ningpoensis* Hemsl.

중국현삼 玄蔘 CP, KP, VP

중국현삼 玄蔘 *Scrophularia ningpoensis* Hemsl.

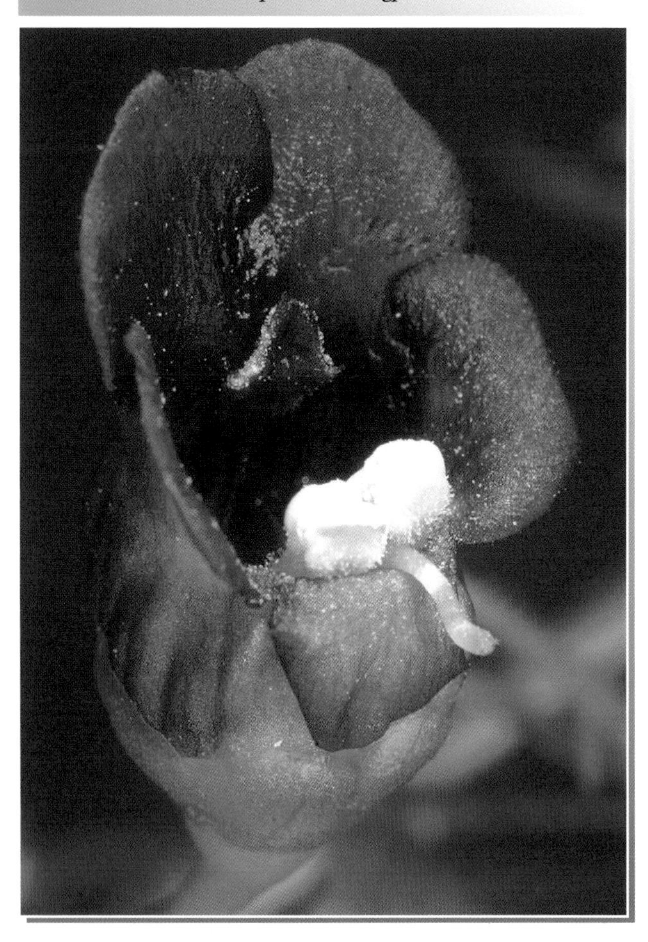

약재 현삼 藥材玄蔘 Scrophulariae Radix

북현삼 北玄蔘 *S. buergeriana* Miq.

함유성분

뿌리에는 이리도이드 성분으로 harpagide, scropolioside A, O-methyl-catalpol[1], harpagoside[1-2], 6′-O-acetylharpagoside, ningpogenin, geniposide[3], aucubin, catalpol, ningpogosides A, B, iridoidlacton[4], scrophuloside B_4[5], 페닐프로파노이드 성분으로 ningposides A, B, C, D[5-6], sibirioside A, angoroside C, cistanosides D, F, acteoside, decaffeoylacteoside[6] 등이 함유되어 있다.
또한 3-O-acetyl-2-O-(p-hydroxycinnamoyl)-α-L-rhamnose, cinnamic acid, p-methoxycinnamic acid, 4-hydroxy-3-methoxycinnamic acid, 4-hydroxy-3-methoxybenzoic acid, 5-hydroxymethyl furfural[7], 3-hydroxy-4-methoxy benzoic acid, oleanonic acid, ursolonic acid[5] 등의 성분이 함유되어 있다.

O, H, H, R_1OCH_2, CH_2OR_2

ningpogenin: $R_1=R_2=H$
ningpogoside A: $R_1=H, R_2=glc$
ningpogoside B: $R_1=glc, R_2=H$

약리작용

1. 항염
현삼의 에탄올 추출물을 경구투여하면 카라기난과 안경코브라의 독에 의해 유도된 Rat의 발바닥 종창을 뚜렷하게 억제하는 작용이 있다[8]. 현삼에 함유된 앤고로사이드 C와 악테오사이드는 Rat의 복강 내 중성 백혈구의 아라키돈산 대사산물인 류코트리엔 B_4 생성을 비교적 강력하게 억제한다[9].

2. 항균
현삼의 잎은 황색포도상구균을 강력하게 억제하며, 백후간균과 티푸스균에 대해서는 현삼 잎의 억제작용이 뿌리보다 강력하다[10].

3. 혈소판응집 억제
현삼의 에테르, 알코올 및 물 추출물은 모두 항혈소판응집 및 섬유단백 용해성 증강의 작용이 있다. 현삼에 함유된 이리도이드 배당체와 페닐프로파노이드 배당체는 아데노신이인산(ADP)과 아라키돈산에 의해 유도된 *in vitro* 혈소판응집을 각기 다른 정도로 억제하는 작용이 있으며, 페닐프로파노이드 배당체의 작용이 이리도이드 배당체보다 강력하다[9]. 그 작용 경로는 혈소판 cAMP의 농도를 증가시키고, 트롬복산 B_2와 프로스타글란딘 $F_{1α}$의 농도를 감소킴으로써 발현된다[12].

4. 혈압강하
현삼의 물 침출 및 알코올 침출액을 위에 주입하거나 주사하면 정상 고양이, 개, 토끼 및 신성고혈압 개에 대해서 일정한 혈압강하 작용이 있다.

5. 항뇌허혈
현삼의 추출물을 Rat의 꼬리정맥에 주사하면 대뇌동맥선전법에 의한 국소성 뇌허혈 모델에 대하여 보호작용이 있으며, 뇌경색의 체적을 명확하게 감소시키고, 신경기능과 뇌혈류량을 개선한다[13].

6. 기타
현삼에는 항산화[8], 간 보호[14], 항스트레스[15], 항내독소[16] 및 항종양[5, 10] 등의 작용이 있다.

용 도

현삼은 중의임상에서 사용하는 약이다. 사화양혈[瀉火凉血, 성질이 찬 약으로 열이 심하여 생긴 화(火)를 말끔히 없애 줌], 자음해독(滋陰解毒, 음허를 보양하고 독을 풀어 줌) 등의 효능이 있으며, 열병상음[熱病傷陰, 열병으로 인하여 음(陰)을 상(傷)한 것], 설강번갈(舌絳煩渴, 혀가 심홍색을 띠고 번갈 증상이 있는 것), 온독발반[溫毒發斑, 온독(溫毒)으로 피부에 출혈반(出血斑)이 생기는 병증], 진상변비(津傷便秘, 진액이 손상되어 변비가 생긴 병증), 인후종통(咽喉腫痛, 목 안이 붓고 아픈 증상), 나력담핵(瘰癧痰核, 목 부위의 임파선 종기로 인하여 피하에 담으로 멍울이 생기는 병증), 옹종창독(癰腫瘡毒, 살갗에 생기는 종기가 곪아 터진 뒤 오래도록 낫지 않아 부스럼이 되는 병증), 노수해혈(勞嗽咳血),

내열소갈[內熱消渴, 몸 안의 열기로 소갈(消渴)하는 증상] 등의 치료에 사용한다.
현대임상에서는 당뇨병, 고혈압, 대변비결(大便秘結, 변비) 등의 병증에 사용한다.

해 설

현삼의 유효성분인 이리도이드와 페닐프로파노이드류는 현삼속의 다양한 식물에 함유되어 있는데, 현삼(*S. buergeriana* Miq.), 수화현삼(*S. spicata* Fr.) 등은 중국 민간에서 현삼의 대용품으로 사용되고 있다. 인도식물종인 *S. koelzii* Pennell., 일본식물종인 *S. kakudensis* Franch. 및 터키식물인 *S. ilwensis* C. Koch.와 *S. scoplii* Pers.는 해당 지역에서 약용으로 사용된다[10]. 중국 호북성 은시에 현재 현삼의 대규모 재배단지가 조성되어 있다.

참고문헌

1. 張雯潔, 劉玉青, 李興從, 浦湘渝, 金永清, 楊崇仁. 中藥玄參的化學成分. 雲南植物研究. 1994, **16**(4): 407-412
2. 蔡少青, 謝麗華, 王建華, 劉洪宇, 王璿, 徐秉玖. 中藥玄參中哈巴俄苷和肉桂酸的高效液相色譜法測定. 藥物分析雜誌. 2000, **20**(3): 191-194
3. 鄒臣亭, 楊秀偉. 玄參中一個新的環烯醚萜糖苷化合物. 中草藥. 2000, **31**(4): 241-243
4. 李醫明, 蔣山好, 朱大元, 陳海生. 玄參中微量單萜和二萜成分. 解放軍藥學學報. 2000, **16**(1): 22-24
5. AT Nguyen, J Fontaine, H Malonne, M Claeys, M Luhmer, P Duez. A sugar ester and an iridoid glycoside from *Scrophularia ningpoensis*. *Phytochemistry*. 2005, **66**(10): 1186-1191
6. YM Li, SH Jiang, WY Gao, DY Zhu. Phenylpropanoid glycosides from *Scrophularia ningpoensis*. *Phytochemistry*. 2000, **54**(8): 923-925
7. 李醫明, 蔣山好, 高文運, 朱大元. 玄參的脂溶性化學成分. 藥學學報. 1999, **34**(6): 448-450
8. 曾華武, 李醫明, 賀祥, 薑遠英, 蔣山好, 朱大元. 玄參提取物的抗炎和抗氧活性. 第二軍醫大學學報. 1999, **20**(9): 614-616
9. 李醫明, 曾華武, 賀祥, 薑遠英, 蔣山好, 朱大元. 玄參中環烯醚萜苷和苯丙素苷對 LTB_4 產生及血小板聚集的影響. 第二軍醫大學學報. 1999, **20**(5): 301-303
10. 李醫明, 蔣山好, 朱大元. 玄參屬植物化學成分與藥理活性研究進展. 中草藥. 1999, **30**(4): 307-310
11. 倪正, 蔡雪珠, 黃一平, 王殿俊, 卞慧敏. 玄參提取物對大鼠血液流變性, 凝固性和纖溶活性的影響. 中國微循環. 2004, **8**(5): 339
12. 黃才國, 李醫明, 賀祥, 魏善建, 薑華. 玄參中苯丙素苷 XS-8 對兔血小板 cAMP 和兔血漿中 PGI_2/TXA_2 的影響. 第二軍醫大學學報. 2004, **25**(8): 920-921
13. 黃前, 貢沁燕, 姚明輝, 於榕, 史念慈, 田庚元, 魯映青. 玄參提取物對大鼠局灶性腦缺血的保護作用. 中國新藥與臨床雜誌. 2004, **23**(6): 323-327
14. 黃才國, 李醫明, 賀祥, 魏善建, 焦炳華. 玄參中苯丙素苷對大鼠肝損傷細胞凋亡的影響. 中西醫結合肝病雜誌. 2004, **14**(3): 160-161
15. C Xu, L Luo, RX Tan. Antidepressant effect of three traditional Chinese medicines in the learned helplessness model. *Journal of Ethnopharmacology*. 2004, **91**(2-3): 345-349
16. 謝文光, 邵寧生, 馬曉昌, 丁勤學, 趙馨, 劉農樂, 魏鈺書, 王會信, 陳可冀. 玄參治療大鼠內毒素血症的血清蛋白質組變化的初步研究. 中國中藥雜誌. 2004, **29**(9): 877-882

속썩은풀 黃芩 CP, KP, JP, VP

Labiatae

Scutellaria baicalensis Georgi

Baikal Skullcap

개 요

꿀풀과(Labiatae)

속썩은풀(黃芩, *Scutellaria baicalensis* Georgi)의 뿌리를 건조한 것

중약명: 황금(黃芩)

골무꽃속(*Scutellaria*) 식물은 전 세계에 약 300여 종이 있으며, 전 세계적으로 분포하지만 아프리카의 열대 지역에서는 많지 않다. 중국에는 약 100여 종이 있다. 이 속에서 현재 약으로 사용되는 것은 20여 종에 달한다. 이 종은 중국의 흑룡강, 요녕, 내몽고, 하북, 하남, 감숙, 사천 등지에 분포하며, 러시아의 시베리아 동부, 몽고, 한반도, 일본 등지에도 분포한다.

'황금'의 약명은 《신농본초경(神農本草經)》에 중품으로 처음 수록되었다. 역대 본초서적에도 다수의 기록이 있으며, 오늘날의 품종과도 일치한다. 《중국약전(中國藥典)》(2015년 판)에서는 이 종을 중약 황금의 법정기원식물 내원종으로 수록하였다. 주요산지는 중국의 동북, 하북, 산서, 하남, 섬서, 내몽고 등지이며, 그 가운데 산서의 생산량이 가장 많고 하북 생산품의 품질이 가장 뛰어나다.

황금의 주요 활성성분은 플라보노이드 화합물이다. 《중국약전》에서는 고속액체크로마토그래피법을 이용하여 황금에 함유된 바이칼린의 함량을 9.0% 이상으로 약재의 규격을 정하고 있다.

약리연구를 통하여 속썩은풀에는 항균, 항염, 해열, 항혈소판응집, 혈압강하, 이뇨 등의 작용이 있는 것으로 알려져 있다.

한의학에서 황금은 청열조습(清熱燥濕), 사화해독(瀉火解毒), 지혈, 안태(安胎) 등의 작용이 있다.

속썩은풀 黃芩 *Scutellaria baicalensis* Georgi

약재 황금 藥材黃芩 Scutellariae Radix

함유성분

이 식물에는 주로 플라보노이드 성분으로 baicalin, wogonoside, baicalein, wogonin, chrysin, apigenin, scutellarein, scutellarin, chrysin-7-glucuronide, apigenin-7-O-glucuronide, 6-hydroxyflavone[1], skullcapflavones I, II, oroxylin A[2-3], isoscutellarein, salvigenin, isoscutellarein-8-O-glucuronide[4], oroxylin A 7-O-glucuronide, wogonin-7-O-glucuronide, dihydrooroxylin A[5], chrysin-8-C-β-D-glucoside[6] 등이 함유되어 있다. 또한 페닐에타노이드 배당체 성분으로 leucosceptoside A, acteoside, isomartynoside[7] 등이 함유되어 있다.

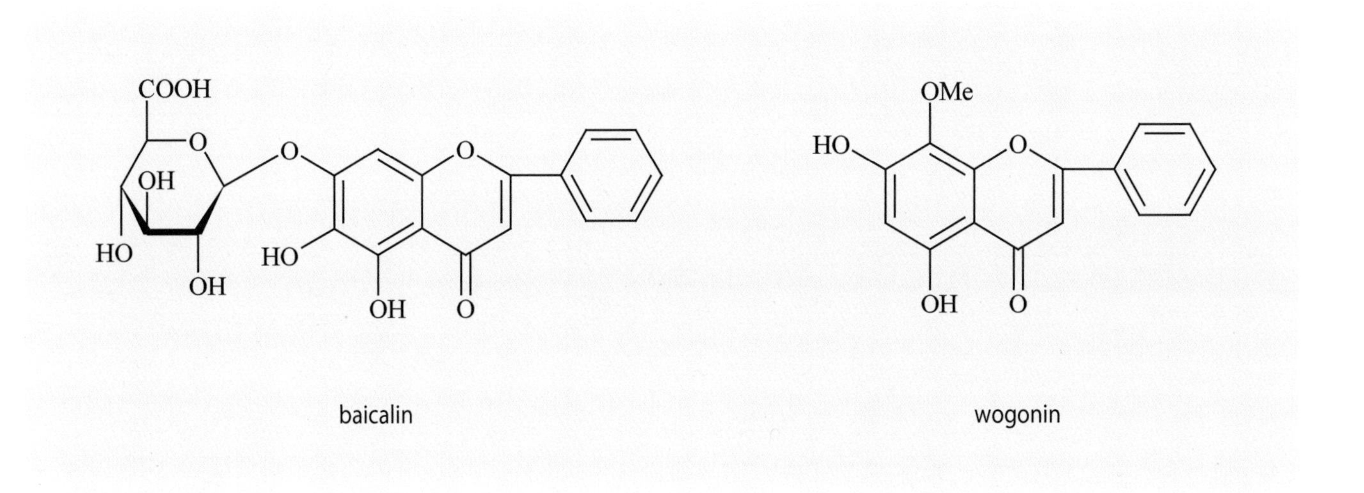

baicalin　wogonin

약리작용

1. 항균

황금의 물 추출물은 *in vitro*에서 대장균, 황색포도상구균, 백색포도상구균, 녹농간균, β형 연구균, 유문나선간균 등에 대해 뚜렷한 억제작용이 있다[8-9]. 황금의 물 추출물, 메탄올 추출물, 에탄올 추출물은 *in vitro*에서 치아우식을 유도하는 세균에 대해 각기 상이한 정도의 억제작용을 나타내는데, 치은자질단포균, 중간포시균, 방선간균, 구핵준간균, 혈연구균, 변형연쇄구균, 점성방선균 등을 억제한다[9-11]. 바이칼린은 *in vitro*에서 구강 내 혐기성 세균 내 독소를 감소시킬 수 있다[12].

2. 항염

In vitro 실험을 통하여 바이칼린에는 혈관내피세포에 지질다당(LPS)으로 유도된 프로스타글란딘 E와 일산화질소의 증가를 억제하며[13], 폐렴 유도원 감염에 의한 내피세포의 염증반응에도 일정한 억제효과가 있다[14]. 바이칼린은 또한 염증인자로 인한 Rat star-cell의 괴사를 억제할 수 있으며[15], 신경세포에 대한 보호작용도 있다. 표면활성단백질 A(SP-A)는 급성 신우신염의 발병과정에서 중요한 방어작용을 하는데, 바이칼린을 복강에 주사할 경우 급성 신우신염 모델 Rat의 신장 내 SP-A의 발현을 증가시킴으로써 신우신염을 억제하는 작용이 있다[16]. 황금의 배당체를 위에 투여하면 Rat의 전립선에 카라기난, 대장균, 소치령 주사액 등으로 인해 발생한 비균성 및 세균성 급 · 만성 전립선염에 대해 비교적 양호한 개선효과가 있다[17]. 황금의 잎과 줄기의 플라보노이드를 경구로 투여하거나 복강에 주사하면 디메칠벤젠으로 인한 Mouse의 발바닥 종창, 면구로 유도된 Rat의 육아종, 알부민에 의한 Ray의 발바닥 종창, 히스타민에 의한 Rat의 피부모세혈관 투과성 증가 및 Mouse의 급성 복막염 등에 대해 뚜렷한 억제효과가 있는데, 그 유효성분 가운데 하나가 스쿠텔라린이다[18-20].

3. 심장과 뇌에 대한 보호작용

1) 심뇌허혈성 재관류에 대한 보호작용

바이칼린의 정맥주사는 Rat의 심근허혈 후 혈액이 재주입된 심장기능을 개선하며, 심근경색의 면적을 감소시키고, 경색 후 심근 내 말론디알데하이드(MDA)의 함량을 감소시킬 뿐만 아니라 경색 후 심근 내의 슈퍼옥시드디스무타아제(SOD)와 젖산탈수소효소(LDH)의 활성을 증가시킨다[21]. 바이칼린의 복강주사는 뇌허혈 뒤 혈액 재주입으로 인한 Rat 뇌 내부의 SOD를 증가시키고, MDA를 감소시킴으로써 재관류로 인한 활성산소 손상에 대하여 일정한 보호작용이 있다[22].

2) 심뇌 산소결핍에 대한 보호작용

바이칼린은 *in vitro*에서 산소가 결핍된 Rat의 심근세포 내 SOD의 활성을 뚜렷하게 증가시키며, MDA의 생성을 억제함으로써 산소결핍 및 저혈당이 발생한 심근세포에 대해여 일정한 보호작용이 있다[23]. 황금의 잎과 줄기의 플라보노이드를 경구투여하면 머리를 절단한 Mouse의 뇌조직 내 지질과산화물(LPO)의 함량을 증가시키고, 글루타치온과산화효소(GSH-Px)의 활성을 증가시킴으로써 머리가 절단된 뒤 호흡시간을 뚜렷하게 증가시켜 뇌조직의 산소결핍에 대해 뚜렷한 보호작용이 있다[24].

3) 뇌 미토콘드리아 손상 보호

황금에 함유된 바이칼린 등의 플라보노이드 성분은 *in vitro*에서 Fe^{+}-시스테인, Fe^{+}-아스코르브산, AAPH, NADPH 등에 의해 유도되는 Rat의 뇌 미토콘드리아의 과산화적 손상을 각기 다른 정도로 보호하는 작용이 있다[25-26].

4. 간 보호

바이칼린은 *in vitro*에서 Fe^{+}-아스코르브산, ADP-NADPH, 아세트아미노펜, CCl_4 등에 의해 유도된 Rat의 간 내 LPO의 생성을 억제하는 작용이 있어 간장의 지질과산화적 손상을 억제한다[27-28]. 바이칼린을 Mouse의 꼬리에 정맥주사로 투여하면 CCl_4와 D-갈락토사민에 의한 간 조직 손상을 저하시키며[29], 위에 주입할 경우 콘카나발린 A에 의한 간 손상을 억제한다. 그와 관련된 작용기전은 알라닌아미노기전이효소(ALT), 아스파트산아미노기전달효소(AST) 및 MDA의 농도를 낮추어 주고, 혈청 및 조직 내 SOD의 활성과 글루타치온(GSH)의 농도를 증가시킴으로써 간세포핵 내 DNA를 보호하는 것과 관련이 있다[29-30]. 바이칼린은 *in vitro*에서 종양괴사인자-α(TNF-α)와 Act D로 유도된 간세포의 괴사를 억제하는 작용이 있다[31]. 황금의 잎과 줄기의 플라보노이드를 Rat에 경구투여하면 간 조직의 star-cell의 활성화로 인한 섬유화작용을 억제하는 효과가 있다[32].

5. 면역조절

황금의 물 추출물은 *in vitro*에서 인체 외주혈임파세포가 생성하는 인터루킨-2(IL-2)의 작용을 증강시킴으로써 세포성 면역을 선택적으로 증강시킨다[33]. *In vitro* 실험을 통하여 저농도의 바이칼린은 콘카나발린 A로 유도된 Mouse의 비장 임파세포 증식반응을 뚜렷하게 촉진하며, 반면 고농도에서는 강력하게 억제한다. 바이칼린은 또한 대식세포의 탐식작용을 억제한다. 바이칼린의 복강주사는 Mouse 비장의 단핵세포 내 cAMP 함량을 뚜렷하게 증가시킨다[34]. 황금에 함유된 바이칼린 등의 플라보노이드 성분은 *in vitro*에서 fMLP의 자극으로 인한 다형핵세포(PMN)와 단핵세포(MNC) 또는 조절효묘다당(OZ)의 자극에 의한 PMN이 생성하는 화학적 발광을 억제할 수 있으며, 식물응혈효소(PHA)로 유도된 임파세포증식을 뚜렷하게 억제한다[35]. 황금의 잎과 줄기에 함유된 플라보노이드를 Mouse에 경구투여하면 특이성과 비특이성 면역을 모두 증강하는 효과가 있으며, Mouse의 면양적혈구(SRBC) 용혈효소 항체의 생성을 증가시키고, Mouse 대식세포의 기능을 강화한다[36].

6. 항종양

In vitro 실험을 통하여 바이칼린은 전립선암세포 DU145와 C6 교질암세포의 괴사를 유도한다. 바이칼레인은 위암세포 SGC-7901의 괴사를 유도한다[37-39]. 우고닌은 난소암세포 A2780의 괴사를 유도한다[40]. 바이칼레인은 또한 난소암 내약세포 A2780/ADM의 내약성을 역전시킨다[41]. 황금의 잎 및 줄기의 플라보노이드를 복강에 주사하면 Mouse 폐선암세포 LA795의 체내 증식에 대하여 뚜렷한 억제작용이 있다[42].

7. 항과민

바이칼린은 *in vitro*에서 Rat 비대세포의 세포막을 보호하는 작용이 있는데, 막의 안정성을 증가시켜 비대세포의 탈과립작용을 저해한다[43]. 바이칼린을 Mouse의 국소부위에 투여하면 피부모세혈관의 투과성을 뚜렷하게 감소시키며, 인산히스타민에 의한 기니피그의 적출된 회장의 수축을 뚜렷하게 길항하는데, 그 작용기전은 알러지유도원의 방출을 저해하고 비대세포의 막을 안정화하는 것과 관련이 있다[44].

8. 콜레스테롤 저하

황금의 잎 및 줄기의 플라보노이드를 경구로 투여하면 고지방 식이로 인한 고지혈 Rat의 총콜레스테롤(TC), 중성지방(TG), 저밀도지단백콜레스테롤(LDL-C) 등의 증가를 뚜렷하게 억제하며, 아울러 고밀도지단백콜레스테롤(HDL-C)의 함량을 증가시킨다[45]. 또한 고지방 식이로 인해 고지혈이 발생한 토끼의 콜레스테롤 수치 및 혈청 MDA의 농도를 저하시킴으로써 죽상동맥경화를 경감한다[46].

9. 기타

황금의 물 추출물은 *in vitro*에서 멜라닌의 생성을 촉진한다[47]. 황금의 물 추출액의 침전물을 Mouse의 복강에 주사하면 이하선의 방사능 손상에 대하여 뚜렷한 세포보호작용이 있다[48]. 바이칼린을 Mouse의 위에 주입하거나 복강에 주사하면 곰팡이 독소의 이독성 작용을 길항한다[49]. 바이칼린은 *in vitro*에서 광보호 기능이 있으며, 자외선 조사(照射)에 의한 손상을 경감한다[50]. 황금의 다당은 *in vitro*에서 돼지생식기호흡기증후군 바이러스(PRRSV)의 증식을 억제하는 작용이 있다[51]. 황금의 잎 및 줄기의 플라보노이드를 경구투여하면 AlCl3에 의한 치매 Mouse의 학습기억력을 뚜렷하게 개선한다[52]. 바이칼레인에는 β-아밀로이드펩타이드 25-35로 인한 치매 Mouse의 학습기억능력을 개선할 수 있다[53].

용 도

황금은 중의임상에서 사용하는 약이다. 청열조습[清熱燥濕, 열기를 내리며 습사(濕邪)를 제거하는 것], 사화해독[瀉火解毒, 화열(火熱)과 열결(熱結)을 풀어 주면서 해독하는 것], 양혈지혈[凉血止血, 양혈(凉血)함으로써 지혈함], 제열안태[除熱安胎, 열을 제거하고 태기(胎氣)를 안정시킴] 등의 효능이 있으며, 습온서습[濕溫暑濕, 서열(暑熱)에 습을 수반하는 병증], 습열비민(濕熱痞悶, 습과 열이 겹쳐서 가슴과 배가 몹시 답답한 병증), 황달사리(黃疸瀉痢), 폐열해수(肺熱咳嗽, 폐열로 기침할 때 쉰 소리가 나고 가래도 나오는 증상), 열병번갈[熱病煩渴, 열성병(熱性病)으로 가슴이 답답하여 입이 마르고 갈증이 나는 병증], 옹종창독(癰腫瘡毒, 살갗에 생기는 종기가 곪아 터진 뒤 오래도록 낫지 않아 부스럼이 되는 병증), 인후종통(咽喉腫痛, 목 안이 붓고 아픈 증상), 혈열토뉵(血熱吐衄, 혈분에 열이 성하여 코피가 나는 증상), 태동불안(胎動不安, 임신 기간 중 갑자기 복통이 생기면서 하혈이 수반되는 증상) 등의 치료에 사용한다.
현대임상에서는 폐부감염, 급성 세균성 이질, 간염, 고혈압, 편도선염, 맥립종(麥粒腫, 다래끼), 시선염(腮腺炎, 이하선염), 각막염, 비강염, 좌창(座瘡, 여드름 등으로 얼굴 등의 피부에 가시 같은 구진이 생긴 것) 등의 병증에 사용한다.

해 설

황금속 식물에는 전황금(*Scutellaria amoena* C.H. Wright), 점모황금(*S. viscidula* Bunge), 감숙황금(*S. rehderiana* Diels), 여강황금(*S. likangensis* Diels) 등의 뿌리에도 바이칼레인, 우고닌, 바이칼린, 우고노시드 등의 성분을 함유하고 있으며, 일부 지역에서는 황금 약재로 사용되고 있다.
현재 속썩은풀의 주요 유통품은 대부분 재배종이다. 중국의 산동, 산서, 하북, 강소 등에서 이미 대량으로 재배가 이루어지고 있으며, 그 생장과 발육의 규칙과 유효성분의 누적 및 속썩은풀의 무공해 재배기술 등에 대한 연구가 활발하게 수행되고 있다.
속썩은풀은 재배 4년 차부터 뿌리의 속심이 썩기 시작하며, 4년 이후 썩는 속도가 빨라진다. 속썩은풀은 3년 생장한 신선한 뿌리와 건조된 뿌리의 생산량이 2년생에 비하여 1배 이상 증가하며, 뿌리의 생산량은 2~3배에 달한다. 또한 주요성분 가운데 하나인 바이칼린의 함량도 비교적 높아 생장 3년 차에 수확하는 것이 가장 좋다.
바이칼레인은 습열로 인한 피부병, 예를 들면 피부염, 습진, 홍반 등에 대해 항염 및 항알러지 작용이 있어 피부과민반응과 히스타민 피부반응을 억제할 수 있다. 이를 이용한 피부보호제에는 항염, 항과민의 작용이 있다. 바이칼레인에는 또한 테스토스테론 5α-환원효소의 유력한 억제제로서 남성 탈모를 치료하는 데 사용될 수 있을 것으로 생각된다. 바이칼레인은 다종의 피부병 유발 진균에 대하여 상이한 정도의 억제작용이 있으며, 이를 이용한 피부유제는 다양한 피부병을 예방한다. 따라서 황금의 유효성분 추출물과 제제의 연구가 각광을 받고 있다.

참고문헌

1. CR Horvath, PA Martos, PK Saxena. Identification and quantification of eight flavones in root and shoot tissues of the medicinal plant Huang-qin (*Scutellaria baicalensis* Georgi) using high-performance liquid chromatography with diode array and mass spectrometric detection. *Journal of Chromatography A*. 2005, **1062**(2): 199-207
2. M Takido, K Yasukawa, S Matsuura, M Iinuma. On the revised structure of skullcapflavone I, a flavone compound in the roots of *Scutellaria baicalensis* Georgi (Woegon). *Yakugaku Zasshi*. 1979, **99**(4): 443-444
3. Y Kimura, H Okuda, Z Taira, N Shoji, T Takemoto, S Arichi. Studies on Scutellariae Radix; IX. New component inhibiting lipid peroxidation in rat liver. *Planta Medica*. 1984, **50**(4): 290-295
4. Y Miyaichi, Y Imoto, H Saida, T Tomimori. Studies on the constituents of Scutellaria species. (X). On the flavonoid constituents of the leaves of *Scutellaria baicalensis* Georgi. *Shoyakugaku Zasshi*. 1988, **42**(3): 216-219
5. T Tomimori, H Jin, Y Miyaichi, S Toyofuku, T Namba. Studies on the constituents of Scutellaria species. VI. On the flavonoid constituents of the root of *Scutellaria baicalensis* Georgi (5). Quantitative analysis of flavonoids in Scutellaria roots by high-performance liquid chromatography. *Yakugaku Zasshi*. 1985, **105**(2): 148-55
6. 張永煜, 郭允珍, 上田博之, 針穀羲弘, 恩田政行, 橋本和則, 池穀幸信, 岡田稔, 丸野政雄. 黃芩中一新的黃酮碳糖苷. 中國藥學. 1997, **6**(4): 182-186
7. Y Miyaichi, T Tomimori. Constituents of Scutellaria species XVI. On the phenol glycosides of the root of *Scutellaria baicalensis* Georgi. *Natural Medicines*. 1994, **48**(3): 215-218
8. 劉雲波, 郭麗華, 邱世翠, 高飛, 邸大琳. 黃芩體外抑菌作用研究. 時珍國醫國藥. 2002, **13**(10): 596
9. 張金艷, 郭秀娟, 鄭金秀, 魏媛媛. 中藥黃連, 黃芩對四種細菌的體外抑菌活性研究. 中國醫學檢驗雜誌. 2004, **5**(6): 544-546
10. 張良, 唐榮銀, 王國強, 楊聚才. 黃芩對 5 種常見牙周細菌抑制作用的體外研究. 牙體牙髓牙周病學雜誌. 2003, **13**(5): 264-266
11. 周學東, 黃正蔚, 李繼遙, 蕭悅, 劉天佳. 黃芩對三種主要致齲菌生長, 產酸及產胞外多糖的影響. 華西醫大學報. 2002, **33**(3): 391-393
12. 竇永青, 杜文力, 薛毅, 陳惠珍, 趙滿琳. 黃芩苷降解細菌內毒素的考察. 中國醫院藥學雜誌. 2005, **25**(7): 683-684
13. 鄺棗園, 吳偉, 黃衍壽, 孟繁甦, 羅海燕, 張賽霞. 黃芩苷對 E-選擇素和一氧化氮的影響研究. 中醫藥學刊. 2005, **23**(2): 276-277
14. 鄺棗園, 黃衍壽, 吳偉, 李建婷, 羅海燕, 張賽霞. 黃芩苷對肺炎衣原體誘導的內皮細胞粘附因子表達的影響. 廣州中醫藥大學學報. 2004, **21**(6): 454-456
15. 劉傑波, 楊於嘉. 黃芩苷對炎症因子致大鼠神經膠質細胞凋亡保護作用的研究. 中國臨床醫藥研究雜誌. 2004, **113**: 11831-11832
16. 桂元, 丁國華, 田少江. 黃芩苷對腎盂腎炎大鼠腎臟表面活性蛋白 A 表達的影響. 實用醫學雜誌. 2005, **21**(23): 2619-2622
17. 戴嶽, 張聰, 林巳蘢, 杜飛飛. 黃芩總苷對大鼠急慢性前列腺炎影響的實驗研究. 中醫藥學刊. 2003, **21**(3): 386-387
18. 趙鐵華, 高巍, 楊鶴松, 鄧淑華, 石艷華, 苑敏, 馮祥. 黃芩莖葉總黃酮抗炎作用的實驗研究. 中國中醫藥科技. 2001, **8**(3): 173-174
19. 李建團, 王新傑, 張學東, 李建華. 黃芩莖葉總黃酮對小鼠急性腹膜炎模型的預防治療作用. 中國中藥雜誌. 2004, **29**(9): 923-924
20. 王瑋, 吳瑩瑤, 盧岩, 範書鐸. 野黃芩苷抗炎作用的實驗研究. 中國醫科大學學報. 2003, **32**(6): 503-504
21. 劉樺, 吳曉冬, 王紅蘭, 尹琰, 何廣遠. 黃芩苷對大鼠心肌缺血再灌注損傷的保護作用. 中國藥理學通報. 2002, **18**(2): 198-200
22. 楊養賢, 延衛東, 喬晉, 蔡雲, 李信民. 黃芩苷對大鼠腦缺血再灌注腦組織超氧化物歧化酶和丙二醛的影響. 中國臨床康復. 2004, **8**(28): 6146-6147

23. 劉樺, 吳曉冬, 閆倩, 許德義, 賈紅彬. 黃芩苷對缺氧缺糖性心肌細胞的保護作用. 中國藥科大學學報. 2003, **34**(1): 55-57

24. 李素婷, 王海林, 楊鶴梅, 王寶元. 黃芩莖葉總黃酮對腦組織缺氧的保護作用. 中國中醫基礎醫學雜誌. 2001, 7(1): 35-37

25. 李興泰, 陳瑞. 黃芩苷對活性氧引起鼠腦線粒體損傷的保護作用. 中華醫學研究與實踐. 2004, **2**(11): 7-9

26. 高中洪, 黃開勛, 卞曙光, 徐輝碧. 黃芩黃酮對自由基引起的大鼠腦線粒體損傷的保護作用. 中國藥理學通報. 2000, **16**(1): 81-83

27. 錢江, 劉瑢, 何華, 禹志領. 黃芩苷對過氧化脂質生成的抑制作用. 中國藥科大學學報. 1995, **26**(5): 308-310

28. 張永欽, 周井炎, 徐輝碧. 黃芩苷的抗氧化作用. 華中理工大學學報. 1999, **27**(4): 110-112

29. 王超雲, 傅風華, 田京偉, 張太平, 孫芳, 劉珂. 黃芩苷對化學性肝損傷的保護作用. 中草藥. 2005, **36**(5): 730-732

30. 汪曉軍, 馬賚, 張奉學, 朱宇同, 郭興伯, 李秀惠. 黃芩苷對 ConA 致肝損傷小鼠肝細胞核 DNA 的影響. 新中醫. 2006, **38**(3): 91-93

31. 胡聰, 韓聚強, 徐錚, 修賀明, 劉景東, 郝勇. 黃芩苷對大鼠肝細胞凋亡的影響. 中國中藥雜誌. 2001, **26**(2): 124-127

32. 楊鶴梅, 李素婷, 梅立新, 馬春虎. 黃芩莖葉總黃酮對纖維化大鼠肝臟星形細胞活化的影響. 中國中醫基礎醫學雜誌. 2006, **12**(1): 42-44

33. 潘菊芬, 符磊, 易亞軍, 金育傑. 甘草與黃芩免疫調節作用的體外觀察. 天津醫藥. 1991, **8**: 468-471

34. 蔡仙德, 譚劍萍, 穆維同, 王立新. 黃芩苷對小鼠細胞免疫功能的影響. 南京鐵道醫學院學報. 1994, **13**(2): 65-68

35. 賀海平, 秦箐, 陳明, A Kharazmi, SB Christensen. 黃芩類黃酮對人免疫細胞化學發光及淋巴細胞增殖的影響. 中國免疫學雜誌. 2000, **16**(2): 84-86, 90

36. 趙鐵華, 鄧淑華, 高巍, 楊鶴松, 石艷華, 苑敏, 馮祥. 黃芩莖葉總黃酮對免疫功能影響的實驗研究. 中國中醫藥科技. 2001, **8**(3): 177-178

37. 顧正勤, 孫穎浩, 許傳亮, 劉毅. 黃芩苷誘導前列腺癌細胞株 DU145 凋亡的體外研究. 中國中藥雜誌. 2005, **30**(1): 63-66

38. 王殿洪, 嶽武, 杜智敏, 史懷璋. 黃芩苷誘導 C6 膠質瘤細胞凋亡的實驗研究. 中國腫瘤. 2005, **14**(7): 468-471

39. 謝建偉, 黃昌明, 張祥福, 盧輝山. 黃芩素誘導胃癌細胞凋亡. 福建醫科大學學報. 2006, **40**(1): 35-36, 43

40. 黎丹戎, 侯華新, 張瑋, 李力. 漢黃芩素誘導人卵巢癌細胞 A2780 凋亡及對細胞端粒酶活性的影響. 腫瘤. 2003, **22**(8): 801-805

41. 黎丹戎, 張瑋, 唐東平, 塗文升, 秦箐. 黃芩素對卵巢癌耐藥細胞株 A2780/ADM 逆轉作用實驗研究. 腫瘤. 2004, **24**(2): 111-113

42. 趙鐵華, 高巍, 鄧淑華, 楊鶴松, 石艷華. 黃芩莖葉總黃酮對 LA795 小鼠肺腺癌抑瘤作用的初步觀察. 中國中醫藥科技. 2001, **8**(3): 172

43. 鄭紅, 周新靈, 明彩榮, 張麗紅. 黃芩苷, 枳殼抗肥大細胞脫顆粒的實驗研究. 中國中醫基礎醫學雜誌. 2005, **11**(6): 434

44. 楊新建, 王雷. 黃芩苷局部皮膚給藥對小鼠血管通透性及豚鼠離體迴腸收縮的影響. 中草藥. 2004, **35**(7): 800-801

45. 益文傑, 佟繼銘, 蘇丙凡, 劉玉玲. 黃芩莖葉總黃酮對大鼠實驗性高脂血症的預防作用. 中國臨床康復. 2005, **9**(27): 228-229

46. 佟繼銘, 陳光暉, 劉玉玲, 李曉軍. 黃芩莖葉總黃酮對家兔實驗性動脈粥樣硬化的預防作用. 中草藥. 2005, **36**(1): 93-95

47. 劉瑋, 胡佑倫, 韓瑞玲. 黑素生成過程中黃芩的調節作用. 武漢大學學報(醫學版). 2005, **26**(1): 66-67, 72

48. 劉甘泉, 李曉君, 冼超貴, 王漢渝, 利國威, 古模發. 黃芩中酚性苷類對小鼠頜下腺放射損傷的細胞保護作用. 中國藥理與臨床. 2000, **16**(1): 11-13

49. 戴德. 慶大黴素耳毒性作用機制及黃芩的神經保護研究. 中國臨床康復. 2005, **9**(5): 184-185

50. 明亞玲, 駱丹, 徐晶, 吉璽, 朱潔, 林向飛. 茶多酚單體和黃芩苷對紫外線輻射皮膚成纖維細胞的影響. 中國美容醫學. 2005, **14**(5): 541-544

51. 張道廣, J Kwang, 潘勝利. 黃芩多糖抗豬生殖和呼吸系統綜合征病毒作用的研究. 時珍國醫國藥. 2005, **16**(9): 3-4

52. 蔡振嶺, 賴光輝, 雷永惠, 商亞珍. 黃芩莖葉總黃酮治療鉛毒癡呆模型小鼠的實驗研究. 中國老年學雜誌. 2005, **25**(8): 945-946

53. SY Wang, HH Wang, CW Chi, CF Chen, JF Liao. Effects of baicalein on beta-amyloid peptide-(25-35)-induced amnesia in mice. *European Journal of Pharmacology*. 2004, **506**: 55-61

속썩은풀 黃芩 CP, KP, JP, VP

속썩은풀 재배단지

반지련 半枝蓮 CP, KHP

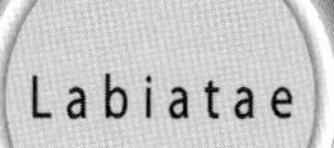

Scutellaria barbata D. Don

Barbed Skullcap

개 요

꿀풀과(Labiatae)

반지련(半枝蓮, *Scutellaria barbata* D. Don)의 전초를 건조한 것

중약명: 반지련

골무꽃속(*Scutellaria*) 식물은 전 세계에 약 300여 종이 있으며, 전 세계적으로 분포하지만 아프리카의 열대 지역에서는 많지 않다. 중국에는 약 100여 종이 있다. 이 속에서 현재 약으로 사용되는 것은 20여 종에 달한다. 이 종은 중국의 하북, 산동, 산서 및 남방 각 성에 분포하며, 동남아 각국과 일본 및 한반도에도 분포한다.

'반지련'의 약명은 《외과정종(外科正宗)》에 독사교상에 사용되는 것으로 처음 수록되었다. 중국 고대에 반지련으로 사용된 것은 이 종이 아니다. 《중국약전(中國藥典)》(2015년 판)에서는 이 종을 중약 반지련의 법정기원식물 내원종으로 수록하였다. 주요산지는 중국의 화북, 중남, 화동, 화남, 서남 등이다.

반지련의 주요 활성성분은 플라보노이드, 디테르펜류 및 알칼로이드류 등이다. 《중국약전》에서는 적외선분광광도법을 이용하여 반지련에 함유된 총 플라보노이드 함량을 스쿠텔라린으로 계산하여 1.5% 이상, 고속액체크로마토그래피법을 이용하여 반지련에 함유된 스쿠텔라린의 함량을 0.20% 이상으로 약재의 규격을 정하고 있다.

약리연구를 통하여 반지련에는 항종양, 해열, 항균, 항산화, 간 보호, 면역기능 조절 등의 작용이 있는 것으로 알려져 있다.

한의학에서 반지련은 청열해독(清熱解毒), 산어지혈(散瘀止血), 이뇨소종(利尿消腫) 등의 작용이 있다.

반지련 半枝蓮 *Scutellaria barbata* D. Don

약재 반지련 藥材半枝蓮 Scutellariae Barbatae Herba

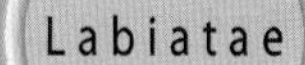

반지련 半枝蓮 CP, KHP

함유성분

식물 모든 부위에는 플라보노이드 성분으로 carthamidin, isocarthamidin, scutellarin[1], apigenin, baicalein, skullcapflavone I, 2′,5,6-trihydroxy-7,8-dimethoxyflavone[2], 4′-hydroxywogonin[3], luteolin, hispidulin, ethyl-7-O-apigenin-glucuronate, apigenin-7-O-β-glucoside, apigenin-7-O-neohesperidoside[4], eriodictyol, rivularin, carthamidin-7-O-glucuronide[5], 디테르페노이드 성분으로 scutellones A, B, C, D, E, F, G, H, I[6-11], scuterivulactones A, B, C_1 C_2[12], D[13], 디테르페노이드 알칼로이드 성분으로 scutebarbatine A[14], 트리테르페노이드 성분으로 scutellaric acid[15] 등이 함유되어 있다. 또한 다당류[16]와 aurantiamide acetate[17] 등이 함유되어 있다.

carthamidin

scutellarin

약리작용

1. 항종양

In vitro 실험을 통하여 반지련의 물 추출물은 인체 평활근종양세포[18], 에탄올 추출물은 인체 폐암세포 A549[19]와 만성 골수성 백혈병(CML)세포 K562[20], 디클로로메탄 추출물은 백혈병세포 U937[21], 메탄올 추출물은 인체 결장암세포[22]에 대하여 각각 세포괴사와 세포증식을 억제하는 작용이 있다. 반지련의 인체 평활근종양세포의 증식을 억제하는 작용은 α-SMA, 칼슘 결합 단백질 h1 및 p27과 관련이 있으며[23], 그 활성성분은 아피게닌과 루테올린 등의 플라보노이드류 화합물과 관련이 있다. 반지련의 물 추출물 또는 에탄올 추출물을 경구투여하면 Mouse의 이식성 육종 S180과 간복수암 H22에 대하여 억제작용이 있는데, 그 작용기전은 면역기능의 증강과 관련이 있다[25-26]. 그 밖에 반지련의 물 추출물은 *in vitro*에서 내피세포의 천이를 차단하고, 자궁경부암 HeLa 세포의 혈관내피세포성장인자(VEGF) 단백질 발현을 억제하며, 세포 내에 저장되어 있는 칼슘을 배출하고 세포 외부의 칼슘 전자를 받아들여 세포 내 유리 칼슘의 농도를 높임으로써 종양의 혈관생성을 억제하여 자궁경부암 세포의 괴사를 유도한다[27-28].

2. 면역조절

반지련의 다당은 *in vitro*에서 콘카나발린 A로 유도된 Mouse 비장세포의 임파세포 전화를 유도한다[29]. 피하주사는 Mouse 외주혈 임파세포 내 에스테라제양성세포의 백분율을 증가시키고, 디니트로클로로벤젠에 의해 유도되는 지발성과민반응(PC-DTH)을 촉진하지만 과량으로 사용하면 Mouse의 흉선지수를 억제한다[29].

3. 간 보호

반지련의 추출물을 Mouse에 경구투여하면 CCl_4로 유도된 간 손상에 대해 뚜렷한 보호작용이 있다[30].

4. 해열

반지련의 열수 추출물을 경구투여하면 피하주사를 통해 효모 혼탁액을 주입하여 발생되는 Rat의 발열에 대해 뚜렷한 해열작용이 있는데, 정상 개체에 대해서는 영향을 주지 않는다[31].

5. 항균

반지련의 정유와 아세톤 추출물은 황색포도상구균 및 내약성 황색포도상구균 등의 그람양성균에 대하여 일정한 억제작용이 있다[32-33].

6. 기타

반지련의 플라보노이드는 *in vitro*에서 활성산소로 인한 세포막의 지질과산화(LPO) 손상을 보호하는 작용이 있다[34]. 반지련의 다당에는 항노화작용이 있다[35].

용도

반지련은 중의임상에서 사용하는 약이다. 청열해독(清熱解毒, 화열을 깨끗이 제거하고 몸의 독을 없이함), 화어이뇨(化瘀利尿, 어혈을 풀어주고 소변이 잘 나오게 함) 등의 효능이 있으며, 정창종독[疔瘡腫毒, 독기를 감수하여 생긴 정창(疔瘡)이 진행되면서 붓고 아픈 것], 인후종통(咽喉腫痛, 목 안이 붓고 아픈 증상), 독사교상(毒蛇咬傷, 짐승, 뱀, 독벌레 등 동물에게 물려서 생긴 상처), 질박상통(跌撲傷痛, 넘어지거나 부딪쳐서 상하고 통증이 있는 것), 수종(水腫, 전신이 붓는 증상), 황달 등의 치료에 사용한다.
현대임상에서는 만성 신염수종(腎炎水腫, 신장염으로 인해 전신이 붓는 증상), 간염 및 초기폐암, 간암, 직장암, 인후암 등 각종 암의 병증에 사용한다.

해설

반지련은 민간에서 사용하는 약초로서 주로 옹저정독(癰疽疔毒), 독사교상 및 암의 치료에 사용하며, 다양한 민간처방이 존재하는데, 중국 강소성의 민간에서는 전초의 열수 추출물을 익모초의 대용으로 부인과 질환에 사용하며, 전초를 물에 넣어 여름철의 땀띠를 치료하는 데 사용한다.
반지련은 암의 치료에 다양한 효과를 나타낸다. 그러나 민간에서 '반지련'의 품목이 너무나 많은데, 대표적으로 한신초, 여지초 등이 있다. 반지련과 한신초, 여지초의 Mouse 간복수암 H22에 대한 효과를 비교하였을 때 오직 반지련에만 효과가 있고, 한신초와 여지초에는 이와 같은 효능이 없다. 그러므로 항종양 처방 및 제제의 원료로 사용할 때 반드시 정품 반지련을 사용해야 한다.

참고문헌

1. 向仁德, 鄭今芳, 姚志成. 半枝蓮化學成分的研究. 中草藥. 1982, **13**(8): 345-348
2. T Tomimori, Y Miyaichi, Y Imoto, H Kizu. Studies on the constituents of Scutellaria species. V. On the flavonoid constituents of "Ban Zhi Lian", the whole herb of *Scutellaria rivularis* Wall (1). *Shoyakugaku Zasshi*. 1984, **38**(3): 249-252
3. 許鳳鳴, 王兆全, 李有文. 半枝蓮化學成分的研究 II. 中國現代應用藥學. 1997, **14**(6): 8-9
4. 王文蜀, 周亞偉, 葉蘊華, 杜楠. 半枝蓮中黃酮類化學成分研究. 中國中藥雜誌. 2004, **29**(10): 957-959
5. YY Zhang, YZ Guo, M Onda, K Hashimoto, Y Ikeya, M Okada, M Maruno. Four flavonoids from *Scutellaria baicalensis*. *Phytochemistry*. 1994, **35**(2): 511-514
6. T Tomimori, Y Imoto, Y Miyaichi. Studies on the constituents of Scutellaria species. XIII. On the flavonoid constituents of the root of *Scutellaria rivularis* Wall. *Chemical & Pharmaceutical Bulletin*. 1990, **38**(12): 3488-3490
7. YL Lin, YH Kuo, GH Lee, SM Peng. Scutellone A. A novel diterpene from *Scutellaria rivularis*. *Journal of Chemical Research*. 1987, **10**: 320-321
8. YL Lin, YH Kuo. Scutellone B, a novel diterpene from *Scutellaria rivularis*. *Chemistry Express*. 1988, **3**(1): 37-40
9. YL Lin, YH Kuo. Scutellone C and F, two new neoclerodane type diterpenoids from *Scutellaria rivularis*. *Heterocycles*. 1988, **27**(3): 779-783
10. YL Lin, YH Kuo, MC Cheng, Y Wang. Structures of scutellones D and E determined from x-ray diffraction, spectral and chemical evidence. Neoclerodane-type diterpenoids from *Scutellaria rivularis* Wall. *Chemical & Pharmaceutical Bulletin*. 1988, **36**(7): 2642-2646
11. YH Kuo, YL Lin. Scutellone G, a new diterpene from *Scutellaria rivularis*. *Chemistry Express*. 1988, **3**(6): 343-346
12. YL Lin, YH Kuo. Four new neoclerodane-type diterpenoids, scutellones B, G, H, and I, from aerial parts of *Scutellaria rivularis*. *Chemical & Pharmaceutical Bulletin*. 1989, **37**(3): 582-585
13. T Kikuchi, K Tsubono, S Kadota, H Kizu, Y Imoto, T Tomimori. Structures of scuterivulactone C_1 and C_2 by two-dimensional NMR spectroscopy. New clerodane-type diterpenoids from *Scutellaria rivularis* Wall. *Chemistry Letters*. 1987, **5**: 987-990
14. H Kizu, Y Imoto, T Tomimori, K Tsubono, S Kadota, T Kikuchi. Structure of scuterivulactone D determined by two-dimensional NMR spectroscopy. A new diterpenoid from a Chinese crude drug "ban zhi lian" (*Scutellaria rivularis* Wall.). *Chemical & Pharmaceutical Bulletin*. 1987, **35**(4): 1656-1659
15. 陶曙紅, 吳鳳鍔. 半枝蓮化學成分的研究. 時珍國醫國藥. 2005, **16**(7): 620-621
16. YH Kuo, YL Lin, SM Lee. Scutellaric acid, a new triterpene from *Scutellaria rivularis*. *Chemical & Pharmaceutical Bulletin*. 1988, **36**(9): 3619-3622
17. 許益民, 郭立偉, 陳建偉. 半枝蓮多糖的分離, 純化及其理化性質. 天然產物研究與開發. 1992, **4**(1): 1-5
18. YL Lin. Aurantiamide from the aerial parts of *Scutellaria rivularis*. *Planta Medica*. 1987, **53**(5): 507-508
19. TK Lee, YJ Lee, DI Kim, HM Kim, YC Chang, CH Kim. Pharmacological activity in growth inhibition and apoptosis of cultured human leiomyomal cells of tropical plant *Scutellaria barbata* D. Don (Lamiaceae). *Environmental Toxicology and Pharmacology*. 2006, **21**(1): 70-79
20. X Yin, J Zhou, C Jie, D Xing, Y Zhang. Anticancer activity and mechanism of *Scutellaria barbata* extract on human lung cancer cell line A549. *Life Sciences*. 2004, **75**(18): 2233-2244
21. 謝珞琨, 鄧濤, 張秋萍, 譚錦泉, 陳會敏, 胡志芳. 半枝蓮提取物誘導白血病 K562 細胞凋亡. 武漢大學學報(醫學版). 2004, **25**(2): 115-117
22. YY Cha, EO Lee, HJ Lee, YD Park, SG Ko, DH Kim, HM Kim, IC Kang, SH Kim. Methylene chloride fraction of *Scutellaria barbata* induces apoptosis in human U937 leukemia cells via the mitochondrial signaling pathway. *Clinica Chimica Acta*. 2004, **348**(1-2): 41-48
23. D Goh, YH Lee, ES Ong. Inhibitory effects of a chemically standardized extract from *Scutellaria barbata* in human colon cancer cell lines, LoVo. *Journal of Agricultural and Food Chemistry*. 2005, **53**(21): 8197-8204
24. TK Lee, DK Lee, DI Kim, YC Lee, YC Chang, CH Kim. Inhibitory effects of *Scutellaria barbata* D. Don on human uterine leiomyomal smooth muscle cell proliferation

through cell cycle analysis. *International Immunopharmacology*. 2004, **4**(3): 447-454

25. DI Kim, TK Lee, IS Lim, H Kim, YC Lee, CH Kim. Regulation of IGF-I production and proliferation of human leiomyomal smooth muscle cells by *Scutellaria barbata* D. Don *in vitro*: isolation of flavonoids of apigenin and luteolin as acting compounds. *Toxicology and Applied Pharmacology*. 2005, **205**(3): 213-224
26. 王洪琦, 崔娜娟, 胡玲, 李建國, 胡晨霞, 成曉燕. 清熱解毒和補益中藥對小鼠腹水肝癌 H_{22} 細胞的作用及免疫學機制比較. 廣州中醫藥大學學報. 2006, **23**(2): 156-159
27. 王剛, 董玫, 劉秀書, 湯建華. 半枝蓮醇提物抗腫瘤活性的研究. 現代中西醫結合雜誌. 2004, **13**(9): 1141-1142
28. 張妮娜, 荀平, 朱海杭, 沈維幹. 半枝蓮抑制腫瘤血管生成的作用及其機制研究. 癌症. 2005, **24**(12): 1459-1463
29. 高冬, 高永琳, 白平. 半枝蓮對宮頸癌細胞鈣信號系統的影響. 中藥材. 2003, **26**(10): 730-733
30. 陸平成, 許益民. 半枝蓮多糖對細胞免疫的調節作用. 南京中醫學院學報. 1989, **2**: 32-33, 39
31. 於恒超, 楊曉亮, 劉芳娥, 劉利兵. 半枝蓮提取物對 CCl_4 致小鼠肝損傷的保護作用. 第四軍醫大學學報. 2005, **26**(10): 892-893
32. 佟繼銘, 陳光暉, 高巍, 劉玉玲, 商亞珍. 半枝蓮的解熱作用實驗研究. 中國民族民間醫藥雜誌. 1999, **38**: 166-167
33. J Yu, J Lei, H Yu, X Cai, G Zou. Chemical composition and antimicrobial activity of the essential oil of *Scutellaria barbata*. *Phytochemistry*. 2004, **65**(7): 881-884
34. 楊蓓芬, 李鈞敏, 邵紅. 半枝蓮的次生代謝產物含量測定與體外抑菌活性的研究. 四川中醫. 2005, **23**(11): 35-36
35. 餘建清, 柳惠斌, 廖志雄, 鄒國林. 半枝蓮總黃酮對紅細胞膜脂質過氧化損傷的保護作用. 中國藥師. 2005, **8**(11): 897-899
36. 王轉子, 支德娟, 關紅梅. 半枝蓮多糖和白花蛇舌草多糖抗衰老作用的研究. 中獸醫醫藥雜誌. 1999, **4**: 5-7

돌나물 垂盆草 CP

Crassulaceae

Sedum sarmentosum Bge.

Stringy Stonecrop

개 요

돌나물과(Crassulaceae)

돌나물(垂盆草, *Sedum sarmentosum* Bge.)의 신선한 것이거나 전초를 건조한 것

중약명: 수분초(垂盆草)

돌나물속(*Sedum*) 식물은 전 세계에 약 470여 종이 있으며, 주로 북반구에 분포하고 일부가 남반구의 아프리카와 남아메리카에 분포한다. 중국에는 약 124종이 있고, 아종 1종, 변종 14종 및 변형 1종이 있으며, 현재 약으로 사용되는 것은 46종에 달한다. 이 종은 중국의 동북, 화북, 화동 및 화중의 각지에 분포하며, 한반도와 일본에도 분포한다.

고증에 따르면 수분초의 최초 기재는 청나라 때 《본초강목습유(本草綱目拾遺)》에 수록된 서아반지(鼠牙半枝)가 최초이다. 《중국약전(中國藥典)》(2015년 판)에서는 이 종을 중약 수분초의 법정기원식물 내원종으로 수록하였다. 주요산지는 중국의 강소, 절강, 안휘 등이다.

수분초의 주요 활성성분은 시안화물 배당체 및 알칼로이드와 플라보노이드이다. 근래의 연구에서는 사르멘토신이 돌나물에 함유되어 있는 주요 활성성분임을 밝혔다. 《중국약전》에서는 약재의 성상, 조직분말 특징, 수분, 산불용성 회분 및 침출물 등으로 약재의 규격을 정하고 있다.

약리연구를 통하여 돌나물에는 간 보호, 면역 억제 및 항균 등의 작용이 있는 것으로 알려져 있다.

한의학에서 수분초는 청열이습(淸熱利濕), 해독 등의 작용이 있다.

돌나물 垂盆草 *Sedum sarmentosum* Bge.

돌나물 垂盆草 CP

약재 수분초 藥材垂盆草 Sedi Herba

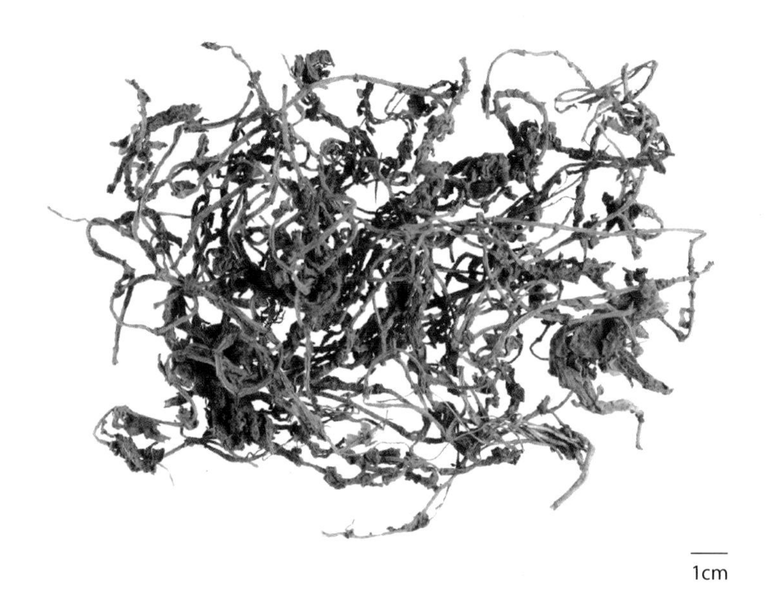

함유성분

식물 모든 부위에는 시아노겐 배당체 성분으로 sarmentosin[1], 알칼로이드 성분으로 dl-methylisopelletierine, dihydroisopelletierine, N-methyl-2-β-hydroxy-propyl-piperidine, 3-formyl-1,4-dihydroxy-dihydro-pyran, N-methylpelletierine, N-methylallosedridine, 스테로이드 성분으로 3β,6β-stigmast-4-en-3,6-diol, sarmentosterol[2], 플라보노이드 성분으로 tricin, tricin-7-glucoside, luteolin, liquiritin, isorhamnetin-3,7-diglucoside[3-4] 등이 함유되어 있다.
또한 δ-amyrin, 3-epi-δ-amyrin, sarmentolin[5], dioctadecyl sulfide[4], sedoheptulose 등의 성분이 함유되어 있다.

sarmentosin

약리작용

1. 간 보호

   수분초의 물 추출물 및 부탄올 추출물은 Mouse의 알라닌아미노기전이효소(ALT), 아스파트산아미노기전달효소(AST) 농도를 저하시키며, 아울러 간 손상에 대해 뚜렷한 보호작용이 있다[6]. Rat의 아급성 간 손상에 대해서도 뚜렷한 보호작용이 있으며, γ-글로불린을 저하시켜 간의 섬유화 정도를 경감시킨다[7]. 자연 감염된 오리의 B형 간염바이러스(HBV) 실험을 통하여 간세포 손상을 개선하는 것은 수분초의 암모니아 전환 효소가 주요 작용원임이 밝혀졌다[7].

2. 면역억제

   Rat와 Mouse의 세포면역에 있어서 과량의 사르멘토신은 뚜렷한 억제작용을 나타내며, 체액성 면역에 대해서도 억제효과를 나타낸다[7].

3. 기타

   수분초는 난소를 절제한 Rat의 에스트로겐 감소로 인한 골격 내 콜라겐 감소를 지연시킬 수 있다[8]. 수분초에는 또한 항지질과산화 및 항균작용 등이 있다.

용 도

수분초는 중의임상에서 사용하는 약이다. 이습퇴황[利濕退黃, 소변을 통하게 하여 하초(下焦)에 막힌 습사(濕邪)를 제거하여 황달을 치료하여 줌], 청열해독(清熱解毒, 화열을 깨끗이 제거하고 몸의 독을 없이함) 등의 효능이 있으며, 습열황달[濕熱黃疸, 습열(濕熱)의 사기(邪氣)로 인해 온몸과 눈, 소변이 밝은 황색을 띠는 병증], 옹종창독(癰腫瘡毒, 살갗에 생기는 종기가 곪아 터진 뒤 오래도록 낫지 않아 부스럼이 되는 병증), 독사교상(毒蛇咬傷, 짐승, 뱀, 독벌레 등 동물에게 물려서 생긴 상처), 화상 등의 치료에 사용한다.

현대임상에서는 급 · 만성 간염, 요로감염, 대상포진, 습진 등의 병증에 사용한다.

해 설

수분초는 임상에서 급만성 간염을 치료하는 상용약이며, 사르멘토신은 혈청 내 글루타민산 피루빈산 트랜스아미나제(GPT)를 감소시키는 성분으로 알려져 있다. 그 밖에도 수분초에는 글루탐산, 메치오닌, 이소류신, 류신, 페닐알라닌, 리신, 히스티딘, 알라닌 등 다양한 아미노산이 함유되어 있다. 무기원소 측정결과를 보면 아연, 셀레늄, 구리, 게르마늄, 마그네슘 등의 함량이 일반 채소나 과일에 비하여 3~10배 정도 많이 함유되어 있다. 수분초의 성분과 약리작용 사이의 상관관계 연구가 추가적으로 필요하다[9].

일부 연구에서는 돌나물이 다슬기를 유인하는 효과가 있다고 보고하였는데, 성체와 유체 모두 돌나물을 잘 먹는 것으로 알려져 있어 흡혈충이 유행하는 지역에서 돌나물은 연구개발을 통한 이용가치가 있다고 하겠다.

참고문헌

1. 方聖鼎, 嚴修泉, 李靜芳, 範芝蕓, 徐小異, 徐任生. 垂盆草化學成分的研究. 化學學報. 1982, **40**(3): 273-280
2. 何愛民, 郝紅艷, 王明時, 張德成. 垂盆草中的甾醇化合物. 中國藥科大學學報. 1997, **28**(5): 271-274
3. 何愛民, 王明時. 垂盆草中的黃酮類成分. 中草藥. 1997, **28**(9): 517-522
4. 魏太明, 閻玉凝, 關昕璐, 劉玉法, 魏東華. 垂盆草的化學成分研究 (I). 北京中醫藥大學學報. 2003, **26**(4): 59-61
5. AM He, MS Wang, HY Hao, DC Zhang, KH Lee. Hepatoprotective triterpenes from *Sedum sarmentosum*. *Phytochemistry*. 1998, **49**(8): 2607-2610
6. 潘金火, 何滿堂, 羅蘭, 嚴娟. 垂盆草不同提取部位保肝降酶試驗. 時珍國醫國藥. 2001, **12**(10): 888-890
7. 王本祥. 現代中藥藥理學. 天津: 天津科學技術出版社. 1997: 282-284
8. WH Kim, YJ Park, MR Park, TY Ha, SH Lee, SJ Bae, MY Kim. Estrogenic effects of *Sedum sarmentosum* Bunge in ovariectomized rats. *Journal of Nutritional Science and Vitaminology*. 2004, **50**(2): 100-105
9. 潘金火, 何滿堂. 中藥垂盆草中氨基酸和無機元素的定量分析. 中國藥業. 2002, **11**(4): 48
10. 徐國餘, 蕭榮煒. 垂盆草誘螺作用的初步觀察. 中國寄生蟲學與寄生蟲病雜誌. 1989, **7**(3): 207-209

돌나물 垂盆草 CP

돌나물 재배모습

부처손 卷柏 CP, KHP

Selaginellaceae

Selaginella tamariscina (Beauv.) Spring

Spikemoss

개 요

부처손과(Selaginellaceae)

부처손(卷柏, *Selaginella tamariscina* (Beauv.) Spring)의 전초를 건조한 것

중약명: 권백(卷柏)

부처손속(*Selaginella*) 식물은 전 세계에 약 700여 종이 있으며, 전 세계에 널리 분포하지만 열대 지역에 가장 많다. 중국에는 60~70여 종이 있으며, 이 속에서 현재 약으로 사용되는 것은 약 19종이다. 이 종은 중국의 각지에 모두 분포하며, 러시아의 시베리아, 한반도, 일본, 인도 및 필리핀에도 분포한다.

'권백'의 약명은 《신농본초경(神農本草經)》에 상품으로 처음 수록되었다. 역대 본초서적에도 다수의 기록이 있으며, 예로부터 오늘날까지 권백의 약재로 사용된 것들은 이 속에 속한 여러 종의 식물이다. 《중국약전(中國藥典)》(2015년 판)에서는 이 종을 중약 권백의 법정기원식물 내원종 가운데 하나로 수록하였다. 주요산지는 중국의 광서, 복건, 사천, 섬서, 호남, 강서, 절강 등이다.

권백의 주요 활성성분은 비플라보노이드이며, 페닐프로파노이드와 리그난도 함유되어 있다. 《중국약전》에서는 성상 및 박층크로마토그래피법을 이용하여 약재의 규격을 정하고 있다.

약리연구를 통하여 부처손에는 지혈, 항종양, 혈당강하 등의 작용이 있는 것으로 알려져 있다.

한의학에서 권백은 활혈통경(活血通經), 화어지혈(化瘀止血) 등의 작용이 있다.

부처손 卷柏 *Selaginella tamariscina* (Beauv.) Spring

약재 권백 藥材卷柏 Selaginellae Herba

부처손 卷柏 CP, KHP

점상권백 墊狀卷柏 *S. pulvinata* (Hook. et Grev.) Maxim.

함유성분

식물의 모든 부위에는 비플라보노이드 성분으로 amentoflavone, sotetsuflavone, hinokiflavone, isocryptomerin, cryptomerin B, neocryptomerin, 플라보노이드 성분으로 apigenin, genkwanin[1-2] 등이 함유되어 있다.

또한 adenosine, guanosine, arbutin, shikimic acid, caryophyllic acid, ferulic acid, caffeic acid, vanillic acid, syringaresinol, 7-hydroxycoumarin[3-5] 등이 함유되어 있다.

최근에는 잎에서 (2R,3S)-dihydro-2-(3′,5′-dimethoxy-4′-hydroxyphenyl)-3-hydromethyl-7-methoxy-5-acetyl-benzofuran, tamariscina ester A[3], tamariscinosides B[4], C[5]의 성분 등이 분리되었다.

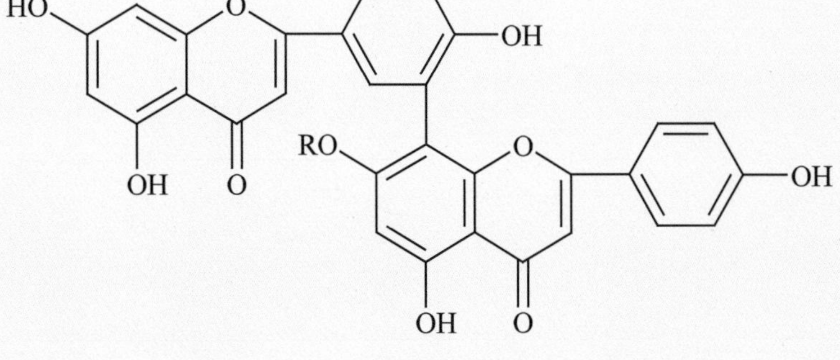

sotetsuflavone: R=CH_3

amentoflavone: R=H

약리작용

1. 지혈

   권백 초탄의 열수 추출물을 Mouse에 경구투여하면 프로트롬빈반응시간(PT)과 응혈효소부분활성화시간(APTT)을 단축시킴으로써 섬유단백원의 함량을 감소시킨다[6].

2. 항종양

   권백의 물 추출물 및 각 분획물을 복강에 주사하면 Mouse 육종 S180, 간암 H22에 대해 각기 다른 정도의 억제작용이 있다. 권백의 유기 추출물은 체외에서 배양된 인체백혈병세포에 대해 세포독성 작용이 있다[8].

3. 혈당강하

   권백의 열수 추출물을 Rat에 경구투여하면 알록산과 글루코스로 유도된 고혈당을 저하시키는데, 병리학적 절편검사에서 이자세포가 뚜렷하게 회복되는 것으로 확인되었다[9]. 권백의 주사액을 복강에 주사하면 스트렙토조토신에 의한 당뇨병 Rat에 대해 뚜렷한 혈당강하작용이 있다[10]. 고용량의 권백 사료는 Rat의 인슐린 저항성에 대해 뚜렷한 개선효과가 있다[11].

4. 면역조절

   권백의 열수 추출물을 Mouse에 경구투여하면 체액성 면역에 대한 억제작용이 있는데, 혈청 내 IgG, IgM, IgA 및 C_3의 함량을 감소시킨다. 시클로포스파미드와의 협동작용도 있다[12-13].

5. 항균

   권백은 *in vitro*에서 녹농간균을 억제하는 작용이 있으며[14], 권백을 이용한 훈연은 감기바이러스, 나이세리아 수막균 등을 억제하는 작용이 있다[15].

6. 기타

   권백에는 항염[16], 항알러지[17] 등의 작용이 있다. 아멘토플라본은 혈관확장작용이 있다[18].

용 도

권백은 중의임상에서 사용하는 약이다. 생용파혈(生用破血, 생것으로 쓰면 어혈 제거의 효능이 있음), 초탄지혈(炒炭止血, 초탄으로 쓰면 지혈작용이 있음) 등의 효능이 있으며, 경폐(經閉, 월경이 있어야 할 시기에 월경이 없는 것), 통경(痛經, 월경통), 징가비괴(癥瘕痞塊), 질타손상(跌打損傷, 외상으로 인한 온갖 병증), 토혈(吐血, 피를 토하는 병증), 붕루(崩漏, 월경주기와 무관하게 불규칙적인 질 출혈이 일어나는 병증), 변혈[便血, 분변에 대혈(帶血)이 되거나 혹은 단순히 하혈하는 증후], 탈항 등의 치료에 사용한다.

현대임상에서는 담낭염, 담교통(膽絞痛), 신교통(腎絞痛), 만성 간염, 급 · 만성 비염, 비강염, 인후염, 당뇨병, 종양 및 심혈관질환 등의 병증에 사용한다.

해 설

《중국약전》에서는 점상권백도 중약 권백의 기원식물 내원종으로 수록하고 있다. 점상권백에는 아멘토플라본, 풀비나타비플라본[19], 아피게닌, 트레할로스 및 p-히드록시벤조산[20] 등이 함유되어 있으며, 활성산소를 제거하고 혈관내피세포의 손상을 보호하는 작용이 있다[19].

비플라보노이드류 성분은 권백의 특정성분이며, 함량이 비교적 높고 약리활성이 뚜렷하므로 해당 화합물을 심혈관질환 치료 및 항종양 작용으로의 개발이 기대되고 있다.

참고문헌

1. 戴忠, 王鋼力, 林瑞超, 張尊建, 馬雙成, 張繼. 卷柏屬植物黃酮類成分研究進展. 中國藥品標準. 2000, **6**(4): 46-49
2. 鄭曉珂, 史社坡, 畢躍峰, 馮衛生. 卷柏中黃酮類成分研究. 中草藥. 2004, **35**(7): 742-743
3. 畢躍峰, 鄭曉珂, 馮衛生, 史社坡. 卷柏中化學成分的分離與結構鑒定. 藥學學報. 2004, **39**(1): 41-45
4. 鄭曉珂, 畢躍峰, 馮衛生, 史社坡, 王繼峰, 牛建昭. 卷柏化學成分研究. 藥學學報. 2004, **39**(4): 266-268
5. 鄭曉珂, 史社坡, 畢躍峰, 馮衛生, 王繼峰, 牛建昭. 卷柏中一個新木脂素苷的分離與鑒定. 藥學學報. 2004, **39**(9): 719-721
6. 彭智聰, 張少文, 劉勇, 梁永紅. 卷柏炒炭後對止血作用的影響. 中國中藥雜誌. 2000, **25**(2): 89-90
7. 畢躍峰, 鄭曉珂, 馮衛生, 史社坡. 卷柏抗腫瘤藥理作用研究. 河南中醫學院學報. 2003, **18**(3): 12-13
8. IS Lee, A Nishikawa, F Furukawa, K Kasahara, SU Kim. Effects of *Selaginella tamariscina* on *in vitro* tumor cell growth, p53 expression, G1 arrest and *in vivo* gastric cell proliferation. *Cancer Letter*. 1999, **144**(1): 93-99
9. 李方蓮, 杜玉君, 王棉, 邢一偉. 卷柏對老齡糖尿病模型鼠的降血糖作用. 中國老年學雜誌. 1999, **19**(5): 301-302
10. 吳奕富, 林久茂, 朱進偉. 卷柏對鏈脲佐菌素誘發糖尿病大鼠降血糖作用的研究. 福建中醫藥. 2001, **32**(2): 42-43

11. 於麗萍, 張雪, 王玉芝. 單劑卷柏對 FFR 胰島素敏感性的影響. 中成藥. 2001, **23**(4): 291-292
12. 林久茂, 陳小峰, 王瑞國, 鄭良樸. 卷柏對小鼠免疫功能的影響. 福建中醫學院學報. 2003, **13**(6): 36-37, 51
13. 王瑞國, 林久茂, 鄭良樸. 卷柏對小鼠血清 C_3, C_4 和 IgM 含量的影響. 福建中醫藥. 2003, **34**(1): 41
14. 陳國佩, 林海英. 卷柏炮製的實驗研究. 中成藥. 1995, **17**(12): 20-21
15. 薑波, 孫耀華, 王玉鳳. 卷柏的新用途. 吉林中醫藥. 1994, **5**: 35
16. ER Woo, JY Lee, IJ Cho, SG Kim, KW Kang. Amentoflavone inhibits the induction of nitric oxide synthase by inhibiting NF-kappaB activation in macrophages. *Pharmacological Research*. 2005, **51**(6): 539-546
17. Y Dai, PP But, LM Chu, YP Chan. Inhibitory effects of *Selaginella tamariscina* on immediate allergic reactions. *The American Journal of Chinese Medicine*. 2005, **33**(6): 957-966
18. DG Kang, MH Yin, H Oh, DH Lee, HS Lee. Vasorelaxation by amentoflavone isolated from *Selaginella tamariscina*. *Planta Medica*. 2004, **70**(8): 718-722
19. 徐智, 賈素潔, 譚桂山, 李元建. 墊狀卷柏中雙黃酮藥理活性的研究. 中國現代醫學雜誌. 2004, **14**(14): 88-89, 100
20. 鄭興, 廖端芳, 朱炳陽, 庹勤慧, 許雲龍. 墊狀卷柏化學成分研究. 中草藥. 2001, **32**(1): 17-18

제주진득찰 豨薟 CP, KHP

Asteraceae

Siegesbeckia orientalis L.

Common St. Paul's Wort

개 요

국화과(Asteraceae)

제주진득찰(豨薟, *Siegesbeckia orientalis* L.)의 지상부를 건조한 것

중약명: 희렴초(豨薟草)

진득찰속(*Siegesbeckia*) 식물은 전 세계에 약 4종이 있으며, 북반구와 남반구의 열대, 아열대 및 온대 지역에 분포한다. 중국에는 약 3종이 있으며, 모두 약으로 사용된다. 이 종은 중국의 섬서, 감숙, 강소, 절강, 안휘 등에 분포하며, 유럽, 코카서스, 한반도, 일본, 동남아 및 북미의 열대, 아열대와 온대 지역에도 분포한다.

'희렴'의 약명은 당나라 때 《신수본초(新修本草)》에 처음 수록되기 시작하였으며, '저고매'라는 명칭으로도 불린다. 역대 본초서적에도 다수의 기록이 있으며, 오늘날의 품종과도 일치한다. 《중국약전(中國藥典)》(2015년 판)에서는 이 종을 중약 희렴초의 법정기원식물 내 원종 가운데 하나로 수록하였다. 주요산지는 진령 및 장강 이남의 각 지역이다. 《대한민국약전외한약(생약)규격집》(제4개정판)에는 '희렴'을 "국화과에 속하는 털진득찰(*Siegesbeckia pubescens* Makino) 또는 진득찰(*Siegesbeckia glabrescens* Makino)의 지상부"로 등재하고 있다.

희렴에는 주로 디테르페노이드 및 그 배당체와 세스퀴테르페노이드류 성분이 함유되어 있으며, 디테르페노이드는 피마란과 카우란 형태가 주류를 이룬다. 《중국약전》에서는 고속액체크로마토그래피법을 이용하여 키레놀의 함량을 0.050% 이상으로 약재의 규격을 정하고 있다.

약리연구를 통하여 제주진득찰에는 면역억제, 항염, 혈압강하 및 혈관확장 등의 작용이 있는 것으로 알려져 있다.

한의학에서 희렴은 거풍습(祛風濕), 이근골(利筋骨)의 작용이 있다.

제주진득찰 豨薟 *Siegesbeckia orientalis* L.

약재 희렴초 藥材豨薟草 Siegesbeckiae Herba

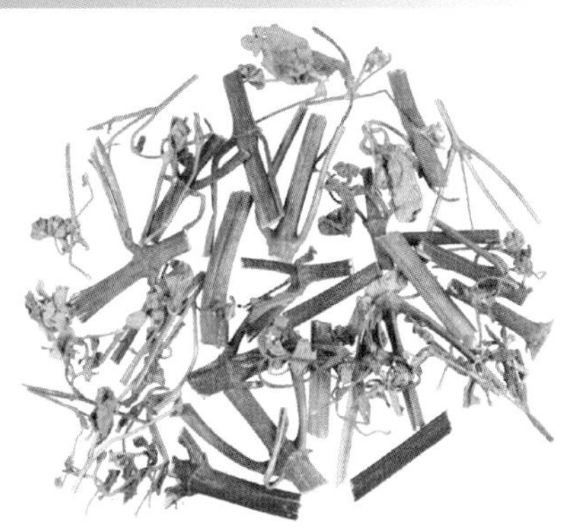

털진득찰 腺梗豨薟 *S. pubescens* Makino.

제주진득찰 豨薟 CP, KHP

함유성분

지상부에는 세스퀴테르페노이드 성분으로 orientin[1], orientalide[2], 8β-angeloyloxy-4β,6α,15-trihydroxy-14-oxoguaia-9,11(13)-dien-12-oic acid 6,12-lactone, 4β,6α,15-trihydroxy-8b-isobutyryloxy-14-oxoguaia-9,11(13)-dien-12-oic acid 12,6-lactone, 11,12,13-trinorguai-6-ene-4β,10β-diol[3], 디테르페노이드 성분으로 orientalins A, B, kirenol[4], hythiemoside B[5], ent-12a,16-epoxy-2b,15a,19-trihydroxypimar-8-ene, ent-12a,16-epoxy-2b,15a,19-trihydroxypimar-8(14)-ene[6], siegesesteric acid, siegesetheric acid, ent-16β,17-dihydroxy-kauran-19-oic acid[7], darutoside, darutigenol[8], isodarutigenols B, C 등이 함유되어 있다.

kirenol

orientalide

약리작용

1. 면역조절

희렴의 열수 추출물을 Mouse의 복강에 주사하면 흉선을 억제하는 작용이 있으며, 비장의 중량을 감소시킨다. 또한 혈청 항체의 밀도를 감소시키며, 세포 내 DNA와 RNA의 아크리딘오렌지(acridine orange) 염색반응의 양성률을 저하시킴과 동시에 Mouse 복강대식 세포의 탐식기능과 혈청용균효소의 활성을 저해한다[9]. 이는 희렴초의 열수 추출물이 세포면역에 대한 뚜렷한 억제효과가 있을 뿐만 아니라 체액성 면역에 있어서도 억제작용이 있음을 의미한다. *In vitro* 실험을 통하여 희렴의 추출물의 키레놀 활성부위는 애주번트관절염(AA)이 있는 Rat의 T세포 증식 기능을 증강시킬 수 있으며, 인터루킨−2의 활성을 촉진하고, 인터루킨−1의 활성을 억제함으로써 내재성 면역반응을 조절하고 국소의 병리반응을 개선하여 풍습을 억제하는 작용이 있다. 희렴은 또한 B임파세포가 생성하는 면역글로불린 E의 억제를 통하여 항알러지작용을 나타낸다[11].

2. 항염

희렴의 생품과 포제품의 물 추출물을 경구투여하면 Rat의 카라기난으로 유도된 발바닥 종창, 만성 면구육아종 등에 대해 뚜렷한 억제작용이 있으며, 포제품은 디메칠벤젠에 의해 유도된 Mouse의 귓바퀴 종창을 억제한다[12].

3. 혈압강하

희렴의 메탄올 추출물은 안지오텐신전환효소(ACE)를 억제하는 작용이 있다[13]. 희렴에 함유되어 있는 ent-16β를 십이지장에 투여하면 집토끼의 좌측동맥수축압(ABP)과 이완압(DBP), 좌심실수축압(LVSP) 및 최대상승, 하향속도 등에 대해 균일한 하향세를 나타내는데, 이와 같은 결과는 혈압강하작용이 있음을 의미한다[14].

4. 미세순환 개선 및 혈전 형성 억제

희렴의 에탄올 추출물을 Mouse의 귓바퀴에 바르면 귓바퀴 미세순환을 개선한다. 또 기니피그의 상처 면에 도포하면 히스타민에 의한 가려움을 억제함으로써 지양작용을 한다[15]. 희렴의 에탄올 추출물을 위에 주입할 경우 Mouse의 응혈시간을 뚜렷하게 연장하며, 정맥혈전 모델 Rat의 정맥 내 혈전 형성을 억제한다[16].

5. 기타

다루토시드에는 조기임신중절작용이 있다[13]. 희렴의 열수 추출물을 집토끼에 경구투여하면 안압을 장기적이고 지속적으로 하강시킨다[17].

용 도

희렴은 중의임상에서 사용하는 약이다. 거풍제습[祛風除濕, 풍습(風濕)을 없애 줌], 통경활락(通經活絡, 경맥의 흐름을 소통시키고 락맥을 원활히 흐르게 해 줌), 청열해독(清熱解毒, 화열을 깨끗이 제거하고 몸의 독을 없이함) 등의 효능이 있으며, 풍습비증[風濕痹證, 풍사(風邪)와 습사(濕邪)가 겹친 것으로 관절이 아프고, 만지면 통증이 심해지는 것], 골절동통(骨節疼痛, 뼈마디가 쑤시고 아픈 것), 사지마목(四肢麻木, 사지가 무감각해지는 증상), 각약무력[腳弱無力, 각기(腳氣)로 다리에 힘이 없는 것], 창양종독(瘡瘍腫毒, 피부질환으로 생긴 종기에서 나오는 독), 습진소양(濕疹瘙癢, 피부에 습진이 생겨 몹시 가려운 증상) 등의 치료에 사용한다.

현대임상에서는 고혈압, 중풍, 말라리아, 급성 간염, 만성 신염, 신경쇠약 등에 사용한다.

해 설

《중국약전》에는 털진득찰, 진득찰도 중약 희렴의 법정기원식물 내원종으로 기록하고 있다. 털진득찰의 항혈전작용이 가장 뚜렷하며[16], 진득찰의 추출물에는 매우 뚜렷한 조기임신중절작용이 있다[13].

현대 과학적인 희렴 연구가 지속적으로 증가되고 있으며, 그 임상적 응용범위도 점차 증가되고 있는데, 특히 뇌혈관질환 후유증과 안면신경질환 방면에 특출한 임상효과가 있는 것으로 알려져 있다. 그 밖에 다루토시드는 조기임신중절작용 면에 있어서 새로운 천연 조기임신중절 약물로 개발될 가능성이 있다.

참고문헌

1. KS Rybalko, OA Konovalova, EF Petrova. Orientin, a new sesquiterpene lactone from *Siegesbeckia orientalis*. *Khimiya Prirodnykh Soedinenii*. 1976, **3**: 394-395
2. RN Baruah, RP Sharma, KP Madhusudanan, G Thyagarajan, W Herz, R Murari. A new melampolide from *Siegesbeckia orientalis*. *Phytochemistry*. 1979, **18**(6): 991-994
3. J Xiong, YB Ma, YL Xu. The constituents of *Siegesbeckia orientalis*. *Natural Product Sciences*. 1997, **3**(1): 14-18
4. PM Giang, PT Son, H Otsuka. Ent-Pimarane-type diterpenoids from *Siegesbeckia orientalis* L. *Chemical & Pharmaceutical Bulletin*. 2005, **53**(2): 232-234
5. Y Xiang, H Zhang, CQ Fan, JM Yue. Novel diterpenoids and diterpenoid glycosides from *Siegesbeckia orientalis*. *Journal of Natural Products*. 2004, **67**(9): 1517-1521
6. Y Xiang, CQ Fan, JM Yue. Novel sesquiterpenoids from *Siegesbeckia orientalis*. *Helvetica Chimica Acta*. 2005, **88**(1): 160-170
7. 果德安, 張正高, 葉國慶, 樓之岑. 豨薟脂溶性成分的研究. 藥學學報. 1997, **32**(4): 282-285
8. RN Barua, RP Sharma, G Thyagarajan, W Herz, SV Govindan. New melampolides and darutigenol from *Sigesbeckia orientalis*. *Phytochemistry*. 1980, **19**(2): 323-325
9. 蔔長武, 楊正娟, 那愛華, 沈玉清. 豨薟草對小白鼠免疫功能的影響. 中國中藥雜誌. 1989, **14**(3): 44-45
10. 錢瑞琴, 張春英, 付宏征, 林文翰, 高子芬. 豨薟草活性部位抗風濕作用機理研究. 中國中西醫結合雜誌. 2000, **20**(3): 192-195
11. WJ Hwang, EJ Park, CH Jang, SW Han, GJ Oh, NS Kim, HM Kim. Inhibitory effect of immunoglobulin E production by jin-deuk-chal (*Sigesbeckia orientalis*). *Immunopharmacology and Immunotoxicology*. 2001, **23**(4): 555-563
12. 胡慧華, 湯魯霞, 李小猛. 豨薟草生品和炮製品抗炎, 抗風濕作用的實驗研究. 中國中藥雜誌. 2004, **29**(6): 542-545

13. 許雲龍, 熊江, 金歧端, 王世林. 常用中藥豨薟研究進展. 天然產物研究與開發. 2001, **13**(5): 80-85

14. 高輝, 李平亞, 李德坤, 計國義. 腺梗豨薟萜二醇酸降壓及對血液流變學影響的研究. 白求恩醫科大學學報. 2001, **27**(5): 472-474

15. 王鵬. 豨薟乙醇提取物改善微循環及止癢的研究. 醫藥論壇雜誌. 2003, **24**(12): 19, 21

16. 俞桂新, 金若敏, 王崢濤, 陳長勛. 豨薟草抗血栓有效組分篩選研究. 上海中醫藥大學學報. 2005, **19**(3): 39-41

17. 周永祺, 柯銘華, 楊伯寧, 黃紹明. 豨薟草對家兔眼壓影響的實驗研究. 眼科研究. 1996, **14**(3): 169-170

백개 白芥 CP, KHP

Cruciferae

Sinapis alba L.

White Mustard

개 요

십자화과(Cruciferae)

백개(白芥, *Sinapis alba* L.)의 잘 익은 씨를 건조한 것

중약명: 개자(芥子), 속칭-백개자(白芥子)

백개속(*Sinapis*) 식물은 전 세계에 약 10여 종이 있으며, 주요산지는 지중해 지역이다. 중국에는 1개의 재배종이 있으며, 약으로 사용된다. 이 종은 중국의 요녕, 산서, 산동, 안휘, 사천, 운남 등지에서 종식된다.

'백개'의 약명은 《신수본초(新修本草)》에 처음 수록되기 시작하였다. 《중국약전(中國藥典)》(2015년 판)에서는 이 종을 중약 백개자의 법정기원식물 내원종 가운데 하나로 수록하였으며, '백개'를 '백개자', '개(芥)'를 '황개자(黃芥子)'라 부른다고 하였다. 중국의 산서, 산동, 안휘, 신강, 사천, 운남 등지에서 재배된다. 《대한민국약전외한약(생약)규격집》(제4개정판)에는 "십자화과에 속하는 갓(*Brassica juncea* Czern. et Cosson) 또는 그 변종의 잘 익은 씨"를 '개자'로 등재하고 있다.

백개자에는 주로 치오글루코시드가 함유되어 있다. 《중국약전》에서는 고속액체크로마토그래피법을 이용하여 개자에 함유된 시나핀(sinapine cyanide sulfonate)의 함량을 0.50% 이상으로 약재의 규격을 정하고 있다.

약리연구를 통하여 백개의 씨에는 항균, 피부자극 등의 작용이 있으며, 순환계통과 소화분비계통에 일정한 영향을 미치는 것으로 알려져 있다.

한의학에서 개자는 온폐할담이기(溫肺豁痰利氣), 산결통락지통(散結通絡止痛) 등의 작용이 있다.

백개 白芥 *Sinapis alba* L.

백개 白芥 CP, KHP

약재 개자 藥材芥子 Sinapis Semen

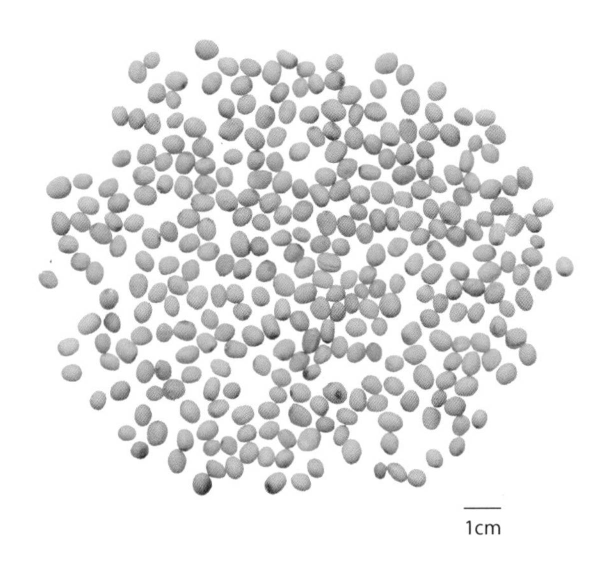

함유성분

씨에는 주로 치오글루코시드 성분으로 sinalbin, 지방산 성분으로 리놀레산, 올레산, erucic acid, 팔미트산, palmitoleic acid[1-3] 등이 함유되어 있다. 또한 myrosin, sinapine과 4-hydroxybenzoylcholine[4], 4-hydroxy benzylamine 등의 성분이 함유되어 있다.
줄기와 잎에는 주로 sinalbin, myrosin, sinapine 등의 성분이 함유되어 있다. 지상부에 함유된 정유성분에는 thymol, limonene, carvacrol, α-pinene, ionone, β-bisabolene[5] 등이 함유되어 있는 것으로 확인되었다.

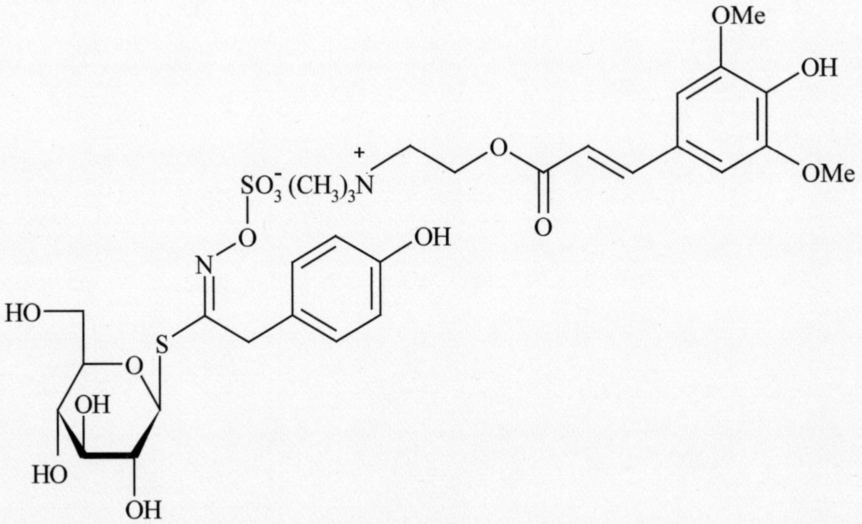

sinalbin

약리작용

1. 진해(鎭咳), 거담(祛痰), 평천(平喘)
   시날빈의 가수분해 산물은 위점막을 자극하며, 반사적으로 기관지 분비를 증가시켜 거담작용을 유도한다[6]. 초백개자와 백개자의 물 추출물은 담다 모델 Rat에 대해서 뚜렷한 거담작용을 나타낸다[7].
2. 항진균
   백개자의 물 침출액은 시험관 내 허란씨황선균, 근색모선균 등 진균에 대해 각기 다른 정도의 억제작용이 있다[6].
3. 방사능 보호
   시나핀은 방사능으로 인한 치사 돌연변이를 억제하며, 활성산소를 제거하여 방사능 조사(照射) 뒤 Mouse 외주혈 내 혈소판 수치를 뚜렷하게 회복시킨다. 방사는 전자파 실험을 통하여 에루스산에는 NO_2를 신속하게 제거하는 작용이 있음을 확인하였다[8].
4. 항남성호르몬
   백개자의 알코올 추출물은 뚜렷한 항남성호르몬작용이 있으며, Mouse의 외부 호르몬에 의한 전립선비대를 뚜렷하게 억제한다[9-11].
5. 피부자극
   시날빈과 미로신이 가수분해되어 생성되는 파라하이드록시벤질이소치오시안산염(p-hydroxybenzyl isothiocyanate)은 피부에 대한 자극작용이 있는데, 피부의 발적, 충혈 등이 유도되며, 심하면 수포가 생성되기도 한다[6]. 백개자와 에페드린을 함께 사용하면 에페드린의 피부흡수를 촉진할 수 있다[12].
6. 기타
   장기적으로 동물에게 배추속(또는 Sinapis속이라고도 함) 식물을 먹일 경우 갑상선이 커지게 된다.

용 도

개자는 중의임상에서 사용하는 약이다. 온폐화담[溫肺化痰, 폐를 따뜻하게 하여 담(痰)을 없애 줌], 이기산결(利氣散結, 기가 울체된 것을 풀어 맺힌 것을 흩어지게 함) 등의 효능이 있으며, 한담천해[寒痰喘咳, 저리며 뼈가 아픈 한담(寒痰)으로 호흡이 가쁘고 기침하는 것], 현음(懸飮), 음저유주[陰疽流注, 음증(陰證)에 속하는 옹저(癰疽)가 이곳저곳 돌아다니다가 일정한 곳에 머물러서 생기는 전이성 다발성 농종(膿腫)] 및 담조경락관절(痰阻經絡關節)에 의한 지체마목(肢體麻木, 팔다리와 몸의 살갗의 감각 기능이 제대로 발휘되지 못하는 병증), 관절종통(關節腫痛, 관절이 붓고 아픈 병증) 등의 병증에 사용한다.
현대임상에서는 기관지염, 효천[哮喘, 효증(哮證)과 천증(喘證)이 합쳐 나타나는 병증], 유행성 시은염, 안면신경마비, 관심병(冠心病, 관상동맥경화증), 갑상선 기능항진, 심박실상, 폐결핵, 낭충병(囊蟲病) 등의 병증에 사용한다.

해 설

중약 백개자는 《중국약전》의 기록에 따라 두 가지 기원이 있는데, 백개와 개(*Brassica juncea* (L.) Czern. et Coss.)의 씨로, 전자는 화북, 동북의 주류 품목이며, 흔히 '백개자'로 불린다. 후자는 '황개자'로 불리며, 화동 지역 개자의 주류 품목이다. 두 종의 식물은 그 기원이 달라 상호 간의 함유성분과 약리작용에 대한 심도 있는 연구가 수행되어야 한다. 황개자는 중국위생부에서 규정한 약식동원품목* 가운데 하나이다.
최근 십자화과의 식물에 대한 연구가 비교적 활발하게 진행되고 있다. 현대임상에서는 전통중의에서 사용하는 백개자를 내, 외, 부인과로 응용범위를 확대하였다[13]. 또한 백개자에 함유되어 있는 흡수형 칼슘은 고칼슘 단백질 식품으로 개발이 가능할 것으로 예상된다[14]. 그러므로 백개에 함유된 각종 성분 추출물을 공예, 약리, 독성 및 제제학적으로 연구범위를 확대할 필요가 있다.

참고문헌

1. 陳振德, 莊志銓, 許重遠. 白芥子油含量及其脂肪酸測定. 廣東藥學院學報. 2001, **17**(2): 113
2. 吳國欣, 歐敏銳, 林躍鑫, 檀東飛. 白芥子脂肪酸成分的研究. 海峽藥學. 2002, **14**(3): 37-40
3. 史麗穎, 吳海歌, 姚子昂, 馮寶民, 王永奇. 白芥子中脂肪酸成分的分析. 大連大學學報. 2003, **24**(4): 98-101
4. LF Liu, T Liu, GX Li, Q Wang, T Ng. Isolation and determination of p-hydroxybenzoylcholine in traditional Chinese medicine *Semen sinapis* Albae. *Analytical and Bioanalytical Chemistry*. 2003, **376**(6): 854-858
5. 吳國欣, 歐敏銳, 林躍鑫, 吳紅京. 白芥子β-谷甾醇的分離與測定. 海峽藥學. 2002, **14**(3): 40-41
6. F Sefidkon, NA Naderi, P Bagaii, MB Rezaee. Essential oil composition of the aerial parts of *Sinapis alba* L. *Journal of Essential Oil-Bearing Plants*. 2002, **5**(2): 90-92

* 부록(559~562쪽) 참고

7. M Ruoppolo, A Amoresano, P Pucci, S Pascarella, F Polticelli, M Trovato, E Menegatti, P Ascenzi. Characterization of five new low-molecular-mass trypsin inhibitors from white mustard (*Sinapis alba* L.) seed. *European Journal of Biochemistry*. 2000, **267**(21): 6486-6492

8. MSC. Pedras, IL Zaharia. Sinalbins A and B, phytoalexins from *Sinapis alba*: elicitation, isolation, and synthesis. *Phytochemistry*. 2000, **55**(3): 213-216

9. 王本祥. 現代中藥藥理學. 天津: 天津科學技術出版社. 1997: 964-966

10. 張學梅, 劉凡亮, 梁文波, 王永奇, 邢福有, 張巍峨, 烏蘭, 付子楝, 吳麗霞. 白芥子提取物的鎮咳, 祛痰及平喘作用研究. 中草藥. 2003, **34**(7): 635-637

11. 歐敏銳, 吳國欣, 林躍鑫. 中藥白芥子研究概述. 海峽藥學. 2001, **13**(2): 8-11

12. 吳國欣, 林躍鑫, 歐敏銳, 檀東飛. 芥子鹼的抗雄激素作用. 中國醫藥學報. 2003, **18**(3): 142-144

13. 吳國欣, 林躍鑫, 歐敏銳, 檀東飛. 白芥子提取物抑制前列腺增生的實驗研究 (I). 中國中藥雜誌. 2002, **27**(10): 766-768

14. 吳國欣, 林躍鑫, 歐敏銳, 檀東飛. 白芥子提取物抑制前列腺增生的實驗研究 (II). 中國中藥雜誌. 2003, **28**(7): 643-646

15. 馬雲淑, 羅艷梅, 潘琦. 麻黃透皮吸收與白芥子促透皮作用的實驗研究. 中國醫藥學報. 2002, **17**(1): 59-60

16. 楊家榮. 漫談白芥子的現代臨床應用. 天津中醫學院學報. 2002, **21**(2): 47-48

17. RE Aluko, M Reaney, T McIntosh, F Ouellet, F Katepa-Mupondwa. Characterization of a calcium-soluble protein fraction from yellow mustard (*Sinapis alba*) seed meal with potential application as an additive to calcium-rich drinks. *Journal of Agricultural and Food Chemistry*. 2004, **52**(19): 6030-6034

방기 青藤 CP, KP, JP

Menispermaceae

Sinomenium acutum (Thunb.) Rehd. et Wils.

Orientvine

개 요

새모래덩굴과(Menispermaceae)

방기(青藤, *Sinomenium acutum* (Thunb.) Rehd. et Wils.)의 덩굴줄기를 건조한 것

중약명: 청풍등(青風藤)

새모래덩굴속(*Sinomenium*) 식물은 전 세계에 오직 1종이 있으며, 약으로 사용된다. 아시아 동부, 중국의 장강유역 및 남부 각 성에 분포한다. 일본에도 분포한다.

'청풍등'의 약명은 《본초강목(本草綱目)》에 처음 수록되었다. 《중국약전(中國藥典)》(2015년 판)에서는 이 종을 중약 청풍등의 법정기원식물 내원종으로 수록하였으며, 《일본약국방(日本藥局方)》(제15판)에서도 이 종을 수록하였다. 이 종은 중국의 장강유역 및 남부 각 성에서 생산된다. 《대한민국약전》(제11개정판)에서는 '방기'를 "방기(*Sinomenium acutum* Rehder et Wilson, 새모래덩굴과)의 덩굴줄기 및 뿌리줄기"로 등재하고 있다.

방기에는 알칼로이드가 주로 함유되어 있으며, 그 가운데 시노메닌이 주요 활성성분이다. 《중국약전》에서는 고속액체크로마토그래피법을 이용하여 청풍등에 함유되어 있는 시노메닌의 함량을 0.50% 이상으로 약재의 규격을 정하고 있다. 《일본약국방》에서는 성상, 현미경 감별 특징, 회분 및 산불용성 회분 등을 이용하여 약재의 규격을 정하고 있다.

약리연구를 통하여 방기에는 항염, 면역억제, 항심율실조(抗心律失調) 및 모르핀 의존성 억제 등의 작용이 있는 것으로 알려져 있다.

한의학에서 청등은 거풍제습(祛風除濕)의 작용이 있다.

방기 青藤 *Sinomenium acutum* (Thunb.) Rehd. et Wils.

방기 靑藤 CP, KP, JP

약재 청풍등 藥材靑風藤 Sinomenii Caulis

함유성분

이 식물에는 주로 알칼로이드 성분으로 sinomenine, sinoacutine, acutumine, acutumidine, sinomenine N-oxide, N-demethylsinomenine, N-norsinoacutine[2], disinomenine, sinactine[3], tuduranine, magnoflorine[4], isosinomenine[5], michelalbine, stepharine[6], 8, 14-dihydrosalutaridine, sinomendine, stepharanine, bianfugenine[7], N-demethyl-N-formyldehydronuciferine[8], liriodenine[9], (+)-menisperine, (+)-laurifoline, dehydrodiscretine, epiberberine, palmatine, acutupyrrocoline[10] 등이 함유되어 있다.
덩굴줄기가 굵으면 굵을수록 시노메닌의 함량은 많아진다[11].

sinomenine

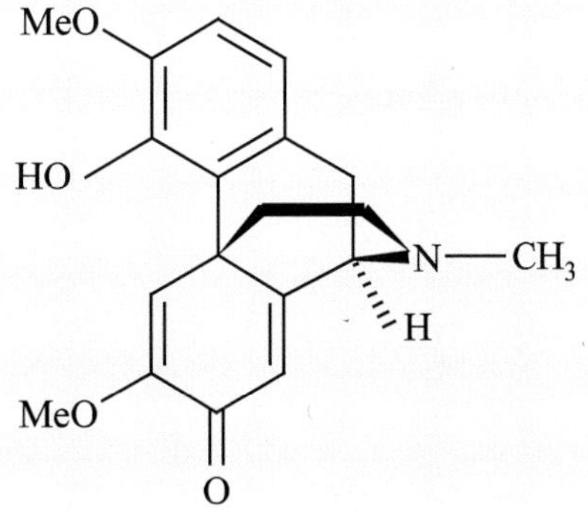

sinoacutine

약리작용

1. 항염

*In vitro*에서 시노메닌은 효모다당 또는 칼슘전자 공여체에 의해 유도되는 Mouse의 복강대식세포가 합성하는 프로스타글란딘 E_2(PGE_2)와 류코트리엔 C_4(LTC_4)를 뚜렷하게 감소시킨다. 항원에 의해서 유도되는 Rat의 급성 관절염(AIA) 모델에 대해서는 단기 또는 중기적 복강주사를 통한 시노메닌의 투여가 관절 종창을 경감하며, 적혈구침강속도(ESR)를 늦추어 준다[13]. *In vitro*에서 Mouse의 비장세포와 인체외주혈단핵세포를 관찰한 결과 시노메닌이 임파세포에 대한 작용이 있는 것으로 확인되었는데, 시노메닌이 임파세포를 가역적으로 억제하는 것이 확인되었다[14]. 아울러 인터루킨-6(IL-6)의 생성을 증가시키고, 인터루킨-2(IL-2) 세포막 수용체의 발현을 억제한다[15]. 시노메닌은 *in vitro*에서 인체외주혈단핵세포의 인터루킨-1β와 인터루킨-8 mRNA의 발현을 억제함으로써 풍습성 관절염의 생성을 억제하는 작용이 있다[16]. 즉, 콜라겐으로 유도된 Rat 모델에서 시노메닌의 경구투여는 활막세포의 증식과 IL-6 mRNA의 발현을 억제함으로써 윤활막염의 진행을 차단하는 효과를 보인다[17]. 또한 항염작용에 대한 기전연구를 통하여 시노메닌이 단핵/대식세포 계통의 염증기질과 세포인자의 합성을 억제하여 항염작용을 나타내는 것으로 확인되었다[18]. 또한 농도 의존적으로 T세포 내 종양괴사인자-γ(TNF-γ)와 종양괴사인자-α(TNF-α)의 발현을 억제하는데, 이는 세포전사인자 NFκB p65의 핵전이 및 그 억제인자 IκB-α의 감소[20]와 세포핵인자 NF-κB의 활성을 억제[21]하는 것과 관련이 있다. 그 밖에 체외 효소반응 실험체계와 지질다당(LPS)으로 유도된 신경세포 증식실험을 통하여 시노메닌은 사이클로옥시게나제-2(COX-2)로 인한 PGE_2 합성발현에 비교적 강력한 억제작용이 있다[22-23]. 더욱 깊이 있는 연구에서는 시노메닌이 COX-2의 활성에 대하여 선택적 억제효과가 있는 것으로 확인되었으며, 이는 COX 효소의 직접적 작용을 통하여 수행된다[24].

2. 면역억제

ACI-루이스(Lewis) Mouse에 심장을 이식한 뒤 발생하는 이식거부반응에 대한 시노메닌의 작용을 관찰한 결과 복강주사로 시노메닌을 투여할 경우 이식 장기에 대한 생존시간을 연장할 수 있음이 확인되었다[25]. 시노메닌은 *in vitro*에서 활성 T임파세포의 흉선결합, IL-2 합성 및 세포순환주기를 뚜렷하게 감소시킨다[26]. 그 작용기전은 아마도 Th1세포가 생성하는 IL-2를 억제하는 것과 관련이 있는 것으로 생각되며[27], T세포의 군집을 억제[28]하는 것은 외주혈 $CD4^+$T세포의 증식을 억제하고, TNF-α와 인터페론-γ의 발현 수준을 억제함으로써 동종 이체에 대한 면역억제작용을 나타내는 것과 관련이 있다[29]. 그 밖에 자가면역성 뇌척수염 Rat 모델에서 시노메닌의 면역억제작용은 뇌조직의 NF-κB의 활성을 억제하는 것과 관련이 있으며, 이러한 억제작용은 피질효소의 분비와 프로락틴의 분비를 억제하는 것과 관련이 있을 것으로 생각된다[30].

3. 심뇌혈관계통에 대한 영향

1) 혈압강하

시노메닌은 엔도텔린에 의한 적출된 집토끼의 평활근 세포 증식을 억제하며, DNA의 합성도 억제하는데, 이는 시노메닌이 뚜렷하고도 장기적인 혈압강하작용이 있는 것과 관계가 있다[31].

2) 항심박실조

효소분해로 분리된 기니피그의 단일 심실근육세포막 내 나트륨 전자(I_{Na})와 L형 칼슘전자(I_{Ca}–L)에 대한 시노메닌의 영향을 관찰한 결과 시노메닌은 I_{Na}와 I_{Ca}–L에 대해 빈도의존성 저해작용이 있는데, 이는 항심박실조의 주요 작용기전에 해당한다[32]. 시노메닌은 단일 심실근육세포 내 정류칼륨전류 및 정류칼륨전류의 지연에 대해서도 농도 의존적 저해작용이 있는데, 이와 같은 심근세포의 분극작용은 칼륨통로의 저해와 관련이 있는 것으로 생각된다[33].

3) 심장억제

시노메닌과 그 구조이성질체인 8,14-dihydrosalutaridine(DHS)를 정상적인 적출 Rat 심장에 각각 나누어 투여하면 두 가지 모두 심장에 대해 직접적인 억제작용이 있는데, 심장의 수축기능을 저하하며, 특히 DHS는 허혈성 Rat 심장의 확장작용에 대해 뚜렷한 보호효과가 있다[34–35].

4) 혈관신생 억제

시노메닌은 *in vitro*와 *in vivo*에서 염기성 섬유모세포생장인자(bFGF)에 의해 유도되는 혈관의 생성을 억제할 수 있으며, 혈관의 투과성을 저하시킨다. 또한 과립형 백혈구의 유주를 억제함으로써 유풍습성 관절염(RA)을 완화하는 작용이 있다[36].

5) 혈관확장

시노메닌은 *in vitro*에서 Ca^{2+}통로와 프로테인키나아제의 활성을 억제할 수 있으며, 내피세포의 일산화질소와 프로스타글란딘 I_2의 활성을 증가시켜 혈관을 이완하는 작용을 나타낸다[37].

4. 모르핀 의존성 억제

투여량 증가법에 의해 유도된 모르핀 의존성 Mouse 모델에서 시노메닌의 복강주사는 모르핀 의존성 Mouse의 금단증상을 억제할 수 있으며, Mouse와 Rat에서 나타나는 체중감소를 뚜렷하게 완화하는데, 그 작용기전은 모노아민류 신경기질 문란을 조절하는 것과 관련이 있다[38–39]. 기니피그의 적출 회장 실험에서 청풍등의 물 추출물도 모르핀 의존에 의한 금단증상을 억제한다[40]. 그 밖에도 청풍등을 연속해서 위에 주입할 경우 모르핀으로 인한 Mouse의 위치편향 증상을 뚜렷하게 억제하며, 아울러 Mouse에게 이미 형성된 조건성 위치편향 증상에도 일정한 억제작용이 있다[41–42].

5. 진통

시노메닌을 위에 주입하거나 피하에 주사하면 Mouse의 초산으로 유도된 몸비틀기 반응 및 전기자극으로 이한 꼬리부위의 경련 반응을 억제하는 작용이 있다[43–44].

6. 항불안장애

시노메닌을 경구로 투여하면 고가십자미로에서 Mouse의 고가절단면에 방문하는 횟수와 머무는 시간을 증가시키며, 명암상 모형 내에서 Mouse가 밝은 곳에 머무는 시간 및 활동량을 증가시킨다. 또한 Mouse의 무리 내 접촉시험에서 무리와의 접촉시간을 증가시킴으로써 뚜렷한 항불안장애작용을 나타낸다[45].

용 도

청풍등은 중의임상에서 사용하는 약이다. 거풍통락[祛風通絡, 풍사(風邪)로 생긴 병을 물리쳐서 경락에 기가 잘 통하게 함], 제습지통[除濕止痛, 습(濕)을 제거하여 통증을 그치게 함] 등의 효능이 있으며, 풍습비통(風濕痹痛, 풍습으로 인해 관절이 아프고 통증이 심해지는 증상), 역절풍(歷節風, 관절이 붓고 통증이 극심하며 구부리고 펴기를 잘하지 못하는 병), 학슬풍[鶴膝風, 신음(腎陰)이 허한 데다 풍(風) · 한(寒) · 습사(濕邪)가 다리에 침입하여 생기는 병증], 각기종통[脚氣腫痛, 각기(脚氣)로 붓고 아픈 것] 등의 치료에 사용한다.

현대임상에서는 풍습 및 유풍습성 관절염, 골질증생(骨質增生, 퇴행성 디스크) 등에 사용하며, 지체동통(肢體疼痛, 팔다리와 몸의 통증)과 심율실상(心律失常, 부정맥)에도 사용한다.

해 설

《중국약전》에서는 방기의 변종인 모청등(*Sinomenium acutum* (Thunb.) Rehd. et Wils. var. *cinereum* Rhed. et Wils.)도 중약 청풍등의 법정 기원식물 내원종으로 기록하고 있다. 그러나 《중국식물지(中國植物誌)》에는 두 가지를 하나의 종으로 기록하고 있으며, 연구를 통하여 두 종에 함유되어 있는 시노메닌의 양이 큰 차이가 없음이 확인되어[11] 그 변종을 하나로 간주하는 것이 적절한 것으로 판단되고 있다.

최근 방기의 추출물을 이용한 제제가 널리 사용되고 있다. 시노메닌의 약리작용은 뚜렷하고 확실하지만 시노메닌의 반감기가 짧아 체내에서 비교적 빠르게 대사되는 단점이 있으므로 여러 번에 걸쳐 투약해야만 만족할 수 있는 효과에 도달할 수 있어서, 시노메닌에 대한 응용방법과 제형에 대한 심도 있는 연구가 필요하다. 현재 중국에서는 시노메닌을 풍습 및 유풍습성 관절염의 치료에 사용하고 있으며, 최근의 약리연구에서는 시노메닌이 심혈관과 해독에 있어서 비교적 양호한 작용을 하는 것으로 알려져 있어서 동 분야에 대한 개발과 응용방법에 대한 연구가 더욱 강화될 필요가 있다.

시장에서 판매되는 청풍등은 혼용품이 비교적 많은데 대표적으로 꼭두서니과의 계시등이 있으므로 사용 시 특별한 주의가 필요하다.

참고문헌

1. 日本公定書協會. 日本藥局方 (十五版). 東京: 廣川書店. 2006: 3719
2. GH Bao, GW Qin, R Wang, XC Tang. Morphinane alkaloids with cell protective effects from *Sinomenium acutum*. *Journal of Natural Products*. 2005, **68**(7): 1128-1130
3. K Goto, H Sudzuki. Sinomenine and disinomenine. IX. Acutumine and sinactine. *Bulletin of the Chemical Society of Japan*. 1929, **4**: 220-224
4. M Tomita, T Kugo. Alkaloids of menispermeceous plants. CXXXVII. Isolation of magnoflorine from *Sinomenium acutum*. *Yakugaku Zasshi*. 1956, **76**: 857-859
5. Y Sasaki, S Ueda. Alkaloids of menispermaceous plants. CLX. Alkaloids of *Sinomenium acutum*. Suppl. 2. *Yakugaku Zasshi*. 1958, **78**: 44-49
6. Y Sasaki, K Onji. Isolation of minor alkaloids from *Sinomenium acutum*. *Yakugaku Zasshi*. 1968, **88**(10): 1286-1288
7. 陳雅研, 邱翠嫦, 沈莉, 高從元, 喬梁, 王勳. 清風藤微量生物鹼的研究. 北京醫科大學學報. 1991, **23**(3): 235-237
8. T Nozaka, I Morimoto, M Ishino, T Okitsu, H Kondoh, K Kyogoku, Y Sugawara, H Iwasaki. Mutagenic principles of Sinomeni Caulis et Rhizoma. I. The structure of a mutagenic alkaloid, N-demethyl-N-formyldehydronuciferine, in the neutral fraction of the methanol extract. *Chemical & Pharmaceutical Bulletin*. 1987, **35**(7): 2844-2848
9. M Jiang, K Kameda, LK Han, Y Kimura, H Okuda. Isolation of lipolytic substances caffeine and 1,7-dimethylxanthine from the stem and rhizome of *Sinomenium acutum*. *Planta Medica*. 1998, **64**(4): 375-377
10. H Otsuka, A Ito, N Fujioka, K Kawamata, R Kasai, K Yamasaki, T Satoh. Butenolides from *Sinomenium acutum*. *Phytochemistry*. 1993, **33**(2): 389-392
11. ZZ Zhao, ZT Liang, H Zhou, ZH Jiang, ZQ Liu, YF Wong, HX Xu, L Liu. Quantification of sinomenine in Caulis Sinomenii collected from different growing regions and wholesale herbal markets by a modified HPLC method. *Biological & Pharmaceutical Bulletin*. 2005, **28**(1): 105-109
12. L Liu, J Riese, K Resch, V Kaever. Impairment of macrophage eicosanoid and nitric oxide production by an alkaloid from *Sinomenium acutum*. *Arzneimittel-Forschung*. 1994, **44**(11): 1223-1226
13. L Liu, E Buchner, D Beitze, C B Schmidt-Weber, V Kaever, F Emmrich, RW Kinne. Amelioration of rat experimental arthritides by treatment with the alkaloid sinomenine. *International Journal of Immunopharmacology*. 1996, **18**(10): 529-543
14. L Liu, K Resch, V Kaever. Inhibition of lymphocyte proliferation by the anti-arthritic drug sinomenine. *International Journal of Immunopharmacology*. 1994, **16**(8): 685-691
15. 塗勝豪, 胡永紅, 陸付耳. 青藤鹼對人淋巴細胞產生 IL-2, IL-2R 和 IL-6 的影響. 中國實驗臨床免疫學雜誌. 1998, **10**(5): 12-14
16. 劉良, 李曉娟, 王培訓, 王文君, 周聯, 梁瑞燕, 曹柳英. 青藤鹼對人外周血單個核細胞 IL-1β 和 IL-8 細胞因子基因表達的影響. 中國免疫學雜誌. 2002, **18**(4): 241-244
17. 劉曉玲, 陳光星, 李曉娟, 黃清春, 劉清平, 陳紀藩. 青藤鹼對 II 型膠原誘導關節炎大鼠骨膜炎症的抑制作用及其機理探討. 廣州中醫藥大學學報. 2002, **19**(3): 214-217
18. 李曉娟, 王培訓, 劉良, 王文君, 周聯, 梁瑞燕, 曹柳英. 青藤鹼抗炎抗風濕作用機理研究. 廣州中醫藥大學學報. 2004, **21**(1): 34-36
19. 李曉娟, 王培訓, 劉良, 陳光星, 肇靜嫻, 曾耀英, 陳紀藩. 青藤鹼對 T 淋巴細胞活化及 TH1 類細胞內細胞因子表達的影響. 中國免疫學雜誌. 2004, **20**(4): 249-252, 258
20. 金曉琨, 李衛東, 滕慧玲, 林志彬. 青藤鹼對核轉錄因子 κB 及其抑制因子 IκB 的影響. 中國藥理學通報. 2004, **20**(7): 788-791
21. 方勇飛, 王勇, 周新, 鍾兵, 柏幹蘋, 張春. 青藤鹼對佐劑性關節炎大鼠骨膜細胞核因子 κB 信號轉導的影響及其機理. 中國臨床康復. 2005, **9**(7): 204-205
22. 王文君, 王培訓. 青藤鹼對環氧化酶 2 活性的選擇性抑制作用. 廣州中醫藥大學學報. 2002, **19**(1): 46-47, 51
23. 陳煒, 沈悅娣, 趙光樹, 姚杭平. 青藤鹼對脂多糖誘導的神經細胞環氧化酶-2表達的影響. 中國中藥雜誌. 2004, **29**(9): 900-903
24. 王文君, 王培訓, 李曉娟. 青藤鹼抗炎機理: 青藤鹼對人外周血單個核細胞環氧化酶活性及其基因表達的影響. 中國中藥雜誌. 2003, **28**(4): 352-354
25. D Candinas, W Mark, V Kaever, T Miyatake, N Koyamada, P Hechenleitner, WW Hancock. Immunomodulatory effects of the alkaloid sinomenine in the high responder ACI-to-Lewis cardiac allograft model. *Transplantation*. 1996, **62**(12): 1855-1860
26. B Vieregge, K Resch, V Kaever. Synergistic effects of the alkaloid sinomenine in combination with the immunosuppressive drugs tacrolimus and mycophenolic acid. *Planta Medica*. 1999, **65**(1): 80-82
27. 楊龐, 楊維艷, 羅志剛. 青藤鹼對腎移植大鼠 IL-2 的影響. 中國現代醫學雜誌. 2003, **13**(8): 21-22, 26
28. 楊龐, 楊維艷, 羅志剛. 青藤鹼對腎移植大鼠 T 細胞亞群的影響. 臨床泌尿外科雜誌. 2003, **18**(10): 620-622
29. 王毅, 陳正, 熊烈, 羅志剛, 秦國慶, 李建軍. 青藤鹼對腎移植大鼠急性排斥反應及 T 細胞增殖的影響. 中華實驗外科雜誌. 2004, **21**(5): 573-574
30. 郭琳, 李躍華, 季曉輝, 李菁, 閻玲俐, 李玉華, 張穎冬. 鹽酸青藤鹼對實驗性自身免疫性腦脊髓炎大鼠腦內核轉錄因子 κB 活性的作用. 免疫學雜誌. 2005, **21**(1): 1-4
31. 李樂. 青藤鹼對家兔平滑肌細胞增殖的影響. 西安醫科大學學報. 2000, **21**(3): 205-206, 210
32. 丁仲如, 李庚山, 蔣錫嘉, 許家俐, 王騰. 青藤鹼對豚鼠單個心室肌細胞膜鈉, 鈣離子通道的阻滯作用. 中國心臟起博與心電生理雜誌. 2000, **14**(1): 39-41
33. 黃從新, 丁仲如, 李庚山, 許家琍, 蔣錫嘉, 王騰, 唐其柱. 青藤鹼對豚鼠心室肌細胞膜鉀離子通道的阻滯作用. 中國心臟起博與心電生理雜誌. 1997, **11**(1): 36-38
34. 金其泉, 韋穎梅. 8,14-二氫薩魯塔裏啶鹼和青藤鹼對大鼠離體心臟功能的影響. 中國藥理學通報. 1995, **11**(2): 139-142
35. 韋穎梅, 金其泉. 8,14-二氫薩魯塔裏啶鹼對缺血心臟舒張功能的保護作用. 中國藥理學通報. 1997, **13**(2): 180-182
36. TW Kok, PY Yue, NK Mak, TP Fan, L Liu, RN Wong. The anti-angiogenic effect of sinomenine. *Angiogenesis*. 2005, **8**(1): 3-12
37. S Nishida, H Satoh. In vitro pharmacological actions of sinomenine on the smooth muscle and the endothelial cell activity in rat aorta. *Life Sciences*. 2006, **79**(12): 1203-1206
38. 王彩雲, 莫志賢, 梁榮能. 青藤鹼對嗎啡依賴小鼠催促戒斷症狀的影響. 解放軍藥學學報. 2002, **18**(3): 134-136
39. 王彩雲, 莫志賢, 朱秋雙, 文磊. 青藤鹼對嗎啡依賴大鼠戒斷症狀及單胺類神經遞質的影響. 中藥材. 2002, **25**(5): 337-339
40. 王彩雲, 莫志賢, 朱國鴻. 青藤鹼對嗎啡在離體迴腸中依賴性的作用. 第四軍醫大學學報. 2003, **24**(5): 421-423
41. 莫志賢, 許丹丹, 王彩雲. 青風藤和青藤鹼在體外及體內對嗎啡依賴模型納洛酮催促戒斷反應的影響. 中國臨床康復. 2004, **34**(8): 7879-7881

42. 莫志賢, 梁榮能, 王彩雲. 青風藤及青藤鹼對嗎啡依賴小鼠位置偏愛效應及 cAMP 水平的影響. 中國現代應用藥學雜誌. 2004, **21**(2): 87-90
43. 霍海如, 車錫平. 青藤鹼鎮痛和抗炎作用機理的研究. 西安醫科大學學報. 1989, **10**(4): 346-349
44. 王曉洪, 邱賽紅, 董紹象, 仇萍, 吳飛馳. 青藤鹼片的藥效學研究. 中藥藥理與臨床. 1997, **13**(4): 23-25
45. SW Chen, XJ Mi, R Wang, WJ Wang, WX Kong, YJ Zhang, YL Li. Behavioral effects of sinomenine in murine models of anxiety. *Life Sciences*. 2005, **78**(3): 232-238

도아칠 桃兒七 CP

Berberidaceae

Sinopodophyllum hexandrum (Royle) Ying
Himalayan Mayapple

개 요

매자나무과(Berberidaceae)

도아칠(桃兒七, *Sinopodophyllum hexandrum* (Royle) Ying)의 뿌리 및 뿌리줄기를 건조한 것 — 중약명: 도아칠

티베트약에서 그 건조한 잘 익은 열매 — 티베트약명: 소엽련(小葉蓮)

도아칠속(*Sinopodophyllum*) 식물은 단일종이며, 후에 다시 팔각련속과 합병되어 귀구속이 되었다. 이 종은 중국, 네팔, 부탄, 인도 북부, 파키스탄, 아프간 동부와 카슈미르 등지에 분포하며, 현재 중국에서 3급 희귀식물 보호품종으로 지정되어 있다.

도아칠은 'Omose'라는 명칭으로 《월왕약진(月王藥珍)》에 처음 수록되었다. 《중국약전(中國藥典)》(2015년 판)에서는 이 종을 중약 소엽련의 법정기원식물 내원종으로 수록하였다. 주요산지는 중국의 사천, 서장, 섬서, 감숙 등지이며, 대부분 원료약재로 사용된다.

도아칠의 주요성분은 리그난류 화합물이며, 플라보노이드 화합물도 함유하고 있다. 도아칠에 함유된 포도필로톡신과 피크로포도필로톡신은 항암 유효성분이며, 그 가운데 포도필로톡신은 여러 종의 항암약물을 합성할 수 있는 전구체 화합물이다. 《중국약전》에서는 성상 감별을 통해 티베트약 소엽련의 규격을 정하고 있으며, 문헌에서는 포도필로톡신류의 리그난을 약재 품질관리의 지표성분으로 정하고 있다.

약리연구를 통하여 도아칠에는 항종양, 항방사능, 항산화, 간 보호 및 항염 등의 작용이 있다.

한의학에서 도아칠은 거풍제습(祛風除濕), 활혈지통(活血止痛), 거담지해(祛痰止咳)의 작용이 있다. 티베트의학(藏醫)에서 소엽련에는 활혈조경(活血調經), 지해평천(止咳平喘), 건비이습(健脾利濕)의 작용이 있다.

도아칠 桃兒七 *Sinopodophyllum hexandrum* (Royle) Ying

도아칠 桃兒七 CP

약재 도아칠 藥材桃兒七
Sinopodophylli Radix et Rhizoma

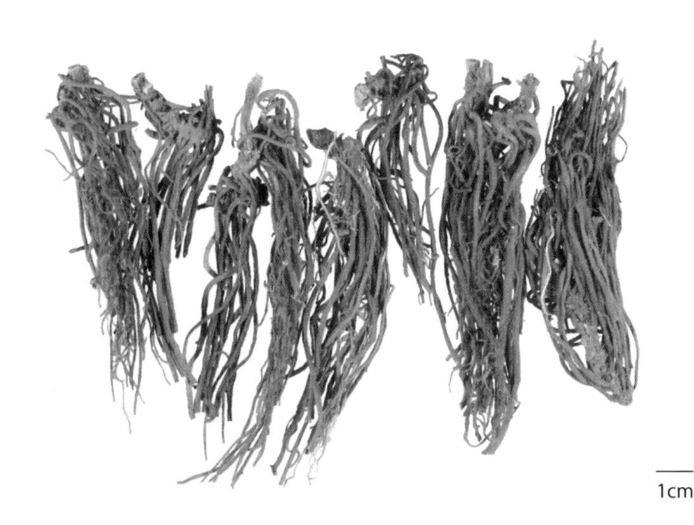

함유성분

뿌리와 뿌리줄기에는 리그난 성분으로 podophyllotoxin, deoxypodophyllotoxin, picropodophyllotoxin, isopodophyllotoxin-7′-O-β-D-glucopyranosyl-(1→6)-β-D-glucopyranoside, 4-demethyl-picropodophyllotoxin-7′-O-β-D-glucopyranoside[2], 4-demethyl-epipodophyllotoxin-7′-O-β-D-glucopyranoside[3], L-picropodophyllotoxin-7′-O-β-D-glucopyranosyl-(1→6)-β-D-glucopyranoside, L-picropodophyllotoxin-7′-O-β-D-glucopyranoside[4], 플라보노이드 성분으로 kaempferol, quercetin, kaempferol-3-O-β-D-glucopyranoside, rutin, kaempferol-3-O-rutinoside[5] 등이 함유되어 있다.
열매에는 deoxypodophyllotoxin, podophyllotoxin, 4′-demethyldeoxypodophyllotoxin, 8-prenylkaempferol[6] 등의 성분이 함유되어 있다.

podophyllotoxin

picropodophyllotoxin

약리작용

1. 항종양

   In vitro 실험에서 도아칠의 뿌리 및 뿌리줄기의 에탄올 추출물은 배양된 인체백혈병세포 K562 및 Mouse 백혈병세포 L1210과 L7712에 대해 살상작용이 있다[7]. 도아칠의 뿌리, 뿌리줄기 및 열매의 알코올 및 물 추출물과 포도필로톡신, 데옥시포도필로톡신과 4'-피크로포도필로톡신 등은 Mouse의 이식성 간암 HepA, 에를리히복수암(EAC) EAT 및 인체 유선암 말론디알데하이드(MDA) 468과 MCF7에 대해서도 일정한 억제작용이 있다[8-9]. 도아칠의 물 추출물은 방사선에 의해 유도되는 암세포의 괴사를 증가시킬 수 있다[10]. 도아칠에서 분리한 4-demethyl-picropodophyllotoxin-7'-O-β-D-glucopyranoside(4-DPG)는 인체 자궁경부암세포 HeLa와 인체 신경세포암세포 SH-SY5Y에 대해 세포독성 작용이 있는데, 이는 p53-의존경로를 통해 세포괴사를 유도하는 것으로 생각된다[11].

2. 항산화, 방사능손상 보호

   도아칠의 물 추출물을 Mouse에 복강주사로 투여하면 방사능 조사(照射)로 유도된 장관 내 융모세포의 생존수치를 증가시키며, 세포괴사 발생률을 감소시킨다[12]. 또한 방사는 조사로 발생한 정자 생성 장애[13], 생리지표변화[14] 및 신경원 손상[15] 등에 대해 뚜렷한 보호효과가 있다. 소량의 포도필로톡신을 함유한 도아칠의 추출물은 *in vitro*에서 뚜렷한 항산화 활성과 활성산소 제거효과가 있으며, Mouse의 복강주사는 방사능으로 인한 용혈현상을 뚜렷하게 억제하고, 일산화질소(NO) 수준을 저하시킨다[16]. 실험을 통하여 도아칠의 알코올 추출부위와 함수 알코올 추출부위에는 뚜렷한 방사능 보호효과가 있는데, 그중 도아칠의 함수 알코올 추출물에서 분리해 낸 quercetin-3-O-β-D-galactopyranoside는 매우 치명적인 방사능 γ선에 의한 신장과 신경계통지질, 단백질 손상 등에 대해 보호작용이 있다[17-18]. 포도필로톡신은 효모균의 Co-γ로 인한 방사능 손상에 대해 보호효과가 있다[19]. 기전연구를 통하여 도아칠의 물 추출물은 항산화[20], 슈퍼옥시드디스무타아제 활성[21], 활성산소(ROS) 감소 및 NO 생성의 감소[22]를 통하여 글루타치온의 함량을 증가시킴으로써 방사능으로 인한 미토콘드리아 세포막 전위 감소[23]를 억제하며, 항산화효소를 보호하고, 지질과산화(LPO)를 감소시키고 티올의 함량을 증가시킨다. 또한 세포사망에 관련된 단백질의 발현을 조절하여 방사능에 대한 보호작용을 나타낸다[26].

3. 간 보호

   도아칠의 뿌리, 뿌리줄기 및 열매의 알코올 추출물 및 포도필로톡신을 경구로 투여하면 CCl_4에 의해 유도된 Mouse의 간지수, 혈청 글루타민산 피루빈산 트랜스아미나제(sGPT) 및 글루타민산 옥살로초산 트랜스아미나제(sGOT)의 상승을 억제함으로써 간 손상에 대한 보호작용을 나타낸다.

4. 기타

   도아칠의 물 추출물은 *in vitro*에서 복강대식세포의 지질다당류로 유도된 아질산염의 생성을 억제하며, 인터페론-γ, 인터루킨-6 및 종양괴사인자-α(TNF-α)의 분비를 억제하여 항염 활성을 나타낸다[26]. 또한 복막 대식세포 내 포도필로톡신은 초파리에 대한 살충작용을 나타낸다[27].

용 도

도아칠은 중의임상에서 사용하는 약이다. 거풍제습[祛風除濕, 풍습(風濕)을 없애 줌], 활혈지통(活血止痛, 혈액순환을 촉진하여 통증을 멈추게 함), 거담지해(祛痰止咳) 등의 효능이 있으며, 풍습비통(風濕痹痛, 풍습으로 인해 관절이 아프고, 통증이 심해지는 증상), 질타손상(跌打損傷, 외상으로 인한 온갖 병증), 월경부조(月經不調), 통경(痛經, 월경통), 완복동통(脘腹疼痛, 복부가 아픈 증상), 해수(咳嗽, 기침) 등의 치료에 사용한다.

현대임상에서는 임파암, 백혈병, 소세포폐암, 자궁경부암, 만성 기관지염, 사마귀 등의 병증에 사용한다.

해 설

도아칠의 뿌리와 뿌리줄기는 '귀구'라는 명칭으로 불리기도 하지만 역대 본초서에 수록된 귀구는 매자나무과 팔각련속 식물인 육각련(*Dysosma pleiantha* (Hance) Woodson) 또는 팔각련(*D. versipellis* (Hance) M. Cheng ex Ying)(본서 제1권의 팔각련 참조)이다. 도아칠은 홍콩 상견독극중약[香港常見毒劇中藥] 31종(광물성 제외)*에 포함되어 있으므로 사용에 주의가 필요하다.

도아칠의 포도필로톡신은 그 부작용이 비교적 커서 임상에서 직접 사용하는 것은 부적절하다. 따라서 그 기본성분을 변화시켜 일련의 활성이 높고 독성이 적은 화합물을 합성하였는데, 그중 에토포시드와 테니포시드의 임상효과가 비교적 뚜렷하여 임파암, 백혈병, 소세포폐암을 치료하는 데 중요한 약물로 사용되고 있다.

---

* 산두근(山豆根), 속수자(續隨子), 천오(川烏), 천선자(天仙子), 천남성(天南星), 파두(巴豆), 반하(半夏), 감수(甘遂), 백부자(白附子), 부자(附子), 낭독(狼毒), 초오(草烏), 마전자(馬錢子), 등황(藤黃), 양금화(洋金花), 귀구(鬼臼), 철봉수[(鐵棒樹), 또는 설상일지호(雪上一枝蒿)], 요양화(鬧羊花), 청랑충(青娘蟲), 홍랑충(紅娘蟲), 반모(斑蝥), 섬수(蟾酥)

도아칠 桃兒七 CP

도아칠은 항암약물의 전구물질인 포도필로톡신의 원료식물이며, 시장에서 수요가 지속적으로 증가되고 있어 야생자원이 빠르게 고갈되고 있다. 따라서 자원에 대한 연구가 강화되어야 할 것이며, 도아칠의 재배단지와 야생종의 유전다양성 보전 단지를 조성함으로써 도아칠의 지속적 이용을 보장할 필요가 있다. 아울러 도아칠의 대용품과 새로운 자원개발에 대한 연구가 개진되어야 할 것이다. 그 밖에 식물세포 배양과 모상근 유도 등의 현대 생물학적 방법을 통하여 고농도의 포도필로톡신을 얻어냄으로써 도아칠 약재의 수요량을 감소시킬 수 있을 것이다.

도아칠의 신선한 과즙은 민간에서 화상과 피부질환을 치료하는 데 사용되며, 피부미용의 효과가 있다. 포도필로톡신은 검은배 초파리에 대해 살충작용이 있다.

참고문헌

1. 尚明英, 徐國鈞, 徐珞珊, 李萍. HPLC 法測定鬼臼類生藥中鬼臼木脂素的含量. 中國藥科大學學報. 1996, **27**(4): 219-222
2. CQ Zhao, J Huang, A Nagatsu, Y Ogihara. Two new podophyllotoxin glucosides from *Sinopodophyllum emodi* (Wall.) Ying. *Chemical & Pharmaceutical Bulletin*. 2001, **49**(6): 773-775
3. CQ Zhao, W Cao, A Nagatsu, Y Ogihara. Three new glycosides from *Sinopodophyllum emodi* (Wall.) Ying. *Chemical & Pharmaceutical Bulletin*. 2001, **49**(11): 1474-1476
4. CQ Zhao, A Nagatsu, K Hatano, N Shirai, S Kato, Y Ogihara. New lignan glycosides from Chinese medicinal plant, *Sinopodophyllum emodi*. *Chemical & Pharmaceutical Bulletin*. 2003, **51**(3): 255-261
5. CQ Zhao, W Cao, J Huang, A Nagatsu, Y Ogihara. Flavonoids from *Sinopodophyllum emodi* (Wall.) Ying. *Natural Medicines*. 2001, **55**(3): 152
6. 尚明英, 李軍, 蔡少青, 李萍, 徐珞珊, 徐國鈞. 藏藥小葉蓮的化學成分研究. 中草藥. 2000, **31**(8): 569-571
7. 王達緯, 郭夫心, 馬學毅. 桃兒七的抗腫瘤作用. 中藥材. 1997, **20**(11): 571-573
8. HC Goel, J Prasad, A Sharma, B Singh. Antitumour and radioprotective action of *Podophyllum hexandrum*. *Indian Journal of Experimental Biology*. 1998, **36**(6): 583-587
9. S Chattopadhyay, VS Bisaria, AK Panda, AK Srivastava. Cytotoxicity of *in vitro* produced podophyllotoxin from *Podophyllum hexandrum* on human cancer cell line. *Natural Product Research*. 2004, **18**(1): 51-57
10. I Prem Kumar, SV Rana, N Samanta, HC Goel. Enhancement of radiation-induced apoptosis by *Podophyllum hexandrum*. *Journal of Pharmaceutical Pharmacology*. 2003, **55**(9): 1267-1273
11. QY Zhang, M Jiang, CQ Zhao, M Yu, H Zhang, YJ Ding, YG Zhai. Apoptosis induced by one new podophyllotoxin glucoside in human carcinoma cells. *Toxicology*. 2005, **212**(1): 46-53
12. CA Salin, N Samanta, HC Goel. Protection of mouse jejunum against lethal irradiation by *Podophyllum hexandrum*. *Phytomedicine*. 2001, **8**(6): 413-422
13. N Samanta, HC Goel. Protection against radiation induced damage to spermatogenesis by *Podophyllum hexandrum*. *Journal of Ethnopharmacology*. 2002, **81**(2): 217-224
14. HC Goel, S Sajikumar, A Sharma. Effects of *Podophyllum hexandrum* on radiation induced delay of postnatal appearance of reflexes and physiological markers in rats irradiated in utero. *Phytomedicine*. 2002, **9**(5): 447-454
15. S Sajikumar, HC Goel. *Podophyllum hexandrum* prevents radiation-induced neuronal damage in postnatal rats exposed in utero. *Phytotherapy Research*. 2003, **17**(7): 761-766
16. RK Sagar, R Chawla, R Arora, S Singh, B Krishna, RK Sharma, SC Puri, P Singh, R Kumar, AK Sharma, S Singh, J Prasad, V Gupta, B Ahmed, KL Dhar, HA Khan, ML Gupta, GN Qazi. Protection of the hemopoietic system by *Podophyllum hexandrum* against gamma radiation-induced damage. *Planta Medica*. 2006, **72**(2): 114-120
17. R Arora, R Chawla, SC Puri, R Sagar, S Singh, R Kumar, AK Sharma, I Prasad, S Singh, G Kaur, P Chaudhary, GN Qazi, RK Sharma. Radioprotective and antioxidant properties of low-altitude *Podophyllum hexandrum* (LAPH). *Journal of Environmental Pathology, Toxicology and Oncology: Official Organ of the International Society for Environmental Toxicology and Cancer*. 2005, **24**(4): 299-314
18. R Chawla, R Arora, R Kumar, A Sharma, J Prasad, S Singh, R Sagar, P Chaudhary, S Shukla, G Kaur, RK Sharma, SC Puri, KL Dhar, G Handa, VK Gupta, GN Qazi. Antioxidant activity of fractionated extracts of rhizomes of high-altitude *Podophyllum hexandrum*: role in radiation protection. *Molecular and Cellular Biochemistry*. 2005, **273**(1-2): 193-208
19. R Chawla, R Arora, RK Sagar, S Singh, SC Puri, R Kumar, S Singh, AK Sharmaa, J Prasad, HA Khan, RK Sharma, KL Dhar, M Spiteller, GN Qazi. 3-O-beta-D-Galactopyranoside of quercetin as an active principle from high altitude *Podophyllum hexandrum* and evaluation of its radioprotective properties. *Zeitschrift für Naturforschung C. Journal of Biosciences*. 2005, **60**(9-10): 728-738
20. M Bala, HC Goel. Radioprotective effect of podophyllotoxin in *Saccharomyces cerevisiae*. *Journal of Environmental Pathology, Toxicology and Oncology: Official Organ of the International Society for Environmental Toxicology and Cancer*. 2004, **23**(2): 139-144
21. IP Kumar, HC Goel. Iron chelation and related properties of *Podophyllum hexandrum*, a possible role in radioprotection. *Indian Journal of Experimental Biology*. 2000, **38**(10): 1003-1006
22. A Mittal, V Pathania, PK Agrawala, J Prasad, S Singh, HC Goel. Influence of *Podophyllum hexandrum* on endogenous antioxidant defence system in mice: possible role in radioprotection. *Journal of Ethnopharmacology*. 2001, **76**(3): 253-262
23. D Gupta, R Arora, AP Garg, HC Goel. Radiation protection of HepG2 cells by *Podophyllum hexandrum Royale*. *Molecular and Cellular Biochemistry*. 2003, **250**(1-2): 27-40
24. D Gupta, R Arora, AP Garg, M Bala, HC Goel. Modification of radiation damage to mitochondrial system *in vivo* by *Podophyllum hexandrum*: mechanistic aspects. *Molecular and Cellular Biochemistry*. 2004, **266**(1-2): 65-77
25. N Samanta, K Kannan, M Bala, HC Goel. Radioprotective mechanism of *Podophyllum hexandrum* during spermatogenesis. *Molecular and Cellular Biochemistry*. 2004, **267**(1-2): 167-176
26. R Kumar, PK Singh, A Sharma, J Prasad, R Sagar, S Singh, R Arora, RK Sharma. *Podophyllum hexandrum* (Himalayan mayapple) extract provides radioprotection by

modulating the expression of proteins associated with apoptosis. *Biotechnology and Applied Biochemistry*. 2005, **42**(Pt 1): 81-92

27. H Prakash, A Ali, M Bala, HC Goel. Anti-inflammatory effects of *Podophyllum hexandrum* (RP-1) against lipopolysaccharides induced inflammation in mice. *Journal of Pharmacy & Pharmaceutical Sciences*. 2005, **8**(1): 107-114

28. M Miyazawa, M Fukuyama, K Yoshio, T Kato, Y Ishikawa. Biologically active components against *Drosophila melanogaster* from *Podophyllum hexandrum*. *Journal of Agricultural and Food Chemistry*. 1999, **47**(12): 5108-5110

청미래덩굴 菝葜 CP, KHP

Smilax china L.

Chinaroot Greenbrier

개 요

백합과(Liliaceae)

청미래덩굴(菝葜, *Smilax china* L.)의 뿌리줄기를 건조한 것

중약명: 발계(菝葜)

밀나물속(*Smilax*) 식물은 전 세계에 약 300여 종이 있으며, 주로 전 세계의 열대 지역에 분포한다. 중국에는 약 60여 종이 생산되며, 대부분 장강 이남의 각 성에 분포한다. 이 속 식물은 중국에서 약 18종이 약으로 사용된다. 이 종은 중국의 산동, 강소, 절강, 복건, 대만, 강서, 안휘, 사천, 운남 등지에 분포하며, 미얀마, 베트남, 태국, 필리핀에도 분포한다.

'발계'의 약명은 《명의별록(名醫別錄)》에 처음 수록되었다. 역대 본초서적에도 다수의 기록이 있으며, 오늘날의 품종과도 일치한다. 《중국약전(中國藥典)》(2015년 판)에서는 이 종을 중약 발계의 법정기원식물 내원종으로 수록하였다. 주요산지는 중국의 절강, 강소, 광서 등지이며, 한반도 및 일본에서도 생산된다. 《대한민국약전외한약(생약)규격집》(제4개정판)에는 "백합과에 속하는 청미래덩굴(*Smilax china* Linné) 또는 광엽발계(光葉菝葜, *Smilax glabra* Roxburgh)의 뿌리줄기"를 '토복령'으로 등재하고 있다.

밀나물속 식물의 주요성분은 사포닌과 플라보노이드이다. 디오스게닌으로 구성된 각종 사포닌류가 발계의 주요 활성성분이다. 《중국약전》에서는 고속액체크로마토그래피법을 이용하여 발계에 함유되어 있는 디오스게닌의 함량을 0.040% 이상으로 약제의 규격을 정하고 있다.

약리연구를 통하여 청미래덩굴에는 항염, 항균, 항종양 등의 작용이 있는 것으로 알려져 있다.

청미래덩굴 菝葜 *Smilax china* L.

청미래덩굴 菝葜 *Smilax china* L. 열매 果

약재 발계 藥材菝葜 Smilacis Chinae Rhizoma

함유성분

뿌리줄기와 뿌리에는 스테로이드 사포닌과 그 아글리콘 성분으로 smilax saponins A, B, C, diosgenin, dioscin, prosapogenin A, gracillin, methylprotogracillin, isonarthogenin-3-O-α-L-rhamnopyransoyl-(1→2)-O-[α-L-rhamnopyranosyl-(1→4)]-β-D-glucopyranoside[1-3], 플라보노이드 배당체 성분으로 dihydrokaempferol-3-O-α-L-rhamnopyranoside, quercetin-4′-O-β-D-glucoside, dihydrokaempferol-5-O-β-D-glucoside[4-6] 등이 함유되어 있다.

smilax saponin B

약리작용

1. 항염

발계의 물 추출물을 Rat에 경구투여하면 카라기난에 의해 유도된 발바닥 종창과 피하주사로 한천(agar)을 주입하여 유도된 육아종의 증식을 억제하는 작용이 있다[7]. 발계의 물 추출액 및 각기 다른 추출물들을 위에 주입할 경우 애주번트관절염(AA)이 있는 Mouse의 속발성 발바닥 종창을 뚜렷하게 억제하며, 흉선과 비장의 중량을 감소시킨다. 또한 CD_4^+T세포를 감소시키고, CD_8^+T세포를 증가시켜 CD_4/CD_8의 비율을 안정화한다[8-9].

2. 항종양

발계의 알코올 추출물은 *in vivo*에서 Mouse 육종세포 S180, 자궁경부암세포 U14 등에 대해 일정한 억제작용이 있다[10].

3. 항균

발계의 메탄올, 에탄올, 부탄올 추출물은 각각 거대아포간균, 고초간균 및 발근농간균에 대해 비교적 강력한 억제작용이 있으며, 클로로포름과 에칠아세테이트 추출물은 근암농간균에 대해서도 뚜렷한 억제활성이 있다. 발계의 에탄올 추출물은 황색포도상구균, 소운금아포간균, 대장균 및 고초간균에 대해서도 억제작용이 있다[11-12].

4. 혈당강하

발계의 열수 추출물을 Mouse에 경구투여하면 아드레날린과 포도당에 의해 유도되는 혈당상승을 뚜렷하게 길항하며, 알록산으로 유도된 당뇨병 Mouse의 혈당농도를 저하시키고, 글리코겐의 합성을 증가시키는 작용이 있다[13].

5. 혈소판응집 억제

발계의 열수 추출액을 Mouse에 경구투여하면 응혈효소부분활성화시간(APTT)을 뚜렷하게 연장시키며, 부탄올 추출물을 위에 주입할 경우 혈중 섬유단백원의 농도를 뚜렷하게 낮추어 준다. 또한 발계의 열수 추출액과 부탄올 추출물을 경구투여하면 인체 외주혈 혈소판응집 기능에 대해 일정한 억제작용이 있다[14].

6. 기타

발계의 추출물 및 함유되어 있는 스테로이드계 사포닌에는 항돌연변이, 항산화 및 활성산소 제거 등의 작용이 있다[15-17].

용 도

토복령은 중의임상에서 사용하는 약이다. 거풍이습[祛風利濕, 풍사(風邪)를 제거하고 습사(濕邪)가 정체된 것을 잘 행하게 해 줌], 해독소옹[解毒消癰, 해독하여서 피부에 발생된 옹저(癰疽)를 없애 줌] 등의 효능이 있으며, 풍습비통(風濕痹痛, 풍습으로 인해 관절이 아프고, 통증이 심해지는 증상), 임탁(淋濁, 성병의 하나로 소변이 자주 나오고 오줌이 탁하고 요도에서 고름처럼 탁한 것이 나오는 병증), 대하(帶下, 여성의 생식기에서 나오는 흰빛 또는 누른빛의 병적인 액체의 분비물), 설사, 이질, 옹종창독(癰腫瘡毒, 살갗에 생기는 종기가 곪아 터진 뒤 오래도록 낫지 않아 부스럼이 되는 병증), 완선(頑癬), 소탕상(燒燙傷, 끓는 물에 데인 상처) 등의 치료에 사용한다.

현대임상에서는 감기, 편도선염, 소화불량, 요로감염, 습진, 우피선[牛皮癬, 완선(頑癬)], 은설병[銀屑病, 홍반(紅斑)과 구진(丘疹)으로 인하여 피부 표면에 여러 층으로 된 백색 비늘가루가 생기는 병증] 등의 병증에 사용한다.

해 설

밀나물속 식물에 함유되어 있는 성분은 스테로이드 사포닌이며, 이는 스테로이드 사포닌의 주요자원이 된다. 그 밖에도 다량의 플라보노이드 및 기타 성분이 함유되어 있어 다양한 생물활성을 나타낸다.

밀나물속 식물은 중의임상에서 난치성 질환을 치료하는 데 사용되는데, 예를 들면 원인불명의 통증, 독기, 습진, 가려움증 등에 독특한 치료효과를 나타내며, 이미 임상에서도 실제로 증명된 바가 적지 않다. 반면 그 치료효과의 물질적 기초와 작용기전에 대한 연구가 다양하게 진전되지 않고 있다. 다양하고 독창적인 약리활성 및 임상응용을 통하여 밀나물속 식물의 연구와 개발이 수행되어야 할 것으로 생각된다.

참고문헌

1. T Kawasaki, I Nishioka, T Tsukamoto, K Mihashi. Saponins of *Smilax china* rhizome. *Yakugaku Zasshi*. 1966, **86**(8): 673-677
2. SW Kim, KC Chung, KH Son, SS Kang. Steroidal saponins from the rhizomes of *Smilax china*. *Saengyak Hakhoechi*. 1989, **20**(2): 76-82
3. Y Sashida, S Kubo, Y Mimaki, T Nikaido, T Ohmoto. Steroidal saponins from *Smilax riparia* and *S. china*. *Phytochemistry*. 1992, **31**(7): 2439-2443
4. 阮漢利, 張勇慧, 趙薇, 譚銀鳳, 孫洲亮, 吳繼洲. 金剛藤化學成分研究. 天然產物研究與開發. 2002, **14**(1): 35-36, 41
5. 馮鋒, 柳文媛, 陳優生, 劉靜涵, 趙守訓. 菝葜中黃酮和芪類成分的研究. 中國藥科大學學報. 2003, **34**(2): 119-121
6. 阮金蘭, 鄒健, 蔡亞玲. 菝葜化學成分研究. 中藥材. 2005, **28**(1): 24-26

7. 陳東生, 呂永寧, 王傑. 菝葜的抗炎作用. 中國醫院藥學雜誌. 2000, **20**(9): 544-545
8. 呂永寧, 陳東生, 鄧俊剛, 田連起. 菝葜對小鼠佐劑性關節炎作用的研究. 中藥材. 2003, **26**(5): 344-346
9. 呂永寧, 陳東生, 熊先智, 田連起, 鄧俊剛. 菝葜不同提取物對小鼠佐劑性關節炎的作用. 中國醫院藥學雜誌. 2004, **24**(9): 517-519
10. 杜德極, 石小楓, 冉長清, 謝定成, 曾慶田. 複方菝葜抗炎, 抗腫瘤及毒性研究. 中成藥. 1989, **11**(12): 29-31
11. JH Song, HD Kwon, WK Lee, IH Park. Antimicrobial activity and composition of extract from *Smilax china* root. *Han'guk Sikp'um Yongyang Kwahak Hoechi*. 1998, **27**(4): 574-584
12. 劉世旺, 遊必綱, 徐艷霞. 菝葜乙醇提取物的抑菌作用. 資源開發與市場. 2004, **20**(5): 328-329
13. 馬世平, 衛敏, 郭健, 趙麗敏. 菝葜對小鼠血糖和肝糖元的影響. 中國現代應用藥學雜誌. 1998, **15**(5): 5-7
14. 呂永寧, 陳東生, 付磊, 李玉倩. 菝葜三種提取物活血化瘀藥理作用研究. 中國藥科大學學報. 200l, **32**(6): 448- 450
15. H Lee, JY Lin. Antimutagenic activity of extracts from anticancer drugs in Chinese medicine. *Mutation Research*. 1988, **204**(2): 229-234
16. SW Kim, KH Son, KC Chung. Mutagenic effect of steroidal saponins from Smilax china rhizomes. *Yakhak Hoechi*. 1989, **33**(5): 285-289
17. SE Lee, EM Ju, JH Kim. Free radical scavenging and antioxidant enzyme fortifying activities of extracts from *Smilax china* root. *Experimental* & *Molecular Medicine*. 2001, **33**(4): 263-268

도둑놈의지팡이 苦蔘 CP, KP, JP

Sophora flavescens Ait.

Lightyellow Sophora

개 요

콩과(Leguminosae)

도둑놈의지팡이(苦蔘, *Sophora flavescens* Ait.)의 뿌리를 건조한 것

중약명: 고삼(苦蔘)

도둑놈의지팡이속(*Sophora*) 식물은 전 세계에 약 70여 종이 있으며, 열대에서 온대 지역까지 넓게 분포한다. 중국에는 약 21종이 있으며, 주로 서남, 화남 및 화동 지역에 자생한다. 약 8종이 약으로 사용된다. 이 종은 중국, 인도, 일본, 한반도 및 러시아의 시베리아 지역에 분포한다.

'고삼'의 약명은 《신농본초경(神農本草經)》에 중품으로 처음 수록되었다. 역대 본초서적에도 다수의 기록이 있으며, 오늘날의 품종과도 일치한다. 《중국약전(中國藥典)》(2015년 판)에서는 이 종을 중약 고삼의 법정기원식물 내원종으로 수록하였다. 중국 각지에서 모두 생산된다.

도둑놈의지팡이의 주요 함유성분은 알칼로이드, 플라보노이드, 트리테르페노이드 사포닌이며, 그 가운데 마트린과 옥시마트린이 주요 활성성분으로 약재 고삼의 품질관리를 위한 주요 지표성분이다. 《중국약전》에서는 고속액체크로마토그래피법을 이용하여 고삼에 함유된 마트린과 옥시마트린의 함량을 1.2% 이상으로 약재의 규격을 정하고 있다.

약리연구를 통하여 도둑놈의지팡이에는 항심율실조(抗心律失調), 항심근섬유화, 항간섬유화 및 항종양 등의 작용이 있는 것으로 알려져 있다.

한의학에서 고삼은 청열조습(淸熱燥濕), 거풍살충(祛風殺蟲)의 작용이 있다.

도둑놈의지팡이 苦蔘 *Sophora flavescens* Ait.

도둑놈의지팡이 苦蔘
Sophora flavescens Ait. 열매가 달린 가지 果枝

약재 고삼 藥材苦蔘
Sophorae Flavescentis Radix

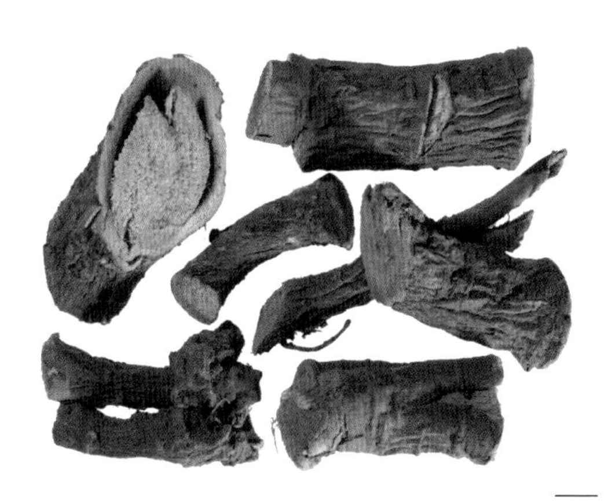

함유성분

뿌리에는 주로 알칼로이드 성분으로 matrine, N-oxymatrine, N-methylcytisine, baptifoline, anagyrine, sophoranol[1], N-oxysophocarpine, sophoridine[2], allomatrine, sophocarpine, 12α-hydroxysophocarpine[3], isomatrine[4], sophoramine, lehmannine and aloperine[5], 플라보노이드 성분으로 kushenols A, B, C, D, E, F, G, H, I, J, K, L, M, N, O, P, Q, R, S, T, U, V, W, X[6-9], kuraridin, kurarinol, sophoflavescenol, trifolirhizin[10], kuraridinol, neokurarinol, norkurarinol, isokurarinone, formononetin[11], kurarinone, norkurarinone, 5-O-methylkushenol C, maackiain[12], isoanhydroicaritin, noranhydroicaritin, xanthohumol, isoxanthohumol, luteolin-7-O-β-D-glucoside, (2S)-2′-methoxykurarinone, sophoraflavanone G, leachianone A[13], sophoranodichromanes A, B, C[14], 8-lavandulylkaempferol[15], 트리테르페노이드 사포닌 성분으로 sophoraflavosides I, II, III, IV[16], 퀴논류 성분으로 kushequinone A[17] 등이 함유되어 있다. 또한 뿌리에는 sinapic acid hexadecyl ester, umbelliferon[18], rifolirhizin-6′-monoacetate[19], kushenin[20] 등이 함유되어 있다.

matrine

kushenin

약리작용

1. 항염

옥시마트린은 *in vitro*에서 세포배양 상청액과 국소 염증 삼출액에 함유된 종양괴사인자-α(TNF-α), 인터루킨-6 및 인터루킨-8 등에 대해 억제작용이 있으며[21], 복강주사는 디메칠벤젠에 의한 Mouse의 귓바퀴 종창 및 덱스트란에 의한 Rat의 발바닥 종창 등에 뚜렷한 억제작용이 있다[22]. 그 밖에 고삼에서 분리한 소포라플라바논 G를 경구로 투여할 경우 파두유로 유도된 귓바퀴 종창과 카라기난으로 유도된 발바닥 종창에 대해 일정한 항염작용이 있다[23].

2. 항종양

마트린은 *in vitro*에서 교질암세포 BT325, U251 및 백혈병세포 K562, 인체 골육종세포 MG-63 등의 증식을 억제한다[24-28]. 마트린은 *in vitro*에서 대장암세포 HT-29의 사이클로옥시게나제-2(COX-2) 유전자 전이, 단백질 발현 및 기능 활성화를 선택적으로 억제한다[29]. 마트린을 Rat의 복강에 주사하면 세포주기의 정지를 유도하여 간암세포가 과도하게 증식하는 것을 억제하는데, 이를 통하여 2-아세틸아미노플루오렌에 의해 유도되는 간암을 예방하거나 지연시키는 작용을 한다[35]. 마트린을 복강에 주사하면 Mouse의 H22 실체암 성장을 뚜렷하게 억제한다[30]. 옥시마트린은 *in vitro*에서 난소암세포 SKOV3, 유선암세포 MCF-7의 괴사를 유도하며 결장암세포 SW1116에 대해서도 살상작용이 있다[33]. 또한 간암세포가 유도하는 혈관내피세포의 증식을 억제한다[34].

3. 간섬유화 억제, 간 보호

In vitro 실험을 통하여 마트린에는 간섬유화를 뚜렷하게 억제하는 작용이 있음이 확인되었는데, 그 작용기전은 대식세포 섬유화인자의 생성을 억제하는 것과 관련이 있다[36]. 마트린은 간세포 내의 MMP-2mRNA와 MMP-2 활성단백의 발현을 억제하고, 세포외기질(ECM)의 방출을 촉진하며, 섬유화 유도세포의 증식과 분열 및 ECM의 침적과 합성을 억제한다[38-39]. 옥시마트린은 인체 면역기능을 조절할 수 있으며, 간성상세포(HSC)의 활성과 형질전환생장인자-β1(TGF-β1)의 생성을 억제함으로써 TIMP-1의 발현을 감소시킨다[40-42]. 마트린과 옥시마트린을 정맥주사를 통해 Rat에 투여하면 간허혈 재관류로 손상된 간세포를 보호하는 작용이 있다[43-44]. 마트린의 꼬리정맥주사는 콘카나발린 A로 유도된 간 손상 Mouse의 인터페론-γ와 종양괴사인자-α(TNF-α)를 뚜렷하게 억제함으로써 간 조직의 병리변화를 경감시킨다[37].

4. 심혈관계통에 대한 영향

1) 항심근섬유화

마트린은 *in vitro*에서 안지오텐신 II와 CFb의 증식을 뚜렷하게 억제함으로써 항심근섬유화 작용을 나타내며, 그 작용기전은 bcl-2의 발현억제, Bax 유전자의 발현증가 및 카스파제-3의 활성화 증가 등과 관련이 있다[45-48]. 마트린은 자발성 고혈압 Rat의 심근간질 섬유화를 억제하는 작용도 있다[49].

2) 항심박실조

In vitro 기니피그 심실근세포 실험을 통하여 옥시마트린은 심근세포의 나트륨 통로를 차단하고, 심근세포막의 L형 칼슘통로 전류를 증가시킴과 동시에 칼슘통로를 억제하여 심박실상을 개선하는 작용을 한다[50-52].

3)기타

옥시마트린은 정상 두꺼비의 적출된 심장 및 펜토바르비탈과 칼슘저하로 유도된 심허모델 심장의 수축력과 박출량 등을 뚜렷하게 증가시키는 강심(強心)작용이 있다[53]. *In vitro*에서 마트린은 노르아드레날린에 의해 유도된 미오신H사슬(MHC)의 병리성 전환작용을 뚜렷하게 역전시킨다[54].

5. 기타

고삼에서 분리해 낸 플라보노이드류 화합물은 항균 및 항남성호르몬의 작용이 있으며[9], 아울러 α-글루코시다아제와 β-아밀라아제에 대해서도 억제작용이 있다[55]. 쿠라리놀, 쿠라리딘, 쿠라리논 및 쿠세놀 H와 K 등은 diacylglycerol acyltransferase(DGAT)와 cGMP의 활성을 억제한다[56-58]. 옥시마트린을 복강에 주사하면 빙초산 및 열판자극으로 인한 Mouse의 통증반응을 억제한다[59]. 소포리딘은 콕사키바이러스 B3을 억제하는 작용이 있다[60]. 마트린에는 올레산으로 유도되는 급성 폐 손상을 감소시키는 작용이 있다[61].

용 도

고삼은 중의임상에서 사용하는 약이다. 청열조습[清熱燥濕, 열기를 내리며 습사(濕邪)를 제거하는 것], 살충이뇨(殺蟲利尿) 등의 효능이 있으며, 습열사리[濕熱瀉痢, 대장에 습열사(濕熱邪)가 몰려서 이질을 하는 증상], 황달뇨적(黃疸尿赤, 황달이 있으면서 소변이 붉게 짙어진 병증), 대하음양[帶下陰癢, 냉대하(冷帶下)에 가려움증이 동반된 것], 습진개선(濕疹疥癬), 소변불리(小便不利, 소변배출이 원활하지 못함) 등의 치료에 사용한다.

현대임상에서는 급·만성 장염, 적충성 음도염(滴蟲性陰道炎, 질염), 피부병, 심박실조, 기관지 해수(咳嗽, 기침) 및 천식형 만성 기관지염 등에 사용한다.

해 설

오늘날 임상에서는 마트린과 옥시마트린을 B형 간염 치료에 사용한다. 그러나 약리학적으로 이 두 성분은 심혈관과 종양에 대해서도 비교적 양호한 활성이 있으므로 심혈관과 종양에 대한 제품을 개발하기 위한 노력이 필요하다. 동시에 플라보노이드류 성분도 다양한 약리활성이 있는 것으로 확인되었으므로 고삼에 함유된 플라보노이드와 트리테르페노이드 사포닌류 성분에 대해서도 약리활성 연구가 필요하며, 이를 통하여 고삼의 자원을 충분히 이용해야 할 것이다.

도둑놈의지팡이는 자원이 광범위하게 분포하지만 생산지에 따라 고삼에 함유된 마트린과 옥시마트린의 함량은 큰 차이가 있는데, 이는 고삼의 사용과 생산에 매우 큰 영향을 미치게 된다. 임상에서의 치료효과와 약재의 품질을 보장하기 위해서는 고삼 자원에 대한 연구가 더욱 강화되어야 하며, 도둑놈의지팡이의 대규모 재배단지가 조성되어야 할 것이다.

고대 문헌 기록에 따르면 고삼에는 살충작용이 있으며, 현대의 연구에서도 고삼의 알칼로이드와 플라보노이드 등에 매우 탁월한 살충활성이 있음이 밝혀졌다. 동시에 안전성 실험을 통해서 고삼은 독성이 매우 낮은 것으로 확인되었으므로 인체 및 동물에 대해 광범위하게 사용할 수 있는 식물살충제로 개발이 가능하며, 고삼을 이용한 생물농약 개발 분야의 연구도 강화되어야 할 것이다.

참고문헌

1. AM Abdel-Bake, KF Blinova. Alkaloids from *Sophora flavescens* roots. *Khimiya Prirodnykh Soedinenii*. 1980, **3**: 427-428
2. 白世澤, 何繼華, 楊澤銓, 饒爾昌. 苦參生物鹼成分的研究 II, 氧化苦參鹼及其它生物鹼成分的分離. 中草藥. 1982, **13**(4): 8-9
3. PL Ding, ZX Liao, H Huang, P Zhou, DF Chen. (+)-12alpha-Hydroxysophocarpine, a new quinolizidine alkaloid and related anti-HBV alkaloids from *Sophora flavescens*. *Bioorganic & Medicinal Chemistry Letters*. 2006, **16**(5): 1231-1235
4. A Ueno, K Morinaga, S Fukushima, Y Iitaka, Y Koiso, S Okuda. Lupine alkaloids. VI. Isolation and structure of (+)-isomatrine. *Chemical & Pharmaceutical Bulletin*. 1975, **23**(11): 2560-2566
5. X Chen, CQ Yi, XQ Yang, XR Wang. Liquid chromatography of active principles in Sophora flavescens root. *Journal of Chromatography. B, Analytical Technologies in the Biomedical and Life Sciences*. 2004, **812**(1-2): 149-163
6. 郭勃, 徐華模, 張德翠. 苦參黄酮在制备降血糖藥劑中的應用. 發明專利. 2002
7. SU Choi, KH Kim, EJ Choi, SH Park, CO Lee, NP Jung, SK Yoon, SY Ryu. P-glycoprotein (Pgp) does not affect the cytotoxicity of flavonoids from *Sophora flavescens*, which also have no effects on Pgp action. *Anticancer Research*. 1999, **19**(3A): 2035-2040
8. M Yamaki, M Kashihara, S Takagi. Activity of Ku Shen compounds against *Staphylococcus aureus* and *Streptococcus mutans*. *Phytotherapy Research*. 1990, **4**(6): 235-236
9. SY Ryu, SK Kim, Z No, JW Ahn. A novel flavonoid from *Sophora flavescens*. *Planta Medica*. 1996, **62**(4): 361-363
10. M Kuroyanagi, T Arakawa, Y Hirayama, T Hayashi. Antibacterial and antiandrogen flavonoids from *Sophora flavescens*. *Journal of Natural Products*. 1999, **62**(12): 1595-1599
11. ER Woo, JH Kwak, HJ Kim, H Park. A New Prenylated Flavonol from the Roots of *Sophora flavescens*. *Journal of Natural Products*. 1998, **61**(12): 1552-1554
12. K Kyogoku, K Hatayama, M Komatsu. Constituents of a Chinese crude drug Kushen (the root of Sophora flavescens). Isolation of five new flavonoids and formononetin. *Chemical & Pharmaceutical Bulletin*. 1973, **21**(12): 2733-2738
13. A Yagi, M Fukunaga, N Okuzako, I Mifuchi, F Kawamoto. Antifungal substances from *Sophora flavescens*. *Shoyakugaku Zasshi*. 1989, **43**(4): 343-347
14. TH Kang, SJ Jeong, WG Ko, NY Kim, BH Lee, M Inagaki, T Miyamoto, R Higuchi, YC Kim. Cytotoxic lavandulyl flavanones from *Sophora flavescens*. *Journal of Nature Products*. 2000, **63**(5): 680-681
15. PL Ding, AJ Hou, DF Chen. Three new isoprenylated flavonoids from the roots of *Sophora flavescens*. *Journal of Asian Natural Products Research*. 2005, **7**(3): 237-243
16. HJ Jung, SS Kang, JJ Woo, JS Choi. A new lavandulylated flavonoid with free radical and ONOO-scavenging activities from *Sophora flavescens*. *Archives of Pharmacal Research*. 2005, **28**(12): 1333-1336
17. Y Ding, RH Tian, J Kinjo, T Nohara, I Kitagawa. Three new oleanene glycosides from *Sophora flavescens*. *Chemical & Pharmaceutical Bulletin*. 1992, **40**(11): 2990-2994
18. LJ Wu, T Miyase, A Ueno, M Kuroyanagi, T Noro, S Fukushima, S Sasaki. Studies on the constituents of *Sophora flavescens* Ait. V. *Yakugaku Zasshi*. 1986, **106**(1): 22-26
19. 張俊華, 趙玉英, 劉沁舡, 葉曉靜. 苦參化學成分的研究. 中國中藥雜誌. 2000, **25**(1): 37-39
20. 李丹, 左海軍, 高慧媛, 吳立軍. 苦參的化學成分. 瀋陽藥科大學學報. 2004, **21**(5): 346-348
21. LJ Wu, T Miyase, A Ueno, M Kuroyanagi, T Noro, S Fukushima. Studies on the constituents of *Sophora flavescens* Aiton. II. *Chemical & Pharmaceutical Bulletin*. 1985, **33**(8): 3231-3236
22. 黄秀梅, 李波. 氧化苦參鹼對 TNF-α, IL-6 和 IL-8 的影響. 中成藥. 2003, **25**(11): 903-906
23. 劉芬, 劉潔, 陳霞, 呂文偉, 鄭劍忠. 氧化苦參鹼的抗炎作用及其機理. 吉林大學學報(醫學版). 2005, **31**(5): 728-730
24. DW Kim, YS Chi, KH Son, HW Chang, JS Kim, SS Kang, HP Kim. Effects of sophoraflavanone G, a prenylated flavonoid from *Sophora flavescens*, on cyclooxygenase-2 and *in vivo* inflammatory response. *Archives of Pharmacal Research*. 2002, **25**(3): 329-335
25. 程光, 章翔, 費舟, 吳景文, 曹雲新, 梁景文, 王西玲, 劉先珍. 苦參鹼對 BT325 膠質瘤細胞的增殖抑制和誘導凋亡作用. 第四軍醫大學學報. 2002, **23**(23): 2152-2154
26. 鄧惠, 羅煥敏, 黄豐, 翁文, 章佩芬. 苦參鹼對 U251 膠質瘤細胞的增殖抑制和原癌基因表達的影響. 中國藥理學通報. 2004, **20**(8): 893-896
27. LP Zhang, JK Jiang, JW Tam, Y Zhang, XS Liu, XR Xu, BZ Liu, YJ He. Effects of matrine on proliferation and differentiation in K-562 cells. *Leukemia Research*. 2001, **25**(9): 793-800
28. 鄭安祥, 陳傑, 陶惠民. 苦參鹼抑制人骨肉瘤 MG-63 細胞增殖和誘導凋亡的體外實驗研究. 實用腫瘤雜誌. 2005, **20**(6): 516-519

29. 羅艷君, 林萬隆. 苦參素對胃癌細胞株 MKN-45 凋亡的影響. 世界腫瘤雜誌. 2004, **3**(1): 61-63
30. 黃建, 張鳴傑, 邱福銘. 苦參鹼抑制大腸癌 HT-29 細胞環氧化酶-2 表達的研究. 中國中西醫結合雜誌. 2005, **25**(3): 240-243
31. 朱玉娟, 周愛玲, 茅家慧, 胡亞娥, 朱燕. 苦參素對實驗性肝癌 PCNA, cyclinD1, CDK4 表達的影響. 中國臨床藥理學與治療學. 2005, **10**(1): 52-56
32. 馬淩娣, 文世宏, 張彥, 何於娟, 劉小珊, 康格非, 蔣紀愷. 苦參鹼對 H22 荷瘤小鼠的抑瘤作用及對免疫功能的影響. 中草藥. 2004, **35**(12): 1374-1377
33. 侯華新, 黎丹戎, 欒英姿, 陳麗. 氧化苦參鹼誘導卵巢癌 SKOV3 細胞凋亡作用的實驗研究. 中國藥理學通報. 2002, **18**(6): 704-707
34. 周炳剛, 孫靖中, 範玉琢, 蘇剛. 氧化苦參鹼誘導人乳腺癌細胞 MCF-7 凋亡的實驗研究. 中國藥理學通報. 2002, **18**(6): 689-691
35. 鄒健, 冉志華, 許琦, 陳翔, 蕭樹東. 氧化苦參鹼對人結腸癌細胞株 SW1116 殺傷作用的實驗研究. 中華消化雜誌. 2005, **25**(4): 207-211
36. 王兵, 王國俊, 蔡雄, 張大昕, 姚陽. 氧化苦參鹼抑制肝癌細胞誘導血管內皮細胞增殖作用的研究. 腫瘤防治雜誌. 2003, **10**(7): 707-709
37. 張俊平, 張瑨, 金城, 周斌, 謝渭芬, 郭澄, 張純, 錢定華. 苦參鹼抑制小鼠腹膜巨噬細胞纖維化細胞因子的產生和作用. 中國藥理學報. 2001, **22**(8): 765-768
38. 周愛玲, 羅琳, 茅家慧, 朱燕. 苦參素對實驗性肝纖維化的防治作用及對 MMP-2 表達的影響. 中國臨床藥理學與治療學. 2004, **9**(10): 1096-1100
39. 熊伍軍, 邱德凱. 苦參素對 NIH/3T3 成纖維細胞增殖及細胞外基質合成的影響. 上海醫學. 2005, **28**(1): 46-48
40. 餘小虎, 朱金水, 俞華芳, 朱勵. 氧化苦參鹼抗大鼠肝纖維化及其免疫調控作用. 中國臨床醫學. 2004, **11**(2): 163-165
41. 盧清, 張清波, 張繼明, 尹有寬, 鄔祥惠. 氧化苦參鹼對大鼠肝星狀細胞旁分泌活化途徑的抑制作用. 肝臟. 2004, **9**(1): 31-33
42. GF Shi, Q Li. Effects of oxymatrine on experimental hepatic fibrosis and its mechanism *in vivo*. *World Journal of Gastroenterology*. 2005, **11**(2): 268-271
43. 孟凡強, 薑洪池, 孫學英, 王連明, 代文傑, 趙憲琪. 苦參素對大鼠肝缺血再灌注中肝細胞的保護作用及其機制探討. 中華醫學雜誌. 2005, **85**(28): 1991-1994
44. H Jiang, F Meng, J Li, X Sun. Anti-apoptosis effects of oxymatrine protect the liver from warm ischemia reperfusion injury in rats. *World Journal of Surgery*. 2005, **29**(11): 1397-1401
45. 李常青, 劉麗麗, 莫傳偉, 黃玲. 苦參鹼對 ConA 性肝損傷小鼠 IFN 釋放及肝組織病理改變的影響. 世界華人消化雜誌. 2005, **13**(5): 640-643
46. 吳珂, 歐陽靜萍, 王保華, 鄭漢巧, 楊海鷺. 苦參鹼對血管緊張素 II 誘導新生大鼠心肌成纖維細胞增殖和膠原合成的影響. 武漢大學學報(醫學版). 2003, **24**(3): 235-238, 261
47. 周成慧, 歐陽靜萍, 周艷芳, 胡迎春, 楊海鷺, 徐怡. 苦參鹼誘導血管緊張素 II 作用的心肌成纖維細胞凋亡. 武漢大學學報(醫學版). 2004, **25**(4): 375-379
48. 周艷芳, 歐陽靜萍, 周成慧, 胡迎春, 楊海鷺, 徐怡, 李柯, 吳珂. 苦參鹼對心肌成纖維細胞細胞週期的影響及其機理. 武漢大學學報(醫學版). 2004, **25**(3): 220-223
49. 胡迎春, 歐陽靜萍, 李艷琴, 楊海鷺, 徐怡. 苦參鹼對醛固銅誘導大鼠心肌成纖維細胞細胞週期和增殖細胞核抗原表達的影響. 武漢大學學報(醫學版). 2004, **25**(3): 224-227
50. 朱新業, 高登峰, 牛小麟, 王子穎. 苦參鹼對自發性高血壓大鼠心肌間質纖維化的作用和機理. 心臟雜誌. 2005, **17**(6): 528-531
51. 陳霞, 李英驥, 張文傑, 葛敬岩, 鍾國贛. 氧化苦參鹼對豚鼠心室肌細胞鈉電流的影響. 白求恩醫科大學學報. 2001, **27**(1): 41-42
52. 莊寧寧, 李自成, 張愛東, 錢衛明, 鄧春玉. 氧化苦參鹼對豚鼠心肌細胞膜L-型鈣通道的影響. 中國心臟起博與心電生理雜誌. 2004, **18**(3): 209-211
53. 孫宏麗, 許超千, 李哲, 王寧, 於喜水, 楊寶峰. 氧化苦參鹼對豚鼠單個心室肌細胞胞漿 $[Ca^{2+}]i$ 的影響. 中國藥學雜誌. 2004, **39**(4): 264-266
54. 李青, 王進, 毛小潔, 邵春麗, 劉暉, 王世久. 氧化苦參鹼的強心作用. 瀋陽藥科大學學報. 1999, **16**(4): 281-284
55. 阮長武, 何仲海, 金朝俊, 羅瑞萍. 苦參鹼對去甲腎上腺素促心肌細胞肥大及肌球蛋白重鏈基因表達的影響. 臨床心血管病雜誌. 2002, **18**(4): 171-172
56. JH Kim, YB Ryu, NS Kang, BW Lee, JS Heo, IY Jeong, KH Park. Glycosidase inhibitory flavonoids from *Sophora flavescens*. *Biological* & *Pharmaceutical Bulletin*. 2006, **29**(2): 302-305
57. MY Chung, MC Rho, JS Ko, SY Ryu, KH Jeune, K Kim, HS Lee, YK Kim. *In vitro* inhibition of diacylglycerol acyltransferase by prenylflavonoids from *Sophora flavescens*. *Planta Medica*. 2004, **70**(3): 258-260
58. HJ Shin, HJ Kim, JH Kwak, HO Chun, JH Kim, H Park, DH Kim, YS Lee. A prenylated flavonol, sophoflavescenol: a potent and selective inhibitor of cGMP phosphodiesterase 5. *Bioorganic* & *Medicinal Chemistry Letters*. 2002, **12**(17): 2313-2316
59. SJ Kim, KH Son, HW Chang, SS Kang, HP Kim. Tyrosinase inhibitory prenylated flavonoids from *Sophora flavescens*. *Biological* & *Pharmaceutical Bulletin*. 2003, **26**(9): 1348-1350
60. 劉芬, 劉潔, 陳霞, 王秋靜, 李凱. 氧化苦參鹼的鎮痛作用及其機理. 吉林大學學報(醫學版). 2005, **31**(6): 883-885
61. Y Zhang, H Zhu, G Ye, C Huang, Y Yang, R Chen, Y Yu, X Cui. Antiviral effects of sophoridine against coxsackievirus B_3 and its pharmacokinetics in rats. *Life Science*. 2006, **78**(17): 1998-2005
62. GL Xu, L Yao, SY Rao, ZN Gong, SQ Zhang, SQ Yu. Attenuation of acute lung injury in mice by oxymatrine is associated with inhibition of phosphorylated p38 mitogen-activated protein kinase. *Journal of Ethnopharmacology*. 2005, **98**(1-2): 177-183

도둑놈의지팡이 재배모습

회화나무 槐 CP, KP, KHP

Sophora japonica L.

Pagodatree

개 요

콩과(Leguminosae)

회화나무(槐, *Sophora japonica* L.)의 꽃과 꽃봉오리를 건조한 것 — 중약명: 괴화[槐花, 그 꽃봉오리를 약으로 사용하며 괴미(槐米)로 불림]

건조한 잘 익은 열매 — 중약명: 괴각(槐角)

건조한 어린 가지 — 중약명: 괴지(槐枝)

도둑놈의지팡이속(*Sophora*) 식물은 전 세계에 약 70여 종이 있으며, 열대에서 온대 지역에 널리 분포한다. 중국에는 약 21종이 있으며, 주로 서남, 화남 및 화동 지역에 분포하는데, 그 가운데 약 8종이 약으로 사용된다. 회화나무의 원산지는 중국이며, 중국의 각 지역에서 보편적으로 재배되는데, 화북과 황토고원 지역에 주로 분포하나 야생은 매우 적다. 일본, 베트남, 한반도에도 분포하며, 유럽과 아메리카에도 수입되어 있다.

괴각은 '괴실(槐實)'이라는 약명으로 《신농본초경(神農本草經)》에 상품으로 처음 수록되었다. '괴화'의 약명은 《일화자본초(日華子本草)》에 처음 수록되었다. 오늘날의 품종과도 모두 일치한다. 《중국약전(中國藥典)》(2015년 판)에서는 이 종을 중약 괴화와 괴각의 법정기원식물 내원종으로 수록하였으며, 아울러 부록에는 중약 괴지의 법정기원식물 내원종으로 회화나무를 수록하였다. 괴화의 주요산지는 중국의 하북, 산동, 하남, 섬서, 강소, 광동, 광서, 요녕 등이다. 괴각은 중국의 대부분 지역에서 모두 생산된다.

회화나무에는 플라보노이드, 사포닌 및 알칼로이드 등이 함유되어 있다. 《중국약전》에서는 고속액체크로마토그래피법을 이용하여 괴화에 함유된 루틴을 6.0% 이상, 괴미에 함유된 루틴은 15% 이상, 괴각에 함유된 소포리코시드의 함량을 4.0% 이상으로 약재의 규격을 정하고 있다.

약리연구를 통하여 회화나무의 꽃과 꽃봉오리에는 지혈, 혈압강하, 콜레스테롤 저하, 항염, 항바이러스, 항산화, 항종양 등의 작용이 있다.

한의학에서 괴화는 양혈지혈(凉血止血), 청간사화(淸肝瀉火)의 작용이 있다. 괴각의 효능은 괴화와 유사하며, 지혈 작용이 비교적 약하고, 윤장(潤腸)의 작용이 있다.

회화나무 槐 *Sophora japonica* L. 열매가 달린 가지 果枝

회화나무 槐 *Sophora japonica* L.
꽃이 달린 가지 花枝

약재 괴화 藥材槐花 Sophorae Flos

함유성분

꽃과 꽃봉오리에는 플라보노이드 성분으로 quercetin, isorhamnetin, rutin(rutoside), kaempferol, genistein[1-4], 사포닌 성분으로 kaikasaponins I, II, III, soyasaponins I, III, azukisaponins I, II, V[5] 등이 함유되어 있다.
열매에는 플라보노이드 성분으로 rutin, kaempferol, quercetin, quercetin-3-O-β-D-glucoside, isorhamnetin[6], kaempferol-3-O-β-D-sophoroside-7-O-α-L-rhamnoside[7], kaempferol 3-O-α-L-rhamnopyranosyl-(1→6)-β-D-glucopyranosyl-(1→2)-β-D-glucopyranoside[8], orobol, genistin, sophoricoside[9], genistein-7,4′-di-O-β-D-glucoside, sophorabioside, prunetin-4′-O-β-D-glucoside[10], genistein-7-O-b-D-glucopyranoside-4′-O-[(α-L-rhamnopyranosyl)-(1→2)-β-D-glucopyranoside[11], pseudobaptigenin, prunetin, daidzein, formononetin[12], 트리테르페노이드 성분으로 3-oxolup-20(29)-ene (lupenone)[13] 등이 함유되어 있다. 최근에는 coumaronochromone sophorophenolone[14]의 신물질이 분리되었다.
씨에는 사포닌 성분으로 azukisaponins II, V, soyasaponins I, III, 플라보노이드 성분으로 rutin, sophoraflavonoloside, genistein, sophoricoside, sophorabioside, sissotrin, tectoridin, tectorigenin, isoscutellarein[15-16], 알칼로이드 성분으로 cytisine, matrine, sophocarnine 등이 함유되어 있다.

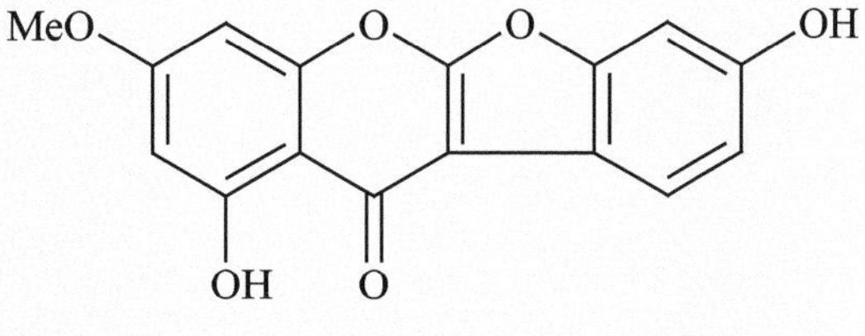

sophorophenolone

약리작용

1. 심혈관계통에 대한 영향
   괴화, 괴화의 포제품 및 괴화의 추출물인 루틴, 쿠에르세틴, 탄닌 등을 Mouse에 투여하면 모세혈관 투과성을 저하시키며, Mouse의 출혈시간, 응혈시간 및 Rat의 혈장응혈효소원 시간을 감소킴으로써 지혈작용을 나타낸다[17]. 괴화의 열수 추출물을 집토끼의 경정맥에 주사하면 혈압을 강하하며, 심박과 심근수축을 약화시킴으로써 심근의 산소 소모량을 감소시킨다[18]. 괴각의 추출물을 정맥에 주사하면 마취된 집토끼의 혈압을 낮춘다.

2. 콜레스테롤 저하
   회화나무에 함유된 플라보노이드류 성분은 트리톤 WR-1399에 의해 유도된 고지혈 Rat의 콜레스테롤과 트리글리세리드 응집을 방지한다[19].

3. 항염
   회화나무의 열매에 함유된 소포리코시드를 경구투여 또는 정맥주사로 투여하면 카라기난에 의해 유도된 Mouse의 발바닥 종창을 뚜렷하게 억제한다[20]. 회화나무의 나무껍질 또는 뿌리껍질의 물 추출물을 경구투여하면 히스타민으로 유도된 Rat의 발바닥 종창, 디메칠벤젠에 의한 Mouse의 귓바퀴 종창 및 초산에 의한 Mouse의 복강염성 삼출 등을 억제하는 작용이 있다[21].

4. 항바이러스
   괴화의 물 추출물을 Mouse에 경구투여하면 유행성 독감 바이러스로 인한 폐렴을 뚜렷하게 억제한다[22].

5. 항산화
   회화나무 꽃봉오리의 물 추출물을 경구투여하면 알록산에 의해 유도된 Mouse의 슈퍼옥시드디스무타아제, 말론디알데하이드 및 적혈구 단백질 이상증식 등을 뚜렷하게 저하시키며, 글리코겐의 함량과 CCl_4에 의한 간수치 및 비장수치의 이상하강 등을 상승시키는 작용이 있다. *In vitro*에서 Mouse의 마이크로좀 막지질을 뚜렷하게 억제하는 작용이 있으며, 과산화수소에 의한 PC12 신경세포의 산화적 손상에 대해 뚜렷한 보호작용이 있다[23-24]. 괴각의 물 추출물을 경구투여하면 Mouse의 혈청과 심근의 항산화능력을 증가시킨다[25].

6. 항종양
   회화나무의 꽃봉오리 추출물(쿠에르세틴을 주로 함유)을 경구투여하면 Mouse의 이식된 루이스폐암종(LLC)의 생장을 억제하는데, 그 작용기전은 회화나무의 꽃봉오리 추출물이 종양의 세포주기와 증식세포핵 항원(PCNA)의 발현 농도를 조절하는 것과 관련이 있다[26].

7. 기타
   회화나무의 열매에 함유된 소포리코시드를 Rat에 경구로 투여하면 골다공 모델 Rat의 골조직 형성 및 회복에 효과가 있으며 골질생성을 촉진한다[27].

용 도

이 품목은 중의임상에서 사용하는 약이다.

괴화

양혈지혈[凉血止血, 양혈(凉血)함으로써 지혈함], 청간화[淸肝火, 간화(肝火)를 식혀 줌] 등의 효능이 있으며, 혈열출혈증(血熱出血症), 간화상염[肝火上炎, 간화(肝火)가 성할 때 나타나는 병리적 현상]으로 인한 두통목적증(頭痛目赤症) 등의 치료에 사용한다.

현대임상에서는 고혈압, 고지혈증, 은설병[銀屑病, 홍반(紅斑)과 구진(丘疹)으로 인하여 피부 표면에 여러 층으로 된 백색 비늘가루가 생기는 병증], 치창(痔瘡, 항문에 군살이 밖으로 비집고 나오면서 분비물이 생기는 병증) 등의 병증에 사용한다.

괴각

괴화와 동일하며, 지혈작용은 비교적 약하나, 윤장(潤腸, 장의 기운을 원활히 해 줌)의 효능이 있다. 치혈[痔血, 군살이 몸 밖으로 비집고 나온 것(痔)에서 피가 나는 것], 변혈[便血, 분변에 대혈(帶血)이 되거나 혹은 단순히 하혈하는 증후], 변비, 목적(目赤, 눈 흰자위가 충혈되는 병증) 등의 치료에 사용한다.

현대임상에서는 고혈압, 치창, 백발, 치통 등의 병증에 사용한다.

해 설

괴미와 괴화는 중국위생부에서 규정한 약식동원품목*이다.

회화나무는 경제적 가치가 매우 높은 식물이다. 나무의 형태가 매우 아름답고, 꽃은 향기가 있어 가로수나 밀원식물로 사용된다. 꽃과

* 부록(559~562쪽) 참고

꽃봉오리, 열매, 어린가지 등을 약으로 사용하며 그 외 잎, 나무껍질 또는 뿌리껍질, 수지, 뿌리도 모두 약으로 사용되며 각각 괴엽, 괴백피, 괴교, 괴근 등의 명칭으로 불리고 있다.
회화나무의 적응력이 비교적 강하여 중국의 각지에서 널리 재배되나 중국의 지역이 넓어 토질과 기후의 차이가 매우 크므로 각지에서 생산되는 괴화와 괴각 등에 대한 품질평가가 선행되어야 하며, 과학적으로 이 식물의 사용방법을 규명해야 할 것이다.

참고문헌

1. H Ishida, T Umino, K Tsuji, T Kosuge. Studies on antihemorrhagic substances in herbs classified as hemostatics in Chinese medicine. VI. On the antihemorrhagic principle in *Sophora japonica* L. *Chemical & Pharmaceutical Bulletin*. 1987, **35**(2): 857-860
2. H Ishida, T Umino, K Tsuji, T Kosuge. Studies on the antihemostatic substances in herbs classified as hemostatics in traditional Chinese medicine. I. On the antihemostatic principles in *Sophora japonica* L. *Chemical & Pharmaceutical Bulletin*. 1989, **37**(6): 1616-1618
3. S Djordjevic, M Gorunovic. Studies on *Sophora japonica* L. as a source of rutoside. *Herba Hungarica*. 1991, **30**(1-2): 11-16
4. SE El-Dondity, TI Khalifa, HA Ammar, MA Ashour. Chemical and biological study of *Sophora japonica* L. growing in Egypt. *Al-Azhar Journal of Pharmaceutical Sciences*. 1999, **24**: 230-245
5. I Kitagawa, T Taniyama, WW Hong, K Hori, M Yoshikawa. Saponin and sapogenol. XLV. Structures of kaikasaponins I, II, and III from sophorae flos, the buds of *Sophora japonica* L. *Yakugaku Zasshi*. 1988, **108**(6): 538-546
6. 唐於平, 王景華, 李延芳, 樓鳳昌, 馬雯. 槐果皮中的黃酮醇及其苷類成分. 植物資源與環境學報. 2001, **10**(2): 59-60
7. 唐於平, 樓鳳昌, 王景華. 槐果皮中兩個山奈酚三糖苷成分. 中國中藥雜誌. 2001, **26**(12): 839-841
8. YP Tang, YF Li, J Hu, FC Lou. Isolation and identification of antioxidants from *Sophora japonica*. *Journal of Asian Natural Products Research*. 2002, **4**(2): 123-128
9. B Min, SR Oh, HK Lee, K Takatsu, IM Chang, KR Min, Y Kim. Sophoricoside analogs as the IL-5 inhibitors from *Sophora japonica*. *Planta Medica*. 1999, **65**(5): 408-412
10. 唐於平, 樓鳳昌, 馬雯, 王景華, 李延芳. 槐果皮中的異黃酮苷類成分. 中國藥科大學學報. 2001, **32**(3): 187-189
11. YP Tang, FC Lou, JH Wang, SF Zhuang. Four new isoflavone triglycosides from *Sophora japonica*. *Journal of Natural Products*. 2001, **64**(8): 1107-1110
12. 唐於平, 樓鳳昌, 王景華. 槐果皮中的異黃酮類成分. 中草藥. 2002, **33**(1): 20-21
13. 唐於平, 樓鳳昌, 胡傑, 王景華. 槐果皮中的脂溶性成分. 天然產物研究與開發. 2001, **13**(3): 4-7
14. YP Tang, J Hu, JH Wang, FC Lou. A new coumaronochromone from *Sophora japonica*. *Journal of Asian Natural Products Research*. 2002, **4**(1): 1-5
15. 王景華, 李明慧, 王亞琳, 樓鳳昌. 槐種子化學成分研究 (II). 中草藥. 2002, **33**(7): 586-588
16. JH Wang, FC Lou, YL Wang, YP Tang. A flavonol tetraglycoside from *Sophora japonica* seeds. *Phytochemistry*. 2003, **63**(4): 463-465
17. 李惠, 原桂東, 金亞宏, 李嬈嬈, 王嵐, 王素芬. 槐花飲片及其提取物止血作用的實驗研究. 中國中西醫結合雜誌. 2004, **24**(11): 1007-1009
18. 王天仕, 鄭合勛, 穀艷芳, 魏高明, 楊文偉. 槐花煎液對家兔在位心功能的影響. 山東中醫雜誌. 2001, **20**(8): 490-492
19. ZA Khushbaktova, VN Syrov, EK Batirov. Effects of flavonoids on the course of hyperlipidemia and atherosclerosis. *Khimiko-Farmatsevticheskii Zhurnal*. 1991, **25**(4): 53-57
20. BH Kim, EY Chung, BK Min, SH Lee, MK Kim, KR Min, Y Kim. Anti-inflammatory action of legume isoflavonoid sophoricoside through inhibition on cyclooxygenase-2 activity. *Planta Medica*. 2003, **69**(5): 474-476
21. 劉善庭, 李建美, 王傳功, 司端運, 李秀英, 淩秀珍. 槐白皮抗炎鎮痛藥理作用的研究. 中草藥. 1996, **27**(12): 731-733
22. 王艷芳, 王新華, 朱宇同, 唐明增, 楊子峰, 劉妮, 孫漢董. 槐花體內抗流感病毒實驗研究. 中華實用醫學. 2004, **6**(19): 1-2
23. 楊建雄, 王麗娟, 田京偉. 槐米提取液對小鼠抗氧化能力的影響. 陝西師範大學學報(自然科學版). 2002, **30**(2): 87-90
24. 盧艷花, 杜長斌, 劉建文, 吳子斌, 魏東芝. 槐米對微粒體和神經細胞氧化損傷的保護作用. 中成藥. 2003, **25**(10): 845-847
25. 張濤, 白大芳, 楊晶, 王明富. 槐角對半乳糖致衰小鼠血清及心肌抗氧化作用的研究. 黑龍江醫藥科學. 2003, **26**(3): 43-44
26. 金念祖, 茅力, 朱燕萍, 趙人琤, 趙鴻雁, 餘靜, 陳景衡, 方泰惠. 槐米提取物對小鼠 Lewis 肺癌移植瘤細胞週期和 PCNA 表達的影響. 中藥新藥與臨床藥理. 2005, **16**(3): 164-168
27. 杜寧, 許勇, 陳偉珍, 張風華. 槐苷對去卵巢大鼠骨量丟失的預防作用. 中西醫結合學報. 2003, **1**(1): 44-46

흑삼릉 黑三棱 CP, KHP

Sparganium stoloniferum Buch.-Ham.

Common Burreed

개 요

흑삼릉과(Sparganiaceae)

흑삼릉(黑三棱, *Sparganium stoloniferum* Buch.-Ham.)의 덩이줄기를 건조한 것

중약명: 삼릉(三棱)

흑삼릉속(*Sparganium*) 식물은 전 세계에 모두 19종이 있다. 주요 분포 지역은 북반구의 온대와 한대이며, 오직 1종 또는 2종만이 동남아, 유럽 및 뉴질랜드 등에 분포한다. 중국에는 약 11종이 있으며, 이 가운데 약으로 사용되는 것은 약 3종이다. 이 종은 중국의 동북, 화북, 화동, 서남 및 섬서, 영하, 감숙, 하남, 호북, 호남 등지에 분포한다.

'삼릉'의 약명은 《본초습유(本草拾遺)》에 처음 수록되었다. 역대 본초서적에도 다수의 기록이 있다. 고대로부터 사용된 품종은 단일종이 아니었으며, 그 내원은 주로 흑삼릉과와 사초과의 고랭이속의 몇 가지 식물이 사용되었다. 《구황본초(救荒本草)》와 《식물명실도고(植物名實圖考)》에 묘사된 것은 이 종을 가리킨다. 《중국약전(中國藥典)》(2015년 판)에서는 이 종을 중약 삼릉의 법정기원식물 내원종으로 수록하였다. 주요산지는 중국의 강소, 하남, 산동, 강서, 안휘 등이다.

흑삼릉속 식물의 주요성분은 페닐프로파노이드 배당체, 플라보노이드 및 콜산 등이다. 《중국약전》에서는 수분, 회분 및 알코올성 침출물을 이용하여 약재의 규격을 정하고 있다.

약리연구를 통하여 흑삼릉에는 항응혈, 항혈전 및 진통 등의 작용이 있는 것으로 알려져 있다.

한의학에서 삼릉은 파혈행기(破血行氣), 소적지통(消積止痛)의 작용이 있다.

흑삼릉 黑三棱 *Sparganium stoloniferum* Buch.-Ham.

약재 삼릉 藥材三棱 Sparganii Rhizoma

함유성분

덩이줄기에는 정유성분으로 benzene ethanol, hydroquinone, hexadecanoic acid[1], 플라보노이드 성분으로 kaempferol, 5,7,3′,5′-tetrahydroxy-flavanonol-3-O-β-D-glucopyranoside[2], formononetin[3], 담즙산 성분으로 5-ene-methyl-cholate-3-O-β-D-glucopyranoside, 5-ene-methyl-cholate-3-O-β-D-glucuronopyranosyl-(1→4)-α-L-rhamnopyranoside[4], 25-methyl-5(6)-ene-5α-cholic acid-3-O-α-L-rhamnopyranoside-(1→4)-β-D-glucopyranosyl[5], 지방산 성분으로 sanleng acid[6], 페닐프로파노이드 배당체 성분으로 β-D-(1-O-acetyl-3,6-O-diferuloyl) fructofuranosyl-α-D-2′,6′-O-diacetylglucopyranoside, β-D-(1-O-acetyl-6-O-feruloyl) fructofuranosyl-α-D-2′,4′,6′-O-triacetylglucopyranoisde[7], β-D-(1-O-acetyl-3,6-O-diferuloyl)-fructofuranosyl-α-D-3′,4′,6′-O-triacetylglucopyranoside, β-D-(1-O-acetyl-3,6-O-diferuloyl) fructofuranosyl α-D-2′,4′,6′-O-triacetylglucopyranoside, β-D-(1-O-acetyl-3,6-O-diferuloyl) fructofuranosyl α-D-2′,3′,6′-O-triacetylglucopyranoside[8] 등이 함유되어 있다.

β-D-(1-O-acetyl-3,6-O-diferuloyl)-fructofuranosyl-

α-D-3′,4′,6′-O-triacetyl glucopyranoside

약리작용

1. 항응혈, 항혈전

흑삼릉의 열수 추출물을 Rat에 경구투여하면 어혈 모델 Rat의 전체 혈액 점도와 혈소판용적(MPV)을 저하시키며, 적혈구 변형지수를 뚜렷하게 증가시킨다[9]. *In vitro* 실험을 통하여 흑삼릉에 함유된 플라보노이드에는 비교적 강력한 항혈소판응집 및 항혈전작용이 있는 것으로 확인되었는데, 이는 활혈화어(活血化瘀)의 작용이 있는 부분일 것으로 생각된다[10]. *In vitro* 실험을 통하여 초제 흑삼릉의 열수 추출물은 흑삼릉의 기타 포제품의 열수 추출물과 비교하여 토끼의 혈소판응집의 억제율이 가장 높다[11]. 흑삼릉의 생품과 초제품의 열수 추출물을 경구투여하면 꼬리 절단 Mouse의 출혈시간을 뚜렷하게 단축시킨다[11].

2. 진통

흑삼릉의 각기 다른 추출물은 뚜렷한 진통작용이 있는데, 그중 에칠아세테이트 추출물의 작용이 강력하면서 지속적이다[12]. 각종 흑삼릉 포제품의 클로로포름 및 n-부탄올 추출물을 경구투여하면 Mouse의 초산으로 유도된 몸비틀기 반응의 횟수를 뚜렷하게 감소시키며, Mouse의 열판자극으로 인한 통증반응의 통증역치값을 상승시키는데, 초제품의 작용이 비교적 강력하고 지속성이 있다. 후속 연구에서 흑삼릉에 함유된 플라보노이드가 진통의 활성성분 가운데 하나임이 확인되었다[13-14].

3. 항종양

In vitro 실험에서 흑삼릉의 열수 추출물은 인체 폐암세포의 괴사를 유도하는 작용이 있다[15]. 흑삼릉과 아출의 복합 추출물과 배합된 종양줄기세포는 Mouse 악성 흑색종양 B16에 대한 항암효과를 뚜렷하게 증가시킨다[16]. 흑삼릉과 아출 및 백작약과 황기의 열수 추출물을 경구투여하면 이식성 간암 Rat의 혈관내피세포성장인자(VEGF)의 발현을 저하시킴으로써 종양의 생장을 억제한다[17].

4. 간 보호

흑삼릉과 아출의 복합추출물을 경구투여하면 인터루킨-1, 인터루킨-6 및 종양괴사인자-α(TNF-α)의 합성과 분비를 감소시킴으로써 간섬유화 모델 Rat의 간세포를 보호하며, 간세포의 변형성 괴사를 경감하여 간세포의 결합구조와 기능을 회복시킨다. 또한 간섬유화 조직의 증식을 억제하고, 섬유화의 진행을 방해하며, 섬유조직의 분해를 촉진함으로써 항섬유화 과정에서 면역조절작용을 나타낸다[18-19].

5. 심뇌혈관계통에 대한 영향

복방 흑삼릉 주사액을 Rat의 꼬리정맥에 주사하면 국소성 뇌허혈 모델 Rat의 뇌경색부위 뇌전위를 증가시키며, 신경기능의 손상 정도를 경감시키고, 경색부위의 체적을 감소시킨다[20]. 흑삼릉의 추출물은 *in vitro*에서 토끼의 주동맥평활근세포(SMC)의 증식을 억제할 수 있으며[21], 경구로 투여할 경우 집토끼의 실험성 죽상동맥경화(AS) 병변과 관상동맥 AS 병변에도 효과가 있다. 또한 각기 다른 정도로 주동맥조직 내 발암유전자(*c-myc*, *c-fos*, *v-sis*)의 발현을 억제한다[22]. 그 밖에 흑삼릉의 추출물은 저밀도지단백(LDL)의 산화적 손상을 억제하며, AS의 발생을 저하시킨다[23].

용 도

흑삼릉은 중의임상에서 사용하는 약이다. 파혈행기(破血行氣, 어혈을 깨트려 기가 정체된 것을 풀어서 순행시켜 줌), 소적지통[消積止痛, 적취(積聚)를 제거하고 통증을 없애 줌] 등의 효능이 있으며, 기체혈어(氣滯血瘀, 기가 몰린 지 오래되어 어혈이 생긴 것)로 인한 징가적취(癥瘕積聚, 배 속에 덩어리가 생겨 아픈 증상), 경폐(經閉, 월경이 있어야 할 시기에 월경이 없는 것) 및 심복어통(心腹瘀痛, 가슴과 배에 어혈이 생기고 아픈 병증), 식적완복창통[食積脘腹脹痛, 소화가 잘 되지 않아 생긴 적(積)으로 배가 부르고 그득하고 통증이 있는 병증] 등의 치료에 사용한다.

현대임상에서는 중기임신의 출산유도 후 태반잔류, 자궁근종, 종양, 간비종대[肝脾腫大, 간비장(肝脾臟)이 붓고 커진 증상] 등의 병증에 흑삼릉을 사용한다.

해 설

흑삼릉의 원식물은 오늘날까지도 매우 혼재되어 있으며, 역대 본초서적에서도 이와 같은 현상이 지속되고 있다.

《중국약전》 1977년 판부터 흑삼릉과의 흑삼릉이 중약 삼릉의 법정기원식물 내원종으로 수록되기 시작하였다. 그러나 중국 내에는 삼릉 상품의 내원이 상술한 2종 이외에도 사초과 편간녹초, 흑삼릉과 소흑삼릉, 세엽흑삼릉 등이 약용으로 사용된다.

이와 같은 원인은 명칭의 혼용 이외에 외형이 유사하여 혼용하게 된 것 등이 원인이다. 일반적으로 가공 시 사초과 형삼릉은 외피를 벗기지 않아 흑색을 띤다. 반면 흑삼릉과 흑삼릉은 외피를 벗기면 황색을 띤다.

참고문헌

1. 陳耀祖, 薛敦淵, 李海泉. 三棱揮發油化學成分研究. 藥物分析雜誌. 1988, **8**(5): 270-274
2. 張衛東, 王永紅, 秦路平. 中藥三棱黃酮類成分的研究. 中國中藥雜誌. 1996, **21**(9): 550-551, 576
3. 張衛東, 楊勝. 中藥三棱化學成分的研究. 中國中藥雜誌. 1995, **20**(6): 356-357, 384
4. 張衛東, 秦路平, 王永紅. 中藥三棱水溶性成分的研究. 中草藥. 1996, **27**(11): 643-645
5. 張衛東, 王永紅, 秦路平, 朱丹成. 中藥三棱中新的甾體皂苷. 第二軍醫大學學報. 1996, **17**(2): 174-176
6. 張衛東, 肖凱, 楊根全, 陳海生. 中藥三棱中的新化合物三棱酸. 中草藥. 1995, **26**(8): 125-126
7. O Shirota, S Sekita, M Satake. Two phenylpropanoid glycosides from *Sparganium stoloniferum*. *Phytochemistry*. 1997, **44**(4): 695-698
8. O Shirota, S Sekita, M Satake, N Yan, WY Hua. Chemical constituents of Chinese folk medicine "San Leng", *Sparganium stoloniferum*. *Journal of Natural Products*. 1996, **59**(3): 242-245
9. 和嵐, 毛騰敏. 三棱, 莪朮對血瘀證模型大鼠血液流變性影響的比較研究. 安徽中醫學院學報. 2005, **24**(6): 35-37
10. 陸兔林, 吳玉蘭, 邱魯嬰, 紀青華. 三棱炮製品提取物抗血小板聚集及抗血栓作用研究. 中成藥. 1999, **21**(10): 511-513
11. 毛淑傑, 王素芬, 李文, 程麗萍, 殷小傑, 楊躍, 沈鴻. 三棱不同炮製品抗血小板聚集及對凝血時間的影響. 中國中藥雜誌. 1998, **23**(10): 604-605

12. 鄧英君. 三棱不同提取物鎮痛及抗凝作用研究. 時珍國醫國藥. 1999, **10**(12): 882-883
13. 陸兔林, 邱魯嬰, 葉定江, 劉雪松, 陳美蘭. 三棱炮製品不同提取物鎮痛作用研究. 中成藥. 1998, **20**(8): 22-23
14. 邱魯嬰, 毛春芹, 陸兔林. 三棱總黃酮鎮痛作用研究. 時珍國醫國藥. 2000, **11**(4): 291-292
15. 喆, 張瑾峰, 付桂芳. 莪朮, 三棱對人肺癌細胞凋亡的影響. 首都醫科大學學報. 2001, **22**(4): 304-305
16. 徐立春, 孫振華, 陳志琳, 陳平, 劉曉丹, 蔔平. 三棱, 莪朮提取物修飾的腫瘤細胞疫苗的非特異性抗瘤實驗研究. 癌症. 2001, **20**(12): 1380-1382
17. 丁榮傑, 唐德才. 三棱, 莪朮對移植性肝癌大鼠 VEGF 的影響. 中華實用中西醫雜誌. 2005, **18**(18): 1047-1048
18. 襲柱婷, 單長民, 董學連, 欒希英, 李珂珂. 三棱, 莪朮抗大鼠免疫性肝纖維化研究. 中國中藥雜誌. 2002, **27**(12): 929-932
19. 欒希英, 李珂珂, 韓兆東, 馮永堂. 三棱, 莪朮對肝纖維化大鼠 IL-1, IL-6, TNF-α 的研究. 中國免疫學雜誌. 2004, **20**(12): 834-837
20. 曾慶杏, 李承晏, 餘紹祖. 複方三棱, 莪朮, 黃芪注射液治療腦梗死模型時對腦電圖的影響. 卒中與神經疾病. 1999, **6**(3): 158-159
21. 於永紅, 孟衛星, 張國安, 王當金, 鄢巨振, 喻紅. 茵陳, 赤芍, 三棱, 淫羊霍對培養的兔動脈平滑肌細胞增殖的抑制作用. 湖北民族學院學報(醫學版). 1999, **16**(2): 1-3
22. 於永紅, 胡昌興, 孟衛星, 張國安, 王當金. 茵陳, 赤芍, 三棱, 淫羊霍對家兔實驗性動脈粥樣硬化病灶的消退作用及原癌基因 C-myc, C-fos, V-sis 表達的影響. 湖北民族學院學報(醫學版). 2001, **18**(2): 4-7
23. 孟衛星, 於永紅. 茵陳, 赤芍, 三棱, 淫羊霍對低密度脂蛋白氧化修飾的抑制. 湖北民族學院學報(醫學版). 2004, **21**(2): 26-31

밀화두 密花豆 CP, KHP

Spatholobus suberectus Dunn

Suberect Spatholobus

개 요

콩과(Leguminosae)

밀화두(密花豆, *Spatholobus suberectus* Dunn)의 덩굴을 건조한 것

중약명: 계혈등(鷄血藤)

밀화두속(*Spatholobus*) 식물은 전 세계에 약 40여 종이 있으며, 인도차이나반도, 말레이반도 및 아프리카 열대 지역에 분포한다. 중국에는 약 10여 종 및 1종의 변종이 있다. 이 속에서 현재 약으로 사용되는 것은 약 3종이다. 이 종은 중국 특산식물로 광동, 광서, 복건, 운남 등지에 분포한다.

'계혈등교(鷄血藤膠)'의 약명은 《본초강목습유(本草綱目拾遺)》에 처음 수록되었다. 이 약은 사용된 역사가 길지 않으며, 명대(明代) 이전의 본초서적에서는 기록을 찾아볼 수 없다. 《식물명실도고(植物名實圖考)》에는 '곤명계혈등(昆明鷄血藤)'과 '계혈등'의 기록이 있으나, 이 종과는 다른 식물이다. 계혈등의 본초 품종은 오미자과 오미자속 및 남오미자속의 몇몇 식물이다. 《중국약전(中國藥典)》(2015년 판)에서는 밀화두를 중약 계혈등의 법정기원식물 내원종으로 수록하였다. 주요산지는 중국의 광동, 광서, 복건, 운남, 귀주 등이다.

밀화두의 주요성분은 플라보노이드, 쿠마린, 안트라퀴논류 등이다. 《중국약전》에서는 포르모노네틴을 대조품으로 하는 박층크로마토그래피법을 이용하여 약재의 규격을 정하고 있다.

약리연구를 통하여 밀화두에는 조혈(造血) 촉진, 항혈전 형성, 항염, 항종양, 콜레스테롤 조절, 항지질과산화 등의 작용이 있는 것으로 알려져 있다.

한의학에서 계혈등은 보혈(補血), 활혈(活血), 통락(通絡) 등의 작용이 있다.

밀화두 密花豆 *Spatholobus suberectus* Dunn

약재 계혈등 藥材鷄血藤 Spatholobi Caulis

10cm

1cm

함유성분

The lianoid stem에는 플라보노이드 성분으로 formononetin, ononin, prunetin, afrormosin, cajinin, daidzein, isoliquiritigenin, licochalcone A, 2',4',3,4-tetrahydroxychalcone[2], suberectin, calycosin[3], maackiain, genistein, pseudobaptigenin, medicarpin, sativan[4], 쿠마린류 성분으로 medicagol, 9-methoxycoumestrol[2], angelicin[5], 안트라퀴논 성분으로 physcion, chrysophanol[5], emodin, aloe-emodin, rhein[6], 트리테르페노이드 성분으로 lupeol[5], betulinic acid[7], 유기산 성분으로 succinic acid[3], vanillic acid, syringic acid[8], 정유성분으로 α-bisabolol[9] 등이 함유되어 있다.

suberectin

medicagol

약리작용

1. 조혈 촉진

밀화두 덩굴의 열수 추출물을 경구투여하면 정상 Mouse와 빈혈 Mouse의 골수세포 증식을 촉진하며, Mouse의 인터루킨-1, 2, 3 분비능력을 증가시킨다. 또한 열수 추출물을 경구투여하면 아세틸페닐하이드라진, 시클로포스파미드(Cy) 등에 의한 용혈성 빈혈과 실혈성 빈혈 Mouse의 적혈구와 헤모글로빈을 뚜렷하게 증가시킨다. 또한 정상과 용혈성 빈혈 Mouse의 비장 조건 배양액 및 복강대식세포 배양액 내 적혈구생성 생장인자의 농도를 증가시킨다[10-12]. 그 밖에 방사능치료와 화학요법에 의한 빈혈 Mouse의 외주혈 백혈구 세포의 수, 골수 유핵세포의 수, 과립형 백혈구 세포분열지수(GDI)의 하강 등을 억제하며, 집락형성단위과립세포(CFU-GM)의 증식을 촉발한다[13]. 밀화두 덩굴의 에탄올 추출물을 경구로 투여하면 Cy 또는 ^{60}Co 조사(照射)로 인한 백혈구, 적혈구, 헤모글로빈, 적혈구 용적 및 혈소판 감소 등에 대해 모두 증가작용을 한다[14].

2. 심혈관계통에 대한 영향

밀화두 덩굴의 열수 추출물을 경구투여하면 항혈전 형성작용이 있으며, 어혈 모델 Rat의 혈전 중량을 뚜렷하게 감소시킨다. 또한 아데노신이인산(ADP)으로 유도된 혈소판응집을 뚜렷하게 억제한다[15]. 밀화두 덩굴의 에탄올 추출물은 *in vitro*에서 혈관을 확장시키는 작용이 있으며, 페닐에페드린, KCl 및 $CaCl_2$로 수축이 유도된 Rat의 적출 주동맥의 농도 의존성을 증가시킴과 동시에 최대 효과치를 억제한다[16].

3. 항종양

밀화두 덩굴의 열수 추출물을 경구투여하면 정상 Mouse의 임파인자활성화살상세포(LAK-cell)와 자연살상세포(NK-cell)의 활성을 증가시킨다[17]. 물 추출 알코올 침제액을 경구투여하면 이종이식 S180 Mouse의 LAK-cell, NK-cell의 활성을 뚜렷하게 증가시킴과 동시에 복강대식세포의 활성을 억제할 수 있다[18].

4. 항염

밀화두 덩굴의 에탄올 추출물은 *in vitro*에서 사이클로옥시게나제-1, PLA2, 5-LO 및 12-LO 등의 활성을 뚜렷하게 억제한다. 그 중 5-LO와 12-LO의 작용은 인도메타신과 유사하다[19].

5. 콜레스테롤 조절, 항지질과산화

밀화두 덩굴을 경구로 투여하면 고지혈 모델 Rat의 혈청 총콜레스테롤(TC)과 중성지방(TG)의 함량을 감소시키고, 혈장의 지질과산화물(LPO)의 함량을 감소시킴과 동시에 슈퍼옥시드디스무타아제의 활성을 증가시킨다. 또한 고지혈 모델 Rat의 고밀도지단백(HDL)을 높여주며, 저밀도지단백(LDL)의 함량을 낮춰 준다[20]. 밀화두 덩굴의 열수 추출물은 *in vitro*에서 Rat의 말론디알데하이드 생성을 억제함과 동시에 단백질의 당기질 합성작용을 억제하여 당화생성물의 생성을 감소시킨다[21]. 밀화두 줄기에 함유된 에피카테킨이 주요 항산화 활성성분이다[22].

용 도

계혈등은 중의임상에서 사용하는 약이다. 행기보혈(行氣補血, 기를 잘 흐르게 하고 혈을 보해 줌), 조경(調經, 월경 등을 정상적인 상태로 만들어 주는 것), 서근활락[舒筋活絡, 근육을 이완시키고 경락(經絡)을 소통시켜 줌] 등의 효능이 있으며, 월경부조(月經不調), 경행불창(經行不暢), 통경(痛經, 월경통), 혈허경폐[血虛經閉, 경혈(經血)이 부족해서 생긴 경폐(經閉)], 풍습비통(風濕痹痛, 풍습으로 인해 관절이 아프고 통증이 심해지는 증상) 및 수족마목(手足麻木, 손발이 저리고 나무처럼 뻣뻣해지는 병증), 혈허위황[血虛萎黃, 혈허(血虛)하여 몸이 누렇게 뜬 병증] 등의 치료에 사용한다.

현대임상에서는 신경성 마비증, 재생불량성 빈혈, 백혈구 감소증 등에 사용한다.

해 설

계혈등을 약용으로 사용한 역사는 길지 않으며, 기록에서도 다수의 품목을 찾아볼 수 있는데, 콩과와 오미자과 6속의 약 15종 식물이 있다. 오늘날 계혈등의 주류 품목은 밀화두의 덩굴로 《중국약전》과 기타 최신의 중약 저서에서도 일반적으로 밀화두를 중약 계혈등의 유일한 내원식물로 보고 있다.

밀화두는 함유성분이 비교적 복잡하며, 약리활성이 다양하여 각각의 성분과 생물활성 및 효능에 대한 연구가 심층적으로 수행될 필요가 있다.

참고문헌

1. 陳道峰, 徐國鈞, 徐珞珊, 金蓉鸞. 中藥雞血藤的原植物調查與商品鑒定. 中草藥. 1993, **24**(1): 34-37
2. 林茂, 李守珍, 海老塚豐, 三川潮. 密花豆藤化學成分的研究. 中草藥. 1989, **20**(2): 5-8
3. 崔艷君, 劉屏, 陳若蕓. 雞血藤的化學成分研究. 藥學學報. 2002, **37**(10): 784-787

4. JS Yoon, SH Sung, JH Park, YC Kim. Flavonoids from *Spatholobus suberectus*. *Archives of Pharmacal Research*. 2004, **27**(6): 589-592
5. 嚴啓新, 李萍, 王迪. 雞血藤脂溶性化學成分的研究. 中國藥科大學學報. 2001, **32**(5): 336-338
6. 嚴啓新, 李萍, 胡安明. 雞血藤化學成分的研究. 中草藥. 2003, **34**(10): 876-878
7. 成軍, 梁鴻, 王媛, 趙玉英. 中藥雞血藤化學成分的研究. 中國中藥雜誌. 2003, **28**(12): 1153-1155
8. 崔艷君, 劉屏, 陳若蕓. 雞血藤有效成分研究. 中國中藥雜誌. 2005, **30**(2): 121-123
9. 高玉瓊, 劉建華, 趙德剛, 代澤琴, 劉世會, 劉文煒. 不同產地雞血藤揮發性成分研究. 中成藥. 2006, **28**(4): 555-557
10. 陳東輝, 羅霞, 餘夢瑤, 趙弋清, 程耀鋒, 楊志榮. 雞血藤煎劑對小鼠骨髓細胞增殖的影響. 中國中藥雜誌. 2004, **29**(4): 352-355
11. 餘夢瑤, 羅霞, 陳東輝, 趙弋清, 鄴遊, 楊志榮, 張傑. 雞血藤煎劑對小鼠細胞分泌細胞因子的影響. 中國藥學雜誌. 2005, **40**(1): 27-30
12. 羅霞, 陳東輝, 餘夢瑤, 趙弋清, 王惠, 楊志榮. 雞血藤煎劑對小鼠紅細胞增殖的影響. 中國中藥雜誌. 2005, **30**(6): 477-479
13. 陳宜鴻, 劉屏, 張志萍, 陳孟莉, 陳桂雲. 雞血藤對小鼠粒單系血細胞的影響. 中國藥學雜誌. 1999, **34**(5): 305-307
14. 劉屏, 陳宜鴻, 張志萍. 雞血藤對環磷酰胺, 60 鈷照射後動物血象的影響. 中藥藥理與臨床. 1998, **14**(3): 25-26
15. 王秀華, 劉愛東, 徐彩雲. 雞血藤抗血栓形成作用的研究. 長春中醫學院學報. 2005, **21**(4): 41
16. 江濤, 唐春萍, 李娟好, 伍愛嬋. 雞血藤對大鼠主動脈環收縮反應的影響. 廣東藥學院學報. 1996, **12**(1): 33-35
17. 胡利平, 樊良卿, 楊鋒, 沈翔. 雞血藤對小鼠 LAK, NK 細胞的影響. 浙江中醫學院學報. 1997, **21**(2): 29-30
18. 戴關海, 楊鋒, 沈翔, 繆衛群. 雞血藤對 S180 小鼠細胞毒細胞活性影響的實驗研究. 中國中醫藥科技. 2001, **8**(3): 164-165
19. RW Li, DG Lin, SP Myers, DN Leach. Anti-inflammatory activity of Chinese medicinal vine plants. *Journal of Ethnopharmacology*. 2003, **85**(1): 61-67
20. 張志萍, 劉屏, 丁飛. 雞血藤對高脂血症大鼠血漿超氧化物歧化酶和脂質過氧化物的影響. 中國藥理學會通訊. 2000, **17**(3): 15
21. 潘春芬, 蕭秀華, 田恩聖, 林巧. 雞血藤體外對肝勻漿 MDA 生成及蛋白質糖基化作用. 中華醫學全科雜誌. 2004, **3**(3): 26-27
22. BC Cha, EH Lee, MA Noh. Antioxidant activity of *Spatholobus suberectus* Dunn. *Saengyak Hakhoechi*. 2005, **36**(1): 50-55

은시호 銀柴胡 CP, KHP

Stellaria dichotoma L. var. *lanceolata* Bge.

Lanceolate Dichotomous Starwort

개 요

석죽과(Caryophyllaceae)

은시호(銀柴胡, *Stellaria dichotoma* L. var. *lanceolata* Bge.)의 뿌리를 건조한 것

중약명: 은시호

별꽃속(*Stellaria*) 식물은 전 세계에 약 120여 종이 있으며, 온대부터 한대 지역까지 분포한다. 중국에는 약 63종, 변종 15종, 변형 2종이 생산되며, 이 속에서 현재 약으로 사용되는 것은 약 9종이다. 이 종은 중국의 내몽고, 요녕, 섬서, 감숙, 영하 등에 분포하며, 몽고와 러시아에도 분포한다.

'은시호'의 약명은 《본초강목(本草綱目)》 중 시호(柴胡)의 편에서 처음 수록되었다. 명대(明代)와 청대(青代)의 본초서적에도 많은 기록이 있으며, 오늘날의 품종과도 일치한다. 《중국약전(中國藥典)》(2015년 판)에서는 이 종을 중약 은시호의 법정기원식물 내원종으로 수록하였다. 주요산지는 중국의 영하, 감숙 및 내몽고 등이다. 《대한민국약전외한약(생약)규격집》(제4개정판)에는 '은시호'를 "석죽과에 속하는 은시호(*Stellaria dichotoma* Linné var. *lanceolata* Bge.) 또는 대나물(*Gypsophila oldhamiana* Miquel)의 뿌리"로 등재하고 있다.

은시호의 주요 함유성분에는 고리형 펩티드, 알칼로이드 및 플라보노이드 화합물이 있다. 《중국약전》에서는 성상, 뿌리조직 횡단면의 특징, 분말 추출물의 자외선 특징, 산불용성 회분 및 침출물 등을 이용하여 약재의 규격을 정하고 있다.

약리연구를 통하여 은시호에는 해열, 항염 등의 작용이 있는 것으로 알려져 있다.

한의학에서 은시호는 청허열(清虛熱), 제감열(除疳熱) 등의 작용이 있다.

은시호 銀柴胡 *Stellaria dichotoma* L. var. *lanceolata* Bge.

약재 은시호 藥材銀柴胡 Stellariae Radix

함유성분

뿌리에는 고리형 펩티드 성분으로 stellaria cyclopeptide[1-2], dichotomins A, B, C, D, E, F, G, H, I[3-5], 알칼로이드 성분으로 stellarines A, B[6], glucodichotomine B[7], 네오리그난 성분으로 dichotomosides A, B, C, D, 페닐프로파노이드 배당체 성분으로 dichotomoside E[7], 플라보노이드 성분으로 wogonin[8], 6,8-di-C-galactopyranosylapigenin, 6-C-galactopyranosylisoscutellarein[9], pinocembrin[10] 등이 함유되어 있다.

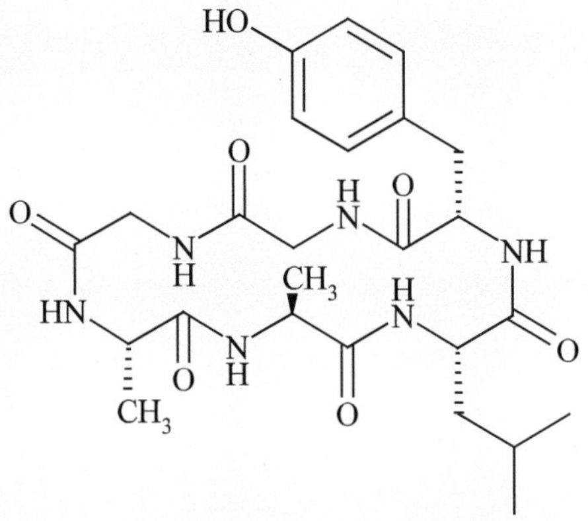

stellaria cyclopeptide

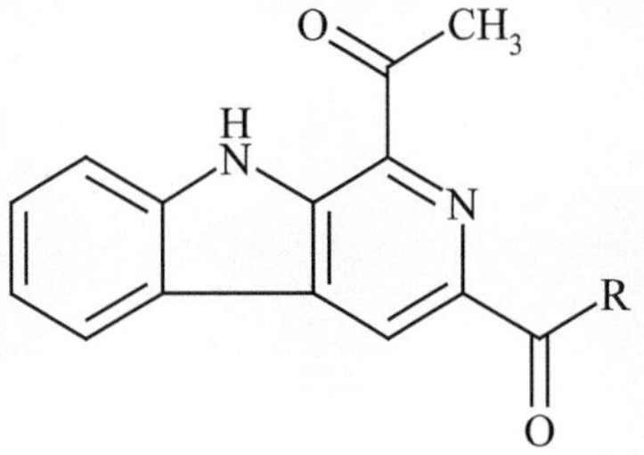

stellarine A: R=NH_2

stellarine B: R=NH-CH=CH-$COOCH_3$

약리작용

1. 해열, 항염

은시호의 열수 추출 알코올 침제를 복강에 주사하면 트리플 백신으로 인해 발열이 유도된 토끼에 대해 해열작용이 있다. 은시호는 2년 이상 성장하는데, 성장 연한에 따라 해열작용도 증가되며, 2년 이하에서는 해열작용이 나타나지 않는다. 은시호의 에탄올 추출물에는 뚜렷한 해열과 항염작용이 있다. 은시호에 함유된 α-스피나스테롤은 프로스타글란딘 E_2, 브라디키닌, 히스타민, 5-하이드록시트리프타민 등의 염증기질에 의한 염증유도를 뚜렷하게 억제하며, 백혈구의 유주를 억제한다. 또한 카라기난과 화상으로 인한 발바닥 종창 및 파두유로 인한 기낭종양 육아조직의 증식에 대해 뚜렷한 억제작용이 있다[11].

2. 면역 촉진
자연산 은시호의 물 추출물, 재배품의 석유에스테르 및 에탄올 추출물은 대식세포의 탐식기능을 촉진하는 작용이 있다.

3. 기타
은시호의 정유에 함유되어 있는 푸르푸릴 알코올에는 항균작용이 있다[12]. 디코토모시드 D는 *in vitro*에서 Rat의 호기성 세포 RBL-2H3의 β-핵소사미니다제, 종양괴사인자-α(TNF-α) 및 인터루킨-4의 방출 등에 대해 억제작용이 있다[7].

용 도

은시호는 중의임상에서 사용하는 약이다. 청허열(清虛熱, 허해서 나는 열을 깨끗이 제거함), 제감열[除疳熱, 감증(疳症)으로 인한 열을 없애 줌] 등의 효능이 있으며, 음허발열(陰虛發熱, 음허로 인한 발열), 도한(盜汗, 수면 중에 식은땀이 나는 것), 골증조열(骨蒸潮熱, 뼛속이 쑤시고 저열이 간격을 두고 일어나는 신열), 감적발열[疳積發熱, 감질(疳疾)로 나는 열증(熱證)] 등의 치료에 사용한다.
현대임상에서는 소아감적발열, 음허조열[陰虛潮熱, 음허로 인해 생기는 조열(潮熱)증상] 및 구병발열(久病發熱), 감기, 폐렴, 폐결핵 등의 병증에 사용한다.

해 설

명나라 이전의 본초서적에서는 은시호를 산형과 식물인 은주시호(*Bupleurum yinchowense* Shan et Y. Li)와 혼용하였으나, 명대와 청대에 이르러 은시호(*Stellaria dichotoma* L. var. *lanceolata* Bge.)를 중약 은시호의 기원식물로 확정하였다.
유통되는 품목을 조사한 결과 은시호의 야생자원은 이미 고갈단계에 이르렀으며, 시장에서는 주로 재배종과 몇 종의 동속식물이 유통되고 있음을 확인하였다. 따라서 약으로 사용할 경우 감별에 주의해야 하며, 야생자원을 보호하고 우수한 은시호의 재배를 위한 연구를 강화하여 생산량과 품질을 개선함으로써 자원의 지속적인 사용이 유지되도록 해야 할 것으로 판단된다.
현재 은시호의 약리활성에 대한 연구가 미흡한 실정으로 적극적인 연구의 수행이 요구되며, 이를 통하여 은시호의 활용에 대한 과학적 근거를 제시할 필요가 있다.

참고문헌

1. 王英華, 邢世瑞, 劉明生, 陳英傑, 安川憲, 滝戸道夫. 栽培銀柴胡化學成分的研究. 瀋陽藥學院學報. 1991, **8**(4): 269-271
2. 劉明生, 陳英傑, 王英華, 邢世瑞, 安川憲, 滝戸道夫. 銀柴胡環肽類研究. 藥學學報. 1992, **27**(9): 667-669
3. H Morita, T Kayashita, A Shishido, K Takeya, H Itokawa, M Shiro. Cyclic peptides from higher plants. 26. Dichotomins A-E, new cyclic peptides from *Stellaria dichotoma* L. var. *lanceolata* Bge. *Tetrahedron*. 1996, **52**(4): 1165-1176
4. H Morita, A Shishido, T Kayashita, K Takeya, H Itokawa. Cyclic peptides from higher plants. 39. Dichotomins F and G, cyclic peptides from *Stellaria dichotoma* var. *lanceolata*. *Journal of Natural Products*. 1997, **60**(4): 404-407
5. H Morita, K Takeya, H Itokawa. Cyclic octapeptides from *Stellaria dichotoma* var. *lanceolata*. *Phytochemistry*. 1997, **45**(4): 841-845
6. ZH Cui, GY Li, L Qiao, CY Gao, H Wagner, ZC Lou. Two new alkaloids from *Stellaria dichotoma* var. *lanceolata*. *Natural Product Letters*. 1995, **7**(1): 59-64
7. T Morikawa, B Sun, H Matsuda, LJ Wu, S Harima, M Yoshikawa. Bioactive constituents from Chinese natural medicines. XIV. New glycosides of β-carboline-type alkaloid, neolignan, and phenylpropanoid from *Stellaria dichotoma* L. var. *lanceolata* and their antiallergic activities. *Chemical & Pharmaceutical Bulletin*. 2004, **52**(10): 1194-1199
8. K Yasukawa, S Yamanouchi, M Takido. Studies on the constituents in the water extracts of crude drugs. III. On the roots of *Stellaria dichotoma* L. var. *lanceolata* Bge. 1. *Yakugaku Zasshi*. 1981, **101**(1): 64-66
9. K Yasukawa, S Yamanouchi, M Takido. Studies on the constituents in the water extracts of crude drugs. IV. The roots of *Stellaria dichotoma* L. var. *lanceolata* Bge. 2. *Yakugaku Zasshi*. 1982, **102**(3): 292-294
10. 孫博航, 吉川雅之, 陳英傑, 吳立軍. 銀柴胡的化學成分. 瀋陽藥科大學學報. 2006, **23**(2): 84-87
11. 周重楚, 孫曉波, 劉建勇, 羅思齊, 陸存韞. α-菠菜甾醇的抗炎作用. 藥學學報. 1985, **20**(4): 257-261
12. 劉明生, 陳英傑, 王英華, 邢世瑞. 銀柴胡揮發油的研究. 瀋陽藥學院學報. 1985, **8**(2): 134-136

서향낭독 瑞香狼毒

Thymelaeaceae

Stellera chamaejasme L.

Chinese Stellera

개 요

팥꽃나무과(Thymelaeaceae)

서향낭독(瑞香狼毒, *Stellera chamaejasme* L.)의 뿌리를 건조한 것

중약명: 낭독(狼毒)

피뿌리풀속(*Stellera*) 식물은 전 세계에 약 12종이 있으며, 아시아의 온대 지역에 분포한다. 중국에는 약 2종이 있으며, 오늘날 약으로 사용되는 것은 이 종뿐이다. 이 종은 중국의 섬서, 감숙, 내몽고, 흑룡강 등에 분포하며, 러시아의 시베리아 지역에도 분포한다.

낭독은 '속독(續毒)'이라는 약명으로 《신농본초경(神農本草經)》에 하품으로 처음 수록되었다. 이 종은 중국 서북 지역에서 사용되는 중약 '낭독'의 주요품종 가운데 하나이다. 주요산지는 중국의 섬서 및 감숙 등이다.

피뿌리풀속 식물의 주요 활성성분은 플라보노이드, 디테르페노이드류 화합물이며, 리그난과 쿠마린 등을 함유한다.

약리연구를 통하여 서향낭독에는 항종양, 항균, 살충 등의 작용이 있는 것으로 알려져 있다.

한의학에서 낭독에는 축수거담(逐水祛痰), 파적살충(破積殺蟲), 산결지통(散結止痛) 등의 작용이 있다.

서향낭독 瑞香狼毒 *Stellera chamaejasme* L.

약재 서향낭독 藥材瑞香狼毒

Stellerae Radix

함유성분

뿌리에는 플라보노이드 성분으로 chamaejasmine (chamaejasmin)[1], 7-methoxychamaejasmin[2], isochamaejasmin, neochamaejasmins A, B[3], 7-methoxyneochamaejasmin A[4], chamaejasmenins A, B, C, D, isochamaejasmenin B[5], wikstrols A, B[1], chamaechromone, epiafzelechin[6], daphnodorin, daphnodorin B, dihydrodaphnodorin B[3, 7], ruixianglangdusus A, B[8], mohsenone[9], isomohsenone[4], stelleranol[10], 쿠마린류 성분으로 daphnoretin, isodaphnoretin, umbelliferone, scopoletin, bicoumastechamin[11-13], 리그난류 성분으로 pinoresinol, lariciresinol, lirioresinol B, matairesinol, magnolenin C, kusunokinin, lappaol F, arctiin, isohinokinin, eudesmin, clemastanin B, bursehernin[7-8, 14-15], 디테르페노이드 성분으로 neostellerin, gnidimacrin, stelleramacrin, simplexin, huratoxin, subtoxin A, pimelea factor P2, wikstroelide M[7, 13, 16], 페닐프로파노이드 배당체 성분으로 syringin, syringinoside, coniferinoside[17] 등이 함유되어 있다.

chamaejasmenin A

bicoumastechamin

약리작용

1. 항종양

서향낭독의 물 추출물을 Mouse의 위에 주입한 뒤의 약물혈청은 인체 위암세포 SGC-7901과 인체 간암세포 BEL-7402의 증식을 억제하며[18, 19], 복강주사 후의 약물혈청은 Mouse의 백혈병세포 L_{1210}의 증식과 DNA상의 [^{3}H] 티미딘의 결합을 억제한다[20]. 서향낭독의 약물혈청은 화학요법약물의 K562/VCR 다약내성 세포 및 BEL-7402 세포의 민감성 등을 뚜렷하게 증가시키며[21, 22], 화학요법약물의 IC_{50}을 감소시킨다. 서향낭독에 함유된 플라보노이드는 *in vitro*에서 SGC-7901, BEL-7402, 인체백혈병세포 HL-60에 대해 억제작용이 있으며, Mouse의 이식성 종양 S180과 H22의 생장을 억제한다[23]. 서향낭독에 함유된 리그난은 *in vitro*에서 빈크리스틴보다 강력하게 종양의 활성을 억제한다[24]. 디테르페노이드류 성분인 그니디마크린은 *in vitro*와 *vivo*에서 여러 종의 종양에 대해 비교적 강력한 억제작용이 있다[25].

2. 항경궐, 항전간

서향낭독의 아세톤 추출물을 위에 주입하거나 복강주사로 투여하면 Rat의 전기자극에 의한 경궐역치(TLS), Mouse의 청원성경궐(AS), 최대전극경궐(MES), MET 등에 대해 농도 의존적인 길항작용이 있으며, 그 ED_{50}은 각각 103.05mg/kg, 123.83mg/kg, 132.01mg/kg 이다[26].

3. 항균

서향낭독의 추출물은 *in vitro*에서 사과부식병균, 밀적색곰팡이 등 여러 종의 진균에 대해 광범위한 항균작용이 있다[27].

4. 지통
전기자극법과 열판법 실험을 통하여 서향낭독의 열수 추출물을 위에 주입할 경우 Mouse의 통증역치를 20~60% 개선하는 것으로 확인되었다.

5. 기타
서향낭독의 다당은 시클로포스파미드로 억제된 Mouse의 면역기능을 개선하며[28], 에탄올 추출물은 사람의 증식성 반흔섬유화세포의 증식을 억제한다[29].

용 도

서향낭독은 중의임상에서 사용하는 약이다. 축수거담(逐水祛痰, 몸속의 수기를 빼내며 담을 제거해 줌), 파적살충(破積殺蟲, 기생충을 제거하며 몸 안의 쌓여 있는 덩어리를 제거함), 산결지통(散結止痛, 맺힌 것을 풀고 통증을 멈추게 함) 등의 효능이 있으며, 수습담음(水濕痰飮), 충적심복동통(蟲積心腹疼痛, 배 속에 기생충이 몰려서 가슴과 배에 통증이 있는 증상), 징가적취(癥瘕積聚, 배 속에 덩어리가 생겨 아픈 증상), 결핵, 종양, 개선(疥癬, 개선충의 기생으로 생기는 전염성 피부병) 등 각종 피부병 등의 치료에 사용한다.
현대임상에서는 만성 기관지염, 간암, 위암, 좌골신경통, 외상 출혈, 적충성 음도염(滴蟲性陰道炎, 질염), 전간(癲癇, 간질) 및 각종 결핵(폐, 고환, 임파)의 병증에 사용한다.

해 설

피뿌리풀은 야생품 자원이 풍부하고, 분포면적이 매우 넓은 중국 내 유일한 낭독의 약용자원품목이다. 최근에는 연구의 방향이 주로 항암활성과 관련된 것들이 많은데, 특히 디테르펜 계열인 그니디마크린이 주요 항암활성성분으로 알려져 있다. 서향낭독의 활용에 대한 연구가 점차 확대되고 있어 항암 신약으로의 개발 가능성이 있다.
이 종은 초원에 자생하는 야생식물로 살충작용이 있어 최근에는 식물살충제로의 연구개발이 각광받고 있다.
생낭독은 홍콩상견독극중약[香港常見毒劇中藥] 31종(광물성 제외)* 가운데 하나로 주로 외용으로만 사용되어 자원의 활용도가 높지 않다.
중국에서는 예로부터 중약 낭독의 기원으로 서향낭독 또는 대극과의 월천대극, 낭독 등 여러 종의 식물을 사용해 왔다.

참고문헌

1. 黃文魁, 張振杰. 瑞香科狼毒中的双二氫黃酮: 狼毒素的結构. 科學通報. 1979, **24**(1): 24-26
2. 楊偉文, 偉有權, 宋茂森, 許俊英, 黃文魁. 瑞香狼毒化學成分研究 (II). 蘭州大學學報(自然科學版). 1983, **19**(4): 109-111
3. M Niwa, GQ Liu, H Tatematsu, Y Hirata. Chamaechromone, a novel rearranged biflavonoid from *Stellera chamaejasme* L. *Tetrahedron Letters*. 1984, **25**(34): 3735-3738
4. M Niwa, H Tatematsu, GQ Liu, Y Hirata. Isolation and structures of two new C-3/C-3"-biflavanones, neochamaejasmin A and neochamaejasmin B. *Chemistry Letters*. 1984, **4**: 539-542
5. GQ Liu, H Tatematsu, M Kurokawa, M Niwa, Y Hirata. Novel C-3/C-3"-biflavanones from *Stellera chamaejasme* L. *Chemical & Pharmaceutical Bulletin*. 1984, **32**(1): 362-365
6. M Niwa, XF Chen, GQ Liu, H Tatematsu, Y Hirata. Structure of isochamaejasmin from *Stellera chamaejasme* L. *Chemical Letters*. 1984, **9**: 1587-1590
7. M Niwa, S Otsuji, H Tatematsu, GQ Liu, XF Chen, Y Hirata. Stereostructures of two biflavanones from *Stellera chamaejasme* L. *Chemical & Pharmaceutical Bulletin*. 1986, **34**(8): 3249-3251
8. T Ikegawa, A Ikegawa. Chaejasmin and euchamaejasmin extraction from *Stellera chamaejasme* and their antiviral activities. *Japan Kokai Tokkyo Koh*. 1996
9. C Jin, RG Michetich, M Daneshtalab. Flavonoids from *Stellera chamaejasme*. *Phytochemistry*. 1999, **50**(3): 505-508
10. 馮寶民, 裴月湖, 韓冰. 瑞香狼毒化學成分的研究. 瀋陽藥科大學學報. 2000, **17**(4): 258-259, 288
11. 徐志紅, 秦國偉, 李曉玉, 徐任生. 瑞香狼毒中新的雙黃酮和活性成分. 藥學學報. 2001, **36**(9): 668-671
12. 馮寶民, 裴月湖, 韓冰. 瑞香狼毒中的黃酮類化合物. 中草藥. 2001, **32**(1): 14-15
13. BM Feng, YH Pei, HM Hua. Chemical constituents of *Stellera chamaejasme* L. *Journal of Asian Natural Products Research*. 2002, **4**(4): 259-263
14. BM Feng, YH Pei, HM Hua, T Wang, Y Zhang. Biflavonoids from *Stellera chamaejasme*. *Pharmaceutical Biology*. 2003, **41**(1): 59-61
15. ZH Jiang, T Tanaka, T Sakamoto, I Kouno, JA Duan, RH Zhou. Biflavanones, Diterpenes, and Coumarins from the Roots of *Stellera chamaejasme* L. *Chemical & Pharmaceutical Bulletin*. 2002, **50**(1): 137-139
16. BM Feng, YH Pei, HM Hua. A new biflavonoid from *Stellera chamaejasme* L. *Chinese Chemical Letters*. 2004, **15**(1): 61-62
17. GH Yang, ZX Liao, ZY Xu, HP Zhang, DF Chen. Antimitotic and antifungal C-3/C-3"-biflavanones from *Stellera chamaejasme*. *Chemical & Pharmaceutical Bulletin*. 2005, **53**(7): 776-779

---

* 산두근(山豆根), 속수자(續隨子), 천오(川烏), 천선자(天仙子), 천남성(天南星), 파두(巴豆), 반하(半夏), 감수(甘遂), 백부자(白附子), 부자(附子), 낭독(狼毒), 초오(草烏), 마전자(馬錢子), 등황(藤黃), 양금화(洋金花), 귀구(鬼臼), 철봉수[(鐵棒樹), 또는 설상일지호(雪上一枝蒿)], 요양화(鬧羊花), 청랑충(青娘蟲), 홍랑충(紅娘蟲), 반모(斑蝥), 섬수(蟾酥)

18. 劉欣, 葉文才, 車鎮濤, 趙守訓. 瑞香狼毒中的雙黃酮類化合物. 中草藥. 2003, **34**(5): 399-401

19. 馮寶民, 裴月湖, 張海龍, 華會明, 王永奇. 瑞香狼毒中的化學成分. 中草藥. 2004, **35**(1): 12-14

20. GF Liu, J Wang, YQ Fu, SS Yang. Chemical constituents of *Stellera chamaejasme*. *Journal of Chinese Pharmaceutical Sciences*. 1997, **6**(3): 125-128

21. 馮寶民, 裴月湖. 瑞香狼毒中的化學成分研究. 中國藥學雜誌. 2001, **36**(1): 21-22

22. ZH Xu, GW Qin, RS Xu. A new bicoumarin from *Stellera chamaejasme* L. *Journal of Asian Natural Products Research*. 2001, **3**(4): 335-340

23. LI Tikhomirova, LP Markova, H Tumbaa, GA Kuznetsova. Coumarins from *Stellera chamaejasmae*. *Khimiya Prirodnykh Soedinenii*. 1974, **3**: 402

24. 劉欣, 葉文才, 車鎮濤, 趙守訓. 瑞香狼毒的木脂素類成分研究. 中國藥科大學學報. 2003, **34**(2): 116-118

25. WJ Feng. Studies on antitumor active compounds of *Stellera chamaejasme* L. and their mechanism of action. *Toho Igakkai Zasshi*. 1992, **38**(6): 896-909

26. T Ikekawa, N Ikekawa. Carcinostatic compounds and production thereof. *PCT International Application*. 1993

27. 焦效蘭, 賈正平. 瑞香狼毒水提物小鼠藥物血清對人胃腺癌 SGC-7901 細胞增殖的影響. 中成藥. 2002, **24**(3): 196-197

28. 樊俊傑, 賈正平, 謝景文, 徐麗婷, 孫衛勝. 瑞香狼毒水提物小鼠藥物血清對人肝癌細胞增殖的影響. 西北國防醫學雜誌. 2000, **21**(2): 90-91

29. 賈正平, 樊俊傑, 王彥廣, 謝景文, 徐麗婷, 王榮. 瑞香狼毒水提物小鼠藥物血清對小鼠白血病 L1210 細胞增殖, 克隆形成和 DNA 合成的影響. 中草藥. 2001, **32**(9): 807-809

30. 賈正平, 樊俊傑, 謝景文, 徐麗婷, 馬俊, 王榮, 魏虎來. 瑞香狼毒小鼠藥物血清增敏化療藥物對 K562/VCR 耐藥細胞的抗癌活性. 西北國防醫學雜誌. 2001, **22**(4): 307-309

31. 樊俊傑, 賈正平, 謝景文, 馬俊, 王榮, 謝華, 徐麗婷. 瑞香狼毒小鼠藥物血清協同細胞毒化療藥物抗肝癌及機制研究. 世界華人消化雜誌. 2001, **9**(9): 1008-1012

32. 王敏, 賈正平, 馬俊, 王彬. 瑞香狼毒總黃酮提取物的抗腫瘤作用. 中國中藥雜誌. 2005, **30**(8): 603-606

33. 馬金強, 賈正平, 王彬, 王敏. 瑞香狼毒總木脂素與長春新鹼的體外抗腫瘤活性比較. 西北國防醫學雜誌. 2004, **25**(5): 374-375

34. M Yoshida, W Feng, N Saijo, T Ikekawa. Antitumor activity of daphnane-type diterpene gnidimacrin isolated from *Stellera chamaejasme* L. *International Journal of Cancer*. 1996, **66**(2): 268-273

35. 張美妮, 劉玉璽, 孫美珍, 王明正, 郝潤喜, 孫曉飛. 瑞香狼毒丙酮提取物抗驚厥作用研究. 中國藥物與臨床. 2002, **2**(1): 18-21

36. 秦寶福, 周樂, 苗芳, 毛鵬, 王永學, 田鵬, 胥海英. 瑞香狼毒根的抑菌活性研究 (I). 西北植物學報. 2003, **23**(11): 1977-1980

37. 樊俊傑, 賈正平, 謝景文, 徐麗婷. 瑞香狼毒多糖對環磷酰胺處理小鼠免疫功能的影響. 西北國防醫學雜誌. 2000, **21**(4): 263-265

38. 萬鯤, 王瑾, 王世嶺. 瑞香狼毒提取物對人增生性瘢痕成纖維細胞抑制作用的研究. 中國藥學雜誌. 2005, **40**(13): 986-987

직립백부 直立百部 CP, KHP

Stemona sessilifolia (Miq.) Miq.

Sessile Stemona

개 요

백부과(Stemonaceae)

직립백부(直立百部, *Stemona sessilifolia* (Miq.) Miq.)의 덩이뿌리를 건조한 것

중약명: 백부(百部)

백부속(*Stemona*) 식물은 전 세계에 27종이 있으며, 인도 동북부에서부터 동으로는 아시아 동부, 남으로는 호주 및 북미대륙의 아열대 지역까지 분포한다. 중국에는 약 5종이 있으며, 이 속에서 현재 약으로 사용되는 것은 약 4종이다. 이 종은 중국의 화동 및 하남, 호북 등에 분포하며 일본에도 분포한다.

'백부'의 약명은 《명의별록(名醫別錄)》에 중품으로 처음 수록되었다. 역대 본초서적에도 다수의 기록이 남아 있으며, 《본초도경(本草圖經)》의 '저주(滁州)백부' 역시 이 종을 지칭하는 것이다. 《중국약전(中國藥典)》(2015년 판)에서는 이 종을 중약 백부의 법정기원식물 내원종 가운데 하나로 수록하였다. 주요산지는 중국의 안휘, 강소, 산동, 하남, 절강, 강서 등이며, 호북에서도 소량 생산된다. 《대한민국약전외한약(생약)규격집》(제4개정판)에는 '백부'를 "백부과에 속하는 만생백부(蔓生百部, *Stemona japonica* Miquel), 직립백부 또는 대엽백부(對葉百部, *Stemona tuberosa* Lour.)의 덩이뿌리"로 등재하고 있다.

백부속 식물의 주요 활성성분은 알칼로이드류 화합물이다. 《중국약전》에서는 백부의 수용성 침출물의 함량을 50% 이상으로 약재의 규격을 정하고 있다.

약리연구를 통하여 직립백부에는 항균소염(抗菌消炎), 지해평천(止咳平喘), 살충 등의 작용이 있는 것으로 알려져 있다.

한의학에서 백부에는 윤폐지해(潤肺止咳), 살충 등의 작용이 있다.

직립백부 直立百部 *Stemona sessilifolia* (Miq.) Miq.

약재 백부 藥材百部 Stemonae Sessilifoliae Radix

직립백부 直立百部 CP. KHP

만생백부 蔓生百部 *Stemona japonica* (Bl.) Miq.

대엽백부 對葉百部 *S. tuberosa* Lour.

함유성분

덩이뿌리에는 알칼로이드 성분으로(총 알칼로이드 성분은 약 0.26~2.1%임[1]) protostemotinine[2], stemoninine[3], tuberostemonine, protostemonine, stemonine, stemonidine, isostemonidine, sessilistemonine, hordorine, stenine, 2-oxostenine, stemoninoamide, tuberostemonone, neotuberostemonol, sessilifoliamides A, B, C, D[4] 등이 함유되어 있다.
최근에는 stemospironine, stilbostemins B, D, 4′-methylpinosylvin[5] 등의 성분이 분리되었다.

protostemotinine

stemoninine

약리작용

1. 항병원미생물

백부의 에탄올 침출액은 *in vitro*에서 황색포도상구균, 백색포도상구균, β형 용혈성 연구균, 탄저간균, 인체결핵균 $H_{37}RV$ 등 여러 종의 병원성 세균에 대해 항균효과가 있다[6-8]. 수침액은 *in vitro*에서 근색모선균, 허란씨황선균, 오투앙소아포선균, 양모형소아포선균 등 피부질환을 일으키는 진균에 대해 억제작용이 있다.

2. 살충

백부의 살충성분은 알칼로이드이며, 접촉성 살충력이 비교적 강력하다[9]. 백부의 수침액과 에탄올 침출액은 머릿니, 옷엔니, 음붓니 등에 대해 뚜렷한 살멸작용이 있다[8-10]. 백부경조제(CRSS)는 1%의 생약 농도에서 24시간 내에 실험용 이에 대한 살멸률이 100%에 달한다[8].

3. 지해거담(止咳祛痰)

백부의 에탄올 추출물을 경구투여하면 암모니아로 인한 Mouse의 기침 횟수를 뚜렷하게 감소시키며, Mouse의 페놀레드 분비를 증가시켜 거담작용을 나타낸다[11].

4. 기타

투베로스테모닌은 중추신경계통에 대해 억제작용이 있으며, 적출된 Rat 심장의 관상동맥 혈관을 확장시키는 작용이 있다[7].

용 도

백부는 중의임상에서 사용하는 약이다. 윤폐지해(潤肺止咳, 폐를 적셔 주고 기침을 멎게 함), 살충지양(殺蟲止癢, 기생충을 제거하고 가려움증을 가라앉힘) 등의 효능이 있으며, 신구해수[新久咳嗽, 새로운 것과 오래된 해수(咳嗽)], 백일해, 폐로해수[肺癆咳嗽, 폐로(肺癆)로 인한 해수], 요충, 두슬(頭虱, 머릿니) 및 개선(疥癬, 개선충의 기생으로 생기는 전염성 피부병) 등의 치료에 사용한다.
현대임상에서는 음도적충(陰道滴蟲, 부녀자의 생식기에서 분비되는 누런 분비물), 만성 기관지염 등의 병증에 사용한다.

해 설

《중국약전》에서는 만생백부와 대엽백부도 중약 백부의 법정기원식물 내원종으로 수록하고 있다. 만생백부의 덩이뿌리에는 스테모니딘, 스테모닌, 프로스테모닌, 스테모나민 등 여러 종류의 알칼로이드가 함유되어 있으며[12-17], 잎과 줄기에는 스테모스피로닌, 스테모폴린 등의 알칼로이드가 함유되어 있다. 대엽백부의 덩이뿌리에는 튜베로스테모논 및 튜베로스테모놀 등의 알칼로이드 성분이 함유되어 있다[19-24].

《중국약전》의 법정종 이외에 지역적으로 백부로 약용되는 종은 10여 가지에 달한다. 따라서 사용 시 품목과 품질에 대한 주의가 반드시 필요하다.

참고문헌

1. 叢曉東, 徐國鈞, 金蓉鸞, 支紅建. 百部生藥學研究 IX: 中國百部屬植物塊根中總生物鹼的測定與評估. 藥學學報. 1992, **27**(7): 556-560
2. XD Cong, HR Zhao, D Guillaume, GJ Xu, Y Lu, QT Zheng. Crystal structure and NMR analysis of the alkaloid protostemotinine. *Phytochemistry*. 1995, **40**(2): 615-617
3. DL Cheng, J Guo, TT Chu, E Roeder. A study of Stemona alkaloids, III. Application of 2D-NMR spectroscopy in the structure determination of stemoninine. *Journal of Natural Products*. 1988, **51**(2): 202-211
4. H Kondo, M Satomi. Stemona alkaloids. XII. Alkaloids from the roots of *Stemona japonica* and *S. sessilifolia*. 1. *Yakugaku Zasshi*. 1947, **67**: 182-184
5. D Kakuta, Y Hitotsuyanagi, N Matsuura, H Fukaya, K Takeya. Structures of new alkaloids sessilifoliamides A-D from *Stemona sessilifolia*. *Tetrahedron*. 2003, **59**(39): 7779-7786
6. 呂麗華, 葉文才, 趙守訓, 張曉琦. 直立百部的化學成分. 中國藥科大學學報. 2005, **36**(5): 408-410
7. 黃慶華, 薑昌富, 王晶, 黃漢菊, 蔡昌學, 白錦霞. 百部等 5 種中藥及其複方乙醇提取物的抗菌作用. 中醫研究. 1993, **6**(2): 27-29
8. 王本祥. 現代中藥藥理學. 天津, 天津科技出版社. 1997: 1011-1014
9. 薑昌富, 寧長修, 鄧偉文, 王晶, 黃慶華, 蔡昌學, 黃漢菊. 複方百部皂劑滅蝨, 抑菌作用的實驗研究. 同濟醫科大學學報. 1992, **21**(5): 357-358
10. 陳旭東. 百部, 除蟲菊酊驅蟲, 殺蟲實驗研究. 時珍國藥研究. 1996, **7**(4): 214-215
11. 韓獻萍. 陰蝨病 28 例報告. 第一軍醫大學學報. 1989, **9**(3): 257-258
12. 蕭貴南, 吳招娣, 林宣偉, 陳再智. 小兒百部止咳糖漿祛痰止咳作用及毒性研究. 中藥新藥與臨床藥理. 2000, **11**(5): 310-312
13. K Suzuki. Alkaloid of *Stemona japonica* Miq. II, III. *Yakugaku Zasshi*. 1931, **51**: 419-429
14. K Suzuki. Alkaloids of Stemona V. A new alkaloid, isostemonidine, from the roots of *Stemona ovata* Nakai. *Yakugaku Zasshi*. 1934, **54**: 567-572

15. H Kondo, M Satomi. Stemona alkaloids. XIII 2. *Yakugaku Zasshi.* 1947, **67**: 185-187

16. H Iizuka, H Irie, N Masaki, K Osaki, S Uyeo. X-ray crystallographic determination of the structure of stemonamine. A new alkaloid from *Stemona japonica.* Isolation of isostemonamine. *Journal of the Chemical Society, Chemical Communications.* 1973, **4**: 125-126

17. 楊伽. 百部植物鹼的研究 II. 化學學報. 1981, **39**(7-8-9): 865-868

18. Y Ye, RS Xu. Studies on new alkaloids of *Stemona japonica. Chinese Chemical Letters.* 1992, **3**(7): 511-514

19. Y Ye, GW Qin, RS Xu. Alkaloids of *Stemona japonica. Phytochemistry.* 1994, **37**(4): 1205-1208

20. Y Ye, GW Qin, RS Xu. Studies on Stemona alkaloids. 6. Alkaloids of *Stemona japonica. Journal of Natural Products.* 1994, **57**(5): 665-669

21. 鄒長英, 付宏征, 雷海民, 李軍, 林文翰. 蔓生百部新生物鹼的化學研究. 中國藥學. 1999, **8**(4): 185-190

22. 鄒長英, 李軍, 雷海民, 付宏征, 林文翰. 蔓生百部新生物鹼的結構. 中國藥學. 2000, **9**(3): 113-115

23. K Sakata, K Aoki, CF Chang, A Sakurai, S Tamura, S Murakoshi. Stemospironine, a new insecticidal alkaloid of *Stemona japonica* Miq., isolation, structural determination and activity. *Agricultural and Biological Chemistry.* 1978, **42**(2): 457-463

24. WH Lin, Y Ye, RS Xu. Chemical studies on new Stemona alkaloids, IV. Studies on new alkaloids from *Stemona tuberosa. Journal of Natural Products.* 1992, **55**(5): 571-576

25. 林文翰, 付宏征. 對葉百部的新化學成分研究. 中國藥學. 1999, **8**(1): 1-7

26. HD Pham, VK Phan, VK Luu, VC Luu, VM Chau. Alkaloids from Vietnamese *Stemona tuberosa* Lour (Stemonaceae) Part 1: Neotuberostemonine and bisdehydroneotuberostemonine. *Tap Chi Hoa Hoc.* 2000, **38**(1): 64-67

27. RW Jiang, PM Hon, PPH But, HS Chung, G Lin, WC Ye, TCW Mak. Isolation and stereochemistry of two new alkaloids from *Stemona tuberosa. Tetrahedron.* 2002, **58**(33): 6705-6712

28. HS Chung, PM Hon, G Lin, PPH But, H Dong. Antitussive activity of Stemona alkaloids from *Stemona tuberosa. Planta Medica.* 2003, **69**(10): 914-920

29. N Asano, T Yamauchi, K Kagamifuchi, N Shimizu, S Takahashi, H Takatsuka, K Ikeda, H Kizu, W Chuakul, A Kettawan, T Okamoto. Iminosugar-producing Thai medicinal plants. *Journal of Natural Products.* 2005, **68**(8): 1238-1242

분방기 粉防己 CP

Menispermaceae

Stephania tetrandra S. Moore

Fourstamen Stephania

개요

새모래덩굴과(Menispermaceae)

분방기(粉防己, *Stephania tetrandra* S. Moore)의 뿌리를 건조한 것

중약명: 방기(防己)

함박이속(*Stephania*) 식물은 전 세계에 약 60여 종이 있으며, 아시아와 아프리카의 열대 및 아열대 지역에 분포한다. 중국에는 39종, 변종 1종이 있으며, 이 속에서 약으로 사용되는 것은 약 32종이다. 이 종은 중국의 절강, 안휘, 복건, 대만, 호남, 강서, 광서, 광동 및 해남 등지에 분포한다.

'방기'의 약명은 《신농본초경(神農本草經)》에 처음 수록되었다. 오늘날 대량으로 사용되는 분방기는 역대 본초서적에 명확하게 기록되어 있지는 않으나, 본초의 산지와 형태의 묘사가 이 종과 유사하다. 《중국약전(中國藥典)》(2015년 판)에서는 이 종을 중약 방기의 법정기원식물 내원종으로 수록하였다. 주요산지는 중국의 절강, 안휘, 호북, 호남, 강서 등이다.

분방기의 주요성분은 알칼로이드류 화합물이며, 그 가운데 테트란드린이 주요 유효성분이다. 《중국약전》에서는 고속액체크로마토그래피법을 이용하여 방기에 함유되어 있는 테트란드린과 팡치놀린의 총 함량을 1.6% 이상으로 약재의 규격을 정하고 있다.

약리연구를 통하여 테트란드린에는 심근세포와 뇌조직의 손상을 보호하고 개선하는 작용이 있는 것으로 알려져 있으며, 그 밖에도 항종양, 항간섬유화 및 간 보호 등의 작용이 있는 것으로 알려져 있다.

한의학에서 방기에는 이수소종(利水消腫), 거풍지통(祛風止痛)의 작용이 있다.

분방기 粉防己 *Stephania tetrandra* S. Moore

분방기 粉防己 CP

약재 분방기 藥材粉防己 Stephaniae Tetrandrae Radix

함유성분

뿌리에는 주로 알칼로이드 성분으로 tetrandrine, fangchinoline, cyclanoline, oxofangchirine, stephanthrine, berbamine[1], (+)-2-N-methyl-fangchinoline[2], fenfangjines A, B, C, D[3], F, G, H, I[4] 등이 함유되어 있다.

지상부에는 알칼로이드 성분으로 stephadione, corydione, oxonantenine, cassameridine, nantenine, cassythicine, tetrandrine[5], 플라보노이드 성분으로 stephaflavones A, B[6] 등이 함유되어 있다.

tetrandrine: R=OCH_3

fangchinoline: R=OH

약리작용

1. 항염진통

테트란드린의 복강주사는 Rat의 흉강 내에 카라기난을 주사하여 발생한 흉막염에 대하여 양호한 항염작용이 있다[7-8]. 그 작용기전은 테트란드린이 뉴트로필의 유출을 억제하고, 혈관 투과성을 저하시킴으로써 항염효과를 발휘하는 것으로 알려져 있다[7]. 테트란드린은 염증성 백혈구의 Ca^{2+} 농도를 저하시킴으로써 포스포디에스테라아제의 활성을 억제하여 cAMP의 분해를 감소시킨다[8]. 테트란드린의 근육주사는 Mouse의 열판반응에 대한 잠복기를 연장하며, 동맥주사는 집토끼의 KCl로 유도된 통증의 전기적 방전을 억제하는데, 이는 테트란드린이 중추와 외주에 대한 진통작용이 있음을 시사하며, 그 작용기전은 칼슘길항작용과 관련이 있다[9].

2. 면역억제

용혈성 공반실험을 통하여 테트란드린의 복강주사는 면양적혈구(SRBC)에 의한 Mouse 비장의 용혈용균반형성세포(PFC) 반응을 뚜렷하게 억제한다. 이는 테트란드린에 체액성 면역을 억제하는 작용이 있음을 의미한다[10].

3. 심장에 대한 영향

테트란드린의 정맥주사는 심근허혈성(心筋虛血性) 재관류 손상 모델 개에 대한 보호작용이 있는데[11], 그 작용기전은 테트란드린이 심근허혈이 발생한 뒤 심근내막에서 Ca^{2+}-ATP 효소의 활성저하의 억제 및 심근세포괴사의 작용과 관련이 있는 것으로 생각된다[12-13]. 또한 테트란드린의 정맥주사는 집토끼의 급성 심방수축으로 인한 심방근육 간극인접 단백질 40의 방출을 방지함으로써 급성 심방수축으로 유도된 심근세포에 대해 보호작용을 나타낸다[14]. 분방기의 추출물 또한 디옥시코르티코스테론에 의한 고혈압 Rat의 심근허혈성 재관류로 인한 심박실조와 심근경색의 면적을 감소시킬 수 있다[15]. 테트란드린을 위에 주입할 경우 신혈관성 고혈압으로 인한 Rat의 좌심실 비대를 역전시킬 수 있는데, 심근세포막의 Na^{+}/K^{+}-ATP 및 미토콘드리아의 Ca^{2+}-ATP 효소 활성을 뚜렷하게 증가시키며[16], 심근의 콜라겐 함량을 저하시키고, 미오글로빈의 ATP 효소 활성을 증가시킴으로써[17] 심장의 확장수축기능과 혈류동력학적 기능을 뚜렷하게 개선한다[18]. 적출된 기니피그의 심장실험에서 테트란드린은 심장세포 칼륨통로를 억제하는 작용이 있으며, 심실근육세포의 정류를 지연시켜 칼륨전류의 외향부분에 대해 뚜렷한 활성작용을 나타낸다[19]. 아울러 외향부분은 시간의존적으로 증가하며[20], 부하 증가로 인한 심장전류의 생리적 변화도 억제할 수 있다[21].

4. 평활근에 대한 영향

1) 혈관평활근

In vitro 실험을 통하여 테트란드린은 신혈관성 고혈압 Rat의 혈관평활근세포(VSMC)에 대해 NE와 안지오텐신 II(Ang II) 수용체의 반응성을 저하시키며, 그 증식과 DNA의 합성을 억제하여 주동맥 벽의 콜라겐 함량을 저하시킨다[22]. 또한 [^{3}H]-프롤린이 NE 또는 Ang II에 의해 유도된 VSMC에 삽입되는 것을 억제한다[23]. 아울러 VSMC의 증식 시의 혈소판원성 생장인자, 염기성 섬유세포 생장인자 항원 및 관련된 암 유전자 c-sis, c-myc의 mRNA의 발현을 역전시킨다[24]. 테트란드린의 복강주사는 동맥 공기주머니로 손상된 토끼의 VSMC의 괴사를 촉진하고, 공기주머니로 인한 손상 뒤 내막 및 중막의 두께를 감소시키며, 혈관 내 공간 면적을 증가시킨다. 또한 Bax 단백질 발현을 촉진하고 bcl-2 단백질의 발현을 억제한다[25].

2) 방광평활근

적출 실험을 통하여 테트란드린은 KCl로 유도된 Rat의 정상 및 비후 방광평활근의 수축반응을 억제하며, 방광의 중량을 경감함과 동시에 형태학적 변화를 개선한다. 또한 방광의 외부성 자극제에 대한 반응성도 뚜렷하게 저하시킨다[26].

3) 장평활근

테트란드린의 장평활근에 대한 주요작용은 집토끼와 기니피그의 적출된 장평활근의 전압의존성 칼슘통로를 억제하는 것이며, 칼슘전자가 칼슘통로를 통과하는 것을 저해한다[27].

4) 폐동맥평활근

테트란드린은 Rat의 적출된 폐동맥평활근 세포에 대해 칼슘활성 칼륨통로 양방향작용이 있다[28].

5. 뇌허혈 및 뇌 손상 억제

테트란드린의 복강주사는 Mouse의 두개골 절단 후 호흡시간을 연장하며, 경동맥을 결찰한 Rat의 뇌전류활동을 개선한다. 아울러 뇌의 칼슘과 수분함량을 저하시키며, 뇌정맥혈 내 젖산탈수소효소(LDH)와 크레아틴포스포키나아제의 함량을 저하시킨다[29]. 정맥주사는 급성 뇌허혈 Rat의 재관류 후 뇌혈류량을 뚜렷하게 증가시키며, 칼슘의 누적을 감소시켜 뇌수종을 경감한다[30]. 테트란드린의 복강주사는 또한 전뇌허혈 재관류 Rat의 해마조직의 유리칼슘 및 지질과산화물(LPO)의 함량을 증가시켜 신경세포의 병리적 손상을 경감한다[31]. 그 작용기전 가운데 하나는 테트란드린이 산소부족을 유도하는 L과 N형 칼슘통로가 개방되는 시간을 단축시켜 개방율을 낮추는 것과 관련이 있다[32]. 그 밖에 팡치놀린과 테트란드린은 *in vitro*에서 칼슘전자의 농도 증가를 통하여 과산화수소로 유도된 Rat의 신경원세포의 손상을 억제한다[33]. 테트란드린은 퀴놀린산(QA)으로 유도된 원대배양 Rat의 해마신경원 세포의 손상에도 뚜렷한 보호작용이 있으며[34], 테트란드린의 복강주사에도 QA로 유도된 치매 Rat의 학습기억능력을 강화하는 작용이 있으며, 뇌조직의 병리적 손상을 억제한다[35].

6. 항종양

테트란드린은 *in vitro*에서 백혈병세포 HL−60과 K562의 생장을 매우 강력하게 억제하는 작용이 있으며, HL−60의 분열을 억제하는 작용도 있다. K562세포에 대해서는 최종적으로 세포괴사를 유도한다[37]. 테트란드린은 *in vitro*에서 결장암세포 HT29의 증식을 억제하며, 세포 내 유리 칼슘전자의 농도를 뚜렷하게 저하시키는 용도로 사용할 수도 있다. HT29 세포의 G_1기 또는 G_2−M기를 뚜렷하게 증가시키며, S기 세포를 뚜렷하게 감소시키는데, 관련 기전 가운데 첫 번째는 테트란드린이 칼슘전자 신호를 전달하는 경로를 억제함으로써 세포주기의 진행을 저해하는 것이고, 두 번째는 테트란드린이 단백질 의존성 CDK2, 4의 활성을 억제하고 CDK4, CDK6, 세포단백질 D1 및 E2F1의 저하를 억제함으로써 단백질 p53과 p21의 발현을 증가시키는 것과 관련이 있다[38−39]. 테트란드린은 *in vitro*에서 간암세포 HepG2, PLC/PRF/5 및 Hep3B의 증식을 억제할 수 있는데, 그 작용기전은 단백질 p53을 증가시키고, 유전자 bcl−X(L)를 억제하는 반면 유전자 Bid와 Bax의 발현 및 세포색소 c의 방출을 촉진하는 것과 관련이 있다[40−41]. 테트란드린은 *in vitro*에서 종양의 다약내성을 역전시킬 수 있는데, 그 작용기전은 종양과 관련된 다양한 생물분자를 조절하는 것과 관련이 있으며, 내약성 유전자의 발현 및 DNA 토포이소머라아제의 활성을 억제하는 것과 관련이 있다[42−44].

7. 간섬유화 억제, 간 보호

분방기의 메탄올 추출물을 경구로 투여하면 Rat의 담관결찰로 유도된 간섬유화를 억제하는 작용이 있다[45]. 테트란드린을 경구투여하면 간섬유화 Rat의 간 조직 내 c−fos 및 c−jun mRNA의 발현을 하향조절하며 전사 또는 상위(upstream) 수준에서 간 콜라겐 합성을 억제하여 간 섬유화를 방지하는 작용을 나타낸다[46]. 테트란드린은 간성상세포의 성장을 촉진하는데, 그 작용기전은 유전자 Smad7의 발현을 상향조절하는 것과 관련이 있으며, 형질전환생장인자−β1(TGF−β1)의 발현을 차단하고 하위(downstream) 신호전달을 저해하는 것과 관련이 있다[47−48]. 그 밖에 테트란드린은 *in vitro*에서 CCl_4에 의해 손상된 간세포에 대해 보호작용이 있으며, 이러한 작용은 간세포의 LPO를 억제하고, 칼슘전자 농도의 안정화 및 세포막의 유동성을 유지하는 것 등과 관련이 있다[49].

8. 기타

분방기의 분말제품은 *in vitro*와 *in vivo*에서 모두 적혈구의 용혈을 억제하는 작용이 있다[50]. 테트란드린에는 풍습성 관절염증 및 겐타마이신으로 인한 급성 신장손상을 개선하는 작용이 있다[52].

용 도

분방기는 중의임상에서 사용하는 약이다. 이수소종[利水消腫, 이수(利水)하여 부종을 가라앉혀 줌] 등의 효능이 있으며, 수종(水腫, 전신이 붓는 증상), 담음증[痰飮證, 담음(痰飮)으로 생기는 증상] 등의 치료에 사용한다.

현대임상에서는 복수(腹水, 배에 물이 차는 증상), 고혈압, 심교통(心絞痛, 가슴이 쥐어짜는 것처럼 몹시 아픈 것), 심율실상(心律失常, 부정맥) 등의 병증에 사용한다.

해 설

현재 분방기의 약리작용에 대한 연구는 대부분 테트란드린에 국한되어 있으며, 기타 함유성분에 대한 연구는 비교적 적은 편이다. 보고에 따르면 분방기에 함유되어 있는 또 다른 성분인 팡치놀린에는 혈당강하작용이 있으나, 테트란드린에는 그러한 작용이 없다[53]. 최근에는 지상부분에서도 테트란드린과 같은 성분들이 분리되어 분방기의 다양한 이용과 상품개발이 기대되고 있다.

중약 명칭 가운데 '방기'로 불리는 종류가 비교적 많으며, 민간에서 사용되는 것으로는 마두령과 식물인 이엽마두령, 목평마두령, 광서마두령 및 방기과의 목방기 등이 포함된다. 새모래덩굴과 식물에는 아리스톨로크산이 함유되어 있어 복용할 경우 신장암을 유발하므로 사용해서는 안 되며, 감별에 주의가 필요하다.

참고문헌

1. 胡廷默, 趙守訓. 粉防己化學成分氧化防己鹼和防己菲鹼的化學結構. 藥學學報. 1986, **21**(1): 29-34

2. JZ Deng, SX Zhao, FC Lou. A new monoquaternary bisbenzylisoquinoline alkaloid from *Stephania tetrandra*. *Journal of Natural Products*. 1990, **53**(4): 993-994

3. JZ Deng, SX Zhao, T Lu, FC Lou. An artifact bisbenzylisoquinoline alkaloid from the root of *Stephania tetrandra*. *Chinese Chemical Letters*. 1991, **2**(3): 231-232

4. T Ogino, T Sato, H Sasaki, K Sugama, M Okada, H Mitsuhashi, M Maruno. Four new bisbenzylisoquinoline alkaloids from the root of *Stephania tetrandra* (Fen-Fang-Ji). *Natural Medicines*. 1998, **52**(2): 124-129

5. T Ogino, T Katsuhara, T Sato, H Sasaki, M Okada, M Maruno. New alkaloids from the root of *Stephania tetrandra* (Fen-Fang-Ji). *Heterocycles*. 1998, **48**(2): 311-317

6. DY Si, SX Zhao, JZ Deng. A 4, 5-dioxoaporphine from the aerial parts of *Sterphania tetrandra*. *Journal of Natural Products*. 1992, **55**(6): 828-829

7. D Si, D Zhong, Y Sha, W Li. Biflavonoids from the aerial part of *Stephania tetrandra*. *Phytochemistry*. 2001, **58**(4): 563-566

8. 李新芳, 呂金勝, 張樂之, 張敏, 黃鉞華. 粉防己鹼對炎症白細胞遊出及前列腺素與白三烯合成的影響. 解放軍藥學學報. 1999, **15**(6): 1-3

9. 張樂之, 何華美, 李新芳, 呂金勝, 黃鉞華. 粉防己鹼的抗炎作用與炎症白細胞 cAMP 的關係. 中國藥理學通報. 2003, **19**(7): 791-796

10. 宋必衛, 張儉山, 陳志武, 馬傳庚, 徐叔雲, 方明, 張於江. 鈣離子對粉防己鹼鎮痛作用的影響. 安徽醫科大學學報. 1995, **30**(1): 1-3

11. Y Kondo, Y Imai, H Hojo, Y Hashimoto, S Nozoe. Selective inhibition of T-cell-dependent immune responses by bisbenzylisoquinoline alkaloids *in vivo*. *International Journal of Immunopharmacology*. 1992, **14**(7): 1181-1186

12. 關懷敏, 劉瑞雲, 黃振文, 張延榮. 粉防己鹼對實驗性心肌缺血再灌注損傷影響的研究. 臨床心血管病雜誌. 1998, **14**(5): 296-299

13. 陳金明, 吳宗貴, 陳思聰, 張國元, 龔肖崎. 粉防己鹼對大鼠心肌缺血再灌注時心肌 ATP 酶活性的影響. 中國應用生理學雜誌. 1998, **14**(1): 30-33

14. 張榮慶, 程何祥, 馬穎艷, 徐凱, 賈國良, 李飛, 劉兵. 粉防己鹼對新生大鼠心肌細胞低氧/復氧損傷中細胞凋亡的影響. 第四軍醫大學學報. 2003, **24**(4): 302-305

15. 李大強, 馮義伯, 張家明, 董俊明, 張會琴, 胡還忠. 粉防己鹼防止家兔快速心房起博間隙連接蛋白 40 降解. 第四軍醫大學學報. 2004, **25**(2): 150-152

16. XC Yu, S Wu, CF Chen, KT Pang, TM Wong. Antihypertensive and anti-arrhythmic effects of an extract of Radix Stephaniae Tetrandrae in the rat. *The Journal of Pharmacy and Pharmacology*. 2004, **56**(1): 115-122

17. 陸澤安, 李慶平, 饒曼人, 餘細勇, 林曙光. 粉防己鹼對腎型高血壓左室肥厚大鼠心肌 ATP 酶活性的影響. 中國藥理學通報. 1999, **15**(4): 340-342

18. 陸澤安, 李慶平, 饒曼人, 餘細勇, 林曙光. 粉防己鹼對高血壓心肌肥厚大鼠心肌膠原含量和肌球蛋白 ATP 酶活性的影響. 中國藥理學與毒理學雜誌. 2001, **15**(2): 121-124

19. 陸澤安, 李慶平, 饒曼人, 餘細勇, 林曙光. 粉防己鹼逆轉腎血管性高血壓大鼠左心室肥厚並改善心功能. 中國藥理學與毒理學雜誌. 1999, **13**(3): 210-213

20. 稅青林, 楊艷, 曾曉榮, 劉智飛, 李妙玲. 粉防己鹼對豚鼠心肌細胞鉀通道的影響. 瀘州醫學院學報. 2002, **25**(1): 5-7

21. 駱紅艷, 唐明, 吳克忠, 錢悅, 李守賓, 別畢華, 嶽遠坤, 白潤濤, 胡新武. 粉防己鹼對豚鼠心室肌細胞延遲整流鉀通道的影響. 同濟醫科大學學報. 1999, **28**(2): 108-110, 113

22. 王興祥, 陳君柱, 程龍獻, 周利龍. 粉防己鹼對豚鼠左心室前負荷增加所致電生理改變的影響. 中國中藥雜誌. 2003, **28**(11): 1054-1056

23. 李慶平, 陸澤安, 饒曼人. 粉防己鹼對高血壓大鼠血管平滑肌細胞增殖的抑制作用. 中國藥理學與毒理學雜誌. 2001, **15**(2): 145-149

24. 李慶平, 陸澤安, 饒曼人. 粉防己鹼抑制血管平滑肌細胞膠原合成. 藥學學報. 2001, **36**(7): 481-484

25. 熊一力, 王宏偉, 姚偉星. 粉防己鹼對自發性高血壓大鼠血管平滑肌細胞增殖及對 PDGF-B, bFGF 和相關癌基因表達的影響. 中國藥理學與毒理學雜誌. 1998, **12**(2): 109-112

26. 李佃貴, 李俊峽, 李振彬, 扈國傑, 蔡春江. 粉防己鹼對血管內皮剝脫後再狹窄的預防作用及其分子機制研究. 河北醫科大學學報. 2002, **23**(2): 68-70

27. 胡敏, 姚偉星, 夏國瑾, 江明性. 粉防己鹼對大鼠膀胱平滑肌的藥理作用. 同濟醫科大學學報. 1999, **28**(3): 235-237, 240

28. 楊興海. 粉防己鹼對小鼠, 家兔和豚鼠腸平滑肌的作用. 西北藥學雜誌. 2002, **17**(4): 159-160

29. 王中峰, 開麗, 肖欣榮. 粉防己鹼對肺動脈平滑肌細胞鈣激活鉀通道的雙重作用. 中國藥理學報. 1999, **20**(3): 253-256

30. 祝曉光, 顧麗英, 陳桂英, 田宏, 金其泉. 粉防己鹼對鼠腦缺血的保護作用. 中國藥理學通報. 1997, **13**(2): 148-150

31. 祝曉光, 劉天培. 粉防己鹼對大鼠急性全腦缺血再灌注損傷的影響. 中國病理生理雜誌. 1999, **15**(6): 545-547

32. 張雄, 黃懷鈞, 劉煜敏, 王偉. 粉防己鹼對鼠腦缺血海馬神經細胞的保護作用. 同濟醫科大學學報. 2001, **30**(1): 53-55

33. 王中峰, 薛春生, 周歧新, 萬子兵, 羅全生. 粉防己鹼對缺氧所致大鼠皮層神經元鈣通道功能變化的影響. 中國藥理學與毒理學雜誌. 2000, **14**(1): 58-61

34. SB Koh, JY Ban, BY Lee, YH Seong. Protective effects of fangchinoline and tetrandrine on hydrogen peroxide-induced oxidative neuronal cell damage in cultured rat cerebellar granule cells. *Planta Medica*. 2003, **69**(6): 506-512

35. 朱麗霞, 董志, 周歧新, 廖紅. 粉防己鹼對喹啉酸致海馬神經元損傷的保護作用. 中國藥理學通報. 2005, **21**(6): 718-720

36. 朱麗霞, 董志, 廖紅, 何百成, 蕭艷麗. 粉防己鹼對癡呆大鼠模型腦保護作用的實驗研究. 中國藥理學通報. 2004, **20**(8): 959-960

37. 崔燎, 潘毅生. 粉防己鹼和蝙蝠葛鹼對人白血病細胞株 HL-60 和 K562 的生長抑制作用. 中國藥理學通報. 1995, **11**(6): 478-481

38. 狄凱軍, 周建平, 章靜波. 粉防己鹼誘導人紅白血病細胞凋亡的研究. 解剖學報. 2002, **33**(5): 530-533

39. 吳浩, 張正, 楊錦林, 雷松, 魏子全. 粉防己鹼對人結腸癌細胞增殖的影響. 現代中西醫結合雜誌. 2000, **9**(19): 1853-1855

40. LH Meng, H Zhang, L Hayward, H Takemura, RG Shao, Y Pommier. Tetrandrine induces early G1 arrest in human colon carcinoma cells by down-regulating the activity and inducing the degradation of G1-S-specific cyclin-dependent kinases and by inducing p53 and p21CiP1. *Cancer Research*. 2004, **64**(24): 9086-9092

41. SH Oh, BH Lee. Induction of apoptosis in human hepatoblastoma cells by tetrandrine via caspase-dependent Bid cleavage and cytochrome c release. *Biochemical Pharmacology*. 2003, **66**(5): 725-731

42. LT Ng, LC Chiang, YT Lin, CC Lin. Antiproliferative and apoptotic effects of tetrandrine on different human hepatoma cell lines. *The American Journal of Chinese Medicine*. 2006, **34**(1): 125-135

43. 符立梧, 潘啟超, 黃紅兵, 梁永鉅, 馮公侃, 田暉. 粉防己鹼逆轉腫瘤多藥抗藥性細胞的凋亡抗性作用. 中國藥理學通報. 1998, **14**(4): 309-311

44. 孫付軍, 聶學誠, 李貴海, 尹格平. 粉防己鹼逆轉獲得性多藥耐藥小鼠 S180 腫瘤細胞 P170 過度表達與調控細胞凋亡相關性研究. 中國中藥雜誌. 2005, **30**(4): 280-283

45. 李貴海, 劉明霞, 孫付軍, 王寧, 尹格平, 李曉晶, 李衛峰. 粉防己鹼對獲得性多藥耐藥小鼠 S180 腫瘤細胞 P170, LRP, TOPO II 表達的調控. 中國中藥雜誌. 2005, **30**(16): 1280-1282

46. JX Nan, EJ Park, SH Lee, PH Park, JY Kim, G Ko, DH Sohn. Antifibrotic effect of *Stephania tetrandra* on experimental liver fibrosis induced by bile duct ligation and scission in rats. *Archives of Pharmacal Research*. 2000, **23**(5): 501-506

47. 王志榮, 陳錫美, 李定國, 魏紅山, 黃新, 展玉濤, 汪餘勤, 陸漢明. 粉防己鹼抑制肝纖維化大鼠肝組織 c-fos 和 c-jun mRNA 表達. 上海醫學. 2003, **26**(5): 332-334

48. YZ Zhao, JY Kim, EJ Park, SH Lee, SW Woo, G Ko, DH Sohn. Tetrandrine induces apoptosis in hepatic stellate cells. *Phytotherapy Research*. 2004, **18**(4): 306-309

49. YW Chen, DG Li, JX Wu, YW Chen, HM Lu. Tetrandrine inhibits activation of rat hepatic stellate cells stimulated by transforming growth factor-beta in vitro via up-

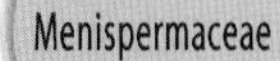

regulation of Smad 7. *Journal of Ethnopharmacology*. 2005, **100**(3): 299-305

50. 陳曉紅, 胡友梅, 廖雅琴. 粉防己鹼對四氯化碳損傷的肝細胞的保護作用. 中國藥理學報. 1996, **17**(4): 348-350

51. N Sekiya, H Hikiami, K Yokoyama, K Kouta, I Sakakibara, Y Shimada, K Terasawa. Inhibitory effects of *Stephania tetrandra* S. Moore on free radical-induced lysis of rat red blood cells. *Biological & Pharmaceutical Bulletin*. 2005, **28**(4): 667-670

52. N Sekiya, Y Shimada, A Niizawa, T Kogure, N Mantani, S Sakai, H Hikiami, K Terasawa. Suppressive effects of *Stephania tetrandra* on the neutrophil function in patients with rheumatoid arthritis. *Phytotherapy Research*. 2004, **18**(3): 247-249

53. 安玉香, 湯浩. 粉防己鹼拮抗豚鼠慶大黴素急性腎損傷的實驗研究. 中國應用生理學雜誌. 2003, **19**(3): 278-281

54. T Tsutsumi, S Kobayashi, YY Liu, H Kontani. Anti-hyperglycemic effect of fangchinoline isolated from *Stephania tetrandra* Radix in streptozotocin-diabetic mice. *Biological & Pharmaceutical Bulletin*. 2003, **26**(3): 313-317

털민들레 蒲公英 CP, KHP

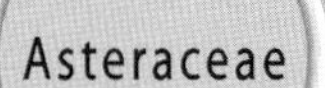

Taraxacum mongolicum Hand.-Mazz.

Mongolian Dandelion

개 요

국화과(Asteraceae)

털민들레(蒲公英, *Taraxacum mongolicum* Hand.-Mazz.)의 전초를 건조한 것

중약명: 포공영(蒲公英)

민들레속(*Taraxacum*) 식물은 전 세계에 약 2,000여 종이 있으며, 북반구 온대에서부터 아열대 지역까지 분포하며, 소수는 열대 남아메리카에서도 생산된다. 중국에는 약 70여 종과 변종 1종이 있으며, 중국의 동북, 화북, 서북, 화중, 화동 및 남서부 각지에 널리 분포하는데, 서남과 서북 지역에 특히 많다. 이 속에서 현재 약으로 사용되는 것은 약 20여 종이다. 이 종은 중국의 흑룡강, 길림, 요녕, 내몽고, 하북, 산서, 섬서, 감숙 등지에 분포하며, 한반도, 몽고, 러시아에도 분포한다.

'포공영'의 약명은 《신수본초(新修本草)》에 처음 수록되었다. 역대의 본초서적에도 많은 기록이 있으며, 중국에서는 예로부터 포공영으로 이 속에 속한 여러 종의 식물을 사용하였다. 《중국약전(中國藥典)》(2015년 판)에서는 이 종을 중약 포공영의 법정기원식물 내원종 가운데 하나로 수록하였다. 주요산지는 중국 대부분의 지역에서 모두 생산된다. 《대한민국약전외한약(생약)규격집》(제4개정판)에는 '포공영'을 "국화과에 속하는 민들레(*Taraxacum platycarpum* H. Dahlstedt), 서양민들레(*T. officinale* Weber), 털민들레(*T. mongolicum* Handel-Mazzetti), 흰민들레(*T. coreanum* Nakai)의 전초"로 등재하고 있다.

털민들레에는 주로 페놀산, 플라보노이드 및 트리테르페노이드 등이 함유되어 있다. 《중국약전》에서는 고속액체크로마토그래피법을 이용하여 포공영에 함유되어 있는 카페인산의 함량을 0.020% 이상으로 약재의 규격을 정하고 있다.

약리연구를 통하여 털민들레에는 항병원성 미생물, 항종양, 항위궤양, 면역증강 등의 작용이 있는 것으로 알려져 있다.

한의학에서 포공영에는 청열해독(清熱解毒), 소옹산결(消癰散結) 등의 작용이 있다.

털민들레 蒲公英 *Taraxacum mongolicum* Hand.-Mazz. 꽃 花

털민들레 蒲公英 CP, KHP

털민들레 蒲公英 *Taraxacum mongolicum* Hand.-Mazz.
열매 果

약재 포공영 藥材蒲公英 Taraxaci Herba

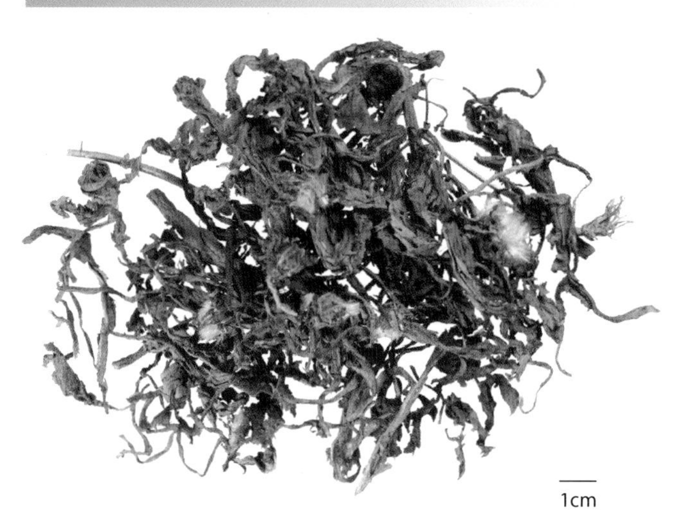

함유성분

식물체 모든 부위에는 페놀산 성분으로 caffeic acid, chlorogenic acid[1], 플라보노이드 성분으로 quercetin[1], quercetin-3-O-glucoside, quercetin-3-O-β-galactoside[2], luteolin-7-O-glucoside[1], 트리테르페노이드 성분으로 taraxol, taraxerol, pseudotaraxasterol, taraxasterol[3], 정유 성분으로 n-hexanol, 3-hexen-1-ol, 2-furancarboxaldehyde, camphor, benzaldehyde, n-octanol, 3,5-octadien-2-one, trans-caryophyllene, β-Ionone, α-cedrol[4] 등이 함유되어 있다.

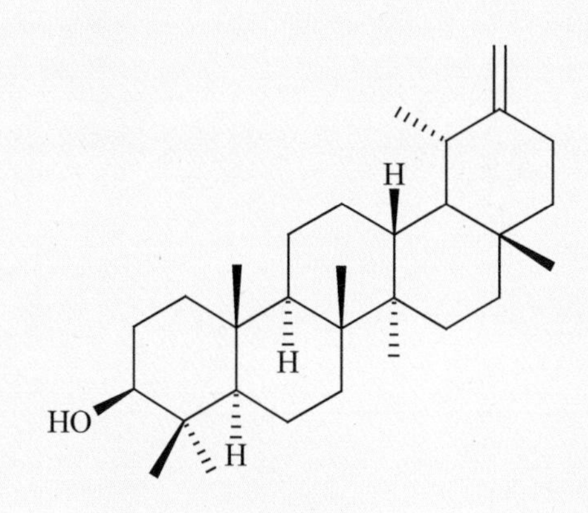

taraxasterol

약리작용

1. 항병원성미생물

In vitro 실험을 통하여 포공영의 열수 추출물 또는 수침제는 황색포도상구균, 대장균, 녹농간균, 이질간균, 파라티푸스 A형 간균, 백색염주균, 변형간균, α형 및 β형 연구균 등에 대해 억제작용이 있다[5]. 포공영의 수침제는 근색모선균, 동심성모선균, 허란씨황선균, 오투앙소아포선균, 피부선균, 홍색표피선균, 성형노카균 등에 대해 억제작용이 있다. 그 밖에 포공영은 인체결핵간균(H37RV) 및 유문나선간균에 대해 양호한 살멸효과가 있다. 포공영의 전제 또는 물 추출물은 에코바이러스($ECHO_{11}$) 및 단순포진바이러스(HSV)로 인한 인체 배아 신장 또는 폐 원대세포의 병변을 지연시키는 작용이 있다.

2. 항종양

포공영 뿌리의 주요성분인 트리테르페노이드 화합물은 Mouse의 2기 피부암에 대해 뚜렷한 길항작용이 있다[6]. Mouse의 복강주사로 포공영의 다당을 주사하면 에를리히복수암(EAC)을 뚜렷하게 억제하는데, 이와 같은 작용은 암세포를 접종하고 10~20일 이후에 투여할 경우에 유효하며, 이는 다당의 종양억제활성이 면역자극효과와 관련이 있기 때문인 것으로 추측된다. 포공영 뿌리의 메탄올 추출물과 물 추출물의 아세톤 분획 부위를 20주간 피부에 사용하면 디메칠벤즈안트라센 및 12-O-tetradecanoylphorbol-13-acetate(TPA)로 인한 Mouse의 피부유두상종을 억제하는 작용이 있다[6].

3. 소화기계통에 대한 영향

포공영의 물 추출 알코올 침출액을 복강에 주사하면 Rat의 위산분비를 뚜렷하게 억제하며, 히스타민, 펜타가스트린 및 카르바콜에 의한 위산분비를 뚜렷하게 억제하는 작용이 있다[7]. 포공영의 수전제를 경구투여하면 Rat의 자극성 위궤양, 유문결찰성 위궤양 및 무수에탄올에 의한 Rat의 위점막 손상 등에 대하여 각기 다른 정도의 보호작용이 있으며[8], 그 물 추출물에는 적출된 위와 십이지장을 수축시키는 작용도 있다[9]. 그 밖에 포공영의 물 또는 에탄올 추출물을 십이지장을 통해 투여할 경우 마취된 Rat의 담즙 분비를 뚜렷하게 증가시키는데[10], 이러한 작용은 포공영의 수지부분의 주요작용에 해당한다. *In vitro* 실험을 통하여 포공영의 물 추출물은 CCl_4로 유도된 원대배양 Rat의 간세포 손상에 대해 뚜렷한 보호작용이 있다[11].

4. 면역증강

포공영의 추출물을 경구로 투여하면 Mouse 비장임파세포의 증식능력을 증강시킬 수 있으며, 자연살상세포(NK cell)의 활성 및 대식세포의 탐식능력을 강화한다. 또한 하이드로코르티손에 의한 면역억제에 대해 뚜렷한 길항작용이 있다[13].

5. 항돌연변이

포공영의 열수 추출물을 Mouse에 경구투여하면 시클로포스파미드(Cy)로 유도된 염색체 기형과 미핵률을 억제하며, 세포의 증식능력을 촉진한다. 또한 Cy에 의한 실험성 Mouse 정자기형에 대해서도 뚜렷한 억제작용이 있다[14-15].

6. 항산화, 항노화

포공영의 플라보노이드류 성분은 비교적 강력한 *in vitro* 유리산소 제거효과가 있다[16]. 노화된 Mouse의 위에 플라보노이드 성분을 주입하면 뇌 조직 내 슈퍼옥시드디스무타아제 활성을 증강시키고 말론디알데하이드 및 리포푸신의 함량을 저하시킴으로써 일정한 항노화작용을 나타낸다[17].

7. 기타

포공영의 물 추출물은 *in vitro*에서 산소결핍 및 당결핍이 유도된 심근세포에 대해 보호작용이 있다[18]. 고농도의 포공영 추출물은 적출된 Rat 동맥에 대해 내피 의존성 확장작용이 있다[19]. 포공영에는 또한 모세혈관 순환 촉진, 뇌하수체 분비 촉진 및 이뇨 등의 작용이 있다.

용 도

포공영은 중의임상에서 사용하는 약이다. 청열해독(清熱解毒, 화열을 깨끗이 제거하고 몸의 독을 없이함), 소옹산결(消癰散結, 큰 종기나 상처가 부은 것을 삭아 없어지게 하고 뭉치거나 몰린 것을 헤치는 효능), 이습통림(利濕通淋, 습을 없애서 소변이 나오게 함) 등의 효능이 있으며, 옹종정창(擁腫疔瘡, 작은 종기와 부스럼), 유옹내옹[乳癰內癰, 유방에 발생한 옹종농양(癰腫膿瘍)], 열림삽통(熱淋澀痛, 임병의 하나로 오줌의 빛이 붉어지고 아랫배가 몹시 아픔), 습열황달[濕熱黃疸, 습열(濕熱)의 사기(邪氣)로 인해 온몸과 눈, 소변이 밝은 황색을 띠는 병증], 간화상염[肝火上炎, 간화(肝火)가 성할 때 나타나는 병리적 현상]으로 인한 목적종통(目赤腫痛, 눈의 흰자위에 핏발이 서고 부으며 아픈 병증) 등의 치료에 사용한다.

현대임상에서는 급성 상호흡기감염, 편도선염, 이하선염, 유선염, 간담계통 염증, 위염, 위궤양, 요도염 등의 병증에 사용한다.

해 설

《중국약전》에서는 험지포공영(鹼地蒲公英, *Taraxacum sinicum* Kitag.) 및 기타 동속식물을 포공영 약재의 내원종으로 수록하고 있다. 최근 중국의 포공영 약재로 사용되는 종류로는 동북포공영(東北蒲公英, *T. ohwianum* Kitam.), 이포포공영(異苞蒲公英, *T. heterolepis* Nakai et Koidz. ex Kitag.), 아주포공영(亞洲蒲公英, *T. asiaticum* Dahlst.), 반엽포공영(斑葉蒲公英, *T. variegata* Kitag.), 백연포공영(白緣蒲公英, *T. platypedidum* Diels), 개엽포공영(芥葉蒲公英, *T. brassicaefolium* Kitag.) 및 대두포공영(大頭蒲公英, *T. calanthodium* Dahlst.) 등이 있다[21].

포공영은 중국위생부에서 규정한 약식동원품목* 가운데 하나이다.

포공영 약재에는 다양하고도 중요한 약리활성이 있어 약용가치가 매우 높으나, 그 내원이 매우 복잡하다. 각종 내원식물에 대한 연구가 많지 않아 좀 더 깊이 있는 연구가 필요하다.

---

* 부록(559~562쪽) 참고

포공영의 어린순에는 칼슘의 함량이 0.22g/100g, 철의 함량이 12mg/100g에 달하며, 그 밖에 풍부한 광물질도 함유되어 있어 영양적 가치가 높고 식용에 안전하여 다양한 보건식품으로의 개발이 가능할 것으로 전망된다[22].

참고문헌

1. 淩雲, 鮑燕燕, 朱莉莉, 鄭俊華, 蔡少青, 蕭越. 蒲公英化學成分的研究. 中國藥學雜誌. 1997, **32**(10): 584-586
2. 淩雲, 鮑燕燕, 郭秀芳, 徐楊, 蔡少青, 鄭俊華. 蒲公英中兩個黃酮苷的分離鑒定. 中國中藥雜誌. 1999, **24**(4): 225-226
3. 孟志雲, 徐綏緒. 蒲公英的化學與藥理. 瀋陽藥科大學學報. 1997, **14**(2): 137-143
4. 淩雲, 張衛華, 郭秀芳, 蔡少青, 鄭俊華. 氣相色譜-質譜分析蒲公英揮發油成分. 西北藥學雜誌. 1998, **13**(4): 154
5. 呂俊華, 邱世翠, 張連同, 王志強, 高飛. 蒲公英體外抑菌作用研究. 時珍國醫國藥. 2002, **13**(4): 215-216
6. 吳艷玲, 樸惠善. 蒲公英的藥理研究進展. 時珍國醫國藥. 2004, **15**(8): 519-520
7. 尤春來, 韓兆豐, 朱丹, 劉梅, 王義明. 蒲公英對大鼠胃酸分泌的抑制作用及其對胃酸刺激藥的影響. 中藥藥理與臨床. 1994, **2**: 23-26
8. 趙守訓, 杭秉倩. 蒲公英的化學成分和藥理作用. 中國野生植物資源. 2001, **20**(3): 1-3
9. 李玲, 談斐. 萊菔子, 蒲公英, 白朮對家兔離體胃, 十二指腸肌的動力作用. 中國中西醫結合脾胃雜誌. 1998, **6**(2): 107-108
10. 王本祥. 現代中藥藥理學. 天津: 天津科學技術出版社. 1997: 223-225
11. 金政, 金美善, 李相伍, 李善花, 王啓偉. 蒲公英對四氯化碳損傷原代培養大鼠肝細胞的保護作用. 延邊大學醫學學報. 2001, **24**(2): 94-97
12. 吳小麗, 蔡雲清, 趙岩, 李世芬. 蒲公英提取物對小鼠免疫功能的調節作用. 南京醫科大學學報(自然科學版). 2005, **25**(3): 163-165
13. 淩雲, 單晶, 張雅琳, 張永林. 中藥蒲公英對小鼠脾淋巴細胞增殖的影響. 解放軍藥學學報. 2005, **21**(1): 73-74
14. 朱蔚雲, 龐竹林, 梁敏儀, 張錦宏. 蒲公英對環磷酰胺致小鼠骨髓細胞突變作用的抑制研究. 癌變·畸變·突變. 2003, **15**(3): 164-167
15. 朱蔚雲, 龐竹林, 湯郡, 盧堯. 蒲公英水煎液對環磷酰胺誘導的實驗性小鼠精子畸形的影響. 廣州醫學院學報. 1999, **27**(4): 14-16
16. 陳景耀, 龔祝南, 辛學明, 劉華, 常俊. 蒲公英提取物黃酮類物質成分及其抗氧化活性的初步研究. 中國野生植物資源. 2001, **20**(3): 22-23
17. 隋洪玉, 李秀霞, 趙永勛, 王維人. 蒲公英總黃酮提取液對 D-gal 衰老模型小鼠腦組織的抗氧化作用. 黑龍江醫藥科學. 2004, **27**(6): 3-4
18. 金政, 李相伍, 金美善, 王啓偉, 樸麗花. 蒲公英對體外培養心肌細胞保護作用的研究. 中國中醫藥科技. 2001, **8**(5): 284
19. CL You, M Nakazawa. Effects of taraxacum-extract on the isolated rat aorta. *Niigata Igakkai Zasshi*. 1992, **106**(6): 513-517
20. 邵輝. 蒲公英活性成分 T-1 的藥理學研究及臨床探討. 天津中醫. 2002, **19**(4): 59-60
21. 袁昌齊. 蒲公英的本草論證和種類鑒定. 中國野生植物資源. 2001, **20**(3): 6-8, 17
22. 俞紅, 李錦蘭, 宇莉, 劉佳, 吳克楓, 高敏. 天然野生蒲公英礦物元素及動物毒理學安全評價分析. 微量元素與健康研究. 2004, **21**(4): 4-5

낙석 絡石 CP, KHP

Apocynaceae

Trachelospermum jasminoides (Lindl.) Lem.

Chinese Starjasmine

개 요

협죽도과(Apocynaceae)

낙석(絡石, *Trachelospermum jasminoides* (Lindl.) Lem.)의 잎을 포함한 덩굴을 건조한 것

중약명: 낙석등(絡石藤)

마삭줄속(*Trachelospermum*) 식물은 전 세계에 약 30여 종이 있으며, 주로 아시아 열대와 아열대 지역에 분포한다. 중국에는 약 10여 종이 있으며, 현재 약으로 사용되는 것은 약 6종이다. 낙석은 분포 지역이 매우 넓어 중국의 각 성에 분포하며, 한반도, 일본, 베트남 등에도 분포한다.

'낙석'의 약명은 《신농본초경(神農本草經)》에 상품으로 처음 수록되었다. '낙석등'의 약명은 《본초습유(本草拾遺)》에 처음 수록되었다. 역대 본초서적에도 다양한 기록이 있으며, 오늘날의 품종과도 일치한다. 《중국약전(中國藥典)》(2015년 판)에서는 이 종을 중약 낙석등의 법정기원식물 내원종으로 수록하였다. 주요산지는 중국의 강소, 안휘, 강서, 산동, 복건, 호북 등이다. 《대한민국약전외한약(생약)규격집》(제4개정판)에는 '낙석등'을 "협죽도과에 속하는 털마삭줄(*Trachelospermum jasminoides* var. *pubescens* Makino) 또는 마삭줄(*Trachelospermum asiaticum* Nakai)의 잎이 있는 덩굴성 줄기"로 등재하고 있다.

낙석에는 리그난류, 알칼로이드류 및 플라보노이드 성분이 함유되어 있다. 《중국약전》에서는 성상과 현미경 감별 특징을 이용하여 약재의 규격을 정하고 있다.

약리연구를 통하여 낙석에는 진통, 항염, 항통풍(抗通風), 항산화 등의 작용이 있는 것으로 알려져 있다.

한의학에서 낙석등에는 거풍통락(祛風通絡), 양혈소종(涼血消腫)의 작용이 있다.

낙석 絡石 *Trachelospermum jasminoides* (Lindl.) Lem.

낙석 絡石 CP, KHP

만구절 蔓九節 *Psychotria serpens* L.

약재 낙석등 藥材絡石藤 Trachelospermi Caulis

약재 광동낙석등 藥材廣東絡石藤
Psychotriae Serpentis Herba

함유성분

줄기와 잎에는 리그난류 성분으로 arctiin, arctigenin, matairesinol, trachelogenin, nortrachelogenin[1], tracheloside, nortracheloside, nortrachelogenin 8′-O-β-D-glucopyranoside, trachelogenin 4′-O-β-gentiobioside[2], 알칼로이드 성분으로 conoflorine, coronaridine, voacangine, 19-epi-voacangarine, apparicine (pericalline)[3], ibogaine, tabernaemontanine, vobasine, voacangine-7-hydroxyindolenine[4], 플라보노이드 성분으로 apigenin, luteolin, cosmociin, luteotin-4′-O-glucoside, luteolin-7-O-glucoside, apigenin 7-O-neohesperidoside (rhoifolin), apigenin-7-O-gentiobioside, luteotin-7-O-gentiobioside[5-6], 트리테르페노이드 성분으로 trachelosperosides B-1, D-1, E-1, F, trachelosperogenin B, 3β-O-D-glucopyranoside quinovic acid[7] 등이 함유되어 있다.

MeO, MeO, OH, OMe, OH, O, O

trachelogenin

trachelosperoside F

약리작용

1. 진통

낙석등의 열수 추출물을 경구 또는 복강주사로 투여하면 열판법 Mouse의 통증역치를 뚜렷하게 연장한다. 열수 추출물을 위에 주입할 경우 초산 또는 주석산나트륨으로 유도된 Mouse의 몸비틀기 반응을 뚜렷하게 억제한다[8]. 알칼로이드는 주요 진통성분이다.

2. 항염

낙석등의 열수 추출물을 복강에 주사하면 디메칠벤젠에 의한 Mouse 귓바퀴 종창을 뚜렷하게 억제하며, 경구투여하면 한천(agar)으로 유도된 Mouse의 발바닥 종창을 뚜렷하게 억제한다[8]. 낙석등의 에탄올 추출물은 *in vitro*에서 사이클로옥시게나제-1(COX-1), 포스포리파아제 A_2 및 12-리폭시게나아제의 활성을 뚜렷하게 억제한다. 그 COX-1에 대한 억제작용은 아스피린보다 강력하다[9].

3. 통풍 억제

낙석의 잎과 함유되어 있는 플라보노이드류 화합물은 크산틴산화효소의 활성을 뚜렷하게 억제함으로써 요산의 생성을 억제한다[5].

4. 평활근에 대한 영향

낙석등의 물 추출물 및 함유되어 있는 리그난류 화합물은 히스타민으로 유도된 기니피그의 기관지평활근의 수축을 이완하는 작용이 있다[1].

5. 항산화

낙석에 함유된 아크티게닌과 nortachelogenin은 지질과산화물(LPO)을 억제하는 작용이 있다[1].

용 도

낙석등은 중의임상에서 사용하는 약이다. 거풍통락[祛風通絡, 풍사(風邪)로 생긴 병을 물리쳐서 경락에 기가 잘 통하게 함], 양혈소종(涼血消腫, 혈을 맑게 하여 부종을 가라앉혀 줌) 등의 효능이 있으며, 풍습비통(風濕痹痛, 풍습으로 인해 관절이 아프고, 통증이 심해지는 증상), 근맥구련[筋脈拘攣, 지체(肢體)의 근맥(筋脈)이 수축해서 잘 펴지지 않고 아픈 병증], 열비[熱痞, 속에 열이 성하여 비(脾)에 영향을 주어 생기는 비증], 후비(喉痺, 목구멍이 붓고 아프며 무언가 막혀 있는 느낌이 들어 답답함 등의 증상이 있는 인후병의 통칭), 옹양[癰瘍, 기혈(氣血)이 독사(毒邪)에 의해 막혀서(阻滯) 기육(肌肉)과 골(骨) 사이에서 발생하는 창종] 등의 치료에 사용한다.

현대임상에서는 풍습성 관절염, 소아설사, 좌골신경통, 폐결핵, 습관성 유산 등의 병증에 사용하며, 생것은 갈아서 외상 출혈을 치료하는 데 사용하기도 한다.

해 설

《중국약전》에서는 낙석등 약재의 성상과 현미경 특징을 묘사하고 있다. 연구를 통하여 낙석의 줄기에는 트라켈로게닌, 잎에는 apigenin 7-O-neohesperidoside가 함유되어 있어 낙석등의 지표성분으로 사용이 가능하며, 고속액체크로마토그래피법을 이용한 정성 및 정량을 통해 약재의 품질을 규정할 수 있다[10-11].

낙석의 변종인 석혈(石血, *Trachelospermum jasminoides* (Lindl.) Lem. var. *heterophyllum* Tsiang)의 잎이 포함된 덩굴에는 거풍습(祛風濕), 강근골(强筋骨), 보신지사(補腎止瀉)의 작용이 있으며, 중국의 일부 지역에서 낙석등으로 사용된다. 석혈에는 트라켈로시드와 arctigenin-4'-β-gentiobioside 등의 성분이 함유되어 있다[12]. 연구를 통해 석혈과 낙석은 식물형태, 생약조직, 이화학적 특징 등에 있어서 비교적 일치하므로 낙석의 변종으로서 기원식물로 편입시킬 필요가 있다.

꼭두서니과 식물인 만구절(蔓九節, *Psychotria serpens* L.)은 중국의 홍콩과 화남 지역에서 광동낙석등으로 불리며 전초를 약으로 사용한다. 지역적 사용품으로서 거풍제습(祛風除濕), 서근활락(舒筋活絡), 소종지통(消腫止痛)의 작용이 있다.

참고문헌

1. T Fujimoto, M Nose, T T akeda, Y Ogihara, S Nishibe, M Minami. Studies on the Chinese crude drug "Luoshiteng" (II). On the biologically active components in the stem part of luoshiteng originating from *Trachelospermum jasminoides*. *Shoyakugaku Zasshi*. 1992, **46**(3): 224-229

2. XQ Tan, HS Chen, RH Liu, CH Tan, CL Xu, WD Xuan, WD Zhang. Lignans from *Trachelospermum jasminoides*. *Planta Medica*. 2005, **71**(1): 93-95

3. R Atta-ur, T Fatima, N Mehrun, S Ijaz, G Crank, S Wasti. Indole alkaloids from *Trachelospermum jasminoides*. *Planta Medica*. 1987, **53**(1): 57-59

4. R Atta-ur, T Fatima, G Crank, S Wasti. Alkaloids from *Trachelospermum jasminoides*. *Planta Medica*. 1988, **54**(4): 364

5. S Nishibe, A Sakushima, T Noro, S Fukushima. Studies on the Chinese drug Luoshiteng (I). Xanthine oxidase inhibitors from the leaf part of Luoshiteng originating from *Trachelospermum jasminoides*. *Shoyakugaku Zasshi*. 1987, **41**(2): 116-120

6. A Sakushima, K Ohno, T Maoka, K Seki, K Ohkura. Flavonoids from *Trachelospermum jasminoides*. *Natural Medicines*. 2002, **56**(4): 159

7. 譚興起, 陳海生, 周密, 張嶽. 絡石藤中的三萜類化合物. 中草藥. 2006, **37**(2): 171-174

8. 來平凡, 範春雷, 李愛平. 夾竹桃科絡石與桑科薜荔抗炎鎮痛作用比較. 中醫藥學刊. 2003, **21**(1): 154-155

9. RW Li, GD Lin, SP Myers, DN Leach. Anti-inflammatory activity of Chinese medicinal vine plants. *Journal of Ethnopharmacology*. 2003, **85**(1): 61-67

10. 李熙齡, 張慧珍, 張萍, 何慧. 石血化學成分的研究. 中國中藥雜誌. 1994, **19**(4): 231-232

11. S Nishibe, YM Han, Y Noguchi, E Sakai, T Tanaka. Studies on the Chinese crude drug "Luoshiteng" (3) The plant origins of Luoshiteng on the market and their identification. *Natural Medicines*. 2002, **56**(2): 40-46

12. 譚興起, 陳海生, 錢正生, 雷雲超. 反相高效液相色譜法測定絡石藤中芹菜素 7-O-β-新橙皮糖苷的含量. 中國中藥雜誌. 2005, **30**(24): 1958-1959

흰목이 銀耳

Tremellaceae

Tremella fuciformis Berk.

White Tremella

개 요

흰목이과(Tremellaceae)

흰목이(銀耳, *Tremella fuciformis* Berk.)의 자실체를 건조한 것

중약명: 은이(銀耳)

흰목이속(*Tremella*) 식물은 전 세계에 약 60여 종이 있으며, 세계 각지에 널리 분포한다. 중국에서는 32종이 생산되는데, 각지에 고르게 분포하며, 약으로 사용되는 것은 약 3종이다.

'은이'의 약명은 청나라 때 《본초재신(本草再新)》에 처음 수록되었으며, 흰목이에 대한 약효도 함께 기록되어 있다. 주요산지는 중국의 사천, 귀주, 운남, 복건, 호북, 안휘, 절강, 광서, 섬서, 대만 등이며, 그 가운데 사천의 통강은이(通江銀耳)와 복건의 장주설이(漳州雪耳)가 가장 유명하고, 속칭 백목이(白木耳)라고 불린다.

흰목이의 주요 활성성분은 다당, 스테롤 및 인지질류 등이다.

약리연구를 통하여 흰목이에는 면역증강, 간 보호, 항방사능, 항종양 등의 작용이 있는 것으로 알려져 있다.

한의학에서 은이는 자보생진(滋補生津), 윤폐양위(潤肺養胃) 등의 작용이 있다.

흰목이 銀耳 *Tremella fuciformis* Berk.

약재 은이 藥材銀耳 Tremella

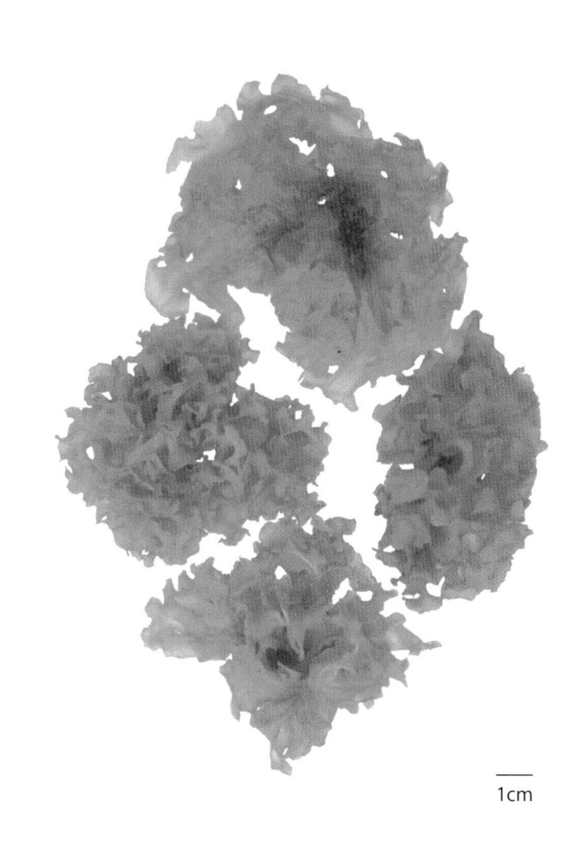

흰목이 銀耳

함유성분

Tremella fuciformis에는 다당류 성분으로 산성 헤테로다당류(주로 자일로오스, 글루쿠론산, 만노오스, 그리고 소량의 글루코오스와 극미량의 푸코오스)와 중성 헤테로다당류(주로 자일로오스, 만노오스, 갈락토오스와 글루코오스), 산성 올리고당(O-β-D-glucuronopyranosyl-(1→2)-O-α-D-mannopyranose-(1→3)-O-α-D-mannopyranose-(1→3)-D-mannopyranose, O-β-D-glucuronopyranosyl-(1→2)-O-α-D-mannopyranose-(1→3)-D-mannopyranose, 2-O-β-D-glucuronopyranosyl-D-mannopyranose 포함), 세포벽 다당류, exopolysaccharides[3-6], 스테로이드 성분으로 ergosterol, ergosta-7-en-3β-ol, 지방산으로 undecanoic acid, n-dodecanoic acid, tridecanoic acid, n-tetradecanoic acid, pentadecanoic acid, n-hexadecanoic acid, 인지질 성분으로 phosphatidyl glycerol, phosphatidyl ethanolamine, phosphatidyl serine, phosphatidyl choline, phosphatidyl inositol 등이 함유되어 있다.

약리작용

1. 면역증강

   흰목이의 흰목이 다당류는 *in vitro*에서 Mouse의 비장임파세포의 프로테인키나아제 C의 활성을 강화하고[7], Mouse의 비장세포 내 유리 칼슘의 농도를 증가시켜 임파세포를 활성화하여 면역조절작용을 발현한다[8]. Mouse 복강대식세포의 종양괴사인자-α (TNF-α)의 활성을 뚜렷하게 증가시키고, Mouse 비장세포 내 세포인자 인터루킨-2(IL-2), 인터루킨-6(IL-6), TNF-α mRNA의 발현을 조절한다[9]. 흰목이의 다당을 경구투여하면 콘카나발린 A로 유도된 Mouse 비장임파세포의 증식전화를 뚜렷하게 촉진하며, Mouse 혈청 내 IL-2와 IL-6의 함량을 증가시킨다[10]. 흰목이의 다당 추출물을 사료에 섞어 투여하면 감염구충병 닭의 세포성 면역반응 및 체액성 면역반응을 증강한다[11-12].

2. 항종양

   흰목이 포자의 당류를 복강에 주사하면 S180 육종 Mouse의 비장 중량과 비장 유핵세포의 수를 뚜렷하게 증가시키며[13], 비장세포의 IL-2 생성능력을 강화한다. 흰목이의 각종 다당은 *in vitro*에서 인체단핵세포의 IL-1, IL-6 및 TNF의 생성을 촉진한다[14-15].

3. 항방사능

   흰목이 포자의 다당을 복강에 주사하면 X-선 조사(照射)로 인한 Mouse 비장중량, 비장 유핵세포 수, 흉선세포 ^{3}H-TdR 혼입률 등을 증가시키며, 방사능 조사 후의 자연살상세포(NK-cell) 활성저하를 길항한다. 아치사량의 ^{60}Coγ선을 반복 조사한 Mouse의 다기능조혈건세포(CFU-S) 수치를 정상 또는 정상에 근접한 수준으로 개선하며, 내원성 비장 결절과 비장중량을 뚜렷하게 증가시킨다. 또한 ^{137}Csγ 방사선 조사로 인한 Mouse의 골수미핵세포 수치, 비장결절 및 비장지수를 뚜렷하게 증가시킨다[16-18].

4. 항바이러스

   흰목이의 다당 및 그 유산염은 *in vitro*에서 소의 면역결핍바이러스 R_{29}를 억제하는 작용이 있다[19].

5. 항산화

   흰목이 다당의 추출물은 *in vitro*에서 수산기 및 슈퍼옥사이드 음이온 라디칼 소거능을 가지며, 과산화수소로 유도된 적혈구 산화용혈율을 뚜렷하게 저하시킴과 동시에 지질과산화를 방지한다[21].

6. 기타

   흰목이의 다당에는 항피로[22], 간 보호, 항간염, 항돌연변이[23], 항염, 혈당강하[24-25], 혈지강하[26], 항노화[10] 등의 작용이 있다.

용 도

은이는 중의임상에서 사용하는 약이다. 자보생진(滋補生津, 정기를 길러서 보익하고 진액을 생기게 함), 윤폐양위[潤肺養胃, 폐의 기운을 원활히 해 주고 자양위음(滋養胃陰)해 줌] 등의 효능이 있으며, 허로해수[虛勞咳嗽, 허로(虛勞)로 인한 기침], 담중대혈(痰中帶血, 가래에 피가 섞여 있는 것), 진소구갈(津少口渴, 진액이 부족하여 입이 마르는 증상), 병후체허(病後體虛, 병을 앓고 난 후의 신체의 허약증), 기단핍력(氣短乏力, 숨 쉬는 것이 약하고 힘이 없으며 얕게 쉬며 숨이 차고 몸에 극도로 힘이 없는 증상), 산후허약(産後虛弱, 산후에 허약한 것), 월경부조(月經不調), 대변비결(大便秘結, 변비), 대변하혈, 신구이질(新久痢疾) 등의 치료에 사용한다.

현대임상에서는 만성 기관지염, 폐원성 심장병 및 백혈구 감소증 등의 병증에 사용하며, 폐결핵, 당뇨병, 고혈압, 만성 간염 등에 음식요법의 재료로 사용한다.

해 설

흰목이는 약식겸용 자보품으로서 폐허구해(肺虛久咳) 및 허열구갈(虛熱口渴) 등의 병증을 치료하는 약물로 사용되며, 식품으로서 장기간 복용하면 폐결핵, 당뇨병, 고혈압 등의 만성질환을 개선하고 조절하는 작용이 있다. 흰목이는 이미 약선 및 음식에 상용하는 원료 가운데 하나이며, 흰목이의 원료가공을 통한 완제품 시상도 매우 크다.

연구를 통하여 흰목이의 다당 및 그 배당체는 소의 면역결핍바이러스(HIV)를 억제하는데[19] 이는 에이즈 환자에 대한 약물치료에 병용으로 사용하거나 에이즈 고위험군의 감염을 예방하는 용도로 사용이 가능할 것이다.
그 밖에 흰목이의 다당은 항생제 대용으로 사용이 가능한데, 사료에 섞어 가금류에 투여할 경우 가금류의 생장을 촉진함과[27] 동시에 세균에 감염된 닭의 맹장 내 유익세균을 증가시키고 유해세균을 감소시키는 작용이 있다[28]. 이는 흰목이가 가금류의 사료 첨가제로 개발될 수 있는 잠재력이 있음을 의미한다.
자연산 흰목이의 자원은 매우 희박하며, 가격 또한 비싸다. 1960년대 이후로 인공재배의 성공과 기술의 발달로 인해 흰목이의 생산량이 점차로 증가되었다. 1980년대에는 다년에 걸쳐 흰목이의 생산량이 최고조에 달하여 생산이 소비를 초과하였으며, 흰목이 생산지에서 생산이 중단되거나 다른 품목으로 전환하는 사례가 증가하였다. 이 같은 이유로 1995년 이후에는 흰목이 상품이 부족한 상황이 발생하게 되었으며, 특히 고품질의 흰목이가 부족하게 되는 현상이 나타났다. 따라서 산지에서는 재배에 대한 합리적인 계획을 수립하여 시장의 수요를 정확하게 예측할 필요가 있다.
최근에는 유황으로 훈증한 백색 흰목이가 시장에 유통되고 있으나 섭취 후 인체에 유해할 수 있으므로 식용을 삼가야 한다. 그 밖에 흰목이가 변질된 뒤 세균의 오염이나 독소가 생성되어 중독을 초래할 수 있으며, 심할 경우 신장기능 감퇴나 뇌수종 등을 유발하여 사망에 이르기도 하므로 주의가 필요하다.

참고문헌

1. 中國科學院中國孢子植物志編輯委員會. 中國真菌志. 第二卷. 北京: 科學出版社. 1992: 60-92
2. 王惠清. 中藥材産銷. 成都: 四川出版集團四川科學技術出版社. 2004: 594-598
3. 徐錦堂. 中國藥用真菌學. 北京: 北京醫科大學, 中國協合醫科大學聯合出版社. 1997: 421-435
4. 楊世海, 尹春梅, 繆雙紅. 銀耳多糖及其藥理作用的研究進展. 中草藥. 1993, **24**(3): 153-157
5. Q Gao, R Seljelid, H Chen, R Jiang. Characterisation of acidic heteroglycans from *Tremella fuciformis* Berk with cytokine stimulating activity. *Carbohydrate Research*. 1996, **288**: 135-142
6. Q Gao, G Berntzen, R Jiang, MK Killie, R Seljelid. Conjugates of Tremella polysaccharides with microbeads and their TNF-stimulating activity. *Planta Medica*. 1998, **64**(6): 551-554
7. 胡庭俊, 梁紀蘭, 程富勝, 陳炅然. 銀耳多糖對小鼠脾臟淋巴細胞蛋白激酶 C 活性的影響. 中草藥. 2005, **36**(1): 81-84
8. 崔金鶯, 林志彬. 銀耳多糖對小鼠脾細胞內遊離鈣離子濃度的影響. 藥學學報. 1997, **32**(8): 561-564
9. 崔金鶯, 林志彬. 銀耳多糖對小鼠 IL-2, IL-6, TNF-α 活性及其 mRNA 表達的影響. 北京醫科大學學報. 1996, **28**(4): 244-248
10. 李燕, 劉曉麗, 裴素萍, 施堯, 蔡東聯. 銀耳多糖對實驗性衰老模型小鼠免疫功能的影響. 中國臨床營養雜誌. 2005, **13**(4): 228-231
11. FC Guo, RP Kwakkel, BA Williams, HK Parmentier, WK Li, ZQ Yang, MW Verstegen. Effects of mushroom and herb polysaccharides on cellular and humoral immune responses of Eimeria tenella-infected chickens. *Poultry Science*. 2004, **83**(7): 1124-1132
12. FC Guo, RP Kwakkel, CB Williams, X Suo, WK Li, MW Verstegen. Coccidiosis immunization: effects of mushroom and herb polysaccharides on immune responses of chickens infected with *Eimeria tenella*. *Avian Diseases*. 2005, **49**(1): 70-73
13. 鄭仕中, 王汝勤, 李志旺. 銀耳孢糖荷瘤小鼠免疫功能的增強效應及抑瘤作用的研究. 中國實驗臨床免疫學雜誌. 1994, **6**(5): 39-43
14. QP Gao, RZ Jiang, HQ Chen, E Jensen, R Seljelid. Characterization and cytokine stimulating activities of heteroglycans from *Tremella fuciformis*. *Planta Medica*. 1996, **62**(4): 297-302
15. Q Gao, MK Killie, H Chen, R Jiang, R Seljelid. Characterization and cytokine-stimulating activities of acidic heteroglycans from *Tremella fuciformis*. *Planta Medica*. 1997, **63**(5): 457-460
16. 鄭仕中, 王汝勤, 李志旺. 銀耳孢糖增強腫瘤輻射效應的初步探討. 南京醫學院學報. 1992, **12**(4): 384-387
17. 盧紹平, 楊鳳桐, 徐承熊. 銀耳孢糖對 ^{60}Coγ 線分次照射引起的小鼠造血系統殘留損傷的治療作用. 輻射研究與輻射工藝學報. 1989, **7**(1): 33-38
18. 徐文清, 高文遠, 沈秀, 王月英, 劉培勛. 銀耳多糖注射劑保護輻射損傷小鼠造血功能的研究. 國際放射醫學核醫學雜誌. 2006, **30**(2): 114-116
19. 徐文清, 李美佳, 陳木天. 銀耳多糖及其衍生物抑制牛免疫缺陷病毒的實驗研究. 中國性病艾滋病防治. 2001, **7**(5): 277-278
20. 劉培勛, 高小榮, 徐文清, 周則衛, 沈秀. 銀耳鹼提多糖抗氧化活性的研究. 中藥藥理與臨床. 2005, **21**(4): 35-37
21. 顏軍, 郭曉強, 鄔曉勇, 徐光域, 苟小軍. 銀耳多糖的提取及其清除自由基作用. 成都大學學報(自然科學版). 2006, **25**(1): 35-38
22. 辛曉林, 史亞麗, 楊立紅. 銀耳多糖對離體骨骼肌疲勞的影響. 西北農業學報. 2006, **15**(2): 128-130, 133
23. 葛迎春, 劉平, 高其品. 銀耳多糖與消瘤芥的衍生物對体外培養細胞内脫氫酶含量的影響. 特産研究. 1997, **4**: 14-15, 33
24. 周慧萍, 殷霞, 高紅霞, 王淑如, 陳瓊華. 銀耳多糖和黑木耳多糖的抗肝炎和抗突變作用. 中國藥科大學學報. 1989, **20**(1): 51-53
25. H Konishi, A Niwa, T Katada, K Hasegawa, K Osumi. Polysaccharides-contg. extracts from Heterobasidiae as antiinflammatory agents. *Japan Kokai Tokkyo Koho*. 1988: 6
26. 薛惟建, 鞠彪, 王淑如, 陳瓊華. 銀耳多糖和木耳多糖對四氧嘧啶糖尿病小鼠高血糖的防治作用. 中國藥科大學學報. 1989, **20**(3): 181-183
27. T Kiho, Y Tsujimura, M Sakushima, S Usui, S Ukai. Polysaccharides in fungi. XXXIII. Hypoglycemic activity of an acidic polysaccharide (AC) from *Tremella fuciformis*. *Yakugaku zasshi*. 1994, **114**(5): 308-315
28. HH Cheng, WC Hou, ML Lu. Interactions of lipid metabolism and intestinal physiology with Tremella fuciformis Berk edible mushroom in rats fed a high-cholesterol diet

with or without Nebacitin. *Journal of Agricultural and Food Chemistry*. 2002, **50**(25): 7438-7443

29. FC Guo, RP Kwakkel, BA Williams, WK Li, HS Li, JY Luo, XP Li, YX Wei, ZT Yan, MW Verstegen. Effects of mushroom and herb polysaccharides, as alternatives for an antibiotic, on growth performance of broilers. *British Poultry Science*. 2004, **45**(5): 684-694
30. FC Guo, BA Williams, RP Kwakkel, HS Li, XP Li, JY Luo, WK Li, MW Verstegen. Effects of mushroom and herb polysaccharides, as alternatives for an antibiotic, on the cecal microbial ecosystem in broiler chickens. *Poultry Science*. 2004, **83**(2): 175-182
31. 徐俊康. 當心銀耳中毒. 中國保健營養. 1999, **3**: 52

남가새 蒺藜 CP, KP, JP, IP

Zygophyllaceae

Tribulus terrestris L.

Puncturevine

개 요

남가새과(Zygophyllaceae)

남가새(蒺藜, *Tribulus terrestris* L.)의 잘 익은 씨를 건조한 것

중약명: 질려(蒺藜)

남가새속(*Tribulus*) 식물은 전 세계에 약 20여 종이 있으며, 열대, 아열대 및 온대 지역에 분포한다. 중국에는 약 2종이 있으며, 모두 약으로 사용한다. 이 종은 전 세계의 온대 지역에 분포한다.

남가새는 '질려자(蒺藜子)'라는 약명으로 《신농본초경(神農本草經)》에 상품으로 처음 수록되었다. 《중국약전(中國藥典)》(2015년 판)에서는 이 종을 중약 질려의 법정기원식물 내원종으로 수록하였다. 이 종은 중국 각지에서 모두 생산되며, 장강유역 이북 지역의 생산량이 비교적 많다. 주요산지는 하남, 하북, 섬서 등이다.

남가새에는 주로 스테로이드 사포닌류가 함유되어 있으며, 플라보노이드 및 알칼로이드류 성분도 함유되어 있다. 그 가운데 스테로이드 사포닌이 주요 활성성분이다. 《중국약전》에서는 현미경에 의한 약재의 분말 감별, 대조품을 통한 비교, 수분 및 총회분 등을 지표로 약재의 규격을 정하고 있다.

약리연구를 통하여 남가새에는 항과민, 항심근허혈, 항종양 및 혈당강하 등의 작용이 있는 것으로 알려져 있다.

한의학에서 질려에는 평간해울(平肝解鬱), 활혈거풍(活血祛風), 명목(明目), 지양(止癢) 등의 작용이 있다.

남가새 蒺藜 *Tribulus terrestris* L.

남가새 蒺藜 CP, KP, JP, IP

약재 질려 藥材蒺藜 Tribuli Fructus

함유성분

열매에는 스테로이드 사포닌과 그 아글리콘 성분으로 tigogenin, hecogenin, gitogenin[1], neotigogenin, neohecogenin, neogitogenin, manogenin, neomanogenin, terrestrinins A, B[2], terrestroneoside A[3], terrestrosins A, B, C, D, E[4], 25(R)-spirostan-4-ene-3,12-dione, 25(R)-spirostan-3,12-dione, 25(R)-spirostan-3,6,12-trione[1], desgalactotigonin, F-gitonin, desglucolanatigonin, gitonin, 알칼로이드 성분으로 tribulusamides A, B, N-trans-feruloyltyramine, terrestriamide N-trans-coumaroyltyramine[5] 등이 함유되어 있다.

열매와 잎에는 또한 플라보노이드 성분으로 tribuloside, kaempferol, kaempferol-3-glucoside, kaempferol-3-rutinoside 등이 함유되어 있다.

꽃에는 스테로이드 사포닌 성분으로 neogitogenin, diosgenin과 gitogenin[6] 등의 성분이 함유되어 있다.

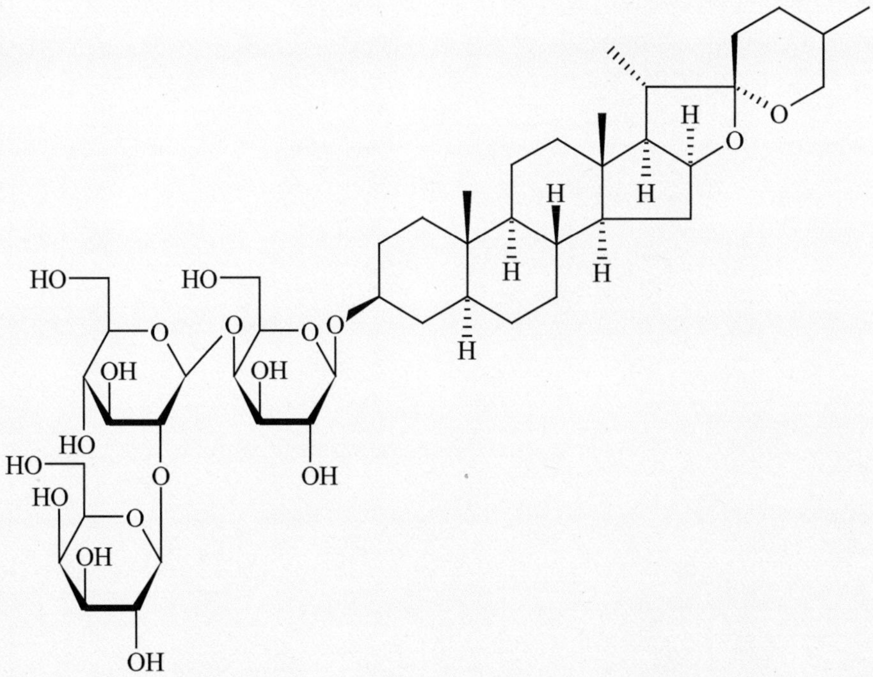

terrestrosin A

약리작용

1. 항과민

남가새 열매의 열수 추출물은 덱스트란으로 유도된 Mouse의 피부소양과 히스타민에 의한 기니피그의 국부소양을 억제하는 작용이 있다. 또한 히스타민으로 유도된 모세혈관 투과성 증가를 뚜렷하게 억제하며, 디메칠설폭사이드에 의한 기니피그의 귓바퀴 종창을 억제한다[7].

2. 심혈관계통에 대한 영향

질려의 사포닌은 관상동맥 결찰과 뇌하수체후엽호르몬 정맥주사로 인한 Rat의 급성 심근허혈 및 심근경색을 뚜렷하게 개선하는 작용이 있으며, 비교적 양호한 심근경색 예방효과가 있다. 또한 심근경색의 범위를 감소시키고, 혈액의 점도를 저하시키며, *in vitro*에서 혈소판의 응집을 길항하는 작용이 있다[8]. 질려의 사포닌은 산소투여 중지 후 산소 재투여로 유도된 Rat의 심근손상에 대해 보호작용이 있는데, 그 작용기전은 심근세포막의 안정성을 증가시키는 것과 관련이 있으며, 심근세포의 유리기를 제거하는 능력을 증강하여 지질과산화(LPO) 반응을 경감하는 것과도 관련이 있다[9].

3. 뇌혈관계통에 대한 영향

한쪽 외측 경동맥과 추동맥 결찰로 유도된 뇌허혈 개 및 대뇌 중동맥 결찰로 유도된 허혈 Rat에 대해 질려의 사포닌은 뇌혈류량을 증가시키며, 뇌혈관의 저항성을 감소시키고, 내피호르몬의 함량을 감소시켜 뇌경색의 면적을 축소시키는 작용이 있다. 또한 심박을 느리게 하고 혈압을 강하하는 작용도 있다[10].

4. 간 보호

질려에 함유된 알칼로이드 성분은 D-갈락토사민과 종양괴사인자-α(TNF-α)로 유도된 간세포 괴사에 대해 뚜렷한 억제작용이 있으며, 그중 tribulusamides A와 B의 간 보호작용이 가장 강력하다[5].

5. 혈당강하

질려의 사포닌은 정상 Mouse와 알록산으로 당뇨병이 유도된 Mouse의 혈당농도를 뚜렷하게 저하시키며, 정상 Mouse의 gluconeogenesis를 억제한다. 또한 당뇨병 Mouse의 중성지방(TG) 수치를 뚜렷하게 저하시킨다[11-12].

6. 성욕증강

질려의 사포닌은 정자의 생성을 촉진하고, 성욕을 증강하며, 암컷 Rat의 발정을 유도함과 동시에 생식능력을 증강시킨다[13].

7. 항종양

질려의 사포닌은 인체유선골수암세포 Bcap-37의 증식을 뚜렷하게 억제하는데[14], 농도 의존적 관계가 있다. 질려에 함유된 일종의 spirostanol 사포닌은 흑색종 SK-MEL, 구강상피암 KB, 유선암 BT-549 및 난소암 SK-OV-3 등에 대해 세포독성 작용이 있다[15].

8. 기타

질려에는 진통, 항염[16], 티로시나제 억제[17], 이뇨[13] 및 안구 망막신경세포 보호[18] 등의 작용이 있다.

용 도

질려자는 중의임상에서 사용하는 약이다. 평간소간[平肝疏肝, 간기(肝氣)가 몰리거나 치밀어 오르거나 간양(肝陽)이 왕성한 것을 정상으로 회복시키는 것], 거풍명목[祛風明目, 풍(風)을 제거하고 눈을 밝게 해 줌] 등의 효능이 있으며, 간양상항[肝陽上亢, 간양(肝陽)이 성하여 위로 오르는 것], 두운목현(頭暈目眩, 머리가 어지럽고 눈앞이 아찔한 것), 간울기체[肝鬱氣滯, 간의 기운이 울체(鬱滯)되어 몸 전체의 기의 운행이 원활하지 않은 증상], 흉협창만[胸脅脹滿, 흉협(胸脇) 부위가 창만(脹滿)한 것] 및 유폐창통(乳閉脹痛, 유방에 단단한 것이 생겨 부어오르고 아픈 병증), 풍열상공[風熱上攻, 풍사(風邪)에 열이 섞인 것이 인체의 상부를 공격하는 것], 목적예장[目赤翳障, 눈이 충혈되고 눈의 겉부분에 예막(翳膜)이 없이 눈동자가 속으로 가려지는 병증], 풍진소양[風疹瘙癢, 풍진(風疹)으로 전신의 피부가 가려운 증상], 백전풍(白癜風, 피부에 흰 반점이 생기는 병증) 등의 치료에 사용한다.

현대임상에서는 고혈압, 관심병(冠心病, 관상동맥경화증), 안결막염 등의 병증에 사용한다.

해 설

동속식물인 대화질려(*Tribulus cistoides* L.)는 주로 중국 운남성에서 생산되며, 일부 지역에서 질려로 사용된다.

남가새의 열매 및 지상부에는 풍부한 사포닌류 성분이 함유되어 있어 다양한 작용을 나타낼 수 있는데, 실제로 항동맥경화, 항뇌허혈, 항종양 및 강장효과 등의 작용이 있는 것이 확인되었으며, 그 작용기전에 대한 깊이 있는 연구가 추가됨으로써 보건품과 의약품으로의 개발과 이용이 가능할 것이다.

참고문헌

1. 黃金文, 蔣山好, 譚昌恒, 朱大元. 蒺藜甾體皂苷元化學成分研究. 天然産物研究與開發. 2003, **15**(2): 101-103
2. JW Huang, CH Tan, SH Jiang, DY Zhu. Terrestrinins A and B, two new steroid saponins from *Tribulus terrestris*. *Journal of Asian Natural Products Research*. 2003, **5**(4): 285-290
3. WJ Sun, J Gao, GZ Tu, ZW Guo, YM Zhang. A new steroidal saponin from *Tribulus terrestris* L. *Natural Product Letters*. 2002, **16**(4): 243-247
4. W Yan, K ohtani, K Ryoji, K Yamasaki. Steroidal saponins from fruit of *Tribulus terrestris*. *Phytochemistry*. 1996, **42**(5): 1417-1422
5. JX Li, Q Shi, QB Xiong, JK Prasain, Y Tezuka, T Hareyama, ZT Wang, K Tanaka, T Namba, S Kadota. Tribulusamide A and B, new hepatoprotective lignanamides from the fruits of *Tribulus terrestris*: indications of cytoprotective activity in murine hepatocyte culture. *Planta Medica*. 1998, **64**(7): 628-631
6. HC Sharma, JL Narula. Chemical investigations of flowers of *Tribulus terrestris*. *Chemical Era*. 1977, **3**(1): 15-17
7. 陳子珺, 李慶生, 李雲森, 淤澤溥, 袁嘉麗, 李儀奎. 防風與刺蒺藜的藥理實驗研究. 中成藥. 2003, **25**(9): 737-739
8. 廖日房, 彭鋒, 李國成, 李長齡. 蒺藜總皂苷抗大鼠急性心肌缺血和心肌梗塞藥理作用的研究. 中藥材. 2003, **26**(7): 502-504
9. 程純, 徐濟民. 蒺藜抗心肌缺氧再給氧損傷的實驗研究. 上海第二醫科大學學報. 1993, **13**(2): 174-176
10. 呂文偉, 劉芬, 劉斌, 張志強, 張宏, 徐宏, 丁曉昆. 蒺藜果總皂苷對實驗性腦缺血作用的研究. 中國老年學雜誌. 2003, **23**(4): 254-255
11. 李明娟, 瞿偉菁, 王熠非, 汪虹, 田翠平. 蒺藜皂苷的降血糖作用. 中藥材. 2002, **25**(6): 420-422
12. 李明娟, 瞿偉菁, 褚書地, 汪虹, 田翠平, 屠銘. 蒺藜水煎劑對小鼠糖代謝中糖異生的作用. 中藥材. 2001, **24**(8): 586-588
13. 褚書地, 瞿偉菁, 李穆, 曾群華. 蒺藜化學成分及其藥理作用研究進展. 中國野生植物資源. 2003, **22**(4): 4-7
14. 孫斌, 瞿偉菁, 柏忠江. 蒺藜皂苷對乳腺癌細胞 Bcap-37 的體外抑制作用. 中藥材. 2003, **26**(2): 104-106
15. 師勤, 湯依群, 徐珞珊, 徐國均. 硬軟蒺藜藥效學比較. 上海第二醫科大學學報. 2000, **20**(1): 42-45
16. 李艷莉, 鍾理, 梁麗紅. 6 種中藥抑制酪氨酸酶活性的實驗研究. 時珍國醫國藥. 2002, **13**(3): 129-131
17. 葉長華, 蔣幼芹, 江冰. 白蒺藜醇苷對混合培養鼠視網膜神經節細胞的作用. 眼視光學雜誌. 2001, **3**(3): 148-151

하늘타리 栝樓 CP, KP, JP, VP

Cucurbitaceae

Trichosanthes kirilowii Maxim.

Mongolian Snakegourd

개요

박과(Cucurbitaceae)

하늘타리(栝樓, *Trichosanthes kirilowii* Maxim.)의 뿌리, 잘 익은 열매, 열매껍질 및 씨 등을 건조한 것

중약명: 천화분(天花粉), 과루(栝樓), 과루피(瓜蔞皮) 및 과루자(瓜蔞子)

하늘타리속(*Trichosanthes*) 식물은 전 세계에 약 50여 종이 있으며, 동남아에 주로 분포하는데, 남으로 말레이시아에서 호주 북부에 이르며, 북으로는 중국에서 한반도, 일본 등에 분포한다. 중국에는 34종 및 변종 6종이 있으며, 이 속에서 현재 약으로 사용하는 것은 모두 10여 종이다. 이 종은 중국의 화북, 화동, 중남, 요녕, 섬서, 감숙, 사천, 귀주 및 운남 등지에 분포하며, 한반도, 일본, 베트남 및 라오스에도 분포한다.

'괄루근(栝樓根)'의 약명은 《신농본초경(神農本草經)》에 중품으로 처음 수록되었다. 중국에서는 예로부터 오늘날까지 천화분, 과루, 과루피 및 과루자로 사용된 식물은 몇십 종에 달하지만 대부분 박과 하늘타리속의 식물을 사용하였다. 《중국약전(中國藥典)》(2015년 판)에서는 이 종을 중약 천화분, 과루, 과루피 및 과루자의 법정기원식물 내원종 가운데 하나로 수록하였다. 괄루근의 주요산지는 중국의 산동, 하남, 하북 등이며, 하남의 안양 일대의 생산량이 가장 많다. 하늘타리 열매(과루)의 주요산지는 산동, 하북, 하남, 안휘 등이며, 산동의 장청, 비성, 영양 등지의 생산량이 가장 많고 품질 또한 좋으며, 재배되는 종류도 매우 다양하다.

하늘타리속 식물의 열매, 열매껍질, 씨 및 경엽에 함유된 함유성분은 주로 스테롤, 트리테르페노이드 및 단백질 등이다. 뿌리에는 주로 단백질, 아미노산, 스테롤 및 트리테르페노이드가 함유되어 있다. 《중국약전》에서는 박층크로마토그래피법을 이용하여 시트룰린을 대조품으로 약재 천화분의 규격을 정하고 있다. 대조약재를 이용하여 과루피의 규격을 정하고 있으며, 그 밖에 성상, 수분, 총회분 및 알코올 용해성 침출물 등을 이용하여 과루, 과루자의 규격을 정하고 있다.

약리연구를 통하여 괄루근에는 혈당강하작용이 있는 것으로 알려져 있으며, 천화분의 단백질에는 임신중단과 더불어 유산을 유발하는 작용이 있는 것으로 알려져 있다. 또 하늘타리의 열매에는 심근허혈(心筋虛血) 보호 및 혈소판응집 억제작용이 있다.

한의학에서 천화분에는 청열생진(清熱生津), 윤폐화담(潤肺化痰), 소종배농(消腫排膿) 등의 작용이 있으며, 과루에는 청열화담(清熱化痰), 관흉산결(寬胸散結), 윤조활장(潤燥活腸) 등의 작용이 있다.

하늘타리 栝樓 *Trichosanthes kirilowii* Maxim.

하늘타리 栝樓 CP, KP, JP, VP

약재 천화분 藥材天花粉
Trichosanthis Radix

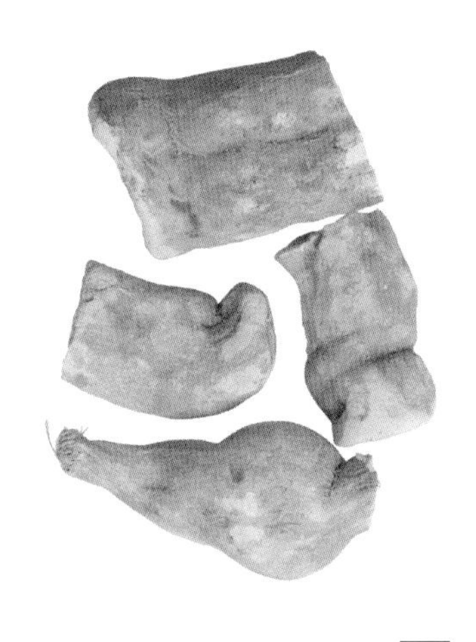

약재 과루 藥材瓜蔞
Trichosanthis Fructus

쌍변괄루 雙邊栝樓
Trichosanthes rosthornii Harms

약재 과루자 藥材瓜蔞子
Trichosanthis Semen

함유성분

뿌리에는 주로 단백질, 다당류, 식물응집소(phytoagglutinins), 그리고 아미노산 등이 함유되어 있다. 단백질에는 trichosanthin, karasuin, α-momorcharin, β-momorcharin[1], α-trichosanthin[2], 41개의 아미노산 잔기와 세 쌍의 이황화물결합당질류[3]로 구성된 이중나선 펩타이드 성분의 trichosans A, B, C, D, E[4], 식물응집소 TK-I, TK-II와 TK-III[5] 등이 함유되어 있다. 또한 stigmast-7-en-3β-ol, stigmast-7-en-3β-ol-3-O-β-D-glucopyranoside, bryonolic acid[6] 등이 함유되어 있다.

씨에는 약 26%의 지방산이 함유되어 있으며, 그 가운데 30%는 포화지방산이며, 66.5%는 불포화지방산으로 그 주성분은 tricho-sanic acid[7]이다. 씨에는 또한 당단백질 성분인 trichokirin[8]과 트리테르페노이드 성분인 karounidiol, karounidiol 3-benzoate[9], 5-dehydrok-arounidiol[10], 7-oxodihydrokarounidiol[11], isokarounidiol[12], 3-epikarounidiol, 7-oxoisomultiflorenol, 3-epibryonolol, bryonolol[13], 7-oxo-10α-cucurbitadienol[14] 등이 함유되어 있다.

bryonolic acid

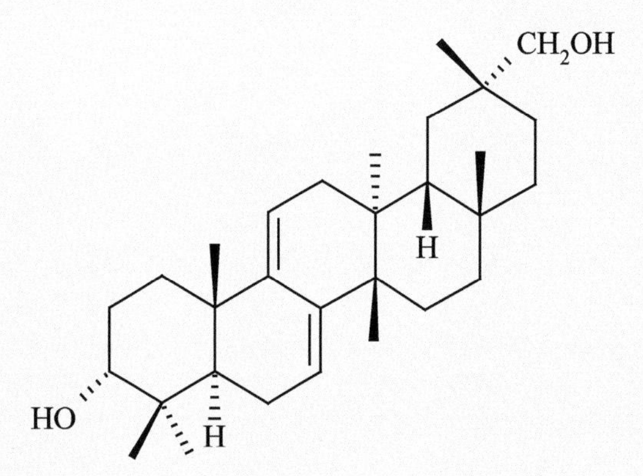

karounidiol

약리작용

1. 유산유도 및 조기임신중절

   트리코산틴은 태반의 영양막세포에 직접 작용하여 퇴화를 일으켜 태아의 사망과 조직의 괴사를 유도한다. 또한 프로스타글란딘의 합성과 분비를 촉진하는데, 다량의 프로스타글란딘의 작용을 통하여 자궁을 수축시켜 유산을 유도한다[15]. *In vitro* 실험을 통하여 트리코산틴은 Mouse 배아세포의 칼슘농도 상승을 유도하고 활성산소를 생성함과 동시에 Mouse 배아세포의 분열을 억제함으로써 유산을 유도한다[16].

2. 면역조절

   트리코산틴에는 면역증강과 면역억제의 양방향작용이 있다. 즉, 임파세포의 전화반응을 자극 또는 억제하는 효과가 있다. 또한 적혈구 면역기능을 증강하며, 보체활성 및 키닌 시스템의 활성을 유도한다. 트리코산틴의 양방향 면역조절작용의 원인은 여러 경로를 통하여 발현되는데, 약재의 산지가 각각 다르고, 트리코산틴의 분리정제 과정에서 나타날 수 있는 구조적 차이와 트리코산틴의 농도 및 사용량의 차이와도 관련이 있다[17].

3. 인체면역결핍바이러스(HIV) 억제

   트리코산틴은 HIV에 감염된 H9세포의 괴사를 유도하는데, 농도 의존적 관계가 있다[18]. 트리코산틴의 항인체면역결핍바이러스(anti-HIV) 활성은 리보솜의 활성억제와 관련이 있다[19].

4. 항종양

   트리코산틴은 가장 최초로 악성 자양엽종양을 치료하는 데 사용되었다. 천화분은 융모막상피암에 탁월한 치료효과가 있으며, 실험용 Mouse의 에를리히복수암(EAC) 및 인체의 간암, 폐암, 위암, 결장암 등에 대해서도 비교적 양호한 암세포 억제작용이 있는데, 그 작용기전은 NK 세포의 살멸활성을 증가시키고, 세포괴사를 유도하며, 단백질 합성을 억제하는 것 등과 관련이 있다[20].

5. 혈당강하
   Phytoagglutinins는 인슐린양 혈당강하 활성이 있다.

6. 심혈관계통에 대한 영향
   하늘타리 열매의 추출물을 경구투여하면 이소프레날린으로 인한 Mouse의 산소결핍에 대한 생존시간을 증가시키며, 뇌하수체후엽 호르몬에 의한 Rat의 급성 심근허혈을 길항하는 작용이 있을 뿐만 아니라 Rat의 심근허혈 후 재관류로 인한 손상을 뚜렷하게 보호한다[21]. *In vitro* 실험을 통하여 하늘타리의 열매껍질로 제조한 주사액은 토끼의 주동맥평활근세포(SMC)의 증식을 억제하는 작용이 있는 것으로 확인되었다[22].

7. 혈소판응집억제
   Trichosanic acid는 콜라겐, 아데노신이인산(ADP) 및 아드레날린에 의해 유도된 혈소판응집을 뚜렷하게 억제한다. 과루의 주사제는 관상동맥 결찰 재관류로 유도된 Mouse의 혈소판응집에 대해 뚜렷한 억제작용이 있다. 과루는 관상동맥 확장, 트롬복산 A의 형성 및 혈소판응집억제 등은 심근허혈을 보호하는 작용기전일 것으로 생각된다. 아데노신은 혈소판응집억제활성을 나타내는 성분 가운데 하나이다[23].

8. 기타
   하늘타리 열매에는 진해(鎭咳), 거담(祛痰)[24], 설사유도, 항균 등의 작용이 있다.

용 도

이 품목은 중의임상에서 사용하는 약이다.

천화분

청열생진(淸熱生津, 열기를 식히고 열로 인해 고갈된 진액을 회복시켜 줌), 청폐윤조[淸肺潤燥, 열에 의해 손상된 폐기(肺氣)를 맑게 식히고 손상된 진액을 보충하여 줌], 해독소종[解毒消腫, 해독하여서 피부에 발생된 옹저(癰疽)나 상처가 부은 것을 삭아 없어지게 함] 등의 효능이 있으며, 열병구갈(熱病口渴, 열병으로 인해 목이 마르는 증상), 소갈다음(消渴多飮, 목이 말라서 물이 자꾸 먹히는 증상), 폐열조해[肺熱燥咳, 폐에 생긴 여러 가지 열증(熱證)으로 마른기침이 나는 것], 옹종창양(癰腫瘡瘍, 고름덩어리와 상처) 등의 치료에 사용한다.
현대임상에서는 당뇨병, 사태(死胎), 자궁외임신, 포도태(葡萄胎, 임신의 하나), 악성 포도태와 융모막상피암 등의 병증에 천화분을 사용하며, 출산유도제로도 사용한다.

과루

청열화담(淸熱化痰, 열을 내리고 가래를 삭혀 줌), 관흉산결[寬胸散結, 가슴을 편안하게 하여, 적취(積聚)를 풀어 줌], 윤장통변[潤腸通便, 장(腸)을 적셔 주고 대변을 통하게 함] 등의 효능이 있으며, 담열해천[痰熱咳喘, 몸안에 열사(熱邪)가 담(痰)과 맞붙어 생긴 담열증으로 기침을 심하게 하면서 헐떡거림], 흉비(胸痞, 가슴이 갑갑한 병증), 결흉(結胸, 사기가 가슴속에 몰려 뭉친 것), 폐옹(肺癰, 폐에 농양이 생긴 병증), 유옹[乳癰, 유방에 발생한 옹종농양(癰腫膿瘍)], 장옹(腸癰, 아랫배가 뭉치어 붓고, 열과 오한이 나며, 오줌이 자주 마려운 증세가 있으며, 대변과 함께 피고름이 나오는 병), 장조변비(腸燥便秘, 대장의 진액이 줄어들어 대변이 굳어진 것) 등의 치료에 사용한다.
현대임상에서는 기관지염, 폐심병(肺心病, 폐병), 관상동맥질환 등의 병증에 사용한다.

해 설

《중국약전》에서는 동속식물인 쌍변괄루를 중약 천화분, 과루, 과루피 및 과루자의 법정기원식물 내원종으로 수록하고 있다. 실제 시장의 상품 현황은 매우 복잡하여 천화분 상품의 내원은 최소 28종에 달하며, 과루피와 과루자의 상품 내원 또한 20여 종에 달한다. 각기 다른 품목 사이의 함유성분에도 차이가 있으며, 독성 또한 서로 달라 구별이 필요하다. 품질 면에서 볼 때는 중국 하남성 안양의 천화분, 중국 산동성 장청, 비성, 영양 지역의 하늘타리 품질이 가장 뛰어나 우선적으로 개발되어야 한다.
증류침출을 통한 하늘타리 열매의 유효성분 추출액은 하늘타리를 이용한 보건음료로 개발이 가능하며, 임상시험을 통하여 진해윤폐(鎭咳潤肺) 및 식욕증진 등의 효과가 있는 것으로 확인되었다. 또한 흡연 후 입속 불쾌감에도 뚜렷한 완화작용이 있다. 그 밖에 하늘타리의 유효성분에는 콜라와 비슷한 독특한 맛이 있다. 하늘타리 계열의 상품개발을 위한 연구는 향후 전망이 매우 밝다.

참고문헌

1. HW Yeung, TB Ng, WW Li, WK Cheung. Partial chemical characterization of alpha- and beta-momorcharins. *Planta Medica*. 1987, **53**(2): 164-166
2. TP Chow, RA Feldman, M Lovett, M Piatak. Isolation and DNA sequence of a gene encoding alpha-trichosanthin, a type I ribosome-inactivating protein. *Journal of Biological Chemistry*. 1990, **265**(15): 8670-8674
3. FL Tan, GD Zhang, JF Mu, NQ Lin, CW Chi. Purification, characterization and sequence determination of a double-headed trypsin inhibitor peptide from *Trichosanthes kirilowii* (a Chinese medical herb). *Hoppe-Seyler's Zeitschrift fuer Physiologische Chemie*. 1984, **365**(10): 1211-1217

4. H Hikino, M Yoshizawa, Y Suzuki, Y Oshima, C Konno. Isolation and hypoglycemic activity of trichosans A, B, C, D, and E: glycans of *Trichosanthes kirilowii roots. Planta Medica.* 1989, **55**(4): 349-350

5. HW Yeung, TB Ng, DM Wong, CM Wong, WW Li. Chemical and biological characterization of the galactose binding lectins from *Trichosanthes kirilowii* root tubers. *International Journal of Peptide & Protein Research.* 1986, **27**(2): 208-220

6. J Kitajima, Y Tanaka. Studies on the constituents of "Trichosanthes root." IV. Constituents of roots of *Trichosanthes multiloba* Miq., *Trichosanthes miyagii* Hay. and Chinese crude drug "karo-kon." *Yakugaku Zasshi.* 1989, **109**(9): 677-679

7. 巢志茂, 何波, 敖平. 瓜蔞的化學成分研究進展. 國外醫學: 中醫中藥分冊. 1998, **20**(2): 7-10

8. L Barbieri, P Casellas, F Stirpe. Novel protein synthesis-inhibiting trichokirin, its isolation from *Trichosanthes kirilowii* seeds, and its conjugates with monoclonal antibodies for cell targeting for therapy. *Fr. Demande.* 1988: 16

9. T Akihisa, T Tamura, T Matsumoto, DS Eggleston, WCMC Kokke. Karounidiol [D:C-friedo-oleana-7, 9(11)-diene-3α, 29-diol] and its 3-O-benzoate: novel pentacyclic triterpenes from *Trichosanthes kirilowii.* X-ray molecular structure of karounidiol diacetate. *Journal of the Chemical Society, Perkin Transactions 1: Organic and Bio-Organic Chemistry.* 1988, **3**: 439-443

10. T Akihisa, WCMC Kokke, JA Krause, DS Eggleston, S Katayama, Y Kimura, T Tamura. 5-Dehydrokarounidiol [D:C-friedo-oleana-5, 7, 9(11)-triene-3α, 29-diol], a novel triterpene from *Trichosanthes kirilowii* Maxim. *Chemical & Pharmaceutical Bulletin.* 1992, **40**(12): 3280-3283

11. T Akihisa, WCMC Kokke, T Tamura, T Nambara. 7-Oxodihydrokarounidiol [7-oxo-D:C-friedoolean-8-ene-3α, 29-diol], a novel triterpene from *Trichosanthes kirilowii. Chemical & Pharmaceutical Bulletin.* 1992, **40**(5): 1199-1202

12. T Akihisa, WCMC Kokke, Y Kimura, T Tamura. Isokarounidiol (D: C-Friedooleana-6, 8-diene-3α, 29-diol]: The first naturally occurring triterpene with a △6, 8-conjugated diene system. Iodine-mediated dehydrogenation and isomerization of its diacetate. *Journal of Organic Chemistry.* 1993, **58**(7): 1959-1962

13. T Akihisa, K Yasukawa, Y Kimura, M Takido, WCMC Kokke, T Tamura. Five D: C-Friedo-oleanane triterpenes from the seeds of *Trichosanthes kirilowii* Maxim. and their anti-inflammatory effects. *Chemical & Pharmaceutical Bulletin.* 1994, **42**(5): 1101-1105

14. T Akihisa, K Yasukawa, Y Kimura, M Takido, WCMC Kokke, T Tamura. 7-Oxo-10α-cucurbitadienol from the seeds of *Trichosanthes kirilowii* and its anti-inflammatory effect. *Phytochemistry.* 1994, **36**(1): 153-157

15. 劉國武, 劉福陽. 天花粉蛋白的臨床應用. 實用婦產科雜誌. 1990, **6**(6): 282-284

16. 徐慧, 張春陽, 馬輝, 陳颬延. 共聚焦激光掃描顯微術研究天花粉蛋白對小鼠胚胎細胞的作用機理. 分析科學學報. 2001, **17**(6): 460-463

17. 周廣宇, 李洪軍, 畢黎琦. 天花粉蛋白對免疫系統的作用. 醫學綜述. 2000, **6**(9): 418-420

18. YY Wang, DY Ouyang, H Huang, H Chan, SC Tam, YT Zheng. Enhanced apoptotic action of trichosanthin in HIV-1 infected cells. *Biochemical and Biophysical Research Communications.* 2005, **331**(4): 1075-1080

19. JH Wang, HL Nie, SC Tam, H Huang, YT Zheng. Anti-HIV-1 property of trichosanthin correlates with its ribosome inactivating activity. *FEBS Letters.* 2002, **531**(2): 295-298

20. 王海英, 劉旭東. 天花粉抗腫瘤研究進展. 國醫論壇. 2005, **20**(1): 54-55

21. 吳波, 曹紅, 陳思維, 王敏偉, 姚新生. 瓜蔞提取物對缺血缺氧及缺血後再灌注損傷心肌的保護作用. 瀋陽藥科大學學報. 2000, **17**(6): 450-451, 465

22. 李自成, 常青. 瓜蔞注射液對兔血管平滑肌細胞增殖細胞核抗原表達的影響. 中國病理生理雜誌. 2000, **16**(6): 516-518

23. 劉岱琳, 曲戈霞, 王乃利, 姚新生, 北中進. 瓜蔞的抗血小板聚集活性成分研究. 中草藥. 2004, **35**(12): 1334-1336

24. 阮耀, 嶽興如. 瓜蔞水煎劑的鎮咳祛痰作用研究. 國醫論壇. 2004, **19**(5): 48

호로파 胡蘆巴 CP, KHP, BP, EP, IP

Trigonella foenum-graecum L.

Fenugreek

개 요

콩과(Leguminosae)

호로파(胡蘆巴, *Trigonella foenum-graecum* L.)의 잘 익은 씨를 건조한 것

중약명: 호로파

티베트개자리속(*Trigonella*) 식물은 전 세계에 약 70여 종이 있으며, 지중해 연안, 중부 유럽, 남북 아프리카, 서남아, 중앙아시아 및 호주에 분포한다. 중국에는 9종이 있으며, 현재 약으로 사용되는 것은 약 5종이다. 이 종은 중국 남부의 각 성, 지중해 동부, 중동, 이란 고원에서 히말라야까지 분포한다.

'호로파'의 약명은 《약보(藥譜)》에 처음 수록되었다. 《중국약전(中國藥典)》(2015년 판)에서는 이 종을 중약 호로파의 법정기원식물 내원종으로 수록하였다. 주요산지는 중국의 안휘, 사천, 하남, 운남, 섬서, 신강 등이다.

호로파에는 스테로이드 사포닌류와 플라보노이드 성분이 함유되어 있다. 《중국약전》에서는 고속액체크로마토그래피법을 이용하여 트리고넬린의 함량을 0.45% 이상으로 약재의 규격을 정하고 있다.

약리연구를 통하여 호로파에는 불임, 혈당강하, 간 보호, 항뇌허혈(抗腦虛血), 학습기억력 개선 등의 효과가 있는 것으로 알려져 있다.

한의학에서 호로파는 온신(溫腎), 거한(祛寒), 지통(止痛)의 작용이 있다.

호로파 胡蘆巴 *Trigonella foenum-graecum* L. 꽃 花

호로파 胡蘆巴 *Trigonella foenum-graecum* L. 열매 果

약재 호로파 藥材胡蘆巴 Trigonellae Semen

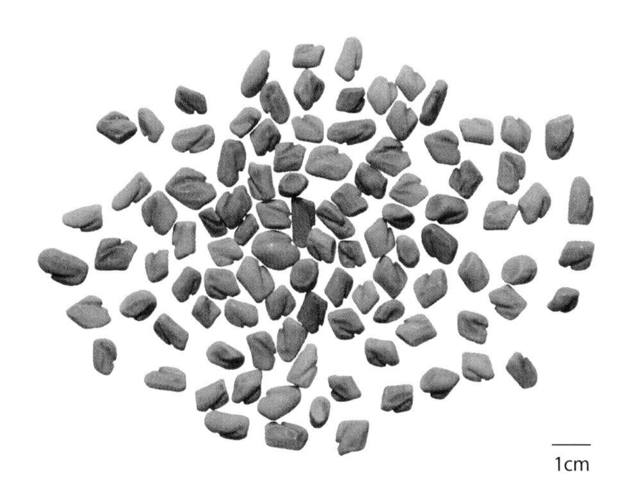

함유성분

씨에는 스테로이드 사포닌 성분으로 gitogenin, neogitogenin, diosgenin, yamogenin, tigogenin, neotigogenin, trigoneosides Ia, Ib, IIa, IIb, IIIa, IIIb, VIII, trigofoenoside A[1-2], 플라보노이드 성분으로 saponaretin, vitexin-7-glucoside, homoorientin, vicenin-1, vicenin-2, vitexin, quercetin, tricin, naringenin, tricin-7-O-β-D-glucopyranoside[3], 트리테르페노이드 성분으로 lupeol, betulin, betulinic acid, 31-norcycloartanol, soyasaponin I[4], 알칼로이드 성분으로 trigonelline, gentianine과 carpaine[5] 등이 함유되어 있다.
또한 이 식물에는 3,4,7-trimethylcoumarin[6]과 trigocoumarin 등의 성분이 함유되어 있다.

trigoneoside Ia

약리작용

1. 불임

호로파의 씨 추출물을 매일 수컷 Rat에게 투여하면 Rat의 정액량 및 정자 능력을 뚜렷하게 저하시키며, 고환, 부고환, 전립선 및 정낭의 중량을 감소시킨다.

2. 혈당강하

호로파의 씨는 사람, Rat 및 개의 혈당농도를 저하시킬 수 있으며, 포도당, 전분내성 및 혈지농도를 개선한다[5]. 또한 스트렙토조토신으로 유도된 당뇨병 Rat의 신장병변에 대해 호로파는 뇨단백 배설률을 감소시키고, 혈중 크레아틴과 요소질소의 농도를 저하시켜 신장병변의 정도를 경감한다[7].

3. 콜레스테롤 저하

호로파 씨의 분말은 정상 Rat와 고콜레스테롤혈증 Rat의 혈청 콜레스테롤, 초저밀도지단백콜레스테롤(VLDL-C) 및 저밀도지단백콜레스테롤(LDL-C)을 감소시키는데, 그 작용기전은 콜레스테롤과 담즙산의 장 내 재흡수를 감소시키는 것과 관련이 있다[5].

4. 간 보호

호로파 씨의 추출물은 CCl_4와 D-갈락토사민으로 유도된 Rat의 급성 간 손상에서 나타나는 알라닌아미노전이효소(ALT)와 아스파라진산아미노전이효소(AST)의 증가를 뚜렷하게 억제하며, 말론디알데하이드(MDA)의 농도를 낮추고, 글루타치온과산화효소(GSH-Px)의 수치를 상승시키는데, 이러한 작용은 농도 의존적 관계가 있다[8]. CCl_4로 인한 Rat의 만성 간 손상에 대해 호로파 씨의 추출물은 혈청 담즙산 MDA의 농도 증가 및 GSH-Px의 저하를 억제할 수 있다. 동시에 ALT와 AST의 농도를 뚜렷하게 저하시킨다[9].

5. 항뇌허혈

호로파의 사포닌은 양측 경동맥 결찰로 유도된 급성 불완전성 뇌허혈 Mouse의 생존시간과 응혈시간을 연장시키는 작용이 있으며, 머리를 절단한 Mouse의 호흡시간도 연장시킬 수 있다[10]. *In vitro*상에서 사포닌은 토끼의 혈소판응집을 억제하고 혈액 점도를 감소시킨다[10].

6. 기억력 개선

도약능력 측정에서 호로파의 사포닌은 스코폴라민으로 유도된 Mouse의 기억획득장애, 아질산나트륨에 의한 기억공고장애 및 20% 에탄올로 인한 기억재현장애 등을 개선한다[11].

7. 기타

호로파에는 항종양[12], 항궤양[13], 이뇨 및 혈압강하작용이 있다. 호로파의 사포닌은 토끼의 혈소판응집률과 혈액점도를 저하시키는데, 농도 의존적 관계가 있다.

용 도

호로파는 중의임상에서 사용하는 약이다. 온신[溫身, 온열한 약물을 사용하여 신기(腎氣)를 증강시키는 것], 거한[祛寒, 한사(寒邪)나 찬 기운을 없애거나 몰아내는 것], 지통(止痛) 등의 효능이 있으며, 신양부족[腎陽不足, 신기(腎氣)의 손상으로 전신을 따뜻하게 해 주는 양기가 부족하여 생기는 병증], 한습응체하초(寒濕凝滯下焦)로 인한 산통(疝痛, 심하게 갑자기 일어나는 간헐적 복통), 경한복통(経寒腹痛) 및 한습각기[寒濕腳氣, 한습사(寒濕邪)가 경맥에 침범하여 기와 혈액순환을 장애하여 생긴 병증] 등의 치료에 사용한다.
현대임상에서는 두통, 유선염, 유방암 등의 병증에 사용한다.

해 설

호로파에는 풍부한 갈락토만난, 다양한 사포닌 및 각종 생물활성물질 등이 함유되어 있어 자보품과 기능성 보건식품의 생산이 가능하다. 호로파의 씨를 이용하여 호로파검(gum)을 추출할 수 있으며, 유전 채취 시 저삼출 유전의 압열액으로 사용이 가능하다. 호로파검을 추출한 뒤 남는 잔류물은 디오스게닌의 추출에 사용이 가능하며, 디오스게닌은 스테로이드 호르몬을 합성하는 주요원료이자 각종 호르몬의 중간체로서 그 수요가 매우 많다. 호로파의 스테로이드 사포게닌의 수율은 1.1% 이상이며, 그중 디오스게닌의 함량은 86%에 달한다. 따라서 매우 긍정적인 개발 전망이 있으며, 시장의 확대가 가능할 것으로 생각된다[14].
호로파의 지상부는 향료로 사용된다. 현대적 연구를 통하여 호로파의 경엽은 신기능 쇠약에 양호한 치료효과가 있는 것으로 밝혀져 개발에 대한 전망이 밝다.

참고문헌

1. M Yoshikawa, T Murakami, H Komatsu, N Murakami, J Yamahara, H Matsuda. Medicinal foodstuffs. IV. Fenugreek seed. (1): structures of trigoneosides Ia, Ib, IIa, IIb, IIIa, and IIIb, new furostanol saponins from the seeds of Indian *Trigonella foenum-graecum* L. *Chemical & Pharmaceutical Bulletin*. 1997, **45**(1): 81-87

2. 尚明英, 蔡少青, 手塚康弘, 門田重利. 胡蘆巴皂苷 VIII 的結構鑒定. 藥學學報. 2001, **36**(11): 836-839
3. 尚明英, 蔡少青, 韓健, 李軍, 趙玉英, 鄭俊華. 中藥胡蘆巴的黃酮類成分研究. 中國中藥雜誌. 1998, **23**(10): 614-616
4. 尚明英, 蔡少青, 李軍, 門田重利, 手塚康弘, 範文哲, 難波恒雄. 中藥胡蘆巴三萜類成分研究. 中草藥. 1998, **29**(10): 655-657
5. SK Khurana, V Krishnamoorthy, VS Parmar, R Sanduja, HL Chawla. 3, 4, 7-Trimethylcoumarin from *Trigonella foenum-graecum* stems. *Phytochemistry*. 1982, **21**(8): 2145-2146
6. 李宗友. 胡蘆巴的抗糖尿病和降膽固醇作用. 國外醫學: 中醫中藥分冊. 1999, **21**(4): 9-14
7. 石艷, 苗春生, 李才, 張秀雲. 胡蘆巴對實驗性糖尿病大鼠腎臟病變的改善作用. 吉林大學學報: 醫學版. 2003, **29**(4): 395-397
8. 朱寶立, 班永宏, 段金廒. 胡蘆巴對急性化學性肝損傷的保護作用. 中國工業醫學雜誌. 2000, **13**(1): 19-21
9. 朱寶立. 胡蘆巴對慢性化學性肝損傷保護作用的研究. 江蘇衛生保健. 2001, **3**(4): 12
10. 李琳琳, 冉新建, 毛新民, 王雪飛, 張傑, 王飛. 胡蘆巴總皂苷對腦缺血保護作用. 中國藥理學通報. 2001, **17**(1): 92-94
11. 李琳琳, 毛新民, 王雪飛, 袁宏康, 李念東. 胡蘆巴總皂苷對小鼠學習記憶的促進作用及抗腦缺血作用初探. 新疆醫科大學學報. 2001, **24**(2): 98-100
12. J Raju, JMR Patlolla, MV Swamy, CV Rao. Diosgenin, a steroid saponin of *Trigonella foenum graecum* (Fenugreek), inhibits azoxymethane-induced aberrant crypt foci formation in F344 rats and induces apoptosis in HT-29 human colon cancer cells. *Cancer Epidemiology, Biomarkers* & *Prevention*. 2004, **13**(8): 1392-1398
13. RS Pandian, CV Anuradha, P Viswanathan. Gastroprotective effect of fenugreek seeds (*Trigonella foenum graecum*) on experimental gastric ulcer in rats. *Journal of Ethnopharmacology*. 2002, **81**(3): 393-397
14. 蔣建新, 朱莉偉, 徐嘉生, 徐培珍. 從制膠後的胡蘆巴種子中提取甾體長苷元的研究. 天然產物研究與開發. 2001, **13**(1): 49-51

관동 款冬 CP, KHP

Tussilago farfara L.

Coltsfoot

개 요

국화과(Asteraceae)

관동(款冬, *Tussilago farfara* L.)의 꽃봉오리를 건조한 것

중약명: 관동화(款冬花)

관동속(*Tussilago*) 식물은 전 세계에 오직 1종만이 존재하며, 약으로 사용된다. 주로 유라시아 온대 지역에 분포한다. 중국에는 동북, 화북, 화동, 서북 지역과 호북, 호남, 강서, 귀주, 운남, 서장 등에 분포하며, 인도, 이란, 파키스탄, 러시아, 서유럽 및 북아프리카 등에도 분포한다.

'관동'의 명칭은 《초사(楚辭)》에 처음 등장하였으며, 《신농본초경(神農本草經)》에 중품으로 수록되었다. 《중국약전(中國藥典)》(2015년 판)에서는 이 종을 중약 관동화의 법정기원식물 내원종으로 수록하였다. 주요산지는 하남, 감숙, 산서, 섬서 등이며, 하남의 생산량이 가장 많고, 감숙성 영대와 섬서성 유림에서 생산되는 것의 품질이 가장 좋아 '영대동화'라고 불린다.

관동에는 주로 플라보노이드, 트리테르페노이드류, 알칼로이드류, 세스퀴테르펜류 등의 성분이 주요 활성성분으로 함유되어 있다. 《중국약전》에서는 성상 등의 방법을 이용하여 약재의 규격을 정하고 있다.

약리연구를 통하여 관동의 꽃봉오리에는 진해(鎭咳), 거담(祛痰), 평천(平喘), 호흡 흥분, 항염, 항혈소판응집 등의 작용이 있는 것으로 알려져 있다.

한의학에서 관동화는 윤폐하기(潤肺下氣), 화담지해(化痰止咳)의 작용이 있다.

관동 款冬 *Tussilago farfara* L.

약재 관동화 藥材款冬花 Farfarae Flos

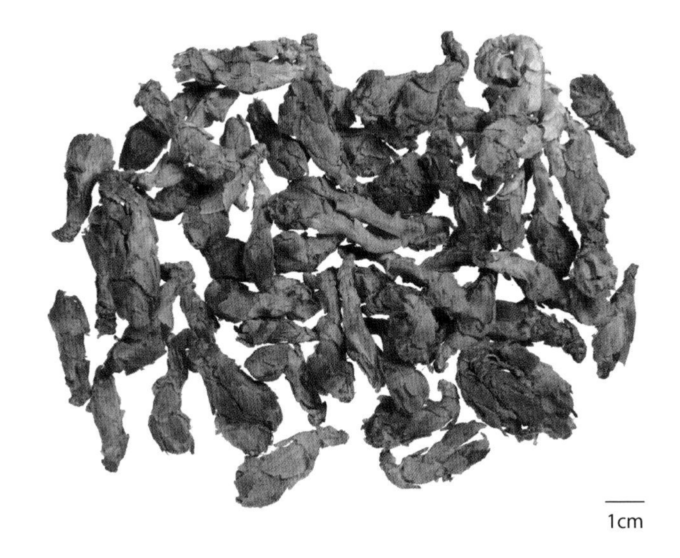

함유성분

꽃봉오리에는 플라보노이드 성분으로 rutin, hyperin, kaempferide-3-O-rutinoside[1], isoquercitrin, astragalin[2], quercetin-3-arabinoside, kaempferol-3-arabinoside, quercetin-4′-glucoside, 트리테르페노이드 성분으로 faradiol, arnidiol, bauer-7-ene-3β,16α-diol, bauerenol, isobauerenol[3], 알칼로이드 성분으로 tussilagine, senkirkine[2], 세스퀴테르펜 성분으로 tussilagone, farfaratin[4], tussilagonone, neotussilagolactone[5], 14(R)-hydroxy-7β-isovaleroyloxyoplop-8(10)-en-2-one[6], 7β-senecioyloxyoplopa-3(14)Z,8(10)-dien-2-one, 7β-angeloyloxyoplopa-3(14)Z,8(10)-dien-2-one[7], 1α,5α-bisacetoxy-8-angeloyloxy-3β,4β-epoxy-bisabola-7(14),10-dien-2-one[8], 14-acetoxy-7β(3-ethyl-cis-crotonoyloxy)-1α-(2-methylbutyoryloxy)-notonipetranone, 7β-(3-ethyl-cis-crotonoyloxy)-14-hydroxy-notonipetranone, 휘발성 성분으로 carvacrol, benzyl alcohol, phenyethyl alcohol, angelic acid, 2-methylbutyric acid, 2,8-dimethyl-1,8-nonadiene, 5-undecene, dipropyl 1,2-benzenedicarboxylate[9] 등이 함유되어 있다.

faradiol

farfaratin

약리작용

1. 진해, 거담, 평천

관동 꽃봉오리의 열수 추출물을 경구투여하면 암모니아 분무법으로 인한 Mouse의 해수(咳嗽)를 뚜렷하게 억제하며, 아울러 Mouse 기관지의 페놀레드 분비량을 뚜렷하게 증가시킨다[10]. 관동화의 열수 추출물이 1%인 요오드액을 고양이의 늑막강에 주입하는 기침 유도 시험을 했을 경우 뚜렷한 진해작용이 있으나, 작용의 지속성은 없는 것으로 확인되었다. 에탄올 추출물은 개와 Mouse에 대해 진해작용이 있었다. 마취된 고양이에게 열수 추출물을 투여하면 호흡기 점막의 분비량을 증가시키는데, 거담작용이 있을 것으로 추측된다. 관동화의 에칠아세테이트 추출물에도 거담작용이 있다. 토끼, 기니피그, 고양이에서 적출된 기관지-폐 관류 실험을 통하여 관동 꽃봉오리의 에테르 추출물은 기관지에 대해 확장작용이 있으며, 히스타민으로 유도된 기니피그의 기관지 경련을 완화하는데, 그 해경(解痉)작용이 아미노필린에 미치지는 못한다. 에탄올 추출물과 에테르 추출물을 정맥에 주사할 경우 고양이와 토끼의 호흡을 흥분시키며, 모르핀에 의한 호흡억제를 길항할 수 있다.

2. 항염

관동 꽃봉오리의 에탄올 추출물을 경구투여하면 디메칠벤젠 및 카라기난으로 인한 Mouse의 귓바퀴 종창과 발바닥 종창을 억제하며, 아울러 피마자유와 센나엽으로 인한 Mouse의 설사를 뚜렷하게 경감시킨다[11].

3. 위장과 자궁평활근에 대한 영향

관동 꽃봉오리의 에테르 추출물은 위장평활근에 대해 억제작용이 있으며, 염화바륨에 의한 장관경련을 길항한다[12]. 관동 꽃봉오리의 알코올 추출물을 경구투여하면 Mouse의 수침자극성 궤양, 염산성 궤양 및 인도메타신-에탄올로 인한 위궤양의 궤양지수를 저하시킨다[11]. Mouse의 적출자궁, 미임신 토끼 또는 출산 경험이 있는 토끼의 자궁, Rat 및 기니피그의 적출자궁 등에 대해 관동 꽃봉오리의 에테르 추출물은 저농도에서 흥분작용이 있으며, 고농도에서 억제 또는 흥분 후 억제의 작용이 있다[12].

4. 혈소판응집 억제

관동 꽃봉오리의 에탄올 추출물을 경구투여하면 전기자극으로 인한 Rat의 경동맥 혈전 형성시간을 약간 연장한다[13]. 투실라고논과 네오투실라고락톤은 혈소판활성화인자(PAF)로 인한 혈소판응집에 대해 억제작용이 있다[5].

5. 혈압상승

관동 꽃봉오리의 에테르 추출물 또는 에탄올 추출물은 고양이, 토끼, 개, Rat 등에 대해 모두 뚜렷한 혈압상승작용이 있으며, 그 작용이 신속하고 지속시간도 길다. 또한 속성내성이 나타나지 않으며, 실혈로 쇼크가 발생한 고양이에 대해서는 그 효과가 더욱 뚜렷하다. 투실라고논은 혈압상승의 주요 활성성분으로 그 작용부위는 주로 외주에 해당하며, 기전은 외주 카테콜아민의 분비를 촉진하고 혈관평활근을 직접 수축시키는 것과 관련이 있을 것으로 생각된다.

용 도

관동은 중의임상에서 사용하는 약이다. 윤폐(潤肺, 폐의 기운을 원활히 해 줌), 지해(止咳, 기침을 멎게 함), 화담(化痰, 가래를 삭혀 줌) 등의 효능이 있으며, 각종 해수(咳嗽, 기침) 등의 치료에 사용한다.

현대임상에서는 효천[哮喘, 효증(哮證)과 천증(喘證)이 합쳐 나타나는 병증], 만성 기관지염, 만성 골수염 등의 병증에 사용한다.

해 설

중국의 섬서, 내몽고, 감숙의 일부 지역에는 당 · 송대 이래로 같은 과의 식물인 머위(蜂斗菜, *Petasites japonicus* (Sieb. et Zucc.) Maxim.)의 꽃봉오리를 관동화로 사용하고 있으며, 머위의 효능은 관동과 크게 차이가 있으므로[14] 사용 시 혼용되지 않도록 각별한 주의와 감별이 필요하다.

관동화의 야생종은 주로 중국 서부 황토고원 지역에 분포하며, 최근에는 야생종의 자원이 점차 감소되고 있어 멸종의 위기에 처해 있다. 관동화 재배종에 대한 연구를 통하여 재배종의 지해화담(止咳化痰) 작용이 야생품보다 적지 않은 것으로 확인되었다[10]. 따라서 재배종에 대한 재배 면적을 증가시킴으로써 임상수요를 만족시키고 약용자원을 보호하는 데에도 중요한 역할을 할 것으로 예상된다. 현재 중국 중경시 무계에는 이미 관동화의 대규모 재배단지가 조성되어 있다.

관동화에는 암 유발활성이 있으며, Rat의 간장육종, 간세포암 및 방광유두암 등을 유발할 수 있는데, 그 암유발 물질은 간세포 독성을 유발하는 피롤 알칼로이드의 일종인 센키르킨[15]인 것으로 생각된다. 따라서 관동화를 처방하거나 제형에 사용할 경우에 엄격한 표준을 확립하는 것이 중요하다.

참고문헌

1. 石巍, 高建軍, 韓桂秋. 款冬花化學成分研究. 北京醫科大學學報. 1996, **28**(4): 308

2. M Kikuchi, M Mori. Components from the flower buds of *Tussilago farfara* L. III. Phenolic compounds. *Annual Report of the Tohoku College of Pharmacy*. 1992, **39**: 69-73

3. Y Yaoita, M Kikuchi. Triterpenoids from flower buds of *Tussilago farfara* L. *Natural Medicines*. 1998, **52**(3): 273-275
4. 王長岱, 高柳久男, 米彩峰, 喬博靈, 楊晶, 鄭啟泰, 賀存恒. 款冬花化學成分的研究. 藥學學報. 1989, **24**(12): 913-916
5. W Shi, GQ Han. Chemical constituents of *Tussilago farfara* L. *Journal of Chinese Pharmaceutical Sciences*. 1996, **5**(2): 63-67
6. Y Yaoita, N Suzuki, M Kikuchi. Studies on the constituents of the flower buds of *Tussilago farfara*. Part VI. Structures of new sesquiterpenoids from Farfarae flos. *Chemical & Pharmaceutical Bulletin*. 2001, **49**(5): 645-648
7. Y Yaoita, H Kamazawa, M Kikuchi. Studies on the constituents of the flower buds of *Tussilago farfara*. Part V. Structures of new oplopane-type sesquiterpenoids from the flower buds of *Tussilago farfara* L. *Chemical & Pharmaceutical Bulletin*. 1999, **47**(5): 705-707
8. JH Ryu, YS Jeong, DH Sohn. A new bisabolene epoxide from *Tussilago farfara*, and inhibition of nitric oxide synthesis in LPS-activated macrophages. *Journal of Natural Products*. 1999, **62**(10): 1437-1438
9. 劉曉冬, 衛永第, 安占元, 閻吉昌, 張宏. 中藥款冬花揮發油成分分析. 白求恩醫科大學學報. 1996, **22**(1): 33-34
10. 高慧琴, 馬駿, 林湘, 董曉霞. 栽培品款冬花止咳化痰作用研究. 甘肅中醫學院學報. 2001, **18**(4): 20-21
11. 朱自平, 張明發, 沈雅琴, 王紅武. 款冬花抗炎及其對消化系統作用的實驗研究. 中國中醫藥科技. 1998, **5**(3): 160-162
12. 王本祥. 現代中藥藥理學. 天津: 天津科學技術出版社. 1997: 1008-1011
13. 張明發, 沈雅琴, 朱自平, 王紅武, 楊智鋒. 辛溫(熱)合歸脾胃經中藥藥性研究: 抗血栓形成和抗凝作用. 中國中藥雜誌. 1997, **22**(11): 691-693
14. 王秀傑. 款冬花與蜂鬥菜的鑒別. 中國藥業. 2002, **11**(8): 65
15. 曾美怡, 李敏民, 趙秀文. 含吡咯雙烷生物鹼的中草藥及其毒性(二): 款冬花和偽品蜂鬥菜等的毒性反應. 中藥新藥與臨床藥理. 1996, **7**(4): 51-52

수촉향포 水燭香蒲 CP, KHP

Typha angustifolia L.

Narrow-Leaved Cattail

개 요

부들과(Typhaceae)

수촉향포(水燭香蒲, *Typha angustifolia* L.)의 꽃가루를 건조한 것

중약명: 포황(蒲黄)

부들속(*Typha*) 식물은 전 세계에 16종이 있으며, 열대에서 온대까지 분포하는데, 주로 유라시아와 북미에 분포한다. 중국에는 11종이 있다. 현재 약으로 사용되는 것은 약 5종이다. 이 종은 중국의 동북, 화북, 서북, 화동 및 하남, 호북, 광서, 사천, 귀주, 운남 등에 분포하며, 한반도에도 분포한다.

'포황'의 약명은 《신농본초경(神農本草經)》에 상품으로 처음 수록되었다. 《명의별록(名醫別錄)》, 《본초경집주(本草經集注)》, 《본초도경(本草圖經)》 및 《본초강목(本草綱目)》 등의 문헌기록 및 관련 그림을 이용하여 포황의 기원식물이 부들속 식물임을 확인할 수 있다. 《중국약전(中國藥典)》(2015년 판)에서는 이 종을 중약 포황의 법정기원식물 내원종 가운데 하나로 수록하였다. 주요산지는 중국의 강소, 절강, 산동, 내몽고, 호북 등이다. 《대한민국약전외한약(생약)규격집》(제4개정판)에는 '포황'을 "부들과에 속하는 부들(*Typha orientalis* Presl) 또는 기타 동속식물의 꽃가루"로 등재하고 있다.

포황의 주요 유효성분은 플라보노이드 화합물이다. 《중국약전》에서는 고속액체크로마토그래피법을 이용하여 포황에 함유된 isorhamnetin-3-O-neohesperidoside의 함량을 0.10% 이상으로 약재의 규격을 정하고 있다.

약리연구를 통하여 수촉향포의 화분에는 관상동맥 혈류량 증가, 혈중 콜레스테롤 저하, 항혈전 등의 작용이 있는 것으로 알려져 있다.

한의학에서 포황에는 지혈, 활혈화어(活血化瘀) 등의 작용이 있다.

수촉향포 水燭香蒲 *Typha angustifolia* L.

약재 포황 藥材蒲黃 Typhae Pollen

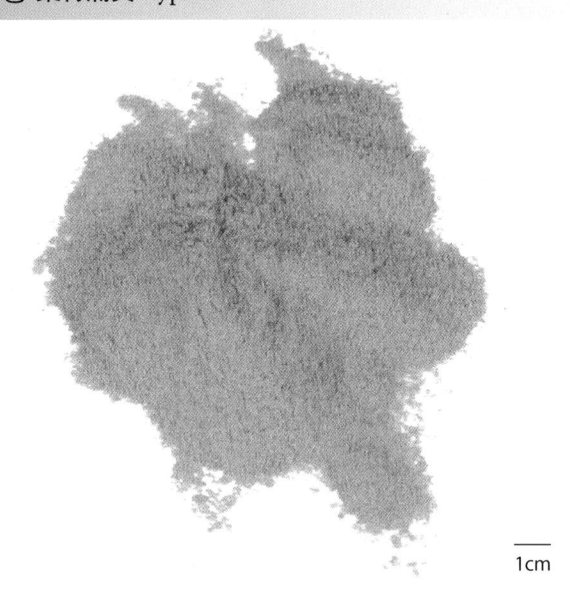

함유성분

화분에는 주로 플라보노이드 성분으로 typhaneoside, isorhamnetin-3-O-neohesperidoside, kaempferol-3-O-rhamnosylglucoside, quercetin-3-O-neohesperidoside[1], isorhamnetin, kaempferol, quercetin, naringenin, isorhamnetin-3-O-α-rhamnosyl-α-rhamnosyl-β-glucoside, isorhamnetin-3-O-α-L-rhamnosyl-(1→2)-β-D-glucoside, kaempferol-3-O-α-rhamnosyl-β-glucoside, quercetin-3-O-α-rhamnosyl-β-glucoside[2] 등이 함유되어 있다. 또한 산성 구성물인 5-trans-caffeoylshikimic acid 등이 함유되어 있다.

typhaneoside

약리작용

1. 혈액계통에 대한 영향

   Rat의 복강주사를 통해 포황의 수침액, 50% 에탄올 침출액 또는 열수 추출물 등을 투여하면 응혈시간을 뚜렷하게 단축시킨다[3]. 포황의 유기산은 아라키돈산으로 유도된 집토끼의 혈소판응집에 대해 뚜렷한 억제작용이 있는데, 그 작용기전은 아라키돈산의 대사를 억제하는 것과 관련이 있을 것으로 생각된다[4].

2. 심혈관계통에 대한 영향

   포황의 수침 추출액은 미세순환을 개선하는 작용이 있는데, 집토끼의 심근경색 범위를 축소하고, 병변을 경감시킨다. 포황의 추출물은 적출된 개구리의 심장과 토끼의 심장에 대해 가역적 억제작용이 있으며, 고농도에서는 심장박동이 정지될 정도의 확장상태를 유도하며, 또한 집토끼의 혈압을 저하시킨다[5]. 포황의 알코올 추출물은 심근 및 뇌의 산소결핍 내성을 증가시키거나 심, 뇌 등 조직의 산소 소모량을 감소시켜 심뇌의 산소결핍에 대한 보호작용을 나타낸다[6]. 심장수축을 조절하거나 이완시키는 작용을 통하여 포황의 알코올 추출물의 각 분획물은 뇌하수체후엽호르몬으로 인한 급성 심근허혈에 대해 보호작용이 있다[7]. 이소프로테레놀로 인한 Rat의 심박실상에 대해서도 예방효과가 있다[8].

3. 콜레스테롤 저하 및 항죽상동맥경화(AS) 작용

   포황의 혈중 콜레스테롤 저하 및 항AS는 다양한 경로를 통한 종합적 작용의 결과이다. 음식물 중의 콜레스테롤 흡수를 억제하는 것을 통하여 포황은 콜레스테롤의 장관을 통한 배출을 증가시킨다. 포황은 직접적으로 프로스타글란딘 I_2를 상승시킴과 동시에 트롬복산 A_2의 농도를 감소시키는데, 이는 AS 반괴형성 예방에 대해 중요한 의의를 갖는다. 포황에는 대식세포의 기능을 활성화하는 작용이 있는데, 이 또한 AS 반괴의 초기 형성을 예방하는 데 도움을 주며, 반괴의 소멸을 촉진하는 작용도 있다[9]. 그 밖에 포황의 수침(pollen)은 집토끼의 고지혈증으로 인한 혈관내피의 손상을 길항하는 작용이 있다[10].

4. 면역조절

   포황의 수침은 Rat의 흉선과 비장을 뚜렷하게 위축시키며, 아울러 면역응답 반응을 억제하는 작용이 있는데, 억제의 정도는 약물의 농도에 정비례하므로 임상에서 효천을 치료하는 데 응용이 가능하다. 다만 포황은 외주혈 백혈구와 중성 백혈구의 탐식능력에 대해서는 뚜렷한 영향을 주지 않는데, 이는 일반적인 면역억제제와는 다른 독특한 특징이라고 할 수 있다.

5. 기타

   포황에는 항염, 이담, 이뇨, 자궁수축 등의 작용이 있으며, 급성 허혈성 재관류로 손상된 신장에 대한 보호작용도 있다[11].

용 도

포황은 중의임상에서 사용하는 약이다. 화어(化瘀, 어혈을 풀어 줌), 지혈, 이뇨 등의 효능이 있으며, 각종 내외출혈증, 어체통증(瘀滯痛症), 심복통, 혈림(血淋, 소변에 피가 섞여 나오는 병증) 등의 치료에 사용한다.
현대임상에서는 고지혈증, 만성 비특이성 결장염, 통경(痛經, 월경통), 위통, 구창(口瘡, 입안이 허는 병증) 등의 병증에 사용한다.

해 설

《중국약전》에서는 중약 포황의 기원으로 동속식물인 좀부들(東方香蒲, *Typha orientalis* Presl) 또는 동속 기타식물의 건조된 화분을 규정하고 있다. 연구발표를 통하여 동속의 애기부들(長苞香蒲, *T. angustata* Bory et Chaub.), 달향포(達香蒲, *T. davidiana* (Kronf.) Hand.-Mazz.), 부들(寬葉香蒲, *T. latifolia* L.) 등도 수촉향포 꽃가루의 플라보노이드 단량체 성분과 그 종류 및 함량이 매우 유사한 것으로 확인되었으며, 모두 응혈 계통에 대해 촉진작용이 있다. 반면 약전에 규정된 좀부들은 자원이 부족하여 현재 상품으로 사용되는 비율은 비교적 적은 편이다.
부들속 식물은 대부분 야생이며, 그 자원이 매우 풍부하다. 그러나 최근에는 각 지역의 경제개발로 인해 내수면이 감소되어 향포의 자원도 감소되고 있다. 자원의 문제를 해결하기 위해 인공재배가 시도되고 있다. 향포는 적응성이 강하고 재배를 위한 기술이 간단하여 봄철에 뿌리줄기를 작게 잘라 수로 양측이나 연못에 심으면 생장이 된다.
약용으로 사용하는 이외에 수촉향포는 다양한 용도가 있다. 그 경엽에는 펙틴, 리그난, 세미셀룰로오스 및 셀룰로오스 등이 함유되어 있으며, 그 섬유질은 길이가 5.2mm, 강도는 4.2g에 달하는 우수한 종이의 원료이다[12]. 잎과 잎 덮개로는 부들포, 부들방석, 부들부채 등을 만들 수 있다. 자화서(과수)의 융모는 베개 및 기타 충진용으로 사용이 가능하다.

참고문헌

1. 賈世山, 劉永隆, 馬超美. 狹葉香蒲花粉(蒲黃)黃酮類成分的研究. 藥學學報. 1986, **21**(6): 441-446
2. 陳嫣, 方聖鼎, 顧雲龍, 張彩英, 趙基. 水燭香蒲花粉中的活性成分. 中草藥. 1990, **21**(2): 50-55
3. 王麗君, 廖矛川, 蕭培根. 中藥蒲黃的化學與藥理活性. 時珍國藥研究. 1998, **9**(1): 49-50

4. 馮欣, 劉鳳鳴. 蒲黃有機酸對家兔血小板聚集性的影響. 中國民間療法. 1999, **6**: 48-49
5. 苑可武, 徐文豪. 蒲黃的化學及藥理研究概況. 中草藥. 1996, **27**(11): 693-695
6. 俞騰飛, 邊力, 王軍, 朱德禮, 尹玉良. 蒲黃醇提物對小鼠耐缺氧, 抗疲勞的影響. 中藥材. 1991, **14**(2): 38-41
7. 孫偉, 馬傳學, 陳才法. 蒲黃醇提取物對家兔急性心肌缺血的保護作用. 江蘇藥學與臨床研究. 2003, **11**(1): 9-11
8. 鄭若玄, 方三曼, 李志明, 張雄謀. 蒲黃對大白鼠心律失常的預防作用. 中國中藥雜誌. 1993, **18**(2): 108-110
9. 張彩英. 中藥蒲黃防治動脈粥樣硬化機制的研究. 衡陽醫學院學報. 1991, **19**(3): 75-79
10. 張嘉晴, 周志泳, 左保華. 蒲黃對高脂血症所致內皮損傷的保護作用. 中藥藥理與臨床. 2003, **19**(4): 20-22
11. 趙小昆, 黃循, 楊錫蘭. 蒲黃對腎缺血再灌流損傷保護作用的實驗研究. 湖南醫科大學學報. 1993, **18**(4): 378-380
12. 王宗訓. 中國資源植物利用手冊. 北京: 科學出版社. 1989: 74-75

수촉향포 재배모습

독각련 獨角蓮 CP

Typhonium giganteum Engl.

Giant Typhonium

개 요

천남성과(Araceae)
독각련(獨角蓮, *Typhonium giganteum* Engl.)의 덩이줄기를 건조한 것
중약명: 백부자(白附子)

이두첨속(*Typhonium*) 식물은 전 세계에 약 35종이 있으며, 대부분 인도에서 말레이시아 일대에 분포한다. 중국에서는 약 13종이 생산되며, 남북 지역에 고르게 분포한다. 이 속에서 현재 약으로 사용되는 것은 약 5종이다. 이 종은 중국 고유종으로 주로 하북, 산동, 길림, 요녕, 하남, 호북, 섬서, 감숙, 사천에서 서장 남부까지 분포한다. 요녕, 길림, 광서, 광동 등지에서도 재배된다.

'백부자'의 약명은 《명의별록(名醫別錄)》에 하품으로 처음 수록되었다. 역대 본초서적에도 다수의 기록이 있다. 《중국약전(中國藥典)》(2015년 판)에서는 이 종을 중약 독각련의 법정기원식물 내원종으로 수록하였다. 주요산지는 중국의 하남, 감숙, 호북 등이며, 그 밖에도 산서, 하북, 사천, 섬서 등에서도 생산된다. 전통적으로 하남성 우현의 생산량이 가장 많고 품질도 우수하여 '우백부(禹白附)'라고 불린다.

독각련의 주요성분은 지방산, 이노시톨, 알칼로이드, 세레브로시드 등이다. 《중국약전》에서는 성상과 현미경 감별 특징을 이용하여 약재의 규격을 정하고 있다.

약리연구를 통하여 독각련의 덩이줄기에는 진정, 진통, 진해(鎮咳) 등의 작용이 있는 것으로 알려져 있다.

한의학에서 백부자에는 거풍담(祛風痰), 정경축(定驚搐), 해독산결(解毒散結), 지통(止痛) 등의 작용이 있다.

독각련 獨角蓮 *Typhonium giganteum* Engl.

약재 백부자 藥材白附子 Typhonii Rhizoma

함유성분

덩이줄기에는 콜린, 우라실, 숙신산, 타이로신, 발린, 팔미트산, 리놀레산, 올레산, 리놀레인, dipalmitin[1], tianshic acid, cinnamic acid[2], 2,6-diamino-9-β-D-ribofuranosylpurine[3]과 typhonium giganteum lectin 등이 함유되어 있다.
또한 세레브로사이드류 성분으로 typhonoside[3]와 typhoniside A[4] 등이 함유되어 있다.
잎에는 약 61.33%의 불포화지방산을 함유하고 있다. 그 가운데 리놀산의 함량은 34.79%로 리놀렌산의 함량 15.48%[5]보다 상대적으로 많게 구성되어 있다.
아미노산의 함량은 부위마다 다르며 열매(24.467%) > 잎(12.087%) > 덩이줄기(9.05%) > 꽃(8.831%) > 잎꼭지(4.419%) 순으로 함량이 높다. 글루탐산의 함량은 모든 부위에서 가장 높게 나타나며 잎에서의 아미노산 함량은 성장이 지속될수록 많아진다[6-7].

약리작용

1. 진정, 항경궐
   독각련 덩이뿌리의 생품과 포제품의 물 침출물을 위에 투여하면 펜토바르비탈 최면작용과 뚜렷한 상승작용을 나타낸다. 중추신경 흥분제인 펜틸렌테트라졸 E와 질산 스트리크닌으로 인한 Mouse의 강직성 경궐에 대해 경궐의 잠복기와 생존시간을 연장할 수 있다[8].

2. 항염
   독각련 덩이뿌리의 혼탁액과 열수 추출물을 경구투여하면 Rat의 알부민 또는 효모로 인한 관절종통, Mouse의 면구육아종 증식과 삼출 등 염증반응에 대해 뚜렷한 억제작용이 있다[9].

3. 항종양
   독각련 뿌리줄기의 열수 추출물을 경구투여하면 Mouse S180 육종의 생장을 뚜렷하게 억제하며, 에를리히복수암(EAC) 이종이식 Mouse의 생존기간을 연장한다. 또한 Mouse 임파세포 전화율을 증가시키고, 면역기능을 증감함으로써 Mouse의 일반적 상황을 개선한다[10]. 독각련 뿌리줄기의 물 추출물은 *in vitro*에서 간암세포 SMMC-7721의 생장에 대해 비교적 강력한 억제작용이 있으며, 동시에 세포의 괴사를 유도한다[11]. *In vitro* 실험에서 독각련 뿌리줄기의 물 추출물은 인체 T세포와 단핵세포에 대해 면역증강작용이 있으며, 인체 면역계통의 살상능력을 자극하거나 또는 종양세포와 외래 항원에 대한 탐식기능을 강화함으로써 종양을 치료하는 효과를 나타낸다[12].

4. 기타
   독각련의 뿌리줄기에는 항균, 거담(祛痰) 등의 작용이 있다. 백부자의 렉틴에는 인체 정자를 응집시키는 작용이 있다.

용 도

독각련은 중의임상에서 사용하는 약이다. 거풍담[祛風痰, 풍담(風痰)을 제거해 줌], 조습담(燥濕痰), 해경(解痙, 경련을 풀어 줌) 지통(止痛), 해독산결(解毒散結, 독성을 없애 주고 뭉친 것을 풀어 줌) 등의 효능이 있으며, 중풍구안와사(中風口眼喎斜), 경풍전간[驚風癲癎, 경풍

(驚風)과 전간(癲癎, 간질)], 파상풍, 편두통 등 풍담제증(風痰諸證), 나력담핵(瘰癧痰核, 목 부위의 임파선 종기로 인하여 피하에 담으로 멍울이 생기는 병증) 및 독사교상(毒蛇咬傷, 짐승, 뱀, 독벌레 등 동물에게 물려서 생긴 상처) 등의 치료에 사용한다.
현대임상에서는 관절염, 삼차신경통, 안면신경마비 등의 병증에 사용한다. 독각련고를 외용으로 사용하여 정독창절[疔毒瘡癤, 정창(疔瘡)이 중해지고 악화되는 것], 수각군열(手腳皸裂, 손과 다리의 피부가 트고 갈라진 것) 등에 사용한다.

해 설

백부자는 중의에서 상용하는 온화한담약(溫化寒痰藥)이다. 그러나 문헌의 기록 및 임상사용에서 '우백부'와 '관백부' 두 종류가 구분되어 있다. 《중국약전》 1963년 판에서는 우백부와 관백부 두 종을 정식명칭으로 수록하였으나, 1985년 판에서는 관백부를 제외하고 '백부자(우백부)'만을 수록하여 오늘날에 이르고 있다. 우백부의 기원은 이 종이며, 관백부의 기원은 미나리아재비과의 황화오두의 덩이뿌리이다. 본초학적 고증에서 볼 때, 우백부와 관백부의 응용은 모두 본초학적 근거를 기반으로 하며, 우백부는 적어도 원대(元代) 이후로 본초학적 주류 품목이고, 관백부는 역사적으로 일부분만 사용되어온 품목이었다. 현재 중국의 국내 상황에서 볼 때는 우백부가 전국 대부분 지역에서 사용되고 있다. 이 두 종은 과속 및 기원이 완전히 다른 두 가지의 약재이다. 현대 과학적 연구에서도 두 종의 화학적 성분과 약리작용 또한 완전히 다르기 때문에 동일시되어서는 안 된다.
생백부자는 홍콩상견독극중약[香港常見毒劇中藥] 31종(광물성 제외)*에 포함되어 있다.
백부자의 독성 부작용은 주로 결막염, 위점막 및 피부 등에 비교적 강력한 자극성 등을 나타내므로 사용에 특히 주의해야 한다.

참고문헌

1. 劉珂, 楊松松, 張爾志. 獨角蓮化學成分的研究. 中草藥. 1985, **3**: 42
2. 陳雪松, 陳迪華, 斯建勇. 中藥白附子的化學成分研究(I). 中草藥. 2000, **31**(7): 495-496
3. XS Chen, DH Chen, JY Si, GZ Tu. Chemical constituents of *Typhonium giganteum* Engl. *Journal of Asian Natural Products Research*. 2001, **3**(4): 277-283
4. XS Chen, YL Wu, DH Chen. Structure determination and synthesis of a new cerebroside isolated from the traditional Chinese medicine *Typhonium giganteum* Engl. *Tetrahedron Letters*. 2002, **43**(19): 3529-3532
5. 孫啟良, 衛永第, 楊雨東. 氣質聯用法分析獨角蓮葉中脂肪酸. 中草藥. 1996, **27**(6): 333, 346
6. 孫啟良, 衛永第, 楊偉超. 獨角蓮各部位氨基酸的含量分析. 白求恩醫科大學學報. 1995, **21**(4): 364-365
7. 劉磊, 陳燕萍, 李靜. 獨角蓮地上各部位氨基酸含量的分析. 吉林大學學報(醫學版). 2003, **29**(1): 54-55
8. 吳連英, 毛淑傑, 程麗萍, 王孝濤. 白附子不同炮製品鎮靜, 抗驚厥作用比較研究. 中國中藥雜誌. 1992, **17**(5): 275-278
9. 吳連英, 仝燕, 程麗萍, 劉菊福. 關白附, 禹白附抗炎及毒性比較研究. 中國中藥雜誌. 1991, **16**(10): 595-597
10. 孫淑芬, 曾艷, 趙維誠. 獨角蓮抑制惡性腫瘤的實驗研究. 陝西中醫. 1999, **20**(2): 94
11. 王順啟, 倪虹, 王娟, 陳力. 獨角蓮對肝癌細胞 SMMC-7721 細胞增殖抑制作用機理的研究. 細胞生物學雜誌. 2003, **25**(3): 185-187
12. 單保恩, 張金艷, 李巧霞, 喬芳, 李宏, 葉靜, 杜肖娜, 山下優毅, 黑田悅史. 白附子對人 T 細胞和單核細胞的調節活性. 中國中西醫結合雜誌. 2001, **21**(10): 768-772

* 산두근(山豆根), 속수자(續隨子), 천오(川烏), 천선자(天仙子), 천남성(天南星), 파두(巴豆), 반하(半夏), 감수(甘遂), 백부자(白附子), 부자(附子), 낭독(狼毒), 초오(草烏), 마전자(馬錢子), 등황(藤黃), 양금화(洋金花), 귀구(鬼臼), 철봉수[(鐵棒樹), 또는 설상일지호(雪上一枝蒿)], 요양화(鬧羊花), 청랑충(青娘蟲), 홍랑충(紅娘蟲), 반모(斑蝥), 섬수(蟾酥)

맥람채 麥藍菜 CP, KHP

Caryophyllaceae

Vaccaria segetalis (Neck.) Garcke

Cowherb

개 요

석죽과(Caryophyllaceae)

맥람채(麥藍菜, *Vaccaria segetalis* (Neck.) Garcke)의 잘 익은 씨를 건조한 것

중약명: 왕불류행(王不留行)

비누풀속(*Vaccaria*) 식물은 전 세계에 약 4종이 있으며, 유럽과 아시아에 분포한다. 중국에는 오직 1종만 있으며, 약으로 사용된다. 이 종은 중국의 북부와 장강유역에 분포한다.

'왕불류행'의 약명은 《신농본초경(神農本草經)》에 상품으로 처음 수록되었다. 역대 본초서적에도 많은 기록이 남아 있는데, 대부분 이 종을 가리킨다. 《중국약전(中國藥典)》(2015년 판)에서는 이 종을 중약 왕불류행의 법정기원식물 내원종으로 수록하였다. 주요산지는 중국의 하북, 흑룡강, 요녕 등이다.

맥람채의 주요 함유성분은 트리테르페노이드 사포닌류 화합물과 고리형 펩티드 성분이며, 그 가운데에서 고리형 펩티드인 세게탈린 A, B, G, H 등이 에스트로겐 유사작용의 활성을 나타낸다. 《중국약전》에서는 성상, 분말의 현미경 감별 특징, 대조약재의 박층크로마토그래프, 수분, 총회분, 산불용성 회분 및 침출물로 중약 왕불류행의 규격을 정하고 있다. 《대한민국약전외한약(생약)규격집》(제4개정판)에는 '왕불류행'을 "장구채(*Melandryum firmum* Rohrbach, 석죽과)의 열매가 익었을 때의 지상부"로 등재하고 있어 중국약전의 식물과 약용부위가 다르다.

약리연구를 통하여 맥람채에는 혈액의 고점도를 개선하는 작용, 미세혈액량 개선, 혈류순환시간 단축, 조직 내 혈류주입량 증가의 작용이 있으며, 동시에 미세혈관의 형태를 개선하고, 혈액의 어체(瘀滯)와 응집(凝集)을 저하시키는 것으로 알려져 있다.

한의학에서 왕불류행에는 활혈통경(活血通經)의 작용이 있다.

맥람채 麥藍菜 *Vaccaria segetalis* (Neck.) Garcke

약재 왕불류행 藥材王不留行 Vaccariae Semen

맥람채 麥藍菜 CP, KHP

함유성분

씨에는 트리테르페노이드 사포닌 성분으로 vaccegosides B, C[2-3], vaccaroids A, B[4-5], vaccarosides A, B, C, D, E, F, G, H[6-7], segetosides B, C, D, E, F, G, H, I, K, L[8-14], vaccarisides A, B, C, D, E[15-16], 고리형 펩티드 성분으로 segetalins A(vaccarin D), B (vaccarin A), C, D (vaccarin B), E (vaccarin C), F, G, H[17-22], 플라보노이드 성분으로 isosaponarin[23], apigenin-6-C-arabinosylglucoside, apigenin-6-C-glucosylglucoside[24] 등의 성분과 hypaphorine[23] 등이 함유되어 있다.

segetalin A

segetalin B

약리작용

1. 혈관 및 혈액 계통에 대한 영향

덱스트란에 의해 유도된 기니피그의 급성 어혈모델에서 맥람채의 씨는 기니피그 달팽이관의 전위를 개선하는 작용이 있으며, 맥람채 씨의 열수 추출물을 경구로 투여하면 덱스트란의 내이에 대한 생물전류의 영향을 길항하며, 혈액유변학적 지수를 뚜렷하게 개선하는 효과가 있다. 아울러 기니피그의 혈액점도와 항복응력 및 혈액의 어체와 응집을 뚜렷하게 저하시키며, 미세혈류량과 미세혈관

형태를 개선한다. 또한 혈액순환시간을 단축하고 조직의 혈류량을 증가시킨다[25-27]. 맥람채의 열수 추출물은 토끼의 적출된 주동맥 수축을 이완하는데, 그 작용기전은 평활근세포의 α-아드레날린수용체, 칼슘이온통로, 세포 외 칼슘이온 및 히스타민 H1 수용체와 관련이 있는 것으로 생각된다[28].

2. 에스트로겐 양작용
맥람채에서 분리한 세게탈린 A, B, G, H에는 에스트로겐 유사 활성작용이 있다[29-32].

3. 항종양
맥람채의 열수 추출물은 *in vitro*에서 인체 폐암세포 A549, 루이스폐암종(LLC), 췌장암세포 Panc-1 및 Panc02, 인체 전립선암세포 PC-3과 LNCaP, 인체 유선암세포 MCF-7과 MCNeuA 등에 대해 모두 억제작용이 있으나, 정상세포에 대해서도 일정한 세포독성을 나타낸다[33].

4. 항관절염
Rat의 프로인트항원보강제(FA)로 유도된 우측 후지 발바닥 부종에 대해 맥람채의 열수 추출물을 경구로 투여하면 혈청 내 백혈구 수와 C-반응 단백질을 뚜렷하게 감소시켜 관절염성 부종을 뚜렷하게 억제한다[34].

5. 기타
맥람채의 에칠아세테이트 추출물은 콜레스테롤을 저하시킬 수 있다. 또한 맥람채의 알코올 추출물은 혈장과 자궁조직 내의 cAMP 함량을 뚜렷하게 증가시켜 조기임신중절 작용을 나타낸다. 맥람채를 귀의 혈자리에 붙이면 담낭수축작용이 나타나며, 담낭 내의 담즙배설을 촉진한다. 맥람채 씨는 실험동물에 대해 진통작용이 있다.

용 도

왕불류행은 중의임상에서 사용하는 약이다. 활혈통경(活血通經, 혈액순환을 촉진하여 월경이 재개되게 함), 하유(下乳, 출산 후 젖이 나오지 않거나 적게 나오는 것을 치료하는 것), 소옹[消癰, 옹저(癰疽)를 삭아 없어지게 함], 이뇨통림(利尿通淋, 이뇨시키고 소변이 잘 통하게 함) 등의 효능이 있으며, 혈어경폐(血瘀經閉, 어혈로 인해 월경이 막히는 증상), 통경(痛經, 월경통), 산후 유즙불하(乳汁不下, 해산한 후에 젖이 잘 나오지 않는 증상) 및 유옹[乳癰, 유방에 발생한 옹종농양(癰腫膿瘍)], 열림(熱淋, 임병의 하나로 오줌의 빛이 붉어지고 아랫배가 몹시 아픔), 혈림(血淋, 소변에 피가 섞여 나오는 병증), 석림(石淋, 임증의 하나로 음경 속이 아프면서 소변에 모래나 돌 같은 것이 섞여 나오는 병증) 등의 치료에 사용한다.
현대임상에서는 대상포진, 난산(難産), 유선염, 외과옹창, 요로감염 등의 병증에 사용한다.

해 설

최근 맥람채에서 여러 종의 트리테르페노이드 사포닌을 분리하였으나, 그 활성에 대한 평가는 아직까지 미흡한 실정이다. 약리실험을 통하여 맥람채에는 조기임신중절작용이 있으므로 피임약으로의 연구와 개발이 강화되어야 할 것이다.
약재 왕불류행은 여러 해 동안 야생자원에 의존하고 있어 시장의 수요를 만족시키지 못하고 있다. 따라서 재배종 맥람채가 개발될 경우 거대한 시장 잠재성이 있다.

참고문헌

1. 徐忠銀, 肖浦生. 王不留行的本草學研究. 基層中藥雜誌. 1993, **7**(1): 26-28
2. RT Bayeba, MO Karriev, NK Abubakirov. Glycosides from Vaccaria segetalis. VII. Composition of vaccegoside B. *Izvestiya Akademii Nauk Turkmenskoi SSR, Seriya Fiziko-Tekhnicheskikh, Khimicheskikh I Geologicheskikh Nauk*. 1974, **6**: 84-88
3. RT Baeva, MO Karryev, NK Abubakirov. Glycosides from *Vaccaria segetalis*. VIII. Structure of vaccegoside. *Khimiya Prirodnykh Soedinenii*. 1975, **5**: 658-659
4. H Morita, YS Yun, K Takeya, H Itokawa, K Yamada, O Shirota. Vaccaroid A, a new triterpenoid saponin with contractility of rat uterine from *Vaccaria segetalis*. *Bioorganic & Medicinal Chemistry Letters*. 1997, **7**(8): 1095-1096
5. YS Yun, K Shimizu, H Morita, K Takeya, H Itokawa, O Shirota. Triterpenoid saponin from *Vaccaria segetalis*. *Phytochemistry*. 1998, **47**(1): 143-144
6. K Koike, ZH Jia, T Nikaido. Triterpenoid saponins from *Vaccaria segetalis*. *Phytochemistry*. 1998, **47**(7): 1343-1349
7. ZH Jia, K Koike, M Kudo, HY Li, T Nikaido. Triterpenoid saponins and sapogenins from *Vaccaria segetalis*. *Phytochemistry*. 1998, **48**(3): 529-536
8. SM Sang, AN Lao, Y Leng, L Cao, ZL Chen, J Uzawa, Y Shigeo, Y Fujimoto. A new triterpenoid saponin with inhibition of luteal cell from the seeds of *Vaccaria segetalis*. *Journal of Asian Natural Products Research*. 2002, **4**(4): 297-301
9. SM Sang, AN Lao, HC Wang, ZL Chen, J Uzawa, Y Fujimoto. Triterpenoid saponins from *Vaccaria segetalis*. *Journal of Asian Natural Products Research*. 1999, **1**(3): 199-205
10. SM Sang, AN Lao, HC Wang, ZL Chen, J Uzawa, Y Fujimoto. Triterpenoid saponins from *Vaccaria segetalis*. *Natural Product Sciences*. 1998, **4**(4): 268-273
11. SM Sang, AN Lao, Y Leng, ZP Gu, ZL Chen, J Uzawa, Y Fujimoto. Segetoside F a new triterpenoid saponin with inhibition of luteal cell from the seeds of *Vaccaria segetalis*.

Tetrahedron Letters. 2000, **41**(48): 9205-9207

12. SM Sang, AN Lao, ZL Chen, J Uzawa, Y Fujimoto. Three new triterpenoid saponins from the seeds of *Vaccaria segetalis*. *Journal of Asian Natural Products Research*. 2000, **2**(3): 187-193
13. SM Sang, ML Zou, AN Lao, ZL Chen, J Uzawa, Y Fujimoto. A new triterpenoid saponin from the seeds of *Vaccaria segetalis*. *Chinese Chemical Letters*. 2000, **11**(1): 49-52
14. ZH Xia, ML Zou, SM Sang, AN Lao. Segetoside L, a new triterpenoid saponin from *Vaccaria segetalis*. *Chinese Chemical Letters*. 2004, **15**(1): 55-57
15. J Ma, WC Ye, HM Wu, FH He, JZ Deng, SX Zhao. Vaccariside A, novel saponin from *Vaccaria segetalis* (Neck.) Garcke. *Chinese Chemical Letters*. 1999, **10**(11): 921-924
16. J Ma, FH He, JZ Deng, WC Ye, SX Zhao, HM Wu. Triterpenoid saponins from *Vaccaria segetalis*. *Chinese Journal of Chemistry*. 2001, **19**(6): 606-611
17. H Morita, YS Yun, K Takeya, H Itokawa, M Shiro. Cyclic peptides from higher plants. 17. Conformational analysis of a cyclic hexapeptide, segetalin A from *Vaccaria segetalis*. *Tetrahedron*. 1995, **51**(21): 5987-6002
18. H Morita, YS Yun, K Takeya, H Itokawa, K Yamada. Cyclic peptides from higher plants. 18. Segetalins B, C and D, three new cyclic peptides from *Vaccaria segetalis*. *Tetrahedron*. 1995, **51**(21): 6003-6014
19. H Morita, YS Yun, K Takeya, H Itokawa, O Shirota. A cyclic heptapeptide from *Vaccaria segetalis*. *Phytochemistry*. 1996, **42**(2): 439-441
20. H Morita, YS Yun, K Takeya, H Itokawa. New cyclic peptides, segetalins from *Vaccaria segetalis*. *Tennen Yuki Kagobutsu Toronkai Koen Yoshishu*. 1996, **38**: 289-294
21. RP Zhang, C Zou, YK Chai, J Zhou. A new cyclopeptide from *Vaccaria segetalis*. *Chinese Chemical Letters*. 1995, **6**(8): 681-682
22. 張榮平, 鄒澄, 譚寧華, 周俊. 王不留行環肽研究. 雲南植物研究. 1998, **20**(1): 105-112
23. 魯靜, 林一星, 馬雙成. 中藥王不留行中刺桐鹼和異肥皂草苷分離鑒定和測定. 藥物分析雜誌. 1998, **18**(3): 163-165
24. 桑聖民, 夏增華, 毛士龍, 勞愛娜, 陳仲良. 中藥王不留行中黃酮苷類成分的研究. 中國中藥雜誌. 2000, **25**(4): 221-222
25. 施建蓉, 曾兆麟, 李佰勤, 胡芳, 劉福官, 馮愛成, 張懷瓊. 中藥王不留行對血瘀模型豚鼠耳蝸功能的改善作用. 中國中西醫結合耳鼻咽喉科雜誌. 1998, **6**(2): 61-64
26. 馮愛成. 王不留行改善血瘀模型豚鼠血液粘度實驗研究. 時珍國醫國藥. 1998, **9**(5): 432
27. 劉福官, 施建蓉, 張懷瓊, 馮愛成. 王不留行治療突發性耳聾的臨床和實驗研究. 中國中西醫結合耳鼻咽喉科雜誌. 2000, **8**(1): 4-8
28. 張團笑, 牛彩琴, 秦曉民. 王不留行對家兔離體主動脈環張力的影響及其機理. 中藥藥理與臨床. 2004, **20**(4): 28-29
29. H Itokawa, YS Yun, H Morita, K Takeya, K Yamada. Cyclic peptides from higher plants. 16. Estrogen-like activity of cyclic peptides from *Vaccaria segetalis* extracts. *Planta Medica*. 1995, **61**(6): 561-562
30. H Morita, YS Yun, K Takeya, H Itokawa, O Shirota. Cyclic peptides from higher plants, 37. Thionation of segetalins A and B, cyclic peptides with estrogen-like activity from seeds of *Vaccaria segetalis*. *Bioorganic & Medicinal Chemistry*. 1997, **5**(3): 631-636
31. YS Yun, H Morita, K Takeya, H Itokawa. Cyclic peptides from higher plants. 34. Segetalins G and H, structures and estrogen-like activity of cyclic pentapeptides from *Vaccaria segetalis*. *Journal of Natural Products*. 1997, **60**(3): 216-218
32. H Morita, YS Yun, K Takeya, H Itokawa. Conformational preference for segetalins G and H, cyclic peptides with estrogen-like activity from seeds of *Vaccaria segetalis*. *Bioorganic & Medicinal Chemistry*. 1997, **5**(11): 2063-2067
33. M Shoemaker, B Hamilton, SH Dairkee, I Cohen, MJ Campbell. *In vitro* anticancer activity of twelve Chinese medicinal herbs. *Phytotherapy Research*. 2005, **19**: 649-651
34. 徐富一, 金正了, 申舜植. 王不留行與硬葉女婁菜對關節炎作用的比較研究. 河南中醫. 2005, **25**(1): 30-32

월귤 越橘

Ericaceae

Vaccinium vitis-idaea L.

Lingonberry

개 요

진달래과(Ericaceae)

월귤(越橘, *Vaccinium vitis-idaea* L.)의 잎을 건조한 것

중약명: 월귤엽(越橘葉)

정금나무속(*Vaccinium*) 식물은 전 세계에 약 450종이 있으며, 북반구의 온대, 아열대에 분포하며, 아메리카와 아시아의 열대 산림지대에 주로 분포한다. 또한 소수는 아프리카 남부와 마다가스카르에도 분포한다. 그러나 아프리카의 열대 고산지대와 열대 저지대에서는 생산되지 않는다. 중국에는 약 91종, 변종이 24종, 아종이 2종 있으며, 현재 약으로 사용되는 것은 약 10여 종이다. 이 종은 주로 중국의 흑룡강, 길림, 내몽고, 신강, 섬서 등에서 생산된다.

월귤엽은 '웅과엽'이라는 약명으로 《신강본초약수책(新疆本草藥手冊)》에 수록되었으며, 중국의 신강, 흑룡강, 길림, 내몽고 등지에서 생산된다.

월귤엽과 열매에는 주로 플라보노이드 성분이 함유되어 있으며, 그 가운데 페놀 배당체가 주요 활성성분이다.

약리연구를 통하여 월귤의 잎에는 항염, 거담(祛痰) 및 진해(鎮咳) 등의 작용이 있는 것으로 알려져 있다. 월귤의 열매에는 항산화와 항종양 등의 작용이 있다.

한의학에서 월귤엽에는 해독, 이습(利濕) 등의 작용이 있다.

월귤 越橘 *Vaccinium vitis-idaea* L.

약재 월귤엽 藥材越橘葉 Vaccinii Vitis-idaeae Folium

함유성분

줄기와 잎에는 페놀 배당체 성분으로 arbutin[1], 2-O-caffeoylarbutin, methylarbutin, 2-O-acetylcaffeoylarbutin, 6-O-acetylarbutin[2], salidroside, 플라보노이드 성분으로 quercetin, hyperin[3], kaempferol, quercetin-3-arabinoside, quercetin-3-glucoside, quercetin-3-rhamnoside, rutin, avicularin, anthocyanidin-2-glucoside, anthocyanidin-3-xyloside, anthocyanidin-3-rhamnoside[2], 쿠마린류 성분으로 fraxin (frax-oside)[3], 축합형 탄닌 성분으로 epicatechin-(4b→8)-epicatechin-(4b→8,2b→O→7)-catechin[4], epicatechin-(4b→6)-epicatechin-(4b→8,2b→O→7)-catechin, cinnamtannin B_1, proanthocyanidin A_1[5] 등이 함유되어 있다. 또한 neochlorogenic acid, 1-caffeoylquinic acid, 4-caffeoylquinic acid, eugenol[2] 등의 성분이 함유되어 있다.

열매에는 resveratrol[6], cinnamic acid, p-coumaric acid[7] 등의 성분이 함유되어 있다.

약리작용

1. 항염, 거담, 진해
   월귤엽의 에탄올 추출물은 Rat에 대해서 뚜렷한 항염, 거담 및 진해작용이 있으며, 그중 알부틴과 프락신이 주요 유효성분이다[8].

2. 항균, 항바이러스
   한천내확산법을 통하여 월귤의 지상부 추출물은 대장균과 보통변형간균을 매우 강력하게 억제한다. 월귤 열매의 물 추출물은 진드기가 전파하는 뇌염 바이러스를 억제하며, 감염된 Mouse의 면역기관(비장과 흉선), 대뇌 및 혈청 내 바이러스 농도를 저하시킨다[9].

3. 항산화
   월귤엽과 열매에는 모두 뚜렷한 항지질과산화와 과산화물의 생성을 억제하는 작용이 있으며, DPPH, ROO, OH 및 O_2_ 등의 유리기를 억제하는 작용이 있다[10]. 월귤의 전초에 함유된 탄닌과 페놀류 화합물은 항산화의 주요 유효성분이다[5, 7].

4. 항종양
   In vitro 상에서 열매추출물은 농도 의존적으로 인간백혈병세포 HL-60의 세포사멸을 유도한다[10]. 또한 암촉진제 PMA로 인한 오르니틴카르바모일전이효소(ODC)와 퀴논환원효소(QR)의 생성진행 분석에 대해 월귤 열매의 에칠아세테이트 추출물은 QR의 생성을 유도하며, ODC의 활성을 억제하는데, 월귤 열매에 함유된 프로안토시아니딘이 주요 항암 활성성분이다[11].

5. 기타
   월귤 전초의 5% 추출물은 수컷 개구리에 대해 성호르몬 억제작용을 나타낸다. 잎에 함유된 아르부틴은 염기성 소변에서 하이드로퀴논으로 분해되어 요도질환을 치료하는 작용을 나타낸다.

용 도

월귤은 중의임상에서 사용하는 약이다. 해독, 이습(利濕, 소변 등을 통해 습을 제거함) 등의 효능이 있으며, 임증(淋證, 임병), 통풍[痛風, 손과 발의 관절이 붓고 아픈 요산성(尿酸性)의 관절염] 등의 치료에 사용한다.
현대임상에서는 요도염, 방광염, 기관지염 및 폐심병(肺心病, 폐병) 등의 병증에 사용한다.

해 설

월귤엽에 함유된 주요 활성성분인 아르부틴은 월귤을 채취한 계절에 따라 명확한 함량 차이를 보이는 것으로 보고되었는데, 9~10월에 열매가 잘 익은 뒤의 함량이 가장 높은 것으로 알려져 있으며, 이는 월귤엽 약재의 품질을 제고하기 위한 과학적 근거가 된다[12].
월귤의 열매와 잎에는 다량의 색소가 함유되어 있는데, 이 색소에는 내광 및 내열 특성이 있어 식품의 천연색소로 사용이 가능하다[13].
월귤 열매에는 다량의 아미노산과 비타민이 함유되어 있어 영양적 가치가 매우 높으며, 열매주(酒), 열매잼 및 보건품의 원료로 활용이 가능하다.

참고문헌

1. 孫輝, 王喜軍, 黃睿, 宛春升. RP-HPLC 法測越桔莖葉熊果苷的含量. 中國中藥雜誌. 1997, **22**(9): 555
2. 鄧健, 陳於澍, 趙樹年. 越桔亞科植物化學成分研究進展. 天然產物研究與開發. 1990, **2**(1): 73-80
3. 王喜軍, 範玉玲, 閆雪瑩. 越桔莖葉化學成分提取, 分離及結構鑒定. 中草藥. 2002, **33**(7): 595-596
4. X Wang, H Sun, Y Fan, L Li, T Makino, Y Kano. Analysis and bioactive evaluation of the compounds absorbed into blood after oral administration of the extracts of *Vaccinium vitis-idaea* in rat. *Biological & Pharmaceutical Bulletin*. 2005, **28**(6): 1106-1108
5. KY Ho, CC Tsai, JS Huang, CP Chen, TC Lin, CC Lin. Antimicrobial activity of tannin components from *Vaccinium vitis-idaea* L. *The Journal of Pharmacy and Pharmacology*. 2001, **53**(2): 187-191
6. KY Ho, JS Huang, CC Tsai, TC Lin, YF Hsu, CC Lin. Antioxidant activity of tannin components from *Vaccinium vitis-idaea* L. *The Journal of Pharmacy and Pharmacology*. 1999, **51**(9): 1075-1078
7. AM Rimando, W Kalt, JB Magee, J Dewey, JR Ballington. Resveratrol, pterostilbene, and piceatannol in *Vaccinium* berries. *Journal of Agricultural and Food Chemistry*. 2004, **52**(15): 4713-4719
8. S Ehala, M Vaher, M Kaljurand. Characterization of phenolic profiles of Northern European berries by capillary electrophoresis and determination of their antioxidant activity. *Journal of Agricultural and Food Chemistry*. 2005, **53**(16): 6484-6490
9. GI Fokina, VM Roikhel, MP Frolova, TV Frolova, VV Pogodina. The antiviral action of medicinal plant extracts in experimental tick-borne encephalitis. *Voprosy Virusologii*. 1993, **38**(4): 170-173
10. SY Wang, R Feng, L Bowman, R Penhallegon, M Ding, Y Lu. Antioxidant activity in lingonberries (*Vaccinium vitis-idaea* L.) and its inhibitory effect on activator protein-1, nuclear factor-kappaB, and mitogen-activated protein kinases activation. *Journal of Agricultural and Food Chemistry*. 2005, **53**(8): 3156-3166
11. J Bomser, DL Madhavi, K Singletary, MA Smith. *In vitro* anticancer activity of fruit extracts from Vaccinium species. *Planta Medica*. 1996, **62**(3): 212-216

12. JK Davies, N Ahktar, E Ranasinge. A juicy problem. *Lancet.* 2001, **358**(9299): 2126

13. 張秀成, 劉廣平, 何雙, 宋治. 越桔(紅豆)色素穩定性的研究. 東北林業大學學報. 2000, **28**(2): 39-42

Verbenaceae

목형 牡荊 CP

Vitex negundo L. var. *cannabifolia* (Sieb. et Zucc.) Hand.-Mazz.

Hempleaf Negundo Chastetree

개 요

마편초과(Verbenaceae)

목형(牡荊, *Vitex negundo* L. var. *cannabifolia* (Sieb. et Zucc.) Hand.−Mazz.)의 신선한 잎

중약명: 모형엽(牡荊葉)

순비기나무속(*Vitex*) 식물은 전 세계에 약 250여 종이 있으며, 열대와 온대 지역에 분포한다. 중국에는 약 14종이 있으며, 현재 약으로 사용되는 것은 약 4종이다. 이 종은 중국의 화동 각 성 및 하북, 호남, 호북, 광동, 광서, 사천, 귀주, 운남 등에 분포하며, 일본에도 분포하는 것이 있다.

'목형'의 약명은 《명의별록(名醫別錄)》에 처음 수록되었다. 《본초강목(本草綱目)》과 《식물명실도고(植物名實圖考)》에 수록된 종도 모두 이 종이다. 《중국약전(中國藥典)》(2015년 판)에서는 이 종을 중약 모형엽의 법정기원식물 내원종으로 수록하였다. 주요산지는 중국의 강소, 절강, 안휘, 강서, 복건, 호남, 광서 및 귀주 등이다.

목형에는 주로 정유, 플라보노이드, 이리도이드류 성분 등이 함유되어 있다. 《중국약전》에서는 성상과 현미경 감별 특징을 이용하여 약재의 규격을 관리하고 있다.

약리연구를 통하여 목형의 잎에는 거담(祛痰), 진해(鎮咳), 평천(平喘), 항균, 면역조절, 항종양 등의 작용이 있는 것으로 알려져 있다.

한의학에서 모형엽에는 해표화습(解表化濕), 거담, 지해(止咳), 평천 등의 작용이 있다.

목형 牡荊 *Vitex negundo* L. var. *cannabifolia* (Sieb. et Zucc.) Hand.-Mazz.

좀목형 *V. negundo* L.

함유성분

잎에는 정유성분으로 β-caryophyllene, sabinene, 1,8-cineole[2], 플라보노이드 성분으로 vitexin, artemetin[3], 디테르페노이드 성분으로 vitexilactone[3], 이리도이드 성분으로 negundoside, aucubin[4], isonishindaside[5] 등이 함유되어 있다. 또한 p-hydroxybenzoic acid[3] 등의 성분이 함유되어 있다.

vitexilactone

약리작용

1. 거담, 진해, 평천

Mouse의 페놀레드 실험에서 모형엽의 정유를 경구투여하면 뚜렷한 거담작용이 나타나는데, 그 거담작용은 미주신경을 통하여 발휘된다. Mouse에게 경구 또는 복강주사로 모형엽의 열수 추출물이나 플라보노이드를 투여하면 폐부 배출을 유도하는데, 모형엽의 거담작용이 이와 관련 있는 것으로 생각된다. 모형엽은 산성 뮤코다당류의 분해를 유도하여 담(痰)의 점도를 저하시킴으로써 거담작용을 유도한다. 모형엽의 정유를 경구투여하면 암모니아 분무로 기침이 유도된 Mouse에 뚜렷한 진해작용이 있다. 모형의 플라보노이드를 정맥에 주사하면 전기자극으로 마취한 고양이의 인후신경으로 인한 해수(咳嗽)를 억제하는 작용이 있다. 모형엽의 정유유제를 경구투여하면 히스타민 분무로 유도된 기니피그의 경련 잠복기를 뚜렷하게 연장하며, 아울러 경련이 발생하는 동물의 수를 감소시킬 수 있다(MS1).

2. 항균

모형엽의 열수 추출물은 *in vitro*에서 황색포도상구균, 탄저간균, 대장균, β형 연구균, 백후간균, 티푸스균, 녹농간균 및 이질간균 등에 대해 모두 억제작용이 있다.

3. 면역조절작용

모형엽의 정유는 Mouse의 복강대식세포의 닭 적혈구에 대한 탐식작용을 증강한다. 정유의 주요성분인 β-카리오필렌은 혈청 면역글로불린 G(IgG)의 농도를 증강함으로써 체액성 면역작용을 증강시킨다. 모형엽의 정유는 또한 만성 기관지염 환자의 혈청단백을 상승시키며, α-, β-, γ-글로불린에 대해 양방향 조절작용이 있다.

4. 혈압강하

모형엽의 정유유제를 토끼의 십이지장에 투여하거나 모형엽의 석유에스테르 탈지물을 고양이 골반 정맥에 주사하면 혈압을 떨어뜨리는 작용이 있다.

5. 진정

모형엽의 정유를 경구투여하면 펜토바르비탈로 유도된 Mouse의 수면시간을 뚜렷하게 연장하며, 허용량 내 펜토바르비탈로 인해 수면이 유도된 Mouse의 지수를 증가시킨다.

6. 기타

모형엽의 추출물은 *in vitro*에서 항산화작용이 있다[6]. 모형엽 정유의 세스퀴테르펜 혼합물을 경구투여하면 이식성 Mouse의 S180 육종과 H22 간암에 대해 억제작용이 있다[7].

용 도

목형은 중의임상에서 사용하는 약이다. 해표화습[解表化濕, 표(表)에 있는 사기(邪氣)를 밖으로 내보내고 상초(上焦)에 있는 습사(濕邪)를 없애 줌], 거담평천(祛痰平喘, 가래를 제거하여 천식을 평정함), 해독 등의 효능이 있으며, 상풍감모[傷風感冒, 풍사(風邪)의 침입을 받아 생긴 감기], 해수효천(咳嗽哮喘, 기침과 천식), 위통, 복통, 서습사리(暑濕瀉痢, 서습사(暑濕邪)를 받아서 설사(泄瀉)와 이질(痢疾)이 발생하는 병증), 각기종창(腳氣腫瘡), 풍진소양[風疹瘙癢, 풍진(風疹)으로 전신의 피부가 가려운 증상], 각선(腳癬, 무좀), 유옹종통[乳癰腫痛, 유옹(乳癰)으로 인해 유방이 붓고 통증이 있는 것], 사충교상(蛇蟲咬傷, 뱀이나 벌레에 물린 상처) 등의 치료에 사용한다.

현대임상에서는 만성 기관지염, 장염, 과민성 피부염, 피부병 등의 병증에 모형엽을 사용한다. 신선한 모형엽은 모형유를 채취하는 데 사용한다.

해 설

《중국식물지(中國植物誌)》와 《중국약전》에서는 *Vitex negundo* L. var. *cannabifolia* (Sieb.etZucc.) Hand.-Mazz.를 모형의 기원식물 학명으로 기록하고 있으나, 문헌에서는 여전히 *Vitex cannabifolia* Sieb. et Zucc.를 학명으로 사용하고 있다.

잎 이외에도 모형의 열매는 '모형자', 줄기는 '모형경', 뿌리는 '모형근'으로 모두 약용한다. 모형자에는 화습거담(化濕祛痰), 지해평천(止咳平喘), 이기지통(理气止痛)의 작용이 있다. 약리연구를 통하여 모형자에는 평천(平喘), 항염, 면역증강, 혈액유변학적 개선, 콜레스테롤 저하 등의 작용이 있는 것으로 알려져 있다[8-12]. 모형경에는 거풍해표(祛風解表), 소종지통(消腫止痛)의 작용이 있다. 모형근에는 거풍해표, 제습지통(除濕止痛)의 작용이 있다.

동속식물인 좀목형은 민간에서 모형과 동일하게 사용되며, 그 외형과 효능은 모두 모형과 유사하다.

참고문헌

1. 劉紅燕, 彭艷麗, 萬鵬. 蔓荊子本草學考證. 山東中醫雜誌. 2006, **25**(2): 126-128

2. 潘炯光, 徐植靈, 樊菊芬. 牡荊, 荊條, 黃荊和蔓荊葉揮發油的 GC-MS 分析. 中國中藥雜誌. 1989, **14**(6): 37-39
3. H Taguchi. Studies on the constituents of *Vitex cannabifolia*. *Chemical & Pharmaceutical Bulletin*. 1976, **24**(7): 1668-1670
4. T Iwagawa, A Nakahara, A Miyauchi, H Okamura, M Nakatani. Constituents of the leaves of *Vitex cannabifolia*. *Kagoshima Daigaku Rigakubu Kiyo, Sugaku, Butsurigaku, Kagaku*. 1993, **26**: 57-61
5. T Iwagawa, A Nakahara, M Nakatani. Iridoids from *Vitex cannabifolia*. *Phytochemistry*. 1993, **32**(2): 453-454
6. 袁新民, 羅宗銘. 牡荊葉提取物抗氧化性能的研究. 廣東化工. 1999, **26**(2): 6-7
7. 孫煦, 李德山, 劉淑清. 牡荊葉油提取物的抑制腫瘤作用研究. 中華醫學叢刊. 2004, **4**(10): 11-12
8. 劉懋生, 劉昌林, 顧剛妹, 徐新華. 牡荊子脂質對實驗動物氣道平滑肌的影響. 中國藥理學通報. 1993, **9**(4): 307-309
9. 黃敬耀, 徐彭, 朱家穀, 樓蘭英. 牡荊子平喘作用的藥理實驗研究. 江西中醫學院學報. 2002, **14**(4): 13-14
10. 羅其富, 周弟先, 朱炳陽, 汪煜華. 牡荊子提取液抗炎免疫作用的實驗研究. 中國醫學理論與實踐. 2004, **14**(7): 1014-1015
11. 羅其富, 朱炳陽, 周弟先. 牡荊子提取液對實驗性高脂血症大鼠血液流變學的影響. 中國醫學理論與實踐. 2004, **14**(7): 900, 904
12. 羅其富, 周弟先, 朱炳陽, 廖端芳. 牡荊子提取液對鼠血脂, 肝脂和血糖的調節作用. 中成藥. 2005, **27**(3): 304-306

Verbenaceae

만형 蔓荊 CP, KP

Vitex trifolia L.

Shrub Chastetree

개 요

마편초과(Verbenaceae)

만형(蔓荊, *Vitex trifolia* L.)의 잘 익은 열매를 건조한 것

중약명: 만형자(蔓荊子)

순비기나무속(*Vitex*) 식물은 전 세계에 약 250여 종이 있으며, 열대와 온대 지역에 분포한다. 중국에는 약 14종이 있으며, 현재 약으로 사용되는 것은 약 4종이다. 이 종은 중국의 복건, 광동, 광서, 운남, 대만 등이며, 인도, 베트남, 필리핀, 호주 등에도 분포하는 것이 있다.

만형자는 '만형실(蔓荊實)'이라는 약명으로 《신농본초경(神農本草經)》에 상품으로 처음 수록되었다. '만형자'의 약명은 《본초경집주(本草經集注)》에 처음 수록되었다. 역대 본초서적에도 많은 기록이 있으며, 오늘날의 품종과도 일치한다. 《중국약전(中國藥典)》(2015년 판)에서는 이 종을 중약 만형자의 법정기원식물 내원종 가운데 하나로 수록하였다. 주요산지는 중국의 운남, 해남, 광동, 광서 등이다. 《대한민국약전》(제11개정판)에서는 '만형자'를 "마편초과에 속하는 순비기나무(*Vitex rotundifolia* Linné fil.) 또는 만형(*Vitex trifolia* Linné)의 잘 익은 열매"로 등재하고 있다.

만형에 함유된 주요성분은 정유, 플라보노이드, 디테르페노이드류 등이다. 그 가운데 플라보노이드와 디테르페노이드류 성분에 여러 생리활성이 있다. 《중국약전》에서는 고속액체크로마토그래피법을 이용하여 비텍시카르핀의 함량을 0.030% 이상으로 약재의 규격을 정하고 있다.

약리연구를 통하여 만형의 열매에는 해열, 진통, 항염, 거담(祛痰), 평천(平喘), 항병원미생물, 항종양 등의 작용이 있는 것으로 알려져 있다.

한의학에서 만형자에는 소산풍열(疏散風熱), 청리두목(淸利頭目)의 작용이 있다.

만형 蔓荊 *Vitex trifolia* L.

단엽만형 單葉蔓荊
Vitex trifolia L. var. *simplicifolia* Cham.

약재 만형자 藥材蔓荊子
Viticis Fructus

함유성분

잎에는 정유성분으로 β-caryophyllene, α-pinene, 1,8-cineole, sabinene[2-3], 플라보노이드 성분으로 luteolin-7-O-β-D-glucuronide, isoorientin[4], vitexicarpin (casticin)[5] 디테르페노이드 성분으로 viteosin A[5], vitetrifolin E[6] 등이 함유되어 있다.
열매에는 정유성분으로 1-cyclohexen-1-ol-2,6-dimethylacetate, β-caryophyllene, α-irone A, 1,8-cineole, 플라보노이드 성분으로 vitexicarpin, 3,6,7-trimethylquercetagetin[7], persicogenin, artemetin (artemitin), luteolin, penduletin, chrysosplenol D[8], 디테르페노이드 성분으로 vitetrifolins A, B, C, D, E, F, G, rotundifuran, dihydrosolidagenone, abietatrien-3β-ol[9-10], vitexilactone, previtexilactone[11] 등이 함유되어 있다.
종자유에는 myristic acid, 팔미트산, 스테아르산, palmitoleic acid, 올레산, 리놀레산[12] 등이 함유되어 있다.

약리작용

1. 해열, 진통, 항염

   만형 열매의 물 추출물을 경구투여하면 2,4-디니트로페놀로 유도된 Rat의 발열을 뚜렷하게 억제하며, 아세트산으로 인한 Mouse의 몸비틀기 반응을 뚜렷하게 억제한다[13]. 또한 열판법 Mouse의 통증역치를 뚜렷하게 증가시킨다. 만형 열매의 추출물은 5-리폭시게나제의 활성을 억제한다. 메탄올 추출물을 경구투여하면 Mouse 복강 내 색소 삼출을 억제하는데, 이는 모세혈관 투과성에 대해 일정한 억제작용이 있음을 의미한다.

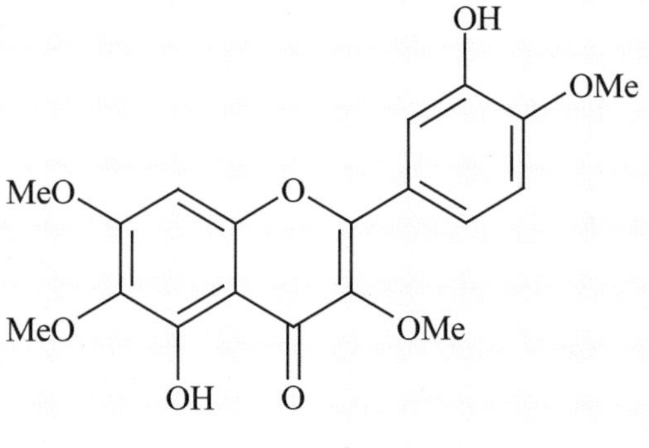

vitexicarpin

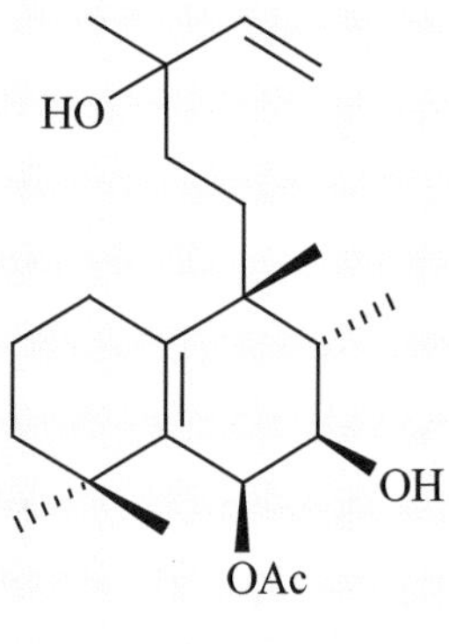

vitetrifolin E

2. 거담, 평천

Mouse의 페놀레드 배출 실험을 통하여 열매의 에탄올 침출액에는 뚜렷한 거담작용이 있다. 열매의 열수 추출물, 석유에스테르 추출물 및 잎의 핵산 추출물은 히스타민으로 인한 기니피그의 적출된 기관지평활근 경련에 대해 뚜렷한 이완작용이 있는데, 경련 완화의 활성성분은 플라비놀 유도체인 비텍시카르핀 등의 플라보노이드류 화합물이다[5-6, 14].

3. 혈압강하

열매의 알코올 침출물을 정맥에 주사하거나 십이지장에 투여하면 마취된 고양이의 혈압을 뚜렷하게 떨어뜨리는 작용이 있다[14].

4. 항병원미생물

열매의 열수 추출물은 *in vitro*에서 고초간균, 납양아포간균, 황색포도상구균 등 여러 종의 세균에 대해 각각 다른 정도의 억제작용이 있다. 잎의 물 추출물은 *in vitro*에서 악취가단포균, 대장균, 일본단근류균 등에 대해 뚜렷한 억제작용이 있다[15]. 열매의 아세톤 추출물은 *in vitro*에서 트리파노소마 기생충에 대해 뚜렷한 살멸작용이 있으며, 그 살충활성의 유효성분은 비테트리폴린 E 등의 디테르페노이드류 화합물이다[11, 16]. 잎의 추출물에는 악성 말라리아원충을 억제하는 작용이 있다[17].

5. 항종양

열매의 에탄올 추출물 및 열매에 함유된 디테르페노이드와 플라보노이드류 성분은 *in vitro*에서 Mouse의 유선암세포 tsFT210과 인체 골수세포성 백혈병세포 K562의 증식을 억제함과 동시에 괴사를 유도한다. 그중 비텍시카르핀은 *in vitro*에서 각종 인체 암세포의 증식을 억제하며, 특히 K562세포에 가장 민감한데, 미토콘드리아에 의해 조절되는 자멸경로를 활성화함으로써 K562세포의 사멸을 유도한다[8, 18-19]. 줄기와 잎의 핵산 및 디클로로메탄 추출물은 *in vitro*에서 자궁경부 상피암세포 SQC-1, UISO, 난소암세포 OVCAR-5, 결장암세포 HCT-15 및 비인암세포 KB 등에 대해 뚜렷한 세포독성이 있다[20].

용 도

만형자는 중의임상에서 사용하는 약이다. 소산풍열[疏散風熱, 풍사(風邪)와 열사(熱邪)를 소산(消散)시키는 것], 청리두목(淸利頭目, 머리와 얼굴, 눈 등에 열이 치솟는 것을 식혀 줌) 등의 효능이 있으며, 풍열감모[風熱感冒, 감모(感冒)의 하나로 풍열사(風熱邪)로 인해 생긴 감기], 두통두풍(頭痛頭風, 두통이 낫지 않고 오래 계속되면서 때에 따라 아팠다 멎었다 하는 증상), 목적종통(目赤腫痛, 눈의 흰자위에 핏발이 서고 부으며 아픈 병증), 목혼다루(目昏多淚, 눈물이 많이 흐르면서 눈이 어두워지는 병증), 풍습비통(風濕痹痛, 풍습으로 인해 관절이 아프고, 통증이 심해지는 증상) 등의 치료에 사용한다.

현대임상에서는 광상신경통(眶上神經痛, 눈시울이 떨림), 혈관성 두통, 비염, 기관지염, 중이염, 소아상도호흡기감염 등의 병증에 사용한다.

해 설

만형의 변종인 단엽만형(單葉蔓荊, *Vitex trifolia* L. var. *simplicifolia* Cham. / *Vitex rotundifolia* L.) 역시 《중국약전》에 만형자의 법정기원식물 내원종으로 수록하고 있다.

단엽만형과 만형에는 유사한 약리작용이 있으며, 그 함유성분 역시 대부분 동일하다. 그 외에도 단엽만형 열매의 에테르 추출물은 *in vitro*에서 Rat 안구의 알도스 환원효소의 활성을 뚜렷하게 억제한다[21]. 또한 열매 추출물은 혈관을 확장시키며[22], 열매의 물 추출물에는 항과민 작용[23]이 있다. 단엽만형의 열매에는 비테오이드 I, II 등의 이리도이드 화합물이 함유되어 있다[24].

만형은 중요한 약용자원일 뿐만 아니라 사막을 녹화하는 데 사용되는 식물로 발아력이 강하고, 고온건조에 적응성이 좋으며, 척박하거나 염분이 많은 지역에서도 자라며, 생장이 빨라 넓은 지역에 쉽게 자생한다. 또한 모래를 고정하는 데 효과적이며, 토양의 수분을 유지하는 능력이 있다.

참고문헌

1. 劉紅燕, 彭艷麗, 萬鵬. 蔓荊子本草學考證. 山東中醫雜誌. 2006, **25**(2): 126-128

2. 潘炯光, 徐楨靈, 樊菊芬. 牡荊, 荊條, 黃荊和蔓荊葉揮發油的 GC-MS 分析. 中國中藥雜誌. 1989, **14**(6): 357-359

3. A Suksamrarn, K Werawattanametin, JJ Brophy. Variation of essential oil constituents in *Vitex trifolia* species. *Flavour and Fragrance Journal*. 1991, **6**(1): 97-99

4. P Ramesh, AGR Nair, SS Subramanian. Flavone glycosides of *Vitex trifolia*. *Fitoterapia*. 1986, **57**(4): 282-283

5. G Alam, S Wahyuono, IG Ganjar, L Hakim, H Timmerman, R Verpoorte. Tracheospasmolytic activity of viteosin-A and vitexicarpin isolated from *Vitex trifolia*. *Planta Medica*. 2002, **68**(11): 1047-1049

6. G Alam, IG Ganjar, L Hakim, H Timmerman, R Verpoorte, S Wahyuono. Tracheospasmolytic activity of vitetrifolin-E isolated from the leaves of *Vitex trifolia* L. *Majalah Farmasi Indonesia*. 2003, **14**(4): 188-194

7. 曾憲儀, 方乍浦, 吳永忠, 張海道. 蔓荊子化學成分研究. 中國中藥雜誌. 1996, **21**(3): 167-168

8. WX Li, CB Cui, B Cai, HY Wang, XS Yao. Flavonoids from Vitex trifolia L. inhibit cell cycle progression at G_2/M phase and induce apoptosis in mammalian cancer cells. *Journal of Asian Natural Products Research*. 2005, 7(4): 615-626

9. M Ono, H Sawamura, Y Ito, K Mizuki, T Nohara. Diterpenoids from the fruits of *Vitex trifolia*. *Phytochemistry*. 2000, **55**(8): 873-877

10. M Ono, Y Ito, T Nohara. Four new halimane-type diterpenes, vitetrifolins D-G, from the fruit of *Vitex trifolia*. *Chemical & Pharmaceutical Bulletin*. 2001, **49**(9): 1220-1222

11. F Kiuchi, K Matsuo, M Ito, TK Qui, G Honda. New norditerpenoids with trypanocidal activity from *Vitex trifolia*. *Chemical & Pharmaceutical Bulletin*. 2004, **52**(12): 1492-1494

12. YR Prasad, SS Nigam. Detailed chemical investigation of the seed oil of *Vitex trifolia* Linn. *Proceedings of the National Academy of Sciences, India, Section A: Physical Sciences*. 1982, **52**(3): 336-339

13. 鍾世同, 邱光鐸, 劉元帛, 萬阜昌. 單葉蔓荊子, 蔓荊子, 黃荊子和牡荊子的藥理活性比較. 中藥藥理與臨床. 1996, **1**: 37-39

14. 陳奇, 連曉媛, 畢明, 陳鵬祥, 鄧其仕, 何運智. 蔓荊子開發研究. 江西中醫藥. 1991, **22**(1): 42-43

15. KM Chavan, VS Tare, PP Mahulikar. Studies on stability and antibacterial activity of aqueous extracts of some Indian medicinal plants. *Oriental Journal of Chemistry*. 2003, **19**(2): 387-392

16. F Kiuchi, K Matsuo, Y Itano, M Ito, G Honda, TK Qui, J Nakajima-Shimada, T Aoki. Screening of natural medicines used in Vietnam for trypanocidal activity against epimastigotes of *Trypanosoma cruzi*. *Natural Medicines*. 2002, **56**(2): 64-68

17. S Chowwanapoonpohn, A Baramee. Antimalarial activity in vitro of some natural extracts from *Vitex trifolia*. *Chiang Mai Journal of Science*. 2000, **27**(1): 9-13

18. WX Li, CB Cui, B Cai, XS Yao. Labdane-type diterpenes as new cell cycle inhibitors and apoptosis inducers from *Vitex trifolia* L. *Journal of Asian Natural Products Research*. 2005, **7**(2): 95-105

19. 王海燕, 蔡兵, 崔承彬, 張冬雲, 楊寶峰. 蔓荊子活性成分 vitexicarpin 誘導 K562 細胞凋亡的機理. 藥學學報. 2005, **40**(1): 27-31

20. MM Hernandez, C Heraso, ML Villarreal, I Vargas-Arispuro, E Aranda. Biological activities of crude plant extracts from *Vitex trifolia* L. (Verbenaceae). *Journal of Ethnopharmacology*. 1999, **67**(1): 37-44

21. KH Shin, SS Kang, HJ Kim, SW Shin. Studies on the inhibitory effects of medicinal plant constituents on cataract formation. Part 2. Isolation of an aldose reductase inhibitor from the fruits of *Vitex rotundifolia*. *Phytomedicine*. 1994, **1**(2): 145-147

22. E Okuyama, K Suzumura, M Yamazaki. Pharmacologically active components of Viticis Fructus (*Vitex rotundifolia*). I. The components having vascular relaxation effects. *Natural Medicines*. 1998, **52**(3): 218-225

23. TY Shin, SH Kim, JP Lim, ES Suh, HJ Jeong, BD Kim, EJ Park, WJ Hwang, DG Rye, SH Baek, NH An, HM Kim. Effect of *Vitex rotundifolia* on immediate-type allergic reaction. *Journal of Ethnopharmacology*. 2000, **72**(3): 443-450

24. M Ono, Y Ito, S Kubo, T Nohara. Two new iridoids from Viticis trifoliae Fructus (fruit of *Vitex rotundifolia* L.). *Chemical & Pharmaceutical Bulletin*. 1997, **45**(6): 1094-1096

천목향 川木香 CP

Vladimiria souliei (Franch.) Ling

Common Vladimiria

개 요

국화과(Asteraceae)

천목향(川木香, *Vladimiria souliei* (Franch.) Ling)의 뿌리를 건조한 것

중약명: 천목향

천목향속(*Vladimiria*) 식물은 전 세계에 약 12종이 있으며, 중국 서남 지역에 주로 분포하고, 소수가 미얀마에도 분포한다. 이 속에서 현재 약으로 사용되는 것은 약 5종이다. 이 종은 중국의 사천 서부와 서장 동부에 분포한다.

천목향을 약용으로 사용한 역사는 서목향('이목향' 포함)보다 오래되었다. 《중국약전(中國藥典)》(2015년 판)에서는 이 종을 중약 천목향의 법정기원식물 내원종 가운데 하나로 수록하였다. 주요산지는 중국의 사천 서부와 서장 등이다.

천목향의 함유성분은 주로 락톤과 정유류 화합물 등이다. 《중국약전》에서는 박층크로마토그래피법을 이용하여 약재의 규격을 정하고 있다.

약리연구를 통하여 천목향에는 장운동 촉진, 장관긴장성 증가 등의 작용이 있는 것으로 알려져 있다.

한의학에서 천목향에는 행기(行氣), 지통(止痛), 소창(小瘡)의 작용이 있다.

천목향 川木香 *Vladimiria souliei* (Franch.) Ling

약재 천목향 藥材川木香 Vladimiriae Radix

함유성분

뿌리에는 락톤 성분으로 costunolide, mokkolactone (dihydrodehydrocostuslactone), dehydrocostuslactone, costuslactone B[1-3], 리그난류 성분으로 vladinols A, B, C, D, E, F[4], 정유성분으로(약 0.30%) dehydrocostuslactone, dihydrodehydrocostuslactone, longifolene, cyperene, α-curcumene, acoradiene[5] 등이 함유되어 있다.

dehydrocostuslactone

dihydrodehydrocostuslactone

약리작용

1. 장관긴장성 증가
   기니피그의 적출된 회장 실험을 통하여 천목향의 에탄올 추출물을 투여하면 장관의 긴장성이 증가되며, 이후 점차 소실된다.
2. 장유동 촉진
   천목향의 약액을 Mouse에 경구투여하면 장유동 운동을 뚜렷하게 촉진하는 작용이 있다.
3. 위액분비 촉진
   코스투놀리드를 경구투여하면 에탄올 투여로 인한 Rat의 위장공복을 억제하고, 위액분비를 촉진하여 혈액 내 에탄올의 함량증가를 억제한다[6].
4. 항종양
   코스투놀리드는 인체 다종 암세포에 대해 세포독성이 있으며, *in vitro* 실험을 통하여 코스투놀리드는 인체 유선암세포 MCF-7과 말론디알데하이드(MDA)-MB-231의 생장을 억제하는데, 주로 텔로메라제의 활성억제를 통하여 작용을 나타낸다[7]. 목콜락톤은 *in vitro*에서 카스파제-3을 활성화하여 미토콘드리아의 막전위 소실을 유도함으로써 인체 조유립 백혈병세포 HL-60의 괴사를 유도한다[8].
5. 면역활성
   데하이드로코스투스락톤은 세포독성 T림프구(CTL)의 살상기능과 세포간부착분자인 ICAM-1의 유도작용에 대해 뚜렷한 억제작용이 있다[9].
6. 항진균
   코스투놀리드와 데하이드로코스투스락톤은 커닝엄 진균의 활성을 억제한다[10].

용 도

천목향은 중의임상에서 사용하는 약이다. 행기(行氣, 기를 돌게 함), 지통(止痛), 소창[消脹, 복강(腹腔) 안에 액체가 괴어 배가 잔뜩 부은 증상을 없애는 효능] 등의 효능이 있으며, 비위기체(脾胃氣滯, 비위의 기가 막힌 것), 사리이급후중(瀉痢裏急後重, 이질의 증상으로 아랫배가 끌어당기는 것같이 아프면서 금시 대변이 나올 것 같아 자주 변소에 가나 대변이 시원히 나오지 않고 뒤가 무직한 것), 복통협통(腹痛脇痛, 복통과 가슴 부위의 통증), 황달 등의 치료에 사용한다.
현대임상에서는 복창장명(腹脹腸鳴, 배가 더부룩하면서 배 속에서 꾸르륵꾸르륵 소리가 나는 증상), 식욕부진, 복통, 이질, 간담동통[肝膽疼痛, 간담(肝膽)의 병으로 인해서 간담 부위에 동통(疼痛)이 있는 것] 등의 병증에 사용한다.

해 설

《중국약전》에서는 천목향의 변종인 회모천목향(灰毛川木香, *Vladimiria souliei* (Franch.) Ling var. *cinerea* Ling)도 중약 천목향의 법정기원식물 내원종으로 수록하고 있다. 연구를 통해 천목향과 회모천목향 사이의 경계가 뚜렷하지 않은 것으로 확인되었으며, 현미경 감별과 이화학적 분석에서도 구별이 명확하지 않다. 따라서 회모천목향을 천목향의 변종으로 보기에는 무리가 있다.
국내외에서 천목향에 대한 약리연구가 충분히 진행되지 않고 있으며, 초기 약리연구의 결과에서 볼 때 목향, 천목향, 회모천목향 등은 장관근육에 대해 일정한 흥분작용이 있으나, 다른 목향에서는 동일한 조건하에서 이와 같은 작용이 없는 것으로 보고되었다. 앞으로 목향 자원이 감소하는 상황이 발생할 경우 천목향과 회모천목향은 자원이 풍부하고, 역사적으로도 일반적으로 목향으로 사용되어 왔기 때문에 개발과 이용이 활발히 가능할 것으로 추측된다. 향후 천목향의 약리연구를 심도 있게 진행함으로써 천목향의 합리적인 응용을 위한 학술적인 근거를 제시할 필요가 있다.

참고문헌

1. 王永兵, 許華, 王強. RP-HPLC 法測定川木香中木香烴內酯和去氫木香內酯的含量. 西北藥學雜誌. 2000, **15**(6): 250-251
2. RX Tan, J Jakupovic, F Bohlmann, ZJ Jia, A Schuster. Sesquiterpene lactones from *Vladimiria souliei*. *Phytochemistry*. 1990, **29**(4): 1209-1212
3. RX Tan, J Jakupovic, ZJ Jia, Aromatic constituents from *Vladimiria souliei*. *Planta Medica*. 1990, **56**(5): 475-477
4. QG Wang, BF Zhou, JJ Zhai. Costuslactone B. *Acta Crystallographica, Section C: Crystal Structure Communications*. 2000, **C56**(3): 369-370
5. 李兆琳, 薛敦淵, 王明奎, 陳耀祖. 川木香揮發油化學成分的研究. 蘭州大學學報(自然科學版). 1991, **27**(4): 94-97
6. M Hisashi, S Hiroshi, N Kiyofumi, Y Masayuki. Inhibitory mechanism of costunolide, a sesquiterpene lactone isolated from *Laurus nobilis*, on blood-ethanol elevation in rats: involvement of inhibition of gastric emptying and increase in gastric juice secretion. *Alcohol & Alcoholism*. 2002, **37**(2): 121-127

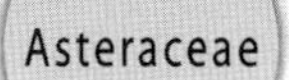

7. SH Choi, E Im, HK Kang, JH Lee, HS Kwak, YT Bae, HJ Park, ND Kim. Inhibitory effects of costunolide on the telomerase activity in human breast carcinoma cells. *Cancer Letters*. 2005, **227**(2): 153-162

8. YG Yun, H Oh, GS Oh, HO Pae, BM Choi, JW Kwon, TO Kwon, SI Jang, HT Chung. *In vitro* cytotoxicity of Mokko lactone in human leukemia HL-60 cells: induction of apoptotic cell death by mitochondrial membrane potential collapse. *Immunopharmacology and Immunotoxicology*. 2004, **26**(3): 343-353

9. S Yuuya, H Hagiwara, T Suzuki, M Ando, A Yamada, K Suda, T Kataoka, K Nagai. Guaianolides as immunomodulators. Synthesis and biological activities of dehydrocostus lactone, mokko lactone, eremanthin, and their derivatives. *Journal of Natural Products*. 1999, **62**(1): 22-30

10. FB Alejandro, O J. Enrique, Á Míriam, SR Delio, AS Dénia, A Mohammed. New sources and antifungal activity of sesquiterpene lactones. *Fitoterapia*. 2000, **71**(1): 60-64

창이 蒼耳 CP, KP

Xanthium sibiricum Patr.

Siberian Cocklebur

개 요

국화과(Asteraceae)

창이(蒼耳, *Xanthium sibiricum* Patr.)의 총포를 포함한 잘 익은 열매를 건조한 것

중약명: 창이자(蒼耳子)

도꼬마리속(*Xanthium*) 식물은 전 세계에 약 25종이 있으며, 아메리카 북부, 중부 및 유럽, 아시아, 아프리카 북부 등지에 분포한다. 중국에는 3종 및 변종 1종이 있다. 전 세계에서 약용으로 사용되는 것은 약 11종이며, 중국에는 오직 이 종 및 몽고창이(蒙古蒼耳, *Xanthium mongolicum* Kitag.)의 2종이 약으로 사용된다.

창이는 '시이(葈耳)'라는 명칭으로 《신농본초경(神農本草經)》에 중품으로 처음 수록되었다. 《천금방(千金方) · 식치(食治)》에서 처음 '창이'와 '창이자'의 명칭이 사용되어 오늘날에 이르고 있다. 역대 본초서적에도 많은 기록이 있다. 《중국약전(中國藥典)》(2015년 판)에서는 이 종을 중약 창이자의 법정기원식물 내원종으로 수록하였다. 창이는 넓은 지역에 분포하여 중국 각지에서 모두 생산되며, 대다수가 야생종이다. 《대한민국약전》(제11개정판)에서는 '창이자'를 "도꼬마리(*Xanthium strumarium* Linné, 국화과)의 잘 익은 열매"로 등재하고 있다.

창이에는 주로 세스퀴테르펜 락톤류 성분이 함유되어 있다. 《중국약전》에서는 박층크로마토그래피법을 이용하여 약재의 규격을 정하고 있다.

약리연구를 통하여 창이 열매의 특정부위를 약으로 사용할 경우 국소조직의 미세순환 개선, 항돌연변이 작용, 황색포도상구균에 대한 억제작용 등이 있는 것으로 알려져 있다.

한의학에서 창이자에는 발한통규(發汗通竅), 산풍거습(散風祛濕), 소염진통(消炎鎮痛) 등의 작용이 있다.

창이 蒼耳 *Xanthium sibiricum* Patr.

약재 창이자 藥材蒼耳子 Xanthii Fructus

함유성분

열매에는 정유성분으로 2,6,10,14,-tertamethyl-hexadecane, eicosanol[2], 안트라퀴논 성분으로 chrysophanol, emodin, aloe-emodin[3], 세스퀴테르펜 배당체 성분으로 atractyloside 등이 함유되어 있다.

지상부에는 α-ethyl-furan, β-thujene, myrcene, β-pinene, d-limonene, camphene, β-caryophyllene, β-patchoulene[4] 등의 정유성분이 함유되어 있으며, 세스퀴테르펜 락톤 성분으로 xanthinin, xanthinosin[5], 8-epi-xanthatin, 8-epi-xanthatin epoxide[6], 11α,13-dihydroxanthatin, 4β,5β-epoxyxanthatin-1α,4α-endoperoxide, 1β,4β,4α,5α-diepoxyxanth-11(13)-en-12-oic acid[7] 등이 함유되어 있다.

또한 줄기에는 lupeol palmitate, ergosterol peroxide, scopolin, heptacosanoic acid[8] 등의 성분이 함유되어 있다.

뿌리에는 heptacosanol과 3,4-dihydroxycinammic acid 성분이 함유되어 있다.

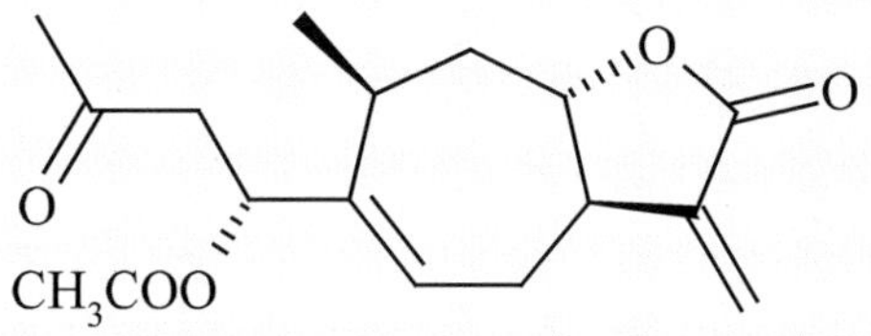

O

CH_3COO

O

O

xanthinin

약리작용

1. 항균, 항바이러스

   창이의 열수 추출물은 여러 종의 세균과 진균에 대해 억제작용이 있다. *In vitro* 실험을 통하여 창이자의 알코올 추출물은 각기 다른 농도에서 I형 단순포진바이러스(HSV-1)의 생장을 억제한다[9]. 창이의 경엽은 동녹가단포균을 강력하게 억제한다[10]. 창이엽에서 추출 분리한 세스퀴테르펜 락톤류 성분인 크산타틴은 황색포도상구균류를 억제하는 특성이 있으며, 메타실린내성 황색포도상구균(MRSA)에 대한 억제효과도 있다[11]. 창이 뿌리의 알코올 추출물은 저농도에서 백색염주균에 대한 억제작용이 있으며, 고농도에서는 살멸작용을 나타낸다[12].

2. 면역조절

   창이자의 열수 추출물을 경구투여하면 DNP-BSA로 유도된 과민성 Mouse의 IgE 생성을 억제하며, 알부민에 의해 유도된 기니피그의 I형 과민반응을 지연 및 경감한다[13]. 창이자는 인터루킨-2(IL-2)의 활성과 IL-2 수용체의 수를 감소시킬 수 있으며, 세포 내 히스타민의 방출을 뚜렷하게 감소시키는데, 이러한 작용은 창이자가 과민성 질환을 치료하는 작용기전 가운데 하나로 생각된다[14].

3. 호흡기계통에 대한 영향

   창이 열매의 물 추출물은 Trp-P-1의 변성 유도를 뚜렷하게 억제한다[17]. 뚜렷한 항산화와 유리기의 제거 능력은 호흡기 계통에 각기 다른 정도의 영향을 미친다. 창이 열매의 물 추출물을 경구투여하면 Mouse에 대해 진해(鎭咳)작용이 있다[15].

4. 혈당강하

   창이자의 물 추출물로부터 분리된 독성 배당체인 AA_2는 혈당 강하작용이 있는 독성 물질로 Rat의 복강에 주사하면 혈당을 뚜렷하게 저하시킨다. AA_2에는 또한 아드레날린의 혈당 상승작용을 길항하는데, 이는 간 글리코겐의 농도를 뚜렷하게 저하시키는 것과 관련이 있는 것으로 생각된다. 카르복시아트락틸로시드는 정상 토끼, Rat 및 개에 대해 정맥, 근육, 복강주사 또는 경구투여 등에서 모두 뚜렷한 혈당 강하작용을 나타내며, 알록산에 의해 당뇨병이 발생된 Rat에 대해서도 동일한 작용을 나타낸다[15].

5. 심혈관계통에 대한 영향

   창이자의 열수 추출물은 적출된 개구리의 심장과 기니피그의 심장에 대해 억제작용이 있으며, 심박을 느리게 하고 심장 수축력이 줄어들게 한다. AA_2는 Rat에 대해 경도의 혈압 강하작용이 있으며, 아울러 혈관투과성을 증가시킨다. 창이엽의 침제는 개구리 심장의 흥분전도를 억제하여 심장의 정지를 유도한다. 또한 적출된 토끼의 귀 혈관을 확장하며, 개구리의 뒷다리 재관류에서 혈관을 확장시킨 후에 다시 수축시킨다. 창이엽의 틴크제는 고양이에 대한 정맥주사를 통해 일시적인 혈압강하를 유도하며, 척수반사의 흥분성을 억제한다[16].

6. 혈액계통에 대한 영향

   창이자의 AA_2는 Rat의 외주혈 내 백혈구 수치를 급격하게 떨어뜨리는데, 투여를 중지하면 정상으로 회복되며, 이는 백혈구의 일시적 재분포 때문인 것으로 추측된다. 창이자의 메탄올 추출물은 금식으로 유도되는 토끼의 총콜레스테롤(TC) 및 중성지방(TG)의 저하를 신속하게 회복시키며, 인지질의 함량 또한 일정 수준으로 회복시킨다[16].

7. 기타

   창이자에는 항종양, 항염, 진통 등의 작용이 있다[15].

용 도

창이자는 중의임상에서 사용하는 약이다. 산풍거습(散風祛濕, 차가운 기운을 몰아내고 습을 제거함), 통규지통[通竅止痛, 구규(九竅)를 막히지 않게 소통시키고 통증을 멎게 해 줌] 등의 효능이 있으며, 비연두통(鼻淵頭痛, 콧물이 나는 두통), 풍한두통[風寒頭痛, 풍한사(風寒邪)가 경맥에 침입하여 생긴 두통], 풍습비통(風濕痹痛, 풍습으로 인해 관절이 아프고, 통증이 심해지는 증상), 풍진소양[風疹瘙癢, 풍진(風疹)으로 전신의 피부가 가려운 증상], 개선마풍[疥癬麻風, 개선(疥癬)과 마풍(麻風)] 등의 치료에 사용한다.
현대임상에서는 알러지성 비염, 만성 단순성 비염, 비후성 비염, 만성 비강염, 습진, 풍습성 관절염 등의 병증에 사용한다.

해설

동속식물인 몽고창이(*Xanthium mongolicum* Kitag.)는 중국의 흑룡강, 요녕, 내몽고 및 하북 등이 주요산지이며, 건조한 산기슭이나 사질토양에서 자란다. 함유되어 있는 성분도 창이와 거의 유사하다. 창이자 상품의 기원식물로 볼 때, 중국 북방의 대부분 지역에서 창이 및 그 변종을 사용하며, 남방과 강서, 복건, 안휘, 강소 등에서도 몽고창이의 총포를 포함한 열매를 창이자로 사용하고 있다.
《중국약전》에서는 창이자에 약한 독성이 있음을 명기하고 있으나, 구체적인 독성물질에 대해서는 아직까지 명확하지 않다. 문헌에서는 열매에 함유된 배당체, 잎 및 종인에 함유된 독성 단백질, 전초에 함유된 하이드로키논 등을 창이의 독성성분으로 기록하고 있다. 또 다른 연구에서는 창이자의 유지 및 단백질에는 독성이 적으며, 창이자의 탈지 수침제에서 분리해 낸 AA_2라고 불리는 배당체를 주요 독성 성분으로 제시하고 있다[18]. 창이의 줄기, 잎 및 어린싹에는 신경 및 근육에 대한 유독물질이 함유되어 있으며, 신선한 잎은 건조된 잎에 비해 독성이 크고, 어린잎이 성숙한 잎에 비해 독성이 크다.
경험적으로는 매회 창이자 30g 정도를 복용하면 중독된다.
《중국약전》에서는 창이자초(炒)를 포제품으로 수록하고 있다.
창이자의 지방유 함량은 열매 전체 중량의 9.2~11%를 차지하며, 그중 불포화지방산의 함량이 93%에 달한다. 약리연구를 통하여 창이자의 지방유는 독성이 없는 것으로 확인되었다. 그러므로 창이자는 새로운 유료(油料)작물로서 활용이 가능하며 다양한 전망이 있다.

참고문헌

1. 韓婷, 秦路平, 鄭漢臣, 陳瑤, 張巧艶. 蒼耳及其同屬藥用植物研究進展. 解放軍藥學學報. 2003, **19**(2): 122-125
2. 郭亞紅, 李家實, 潘炯光, 徐植靈. 蒼耳子中揮發油的研究. 中國中藥雜誌. 1994, **19**(4): 235-236
3. 黃文華, 餘競光, 孫蘭, 郭寶林, 巴桑德吉, 李德宇. 中藥蒼耳子化學成分的研究. 中國中藥雜誌. 2005, **30**(13): 1027-1028
4. 張玉崑, 吳壽金, 張建國. 蒼耳草揮發油成分的研究. 中草藥. 1995, **26**(1): 48
5. C McMillan, PI Chavez, SG Plettman, TJ Mabry. Systematic implications of the sesquiterpene lactones in the strumarium morphological complex (*Xanthium strumarium*, Asteraceae) of Europe, Asia, and Africa. *Biochemical Systematics and Ecology*. 1975, **2**(3-4): 181-184
6. YS Kim, JS Kim, SH Park, SU Choi, CO Lee, SK Kim, YK Kim, SH Kim, SY Ryu. Two cytotoxic sesquiterpene lactones from the leaves of *Xanthium strumarium* and their *in vitro* inhibitory activity on farnesyltransferase. *Planta Medica*. 2003, **69**(4): 375-377
7. AA Mahmoud. Xanthanolides and xanthane epoxide derivatives from *Xanthium strumarium*. *Planta Medica*. 1998, **64**(8): 724-727
8. 張曉琦, 戚進, 葉文才, 趙守訓. 蒼耳莖化學成分的研究. 中國藥科大學學報. 2004, **35**(5): 404-405
9. 董克元, 黎維勇, 王嵐. 蒼耳子提取液抗病毒作用的研究. 時珍國藥研究. 1997, **8**(3): 217
10. 付明, 劉勝貴, 伍賢進. 灰白毛莓, 蒼耳的抑菌作用研究. 華中師範大學學報(自然科學版). 2005, **39**(2): 245-248
11. Y Sato, H Oketani, T Yamada, K Singyouchi, T Ohtsubo, M Kihara, H Shibata, T Higuti. A xanthanolide with potent antibacterial activity against methicillin-resistant *Staphylococcus aureus*. *The Journal of Pharmacy and Pharmacology*. 1997, **49**(10): 1042-1044
12. 吳達榮, 秦瑞. 蒼耳根醇提取物對白色念珠菌的抗菌試驗. 現代醫藥衛生. 2004, **20**(20): 2107-2108
13. 左祖英, 唐恩潔, 夏建平, 張鳳鳴. 防風蒼耳子水煎劑對小鼠免疫功能的影響. 川北醫學院學報. 1997, **12**(3): 9-10
14. 王龍妹, 傅惠娣, 周志蘭. 枸杞子, 白朮, 細辛, 蒼耳子對白細胞介素-2 受體表達的影響. 中國臨床藥學雜誌. 2000, **9**(3): 171-173
15. M Niikawa, AF Wu, T Sato, H Nagase, H Kito. Effects of Chinese medicinal plant extracts on mutagenicity of Trp-P-1. *Natural Medicines*. 1995, **49**(3): 329-331
16. 李紅, 周謀. 蒼耳子及複方製劑的藥理作用和臨床研究進展. 山西醫科大學學報. 2004, **35**(3): 313-315
17. 王本祥. 現代中藥藥理學. 天津: 天津科學技術出版社. 1997: 98-104
18. 張學梅, 張重華. 蒼耳子中毒及毒性研究進展. 中西醫結合學報. 2003, **1**(1): 71-73

창이 재배모습

화초 花椒 CP, KP

Zanthoxylum bungeanum Maxim.

Pricklyash

개 요

운향과(Rutaceae)

화초(花椒, *Zanthoxylum bungeanum* Maxim.)의 열매껍질을 건조한 것

중약명: 화초

생산지에 따라 '진초(秦椒)' 및 '촉초(蜀椒)' 등으로 구분한다.

산초나무속(*Zanthoxylum*) 식물은 전 세계에 약 250여 종이 있으며, 아시아, 아프리카, 오세아니아 및 북미의 열대와 아열대 지역에 분포하며, 온대에는 분포량이 비교적 적다. 중국에는 약 39종, 변종 14종이 있다. 이 속에서 현재 약으로 사용되는 것은 약 18종이다. 이 종은 중국 대부분 지역에 분포한다.

화초는 '대초(大椒)'라는 약명으로 《이아(爾雅)》에 처음 수록되었다. 《신농본초경(神農本草經)》에 '진초'라는 이름은 중품으로 수록되었으며, '촉초'라는 이름은 하품으로 수록되었다. 《중국약전(中國藥典)》(2015년 판)에서는 이 종을 중약 화초의 법정기원식물 내원종 가운데 하나로 수록하였다. 주요산지는 중국의 사천, 섬서 및 하북 등이다. 《대한민국약전》(제11개정판)에서는 '산초'라는 약재명으로 "운향과에 속하는 초피나무(*Zanthoxylum piperitum* De Candolle), 산초나무(*Zanthoxylum schinifolium* Siebold et Zuccarini) 또는 화초(Zanthoxylum bungeanum Maximowicz)의 잘 익은 열매껍질"로 등재되어 있다.

산초나무속 식물의 주요 활성성분은 정유 및 알칼로이드 화합물로 쿠마린 등을 함유한다. 《중국약전》에서는 정유측정법을 이용하여 화초에 함유된 정유의 함량을 1.5%(mL/g) 이상으로 약재의 규격을 정하고 있다.

약리연구를 통하여 화초에는 위장운동 조절, 항균, 살충, 혈소판 응집억제 등의 작용이 있는 것으로 알려져 있다.

한의학에서 화초에는 온중지통(溫中止痛), 산한조습(散寒燥濕), 살충지양(殺蟲止癢) 등의 작용이 있다.

화초 花椒 *Zanthoxylum bungeanum* Maxim.

화초 花椒 *Zanthoxylum bungeanum* Maxim.

약재 화초 藥材花椒 Zanthoxyli Pericarpium

OMe

MeO N O

OMe

skimmianine

함유성분

열매껍질에 들어 있는 정유성분은 알켄(80.96%), 알코올(12.45%), 케톤(3.63%), 에폭사이드(1.51%) 그리고 에스테르(1.43%) 등으로 구성되어 있다. 리모넨이 주성분이다 [1]. 기타 성분으로는 β-phellandrene, β-myrcene, β-ocimene-X[1], hydroxy-α-sanshool, piperitone[2], eucalyptole[3], α-, β-pinenes, sabinene, linalool, 1,8-cineole, cis-piperitol acetate, 올레산, 4-terpineol, 팔미트산[4], 7,9-octadecadienal, 2,5-bis(1,1-dimethy-lethyl)thiophene[5], terpinen-4-ol, α-terpineol, o-cymene, geraniol, cumicalcohol, estragole (methyl chavicol), α-, γ-sanshooels, hydroxy-γ-sanshooel, isopulegol[6] 등이 함유되어 있다.

씨에 들어 있는 정유성분에는 linalool과 myrcene이 주로 함유되어 있다.

열매껍질에는 알칼로이드와 아마이드 성분으로 kokusagine, skimmianine, schinifoline, dictamnine, haplopine, tetrahydrobungeanool, dihydrobungeanool, dehydro-γ-sanshool[7], tetradecapentaenamide[8], 쿠마린류 성분으로 bergapten, herniarin, 플라보노이드 성분으로 quercetin 3′,4-dimethyl ether 7-glucoside, tamarixetin 3,7-bis-glucoside, hyperin, quercetin, quercitrin, isorhamnetin 7-glucoside, rutin, 3,5,6-trihydroxy-4′,7-dimethoxyflavone[9] 등이 함유되어 있다.

약리작용

1. 소화기계통에 대한 영향

1) 항궤양
화초의 물 추출물은 수침자극성 Mouse 위궤양과 인도메타신-에탄올로 유도된 Mouse의 위궤양에 대해 모두 억제작용이 있으며, 결찰로 인한 Rat의 위궤양도 억제할 수 있다. 에테르 추출물은 염산성 Rat의 위궤양 형성을 억제할 수 있다[10].

2) 위장평활근에 대한 영향
화초의 열수 추출물은 저농도에서 집토끼의 내장 수축활동에 뚜렷한 흥분작용을 나타내며, 고농도에서는 억제작용을 나타낸다. 화초의 열수 추출물은 니코틴, 에세린, 아세틸콜린, 히스타민 및 아트로핀에 의한 집토끼의 내장 수축에 길항작용이 있으며, Mouse의 위장 추진운동도 뚜렷하게 억제한다. 반면 모르핀과 아트로핀에 의한 위장 추진운동 억제에 대해서는 뚜렷한 길항효과를 나타낸다[11].

3) 설사 억제
화초의 에테르 추출물은 피마자유로 인한 Mouse의 설사를 억제한다. 또한 물 추출물은 센나엽에 의한 Mouse의 설사를 억제한다[12].

4) 간 보호
화초의 에테르 추출물은 CCl_4로 인한 간 손상 Rat의 혈청 글루타민산 피루빈산 트랜스아미나제(sGPT) 상승을 방지한다[13].

2. 심혈관계통에 대한 영향

화초의 물과 메탄올 추출물은 배양된 Mouse의 배아심근세포의 박동률을 뚜렷하게 증가시킨다[14]. 화초의 물과 에테르 추출물은 얼음물 자극 상황에서 카테콜아민으로 인한 심장손상에 대해 일정한 보호작용이 있으며, 심근 내 효소 및 에너지 소모를 감소시킬 수 있다[10]. 화초에 함유된 스킴미아닌은 마취된 고양이의 혈압을 상승시킬 수 있다[10].

3. 혈액계통에 대한 영향

화초의 물과 에테르 추출물은 전기자극으로 인한 Rat 경동맥의 혈전 형성을 방지한다. 물 추출물은 프로트롬빈반응시간(PT)과 카올린에 의한 응혈효소부분반응시간(PPT), 트롬빈시간(TT)을, 그리고 에테르 추출물에서는 프로트롬빈소비시간(PCT)을 연장시킨다. 화초에는 또한 아데노신이인산(ADP)과 콜라겐에 의한 혈소판응집을 길항하는 작용이 있다[15].

4. 항염, 진통

화초의 에테르 추출물과 물 추출물은 모두 아세트산으로 인한 Mouse 복강모세혈관 투과성 증가를 길항하며, 디메칠벤젠에 의한 Mouse의 귓바퀴 종창과 카라기난으로 인한 Rat의 발바닥 종창을 억제한다. 또한 아세트산에 의한 Mouse의 몸비틀기 반응의 횟수를 감소시키며, 에테르 추출물에는 열자극반응의 잠복기를 증가시키는 작용이 있다[12].

5. 항병원미생물 및 기생충

화초의 전제와 정유는 탄저간균, 황색포도상구균, 대장균, 고초간균, 녹농간균 및 티푸스균 등 각종 병균에 대해 억제작용이 있다. 화초는 양모형소포자균, 홍색모선균 등 피부진균과 황색누룩곰팡이, 푸른곰팡이, 검은누룩곰팡이, 산황청곰팡이, 검은뿌리곰팡이 등에 대해 모두 억제작용이 있다[16]. 또한 음도모적충에 대해서도 뚜렷한 살멸작용이 있다[17].

6. 기타

화초에는 항종양[10], 평천(平喘)[18], 항피로 및 항산소결핍[19] 등의 작용이 있다.

용 도

산초는 중의임상에서 사용하는 약이다. 온중지통(溫中止痛, 속을 따뜻하게 하고 통증을 그치게 해 줌), 산한조습[散寒燥濕, 한사(寒邪)를 없애고 습사(濕邪)를 없애 줌], 살충지양(殺蟲止癢, 기생충을 제거하고 가려움증을 가라앉힘) 등의 효능이 있으며, 중한복통(中寒腹痛, 배꼽 아래 부위의 복부가 아픈 병증), 한습토사[寒濕吐瀉, 한사와 습사가 합쳐진 사기(邪氣)로 인한 구토와 설사], 충적복통(蟲積腹痛, 배 속에 기생충이 몰려서 생긴 복통), 습진소양(濕疹瘙癢, 피부에 습진이 생겨 몹시 가려운 증상), 부인음양(婦人陰癢, 부인의 외음부 혹은 음도의 가려움증) 등의 치료에 사용한다.

현대임상에서는 담도회충병, 요충병, 통증, 계안(鷄眼, 티눈), 완선(頑癬), 진균성 음도염 등의 병증에 사용한다.

해 설

초피나무속의 청초(*Zanthoxylum schinifolium* Sieb. et Zucc.)도 《중국약전》에 중약 화초의 또 다른 법정기원식물 내원종으로 수록되어 있다. 청초의 함유성분과 약리작용은 화초와 유사하다. 최근 청초에 대한 연구는 활성성분인 베르갑텐에 집중되어 있으며, 보고에 따르면 항염, 진통 및 지혈의 작용이 있는 것으로 알려져 있다[20-21].

화초는 중국위생부에서 규정한 약식동원품목* 가운데 하나이다. 중국 사천성의 한원은 "화초의 고향"으로 유명하며, 촉초의 생산단지이다. 화초의 어린잎에는 단백질, 비타민, 베타카로틴, 비타민 B, 비타민 D 및 각종 무기염류가 풍부하게 함유되어 있다. 그중 단백질, 지방, 섬유소, 칼슘, 인, 철의 함량은 표고버섯에 대하여 각각 5.8, 2.1, 2.6, 12, 4.4로 10배에 달하며, 아미노산의 함량은 14배에 달하므로 보건식품 원료로서 다양한 발전 가능성이 있다[22].

참고문헌

1. B Tirillini, A Manunta, AM Stoppini. Constituents of the essential oil of the fruits of *Zanthoxylum bungeanum*. *Planta Medica*. 1991, **57**(1): 90-91
2. B Tirillini, AM Stoppini. Volatile constituents of the fruit secretory glands of *Zanthoxylum bungeanum* Maxim. *Journal of Essential Oil Research*. 1994, **6**(3): 249-252
3. 邱琴, 崔兆傑, 劉廷禮, 周中堅. 花椒揮發油化學成分的 GC-MS 分析. 中藥材. 2002, **25**(5): 327-329
4. 李迎春, 曾健青, 劉莉玫, 金雪松. 花椒超臨界 CO_2 萃取物成分分析. 中藥材. 2001, **24**(8): 572-573
5. 陳振德, 許重遠, 謝立. 超臨界 CO_2 流體萃取花椒揮發油化學成分的研究. 中國中藥雜誌. 2001, **26**(10): 687-688
6. I Yasuda, K Takeya, H Itokawa. Evaluation of Chinese Zanthoxyli Fructus commercially available in Japan by pungent principles and essential oil constituents. *Shoyakugaku Zasshi*. 1982, **36**(4): 301-306
7. QB Xiong, DW Shi, H Yamamoto, M Mizuno. Alkylamides from pericarps of *Zanthoxylum bungeanum*. *Phytochemistry*. 1997, **46**(6): 1123-1126
8. K Mizutani, Y Fukunaga, O Tanaka, N Takasugi, Y Saruwatari, T Fuwa, T Yamauchi, J Wang, MR Jia. Amides from Haujiao, pericarps of *Zanthoxylum bungeanum* Maxim. *Chemical & Pharmaceutical Bulletin*. 1988, **36**(7): 2362-2365
9. QB Xiong, DW Shi, M Mizuno. Flavonol glucosides in pericarps of *Zanthoxylum bungeanum*. *Phytochemistry*. 1995, **39**(3): 723-725

* 부록(559~562쪽) 참고

10. 尹靖先, 彭玉華, 張三印. 花椒藥用的研究進展. 四川中醫. 2004, **22**(12): 29-31
11. 張明發, 郭惠玲, 李蕊梅, 解公林, 胡悅, 李石蘭. 花椒抗脾胃虛寒的藥理作用研究. 中藥藥理與臨床. 1994, **2**: 37-39
12. 張明發, 沈雅琴, 朱自平, 陳光娟, 段涇雲, 宋延平. 花椒溫經止痛和溫中止瀉藥理研究. 中藥材. 1994, **17**(2): 37-40
13. 張明發, 沈雅琴. 溫裏藥 "溫中散寒" 藥理研究. 中國中醫藥信息雜誌. 2000, **7**(2): 30-32
14. XL Huang, N Kakiuchi, QM Che, SL Huang, L Sheng, M Hattori, T Namba. Effects of extracts of Zanthoxylum fruit and their constituents on spontaneous beating rate of myocardial cell sheets in culture. *Phytotherapy Research*. 1993, **7**(1): 41-48
15. 張明發, 許青媛, 沈雅琴. 溫裏藥溫通血脈和回陽救逆藥理研究. 中國中醫藥信息雜誌. 1999, **6**(8): 28-30
16. 謝小梅, 陳資文, 陳和利, 李大明, 葉荷平. 花椒, 肉豆蔻防黴作用實驗研究. 時珍國醫國藥. 2001, **12**(2): 100-101
17. 劉永春, 郭永和, 王冬梅, 秦劍. 常山花椒苦參體外抗陰道毛滴蟲效果觀察. 濟寧醫學院學報. 1997, **20**(3): 15
18. 曾曉會, 周瑞玲, 陳玉興, 孫冬梅, 崔景朝. 花椒超臨界萃取物治療哮喘的藥效學研究. 中藥材. 2005, **28**(2): 132-134
19. 佟如新, 王普民, 趙金民, 張艷玲, 陳偉, 王玉琢. 遼寧青花椒與川椒急性毒性藥理作用比較研究. 遼寧中醫雜誌. 1995, **22**(8): 371-373
20. 佟如新, 王普民, 張慧穎, 王淑春, 宋達夫. 青花椒活性成分香柑內酯的藥理實驗研究. 中國中醫藥信息雜誌. 1999, **6**(10): 30-31
21. 佟如新, 王普民, 王淑春, 張慧穎, 宋達夫. 青花椒中活性成分香柑內酯的止血作用實驗研究. 中國中醫藥信息雜誌. 1998, **5**(11): 14-16
22. 鄧振義, 孫丙寅, 康克功, 董育公. 花椒嫩芽主要營養成分的分析. 西北林學院學報. 2005, **20**(1): 179-180, 185

생강 薑 CP, KP, KHP, JP, BP, EP, IP, USP, VP

Zingiberaceae

Zingiber officinale Rosc.

Ginger

개 요

생강과(Zingiberaceae)

생강(薑, *Zingiber officinale* Rosc.)의 뿌리줄기를 건조한 것 중약명: 건강(乾薑)

신선한 뿌리줄기 중약명: 생강(生薑)

건조한 뿌리줄기의 포제품 중약명: 포강(炮薑)

생강속(*Zingiber*) 식물은 전 세계에 약 80여 종이 있으며, 주로 아시아의 열대와 아열대 지역에 분포한다. 중국에는 약 14종이 있으며, 약 2종이 약으로 사용된다. 생강은 중국의 중부, 동남부 및 서남부의 각 성에서 재배된다.

'건강', '생강'과 '포강'의 약명은 각각 《신농본초경(神農本草經)》, 《명의별록(名醫別錄)》 및 《진주낭(珍珠囊)》에 수록되었다. 오늘날의 품목과도 모두 일치한다. 《중국약전(中國藥典)》(2015년 판)에서는 이 종을 중약 건강, 생강 및 포강의 법정기원식물 내원종으로 수록하였다. 생강의 주요산지는 중국의 대부분 지역이며, 건강의 주요산지는 중국의 사천, 귀주 등이다. 그 밖에 절강, 산동, 호북, 광동, 섬서 등지에서도 생산된다. 사천과 귀주의 생산량이 비교적 많고 품질 또한 우수하다.

생강속 식물에는 주로 정유 및 디아릴헵타노이드 성분이 함유되어 있다. 《중국약전》에서는 건강에 함유된 정유의 함량을 0.80% (mL/g) 이상으로 약재의 규격을 정하고 있다.

약리연구를 통하여 건강, 생강 및 포강에는 해열, 진통, 항염, 항균, 혈소판 응집억제 등의 작용이 있는 것으로 알려져 있다.

한의학에서 건강에는 온중산한(溫中散寒), 회양통맥(回陽通脈), 온폐화음(溫肺化飮)의 작용이 있다. 생강에는 발산풍한(發散風寒), 온중지구(溫中止嘔), 온폐지해(溫肺止咳)의 작용이 있다. 포강에는 온경지혈(溫經止血), 온중지통(溫中止痛)의 작용이 있다.

생강 薑 *Zingiber officinale* Rosc.

생강 薑 CP, KP, KHP, JP, BP, EP, IP, USP, VP

생강 生薑
Zingiberis Recens Rhizoma

건강 乾薑
Zingiberis Rhizoma

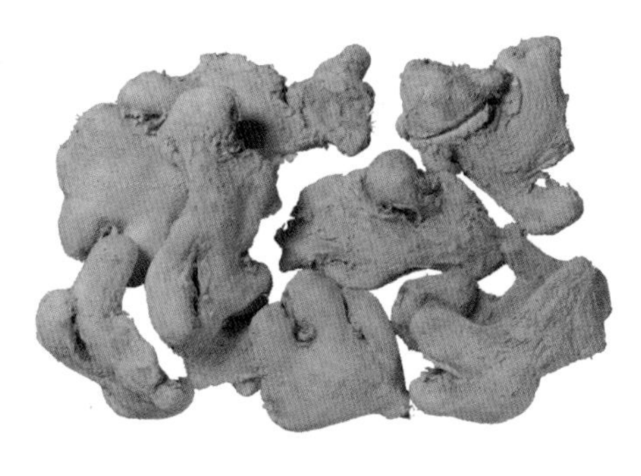

포강 炮薑
Zingiberis Rhizoma Praeparatum

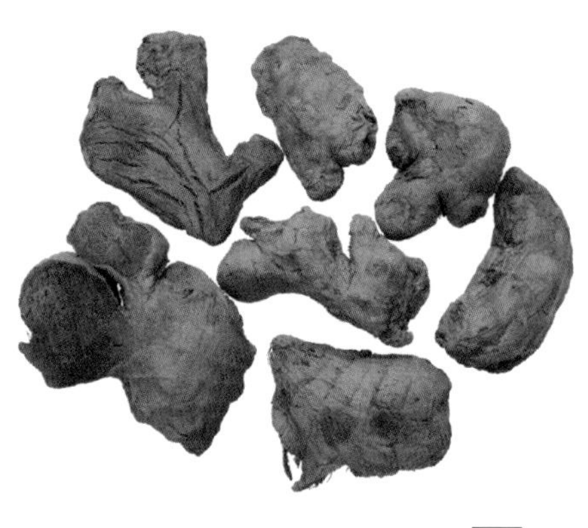

함유성분

뿌리줄기에는 정유성분으로 α-zingiberene, β-bisabolene, 1,8-cineole, camphene, α-phellandrene, sesquiphellandrene, α-curcumene[1-2], 자극성 성분으로 6-,4-,8-,10-,12-gingerols, 6-gingerdione, 6-shogaol, 8-shogaol, 6-gingediol (6-gingerdiol), 6-gingediol-5-acetate, 6-gingediol-3-acetate, 6-gingediacetate[3-4], 디아릴헵타노이드 성분으로 gingerenones A, B, C, isogingerenone B[5] 등이 함유되어 있다.

MeO, HO, O, OH, H, $(CH_2)_4CH_3$

6-gingerol

MeO, HO, O, OMe, OH

gingerenone A

약리작용

1. 해열, 진통, 항염

건강의 에테르 추출물, 물 추출물을 경구투여하면 디메칠벤젠으로 인한 Mouse의 귓바퀴 종창과 카라기난으로 인한 Rat의 발바닥 종창을 뚜렷하게 경감하며, 아세트산으로 인한 Mouse의 몸비틀기 반응의 횟수를 감소시킨다. 에탄올 추출물은 티푸스균, 파라티푸스균 A 및 B 균주로 인한 집토끼의 발열반응을 뚜렷하게 억제한다[6-7]. 생강의 물 추출물을 경구투여하면 효모로 인한 Rat의 발열에 대해 뚜렷한 해열작용이 있다[8]. 생강의 에탄올 추출물을 복강에 투여하면 카라기난과 세로토닌(5-HT)으로 인한 Rat의 발바닥 종창 및 피부수종을 억제할 수 있는데, 그 작용기전은 5-HT 수용체를 차단하는 것과 관련이 있다[9]. 생강의 매운맛을 내는 성분인 6-징게롤은 진통 및 항염의 작용이 있다[10].

2. 위점막 손상 억제

생강의 열수 추출물을 경구투여하면 무수에탄올과 인도메타신으로 인한 Rat의 위점막 손상을 뚜렷하게 경감한다. 또한 Rat의 위액 분비를 촉진하며, 위배출능 운동을 촉진한다[11]. 포강의 열수 추출물을 경구투여하면 Rat의 자극성 위궤양, 아세트산으로 유도된 위궤양 및 유문결찰형 위궤양 등에 모두 뚜렷한 억제작용이 있다[12].

3. 구토 억제, 해독

생강의 열수 추출물을 경구투여하면 유산동에 의한 비둘기의 구토 횟수를 뚜렷하게 감소시킨다. 생강의 열수 추출물을 눈에 투여하면 생반하로 인한 집토끼 안검 결막염의 자극작용을 뚜렷하게 감소시킨다[8].

4. 지질대사 조절

생강의 추출물을 경구투여하면 고지혈증 Rat의 혈청 중성지방(TG)과 저밀도지단백콜레스테롤(LDL-C)의 농도를 뚜렷하게 저하시키며, 고밀도지단백콜레스테롤(HDL-C)의 농도를 증가시킨다[13].

5. 혈당 강하

생강즙을 경구투여하면 스트렙토조토신에 의해 당뇨병이 유도된 Rat의 고혈당과 저인슐린혈증을 뚜렷하게 개선하며, Rat의 공복혈당을 저하시키고, 인슐린 농도를 증가시킨다[14].

6. 항균

건강의 알코올 추출물은 *in vitro*에서 황색포도상구균, 폐렴연쇄상구균 등에 대해 억제작용이 있다[7]. 생강의 알코올 추출물은 홍색모선균, 개의 소포자균 등의 진균류에 대해 억제작용이 있다[15]. Mouse에 생강의 물 균질액을 경구투여하면 혈청용균효소의 함량을 증가시킨다. 이와 같이 혈청용균효소의 활성을 증가시키는 것이 항균작용의 기전 가운데 하나일 것으로 생각된다[16].

7. 항종양

생강의 알코올 추출물을 경구투여하면 이종이식 Mouse의 장기지수 및 대식세포의 탐식률을 뚜렷하게 증가시키며, 이종이식 쥐의 α-ANAE 양성률과 IgM을 정상화하여 이종이식 Mouse의 면역기능을 증강한다[17]. 강의 알코올 추출물은 피부종양 촉진인자에 의한 Mouse 피부의 세포, 분화, 분자의 변화 등을 억제할 수 있다. 6-징게롤을 외용으로 사용하면 Mouse의 피부 유두상 종양의 발생을 억제하는 작용이 있다[18-19].

8. 심장기능에 대한 영향

건강의 초임계 CO_2 추출물을 경구투여하면 정상 마취된 토끼에 대해 일정한 혈압 강하 및 심박 완화의 작용이 있는데, 이완기 혈압과 심박에 대한 영향이 더욱 뚜렷하다[20].

9. 혈소판응집억제

생강에 함유되어 있는 매운맛을 내는 성분들은 아라키돈산에 의한 혈소판응집과 사이클로옥시게나제-1의 활성을 억제할 수 있다[21].

10. 기타

생강의 에탄올 추출물을 경구투여하면 급성 산소결핍 Mouse의 심, 뇌 및 간세포에 대해 일정한 보호작용이 있다[22]. 포강의 열수 추출물을 경구투여하면 창상성 출혈 Mouse의 출혈시간을 뚜렷하게 억제한다[23].

용 도

이 품목은 중의임상에서 사용하는 약이다.

생강

발한해표[發汗解表, 발한시키고 표(表)에 있는 사기(邪氣)를 없애 줌], 온중지구[溫中止嘔, 중초(中焦)를 따뜻하게 하고 구토를 가라앉혀 줌], 온폐지해[溫肺止咳, 맛이 맵고 성질이 더운 약으로 폐한증(肺寒證)을 치료하여 기침을 멈추게 함] 등의 효능이 있으며, 풍한감모[風寒感冒, 풍사(風邪)와 한사(寒邪)가 겹쳐 오한이 나면서 열이 나고 머리와 온몸이 아프며 코가 막히고 기침과 재채기가 나며 혀에 이끼가 끼고 맥이 부(浮)한 증상], 위한구토[胃寒嘔吐, 위(胃)가 허한 데다 한사(寒邪)를 받거나 찬 음식을 먹었을 때 위가 차져서 토하는 것], 풍한해수[風寒咳嗽, 풍한사(風寒邪)가 폐에 침입하여 생긴 기침], 약물 및 어해독(魚蟹毒, 물고기 독) 등의 치료에 사용한다.

현대임상에서는 구창(口瘡, 입안이 허는 병증), 인후종통(咽喉腫痛, 목 안이 붓고 아픈 증상), 치통, 면탄(面癱, 안면신경마비), 풍습통[風濕痛, 풍습(風濕)으로 인해 아픈 병증], 견수종합증(肩手綜合征, 팔이 오그라드는 증상), 골질증생(骨質增生, 퇴행성 디스크), 수화탕상(水火燙傷, 끓는 물에 데어서 다친 증상), 욕창(蓐瘡), 변비, 노년성 효천[哮喘, 효증(哮證)과 천증(喘證)이 합쳐 나타나는 병증], 만성 부비동염, 급성 고환염(睾丸炎, 고환에 생긴 염증) 및 유정(遺精, 성교 없이 정액이 흘러나오는 병증), 허리 마취와 경막외 마취 후 뇨저류(尿貯溜, 소변이 고이는 증상), 회충성 장경색(腸梗塞, 장이 막힘) 및 담도회충증, 반독(斑禿, 원형 탈모증) 등의 병증에 사용한다.

건강

온중산한[溫中散寒, 중초(中焦)를 따뜻하게 하여 한사(寒邪)를 제거하여 줌], 회양통맥(回陽通脈, 양기를 다시 회복시켜 맥이 다시 통하게 해줌), 온폐화음[溫肺化飮, 폐를 따뜻하게 하여 수음(水飮)을 없애는 효능] 등의 효능이 있으며, 완복냉통(脘腹冷痛, 복부가 차고 아픈 증상), 한구(寒嘔, 몸이 차서 토하는 것), 냉사(冷瀉, 몸이 차서 생긴 설사), 망양증(亡陽證, 땀이 많이 나서 그치지 않는 것), 한음해천(寒飮咳喘, 한사로 인하여 묽은 가래를 동반한 기침), 형한배냉(形寒背冷, 몸이 차고 등이 시린 병증), 담다청희(痰多淸稀, 맑은 가래와 묽은 침) 등의 치료에 사용한다.

현대임상에서는 구창, 치통, 임신구토(妊娠嘔吐), 풍습성 관절염 등의 병증에 사용한다.

포강

온중지사[溫中止瀉, 중초(中焦)를 따뜻하게 하여 설사를 그치게 함], 온경지혈[溫經止血, 경맥(經脈)을 따뜻하게 하여 지혈함] 등의 효능이 있으며, 허한성 완복동통(脘腹疼痛, 복부가 아픈 증상), 구토, 사리(瀉痢, 이질), 토혈(吐血, 피를 토하는 병증), 변혈[便血, 분변에 대혈(帶血)이 되거나 혹은 단순히 하혈하는 증후], 붕루(崩漏, 월경주기와 무관하게 불규칙적인 질 출혈이 일어나는 병증) 등의 치료에 사용한다.

현대임상에서는 치통, 만성 위염, 장자극 종합증 등의 병증에 사용한다.

해 설

생강과 건강은 중국위생부에서 규정하는 약식동원품목*이다.

생강은 전 세계에서 널리 재배되는 일종의 뿌리줄기류 향신료로서, 중국과 아시아에서는 일종의 전통적 약용식물로 다양한 약리활성이 있어 임상에서 빈번하게 응용되어 왔다. 생강은 그 내원이 다양하고 가격도 저렴하여 약식공용으로 사용되므로 연구와 개발에 대한 가치가 크다. 현재 중국의 사천에는 이미 생강의 대규모 재배단지가 조성되어 있다.

생강에 함유되어 있는 징게롤 성분은 생강의 매운맛을 내는 성분을 총칭하며, 여러 종의 물질이 혼합된 혼합물로 건위와 항위궤양, 간보호 및 이담, 강심(強心), 중추신경 억제, 항종양, 진통, 항염 등 다양한 약리작용이 있다. 또한 생강을 대표하는 성분으로서 징게롤에 대한 심도 있는 연구가 진행되어야 할 것이다.

참고문헌

1. M Miyazawa, H Kameoka. Volatile flavor components of crude drugs. Part V. Volatile flavor components of Zingiberis Rhizoma (*Zingiber officinale* Roscoe). *Agricultural and Biological Chemistry*. 1988, **52**(11): 2961-2963
2. 宋國新, 鄧春輝, 吳丹, 胡耀銘. 固相微萃取-氣相色譜/質譜分析生薑的揮發性成分. 復旦學報(自然科學版). 2003, **42**(6): 939-944, 949
3. J Yamahara, S Hatakeyama, K Taniguchi, M Kawamura, M Yoshikawa. Stomachic principles in ginger. II. Pungent and antiulcer effects of low polar constituents isolated from ginger, the dried rhizoma of *Zingiber officinale* Roscoe cultivated in Taiwan. The absolute stereostructure of a new diarylheptanoid. *Yakugaku Zasshi*. 1992, **112**(9): 645-655
4. H Kikuzaki, SM Tsai, N Nakatani. Constituents of Zingiberaceae. Part 5. Gingerdiol related compounds from the rhizomes of *Zingiber officinale*. *Phytochemistry*. 1992, **31**(5): 1783-1786
5. K Endo, E Kanno, Y Oshima. Structures of antifungal diarylheptenones, gingerenones A, B, C and isogingerenone B, isolated from the rhizomes of *Zingiber officinale*. *Phytochemistry*. 1990, **29**(3): 797-799
6. 張明發, 段涇雲, 沈雅琴, 陳光娟, 宋延平. 乾薑 "溫經止痛" 的藥理研究. 中醫藥研究. 1992, **1**: 41-43, 25
7. 王夢, 錢紅美, 蘇簡單. 乾薑乙醇提取物解熱鎮痛及體外抑菌作用研究. 中藥新藥與臨床藥理. 2003, **14**(5): 299-301
8. 王金華, 薛寶雲, 梁愛華, 王嵐, 郝近大, 楊華, 易紅. 生薑和乾薑藥理活性的比較研究. 中國藥學雜誌. 2000, **35**(3): 163-165
9. SC Penna, MV Medeiros, FSC Aimbire, HCC Faria-Neto, JAA Sertie, RAB Lopes-Martins. Anti-inflammatory effect of the hydralcoholic extract of *Zingiber officinale* rhizomes on rat paw and skin edema. *Phytomedicine: Intetnational Journal of Phytotherapy and Phytopharmacology*. 2003, **10**(5): 381-385
10. HY Young, YL Luo HY Cheng, MC Hsieh, JC Liao, WH Peng. Analgesic and anti-inflammatory activities of 6-generol. *Journal of Ethnopharmacology*. 2005, **96**: 207-210
11. 孫慶偉, 滕敏昌, 侯奕. 生薑對大鼠胃粘膜的保護作用及其機制的初步探討. 江西醫藥. 1992, **27**(4): 207-210
12. 吳皓, 葉定江, 柏玉啓, 趙玉珍. 乾薑, 炮薑對大鼠試驗性胃潰瘍的影響. 中國中藥雜誌. 1990, **15**(5): 22-24
13. 武彩霞, 魏欣冰, 丁華. 生薑有效部位的調血脂作用研究. 齊魯藥事. 2005, **24**(3): 174-176
14. SP Akhani, SL Vishwakarma, RK Goyal. Anti-diabetic activity of *Zingiber officinale* in streptozotocin-induced type I diabetic rats. *Journal of Pharmacy and Pharmacology*. 2004, **56**(1): 101-105

* 부록(559~562쪽) 참고

15. 付愛華, 尹建元, 孫瑩, 段明鬱, 劉潔宇, 張宏桂. 黃精和生薑抗皮膚癬菌活性研究. 白求恩醫科大學學報. 2001, **27**(4): 384-385
16. 王慧芳, 曾林, 趙愛珍, 付興倫, 賈世玉. 生薑對小鼠血清溶菌酶活性的影響. 動物醫學進展. 2001, **22**(4): 70-71
17. 劉輝, 朱玉真. 生薑醇提物對荷瘤鼠免疫功能的影響. 衛生研究. 2002, **31**(3): 208-209
18. SK Katiyar, R Agarwal, H Mukhtar. Inhibition of tumor promotion in SENCAR mouse skin by ethanol extract of *Zingiber officinale* rhizome. *Cancer Research*. 1996, **56**(5): 1023-1030
19. KK Park, KS Chun, JM Lee, SS Lee, YJ Surh. Inhibitory effects of [6]-gingerol, a major pungent principle of ginger, on phorbol ester-induced inflammation, epidermal ornithine decarboxylase activity and skin tumor promotion in ICR mice. *Cancer Letters*. 1998, **129**(2): 139-144
20. 盧傳堅, 許慶文, 歐明, 王寧生, 宓穗卿. 乾薑提取物對正常麻醉兔心臟功能及血流動力學的影響. 中華現代臨床醫學雜誌. 2004, **2**(6B): 868-870
21. E Nurtjahja-Tjendraputra, AJ Ammit, BD Roufogalis, VH Tran, CC Duke. Effective anti-platelet and COX-1 enzyme inhibitors from pungent constituents of ginger. *Thrombosis Research*. 2003, **111**(4-5): 259-265
22. 宋學英, 王橋, 朱瑩, 田曉娟. 生薑對急性缺氧小鼠的保護作用. 首都醫科大學學報. 2004, **25**(4): 438-440
23. 李文聖, 熊慕藍. 炮薑與薑炭的實驗研究. 中成藥. 1992, **14**(12): 22-23

대추나무 棗 CP, KP, JP, IP

Ziziphus jujuba Mill.

Jujube

개 요

갈매나무과(Rhamnaceae)

대추나무(棗, *Ziziphus jujuba* Mill.)의 잘 익은 열매를 건조한 것

중약명: 대조(大棗)

대추나무속(*Ziziphus*) 식물은 전 세계에 약 100여 종이 있으며, 주로 아시아와 아메리카의 열대 및 아열대 지역에 분포한다. 중국에는 12종, 3변종이 있다. 이 속에서 현재 약으로 사용되는 것은 약 5종이다. 이 종은 중국의 각지에 모두 분포한다.

중국은 대추나무를 최초로 재배한 국가로 재배의 역사가 3000년 이상이며, '조'의 명칭은 일찍이 《시경(詩經)》에 이미 수록되었다. '조'의 약명은 《신농본초경(神農本草經)》에 처음 상품으로 수록되었으며, '대조'라는 명칭이 사용되었다. 역대 본초서적에도 다양한 기록이 있으며, 오늘날의 품종과도 일치한다. 《중국약전(中國藥典)》(2015년 판)에서는 이 종을 중약 대조의 법정기원식물 내원종으로 수록하였다. 주요산지는 중국의 하남, 산동, 하북, 산서, 사천, 귀주 등이다.

대추나무의 열매에는 트리테르페노이드, 트리테르페노이드 사포닌, 알칼로이드류 성분 등이 함유되어 있다. 《중국약전》에서는 박층크로마토그래피법을 이용하여 약재의 규격을 정하고 있다.

약리연구를 통하여 대추나무에는 면역증강, 조혈기능 개선, 항노화, 간 보호, 항종양, 중추신경 억제 등의 작용이 있는 것으로 알려져 있다.

한의학에서 대추에는 보비위(補脾胃), 익기혈(益氣血), 안심신(安心神), 조영위(助營衛), 화약성(和約性) 등의 작용이 있다.

대추나무 棗 *Ziziphus jujuba* Mill. 열매가 달린 가지 果枝

대추나무 棗 *Ziziphus jujuba* Mill.
꽃이 달린 가지 花枝

약재 대추 藥材大棗 Jujubae Fructus

함유성분

열매에는 트리테르페노이드 성분으로 betulonic acid, betulinic acid, oleanolic acid, oleanonic acid, zizyberenalic acid, colubrinic acid, alphitolic acid, 3-O-trans-p-coumaroyl maslinic acid, 3-O-cis-p-coumaroyl maslinic acid, 3-O-trans-p-coumaroyl alphitolic acid, 3-O-cis-p-coumaroyl alphitolic acid[1], ursolonic acid[2], 트리테르페노이드 사포닌 성분으로 zizyphus saponins I, II, III, jujuboside B[3], 알칼로이드 성분

zizyphus saponin I

으로 nornuciferine, lysicamine, daechucyclopeptide-1, zizyphusine[4], 다당류로 ZJ-1, ZJ-2[5], ZJ-9, ZJ-10[6] 등의 성분이 함유되어 있다.
씨에는 플라보노이드 성분으로 spinosin, swertisin, 6‴-feruloylspinosin, 6‴-sinapoylspinosin, 6‴-p-counaloylspinosin, 2″-O-glucosylisoswertisin, vicenin 2[7] 등이 함유되어 있다.
줄기와 뿌리껍질에는 알칼로이드 성분으로 jubanines A, B, C, D[8-10], numularines A, B, amphibine H, mucronine D, mauritine A[8], scutianine C, zizyphine A[9], frangufoline[11] 등이 함유되어 있다.
잎에는 알칼로이드 성분으로 yuziphine, yuzirine[12], 플라보노이드 성분으로 eriodictyol, rhamnetin, quercetin-3-O-glucoside, quercetin-3-O-diglucoside, quercetin-3-O-rutinoside[13], 축합형 탄닌 성분으로 (-)-epiafzelechin-(4β-8)-(-)-epicatechin, proanthocyanidin B_2[14] 등이 함유되어 있다.

약리작용

1. 면역증강
대추의 다당을 출혈과 시클로포스파미드로 인한 기혈양허(氣血兩虛) Mouse에 경구투여하면 흉선과 비장 등 면역기관의 위축을 뚜렷하게 길항하며, 흉선피질의 두께와 림프구세포의 수를 증가시킨다[15]. 또한 Mouse의 비장세포에서 생성 분비하는 IL-1α와 IL-2를 촉진하며, IL-2R의 농도를 저하시켜 Mouse의 저하된 면역기능을 상승시키는 작용이 있다[16-17]. 대추의 중성다당은 *in vitro*에서 Mouse 비장세포의 자발증식반응과 혼합임파세포의 배양반응을 촉진하며[18], Mouse의 복강대식세포의 종양괴사인자(TNF) 분비를 유도하고, 복강대식세포의 TNF-α mRNA의 발현을 촉진한다[19].

2. 조혈기능 개선
대추의 다당을 출혈과 시클로포스파미드로 인한 기혈양허 Rat에 경구투여하면 적혈구, 백혈구, 혈소판 수량 및 적혈구 단백의 함량을 뚜렷하게 증가시키며, 적혈구의 Na^+/K^+-ATP 효소, Mg2+-ATP 효소, Ca^{2+}, Mg^{2+}-ATP 효소 활성을 증강시킴으로써 Rat의 조혈기능과 적혈구 대사능력을 개선한다[20].

3. 항노화
대추의 다당을 D-갈락토오스에 의해 유도된 노화 Mouse에 경구투여하면 Mouse의 흉선두께, 흉선 피질세포의 수량, 비장 임파세포 수를 뚜렷하게 증가시키며, 비장소결을 증대시킨다[21]. 또한 뇌조직 신경세포와 교질세포의 퇴행성 변화를 방지함으로써 뇌조직과 적혈구 내 슈퍼옥시드디스무타아제(SOD)의 활성 및 심근세포막의 Na^+/K^+-ATP 효소, Ca^{2+}-ATP 효소 활성을 증가시킨다. 또한 뇌조직과 심근 미토콘드리아 내 말론디알데하이드의 함량 및 심근조직 내 칼슘전자의 함량을 저하시킴으로써 일정한 항노화작용을 나타낸다[22-23].

4. 간 보호
대추의 다당을 경구투여하면 CCl_4로 유도된 급성 간 손상 Mouse의 혈청 내 SOD와 글루타치온과산화효소(GSH-Px)의 활성을 증가시키며[24], Mouse 체내 글리코겐 및 글리코겐 축적량을 증가시켜 간 손상에 대한 보호작용을 나타낸다[25].

5. 항종양
대추나무에 함유된 트리테르페노이드류 화합물은 *in vitro*에서 인체백혈병세포 K562, 흑색종세포 B16, 흑색종세포 SK-MEL-2, 인체 전립선암세포 PC-3, 흑색종세포 LOX-IMVI 및 인체 폐암세포 A549 등에 대해 세포독성이 있다[26]. 대추나무의 꽃가루는 *in vitro*에서 항종양작용이 있다[27].

6. 기타
대추나무에는 진정[4], 항우울[28], 혈압강하[29], 혈당강하[30], 콜레스테롤 저하[31], 항피로[25] 및 항보체[32] 등의 작용이 있다.

용 도

대추는 중의임상에서 사용하는 약이다. 보비위[補脾胃, 위경(胃經)의 기운을 도와서 보양함], 익기혈[益氣血, 기혈(氣血)을 보익하여 줌], 안심신[安心神, 심신(心神)을 안정시켜 줌], 조영위[助營衛, 영기(營氣)와 위기(衛氣)를 도와줌], 화약성(和藥性) 등의 효능이 있으며, 비허식소변당(脾虛食少便溏, 비장이 약해서 식사를 지나치게 적게 하여 대변이 무른 증상), 권태핍력(倦怠乏力, 몸이 피곤하여 움직이기 싫고 힘이 없음), 혈허위황[血虛萎黃, 혈허(血虛)하여 몸이 누렇게 뜬 병증] 및 부녀장조(婦女臟燥, 부녀의 불안신경증), 신지불안(神志不安, 정신이 불안한 것) 등의 치료에 사용한다.
현대임상에서는 불면, 빈혈, 과민성 자반(紫癜, 열병으로 자색의 반점이 발생하는 증상), 비혈소판 감소성 자반, 만성 위축성 위염, 간염, 간경화, 소아유뇨 등의 질병 병증에 사용한다.

해 설

대추나무의 변종인 무자조(*Ziziphus jujuba* Mill. var. *inermis* (Bge.) Rehd.)의 열매도 대추의 약재로 사용한다.

대추는 중국위생부에서 규정하는 약식동원품목* 가운데 하나이다. 그 경제적 용도는 매우 다양하며, 열매를 약용으로 사용하는 이외에 식품으로도 사용이 가능하다. 최근 붉은 대추의 과육을 함유한 음료, 붉은 대추과실차 등이 개발되어 있으며, 술의 제조도 가능하다. 대추에서 추출한 대추 틴크는 중요한 향료로 담배와 식품의 첨가제로 사용된다. 대추나무의 꽃은 중요한 꿀 자원으로, 대추꿀의 생산이 가능하다. 열매를 약용으로 사용하는 이외에 대추나무의 잎, 씨, 수피, 뿌리 등도 약으로 사용한다. 조의 수피에는 설사와 화상을 치료하는 작용이 있는 것으로 보고되었다. 따라서 조에 대한 종합적 이용에 대한 전망이 매우 밝다고 하겠다.

참고문헌

1. SM Lee, JK Park, CG Lee. Quantitative determination of triterpenoids from the fruits of *Zizyphus jujuba*. *Natural Product Sciences*. 2004, **10**(3): 93-95
2. RL Huang, WY Wang, YH Kuo, YL Lin. Cytotoxic triterpenes from the fruit of *Ziziphus jujuba*. *Chinese Pharmaceutical Journal*. 2001, **53**(4): 179-184
3. N Okamura, T Nohara, A Yagi, I Nishioka. Studies on the constituents of *Zizyphi Fructus*. III. Structures of dammarane-type saponins. *Chemical & Pharmaceutical Bulletin*. 1981, **29**(3): 676-683
4. BH Han, MH Park. Sedative activity and the active components of zizyphi fructus. *Archives of Pharmacal Research*. 1987, **10**(4): 208-211
5. 楊雲, 李振國, 孟江, 苗明三, 魏紅. 大棗多糖的分離, 純化及分子量的測定. 世界科學技術: 中醫藥現代化. 2003, **5**(3): 53-55
6. 楊雲, 弓建紅, 馮衛生, 馬相斌. 大棗中性多糖的化學研究. 時珍國醫國藥. 2005, **2**(12): 1215-1216
7. Y Tanaka, S Sanada. Studies on the constituents of *Ziziphus jujuba* Miller. *Shoyakugaku Zasshi*. 1991, **45**(2): 148-152
8. I Khokhar, A Ahmad. Alkaloidal studies of medicinal plants of Pakistan from the root bark of *Ziziphus jujuba* Mill. *Pakistan Journal of Science*. 1992, **44**: 37-42
9. M Tripathi, MB Pandey, RN Jha, VB Pandey, PN Tripathi, JP Singh. Cyclopeptide alkaloids from *Zizyphus jujuba*. *Fitoterapia*. 2001, **72**(5): 507-510
10. I Khokhar, A Ahmed, MA Kashmiri. Alkaloidal studies of medicinal plants of Pakistan from the root bark of *Zizyphus jujuba* Mill. *Journal of Natural Sciences and Mathematics*. 1994, **34**(1): 159-163
11. S Devi, VB Pandey, JP Singh, AH Shah. Peptide alkaloids from *Zizyphus* species. *Phytochemistry*. 1987, **26**(12): 3374-3375
12. R Ziyaev, T Irgashev, IA Israilov, ND Abdullaev, MS Yunusov, SY Yunusov. Alkaloids of *Ziziphus jujuba*. Structure of yuziphine and yuzirine. *Khimiya Prirodnykh Soedinenii*. 1977, **2**: 239-243
13. C Souleles, G Shammas. Flavonoids from the leaves of *Zizyphus jujuba*. *Fitoterapia*. 1988, **59**(2): 154
14. A Malik, ZA Kuliev, YA Akhmedov, AD Vdovin, ND Abdullaev. Proanthocyanidins of *Ziziphus jujuba*. *Chemistry of Natural Compounds*. 1997, **33**(2): 165-173
15. 苗明三. 大棗多糖對小鼠氣血雙虛模型胸腺及脾臟組織的影響. 中國臨床康復. 2004, **8**(27): 5894-5895
16. 苗明三. 大棗多糖對免疫抑制小鼠白細胞介素 2 及其受體水平的影響. 中國臨床康復. 2004, **8**(30): 6692-6693
17. 苗明三. 大棗多糖對免疫抑制小鼠腹腔巨噬細胞產生 IL-1α 及脾細胞體外增殖的影響. 中國藥理與臨床. 2004, **20**(4): 21-22
18. 張慶, 雷林生, 楊淑琴, 孫莉莎. 大棗中性多糖對小鼠脾淋巴細胞增殖的影響. 第一軍醫大學學報. 2001, **21**(6): 426-428
19. 張慶, 雷林生, 楊淑琴, 孫莉莎. 大棗中性多糖對小鼠腹腔巨噬細胞分泌腫瘤壞死因子及其 mRNA 表達的影響. 第一軍醫大學學報. 2001, **21**(8): 592-594
20. 苗明三, 苗艷艷, 孫艷紅. 大棗多糖對血虛大鼠全血細胞及紅細胞 ATP 酶活力的影響. 中國臨床康復. 2006, **10**(11): 97-99
21. 苗明三, 盛家河. 大棗多糖對衰老模型小鼠胸腺, 脾臟和腦組織影響的形態計量學觀察. 中國藥理與臨床. 2001, **17**(5): 18
22. 楊新宇, 王建光, 李新成, 張濤, 白書閣. 不同劑量大棗對 D-半乳糖衰老小鼠 SOD 活性和 MDA 含量影響的實驗研究. 黑龍江醫藥科學. 2001, **24**(2): 13-14
23. 王建光, 楊新宇, 張偉, 王佳珍, 曹東旭. 大棗對 D-半乳糖致衰老小鼠鈣穩態影響的實驗研究. 中國老年學雜誌. 2004, **24**(10): 930-931
24. 顧有方, 李衛民, 李升和, 陳會良, 董策龍, 趙芝剛. 大棗多糖對小鼠四氯化碳誘發肝損傷防護作用的實驗研究. 中國中醫藥科技. 2006, **13**(2): 105-107
25. 張鍾, 吳茂東. 大棗多糖對小鼠化學性肝損傷的保護作用和抗疲勞作用. 南京農業大學學報. 2006, **29**(1): 94-97
26. SM Lee, BS Min, CG Lee, KS Kim, YH Kho. Cytotoxic triterpenoids from the fruits of *Zizyphus jujuba*. *Planta Medica*. 2003, **69**(11): 1051-1054
27. 張志友, 房林華, 許欣欣, 張強, 張欽風. 棗花粉提取物抗腫瘤效應及其機理的探討. 中國公共衛生學報. 1997, **16**(2): 81
28. WH Peng, MT Hsieh, YS Lee, YC Lin, J Liao. Anxiolytic effect of seed of *Ziziphus jujuba* in mouse models of anxiety. *Journal of Ethnopharmacology*. 2000, **72**(3): 435-441
29. WX Gu, JF Liu, JX Zhang, XM Liu, SJ Liu, YR Chen. A study of the hypotensive action of total saponin of *Ziziphus jujuba* Mill and its mechanism. *Journal of Medical Colleges of PLA*. 1987, **2**(4): 315-318
30. 常紅, 車素萍, 劉莉, 王永明. 微量營養素及中草藥大棗對糖尿病大鼠抗氧化能力的影響. 中國慢性病預防與控制. 2003, **11**(5): 236-237
31. 張雅利, 陳錦屏, 李建科. 紅棗汁對小鼠高血脂症的影響. 河南農業大學學報. 2004, **38**(1): 116-118

---

* 부록(559~562쪽) 참고

32. SM Lee, JG Park, YH Lee, CG Lee, BS Min, JH Kim, HK Lee. Anti-complementary activity of triterpenoids from fruits of *Zizyphus jujuba*. *Biological* & *Pharmaceutical Bulletin*. 2004, **27**(11): 1883-1886

묏대추나무 酸棗 CP, KP, JP

Rhamnaceae

Ziziphus jujuba Mill. var. *spinosa* (Bge.) Hu ex H. F. Chou

Spine Date

개 요

갈매나무과(Rhamnaceae)

묏대추나무(酸棗, *Ziziphus jujuba* Mill. var. *spinosa* (Bge.) Hu ex H. F. Chou)의 잘 익은 씨를 건조한 것

중약명: 산조인(酸棗仁)

대추나무속(*Ziziphus*) 식물은 전 세계에 약 100여 종이 있으며, 주로 아시아와 아메리카의 열대 및 아열대 지역에 분포한다. 중국에는 12종, 변종 3종이 있다. 이 속에서 현재 약으로 사용되는 것은 약 5종이다. 이 종은 중국의 화북, 서북 및 요녕, 하남, 산동, 강소, 안휘, 호북, 사천 등지에 주로 분포한다.

'산조인'의 약명은 《신농본초경(神農本草經)》에 상품으로 처음 수록되었다. 《중국약전(中國藥典)》(2015년 판)에서는 이 종을 중약 산조인의 법정기원식물 내원종으로 수록하였다. 주요산지는 중국의 하북, 섬서, 요녕, 하남 등이다.

묏대추나무의 주요 활성성분은 주주보시드와 플라보노이드 화합물 등의 고리형 펩티드와 알칼로이드 등이다. 《중국약전》에서는 박층크로마토그래피법을 이용하여 주주보시드 A와 B를 대조품으로 약재의 규격을 정하고 있다.

약리연구를 통하여 묏대추나무의 씨에는 진정최면(鎭靜催眠), 항우울(抗憂鬱) 등의 작용이 있는 것으로 알려져 있다.

한의학에서 산조인에는 녕심안신(寧心安神), 양간렴한(養肝斂汗)의 작용이 있다.

묏대추나무 酸棗 *Ziziphus jujuba* Mill. var. *spinosa* (Bge.) Hu ex H. F. Chou

묏대추나무 酸棗 CP, KP, JP

묏대추나무 酸棗
Ziziphus jujuba Mill. var. *spinosa* (Bge.) Hu ex H. F. Chou

약재 산조인 藥材酸棗仁
Ziziphi Spinosae Semen

함유성분

씨에는 트리테르페노이드와 트리테르페노이드 사포닌 성분으로 jujubosides A, B, D, E[1-2], betulic acid[2], betulin, ceanothic acid, alphito-lic acid, 플라보노이드 성분으로 spinosin, isospinosin, swertisin, puerarin, 6‴-feruloylisospinosin, 6‴-feruloylspinosin, apigenin-6-C-β-D-glu-copyranoside, isovitexin-2″-O-β-D-glucopyranoside[3], zivulgarin[4], 6‴-sinapoylspinosin, 6‴-p-coumaroylspinosin, 4′,5,7-trihydroxyflavonol-3-O-β-D-rhamnopyranosyl-(1→6)-β-D-glucopyranoside[1], 알칼로이드 성분으로 sanjoinines A, E, K, Ia, Ib, lysicamine, juzirine[5] 등이 함유되어 있으며 또한 sanjoinenine 성분이 함유되어 있다.

jujuboside A

약리작용

1. 진정, 최면
생산조인과 초산조인에 함유된 사포닌과 플라보노이드류 성분에는 뚜렷한 진정최면작용이 있다[6]. 산조인의 사포닌은 Mouse의 활동 강도를 뚜렷하게 감소시키며, 정지휴식시간을 증가시킨다. 또한 암페타민의 중추흥분작용을 억제하며, Rat의 운동 협조성을 저하시키고, 펜토바르비탈나트륨의 허용량 내 Mouse 수면시간을 뚜렷하게 연장시킨다[7-8]. 그 밖에 펜토바르비탈 허용량 내 수면 동물의 수를 증가시키는데, 그 작용의 효과가 지속적이고 안정적이다. 이러한 진정수면작용은 β-엔도르핀 및 dynorphin A1-13(DynA1-13)의 증가와 관련이 있으며, 효능과 사용량은 서로 비례한다[9].

2. 학습기억력 증강
산조인의 열수 추출물과 산조인유는 정상 Mouse가 복잡한 수중미로(water maze)의 시작점에서 종착점에 도착하는 시간을 단축시킬 수 있으며, 오류의 횟수도 감소시킨다. 또한 기억획득장애 및 기억재현장애 Mouse의 최초 오류 출현시간을 연장시키며, 오류 발생률도 감소시킨다. 초보적인 연구를 통하여 산조인유는 학습기억에 대해 증강작용이 있는데, 이는 중추의 γ-GABA 계통을 길항하는 것과 관련이 있다[10-11].

3. 항산화
산조인의 플라보노이드는 O_2-, -OH, H_2O_2- 등 3종의 유리기를 뚜렷하게 제거하며, 농도 의존적 관계가 있다[12]. 산조인의 열수 추출물은 내독소의 주사로 발열이 유도된 Mouse의 체내 슈퍼옥시드디스무타아제(SOD) 저하를 억제하는 작용이 있는데, 생조인의 작용이 숙조인보다 강력하며, 이는 SOD에 대한 보호작용이 산조인의 유지성분과 관련이 있음을 시사한다[13].

4. 산소결핍에 대한 내성
산조인의 사포닌은 Rat의 심근세포를 보호하는데, 세포 내 지질과산화물(LPO)의 형광강도 및 Ca^{2+} 형광비율을 뚜렷하게 저하시켜 심장세포의 초미세구조를 개선하며, 그 작용기전은 LPO 및 Ca^{2+}의 초과를 억제하는 것과 관련이 있다[14]. 또한 허혈성 뇌조직의 함수 말론디알데하이드 함량을 감소시킬 수 있으며, 뇌조직 내의 SOD, 크레아틴키나아제 및 젖산탈수소효소(LDH)의 활성을 증가시키고, 유산의 함량을 저하시켜 뇌신경세포의 손상을 경감한다[15].

5. 면역 증강
산조인은 Mouse의 면역기능을 뚜렷하게 증강시키는데, 방사선으로 인한 백혈구 저하에 대해 뚜렷한 보호작용이 있다. 또한 단핵대식세포 계통의 탐식기능을 뚜렷하게 증가시키며, 방사능 조사(照射) Mouse의 생존시간을 연장한다[16].

6. 항종양
산조인유는 에를리히복수암(EAC) Mouse의 생존 일수를 연장하는데, 생존 연장률은 50%에 달한다. 또한 이종이식 Mouse의 후기 체중 증가를 뚜렷하게 억제한다[17].

7. 항궤양
저용량의 산조인은 Mouse의 자극성 궤양에 대해 뚜렷한 억제작용이 있다[18].

8. 기타
산조인에는 항우울[19], 항염[20], 콜레스테롤 저하[21] 및 혈압강하 등의 작용이 있다[22].

용 도

산조인은 중의임상에서 사용하는 약이다. 양심익간[養心益肝, 심혈(心血)을 강화하고 자양하며 간을 보익하여 줌], 안신(安神, 정신을 안정시킴), 염한[斂汗, 표(表)가 허해서 저절로 땀이 나고 식은땀이 나는 것을 수렴시켜 줌] 등의 효능이 있으며, 심계실면(心悸失眠, 가슴이 두근거리면서 불안해하며 잠이 오지 않는 증상), 체허다한(體虛多汗, 기력이 없고 땀이 많이 나는 병증) 등의 치료에 사용한다.
현대임상에서는 불면, 각종 통증, 갱년기 종합증, 심실성 심박부절, 다한(多汗, 땀이 많이 나는 병증), 유정(遺精, 성교 없이 정액이 흘러나오는 병증), 성기능 장애, 위장질병 및 피부소양(皮膚瘙癢, 피부가 가려운 증상) 등의 병증에 사용한다.

해 설

묏대추나무와 산조인은 중국위생부에서 규정하는 약식동원품목*이다.
중국의 운남에서는 동속식물인 전자조(*Ziziphus mauritiana* Lam.)의 씨를 전조인이라고 부르며, 효과는 산조인과 유사하여 산조인과 혼용한다. 현대적 화학연구를 통해 전조인의 함유성분은 산조인과 매우 유사하며, 유효성분인 주주보시드 A와 B를 함유하고 있어 산조인의 대용품으로 사용이 가능하다[23].

---

* 부록(559~562쪽) 참고

참고문헌

1. 劉沁舡, 王邠, 梁鴻, 趙玉英, 劉孟軍. 酸棗仁皂苷 D 的分離及結構鑒定. 藥學學報. 2004, **39**(8): 601-604
2. 白焱晶, 程功, 陶晶, 王邠, 趙玉英, 劉毅, 馬立斌, 塗光忠. 酸棗仁皂苷 E 的結構鑒定. 藥學學報. 2003, **38**(12): 934-937
3. G Cheng, YJ Bai, YY Zhao, J Tao, Y Liu, GZ Tu, LB Ma, N Liao, XJ Xu. Flavonoids from *Ziziphus jujuba* Mill var. *spinosa*. *Tetrahedron*. 2000, **56**(45): 8915-8920
4. 郭勝民, 範曉雯, 趙強. 酸棗仁中黃酮類成分的研究. 中藥材. 1997, **20**(10): 516-517
5. 尹升鎮, 金河奎, 金寶淵, 洪勝國. 酸棗仁生物鹼的研究. 中國中藥雜誌. 1997, **22**(5): 296-297
6. 王健. 生, 炒酸棗仁中鎮靜催眠成分初探. 中成藥. 1989, **11**(1): 18-19
7. 陳百泉, 杜鋼軍, 許啟泰. 酸棗仁皂苷的鎮靜催眠作用. 中藥材. 2002, **25**(6): 429-430
8. 封洲燕, 郭殿武, 蘇松, 趙輝, 鄭筱祥. 酸棗仁皂苷 A 鎮靜和抗驚厥作用試驗. 浙江大學學報(醫學版). 2002, **31**(2): 103-106
9. 李哲. 酸棗仁湯對小鼠腦組織內啡肽的影響. 河南中醫. 2001, **21**(5): 21-22
10. 侯建平, 張恩戶, 胡悅, 孫濤. 酸棗仁對小鼠學習記憶能力的影響. 廣西中醫學院學報. 2002, **5**(3): 11-13
11. 吳尚霖, 袁秉祥, 馬志義. 酸棗仁油對小鼠學習記憶的影響. 中草藥. 2001, **32**(3): 246-247
12. 王少敏, 李萍, 趙明強. 生物化學發光法測定酸棗仁的抗氧化活性. 中草藥. 2003, **34**(5): 417-419
13. 彭智聰, 張華年, 陳莎, 郭望祥. 酸棗仁對內毒素發熱小鼠 SOD 降低的保護作用. 中國中藥雜誌. 1995, **20**(6): 369-370
14. 萬華印, 丁力, 孔祥平, 劉勝家, 陳興堅. 酸棗仁總皂苷抗心肌細胞缺氧—複氧損傷作用及其機理. 中國病理生理雜誌. 1997, **13**(5): 522-526
15. 白曉玲, 黃志光, 莫志賢, 潘惠明, 丁紅. 酸棗仁總皂苷對大鼠腦缺血損害及腦組織生化指標的影響. 中國中藥雜誌. 1996, **21**(2): 110-112
16. 郎杏彩, 李明湘, 賈秉義, 吳樹勛, 李蘭芳, 趙淑雲, 石秀蘭, 張增志. 酸棗仁, 肉多糖增強小鼠免疫功能和抗放射性損傷的實驗研究. 中國中藥雜誌. 1991, **16**(6): 366-368
17. 王清蓮, 袁秉祥, 黃建華, 高文, 高其銘, 劉愛芳. 酸棗仁油對艾氏腹水癌小鼠生存期和體重的影響. 西安醫科大學學報. 1995, **16**(3): 295-297
18. 李立華, 鄭書國. 酸棗仁對應激性潰瘍的影響. 安徽中醫臨床雜誌. 2003, **15**(5): 387-388
19. 徐建林, 周穎斌, 徐珞, 謝俊霞, 陶尚敏, 畢希銘, 唐明. 酸棗仁合劑對大學生考試焦慮的防治研究. 中國行為醫學科學. 1997, **6**(3): 182-183
20. WH Peng, MT Hsieh, YS Lee, YC Lin, J Liao. Anxiolytic effect of seed of *Ziziphus jujuba* in mouse of anxiety. *Journal of Ethnopharmacology*. 2000, **72**(3): 435-441
21. 鮑淑娟, 李淑芳, 韓國強, 聶明. 酸棗仁的抗炎作用. 貴陽醫學院學報. 1994, **19**(4): 336-338
22. 袁秉祥, 李慶. 酸棗仁總皂苷對大鼠血脂和血脂蛋白膽固醇的影響. 中國藥理學通報. 1990, **6**(1): 34-36
23. 張典, 袁秉祥, 孫紅. 酸棗仁總皂苷對原發性高血壓大鼠的降壓作用. 西安交通大學學報(醫學版). 2003, **24**(1): 59-60
24. 黃星. 理棗仁與酸棗仁有效成分的分析比較. 中國藥業. 2002, **11**(9): 61

부 록

■ 중국위생부 약식동원품목

	약재명	한글 약재명	학명	과명	사용 부위
1	丁香	정향	*Eugenia caryophyllata* Thunb.	정향나무과	꽃봉오리
2	八角茴香	팔각회향	*Illicium verum* Hook.f.	목란과	잘 익은 열매
3	刀豆	도두	*Canavalia gladiata* (Jacq.)DC.	콩과	잘 익은 씨
4	小茴香	소회향	*Foeniculum vulgare* Mill.	미나리과	잘 익은 열매
5	小蓟	소계	*Cirsium setosum* (Willd.) MB.	국화과	지상부
6	山药	산약	*Dioscorea opposita* Thunb.	마과	뿌리줄기
7	山楂	산사	*Crataegus pinnatifida* Bge.var.*major* N.E.Br.	장미과	잘 익은 열매
			Crataegus pinnatifida Bge.	장미과	
8	马齿苋	마치현	*Portulaca oleracea* L.	마치현과	지상부
9	乌梅	오매	*Prunus mume* (Sieb.) Sieb.et Zucc.	장미과	덜 익은 열매
10	木瓜	모과	*Chaenomeles speciosa* (Sweet) Nakai	장미과	덜 익은 열매
11	火麻仁	화마인	*Cannabis sativa* L.	뽕나무과	잘 익은 열매
12	代代花	대대화	*Citrus aurantium* L.var.*amara* Engl.	운향과	꽃봉오리
13	玉竹	옥죽	*Polygonatum odoratum* (Mill.) Druce	백합과	뿌리줄기
14	甘草	감초	*Glycyrrhiza uralensis* Fisch.	콩과	뿌리와 뿌리줄기
			Glycyrrhiza inflata Bat.	콩과	
			Glycyrrhiza glabra L.	콩과	
15	白芷	백지	*Angelica dahurica* (Fisch.ex Hoffm.) Benth.et Hook.f.	미나리과	뿌리
			Angelica dahurica (Fisch.ex Hoffm.) Benth. et Hook.f.var.*formosana* (Boiss.) Shan et Yuan	미나리과	
16	白果	백과	*Ginkgo biloba* L.	은행과	잘 익은 씨
17	白扁豆	백편두	*Dolichos lablab* L.	콩과	잘 익은 씨
18	白扁豆花	백편두화	*Dolichos lablab* L.	콩과	꽃
19	龙眼肉(桂圆)	용안육(계원)	*Dimocarpus longan* Lour.	무환자나무과	씨의 껍질
20	决明子	결명자	*Cassia obtusifolia* L.	콩과	잘 익은 씨
			Cassia tora L.	콩과	
21	百合	백합	*Lilium lancifolium* Thunb.	백합과	비늘줄기
			Lilium brownie F.E.Brown var.*viridulum* Baker	백합과	
			Lilium pumilum DC.	백합과	
22	肉豆蔻	육두구	*Myristica fragrans* Houtt.	육두구과	씨, 씨 껍질
23	肉桂	육계	*Cinnamomum cassia* Presl	녹나무과	나무껍질
24	余甘子	여감자	*Phyllanthus emblica* L.	대극과	잘 익은 열매
25	佛手	불수	*Citrus medica* L.var.*sarcodactylis* Swingle	운향과	열매

26	杏仁(苦, 甜)	행인	*Prunus armeniaca* L.var.*ansu* Maxim	장미과	잘 익은 씨
			Prunus sibirica L.	장미과	
			Prunus mandshurica (Maxim) Koehne	장미과	
			Prunus armeniaca L.	장미과	
27	沙棘	사극	*Hippophae rhamnoides* L.	보리수나무과	잘 익은 열매
28	芡实	검실(가시연밥)	*Euryale ferox* Salisb.	수련과	잘 익은 씨
29	花椒	화초 (초피나무 열매)	*Zanthoxylum schinifolium* Sieb.et Zucc.	운향과	잘 익은 열매껍질
			Zanthoxylum bungeanum Maxim.	운향과	
30	赤小豆	적소두(붉은 팥)	*Vigna umbellata* Ohwi et Ohashi	콩과	잘 익은 씨
			Vigna angularis Ohwi et Ohashi	콩과	
31	麦芽	맥아(보리)	*Hordeum vulgare* L.	벼과	잘 익은 열매를 발아건조시킨 가공품
32	昆布	곤포(다시마)	*Laminaria japonica* Aresch.	거머리말과	엽상체
			Ecklonia kurome Okam.	다시마과	
33	枣 (大枣, 黑枣)	대추, 흑대추	*Ziziphus jujuba* Mill.	갈매나무과	잘 익은 열매
34	罗汉果	나한과	*Siraitia grosvenorii* (Swingle.) C.Jeffrey ex A.M.Lu et Z.Y.Zhang	박과	열매
35	郁李仁	욱리인	*Prunus humilis* Bge.	장미과	잘 익은 씨
			Prunus japonica Thunb.	장미과	
			Prunus pedunculata Maxim.	장미과	
36	金银花	금은화	*Lonicera japonica* Thunb.	인동과	꽃봉오리 및 꽃대가 달리기 시작할 때의 꽃
37	青果	청과 (감람나무 열매)	*Canarium album* Raeusch.	감람과	잘 익은 열매
38	鱼腥草	어성초	*Houttuynia cordata* Thunb.	삼백초과	신선한 전초 혹은 건조품 지상부
39	姜(生姜, 干姜)	강(생강, 건강)	*Zingiber officinale* Rosc.	생강과	뿌리줄기
40	枳椇子	지구자	*Hovenia dulcis* Thunb.	갈매나무과	약용: 잘 익은 씨 식용: 열매, 잎, 가지줄기
41	枸杞子	구기자	*Lycium barbarum* L.	가지과	잘 익은 열매
42	栀子	치자	*Gardenia jasminoides* Ellis	꼭두서니과	잘 익은 열매
43	砂仁	사인	*Amomum villosum* Lour.	생강과	잘 익은 열매
			Amomum villosum Lour.var.*xanthioides* T.L.Wu et Senjen	생강과	
			Amomum longiligularg T.L.Wu	생강과	
44	胖大海	반대해	*Sterculia lychnophora* Hance	오동과	잘 익은 씨
45	茯苓	복령	*Poria cocos* (Schw.) Wolf	구멍장이버섯과	균핵
46	香橼	향원	*Citrus medica* L.	운향과	잘 익은 열매
			Citrus wilsonii Tanaka	운향과	
47	香薷	향유	*Mosla chinensis* Maxim.	꿀풀과	지상부
			Mosla chinensis 'jiangxiangru'	꿀풀과	
48	桃仁	도인	*Prunus persica* (L.) Batsch	장미과	잘 익은 씨

48	桃仁	도인	*Prunus davidiana* (Carr.) Franch.	장미과	
49	桑叶	상엽	*Morus alba* L.	뽕나무과	잎
50	桑椹	상심(오디)	*Morus alba* L.	뽕나무과	어린 열매
51	桔红(橘红)	귤홍	*Citrus reticulata* Blanco	운향과	외층 열매 껍질
52	桔梗	길경(도라지)	*Platycodon grandiflorum* (Jacq.) A.DC.	오동과	뿌리
53	益智仁	익지인	Alpinia oxyphylla Miq.	생강과	껍질을 벗긴 씨덩이, 향신료용은 열매를 사용
54	荷叶	연잎	*Nelumbo nucifera* Gaertn.	수련과	잎
55	莱菔子	내복자	*Raphanus sativus* L.	십자화과	잘 익은 씨
56	莲子	연자	*Nelumbo nucifera* Gaertn.	수련과	잘 익은 씨
57	高良姜	고량강	*Alpinia officinarum* Hance	생강과	뿌리줄기
58	淡竹叶	담죽엽	*Lophatherum gracile* Brongn.	벼과	줄기잎
59	淡豆豉	담두시	*Glycine max* (L.) Merr.	콩과	잘 익은 씨의 발효 가공품
60	菊花	국화	*Chrysanthemum morifolium* Ramat.	국화과	두상화서
61	菊苣	국거(치커리)	*Cichorium glandulosum* Boiss.et Huet	국화과	지상부
			Cichorium intybus L.	국화과	
62	黄芥子	황개자	*Brassica juncea* (L.) Czern.et Coss	십자화과	잘 익은 씨
63	黄精	황정	*Polygonatum kingianum* Coll.et Hemsl.	백합과	뿌리줄기
			Polygonatum sibiricum Red.	백합과	
			Polygonatum cyrtonema Hua	백합과	
64	紫苏	자소엽	*Perilla frutescens* (L.) Britt.	꿀풀과	잎 (혹은 어린 가지)
65	紫苏子(籽)	자소자(자소의 씨)	*Perilla frutescens* (L.) Britt.	꿀풀과	잘 익은 열매
66	葛根	갈근	*Pueraria lobata* (Willd.) Ohwi	콩과	뿌리
67	黑芝麻	검은깨	*Sesamum indicum* L.	참깨과	잘 익은 씨
68	黑胡椒	흑후추	*Piper nigrum* L.	후추과	
69	槐花, 槐米	괴화, 괴미	*Sophora japonica* L.	콩과	꽃, 꽃봉오리
70	蒲公英	포공영	*Taraxacum mongolicum* Hand.-Mazz.	국화과	전초
			Taraxacum borealisinense Kitam.	국화과	
71	榧子	비자	*Torreya grandis* Fort.	주목과	잘 익은 씨
72	酸枣, 酸枣仁	산조, 산조인	*Ziziphus jujuba* Mill.var.*spinosa* (Bunge) Hu ex H.F.Chou	갈매나무과	과육, 잘 익은 씨
73	鲜白茅根(或干白茅根)	선백모근(간백모근)	*Imperata cylindrical* Beauv.var.*major* (Nees) C.E.Hubb.	벼과	뿌리줄기
74	鲜芦根(或干芦根)	선로근(간로근)	*Phragmites communis* Trin.	벼과	뿌리줄기
75	橘皮(或陈皮)	귤피(진피)	*Citrus reticulata* Blanco	운향과	잘 익은 열매껍질
76	薄荷	박하	*Mentha haplocalyx* Briq.	꿀풀과	지상부
			Mentha arvensis L.	꿀풀과	잎, 새순
77	薏苡仁	이이인	*Coix lacryma-jobi* L.var.*mayuen*. (Roman.) Stapf	벼과	잘 익은 열매
78	薤白	해백	*Allium macrostemon* Bge.	백합과	비늘줄기

78	薤白	해백	*Allium chinense* G.Don	백합과	
79	覆盆子	복분자	*Rubus chingii* Hu	장미과	열매
80	藿香	곽향	*Pogostemon cablin* (Blanco) Benth.	꿀풀과	지상부
81	乌梢蛇	오초사	*Zaocys dhumnades* (Cantor)	뱀과	껍질과 내장을 제거한 부분
82	牡蛎	모려	*Ostrea gigas* Thunberg	조개과	껍질
			Ostrea talienwhanensis Crosse	조개과	
			Ostrea rivularis Gould	조개과	
83	阿胶	아교	*Equus asinus* L.	말과	건조한 혹은 생껍질을 끓여 걸죽하게 만든 고체
84	鸡内金	계내금	*Gallus gallus domesticus* Brisson	꿩과	모래주머니 내벽
85	蜂蜜	밀봉(꿀)	*Apis cerana* Fabricius	꿀벌과	양조한 꿀
			Apis mellifera Linnaeus	꿀벌과	
86	蝮蛇(蕲蛇)	복사/기사 (살무사)	*Agkistrodon acutus* (Güenther)	번데기과	내장을 제거한 부분
87	人参	인삼	*Panax ginseng* C.A.Mey	두릅나무과	뿌리 및 뿌리줄기
88	山银花	산은화	*Lonicera confuse* DC.	인동과	꽃봉오리 및 꽃이 피기 시작할 때의 꽃
			Lonicera hypoglauca Miq.		
			Lonicera macranthoides Hand.-Mazz.		
			Lonicera fulvotomentosa Hsu et S.C.Cheng		
89	芫荽	호유자	*Coriandrum sativum* L.	미나리과	열매, 씨
90	玫瑰花	장미	*Rosa rugosa* Thunb 또는 *Rose rugosa* cv. Plena	장미과	꽃봉오리
91	松花粉	송화분	*Pinus massoniana* Lamb.	소나무과	건조한 화분
			Pinus tabuliformis Carr.		
92	粉葛	분갈	*Pueraria thomsonii* Benth.	콩과	뿌리
93	布渣叶	포사엽	*Microcos paniculata* L.	피나무과	잎, 새순
94	夏枯草	하고초	*Prunella vulgaris* L.	꿀풀과	이삭
95	当归	당귀	*Angelica sinensis* (Oliv.) Diels.	미나리과	뿌리
96	山奈	산내	*Kaempferia galanga* L.	생강과	뿌리줄기
97	西红花	사프란	*Crocus sativus* L.	붓꽃과	암술머리
98	草果	초과	*Amomum tsao-ko* Crevost et Lemaire	생강과	열매
99	姜黄	강황	*Curcuma Longa* L.	생강과	뿌리줄기
100	荜茇	비파	*Eriobotrya japonica* Lindley	장미과	열매나 잘 익은 이삭

우리나라 식물명 및 약재명 색인

학명 색인

X

Z

영어명 색인